基础仪器分析

主　编　黄承志
副主编　陈缵光　陈子林　卢建忠
　　　　徐　溢　范　琦　王　健

科学出版社
北　京

内 容 简 介

本书共 25 章,涉及光谱及波谱分析、电化学分析、色谱及分离分析和成像分析。在相关章节中列举了仪器分析知识在药物分析中的应用实例,可进一步理解仪器分析的基础知识与药学专业的关系,并为药物分析课程的学习打下基础。每章后均有不同形式的习题,可用于理解和巩固基础知识。

本书是药学类专业的基础教材,可供全国高等学校药学及制药工程专业使用,也可供中药、化学等其他相关专业使用;不仅可用作研究生考试参考书,还可供有关科研单位或药品等质量检验部门的科研、技术人员参考。

图书在版编目(CIP)数据

基础仪器分析/黄承志主编. —北京:科学出版社,2017.12
ISBN 978-7-03-055942-5

Ⅰ. ①基… Ⅱ. ①黄… Ⅲ. ①仪器分析-高等学校-教材 Ⅳ. ①O657

中国版本图书馆 CIP 数据核字(2017)第 309433 号

责任编辑:赵晓霞 / 责任校对:何艳萍
责任印制:张 伟 / 封面设计:迷底书装

科学出版社 出版
北京东黄城根北街 16 号
邮政编码:100717
http://www.sciencep.com

北京厚诚则铭印刷科技有限公司 印刷
科学出版社发行 各地新华书店经销

*

2017 年 12 月第 一 版 开本:787×1092 1/16
2022 年 8 月第三次印刷 印张:37 1/4
字数:950 000

定价:98.00 元
(如有印装质量问题,我社负责调换)

《基础仪器分析》编写委员会

主　编　黄承志

副主编　陈缵光　陈子林　卢建忠
　　　　　徐　溢　范　琦　王　健

编　委　(以姓名汉语拼音为序)

曹志娟(复旦大学)　　陈　敏(西南大学)　　陈　莹(武汉大学)
陈子林(武汉大学)　　陈缵光(中山大学)　　范　琦(重庆医科大学)
高鹏飞(西南大学)　　郝石磊(重庆大学)　　胡继伟(重庆医科大学)
黄承志(西南大学)　　计晓娟(重庆医科大学)季金苟(重庆大学)
梁建英(复旦大学)　　梁淑彩(武汉大学)　　卢建忠(复旦大学)
王　芳(武汉大学)　　王　健(西南大学)　　王国伟(西南大学)
谢智勇(中山大学)　　徐　溢(重庆大学)　　徐新军(中山大学)
杨晓明(西南大学)　　姚美村(中山大学)　　张晓凤(重庆大学)
甄淑君(西南大学)　　周　骏(西南大学)　　周　飙(中山大学)

各章编写人员

第1章　黄承志　王　健
第2章　徐　溢　周　骏　高鹏飞　黄承志
第3章　季金苟　徐　溢
第4章　徐　溢　郝石磊
第5章　卢建忠　曹志娟
第6章　甄淑君　黄承志
第7章　陈　莹　范　琦
第8章　梁淑彩　陈子林
第9章　杨晓明　计晓娟
第10章　陈　敏　王国伟
第11章　陈　敏
第12章　周　鰓　陈缵光　王　芳
第13章　姚美村　陈缵光
第14章　王　芳　计晓娟
第15章　计晓娟
第16章　胡继伟
第17章　徐新军
第18章　梁建英　胡继伟
第19章　梁建英　胡继伟
第20章　谢智勇　陈　敏
第21章　陈子林
第22章　张晓凤　徐　溢　黄承志
第23章　郝石磊　徐　溢
第24章　杨晓明
第25章　计晓娟　范　琦　黄承志

前　言

基础仪器分析是药学类及相关专业的一门基础课程。学习本课程的目的是使读者在学习基础分析化学课程之后能进一步巩固"分析"的思维，充分认识"科学研究始于测量"，认识到通过制造分析工具、搭建分析仪器测试平台、设备和设施，可以延伸人的知觉和功能，通过测量获得新发现、找到新规律，进而将所学习的"分析"基础知识应用于药物研发、药品质量控制、个体化合理用药，实现精准医疗。为此，本书主要突出以下4个特点：

(1) 保持了《基础分析化学》的编写风格，贯彻科学的历史、哲学和社会互融的教育理念，将知识性、趣味性和创新性融为一体，列出了大量的"延伸阅读"和"学习与思考"，以丰富读者的课外阅读，加强科学技术史教育，培养科学唯物史观和创新性思维，希望读者在学习过程中能形成自己的观点和看法，能应用于创新实践的各个方面。

(2) 在内容选择上，考虑到波谱分析的重要性，因而除了一般仪器分析教材中所涉及的光谱分析、电分析、色谱分析外，把波谱分析与光谱分析内容融为一体。

(3) 考虑到现代药物研发实践过程中对药学专业读者要求的多面性和广博性，特别是现代纳米技术发展和临床医学中各种成像技术的发展，融入了光散射光谱分析、X射线光谱分析、显微成像分析等内容，增加了在药物研发中特别重要的制备液相色谱、超临界流体色谱和毛细管电泳分析等内容。考虑到药学专业的特点，增加了临床医学成像分析。这些增加的内容可供教学参考，有兴趣的读者也可以作为课外阅读材料拓宽知识面。

(4) 为了让读者尽早适应后续基础药物分析课程的教学，使用的示例大多采用药典中的规范形式。

本书分为4篇共25章，建议安排72课时。除核磁共振波谱分析(第10章)、质谱分析(第11章)、气相色谱分析(第18章)和高效液相色谱分析(第19章)每章为6课时外，其余每章大致为3课时。绪论(第1章)可安排3课时，第1篇光谱及波谱分析共10章(第2～11章)可安排36课时；第2篇电化学分析共4章(第12～15章)可安排9课时；第3篇中色谱分析共4章(第16～19章)可安排15课时，现代分离技术共2章(第20章和第21章)可安排3课时；第4篇成像分析共4章(第22～25章)可安排6课时。教学过程中可根据实际情况有选择地学习有关内容，保持教学内容的灵活性，也可以根据兴趣和需要自学。

与编写《基础分析化学》的目的一样，我们衷心希望读者在学习过程中能形成自己的观点和看法，科学地看待分析仪器在现代科学发展中的重要作用，通过学习融合相关学科的最新知识，形成自己的创新理念、永葆创新活力，始终保持创新性和先进性，从而成为未来知识的创造者、缔造者和技术发明者。需要说明的是，我们可以充分利用各种资源搭建新的分析仪器，建立新的仪器分析方法，从而实现分析仪器的创新，在智慧制造时代实现新的跨越。

本书由西南大学、中山大学、武汉大学、复旦大学、重庆大学和重庆医科大学长期从事教学和科研一线的教师在总结其工作实践经验的基础上编写而成，引入了很多现代分析化学的研究成果，目的在于向读者展示科学研究和科学创新无止境。全书最后由西南大学黄承志教授和王健教授通读、修改和统稿。

在本书的编写和出版过程中得到了西南大学、中山大学、武汉大学、复旦大学、重庆大学和重庆医科大学领导和同行的支持。科学出版社赵晓霞编辑为本书的出版付出了辛勤劳动。在此，我代表编委会对所有支持、关心和参与本书编写、出版的各位领导、同仁表示衷心感谢。本书初稿于2016年下学期在西南大学药学院和中山大学药学院试用，得到了部分老师和学生的反馈意见和建议。在此基础上，于2016年11月在重庆召开了定稿会。我们期待着使用本书的老师和学生能进一步为本书提出修改建议，并在修订版中得到改正，在此先行致谢。

当然，书中有很多不足之处，需要进一步完善和更新。衷心希望广大读者在使用过程中发现问题、找出问题，并及时反馈给我们，以便更好地为药学及相关专业的基础教学服务。

黄承志

2017年6月于西南大学弘光垒

联系邮箱：chengzhi@swu.edu.cn

目 录

前言
第1章 绪论 ·· 1
  1.1 什么是仪器分析 ·· 2
    1.1.1 分析仪器 ·· 2
    1.1.2 仪器分析 ·· 3
  1.2 为什么要学习仪器分析 ·· 3
    1.2.1 仪器分析的任务 ·· 3
    1.2.2 可用于分析目的物质性质 ·· 4
    1.2.3 仪器分析的内容 ·· 5
    1.2.4 分析仪器的类型与结构 ··· 5
  1.3 如何学好仪器分析 ·· 6
  1.4 现代仪器分析在新药研发中的应用 ·· 7
    1.4.1 药物发现过程中的仪器分析 ·· 7
    1.4.2 药物临床前研究过程中的仪器分析 ··· 7
    1.4.3 药物临床研究过程中的仪器分析 ··· 8
    1.4.4 药物生产、上市及上市后监测过程中的仪器分析 ··································· 8
  1.5 仪器分析发展简史 ·· 9
    1.5.1 分析仪器发展的三个阶段及特征 ··· 9
    1.5.2 仪器分析的发展趋势 ·· 11

第1篇 光谱及波谱分析

第2章 光谱分析导论 ·· 14
  2.1 光的本质 ·· 14
    2.1.1 光的波粒二象性 ·· 14
    2.1.2 电磁波 ··· 16
  2.2 光与物质的相互作用 ·· 18
    2.2.1 物质的光吸收与光发射 ··· 18
    2.2.2 物质的光散射 ·· 20
    2.2.3 光与物质作用的其他方式 ··· 21
  2.3 物质的颜色及测量 ·· 21
    2.3.1 物质的颜色与光的关系 ··· 21
    2.3.2 人类的色觉 ·· 23
    2.3.3 三原色原理 ·· 25
    2.3.4 标准色度学系统 ·· 26

2.3.5　色度计算方法 ··· 27
　2.4　光谱分析仪器 ·· 28
　　　2.4.1　光谱分析仪器的基本结构 ·· 28
　　　2.4.2　光源 ·· 28
　　　2.4.3　单色系统 ·· 28
　　　2.4.4　样品室 ··· 29
　　　2.4.5　检测系统 ·· 30
　　　2.4.6　数据处理和显示系统 ·· 31
　2.5　光谱分析法 ··· 31
　　　2.5.1　光谱分析法的分类 ··· 31
　　　2.5.2　光谱分析法的属性 ··· 33

第3章　紫外-可见分子吸收光谱分析 ·· 36
　3.1　分子轨道理论与有机分子的电子跃迁 ··· 36
　　　3.1.1　分子轨道理论 ·· 36
　　　3.1.2　电子跃迁的类型 ··· 37
　　　3.1.3　生色团和助色团 ··· 39
　　　3.1.4　波长红移与蓝移、增色与减色效应 ··· 40
　3.2　有机化合物的紫外-可见吸收光谱 ·· 42
　　　3.2.1　饱和烃及其衍生物 ··· 42
　　　3.2.2　不饱和烃及其共轭烯烃 ·· 43
　　　3.2.3　羰基化合物 ··· 43
　　　3.2.4　芳香族化合物 ·· 43
　3.3　无机化合物的紫外-可见吸收光谱 ·· 45
　　　3.3.1　电荷转移跃迁 ·· 45
　　　3.3.2　配位场跃迁 ··· 45
　3.4　影响紫外-可见分子吸收光谱的因素 ··· 46
　　　3.4.1　分子结构对光吸收的影响 ·· 46
　　　3.4.2　环境效应 ·· 47
　3.5　光吸收定律 ··· 49
　　　3.5.1　朗伯-比尔定律 ··· 49
　　　3.5.2　摩尔吸光系数和桑德尔灵敏度 ··· 50
　　　3.5.3　朗伯-比尔定律成立的前提条件 ·· 51
　　　3.5.4　朗伯-比尔定律的偏离 ·· 52
　3.6　紫外-可见分光光度计 ··· 54
　　　3.6.1　光源 ·· 55
　　　3.6.2　双光束光路系统 ··· 55
　　　3.6.3　样品池 ··· 55
　3.7　分子吸收光谱的测定 ·· 57
　　　3.7.1　试样的制备 ··· 57
　　　3.7.2　测量条件的选择 ··· 57

		3.7.3 参比溶液的选择 ·· 59
	3.8	金属离子的测定 ·· 60
		3.8.1 显色反应 ·· 60
		3.8.2 显色剂 ··· 60
		3.8.3 显色条件的选择 ·· 62
		3.8.4 干扰及其消除方法 ·· 64
	3.9	分子吸收光谱在药物分析中的应用 ·· 65
		3.9.1 定性分析 ·· 65
		3.9.2 定量分析 ·· 67

第4章 红外吸收光谱分析 ·· 72
- 4.1 概述 ·· 72
  - 4.1.1 基本概念 ·· 72
  - 4.1.2 红外光谱分析的特点及主要应用领域 ···························· 73
- 4.2 红外吸收光谱分析法的基本原理 ·· 74
  - 4.2.1 产生分子红外吸收的条件 ·· 74
  - 4.2.2 红外光谱分析的理论模型 ·· 75
  - 4.2.3 影响红外吸收峰强度的因素 ·· 77
  - 4.2.4 影响基团吸收峰位置的因素 ·· 78
- 4.3 红外吸收光谱与分子结构 ·· 80
  - 4.3.1 官能团区和指纹区 ·· 80
  - 4.3.2 红外光谱的基本区域 ·· 81
  - 4.3.3 典型化学键的红外吸收光谱 ·· 83
- 4.4 红外光谱分析法 ·· 85
  - 4.4.1 红外光谱定性分析 ·· 85
  - 4.4.2 红外光谱定量分析 ·· 85
- 4.5 红外吸收光谱仪及样品制备技术 ·· 86
  - 4.5.1 红外吸收光谱仪的类型及构成 ·· 86
  - 4.5.2 红外光谱分析的样品制备 ·· 88
- 4.6 近红外光谱分析 ·· 89
  - 4.6.1 概述 ·· 89
  - 4.6.2 近红外光谱分析原理 ·· 90
  - 4.6.3 近红外谱带的归属 ·· 91
  - 4.6.4 近红外光谱分析仪器简介 ·· 92
- 4.7 红外吸收光谱分析在药物研发中的应用 ···························· 95
  - 4.7.1 在合成类药物研发中的应用 ·· 95
  - 4.7.2 在中药活性组分研发中的应用 ·· 95
  - 4.7.3 药品鉴定和分析示例 ·· 96
  - 4.7.4 制药过程分析中的应用示例 ·· 97

第5章 分子发光分析 ·· 100
- 5.1 分子发光的类型 ·· 100

5.2 分子荧光分析法 101
5.2.1 荧光及磷光 101
5.2.2 分子荧光和磷光的产生 102
5.2.3 荧光激发光谱和发射光谱 104
5.2.4 荧光光谱的特征 105
5.2.5 荧光特征参数 107
5.2.6 荧光发射与分子结构 108
5.2.7 荧光分子的各向异性 111
5.2.8 影响分子荧光发射的环境因素 112
5.2.9 分子荧光分析法 116
5.2.10 分子荧光分析法的应用 118
5.2.11 荧光分光光度计 119
5.3 化学发光分析法 121
5.3.1 化学发光的产生 122
5.3.2 典型化学发光体系 124
5.3.3 化学发光分析仪器 128
5.4 生物发光分析法 129

第6章 光散射光谱分析 132
6.1 光散射现象及种类 132
6.1.1 光散射现象 132
6.1.2 光散射种类 132
6.2 光散射的本质 133
6.2.1 丁铎尔散射 133
6.2.2 瑞利散射 134
6.2.3 米氏散射 135
6.2.4 密度涨落理论 136
6.2.5 拉曼散射 138
6.2.6 布里渊散射 139
6.2.7 康普顿散射 140
6.3 共振光散射光谱分析 140
6.3.1 共振光散射光谱分析法的理论基础 141
6.3.2 共振光散射增强 142
6.3.3 共振光散射光谱分析法 142
6.3.4 共振光散射光谱分析法的应用 143
6.3.5 共振光散射技术的发展 144
6.4 拉曼散射光谱分析 144
6.4.1 概论 144
6.4.2 基本原理 144
6.4.3 激光拉曼光谱仪 146
6.4.4 激光拉曼光谱法 147

  6.4.5 共振拉曼散射光谱法 147
  6.4.6 表面增强拉曼散射光谱法 148

第7章 原子吸收光谱分析 150
7.1 概述 150
  7.1.1 原子吸收光谱分析法的优点 150
  7.1.2 原子吸收光谱分析法的局限性 150
7.2 原子吸收光谱分析法的基本原理 151
  7.2.1 原子吸收光谱的产生 151
  7.2.2 原子吸收谱线的特征 152
  7.2.3 原子吸收光谱的谱线变宽 153
7.3 原子吸收光谱的测量 157
  7.3.1 积分吸收测量法 157
  7.3.2 峰值吸收测量法 157
  7.3.3 锐线光源 158
  7.3.4 基态原子数与原子化温度 158
  7.3.5 原子吸收定量分析法的定量分析基础 159
7.4 原子吸收分光光度计 159
  7.4.1 光源 160
  7.4.2 原子化系统 160
  7.4.3 光学系统 161
  7.4.4 检测系统 162
7.5 原子吸收光谱分析法的干扰及其抑制 162
  7.5.1 光谱干扰及其抑制 162
  7.5.2 化学干扰及其消除 164
  7.5.3 物理干扰及其消除 164
7.6 定量分析方法 165
  7.6.1 标准曲线法 165
  7.6.2 标准加入法 165
  7.6.3 原子吸收光谱的测定条件 167
  7.6.4 原子吸收光谱分析法的特征参数 168
7.7 原子吸收光谱分析法在药物研发中的应用 168

第8章 原子发射光谱分析 173
8.1 概述 173
8.2 原子发射光谱分析法的基本原理 174
  8.2.1 原子发射光谱的产生 174
  8.2.2 谱线的类型 175
  8.2.3 谱线的宽度和轮廓 176
  8.2.4 谱线的自吸与自蚀 176
  8.2.5 影响谱线强度的因素 176
8.3 原子发射光谱仪 177

- 8.3.1 激发光源 178
- 8.3.2 分光系统 179
- 8.3.3 检测系统 181
- 8.4 原子发射光谱分析 183
  - 8.4.1 定性分析 183
  - 8.4.2 半定量分析 184
  - 8.4.3 定量分析 185
  - 8.4.4 分析线、内标元素及内标线的选择 186
- 8.5 原子发射光谱在药物研发中的应用 186
  - 8.5.1 在药品质量控制中的应用 187
  - 8.5.2 在药理毒理研究中的应用 187
  - 8.5.3 在中药研发中的应用 188
- 8.6 原子荧光光谱分析法 189
  - 8.6.1 原子荧光简介 189
  - 8.6.2 原子荧光光谱仪 189
  - 8.6.3 原子荧光分析法的特点及其应用 189

第9章 X射线光谱分析 191
- 9.1 概述 191
- 9.2 X射线的产生及弛豫现象 191
  - 9.2.1 X射线的产生 191
  - 9.2.2 弛豫现象 194
- 9.3 X射线光谱仪 194
  - 9.3.1 X射线源 194
  - 9.3.2 入射波长限定装置 195
  - 9.3.3 X射线检测器 196
  - 9.3.4 信号处理器 198
- 9.4 X射线吸收光谱分析法 198
  - 9.4.1 X射线的吸收 198
  - 9.4.2 X射线吸收光谱分析法的原理 198
  - 9.4.3 X射线吸收光谱分析法的应用 199
- 9.5 X射线荧光光谱分析法 199
  - 9.5.1 定性分析 200
  - 9.5.2 定量分析 200
  - 9.5.3 仪器装置 200
- 9.6 X射线衍射光谱分析法 201
  - 9.6.1 X射线衍射光谱分析法的原理 201
  - 9.6.2 晶体结构分析 202
  - 9.6.3 X射线衍射强度 205
  - 9.6.4 X射线衍射光谱分析 205
- 9.7 X射线光电子能谱分析法 208

	9.7.1 基本原理	208
	9.7.2 化学位移及其影响因素	208
	9.7.3 X射线光电子能谱仪	211
	9.7.4 X光电子能谱的定性与定量分析	214
9.8	X射线光谱分析在药物研发中的应用	215

第10章 核磁共振波谱分析 ··· 217

- 10.1 概述 ··· 217
- 10.2 核磁共振的原理 ··· 218
  - 10.2.1 原子核的自旋和磁矩 ··· 218
  - 10.2.2 核磁共振现象 ··· 220
  - 10.2.3 自旋弛豫 ··· 221
- 10.3 核磁共振波谱仪 ··· 221
  - 10.3.1 核磁共振的产生方式 ··· 221
  - 10.3.2 连续波核磁共振波谱仪 ··· 222
  - 10.3.3 脉冲傅里叶变换核磁共振波谱仪 ··· 224
- 10.4 化学位移 ··· 225
  - 10.4.1 化学位移的产生 ··· 225
  - 10.4.2 化学位移的表示方法 ··· 226
  - 10.4.3 化学位移的影响因素 ··· 227
  - 10.4.4 NMR波谱的测定 ··· 229
  - 10.4.5 常见结构的化学位移 ··· 231
- 10.5 自旋偶合和自旋分裂 ··· 231
  - 10.5.1 自旋偶合 ··· 231
  - 10.5.2 核的等价性 ··· 232
  - 10.5.3 偶合常数 ··· 233
- 10.6 核磁共振氢谱的解析 ··· 235
  - 10.6.1 核磁共振氢谱 ··· 235
  - 10.6.2 核磁共振氢谱的解析步骤 ··· 235
- 10.7 核磁共振碳谱及解析 ··· 236
  - 10.7.1 核磁共振碳谱的特点 ··· 236
  - 10.7.2 ^{13}C核磁共振谱的化学位移 ··· 237
  - 10.7.3 影响^{13}C化学位移的因素 ··· 238
  - 10.7.4 常见的^{13}C核磁共振谱 ··· 239
  - 10.7.5 ^{13}C核磁共振谱的解析步骤 ··· 241
- 10.8 二维核磁共振谱 ··· 242
  - 10.8.1 基本原理及类别 ··· 242
  - 10.8.2 同核化学位移相关谱 ··· 243
  - 10.8.3 多量子跃迁谱 ··· 244
- 10.9 核磁共振波谱在药物研发中的应用 ··· 245
  - 10.9.1 药物靶标生物大分子结构的解析 ··· 245

10.9.2　药物代谢和药物筛选中的应用 246
10.10　现代磁共振分析技术 246
　10.10.1　固体高分辨核磁共振谱 246
　10.10.2　计算机辅助有机化合物结构解析 247

第11章　质谱分析 251

11.1　概述 251
　11.1.1　质谱与质谱分析法 251
　11.1.2　质谱分析法的特点 252
11.2　质谱分析仪 253
　11.2.1　质谱分析仪的主要构件 253
　11.2.2　真空系统 253
　11.2.3　进样系统 253
　11.2.4　离子源 255
　11.2.5　质量分析器 260
　11.2.6　检测器及数据处理系统 264
　11.2.7　质谱仪的主要性能指标 265
11.3　质谱图及化学键的主要裂解方式 267
　11.3.1　质谱的表示方式 267
　11.3.2　质谱图中主要离子峰类型 268
　11.3.3　化学键的主要裂解方式 271
11.4　质谱定性与定量分析 273
　11.4.1　质谱定性分析 273
　11.4.2　质谱定量分析 275
11.5　现代质谱分析技术 276
　11.5.1　基质辅助激光解吸离子化-飞行时间质谱 276
　11.5.2　傅里叶变换离子回旋共振质谱仪 277
　11.5.3　串联质谱 277
　11.5.4　电感耦合等离子体质谱 279

第2篇　电化学分析

第12章　电化学分析导论 282

12.1　概述 282
　12.1.1　电化学分析法分类 283
　12.1.2　电化学分析法的特点 284
12.2　化学电池 284
　12.2.1　化学电池的种类 284
　12.2.2　丹尼尔电池 284
12.3　电池电动势 286
　12.3.1　电极-溶液相界面电位差 286
　12.3.2　液体-液体相界面电位差 286

12.3.3　电极-导线相界面电位差 287
12.3.4　原电池的电动势 287
12.4　极化现象 287
12.4.1　浓差极化 287
12.4.2　电化学极化 288
12.5　指示电极 288
12.5.1　金属基电极 289
12.5.2　膜电极 291
12.6　参比电极 293
12.6.1　甘汞电极 294
12.6.2　银-氯化银电极 295
12.7　盐桥 295

第13章　电导分析 298
13.1　概述 298
13.2　电解质溶液的导电现象 298
13.2.1　导体 298
13.2.2　电解质溶液的导电机制 301
13.2.3　法拉第定律 301
13.3　电导分析法的基本原理 302
13.3.1　电导与电导率 302
13.3.2　影响电导分析法的因素 303
13.4　溶液电导的测量 305
13.4.1　电极和电导池 305
13.4.2　电导仪 306
13.4.3　无电极式电导测量法 306
13.4.4　非接触式电导法 306
13.5　电导分析法及其应用 307
13.5.1　直接电导法 307
13.5.2　电导法的应用 307
13.6　电导检测器 309
13.6.1　接触式电导检测器 309
13.6.2　非接触式电导检测器 310

第14章　电位分析 312
14.1　概述 312
14.2　电位分析法的理论基础 312
14.3　酸度计 314
14.3.1　酸度计的种类与结构 314
14.3.2　pH计的工作原理 315
14.4　离子选择电极 317
14.4.1　离子选择电极的种类 317

14.4.2　原电极 …………………………………………………………………… 318
　　14.4.3　敏化膜电极 ………………………………………………………………… 323
　　14.4.4　离子敏场效应晶体管 ……………………………………………………… 326
　　14.4.5　离子选择电极的性能参数 ………………………………………………… 326
14.5　直接电位分析 …………………………………………………………………… 328
　　14.5.1　标准曲线法 ………………………………………………………………… 329
　　14.5.2　直接比较法 ………………………………………………………………… 329
　　14.5.3　标准加入法 ………………………………………………………………… 329
14.6　电位滴定法 ……………………………………………………………………… 331
　　14.6.1　滴定曲线及滴定终点 ……………………………………………………… 331
　　14.6.2　指示电极的选择 …………………………………………………………… 333
14.7　压电现象 ………………………………………………………………………… 335
　　14.7.1　压电效应的原理 …………………………………………………………… 335
　　14.7.2　压电材料的主要参数 ……………………………………………………… 336
　　14.7.3　压电方程 …………………………………………………………………… 338
　　14.7.4　压电振子 …………………………………………………………………… 338

第15章　极谱法与伏安分析 …………………………………………………………… 342
15.1　概述 ……………………………………………………………………………… 342
15.2　经典极谱分析 …………………………………………………………………… 343
　　15.2.1　极谱分析法原理 …………………………………………………………… 343
　　15.2.2　极谱波 ……………………………………………………………………… 344
　　15.2.3　极谱波的类型 ……………………………………………………………… 345
　　15.2.4　极谱波方程 ………………………………………………………………… 346
　　15.2.5　扩散电流方程 ……………………………………………………………… 346
　　15.2.6　干扰电流及其消除 ………………………………………………………… 347
　　15.2.7　极谱法的测定 ……………………………………………………………… 348
　　15.2.8　极谱法的应用 ……………………………………………………………… 349
15.3　现代极谱分析 …………………………………………………………………… 349
　　15.3.1　单扫描极谱法 ……………………………………………………………… 349
　　15.3.2　脉冲极谱法 ………………………………………………………………… 350
　　15.3.3　极谱催化波 ………………………………………………………………… 351
15.4　伏安分析法 ……………………………………………………………………… 352
　　15.4.1　循环伏安法 ………………………………………………………………… 353
　　15.4.2　溶出伏安法 ………………………………………………………………… 354
15.5　超声电分析化学 ………………………………………………………………… 355
　　15.5.1　超声伏安分析法 …………………………………………………………… 356
　　15.5.2　电极过程动力学 …………………………………………………………… 356
　　15.5.3　超声电化学发光分析 ……………………………………………………… 356

第3篇 色谱及分离分析

第16章 色谱分析法导论 ··· 359
16.1 概述 ··· 359
16.1.1 物质的分离与色谱法 ··· 359
16.1.2 色谱过程 ··· 360
16.2 色谱流出曲线及有关术语 ··· 361
16.2.1 色谱流出曲线 ··· 361
16.2.2 色谱峰形参数 ··· 363
16.2.3 保留值 ··· 364
16.2.4 分配平衡中的基本概念 ··· 366
16.2.5 柱效参数 ··· 368
16.2.6 分离度 ··· 369
16.3 色谱法的分类及其分离机制 ··· 370
16.3.1 色谱法的分类 ··· 370
16.3.2 基本类型色谱法的分离机制 ··· 371
16.4 基本分离方程式及影响分离度的因素 ··· 372
16.4.1 基本分离方程式 ··· 372
16.4.2 影响分离度的因素 ··· 374

第17章 平面色谱分析 ··· 378
17.1 概述 ··· 378
17.2 薄层色谱法的分类 ··· 378
17.2.1 吸附薄层色谱法 ··· 379
17.2.2 分配薄层色谱法 ··· 379
17.2.3 分子排阻薄层色谱法 ··· 379
17.2.4 离子交换薄层色谱法 ··· 379
17.2.5 聚酰胺薄层色谱法 ··· 380
17.3 固定相的选择 ··· 380
17.3.1 常见薄层色谱固定相 ··· 380
17.3.2 硅胶 ··· 381
17.3.3 氧化铝 ··· 381
17.4 展开剂的选择 ··· 382
17.4.1 选择原则 ··· 382
17.4.2 最佳展开系统 ··· 382
17.5 薄层色谱分离过程 ··· 383
17.5.1 铺制薄层板 ··· 383
17.5.2 点样 ··· 383
17.5.3 展开 ··· 384
17.5.4 显色与检视 ··· 385
17.5.5 记录 ··· 385

17.6 薄层色谱的系统适应性实验 386
 17.6.1 检测灵敏度 386
 17.6.2 比移值测定 386
 17.6.3 分离效能 387
17.7 薄层色谱扫描法 387
17.8 薄层色谱法在药物分析中的应用 388
 17.8.1 定性鉴别 388
 17.8.2 杂质限度检查 388
 17.8.3 含量测定 389
 17.8.4 应用示例 389

第18章 气相色谱分析 394

18.1 概述 394
18.2 气相色谱法的基本原理 394
 18.2.1 气相色谱的分离过程 394
 18.2.2 塔板理论 395
 18.2.3 速率理论 399
18.3 气相色谱仪 406
 18.3.1 气相色谱仪的构成 406
 18.3.2 气相色谱仪的构件系统 406
 18.3.3 气相色谱检测器 407
18.4 气相色谱固定相及色谱柱 412
 18.4.1 担体 412
 18.4.2 固定液 413
 18.4.3 气固色谱固定相 414
 18.4.4 气相色谱柱 415
18.5 气相色谱的定性与定量分析 420
 18.5.1 定性分析方法 420
 18.5.2 定量分析方法 421
18.6 气相色谱法在药物分析中的应用 424
 18.6.1 系统适用性实验 424
 18.6.2 气相色谱法在药物鉴别中的应用 425
 18.6.3 气相色谱法在杂质检查中的应用 425
 18.6.4 气相色谱法在药物含量测定中的应用 427
18.7 气相色谱-质谱联用 428
 18.7.1 GC-MS 联用仪简介 428
 18.7.2 气相色谱-质谱联用的定性与定量分析 431

第19章 高效液相色谱分析 433

19.1 概述 433
19.2 高效液相色谱法的基本原理 433
 19.2.1 吉丁斯方程 433

19.2.2 吉丁斯方程讨论 434
19.2.3 高效液相色谱的范氏方程 436
19.2.4 气相色谱与液相色谱的对比 436

19.3 高效液相色谱法的主要类型 437
19.3.1 液固色谱法 437
19.3.2 液液分配色谱法 437
19.3.3 离子交换色谱法 437
19.3.4 分子排阻色谱法 438

19.4 高效液相色谱仪 438
19.4.1 输液系统 438
19.4.2 进样系统 439
19.4.3 分离系统 440
19.4.4 检测系统 441
19.4.5 数据处理系统和计算机控制系统 444

19.5 高效液相色谱的固定相和流动相 444
19.5.1 高效液相色谱填料 444
19.5.2 化学键合相固定相 445
19.5.3 其他种类固定相 447
19.5.4 高效液相色谱流动相 449
19.5.5 化学键合相色谱法 451
19.5.6 反相离子对色谱法 452

19.6 高效液相色谱法在药物分析中的应用 453
19.6.1 在药物鉴别中的应用 453
19.6.2 在药物杂质检查中的应用 453
19.6.3 在药物含量测定中的应用 456

19.7 超高效液相色谱 458
19.7.1 简介 458
19.7.2 理论基础 458
19.7.3 超高效液相色谱仪系统 459

19.8 制备液相色谱 460
19.8.1 制备型色谱柱的选择 461
19.8.2 流动相的选择 461
19.8.3 检测器 461
19.8.4 上样量 462
19.8.5 馏分收集及纯化后处理 462

19.9 液相色谱-质谱联用 462
19.9.1 液相色谱-质谱联用分析过程 462
19.9.2 液相色谱-质谱联用接口 463
19.9.3 色谱单元 464
19.9.4 质量分析器 465

19.9.5　液相色谱-质谱联用的定性与定量分析 ································ 465
第 20 章　超临界流体色谱分析 ·· 468
　20.1　概述 ··· 468
　20.2　超临界流体 ··· 469
　　20.2.1　超临界流体的概念与特性 ·· 469
　　20.2.2　常用超临界流体 ·· 470
　20.3　超临界流体色谱 ··· 471
　　20.3.1　超临界流体色谱的分离原理 ······································ 471
　　20.3.2　超临界流体色谱的特点 ·· 472
　20.4　超临界流体色谱设备 ··· 473
　　20.4.1　流动相 ·· 473
　　20.4.2　固定相 ·· 474
　　20.4.3　超临界流体色谱仪 ·· 475
　20.5　超临界流体萃取分离法 ··· 476
　　20.5.1　超临界流体萃取 ·· 476
　　20.5.2　超临界流体的选择 ·· 478
　　20.5.3　超临界流体萃取工艺的基本类型 ·································· 478
　　20.5.4　影响超临界流体萃取效率的主要因素 ······························ 480
　　20.5.5　超临界流体萃取的特点 ·· 480
　　20.5.6　超临界流体的应用及发展前景 ···································· 481
　20.6　超临界萃取技术在中药提取分离中的应用 ······························· 483
第 21 章　毛细管电泳分析 ·· 485
　21.1　概述 ··· 485
　21.2　毛细管电泳基础理论 ··· 485
　　21.2.1　毛细管 ·· 485
　　21.2.2　电渗流 ·· 486
　　21.2.3　电泳淌度 ·· 487
　　21.2.4　焦耳热 ·· 488
　　21.2.5　柱效与分离度 ·· 488
　　21.2.6　毛细管电泳仪器结构 ·· 489
　　21.2.7　毛细管电泳分析的特征 ·· 489
　21.3　毛细管电泳的分离模式与原理 ··· 489
　　21.3.1　毛细管区带电泳 ·· 489
　　21.3.2　胶束电动毛细管色谱 ·· 490
　　21.3.3　毛细管电色谱 ·· 491
　　21.3.4　毛细管凝胶电泳 ·· 491
　　21.3.5　毛细管等电聚焦 ·· 492
　　21.3.6　毛细管等速电泳 ·· 492
　21.4　毛细管电泳的进样技术 ··· 493
　　21.4.1　毛细管电泳进样类别 ·· 493
　　21.4.2　压力进样 ·· 493

21.4.3 电动进样 … 494
21.5 毛细管电泳的信号检测 … 494
21.5.1 光学检测 … 494
21.5.2 电化学检测 … 495
21.5.3 质谱检测 … 496
21.6 毛细管电泳分析法在药物研发中的应用 … 497
21.6.1 定性定量分析 … 497
21.6.2 药物筛选 … 498
21.7 微流控技术简介 … 500
21.7.1 色谱分离芯片 … 500
21.7.2 药物筛选微流控芯片 … 501

第4篇 成像分析

第22章 光学显微成像分析 … 504
22.1 概述 … 504
22.1.1 显微术与显微成像系统 … 504
22.1.2 光学显微镜与电子显微镜 … 505
22.2 光学显微镜的工作原理 … 506
22.2.1 光学显微镜成像原理 … 506
22.2.2 光学显微镜成像分辨率极限 … 507
22.3 光学显微镜结构 … 511
22.3.1 机械构造 … 511
22.3.2 光学系统 … 512
22.4 现代光学显微技术 … 513
22.4.1 光学显微镜的分类 … 513
22.4.2 光学显微镜的应用 … 515
22.5 荧光显微成像分析 … 516
22.5.1 概述 … 516
22.5.2 荧光显微成像原理 … 516
22.5.3 荧光显微镜的仪器结构、数据采集及分析 … 517
22.5.4 激光共聚焦显微镜的仪器结构 … 519
22.5.5 荧光显微成像分析的应用 … 519

第23章 电子显微成像分析 … 524
23.1 概述 … 524
23.2 透射电子显微成像分析 … 524
23.2.1 透射电子显微镜的结构 … 524
23.2.2 主要部件结构及工作原理 … 529
23.2.3 透射电子显微镜分辨率和放大倍数的测定 … 531
23.2.4 样品制备 … 531
23.2.5 表面复型 … 532

23.2.6 透射电子显微镜的应用 533
23.3 扫描电子显微成像分析 534
23.3.1 概述 534
23.3.2 成像原理 535
23.3.3 扫描电子显微镜结构 537
23.3.4 扫描电子显微镜与透射电子显微镜的主要区别 539
23.3.5 扫描电子显微镜的应用 540

第 24 章 原子力显微成像分析 543
24.1 概述 543
24.1.1 原子力显微镜的诞生 543
24.1.2 原子力显微镜的特点 544
24.2 原子力显微成像的基本原理 545
24.2.1 原子之间的作用力 545
24.2.2 原子力显微镜扫描成像原理 546
24.2.3 原子力显微镜的基本成像模式 546
24.2.4 原子力显微镜成像信息 549
24.3 原子力显微成像的试样准备 550
24.4 原子力显微成像的应用 551
24.4.1 形貌成像分析 551
24.4.2 研究不同对象间的作用力 553
24.4.3 纳米加工及操纵 553
24.4.4 原子力显微成像的优点 554
24.4.5 原子力显微成像的发展 554

第 25 章 临床医学成像分析 556
25.1 概述 556
25.2 X 射线透视影像 557
25.2.1 诊断用 X 射线机 557
25.2.2 电子计算机断层扫描摄影 560
25.3 超声波及超声成像 561
25.3.1 超声波 561
25.3.2 超声波的传播 562
25.3.3 医用超声诊断仪 563
25.3.4 医用超声的临床应用 564
25.3.5 超声造影剂 566
25.4 医用核磁共振成像 567
25.4.1 医用核磁共振成像的原理 567
25.4.2 医用核磁共振仪构成 569
25.4.3 超导型 MRI 设备 570
25.4.4 医用核磁共振仪的临床应用 571

第 1 章 绪　　论

使用和制造工具是人类进化史上的一个大事件。使用天然工具是人类在人体形态发生了前后肢分工和两足直立行走以适应自然生存环境的一大成果。在本质上，人类有别于其他动物就在于除了使用工具以外还可以制造工具。毛泽东(1893—1976)曾说过，"生产力有两项，一项是人，一项是工具。工具是由人创造的。"爱迪生(Thomas Alva Edison，1847—1931)认为，"地球上的一切工具和机器，不过是人肢体的知觉的发展而已。"使用和制造工具一方面扩展了人体功能，另一方面提高了劳动效率，有效促进了社会生产力的发展。

人们在探索客观物质世界的时候，越来越认识到使用和制造工具的重要性。孔子(公元前551—公元前479)曾说，"工欲善其事，必先利其器"[①]。明朝科学家宋应星(1587—约1666)在其被外国学者称为"中国17世纪的工艺百科全书"——《天工开物》的开篇《宋应星·序》中指出，"天覆地载，物数号万，而事亦因之，曲成而不遗，岂人力也哉"。但是，哥本哈根学派认为，"自然科学不是自然界本身，而是人与自然界关系的一部分，因而依赖人。"所以，无论使用什么工具去认识和探测客观世界，都仅是抽象的，且这些抽象在任何时候都仅仅能近似地、有条件地揭示物质世界的本质，虽然随着科学的发展能尽量获得多的信息，但绝对不可能达到物质世界的全部。

仪器(instruments)是形形色色工具中的一个类别，是人们为了从事生产活动而制造出来可以进行观察、测量或者具有某种特定用途的器具(appliances)或装置(devices)，属于高新技术产品。仪器的发明、发展和升级改造充分体现了科学和技术的相互关系，是人类在生产实践和劳动过程中的知识积累和智慧结晶。一方面科学问题需要新仪器去发现和解决，以至于人们不断研制新仪器，促进科学发展；另一方面科学的发展和进步又反过来促进了新仪器的产生和旧仪器的升级换代。所以，科学技术化和技术科学化导致了科学技术一体化，使得科学越来越离不开技术，而以发现和总结规律为使命的科学研究行为也越来越离不开实验观察和仪器设备。

仪器与设备(equipment)有不同的含义。前者通常是指用于分析、测量和工业控制等具有一定具体用途的精密器件或实验机器；而后者通常是指用于生产或施工现场的工具。仪器与仪表(meter)的含义也不相同。仪器是由多个部件组成的，结构复杂，形状多种多样，大小、体积、质量各不相同；而仪表通常是指只有数据指示功能的简单装置或者器件(devices)，如压力表、温度表、钟表等。仪器可以包括仪表，但仪表不包括仪器。

药学和制药学工作者为了研究和开发各种药物，需要正确和熟练使用一些分析仪器，从而高效、快速、准确地确定有关药物的组成、含量，需要在药物研发、制造，以及生产、销售、流通和使用等各环节中进行分析测定和药物质量控制。

[①] 《论语·卫灵公》：子贡问为仁。子曰："工欲善其事，必先利其器。居是邦也，事其大夫之贤者，友其士之仁者。"

1.1 什么是仪器分析

1.1.1 分析仪器

人们借助于仪器从事合成、量测或者描绘工作,从而完成手工难以进行的工作、获得手工难以得到的信息。显然,仪器扩展了人体器官的功能,是利用人类的聪明才智创造出来的一种具有特殊性能和功能的工具。劳动工具是社会进步的产物,而仪器的产生则有赖于人文、历史、自然科学与技术的综合发展。

仪器种类复杂、品种繁多,并且随着现代计算机和电子学的发展不断出现新仪器。根据其组成结构、制造原理、功能和用途及应用范围等,仪器有很多种分类方法。例如,用于科学研究和日常生活中获取数据的科学仪器(scientific instruments)和常规检测设备应用于测量和比较物质物理性质的测量仪器(measuring instruments);用于诊断和处置疾病的医疗仪器(medical instruments);用于几何构图、天文、测绘和导航的数学器具(mathematical instruments);在量子理论中与测量和量子操作相结合的量子仪器(quantum instruments);用于测量速度、高度和相关航空器飞行角的航空仪器(flight instruments)。这些仪器种类仅是各种仪器中的一部分,它们为人们的生产、生活和科学实验带来了极大便利,同时也提高了获取信息的准确度(accuracy)和精确度(precision)。

分析化学是关于信号测量的科学,是通过测定待测物质在化学、物理或生物作用过程中产生信号来确定其是什么、有多少、形态或结构如何的科学。大多数科学仪器是以测量为目的的,所以人们很自然地把分析化学与科学仪器相联系,其结果是产生了不同分析测试目的的分析仪器(analytical instruments)。

分析仪器名目繁多、种类复杂,是科学仪器的一个类别。这些仪器需要特定的设计、构建、加工,并且随着科学研究需求变得更加准确和精细。所以顾名思义,分析仪器就是用于以分析测量为目的仪器。表1-1列出了一些用于不同目的的分析仪器。

表 1-1 用于不同目的的分析仪器

仪器类别	科研用途	仪器类别	科研用途
光谱仪(spectrometer)	光频率、波长和振幅	显微镜(microscope)	光学放大
核磁共振(NMR)	波谱、化合物鉴别、医学诊断成像	示波器(oscilloscope)	电信号包括电压、振幅、波长、频率、波形
偏振光椭圆率测量仪(ellipsometer)	光学折光指数	干涉仪(interferometer)	红外光谱
质谱(mass spectrometer)	化合物鉴定和表征	DNA测序仪(DNA sequencer)	分子生物学
摄谱(spectrogram)	声频、波长、振幅	热量计(calorimeter)	热
酸度计(pH meter)	酸度	望远镜(telescope)	光学放大(天文学)
静电计(electrometer)	电荷、势差	磁力计(magnetometer)	磁通量
验电器(electroscope)	电荷	磁力记录计(magnetograph)	磁场
风速计(anemometer)	风速	加速计(accelerometer)	物理加速
测径器(caliper)	距离	密度计(gravimeter)	密度、重力

1.1.2 仪器分析

仪器分析(instrumental analysis)是分析化学学科的一个重要分支，是基于物质本身固有的物理或物理化学性质，借助科学仪器(分析仪器)来确定物质的组成、含量、结构等。在物理、化学、机械、电子和计算机等相关学科的推动下，分析仪器不断发展，并且随着相关学科的发展要求出现了具有不同功能的新仪器。

化学分析是以物质的定量化学反应为基础，基于化学试剂与待测物质发生定量化学反应并借助于指示剂产生人眼可观察的信号而建立起来的分析方法。这些方法虽然简单、准确并且应用广泛，但仅适用于常量分析范围，而对样品中物质含量低的成分无能为力。这时需要借助仪器来扩展功能，实现分析测试目的。一般要依靠仪器来进行信号测量，因而习惯上称为仪器分析。与化学分析相比，仪器分析是以物质的物理或物理化学性质为基础的，测定与量有关的物理参数。

仪器分析具有化学分析不可比拟的优点，是 3S(speediness，sensitivity，selectivity)和 3A(accuracy，automation，application)的典范。首先，仪器分析操作简便、方法快速、灵敏度高、选择性好，能同时进行多组分分析和复杂样品分析；其次，仪器分析更容易实现自动化且能利用多种仪器分析方法联用，产生许多新的功能，具有更为广泛的用途。但是，仪器分析也有不足，如误差较大，仪器设备通常大型、昂贵、复杂，不易携带和普及推广。此外，仪器分析方法必须与化学、生物或物理作用相结合才能产生可检测的信号。

1.2 为什么要学习仪器分析

1.2.1 仪器分析的任务

由于人类对世界的认识从其所处的宏观世界开始不断朝着宇观和微观尺度上两个完全不同的方向发展，已经大到广袤宇宙(cosmos；universe)和小到夸克(quarks)粒子等水平。研究这些在不同大小尺度水平上发生的相互作用事件仅仅靠手工劳动和人体感知是不可能实现的，需要借助各种各样的科学设备来延伸人体功能，从而完成很多复杂而艰巨的任务。对于药学工作者，就是利用仪器设备不断进行新药研发和提高药物质量控制水平，研究药物分子与人体各个部位、器官、组织、细胞、分子等不同水平的作用机制。为此，药物工作者需要掌握一定的现代仪器分析基础知识。

有人误认为只要熟练使用某一型号的仪器设备就学好仪器分析了。实际上，学习仪器分析不是为了学会使用某一台、某个型号或某一种分析仪器。分析仪器很多，有不同类别、型号和功能，并且随着科学技术的发展，仪器设备的种类和功能还在不断升级，不同功能的仪器甚至可以进行组装(assembly)和联用(coupling or hyphenating)从而产生新的功能。即使是同一种仪器，不同厂家生产的仪器结构、零部件、功能和软件操作都有很大不同；同一个厂家生产的同一种仪器，仪器型号也在不断升级、改造和更新。因而，不可能学会了某一种仪器就成为仪器分析专家。我们以手机为例做一个简单说明。虽然不同品牌手机的很多功能是相同的，但设计、构造和使用软件不同，因而操作不同；即使是同一品牌的手机也在不断升级换代。因此，学习仪器分析的目的不是学会使用某一台设备，而是怎样利用仪器设备为人类工作，在熟练使用和掌握仪器的基础上进一步改造仪器，并通过适当编写或添加软件，开发仪器的新功能。

作为初学者,须掌握建立仪器分析方法所依据的基本原理、掌握分析仪器的基本结构、了解分析方法的应用范围,以此为基础再根据仪器使用说明书就能很快熟悉和使用新品牌、新型号的分析仪器开展分析测试工作。

1.2.2 可用于分析目的物质性质

与化学分析不同,仪器分析所依据的是物质的物理或物理化学性质及其所展现出来的可检测信号。在基础分析化学中,一个分析方法是建立在使用试剂(R)与样品中待测物质(T)发生定量相互作用基础之上的,即

$$nT + mR \rightleftharpoons T_nR_m \tag{1-1}$$

当试剂与待测物质发生相互作用以后,会产生如光、电、磁、声、热、体积、质量等反映物质的量性质的信号变化。

在基础分析化学中,滴定分析法是借助于指示剂的颜色变化来指示终点,但测定的是体积,获取的是有关容量信息,并进一步依据容量和溶液的浓度获得物质的量。实际上,凡是能产生反映物质的量性质变化的信号参数都可以应用于建立分析方法。表 1-2 列举了一些能反映物质的量性质的物理性质及据此建立起来的分析方法,且大多数分析方法已经在生产实践中得到广泛使用。

表 1-2 物质的量性质与分析方法

	分析信息	分析信号	分析方法
化学分析	酸碱反应、配位反应、氧化还原反应、沉淀反应	容量(体积)	容量分析
	沉淀反应	质量	质量分析法、离心分离分析
仪器分析	光学性质	光吸收	分子吸收光谱法(紫外-可见、红外)、原子吸收光谱法、核磁共振波谱法、电子自旋共振波谱法
		光发射	分子发射光谱法(分子荧光、磷光)、原子发射光谱法(X射线、原子荧光)、放射化学法
		光散射	浊度法、光散射光谱法、拉曼光谱法
		光折射	折射法
		光衍射	X射线衍射法、电子衍射法
		光偏振	偏振法、旋光色散法、圆二色光谱法
	电学性质	电位	电位法
		电导	电导法
		电流	极谱法、溶出伏安法、电流滴定法
	热性质	热量	热导法、热焓法
	质量性质	相分配(吸附)	气相色谱法、液相色谱法、薄层色谱法、纸色谱法
		质荷比	质谱法

1.2.3 仪器分析的内容

如前所述，仪器分析方法的建立是依据物质的量的物理或物理化学性质。由于能反映物质数量的物理或物理化学性质很多，相应的仪器分析方法就很多。正如表 1-2 所示，基于物质的不同性质如容量性质、光吸收与发射性质、反应过程中电子转移性质及物质与物质之间弱相互作用性质等，都已经建立起了相应的分析方法。习惯上，仪器分析方法分为三大类，即光谱及波谱分析法、色谱分析法和电化学分析法。随着现代仪器分析的发展和现代生命科学与医学的需求，成像分析也成为十分重要的内容，在基础研究和临床医学实践中都具有十分重要的地位。

例如，光谱及波谱分析法主要是基于待测物质受到光、热、电流或电压刺激下物质的原子或分子内部发生能级之间的跃迁，产生了光吸收和光发射现象。根据吸收和发射光的波长或强度来确定待测物质的组成、含量、结构和形态等数据。通常情况下，光谱分析(spectrometric analysis)是利用光与物质相互作用产生的光谱来鉴别物质及确定其化学组成和相对含量的方法，其优点是快速、灵敏；而波谱分析(spectral analysis)则是依据光学理论来研究物质分子结构与电磁辐射之间的关系，从而分析和鉴定物质分子的几何异构、旋光异构、构象异构等分子空间结构特性，在有机结构分析和鉴定中起着十分重要的作用，是新药研发、药物结构分析和鉴定的基本手段。光谱分析和波谱分析的不同点在于前者强调待测对象量的概念，而后者更强调待测对象的结构问题。

学习与思考

(1) 想一想身边的物质都有哪些性质已经利用起来作为分析测试目的？是否还有其他一些能反映物质的量的物理或物理化学性质还没有利用起来用于分析测量？
(2) 你已经使用过哪些分析仪器？这些仪器所测定的信号是什么？与物质的哪些性质相联系？
(3) 你所遇到的分析仪器主要由哪些部分构成？

1.2.4 分析仪器的类型与结构

虽然分析仪器的种类繁多，但其基本的结构框架是不变的，一般具有五个系统(图 1-1)，包括：①使物质产生信号的外刺激(如光、热、电等)系统；②样品注入系统；③物质(样品)受外刺激产生的响应(信号)检测系统；④信号转换和处理系统；⑤数据读出与信息储存系统。

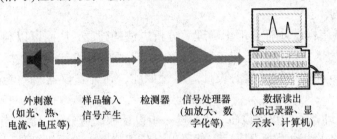

图 1-1 分析仪器的基本结构

例如，一台光学仪器，首先需要有对物质产生刺激的光源系统，但光源系统的设计和构造要依据测定物质的性质而有不同的光源系统。在紫外-可见吸收光谱仪中，测定的是电子吸收光谱，使用的是在紫外-可见区光发射强度大且发光性能稳定的氘灯和碘钨灯；而在荧光光谱仪中要使用功率更大的氙灯；在红外吸收光谱仪中，需要产生稳定红外波段的发射光，且该发射光能被在该波段具有吸收特性的有机化合物吸收，因而使用能斯特(Nernst)灯；在原子吸收光谱中则需要使用锐线光源，如空心阴极灯。

不同仪器对样品室和光路设计有不同要求。紫外-可见分光光度计用于测定物质分子的吸收，光源、样品和检测器需要保持在一条直线上；但荧光分光光度计检测的是荧光物质受光辐射产生的荧光，为了避免刺激荧光物质的激发光对荧光信号检测的影响，需要把光源、样品架和检测器设计成相互垂直的结构；而在荧光成像分析中，则可能考虑激发和发射光线传播方向设计成 360°的反向结构。

由于待测物质受外刺激后产生不同的信号，因而检测器也不同。检测器首先要对所产生的信号有快速、准确的响应，因而必须对信号十分敏感。光学定量分析仪器中通常使用对光敏感的光电倍增管(photomultiplier, PMT)；而在光学成像分析仪器中就要求使用灵敏度更高、信号感应面更大的电荷耦合元件(charge-coupled devices, CCD)作为图像感应器。

当检测器检测到信号以后，这些信号往往比较弱，需要放大和数字化，需要对所获数据做进一步加工和处理。对于简单的分析仪器，这种加工和处理相对简单；但对大型仪器，这种处理就十分复杂。随着计算机技术的发展，获取和处理这些信息以后就可以直接展示出来，给出分析测定结果，并可以进一步自动储存、归纳和分析，最后得出科学结论。

1.3　如何学好仪器分析

虽然分析仪器种类众多、结构复杂，但学习时只要举一反三，掌握仪器分析方法的原理及由此而设计的仪器结构就能事半功倍。

(1) 理解每种仪器分析方法的基本原理是学好仪器分析的关键。分析仪器的设计依据物质相互作用过程中受外刺激产生的可检测信号，所以仪器设计必须尽最大可能检测到物质受外刺激产生的响应信号。同样，为了实现分析方法的高灵敏度，必须使待测物质能在外刺激下产生最大信号。为此，需要清楚地理解仪器分析方法的原理，才能正确地使用仪器，构建分析方法，实现样品的灵敏测定。

(2) 学习仪器分析一定要理论联系实际，进行大量的实验训练。仪器分析是一门理论与实验结合紧密的课程，只有不断地使用分析仪器，熟能生巧，才能对仪器分析的原理和分析仪器的结构有更好的体会。

(3) 掌握仪器结构设计有益于正确理解分析方法的建立，从而可以利用分析仪器开展创新的研究工作。为了实现仪器的快速、准确、功能多样化和自动化，每一种型号的分析仪器构造和使用等方面都进行了精心设计。尽管如此，在开发仪器新功能方面仍具有非常大的潜力。

(4) 大胆地拆卸熟悉的仪器设备，从而进一步设计和改造分析仪器。当对仪器结构有相当了解并且有很好的实践动手能力以后，就可以对分析仪器中除关键部件以外的一些小部件进行拆卸，可以对仪器的部件进行创新设计和改造，进一步提升分析仪器的性能。

1.4 现代仪器分析在新药研发中的应用

药物必须安全、有效、性能稳定且质量可控。新药研发(drug research and development)的最终目的是合成具有全新结构的化合物、改变给药途径或剂型来提高药物治疗效果和稳定性，减少副作用。新药研发通常是指从新化合物发现到新药上市的全过程。在上市以前，新药要经历药物发现(drug discovery)、药物临床前研究(preclinical study)和药物临床研究(drug clinical trial)三个阶段，其中后两个阶段通常又称为药物开发(drug development)阶段。当新药研发出来以后，还要经历新药申请、生产、上市及上市后监测等阶段。

在新药研发的整个过程中，涉及分析化学、药物分析学、有机化学、生物化学、微生物学、药剂学、药代动力学及统计学等十几门学科甚至更多知识，但分析化学及药物分析学在其中的每一个环节都起着十分重要的作用，并且由于各环节中的复杂程度不同，所需要的分析方法、手段和仪器设备都不相同。

1.4.1 药物发现过程中的仪器分析

药物发现就是针对某一疾病找到并确定具有活性的先导化合物，这是药物研发的第一个过程。这个过程有以下三个环节。

1. 药物靶点的确认

药物靶点(drug target)是指药物在体内作用结合的位点，包括基因位点、受体、酶、离子通道蛋白、核酸等生物大分子，以及转运体、免疫系统。药物发现的首要任务就是确认药物靶点，药物靶点确认的重要性不言而喻。目前，已经发现了大约500个用于药物治疗的靶点。

2. 新化合物的合成

这主要涉及合成新化合物或改造和优化现有化合物结构。当药物靶点确定以后就可以依据可能药物作用靶点，或依据内源性配体或天然底物的化学结构特征，或依据传统中药配方中的动植物或矿物、微生物的有效成分来进行合理化药物设计(rational drug design)，在此基础上进行化学或生物合成，进而发现选择性作用于靶点的新药。

3. 活性化合物的筛选

通过以上步骤所合成的化合物不一定都有理想活性，故而需通过生物测定从众多的候选化合物中发现和选定，所选定的化合物(即先导化合物)一般有新的化学结构，有衍生化发展潜力。通过先导化合物所得到的活性数据可以结合化合物结构得到定量构效关系(quantitative structure-activity relationship, QSAR)，从而在细胞实验层面指导后续化合物结构优化。

上述三个环节涉及作用机理、大量化合物合成、体外活性筛选方法的建立等研究内容，其中的每一个环节都需要大量的分析测试工作，如使用色谱进行分离纯化，使用质谱和核磁共振进行药物分子结构、构象的测定，使用光谱分析方法研究不同含量药物的作用机制、代谢等。

1.4.2 药物临床前研究过程中的仪器分析

药物临床前研究是药物研发过程中承上启下的关键阶段，也是最为复杂的环节。该阶段的目的是对已确定的先导化合物进行一系列非人体实验，其中很多研究工作涉及成药性方面的测试，如急毒、长毒、特殊毒等安全性评价，以及动物药代动力学研究、稳定性研究等。只有这些数据十分充分时，才能向政府药品监管部门提出临床实验申请并接受技术审评，以便进入以人体为实验对象的临床实验。

由于后续工作涉及人体健康，所以临床实验必须由国家认定的具有临床研究资质的医院完成。其基本工作就是将药物发现阶段得到的先导化合物进行安全、有效性能测试；通过药代动力学等研究对先导化合物进行结构改良、工艺改进以确定最佳给药途径(administration routes)；通过制剂研究确定合适的剂型(formulations)。

总之，新药临床前研究包括以下几个方面：药物的合成工艺、提取方法、理化性质及纯度；剂型选择、处方筛选、制备工艺、检验方法、质量指标、稳定性、药理、毒理、动物药代动力学等研究。这些方面的研究都涉及药物化学、分析化学、药物分析学、药剂学、药理学、药代动力学、药理毒理学等学科，其中分析化学及药物分析学为评价提供定量数据。

1.4.3 药物临床研究过程中的仪器分析

药物研发在获准药物临床实验许可(drug clinical trials permit)后即可进入药物临床研究阶段，其主要任务是：①将临床前研究阶段确定下来并加工成一定剂型的药物应用于人体，观察药效和安全性；②根据临床实验结果向政府药品监管部门申请新药生产。

临床研究包括安全性、有效性、药代动力学研究等临床实验，具体包含：Ⅰ期初步的临床药理学及人体安全性评价实验阶段研究；Ⅱ期治疗作用初步评价阶段研究；Ⅲ期治疗作用确证阶段研究；Ⅳ期新药上市后由申请人进行的应用研究阶段研究。所以，临床研究阶段有Ⅰ期、Ⅱ期、Ⅲ期临床实验，主要包括人体药效学研究、剂量研究、人体药代动力学研究等，用于评判新药在人体使用的安全性和有效性。

药物研究进入临床研究阶段时，除人体药效学研究及可能的剂型研究在实验方法上较易进行创新性工作外，其他的实验如人体安全性评价、人体药代动力学研究等可重复、模块化内容较多，基本上是程序化、测试性质的工作内容，所以创新工作较少。

1.4.4 药物生产、上市及上市后监测过程中的仪器分析

在新药临床实验结束后，按要求总结整理资料申请生产。但是所生产的新药在上市后大面积人群中使用时，有可能出现个体差异(individual differences)，原因是Ⅱ期、Ⅲ期临床实验得到的仅仅是新药最基本的药品安全性、疗效和给药剂量数据，这些数据还有很大局限。有些用药患者会出现与临床时期完全不同的表现，所以必须进行药物上市后监测，这就是Ⅳ期临床研究。

Ⅳ期临床研究的目的是考察大规模使用条件下药物的疗效和不良反应，评价在普通或者特殊人群中使用、涉及药物配伍使用、药物使用禁忌等。此外，也涉及药品在生产、流通、储存过程中的质量保证，因而有大量的分析样品采集、实时动态监测等分析测试工作。

1.5 仪器分析发展简史

仪器分析的发展离不开分析仪器的研发，分析仪器的发展始终伴随着人类社会生产力的发展、科学知识的进步和新技术诞生。任何分析仪器的产生都是经历了从简单到复杂，从手动分析仪器到自动分析仪器，从常量分析仪器发展到快速、高灵敏、痕量、超痕量以至于单分子分析仪器，最终建立从简单分析方法到多种方法的联用或发展多维方法。

古代制造的仪器很多都与力的大小有关，源于物质与物质之间的相互作用力，如重力、磁力等，以至于在很长的历史时期多数仪器是用于定向、计时或供度量衡用的简单仪器。大家最为熟悉的仪器就是天平。依据重力作用的杠杆原理，天平得以发明，使人类对物质产生了量的概念。分析天平是最早出现的分析仪器。通过称量，人们就能知道物质的质量。随着人类社会的发展，特别是盛行于14~17世纪的欧洲文艺复兴，欧洲的一些物理学家利用电流与磁场作用力原理制成了简单的检流计，并利用光学透镜制成了望远镜。这些原始仪器的诞生为现代电学和光学仪器奠定了基础。不过，历史上分析仪器的快速发展是随着光电子技术发展而发展的，是始于18世纪60年代英格兰中部的欧洲工业革命，特别是第二次世界大战大力推动的结果。近年来，随着计算机和自动化技术、智能化和智慧技术的发展，分析仪器的发展取得了惊人成就。

1.5.1 分析仪器发展的三个阶段及特征

分析仪器的快速发展历史不到100年，各种新仪器层出不穷，不断更新换代，大致可以分为三个阶段。

第一次世界大战(1914~1918)前后是分析仪器产生的初期。在此之前的分析仪器就是简单的天平、滴管等，分析工作者主要是靠目视和手动方法采集、记录数据。

第一次工业革命(18世纪60年代~19世纪中期)和随后的第二次工业革命(19世纪70年代~20世纪初)为现代光谱分析仪器的发展奠定了很好的基础。例如，自1838年建立目视比色法(visual colorimetry)以后，逐渐产生了光电比色法(photoelectric colorimetry)，并出现了分光光度法(spectrophotometry)、荧光分光光度法(fluorescence spectrophotometry)、磷光分光光度法(phosphorescence spectrophotometry)和化学发光分析法(chemoluminescence method)等分子发光分析方法；本生(Robert Withelm Bunsen, 1811—1899)和基尔霍夫(Gustav Robert Kirchhoff, 1824—1887)于1859年创立了原子发射光谱法(atomic emission spectrometry, AES)，在此基础上，人们又建立了原子吸收分光光度法(atomic absorption spectrophotometry, AAS)。

19世纪60年代末，英国物理学家丁铎尔(John Tyndall, 1820—1893)无意间发现当太阳光束穿过暗室时，由于产生很强的散射光，以至于肉眼就能看清悬浮在空气中的小颗粒，并利用这些小颗粒的光散射信号进行定量测定空气中的飘尘，从而建立了目视分析法(visual analysis)。利用该现象，丁铎尔把当时刚出现的电灯作为光源研发了能见度测定表、浊度仪等仪器。随后，丁铎尔进一步结合显微镜，制成了超显微镜(ultramicroscope)。后人将丁铎尔研制的这一类仪器进行了一系列改进，开发出了各种商品化光散射仪器，用来监控水体浊度、气溶胶等悬浮颗粒物质，并在大气与水质监控、卫星遥感、雷达搜寻、气象预报等领域发挥了重要作用。

分析仪器发展的第二阶段是 1930～1960 年。这 30 年是分析化学学科第二次大变革发生时期，也是分析仪器发展的关键时期。各种分析仪器纷至沓来，涉及光谱和波谱、电分析和色谱等各类分析仪器，而此后的分析仪器大多是在这些仪器基础上的升级、换代和联用。

战争虽然破坏了人类社会文明，给人类文明带来深重灾难，但在一定程度上也刺激了科学技术进步，产生了能进一步促进社会生产力和生产关系发展的新动力。由于第二次世界大战(1939～1945)的需求和刺激，以及第三次科技革命(20 世纪四五十年代)的推动，各种光电子应用技术不断产生。科学家将这些光电子技术"军工转民用"，将所测定的物理或化学性质转化为光信号或光电转换信号，再使用电子线路将电信号转化为数据，并进一步用各种电钮和开关将上述电信号转化到各种表头或记录器。当物质的性质转化成电信号并进一步转化成数据成为一个通用模式以后，出现了很多新兴的仪器如紫外光谱仪、红外光谱仪、极谱仪等出现，为分析工作者带来了极大的操作便利，提高了分析测定效率。更为重要的是，这些新仪器还极大地提高了分析灵敏度。

分析仪器发展的第三个阶段源于 20 世纪五六十年代兴起的光电子技术，尤其是 1960 年以后兴起的微电子技术把人们带到了信息社会的初级阶段，使得分析化学发生了第三次变革。人们将新技术特别是微型计算机技术(microcomputer technology)和激光技术(laser technology)与分析仪器联用，极大地提高了分析仪器的性能。例如，通过计算机程序设计输送简单指令后由计算机优化仪器工作条件并监控数据，能给实验操作带来诸多便利，提高工作效率，减轻实验操作的劳动强度。不过，此时的分析仪器脱离了计算机往往还可以独立工作，分析工作者不需要十分熟悉计算机，因而这个时期一般的分析工作对计算机的依赖不是很大。

随着 1971 年美国英特尔公司发明微处理器(micro processor unit, MPU)，计算机直接参与操作并处理分析数据，为分析仪器自动化和数字化带来了新气象，催生了化学计量学(chemometrics)，也相继催生了硬件自动驱动和软件自动处理的傅里叶变换红外光谱仪及核磁共振波谱仪等高级新型分析仪器，分析操作因此也就变得十分简单，以至于现在分析工作者大量依赖于仪器制造商的现成软件。例如，生于德国的英国天文学家、作曲家赫歇尔(Frederick William Herschel, 1738—1822)早在 1800 年就发现了近红外光谱区，但由于谱带宽、信号弱、重叠严重、解析难而一直没有受到重视，直至 20 世纪 90 年代计算机与化学统计学软件发展才形成了近红外光谱分析的"热潮"。为了纪念赫歇尔的历史性发现，人们将 780～1100nm 波段的近红外光谱区称为赫歇尔谱区(Herschel spectral region)。

系统科学的兴起和系统生物科学的形成标志着第四次科技革命(20 世纪后期)的到来。而系统科学整合了系统理论、计算机科学、纳米科学及生命科学相关的理论和技术，由此催生了系统生物科学与技术体系，这要求仪器分析能够高质量、高通量地提供各种复杂体系的分析数据。进入 20 世纪 90 年代以后，随着计算机性能进一步提高、普及和广泛使用，功能更加完备的个人计算机使得分析工作中必需的制样、进样都可以自动化，甚至有一些仪器制造商可以提供工作站，乃至于使用机器人等把相关的制样、进样技术、自动进行图像处理与分析监控，自动储存和报告分析测定结果融为一体。通过人工智能控制技术，实现制药工艺流程的全面实时质量监控，剔除不合格产品并且及时调整生产的工艺参数。

2010 年以来，移动互联网与各行各业的交叉渗透、深度融合，加上电子和信息技术普及应用，以信息通信技术为标志的第五次科技革命随 IT 技术诞生而诞生，经过多年发展已经到了辉煌时期，直接把人们带入了高级信息社会，大数据、云计算对仪器分析发展将产生更加强大的推动；而以"新生物学革命""创生和再生革命""仿生和再生革命""再生和永生革命"为特征的第六次科技革命很可能是在生命科学、物质科学以及它们交叉的领域出现，需要有很多、很大的问题需要探索，有很多新的智慧理论需要建立。例如，结合互联网和信息通信技术，通过建立人类全基因组数据库和样本库，高通量测序技术使得人们或许只需要几分钟即可完成基因检测，就能知道自身包括遗传性肿瘤、健康风险、罕见遗传病、体质特征等在内的 100 多项结果，借助于手机 APP 软件，很容易实现癌症等疾病的个体化精准医疗(individualized precision medical treatment)，癌症临床治疗的根本思路或许也将发生改变。

可以说，自计算机出现并与分析仪器联用以来，计算机使分析仪器实现智慧化、智能化、自动化和实用化，大量扩展仪器功能，挖掘化学反应或物理与生物作用的信息并及时处理，为现代分析化学学科的发展起到了关键作用。目前，所有分析工作或多或少与计算机的使用相关。随着"互联网+"时代的来临，移动互联网和数字化技术的广泛运用使得分析测试工作变得更加智慧化、更加简单和容易。

学习与思考

(1) 你经常使用手机 APP 软件吗？这些软件为你的生活提供了哪些便利？
(2) 医院临床检验始于 19 世纪的床边检查，随后产生了检验医学。随着快速检验在危重患者急诊救治中越来越重要，相继产生了床边检验(bedside test，BST)、病人身边检验(near patient test，NPT)和从临床检验扩展到食品卫生、环保和法医等领域的现场随机检验(point of care testing 或 point of care in vitro diagnostic testing，POCT)。试展望 POCT 的质量管理规范和今后的发展前景。

1.5.2 仪器分析的发展趋势

仪器分析的发展首先需要分析仪器得以研发出来。作为科学研究中所需实验设备的一个重要组成部分，分析仪器比常规度量衡器更具有专业性和复杂性。但由于分析方法需要快速(speediness)、灵敏(sensitivity)、选择性好(selectivity)，并且能准确(accuracy)、自动化(automation)，有一定的实用性(application)，因此，研发能提供"3S+3A"结果的分析仪器是未来仪器发展的总方向。

如前所述，自 20 世纪 60 年代以后，由于计算机和激光等技术的发展，分析仪器在样品采集与处理、仪器分辨率、自动化、功能化，以及数据采集、分析与储存等方面都取得了惊人的进展。随着网络技术特别是云计算技术不断发展，即使是实验室的分析仪器都可借助于局域网(local area network，LAN)相连，甚至可以与实验室信息管理系统(laboratory information management system，LIMS)联用，构成互联网数据库，成为公众资源，供大众访问使其受益。

有些为了探索重大科学问题通过重大科学工程构建的大型科学设备如上海光源(Shanghai synchrotron radiation facility, SSRF)及即将启动建设的北京先进光源(高能同步辐射光源，high energy photon source, HEPS)是前沿基础科学、工程物理和工程材料等战略高技术研究不可或缺的手段。由于投资大、价格十分昂贵且占有空间大而不可能深入推广，这时就需要广泛构建公共服务系统，让从事前沿研究但科学条件不具备的单位和个人也能从中受益。不过，这些大型科学仪器设备和设施与常规分析仪器还是有很大区别的。前者是公共服务资源，用于前沿科学探索，后者相对简单、易行而便于普及。

随着计算机技术的广泛普及和互联网技术的应用，分析仪器将在人类认识自然和改造自然过程中最终进入千家万户、深入普通百姓的生产生活和健康保健中，对使用者和操作者的技术要求会越来越低，样品体积会越来越小，功能却越来越强大和专业化，所得的结果会更加符合实际要求，但价格会越来越便宜。因此，未来的仪器分析会在硬件和软件两方面并行发展，使其更加智能化、高效、实用，且检测的效能会越来越高，更具有选择性和更加符合需求的灵敏度。

综上所述，分析仪器发展的总方向是面向基础、面向市场、面向应用、面向产业化。其中面向基础在于解决和发现新的科学问题，而面向市场、面向应用、面向产业化是需要所开发的分析仪器设备有应用前景，能对生产力的提高和国民经济的发展和民众日常生活品质的提高发挥作用。

学习与思考

(1) 总结一下，哪些分析方法的英文是以"-metry"或"metric method"结尾？而哪些又是以"-graphy"结尾？各自所指的分析方法有什么共性？为什么？

(2) 试查询一下，未来分析仪器可能的发展方向如何？对你及家人的生活将产生什么样的影响？

(3) 试从物质的数量性质及可能检测的信号设计一款新的分析仪器，要求尽量做到原理上的创新。

(4) 2016 年 1 月，日本内阁会议提出了最大限度应用信息技术(ICT)，通过网络空间与物理空间的融合，共享"超智慧社会"，而"Society 5.0"就是实现这种人人共同富裕社会的一系列对策。试讨论"狩猎社会"(Society 1.0)、"农耕社会"(Society 2.0)、"工业社会"(Society 3.0)、"信息社会"(Society 4.0)等不同阶段的技术特性。

内容提要与学习要求

分析仪器在科学研究特别是在药物研发过程中具有十分重要的作用。作为人类在认识世界和改造世界中确定物质是什么、有多少、组成和结构如何的实验机器，分析仪器已经在人们的生产、生活和探索世界等各个领域得到广泛的应用。近 100 年来，分析仪器随着光电子学、计算机和激光技术及最新的纳米技术的推动得到了极大的繁荣和发展。

分析仪器一般由信号外刺激系统、样品系统、信号检测系统、信号转换和处理系统、信号读出与信息储存系统 5 个系统组成。作为药学及相关专业的学生，需要认识到分析仪器在药物研发过程的药物发现、药物临床前研究、药物临床研究和药物生产、上市及上市后监测等各个过程都具有十分重要的作用。

学习本章，要求了解在药物研发领域广泛使用的仪器，包括光谱仪和波谱仪、电化学分析仪器、色谱、质谱仪器等各种仪器都是人体知觉和功能的延伸。

练 习 题

1. 什么是仪器分析？仪器分析和分析仪器的区别和联系如何？
2. 仪器与设备有哪些差异？
3. 分析仪器主要由哪几个结构组成？
4. 试分析，我们平时常规使用的手机能够发展为测试仪器吗？如何实现分析测定的目的？
5. 医院的分析工作者可以利用血常规检测仪快速分析患者的血液，能否举例说明仪器分析在日常生活中的其他应用？
6. 如何理解分析仪器在社会发展进程中的作用？为什么分析仪器是在工业化革命以后才逐渐兴起并随其迅速发展而壮大？
7. 试讨论分析仪器在药物从研发到销售等各环节中的重要性。
8. 什么是科学史？分析仪器的发展经历了哪些阶段？这些阶段受其他学科特别是应用学科的哪些裨益？又对哪些学科产生了深刻的影响？
9. 试用自己的语言描述具有不同功能的仪器是如何发展的。如果有兴趣，写一篇分析仪器发展的科幻短文。
10. 试讨论互联网时代分析仪器将如何发展并进入千家万户，为人们的医疗保健、日常生活质量的提高带来哪些影响和便利。
11. B 超(B-scan ultrasonography)是由英国苏格兰格拉斯哥大学的唐纳德(Ian Donald)教授于 1950 年发明的，并首次应用于妇科检查。到现在，B 超已成为现代临床医学中不可缺少的诊断设备。查一查一台 B 超机的市场价格，试计算一个医院购买一台 B 超机需要多久能收回成本。类似地，其他仪器设备如磁共振成像、CT 成像又如何？
12. 现代分析仪器十分昂贵，为什么人们还要花大量经费去研发、购买大量的仪器设备？
13. 试讨论分析仪器和大型科学研究设备各自的特点。
14. 近年来，我国在航空航天领域取得了令世人瞩目的成就。伴随着这些成就的取得是高投入。试讨论这些投入和所取得的成就将对我国基础研究、应用开发，特别是在医药领域有什么作用和能产生什么影响。
15. 建设大型公用科学研究设施对促进科学研究和节约科技资源具有十分重要的意义。近年来，我国建设了一系列大型的先进公用设备，其中著名的上海光源(SSRF)就是一例。SSRF 是中国重大科学工程，投资逾 12 亿人民币，2009 年建成投入应用，是世界上性能最好的中能光源之一，为我国材料、生命、环境、医药、物理、化学、地质等学科的基础和应用研究提供了不可或缺的重要支撑。试查阅文献，了解 SSRF 为生物医药工作者所提供的支撑作用。
16. 北京先进光源是一种高能同步辐射光源(HEPS)，是我国即将建设的大型公用科学研究设施，其应用研究领域非常广泛。特别是同步辐射红外光源具有高亮度、高空间分辨率、高准直、宽光谱范围和脉冲结构等特性，在对小样品或小样品区域的表征上比传统红外光谱更具有空间分辨率和信噪比等优势，在动植物细胞及亚细胞结构、组织医学诊断、蛋白质二级结构及动力学、药物成分及分布等基础物理、化学化工、材料科学、能源、环境、考古、纳米、生命科学、医学等领域具有广阔应用前景。试查阅文献，了解 HEPS 为生物医药工作者所提供的支撑作用。
17. 我国科学技术在某些领域已经领跑世界，因而需要建设有特色、有创新的大科学装置。例如，号称"天眼"的世界最大望远镜是位于我国贵州省平塘县的 500m 口径球面射电望远镜(FAST)。试分析建立该大科学装置对我国相关领域的科学研究会带来什么影响，特别是对生物医学领域的研究有什么意义。

第1篇 光谱及波谱分析

第2章 光谱分析导论

2.1 光的本质

光(light)是一种自然现象。没有光，世界就是黑暗的，就没有五彩斑斓的大自然。光是能量的一种传播方式，与人类的生存发展和生产实践休戚相关。存在于我们周围的光是从光源(light source)发出的。光源是指自身能够发光的物体，包括太阳、萤火虫等自然光源和发光的电灯、点燃的蜡烛和柴火等人造光源两类。

光学(optics)是一门重要的基础科学，是关于光的产生、传播、接收和显示，以及与物质相互作用的科学。光学的发展为人类的生产实践提供了许多精密、快捷、简便的工具、手段和研究方法。光学理论是建立在人们对光进行观察、实验和实践基础上经过分析、综合、抽象概括而得的。在光学发展史上，光的有些行为像经典的"波动"，但有些行为像经典的"粒子"，以至于有关光的波动性和粒子性观点交锋花了上百年才取得了双方妥协的结果，人们最终必须使用光的"波粒二象性"才能完整描述光的性质和行为。

人类对光的认识还处在不断发展变化中，主要涉及：①以光的直线传播理论、折射与反射定律为基础探讨有关光传播问题的几何光学(geometrical optics)；②从光的波动性出发来探讨光传播的物理光学(physical optics)或波动光学(wave optics)；③从光子的性质出发探讨光与物质相互作用的量子光学(quantum optics)。

本篇主要从量子光学的角度介绍光与分子之间的相互作用和以此为基础所建立起来的光谱分析方法。

2.1.1 光的波粒二象性

光是一种电磁波，具有波动性(wave properties)和粒子性(corpuscular properties)。光的波属性可以用频率和波长来描述，而光的粒子属性则可以用能量和动量来表征。爱因斯坦(Albert Einstein, 1879—1955)提出了表达光的波粒二象性(wave particle duality)的方程式：

$$E = \frac{hc}{\lambda} = h\nu \tag{2-1}$$

式中，ν 为光波频率；c 为光速，$2.998 \times 10^8 \mathrm{m \cdot s^{-1}}$；$\lambda$ 为光波波长；h 为普朗克常量，$6.626 \times 10^{-34} \mathrm{J \cdot s}$ ($4.136 \times 10^{-15} \mathrm{eV \cdot s}$)。式(2-1)左边描述光能量($E$)传播的波动性，而右边描述光能量传播的粒子性。1905年，爱因斯坦提出电磁场(或光场)的能量是不连续的，可以分成一份一份最小的单元，其中的一个最小能量单元就是一个光子(photon)。人们平时所看到的光线包含数以亿计的光子，因而实际上是光粒子流(light particle flow)或光量子流(photon flow)，简称光子流。

延伸阅读 2-1：光学的发展历程

光学是研究光的行为和性质的物理学分支，是关于光和视见(visualizing)的科学。光学的发展是从人们对光的感性认识开始的，经历了十分漫长和曲折的过程。

1) 中国史上的光学

在战国后期大约公元前三世纪，墨子在《墨经》的《经下》篇中就归纳了八条光学理论知识。以"景不徙，说在改为"描述影的定义和形成、移动的物理现象及实质；以"景二，说在重"说明重影的现象及其原理；以"景到，在午有端与景长，说在端"是论述光沿直线传播和小孔成像原理，认为光是沿直线传播的，物体通过小孔形成的像是倒立的；以"景迎日，说在转"说明光的反射现象；以"景之小大，说在柂正、远近"说明物体阴影大小的成因；以"二临鉴而立，景到，多而若少，说在寡区"论述平面镜中物与像的关系；以"鉴位，景一小而易，一大而正，说在中之外内"论述凹面反射镜成像原理；以"鉴团，景一"说明凸面反射镜成像原理。可见，《墨经》中所涉及的光学理论完全与近代光学实验结果相吻合。

2) 光的"微粒说"

17 世纪的科学巨匠英国物理学家牛顿(Isaac Newton, 1643—1727)提出光是由一颗颗像小弹丸一样的机械微粒组成的粒子流，发光体接连不断地向周围空间发射高速直线飞行的光粒子流，当这些光粒子进入人眼、冲击视网膜时就引起视觉。牛顿以此解释了光的直进、反射和折射等现象。由于该学说通俗易懂，很快得到人们的承认和支持。但是，"微粒说"并非"万能"，它无法解释为什么几束在空间交叉的光线能彼此互不干扰地独立前行，以及为什么光线不是永远走直线而可以绕过障碍物边缘拐弯传播等现象。

3) 光的"波动说"

1801 年英国医生、物理学家杨(Thomas Young, 1773—1829)在暗室中做了一个举世闻名的光的干涉实验，证明了光是一种波。干涉现象是波动的特性之一，"微粒说"难以给出明确解释，而用"波动说"能有效解释干涉现象，所以杨是光"波动说"奠基人。光是一种波动，由发光体引起，和声一样依靠媒质来传播。光的"波动说"能够对光的传播、干射、衍射、散射、偏振等许多现象给出合理有效的解释，但它不能解释光与物质相互作用中能量量子化转换性质。

4) 光的"电磁说"

19 世纪中叶，光的"波动说"已经得到了公认，但光波的本质到底是什么？是像水波，还是像声波？1865 年，英国物理学家麦克斯韦(James Clerk Maxwell, 1831—1879)从理论上预言了电磁波的存在。德国物理学家赫兹(Heinrich Rudolf Hertz, 1857—1894)通过实验证实了电磁波的存在，并测出了实验中的电磁波频率和波长，计算出电磁波的传播速度，发现电磁波的速度确实与光速相同，验证了光的"电磁说"的正确性。所以，麦克斯韦的电磁场理论就把电、磁、光学规律统一起来，完成了人类认识史上的一次"大综合"。

经过多年的争论和实践，获得公认的观点是：光是一种电磁波，在空间中以电磁场的方式传播。从光学的诞生发展到今天，人们已经从最初对光现象的原始认识、认知发展到了生物光学、心理学和光学工程等各个领域。现代光学所涉及的研究范围从微波、红外线、可见光、紫外线直到 X 射线和 γ 射线等宽频范围电磁辐射的产生、传播、接收、显示和与物质的相互作用，基础是物理科学，涉及光学工程、计算机、通信等领域。需要说明的是，人类对光现象的认识还处在不断发展变化中，还会有关于光的新理论和新发现诞生。

2.1.2 电磁波

1. 电磁波的波长与频率

科学研究证明,电磁波是一个大家族。存在于我们身边的无线电波(radio wave)、红外线(infrared ray)、可见光(visible light)、紫外线(ultraviolet rays)、X射线(X ray)、γ射线(γ ray)都是电磁波。所有电磁波在本质上完全相同,在真空中的传播速度(c)都是$2.998×10^8 m·s^{-1}$,不同光波仅在波长λ(或频率ν)上有所差别,波的频率和波长满足关系式:

$$c = \nu \cdot \lambda \tag{2-2}$$

也就是说,频率不同的电磁波在真空中具有不同的波长。电磁波的频率越高,相应的波长越短,其光子所携带的能量越大。无线电波的波长是最长的,频率是最低的,所携带光子的能量是最小的;而γ射线的波长是最短的,频率是最高的,所携带光子的能量是最大的。

2. 电磁波谱

人们按照波长或频率、波数、能量的顺序将电磁波进行排列,得到电磁波谱(electromagnetic wave spectrum)。不同的波段或频率的电磁波来源不同,用途也不一样。表2-1列出了电磁波谱不同波段在分析化学中的应用。

表2-1 电磁波谱在分析化学中的应用

光谱名称	波长范围	跃迁类型	辐射源	分析方法
X射线	$10^{-1}\sim10$nm	K和L层电子	X射线管	X射线光谱法
远紫外光	$10\sim200$nm	中层电子	氢、氘、氙灯	真空紫外光度法
近紫外光	$200\sim400$nm	价电子	氢、氘、氙灯	紫外光度法
可见光	$400\sim750$nm	价电子	钨灯	比色及可见光度法
近红外光	$0.75\sim2.5$μm	分子振动	碳化硅热棒	近红外光度法
中红外光	$2.5\sim5.0$μm	分子振动	碳化硅热棒	中红外光度法
远红外光	$5.0\sim1000$μm	分子转动和振动	碳化硅热棒	远红外光度法
微波	$0.1\sim100$cm	分子转动	电磁波发生器	微波光谱法
无线电波	$1\sim1000$m			核磁共振波谱法

延伸阅读2-2:电磁波谱的广泛应用

由于电磁辐射强度随频率的减小而急剧下降,波长为几百千米(10^5m)的低频电磁波强度很弱,通常不为人们注意。人们实际使用的无线电波是从波长约几千米(频率为几百千赫)开始(图2-1),其中波长3000~50m(频率为100kHz~6MHz)的为中波;波长50~10m(频率6~30MHz)的为短波;波长10m~1cm(频率30~$3×10^4$MHz)甚至达到1mm(频率为$3×10^5$MHz)以下的为超短波(或微波)。有时按照波长的数量级大小也常出现米波、分米波、厘米波、毫米波等名称。中波和短波用于无线电广播和通信,微波用于电视和无线电定位技术(雷达)。

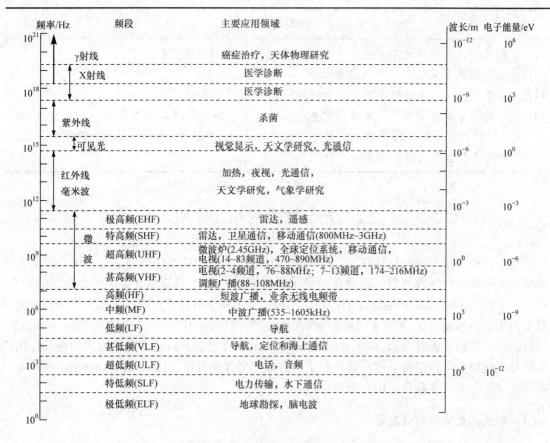

图 2-1 电磁波谱在不同领域的应用

可见光的波长范围很窄，在 400~760nm(1nm = 10^{-7}cm)。从可见光向两边扩展，波长比它长的称为红外线，波长大约从 760nm 到零点几毫米，红外线的热效应特别显著。波长比可见光短的称为紫外线，波长为 10~400nm，有显著的化学效应和荧光效应。红外线和紫外线都是人类肉眼看不见的，只能利用特殊的仪器来探测。无论是可见光、红外线或紫外线，它们都是由原子或分子等微观客体激发产生的。由于超短波无线电技术的发展，无线电波的范围不断朝波长更短的方向扩展，同时由于红外技术的发展，红外线的范围不断朝波长更长的方向扩展。目前超短波和红外线的分界已不存在，其范围有一定的重叠。

X 射线是由原子内层电子发射的，波长为 0.01~100Å(1Å = 10^{-8}cm)。随着 X 射线技术的发展，其波长范围也不断朝着两个方向扩展，其长波段已与紫外线有所重叠，短波段已进入 γ 射线领域。放射性辐射 γ 射线的波长是从 1Å 左右直到无穷短的波长。

电磁波谱中，上述各波段主要是按照得到和探测它们的方式不同来划分的。随着科学技术的发展，各波段都已冲破界限与其他相邻波段重叠。目前，在电磁波谱中除了波长极短(10^{-5}~10^{-4}Å 以下)的一端外，已不再留有任何未知空白。

目前，通过各种方式已获得或观测到的电磁波的最低频率为 2×10^{-2}Hz，其波长为地球半径的 5×10^3 倍，而已观测到电磁波的最高频率为 10^{25}Hz，是来自宇宙的 γ 射线。

学习与思考

(1) 查阅文献,看看在光学发展史上有哪些著名科学家做出了杰出贡献。
(2) 什么是普朗克常量?其产生背景如何?
(3) 对表 2-1 所列出的电磁波谱在分析化学中的应用给出实例。
(4) 光子的静止质量为零,只有当其发生运动时通过爱因斯坦的质能方程可以计算出运动质量。试计算光子的运动质量。如果光子以超过光速 $2.998×10^8 m·s^{-1}$ 运动,其运动质量如何?光子是否有负运动质量?

2.2 光与物质的相互作用

光是一种广泛存在的自然现象,本质上是具有波动性和粒子性的高速光子流,因而光与物质发生物理或化学作用就广泛存在。光子流与物质(包括宏观块状、不同大小粒径的颗粒、物质分子)发生碰撞以后可能发生的物理作用包括:①光子被物质吸收;②光子被物质吸收后发生再发射(emission);③光子与物质发生弹性或非弹性碰撞以后产生光的散射(scattering)、衍射(diffraction)、折射(refraction)和反射(reflection)等过程。人们基于光与物质的相互作用产生信号变化或产生新信号,已经建立起了十分成熟的光学分析方法(optical analysis method),在科学研究和生产实际中应用十分广泛。

2.2.1 物质的光吸收与光发射

1. 物质分子的内部运动状态

物质由分子组成,分子由原子组成,原子由原子核和核外电子构成。物质分子的内部运动状态有三种形式,即电子绕原子核做相对运动,称为电子运动;分子中原子或原子团在其平衡位置上做相对振动,称为分子振动;整个分子绕其重心做旋转运动,称为分子转动。

三种不同运动状态都对应着的不同能级。任何分子都有电子能级、振动能级和转动能级,这三种能级各自具有相应的能量,且能量都是量子化的。如果不考虑三种运动形式之间的相互作用,分子的总能量可表达为三种运动能量之和,即

$$E_M = E_e + E_v + E_r \qquad (2-3)$$

式中,E_M、E_e、E_v、E_r 分别为分子内部的总能量、电子能级、振动能级和转动能级的能量。图 2-2 展示了双原子分子的电子能级、振动能级、转动能级。

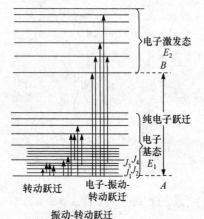

图 2-2 双原子分子三种能级跃迁示意图
电子能级 E(基态 E_1 与激发态 E_2);
振动能级 $V=0、1、2、3、\cdots$;
转动能级 $J=0、1、2、3、\cdots$

2. 分子能级跃迁

当一束光(即光子流)作用于固体、液体和气体物质时,如果光子的能量等于物质分子中某

两个能级之间的能量差,那么光子就可被物质分子所吸收(absorption),处于较低能级 E_1(基态)的分子就可能跃迁到较高能级 E_2(激发态)。当被吸收光子的能量与分子跃迁前后的能量差($\Delta E=E_2-E_1$)恰好等同时,光子能量被转移到组成物质的分子或原子上,进而可能发生光吸收。分子或原子通过吸收获得光子传递的能量后,发生从较低能态到较高能态跃迁(transition)的过程称为激发(excitation),物质分子或原子吸收了光子以后所处的状态称为激发态(excited state)(图 2-2)。

各能级间的能量差与分子发生光吸收或光发射的关系为

$$\Delta E = E_2 - E_1 = h\nu = \frac{hc}{\lambda} \tag{2-4}$$

式(2-4)就是分子吸收光子后发生能级跃迁的前提条件。代入各能级的能量,得

$$\Delta E = E_{2,e} + E_{2,v} + E_{2,r} - (E_{1,e} + E_{1,v} + E_{1,r})$$
$$\Delta E = (E_{2,e} - E_{1,e}) + (E_{2,v} - E_{1,v}) + (E_{2,r} - E_{1,r}) \tag{2-5}$$

即分子跃迁所需要的能量是各种运动状态变化所需能量的总和。进一步有

$$\nu = \frac{E_2 - E_1}{h} = \frac{E_{2,e} - E_{1,e}}{h} + \frac{E_{2,v} - E_{1,v}}{h} + \frac{E_{2,r} - E_{1,r}}{h} \tag{2-6}$$

$$\nu = \nu_e + \nu_v + \nu_r \tag{2-6a}$$

即分子跃迁频率是由上述三种运动频率加和而成的。

在式(2-6)中,ΔE_e 最大,为 1~20eV;ΔE_v 次之,为 0.05~1eV;而 ΔE_r 最小,其值<0.05eV。

3. 分子吸收与发射光谱

根据式(2-4),可以计算任何跃迁需要光的种类或能量大小。例如,能量为 1.0eV 的电子发生跃迁,跃迁波长为

$$\lambda = \frac{hc}{\Delta E} \tag{2-7}$$

$$= \frac{4.136 \times 10^{-15} \text{eV} \cdot \text{s} \times 2.998 \times 10^{10} \text{cm} \cdot \text{s}^{-1}}{1.0 \text{eV}}$$

$$= 1240 \text{nm}$$

通过式(2-7),可以换算出能量和波长之间的关系。例如,2.0eV 能量的光波长为 620nm,5.0eV 能量的光波长为 248nm。其他跃迁对应的光谱见表 2-2。由表可见,因电子跃迁而产生的吸收光谱主要处于紫外-可见光区(200~760nm),所以这种分子光谱称为电子吸收光谱(electronic absorption spectrum)或紫外-可见吸收光谱(UV-Vis absorption spectrum)。

表 2-2　ΔE 及其对应光谱

跃迁类别	ΔE/eV	波长范围/μm	对应的光谱类别
ΔE_e	1~20	1.25~0.06	紫外-可见吸收光谱
ΔE_v	0.05~1	25~1.25	(中)红外吸收光谱
ΔE_r	0.005~0.05	250~25	远红外吸收光谱

由于电子能级间隔比振动能级和转动能级间隔大 1~2 个数量级,在发生电子能级跃迁时,

总是伴有振-转能级的跃迁。由于一般分光光度计测定的分子吸收光谱分辨率有限，所获得的是各种能量状态下的分子吸收总和，产生较宽的带，即形成带状光谱(band spectrum)。

当用红外线(波长为 0.75～50μm, 能量为 1～0.025eV)照射有机化合物时，分子吸收红外光后，只会发生振动和转动能级跃迁，还不足以引起电子能级跃迁。每个有机化合物分子只能吸收与其分子振动、转动频率相一致的红外光，不同的化学键或官能团吸收红外光的频率不同，所得到的吸收光谱通常称为红外吸收光谱(infrared absorption spectrum)。若采用波长更长的远红外光(波长为 50～300μm, 能量为 0.025～0.003eV)照射有机化合物时，一般只引起转动能级跃迁，所得光谱称为远红外光谱(far infrared spectrum)或转动光谱。

不同能量的光子会使分子发生不同的状态改变。例如，使用红外光激发，仅使分子的化学键发生振动，产生红外吸收光谱；但如果使用可见光或紫外光激发，会使物质分子的电子能态发生变化，产生电子吸收光谱；如果使用更强的 X 射线照射，会使物质表面原子中不同能级的电子激发出来，产生 X 射线光电子能谱(X-ray photoelectron spectroscopy, XPS)。

当分子吸收能量而处于较高能态时，其能以光子形式释放多余能量，发射出不同能量的光子，从而回到较低能态，这一过程称为发射跃迁(emission transition)，产生发射光谱。

物体发光直接产生的光谱称为发射光谱(emission spectrum)，用于表征激发态分子回到基态的发光强度与光波波长关系的谱带(spectral bands)就是分子发射光谱(molecular emission spectrum)。无论分子是从低能态到高能态还是从高能态到低能态的电子跃迁都涉及多级跃迁，包括振动带和转动带，再加上电子自旋共振(electronic spin resonance, ESR)，所以分子吸收光谱和发射光谱都是以谱带形式出现，而不是线状光谱(line spectrum)。

学习与思考

---

(1) 试推导电子伏特(eV)为能量(ΔE)单位与波长(nm)为能量单位的换算关系，并据此计算可见波长在光谱区域(360～760nm)的光具有的能量所对应的电子伏特值范围。

(2) 分子运动除了电子跃迁、官能团振动和转动外，还在不停地作为整体发生自由运动或布朗运动，原子还有核运动。试讨论，如何表达一个分子在一定时间内的能量变化。

(3) 分子发生整体自由运动或原子核运动，可能对应哪些波段的光谱？

(4) 组成物质的原子与分子始终在做无规则运动，因而物质本身也就在一定频率范围内始终振动着，所以人类已知的频率范围可能远远不及实际存在的频率范围。假如没有绝对空间存在，所有空间由物质所填充，以至于物质振动的同时可引起空间共振，但由于其频率不同而形成具有不同振动频率层面的空间。试讨论，空间所在光波频率如果存在非人类可见光波频率，那么是否可能在不同层面上存在有不可见的空间？

2.2.2 物质的光散射

光与物质颗粒相互作用时，因为光子与物质颗粒发生碰撞，以至于光束向四面八方散开，这就是光散射(light scattering)现象。光散射现象广泛存在，如美丽的晨曦、晚霞，蓝天白云、深海等都或多或少地存在着光散射现象，有时甚至在所观察到的现象中起了主导作用。

依据散射光波长与作用物质颗粒的大小和散射光波长变化,光散射可分为很多种,如丁铎尔散射(Tyndall scattering)、瑞利散射(Rayleigh scattering)、拉曼散射(Raman scattering)等。当可见光与空气中悬浮的颗粒相互作用时,发生能量没有变化的弹性碰撞(elastic collision),产生丁铎尔散射;当可见光与空气中的分子相互作用时同样发生弹性碰撞,但因分子的大小比入射光波长小得多而产生瑞利散射;如果可见光与分子粒子发生能量有改变的非弹性碰撞(inelastic collision),则产生拉曼散射。

2.2.3 光与物质作用的其他方式

光与物质发生作用,除了上述产生物质的光吸收、发射和散射以外,还有其他如光折射(light refraction)、光反射(light reflection)和光衍射(light diffraction)等现象发生。如果光从介质 1 照射到介质 2 的界面时,一部分光在界面上改变方向返回介质 1,即发生光反射,而另一部分光则改变方向以角度 r(折射角)进入介质 2,即发生光折射。

由于光是电磁波,具有波粒二象性,在一定条件下光波之间会彼此发生相互作用。当光波发生叠加时,将产生一个其强度随各波相位而定的加强或减弱的合成波,即光的干涉(interference);如果光的波长较大且能绕过障碍物或狭缝时,以约 180°的角度向外辐射,波的前进方向发生改变,即发生了光的衍射。

学习与思考

---

(1) 为什么原子吸收和发射是线状光谱,而分子吸收和发射是带状光谱?
(2) 物质被强度很高的光源如激光束照射,有可能产生同时吸收几个甚至几十个光子的多光子吸收。试查阅文献,看看单光子和多光子吸收的产生条件及其在分析化学领域的应用有何不同。
(3) 为什么不同时间(早晚、季节)和地点观察到的太阳光颜色不同、强度也不一样?
(4) 虹和霓是太阳光线与空气中飘浮的水滴作用产生的。试查阅文献,看看产生虹和霓的原理和现象有何不同。

2.3 物质的颜色及测量

2.3.1 物质的颜色与光的关系

1. 光的颜色

光具有波动性和粒子性,因而既具有波的振幅、频率和相位特征,也有量子的动量和能量特征。不同频率的光子在人们的视觉上会展现出不同的色彩,相应地,不同波长的光有不同的颜色。所以,人们把不同光源体(light body)又称为发光体(illuminant body)所发出的光称为色光(chromatic light),是由不同波长的光按不同比例混合起来的。

色光的颜色称光源色(light source colour)。不同光源体所形成的光源色各不相同。发光体千差万别,产生的光具有各不相同的特色。例如,人们通常见到的太阳光、煤油灯光和普通白炽灯光等，因其含黄色和橙色波长光成分多而呈黄色；荧光灯发出的光因含蓝色波长光多而呈蓝色。只含有某一种波长的光称为单色光(monochromatic light)，含有两种及其以上波长的光称为复色光(polychromatic light)，含有所有波长的光称为全色光(full color light)。太阳光因是红(red)、橙(orange)、黄(yellow)、绿(green)、蓝(blue)、靛(indigo)、紫(purple)七色光的混合，称为七色光(sunny light)。

需要明确的是，光的颜色是不同波长的光作用于人眼中视网膜产生的不同视觉效果。由于不同人眼的视网膜不可能有完全相同的性质，因而光的颜色是人为的，具有很强的主观性。正是因为不同的人辨色能力有差异，即使看到相同波长的光，不同的人看到光的颜色和强度是不相同的。例如，色盲就是因为对某些波长范围的光不敏感而无法辨色。同样，光作用到不同的动物视觉系统中，会产生完全不同于人类眼睛所看到的颜色。换句话说，使用不同敏感度的检测器，会产生不同的结果。

2. 互补色原理

当白炽光作用于某一物质时，如果该物质对可见光区各波段的光全部吸收，人眼观测到的物质呈黑色；如果该物质对可见光区各波段的光都不吸收，则人眼看到的物质呈透明无色；若该物质只吸收了某一波长的光，人眼看到的物质则呈吸收光的互补色光(图 2-3)。所以，当两种色光混合成白色光时，这两种色光就称为互补色光(complementary color light)，而色光的主波长定义为互补波长(complementary wavelength)。

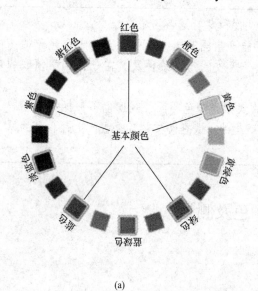

物质颜色	吸收光颜色	吸收光波长范围/nm
黄绿色	紫	400~425
黄色	深蓝色	425~450
橙黄色	蓝	450~480
橙色	绿蓝色	480~490
红色	蓝绿色	490~500
紫红色	绿色	500~530
紫色	黄绿色	530~560
深蓝色	橙黄色	560~600
绿蓝色	橙色	600~640
蓝绿色	红色	640~750

(a)   (b)

图 2-3 物质颜色与吸收光波长的关系

透明物体的颜色由它能够透过的光决定。红色玻璃就是能够透过红光的玻璃，蓝玻璃是能透过蓝光的玻璃，所有光不能透过的物体是不透明体，能透过所有色光的物体是无色透明的。但是，如果物质分子吸收的是其他波段的光(非可见光)时，或者吸收人眼不敏感而发出人眼敏感的荧光时，就不能用颜色来判断物质分子吸收了哪些波长的光子了。

2.3.2 人类的色觉

1. 色觉的主观性

光的颜色和物质的颜色都是通过眼、脑和人生活经验所产生的一种视觉效应(visual effect)，是不同波长的光线作用于视网膜而在人脑引起的生理响应。人眼看到的不同颜色是因为视网膜受到了不同波长光的刺激并通过神经细胞传输在大脑中形成的。不同的人会对颜色的感觉有差异，这在于人的心理和生理机能有差异。即使是同一个人，对颜色的感觉往往会受到周围颜色的影响而不同。所以，人对客观物质世界产生的这种颜色视觉(color vision，简称为色觉)是受大脑支配的，体现了人类认识颜色和辨别颜色的能力。所以，色觉是与人的感觉和知觉联系在一起的，是一个心理学概念，不仅与物体本身的颜色特性有关，而且还受时间、空间和周围环境影响。

一个正常色觉必须同时具备光源、物体、眼睛及动物大脑四个要素时才能实现。当色光照射到物体表面上时，一部分光被吸收，其余的光被反射出来。人们所看到的颜色是反射的剩余色光。所以，颜色是光与物体作用后的结果，<u>有光才有色</u>。

人的视觉一般可辨出包括红、橙、黄、绿、蓝、靛、紫七色光等主要颜色在内的 120～180 种颜色，属 390～780nm 的可见光范畴，是人眼作为一个光信号检测器所观察(检测)到的。光波长不同，给人的颜色感觉不同，例如，630～670nm 波长的光给人以红色的感觉；570～600nm 波长的光给人以黄色的感觉。不同物质对光有选择性吸收，因而人眼看到从物质表面反射出来的光的颜色就不一样。因此，<u>人眼看到大千世界不同的颜色源于不同波长光对视网膜的光刺激，是被物质吸收后的剩余光反射出来的光响应</u>。

延伸阅读 2-3：人眼和大脑构成了完美的生物检测器和数据分析处理器

人眼观察到物体的颜色与照射在物体表面的光也有很大关系。例如，阳光是包含所有色光的白光，在阳光照射下，大千世界五彩缤纷，十分美丽。但如果使用红光照射植物的绿色叶子，人们看到的不是绿叶而是黑叶，其原因就是树叶不能反射红光，而将其吸收。油灯、蜡烛、白炽灯等光源发出的光是偏黄色的，与太阳光的光谱不同，照在同一个物体上由物体反射出来的光与阳光下反射出来的光也就不同，所以会出现"夜不观色"。由于日光灯发出的光基本接近太阳的白光，故可在日光灯下观察到各种颜色。

人眼构造相当于照相机，是由角膜、晶状体、前房、后房、玻璃体等组成的"器件组合"，具有镜头功能，从而把物体发出的光线聚焦到处于后置位置的视网膜上。视网膜是一个复杂神经中心，是光的接收器，上面布满了对光线敏感的视杆细胞(rod cell)和视锥细胞(cone cell)两种感光细胞(photoreceptor cells)。视杆细胞能够感受不同光强度刺激，对弱光灵敏，但没有颜色分辨能力，视锥细胞在强光下反应灵敏，具有颜色辨别能力。辨色主要是视锥细胞的功能。因视锥细胞集中分布在视网膜中心部，故该处辨色能力最强，越靠向周边部位，视网膜对颜色的感受力依次消失。当一束光线进入人眼后，感光细胞会产生 4 个不同强度的信号：3 个视锥细胞的信号(红、绿、蓝)和 1 个视杆细胞(强度)的信号，但只有视锥细胞产生的信号能转化为颜色的感觉。

由此可见，只有功能正常的视觉器官和大脑才能实现正确分析及辨色能力。颜色是不同波长的光刺激眼睛之后产生的一种主观感觉，所有色觉是建立在视觉器官的生理基础上。虽然有一定客观性，但终究是一个主观产物。

简言之，眼睛就是光信号检测器，大脑充当了信号处理器的功能。不同人由于眼睛辨色能力和大脑对光信号的处理有差异,因而所观察到的信号就有差异,从而产生与别人不同的主观数据,这些数据综合起来就是色觉。色觉会因人而异、会因环境而异。

与人类不同,大多数鸟类有辨色能力;大多数哺乳动物如牛、羊、马、狗、猫等的眼睛里只有黑色、白色、灰色3种;而猿猴只能感受灰色;长颈鹿能分辨黄色、绿色和橘黄色;蚊子能够辨别黄色、蓝色和黑色,并且偏爱黑色;蜜蜂能分辨青色、黄色、蓝色3种颜色,但不能辨别橙色、黄色、绿色,能看见人所看不见的紫外线,并能把紫外线和各种深浅不同的白色和灰色准确地区别;蜻蜓对色的视觉最佳,其次是蝴蝶和飞蛾。这些动物利用其眼睛对不同颜色的分辨达到生存和生活的目的。

所以,光源、物体、动物眼睛及动物大脑构成一个十分完美的生物光学仪器系统,为人们开发新的光学仪器提供了很好的设计参考。研究不是客观存在的色觉对于物体的检测和图像处理具有重要意义。

2. 色觉三要素

色相(huge)、亮度(brightness 或 intensity)和饱和度(saturation)是色觉的三个基本属性,是色彩的三个特征,故通常称为色觉三要素。色觉三要素彼此之间的关系如图2-4所示。

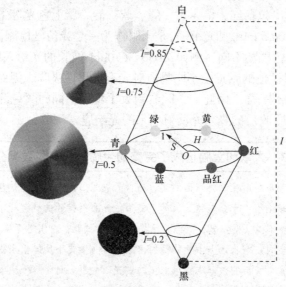

图2-4 色觉三要素之间的关系

色相(H)指各颜色间的差别,是可见光谱中不同波长的电磁波在视觉上的特有标志,是色觉最显著的特征。

亮度(I)指色彩的明暗程度。每一种颜色在不同强弱的照明光线下都会产生明暗差别。如果物体表面将光线中各色光等量的吸收或全部吸收,物体的表现将呈现出灰色或黑色。同一物体由于照射在它表面的光的能量不同,反射出的能量也不相同。因此,同一颜色的物体在不同光线照射下会呈现出明暗差别。

饱和度(S)指构成颜色的纯度,代表颜色中所含彩色成分的比例。彩色比例越大的颜色所具有的饱和度越高,反之则饱和度越低。饱和程度就是颜色与相同亮度有消色的相差程度,所包含消色成分越多,颜色越不饱和。

学习与思考

(1) 为什么西班牙的斗牛场上斗牛士用红色的斗篷向公牛挑战？

(2) 为什么斑马是色盲，但在出现危险时，只要领头马一动，所有斑马会迅速逃走？

(3) 色盲和色弱都是一种眼疾病。试设想现代医学发展可否解决色盲和色弱问题。

2.3.3 三原色原理

人眼对红、绿、蓝三色最为敏感。人的眼睛是一个三色接收器的体系。大多数的颜色可以通过红、绿、蓝三色按照不同的比例合成产生。反过来，绝大多数单色光也可以分解成红、绿、蓝三种色光，这是色度学(colorimetric)的基本原理，也称三原色原理(three primary colors principium)。根据三原色原理，用红、绿、蓝三种色光进行适当混合，可产生白光及光谱上的任何颜色。

延伸阅读 2-4：杨-赫三色理论

三原色原理很好地解释了色觉现象及其机理。根据颜色混合的事实，英国物理学家杨首先提出了三原色理论，认为人眼中有三种共振子，能分别对红光、绿光和蓝光呈现最大反应。在此基础上，德国物理学家赫姆霍兹(Hermann von Helmholtz, 1821—1894)认为在视网膜上有三种分别对红光、绿光、蓝光敏感的神经纤维，每种神经纤维的兴奋引起一种颜色的感觉。每种光谱波长的光刺激都能引起3种神经纤维强度产生各自相同的兴奋。如果其中某种神经纤维兴奋最强烈，就会产生那种颜色的感觉。例如，使用光谱长波端的光同时刺激红、绿、蓝3种神经纤维，如果只有红纤维的兴奋最强烈，就会产生红色的感觉；中间波段的光引起绿纤维的兴奋最强烈就会产生绿色感觉；短波端的光引起蓝纤维兴奋最强烈，就会产生蓝色感觉。如果一个光能同时引起3种神经纤维强烈的兴奋，就产生白色感觉。若一定波长的光能使一种神经纤维兴奋最强，而其他两种神经纤维虽也同时兴奋，但没有第一种神经纤维兴奋的强度大，那么3种纤维的共同活动便引起带有颜色的白光感觉。

现代神经生理学的研究发现，在视网膜上确实存在着3种感色的锥体细胞，每种锥体细胞的色素在光照射下吸收某些波长而反射另一些波长的光。每种锥体细胞色素对光谱不同部位的敏感程度不同，即具有不同的光谱吸收曲线，如图 2-5 所示，其峰值分别在 440～450nm、530～540nm、560～570nm 一带。由光

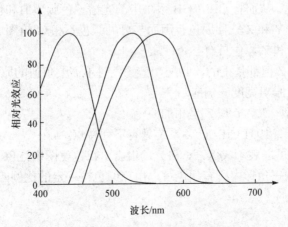

图 2-5 视网膜 3 种锥体细胞的光谱吸收曲线

谱吸收曲线可见，第一种锥体细胞色素吸收光谱红端的光比吸收光谱黄和绿部分的光多，而几乎不吸收蓝端的光，因而它是专门感受红光的；第二种锥体细胞色素对光谱中间波长的光，即绿光最敏感，而对红光和蓝光不敏感，所以它是专门感受绿光的；第三种锥体细胞色素主要对蓝光起反应，而对红光和绿光不敏感，是专门感受蓝光的。光谱曲线还表明，不同波长的光造成3种锥体细胞不同强度的反应，三者的兴奋比例决定了人们看到的是什么颜色。神经生理学的这些发现有力地支持了杨-赫三色理论。

杨-赫三色理论对颜色混合问题的圆满解释为色觉研究和颜色实践做出了重大贡献。

2.3.4 标准色度学系统

基于三色理论，只要选定三原色，并对三原色进行量化，就可以将人的颜色知觉量化为数字信号。反过来，也可以将任一种颜色用线性无关的三个原色通过适当混合与其匹配。国际照明委员会(Commission Internationale de l'Eclairage[①]，CIE)界定了 CIE 标准色度学系统(CIE standard colorimetric system)，对颜色测量原理、基本数据和计算方法做了明确的规定。

在三色加法模型中，如果有某一种颜色与另一种三色混合色给人相同的感觉时，这三种颜色的分量就称为该颜色的三色刺激值(tristimulus values)，即任何一种颜色都可以用三原色的量(三色刺激值)来表示，但选用不同三原色，同一颜色可能有不同的三色刺激值。为了统一颜色的表示方法，CIE 利用 1931CIE-RGB 和 1931 CIE-XYZ 两个系统对三原色做了规定。

1) 1931CIE-RGB 标准色度系统

1931 年的 CIE 在会议上选择 700nm(红)、546.1nm(绿)、435.8nm(蓝)三种波长的单色光作为三原色，分别用 R、G、B 表示，用来标定颜色和色度计算。

RGB 模型采用物理三原色，物理意义十分清楚，但却是一种与设备相关的颜色模型。每一种设备(包括人眼和现在使用的扫描仪、监视器和打印机等)使用 RGB 模型时都有不太相同的定义，尽管各自都很圆满且很直观，但不能相互通用。此外，该系统的光谱三色刺激值存在负值，计算不方便，并且理解起来也有难度。

2) 1931CIE-XYZ 系统

考虑到 1931CIE-RGB 系统计算不便、理解困难等诸多问题，在 RGB 系统基础上，CIE 提出了 1931CIE-XYZ 系统。其基本原理就是使用数学方法选用 X、Y、Z 三个理想原色来代替实际过程中的三原色，从而将 CIE-RGB 系统中的光谱三色刺激值和色度坐标变为正值。由于系统采用想象的 X、Y 和 Z 三种原色，因而与可见颜色不相对应(图 2-6)。

CIE 选择的 X、Y 和 Z 原色具有三个性质。

(1) 所有 X、Y 和 Z 值都是正的，匹配光谱颜色时不需要负值的原色。

(2) 用 Y 值表示人眼对亮度的响应。

(3) 如同 RGB 模型，X、Y 和 Z 是相加原色。

由于上述三个性质，1931 CIE-XYZ 系统具有下列特点。

(1) 每一种颜色都可以表示成 X、Y 和 Z 的混合。在色度图中红色、绿色、蓝色三原色坐标点为顶点，所围成的三角形内所有颜色可以由三原色按一定的比例匹配而成。

---

① 为法语。

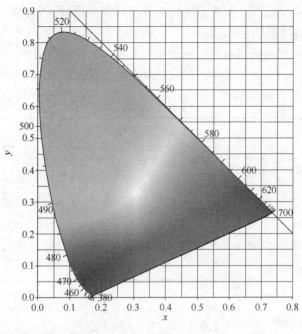

图 2-6 1931 CIE 色度图

(2) 色度图中的弧形曲线上的各点是光谱上的各种颜色即光谱轨迹，是各种光谱颜色的色度坐标。红色波段在图的右下部，绿色波段在图的左上角，蓝紫色波段在图的左下部。

(3) 色度图的颜色包含了一般人可见的所有颜色，即人类视觉的色域(color gamut)。色域的马蹄形弧线边界对应自然界中的单色光，同时代表光谱色的最大饱和度。色域的最下方直线的边界只能由多种单色光混合而成。

(4) 在图中任意选定两点，两点间直线上的颜色可由该两点的颜色混合而成。

(5) 如果给定三个点，那么由三个点构成的三角形内的颜色都可由这三个点颜色混合成；如果给定三个真实光源，混合得到色域的空间范围只能是三角形，而绝对不可能完全覆盖人类视觉色域。

由于 1931 CIE-XYZ 系统是重新选定三原色和数据变换而确定的，因而是一种与设备无关的颜色模型，已成为国际上色度计算、颜色测量和颜色表征的统一标准，是测色仪器的设计与制造依据。

2.3.5 色度计算方法

如前所述，物体颜色就是非发光体反射或透射的颜色，只要知道物体颜色三色刺激值就可以确定物体颜色。而物体颜色三色刺激值与照明光源的特性(光谱功率分布)、标准观察者的视觉特性、物体自身的物理特性(反射或透射特性)有关。所以，要计算物体颜色三色刺激值，首先确定照明光源的光谱功率分布、物体光谱反射率(或透射率)。鉴于此，CIE 规定了标准照明体(standard illuminant)，并核定了其相对功率分布 $S(\lambda)$，因而只需要测定物体的光谱反射率(spectral reflectivity)即可。

光谱反射率测定通常采用等间隔波长法和选定波长法两种方法。其中等间隔波长法是首先把整个可见光波长范围分割成波长宽度为 $\Delta\lambda$ 的许多等间隔区段，然后取每一波段中心点波

长 λ_0 处的 $S(\lambda_0)$ 值,再累加起来;而选定波长法是将可见光谱分区间,并确定选定原则使 $S(\lambda)$、$X(\lambda)$、$\Delta\lambda$ 为常数,此时间隔不一定相等。

一般使用分光测色仪(spectrophotometer)来测量物体的光谱反射率。分光测色仪是测量三色刺激值的最基本仪器,但不是测量颜色的三色刺激值本身,而是测量物体的光谱反射或光谱透射特性,再选用 CIE 推荐的标准照明体和标准观察者,通过积分计算求得颜色的三色刺激值。

学习与思考

(1) 为什么在月光下看不见漂亮的色彩,所有颜色显示出来的是黑色、白色或灰色?

(2) 为什么使用绿色激光笔的光照到深色的背景上显示不来,而红色激光笔的光能看得见?

(3) 手持红色或绿色激光笔,让光线照在墙上,不断地来回移动,随着移动速度加快,为什么所看到的光由光斑变成了断的虚线?

(4) 查找资料,人眼近视和老视各自的原因是什么?校正近视的原理是什么?老花镜的工作原理又是什么?

2.4 光谱分析仪器

2.4.1 光谱分析仪器的基本结构

现代光谱分析仪器主要由光源、单色系统、样品室、检测系统、数据处理和显示系统几部分组成,如图 2-7 所示,其中光源、分光系统与检测系统是最基本的部件。

光源　　单色系统　　样品室　　检测系统　　数据处理和显示系统

图 2-7　光谱分析仪器的基本结构示意图

2.4.2 光源

光谱分析利用的是物质分子与光子的相互作用,因而在仪器设计中就必须要有提供光子的器件,即光源(light source)。用于分析测试目的的光源必须能提供输出功率大、稳定性好、发光面积小的连续光谱或线光谱的装置。例如,可见光分光光度计常用的光源为钨灯和卤钨灯,紫外分光光度计常用的光源为氢灯和氘灯,红外分光光度计常用的光源为硅碳棒和能斯特灯,原子吸收分光光度计常用的光源为空心阴极灯等。由于不同光谱仪器所需要的光源性能不同,将在以后的各章陆续学习各种各样的光源,在这里将不重点讲述。

2.4.3 单色系统

将连续光按波长顺序色散,并从中分离出一定宽度波带的装置称为单色系统(monochromatic system)。由于单色系统相当于把不同能量的光进行了分离,因而又称单色分光系统或分光系统。分光系统有单色器(monochromator)和滤光器(optical filter)两类,其中单色器使用广泛。

单色器指可将光源连续光谱按波长或频率顺序色散并从中分离出一定宽度谱带的器件,

是能从光源辐射的复合光中分出单色光的光学系统。一般由入射狭缝(entrance slit)、准光器(quasi optical device)、色散元件(dispersion element)、聚焦元件(focusing element)和出射狭缝(exit slit)等几部分组成(图 2-8)。色散元件是单色系统中的关键部件,主要有棱镜(prism)和光栅(optical grating)两种。因此,单色器也可分为棱镜单色器和光栅单色器。

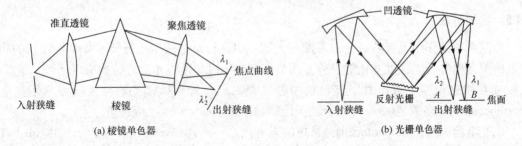

图 2-8　单色器示意图

单色器的性能直接影响入射光的单色性,从而也影响测定灵敏度、选择性及校准曲线的线性关系等。准光器实际上就是透镜或凹面反射镜,其作用是使入射光变成平行光。在工作时,电动机驱动色散元件发生转动,使不同波长的光通过狭缝而获得所需要波长的光束。无论是入射狭缝还是出射狭缝,都是宽度可调的狭窄细孔,其作用就是调节进出色散元件的辐射能量。狭缝大,光通量大,但光的单色性变差;狭缝小,光通量小,但光的单色性好,有利于精细光谱研究。

制备棱镜的材料有玻璃和石英两种。棱镜的色散原理是依据不同波长的光通过棱镜时有不同的折射率而将不同波长的光分开。由于玻璃可吸收紫外光,所以玻璃棱镜只能用于350～3200nm 的波长范围,即只能用于可见到近红外光域内。石英棱镜可使用的波长范围较宽,为185～4000nm,即可用于紫外、可见和近红外三个光域。棱镜单色器的缺点是色散率随波长变化,得到的光谱呈非均匀排列,而且传递光的效率较低。

光栅是利用光的衍射与干涉作用制成的,可用于紫外、可见及红外光区,而且在整个光区有良好的、几乎均匀一致的分辨能力。光栅具有色散波长范围宽、分辨能力高、成本低、便于保存和易于制备等优点,缺点是各级光谱会重叠而产生干扰。现代紫外-可见分光光度计上多采用光栅单色器。

光栅有平面光栅和凹面光栅。前者采用机械刻制,线槽不完善,杂散光较大,存在"鬼影";凹面光栅采用全息照相和光腐蚀而成,完善度加强,适于激发、发射光谱测定,但不适用于荧光各向异性(fluorescence anisotropy)测量。

光栅单色器具有色散能力(chromatic dispersion)和杂散光水平(stray light limit)两个重要的性能指标。色散能力越强,杂散光越少,性能越好。色散能力以 $nm \cdot mm^{-1}$ 表示,其中 mm 为单色器的狭缝宽度。出射光强度约与单色器狭缝宽度的平方成正比。

除了上述色散系统外,还有一些特殊的单色器。例如,荧光光谱法中可采用线光源激发。

2.4.4　样品室

样品室内部设置有用来存留被测样品的器皿或装置。测定可见光区的光吸收常用玻璃池,而测定紫外光区光吸收与光发射常用石英池,而测定红外光区光吸收的则用岩盐材料制作的液体池、气体池、固体池。

原子光谱法中需要借助原子化器将被测物质转化为基态原子蒸气。为了防止原子化器产生的辐射混入测定信号进入检测器，同时防止光电倍增管疲劳，单色器被置于原子化器后面。火焰原子化法的原子化器是由化学火焰提供原子化所需能量，结构主要包括雾化器、雾化室和燃烧器；而非火焰原子化法主要采用石墨炉原子化器或者借助化学反应来实现原子化。

2.4.5 检测系统

检测系统的作用是接收、记录并测定光谱，以进行定性或定量分析。光学检测器的功能就是检测光信号及光强度变化的一种专用装置，工作机理是将光信号转换成电信号。紫外-可见吸收常用光电池、光电管、光电倍增管、光二极管阵列检测器。红外吸收常用热电偶(thermocouple)、高莱池(Golay cell)和电阻测辐射热计(barretter bolometer)。

硒光电池(selenium photocell)是常见的光电池之一，其光敏感范围为 300~800nm，其中又以 500~600nm 最为灵敏。其工作原理是基于爱因斯坦发现并因此获得 1921 年诺贝尔物理学奖的光电效应(photoelectric effect)，其特点是能产生可直接推动微安表或检流计的光电流。但由于容易出现疲劳效应，硒光电池只能用于低档的分光光度计中，也经常在简易的便携式仪器中使用。

光电管在紫外-可见分光光度计中应用较为广泛，是由一个半圆筒形阴极和一个金属丝阳极组成的(图 2-9)。如果光照射阴极光敏材料时，阴极就发射电子，阳极接受电子，在阴阳两极形成光电流。根据对光的敏感度，光电管有蓝敏光电管(blue sensitive photoelectric tube，简称蓝光管)和红敏光电管(red sensitive photoelectric tube，简称红光管)两种。蓝光管为铯锑阴极，适用波长范围为 220~625nm。红光管为银和氧化铯阴极，适用波长范围为 600~1200nm，适用于近红外区。

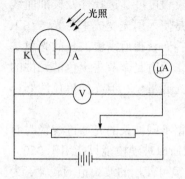

图 2-9 光电效应示意图

在光电管的基础上，人们研制出了灵敏度更高的光电倍增管(photoelectric multiplier tube，PMT)，用于检测微弱光信号。PMT 由密封在真空管壳内的一个光阴极、多个倍增极(称打拿极)和一个阳极组成(图 2-10)。通常两极间的电压为 75~100V，灵敏度比一般光电管要高 200 倍，因此可使用较窄单色器狭缝，提高光谱精细结构的分辨能力。PMT 是一种很好的电流源，在一定条件下其电流量与入射光强度成正比。

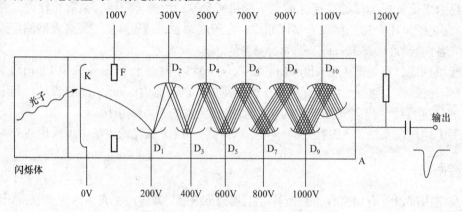

图 2-10 光电倍增管工作原理示意图

K. 光阴极；F. 聚焦极；D_1~D_{10}. 打拿极；A. 阳极

当光照射到光阴极 K 时引起一次电子发射，所发射的光电子被电场加速并聚焦后飞射到第一个二次发射极 D_1 上，每个光电子将引起 5~20 个二次电子发射，再被加速到第二个二次发射极 D_2 上，并再次激发二次电子，如此重复，最后集中到阳极 A 上。一个电子的信号被放大多个数量级，电流放大，显著提高检测灵敏度。PMT 的响应时间一般较短，可测定 10^{-8}s 和 10^{-9}s 的脉冲光。但 PMT 存在光色效应，不同波长的光子，能量不同，响应时间也有差异。

PMT 的放大作用与多种因素相关，包括：①PMT 电压，每增加 100V，增益提高 3 倍，但是电压波动 1V，增益波动 3%，因此需维持 PMT 电压的稳定性；②光敏材料，常见的光敏材料有碱金属及其氧化物、银及其氧化物等；③打拿极发射电子数，电子发射数越多，PMT 放大作用越大。

红外光谱测定的光子能量低，不足以引起光电子发射，因此不能按紫外-可见区的光谱测定方式采用光电管和光电倍增管去测定红外区光谱。红外光谱仪中常采用真空热电偶(vacuum thermocouple)和热释电检测器(pyroelectric detector)，分别用于色散型红外光谱仪和傅里叶变换红外光谱仪中，工作条件为真空。

真空热电偶是利用不同材质的导体构成闭路时产生的温差现象，将温差转变为电位差，实现光电信号转化。热释电检测器是利用硫酸三甘肽(triglycine sulfate，TGS)的单晶薄片作为检测元件。红外光信号可以引起温度升高，而温度升高可以引起 TGS 的极化度降低，进而引起表面电荷减少，通过热释放部分电荷，即热释电(pyroelectricity)使得该光电信号的转化被进一步放大和测量。

2.4.6 数据处理和显示系统

信号处理系统的作用是将信号放大并以适当方式显示或记录下来，包括信号放大、数学运算与转换等。显示系统通常采用电表显示、数字显示、荧光屏显示和结果打印等。

常用的信号显示装置有直读检流计、电位调节指零装置及数字显示或自动记录装置等。现在很多仪器都装配有微处理机，一方面可对仪器进行操作控制；另一方面对数据进行直接处理。

2.5 光谱分析法

2.5.1 光谱分析法的分类

光谱分析法是在从 γ 射线到无线电波的所有电磁波谱范围的电磁辐射作用于待测物质后，通过检测其所产生的辐射信号或引起辐射信号变化而建立的分析方法。电磁辐射与物质相互作用的方式有吸收、发射、反射、折射、散射、干涉、衍射、偏振等，光学分析法可分为光谱分析法(spectral analysis)和非光谱分析法两大类，依次简称为光谱法与非光谱法。

光谱是物质内部量子化能级跃迁作用产生的电磁辐射强度随波长的变化，与其相对应，光谱法就是通过记录物质与辐射能的相互作用后所产生的光谱而进行定性和定量分析的方法。

非光谱法也是基于物质与辐射相互作用时，但测量的是辐射方向等物理性质变化。非光谱法不涉及物质内部的能级跃迁，光的波长不被用作分析的特征信号。针对不同的角度，光谱法有不同的分类方式(图 2-11)。

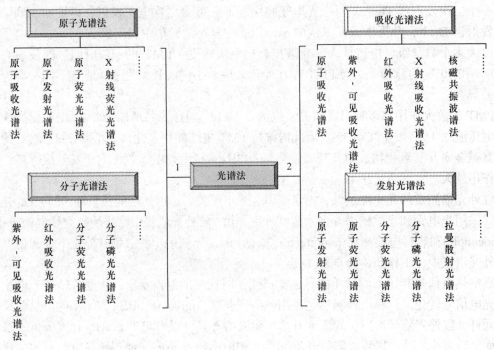

图 2-11 光谱分析法分类表
1. 根据分析测试对象划分；2. 根据检测辐射能划分

1. 原子光谱法与分子光谱法

从分析测试对象角度来看，光谱法可分为原子光谱法和分子光谱法。

原子光谱是由原子外层电子或内层电子能级跃迁而产生的，其表现形式为分立的线状光谱。以原子光谱作为定性、定量分析依据的方法即为原子光谱法，主要包括原子吸收光谱法(AAS)、原子发射光谱法(AES)、原子荧光光谱法(AFS)及 X 射线荧光光谱法(XFS)等。原子光谱法可有效地用于分子原子组成与含量测定，但不能获取分子结构层次信息。

分子光谱是由分子中电子能级、振动和转动能级的跃迁所产生的，其表现形式为带光谱。对应地，以分子光谱作为定性、定量分析依据的方法即为分子光谱法，主要包括紫外-可见吸收光谱法(UV-Vis)、红外吸收光谱法(IR)、分子荧光光谱法(MFS)和分子磷光光谱法(MPS)等。

2. 吸收光谱法与发射光谱法

从检测辐射能的角度来看，光谱法可分为吸收光谱法和发射光谱法。

吸收光谱是物质各种能级跃迁时吸收光源辐射能所产生的光谱，所以吸收光谱法是以吸收光谱作为定性、定量及结构分析依据的方法。吸收光谱产生的必要条件是入射光源能提供物质产生吸收作用所对应能级量子化的跃迁能量，因此吸收光谱法的光源多要求波长连续。按照吸收和检测波段，吸收光谱法主要包括在紫外-可见吸收光谱波段和红外吸收光谱波段的原子吸收光谱法和分子吸收光谱法。此外，部分吸收光谱分析法因分析波段不在紫外、可见与红外波段，归属为波谱分析法，可以看作是光谱分析法的扩展，如短波长的 X 射线吸收光谱法及长波长的核磁共振波谱法(NMR)等。

发射光谱是物质受到电磁辐射跃迁到激发态,在返回基态过程中释放的辐射能量从而产生的光谱。因而,发射光谱法是以发射光谱作为定性、定量及结构分析依据的方法,主要包括原子发射光谱法、原子荧光光谱法、分子荧光光谱法、分子磷光光谱法及拉曼散射光谱法等。原子发射光谱法与荧光或磷光光谱法的区别主要在于激发源的差异,其中原子发射光谱法采用高能粒子(如电子、原子或分子)作为激发源,而荧光或磷光光谱法则是以辐射能作为激发源。

2.5.2 光谱分析法的属性

光谱分析法需要借助光谱分析仪来完成定性与定量分析,具有相对较高的准确度和灵敏度。由于各种光谱分析法所依据的物质与电磁辐射的作用方式不同,不同光谱法有各自适用的分析对象,专属性也差异较大。本节主要从以下几个方面对光谱分析法的属性进行解析。

1. 准确度

准确度是指分析方法的测量值与真实值接近的程度。准确度常用误差表示,有绝对误差和相对误差两种表示方式。其中,相对误差在分析工作中更为常用,而且相对误差能作为正确选择分析方法的依据。相对误差的要求受测样量的影响,光谱分析被用于微量和痕量分析,因此允许的相对误差可达到百分之几。常用的光谱分析法中,紫外-可见吸收光谱法的测定准确度较好,一般为 0.5%,采用性能较好的仪器灵敏度可达 0.2%。原子吸收光谱法中的火焰原子吸收光谱法的相对误差可小于 1%。

2. 灵敏度

灵敏度是指被测组分浓度或含量改变一个单位时所引起的分析信号的变化。在分析方法的校正曲线上,通常可以认为灵敏度就是分析校正曲线的斜率。

火焰原子吸收光谱法中,常用特征浓度(characteristic concentration)来表征灵敏度。特征浓度指产生 1%的吸收或者 0.0044 的吸光度时待测元素的质量浓度或者质量分数;而在紫外-可见吸收光谱法中,摩尔吸光系数可以用于表示灵敏度的高低。

紫外-可见吸收光谱法则是通过透射光与入射光的比值来确定,难以通过增强入射光或者信号放大的策略来提升灵敏度。荧光光谱法的灵敏度可以用被检测出的最低信号来表示,与测定原理密切相关。荧光光谱法是从垂直于入射光的角度来收集原子或分子的荧光信号,是一种暗背景下的测定,因此可以通过增强入射光 I_0 的强度或者通过借助信号放大的策略来增强单位待测物提升时带来的信号强度的增加值。

3. 定量限与检测限

定量限(quantification limit)是指某种分析方法在给定置信度范围内被测物能被定量检测的最低量,其测定结果应具有一定的准确度。定量限体现了分析方法是否具备灵敏的定量检测能力。

检测限(limit of detection, LOD)是指根据特定分析步骤能够合理检测出的最小分析信号而求得的最低浓度或质量。检测限与灵敏度关系密切,考虑了仪器的稳定性和噪声等因素。在常见光谱分析法中,荧光光谱法与磷光光谱法通常比紫外-可见吸收光谱法($10^{-4}\sim 10^{-6}\mathrm{g\cdot mL^{-1}}$)低 2~4 个数量级,具有较低检测限(可达 $10^{-10}\mathrm{g\cdot mL^{-1}}$)。火焰原子吸收光谱法的检测限可达

到 10^{-9} g·mL^{-1}，石墨炉原子吸收光谱法的检测限更是可以低达 10^{-10}~10^{-13} g·mL^{-1}。

4. 线性与线性范围

线性(linearity)指测试结果和样品中被测组分的浓度(或量)直接呈正比关系的程度。分析方法的建立就在于待测物质产生的信号与待测物质的量具有简单的函数关系。因而，所建立的分析方法一般使用线性函数来表达其特性：

$$I = a + kc \tag{2-8}$$

式中，I 为仪器检测到的信号强度；c 为待测物质的浓度；k 为斜率，与方法的灵敏度有关。根据国际纯粹与应用化学联合会(IUPAC)的规定，一个方法的检测限可以通过式(2-9)来表示：

$$\text{LOD} = \frac{3\sigma}{k} \tag{2-9}$$

式中，σ 为多次测定($n \geqslant 5$)不含待测样品的对照参比(control)所产生的标准偏差。

线性范围(linear range)是指在达到一定精密度、准确度和线性的条件下，分析方法适用的高低限浓度或量的区间。定量分析过程中待测物的浓度不适合存在自吸收、自猝灭及内滤等现象，光谱分析法仅在待测物处于一定的含量范围内，方可用于准确定量。

5. 专属性

专属性(specificity)是指在其他组分(杂质、辅料、降解产物等)可能存在的情况下，分析方法能准确地测出待测组分的特性。

在原子光谱法中，原子吸收线比发射线的数目少得多，谱线重叠的概率要小得多。即使原子吸收线与邻近的谱线难以分离，由于采用阴极空心灯作光源并不发射邻近的谱线，所以原子吸收法的选择性和专属性较高，干扰少且易克服。

红外吸收光谱法由于特征区与指纹区能提供大量的信息，所以其专属性较强。结合现有的红外图谱库或者采用对照品法，红外吸收光谱法是验证已知药物的有效方法。

对于分析的灵敏度和准确度较高而专属性不足的光谱分析法，可以采用多种分析法互补使用，或者结合色谱分离等手段进行联用分析。

学习与思考

(1) 什么红外光谱的检测器不能使用光电倍增管？
(2) 真空热电偶和热释电检测器的工作原理是什么？为什么需要在真空条件下工作？
(3) 查阅文献，看看 IUPAC 是如何规定有关灵敏度、定量限和检测限的表示方法。

内容提要与学习要求

光学是关于光的产生、传播、接收和显示，以及与物质互相作用的科学。光学的发展为人类的生产实践提供了许多精密、快捷、简便的工具、手段和研究方法。光学理论是建立在人们对光进行观察、实验和实践基础上经过分析、综合、抽象概括而得的。

本章主要介绍了光的本质、电磁波、光与物质的相互作用、物质的颜色及测量、光谱分析法和分类，以及光谱分析仪的基本结构。

了解并掌握光是一种电磁波的本质及其特性、光的颜色和波长、光与物质的作用和物质的颜色之间的联系、光谱分析仪的基本组成与各部件的功能。重点掌握光与物质的相互作用的几种形式、对应的光学信号及相关的光谱分析法，各种光谱分析法的准确度、灵敏度及专属性等属性。理解光谱分析法的基本原理。

练 习 题

1. 什么是光的波动性和微粒性？光的本质是什么？
2. 电磁辐射与物质的相互作用形式有哪些？
3. 物质的颜色与吸收光的颜色有何关系？
4. 为什么物质的颜色在不同光线下会发生变化？为什么绿色光照到深色物体表面如绿叶上看到的光线不明显？
5. 如何确定三色刺激值？如何计算一个颜色的色度？
6. 光谱分析仪中的光源及单色器的作用是什么？
7. 为什么原子吸收光谱仪的单色器要后置？
8. 常用的光谱分析法主要有哪些？有何专属性？
9. PMT 所依据的物理原理是什么？为什么 PMT 可以检测到很弱的光信号？
10. 能级的跃迁是量子化的，为什么测到的分子光谱是一些宽的吸收谱带？
11. 为什么紫外-可见吸收光谱法难以通过增强入射光或者信号放大策略提升分析灵敏度？
12. 荧光光谱法、磷光光谱法和分光光度法各自的检测限在哪个数量级？在这三种方法中，为什么分光光度法有最高的检测限？
13. 为什么常用光谱分析方法的相对误差可允许到百分之几，而容量分析的误差必须在 0.1%以内？
14. 在光路设计上为什么原子吸收和分子吸收分光光度计采用直线形式而荧光分光光度计采用正交形式检测光信号？
15. 除了本章所列举的发射光谱分析法以外，部分新型的发射光谱分析法发挥着越来越重要的作用。例如，近年来通过以发射荧光的分子或纳米材料作为供体，以吸收荧光的分子或纳米材料作为受体而构建荧光共振能量转移(fluorescence resonance energy transfer, FRET)体系发展共振能量转移荧光分析法。试查阅文献，看看 FRET 是一个什么样的分析方法。
16. 随着金属纳米增强基底的不断发展，具有高拉曼散射信号和分析灵敏度的拉曼散射光谱分析法得到了极大的拓展和应用。试查阅文献，了解什么是拉曼光谱，在现代分析化学中有什么地位和作用。
17. 等离子体纳米光学与单颗粒散射光谱仪的发展，使得基于单纳米颗粒的等离子体共振散射光谱的强度与波长变化的等离子共振散射光谱分析法得到了广泛的应用。试举例说明等离子体共振散射光谱的应用。

第 3 章　紫外-可见分子吸收光谱分析

　　从广义上讲,分子光谱分析(molecular spectral analysis)是基于光子与物质分子发生相互作用而建立起来的一类分析方法。依据光子与分子的相互作用形式,可以分为分子吸收光谱(如紫外、可见和红外吸收光谱)、分子发射光谱(如荧光等)和分子散射光谱(如瑞利散射和拉曼散射等)。

　　分子吸收光谱分析法(molecular absorption spectroscopy)是利用分子吸收紫外-可见-近红外区的光来对物质进行定性分析(qualitative analysis)和定量分析(quantitative analysis)的方法[①]。在定性分析方面,人们经过近一百多年的实践总结,发现物质分子对紫外-可见-近红外区的光吸收与官能团有关,从而用于典型官能团的鉴别,并根据吸收光谱特征,与其他分析法配合,用于有机化合物的分子结构推断。在定量分析方面,分子吸收光谱分析法既可以进行单一组分的测定,也可以对多种混合组分不经分离进行同时测定,在有机药物分析和无机金属离子分析方面应用广泛。

3.1　分子轨道理论与有机分子的电子跃迁

3.1.1　分子轨道理论

　　分子轨道理论(molecular orbital theory)是美国化学家马利肯(Robert Sanderson Mulliken, 1896—1986)和德国化学家洪德(Friedrich Hund, 1896—1997)于 1932 年提出的,是化学键理论中有关双原子分子及多原子分子结构的一种近似处理方法。

　　分子轨道理论认为,当两个原子形成化学键时,原子轨道将进行线性组合形成分子轨道(molecular orbital)。分子轨道具有分子的整体性,将两个原子作为整体联系在一起,所形成的分子轨道数等于参与组合原子轨道(atomic orbital)数,能较好说明多原子分子结构。例如,两个外层只有 1 个 s 电子的原子结合成分子时,两个原子轨道可以线性组合形成两个分子轨道,其中一个分子轨道的能量比相应的原子轨道能量低,称为成键分子轨道(bonding molecular orbital,BMO),另一个分子轨道的能量比相应的原子轨道能量高,称为反键分子轨道(antibonding molecular orbital,AMO),反键轨道常用上标星号"*"标出。

　　最常见的分子轨道有 σ 轨道和 π 轨道两类。如图 3-1 所示,σ 轨道是由原子外层的 s 轨道与 s 轨道或 p_x 轨道与 p_x 轨道沿 x 轴靠近时线性组合而成的。成键 σ 轨道的电子云呈圆柱形对称,电子云密集于两原子核之间;而反键 σ 轨道的电子云在原子核之间的分布比较稀疏。填充在成键 σ 轨道上的电子称为成键 σ 电子,而填充在反键 σ 轨道上的电子称为反键 σ 电子。

---

① 可参阅专著:罗庆尧,邓延倬,蔡汝秀,等. 分光光度分析. 北京:科学出版社,1992.

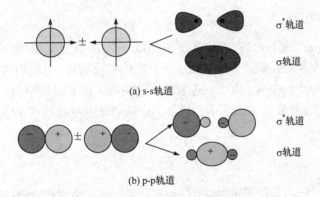

图 3-1 σ 及 σ* 轨道的形成示意图

s-s 轨道(a)和 p-p 轨道(b)分别组成的分子成键 σ 轨道和反键 σ 轨道

如图 3-2 所示，π 轨道是原子最外层 p_y 轨道或 p_z 轨道沿 x 轴靠近时线性组合而成的。成键 π 轨道的电子云不呈圆柱形对称，但有一对称面，在此平面上电子云密度等于零，而对称面的上下空间是电子云分布的主要区域。反键 π 轨道的电子云也有一对称面，但两个原子的电子云互相分离。填充在成键 π 轨道的电子称为成键 π 电子，而填充在反键 π 轨道上的电子称为反键 π 电子。

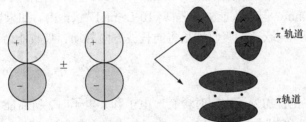

图 3-2 π 及 π* 轨道的形成示意图

p-p 轨道组成的分子成键π轨道和反键π轨道

在含有氧、氮、硫等原子的有机化合物分子中，如果还有没参与成键的电子对，就称为孤对电子(lone pair electrons)。孤对电子是非键电子(bonding electron)，也称为 n 电子。例如，甲醇分子中的氧原子，其外层有 6 个电子，其中 2 个电子分别与碳原子和氢原子形成 2 个σ键，其余 4 个电子并未参与成键，仍处于原子轨道上，就是 n 电子。n 电子所占据的原子轨道称为 n 轨道。

3.1.2 电子跃迁的类型

根据分子轨道理论的计算结果，分子轨道能级的能量以反键 σ 轨道最高，而 n 轨道的能量介于成键轨道与反键轨道之间。分子轨道能级的高低次序：

$$\sigma^* > \pi^* > n > \pi > \sigma$$

电子跃迁方式主要有σ→σ*跃迁、n→σ*跃迁、π→π*跃迁和 n→π*跃迁四种(图 3-3)，现分述如下。

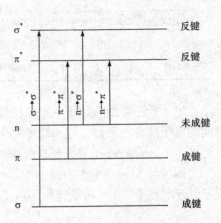

图 3-3 σ、π、n 轨道及电子跃迁

1. σ→σ* 跃迁

σ 键的键能(bond energy)高,因而要使σ电子发生跃迁,需要很高的能量,大约 780kJ·mol^{-1},属于一种高能跃迁。这类跃迁所对应的吸收波长一般小于 150nm,主要发生在远紫外区(far-ultraviolet region)。由于在近紫外区不吸收,因而是透明的,故而只有这类跃迁的物质常用作测定紫外吸收光谱的溶剂。例如,甲烷的最大吸收峰在 125nm 处,而乙烷则在 135nm 处有一个吸收峰。

2. n→σ* 跃迁

凡是含有非键电子(即 n 电子)的杂原子(如氧、氮、硫、卤素等)的饱和烃衍生物都可发生 n→σ* 跃迁。这类跃迁所需能量比σ→σ*跃迁低得多,例如,甲硫醇在 227nm 处有吸收峰,碘甲烷在 258nm 有吸收峰,用于表征它们吸收能力的摩尔吸光系数①(molar absorptivity, ε, 单位为 L·mol^{-1}·cm^{-1})一般较小,通常在 100~300L·mol^{-1}·cm^{-1}。

3. π→π* 跃迁

不饱和化合物及芳香化合物除含有σ电子外,还含有π电子。π电子容易受激发,从成键的 π 轨道跃迁到反键的 π 轨道所需的能量比较低。一般孤立双键化合物如乙烯、丙烯的π→π* 跃迁波长在 170~200nm,但吸收能力较强($\varepsilon \approx 10^4$ L·mol^{-1}·cm^{-1})。如果烯烃上有取代基或烯键与其他双键共轭,π→π*跃迁的吸收波长将向长波方向移动,吸收能力更强。

4. n→π* 跃迁

n→π*跃迁发生在化合物分子中同时含有 π 电子和 n 电子时,所需能量最低,产生吸收波长最长,但吸收很弱。例如,丙酮在 280nm 的摩尔吸光系数仅为 15L·mol^{-1}·cm^{-1}。

表 3-1 列出了上述几种跃迁特征,其中只有π→π*和 n→π*两种跃迁所需能量小,相应波长出现在近紫外区甚至可见光区,需要分子中有不饱和基团提供 π 轨道,是有机化合物最有用的吸收光谱。

表 3-1 π→π* 跃迁与 n→π* 跃迁的特征对比

	π→π*	n→π*
吸收峰波长	与组成双键的原子种类基本无关	与组成双键的原子种类有关
吸收强度	强吸收,$\varepsilon = 10^4 \sim 10^5$ L·mol^{-1}·cm^{-1}	弱吸,$\varepsilon < 10^2$ L·mol^{-1}·cm^{-1}
极性溶剂	向长波方向移动	向短波方向移动

电子跃迁类型与分子空间结构及其特征官能团有密切关系,可以根据分子结构来预测可能的电子跃迁。例如,饱和烃可发生σ→σ*跃迁;烯烃可发生σ→σ*、π→π*等跃迁;脂肪醚可发生σ→σ*、n→σ*等跃迁;醛酮可发生π→π*、n→σ*、σ→σ*、n→π*等跃迁。

图 3-4 根据能量大小画出了各种跃迁的波长范围及吸收能力的大小。可见,在这四种电子跃迁类型中,σ→σ*跃迁和 n→σ*跃迁上产生的吸收带波长处于真空紫外区,而π→π*跃迁

---

① 分子的吸收能力大小通常使用摩尔吸光系数(ε)来表示,相关内容将在本章 3.5 节的光吸收定律中学习。

和 n→π*跃迁所产生的吸收带除某些孤立双键化合物外，一般都处于近紫外区，它们是紫外吸收光谱所研究的主要吸收带。

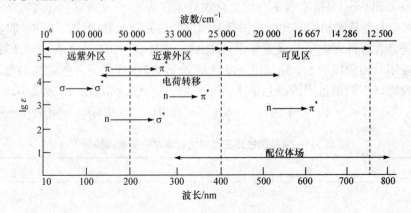

图 3-4 电子跃迁所处的波长范围及强度

3.1.3 生色团和助色团

1. 生色团

生色团(chromophore)是指能使化合物产生颜色的一些基团。尽管人眼看不见紫外区的光吸收，但在紫外区吸收光谱中也使用这一术语，以至于凡是能导致化合物在紫外-可见光区产生吸收的基团，不论是否显示人眼可见的颜色都称为生色团。不饱和的基团一般都是生色基团，如 C=C、C=O、N=N、三键、苯环等，能产生 n→π*跃迁和π→π*跃迁，跃迁能量较低。常见孤立的生色团的吸收特性见表 3-2。

表 3-2 一些生色团的吸收特征

生色团	实例	溶剂	λ_{max}/nm	ε_{max}/(L·mol^{-1}·cm^{-1})
烯键	$C_6H_{13}CH=CH_2$	正庚烷	177	13 000
炔键	$C_5H_{11}C≡CCH_3$	正庚烷	178	10 000
羰基	CH_3CHO	正己烷	180	大
			293	12
			204	41
羧基	CH_3COOH	乙醇	214	60
酰氨基	CH_3CONH_2	水	339	5
偶氮	$CH_3N=NCH_3$	乙醇	280	22
硝基	CH_3NO_2	异辛烷	300	100
亚硝基	C_4H_9NO	乙醚	665	20
硝酸酯	$C_2H_5ONO_2$	二氧己环	270	12

如果化合物中有几个生色团相互共轭，则各个生色团所产生的吸收带将消失，而取代出现新的共轭吸收带，其波长将比单个生色团的吸收波长长，光吸收能力也显著加强。

2. 助色团

助色团(auxochrome)是指本身不会使化合物分子在紫外-可见光区产生吸收的一些基团，但当这些基团与发色基团相连时却能使发色基团的吸收带波长移向长波区和吸收能力增强。

助色团通常含有孤对电子的元素，如—NH_2、—NR_2、—OH、—OR、—Cl 等，借助 p-π 共轭使发色基团共轭程度增加，降低电子跃迁能量。表 3-3 列出了一些常见助色团在饱和化合物中的吸收峰。不同助色团的助色能力各不相同，以 O^- 为最大，F 为最小，大致顺序：—F < —CH_3 < —Cl < —Br < —OH < —SH < —OCH_3 < —NH_2 < —NHR < —NR_2 < —O^-。

表 3-3 常见助色团在饱和化合物中的吸收峰特征

助色团	化合物	溶剂	λ_{max}/nm	ε_{max}/(L·mol^{-1}·cm^{-1})
—	CH_4, C_2H_6	气态	<150	—
—OH	CH_3OH	正己烷	177	200
—OH	C_2H_5OH	正己烷	186	—
—OR	$C_2H_5OC_2H_5$	气态	190	1000
—NH_2	CH_3NH_2	—	173	213
—NHR	$C_2H_5NHC_2H_5$	正己烷	195	2800
—SH	CH_3SH	乙醇	195	1400
—SR	CH_3SCH_3	乙醇	229	140
—Cl	CH_3Cl	正己烷	173	200
—Br	$CH_3CH_2CH_2Br$	正己烷	208	300
—I	CH_3I	正己烷	259	400

3.1.4 波长红移与蓝移、增色与减色效应

有机化合物分子由于引入了助色团或其他发色基团而产生结构改变，或由于溶剂影响以至于其紫外吸收带最大吸收波长向长波方向移动的现象称红移(red shift 或 bathochromic shift)或长移；如果吸收带最大吸收波长向短波方向移动的现象称蓝移(blue shift 或 hypsochromic shift)、紫移或短移。

与吸收带波长红移及蓝移相似，化合物分子结构中引入取代基或受溶剂的影响导致吸收能力增大或减少的现象称为增色效应(hyperchromic effect)或减色效应(hypochromic effect)。

延伸阅读 3-1： 典型吸收带

π→π*跃迁和 n→π*跃迁所产生的吸收可分为下述四种类型。

1) R 吸收带

R 吸收带是含有氧、硫、氮等杂原子的生色团如羰基、硝基等发生 n→π*跃迁时产生，其最大吸收波长(λ_{max})在 250~400nm，ε_{max} 通常小于 100L·mol^{-1}·cm^{-1}。例如，乙醛的 λ_{max}=290nm，ε_{max} = 17L·mol^{-1}·cm^{-1}。R 吸收带的最大吸收峰随着溶剂极性增强发生蓝移。由于 ε_{max} 值太小，往往被强吸收带所掩盖。

2) K 吸收带

K 吸收带是共轭非封闭体系的双键如丁二烯、丙烯醛等发生 $\pi \to \pi^*$ 跃迁所产生的,其跃迁所需能量较 R 吸收带大,波长大于 200nm,吸收能力强($\varepsilon_{max} > 10^4 \text{L} \cdot \text{mol}^{-1} \cdot \text{cm}^{-1}$)。随着共轭体系的增长,K 吸收带红移,吸收能力增大。

K 吸收带是共轭分子的特征吸收带,可用于判断共轭结构,是应用最多的吸收带。表 3-4 列出了一些共轭烯烃的吸收光谱特征。从表中可看出每增加一个共轭双键,吸收波长约增加 40nm,当双键数达到 7 时,吸收波长进入可见光区。

表 3-4　某些共轭烯烃的吸收光谱特征

化合物	$\pi \to \pi^*$ 跃迁(λ_{max}/nm)	$\varepsilon_{max}/(\text{L} \cdot \text{mol}^{-1} \cdot \text{cm}^{-1})$
乙烯	170	1.5×10^4
1,3-丁二烯	217	2.1×10^4
1,3,5-己三烯	256	3.5×10^4
二甲基辛四烯	296	5.2×10^4
癸五烯	335	11.8×10^4

不同的发色基团之间形成共轭也会引起 $\pi \to \pi^*$ 跃迁吸收波长红移。如果共轭基团中还含有 n 电子,则 $n \to \pi^*$ 跃迁吸收波长也会引起红移。例如,乙醛的 $\pi \to \pi^*$ 跃迁,$\lambda_{max}=170\text{nm}$,$n \to \pi^*$ 跃迁,$\lambda_{max}=290\text{nm}$;而丙烯醛分子中由于存在双键与羰基共轭,$\pi \to \pi^*$ 跃迁,$\lambda_{max}=210\text{nm}$,$n \to \pi^*$ 跃迁,$\lambda_{max}=315\text{nm}$。共轭使吸收带波长红移是由于共轭形成了包括共轭碳原子间的离域键,电子更容易被激发而跃迁到反键轨道上。

3) B 吸收带

B 吸收带是闭合环状共轭双键的 $\pi \to \pi^*$ 跃迁和其振动的重叠所产生的,是芳环化合物的主要特征吸收峰,表现为长吸收波长和弱吸收能力。例如,苯在 254nm 处的 $\varepsilon_{max} \approx 215\text{L} \cdot \text{mol}^{-1} \cdot \text{cm}^{-1}$,但当有取代基在苯环上时,复杂的 B 吸收带往往简单化,吸收峰红移,吸收能力增加(图 3-5 和图 3-6)。在非极性溶剂中或气态时,B 吸收带会出现典型的五指峰精细结构,但当极性溶剂最大时会使精细结构消失。

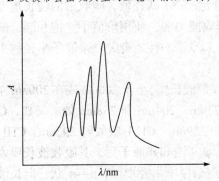

图 3-5　苯吸收曲线

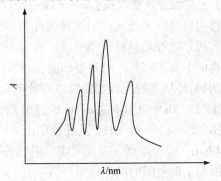

图 3-6　取代基与苯环共轭

4) E 吸收带

E 吸收带是芳香化合物的特征吸收带,是苯环的环形共轭系统发生 $\pi \to \pi^*$ 跃迁产生的,有两个较强的吸收峰,分别为 E_1 吸收带和 E_2 吸收带。E_1 吸收带的吸收约在 180nm($\varepsilon > 10^4 \text{L} \cdot \text{mol}^{-1} \cdot \text{cm}^{-1}$),$E_2$ 吸收带的吸收约在 200nm($\varepsilon \approx 7000\text{L} \cdot \text{mol}^{-1} \cdot \text{cm}^{-1}$),都是强吸收。

E_1 吸收带在近紫外区,是观察不到的。当苯环上有发色基团且与苯环共轭时,E_2 吸收带常与 K 吸收带合并,吸收峰向长波移动。例如,图 3-7 是苯在乙醇中的紫外吸收光谱,图 3-8 是苯乙酮在正庚烷中的紫外吸收光谱。

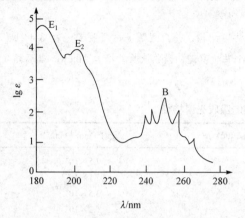

图 3-7　苯在乙醇中的紫外吸收光谱

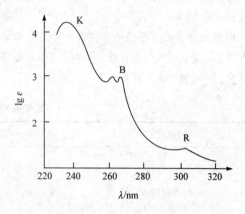

图 3-8　苯乙酮在正庚烷中的紫外吸收光谱

3.2　有机化合物的紫外-可见吸收光谱

3.2.1　饱和烃及其衍生物

饱和烃化合物的 σ 键电子结合很牢固。如果这些 σ 键电子要从 σ 轨道跃迁到 σ^* 轨道上去,所需能量是很高的。例如,甲烷和乙烷的吸收带分别位于 125nm 和 135nm 的真空紫外线区。

如果饱和化合物的碳原子上有杂原子取代,那么杂原子上未成键的 p 电子可产生 $n \to \sigma^*$ 跃迁,n 能级比 σ 能级高,$n \to \sigma^*$ 跃迁所取代的能量比 $\sigma \to \sigma^*$ 跃迁低,吸收带的波长也变长,有的移至可测的紫外区,但这种跃迁为禁阻的,吸收能力弱,使用价值小。饱和醇、醚、卤代烷、硫化物等均具有这类跃迁。吸收带的波长与杂原子的性质有关,杂原子半径越大,其化合物的电离能越低,吸收带的波长越长。

例如,环状二硫化合物的吸收带比硫化合物吸收带波长短,小于 200nm 或在 200nm 左右。CH_3Cl、CH_3Br 和 CH_3I 的 $n \to \sigma^*$ 跃迁分别出现在 173nm、204nm 和 258nm 处。又如,CH_4 跃迁范围 125～135nm、CH_3I 跃迁范围 150～210nm 和 259nm、CH_2I_2 吸收峰 292nm、CHI_3 吸收峰 349nm。这些数据一方面说明在甲烷分子中引入氯、溴和碘原子后,其吸收波长要发生红移,展示了助色团的助色作用;另一方面也说明,随杂原子半径增加,$n \to \sigma^*$ 跃迁向长波方向移动。

需要说明的是,上述落在真空紫外区的吸收光谱,如甲烷、乙烷和环状二硫化合物,在一般分光光度计仪器的使用范围之外,因而这类化合物的紫外吸收在分子吸收光谱的定性和定量方面的应用价值很小。此外,直接用烷烃和卤代烷的紫外吸收光谱来建立其分析方法的实用价值也不大,但它们是用于其他化合物紫外和(或)可见吸收光谱(200～1000nm)测定时的优良溶剂。

3.2.2 不饱和烃及其共轭烯烃

如前所述,在不饱和烃类分子中,除含有σ键外,还含有π键,因而可产生π→π*和σ→σ*两种跃迁,且π→π*跃迁的能量小于σ→σ*跃迁。

在不饱和烃类分子中,当有两个及其以上的双键共轭形成大π键时,随着共轭系统延长,π→π*跃迁的吸收带将明显向长波方向移动,吸收能力也随之增强。

3.2.3 羰基化合物

羰基化合物的C=O基团因可发生n→π*、π→π*、n→σ*三种跃迁而有对应的三个吸收带,其中,n→π*吸收带又称R吸收带,落于近紫外或紫外光区。醛、酮、羧酸及羧酸的衍生物,如酯、酰胺等,含有羰基,都存在类似吸收光谱,但由于醛、酮与羧酸及羧酸的衍生物在结构上有差异,其n→π*吸收带稍有不同。

醛、酮的n→π*吸收带在270~300nm附近,强度低,ε为10~20L·mol^{-1}·cm^{-1}。当醛、酮的羰基与双键共轭时,形成α,β-不饱和醛、酮,产生共轭,n→π*、π→π*跃迁的波长发生红移。

羧酸及羧酸的衍生物的 n→π*吸收带因为羰基碳原子直接与含有未共用电子对的助色团(如—OH、—Cl、—OR等)连接,与羰基双键的电子产生n→π共轭,使π轨道能级提高,但n轨道能级不变,以至于n→π*跃迁所需能量增大,使n→π*吸收带出现蓝移至210nm左右。

羧酸羰基与双键共轭时,产生 n→π*、π→π*跃迁的波长长,共轭使π*轨道能量降低。

3.2.4 芳香族化合物

苯在乙醇溶剂中有 E_1、E_2 和 B 三个吸收带(图 3-7),都是由π→π*跃迁引起的。其中,E_1 吸收带位于 185nm(ε_{max}=47000L·mol^{-1}·cm^{-1}),E_2 吸收带位于 204nm(ε_{max}=7900L·mol^{-1}·cm^{-1}),属于强吸收带,是由苯环结构中三个乙烯的环状共轭系统的跃迁所产生的,是芳香族化合的特征吸收带。而 B 吸收带位于 255nm(ε_{max}=200L·mol^{-1}·cm^{-1}),是由π→π*跃迁的振动重叠引起的。在气态或非极性溶剂中,苯及其许多同系物的 B 吸收带因振动跃迁在基态电子跃迁上的叠加引起许多精细结构;但在极性溶剂中,上述精细结构消失。

当苯环上有取代基时,苯的三个特征吸收带都会发生显著变化,受影响较大的是 E_2 吸收带和 B 吸收带。例如,当苯环与生色团连接时,有 B 和 K 两种吸收带,有时还有 R 吸收带(图 3-8),其中 R 吸收带波长最长,B 吸收带精细结构变差;而当苯环上有羟基、氨基等取代基时,吸收峰红移,吸收强度增大,颜色变深。这是由于羟基、氨基等一些助色团中至少有一对非键n电子与苯环上的电子相互作用,产生助色作用,其颜色变深。

稠环芳烃(如萘、蒽、芘等)均显示苯的三个吸收带,但是与苯本身相比较,三个吸收带均发生红移,强度增加。随着苯环数目的增多,吸收波长红移越多,吸收强度也相应增加。

当芳环上的—CH基团被氮原子取代后,则相应的氮杂环化合物如吡啶、喹啉的吸收光谱,与相应碳化合物的吸收光谱极为相似(即吡啶与苯相似,喹啉与萘相似)。此外,由于引入含有n电子的N原子,这类杂环化合物还可能产生n→π*吸收带。

取代基不同,变化程度不同,可由此鉴定各种取代基。苯环上助色团和生色团对苯环吸收带的影响分别见表 3-5 和表 3-6。

表 3-5 苯环上助色团对苯环吸收带的影响

化合物	E 吸收带		B 吸收带		溶剂
	λ_{max}/nm	ε_{max}/(L·mol^{-1}·cm^{-1})	λ_{max}/nm	ε_{max}/(L·mol^{-1}·cm^{-1})	
苯	204	7900	256	200	正己烷
氯苯	210	7600	265	240	乙醇
硫酚	236	10000	269	700	正己烷
茴香醚	217	6400	269	1480	2%甲醇
苯酚	210.5	6200	270	1450	水
酚盐	235	9400	287	2600	水(碱性)
邻-儿茶酚	214	6300	276	2300	水(pH3)
邻-儿茶酚盐	236.5	6800	292	3500	水(pH11)
苯胺	230	8600	280	1430	水
苯胺盐	203	7500	254	160	水(酸性)
苯醚	255	11000	272	2000	环己烷

表 3-6 苯环上生色团对苯环吸收带的影响

化合物	K 吸收带		B 吸收带		R 吸收带		溶剂
	λ_{max}/nm	ε_{max}/(L·mol^{-1}·cm^{-1})	λ_{max}/nm	ε_{max}/(L·mol^{-1}·cm^{-1})	λ_{max}/nm	ε_{max}/(L·mol^{-1}·cm^{-1})	
苯			255	215			乙醇
苯乙烯	244	12000	282	450			乙醇
苯乙炔	236	12500	278	650			正己烷
苯甲醛	244	15000	280	1500	328	20	乙醇
乙酰苯	240	13000	278	1100	319	50	乙醇
硝基苯	252	10000	280	1000	330	125	正己烷
苯甲酸	230	10000	270	800			水
苯基氰	224	13000	271	1000			水
二苯亚砜	232	14000	262	2400			乙醇
苯基甲基砜	217	6700	264	977			乙醇
苯酰苯	252	20000			325	180	乙醇
联苯	246	20000	(被掩盖)				乙醇
顺-均二苯代乙烯	283	12300	(被掩盖)				乙醇
反-均二苯代乙烯	295	25000	(被掩盖)				乙醇

3.3 无机化合物的紫外-可见吸收光谱

3.3.1 电荷转移跃迁

产生无机化合物紫外-可见吸收光谱的电子跃迁有电荷转移跃迁(charge transfer transition, CTT)和配位场跃迁(ligand field transition, LFT)两大类。

不少无机化合物会在电磁辐射下发生电荷转移跃迁，产生电荷转移吸收光谱(charge transfer absorption spectra)。一般地，配合物的金属中心离子(M)带有正电荷，是电子受体(acceptor, A)，而配位体(L)具有负电荷中心，是电子供体(donator, D)。当化合物接受辐射能量时，一个电子由配位体的电子轨道跃迁至金属中心离子的电子轨道，配位体失去一个电子，而金属中心离子获得一个电子。

$$M^{n+} - L^{b-} \xrightarrow{h\nu} M^{(n-1)+} - L^{(b-1)-}$$

例如，Fe^{3+}—SCN^- 在受到光辐射照射时就变成 Fe^{2+}—SCN。所以这种电荷转移跃迁本质上是配位体与金属中心离子之间发生分子内的氧化还原反应。

不少过渡金属离子与含生色团的试剂反应所生成的配合物及许多水合无机离子，均可产生电荷转移跃迁。一些具有 d^{10} 电子结构的过渡元素形成的卤化物及硫化物，如 AgBr、HgS 等，也是由于电荷转移跃迁而产生颜色。

电荷迁移吸收光谱的波长位置取决于电子供体(electron donor, ED)和电子受体(electron acceptor, EA)对应的电子轨道能量差。电荷转移跃迁所需能量与电子供体的供电子能力及电子受体的电子接受能力有关。例如，SCN^- 的电子亲和力比 Cl^- 小，当其与 Fe^{3+} 配合物发生电荷转移跃迁时，所需能量比 $Fe^{3+}(Cl^-)$ 小，吸收波长较长，呈现在可见光区，而 $Fe^{3+}(Cl^-)$ 吸收波长较短，呈现在近紫外区。

电荷转移跃迁的最大特点是摩尔吸光系数较大，一般 ε_{max} 大于 $10^4 L \cdot mol^{-1} \cdot cm^{-1}$，在定量分析化学中有较好的用途。

3.3.2 配位场跃迁

配位场跃迁包括 d-d 跃迁和 f-f 跃迁。元素周期表中第四、五周期的过渡金属元素分别含有 3d 和 4d 轨道，镧系和锕系元素分别含有 4f 和 5f 轨道。在配体存在下，过渡元素五个能量相等的 d 轨道和镧系元素七个能量相等的 f 轨道分别分裂成几组能量不等的 d 轨道和 f 轨道。当它们的离子吸收光能后，低能态的 d 电子或 f 电子可以分别跃迁至高能态的 d 轨道或 f 轨道，这两类跃迁分别称为 d-d 跃迁和 f-f 跃迁。由于这两类跃迁必须在配体的配位场作用下才可能发生，因此又称为配位场跃迁。

例如，在 d-d 跃迁中，金属离子与水或其他配体生成配合物时，原来能量相同的 d 轨道会分裂成几组能量不等的 d 轨道，d 轨道之间的能量差称为分裂能(splitting energy)。配合物吸收了与分裂能大小相同的辐射能以后，处于 d 最高占据分子轨道(the highest occupied molecular orbitals, HOMO)的电子就发生 d-d 跃迁。吸收光波长取决于分裂能大小，配体的配位能力越强，d 轨道的分裂能就越大，吸收峰波长就越短。例如，H_2O 的配位场强度小于 NH_3 的配位场强度，导致$[Cu(H_2O)_4]^{2+}$吸收峰波长(794nm, 浅蓝色)大于$[Cu(NH_3)_4]^{2+}$吸收峰波长(663nm, 深蓝色)。不过，d-d 跃迁的概率较小，ε 很小，一般只有 $0.1\sim100\text{L}\cdot\text{mol}^{-1}\cdot\text{cm}^{-1}$，在定量分析化学中应用价值不大，但在配合物结构研究中占有十分重要的地位。

大多数镧系和锕系元素的离子在紫外-可见光区有吸收，这是由它们的 4f 或 5f 电子发生 f-f 跃迁引起的。由于 f 电子轨道被已充满的具有较高量子数的外层轨道所屏蔽(如 Ce 的外层电子排布为 $4f^15d^16s^2$)，受到溶剂及其他外界条件的影响较小，故吸收带较窄。这是 f-f 跃迁吸收光谱与大多数无机或有机吸收体系所不同的特征，图 3-9 是氯化镨溶液在可见区的吸收光谱，其吸收峰十分尖锐。

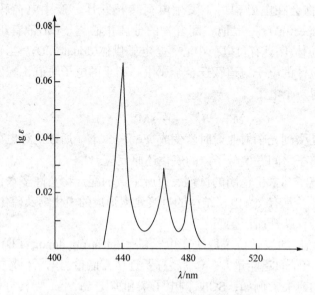

图 3-9 氯化镨溶液的可见区吸收光谱

学习与思考

(1) 有机化合物和无机配合物的紫外-可见吸收光谱各自有什么特点？为什么？
(2) 什么是电荷转移光谱？电荷转移光谱产生的机制是什么？
(3) d-d 跃迁和 f-f 跃迁的电子吸收光谱各有什么特点？

3.4 影响紫外-可见分子吸收光谱的因素

3.4.1 分子结构对光吸收的影响

影响有机化合物紫外吸收光谱的因素有内因和外因两个方面。内因是指有机化合物的结构，包括共轭体系的电子结构、立体结构等；外因是指测定条件，如酸度、离子强度、溶剂效应和外界其他成分等。

1. 共轭效应

共轭效应(conjugative effect)又称为离域效应(delocalization effect)，是指在有多个双键或三键被一个单键隔开而形成有大 π 键的共轭体系，体系内 π 电子(或 p 电子)分布与单独的双键或三键不同的一种电子效应。使共轭体系π电子云密度降低的官能团如—COOH、—CHO、—COR 等显示出吸电子共轭效应，用-C 表示；反之，使共轭体系 π 电子云密度增大的官能团如—NH_2、—OH、—R 等表现出给电子共轭效应，用+C 表示。引入产生共轭效应的官能团，一般会引起吸收峰红移、吸收强度增加。

需要注意的是，如果两个生色团处于非共轭状态，各生色团有独立的吸收性质，而总吸收则是各生色团吸收加和。例如，1-己烯在λ_{max}=177nm 有 $\varepsilon=10^4 L\cdot mol^{-1}\cdot cm^{-1}$ 的吸收，而1,5-己二烯在λ_{max}=178nm 的吸收为 $\varepsilon=2\times10^4 L\cdot mol^{-1}\cdot cm^{-1}$。

2. 异构现象

异构现象指异构物光谱出现差异的现象，如 CH_3CHO 含水化合物有两种可能的结构，CH_3CHO-H_2O 及 $CH_3CH(OH)_2$，在己烷溶剂中有λ_{max}=290nm 的吸收峰，表明有醛基存在，结构为前者；在水溶液中，此峰消失，结构为后者。

3. 空间位阻

空间位阻(steric hindrance)效应会妨碍两个发色团处在同一平面，使共轭程度降低，导致吸收峰蓝移，吸收强度降低。例如

反式/大共轭体系
λ_{max}=294nm, $\varepsilon= 2.7\times10^4 L\cdot mol^{-1}\cdot cm^{-1}$

顺式/大共轭体系
λ_{max}=280nm, $\varepsilon= 1.4\times10^4 L\cdot mol^{-1}\cdot cm^{-1}$

3.4.2 环境效应

测定物质分子吸收通常在一定介质中进行，但介质为物质分子提供的环境也有影响，如溶剂效应(solvent effect)、离子强度和酸度等影响很大。

溶剂效应是指受溶剂极性或酸碱性影响使溶质吸收峰的波长、强度，甚至形状都会发生不同程度的变化。这是因为溶剂分子和溶质分子间可能形成氢键，或极性溶剂分子的偶极使溶质分子的极性增强，从而引起溶质分子能级的变化，使吸收带发生变化。此外，表面活性剂(surfactant)和环糊精(cyclodextrin)等有序介质，对分子的吸收有时也有十分重要的影响，主要表现在吸收波长红移和吸收能力增大两个方面。

1. 对最大吸收波长的影响

如图 3-10 所示，溶剂极性对 n→π*跃迁和π→π*跃迁有较大影响。

发生 n→π*跃迁时，n 电子在基态时是孤对电子，极性较大，在极性溶剂中稳定而不易发生能级跃迁，跃迁所需能量增加，引起吸收带蓝移。溶剂极性越大，吸收带蓝移越明显。

发生π→π*跃迁时，激发态极性比基态强，极性溶剂使其激发态能量降低而使π→π*跃迁更容易，所以引起吸收带红移。

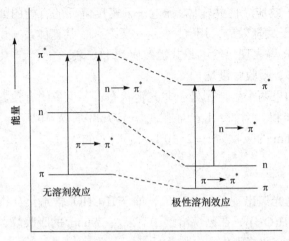

图 3-10 溶剂极性对 n→π*和π→π*跃迁的影响

表 3-7 列出了异亚丙基丙酮[$(CH_3)_2CCHCOCH_3$]在不同溶剂中的 n→π*和π→π*跃迁。

表 3-7 溶剂对异亚丙基丙酮中π→π*和 n→π*跃迁的影响

溶剂	正己烷	氯仿	水	极性越大
π→π*	230nm	238nm	243nm	红移
n→π*	329nm	315nm	305nm	蓝移

2. 对光谱精细结构的影响

有些物质在气态时有非常清晰的精细结构,原因就是其振动光谱和转动光谱也表现出来了。如图 3-11 所示,溶于非极性溶剂的苯酚由于受溶剂化作用,其自由转动受限,转动光谱消失,并且随溶剂极性增大,分子振动也受限,精细结构逐渐消失,合并为一条宽而低的吸收带。所以测定紫外吸收光谱在溶解度允许的情况下尽可能选用极性小的溶剂。

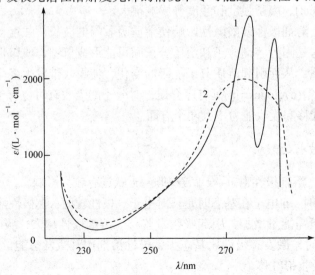

图 3-11 苯酚的 B 吸收带
1. 庚烷溶液; 2. 乙醇溶液

学习与思考

(1) 什么是共轭效应？吸电子基团和供电子基团带来的共轭效应各自会对有机分子吸收光谱有什么影响？对过渡金属有机配合物的吸收光谱影响又如何？
(2) 举例说明空间结构对有机化合物的电子跃迁有什么影响，介质环境对其的影响又如何？
(3) 为什么气态有机分子的吸收光谱有精细结构，而在液态或固态中没有？

3.5 光吸收定律

3.5.1 朗伯-比尔定律

当一束平行单色光通过均匀、非散射的固体、液体或气体介质时，一部分光被吸收，一部分透过介质，一部分被器皿的表面反射。如果介质是浑浊的，还有一部分光被散射。

如图 3-12 所示，设入射光强度为 I_0，吸收光强度为 I_a，透过光强度为 I_t，反射光强度为 I_r，散射光强度为 I_s，则

$$I_0 = I_a + I_t + I_r + I_s \tag{3-1}$$

在分子吸收测定中，试液和空白溶液分别置于同样质料及厚度的两个吸收池中，然后让强度为 I_0 的单色光分别通过这两个吸收池，再测量其透过光强度。此时反射光强度基本上是不变的，且其影响可以相互抵消。假定溶液是澄清透明，其散射信号很弱，则

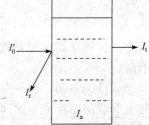

图 3-12 单色光透过介质示意图

$$I_0 = I_a + I_t \tag{3-2}$$

透过光强度 I_t 与入射光强度 I_0 之比称为透光度或透光率(transmittance)，用 T 表示。溶液的透光度越大，表示对光吸收越小；反之，其对光吸收越大。

$$T = \frac{I_t}{I_0} \tag{3-3}$$

定义吸光度(absorbance, A)为

$$A = -\lg\frac{I_t}{I_0} = \lg\frac{1}{T} \tag{3-4}$$

式中，A 值越大，表示物质对光吸收越强；反之，其对光吸收越弱。

延伸阅读 3-2：光吸收基本定律的发现

1729 年，法国数学与地球物理学家、"造船工程之父"布格(Pierre Bouguer, 1698—1758)发现太阳光的强度比月球上的光强 300 倍，证明光通过介质时强度会发生衰弱，从而开启了光谱学的早期测量。1760 年，瑞士数学与物理学家朗伯(Johann Heinrich Lambert, 1728—1777)在布格的基础上，发现当光穿过介质时的衰减与入射光强度无关，而是随着光程增加而降低，从而建立了吸收与光程呈正比关系的朗伯吸收定律。到了 1852 年，德国物理和化学家比尔(August Beer, 1825—1863)发现光衰减随物质的浓度增加而降低，并

在布格和朗伯特的基础上,通过定义吸收系数(absorption coefficient)而推导出了对于给定波长的光通过溶液时发生的光衰减与光程和溶液浓度呈指数关系。

将布格、朗伯和比尔发现的光吸收性质结合起来就布格-朗伯-比尔定律(Bouguer-Lambert -Beer law),简称朗伯-比尔定律,是光吸收的基本定律,是吸光光度法、比色分析法和光电比色法的定量基础,适用于所有的电磁辐射和所有的吸光物质,包括气体、固体、液体、分子、原子和离子。

光吸收基本定律的发现是一个不断完善的过程,从布格 1729 年发现光衰减特征到比尔完善经历了 120 多年。可见,<u>任何一个科学发现,不是一蹴而就的,必须经历科学工作者们不断去粗取精、去伪存真的缓慢发展过程</u>。

光吸收的基本定律可完整地表述为当一束强度为 I_0 的平行单色光(monochromatic light)垂直透过厚度为 b、浓度为 c 的溶液时被溶液中吸光质点(分子或离子)的吸收而导致光强度衰减为 I 的过程,即式(3-4)可进一步写成

$$A = \lg \frac{I_0}{I} = \lg \frac{1}{T} = kbc \tag{3-5}$$

式中,比例常数 k 就是比尔定义的吸收系数,与吸光物质的性质、入射光波长及温度等因素有关。

式(3-5)表明,<u>当一束单色光通过含有吸光物质的溶液后,溶液的吸光度与吸光物质的浓度及吸收层厚度成正比</u>。这是分子吸收光谱定量分析的理论基础。需要注意的是,式(3-5)仅适用于吸光质点(light absorbing point)。吸光质点是一个有质量但其体积和形状可以忽略不计的理想化模型。如果考虑光吸收成分的体积和形状,特别是当光吸收成分体积很大且不均匀时,会带来很强的散射干扰,式(3-1)中的 I_s 就不能忽略,那么式(3-5)中的 k 值就不是常数,吸光度与浓度就不呈简单的函数关系。

如果溶液中存在有多个光吸收成分,且各成分之间没有相互作用,那么各种成分的吸收具有加和性,并且在任意波长(λ)处的吸光度为

$$A^\lambda = \sum_n A_n^\lambda = b \sum_n k_n^\lambda c_n \tag{3-6}$$

式中,A^λ 为各成分在波长(λ)处的吸光度总和。

3.5.2 摩尔吸光系数和桑德尔灵敏度

在式(3-5)中的光吸收系数可以有不同的表示方法。例如,当浓度 c 用 $mol \cdot L^{-1}$ 为单位、液层厚度 b 用 cm 为单位表示时,则 k 用另一符号 ε 来表示,称为摩尔吸光系数,它表示摩尔浓度为 $1.0 mol \cdot L^{-1}$、液层厚度为 1.0cm 时溶液的吸光度,其单位为 $L \cdot mol^{-1} \cdot cm^{-1}$。此时,朗伯-比尔定律可写成

$$A = \varepsilon bc \tag{3-7}$$

在生产实践中,有时使用美国分析化学家桑德尔(Ernest Birger Sandell, 1906–1984)提出来的桑德尔灵敏度(Sandell's sensitivity, S)更为方便。桑德尔灵敏度又称灵敏度指数(sensitivity index),是指当仪器的检测极限达到 A=0.001 时,单位截面积光程内所能检测出来的吸光物质的最低含量,其单位为 $\mu g \cdot cm^{-2}$。S 与 ε 及吸光物质的摩尔质量 M 的关系为

$$S = \frac{M}{\varepsilon} \tag{3-8}$$

即物质的摩尔吸光系数越大,其桑德尔灵敏度越小。

尽管桑德尔灵敏度和摩尔吸光系数可以用于表示有色物质光吸收分析方法的灵敏度,但有着本质区别。摩尔吸光系数是由物质的本性决定的,大小与吸光分子的截面积及电子跃迁概率有关,因而桑德尔称其为固有灵敏度(inherent sensitivity);而桑德尔灵敏度除与固有灵敏度有关外,还与观察者肉眼(目视比色法)或使用仪器(分光光度法)对溶液颜色的区别能力有关。在目视比色法中,不同的人由于对色度敏感性不同,会得出不同的桑德尔数值;而当使用分光光度计时,由于要满足 $A=0.001$ 的要求,桑德尔灵敏度就没有反映出仪器性能。可见,桑德尔灵敏度仅是反映灵敏度的一个标志。所以,当需要表示某一光度法所达到的最低检测能力时,采用桑德尔灵敏度更加方便、直观;而当表示同一物质在不同显色反应下的测定灵敏度,采用摩尔吸光系数更为便捷[①]。

【示例 3-1】 摩尔吸光系数的计算

现有浓度为 $25.5\mu g \cdot 50mL^{-1}$ 的 Cu^{2+} 溶液,如果使用双环己酮草酰二腙光度法、用 2cm 比色皿测定波长 600nm 处的吸光度为 0.297,试计算摩尔吸光系数。

【解】
$$[Cu^{2+}] = \frac{25.5 \times 10^{-6}}{50 \times 10^{-3} \times 63.55} = 8.0 \times 10^{-6} (mol \cdot L^{-1})$$

$$\varepsilon = \frac{A}{bc} = \frac{0.297}{8.0 \times 10^{-6} \times 2} = 1.9 \times 10^{4} (L \cdot mol^{-1} \cdot cm^{-1})$$

学习与思考

(1) 查阅文献,讨论朗伯-比尔定律的数学基础及应用范围。
(2) 比尔定律适用于非散射的固体、液体或气体介质。查阅文献,看看平行光通过浑浊介质有散射产生时的光吸收定律又应该如何表达。
(3) 试分析摩尔吸光系数和桑德尔灵敏度的本质区别和不同的应用范围。

3.5.3 朗伯-比尔定律成立的前提条件

朗伯-比尔定律的成立是有前提的,其基本前提是光吸收体系满足下列条件。
(1) 入射光为平行单色光且垂直照射。
(2) 吸光物质为均匀非散射体系。
(3) 吸光质点之间没有相互作用。
(4) 辐射与物质之间的作用仅限于光吸收,无荧光和光化学现象发生。

可见,在分光光度分析中,朗伯-比尔定律有一定的应用范围。但是在实际应用中,经常出现如图 3-13 所示的标准曲线不呈直线的情况。显然,如果利用曲线弯曲浓度范围进行定量,将会引起较大的误差。

---

① 何巧红,陈恒武. 浅谈桑德尔灵敏度的意义. 大学化学, 1998, 12(6): 48.

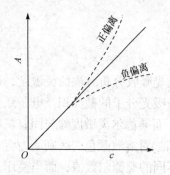

图 3-13 偏离朗伯-比尔定律示意图

3.5.4 朗伯-比尔定律的偏离

引起朗伯-比尔定律偏离的原因很多，有物理影响因素，也有化学影响因素。物理因素主要来自于仪器系统如入射光的单色性不好，化学因素主要源于溶液本身化学性质的变化。

1. 仪器因素引起的偏离

朗伯-比尔定律的重要前提是"单色光"，即只有一种波长的光。实际上，由于单色器色散能力的限制和出口狭缝需要保持一定的宽度，所以所有分光光度计的入射光不可能是绝对的单色光，而是具有一定波长宽度的复合光。

如图 3-14 所示，理论上需要 λ_1 的单色光，但由于单色器的分辨能力有限，只能获得比 λ_1 大和小的的波长范围，因而实际得到的可能是 λ_1、λ_2、λ_3 的复合光，具有 $\lambda_2 \sim \lambda_3$ 的波长宽度 (wavelength width)，而不是真正的单色光 λ_1，即在工作波长附近或多或少含有其他杂色光。由于吸光物质对不同波长处的光的吸收能力不同，即 ε 随波长而发生变化，在对应于 λ_1、λ_2、λ_3 处产生了不相同的吸光度 A_1、A_2、A_3，从而偏离朗伯-比尔定律。

"单色光"仅是一种理想情况，无论使用棱镜还是光栅，所得到的"单色光"实际上是有一定波长范围的光谱带，如图 3-14 所示的 $\lambda_2 \sim \lambda_3$ 带宽。"单色光"的纯度与光谱仪器的狭缝宽度有关，狭缝越窄，所包含的波长范围也就越窄。

克服非单色光引起的偏离的措施有以下三点。

(1) 使用性能更好的单色器，可以获得纯度较高的"单色光"，使标准曲线有较宽的线性范围。

(2) 入射光波长选择在被测物质的最大吸收处，保证测定有较高的灵敏度。因为在此处的吸收曲线较为平坦，在此最大吸收波长附近各波长的光的 ε 值大体相等，所以因非单色光引起的偏离要比其他波长处小得多。

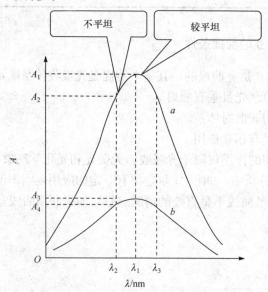

图 3-14 非单色光引起的偏离

(3) 测定时应选择适当的浓度范围,使吸光度读数在标准曲线的线性范围内。

除了要求单色光以外,光学仪器往往还有待测波长范围以外不需要的光学组分如杂散光进入检测器带来的干扰。杂散光的主要来源是仪器的色散元件如棱镜和光栅、反射镜、透镜的表面有灰尘或划痕的反射或漫射等。

2. 高浓度溶液引起的偏离

事实上,朗伯-比尔定律只能在稀溶液中才能成立。在高浓度时,吸收质点之间的平均距离缩小到一定程度,邻近光吸收质点彼此的电荷分布会发生相互作用,改变了各光吸收质点对特定辐射的吸收能力,直接影响摩尔吸光系数的大小,从而导致 A 与 c 线性关系发生偏差。溶液浓度较大时,溶液的折光指数 n 也要发生变化,并带来摩尔吸光系数的变化:

$$\varepsilon = \varepsilon_{\text{eff}} \frac{n}{(n^2+2)^2} \tag{3-9}$$

只有当低浓度($c \leqslant 0.01 \text{mol} \cdot \text{L}^{-1}$)时,$n$ 基本不变,才能用 ε 代替 ε_{eff}。

3. 介质不均匀引起的偏离

朗伯-比尔定律要求吸光物质的溶液是均匀的。如果被测溶液不均匀,是胶体溶液、乳浊液或悬浮液时,入射光通过溶液后,除一部分被溶液吸收外,还有一部分因光散射等原因导致光衰减,使透射比减小,因而实测吸光度增加,标准曲线偏离直线向吸光度轴弯曲(图3-13)。故在光度法中应避免溶液产生胶体或浑浊。

在不均匀介质(即浑浊溶液)中,因存在散射光,吸收和散射导致光衰减增大:

$$E = -\lg \frac{I}{I_0} = \tau bc \tag{3-10}$$

式中,E 为浑浊溶液的消光度(extinction),来自于体系中所有物质的吸收和浑浊溶液对光的散射;c 为散射物质的摩尔浓度;b 为吸收池厚度;τ 为散射物质的浑浊度常数,与光的波长和浑浊体系中散射颗粒的大小有关。所以,某一溶液的消光度大小实际上是吸收和散射的总和:

$$E = \tau bc = kbc + S = A + S \tag{3-10a}$$

式中,S 为散射带来的光衰减。

4. 溶质变化引起的偏离

如果溶液中的有色质点发生离解(dissociation)、缔合(association)或聚集(aggregation)、生成络合物或溶剂化等现象时,会对比尔定律产生偏离,这是因为吸光质点发生了变化,而新的吸光质点有不同的摩尔吸光系数。溶液中有色质点的缔合或聚合,形成新的化合物或互变异构等化学变化,以及某些有色物质在光照下的化学分解、自身的氧化还原、干扰离子和显色剂的作用等,都对遵守朗伯-比尔定律产生不良影响。

1) 离解

离解是造成偏离朗伯-比尔定律的主要化学因素。溶液浓度的改变,离解程度也会发生变化,吸光度与浓度的比例关系便发生变化,导致偏离朗伯-比尔定律。大部分有机酸、有机碱的酸式、碱式对光有不同的吸收性质,溶液酸(碱)度不同,酸(碱)离解程度不同,导致酸式与碱式的比例改变,溶液的吸光度发生改变。所以,在建立分析方法时,需要优化分析方法的酸度,确保分析测定在酸度变化不至于引起吸光度变化的最佳酸度范围内进行。

2) 配位

显色剂与金属离子生成的是多级配合物,且各级配合物对光的吸收性质不同。例如,在 Fe(Ⅲ)与 SCN⁻的配合物中,Fe(SCN)₃颜色最深,Fe(SCN)²⁺颜色最浅,故 SCN⁻浓度越大,溶液颜色越深,即吸光度越大。所以,在建立分析方法时,需要优化配体试剂的使用量,确保分析测定在浓度变化不至于引起吸光度变化的最佳配体浓度范围内进行。

3) 缔合或聚焦

在酸、碱或有机溶剂中,有些离子和化合物会发生缔合或聚焦。例如,CrO_4^{2-} 会缔合生成 $Cr_2O_7^{2-}$:

$$2CrO_4^{2-} + 2H^+ \underset{离解}{\overset{缔合}{\rightleftharpoons}} Cr_2O_7^{2-} + H_2O$$

由于 $Cr_2O_4^{2-}$、$Cr_2O_7^{2-}$ 有不同的摩尔吸光系数,对应各自不同的 A 值($A_{CrO_4^{2-}}$ 和 $A_{Cr_2O_7^{2-}}$),但通过仪器测定的 A 值是两种离子在测定波长处吸光度之和($A = A_{CrO_4^{2-}} + A_{Cr_2O_7^{2-}}$)。但随着浓度的改变(稀释)或改变溶液的 pH,[CrO_4^{2-}]/[$Cr_2O_7^{2-}$]会发生变化,使所测定得的 A 与总铬浓度($c = c_{CrO_4^{2-}} + c_{Cr_2O_7^{2-}}$)的关系偏离直线。

为了消除这种缔合所带来的偏离,可在分析测定过程中控制溶液的条件,使被测组分以一种形式存在,以克服化学因素所引起的对朗伯-比尔定律的偏离。

5. 溶质和溶剂的性质

物质在不同介质中会因为各种物理或化学作用发生性质变化,以至于物质在不同介质中有不同的吸收曲线。例如,碘在四氯化碳溶液中呈紫色,在乙醇中呈棕色,在四氯化碳溶液中即使含有1%乙醇也会使碘溶液的吸收曲线形状发生变化。这是由于溶质和溶剂的作用,生色团和助色团发生相应的变化,吸收光谱的波长向长波方向移动或向短波方向移动,即所谓的红移或蓝移,有不同的摩尔吸光系数,从而产生偏离。

学习与思考

(1) 讨论朗伯-比尔定律成立的前提条件。
(2) 如何理解建立分析方法需要优化反应酸度、配体试剂的浓度、溶剂及温度?
(3) 试讨论如果配体试剂在使用过程中产生了浑浊,该如何处理?

3.6 紫外-可见分光光度计

测定紫外-可见区分子吸收的仪器通常是分光光度计(spectrometer),由光源(light source)、单色器(monochromator)、样品池(sample cell)、检测器(detector)和信号显示系统(signal display system)五个部分组成。其工作原理是单色器把光源发出的复合光色散成待测物质特征吸收的窄波长光带,利用检测器检测该光带被待测物质吸收后的光衰减情况,并借助于信号显示系统对光衰减进行处理、显示。

作为光谱仪器,很多部件可以通用,因而很多有条件的实验室可以自己搭建。下面就分光光度计的某些特殊部件进行简单介绍。

3.6.1 光源

对分光光度计来说,一个最基本要求是在仪器操作所需的光谱区域内光源能够提供连续、稳定的辐射,也就是光源需要有足够的辐射强度和良好的稳定性,而且辐射能量随波长的变化应尽可能小。

分光光度计中常用的光源有热辐射光源(thermal radiation source)和气体放电光源(gas-discharge source)两类,前者发射出可见区的光,而后者的光辐射在紫外区。因此,紫外-可见分光光度计同时具有可见和紫外两种光源,在仪器设计时要求两种光源能快速方便地自动切换。

1) 热辐射光源

热辐射光源用于可见光区,如钨丝灯和卤钨灯。钨灯和碘钨灯可使用的范围为340~2500nm。这类光源的辐射能量与外施加电压有关。在可见光区,辐射的能量与工作电压的四次方成正比,因而只要工作电压稍微有所波动,辐射的能量就会有很大波动,导致辐射光强度不稳定。所以,仪器必须配有稳压装置控制灯丝的电压,以便在工作中能有稳定的光辐射强度。

2) 气体放电光源

气体放电光源用于紫外光区,如氢灯(hydrogen lamp)和氘灯(deuterium lamp),可在160~375nm产生连续辐射。普通玻璃在该波长区域有强吸收,因而必须使用吸收很小的石英光窗。氘灯的灯管内充有氢的同位素氘,是紫外光区应用最广泛的一种光源,其光谱分布与氢灯类似,但光强度比相同功率的氢灯要大3~5倍。

3.6.2 双光束光路系统

在双光束光路系统中,通常以一束通过样品,另一束通过参比溶液的方式来分析样品。这种方式可以克服光源不稳定性、某些杂质干扰因素等影响,还可以检测样品随时间的变化等。如图3-15所示,由于使用了双闪耀波长双单色器(DDM)极大地降低了杂散光,提高了能量响应。

3.6.3 样品池

样品池用于盛放分析试样,有时又称为吸收池(absorption cell)。在传统比色分析法中又称为比色皿(cuvette)。根据测定样品吸收波段不同,可以选择石英和玻璃两种材料制备。石英池适用于可见光区及紫外光区,玻璃吸收池只能用于可见光区。

为减少光损失,吸收池的光学面必须完全垂直于光束方向,使用比色皿时应注意保持清洁、透明,避免磨损透光面,以免杂散光干扰。

在高精度分析测定中,尤其是在紫外光区,吸收池要配对使用,使吸收池和参比池的四个光学面尽量一致,以减少过程中产生的操作误差。其原因就是制作吸收池的材料本身吸光特征和吸收池厚度差异对分析结果都有影响。

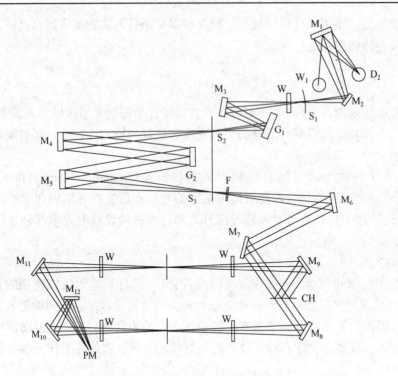

图 3-15 岛津 UV-2550 的双光束分光光度计的光路示意图

W_1, D_2. 光源；$M_1 \sim M_{11}$. 反射镜；G_1, G_2. 衍射光栅；S_1. 入射狭缝；S_2. 出射狭缝；S_3. 入射狭缝；F. 滤光片；CH. 斩波器；W. 窗口板；PM. 光电倍增管；|. 样品池/参比池

  吸收池厚度各不相同，按其厚度分为 0.5cm、1cm、2cm、3cm 和 5cm 等，最常用的吸收池厚度为 1cm。在测定样品少且样品摩尔吸光系数大时，可选用 0.2cm 的吸收池。而有些特殊用途如在空气污染测定中甚至使用光程长达若干米的怀特吸收池(White cell)，不过此处的吸收池需要进行特殊设计。

  尽管分光光度计是用于测定物质对光的吸收，但根据不同的用途有不同的仪器设计。即使是目的相同但不同公司也有不同的设计，因而分光光度计多种多样。此外，不同仪器公司，使用的软件驱动不同，操作也有不同。即使是同一个公司生产的仪器，也随着新技术的开发进行升级换代而生产出不同性能、用途的仪器。

学习与思考

(1) 为什么分光光度计需要连续稳定的光源？通过搜索引擎，能否还能找到除钨灯和碘钨灯、氢灯和氘灯以外的光源适用于分光光度计？
(2) 吸收池的光学面必须完全垂直于光束方向吗？
(3) 功能化、便携式的小型化仪器为现场和分析检测带来巨大方便。试自行设计一款小型仪器，通过光吸收的原理来检测具有光吸收的待测物质。
(4) 为什么在选择吸收池匹配时，在紫外区要求更高？
(5) 为什么在样品浓度高或者摩尔吸光系数大时，通常选择光程短的吸收池？

3.7 分子吸收光谱的测定

3.7.1 试样的制备

在生产实践过程中通过分子吸收光谱来进行定性、定量分析的样品通常涉及固体和液体试样两种，有时也涉及气体。除对分析测定准确度要求不高、需要获得吸收特性或不易找到合适的溶剂可以进行固体样品测定外，大多数分析测定是在溶液中进行的，因而需要选用适当的溶剂将各种试样转变成为溶液，并配制成适宜的浓度范围。

选择溶剂的一般原则有以下 7 点。

(1) 对试样有良好的溶解能力和选择性。
(2) 未知物与标准物必须采用相同溶剂。
(3) 在溶解度允许的范围内，尽量选择极性较小的溶剂。
(4) 溶剂对溶质应是惰性的，所配成的标准溶液应具有良好的化学和光化学稳定性。
(5) 在测定波段溶剂本身无明显吸收(由于大多数溶剂在可见区是透明的，所以应重点注意在紫外区的吸收情况)。
(6) 被测组分在溶剂中具有良好的吸收峰形。
(7) 溶剂挥发小、不易燃、无毒性及价格便宜。

常用溶剂有庚烷、正己烷、水、乙醇等，也可以通过查寻《试剂手册》找到溶剂的适用波长范围。

3.7.2 测量条件的选择

1. 测量波长的选择

为了使测定结果灵敏度高，需要获得强的吸收信号，因而应选择被测物质的最大吸收波长(λ_{max})的光作为入射光，即遵守最大吸收原则(maximum absorption principle)。此时待测物质具有最大摩尔吸光系数，吸光度也不会因为单色器性能而受到太大波动，对朗伯-比尔定律偏离也较小。

在最大吸收波长处有其他吸光物质干扰测定时，则可选另一灵敏度稍低，但能避免干扰的入射光波长。例如，以丁二酮肟为显色剂，用分光光度法测钢中的镍，配合物丁二酮肟镍的λ_{max}为 470nm，但试样中大量存在的铁成分需用酒石酸钠掩蔽，但酒石酸铁配合物在 470nm 处也有一定吸收，干扰镍的测定。为避免铁的干扰，这时不得不采取退而求其次的策略，选择波长 520nm 进行测定(图 3-16)。虽然测镍的灵敏度有所降低，但酒石酸铁不干扰镍的测定。

2. 狭缝宽度的选择

狭缝的宽度会直接影响到测定灵敏度和校准曲线的线性范围。狭缝宽度过大时，入射光的单色光降低，校准曲线偏离朗伯-比尔定律；狭缝宽度过窄时，光强变弱，势必要提高仪器的增益，随之而来的是仪器噪声增大，对测量不利。

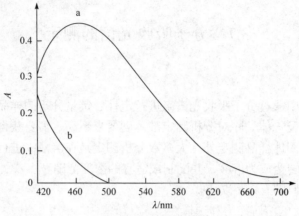

图 3-16 吸收曲线

a. 丁二酮肟镍；b. 酒石酸铁

选择狭缝宽度需要进行实验优化，即测量吸光度随狭缝宽度的变化。狭缝的宽度在一个范围内，吸光度基本不变，当狭缝宽度大到某一程度时，吸光度开始减小。因此，在不减小吸光度时的最大狭缝宽度，即是所欲选取的合适狭缝宽度。

3. 吸光度测量范围的选择

在分光光度分析中，因为仪器而测量不准确是误差的主要来源。任何光度计都可能有来源于光源不稳定、实验条件偶然变动、读数不准确等引起的测定误差。

在光度计中，透光度的标尺刻度是均匀的，因而与透光度呈负对数关系的吸光度标尺刻度就不可能均匀。对于同一仪器，假如读数波动对透光度的影响为一定值，那么对吸光度读数波动则不可能再为定值。如图 3-17 所示，吸光度越大，读数波动所引起的吸光度误差也越大。由于仪器分析适用于痕量、超痕量乃至于更低浓度的测定，因而会带来越大的相对误差。

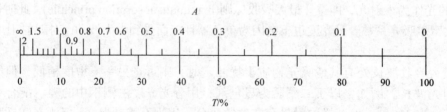

图 3-17 检流计标尺上吸光度与透射比的关系

从仪器的吸光度读数来看，浓度越大，A 的读数误差越大，因而需要找出最佳的浓度范围。由于 $A = -\lg T$，等式两边微分后得

$$\Delta A = -\Delta \lg T = -0.434 \Delta(\ln T) = -\frac{0.434}{T} \Delta T \tag{3-11}$$

两边同除以 A，得

$$\frac{\Delta A}{A} = -\left(\frac{0.434}{AT}\right)\Delta T = \left(\frac{0.434}{T \lg T}\right)\Delta T = \frac{\Delta c}{c}$$

得

$$E_r = \frac{\Delta c}{c} \times 100\% \tag{3-11a}$$

以 $|E_r|$ 对 T 作图,得图 3-18。从图中可以看出,透光度很小或很大时,浓度测量误差都较大,即光度测量最好选吸光度读数在刻度尺的中间。即待测溶液的透射比 T 在 15%~65%,吸光度 A 在 0.2~0.8,才能保证测量的相对误差较小。

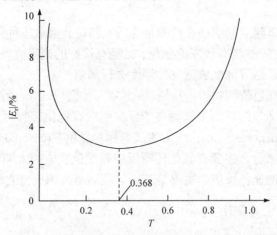

图 3-18 $|E_r|$-T 关系图

需要说明的是,随着计算机的使用,仪器可以给出远远超出 0.2~0.8 的吸光度值。根据式(3-11),这些数据是很不准确的,可靠性差,不到万不得已不要使用。

3.7.3 参比溶液的选择

测定试样溶液的吸光度,需先用参比溶液调节仪器的零点,以消除其他成分及吸光池和溶剂等对光的反射和吸收带来的测定误差,扣除干扰的影响。

参比溶液的选择视分析体系而定,具体有以下 4 点。

(1) 试液及试剂均无色,可用蒸馏水作为参比溶液。

(2) 所用试剂为无色,被测试液中存在其他有色离子,可用不加试剂的被测试液作参比溶液。

(3) 所用试剂有颜色,可选择不加试样溶液的试剂空白作参比溶液。

(4) 所用试剂和试液均有颜色,可将一份试液加入适当掩蔽剂,将被测组分掩蔽起来,使其不再与显色剂作用,而所用试剂及其他试剂均按试液测定方法加入,以此作为参比溶液,这样就可以消除显色剂和一些共存组分的干扰。

学习与思考

(1) 为什么分光光度法在波长选择时要遵守最大吸收原则?如果在该波长有很强的干扰成分存在,又该如何处理?

(2) 为什么分光光度法测定的吸光度要保持在 0.2~0.8?

(3) 如何选择分光光度测定的参比溶液?

3.8 金属离子的测定

3.8.1 显色反应

1. 显示反应与显色剂

分光光度分析法得以建立的前提是待测物质具有特征光吸收。对具有π-π共轭的有机化合物或待测物质如$KMnO_4$等本身有较深的颜色,已经有很好的光吸收特性,因而大多不需要显色反应,可直接选用合适的溶剂配成适宜的浓度进行测定。

但对于无色或很浅颜色待测物质,特别是大多数金属离子,因为在紫外-可见区范围内无较强的吸收,常需要选适当的试剂与被测离子反应生成有色化合物再进行测定,此反应称为显色反应(color development reaction),所用的试剂称为显色剂(chromogenic agent)。

按显色反应的类型来分,主要有氧化还原反应和配位反应两大类。不过,目前大多数显色反应特别是金属离子的显色反应,主要是基于显色剂与待测成分之间的配位反应。

2. 显色反应必须满足的条件

(1) 选择性好,干扰少,或干扰容易消除。

(2) 灵敏度高,反应生成物必须在紫外-可见光区有较强吸光能力,即ε值较大,定量分析一般要求ε值大于$10^4 L \cdot mol^{-1} \cdot cm^{-1}$。

(3) 有色化合物组成恒定,符合一定的化学式。

(4) 有色化合物的化学性质稳定,至少保证在测量过程中溶液的吸光度基本恒定。这就要求有色化合物不容易受外界环境条件的影响。

(5) 有色化合物与显色剂之间的颜色要有较大差别,也就是显色剂的光吸收与配合物的光吸收有明显区别。一般要求两者的吸收峰波长之差$\Delta\lambda$(称为对比度)大于60nm。

3.8.2 显色剂

1. 显色剂的类别

显色剂有无机显色剂、有机显色剂、生物显色剂,以及近年来日益兴起的贵金属纳米颗粒(noble metal nanoparticle)、量子点(quantum dots, QDs)等纳米显色剂。其中无机显色剂(inorganic chromogenic reagent)如硫氰酸盐、钼酸盐、过氧化氢、卤离子等生成的金属配合物不稳定,灵敏度和选择性也不高,例如,用KSCN显色测定铁、钼、钨和铌;用钼酸铵显色测定硅、磷和钒;用过氧化氢测定钛等。

有机显色剂(organic chromogenic reagent)的种类和数量都远超过无机显色剂,在灵敏度和选择性等方面都优于无机显色剂。几乎所有无机离子特别是金属离子能与显色剂反应,生成盐或配合物,产生颜色或使颜色发生变化。从结构上看,有机显色剂一般含有生色团和助色团,其ε值通常都大于$10^4 L \cdot mol^{-1} \cdot cm^{-1}$,因而灵敏度较高,另外,配位官能团与不同金属离子配位能力不同,因而选择性也比较好。所以,有机显色剂是常用的显色剂。

2. 有机显色剂的主要类别

有机显色剂种类很多，重要的显色剂有下列几种。

1) 偶氮类

这类有机显色剂有一个基本结构特征就是分子中含有氮氮双键(图 3-19)，包括变色酸单偶氮类和多偶氮类、吡啶偶氮类、噻唑偶氮类等，用途十分广泛。例如，偶氮胂Ⅲ(又称铀试剂Ⅲ)在强酸性溶液中测定 Th(Ⅳ)、Zr(Ⅳ)、U(Ⅳ)，而在弱酸性溶液中测定稀土金属离子。

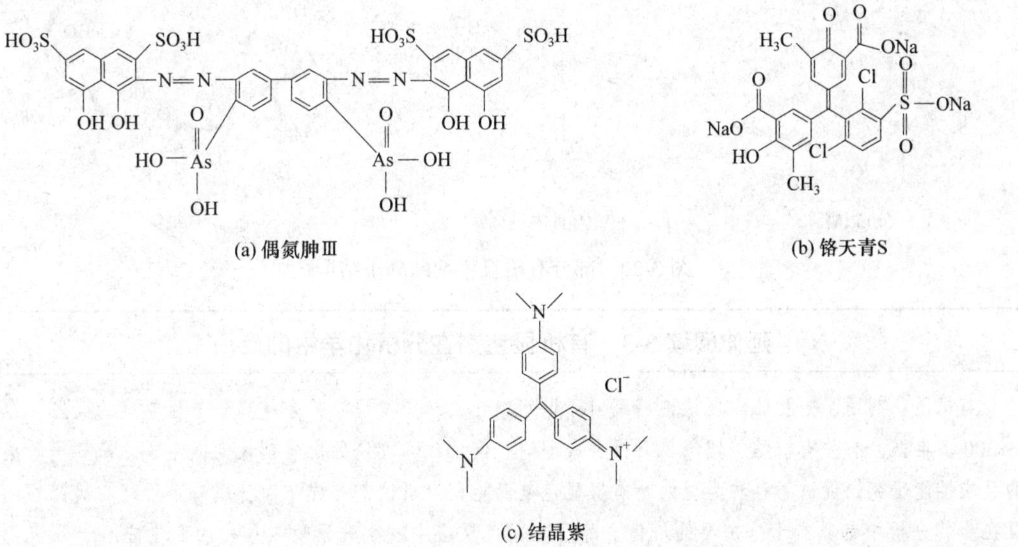

(a) 偶氮胂Ⅲ

(b) 铬天青S

(c) 结晶紫

图 3-19 偶氮胂Ⅲ、铬天青 S 和结晶紫的分子结构式

2) 三苯甲烷类

此类包括三苯甲烷类酸性和碱性及醌亚胺类等。例如，铬天青 S 与很多金属离子如 Al^{3+}、Zn^{2+}、Cd^{2+} 形成红色到紫色的水溶性配合物，在有表面活性剂存在下形成胶束增溶配合物(micellar solubilization complex)。结晶紫(crystal violet)是三苯甲烷类碱性染料，可用来测定 Tl^{3+}。

3) 含硫显色剂

含硫显色剂包括双硫腙类和氨磺酸类，其中双硫腙类用途十分广泛，如萃取光度测定 Cu^{2+}、Pb^{2+}、Zn^{2+}、Cd^{2+}、Hg^{2+} 等。

4) 氧-氧型螯合剂

氧-氧型螯合剂包括 β-二酮类、磺基水杨酸等，可与很多高价金属离子生成稳定的螯合物，主要用于测定 Fe^{3+}。

5) 氮-氮型螯合显色剂

氮-氮型螯合显色剂包括菲罗啉、联吡啶、联喹啉及丁二酮肟等(图 3-20)，例如，1,10-邻二氮菲，测定微量 Fe^{2+} 和 Cu(Ⅰ)；而丁二酮肟用于测定 Ni^{2+}。

除上述常用显色剂外，还有如 8-羟基喹啉、席夫碱类、大环化合物(如环糊精、冠醚等)，以及高度富电子体系的卟啉在显色和分离富集中都具有十分重要的用途(图 3-20)。

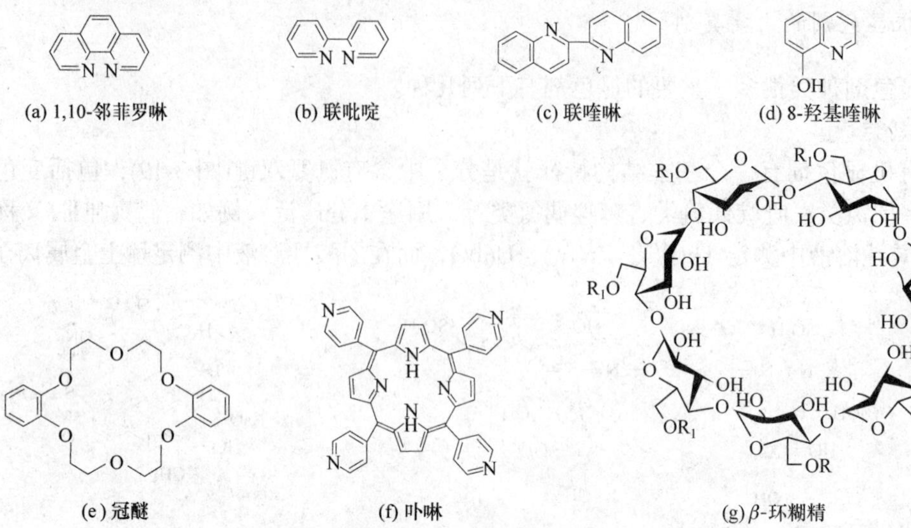

(a) 1,10-邻菲罗啉　　(b) 联吡啶　　(c) 联喹啉　　(d) 8-羟基喹啉

(e) 冠醚　　(f) 卟啉　　(g) β-环糊精

图 3-20　部分有机显色剂的分子结构式

延伸阅读 3-3：有机显色剂在分析化学中的应用

有机显色剂用于分析化学应该追溯到 18 世纪中叶，源于发现有关金属离子与显色剂的反应。在过去的 200 多年里，有关有机结构理论、有机合成理论和配位化学理论的发展都极大促进了无机离子与显色剂的反应性能研究，促进了各种类型的新有机显色剂诞生，有机试剂合成从而变成一个活跃的研究领域，并且在生物分析中都具有十分重要的价值。除了在显色反应中发生分子吸收和发射变化应用于分析化学以外，有机显色剂还在分离富集、可视化分析中具有十分重要的位置。

实践证明，有机显色剂与无机离子发生反应主要涉及金属中心体(通常是金属离子，有时也涉及原子或分子)，同时也受配体即显色剂的影响。对于同一类型的有机显色剂，分子空间结构、取代基、共轭体系都起到十分重要的作用。在长期科学实践中，人们发现有机试剂中的官能团通常发挥不同的作用，因而把显色剂中的官能团分为生色团、助色团和配位团。

(1) 一般情况下，生色团越多或共轭体系越大，显色剂越深。生色团的种类和强弱通常有如下顺序：

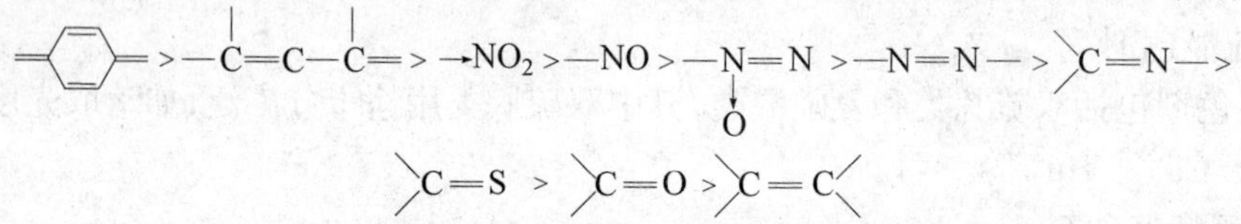

$$=\!\!\bigcirc\!\!=\ >\ -\!\!\overset{|}{\underset{|}{C}}\!\!=\!\!\overset{|}{\underset{|}{C}}\!\!-\!\!\overset{|}{\underset{|}{C}}\!\!=\ >\ \rightarrow\!NO_2\ >\ -\!NO\ >\ \underset{\overset{|}{O}}{-\!N\!=\!N\!-}\ >\ -\!N\!=\!N\!-\ >\ \overset{|}{\underset{|}{C}}\!\!=\!N\!-\ >$$

$$\overset{|}{\underset{|}{C}}\!\!=\!S\ >\ \overset{|}{\underset{|}{C}}\!\!=\!O\ >\ \overset{|}{\underset{|}{C}}\!\!=\!C\!\!\overset{|}{\underset{|}{}}$$

(2) 助色团分为电子供体和电子受体或称斥电子基团与吸电子基团。电子供体的种类及作用大小通常为：O^- > $-NHC_nH_1$ > $-N(CH_4)$ > $-NHCH_3$ > $-NH_2$ > $-OCH_3$ > $-OH$ > $-Br$ > $-Cl$ > $-CH_3$ > $-F$。电子受体种类及作用大小顺序为：$-NO_2$ > $-CHO$ > $-COCH_3$ > $-COOH$ > $-CN$ > $-COO^-$ > $-SO_2NH_2$ > $-NH_3$。

(3) 配体的作用是通过基团多种键合原子如 N、O、S 等与无机中心离子结合的。上面的官能团有些既可以是配体，也可以是助色团或生色团。在显色剂中所处的位置和环境不同，发挥的作用就可能完全不一样。

3.8.3　显色条件的选择

要达到理想的显色反应，常要考虑溶液酸度、显色剂用量、显色时间、显色温度、试剂加入顺序、有机配合物的稳定性及共存离子的干扰等对显色条件或显色反应的影响。

1. 溶液的酸度

溶液的酸度通常对金属离子特别是过渡金属离子的存在状态有很大影响。调整合适的酸度可防止金属离子的水解、沉淀生成，稳定配合物组成。由于有机显色剂通常是有机弱酸，因而酸度对显色剂的平衡浓度和颜色影响也很大。例如

$$H_2R \rightleftharpoons 2H^+ + R^{2-}$$

适宜的 pH 需要通过实验确定。方法是在其他条件并不变的情况下绘出吸光度-酸度(A- pH)曲线，从中找出 A 较大且基本不变的某 pH 范围(图 3-21)。

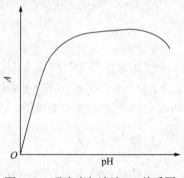

图 3-21　吸光度与溶液 pH 关系图

2. 显色剂的用量

为使显色反应

$$M + R \rightleftharpoons MR$$

进行完全，通常需要加入过量显色剂，但并不是显色剂加得越多越好。有些显色反应，显色剂加入太多，反而会引起副反应，对测定不利。

常见显色反应类型有图 3-22 所示的两类，其中一类是在达到最高点以后吸光度仅发生微弱的变化[图 3-22(a)]，另一类则可能发生较大变化或很大变化[图 3-22(b)]。因而在实际测定中，需要从图中找出 A 较大且基本不变的显色剂浓度范围。

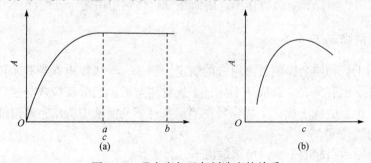

图 3-22　吸光度与显色剂浓度的关系

3. 显色反应时间

有些显色反应瞬间完成，溶液颜色很快达到稳定状态，并在较长时间内保持不变；有些显色反应虽能迅速完成，但有色配合物的颜色很快开始褪色；有些显色反应进行缓慢，溶液颜色需经一段时间后才稳定。

选择显色反应时间的方法是通过实验绘出吸光度-时间(A-t)曲线，选择在 A 较大且稳定的时间内进行。

4. 显色反应温度

显色反应大多在室温下进行，但反应速率太慢或常温下不易进行的显色反应需要升温或降温。

选择显色反应温度的方法是通过实验绘出吸光度-温度(A-T)曲线(温度单位通常为℃),选择在 A 较大且稳定的温度下进行。

5. 介质条件

使用有机溶剂可降低水溶液中有色无机配合物的离解度,提高显色反应的灵敏度。例如,在 $Fe(SCN)_3$ 的溶液中加入丙酮,可使其颜色加深,还可能提高显色反应的速率,影响有色无机络合物的溶解度和组成等。

6. 表面活性剂的应用

有些显色反应通过加入表面活性剂(surfactant)来改变介质条件而使分析灵敏度得到提高。表面活性剂是一些能使溶液的界面发生显著性质变化的两亲性分子,在分子结构上既有亲水基团(hydrophilic group),又有疏水基团(hydrophobic grouping)。由于表面活性剂同时有两种性质的基团存在,在溶液中会形成胶束结构(micellar structure)。当溶液中的表面活性剂浓度很低时,绝大多数表面活性剂分子以单体形式存在,只有个别表面活性剂的二聚体或多聚体,几乎没有胶束存在。当表面活性剂浓度超过一个临界值时,大量胶束随之而产生,所以这个临界值称为临界胶束浓度(critical micelle concentration, CMC)。

表面活性剂根据其所带电荷分为阳离子型、阴离子型、非离子型和两性离子型表面活性剂等。使用表面活性剂,一方面可以增大难溶配合物的溶解度(增溶)并得以稳定存在(增稳),同时也因为增大光吸收质点的面积而提高摩尔吸光系数,从而也提高了分析测定灵敏度(增敏)。表面活性剂有增溶、增稳和增敏等作用,因而在分析化学中用途十分广泛。

3.8.4 干扰及其消除方法

试样中存在干扰物质会影响被测组分的测定。例如,干扰物质本身有颜色或与显色剂反应,在测量条件下也有吸收,造成正干扰;干扰物质与被测组分反应或与显色剂反应,使显色反应不完全,也会造成干扰;干扰物质在测量条件下从溶液中析出,使溶液变浑浊,无法准确测定溶液的吸光度。

为消除以上原因引起的干扰,可采取以下几种方法。

(1) 控制溶液酸度。
(2) 加入掩蔽剂,选取的条件是掩蔽剂不与待测离子作用,掩蔽剂及它与干扰物质形成的配合物的颜色应不干扰待测离子的测定。
(3) 利用氧化还原反应,改变干扰离子的价态。
(4) 利用校正系数。
(5) 用参比溶液消除显色剂和某些共存有色离子的干扰。
(6) 选择适当的波长。
(7) 当溶液中存在有消耗显色剂的干扰离子时,可通过增加显色剂的用量来消除干扰。
(8) 如果以上方法均不奏效时,采用预先分离的方法。

学习与思考

(1) 为什么在优化显色反应条件时总是要选择吸光度变化不大情况下的酸度、有机试剂浓度等影响因素？

(2) 为什么显色浓度变化通常有图3-22所示的两种情况？试讨论是否存在其他情况？

(3) 试讨论干扰物质本身有颜色或与显色剂反应，或在测量条件下有吸收将造成正干扰还是负干扰，而当干扰物质与被测组分反应、与显色剂反应使显色反应不完全造成的干扰又如何？

(4) 为什么浑浊介质中测定的吸光度不能直接根据朗伯-比尔定律进行定量？

3.9 分子吸收光谱在药物分析中的应用

分子在紫外-可见-近红外区的吸收，既可以广泛应用于定量分析，即分光光度法，也可以对物质进行定性分析和结构分析，即波谱光谱。由于紫外-可见光吸收光谱较简单，在定性方面只能用于鉴定共轭发色团，以此推断未知物的骨架结构，测定某些化合物的物理化学参数，如摩尔质量、配合物的配合比和稳定常数以及酸、碱的离解常数等。

3.9.1 定性分析

紫外-可见分光光谱在无机化合物方面定性极少，主要用于有机分子定性、推测不饱和基团的共轭关系、共轭体系中取代基的位置、种类和数目等。

由于紫外-可见光谱图所能提供的信息有限，单独用紫外-可见光谱不能确定分子结构。但与其他波谱分析手法相结合，对许多骨架比较确定的分子，如萜类、甾类、天然色素类、各种染料及维生素等结构，还是起着重要的作用。

1. 确定有机化合物是否为已知化合物

一般定性分析方法有如下两种。

(1) 比较吸收光谱曲线法。吸收光谱的形状、吸收峰的数目和位置及相应的摩尔吸光系数，是定性分析的光谱依据，而最大吸收波长λ_{max}及相应的ε_{max}是定性分析的最主要参数。比较法有标准物质比较法和标准谱图比较法两种。

将样品和标准品以相同浓度配制在相同溶剂中，在同一条件下分别测定吸收光谱，比较光谱图是否一致。如果两者是同一物质，其光谱图应完全一致。如果没有标准品，也可以和标准图(萨特勒光谱数据库[①])对照比较，但这种方法要求仪器准确度、精密度高，而且测定条件要相同。

(2) 根据不饱和有机化合物最大吸收波长的经验规则计算未知物λ_{max}与实测比较，此类经验规则有伍德沃德(Woodward)规则和斯科特(Scott)规则两种。当采用其他物理或化学方法推测未知化合物有几种可能结构后，可用经验规则计算它们最大吸收波长，然后再与实测值进

---

① 萨特勒(Sadtler)光谱数据库包括一系列谱图，其中红外谱图259 000张、近红外谱图3800张、拉曼谱图4465张、核磁谱图560 000张、质谱谱图200 000张等。

行比较，以确认物质的结构。

2. 推定未知化合物的骨架

未知化合物与已知化合物的紫外线吸收光谱一致时，可以认为两者具有同样的发色基团，根据这个原理可以推定未知化合物的骨架。

3. 推测化合物所含的官能团

有机化合物的不少基团(生色团)如羰基、苯环、硝基、共轭体系等，有其特征的紫外或可见吸收带，紫外-可见分光光度法在判别这些基团时，有时是十分有用的。

例如，在 210~250nm 有强吸收峰($\varepsilon \geqslant 10^4 \text{L} \cdot \text{mol}^{-1} \cdot \text{cm}^{-1}$)，表明含有两个双键的共轭体系(K 吸收带)。如 1,3-丁二烯，λ_{max} 为 217nm，ε_{max} 为 21000 $\text{L} \cdot \text{mol}^{-1} \cdot \text{cm}^{-1}$；共轭二烯，K 吸收带为 230nm；不饱和醛、酮，K 吸收带为 230nm。

又如，如果一个化合物在 270~350nm 处有弱吸收峰($\varepsilon = 10$~$100 \text{L} \cdot \text{mol}^{-1} \cdot \text{cm}^{-1}$)，而无其他吸收峰，则说明只含非共轭的，是具有 n 电子的生色团。

4. 判断构型

1) 顺反异构体的判断

生色团和助色团处在同一平面上时，才产生最大的共轭效应。反式异构体的空间位阻效应小，分子的平面性能较好，共轭效应强，因此一般反式异构体的 λ_{max} 及 ε 都比相应的顺式要大。例如，肉桂酸的顺、反式的吸收如下：

顺式：$\lambda_{max}=280$nm，$\varepsilon_{max}=13500 \text{L} \cdot \text{mol}^{-1} \cdot \text{cm}^{-1}$(空间位阻，影响共平面)

反式：$\lambda_{max}=295$ nm，$\varepsilon_{max}=27000 \cdot \text{mol}^{-1} \cdot \text{cm}^{-1}$(共平面产生最大共轭效应，$\varepsilon_{max}$ 大)

2) 互变异构体的判断

某些有机化合物在溶液中可能有两种以上的互变异构体处于动态平衡中，这种异构体的互变过程常伴随有双键的移动及共轭体系的变化，因此也产生吸收光谱变化。最常见的是某些含氧化合物的酮式与烯醇式异构体之间的互变。例如，乙酰乙酸乙酯就是酮和烯醇式两种互变异构体：

它们的吸收特性不同：

酮式异构体：$\pi \rightarrow \pi^*$ 跃迁，$\lambda_{max}=204$nm，ε_{max} 小；

烯醇式异构体(双键共轭)：$\pi \rightarrow \pi^*$ 跃迁，$\lambda_{max}=245$nm，$\varepsilon_{max}=18000 \text{L} \cdot \text{mol}^{-1} \cdot \text{cm}^{-1}$。

这两种异构体的互变平衡与溶剂有密切关系。

在像水这样的极性溶剂中，由于羰基可能与 H_2O 形成氢键而降低能量以达到稳定状态，所以酮式异构体占优势。

5. 检查纯度

(1) 如果一个化合物在紫外区没有吸收峰，而其中的杂质有较强的吸收，就可方便地检查该化合物中是否含有微量的杂质。例如，要鉴定甲醇和乙醇中的杂质苯，可利用苯在 254nm 处的 B 吸收带，而甲醇或乙醇在此波长范围内几乎没有吸收。

又如，四氯化碳中有无二硫化碳杂质，只要观察在 318nm 处有无二硫化碳的吸收峰即可。

(2) 如果一个化合物在紫外-可见区有较强的吸收带，有时可用摩尔吸收系数来检查其纯度。例如，检查菲的纯度，在氯仿溶液中菲在 296nm 处有强吸收($\lg\varepsilon$=4.10)。如果测的样品溶液的 $\lg\varepsilon$<4.10，则说明含有杂质。

3.9.2 定量分析

分光光度法具有准确、灵敏、简便和具有一定选择性等优点，故在药物分析与药品质量控制中是应用最广泛的定量分析方法之一。单组分定量测量的方法有标准曲线法(standard curve method)、吸光系数法(absorption coefficient method)和标准对比法(standard contrast method)等，其中标准曲线法最为常用。

1. 标准曲线法

应用标准曲线法，需要先将待测组分的标准样品配制成一定浓度的溶液，进行紫外-可见光谱扫描，找出最大吸收波长 λ_{max}，然后测定一系列浓度不同的标准溶液在一定波长下(通常是 λ_{max} 处)的吸光度，以不含被测组分的溶液作空白，以吸光度为纵坐标、浓度为横坐标，绘制 $A\text{-}c$ 曲线，即标准曲线(图 3-23)。再根据样品溶液所测得的吸光度 A_x，依据标准曲线来计算浓度。

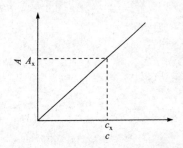

图 3-23 标准溶液吸光度与浓度的关系

不过现在通常的做法是将标准曲线进行线性拟合，通过吸光度与浓度之间的一元一次方程来表达，线性相关系数(linear correlation coefficient, r)一般要求 0.99~1。然后根据待测样品的吸光度通过线性方程计算出未知物的浓度。

2. 吸光系数法

吸光系数是物质的物理常数，只要测定条件(溶液的浓度、酸度、单色光纯度等)不引起对朗伯-比尔定律的偏离，即可根据样品测得的吸光度求浓度。

3. 标准对比法

在相同条件下配制样品溶液和标准品(也可以是已知浓度的对照样品)溶液，在所选波长处同时测定吸光度 A_{samp} 及 A_{std}，按下列方法计算样品的浓度。

由于标准溶液和样品溶液各自的吸光度分别为 $A_{std}=\varepsilon bc_{std}$ 和 $A_{samp}=\varepsilon bc_{samp}$，加上在相同条件下测定两物质，朗伯-比尔定律式(3-5)中 ε 和 b 相等，故有

$$c_{\text{samp}} = \frac{A_{\text{samp}}}{A_{\text{std}}} c_{\text{std}}$$

然后根据样品的称量及稀释情况计算得到样品含量。为了减少误差，该法要求配制标准溶液的浓度与样品液浓度要比较接近。

【示例 3-2】 标准对比法用于计算维生素的浓度

已知维生素 B_{12} 的最大吸收波长为 361nm。精确称取样品 30mg，加水溶解稀释至 100mL，在波长 361nm 下测得溶液的吸光度为 0.618，另有一未知浓度的样品在同样条件下测得吸光度为 0.475，计算样品维生素 B_{12} 的浓度。

【解】 据题：

$$c_{\text{std}} = \frac{30}{100} = 0.30 \ (\text{mg} \cdot \text{mL}^{-1})$$

$$c_{\text{samp}} = \frac{A_{\text{samp}}}{A_{\text{std}}} c_{\text{std}} = \frac{0.475}{0.618} \times 0.3 = 0.23 \ (\text{mg} \cdot \text{mL}^{-1})$$

【示例 3-3】 标准对比法用于计算摩尔质量

将 2.481mg 的某碱(BOH)的苦味酸(HA)盐溶于 100mL 乙醇中，在 1cm 厚的吸收池中测得其 380nm 处吸光度为 0.598，已知苦味酸的摩尔质量 M_{HA} 为 229 $\text{g} \cdot \text{mol}^{-1}$，求该碱的摩尔质量。已知其摩尔吸光系数 ε 为 $2 \times 10^4 \text{L} \cdot \text{mol}^{-1} \cdot \text{cm}^{-1}$。

【解】 设该碱的摩尔质量为 M_{BOH}。根据朗伯-比尔定律，有

$$c = \frac{A}{\varepsilon b} = \frac{0.598}{2 \times 10^4 \times 1} = 2.99 \times 10^{-5} \ (\text{mol} \cdot \text{L}^{-1})$$

因为

$$\text{BOH} + \text{HA} \longrightarrow \text{BA} + \text{H}_2\text{O}$$

所以

$$c = \frac{2.481 \times 10^{-3}}{(M_{\text{HA}} + M_{\text{BOH}} - M_{\text{H}_2\text{O}}) \times 100 \times 10^{-3}} = 2.99 \times 10^{-5}$$

$$\frac{2.481 \times 10^{-3}}{(229 + M_{\text{BOH}} - 18.0) \times 100 \times 10^{-3}} = 2.99 \times 10^{-5}$$

得

$$M_{\text{BOH}} = 619 \text{g} \cdot \text{mol}^{-1}$$

4. 多组分定量方法

吸光度具有加和性，因此可以在同一试样中测定多个组分。

设 X、Y 组分在波长 λ_1 和 λ_2 处的 ε 可由已知浓度的 X、Y 纯溶液测得(图 3-24)。确定 λ_1 和 λ_2 及其 ε 后，再对等测样品在 λ_1 和 λ_2 处测定其吸光度，解下述方程组可求得 c_X 及 c_Y。

$$\begin{cases} A_{\lambda_1}^{X+Y} = \varepsilon_{\lambda_1}^{X} l c_X + \varepsilon_{\lambda_1}^{Y} l c_Y \\ A_{\lambda_2}^{X+Y} = \varepsilon_{\lambda_2}^{X} l c_X + \varepsilon_{\lambda_2}^{Y} l c_Y \end{cases}$$

5. 双波长法

设 X、Y 组分随波长的关系如图 3-25 中 a 和 b 所示，混合物的吸收曲线为 c，可利用双

波长法来测定。具体做法是将 a 视为干扰组分,现要测定 b 组分。

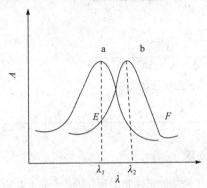

图 3-24 X 和 Y 组分的吸收曲线

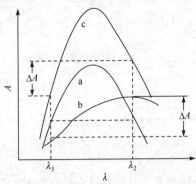

图 3-25 作图法选择 λ_1 和 λ_2

(1) 分别绘制 a 和 b 各自的吸收曲线。

(2) 画一平行于横轴的直线分别交于 a 组分曲线上两点,并与 b 组分相交,可确定相应的 λ_1 和 λ_2 并计算出对应的摩尔吸收系数。

(3) 以交于 a 上一点所对应的波长 λ_1 为参比波长,另一点对应的为测量波长 λ_2,并对混合液进行测量,得到

$$\begin{cases} A_1 = A_{1a} + A_{1b} + A_{1s} \\ A_2 = A_{2a} + A_{2b} + A_{2s} \end{cases}$$

若两波长处的背景吸收相同,即 $A_{1s} = A_{2s}$,双波长法又称等吸收点法。将上述两式相减,得

$$\Delta A_1 = (A_{2a} - A_{1a}) + (A_{2b} - A_{1b})$$

由于 a 组分在两波长处的吸光度相等,因此,

$$\Delta A_1 = (\varepsilon_{2b} - \varepsilon_{1b})bc_b$$

从中可求出 c_b,进一步可求出 c_a。

6. 示差分光光度法

当试样中组分的浓度过大时,则 A 值很大,会产生读数误差。此时若以一浓度略小于试样组分浓度作参比,则有

$$A_x = \varepsilon l c_x$$
$$A_s = \varepsilon l c_s$$
$$\Delta A = A_x - A_s = \varepsilon l(c_x - c_s) = \varepsilon l \Delta c$$

式中,c_x 为待测物浓度;c_s 为空白浓度。

因此,在实验操作中以浓度为 c_s 的标准溶液调 $T=100\%$ 或 $A=0$(调零),所测得的试样吸光度实际就是上式中的 ΔA,然后求出 Δc,则试样中该组分的浓度为 $(c_s+\Delta c)$。

在普通分光光度法中,假如测得试样的 $T=5\%$,配制一浓度稍低的标准溶液 c_s,测得 $T=10\%$,二者之差为 5%。但在示差分光光度法中,如果用标准溶液 c_s 来调节仪器使得 $T=100\%$,再测定试样 c_x,可得 $T=50\%$,二者之差为 50%。所以示差分光光度法相当于把标尺扩大了 10 倍,测量读数的相对误差也就缩小了 10 倍(图 3-26),提高了测定的准确度。

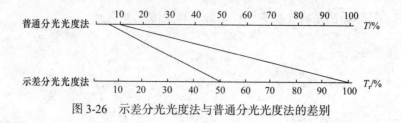

图 3-26 示差分光光度法与普通分光光度法的差别

内容提要与学习要求

研究物质在对紫外-可见-近红外区光辐射的吸收并应用于物质的定性和定量分析是十分重要的分析方法。分子吸收光谱用于物质的定性分析不仅可以鉴别不同官能团和化学结构不同的化合物(主要为含有生色团和助色团的化合物)，而且还可以鉴别结构相似的不同化合物；根据吸收光谱的特征，与其他分析法配合，用以推断有机化合物的分子结构。在定量分析方面，由于在紫外-可见分光的分析吸收属于电子光谱，强度较大，故灵敏度较高，一般可达 $10^{-4} \sim 10^{-6} \mathrm{g \cdot mL^{-1}}$，部分可达 $10^{-7} \mathrm{g \cdot mL^{-1}}$；准确度一般为 0.5%，采用性能较好的仪器测定准确度可达 0.2%。定量分析不仅可以进行单一组分的测定，而且可以对多种混合组分不经分离进行同时测定。

分光光度法在药物分析中应用十分广泛，要求掌握物质对光的吸收特性，特别是光吸收定律，以及由此设计来测定分子吸收的分光光度计的工作原理及应用。

本章主要介绍了分子轨道与光吸收的关系，常见的无机及有机化合物的可见吸收光谱及测定，影响分子紫外-可见吸收光谱的因素，朗伯-比尔定律，紫外-可见分光光度计的结构。应学会利用吸收光谱测定物质的浓度，并学会选择参比溶液，能够分析偏离朗伯-比尔定律的原因。

习 题

1. 名词解释：吸光度、透光率、摩尔吸光系数、发色团、助色团、红移、蓝移。
2. 电子跃迁有哪几种类型？跃迁所需的能量大小顺序如何？具有什么样结构的化合物产生紫外吸收光谱？紫外吸收光谱有何特征？
3. 什么是选择吸收？它与物质的分子结构有什么关系？
4. 以有机化合物的官能团说明各种类型的吸收带，并指出各吸收带在紫外-可见吸收光谱中的大概位置和各吸收带的特征。
5. 异亚丙基丙酮有两种异构体：$CH_3C(CH_3)=CH-CO-CH_3$ 及 $CH_2=C(CH_3)-CH_2-CO-CH_3$，它们的紫外吸收光谱为：(1) 最大吸收波长在 235nm 外，$\varepsilon_{max}=12000 \mathrm{L \cdot mol^{-1} \cdot cm^{-1}}$；(2) 220nm 以后没有强吸收，如何根据这两个光谱来判断上述异构体？试说明理由。
6. 下列两对异构体，能否用紫外光谱加以区别？为什么？

(1)

(2)

7. 试估计下列化合物中哪一种化合物的 λ_{max} 最大，哪一种化合物的 λ_{max} 最小，为什么？

(a)　　　(b)　　　(c)

8. 简述分光光度计的主要部件、类型及基本性能。

9. 朗伯-比尔定律的物理意义是什么？为什么说朗伯-比尔定律只适用于单色光？吸光度 A 与浓度 c 线性关系发生偏离的主要因素有哪些？

10. 某试液用厚度为 2.0cm 的吸收池测量时 T=60%，若用 1.0cm、3.0cm 和 4.0cm 吸收池测定时，透光率各是多少？

11. 安络血的摩尔质量为 236g·mol^{-1}，将其配成每 100mL 含 0.4962mg 的溶液，盛于 1cm 厚的吸收池中，在 λ_{max} 为 355nm 处测得 A 值为 0.557，试求安络血的 ε 值。

12. 测定血清中的磷酸盐含量时，取血清试样 5.00mL 于 100mL 量瓶中，加显色剂显色后，稀释至刻度。吸取该试液 25.00mL，测得吸光度为 0.582；另取该试液 25.00mL，加 1.00mL 0.0500mg 磷酸盐，测得吸光度为 0.693。计算每毫升血清中含磷酸盐的质量。

13. 精密称取维生素 B$_{12}$ 对照品 20.0mg，加水准确稀释至 1000mL，将此溶液置厚度为 1cm 的吸收池中，在 λ=361nm 处测得 A=0.414。另取两个试样，一个为维生素 B$_{12}$ 的原料药，精密称取 20.0mg，加水准确稀释至 1000mL，同样条件下测得 A=0.390，另一个为维生素 B$_{12}$ 注射液，精密吸取 1.00mL，稀释至 10.00mL，同样条件下测得 A=0.510。试分别计算维生素 B$_{12}$ 原料药的质量分数和注射液的浓度。

14. 有一化合物在醇溶液中的 λ_{max} 为 240nm，其 ε 为 1.7×10^4L·mol^{-1}·cm^{-1}，摩尔质量为 314.47g·mol^{-1}。则配制什么样浓度(g·100mL^{-1})测定含量最为合适？

15. 金属离子 M$^+$ 与配合剂 X$^-$ 形成配合物 MX，其他种类配合物的形成可以忽略，在 350nm 处 MX 有强烈吸收，溶液中其他物质的吸收可以忽略不计。包含 0.000500mol·L^{-1} M$^+$和 0.200mol·L^{-1} X$^-$的溶液，在 350nm 处和 1cm 厚的比色皿中，测得吸光度为 0.800；另一溶液由 0.000500mol·L^{-1} M$^+$和 0.0250mol·L^{-1} X$^-$组成，在同样条件下测得吸光度为 0.640。设前一种溶液中所有 M$^+$均转化为配合物，而在第二种溶液中并不如此，试计算 MX 的稳定常数。

16. 现有 A、B 两种药物组成的复方制剂溶液，在 1cm 厚的吸收池中，分别以 295nm 和 370nm 的波长进行吸光度测定，测得吸光度分别为 0.320 和 0.430。浓度为 0.01mol·L^{-1} 的 A 对照品溶液，在 1cm 厚的吸收池中，波长为 295nm 和 370nm 处，测得吸收度分别为 0.08 和 0.90；同样条件，浓度为 0.01mol·L^{-1} 的 B 对照品溶液测得吸收度分别为 0.67 和 0.12。计算复方制剂中 A 和 B 的浓度(假设复方制剂中其他试剂不干扰测定)。

17. 已知某物质浓度为 1.00×10^{-4}mol·L^{-1}，ε=1.50×10^4L·mol^{-1}·cm^{-1}，问用 1.0cm 厚的吸收池测定时，吸光度多少？若仪器测量透射比的不确定度 ΔT=0.005，测定的相对测定误差为多少？若用示差光度法测量，控制该溶液的吸光度为 0.700，则透射比标尺放大几倍？应以多大浓度的溶液作为参比溶液？这时浓度测量的相对误差为多少？

第4章 红外吸收光谱分析

4.1 概 述

4.1.1 基本概念

在第 2.2 节中已经学习了分子存在电子能级、振动能级和转动能级,各能级是量子化的且能量各不相同:

$$E_M = E_e + E_v + E_r \tag{4-1}$$

利用常规紫外-可见分光光度计测定的电子跃迁光谱(E_e),通常只是在 190~850nm 区域(紫外光 190~390nm,可见光 390~760nm),而红外光谱包括中红外(mid infrared, MIR, 2.5~25μm)和近红外(near infrared, NIR, 780~2526nm)光谱(E_v),是人们在吸收光谱中发现的第一个非可见光区电磁辐射波。

红外光谱图多用透光率 $T(\%)$ 为纵坐标,表示吸收强度;而以波长(μm)或波数(cm^{-1})为横坐标,表示吸收峰的位置。红外光谱的谱图一般以波数作横坐标。波数是频率的一种表示方法,表示每厘米长的光波中拥有波的数目,它与波长的关系为

$$\sigma = \frac{10^4}{\lambda} \tag{4-2}$$

式中,σ 的单位为 cm^{-1},波长的单位为μm。例如,对应于 0.8~2.5μm 近红外波段,其波数为 12500~4000cm^{-1};2.5~25μm 的中红外波段波数为 4000~400cm^{-1};25~1000μm 的远红外波段为 400~10cm^{-1}。现在实验技术可达的 2500μm 光波的波数为 4cm^{-1}。

学习与思考

(1) 在式(4-2)中如果波长使用纳米(nm)作为单位,波数和频率的变换关系又如何?
(2) 红外光谱与紫外光谱有什么区别?
(3) 分子的电子能级、振动能级和转动能级各自的能量大小在什么范围,分别对应着什么吸收光谱?其能量范围是如何分布的?

红外光谱是反映物质红外辐射强度随波长(波数)变化的图谱,被广泛用于在分子结构层次上研究和表征物质的化学组成和结构信息。红外光谱形式上多种多样,但从本质上可分为红外吸收光谱(infrared absorption spectrum)和红外发射光谱(infrared emission spectrum)两大类。

红外吸收光谱是通过实验测定红外光与待测物质相互作用前后光强度的变化与波数之间的关系,由此获得待测物质对红外辐射的吸收能力随波数变化的光谱图。与此不同,物质的红外发射光谱则是指待测物质在受激或自发辐射的情况下,发射的红外光的强度随波数变化的光谱图,其主要取决于物质的温度和化学组成。

延伸阅读 4-1：红外吸收光谱的发现和发展历程

1800 年，生于德国的英国天文学家音乐、作曲家赫歇尔(John Frederick William Herschel, 1738—1822)将太阳复合光分解成一幅类似于牛顿(Isaac Newton, 1643—1727)1666 年提出的光谱，然后将一支温度计通过不同颜色的光，用另外一支不在光谱中的温度计作为参考。他发现当温度计从光谱的紫色末端向红色末端移动时，温度计读数逐渐上升，当温度计移动到红色末端之外区域时，温度计读数达到最高。这显示可见光区域红色末端之外还有看不见的辐射区域存在，并且这种辐射能够产生热。由于这种射线存在于可见光区域红色末端以外而称为红外线(infrared)。

1834 年，意大利物理学家梅洛尼(Macedonio Melloni, 1798—1854)发现在中红外下的透明晶体——NaCl，为研究中红外光谱提供了有力手段。1835 年，法国物理和数学家安培(André-Marie Ampère, 1775—1836)确认红外辐射和可见光的性质是一样的。到 19 世纪中期，红外光谱研究还主要集中在物理学中有关热源辐射测量领域，除对个别光源材料和大气光谱的测量外，还未对分子选择吸收开展相关研究。1881 年，英国天文学家阿布尼(William de Wiveleslie Abney, 1843—1920)和英国化学家费斯汀(Edward Robert Festing, 1839—1912)首次将红外线用于分子结构研究，并用希尔格(Hilger)光电直读光谱仪拍下了 46 个有机液体从 $0.7\mu m$ 到 $1.2\mu m$ 区域的红外吸收光谱。由于仪器简陋，所获光谱的波长范围十分有限。

1880 年，美国天文学家兰利(Samuel Pierpont Langley, 1834—1906)在研究太阳和其他星球发出的热辐射时将一根细导线和一个线圈相连，发明了测辐射热仪(bolometer)，并据此发现当热辐射抵达导线时能够引起导线电阻发生细微变化，且变化大小与抵达辐射的大小成正比。测辐射热仪比德国物理学家塞贝克(Thomas Johann Seebeck, 1770—1831)于 1821 年发现的热电效应(thermoelectricity)并于 1826 年被贝克勒耳(Antoine Henri Becquerel, 1852—1908)制成的热电偶(thermocouple)有更高的灵敏度和更小的靶面积，可以减小狭缝以提高红外分光光度计的分辨率，突破了光电直读光谱仪的限制，能在更宽波长范围检测分子的红外光谱。

1889 年，瑞典科学家昂斯特姆(Angstrem)观测并记录下分子从基态到第一激发态的频率，从而证实 CO 和 CO_2 是由碳原子和氧原子组成，且确定红外吸收是由分子而不是原子产生的。1892 年，尤利乌斯(Julius)用方解石(CaF_2)、岩盐(NaCl)和钾盐(KBr)棱镜获得了第一张乙基汞的红外光谱图，随后他陆续发表了 20 种有机液体的红外光谱图，并将在 $3000cm^{-1}$ 的吸收峰指认为甲基特征吸收峰。虽然当时没有检测确定确切的波长位置，光谱图横坐标只记录了棱镜的角度位置，但已是分子光谱领域的重大突破，是科学家首次将分子结构特征和光谱吸收峰位置直接关联。

20 世纪初，美国物理与天文学家科布伦茨(William Weber Coblentz, 1873—1962)测定了 120 种有机化合物的红外光谱，并于 1905 年将这些光谱图集结成图册，极大地推进了有机分子的红外光谱研究进程，奠定了近代化学红外光谱学的基础。从此，红外吸收光谱与分子结构之间的联系开始逐渐得到确认。

20 世纪 50 年代及以后，相关领域已经开展了大量而深入的研究工作，收集了大量单一组分的标准红外光谱图，使得红外光谱法发展成为有机结构分析最有效的分析手段之一。

4.1.2 红外光谱分析的特点及主要应用领域

自 1940 年第一台商品红外光谱仪问世以来，红外光谱在有机分子结构表征和新物质合成与制备方面应用十分广泛，并随着新技术如发射光谱、光声光谱、色-红联用(包括气相色谱、高效液相色谱、薄层色谱和超临界流体色谱等分别与傅里叶红外光谱联用)的出现而具有更多新功能，应用越来越广泛。

利用红外光谱可以研究分子结构和化学键，包括测定力常数、分子间键长和键角、表征分子对称性及推测分子立体构型等；根据所得的力常数还可以推知化学键强弱，由简正频率进一步计算热力学函数。许多有机官能团如甲基、亚甲基、羰基、氰基、羟基、胺基等在红外光谱中都有非常明确的特征吸收峰。这些红外特征吸收峰为确定未知物化学结构提供重要信息，因而可判定未知样品中存在哪些有机官能团。

由于分子内和分子间存在相互作用，有机官能团的特征频率会因官能团所处化学环境不同而发生微细变化，为研究和表征分子内、分子间相互作用创造了条件。分子在低波数区($1300\sim900cm^{-1}$)的许多简正振动涉及分子中的所有原子，而不同分子的振动方式彼此不同，使得红外光谱具有像指纹一样高度的特征性，故该低波数区又称指纹区(fingerprint region)。正是因为红外光谱具有指纹区，人们采集到了上万种已知化合物的红外光谱，到现在已出版有多种标准红外光谱图册，例如，《萨特勒标准红外光栅光谱集》就收集了十万多个化合物的红外光谱图。

延伸阅读 4-2：现代红外光谱分析技术

目前，红外光谱分析技术的发展已使其意义远远超越了对样品的简单常规测试和推断化合物组成的初级阶段。现已研发有采用同步辐射光源的红外光谱仪，同步辐射光的强度比常规光源高五个数量级，能更为有效地提高光谱分析的信噪比和分辨率。另外，自由电子激光技术的发展为红外光谱分析提供了一种单色性好、亮度高、波长连续可调的新型红外光源，将其与近场技术相结合而建立的红外成像技术在分辨率和化学反应方面均取得非常好的效果。

近年来，随着计算机和互联网技术的飞速发展，形成了红外图谱的数据库，研究人员只需把测得未知物的红外光谱与标准谱图库中的光谱进行比对，就可以迅速判定和获得未知化合物的成分和组成等信息。由于红外光谱测试对样品没有任何限制，所以已成为研究和表征物质分子结构的一种非常有效的手段和工具，在化学化工、物理、能源、材料、天文气象、遥感、环境、地质、生物医学、药物、食品、法庭鉴定和工业过程控制等众多领域中都有十分广泛的应用。

近红外光谱由于其谱带宽，重叠严重，不能很好反映分子结构特征的方法。但是，当近红外光谱分析与化学计量学方法结合，也焕发出巨大潜能，可用于定量测定混合体系中某一种或多种组分，现正逐步应用于农业、食品、燃油等的分析和检测。

红外光谱仪与其他仪器分析和测试方法联用，衍生出了许多新的分析手段。例如，色谱与红外光谱联用，为复杂混合物体系中各组分的分离和化学结构的确定提供了很好技术手段；把红外光谱与显微技术结合形成的红外成像技术，为研究非均相体系的形态结构提供了高效直观的研究途径。随着电子技术的飞速进步，现在已实现半导体检测器集成化，近红外焦平面阵列式检测器(infrared feal plane array detector)也已商品化，有效推进了红外成像技术发展，也为未来发展非傅里叶变换红外光谱仪提供了契机。

4.2 红外吸收光谱分析法的基本原理

4.2.1 产生分子红外吸收的条件

分子作为一个整体，其运动状态可以分为平动(或移动, translational motion)、转动(rotation)和振动(vibration)三类，其中平动是分子空间位置变化，转动是分子空间取向变化，振动是分子中原子相对位置变化。由于振动能级跃迁的同时不可避免地伴随转动能级的变化，因此红外光谱也是带光谱。

绝大部分有机化合物基团的振动频率处于中红外区。由于这段波长范围反映了分子中原子间的振动和转动变化，因此人们对中红外光谱研究得最多、理解也最为深刻。分子在振动和转动过程中，只有伴随净偶极矩变化的振动才具有红外活性。其原因是分子振动伴随偶极矩改变时，分子内电荷分布变化会产生交变电场，当其频率与入射辐射电磁波频率相等时才会产生红外吸收。所以，红外吸收光谱产生需要满足下列两个条件：

$$hv_v = \Delta E = E_{2,v} - E_{1,v} \tag{4-3}$$

$$hv_r = \Delta E = E_{2,r} - E_{1,r} \tag{4-4}$$

式中，hv_v 和 hv_r 分别为使分子发生振动和转动的激发光能量。式(4-3)表明，红外辐射的能量等于分子振动或转动能级的能量差；而式(4-4)表明，振动过程中偶极矩的变化不等于零。

4.2.2 红外光谱分析的理论模型

1. 双原子分子振动

人们通常用双原子分子的纯振动光谱来分析和理解红外吸收光谱是如何形成的。其基本思路是把组成双原子分子的两个原子 A、B 视为两个刚性小球，把其间的化学键视为质量可以忽略不计的弹簧，从而构成了双原子分子谐振系统，两个原子间的伸缩振动发生沿键轴方向的简谐振动(图 4-1)。由于谐振子发生简谐振动过程的能量取决于键力常数和原子间距离，所以当分子吸收特征红外线时，就发生从基态到激发态的能级跃迁(v_v 或 v_r)，所吸收的频率只能是谐振子振动频率(σ)的倍数。

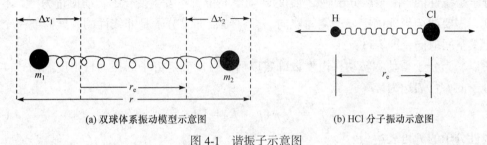

(a) 双球体系振动模型示意图 (b) HCl 分子振动示意图

图 4-1 谐振子示意图

r_e. 处于平衡位置的 m_1 和 m_2 两球之间的距离； r. 从平衡位置移动了 Δx_1 和 Δx_2 后的 m_1 和 m_2 两球之间的距离

上述双原子分子的振动模型可以用 HCl 分子为例进行探讨。两个原子的振动形式只有同时伸长和同时缩短两种情形。根据胡克定律(Hooke's law)，H—Cl 双原子振动体系基本的简谐振动频率(σ, 波数)为

$$\sigma = \frac{1}{2\pi c}\sqrt{\frac{k}{\mu}} \tag{4-5}$$

式中，c 为光速，$3.998 \times 10^8 \text{m} \cdot \text{s}^{-1}$；$k$ 为化学键力常数，$\text{N} \cdot \text{m}^{-1}$；$\mu$ 为两个原子的折合质量(reduced mass)或约化质量，kg，具体表达为

$$\mu = \frac{m_1 \cdot m_2}{m_1 + m_2} \tag{4-6}$$

其中，m_1 和 m_2 分别为两个原子的质量。将式(4-6)表示的折合质量代入式(4-5)得双原子分子的振动频率为

$$\sigma = 1302\sqrt{k\left(\frac{1}{m_1} + \frac{1}{m_2}\right)} \tag{4-7}$$

双原子分子只有伸缩振动(stretching vibration)一种振动方式，因此其形成一个基本振动的红外吸收峰。

2. 多原子分子振动

与双原子分子振动相比,多原子分子振动要复杂得多。随着原子数目增加,多原子分子可以出现多个基本振动吸收峰,并且这些峰的数目与分子振动自由度有关。为了简化,人们通常把多原子的复杂振动分解为许多个基本振动,即简正振动(normal vibration)。一个分子中所含简正振动的数目称为分子的振动自由度,简称分子自由度(molecular freedom),而分子自由度数目与该分子中各原子在空间坐标中运动状态的总和紧密相关。

分子中的每一个原子都可以沿空间坐标 X、Y、Z 轴方向运动,因而一个由 N 个原子组成的分子所具有的运动自由度总数为 $3N$,但分子的这些总自由度数实际上是平动自由度(translational freedom, f_t)、振动自由度(vibrational freedom, f_v)和转动自由度(rotational freedom, f_r)三者之和,因而有

$$3N = f_t + f_r + f_v \tag{4-8}$$

对于任何一个分子,都可以发生平动,需要三个空间坐标来确定其空间位置,即 $f_t=3$。如果分子是线性的,由于以分子轴(Z 轴)的转动空间位置不发生变化,转动惯量为零,不产生自由度,需要两个坐标确定分子空间取向,即 $f_r=2$;如果分子是非线性的,就需要三个坐标来确定其空间取向,即 $f_r=3$。

所以,当分子平动和转动自由度数确定以后就可以确定分子的振动自由度。由式(4-8),线性分子的 f_v 可表达为

$$f_v = 3N - (f_t + f_r) = 3N - 5 \tag{4-9a}$$

而非线性分子的 f_v 可表达为

$$f_v = 3N - (f_t + f_r) = 3N - 6 \tag{4-9b}$$

每个振动自由度代表一种独立的振动方式,称为简正模式(normal modal)。简谐振动模式是分子最基本的振动方式,其中分子的空间位置和取向均保持不变,每个原子以相同频率在平衡位置附近振动。

3. 分子振动类型

分子振动可分为伸缩振动(stretching vibration, ν)和弯曲振动(bending vibration, δ)两大类。

伸缩振动包括对称伸缩振动(symmetrical stretching vibration, ν_s)和不对称伸缩振动(asymmetrical stretching vibration, ν_{as})两种。

弯曲振动包括面内弯曲振动(in-place bending vibration, $\delta_{i.p}$)、面外弯曲振动(out-of-place bending vibration, $\delta_{o.o.p}$)、对称与不对称弯曲振动(symmetrical and asymmetrical bending vibration, δ_s、δ_{as})三种。其中,面内弯曲振动又分为剪式振动(scissoring vibration, δ_s)和面内摇摆振动(rocking vibration, ρ)两种;面外弯曲振动又分为面外摇摆振动(wagging vibration, ω)和扭曲变形振动(twisting vibration, τ)两种。图 4-2 以亚甲基和甲基为例,展示了多原子分子的各种振动形式及其红外吸收的强度和位置。

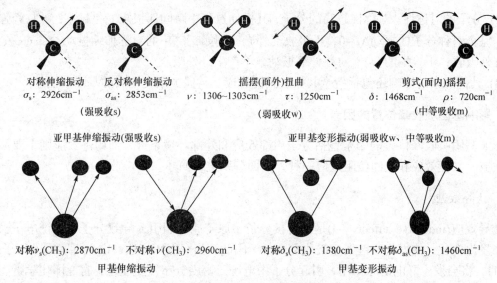

图 4-2 亚甲基与甲基的振动类型示意图

4.2.3 影响红外吸收峰强度的因素

物质对红外光的吸收符合朗伯-比尔定律，故吸收峰强度可用摩尔吸收系数 ε 表示。通常 $\varepsilon>100\text{L}\cdot\text{mol}^{-1}\cdot\text{cm}^{-1}$ 时，为很强吸收，用 vs 表示；$\varepsilon=20\sim100\text{L}\cdot\text{mol}^{-1}\cdot\text{cm}^{-1}$ 时，为强吸收，用 s 表示；$\varepsilon=10\sim20\text{L}\cdot\text{mol}^{-1}\cdot\text{cm}^{-1}$ 时，中强吸收，用 m 表示；$\varepsilon=1\sim10\text{L}\cdot\text{mol}^{-1}\cdot\text{cm}^{-1}$，为弱吸收，用 w 表示；$\varepsilon<1\text{L}\cdot\text{mol}^{-1}\cdot\text{cm}^{-1}$ 时，为很弱吸收，用 vw 表示。

红外吸收峰强度与振动过程中偶极矩的变化有关，而偶极矩变化又与振动基团的极性有关。总体来说，振动过程中基团极性越大，偶极矩变化($\Delta\mu$)也越大，产生的吸收峰越强；分子对称性越好，振动过程中偶极矩变化越小，产生的吸收峰越弱。图 4-3 给出了三种不同极性结构取代烯烃的红外吸收强度的比较。

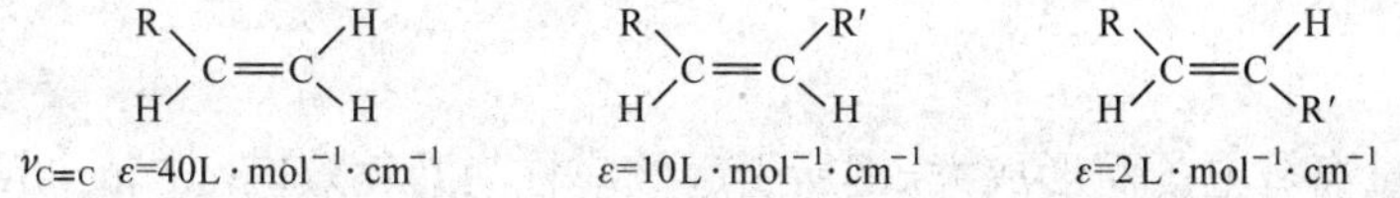

图 4-3 取代烯烃的红外吸收强度

谱带强度是跃迁概率(transition probability)的量度。跃迁概率是指跃迁过程中激发态分子占总分子数的百分数。一般来说，跃迁概率与偶极矩变化有关，$\Delta\mu$ 越大，跃迁概率越大，谱带强度越强。能级跃迁概率与振动过程中偶极矩变化均可影响吸收带强度。例如，当由基态跃迁到第二激发态时，倍频峰振幅加大，偶极矩变大，但由于跃迁概率很低，峰强度很弱。如果样品浓度增大，峰强增大，这是跃迁概率增加的缘故。

基频峰的强度主要取决于振动过程中偶极矩的变化，因为只有引起偶极矩变化的振动才能吸收红外线而引起能级的跃迁。瞬间偶极矩变化越大，吸收峰越强。瞬间偶极矩变化的大小与以下各种因素有关。

(1) 原子的电负性。电负性相差越大，伸缩振动引起的瞬间偶极矩变化越大，吸收峰越强，如 $\nu_{C=O}$ 吸收峰强于 $\nu_{C=C}$ 吸收峰，$\nu_{C=N}$ 吸收峰强于 $\nu_{C\equiv C}$。

(2) 振动的形式。通常情况下有 $\nu_{as}>\nu_s$、$\nu>\delta$。

(3) 分子的对称性。对称性越高的分子，其振动过程中瞬间偶极矩变化越小，吸收峰强度越小，完全对称分子的振动$\Delta\mu=0$，不吸收红外光。例如，CO_2 的对称伸缩振动 $\overrightarrow{O=C=}\overleftarrow{O}$，没有红外吸收；丁二酮的 $\nu_{C=O}$ 对称伸缩振动，不产生红外吸收。

(4) 其他因素的影响还包括费米共振、氢键形成、与偶极矩变化大的基团共轭等。

4.2.4 影响基团吸收峰位置的因素

影响基团吸收峰位置的因素包括分子内部效应和外部环境条件，而内部效应则主要涉及诱导效应、共轭效应和空间位阻效应三种，下面分别进行简述。

1. 诱导效应

诱导效应(inductive effect，-I)是指有机分子中原子或基团引入导致分子中成键电子云密度分布发生变化，使得化学键发生极化的现象。因此，当官能团旁边有电负性不同的原子(或基团)时，将会发生静电诱导作用，引起分子中电子云密度分布发生变化，官能团化学键力常数发生改变，由此带来官能团特征频率改变。

在如图 4-4 所示的羰基双键伸缩振动中，取代基电负性的影响，分子的电子分布发生改变，以至于偶极矩发生变化，导致跃迁概率和吸收波数发生位移，整个过程可表示为：取代基电负性→静电诱导→电子分布改变→力常数增大→发生蓝移。

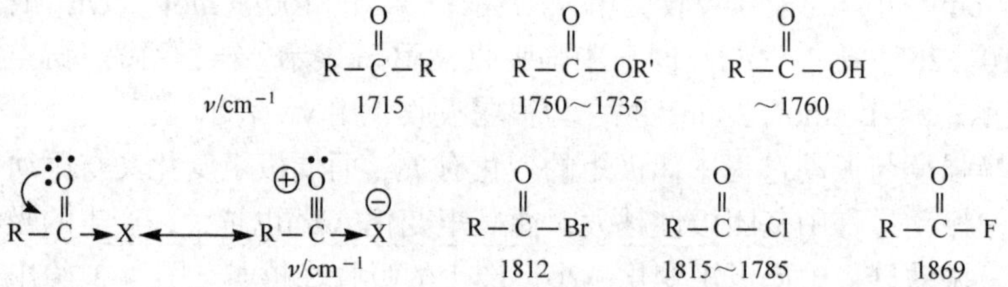

图 4-4 诱导效应导致红外吸收发生蓝移

2. 共轭效应

分子中因大量离域电子而形成大π键所引起效应称为共轭效应(conjugative effect，+C)，其主要包括π-π共轭和p-π共轭等。共轭效应可使共轭体系中电子云密度发生平均化，使双键略有伸长，而单键略有缩短，并使红外吸收峰的位置向低波数方向移动(图 4-5)，由此带来的红外吸收所表现出来的行为可以表示为：电子云密度平均化→键长增加→力常数减小→发生红移。

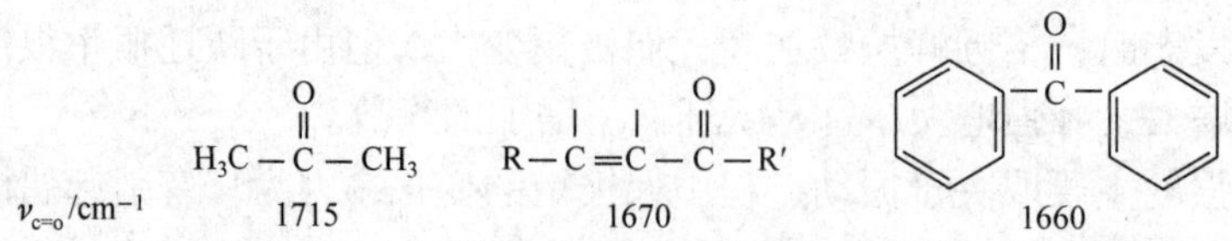

图 4-5 共轭效应导致红外吸收发生红移

如果诱导效应(-I)与共轭效应(+C)同时存在，红外吸收波数则取决于二者的大小。如果-I>+C，发生蓝移，反之发生红移(图 4-6)。无论蓝移还是红移都受到了-I 和+C 两个相反作用的影响。

第4章 红外吸收光谱分析

	R—C(=O)—ÖR'	R—C(=O)—S̈R'	R—C(=O)—Ö—Ph	R—C(=O)—S̈—Ph
$\nu_{C=O}/cm^{-1}$	1735	1690	1750	1710
	−I > +C	−I < +C	−I > +C	−I < +C

图 4-6　诱导效应和共轭效应对红外吸收位置的影响

3. 空间位阻效应

由于分子中某些原子或基团彼此接近而引起空间阻碍而偏离正常键角，进而引起分子内张力如立体障碍、环张力等变化的现象称为立体效应(steric effect)。立体效应属于分子内的空间相互作用，有下面几类。

1) 空间立体障碍(steric hindrance)

空间阻碍使共轭受到限制，基团频率向高频移动，如图 4-7 所示。

$\nu_{C=O}/cm^{-1}$　　　1680　　　　　　　　　1700

图 4-7　空间立体障碍

2) 环张力(ring tension)

环状化合物在环变小时，环张力增大，环内双键伸缩振动产生的吸收峰向低频方向移动，相反环外双键的伸缩振动产生的吸收峰向高频方向移动，如图 4-8 所示。

ν/cm^{-1}	1646	1611	1567	1541
ν/cm^{-1}	1651	1657	1678	1781

图 4-8　环张力效应

3) 偶极场效应(dipole field effect)

偶极场效应是分子在空间中距离较近所致，是沿着分子空间布局而产生的(图 4-9)，而与化学键无关。

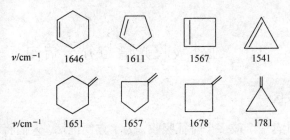

ν/cm^{-1}　　　1755　　　　　　1742　　　　　　1728

图 4-9　偶极场效应

4) 氢键效应(hydrogen bond effect)

氢键包括分子内氢键和分子间氢键,两种氢键都会使其红外吸收峰变宽并向低波数移动。以羟基吸收为例(图 4-10),当形成分子内或分子间氢键时,羟基吸收峰移向低波数,峰形变宽且强度变大。

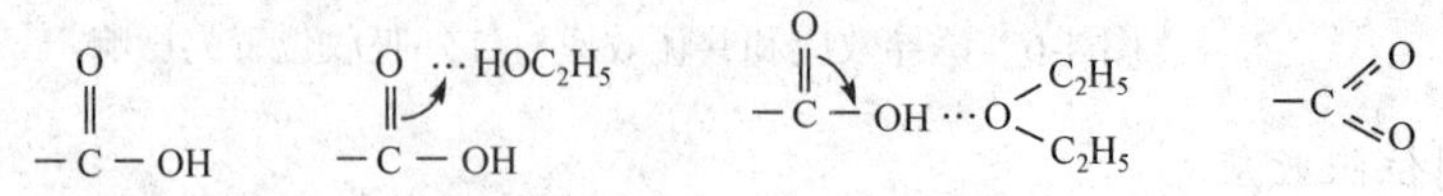

	非极性溶剂	乙醇	乙醚	
v/cm^{-1}	1760	1720	1720	1400

图 4-10 氢键效应

4. 外部环境因素

尽管分子的化学结构是决定红外吸收峰位置和强度的最主要因素,但对同一种化合物,其红外光谱还随制样方法、样品状态、溶剂性质、温度、样品厚度等因素的不同会出现一定差异。例如,丙酮在液态中时,$v_{C=O}=1718\text{cm}^{-1}$;为气态时 $v_{C=O}=1742\text{cm}^{-1}$。因此,在利用红外光谱对有机化合物进行鉴定和判别时,还需要充分考虑这些因素的影响。

学习与思考

(1) 如何理解双原子分子发生简谐振动?试列举几个双原子分子,计算其振动频率。
(2) 为什么线性分子的振动自由度是 $3N-5$,而非线性分子的振动自由度是 $3N-6$?
(3) 举例说明共轭效应对分子振动频率的影响。
(4) 为什么有空间位阻的分子其振动向高频移动,而氢键导致其向低波数移动?

4.3 红外吸收光谱与分子结构

4.3.1 官能团区和指纹区

由于各种官能团具有一个或多个特征吸收,为了方便记忆,人们将中红外吸收区段(2.5~25μm 或 4000~400cm^{-1})的光谱图分为官能团区(functional group region)和指纹区(fingerprint region)。

官能团区主要是指 4000~1330cm^{-1} 的波数范围。该范围内每一个红外吸收峰都和特定官能团相对应,所出现的吸收峰比较稀疏、容易辨认,受分子剩余部分的影响小,主要反映分子的特征基团如含氢官能团、双键、三键和累积双键等的伸缩振动,故该区又称为特征频率区(characteristic frequency region)。

指纹区是指 1330~400cm^{-1} 的波数范围。尽管指纹区的吸收峰不与特定官能团相对应,但能显示出不含氢单键结构化合物的伸缩振动和各键变形振动,因而指纹区的主要价值在于表征整个分子的结构特征。在指纹区里,各单键的伸缩振动,与 C—H 键弯曲振动发生偶合都会引起指纹区的吸收变化,以至于结构上有细微变化都极其敏感,从而显示出分子结构的细微区别。

由于指纹区的吸收峰键强度差别不大,各种变形振动能级差较小,所以这个区域的吸收峰较为密集,吸收带也比较复杂。不同化合物的指纹吸收(包括谱带位置、强度和形状)都不同,因此,指纹区的吸收峰峰形和峰强度可为化合物结构判断提供很多有价值的信息,对鉴别有机化合物具有十分重要的作用。但要注意的是,不同制样条件可导致指纹区吸收变化,同系物的指纹吸收也可能相似。

4.3.2 红外光谱的基本区域

从官能团区可找出未知物所含官能团,而指纹区则适用于与标准谱图或已知物谱图进行对比,从而比对出未知物与已知物结构相同或不同信息,为获得确切的结论奠定基础。实际应用中,官能团区和指纹区的功能恰好互补。表 4-1 列出了红外光谱四个基本区域。

表 4-1 红外光谱的四个基本区域划分

基团	吸收频率/cm^{-1}	振动形式	吸收强度*
第一区域			
—OH(游离)	3650—3580	伸缩	m,sh
—OH(缔合)	3400—3200	伸缩	s,b
—NH$_2$,—NH(游离)	3500—3300	伸缩	m
—NH$_2$,—NH(缔合)	3400—3100	伸缩	s,b
—SH	2600—2500	伸缩	s
≡C—H(三键)	~3300	伸缩	s
=C—H(双键)	3040—3010	伸缩	s
苯环中 C—H	~3030	伸缩	s
—CH$_3$	2960±5	反对称伸缩	s
—CH$_3$	2870±10	对称伸缩	s
—CH$_2$	2930±5	反对称伸缩	s
—CH$_2$	2850±10	对称伸缩	s
第二区域			
—C≡N	2260—2220	伸缩	s 针状
—N=N	2310—2135	伸缩	m
—C≡C—	2260—2100	伸缩	v
—C=C=C—	~1950	伸缩	v
第三区域			
C=C	1680—1620	伸缩	m, w
芳环 C=C	1600, 1580 1500, 1450	伸缩	v

续表

基团	吸收频率/cm^{-1}	振动形式	吸收强度*
第三区域			
—C=O	1850—1600	伸缩	s
—NO$_2$	1600—1500	反对称伸缩	s
—NO$_2$	1300—1250	对称伸缩	s
S=O	1220—1040	伸缩	s
第四区域			
C—O	1300—1000	伸缩	s
C—O—C	1150—900	伸缩	s
—CH$_3$、—CH$_2$	1460±10	甲基反对称变形，亚甲基变形	m
—CH$_3$	1380—1370	对称变形	s
—NH$_2$	1650—1560	变形	m,s
C—F	1400—1000	伸缩	s
C—Cl	800—600	伸缩	s
C—Br	600—500	伸缩	s
C—I	500—200	伸缩	s
=CH$_2$	910~890	面外摇摆	s
—(CH$_2$)$_n$—, $n>4$	~720	面内摇摆	v

*: sh 代表尖峰；b 代表宽峰；v 代表很强峰；s 代表强峰；m 代表中等强度峰；w 代表弱峰。

1) 氢键区

4000～2500cm^{-1} 区域为 X—H 伸缩振动区(X：C、N、O、S 等原子)。在这个区域只要有吸收峰，就说明有含氢原子的官能团存在，如 N—H(3500～3300cm^{-1})、O—H(3700～3200cm^{-1})、C—H(3300～2700cm^{-1})和 S—H(2600～2500cm^{-1})等。

2) 三键和累积双键伸缩振动区

2500～2000cm^{-1} 区域为三键和累积双键伸缩振动区，主要包括 C≡N、—C≡C—、\>C=C\< 及 \>C=C—O 等的伸缩振动吸收。

3) 双键伸缩振动区

2000～1500cm^{-1} 区域为含双键结构的伸缩振动区，只要在该区域出现吸收峰就表明有含双键化合物存在。本区域中最重要的是强度较大的羰基(吸收峰 1875～1600cm^{-1})、C—O、C—C、C—N、N—O 等的伸缩振动，以及—NH$_2$ 的弯曲振动、芳烃的骨架振动等。

4) C—H 弯曲振动区

1500～1300cm^{-1} 区域主要为 C—H 弯曲振动的吸收峰，例如，—CH$_3$ 在 1380cm^{-1} 和 1460cm^{-1} 同时有吸收，\>CH$_2$ 仅在 1470cm^{-1} 左右有吸收。

5) 重原子双键伸缩振动区

1300~900cm^{-1}区域除了与氢相连的其他单键伸缩振动和一些含重原子的双键(P—O、S—O)伸缩振动区外,有些含氢基团的弯曲振动也在此区域出现。虽然特征性不如前几个区强,但信息却十分丰富。

6) 累积亚甲基、双键及苯环取代振动

900~670cm^{-1}处出现吸收峰预示着—$(CH_2)_n$—的存在,也说明了双键取代程度、类型及苯环的取代情况。

4.3.3 典型化学键的红外吸收光谱

1. X—H 键

O—H 伸缩振动在 3700~3100cm^{-1}。例如,游离羟基的伸缩振动频率在 3600cm^{-1}左右,游离伯醇、仲醇、叔醇、酚中羟基的伸缩振动频率分别在 3640cm^{-1}、3630cm^{-1}、3620cm^{-1}、3610cm^{-1}。

形成氢键缔合后,伸缩振动频率移向低波数。如果频带变宽,缔合程度越大,则向低波数移动越多。含羟基有机物分子间由于产生氢键,当有双分子缔合形成二聚体时,伸缩振动频率出现在 3550~3450cm^{-1};当多分子缔合形成多聚体时,伸缩振动频率在 3400~3200cm^{-1};分子内产生氢键(如多元醇)的伸缩振动频率在 3600~3500cm^{-1},而产生螯合键(羟基和 C=O、NO_2 等)的伸缩振动频率在 3500~3200cm^{-1};羧基中的 O—H 吸收峰展宽到 3200~2500cm^{-1}。分子间氢键随物质浓度而改变,分子内氢键不随物质浓度而改变,所以该谱带是判断醇、酚和有机酸的重要依据。

一级、二级胺或酰胺的 N—H 伸缩振动类似于 O—H 键,但—NH_2 为双峰,而—NH— 为单峰。游离的 N—H 伸缩振动在 3500~3300cm^{-1},形成氢键缔合时将使峰位置和强度都发生变化,但没有羟基显著,向低波数移动只有 100cm^{-1}左右。

甲基、亚甲基及叔碳基的饱和 C—H 伸缩振动在 3000~2800cm^{-1}(图 4-11、图 4-12),醛基 C—H 伸缩振动在 2720cm^{-1}附近,是特征吸收峰,可以确定醛基官能团是否存在;烯烃、炔烃和芳烃等不饱和烃的 C—H 的伸缩振动大部分在 3100~3000cm^{-1},只有端炔基的吸收在 3300cm^{-1}。可见,3000cm^{-1}是<u>区分饱和烃与不饱和烃的分界线</u>。

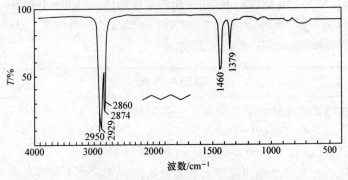

图 4-11 正己烷的红外吸收光谱图

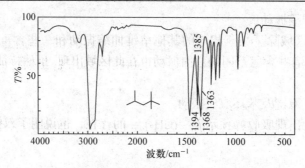

图 4-12　2,2,4-三甲基戊烷的红外吸收光谱图

2. 双键

C=C 伸缩振动在 $1680\sim1630cm^{-1}$，其中反式烯烃、三取代烯烃、四取代烯烃的 C=C 伸缩振动在 $1680\sim1665cm^{-1}$，且吸收峰尖、弱，而顺势烯烃、乙烯基烯烃(端稀)、亚乙烯基烯烃的 C=C 伸缩振动在 $1660\sim1630cm^{-1}$，吸收峰尖、中强。单核芳烃 C=C 伸缩振动在 $1600cm^{-1}$ 和 $1500cm^{-1}$ 附近，有两个吸收峰，这是芳烃的骨架结构，是确认芳核是否存在的重要依据。

羰基(C=O)的伸缩振动在 $1900\sim1650cm^{-1}$，所有羰基化合物在此有非常强的吸收峰，其通常也是红外吸收光谱中最强的峰，特征显著，因而成为判断羰基存在与否的重要依据。共轭效应使羰基伸缩振动向低波数移动，诱导效应使羰基伸缩振动向高波数移动，以至于有羰基波数序列：酸酐($1817cm^{-1}$)>酸($1760cm^{-1}$)>酯($1735cm^{-1}$)>醛($1725cm^{-1}$)>酮($1715cm^{-1}$)>酰胺($1680cm^{-1}$)，酸酐的羰基和吸收带由于振动偶合而呈现双峰。

3. 三键和累积双键

三键和累积双键的伸缩振动在 $2400\sim2100cm^{-1}$，在此范围内的红外吸收光谱带很少，易于辨认，只有碳碳三键、碳氮三键的伸缩振动和 C=C=C、N=C=O 等累积双键的不对称伸缩振动，但要排除空气中 CO_2 在 $2349cm^{-1}$ 的干扰。

4. 其他基团

根据有机化合物的红外吸收光谱特征，将基团的中红外光区分为四个吸收区域(表 4-1)，即 $4000\sim2500cm^{-1}$ 为 X—H(X：O、N、C、S)伸缩振动区、$2500\sim1900cm^{-1}$ 为三键和累积双键区、$1900\sim1200cm^{-1}$ 为双键伸缩振动区及 $1300\sim650cm^{-1}$ 的指纹区，即 C—O、C—X(X：F、Cl、Br、I)等单键的伸缩振动和一些变形振动。

学习与思考

(1) 学习和梳理红外吸收光谱与物质有机结构间的关系。
(2) 为什么红外光谱会有官能团区和指纹区？各自有何特征和用途？
(3) 试讨论碳碳单键、双键和三键各自的红外伸缩振动的特征有何规律？如果这些键的两边分别被一个或两个吸电子基团或供电子基团取代，其吸收光谱会发生什么变化？
(4) 从红外光谱四个基本区域中，你能否发现各区域有何规律？

4.4 红外光谱分析法

4.4.1 红外光谱定性分析

根据红外吸收光谱的特征峰来确定化合物中所含官能团,进而鉴别化合物的类型是红外光谱分析最为重要的应用。例如,某化合物的图谱中只显示饱和 C—H 特征峰,就是烷烃化合物;如有 =C—H 和 C=C 或 C≡C 等不饱和键的特征峰,就属于烯类或炔类;其他官能团如 H—X、X=Y、$\diagdown$C=O 和芳环等也较易推论和认定。

值得注意的是,同一种官能团如果处在不同化合物中,由于所处的化学环境不相同,吸收峰的位置会有所变化和移动,因而可以为判定化合物分子结构提供重要信息。例如,酯、醛和酸酐等含羰基的化合物,如果只利用其化学性质进行鉴别,有的容易有的却很困难,而利用红外光谱的特征峰就十分方便和可靠。

红外光谱用于物质的定性时,在 5000~1250cm^{-1} 官能团特征峰强度具有加和性,利用此特性可以鉴定复杂结构分子或二聚体中所含官能团的各个单体。

4.4.2 红外光谱定量分析

利用红外光谱实施定量检测时,主要采用红外分光光度计或红外光谱仪进行测试,其定量响应原理符合朗伯-比尔定律(式 4-10)。

$$A = \lg \frac{I_0}{I} = \lg \frac{1}{T} = kbc \tag{4-10}$$

式中:I_0 为入射光强度;I 为透过光强度;c 为溶液浓度,g·L^{-1};b 为吸收池厚度,cm;k 为吸光系数,即单位长度和单位浓度溶液(包括液态溶液和固态溶液)中溶质的吸光度。如果浓度是以 mol·L^{-1} 表示,则 k 应为摩尔吸光系数(ε)。

由于红外分光光度计狭缝远比一般光电比色计的宽,通过光波长范围大,使某一定波数处的最高吸收峰变矮变宽,影响直观强度。另外,红外测试时吸收池、溶剂和制备技术等不易标准化,会降低其测试的精密度,影响定量分析的可靠性。

吸光度具有加和性,混合物的光吸收是每个纯成分吸收强度的加和,因此可以利用光谱中特定吸收峰来实现混合物中某成分的百分含量的定量测试。有机化合物中官能团的力常数有相当大的独立性,因此在选择各成分的定量特征峰时,应尽可能是其强吸收峰,而其他成分在该峰附近吸收很弱或根本无吸收。针对每个纯成分可选一个或多个特征峰,在不同的浓度下测定其吸收强度,绘制浓度对吸收强度的工作曲线,进而在相同的测试条件下对混合物进行测试,分别在其所含的每个纯成分的特征峰处测定吸收强度,然后依据绘制的工作曲线获得各个纯成分的含量。

混合物中的杂质在同一处有吸收峰时,就会干扰含量测试的结果。这时采用对每个成分同时测定两个以上特征峰强度的方式,可以有效克服这个缺点。

学习与思考

(1) 试设计实验方案建立一个分子间氢键数目的定量分析方法。
(2) 如何理解红外光谱的定量分析的不可靠性问题？
(3) 红外吸收光谱的特征与紫外-可见吸收光谱的特征吸收有哪些不同？

4.5 红外吸收光谱仪及样品制备技术

4.5.1 红外吸收光谱仪的类型及构成

红外吸收光谱仪主要包括色散型红外光谱仪(dispersive infrared spectrometer, DS-IR)和傅里叶变换红外光谱仪(Fourier transform infrared spectrometer, FT-IR)。前者是根据光的色散效应进行检测，而后者是依据傅里叶变换器(Fourier transformer)将光的干涉图谱变换成光谱形式来进行检测的。

1. 色散型红外光谱仪

色散型红外光谱仪主要由光源、吸收池、单色器、检测器、记录仪组成。如图 4-13 所示，自光源(L)发出的光束经斩波器(CH)以后对称地分别通过样品池(S)和参比池(R)，经扇形镜调试进入单色器(G)，再交替到达检测器(D)，产生与光强差成正比的交流电压信号，最后通过计算机进行处理。当然计算机还有一个功能就是对仪器进行自动化控制。

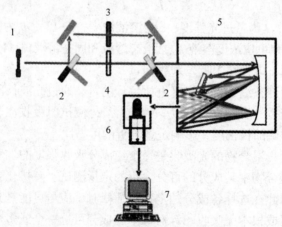

图 4-13 色散型红外光谱仪结构示意图
1. 光源(L，硅碳棒或能斯特灯); 2. 斩波器(CH); 3. 样品池(S); 4. 参比池(R); 5. 单色器(G);
6. 检测器(D); 7. 数据处理和仪器控制(C)

1) 光源

目前中红外光谱区最常用的光源是硅碳棒(siliconit)和能斯特灯(Nernst lamp)。硅碳棒是由 SiC 加压在 2000K 烧结而成，在低波数区光强较大，波数范围较广，使用寿命为 1000h，使用前不需预热；能斯特灯是由稀土金属氧化物烧结的空心棒或实心棒，在高波数区($>1000cm^{-1}$)有更强的发射，稳定性好，使用寿命为 2000h，使用前需要预热，但机械强度差，价格较高。

2) 样品池

在近红外光谱区，可使用石英、玻璃材料制成的窗片；在中红外光谱区 4000~400cm^{-1}，由于玻璃和石英对中红外光均有强烈吸收，样品池需要使用由 NaCl、KBr、CsI、TlBr+TlI、AgCl、CaF$_2$、BaF$_2$ 等材料制成的窗片。远红外光谱区的透光材料有 KRS-5、聚乙烯膜或颗粒等。在实际操作中，一定要保证样品干燥，以免盐窗吸潮，并且要注意 TlBr+TlI 微溶于水且有毒。不同的样品状态(固、液、气态)应使用不同的样品池，据此实际使用的样品池包括固定池、可拆池、可变厚度池、微量池和气体池等不同类型。

3) 单色器

多采用光栅作为单色器。由于存在次级光谱的干扰，通常需要与滤光器或前置棱镜结合使用，以分离次级光谱。

色散型红外分光光度计与紫外-可见分光光度计的基本区别在于前者的参比池和样品池放置在光源和单色器之间，而紫外-可见分光光度计放在单色器后面，因为红外辐射能力较低不会使试样发生光化学分解，且单色器放置在后面使得来自参比池和样品池的杂散辐射较低。

4) 检测器

检测器种类较多，常见的有高真空热电偶、测热辐射计、热释电检测器和碲镉汞检测器等。

2. 傅里叶变换红外光谱仪

傅里叶变换红外光谱仪是 20 世纪 70 年代问世的，是第三代红外光谱仪。图 4-14 展示了傅里叶变换红外光谱仪的组成，包括红外光源、迈克尔孙干涉仪、样品池、检测器、记录仪等。

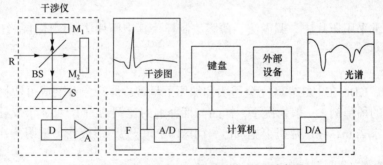

图 4-14 傅里叶变换红外光谱仪原理示意图

R. 红外光源；M$_1$. 定镜；M$_2$. 动镜；BS. 光束分裂器；S. 试样；D. 探测器；A. 放大器；F. 滤光器；A/D. 模数转换；D/A. 数模转换器

傅里叶变换红外光谱仪与色散型红外光谱仪的最大区别在于用迈克尔孙干涉仪(Michelson's interferometer)取代了单色器，获得光源的干涉图，再通过计算机对干涉图进行快速傅里叶变换(fast Fourier transform, FFT)计算，从而得到以波长或波数为函数的频域谱，即红外光谱图。其所采用的光源通常为硅碳棒和能斯特灯，检测器为热释电检测器(triglycine sulfate，TGS)、Hg-Cd-Te 光电导检测器(MCT)和 PbSe 检测器。

傅里叶变换红外光谱仪可在任何测量时间内获得辐射源所有频率信息，同时能消除色散型光栅仪器中狭缝对光谱通带的限制，使其光能利用率大大提高，在仪器测试效率方面具有突出优势。具体体现在以下五个方面。

(1) 扫描速度快。FT-IR 可在一秒钟内获得一张谱图，较色散型光栅仪器快数百倍，并能用于 GC-IR 联用分析。

(2) 分辨率高。FT-IR 的波数精度可达 0.1～0.005cm^{-1}，而一般光栅型红外光谱仪只有 0.2cm^{-1}。

(3) 灵敏度高。可实现短时间内多次扫描测试，并对获得的信号进行累加处理，降低噪声；且所用光学元件少，无狭缝和单色器，反射镜面大，使达到检测器的辐射强度大，信噪比高。

(4) 测定光谱范围宽。可测定范围为 10000～10cm^{-1}，重现性好(0.1%)。

(5) 样品不受热效应影响。样品不受因红外聚焦而产生的热效应的影响

4.5.2 红外光谱分析的样品制备

红外光谱分析中样品的制备是分析结果可靠性的重要环节，制备过程相对比较复杂，所使用到的样品可以是固体、液体、气体。

1. 制备样品的基本要求

无论样品是固体、液体还是气体，在红外光谱测定之前都须做到以下三点。

(1) 样品纯度>98%，便于与纯物质的标准光谱对照。多组分样品在测定前须进行纯化制备。目前，通常采用的分离提纯方法包括重结晶、精馏、萃取、柱层析、薄层层析和气液制备色谱等。一些难提纯的混合物样品，也要尽可能地减少组分数，否则各组分光谱重叠，难以判断。

(2) 样品中不应含水。一方面水本身具有红外吸收；另一方面水会侵蚀样品池盐窗。

(3) 样品浓度或厚度应适当，使光谱图中大多数吸收峰的透射比在 10%～80%。

2. 固体样品

固体样品常采用压片法、调糊法、薄膜法制样。其中压片法是固体样品红外光谱测定的标准方法。

1) 压片法

利用 KCl、KBr 在中红外区完全透明和加压下呈现冷胀现象并变成可塑物的特性，将其作为固体样品的稀释剂。一般情况下，样品与稀释剂的比例约为 1/100，干燥处理后研细，使粒度均匀并小于 2μm，在压片机上施加(5～10)×10^{7}Pa 压力，形成均匀透明薄片，即可用于直接测定。

2) 调糊法

选取与样品折射率相近的液体分散介质，将其与固体粉末混合研磨形成糊膏状，置于液体池中进行红外测定。常用液体分散介质有液状石蜡油、六氯丁二烯、氟化煤油等，这些液体分散介质自身也有各自的吸收峰。

3) 薄膜法

常用于高分子有机化合物测定，包括熔融法和溶液成膜法。熔融法适用于熔点较低且热稳定性好的样品，而溶液成膜法则是将样品溶解于沸点较低的溶剂中，再将其涂布于成膜介质上，将溶剂蒸发后形成试样膜。

3. 液体样品

对于易挥发性液体的测定可直接使用固定池进行测定。对于沸点较高(>80℃)或黏稠的液体样品，通常采用液膜法制样。

当液膜厚度小于 0.015mm 时，即可借助窗片的附着力，使其自然形成液膜。对于吸收很强的液体样品，用溶剂 CS_2、CCl_4、$CHCl_3$ 等溶解后，再用研磨法进行测定，但要注意此过程中的溶剂化效应和溶剂自身的红外吸收。

4. 气体样品

气体样品可在玻璃气槽内进行测定，它的两端为红外透光的 NaCl 或 KBr 窗片，窗板间隔为 2.5~10cm。

在测定时，先将气槽抽成真空，再将试样注入。气体池还可用于挥发性很强的液体样品的测定。

学习与思考

(1) 上网查阅国内外商用红外光谱分析仪典型产品，列表对比其性能指标和适用范围。
(2) 色散型红外分光光度计与紫外-可见分光光度计在仪器设计上有哪些区别？为什么？
(3) 为什么用于红外光谱测定的样品不能含有水分？
(4) 测定固体、液体和气体样品的红外吸收光谱，各有哪些注意事项？试加以比较。

4.6　近红外光谱分析

4.6.1　概述

如前所述，近红外光谱区域是指波长在 780~2526nm 的电磁波。20 世纪初，科学家采用摄谱法首次获得了一些有机化合物的近红外光谱，开展了针对化合物基团结构的光谱特征研究，逐步建立了近红外光谱(near infrared spectroscopy, NIR)分析方法。早期研究近红外光谱只限于为数不多的几个实验室，没有得到实际应用。

从 20 世纪中后期开始，随着简易型近红外光谱仪器的出现，以及近红外技术的奠基人诺里斯(Karl H. Norris)等在相关领域的大量研究和积累，人们发现近红外光谱在测定谷物、饲料、水果、蔬菜、肉蛋奶等农副产品的品质检测方面显示出良好的应用前景。进入 20 世纪 80 年代后期，由于化学计量学方法的应用，以及人们在中红外光谱技术积累的经验，使近红外光谱分析技术迅速发展和推广，成为一门独立的分析技术。

近红外光谱技术在分析测定中有以下独特的优越性：①方便实现样品的定性分析，同时定量分析的准确度也逐步提高；②分析速度快；③不破坏样品，不使用试剂，不污染环境；④带有较先进的数据处理软件，自动化程度高，操作技术要求低；⑤随着光导纤维的应用，近红外光谱仪器更加小型化和便携化，从而拓展到了工业过程分析、有毒材料监测及恶劣环境的远程分析等多个领域。

近红外光谱分析技术也存在着局限性。例如，近红外光谱分析必须用相似的样品建立分析模型，依托计算模型才能快速得到分析结果，而模型的建立需要投入必要的人力、财力和时间。另外，待测物质在近红外区的吸收系数一般较小，因此其不适于痕量分析。

近红外光谱分析技术的发展是从在农产品中的应用开始的，近年来又扩展到果品及许多农副产品质量的检测。在制药工程和药物分析方面,近红外光谱分析技术应用进展快速。制药工业中所用近红外光谱的标准方法已接近成熟,其已用于 β 内酰胺类抗生素及各种化学合成药的测定;对真伪药的检测,近红外光谱分析技术正逐步成为日常的分析手段;近十年来,针对中草药质量控制的近红外光谱检测研究飞速发展。因此有理由相信,随着应用的推广又将进一步促进近红外光谱分析技术的基础研究工作及仪器水平的提高。

4.6.2 近红外光谱分析原理

1. 近红外光谱的产生

当红外单色光或复合光照射并透过样品时,样品的分子选择性地吸收某些频率波段的光后自身振动能态发生改变,即产生红外吸收光谱。通常分子基频振动产生的吸收谱带位于中红外区域($4000\sim400\mathrm{cm}^{-1}$),与中红外区相邻区域即 $14285\sim4000\mathrm{cm}^{-1}$($780\sim2500\mathrm{nm}$),则被称为近红外区域,其进一步又被划分为短波近红外区($780\sim1100\mathrm{nm}$)和长波近红外区($1100\sim2500\mathrm{nm}$),发生在该区域内的吸收谱带对应于分子基频振动的倍频和组合频。

需要说明的是,中红外区所涉及最简单和最重要的红外吸收谱带源于分子振动带来的简单扭曲,即所谓的正常振动(normal vibrations)。但有时在中红外区之外,如在近红外区能观察到一些源于单光子吸收引起双激发振动状态的倍频峰(overtone bands)。有些组合模式(combination modes)振动涉及不止一种正常振动。两个或两个以上的基频,或基频与倍频的结合产生的红外吸收频率称为组合频(combination tune),如 n_1+n_2、$2n_1+n_2$ 等。倍频吸收是近红外光谱的核心部分。

2. 近红外区域的共振吸收谱带

虽然近红外谱带大部分为简单倍频和组合频,但费米共振(Fermi resonance)和达宁-丹尼逊(Darling-Dennison)共振也会在近红外区域出现谱带。

1) 费米共振

如果两个能级都与同一对称元素有关,且它们的能量十分接近,会发生能级之间的扰动,称为共振(resonance)。当在倍频或者组合频振动恰好与基频振动具有同一对称要素且频率接近时,就会发生共振,这种能级简并属于偶然简并,称为费米共振。

费米共振会产生预想不到的能量位移和谱带强度的变化,其特征是由于共振作用而产生很强的吸收峰或发生裂分,出现两个比较强的谱带,分别位于比基频和组合频谱带未受扰动位置的稍高频率处和稍低频率处。以二氧化碳分子在 $667\mathrm{cm}^{-1}$、$1337\mathrm{cm}^{-1}$ 和 $2349\mathrm{cm}^{-1}$ 三处的基频振动为例,$667\mathrm{cm}^{-1}$ 是二重简并弯曲振动频率,其倍频能级非常接近基频 $1337\mathrm{cm}^{-1}$ 处,因而产生费米共振,分别在 $1285\mathrm{cm}^{-1}$ 和 $1388\mathrm{cm}^{-1}$ 处出现两个谱带,使每个实际的能级中都包含了相互作用的各个成分的贡献。

2) 达宁-丹尼逊共振

水属于非线性对称分子,其表现出三种简谐振动:v_1($3657\mathrm{cm}^{-1}$ 对称伸缩振动)、v_2($1595\mathrm{cm}^{-1}$ 弯曲振动)和 v_3($3756\mathrm{cm}^{-1}$ 非对称伸缩振动)。其中,v_1 和 v_3 两个伸缩振动具有近似波数,但不具有相同的对称要素,不能直接相互作用产生共振。但是,与量子数 n_1、n_2、n_3 和 (n_1-2)、n_2、(n_3+2)有关的能级有相同对称要素和近似能级可发生相互作用而产生达宁-丹尼逊共振效应,因而在近红外谱区能观察到谱带成对出现。

3. 近红外光谱的测定

获得近红外光谱实际上包括如图 4-15 所示的几个方面内容。首先是采用光谱仪器，准确、稳定地测定样品的吸收或漫反射光谱谱图；其次，由于近红外光谱的分辨率较中红外光谱差得多，通常是较宽的几个谱带，对于结构细小差别的化合物常会出现重叠的谱图，因此必须充分利用光谱所提供的信息，采用化学计量学原理，针对分析任务建立校正模型和软件。目前，随着仪器硬件技术不断完善，以及化学计量学软件的飞速发展，使得近红外光谱分析已广泛用于各个领域。

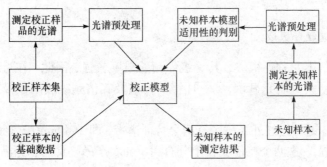

图 4-15 NIR 的测量过程示意图

4.6.3 近红外谱带的归属

倍频和组合频构成了近红外光谱的核心信息，NIR 谱带的产生和属性(频率、强度)又取决于分子结构中化学键的非谐性。非谐性最高的化学键是含有最轻原子，即氢原子的化学键。这些键在高能处发生振动，伸缩振动具有大的振幅，具有最强的强度。所以，在近红外光谱区域中，与 XH_n 官能团有关的吸收谱带占主导地位。

1. C—H 键的近红外吸收

在脂肪族烃中，第一组组合频出现在 2000～2400nm(5000～4160cm^{-1})，谱带较强，第二组合频在 1300～1400nm(7691～7143cm^{-1})，第三组合频在 1000～1100nm(1000～9090cm^{-1})。一级倍频在 1600～1800nm(6250～5555cm^{-1})，二级倍频在 1100～1200nm(9090～8333cm^{-1})，三级倍频在 900～950nm(11111～10526cm^{-1})，四级倍频在 730～760nm(13698～13158cm^{-1})。

对于烯烃，乙烯基 C—H 键其在 1620nm 和 2100nm，顺式烯烃在 1180nm、1680nm、2150nm 和 2190nm 有特征吸收谱带。而芳烃 C—H 键的一级倍频和二级倍频分别在 1685nm 和 1143nm，三级倍频在 860～890nm(11627～11235cm^{-1})，四级倍频在 713nm(14025cm^{-1})。

有研究者归纳了各种官能团的振动频率(表 4-2)。目前，对各吸收频率的归属已较为明确，但是其中各吸收频率是属于对称或非对称振动尚不能确定。

表 4-2 C—H 键在近红外光谱区域的特征吸收谱带 (单位：nm)

化学键	甲基 C—H	亚甲基 C—H	烯烃 C—H	芳烃 C—H
组合频	2250～2360	2290～2450	2120～2140	2150, 2460
一级倍频	1695, 1705	1725, 1765	1620～1640	1680
组合频	1360, 1435	1395, 1415	1340	1420～1450

续表

化学键	甲基 C—H	亚甲基 C—H	烯烃 C—H	芳烃 C—H
二级倍频	1150，1190	1210	1080~1140	1145
组合频	1015	1053	1040	—
三级倍频	913	934	—	875
四级倍频	745	762	—	—

2. O—H 键的近红外吸收

由于 O—H 键的不对称性极大，其一级倍频的强度较强，因此，在近红外区域 O—H 键的吸收很容易测得。大量研究显示，O—H 键的伸缩及其倍频吸收属性极易随环境的变化而变化。

水分子中 O—H 键在近红外光谱区有两个特征谱带，即 1940nm(组合频)和 1440nm(O—H 伸缩振动的一级倍频)。这两个特征吸收十分有用，如农产品、食品和药品中的水分含量都可以通过这些特征吸收来测定。

醇类和酚类中 O—H 键伸缩振动的一级和二级倍频分别出现在 1410nm($7092cm^{-1}$)和 1000nm($10000cm^{-1}$)附近，而伸缩和弯曲振动的组合频在 2000nm($5000cm^{-1}$)附近。

硅醇常出现在金属硅的表面，游离的 Si—OH 键在 2220nm 处有一个组合频吸收，1385nm 处的吸收是 O—H 键伸缩振动的一级倍频。

3. N—H 键的近红外吸收

N—H 键伸缩振动的一级倍频在 1500nm($6666cm^{-1}$)附近，伸缩振动与弯曲振动的组合频在 2000nm($5000cm^{-1}$)附近。芳香族的 N—H 键在 1972nm 处有一个组合频谱带，反对称伸缩和对称伸缩的一级倍频分别在 1446nm 和 1492nm 附近处出现，1020nm 处的吸收峰为对称伸缩振动的二级倍频。

4. 确认谱带归属的其他方法

为了在定性和定量分析中的应用，人们希望近红外光谱也能像中红外光谱一样对各吸收谱带的归属有所了解。因此，除了上述通过实验而得到的概念外，还可以采用重氢置换、极化方法以测定分子的旋转及二维光谱等获取更多和更进一步的分子结构信息。

4.6.4 近红外光谱分析仪器简介

近红外光谱仪的硬件系统一直是沿着稳定、小型化和方便采样的方向发展，并都带有配套的控制仪器和采用化学计量学软件计算分析结果的软件系统。针对不同的用途，近红外光谱仪有通用型仪器、专用/便携仪器和在线仪器等不同类型的产品。

1. 近红外光谱仪结构

近红外光谱仪的组成包括光学系统、电子系统、机械系统和计算机系统等。其中，光学系统是近红外光谱仪的核心,其主要包括光源、分光系统、测样附件和检测池等部分;电子系统由光源电源电路、检测器电路、信号放大电路、A/D 变换、控制电路等部分组成;计算机系统则通过接口与光学和机械系统的电路相连,主要实施仪器的操作和控制,同时还进行数据的采集、处理、储存和显示。下面就光路系统做一个介绍。

1) 光源

与传统红外光源相比,近红外光谱仪对光源的要求更高,不仅光强度大,且稳定性和均匀性要好,最常用的光源是卤钨灯,价格相对较低。发光二极管(light-emtting diode, LED)是一种新型光源,波长范围可以设定,线性度好,适于在线或便携式仪器,但价格较高。在一些专用仪器上,采用单色性更好的激光发光二极管作光源。

2) 分光系统

分光是光谱分析的核心任务。分光器件主要有滤光片、光栅、干涉仪和声光调谐滤光器等。根据分光器件相对于样品放置的位置不同,光谱仪可分为前分光和后分光两种形式(图 4-16)。采用滤光片和傅里叶干涉仪时,多采用前分光形式,即通过样品的光束是经分光系统得到的单色光。

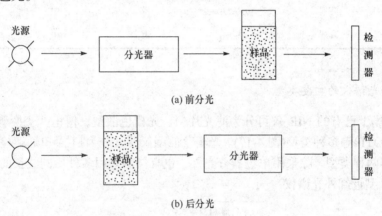

图 4-16 近红外分光光谱的分光光路示意图

3) 样品池

针对不同检测样本的特性,有多种不同形式商品化的测量附件。液体样品一般使用玻璃或石英样品池,在短波近红外区则使用较长光程的样品池(20~50mm);固体样品一般使用积分球或漫反射探头。近几年来,也有采用透射方式测量固体样品的情况,而现场分析和在线分析常采用光纤附件。

4) 检测器

目前通用的检测器主要有单点检测器和阵列检测器两种,其功能是将携带样品信息的 NIR 光信号转变为电信号的器件,再通过 A/D 转变将其变换为数字形式输出。响应范围、灵敏度和线性范围是检测器的三个核心技术指标,其好坏取决于它的构成材料及使用条件等(表 4-3)。为了提高检测器的灵敏度及扩展响应范围,在使用时往往采用半导体或液氮制冷,以保持较低的恒定温度。

表 4-3　多种近红外检测器的主要性能指标

检测器	类型	响应范围/μm	响应速度	灵敏度	备注
PbS	单点	1.0~3.2	慢	中	非线性甚高
InGaAs(标准)	单点	0.8~1.7	很快	高	可用 TE 制冷
InSb	单点	1.0~5.5	快	很高	必须用液氮制冷
PbSe	单点	1.0~5.0	中	中	可用 TE 制冷
Ge	单点	0.8~1.8	快	高	可用 TE 制冷
HgCdTe	单点	1.0~14.0	快	高	用液氮制冷
Si	单点	0.2~1.1	快	中	可在常温下使用
Si(CCD)	阵列	0.7~1.1	快	中	可在常温下使用
InGaAs(标准)	阵列	0.8~1.7	很快	高	可用 TE 制冷
InGaAs(扩展)	阵列	0.8~2.6	很快	高	可用 TE 制冷
PbS	阵列	1.0~3.0	慢	中	可用 TE 制冷
PbSe	阵列	1.5~5.0	中	中	可用 TE 制冷

2. 近红外光谱仪的主要类型

目前，市场上已有的 NIR 仪可分为滤光片型、光栅色散型、傅里叶变换型(FT)和声光可调滤光器型(AOTF)等多种类型(图 4-17)。光栅色散型仪器又分为扫描-单通道检测器和固定光路-阵列检测器两种类型。除采用单色器分光外，也有仪器采用多种不同波长的发光二极管作光源，即 LED 型近红外光谱仪。

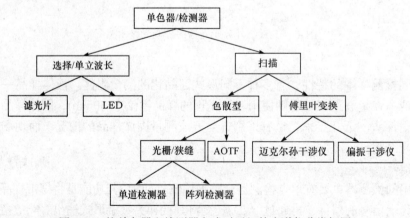

图 4-17　按单色器和检测器方式对近红外光谱仪分类框图

学习与思考

(1) 近红外分析技术与红外吸收光谱有什么关联？
(2) 近红外吸收光谱仪器与中红外吸收光谱仪器有什么相同和不同？为什么？
(3) 熟记特征官能团的红外吸收波数，便于红外光谱的解析。

4.7 红外吸收光谱分析在药物研发中的应用

红外光谱分析最突出的特点是分子结构基团具有高度的特征性：每种化合物都有自身独特理化性质的红外光谱，从而使得红外光谱分析技术在药物的鉴定和定量测定方面得以广泛应用，各国药典都将红外光谱作为法定的药物鉴别的主要方法。本章仅就利用红外光谱分析技术开展药物分析、新药合成工艺、中药质量和制药工艺稳定性及产品质量等研究作为实例，简要介绍红外光谱分析在药物研发中的应用。

4.7.1 在合成类药物研发中的应用

在新药研制中，合成制备的目标有机化合物常采用红外光谱、紫外光谱、核磁共振氢谱/碳谱和质谱四大谱对化合物结构进行综合解析。在这四大谱中，红外光谱所提供的信息在官能团分析方面具有独到之处，可获得和了解分子中各官能团的增减变化，以及它们之间的化学键连接情况。在此基础上，进一步综合元素分析、紫外光谱、核磁共振氢谱/碳谱和质谱等各方面的分析测试数据，从而有效地确定有机化合物的化学结构。

在化学反应和合成过程中，可利用红外光谱对反应液或粗品进行检测，根据原料和产物特征峰的消长情况，对反应进程、反应速率和反应时间与收率的关系等问题能及时做出判断。

延伸阅读4-3：药物合成中的红外光谱

利血平的全合成过程中，由于大量应用红外光谱而取得显著成效。美国有机化学家伍德瓦德(Rober Burns Woodward, 1917—1979)等在利血平结构被阐明一年后，完成了其首次全化学合成(total synthesis)。

伍德瓦德课题组首先以1,4-对苯二醛和戊二烯酸为起始原料，经狄尔斯-阿尔德(Diels-Alder)缩合反应得到具有顺式稠合双环结构的加成物；再经选择性还原、环氧化、分子内酯化和还原，得到不饱和酯；随后在2位立体选择性地引入甲氧基，完成了E环五个相邻手性中心的构建；然后再通过N-溴代丁二酰亚胺(NBS)溴代、氧化、脱溴和3,5-醚桥键断裂得到不饱和酮酸；最后再经酯化、双羟化和高碘酸氧化断裂将E环所需官能团逐一展现，得到关键手性双醛酯，从而构建了稠合的五环结构。

此合成过程步骤多，时间长，使得合成工艺优化难度大，而伍德瓦德将红外光谱引入，用于追踪反应进程，最终优化出最佳反应时间和剂量。其中如双酯醛与6-甲氧基色胺缩合成席夫碱的反应，经过红外光谱跟踪，发现仅数分钟就出现席夫碱特征峰。延长反应时间或增加醛的量该峰反而消失，通过证实席夫碱的N=C峰消失不是由于发生了分子内环合，伍德瓦德迅速找到反应的关键在于控制醛的用量和反应时间。

4.7.2 在中药活性组分研发中的应用

红外光谱分析技术还被应用于中药材的中药效成分分析、药材处理过程中水分、蛋白质和糖类等成分分析，以及对整体药材进行产地鉴别、品质分级、真伪鉴别、定量分析。例如，冬虫夏草虫体部分的主成分是脂肪($2925cm^{-1}$、$2854cm^{-1}$、$1746cm^{-1}$)、蛋白质($1657cm^{-1}$、$1547cm^{-1}$)和甘露醇($1082cm^{-1}$、$1024cm^{-1}$、$930cm^{-1}$、$888cm^{-1}$)，而子座部分则基本不含脂肪，且某些多糖类成分的吸收峰与甘露醇特征峰相互重叠。甘露醇又称"虫草酸"，是冬虫夏草的主要活性成分之一。

鉴于冬虫夏草良好的经济价值，不法分子采取各种手段填充其他物质以增加质量，常见的是在冬虫夏草虫体部分注入蔗糖。注射糖冬虫夏草B与正常冬虫夏草A的腹部红外光谱整体相似(图 4-18)，其在 1200~900cm^{-1} 区域的吸收峰有所差异。将样本 B 与样本 A 的光谱与蔗糖的光谱比较可知，样本 B 中含有较多的蔗糖。在图 4-19 所示的二阶导数红外光谱上，注射糖冬虫夏草 B 与蔗糖光谱的差异性非常明显。

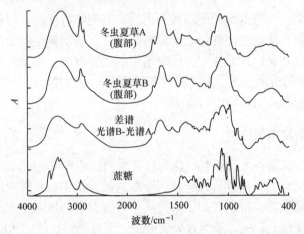

图 4-18　正常冬虫夏草与注射糖冬虫夏草腹部的红外光谱图

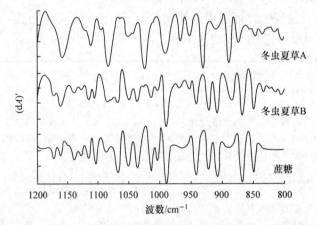

图 4-19　正常冬虫夏草与注射糖冬虫夏草腹部的二阶导数红外光谱

4.7.3　药品鉴定和分析示例

在《中华人民共和国药典》(以下简称《中国药典》)2010 年版(ChP2010)和国外药典中，红外分光光度法主要用于原料药(active pharmaceutical ingredient, API)及其制剂(final pharmaceutical product, FPP)的定性分析。

【示例 4-1】　原料药的 IR 鉴别

原料药由于纯度高(含量一般在 99.0%~101.0%)，可直接在规定条件下测定红外光吸收图谱，与对照图谱比较，应具有一致性。例如

ChP2010 盐酸氯丙嗪鉴别法：本品的红外光吸收图谱应与对照的图谱(《药品红外光谱集》391 图)一致。

【示例 4-2】　单方制剂的 IR 鉴别

单方制剂的 IR 鉴别，可依据辅料干扰情况不同，分为无辅料干扰、辅料干扰易除去、辅料干扰难除去三种情况。

(1) 无辅料干扰。此时可以直接采用相应 API 的 IR 鉴别方法进行鉴定。无辅料的注射用无菌粉末等 FPP，由于其中无辅料，其化学性质类似于 API，可直接采用相应 API 的 IR 鉴别方法。例如

ChP2010 注射用苯巴比妥钠鉴别法：照苯巴比妥钠项下的鉴别实验，显相同的结果。

ChP2010 苯巴比妥钠鉴别法：本品的红外光吸收图谱应与对照的图谱(《药品红外光谱集》228 图)一致。

(2) 辅料干扰易除去。将 FPP 制成 API 后，采用相应 API 的 IR 鉴别方法。有机 API 的片剂等 FPP，可采用有机溶剂提取 API，除去溶剂后，再采用 IR 鉴别方法。例如

ChP2010 布洛芬片鉴别法：取本品 5 片，研细，加丙酮 20mL 使布洛芬溶解，滤过，取滤液挥干，真空干燥后测定。本品的红外光吸收图谱应与对照的图谱(《药品红外光谱集》943 图)一致。

(3) 辅料干扰难除去。可在 FPP 所含 API 的 IR 对照图谱中，在指纹区内选择 3～5 个不受辅料干扰的特征谱带作为鉴别的依据。例如

USP35 盐酸安非他酮缓释片鉴别法：取本品 1 片，研细，制成约含 1%(质量分数)样品的 KBr 片，其红外光吸收图谱在 $1690cm^{-1}$、$1560cm^{-1}$ 和 $1240cm^{-1}$ 处显示强吸收峰，在 $740cm^{-1}$ 处显示弱吸收峰，与盐酸安非他酮的对照图谱相似。

【示例 4-3】 复方制剂的 IR 鉴别

《中国药典》2010 年版二部附录Ⅳ C 未列出复方制剂的 IR 鉴别方法。可选择 FPP 的某个(些)主要 API，并按照单方制剂进行 IR 鉴别。

(1) 辅料干扰易除去。《英国药典》2013 年版(BP2013)收载的部分复方制剂采用有机溶剂逐一提取 APIs，除去溶剂后，再采用 IR 鉴别方法。例如

BP2013 复方磺胺甲噁唑片中磺胺甲噁唑的鉴别法：取本品 20 片，研细，取片粉适量(约含甲氧苄啶 50mg)，加 $0.1mol·L^{-1}$ 氢氧化钠溶液 30mL，用 4×50mL 三氯甲烷提取，每份提取液用 $0.1mol·L^{-1}$ 氢氧化钠溶液 2×10mL 洗涤，分取水层，滤过，滴加 $2mol·L^{-1}$ 盐酸溶液使呈酸性，用 50mL 乙醚提取，分取乙醚层，10mL 水洗，加 5g 无水硫酸钠振摇，滤过，蒸干。残渣用 5%碳酸钠溶液少量溶解，滴加 $1mol·L^{-1}$ 盐酸至沉淀完全，滤过，少量水洗，105℃干燥。其红外光吸收图谱与磺胺甲噁唑的对照图谱一致。

(2) 辅料干扰难除去。在所选单一 API 的 IR 对照图谱中，在指纹区内选择 3～5 个不受辅料及共存 API 干扰的特征谱带作为鉴别的依据。

4.7.4 制药过程分析中的应用示例

在制药工业中，NIR 技术在辅料、原料和成品药的质量控制及其物化性质分析方面具有优势，同时对成品多晶形体鉴别、制剂颗粒度测定、片剂溶出度测定包装材料监测等方面几乎都有应用。

1. 近红外光谱在线检测系统

对于我国具有特色的中药产业，在线 NIR 实时监测技术在中药提取分离过程和纯化阶段中能实时监测提取液中目标成分的浓度变化，进而优化生产过程，降低生产成本。近红外光谱在线检测系统见图 4-20。

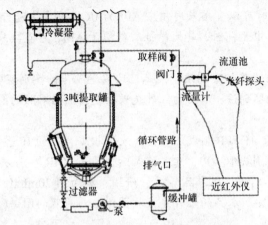

图 4-20 近红外光谱在线检测系统简图

以血必净注射液的生产质量控制为例,近红外光谱快速分析检测技术在其生产环节的质控参数检测中显示出明显的优势。血必净注射液为国家二类新药,其产品具有中成药普遍存在的批次间质量差异大、生产过程控制难等质量问题。采用近红外透射光谱法,可以建立血必净注射液生产过程质控指标的定量分析模型,实现生产过程的在线监测。

2. 数据处理方法与模型性能评价指标

选择合适波段,在适宜光谱预处理基础上,采用偏最小二乘回归(partial least square regression,PLSR)建立近红外数据与阿魏酸浓度和含固量这两个质控指标之间的定量校正模型,考察和优化模型性能及其对未知样品的预测效果,使用相对分析误差(residual predictive deviation,RPD)对模型进行深入评价,当 RPD 值大于 3 时认为模型具有较好预测能力,可以进行指标定量控制。

3. 各质控指标的在线分析

将所建模型用于在线预测川丹当归提取过程中阿魏酸浓度和含固量预测(图 4-21),阿魏酸浓度和含固量预测趋势与实际测定值的变化趋势基本一致,且 RPD 值均大于 3,预测相对偏差(RSEP)也都控制在 10%以内,满足中药生产过程实时分析的精度要求。当然,预测值与实际测定值之间存在一定误差,主要原因在于提取过程中,过程状态如循环流速、提取温度等变化对近红外光谱仍存在一定影响,继而产生预测偏差。

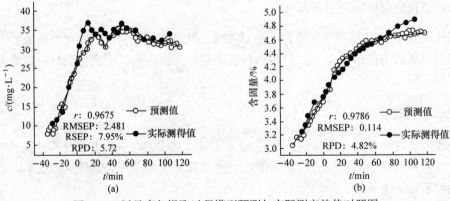

图 4-21 川丹当归提取过程模型预测与实际测定趋势对照图

第 4 章 红外吸收光谱分析

内容提要与学习要求

绝大部分的有机化合物基团的振动频率处于中红外区，当其吸收该波段的光就反映了分子中原子间的振动和转动能级跃迁，因而测定该区域的分子吸收光谱能很好地反映分子的官能团，进而与紫外-可见吸收光谱、核磁共振波谱一起使用能很好地用于有机分子的官能团解析。

本章主要介绍了红外光谱分析的相关概念，红外吸收光谱的基本原理(特别是影响红外吸收峰强度及位置的因素)，红外吸收光谱与分子结构的关系(包括物质的官能团区和指纹区)，红外光谱的定量及定性分析，红外光谱仪的结构及近红外光谱分析的相关理论。

红外光谱在药物研发中应用十分广泛。要求掌握分子红外吸收的原理、红外光谱仪的结构及特殊官能团的红外吸收特征，能熟练用于未知有机官能团解析。

练 习 题

1. 名词：红外吸收光谱、波数、傅里叶变换。
2. 红外光谱是怎样产生的？为什么大多数情况下只能测定到有机官能团的红外吸收光谱？无机化合物是否有特征红外吸收光谱？金属有机配合物呢？
3. 简要说明中红外光谱与近红外光谱的差异及其应用特点。
4. 查询资料，有哪些仪器设备可以与红外光谱仪联用？在这些联用系统中，红外光谱仪充当了什么角色？
5. 查阅文献，看看红外吸收光谱与光声光谱(photoacoustic spectroscopy)有没有什么联系？有机分子的振动都有哪些类型？各自振动所产生的红外吸收光谱有什么特征？
6. 为什么红外光谱是带状光谱？其一阶或二阶导数光谱有些什么特性？
7. 举例说明红外光谱分析特点及主要应用领域。
8. 红外吸收光谱的测定主要有哪些步骤？
9. 红外吸收光谱仪由哪些主要部件组成？
10. 为什么现代的红外吸收光谱仪都使用了傅里叶变换？在紫外-可见吸收光谱仪上是否也可使用傅里叶变换？为什么？
11. 举例说明红外光谱在药物研发中的具体应用。
12. 影响红外光谱强度和位置的因素有哪些？
13. 产生分子吸收需要哪些条件？
14. 分子振动有哪些类型？
15. 哪些因素影响基团吸收峰的位置？
16. 官能团区和指纹区有哪些差异？
17. 红外光谱有哪几个基本区域？
18. 举例说明典型化学键的红外吸收光谱。
19. 红外光谱定量分析的原理是什么？
20. 红外光谱分析的样品制备有哪些基本要求？
21. 举例说明近红外谱带的归属。

第 5 章 分子发光分析

如第 2.2 节所述，当分子受到辐射能、热能、化学能或电能激发吸收能量跃迁至激发态后，因激发态不稳定而再由激发态释放能量回到基态。在能量释放过程中，会伴随有如荧光、磷光、化学发光和电致发光等发光现象，同时还有热产生。

发光强度往往与分子的数量有关，这是分子发光分析法定量的理论基础。分子发光分析法(molecular emission spectrometry)是光谱分析法中最常用、最基本的一种分析方法，其理论依据就是光谱学。因其高灵敏特性而被广泛用于生物、医学、环境、食品和刑侦等领域的微量和痕量分析。随着纳米、光电转换和激光等技术的发展，分子发光在灵敏度、分析通量、仪器微型化及联用技术等方面取得了重要的进展。本章将按分子发光类型，依次介绍分子荧光分析法、化学发光分析法和生物发光法的相关原理及应用。

5.1 分子发光的类型

处于基态的分子吸收激发能量后跃迁至激发态，但该状态极不稳定，将以多种方式返回基态。在返回过程中，以辐射方式发射一定波长的光，称为分子发光(molecular luminescence)。分子发光的类型，可按提供激发能的方式(激发模式)分类，也可以按分子的激发态类型分类。

按激发模式(excitation mode)分类，分子吸收辐射能被激发而产生的发光称为光致发光(photoluminescence)；分子的激发能量来自于化学反应的发光称为化学发光(chemiluminescence)；激发能量来自于生物反应或生物体释放所产生的光则称为生物发光(bioluminescence)；热活化的离子通过复合激发模式，产生的发光现象称为热致发光(thermoluminescence)；由电荷注入和摩擦等激发模式所产生的发光，分别称为场致发光或电致发光(electroluminescence)和摩擦发光(triboluminescence)。

按分子激发态类型，光致发光可以分为荧光(fluorescence)和磷光(phosphorescence)。其中荧光产生于第一电子激发单重态的辐射跃迁，而磷光源于最低电子激发三重态的辐射跃迁。

由于分子发光有不同的类别，因而所涉及的内容就有分子荧光分析法、分子磷光分析法、化学发光分析法、生物发光分析法、电化学发光法等，一般具有以下特点。

(1) 灵敏度高。荧光分析法通常可达 $ng \cdot mL^{-1}$，相比于紫外-可见吸收光谱法，灵敏度一般要高出 2~3 个数量级。不同发光分析法具有不同的检测限，例如，化学发光分析法的灵敏度更高，可达到 $10^{-15} mol \cdot L^{-1}$，即飞摩尔(femtomole, fmol)数量级。

(2) 选择性好。物质对光的吸收具有普遍性，但吸光后并非都有发光现象。即使有发光现象，但在吸收波长和发射波长等方面不尽相同。荧光分析法可同时采用激发光谱和发射光谱进行定性。

(3) 耗样量小，线性范围宽。

(4) 可测定参数多。荧光可采用激发光谱、发射光谱、发光强度和发光寿命等各种参数进行检测。

发光特性对所研究体系的局部环境因素有高度敏感性，因此分子发光分析法在光学传感器、生物医药学和环境科学等领域的应用均显示了优越性。

5.2　分子荧光分析法

5.2.1　荧光及磷光

某些物质受到光照射时，除吸收某种波长的光之外，还会发射出较吸收光波长更长的可见光，而当光照射停止时，所发射的光也随之很快消失，这种光称为荧光或磷光。

荧光分析法(fluorometry)是根据物质受激发而发射出的特征荧光及其强度进行物质鉴定和含量测定的方法。如果待测物质是分子，则称为分子荧光；如果待测物质是原子，则称为原子荧光。在本章，先学习分子荧光光谱分析法(molecular fluorometry)，原子荧光光谱分析将在第 8 章中学习。由于荧光和磷光有很多相似之处，本书除简单介绍磷光的产生和特性外，重点讲述荧光分析法[1]，不对磷光分析法做专门讲述，感兴趣的学生可参阅有关专著[2]。

延伸阅读 5-1：荧光的发现及荧光光谱分析

早在东汉高诱《淮南子注》里就有关于中药秦皮浸液在自然光照射下产生发光现象记载，其"剥取其皮，以水浸之，正青"。其中"正青"就是与淡棕色秦皮水浸液的荧光，比 1575 年西班牙内科医生和植物学家莫纳德斯(Nicolás Bautista Monardes,1493—1588)记录的荧光现象早 1300 多年。正是因为"正青"性质，秦皮浸液在我国历史上就应用于"和墨"、能使"色不脱"和"可解胶益墨"，并且传到了朝鲜和日本等地。日本的《古方药品考》记载了秦皮浸液进入日本后日本人用荧光色调和强弱鉴别秦皮的优劣。

英国牧师克拉克(Edward Daniel Clarke, 1769—1822)和法国矿物学家阿雨(Rene Just Hauy, 1743—1822)分别于 1819 年和 1822 年描述了矿物质萤石(即 CaF_2，fluorites)的荧光；苏格兰物理学家布鲁斯特爵士(Sir David Brewster, 1781—1868)和英国数学和天文学家赫歇尔爵士(Sir John Herschel, 1792—1871)分别于 1833 年和 1845 年描述了叶绿素和喹啉的荧光。1852 年，爱尔兰数学及物理学家斯托克斯爵士(Sir George Gabriel Stoke, 1819—1903)发现萤石和铀玻璃(uranium glass)能使不可见的紫外光变成可见的蓝色光，并证实所发出蓝色光不是源于光漫射，而是物质吸收光能后再发射的更长波长的光。斯托克斯依据萤石这种使波长变长的发光现象而演绎出了"荧光"的概念。斯托克斯为荧光光谱学的发展做出了极大贡献，除发现荧光和后人以其名字命名的斯托克斯位移(Stokes shift)外，他还发现光的偏振(polarisation)平面必须与其传播方向垂直。

荧光分析法的发展与仪器开发和应用密不可分。随着 1928 年第一台光电荧光计问世及 1939 年光电倍增管产生，各种类型荧光分光光度计也就相继问世，并且在灵敏度和分辨率等方面得到很大发展。随后荧光分析方法和仪器相互促进。在斯托克斯提出荧光概念以后一个多世纪，人们发现和制备了大量无机、有机、生物荧光分子，近年来又制备出了大量的纳米荧光体(nano fluorophore)。典型的荧光染料有荧光素类、罗丹明类、花菁类、香豆素类、稠环芳烃类、吖啶衍生物类、苯并噁唑类、萘酰亚胺类和氟化硼二吡咯类(BODIPY)等。典型的纳米荧光体包括有贵金属纳米团簇(nanlusters)、半导体量子点(quantum dots)、发光碳纳米颗粒(photoluminescent carbon nanoparticles)等。这些荧光物质或荧光体的发现，极大地推动了光电传感、生物医学成像和光电子器件的发展。

---

[1] 许金钩，王尊本. 荧光分析法. 3 版. 北京：科学出版社，2006.
[2] 朱若华，晋卫军. 室温磷光分析原理与应用. 北京：科学出版社，2006.

5.2.2 分子荧光和磷光的产生

1. 分子的电子能级和激发过程

物质分子具有一系列紧密相隔的电子能级。每个电子能级又含有了一系列振动和转动能级。分子吸收入射光或其他形式的能量以后受到所吸收能量的激发变成激发态,分子中的电子从较低能级跃迁至较高能级。该过程在大约 10^{-15} s 内完成,跃迁所涉及的两能级间的能量差等于所吸收光子的能量。

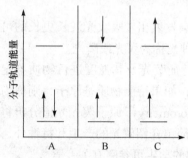

图 5-1 分子中电子受激发前后状态
A. 单重态;B. 激发单重态;C. 激发三重态

如图 5-1 所示,被激发的电子有自旋配对和自旋不配对两种形式。分子中同一轨道里所占据的两个电子必须进行自旋匹配。根据泡利不相容原理(Pauli exclusion principle),具有相反自旋方向的两个电子发生自旋配对(spin pairing),自旋配对电子的总自旋磁矩(total spin moment)为零,称为单重态(或单线态,singlet state,用 S 表示);而自旋不配对的电子则产生净自旋磁矩,称为三重态(或三线态,triplet state,用 T 表示)。符号 S_0、S_1 和 S_2 分别表示分子的基态、第一和第二电子激发单重态,T_1 和 T_2 则分别表示第一和第二电子激发三重态。

大多数有机物分子的基态通常为单重态。分子吸收能量后,倘若电子在跃迁过程中不发生自旋改变,分子处于激发单重态;相反,分子吸收能量后,如果电子在跃迁过程中,还伴随着自旋方向的变化,那么分子将处于激发三重态。

除了自旋轨道的差异之外,激发单重态与激发三重态的性质还存在着以下明显的区别:

(1) 由于单重态分子所有电子自旋是配对的,没有净电子自旋,因而具有抗磁性(diamagnetism),而激发三重态分子具有顺磁性(paramagnetism)。

(2) 激发单重态的平均寿命一般为 $10^{-8} \sim 10^{-6}$ s;而激发三重态的平均寿命可长达 $10^{-4} \sim$ 10s 或更长。

(3) 基态单重态到激发单重态的激发,因不涉及电子自旋方向改变而容易发生,是允许跃迁(allowed transition);而基态单重态到激发三重态的激发,要求电子自旋反转,存在对电子自旋改变的明显对抗,所以基态单重态到激发三重态的激发概率只相当于前者的 10^{-6},实际上属禁阻跃迁(forbidden transition)。

(4) 激发三重态的能量较相应单重态的能量稍低。这是因为处于分子轨道上的非成对电子,根据洪德规则,平行自旋要比成对自旋更稳定。

2. 激发态分子的去激发

处于激发态的分子不稳定,通过辐射跃迁(radiative transition)和非辐射跃迁(nonradiative transition)等分子内去激发(deexcitation)过程释放多余的能量而返回基态。当然,激发态分子也可能经由分子间的作用过程而失活。在这里着重讨论分子内作用情况。

在辐射跃迁的去激发过程中,发生光子发射,随之产生荧光或磷光;而在非辐射跃迁去激发过程中,电子激发态的能量将转化为振动能或转动能,包括振动弛豫(vibrational relaxation, VR)、内部能量转换(简称内转换,internal conversion, IC)、系间跨越(intersystem crossing, ISC)和外部能量转换(简称外转换,external conversion, EC)等过程。以上各种过程中分子内的电子状态发生变化,可以通过雅布隆斯基示意图(Jablonski diagram)来描述,如图 5-2 所示。

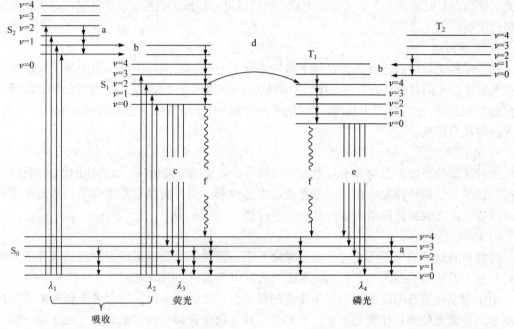

图 5-2 荧光和磷光产生过程的雅布隆斯基示意图
a. 振动弛豫;b. 内转换;c. 荧光;d. 系间跨越;e. 磷光;f. 外转换;S_0、S_1 和 S_2 分别表示分子的基态、第一激发单重态、第二激发单重态;T_1 和 T_2 分别表示分子第一、第二激发三重态;用 $v = 0, 1, 2, 3\ldots$ 表示各振动能级

1) 振动弛豫

所谓弛豫就是反应比诱因要延缓一段时间的现象。在这个过程中,处于激发态各振动能级的分子通过碰撞方式将部分振动能量传递给介质如溶液中的其他分子,其电子则返回到同一电子能级的最低振动能级。

振动弛豫不以光辐射的形式释放能量,属于无辐射跃迁,并且只能在同一电子能级内部进行,发生振动弛豫的时间约为 10^{-12} s。图 5-2 中各振动能级之间的小箭头表示振动弛豫能量传递方式。

2) 内转换

内转换是一种发生在相同多重态的不同电子激发态之间的无辐射跃迁,两个电子能级之间的能量相差较小、部分振动能级重叠,受激分子以无辐射方式由高电子能级跃迁转移至低电子能级。

在图 5-2 中,S_2 的较低振动能级与 S_1 的较高振动能级的势能非常接近,以至于电子很容易从 S_2 能级跃迁到 S_1 能级($S_2 \rightarrow S_1$)。此过程通常在 $10^{-13} \sim 10^{-11}$ s 完成,比由高能态(如 S_2)直接发射光子(即荧光,其发射速率为 $10^{-9} \sim 10^{-7}$)的速率快得多,因而发生内转换的概率相当高。因此,无论分子最初处于哪个激发态(包括单重态和三重态)的哪个振动能级,都能通过振动弛豫和内转换返回至第一激发单重态或三重态的最低振动能级。

3) 荧光发射

通过振动弛豫和内转换返回到激发单重态最低振动能级的分子,可在 $10^{-9} \sim 10^{-7}$ s 以发射光子的形式返回基态去活化,产生荧光,属于辐射跃迁。由于溶液中振动弛豫及内转换效率较高,损失了部分能量,因此分子发射的能量通常小于所吸收的能量,以至于荧光的特征发射波长比分子吸收波长更长。此外,电子返回基态时可以停留在基态的任一振动能级上,所得到的荧光谱线因而有时呈现几个非常靠近的峰,但通过进一步振动弛豫,电子都很快返回到基态最低振动能级。

4) 系间跨越

这是一种无辐射跃迁方式,是处于激发态分子的电子发生自旋反转而使分子从单重态向多重态发生转化的过程。在图 5-2 中,S_1 的低振动能级与 T_1 的高振动能级有重叠,即部分能级的能量相近时,则可能发生从($S_1 \to T_1$)的系间跨越。分子由激发单重态跨越到激发三重态后,荧光减弱甚至猝灭。

5) 外转换

外转换是处于激发态的分子与溶液中其他分子发生相互碰撞后,以热能的形式释放能量。值得一提的是,内转换发生在分子基态或激发态内部,而外转换常发生在第一激发单重态或第一激发三重态的最低振动能级向基态转换过程。

6) 磷光发射

经过系间跨越的分子再通过振动弛豫降至第一激发三重态的最低振动能级,存活一段时间后,分子返回至基态的各个不同振动能级而发出光辐射,即磷光。

由于激发三重态的能级比激发单重态的最低振动能级能量低,所以磷光辐射的能量比荧光更小,即磷光的波长比荧光更长,且寿命更长。由于碰撞等因素的影响,处于第一激发三重态的分子常通过无辐射跃迁过程失活回到基态,在室温下很少呈现磷光。因此,磷光分析法不如荧光分析法普遍。人们在检测磷光时常冷冻或固定以减少分子的运动使得外转换降低而提高磷光量子产率。

具有大自旋轨道耦合(spin-orbit coupling)的分子,比自旋耦合小的分子更易发生系间跨越,从而产生磷光。例如,含有重原子如碘、溴的分子最易发生系间跨越,原因在于重原子的电子自旋和轨道运动之间的相互作用较大,从而有利于电子自旋反转,这就是重原子效应(heavy atom effect)。重原子效应增大了 $S_0 \to T_1$ 吸收跃迁和 $S_1 \to T_1$ 体系间跨越的概率,使 T_1 态分子数增加,因而有利于产生磷光和提高磷光量子产率。另外,溶液中存在氧分子等顺磁性物质时,也易发生系间跨越,导致荧光减弱。

学习与思考

(1) 分子去激发过程中,哪些属于无辐射跃迁?哪些属于辐射跃迁?
(2) 荧光和磷光有哪些不同特征?
(3) 什么是允许跃迁?什么是禁阻跃迁?为什么荧光发射是允许跃迁而磷光发射是禁阻跃迁?

5.2.3 荧光激发光谱和发射光谱

荧光是一种光致发光现象,因而表征荧光物质的发光特性需要同时使用引起发光的光(激发光)和由此产生的光(发射光)来表征,即需要同时使用激发光谱和发射光谱才能说明荧光特性。

1. 激发光谱

由于分子对光具有选择性吸收能力,因而不同能量的入射光具有不同激发效率。如果固定荧光发射波长而不断改变激发光的波长,并记录相应发射的荧光强度,所得到的荧光强度(F)对激发波长(λ_{ex})的关系曲线称为荧光激发光谱(excitation spectrum)。

激发光谱体现了产生发射信号的吸收特性与激发光波长的关系,是荧光强度与激发光波长的函数,反映了在某一固定发射波长下所测量的荧光强度对激发波长的依赖关系,揭示了发射该波长荧光分子的分布情况。

2. 发射光谱

如果保持激发光波长和强度不变,不断改变荧光发射波长,并记录相应的荧光强度,所得到的荧光强度对发射波长(λ_{em})的关系曲线则为物质的荧光发射光谱(emission spectrum),反映了在某一固定的激发波长下所测量荧光分子的分布情况。

一般情况下所测得的激发光谱和发射光谱为表观光谱(apparent spectrum)。同一荧光物质溶液,由于测量仪器的特性不同,如光源的能量分布、单色器的透射率和检测器的敏感度都随波长而改变,因而获得的表观光谱也有所差异。但是经校正后的真实光谱(real spectrum)具有一致性。理论上,荧光物质的激发光谱形状与其吸收光谱的形状极为相似(具有多个分立的不同荧光团分子除外),但是由于仪器特性不同,通常情况下表观激发光谱的形状与吸收光谱的形状均有所差异,只有校正后的激发光谱才与吸收光谱形状非常相近。

5.2.4 荧光光谱的特征

1. 具有斯托克斯位移

斯托克斯位移是指荧光发射波长总是大于激发光波长的现象,因斯托克斯爵士在1852年首次观察到而得名。

斯托克斯位移说明了激发与发射之间存在着一定的能量损失。主要有以下三个原因。

(1) 激发态分子通过内转换和振动弛豫过程损失部分激发能,迅速到达第一激发单重态S_1的最低振动能级,这是产生斯托克斯位移的主要原因。

(2) 荧光发射可能使激发态分子返回到基态的不同振动能级,然后进一步损失能量,这也导致了斯托克斯位移。

(3) 溶剂效应及激发态分子发生的反应,也将进一步加大斯托克斯位移。

延伸阅读 5-2:多光子激发光谱

图 5-2 示意的是分子吸收一个光子发生跃迁的情况。如果激发光的强度很大,如激发光源使用大功率的激光器,分子可以同时吸收多个光子,产生多光子激发荧光。

多光子激发光谱的原理在1931年就已经提出了,但直到1990年飞秒激光器出现以后才使其应用成为可能。其基本原理是一个物质分子或者原子每次吸收两个甚至多个光子,从基态跃迁至激发态,产生荧光。该荧光遵守反斯托克斯(anti-Stokes)发光定律,即以波长长、频率低的光激发获得波长短、频率高的光,又称为上转换荧光(upconversion fluorescence),常见于含有稀土元素的荧光化合物,如$NaYF_4$作为基质材料的$NaYF_4$: Er, Yb, Er 为激活剂, Yb 为敏化剂。

多光子光谱学(multiphoton spectroscopy)是随着大功率激光器诞生而产生的新光谱学领域,是研究原子与分子从激光光束中吸收两个或两个以上光子的过程,对探讨物质同激光之间的相互作用提供新途径,并在化学、物理学、生物学、材料科学中有广泛应用。

2. 荧光光谱形状与激发波长无关

虽然分子吸收光谱可能含有几个吸收带,但其发射光谱却通常只含有一个发射带。因为即使分子被激发到高于 S_1 的电子激发态的各个振动能级,都将通过振动弛豫和内转换过程返回至 S_1 的最低振动能级,然后发射荧光,因而其发射光谱通常仅含有一个发射带,且发射光谱形状与激发波长无关,只与基态中振动能级的分布及各振动带的跃迁概率有关。

上述现象也有例外情况,如 pH 9 的吖啶甲醇溶液,若以 313nm 或 365nm 光激发时,观察到的是通常的荧光光谱。然而,若以 385nm、405nm 或 436nm 光激发时,便会观察到光谱的突然红移,形状也有改变,该荧光光谱对应于吖啶阳离子的发射。这种现象称为边缘激发红移(edge excitation red-shift,EERS),与激发态的质子迁移反应有关。

3. 荧光光谱与激发光谱的镜像关系

图 5-3 是芘的激发光谱和荧光光谱。芘的激发光谱是物质分子由基态(S_0)激发至第一电子激发态的各振动能级所致,其形状取决于第一电子激发态(S_1)中各振动能级的分布情况。

由图可见,芘的激发光谱含有一组峰(a_0、a_1、a_2 和 a_3),它们是分别由 S_0 跃迁至 S_1 的振动能级 0、1、2、3 而获得(图 5-4)。各小峰间波长 $\Delta\lambda$ 递减值与振动能级差 ΔE 有关,各小峰的高度与跃迁概率相关。芘的荧光光谱是其激发态分子从 S_1 的最低振动能级回到 S_0 中各个振动能级时所发出的光辐射。图 5-3 中 b_0、b_1、b_2 和 b_3 分别对应于 S_0 的振动能级 0、1、2 和 3。

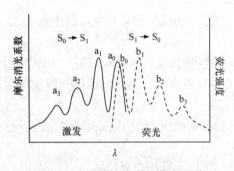
图 5-3 芘的激发光谱和荧光光谱

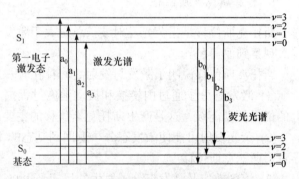
图 5-4 芘能级跃迁的雅布隆斯示意图

由于 S_0 中振动能级的分布与 S_1 中的振动能级分布相似,因此荧光光谱和激发光谱的形状相似。由 S_0 最低振动能级跃迁至 S_1 各个振动能级时,随着 S_1 中振动能级越高,两个能级之间的能量差越大,吸收峰的波长越短;与此相反,由 S_1 的最低振动能级返回至 S_0 的各个振动能级的荧光发射光谱中,基态的振动能级越高,两个能级之间的能量差越小,荧光峰的波长越长。因此荧光光谱与其激发光谱不仅形状相似且呈镜像对称。

学习与思考

(1) 量子点、金属纳米簇和碳点等荧光纳米微粒近年来获得了快速的发展,在生物传感、生物标记、临床生物成像、光电子器件和太阳能电池等领域显示了很好的应用前景,但因其发光机制不同,不存在荧光光谱与激发光谱的镜像关系等现象。试查阅文献,了解量子点、金属纳米簇和碳点的荧光特性,并讨论其可能的用途。

(2) 光声光谱已经成为分子光谱学的一个重要分支，因克服了组织散射信号干扰而在生物成像研究和临床诊断中具有很重要的用途。试查阅文献，看看在图 5-2 所示的雅布隆斯示意图中外转换过程与光声光谱有什么联系。

(3) 虽然分子吸收光谱可能含有几个吸收带，但其发射光谱却通常只含有一个发射带，且发射光谱形状与激发波长无关，但荧光光谱与激发光谱的镜像关系，似乎是矛盾的关系，解释为什么。

5.2.5 荧光特征参数

荧光发射波长及强度与物质的分子结构密切相关。能够发射荧光的物质必须具备两个前提条件：①具有能吸收紫外、可见或红外光的特征结构；②被激发的物质分子必须具有较高的荧光量子产率。因此，有些物质虽然具有吸光能力，但是并不发射荧光，主要原因在于荧光量子产率低。这类分子将吸收的能量消耗在与溶剂分子或与其他溶质分子的相互碰撞中，吸收能量以非辐射形式转换成热能。此外，有些物质能发荧光，但被重原子取代以后在激发单重态能停留很长的时间而已发生系间跨越产生磷光，导致荧光量子产率低。所以，人们在实践中，总结出了表征荧光物质的两个特征参数，即荧光寿命和荧光量子产率。

1. 荧光寿命

荧光寿命(fluorescent life time, τ)是指当激发光停止激发后荧光强度降低至最大荧光强度的 1/e(即 37%)所需时间，体现了荧光分子在 S_1 激发态的平均寿命：

$$\tau = \frac{1}{k_f + k_{ec} + k_{isc} + \cdots} = \frac{1}{k_f + \sum k_{nr}} \tag{5-1}$$

式中，k_f 为荧光发射的速率常数，取决于荧光物质的分子结构；$\sum k_{nr}$ 为各种分子内如内转换、系间跨越等各种非辐射去活化过程速率常数的总和。显然，$\sum k_{nr}$ 越大，荧光寿命越短。不过，荧光寿命的长短主要取决于分子结构、产生荧光化学与物理环境，以及荧光分子与介质的相互作用等。

荧光发射是一种随机过程。处于激发态的物质分子释放能量返回至基态的去活化过程称为衰变(decay)。衰变是单指数过程，当衰变 $t=\tau$ 时还有 1/e(即 37%)的激发态分子，而 63%的激发态分子则在 $t<\tau$ 时间内已经去活化了。需要注意的是，只有少数激发态分子是在 $t=\tau$ 时刻发射光子。

没有非辐射衰变过程存在[即式(5-1)中 $\sum k_{nr} =0$]时，荧光分子的寿命称为内在寿命或固有寿命，用 τ_0 表示：

$$\tau_0 = \frac{1}{k_f} \tag{5-2}$$

荧光强度的衰变，通常遵从式(5-3)：

$$\ln\left(\frac{F_0}{F}\right) = \frac{t}{\tau} \tag{5-3}$$

式中，F_0 和 F_t 分别为 $t=0$ 和 $t=\tau$ 时的荧光强度。如果以 $\ln(F_0/F_t)$ 对 t 作图，直线斜率即为 $1/\tau$，由此可计算荧光寿命。

激发态的平均寿命与跃迁概率有关，两者的关系可大致表示为

$$\tau = \frac{10^{-5}}{\varepsilon_{\max}} \tag{5-4}$$

式中，$\varepsilon_{\max}$ 为最大吸收波长下的摩尔吸光系数，$m^2 \cdot mol^{-1}$。当 $S_0 \rightarrow S_1$ 是允许跃迁时，一般情况下 ε 为 $10^3 m^2 \cdot mol^{-1}$，荧光寿命一般在 $10^{-8}s$ 数量级；当 $S_0 \rightarrow T_1$ 是自旋禁阻，一般情况下 ε 为 $10^{-3} m^2 \cdot mol^{-1}$，磷光寿命一般在 $10^{-2}s$ 数量级。

2. 荧光量子产率

荧光物质的光致发光能力通常用量子产率(quantum yield，φ_f 或 Y_f)或荧光效率表示。量子产率是指荧光物质发射出的荧光光子数与所吸收的激发光光子数之比。由于激发态分子回到基态的衰变方式含有荧光发射光子及其他热能消耗的非辐射跃迁两种，所以荧光量子产率可以表示为

$$Y_f = \frac{k_f}{k_f + \sum k_{nr}} \tag{5-5}$$

由式(5-5)可见，荧光量子产率的大小取决于辐射跃迁(荧光)过程与非辐射跃迁过程的竞争，其数值在 0~1，不可能大于 1。假如非辐射跃迁的速率远小于辐射跃迁，即 $\sum k_{nr} \ll k_f$，荧光量子产率便接近于 1。荧光量子产率的大小主要取决于分子的结构与性质，也与化合物所处的环境因素有关。

结合式(5-1)、式(5-2)和式(5-5)，荧光量子产率还可以表示为

$$Y_f = \frac{\tau}{\tau_0} \tag{5-6}$$

荧光量子产率有多种测定方法。常用参比法，即通过比较待测荧光物质和参比荧光物质的稀溶液在同样激发条件下所测得的积分荧光强度(即校正发射光谱的峰面积)和该激发波长入射光的吸光度而加以测量的。测量结果按式(5-7)计算就可获得待测荧光物质的荧光量子产率：

$$\frac{A_x Y_x}{F_x} = \frac{A_s Y_s}{F_s} \tag{5-7}$$

式中，Y_x、F_x 和 A_x 分别为待测物质的荧光量子产率、积分荧光强度和吸光度；Y_s、F_s 和 A_s 分别为参比物质的荧光量子产率、积分荧光强度和吸光度。参比物质的荧光量子产率已知，可在试剂手册中查到。一般情况下，荧光量子产率在 0.1 以上的化合物才具有荧光分析价值。

5.2.6 荧光发射与分子结构

1. 荧光分子发射的基本结构

要知道荧光发射与分子结构的关系，首先要了解分子的光吸收类型。研究表明，大多数物质的荧光发射是首先由 $\pi \rightarrow \pi^*$ 或 $n \rightarrow \pi^*$ 激发，然后经过内转换、振动弛豫或其他非辐射跃迁返回至第一电子激发单重态 S_1，再发生 $\pi^* \rightarrow \pi$ 或 $\pi^* \rightarrow n$ 辐射跃迁而产生的雅布隆斯。

在以上两种跃迁类型中，$\pi^* \rightarrow \pi$ 跃迁的量子产率较高。这是由于 $\pi \rightarrow \pi^*$ 跃迁的摩尔吸收系数比 $n \rightarrow \pi^*$ 跃迁大 $10^2 \sim 10^3$ 倍，因此 $\pi^* \rightarrow \pi$ 跃迁的 k_f 值比较大。此外，在 $\pi^* \rightarrow \pi$ 跃迁过程中，

由于 S_1 和 T_1 之间的能级差比较大,通过系间跨越跃迁至三重态的速率常数比较小,有利于荧光发射。因此,$\pi^* \rightarrow \pi$ 跃迁是荧光产生的主要跃迁类型。但是,$\pi \rightarrow \pi^*$ 跃迁的寿命($10^{-7} \sim 10^{-9}$s)比 $n \rightarrow \pi^*$ 跃迁的寿命短($10^{-5} \sim 10^{-7}$s)。

学习与思考

(1) 为什么大多数物质的荧光发射首先是 $\pi \rightarrow \pi^*$ 或 $n \rightarrow \pi^*$ 激发,然后经过振动弛豫或其他非辐射跃迁返回至第一电子激发单重态 S_1,再发生 $\pi^* \rightarrow \pi$ 或 $\pi^* \rightarrow n$ 辐射跃迁?
(2) 为什么 $\pi^* \rightarrow \pi$ 跃迁是荧光产生的主要跃迁类型?
(3) 试讨论分子磷光发射的激发与发射类型。

---

2. 强荧光物质的结构特征

荧光的产生与分子吸光后各个过程(辐射跃迁、非辐射跃迁和光化学反应等)的竞争情况相关。荧光物质要产生强的荧光信号,要求相比于其他过程,荧光发射过程的速率常数更大。综合而言,强荧光物质需要具备以下结构特征。

1) 分子具有大共轭结构

大多数荧光物质具有芳环、杂环。因为这类化合物一般含有长共轭双键(π 键)体系,通过吸收光能发生 $\pi \rightarrow \pi^*$ 跃迁,随后产生荧光。π 电子共轭体系越长,π 电子离域性越大,越容易被激发,荧光也就越易发生,其激发波长和发射波长也相应红移。

例如,图 5-5 所示苯的激发和发射波长分别为 205nm 和 278nm;萘的激发和发射波长分别为 286nm 和 321nm;蒽的激发和发射波长分别为 356nm 和 404nm。并且对应于共轭体系增大,苯、萘和蒽的荧光量子产率依次增强,分别为 0.11、0.29 和 0.36。

苯　　萘　　蒽　　菲　　苯[a]蒽　　丁省

图 5-5　强荧光物质的结构式

对于共轭环数相同的芳族化合物,相比于非线性环结构化合物,线性环结构化合物的荧光发射波长更长。例如,蒽和菲的 λ_{em} 分别位于约 400nm 和 350nm。又如,苯[a]蒽和丁省,其荧光峰位分别约为 380nm 和 480nm。

2) 刚性共平面结构

荧光效率高的荧光体,其分子多是平面构型且具有一定的刚性,原因在于它们与溶剂或其他溶质分子通过碰撞失去能量的可能性较小。所以,类似结构的长共轭分子,分子刚性越强,荧光效率越高,最大荧光发射波长越长。

例如,图 5-6 所示的荧光素和酚酞结构相似,但荧光素分子内有氧原子将两个苯环桥联而具有强荧光性能,荧光产率可达 0.92,而后者不具备刚性平面,不发射荧光。再如,偶氮苯不发荧光,而杂氮菲会发荧光。

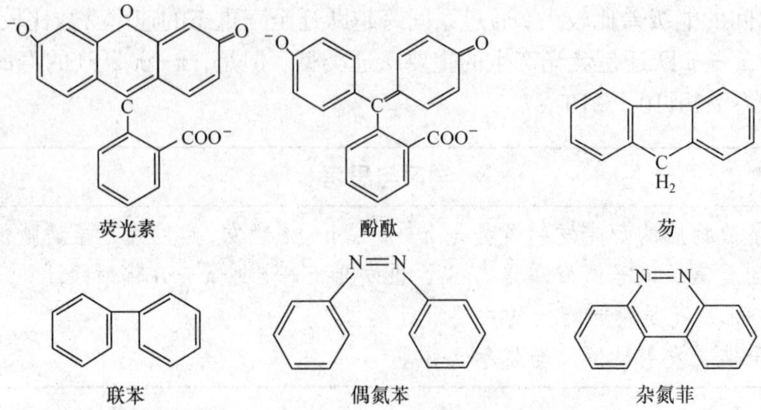

图 5-6 相似长共轭但不同刚性平面结构化合物

除了以上分子本身具有刚性共平面结构的情况，刚性共平面也可以通过有机配合剂与非过渡金属离子组成配合物，以及由取代基形成氢键来实现，如 2,2'-二羟基偶氮苯与 Al^{3+} 的作用。

3. 取代基效应

荧光物质的荧光特性及强度随着在芳环、杂环上引入不同的取代基而常呈现出较大差异，这种差异称为取代基效应。通常可归纳为以下几类。

1) 给电子取代基

取代基如—NH_2、—NHR、—NR_2、—OH、—OCH_3、—CN 等的电子云几乎与芳环上电子云轨道平行，从而实现了共轭 π 键结构，增强了共轭程度，提高了荧光效率。荧光物质的激发和发射波长均红移。

2) 吸电子取代基

取代基如—COOH、—C=O、—NO_2、—NO、—SH 等的电子云通常不与芳环的 π 电子云共平面，不能共享 π 键。此外，这类化合物的最低激发单重态与激发三重态之间的系间跨越概率增大，因此荧光强度均很弱，磷光强度相应增强。例如，二苯甲酮在非酸性介质中的磷光增强，荧光下降，而硝基苯基本不发生荧光。

3) 取代基位置效应

除取代基类型之外，芳香环上多个取代基的相对位置对荧光特性也将产生重要的影响。一般而言，间位取代将偏向于抑制荧光，而邻、对位取代有利于荧光产生。此外，当有不同性质的取代基共存时，往往是其中一种取代基起主导作用。

4) 重原子取代

卤素基团(—Cl、—Br 和—I)存在会使荧光体的电子自旋-轨道耦合作用加强，导致分子内的激发单重态和激发三重态的能隙差减小，$S_1 \rightarrow T_1$ 系间跨越概率增大，荧光效率降低，而磷光强度增强。该效应同样可见于硫元素取代的荧光化合物，如硫代咖啡因较咖啡因荧光效率大幅减弱。

延伸阅读 5-3：电荷转移光谱

在 3.3.1 节中，陈述了电荷转移吸收光谱。同样在荧光团的适当位置引入推电子基团和拉电子基团将形成具有"推-拉"结构的分子内电荷转移化合物(charge transfer compound)，这类化合物的 π 电子具有较好的离域性。

基态的分子内电荷转移化合物可形成具有一定极性的偶极分子，而在光激发下这种极性增强，一般导致荧光分子的吸收与发射波长红移并伴随荧光强度增强，这就是电荷转移荧光光谱(charge-transfer fluorescence spectrum)增强。需要说明的是，如果电荷转移能力太强反而会导致荧光猝灭。

4. 荧光分子的种类

1) 第一电子激发单重态为 $\pi \to \pi^*$ 跃迁

这类跃迁属于自旋允许的跃迁，摩尔吸光系数较大，因此产生的荧光强度大。不含杂原子如 N、O、S 等的有机荧光化合物属于这一类，典型的如多环芳香族化合物。

2) 第一电子激发单重态为 $n \to \pi^*$ 跃迁

这类跃迁属于自旋禁阻，摩尔吸光系数较 $\pi \to \pi^*$ 跃迁概率小近百倍，荧光微弱或不发荧光。含有杂原子的有机荧光化合物多属于此类。该类跃迁在低温和刚性溶剂中易产生较强的磷光。例如，含羰基的芳香族化合物——芳香酮和芳香醛因为系间跨越概率较高，所以具有较强的磷光发射。

此外，溶剂等外界因素对其荧光性能影响较大。例如，含氮杂环有机化合物——喹啉，在非极性的介质中，荧光较弱；提高介质的极性，其荧光强度增强。此外，在介质中添加金属离子，有利于其形成刚性共平面，跃迁类型由 $n \to \pi^*$ 转换为 $\pi \to \pi^*$ 型，荧光将大幅增强。

3) 其他荧光化合物

除了芳香族化合物之外，镧系元素(Ce、Pr、Nd 等)、类汞离子[Tl(I)、Sn(II)和 Pb(II)等]及一些过渡金属离子的配合物在低温条件下具有较高的荧光效率和较好的选择性。

荧光染料与金属离子的三元配合物也具有较强的荧光发射能力。例如，罗丹明 B 与二元配阴离子($TlCl_4^-$)形成三元配合物。利用无机离子与荧光配合物直接的相互作用，可以拓展荧光分析方法在无机元素分析中的应用。

5.2.7 荧光分子的各向异性

各向异性(anisotropy)，即非均质性，是指物体或分子的全部或部分物理、化学等性质在不同方向上表现出差异性。换言之，各向异性指物体或物质的物理或化学性质，随测量方向而变化的特性。

由于荧光体(fluorophor，包括荧光官能团、荧光分子、荧光分子聚集体等)存在各向异性，因而在偏振光激发下荧光体发射的荧光也是偏振光，并且不同方向上观察到的偏振荧光强度是不相同的。通过测定在平行和垂直于激发光偏振方向的荧光强度 $I_{//}$ 和 $I_\perp$ 并使用荧光偏振度(fluorescence polarization，P)和各向异性(r)两个概念来表征荧光体的偏振特性：

$$P = \frac{I_{//} - I_\perp}{I_{//} + I_\perp} \quad \text{和} \quad r = \frac{I_{//} - I_\perp}{I_{//} + 2I_\perp} \tag{5-8}$$

荧光偏振是荧光体的一个重要性质，与荧光体形状和转动速度(很多情况下取决于介质的黏度、温度)、荧光体光吸收取向(偏振光)、光选择性(波长)、激发矩与发射矩是否共线等因素有关。

通过测定 P 和 r 可揭示荧光体吸收光子和随后发射光子的平均角移(average angular displacement)。对于普通荧光光谱仪，在样品池的两边各加上一块偏振片通过调节彼此之间是否平行和垂直就可以测定 $I_{//}$和 $I_{\perp}$，因而 P 和 r 的测量十分简单。通过使用快速激光激发，时间分辨荧光偏振分析(time resolved fluorescence polarization analysis)已经成为分子动态研究的一个十分重要的手段。

学习与思考

(1) 发射光谱的形状与激发波长(　　)。
  A. 有关　　　　　B. 无关　　　　　C. 不确定　　　　　D. 前三者都有可能
(2) 对于荧光的产生，以下描述正确的是(　　)。
  A. 含杂原子环状结构　　　　　　　　B. 含有多环并合结构
  C. 具有 π-π 共轭体系的环状结构　　　D. 具有对称性质的刚性结构
(3) 以下对于分子荧光的描述，正确的是(　　)。
  A. 理论上发射光谱与吸收光谱呈镜像关系　B. 发射光谱强度与激发光强度有相关性
  C. 发射光谱形状不随激发光谱改变而改变　D. 荧光发射光谱与激发波长无相关性
(4) 与紫外-可见分光光度法相比，分子荧光分析法的优点在于(　　)。
  A. 适用范围广　　　　　　　　　　　　B. 荧光物质的摩尔吸光系数大
  C. 接受发射光与激发光呈直角测定，可降低背景　D. 荧光量子产率高
(5) 荧光强度正比于荧光物质浓度的必要条件是(　　)。
  A. 高灵敏的检测器　　　　　　　　　　B. 需在最大的量子产率下测量
  C. 需保证摩尔吸光系数最大　　　　　　D. 在稀溶液中测量

5.2.8 影响分子荧光发射的环境因素

  分子荧光的产生及强度不仅取决于分子的内部结构，还与外界环境因素紧密相关。外界环境因素包括溶剂、酸碱性、温度、重原子效应、介质不均匀程度及荧光猝灭剂等。所以，为了提高荧光分析方法灵敏度和选择性，不仅需要选择合适的荧光分子，还需要考虑其所处的外界环境。

  1. 溶剂

  一种荧光物质在不同溶剂介质中，特征荧光发射位置和强度、光谱形状均可能发生明显变化。在大多数情况下，荧光物质的激发态比基态具有更大极性，因此随着溶剂极性增大，激发态稳定性更大，减少跃迁能量差，荧光光谱波长向长波方向移动。溶剂黏度低可增加分子间的碰撞概率，无辐射跃迁比例增加，荧光减弱。因此适当增加溶剂黏度有利于荧光增强。

  此外，有些溶剂能够与荧光物质之间产生如氢键和配合物等物理、化学作用，将极大地影响荧光光谱性质，分为以下两种情况。

  (1) 荧光物质的基态分子与溶剂分子或其他溶质分子产生氢键配合物。该情况下，n→π* 跃迁下第一激发单重态与基态之间的能量差增大，荧光光谱向短波移动；π→π* 跃迁下，由于电子重排引发的偶极矩变化，随着溶剂极性增大，荧光光谱发射波长红移。

  (2) 荧光物质的激发态分子与溶剂分子或其他溶质分子形成配合物。就 n→π* 跃迁而言，其激发光谱随溶剂氢键供体能力增大而显著蓝移，荧光光谱对此却并不敏感。π→π* 跃迁下，

随溶剂氢键供体能力增大，激发光谱和荧光光谱均向长波方向移动。

2. 介质酸碱性

如果荧光物质本身偏弱酸或偏弱碱性，当其处于分子或离子状态时，电子构型不同，其光吸收性能及荧光发射的量子产率受到影响，因此溶液 pH 改变将对荧光特性产生较大影响。例如，苯酚在酸性介质(pH=1)呈分子状态，具有荧光性能，但在 pH=13 时，苯酚呈离子状态，荧光消失。与此相反，α-萘酚分子呈分子状态时无荧光，离子化后有荧光。

有些分子的激发态和基态呈现不同的酸碱性，在不同 pH 条件下的荧光发射光谱可能不同。例如，2-萘酚分子荧光最大发射波长在 359nm，而离解离子荧光最大发射波长在 429nm。2-萘酚的激发态比基态具有更强的酸性，在 pH<9.5 时，虽然中性分子的型体在基态分子中占主要地位，但是由于激发态发生质子转移，可以看到 2-萘酚的阴离子体荧光峰(λ_{em}=429nm)；当 pH<3.1 时，激发态与基态均不发生质子转移，呈现分子的荧光特性(λ_{em}=359nm)。

部分有机化合物能够与金属离子形成荧光配合物，随 pH 变化配合物组成发射变化，从而呈现不同的荧光性质。例如，Ga^{3+}与 2, 2-二羟基偶氮苯，在 pH=3～4 溶液中形成 1：1 配合物，具有荧光；而在 pH=6～7 溶液中，则形成 1：2 配合物，荧光消失。

3. 温度

通常情况下，降低温度有利于荧光量子产率提高。例如，罗丹明 B 的甘油溶液在 20℃时的荧光量子产率约为 0.75，60℃时下降至约 0.4，90℃下降至约 0.2。

温度影响量子产率的原因主要有以下两个方面。

(1) 温度升高，溶液介质流动性增大，黏度降低，加大了荧光分子与溶剂分子及其他溶质分子之间的碰撞概率，增加非辐射跃迁，荧光量子产率下降。

(2) 温度升高，加大分子内能量转化。多原子分子的基态与激发态位能可能相交或相切于一点，随温度升高，激发态分子接受额外热能，移动至该相交点时，激发能则转换为基态振动能，随后可通过振动弛豫消耗能量，形成非辐射跃迁。

4. 重原子效应

溶剂的重原子效应会影响到溶质的荧光强度和磷光强度，但其作用机制不同于溶剂的极性或氢键作用。在含有重原子溶剂如碘化乙酯和二碘烷中，会导致吸收跃迁、系间跨越和磷光发射等过程的概率增大，从而导致荧光减弱、磷光增强和磷光量子产率升高。

5. 有序介质

有序介质如表面活性剂(surfactant)或环糊精(cyclodextrin)溶液等对荧光分子的发光特性影响很大。

由于表面活性剂是一类两亲分子(amphiphile)，在极性溶剂中，如果表面活性剂分子浓度达到临界胶束浓度会形成具有疏水内核的亲水聚集体(3.8.3 节)，而在非极性溶剂中则形成具有亲水内核、疏水烷烃等基团朝外的反相胶束。所以，表面活性剂能够降低荧光分子的自由度，减少荧光分子与其他分子的相互碰撞，从而降低了非辐射衰变速率，因此对于荧光分子具有增溶、增敏和稳定的作用，可提高荧光分析的灵敏度和选择性，应用十分广泛。

环糊精是另一类有序介质,常见的有6个、7个、8个葡萄糖单元环状结构的α-环糊精、β-环糊精、γ-环糊精。该类化合物存在疏水空腔和亲水外表面,能够与许多有机化合物结合形成主客体包含物(host-guest coordination compound),以至于使有机小分子内置于其疏水空腔提高分析选择性。

6. 其他溶质影响

溶剂介质中除去荧光分子之外,其他溶质分子也会对荧光分子的荧光性能造成影响。例如,上面提到的有机化合物与金属离子形成配合物后对有机化合物的荧光光谱和强度的影响。又如,8-羟基喹啉与非过渡金属离子 Mg^{2+}、Ba^{2+}或 Al^{3+}等形成配合物,随着激发光谱波长的红移,荧光波长也红移。

7. 荧光猝灭

荧光物质也可能与其他溶质发生化学反应、能量转移、电荷转移或碰撞作用导致荧光效率和强度降低,称为荧光猝灭(fluorescence quenching),这些溶质分子称为荧光猝灭剂(quencher)。荧光猝灭有静态猝灭(static quenching)、动态猝灭(dynamic quenching)、能量转移猝灭(energy transfer quenching)、电荷转移猝灭(charge transfer quenching)及自猝灭(self-quenching)等多种类型。

1) 静态猝灭

这种荧光猝灭是由猝灭剂(Q)与荧光物质(M)的基态分子间相互作用所引起,其特征在于猝灭剂与荧光分子在基态形成无荧光配合物,也可能是该配合物与荧光物质的基态分子竞争吸收激发光而降低了荧光物质的荧光强度,反应方程式如下:

$$M+Q \rightleftharpoons MQ$$

其中配合物的形成常数 K 表示为

$$K=\frac{[MQ]}{[M][Q]} \tag{5-9}$$

由于$[M]_0=[M]+[MQ]$,进而得

$$\frac{F_0-F}{F}=\frac{[M]_0-[M]}{[M]}=\frac{[MQ]}{[M]}=K[Q]$$

即

$$\frac{F_0}{F}=1+K[Q] \tag{5-10}$$

式中,$[M]_0$为荧光分子总浓度;F_0 和 F 分别为猝灭剂加入前后的荧光强度。

2) 动态猝灭

由猝灭剂与荧光物质的激发态分子间相互作用所引起,又称为碰撞猝灭(collisional quenching)。典型动态猝灭剂有溶剂中氧分子,氧分子具有顺磁性,增大了系间跨越的概率,使激发单重态分子转变为激发三重态。

动态猝灭使用 Stern-Volmer 方程式表示:

$$\frac{F_0}{F} = 1 + k_q\tau_0[Q] = 1 + K_{SV}[Q] \tag{5-11}$$

式中，k_q 双分子猝灭过程的速率常数；τ_0 为没有加猝灭剂时的荧光寿命；K_{SV} 为 Stern-Volmer 猝灭常数，是双分子猝灭常数与单分子衰变常数的比值，体现单分子和双分子各自衰变过程的竞争。式(5-10)和式(5-11)有相同的表达形式，但所涉及机制完全不同。区分静态猝灭和动态猝灭的最基本手段是测定荧光寿命，静态猝灭的荧光寿命不发生改变，而动态猝灭的荧光寿命随猝灭进行而缩短。

由 $\tau_0^{-1} = k_f + \sum k_i$ 和 $\tau^{-1} = k_f + \sum k_i + k_q[Q]$，可以获得 Stern-Volmer 方程式的另一种表达形式：

$$\frac{\tau_0}{\tau} = 1 + k_q\tau_0[Q] = 1 + K_{SV}[Q] \tag{5-11a}$$

3) 能量转移猝灭

能量转移猝灭可分为共振能量转移(resonance energy transfer, RET)、交换能量转移(exchange energy transfer, EET)和分子内能量转移(intramolecular energy transfer, IET)等。

荧光共振能量转移(fluorescence resonance energy transfer, FRET)是十分常见的一种能量转移方式，发生在两个荧光分子之间。其发生需要满足三个条件：①两种具有荧光发射性能的不同分子取向合适；②在比其分子直径大的范围内发生了碰撞(即偶极-偶极耦合作用)；③其中一种分子(供体，donor)的发射光正好为另一种分子(受体，acceptor)所吸收，以至于前一种分子荧光发生猝灭而后一种分子荧光得以发射。

交换能量转移发生在供体受体之间电子云相互作用的范围内，比共振能量转移所发生的距离要小。其具有以下特征：①供体分子和受体分子两者的电子云相互接触时，供体激发态分子的电子成为受体基态分子的电子，而供体分子又从基态受体分子那里交换取得一个电子返回基态；②交换作用的大小与供体、受体的跃迁概率无关。

4) 电荷转移猝灭

电荷转移猝灭由猝灭剂与荧光物质的激发态分子发生电荷转移而引起。激发态分子往往较基态分子具有更强的氧化还原能力，因而更容易与其他非荧光物质发生电荷转移作用。强电子受体和供体，如 N,N-二甲基苯胺、对二氰基苯等是有效的电荷转移猝灭剂。例如，萘、菲、芘等荧光物质与对二氰基苯在乙腈溶液中，普遍发生电荷转移猝灭。

5) 自猝灭

自猝灭通常发生在荧光物质浓度过高时，也称为浓度猝灭。由于荧光物质之间相互碰撞增强，或者发生荧光辐射的自吸收、形成无荧光二聚体或多聚体等方式，导致荧光猝灭。

8. 散射光影响

散射光(scattering light)是指当一束平行单色光照射在液体样品上，大部分光线透过溶液，小部分由于光子和物质分子相碰撞，光子的运动方向发生改变，从而在不同方向都能观察到光线，好像这些物质分子成为了光源一样。

任何介质因为存在折光指数涨落(refractive index fluctuation)都会在受光激发时有散射光存在。即使是很纯的介质，因分子热运动产生了以无规则行走(random walk)和扩散运输(diffusion transport)为主要特征的布朗运动(Brownian movement)，都会有折光指数涨落现象，产生局部微区性质不均匀，以至于当光子与不均匀区域发生作用时光子会发生传播方向的变化，产生散射光。

光子和物质分子只发生碰撞而不发生能量交换所产生的散射光称为瑞利散射光(Rayleigh scattering light)。因没有能量交换，瑞利散射光波长与入射光波长相同。在碰撞的同时，如果入射光的部分能量转移给了物质分子或从物质分子吸收部分能量，所获得散射光称为拉曼散射光(Raman scattering light)，其波长较入射光稍长或稍短。

散射光对于荧光测定有很大干扰，尤其是溶剂的拉曼散射光，因其波长一般较入射光长，与荧光发射相似，很容易产生干扰和误判。例如，硫酸奎宁的荧光发射波长不随激发光而改变，一直为 448nm。溶剂水拉曼散射光就可能会产生干扰，当激发波长为 320nm，水的拉曼光波长为 360nm；而激发波长为 350nm，水的拉曼光波长为 400nm，因此选用 320nm 激发可有效地避免溶剂拉曼光的干扰。

5.2.9 分子荧光分析法

1. 分子荧光分析法的定量基础

实验条件一定时，荧光强度(F)与低浓度荧光物质的浓度(c)成正比，即

$$F = 2.3 K'I_0 Ecl = Kc \tag{5-12}$$

式中，I_0 为入射光强度；K 为常数。

延伸阅读 5-4：分子荧光分析法的数学基础

设定入射光强度为 I_0，透过溶液后的光强为 I，符合式(5-11)：

$$F = K'(I_0 - I) \tag{5-13}$$

式中，K' 为常数，与荧光量子产率有关。根据比尔定律：

$$I = I_0 10^{-Ecl} \tag{5-14}$$

将式(5-14)代入式(5-13)，可得

$$F = K'I_0(1 - e^{-2.3Ecl}) \tag{5-15}$$

通过泰勒级数(Taylor series)展开，得

$$F = K'I_0\left\{1 - \left[1 + \frac{-2.3Ecl}{1!} + \frac{(-2.3Ecl)^2}{2!} + \frac{(-2.3Ecl)^3}{3!} + \cdots\right]\right\}$$

$$= K'I_0\left[2.3Ecl - \frac{(-2.3Ecl)^2}{2!} - \frac{(-2.3Ecl)^3}{3!} - \cdots\right] \tag{5-16}$$

式(5-16)中当荧光物质浓度较低时，Ecl 值也较小，以至于泰勒级数的第二项以后可以忽略不计。如果固定入射光强度和溶液介质保持一致，荧光强度只与荧光物质浓度成正比，即

$$F = 2.3K'I_0Ecl = Kc \tag{5-12}$$

在一定浓度范围内，根据荧光强度与该溶液的浓度呈正比的定量关系，可采用标准曲线法和对照品比较法进行定量。某一波长的入射光从一个方向照射到荧光物质溶液，荧光分子被激发，其发射的荧光可以在溶液各个方向观察到，为了避免激发光干扰，通常选择激发光垂直的方向检测荧光信号。

由式(5-12)可知,如果增大入射光强度,可以提高荧光强度,从而得以大幅提高荧光测定灵敏度。与紫外分光光度分析法相比,荧光分析法的灵敏度可提高2~4个数量级。虽然荧光物质具有激发和荧光两种特征光谱等多种特征参数,较紫外-可见分光光度法具有更强的定性能力。但是,能产生荧光或磷光的化合物较为有限,而且还有部分荧光物质的激发和荧光光谱相互重叠,因此荧光分析方法尽管其灵敏度和选择性比紫外-可见分光光度法高,但其适用范围比紫外-可见分光光度法窄。

学习与思考

(1) 为什么荧光分光光度法较紫外分光光度法灵敏度高?
(2) 为什么荧光强度测定时采用与激发光垂直的方向?
(3) 讨论式(5-9)中影响 K 的大小有哪些因素,这些因素是否与方法的灵敏度有关?
(4) 第一电子激发单重态辐射跃迁伴随的发光现象是(   )。
   A. 化学发光   B. 生物发光   C. 磷光   D. 荧光
(5) 斯托克斯位移是指分子的荧光发射波长总是比其相应的吸收光谱波长(   )。
   A. 长   B. 短   C. 相等   D. 无法比较
(6) 发射光谱的形状与激发波长(   )。
   A. 有关   B. 无关   C. 不确定   D. 前三者都有可能

2. 定量分析方法

1) 标准曲线法

与分子吸收光谱法一样(3.9.2节),也是配制已知浓度的一系列标准物质溶液,与待测样品经过相同条件和步骤处理后,在同一仪器条件下,测定获得一系列标准物质溶液及待测样品溶液的荧光强度值。由于空白溶液也有一定的背景荧光强度,通常扣除空白信号后,以相对荧光强度为纵坐标,标准物质的浓度为横坐标,绘制标准工作曲线,并以此获得待测样品的荧光物质含量。

2) 对照品比较法

取已知量的对照品溶液(c_s)与待测试样(c_x)在相同条件下,测定两者的荧光强度值分别为 F_s 和 F_x,并用空白溶液荧光强度值校正。在相同条件下,测定空白溶液的荧光强度值(F_0),并按照式(5-16)计算待测试样中荧光物质的含量:

$$\frac{c_x}{c_s} = \frac{F_x - F_0}{F_s - F_0} \tag{5-17}$$

3) 比率测定法

比率测定法适用于荧光比率探针,是通过测定两个激发和同一个发射波长处或同一激发两个发射波长处的荧光强度比值与待测物浓度之间的关系来进行定量的方法。配制已知浓度的一系列标准溶液,与待测样品经过相同的处理后,在同一仪器条件下,测定不同的标准溶液浓度(c_s)与两个激发或发射波长处的荧光强度(I)比值。以 I 为纵坐标,标准物质的浓度为横坐标绘制标准工作曲线,并以此获得待测物的浓度(c_x)。该方法测定的是荧光强度比值,因此一定程度上克服由于离子浓度的变化而造成的假阳性结果。

> **延伸阅读 5-5：荧光比率法**
>
> 荧光比率法是荧光分析中一个十分重要的分析方法，因能消除光漂白、荧光试剂(特殊用途探时可称为探针)量及设备因素(如因电压波动引起光源输出不稳定等)引起的数据失真而提高数据稳定性和重现性，应用十分广泛。
>
> 荧光比率探针一般分为以下两种类型。
>
> (1) 同一荧光团两个发射波长的荧光强度比值。一般通过探针与目标物结合导致该荧光团的发射峰红移或蓝移。通常这些迁移是基于荧光探针激发态电子转移实现的。
>
> (2) 荧光探针本身就有两个或两个以上的荧光团，通过不同荧光团的荧光强度改变来实现对待测物的比率检测。这类比率探针又可分为两种：一种是待测物与双荧光团中的某一部分特异性反应使其荧光猝灭或增强，而另一部分的荧光强度基本不发生变化；另一种是基于荧光能量转移机理，反应后，打断了两个荧光团间的能量转移，使探针一个荧光团荧光强度增强，而另一个荧光团的荧光强度降低。

5.2.10 分子荧光分析法的应用

1. 直接测定法

对本身具有荧光的待分析物或能形成具有荧光的配合物，如芳香族、芳杂环及其衍生物等，可以通过进行直接测定荧光信号根据上述定量方法获得测定结果。一些芳香族化合物具有致癌作用，常见于工业废水、土壤和大气污染，检测其含量具有重要意义。蒽、菲、芴等混合物可以不经分离采用荧光分析法测定，灵敏度可达 $pg(10^{-12}g)$ 级。

2. 间接测定法

与紫外-可见分光光度法相比，具有荧光的物质较为有限。为了扩大荧光分析法的应用范围，对于某些本身不能发荧光或者荧光量子产率很低的物质，可考虑采用间接法测定。以下介绍几种常用的间接测定方法。

1) 荧光衍生化(fluorescence derivatization)

不具有荧光发射的化合物，可以通过化学反应、光化学反应及电化学反应，使待分析物转化为具有荧光的衍生物。例如，金属离子或非金属离子与有机配体生成具有荧光的配合物，通过配合物的荧光强度进行定量分析。例如，利用 8-羟基喹啉与 Al^{3+} 能够形成配合物，氯仿萃取后获得具有绿色荧光的配合物，可应用于 Al^{3+} 的测定。8-羟基喹啉也可与 Mg^{2+}、Zn^{2+} 等金属离子形成配合物，因此该法也可应用于其他金属离子的测定。此外，氨基酸、多肽、生物碱等物质含有羧基、氨基、羟基等极性基团，通过衍生化反应，生成具有荧光的衍生物，进行氨基酸等物质的荧光分析。

2) 荧光猝灭法

待分析物虽不能发光，但可通过能量转移、化学反应及分子间相互作用力等方式猝灭荧光化合物的荧光，依据荧光猝灭程度与待分析物浓度之间的关系进行定量分析。例如，无机阴离子 CN^- 等能够与金属离子(如 Zn^{2+} 等)形成稳定的配合物，因此破坏金属离子与有机荧光试剂(如 8-羟基喹啉)形成的配位平衡，使后者离解，荧光猝灭。据此进行 CN^- 等阴离子的定量分析；硫离子在碱性介质中会猝灭乙酸汞-荧光素的荧光，可用于测定试样中微量硫化物；肼可与芳香醛形成具有荧光的腙，可采用荧光法测定。

3) 敏化荧光法

选择合适的荧光试剂作为能量受体，待分析物被激发后，将能量转移至能量受体，导致能量受体分子被激发，发射荧光，据此进行待分析物的定量分析。例如，滤纸上低浓度蒽的检测，可用萘作为敏化剂，灵敏度提高近 1000 倍。

3. 体内荧光分析

体内(in vivo)常指实验观察中的事件以正常途径发生，即在一个生物活体(如整体动物、整体植物或活细胞等)之内进行。所以体内荧光分析(in vivo fluorescence analysis)是指在生物活体内进行的荧光分析研究。

5.2.11 荧光分光光度计

自 1955 年美国学者鲍曼(Robert L. Bowman, 1928—)设计出了第一台记录式荧光分光光度计以来，历经 20 世纪 60 年代激光技术引入和 80 年代计算机数据处理自动化，已经发展了各种多功能荧光分光光度计、荧光成像显微系统等荧光分析技术。荧光分析方法(fluorescence spectrometry)、荧光分析技术(fluorescence analysis technique)、荧光光谱仪(fluorescence spectrometer)和荧光显微成像(fluorescence microscopy imaging)的发展呈相互促进态势。

荧光仪器主要有滤光片荧光计、滤光片-单色器荧光计和荧光分光光度计三大类。滤光片荧光计的激发光和发射光均采用滤光片作为波长选择器，即采用激发滤光片让某一段波长的激发光通过，再采用发射滤光片，截去激发光和散射光，只允许荧光通过。一般用于定量分析，而不能测定光谱；滤光片-单色器荧光计是将光栅代替发射滤光片，因此不仅可以定量分析，还可以用于测定荧光光谱，但不能测定激发光谱；荧光分光光度计是指激发和发射滤光片均采用光栅，既可以荧光定量分析，也可以用于扫描激发光谱和荧光光谱。

荧光分光光度计的发展经历了手控式荧光分光光度计、自动记录式荧光分光光度计、计算机控制荧光分光光度计三个阶段。下面简要介绍荧光分光光度计的相关仪器部件。

如图 5-7 所示，荧光分光光度计主要由激发光源、激发单色器、发射单色器、狭缝、样品池及检测系统等部件组成。各部件的空间布局是光源首先通过激发单色器后照射至样品，在 90°方向由检测器检测通过发射单色器的发射光，并经过放大器增益后，由记录仪或数据处理器记录并处理。由于荧光测定涉及激发光和发射光，因而在荧光光谱仪中的单色器包括激

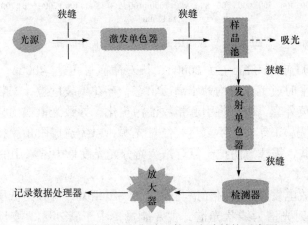

图 5-7 荧光分光光度计组件及光路结构示意图

发单色器与发射单色器，发射单色器的作用是将被测物质发射的连续光谱分光后通过光电倍增管检测和信号放大。激发单色器则置于样品室前，将连续入射光源转化为单波长入射光。

需要特别注意的是，荧光分光光度计与紫外分光光度计的最大不同在于其检测器置于激发光 90°光路上，与激发光不在同一直线，避开了激发光进入光电接受器的可能。此外，荧光测定的是信号强度，而不是使用激发光和发射光强度的比值，从而大幅度地提高了光学分析的灵敏度。不过，光路设计上激发光带来的杂散光会有影响，特别是在高灵敏分析时影响就比较严重，因而降低激发光的杂散光影响是提高荧光分析法一个很重要的方面。

有关单色器、检测器等组件已经在以前章节讲述，这里不再赘述，下面主要介绍激发光源、滤光片。

1. 激发光源

荧光物质的荧光强度与激发光强度成正比，因此理想的激发光源具有以下特征：光强度足够强、连续光谱范围宽、强度不随波长发生变化及光强度稳定。但实际上，完全符合上述要求的光源并不存在，一些常用荧光光源如下。

1) 氙灯

高压氙灯是使用最为广泛的光源之一。该光源是一种短弧气体放电灯，石英作为外套，内充氙气。室温条件下，内部压力为 5atm(1atm=1.01325×10^5Pa，余同)，工作时压力迅速升高为 20atm。在 250~800nm 光谱区呈连续光谱，450nm 附近有几条锐线。其工作时，相距约 8mm 的钨电极间形成强电子流，并与氙原子碰撞使后者离解为氙正离子，随后与电子复合而发光。氙原子的离解发射连续光谱，而激发态的氙发射分布于 450nm 附近的线状光谱。波长短于 280nm 时，光谱能量迅速下降(图 5-8)。氙灯的光谱分布几乎不随输入功率变化而变化。

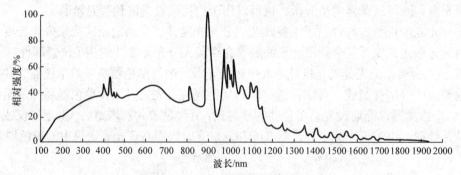

图 5-8 短弧高压氙灯的光谱能量分布图

一般情况下，氙灯使用寿命约为 2000h，长寿命氙灯可达 4000h，闪烁氙灯寿命长达 20000h。氙灯无论在平时或工作时均处于高压状态，存在爆裂危险，安装时需注意防护。安装时手指切勿接触石英外套，否则将引起指纹油污焦化，导致光谱输出异常。若不慎接触，需采用酒精等溶剂清洗。工作时，不可直视氙灯光源，以免造成眼角膜损伤；此外氙灯工作的高电压可能击穿皮肤，需注意防护。氙灯是荧光分光光度计中常采用的激发光源之一。

2) 汞灯

汞灯利用汞蒸气放电发光，发射光谱与汞蒸气气压相关，可分为低压和高压汞灯两种。其中，低压汞灯的发射光谱为线状光谱，主要能量集中于紫外区，波长分别为 253.7nm、296.5nm、302.2nm、312.6nm、313.2nm、365.0nm、366.3nm、404.7nm、435.8nm、546.1nm、

557.0nm、579.0nm，其中253.7nm线的强度约为366.3nm区三线的100倍。由于汞灯的线状光谱性能，常用来校正单色器波长。特别是高压汞灯，由于汞蒸气气压增大，其发射光谱略呈带状光谱，出现较宽的连续光谱，并以365.0nm线最强。通常滤光片荧光计、96孔板荧光扫描仪和荧光显微镜采用汞灯作为激发光源。

3) 激光器

激光光源有紫外激光器、固体激光器、高功率连续可调谐染料激光器和二极管激光器等种类。其中，可调谐染料激光器采用有机染料作为工作溶液，其他光源或激光作为激励的激光器。有机染料受外界光源激发发出荧光，当满足一定物理条件，可转化为激光，再用光栅调节所需要的波长，360~650nm可调，波长范围宽。与普通光源相比，激光器具有单色性好、亮度高、方向性和相干性强且没有杂散光等优点。因此，激光器的应用显著提高了荧光仪器的性能，极大拓宽了荧光分析法的应用范围，可实现单分子检测，常用于DNA测序、单分子检测和细胞成像分析。

除上述三种光源以外，氙-汞弧灯和闪光灯也可作为激发光源。

2. 单色系统

为了选取适当波长的激发光和发射光，同时在一定程度上消除由杂散光和散射光引起的测量误差，均需要采用波长选择器件。普通荧光计、荧光显微镜和荧光化学发光扫描仪常采用滤光片(filter)，而荧光分光光度仪常采用光栅单色器，带有可调狭缝，可选合适的通带。

滤光片具有便宜、简单等优点，荧光分析中最常见为截止滤光片(cut-off filter；edge filter)和带通滤光片(pass-band filter)等。其中截止滤光片，常用于截止杂散光或不需要波长的光，常作为发射滤光片；而带通滤光片，由两个截止滤光片组成，允许某一波长的光通过，并具有一定的谱带宽度，透光率比截止滤光片差，常用于激发滤光片。

5.3 化学发光分析法

化学发光(chemiluminescence，CL)是指不存在光源、热能、电能等激发，由化学反应提供的能量激发物质所产生的光辐射。基于化学发光检测而建立起来的方法，称为化学发光分析法(chemiluminescence analysis)。

化学发光分析法所用仪器设备简单，不需要光源及单色器，无光散射及杂散光引起的背景干扰，因而是一种很有发展前途的分析技术之一，在食品、环境及生物医学等领域有着非常广阔的应用前景，具有下列五个优点。

(1) 灵敏度高，其检测限低，可达10^{-15}mol·L^{-1}，有的甚至可达10^{-18}mol·L^{-1}数量级。
(2) 线性范围宽，一般可达4~5个数量级。
(3) 操作简便，易于实现自动化等优点。
(4) 易与其他分析方法联合使用，包括流动注射技术(flow injection technique, FLA)、高效液相色谱(high efficiency liquid chromatography, HPLC)、毛细管电泳(capillary electrophoresis, CE)、传感器技术(sensor technology)及生化免疫技术(biochemical and immunological techniques)等。
(5) 应用范围广。化学发光法可用于动力学研究和化学反应机理研究，并且在环境、生物、化学和医学等领域已经得到广泛应用，可检测物质包括金属离子等无机化合物及大量有机化合物。

5.3.1 化学发光的产生

1. 化学发光的条件

化学发光是基于吸收化学反应过程中产生的化学能,而使分子激发所发出的光。任何一个发光反应都包括化学激发和光发射两个关键步骤,可用下式表示:

$$A + B \xrightarrow{\text{激发}} P^* \xrightarrow{\text{发射}} P + h\nu$$

式中,A 和 B 为反应物;P^* 为激发态产物;ν 为化学发光的频率;h 为普朗克常量,$h\nu$ 为激发态物质跃迁回基态时辐射的能量。

化学发光效率(chemiluminescence efficiency, $\varPhi_{CL}$)取决于生成激发态分子效率 $\varPhi_{CE}$ 和激发态分子的发光效率 $\varPhi_{EM}$。$\varPhi_{CE}$ 和 $\varPhi_{EM}$ 可分别表示为

$$\varPhi_{CE} = \frac{N_{ex}}{N} \quad \text{和} \quad \varPhi_{EM} = \frac{N_{em}}{N_{ex}}$$

式中,N_{ex} 为激发态分子数;N 为参加反应分子数;N_{em} 为发光分子数。化学发光效率为

$$\varPhi_{CL} = \frac{N_{em}}{N} = \varPhi_{CE} \cdot \varPhi_{EM} \tag{5-18}$$

可见,发生化学发光必须具备以下四个基本条件。

(1) 足够的激发能。化学反应必须速率很快并释放足够能量($\varPhi_{CE}$)。激发能的主要来源是反应焓(reaction enthalpy)。有机生色团激发能 ΔE 通常在 150～4000 kJ·mol^{-1},许多氧化还原反应所提供的能量与此相当,因此大多数化学发光反应为氧化还原反应。不过,能够发生化学反应并发射出可见光的物质,大多数为有机化合物。

(2) 有利的化学反应历程。化学反应产生的激发能,至少能被一种物质所接受并生成激发态分子,而不至于将所有能量转变为热能。在有机分子中,最容易生成激发态产物并产生化学发光的通常是芳香族化合物和羰基化合物。

(3) 光辐射方式释放能量。要观察到化学发光,激发态分子必须能以光辐射方式释放能量,或以能量转移方式激发荧光分子后,以光辐射的形式回到基态,即有足够大的激发态发光效率($\varPhi_{EM}$)。

(4) 激发能需由单一步骤提供。由于化学激活的瞬时性,前一步反应所释放出的能量将会因分子振动而被消耗掉,因此激活能 ΔE 必须由某一步骤单独提供。

2. 化学发光的类型

根据激发态物质产生的方式可以将化学发光反应分为两类,即直接化学发光和间接化学发光。

1) 直接化学发光

反应物直接生成激发态产物,即物质 A 和 B 反应产生激发态 C^*,而 C^* 是发光物质,在其回到基态的过程中,以辐射形式释放能量,产生化学发光。

$$A + B \longrightarrow C^* + D$$
$$C^* \longrightarrow C + h\nu$$

2) 间接化学发光

化学反应释放的能量被体系中易接受能量的荧光物质接受，而荧光物质被激发后通过辐射形式返回基态。即反应物 A 或 B 通过化学反应后生成初始激发态 C^*，但 C^* 并不直接发光，而是将其能量转移给荧光物质 F，使 F 处于激发态 F^*，当 F^* 跃迁回基态时，产生化学发光。这一过程表示如下：

$$A + B \longrightarrow C^* + D \quad \text{激发过程}$$
$$C^* + F \longrightarrow C + F^* \quad \text{能量转移过程}$$
$$F^* \longrightarrow F + h\nu \quad \text{光辐射过程}$$

式中，C^* 为能量给予体；F^* 为能量接受体。例如，罗丹明 B-没食子酸的乙醇溶液测定大气中的微量臭氧，其中没食子酸和臭氧为反应物，罗丹明 B 为荧光物质。化学发光的发射波长与荧光的发射波长一致。

3. 化学发光强度

化学发光信号之所以能用于分析就在于化学发光强度与化学发光反应效率具有相关性。任何可以影响化学反应效率及发光强度的因素均可以作为建立化学发光测定方法的依据。

化学发光的发光强度(I_{CL})通常以单位时间内发射的光子数表示，其大小等于化学发光效率(Φ_{CL})与单位时间内发生了反应的被测反应物 A 的浓度变化的乘积，即

$$I_{CL}(t) = \Phi_{CL} \cdot \frac{dc_A}{dt} \tag{5-19}$$

式中，$I_{CL}(t)$ 为 t 时的化学发光强度；Φ_{CL} 为化学发光效率。

一般情况下，化学发光分析的待分析物浓度(c_A)要远低于发光试剂的浓度(c_B)。因此，发光试剂浓度可作为一个常数，反应符合一级动力学特征，因而反应速率可表示为

$$\frac{dc_A}{dt} = kc_A \tag{5-20}$$

式中，k 为反应速率常数。由式(5-20)可见，合适条件下，t 时刻的发光强度 $I_{CL}(t)$ 与分析物浓度 $c_A(t)$ 成正比，可通过某一时刻的化学发光强度定量待分析物，其中发光强度和浓度都是时间的函数。

化学反应产生的发光强度随时间变化，也可以利用总发光强度(S)与被分析物浓度的关系进行定量分析。化学发光总强度可通过对式(5-19)积分获得

$$S = \int_{t_1}^{t_2} I_{CL}(t) dt = \Phi_{CL} \int_{t_1}^{t_2} \frac{dc_A}{dt} = \Phi_{CL} \cdot c_A \tag{5-21}$$

如果取 $t_1=0$、t_2 为反应结束所需的时间，则得整个反应的总发光强度，大小与分析物浓度呈线性关系。式(5-19)利用的是指定时刻的发光强度，因而又称为峰高法，适用于较快的化学发光反应；而式(5-21)的积分是峰面积，因而又称峰面积法，适用于反应速率慢的化学发光分析。

4. 影响化学发光的因素

化学发光反应不仅与参与反应的组分和发射组分的光学特性相关，还与化学反应的各项条件有关。影响化学发光的主要因素有化学反应速率和发光效率、反应试剂混合速度和发光增敏剂。

1) 化学反应速率和发光效率

化学发光强度在一定条件下与反应速率成正比。反应速率慢，产生微弱慢发光，有时几乎测不到光信号；提高反应速率有利于提高灵敏度。化学反应速率和发光效率与诸多因素相关，如pH、离子强度、溶液组成和温度等均会导致发光强度改变。

2) 反应试剂混合速度

化学发光强度随时间曲线一般遵从先升高后下降的趋势。原因在于化学反应的发生首先需经反应试剂混合。达到最大值后，由于反应试剂消耗，化学发光量子产率下降。因此反应试剂混合速度将影响化学发光强度，分析检测时需严格控制混合速度和方式，确保体系的稳定。

3) 发光增敏剂

有些物质能显著增强反应体系发光强度、延缓发光衰减，从而可以提高发光检测灵敏度、特异性及稳定性。常见增敏剂有卤酚类、萘酚类、胺类衍生物等，如对碘苯酚、β-萘酚和3-氨基荧蒽等。

学习与思考

(1) 化学发光和荧光本质上有哪些不同？影响各自发光性能的因素有哪些？

(2) 查阅文献，了解什么是流动注射技术、高效液相色谱、毛细管电泳、传感器技术和生化免疫技术。

(3) 讨论式(5-21)中影响Φ_{CL}的大小有哪些因素？这些因素是否与方法的灵敏度有关？

(4) 对于化学发光的说法，下列说法正确的是(　　)。

　　A. 化学发光是通过化学反应产生光致发光物质所发射的光

　　B. 化学发光是吸收化学反应的化学能使分子激发所发射的光

　　C. 化学发光是吸收光能引起化学反应产生发光物质所发射的光

　　D. 化学发光是吸收外界能引起化学反应产生发光物质所发射的光

5.3.2 典型化学发光体系

化学发光按照反应介质的状态主要可以分为气相化学发光和液相化学发光两大类。气相化学发光体系常用于大气污染物的测定；液相化学发光体系应用更为广泛，包括金属离子、大量有机化合物和生物分子等。此外，还有固相发光体系，例如，采用氧气加热发光检测高聚物。但是，固相发光体系应用范围有限，该节主要讨论气相和液相化学发光体系。

1. 气相化学发光

化学发光反应在气相中进行的称为气相化学发光。主要有O_3、NO和S的化学发光反应，可用于监测空气中的O_3、NO、NO_2、SO_2和CO等。

O_3可与40余种有机化合物发生化学发光反应，包括金属有机化合物、NO、一氧化硫(SO)、烯、非金属氢化物等。例如，O_3与乙烯可产生300~600nm波长范围的化学发光，该方法已用于大气中O_3的检测，可达3×10^{-9}(体积分数)。

氮氧化物的化学发光反应是NO与O_3的化学发光反应，化学发光效率较高，反应机理如下：

$$NO + O_3 \longrightarrow NO_2^* + O_2$$
$$NO_2^* \longrightarrow NO_2 + h\nu$$

发射波长范围为 600~875nm，可用于测量大气中 $1ng \cdot mL^{-1} \sim 10mg \cdot mL^{-1}$ 的痕量氮氧化物，线性范围宽。

含硫化合物也可以与空气中 O_3 反应，产生化学发光，其波长范围为 300~400nm。由于烯烃最大发射波长为 354nm，因而会有干扰，需使用合适的光学过滤器将干扰消除，从而提高选择性。该体系发光强度与硫化合物类型有关，硫醇信号强度最大，烷基硫、硫化氢和噻吩次之，其反应机理如下：

$$SO + O_3 \longrightarrow SO_2^* + O_2$$
$$SO_2^* \longrightarrow SO_2 + h\nu$$

有些物质如 NO、SO_2、H_2S、CH_3SH、CH_3SCH_3 在富氢火焰存在着很强的化学发光反应。例如，NO 在富氢火焰中的反应机理如下：

$$NO + H \longrightarrow HNO^*$$
$$HNO^* \longrightarrow HNO + h\nu$$

发射光谱范围为 660~770nm。

2. 液相化学发光

相比于气相化学发光，液相化学发光具有更广泛的应用范围。化学试样和生物试样的微量和痕量物质都可以通过在溶液中的化学发光反应进行分析。依据发光物质不同，液相化学发光体系包括鲁米诺、过氧化草酸酯、碱性磷酸酯酶、光泽精等。

1) 鲁米诺化学发光体系

鲁米诺(luminol, 3-氨基邻苯二甲酰肼)是目前化学发光体系中研究最深入、应用最广泛的化学发光试剂之一。相似化合物有异鲁米诺、鲁米诺钠盐及其他鲁米诺衍生物。在碱性水溶液中可以被氧化剂氧化，同时伴随光辐射。没有催化剂存在条件下，这种发光现象的光强度都比较弱；一般采用催化剂使其发光强度大大增强，催化剂包括金属离子、金属螯合物、血红素和辣根过氧化物酶等。

在如图 5-9 所示的发光机制中，在碱性溶液中鲁米诺形成叠氮醌(a)，随后在催化剂作用下，与氧化剂 H_2O_2 作用生成不稳定的过氧化物中间体(b)。中间体不稳定，立即转化为激发态的 3-氨基邻苯二甲酸根阴离子(c)。当激发态(c)的价电子从第一电子激发态的最低振动能级跃迁回到基态中各个不同振动能级时，便产生化学发光，其最大发射波长为 425nm。

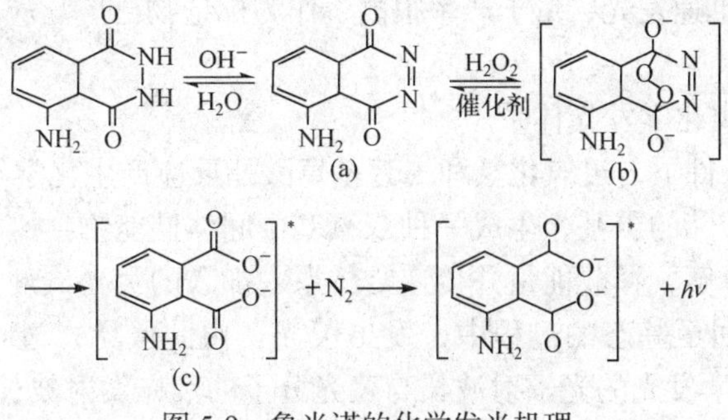

图 5-9 鲁米诺的化学发光机理

基于以上机理,鲁米诺化学发光分析方法通常有以下四种类型。

(1) 增强型化学发光。利用待测物质增强鲁米诺化学反应体系的化学发光进行待测物定量分析,包括 Co^{2+}、Cu^{2+} 或 Mn^{2+} 等过渡金属离子、铁氰根 $[Fe(CN)_6]^{3-}$ 等金属配合物、IO_3^- 等酸根离子、氧化酶等酶活性物质或表面活性剂等。

(2) 抑制型化学发光。利用待测物质对于鲁米诺化学发光反应体系的抑制作用进行定量分析,可用于药物如白藜芦醇、盐酸多巴酚丁胺和吲达帕胺等的定量测定。

(3) 间接型化学发光分析法。很多生化反应涉及 H_2O_2 的产生或 H_2O_2 参加反应,因而鲁米诺化学发光体系在生物分析领域用途十分广泛。例如,氨基酸作为酶促反应的底物,在氨基酸氧化酶的作用下,定量产生的 H_2O_2 与鲁米诺产生化学发光可定量氨基酸;而当氨基酸浓度一定时,可以用于研究酶促反应动力学。

(4) 化学发光探针。将化学发光体系中相关反应物如鲁米诺、过氧化物酶等作为探针,标记在待测物的检测识别单元上,利用识别单元与待测物之间的特异性反应,使得化学发光探针量与待测物呈比例关系,实现待测物定量分析。例如,待测物为抗原,识别单元可为其特异性结合的抗体。鲁米诺-过氧化物酶发光体系是目前应用最为广泛的一类化学发光体系。

2) 吖啶酯化学发光体系

与鲁米诺化学发光体系相比,吖啶酯化学发光体系对于活性氧具有较好的选择性,所产生的化学发光持续时间较长,量子产率更高。该类化学发光试剂中最具代表性的为光泽精。如图 5-10 所示,碱性介质中吖啶酯与 H_2O_2、超氧自由基等过氧化物作用形成 N-甲基吖啶酮(10-甲基-吖啶-9-酮)激发态中间体,当其回到基态时产生微弱的化学发光。

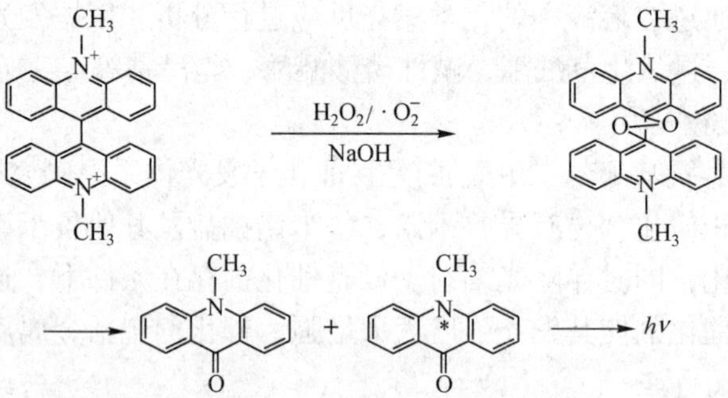

图 5-10 光泽精的化学发光机理

但由于反应产物 N-甲基吖啶酮不溶于水,容易沉淀在流通管路和检测器的窗口,一定程度上限制了与流动注射和 HPLC 的联用。在此基础上,研究者们合成了更稳定的吖啶酯衍生物,加入 H_2O_2 后,能迅速发光,量子产率很高,作为标记物已广泛应用在免疫分析和单碱基错配分析等领域。

3) 过氧化草酸酯类化学发光体系

在荧光物质存在条件下,过氧化氢和二芳基草酸酯反应产生化学发光。如图 5-11 所示,过氧化氢亲核进攻草酸酯的羰基,生成一种双氧基中间体储能物——双氧基环状中间体二氧杂环丁二酮。中间体分解,释放能量并传递给体系中加入的荧光试剂,使其处于激发状态;而激发态荧光分子返回至基态的过程中,发出荧光。由此可见,过氧化草酸酯类化学发光(PO-CL)体系产生的化学发光的光辐射波长与荧光分子的荧光发射波长相当。

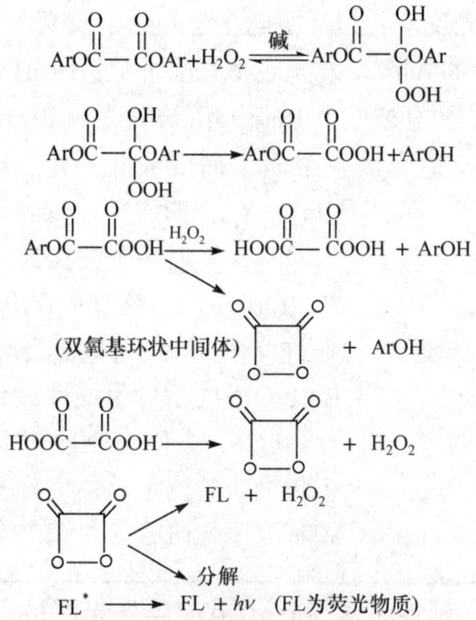

图 5-11 过氧化草酸酯类化学发光机理

PO-CL 体系中使用的荧光剂，通常选用较稳定的稠合线性共轭芳烃。较好的荧光剂包括 9,10-二苯基蒽、9,10-二苯乙炔基蒽及其取代衍生物。除此之外，还有萘和聚酰亚胺的取代衍生物。

PO-CL 发光强度和寿命依赖于过氧化氢对芳基草酸酯中两个羰基的亲核进攻生成双氧基环状中间体化合物的反应活性。因此，通过调节芳基草酸酯的反应活性和催化剂，就可调节其发光强度和寿命，常应用于特殊要求冷光源的制造。此外，荧光试剂的结构决定了化学发光的颜色和效率，选用不同荧光试剂可以得到特定颜色的化学光源。

4) 碱性磷酸酯酶类化学发光体系

碱性磷酸酯酶(ALP)是一种含 Zn 的金属酶，相对分子质量为 80 000~100 000，广泛存在于动物组织和微生物中，在哺乳动物的肾脏和肝脏中含量较高。

ALP 能够催化磷酸单酯、磷酸核苷及磷酸糖类等的水解，与 1,2-二氧环乙烷及其衍生物偶合构成的发光体系(λ_{max}=477nm)应用非常广泛。如图 5-12 所示的 ALP-AMPPD 体系中，AMPPD 的磷酸酯键在溶液中很稳定，非酶催化水解非常慢，试剂本身几乎没有发光背景。AMPPD 为 ALP 的直接发光底物，可用来检测 ALP 标记的抗体和核酸等。ALP-AMPPD 发光体系灵敏度非常高，ALP 的检测限可达 10^{-21}mol。具有更好反应动力学和更高灵敏度的 AMPPD 新一代产物有 CSPD、CDP-Star 等广泛应用于基因、病原体 DNA 分析中。

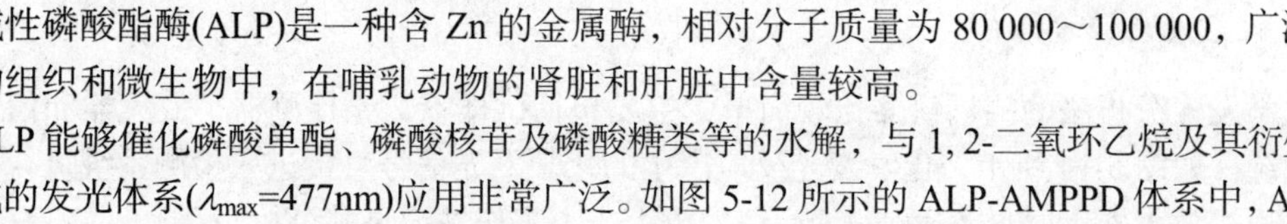

图 5-12 ALP-AMPPD 化学发光机理

5) 电化学发光体系

电化学发光(electrchemiluminescence, ECL)是电化学反应引起的化学发光过程，源于 1929 年 Harvey 电解碱性鲁米诺水溶液时发现在电极附近的发光现象。ECL 是一种在电极表面发生的电化学诱导特异性化学发光反应,包括了电化学和化学发光两个过程。

如图 5-13 所示,三丙胺(TPA)激发发光底物三联吡啶钌$[Ru(byp)_3^{2+}]$产生光反应。在阳极表面,两种物质同时失去电子。在电极板上 $Ru(byp)_3^{2+}$ 被氧化成 $Ru(byp)_3^{3+}$,TPA 也被氧化成阳离子自由基(TPA^+),TPA^+自发地释放一个质子而变成非稳定分子$(TPA^{\bullet})$,将一个电子递给 $Ru(byp)_3^{3+}$,形成激发态的 $Ru(byp)_3^{2+}$。$Ru(byp)_3^{2+}$在衰减的同时,发射一个波长为 620nm 的光子,重新回到基态 $Ru(byp)_3^{2+}$。该过程在电极表面周而复始地进行,产生许多光子,光电倍增管检测光强度,光强度与 $Ru(bpy)_3^{2+}$的浓度呈线性关系。

ECL 技术已广泛应用于氨基酸、药物、抗氧化剂等生化物质的测定及免疫分析、聚合酶链转录产物的测定和基因序列研究。

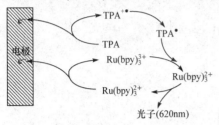

图 5-13 $Ru(byp)_3^{2+}$-TPA 电化学发光体系

延伸阅读 5-6:现代化学发光体系

除了以上经典的化学发光体系以外,近几十年来,纳米材料催化化学发光的研究发展迅速。纳米材料包括纳米粒子、纳米线和纳米管等,具有独特的催化性能、光学性能和生物学性能。典型的体系有以下三类。

(1) 不同粒径金纳米颗粒增强了传统的鲁米诺-H_2O_2化学发光体系的化学发光信号。
(2) 银、铂或合金金属纳米粒子及金属氧化物纳米粒子也可用于提高分析灵敏度。
(3) 磁性纳米粒子、半导体纳米材料/量子点、碳纳米材料(石墨烯和碳纳米管)也可以用作化学发光的催化剂、标记物、还原剂或发光体。

5.3.3 化学发光分析仪器

1. 化学发光仪的构成

化学发光分析法的测量仪器比较简单,主要包括试样室、光检测器、放大器和信号显示记录系统。如图 5-14 所示,化学发光反应产生的化学发光信号直接进入检测系统进行光电转换,再通过放大器(如光电倍增管)进行信号放大,由工作站记录并分析。

1) 试样室

试样室也称流通池,是提供化学发光的反应室。试样室必须置于密封的暗室中,以便有效地隔离任何杂散光,避免对检测信号产生干扰。试样室与光电倍增管之间应设有保护光电管阴极的快门,并配有精密的加样器。加样器准确与否直接影响到分析结果。

试样室中待测样品与检测试剂可分为静态和动态两种方式进行混合,即间歇式不连续进样混合和流动注射式连续进样混合。常用进样器有间歇进样器、断流进样器和流动注射进样器等。另外试样室必须便于清洗或更换,以避免样品检测时交叉污染。

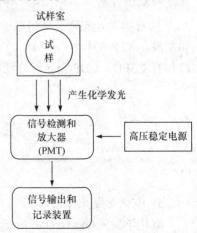

图 5-14 化学发光仪结构示意图

2) 检测系统

检测系统主要包括光电倍增管和负高压电源。在化学发光检测中,光电倍增管的测光方式有直流方式和交流方式两种。交流方式也就是光子计数法,在检测微弱光时将行之有效。

需要注意的是,光电倍增管必须安装在干燥并始终处在黑暗的环境中,否则噪声及暗电流将骤增。优质的光电倍增管上附有冷却室、电磁场屏蔽及高性能的前置放大器等,可极大地改善检测性能。

3) 数据处理系统

化学发光仪使用的数据处理方式很多。早期的发光仪采用模拟数据在电表上显示或用记录仪记录,随着计算机技术的迅速发展,给仪器的信号处理带来很大方便,计算机处理内容丰富、速度快、结果准确。

2. 化学发光仪的类型

按检测器的工作方式,化学发光仪可分为直流电压型发光仪和交流光子计数型发光仪两类。

1) 直流电压型发光仪

早期市售液相化学发光仪多为注射进样的直流电压型发光仪,使用直流放大器。在试样室中快速混合样品和试剂后,测量化学发光强度随时间的变化曲线。定量分析信号可以用峰高,也可以用混合点开始经过一个固定延迟时间的积分信号或者整个峰的积分信号。该仪器最大的特点是简单。

2) 交流光子计数型发光仪

在弱发光体系中光电倍增管输出的信号为各个离散的脉冲状态,以各脉冲数作为信号,经脉冲高度甄别器将其与噪声脉冲分离,有很好的稳定性和信噪比,因此有较高的灵敏度和重现性,线性范围宽,特别适合微弱发光体系定量分析。

5.4 生物发光分析法

生物发光的原理与化学发光相似,即物质吸收的激发能并非来自于外部能量,而是由自身的化学反应提供。但是,生物发光所涉及的化学反应是来自于生物体内,是生物化学反应的结果,或者由生物自身发光细胞构成的发光器发光。因此,生物发光分析法常用于细胞和分子水平上的生物活性物质分析,甚至体内成像分析。此外,生物发光的量子产率较化学发光高。

生物发光强度与生物发光效率(Φ_{BL})和底物浓度密切相关,表示为

$$I_{BL}(t) = \Phi_{BL} \cdot \frac{dc_A}{dt} \tag{5-22}$$

式中,Φ_{BL} 依赖于生物反应效率(Φ_C)、激发态产物效率(Φ_{EX})及激发态量子发射效率(Φ_F)。在一个稳定的反应体系中,Φ_{BL} 为一常数,因此生物发光强度与底物分子浓度成正比。生物发光总强度可采用峰高和峰面积定量。

生物发光具有 30 多种不同的反应方式,在自然界常见于细菌、真菌、萤火虫和水母等。所发射的荧光波长不同,包括蓝紫色至红色区域(400~800nm)。依据生物发光蛋白不同,有几种常见的生物发光反应体系。

目前应用最广泛的是虫荧光素酶(luciferase)生物发光体系。虫荧光素酶是生物体内产生的一种生物反应蛋白质,分子质量为 62kDa[①],主要见于萤火虫、水母(jelly-fish)和一些细菌。从目前来看,所有生物化学蛋白是通过氧分子氧化底物产生能量激发分子至电子激发态,在其返回基态的过程中,产生光辐射。不过,生物发光反应必须能释放大量的能量。例如,D-虫荧光素(D-luciferin)被虫荧光素酶氧化所释放的能量是三磷酸腺苷(ATP)水解的 10 倍以上。

延伸阅读 5-7:重要生物发光体系的分析应用

1) 虫荧光素酶生物发光体系

如图 5-15 所示,底物 D-虫荧光素与 ATP 反应生成焦磷酸和虫荧光素酰腺苷酸复合物,而此复合物被氧化成过氧化复合物,并先后释放出一分子的腺苷酸和一分子二氧化碳,获得处于激发态的氧化虫荧光素。当氧化虫荧光素回到基态时,辐射光能量。以上反应一般需二价金属离子参与,如锰、锌、钴和镁等离子,其中镁离子最佳。

$$\text{D-luciferin} + \text{ATP} + \text{O}_2 \xrightarrow{\text{虫荧光素酶}} \text{AMP} + \text{oxyluciferin} + h\nu$$

图 5-15 虫荧光素酶生物发光

2) 海洋荧光素酶(marine luciferase)体系

如图 5-16 所示,在海洋荧光素酶的催化作用下,底物腔肠素(coelenterazine)被氧分子氧化成过氧化物,随后脱羧,产生第一激发单重态的腔肠素酰胺阴离子(coelenteramide),返回基态过程中产生生物发光。海洋荧光素酶体系不需要 ATP,因此更便于体内生物发光的研究。目前研究最为透彻的是海肾荧光素酶,分子质量为 36kDa,比虫荧光素酶小,因而作为生物发光标记探针的空间位阻更小。

$$\text{coelenterazine} + \text{O}_2 \xrightarrow{\text{海肾荧光素酶}} \text{coelenteramide} + \text{O}_2 + h\nu$$

图 5-16 海肾荧光素酶生物发光

内容提要与学习要求

当分子受到光照、化学能或其他如热能、电能激发后跃迁至激发态,因激发态不稳定而通过能量释放方式回到基态。在能量释放过程中,会伴随有如荧光、磷光、化学发光、生物发光等发光现象。这些发光信号可以通过光学响应仪器检测,并且与待测物质的量呈简单的函数关系,进而可以建立高灵敏的发光分析方法。

本章主要介绍了分子发光的类型,荧光与分子结构的关系,分子荧光和磷光的产生、相关光谱及其应用,荧光分光光度计的结构,化学发光的产生及其典型的化学发光体系,以及生物发光分析法。

要求掌握发光信号与分子结构及所处的环境的关系,要求掌握荧光、磷光、化学发光、生物发光等发光机制,发光信号的检测仪器设备结构,了解发光技术、发光试剂仪器、新型发光仪器设备在分析化学中的应用前景。

练 习 题

1. 解释名词:振动弛豫、系间跨越、内转换、单重态、三重态、荧光、荧光量子产率、化学发光和生物发光。

---

① Da,原子质量单位,1Da=1.66054 × 10^{-27}kg。

2. 雅布隆斯示意图有什么作用和学术价值?
3. 分子发光分析法主要包括哪些?
4. 简述荧光和磷光产生的基本原理。
5. 激发光谱和荧光光谱的关系是什么?
6. 影响有机分子荧光的因素有哪些?如何获得高量子产率的有机小分子探针?
7. 试比较紫外、荧光及化学发光分析方法原理的异同点,并比较三种分析方法的灵敏度。
8. 该如何定义荧光寿命?又该如何测定?
9. 荧光猝灭的方式有哪些?如何理解动态猝灭和静态猝灭有相似的猝灭方程?如何区别动态猝灭和静态猝灭?
10. 常见的化学发光体系包括哪些?
11. 举例说明常见的生物发光体。
12. 目前常用的生物发光体系主要包括哪些?列举重要的生物发光体系,并说明其在现代生物分析中的用途。
13. 化学发光和生物发光体系分别可应用于哪些物质的检测?
14. 荧光分光光度计、化学发光仪和生物发光仪各自由哪些部件构成?空间如何布局?各有什么优缺点?
15. 化学发光分析仪有哪几部分组成?
16. 典型的化学发光体系有哪些?
17. 化学发光产生的条件是什么?
18. 化学发光分析法有什么特点?
19. 化学发光有什么特点?
20. 影响化学发光的因素有哪些?
21. 荧光定量分析有哪几种方法?
22. 试比较直接荧光法、荧光各向异性分析法及荧光比率法各自的优缺点。
23. 荧光发射与分子结构有什么关系?

第 6 章　光散射光谱分析

6.1　光散射现象及种类

6.1.1　光散射现象

当光线通过不均匀介质时，光线强度降低。降低的原因是由于吸收、反射、折射、透射、衍射和散射共同引起的。正是因为这些共同作用，一束光线不可能传播无限远。

光散射(light scattering)是一种广泛存在的自然现象，是指光束通过不均匀介质时，具有不同波长的光子因与介质中不均匀区域(如介质中的悬浮颗粒)发生碰撞后偏离原来的传播方向而向除传播方向以外的其他各个方向传播，以至于在除入射光方向观察到光线以外，在其他各个方向上都能观察到光线，而那些介质中的悬浮颗粒反而像是一个光源辐射发射出光一样，因而散射光又称二次辐射(secondary radiation)。如果介质中悬浮颗粒浓度很高，会产生多次散射(multiple-scattering)。散射光的性质与散射颗粒的大小、形状、结构及成分、组成和浓度等因素密切相关。

光散射的产生源于光子与介质中的悬浮颗粒之间的相互作用，因而有光存在的地方就有光散射现象存在。日升的晨曦、落日的彩霞、多彩的霓虹、阴霾的天气、湛蓝的天空和深蓝的大海，处处都是因为有散射光的存在而使得我们生存的世界色彩斑斓、美丽无限[①]。

6.1.2　光散射种类

当一束光通过胶体时，因为具有丁铎尔现象(Tyndall phenomenon)而在垂直于入射光方向有一条清晰的光柱。实际上，丁铎尔散射是众多光散射种类之一。

根据光子与介质及悬浮在介质中的颗粒发生相互作用以后散射光光量子能量(频率或波长)是否发生改变，把光散射分为弹性散射(elastic scattering)和非弹性散射(inelastic scattering)。各种散射类型的频率分布如图 6-1 所示。

发生弹性散射的光子，其能量不发生变化，频率或波长没有改变。根据散射颗粒的大小，弹性散射可分为瑞利散射(Rayleigh scattering)、丁铎尔散射(Tyndall scattering)和米氏散射(Mie scattering)。

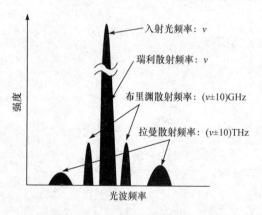

图 6-1　各类光散射的频率分布

---

① 有关弹性光散射在分析化学中的应用，有兴趣的学生请参见：黄承志，凌剑，王健，等. 弹性光散射光谱分析. 北京：科学出版社，2017.

发生非弹性散射的光子，能量发生微弱改变，频率或波长发生微弱移动，主要包括拉曼散射(Raman scattering)和布里渊散射(Brillouin scattering)。

图 6-2 是使用荧光光谱仪测定二次水和有机荧光分子水溶液所得到的三维发射光谱[①]。其中激发和发射波长完全相等的光信号源于弹性光散射(包括丁铎尔散射、瑞利散射等)；与激发波长有 1.28 倍关系光信号的是溶剂(水)的拉曼散射信号，该倍数关系会随着溶剂介质的变化而发生变化；激发和发射波长存在有 2 倍或半倍关系的信号，是源于荧光分光光度计的单色器。在图 6-2(a)中的激发波长为 550～650nm、发射波长为 580～670nm 的隆起区域，是荧光分子硫酸耐尔蓝(nile blue sulfate, NBS)的荧光发射信号。注意图 6-1 的横坐标是频率，而图 6-2 的横坐标是波长。

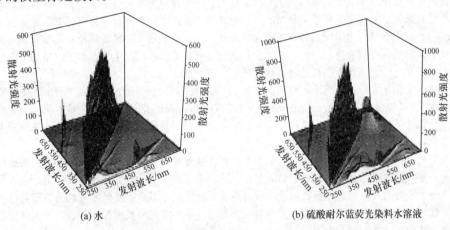

(a) 水　　　　　　　　　　(b) 硫酸耐尔蓝荧光染料水溶液

图 6-2　水和硫酸耐尔蓝荧光染料水溶液的光散射和荧光发射信号

$1.2×10^{-5}$ mol·L^{-1}；pH 7.40(Tris 盐酸缓冲溶液)；离子强度：0.0045

6.2　光散射的本质

在我国历史上，就有《两小儿辨日》的记载，说的是教育先师孔丘带领学生在游学过程中遇见两个小孩争论是早晨还是中午的太阳距地球更近。因孔先师不明白光散射的原理而不能回答两个小孩的问题。实际上，人们认识光散射现象主要是从蓝天和深海开始的，以至于在很长一段时间里有"天蓝物理"和"海蓝物理"之说。

6.2.1　丁铎尔散射

19 世纪中叶英国物理学家丁铎尔(John Tyndall, 1820—1893)认为，当太阳光通过空气时，由于太阳光中蓝、紫、靛等光波长较短，很容易被悬浮在空气中的各种微粒向各个方向散射，使天空呈现出蔚蓝色。这就是所谓的丁铎尔散射模型。所以丁铎尔认为，晨曦、晚霞和正午的蓝天是产生源于飘浮在空气中的各种微小尘埃、水滴、冰晶等物质。

丁铎尔散射光强度与入射光频率的四次方成正比，因而蓝、紫等短波长光散射强度比红色等长波长光的散射光强度要强。随着颗粒尺寸的增加，散射光越来越强。当散射颗粒的大小在 40～900nm 时，因为这些颗粒大小分布跨过了可见光波长范围(390～780nm)，所以极易

---

① Huang C Z, Li Y F, Hu X L, et al. Anal. Chim. Acta, 1999, 395: 187-197.

观察到丁铎尔现象。如果颗粒进一步增大，光的反射和折射程度也将随之加大。所以，当光通过悬浊液或者在乌云密布的天气下，由于散射颗粒的大小比可见光波长尺寸大，以至于入射光或太阳光发生了光的折射、反射和少量散射。

延伸阅读 6-1：丁铎尔散射的发现

当太阳光束照射到房间内，由于房间内光的亮度相对于太阳光要暗很多，因而看到太阳光束里有很多尘埃。其实这些尘埃不仅存在于光束中，而是分布在整个房屋空间里。这些颗粒把太阳光散射到与太阳光照射不一致的方向上，有些散射光线也就进入我们的眼睛，让我们能看到空气中飘浮的尘埃。

在 19 世纪 60 年代末，丁铎尔在一天下午注意到当太阳光穿过窗帘缝隙照射到暗室里面时，肉眼就能看到在太阳光束里面漂浮了很多小颗粒，并且颗粒越大，房间越暗肉眼看得越清楚。大颗粒的散射光和反射光与从小微粒散射出来的光是完全不相同的。针对这种现象，丁铎尔进行了系统研究，并提出了丁铎尔效应(Tyndall effect)。他进一步发现，即使不使用显微镜，由于有散射光，肉眼就能看见暗背景下浓度很低且常规条件下肉眼很难看见的颗粒，并且还可以计量尘埃颗粒数。所以，丁铎尔认为，暗背景下将光线照射到空气是检查空气纯度、是否有颗粒的有效、灵敏方法。

丁铎尔将其发现与当时刚发明的电灯结合起来，以电灯(electric-powered light)为光源，结合光聚器(light concentrators)研发了能见度测定表(nephelometer)、浊度仪(turbidimeter)及类似的其他通过聚光光束能展示溶液气溶胶和胶体性质的仪器。所以，丁铎尔是光散射定量分析仪器的创始人，后人以此为基础研发出了如浊度计等各种商品化光散射仪器设备。

丁铎尔早期的研究工作(1850~1856 年)主要集中在实验物理中有关磁学(magnetism)和反磁极性领域，也涉及辐射与空气的作用。他毕生的研究领域很广，涉及光、电、声、热等领域，曾得到著名大师、光谱分析法创立者本生的指点。这些经历为他后来取得辉煌成就奠定了基础。丁铎尔效应是有记载以来科学家对光散射现象的最早发现和探索，揭示了光照射在均匀悬浮液中的颗粒或者胶体颗粒时产生的散射，反映了均匀悬浮液的光学性质。

需要说明的是，丁铎尔散射是"蓝天物理(blue sky physics)"的基础，但对"天蓝蓝"的解释并不完美。直到现在，我国还有很多教科书将丁铎尔散射作为"天蓝蓝"的唯一因素是十分错误的。

6.2.2 瑞利散射

按照丁铎尔的解释，"天蓝蓝"主要是由悬浮在空气中的各种微粒如水滴、冰晶等散射引起，天空的颜色和深浅就应随着空气温度和湿度变化而发生变化，也就是在潮湿地区和沙漠地区就应该有不同蓝色的天空。但实际情况是无论在沙漠、绿洲、还是大海上的天空都是深蓝色的，这是丁铎尔散射模型解释不了的。

丁铎尔散射模型解释"天蓝蓝"的不足后来为英国著名物理学家瑞利(John Rayleigh, 1842—1919)进一步完善。19 世纪末，瑞利发现空气本身就含有的氧和氮等分子对阳光就有散射，而且也是蓝色光容易被散射。所以，瑞利认为理想状态下的球形分子或颗粒的散射光决定于颗粒大小(a)、入射光波长(λ_0)、颗粒的折光常数(m)、环境的介电常数(n_{med})和检测方向(ϕ)等参数，即单个散射颗粒的瑞利散射光强度为[①]

$$I = I_0 \cdot \frac{16\pi^4 r^6 n_{med}^4}{d^2 \lambda_0^4} \cdot \left|\frac{m^2-1}{m^2+2}\right|^2 \cdot \sin^2\phi \qquad (6-1)$$

[①] 瑞利散射公式在文献中表达形式多达十余种，并且有些形式上差异还很大。式(6-1)是常用的一种，前者表示的单个散射颗粒在某个检测角度的散射强度。参见：李锦瑜，曾道刚. 瑞利散射公式讨论. 大学化学, 1992, 7(1): 58-60, 57.

式中，I 为散射光强度；r 为颗粒半径；n_{med} 为介质折光指数；I_0 为激发光强度；d 为散射颗粒到检测器的距离；λ_0 为激发光在真空中的波长；m 为激发波长处散射颗粒的相对折光指数，是散射颗粒的折光指数(n_p)与介质折光指数(n_{med})之比；ϕ 为散射光线所处的三维坐标系中检测散射光与 Y 轴的夹角，如图 6-3 所示。

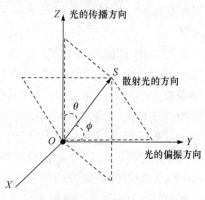

图 6-3 散射光的检测

式(6-1)就是著名的瑞利散射公式，展现了瑞利散射的三个核心思想：①与丁铎尔散射一样，比波长尺度小的颗粒更容易散射短波长入射光线，散射光强度与散射颗粒大小呈六次方的正比关系；②在特定方向(ϕ)上的散射光强度与波长四次方成反比；③散射光强度与散射角相关。

瑞利散射得以存在的前提是假定颗粒或分子是球形的，并且大小远小于入射光波长(通常颗粒直径小于波长的 20 倍)，以至于颗粒或分子中所有电子以与入射光相同的相位和频率进行振荡。也就是说，是振荡电子偶极子产生了散射光。

瑞利散射公式对"天蓝蓝"的原因进行了很好的理论解释，说明"天蓝蓝"不仅是因为尘埃、水滴、冰晶等空气中的微粒散射，空气中的分子散射也是"天蓝蓝"的主要因素。同样的道理，也能很好地理解"海蓝蓝"是源于水分子对光的选择性吸收和悬浮在水体中远小于可见光波长颗粒对短波长光的强散射。由于水不吸收蓝绿色(480 nm)光线，以至于越深或越清的水体呈蓝或蓝绿色。需要说明的是，尽管瑞利很好地解释了"天蓝蓝"问题，但他错误地把"海蓝蓝"问题归结于海水对蓝色天空的反射。若干年后，印度物理学家拉曼纠正了瑞利的错误。

学习与思考

(1) 利用丁铎尔效应设计一款浊度仪(turbidimeter)。
(2) 查阅文献，讨论瑞利散射公式中相对折光指数(m)的含义。
(3) 为什么有些湖泊的水是墨绿色的，而有些是蓝色的，而有些反而没有颜色？
(4) 图 6-4 形象展现了各种弹性散射，试从示意图中找出各种散射的特征及共同点。

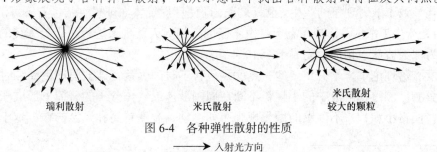

瑞利散射　　米氏散射　　米氏散射 较大的颗粒

图 6-4 各种弹性散射的性质
⟶ 入射光方向

6.2.3 米氏散射

正如前所述，瑞利散射适用于颗粒大小小于入射光波长 20 倍的球形颗粒，因而所指主要是分子散射(molecular scattering)。但随着颗粒增大，颗粒中不同部分的电子振荡的相位不同，使得大颗粒中不同部位的电子干扰了散射光子，以至于散射光强度和角度分布也随其偏离振荡电子偶极。所以，大颗粒的散射不能再用瑞利散射公式解释，而必须考虑散射颗粒电荷的空间分布情况。同样，面对一个如产生"天蓝蓝"和"海蓝蓝"等复杂的散射体系，存在大量组成不同、颗粒大小和形状不一的水滴、冰晶、尘埃和气体分子，不能简单地用瑞利散射来解释。

鉴于此,德国物理学家米氏(Gustav Adolf Feodor Wilhelm Ludwig Mie, 1868—1957)于1908年把散射颗粒看作导电小球，并根据光波在电场中发生极化产生的向外辐射电磁波而提出了悬浮颗粒大小与入射波长相近时的散射理论，开创性地将麦克斯韦方程组[①](Maxwell's equation)应用到任意大小均匀球形颗粒的光散射进行理论求解。

米氏计算有以下两个十分有意义的发现。

(1) 大颗粒散射与瑞利散射有所不同，只有当球形颗粒的半径(r)与入射光波长(λ)满足$r<0.3\lambda/2\pi$时，球形颗粒的电磁波散射符合瑞利定律。

(2) 如果r较大，散射光强度与波长没有四次方呈反比关系。正因为如此，当使用白光照射大颗粒散射物质如天空的云彩时，散射光仍为白光。

后人将上述两个基本点称为米氏理论(Mie theory)[②]。由于米氏散射是指颗粒尺度接近或大于入射光波长的颗粒闪烁现象，有时又称"粗粒散射"。需要说明的是，米氏散射理论是基于麦克斯韦方程进行求解，仅解决了球形颗粒对光的散射问题。不过，米氏散射为现代物理学理论研究做出了很好的表率，为后来系统研究光散射现象开辟了道路。

6.2.4 密度涨落理论

瑞利的天蓝理论虽然很成功，但必须假定空气是理想气体(ideal gas)。波兰统计物理学家斯莫卢霍夫斯基(Marian Smoluchowski, 1872—1917)和犹裔美籍科学家爱因斯坦由于受波兹曼统计力学(statistical mechanics)的影响，利用统计热力学中当时刚提出的"熵(entropy)"的概念分别于1908年和1910年各自独立报道了光的散射产生于与时间或空间相关的密度涨落(density fluctuation)。

斯莫卢霍夫斯基和爱因斯坦通过研究分子运动论提出了布朗运动(Brownian movement)理论，认为即使是十分纯净的空气，其性质是动态的，是有涨落起伏的，以至于空气密度因涨落发生变化导致了散射现象的产生。也就是说，即使理想气体如理想空气也有不可消除的"杂质"，对阳光产生了散射，形成了蓝天。由于爱因斯坦对天蓝现象进行了十分完美的解释，所以人们认为"天蓝蓝"物理学完成于1910年[③]。

在密度涨落理论中，十分重要的一点就是包含了时间因素，即散射体运动和时间变化对光散射的影响。漂浮在溶液中的小颗粒不断在周围液体或气体分子的碰撞下形成涨落不定的净作用力，使得小颗粒永不停歇的做无规则布朗运动，温度越高和漂浮的颗粒越小，布朗运

---

① 麦克斯韦方程组是英国伟大的物理与数学家麦克斯韦(James Clerk Maxwell, 1831—1879)在总结电磁学三大实验定律(法拉第电磁感应定律、库仑定律和安培定律)并通过类比力学模型基础上提出来用于描述电场、磁场与电荷密度、电流密度之间关系的方程组，包含四个偏微分方程。

② 米氏并不是最早把麦克斯韦用于解释电磁散射问题的人。在他之前，德国数学家克莱布什(Rudolf Friedrich Alfred Clebsch, 1833—1872)、丹麦数学和物理学家洛伦兹(Ludvig Valentin Lorenz, 1829—1891)、荷裔美国物理和化学家德拜(Peter Joseph William Debye, 1884—1966)等也从事了相关研究，因而有洛伦兹-米氏理论(Lorenz-Mie theory)或洛伦兹-米氏-德拜理论(Lorenz-Mie-Debye theory)的说法。

③ 华裔诺贝尔物理学奖获得者高锟教授就是受爱因斯坦的"天蓝蓝"物理学的影响提出了理想玻璃中存在有不可消除的"杂质"以至于导致了光纤通信信号中损失的观点，并且认为是不可能通过光纤制造技术来消除这种"杂质"引起的信号损失。

动都越明显。1842年,奥地利物理及数学家多普勒(Christian Johann Doppler, 1803—1853)认为,物体辐射的波长随波源和观测者的相对运动而发生变化。所以,很容易设想,当光照射到运动着的颗粒上时,因分子热运动产生以无规则行走和扩散运输为主要特征的布朗运动,使得颗粒时而远离入射光源、时而接近入射光源,产生多普勒位移(Doppler shift)。换句话说,散射光波长(λ)总会与入射激发光波长(λ_0)之间存在或多或少的波动,即

$$\lambda = \lambda_0 (1 + \frac{v}{c}) \tag{6-2}$$

式中,v为溶液中颗粒的瞬时速度;c为光速。

正是因为布朗运动导致多普勒效应,所以颗粒运动产生的散射光强度随时间而发生"涨落",称为动态光散射(dynamic light scattering, DLS)。由于布朗运动与颗粒大小、介质黏度、温度等因素相关,颗粒或分子越小,布朗运动越快,散射光的强度波动就越快。因此,近年来利用光散射信号的动态波动对颗粒或分子大小、相对分子质量、分散性、均匀度等信息研发了一系列动态光散射分析方法和技术。

悬浮在液体中的颗粒在进行布朗运动时,其在溶剂中的扩散系数与粒度成反比,二者满足斯托克斯-爱因斯坦(Stokes-Einstein)方程:

$$D = \frac{K_B T}{6\pi \eta_0 d} \tag{6-3}$$

式中,D为扩散系数,$cm^2 \cdot s^{-1}$;K_B为玻尔兹曼常量[①](Boltzmann constant, erg[②]$\cdot K^{-1}$);T为热力学温度,K;η_0为黏度,$P[10^{-2}g/(cm \cdot s)]$;d为流体力学直径,cm。可通过测量颗粒的光散射强度与时间的函数关系来得到扩散系数。

在颗粒做布朗运动时,其散射光波动的频率包含了颗粒大小的信息。其中,小颗粒波动较快,大颗粒波动较慢。通过观察布朗运动及测定液体媒介中颗粒的扩散系数即可测得颗粒的粒径。据此,很多厂家开发了动态光散射粒度分析仪(dynamic light scattering particle size analyzer)用于颗粒大小分布的测定。

由于大多数原料药和粉针剂、散剂、颗粒剂、粉雾剂、软膏剂、脂质体等药物制剂,以及如片剂和胶囊剂等制剂中间体呈粉状或颗粒状,其大小和粒度分布对药物的有效性、稳定性及安全性有重要影响,因此动态光散射在原料药和制剂的药物质量控制中用途十分广泛。

延伸阅读6-2:动态光散射分析技术

动态光散射技术具有测量粒度范围广、样品用量少及测定结果具有统计意义等优点,自从其被发现以来,已经被广泛应用于石油、化工、食品、医药、环保、冶金等领域。在药物分析领域,人们可以通过动态光散射技术测试原料及制剂的粒度大小和颗粒分布,以确保药品的质量及其临床使用安全性。

如图6-5所示,构成动态光散射激光粒度仪的主要光路元器件包括激光器、样品池、光电倍增管、数字相关器及显示器。入射激光经过光学准直系统和垂直偏振片后进入样品池,产生的散射光进入光电倍增管,之后再通过数字器件进行相关函数分析后即可得到被测样品的各种动态特性参数。

图6-5 动态光散射激光粒度仪示意图

[①] 玻尔兹曼常量大小为$1.3806505 \times 10^{-23} J \cdot K^{-1}$,可通过$R = K_B N_A$计算,其中$R$为摩尔气体常量,$N_A$为阿伏伽德罗常量。

[②] erg,功的单位,$1 erg = 10^{-7} J$。

与动态光散射相对应,在不考虑散射体运动或时间变化对光散射信号影响的前提下也有静态光散射(static light scattering, SLS)。

为了尽量避免样品产生荧光或散射信号以外的光信号产生干扰,大多数静态和动态光散射仪都使用近红外激光器作为光源;检测器部分也很少使用分光系统,而直接使用光电倍增管检测。这时,检测到的光散射信号不能简单归于瑞利散射、米氏散射、弹性散射或非弹性散射。

学习与思考

(1) 什么是布朗运动?布朗运动遵循什么规律?几何布朗运动又是怎么回事?
(2) 式(6-2)中没有包含温度因素。试讨论,温度升高下散射波长的波动情况。
(3) 动态光散射和静态光散射的表现是否涉及光散射信号的本质问题?为什么?
(4) 查阅文献,看看动态光散射在药物研发中有什么应用。

6.2.5 拉曼散射

前面所述的几种散射主要是涉及散射光强度和方向问题,但并未涉及光的能量(频率或波长)变化。1928 年,印度物理学家拉曼(Sir Chandrasekhara Venkata Raman, 1888—1970)发现,当入射光与分子相互作用时,由于分子振动而引起的散射光波长频率发生变化,即发生了非弹性散射。拉曼的发现证实了奥地利理论物理学家斯梅卡尔(Adolf Gustav Stephan Smekal, 1895—1959)在 1923 年的预言,明确了散射光光谱除含有原波长光的一些成分以外,还有一些强度很弱、但波长与原来光的波长相差一个恒定数量的光信号,需要使用强光照射才能观察到。后人将其称为拉曼散射或拉曼效应(Raman effect)。

由于拉曼散射需要强光激发并受到瑞利散射的强光干扰,以至于有关拉曼光谱的研究和快速发展至 20 世纪 60 年代激光器出现以后才真正开始,到现在已经广泛应用于不同化学结构、不同物理状态下分子的表征。

延伸阅读 6-3:拉曼及拉曼散射的发现

印度物理学家拉曼爵士是第一位获得诺贝尔物理学奖的亚洲科学家。他出生在一个知识分子家庭,父亲从事大学数学和物理教育,因而受到了很好的科学启蒙教育,喜欢音乐。他 14 岁上大学、16 岁获得学士学位、19 岁获得硕士学位并成为最高优秀研究生。研究生毕业后进入政府部门任职,但他并没有中断科学、声学和乐器理论研究,并且靠自己努力取得了一系列成果,以至于在他 29 岁时,辞去政府职位接受了加尔各答大学(University of Calcutta)破例给他的物理学教授职位。

1921 年,由于研究成果在学术界得到了广泛认同,拉曼受邀代表加尔各答大学去牛津参加英联邦的大学会议并借机在英国游学。在从英国返印度途径地中海时,烈日下的蓝色海水让他对当时瑞利提出的"深海蓝色是海水反射天空蓝色被所致"产生了怀疑。他立即将随身携带的一些光学设备如尼科尔棱镜等在甲板上进行实验,发现海水自身的蓝色比天空更深,而且海水吸收光谱的最大值比天空吸收光谱的最大值更大。他当即撰写了两篇论文,陈述了海水的蓝色起因于水分子对光的散射,而不是源于天空反射。

回到印度后,拉曼立即与学生们一起开展了一系列的实验和理论研究,发现如果侧面观察经紫色滤光片后的太阳光照射到盛有纯水或乙醇的烧瓶上会有很弱的绿色偏振光。由于这种光的波长发生了变化,他把这种新辐射称为变散射(modified scattering),并写了一篇短文发表在 1928 年 3 月 31 日的 *Nature* 杂志上。这种变散射信号就是后来以其名字命名的拉曼散射。

拉曼的这一发现，为光的量子理论提供了新的证据，很快得到公认，并于 1930 年获得了诺贝尔物理学奖。由于海森堡在发现 X 射线的康普顿效应后于 1925 年曾预言可见光也会有类似效应，所以英国皇家学会称拉曼的发现为"20 年代实验物理学中最卓越的三四个发现之一"。

6.2.6 布里渊散射

与拉曼散射一样，布里渊散射(Brillouin scattering)也是非弹性散射，是法国物理学家布里渊(Léon Nicolas Brillouin，1889—1969)1922 年在其博士论文中提出来的。布里渊首先建立了基于原子振动(声子)的固态方程，然后计算散射体中声波引起密度涨落时散射光的频率分布，最后得出结论，认为入射光的频率附近应该有与入射光学波长不同且对称分布的谱线。

布里渊散射是光波与声波、磁旋波或其他振动波相互作用，使光子传播方向和振动频率发生轻微改变的光学现象。实践证明，光在介质(如空气、水或者晶体)中与光密度差异发生相互作用导致光的能量(频率)和传播路径发生改变的时候就会产生布里渊散射。

由于光子振动频率的改变与其相互作用的声波或磁旋波频率相当，因此通过布里渊散射光谱可分析和测定介质中的声速、温度等参数。与拉曼散射源于分子振动不同，布里渊散射源于声波、磁旋波或其他振动波的振动，用于研究能量较小的元激发(如声子和磁振子等)。由于声波的振动频率和分子的振动频率不同，布里渊散射所检测的振动频率在 500GHz 以下，而拉曼散射可以到 THz 范围。

无论是拉曼散射还是布里渊散射，都是反映了当光照射在分子、原子等微粒的转动、振动、晶格振动及各种微粒运动参与的作用下散射光能量变化情况，信号很弱，因而都是在激光技术发展起来以后才得到大力发展的。

延伸阅读 6-4：元激发

在经典力学中，非相互作用颗粒的运动在一条直线上是相当简单的。但在量子力学中，颗粒的运动是移动平面波的叠加；而在固体中，粒子运动非常复杂，每一个电子和质子被推和被拉(由库仑定律)是由在固体中所有其他电子和质子所决定的。这些强烈相互作用使得人们很难所决定的预测和理解固体的行为。所以，人们引进准颗粒(quasi particle)的概念，从而通过数学描述把固体中的复杂运动变成准颗粒的简单运动，使其更像非相互作用颗粒。

在固体物理中，基态时体系的能量最低。例如，在正常状态下，原子处于最低能级时电子会在离核最近的轨道上运动，此时电子状态是稳定的；晶体的基态是指晶格具有完整无缺的周期性，其中的每个组成原子都固定在平衡位置。但实际上，真实的晶体总是处于激发状态，其靠近基态的低激发态是一些独立基本激发单元的集合，具有确定的能量和波矢。这些基本激发单元就是元激发(elementary excitation)或准颗粒。所有元激发能量子的总和就是体系所具有的激发态能量。

元激发分为集体激发(collective excitation)和个别激发(individual excitation)。其中集体激发包括格波振动激发的量子即声子(phonon)；磁性材料中的自旋波量子即磁振子(magnon)、金属中的等离子集体振荡量子即等离激元(plasmon)、光子与光学模横声子的耦合即极化激元(plasmariton)等；而个别激发包括极化子(polaron，离子晶体中的慢电子与光学模纵声子相互作用形成)、金属准电子(quasi-electronic)、激子(exciton，电子-空穴束缚对)、能带电子及超导元激发(电子-空穴对型激发)等。

人们引进元激发的概念使复杂得多体问题得到简化，接近于理想气体的准颗粒系统，也使得固体理论的大部分复杂问题简化而得以解决。需要说明的是，尽管使用元激发概念成功地解释了晶体的许多性质，但有关理论还仅是适用于偏离基态较小的弱激发态。

6.2.7 康普顿散射

康普顿散射(Compton scattering)是美国物理学家康普顿(Arthur Holly Compton, 1892—1962)1923 年在研究石墨、石蜡等较轻物质的 X 射线散射时发现的。由于康普顿实验证实了光子既具有能量又具有动量，因而被认为是继爱因斯坦只涉及光子能量的光电效应之后第一次证明光波粒二象性的实验。

康普顿发现，当把 X 射线投射到石墨上以后，其散射光包含了不同频率的两种成分，其中一种频率和原来入射的 X 射线频率相同($\nu = \nu_0$ 或 $\lambda = \lambda_0$)，另一种比原来入射线的频率小($\nu < \nu_0$ 或 $\lambda > \lambda_0$)，但频率改变程度与散射角相关。根据光的波动理论，散射不会改变入射光的频率，因而能很好地解释第一种散射信号；而经典电磁理论很难解释频率变小的第二种成分。康普顿借助于爱因斯坦的光子理论，从光子与电子碰撞的角度圆满地解释了此实验现象，并将其解释发表在 1923 年 5 月的《物理评论》(*Physical Review*)上。

康普顿认为，第二种散射成分是源于光量子和电子的相互碰撞，而整个碰撞体系需要保持能量和动量守恒。根据量子论，不是所有的电子能散射某一特殊的 X 射线量子，有些 X 射线量子把其所有能量消耗在某个特殊的电子上，以至于电子紧接着将射线量子向与入射方向成一定角度的方向散射，导致辐射量子路径改变而导致动量发生变化，其最终结果是散射电子以与 X 射线动量变化相等的动量反冲，散射射线的能量等于入射射线的能量减去散射电子反冲的动能。

根据碰撞颗粒的能量和动量守恒，可以得出频率改变和散射角的依赖关系：

$$\Delta\lambda = \frac{h}{m_0 c}(1 - \cos\theta) \tag{6-4}$$

这就是康普顿效应(Compton effect)的数学表达。式中，$\Delta\lambda$ 为入射波长 λ_0 与散射波长 λ 之差；m_0 为电子的静止质量；c 为光速；h 为普朗克常量；θ 为散射角。由式(6-4)可知，康普顿散射波长的改变值取决于散射角 θ，而与入射波长 λ_0 无关。换句话说，对于某一固定散射角度，波长改变的绝对值是一定的。

学习与思考

(1) 查阅文献，了解什么是康普顿轮廓和逆康普顿效应；了解什么是康普顿散射的微分截面。
(2) 康普顿散射实验的成功为人们从事分析化学研究带来了什么启示和机遇？
(3) 我国物理学家吴有训(1897—1977)是康普顿教授在芝加哥大学指导的研究生，对康普顿散射实验做出了杰出的贡献。1926 年，他以《康普顿效应》为题通过了博士论文答辩，获博士学位。试查阅文献，了解吴有训先生在芝加哥大学的杰出研究工作。
(4) 与元激发相对，是否存在有元吸收(elementary absorption)、元发射(elementary emission)、元散射(elementary scattering)等存在于固体、液体和气体中的各种物理概念？如果有，这些物理概念在分析化学中将可能有什么样的应用？

6.3 共振光散射光谱分析

前已述及，光散射与介质中漂浮的颗粒大小、材质、形状和数量有关。如果只考虑颗粒大小因素,当颗粒直径(d)远远大于入射光波长(λ_0)时,将产生反射和折射;当颗粒直径与入射光波长相近,则产生丁铎尔散射;当颗粒很小,如 $d \leqslant 20\lambda_0$ 时,便产生以瑞利散射为主的分子散射。

6.3.1 共振光散射光谱分析法的理论基础

对于一个单位体积里含有 N 个质地相同、大小比入射光波长小约 20 倍的球形颗粒所组成的散射体系,散射光强度为

$$I = I_0 \cdot \frac{16VN\pi^4 r^6 n_{\text{med}}^4}{d^2 \lambda_0^4} \cdot \left|\frac{m^2-1}{m^2+2}\right|^2 \cdot \sin^2\phi \tag{6-5}$$

式中,V 为溶液的体积,L。如果引入阿伏伽德罗常量(Avogadro constant,N_A),可得出散射光强度与溶液中颗粒浓度之间的关系为

$$I = I_0 \cdot \frac{16VN\pi^4 r^6 n_{\text{med}}^4}{N_A d^2 \lambda_0^4} \cdot \left|\frac{m^2-1}{m^2+2}\right|^2 \cdot \sin^2\phi \tag{6-5a}$$

即

$$I = I_0 \cdot \frac{16c\pi^4 r^6 n_{\text{med}}^4}{d^2 \lambda_0^4} \cdot \left|\frac{m^2-1}{m^2+2}\right|^2 \cdot \sin^2\phi \tag{6-5b}$$

由于各散射颗粒所处介质一致(n_{med}、m)、各散射颗粒的性质完全相同(r),信号检测的角度(ϕ)和距离(d)保持不变,因而式(6-5b)可以进一步表达成与浓度相关的线性方程:

$$I = kc \tag{6-6}$$

式(6-6)就是光散射光谱分析的定量基础,其中 k 是一个常数,与下列因素有关:

$$k = \frac{16\pi^4 r^6 n_{\text{med}}^4}{d^2 \lambda_0^4} \cdot \left|\frac{m^2-1}{m^2+2}\right|^2 \cdot \sin^2\phi \tag{6-7}$$

瑞利散射公式的适用范围:
(1) 一般适用于不导电、各项同性的球形质点体系,如入射光波长远离散射颗粒的吸收带。
(2) 由于满足瑞利散射的散射颗粒体积小,仅是入射波长的 1/20~1/15,因而不需要考虑光反射。
(3) 如果散射颗粒还处于均匀的电场中,各散射单元散射光的相位应该近似,而不至于发生彼此之间的干涉(即内干涉)。
(4) 瑞利散射适用于稀体系,散射颗粒之间彼此相距较远,每个散射颗粒的散射都是独立而不相干(外干涉),没有多次散射的情况发生。

学习与思考

---

(1) 根据式(6-5),讨论式(6-6)得以成立的必要条件。
(2) 在式(6-7)表达的常数中,是否受介质温度、溶液黏度的影响?
(3) 如果溶液中散射颗粒粒径很大或者浓度很大,式(6-6)是否成立,为什么?

6.3.2 共振光散射增强

当入射光波长与散射颗粒的吸收带接近时,由于电子吸收的电磁波频率与散射频率相同,发生共振而强烈吸收入射光能量并产生再次散射,该现象即为共振瑞利光散射(resonance Rayleigh light scattering, RRLS)增强。

实际上式(6-5)中的相对折光指数 m 的完整表达方式应该为

$$m=\frac{n_P}{n_{med}}=\frac{n_{real}+in_{im}}{n_{med}} \tag{6-8}$$

式中,i 为复数,其大小为 $i=\sqrt{-1}$。

式(6-8)说明,在颗粒吸收带附近,散射颗粒的折光指数由两部分组成,其中一部分是与电子吸收没有关系的实部(real part),即式(6-8)中的 n_{real};另一部分是与电子吸收密切相关的虚部(imaginary part),即 n_{im}。由于有 n_{im} 存在,总有一个波长使得式(6-5)中 $m^2+2=0$,也就是有 $m=-\sqrt{2}\,i$,以至于式(6-5)所表示的散射强度得到极大增强。

分子在一定条件下形成聚集体后将在聚集体吸收带附近产生强烈的共振瑞利光散射增强。这种共振瑞利光散射增强信号可以使用普通荧光分光光度计测定。不过,当散射颗粒较大时,实际测得的共振光散射光谱并非单纯的共振瑞利散射,它还可能含有丁铎尔散射成分,所以使用普通荧光光度计测定的光散射信号随波长变化的光谱常统称为共振光散射(resonance light scattering, RLS)光谱。

6.3.3 共振光散射光谱分析法

共振光散射光谱可利用普通荧光光度计获得。测定时,将被测样品置于样品池中,选择合适的激发和发射通带宽度,采用相同的激发和发射波长同时扫描激发和发射单色器,得到的同步光谱($\Delta\lambda=0$)即为被测样品的共振光散射光谱。

正如式(6-6)所示,在仪器条件一定,并且散射颗粒粒径在一定范围内时,光散射强度与散射颗粒的浓度成正比,浓度越大,光散射强度越强,据此可以用于散射颗粒的定量测定。随着散射颗粒粒径进一步增大,将会出现散射强度不仅不随散射颗粒浓度线性增大,甚至出现随浓度增大而下降现象,导致这种现象是由于颗粒粒径过大而发生沉降。

延伸阅读 6-5:共振光散射分析技术的建立

自丁铎尔将光散射用于空气中飘浮颗粒测定以来,光散射技术在颗粒粒径分布、介质浊度测定等方面获得了广泛应用,但一致使用专门光散射仪器测定。直到 1993 年美国史瓦兹摩尔学院的帕斯特纳克(Robert F. Pasternack)等使用普通的荧光光度计通过匹配激发和发射单色器同时扫描,研究了卟啉类物质及其铜离子衍生物在 DNA 上的 J 形堆积,提出了共振光散射技术,把荧光测定中的散射干扰信号加以利用,才将光散射技术与分子聚集过程联系起来。

1995 年,帕斯特纳克在 *Science* 上发表论文,提出将共振光散射技术作为研究生色团聚集的一种新方法。自此以后,共振光散射技术广泛应用于研究有机小分子聚集。20 世纪 90 年代初,我国学者在研究无机离子缔合物的形成、卟啉与 DNA 相互作用时,发现了离子缔合物[①]和 DNA 诱导卟啉

---

① Liu S P, Liu Z F. Studies on the resonant luminescence spectra of Rhodamine dyes and their ion-association complexes. Spectrochim. Acta A. 1995, 51: 1497-1500.

聚集[①]的共振光散射信号增强与金属离子或 DNA 浓度在一定范围内呈线性关系,据此建立了共振光散射技术定量测定金属离子和核酸的分析新方法。从此,共振光散射技术才作为一种新的分析技术被广泛应用于分析化学领域,并随着现代纳米技术的发展而得到广泛应用,形成了一个光散射光谱分析分支。

6.3.4 共振光散射光谱分析法的应用

共振光散射技术具有仪器简单、操作和检测方便、灵敏度高等优点,已经广泛应用于分析化学领域。人们最初以有机小分子染料作为光散射探针,随着纳米技术的发展,人们发现贵金属如金、银纳米颗粒具有比有机小分子染料更强的散射截面。目前,贵金属纳米颗粒的光散射性质已经广泛应用于生物标记、传感与成像分析等领域。

1. 基于有机小分子染料的共振光散射光谱分析

通常来说,有机小分子(organic small molecules, OSMs)染料的瑞利光散射峰非常微弱,但当其与被分析物质结合形成具有大粒径的聚集体或离子缔合物后,共振瑞利光散射信号被显著增强。根据共振瑞利光散射强度的增强值与被分析物浓度之间的关系即可建立相应的分析方法。

该方法目前已广泛用于金属离子、药物、核酸、蛋白质等物质的定量检测。尤其在药物分析中,共振光散射光谱特别适用于无紫外吸收、无荧光发射的药物灵敏检测。

2. 基于金属纳米颗粒的等离子体共振光散射光谱分析

金属纳米颗粒,尤其是金、银等贵金属纳米颗粒置于电磁波中时,其表面电子会以与入射光相同的频率发生振荡产生局域表面等离子体共振(localized surface plasmon resonance, LSPR),展现出典型的局域等离子体共振吸收和散射特性,以至于在白光照射下,贵金属纳米颗粒散射出具有独特颜色的光。散射光的颜色与颗粒的材质、尺寸、形状等因素有关。例如,58nm 的金纳米颗粒的散射光为绿色,而 78nm 的金纳米颗粒的散射光为黄色。有研究表明,一个 60nm 金颗粒的发光能力相当于大约 3.0×10^5 个的荧光素分子。

纳米颗粒的散射光不存在光漂白(photobleaching)现象。具有这种独特光散射性质的纳米颗粒可作为荧光类似物,已被广泛用于细胞成像。例如,在蛋白、病毒等表面修饰上金属纳米颗粒,即可在暗场显微镜下实时监控其进入细胞的动态过程。

当金属纳米颗粒发生聚集后或者加入被分析物有新的金属纳米颗粒生成时,体系的散射光强度将会显著增强。因此,根据加入被分析物后导致的光散射信号强度或波长位移即可实现对金属离子、小分子物质、生物大分子、细胞、病毒、细菌等物质的灵敏检测与表征。

学习与思考

(1) 除了金属纳米颗粒,其他纳米材料是否也可用于光散射分析?为什么?
(2) 查阅文献,了解金属纳米颗粒的材质、尺寸、形状如何影响其散射性质。
(3) 查阅文献,了解哪些金属纳米颗粒用于细胞成像分析。

[①] Huang C Z, Li K A, Tong S. Y. Determination of nucleic acids by a resonance light-scattering technique with $\alpha,\beta,\gamma,\delta$-tetrakis [4-(trimothylammoniumyl)phenyl]porphine. Anal. Chem. 1996, 68: 2259-2263.

6.3.5 共振光散射技术的发展

近年来，人们在最初的共振光散射技术基础上相继进行了升级和改造，提出了三维总光谱技术、液-液界面全内反射-共振光散射技术(TIR-RLS)、共振光散射成像技术、流动注射-共振光散射技术(FIA-RLS)、双波长比率共振光散射技术、后向共振光散射技术(BRLS)、表面增强光散射技术(SELS)、色谱分离-共振光散射联用技术等。这些新方法大大提高了共振光散射分析法的选择性、灵敏度及重现性，获得了广泛应用。

学习与思考

(1) 共振光散射光谱为什么可用于无紫外吸收、无荧光发射的物质的分析检测？
(2) 查阅文献，了解色谱分离-共振光散射联用技术的原理及应用范围。
(3) 查阅《中国药典》，了解庆大霉素中庆大霉素 C 组分的检测方法及原理。

6.4 拉曼散射光谱分析

6.4.1 概论

拉曼散射光谱(Raman scattering spectrum)源于光子与分子的外层电子碰撞。在光子与分子发生碰撞时，分子振动或转动能量与光子能量叠加，电子上升到虚能级后又回到了高于或低于原来的能级上，使得散射光频率发生改变。在这个过程中，光子要么从分子那里获得能量，要么把能量传递给分子。

散射光频率的改变与分子微观结构密切相关，因而拉曼光谱是继红外光谱之后研究分子结构的有力工具。通过研究散射光谱可了解分子的结构特性。物质的拉曼散射峰与其红外光谱峰有一定的对应关系，可用于物质的定性分析，也可用于定量分析。

6.4.2 基本原理

1. 拉曼散射与拉曼位移

当使用频率为 ν_0 的入射光照射试样时，光子与分子之间发生能量交换，使光子的方向和频率均发生改变。这种散射光频率与入射光频率不同且方向发生改变的散射即为拉曼散射。

在拉曼散射中，当受激分子从基态电子能级的基态振动能级跃迁到受激虚态后又返回至电子基态的第一振动激发态能级时，散射光子的能量为 $h\nu_0 - \Delta E$，其中 ΔE 为基态电子能级第一振动激发态的能量，此时产生的拉曼散射线的频率低于入射光频率，称为斯托克斯线(Stokes line)。当处于基态电子能级第一振动激发态的分子跃迁到受激虚态后再返回到基态振动能级时，产生的散射光子的能量为 $h\nu_0 + \Delta E$，此时产生的拉曼散射线的频率高于入射光频率，称为反斯托克斯线(ant-Stokes line)。通常情况下，斯托克斯散射的强度比反斯托克斯散射的强度强得多，因此在拉曼光谱分析中，通常测定斯托克斯散射光线。

拉曼散射频率与入射光之间的频率差 $\Delta\nu$ 称为拉曼位移(Raman shift)，拉曼位移与入射光频率 ν_0 无关，而由物质的结构决定。不同物质的分子具有不同振动能级，由此所生产的拉曼位移是特征的，可用来研究分子的结构。

2. 拉曼光谱图与拉曼散射强度

图 6-6 为典型的四氯化碳的拉曼光谱图。其中，横坐标为拉曼位移，纵坐标为拉曼散射强度。由图可见，斯托克斯线强度比反斯托克斯线强度强很多。因此，通常情况下，人们在测定物质的拉曼光谱时会忽略反斯托克斯线。

拉曼散射的位移与激发光源的波长无关，其强度与被测分子的极化率、活性基团的浓度及光源强度等多种因素相关。通常情况下，分子的极化率越高，其电子云相对于骨架的移动越大，产生的拉曼散射越强。

在不考虑吸收的情况下，拉曼散射强度与入射光频率四次方成正比。此外，由于拉曼散射强度与被测物质浓度相关，因此拉曼光谱还可以用于定量分析。

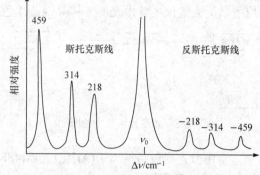

图 6-6 四氯化碳的拉曼光谱
激发波长为 488nm

3. 拉曼光谱与红外吸收光谱

拉曼光谱与红外吸收光谱都属于分子振动-转动光谱，二者存在一定的相似和互补。如图 6-7 所示，1,3,5-三甲基苯的拉曼光谱和红外吸收光谱中有些峰完全对应，而有些峰有拉曼散射却无红外吸收，或有红外吸收却无拉曼散射。

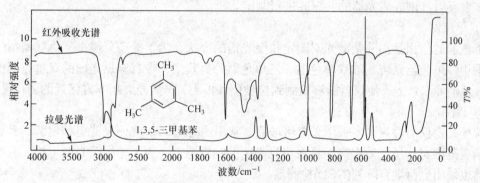

图 6-7 1,3,5-三甲基苯的拉曼和红外吸收光谱
拉曼光谱纵坐标为相对强度；红外吸收光谱纵坐标为透光率

对于一个给定的化学键，其红外吸收频率和拉曼位移应相等，均对应于第一振动能级与基态之间的跃迁。故对某一给定的化合物，一些峰的拉曼位移和红外吸收波数应完全相同，均反映出分子的结构信息。

拉曼光谱和红外吸收光谱的差异表现在以下两个方面。

(1) 拉曼光谱的入射光及相应的散射光为可见光，而红外吸收光谱的入射光及检测光均位于红外光区。

(2) 红外光谱主要研究引起偶极矩变化的极性基团和非对称性振动，适用于研究由不同原子构成的极性键如—C=O、—OH，—C—X 等的振动；而拉曼光谱主要研究引起分子极化率变化的非极性基团和对称性振动，适用于研究由相同原子构成的非极性键如 C—C, N—N, S—S 等的振动，以及对称分子如二硫化碳、二氧化碳的骨架振动。

6.4.3 激光拉曼光谱仪

1. 色散型拉曼光谱仪

拉曼光谱仪有两类,包括色散型拉曼光谱仪和傅里叶变换拉曼光谱仪。如图 6-8 所示,拉曼散射光谱仪主要由光源、样品池、单色器及检测器组成。

图 6-8 拉曼光谱仪示意图

1) 光源

尽管 1928 年就发现了拉曼散射,但由于信号很弱,所以一直等到激光技术发展起来以后,拉曼光谱才得到充分发展。因此,现代拉曼光谱仪的光源多采用高强度的激光光源,包括连续波激光器和脉冲激光器。

常用激光器包括氩离子(Ar^+)激光器(488.0nm 和 514.5nm)、氪离子(Kr^+)激光器(568.2nm)、氦氖(He-Ne)激光器(632.8nm)、红宝石激光器(694.0nm)、二极管激光器(782 和 830nm)和掺钕钇铝石榴石(Nd/YAG)激光器(1064nm)。

2) 样品池

拉曼光谱仪对样品要求较低,宏观物体、固体粉末、溶液、气体等都能测试。其中,宏观物体或棒状、块状、片状固体可放于特制的样品架上直接测定,固体粉末可放于玻璃试样管或直接压片测定,溶液可采用常规试样池,微量溶液可置于毛细管中测定,气体试样通常使用多重反射气槽或激光器的共振腔进行测定。

3) 单色器

单色器的作用是消除杂散光对测定拉曼光谱的干扰。为了提高分辨率,色散型拉曼光谱仪多采用多单色器系统,如双单色器、三单色器等。其中,带有全息光栅的双单色器能够更为有效地消除杂散光,使仪器能够检测到拉曼位移很小,与激光波长非常接近的弱拉曼散射。

4) 检测器

拉曼光谱仪的检测器多采用光电倍增管。常用的有 Ga-As 光阴极光电倍增管,其优点是光谱响应范围宽,量子效率高,且在可见光区的响应稳定。为了减少荧光的干扰,有些色散型仪器也采用电荷耦合阵列(CCD)检测器。

2. 傅里叶变换拉曼光谱仪

如图 6-9 所示,傅里叶变换拉曼光谱仪包括激光光源、样品池、干涉仪、滤光片组、检测器及其控制系统。除干涉仪和样品池的排列次序不同外,傅里叶变换拉曼光谱仪与傅里叶变换红外光谱仪极为相似。

激光光源为钇铝石榴石晶体(Nd/YAG)激光器,其发射波长为 1064nm,能量较低,可避免大部分荧光对拉曼散射信号的干扰。从激光器发射出来的激光被试样散射后,经过干涉仪可得到散射光的干涉图,再由计算机快速进行傅里叶变换后即可得正常的横坐标为拉曼位移,纵坐标为拉曼散射强度的拉曼光谱图。仪器中的滤光片组是用来滤掉比拉曼散射光强 10^4 以上的瑞利散射光。检测器是在液氮冷却下的锗锂(GeLi)检测器或铟镓砷(InGaAs)检测器。

傅里叶变换拉曼光谱仪的优点是由于其光源能量较低,因此能消除荧光干扰,还能避免被测样品受激光照射而分解,有利于研究有机化合物、高分子及生物大分子,并且其扫描速度快、分辨率高、波数精度及重现性好。缺点是测得的拉曼散射信号比色散型拉曼散射信号弱。

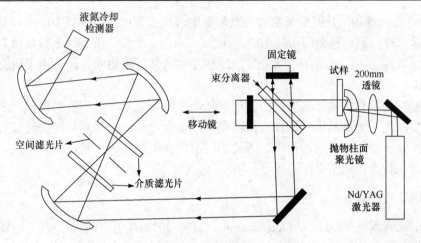

图 6-9 傅里叶变换拉曼光谱仪光路图

6.4.4 激光拉曼光谱法

1. 定性分析

由于分子中不同基团振动能产生特定拉曼位移($\Delta \nu$),因此可以通过测定拉曼位移对分子进行定性分析和结构分析。

拉曼光谱适合用于测定有机化合物的骨架,并能用于区分各种异构体,如顺反异构、位置异构、几何异构等。一些基团如—C=C—、—C≡C—、—C—N—、—N=N—、—S—S—、—S—H、—C=S—、—S=N—等的拉曼信号强,特征明显。值得注意的是,由于分子中的官能团不是孤立的,它与周围原子相互影响,所以相同官能团在不同分子中的拉曼位移有所差异,它不是某一固定的频率,而是在一定范围内变动。

拉曼光谱可用于对碳链骨架或环结构、高聚物的几何构型、结晶度等的测定,也可用于氨基酸、糖类、蛋白质、酶、激素等生物分子的结构研究及生物分子的相互作用研究,对于一些大的生物学和医学样品,如皮肤、癌组织、眼球晶体等生物切片可不经处理,直接测定。此外,还可用于对矿物的组成分析和宝石、文物及公安试样等的无损分析。

在药物分析中,拉曼光谱可用于原料药的水分分析、溶剂残留、晶形鉴定、晶形与结晶度的定量分析、药物制剂中各组分解析及药物与机体作用后的结构信息等,也可用于中药材及药材中提取的有效成分的鉴别。

2. 定量分析

拉曼光谱用于定量分析的依据与荧光光谱类似,可根据拉曼散射光的强度与活性成分的浓度成正比进行分析。但是由于拉曼散射信号微弱,其在定量分析中的应用并不常见。相比于常规拉曼散射光谱法来说,后期发展起来的共振拉曼散射光谱法和表面增强拉曼散射光谱法大大提高了定量分析的灵敏度。

6.4.5 共振拉曼散射光谱法

共振拉曼散射是当激发光的频率处于化合物的电子吸收谱带内时,由于电子跃迁和分子振动的偶合使某些拉曼谱线的强度陡然增加的现象。该现象于 1953 年被俄罗斯物理学家沙雷金(Shorygin)首次发现的。共振拉曼散射的谱带强度可比正常拉曼谱带强 $10^4 \sim 10^6$ 倍，可用于低浓度和微量试样检测，检测限可达 $10^{-6} \sim 10^{-8}$ mol·L^{-1}。此外，由于共振拉曼散射光谱中谱线的增强是选择性的，因此可用于选择性测定样品中的某一种物质，还可用于研究发色团的局部结构特征。

尽管共振拉曼散射技术能提高分析灵敏度和选择性，但其缺点不容忽视，表现在两个方面，一是多数激光系统不具备可调性，所以很难选择合适的激光得到共振拉曼散射光谱；二是由于激发光处于物质的吸收谱带内，因此不可避免会受荧光的干扰。相对来说，表面增强拉曼散射(SERS)技术得到了更广泛认可。

6.4.6 表面增强拉曼散射光谱法

英国化学家弗莱施曼(Martin Fleischmann, 1927—2012)等于 1973 年发现当吡啶吸附在银电极产生很强的增强拉曼散射而提出了 SERS 效应。随后美国西北大学化学家范杜月(Richard P. Van Duyne, 1945—)等通过系统实验和计算发现当吡啶分子吸附在粗糙银表面上时，每个吡啶分子的拉曼散射信号比溶液中的拉曼散射信号增强 6 个数量级，指出 SERS 效应是一种与粗糙表面相关的表面增强效应，其增强机理包括化学增强和物理增强两种。

1) 化学增强

化学增强是分子与基底之间电荷转移所导致的。由于电荷转移，分子中的正电荷和负电荷更分离，极性增大，因此散射截面增大，产生 SERS 效应，其增强因子为 $10 \sim 10^2$。

2) 物理增强

物理增强是金属纳米颗粒局域表面等离子体共振(LSPR)使其表面局域电场显著增强所导致的，其增强因子可达 10^8 以上。

由于 SERS 灵敏度高，已广泛用于无机、有机、生物分子等的定性和定量分析，还可用于活体成像。将 SERS 技术和 RRS 技术联用会使检测灵敏度进一步提高，检测限可达 $10^{-9} \sim 10^{-12}$ mol·L^{-1}。

学习与思考

(1) 在 SERS 分析中，SERS 基底对拉曼分子的增强能力决定了分析检测的灵敏度。查阅文献，了解如何构建高性能的 SERS 基底。

(2) SERS 除了用于对物质的定量检测，还可用于成像分析。查阅文献，了解 SERS 成像分析的原理及进展。

(3) 化学增强拉曼和电磁增强拉曼作用机制有什么不同？如何构建化学增强拉曼体系？电磁增强拉曼体系又如何？

内容提要与学习要求

光散射是一种广泛存在的自然现象，是指光束通过不均匀介质时，具有不同波长的光子因与介质中不均匀区域(如介质中的悬浮颗粒)发生碰撞后偏离原来的传播方向而向除传播方向以外的其他各个方向传播，以至于在除入射光方向观察到光线以外，在其他各个方向上都能观察到光线。光散射的产生源于光子与介质中的悬浮颗粒之间的相互作用，因而有光存在的地方就有光散射现象存在。由于较高的灵敏度，光散射在药物分析中起着重要作用。

第6章 光散射光谱分析

本章主要介绍光散射的现象、种类，共振光散射光谱分析及拉曼散射光谱分析的原理和应用。要求了解光散射的种类及人们对散射本质的不断认识与更新，包括丁铎尔散射、瑞利散射、米氏散射、拉曼散射、布里渊散射、康普顿散射等对散射从不同角度进行的阐释。

要求了解共振光散射光谱分析及拉曼散射光谱分析的基本原理及仪器构造，了解共振光散射光谱分析及拉曼散射光谱分析的应用范围及最新研究进展。

练 习 题

1. 解释名词：丁铎尔散射、瑞利散射、共振光散射、等离子体共振光散射、动态光散射、拉曼散射、共振拉曼散射、表面增强拉曼散射、拉曼位移、斯托克斯线、反斯托克斯线。
2. 试比较瑞利散射和拉曼散射的异同。
3. 试比较拉曼光谱法与红外吸收光谱法的异同。
4. 试比较共振光散射和共振拉曼散射的异同。
5. 瑞利散射的强度受哪些因素的影响？如何提高光散射强度？
6. 共振光散射光谱分析法的优点有哪些？
7. 常用共振光散射探针包括哪些种类？
8. 简述共振光散射光谱分析法的应用范围。
9. 何谓拉曼散射？拉曼光谱产生的机理与条件是什么？如何提高表面增强拉曼散射的增强效果？
10. 拉曼散射的位移受哪些因素影响？这些因素如何影响拉曼位移？
11. 拉曼光谱的理想光源是什么？为什么？
12. 共振拉曼散射技术有什么优缺点？
13. 什么是表面增强拉曼散射？其增强机理包括哪些方面？
14. 光散射有哪些种类？彼此之间有哪些异同？
15. 光散射是如何产生的？
16. 举例说明日常中的光散射现象？"天蓝蓝"现象产生的原因是什么？

第7章 原子吸收光谱分析

7.1 概　　述

原子吸收光谱分析法(atomic absorption spectrometry, AAS)是基于试样蒸气相中被测元素基态原子的外层电子共振吸收(resonance absorption)紫外至可见光区的特征窄频辐射而建立起来的一种光谱分析方法。建立该方法的原理是蒸气相中被测元素的共振吸收强度与一定浓度范围的蒸气原子成正比。

7.1.1 原子吸收光谱分析法的优点

1) 灵敏度高

原子吸收光谱分析法测定的是基态原子，其占原子总数的99%以上，故灵敏度高。测定大多数金属元素时，火焰原子吸收光谱法的相对灵敏度可达到 $1.0 \times 10^{-8} \sim 1.0 \times 10^{-10} \text{g} \cdot \text{mL}^{-1}$，非火焰原子吸收光谱法的绝对灵敏度可达到 $1.0 \times 10^{-12} \sim 1.0 \times 10^{-14} \text{g} \cdot \text{mL}^{-1}$。

2) 选择性好

基态原子为窄频吸收，谱线简单，由谱线重叠引起的光谱干扰较小，分析方法的抗干扰能力强。所以，在分析不同元素时，选用不同元素的灯源可提高分析的选择性。

3) 精密度较高

由于测定几乎不受温度变化的影响，方法具有良好的重复性(repeatability)和重现性(reproducibility)。仪器的相对标准偏差一般为1%~2%，有些性能优良的仪器可达0.1%~0.5%。测定微、痕量元素的相对误差仅为0.1%~0.5%。

4) 应用范围广

目前，可直接测定70多种金属元素及其有机化合物，还可间接测定硫、氮、卤素等非金属元素及其有机化合物。

7.1.2 原子吸收光谱分析法的局限性

1) 不能进行结构分析

原子吸收光谱分析法只能进行组分分析，不能进行结构分析。

2) 难以测定不易原子化的金属元素和非金属元素

某些金属元素的原子化效率低，影响测定结果。

3) 难以同时测定多种元素

锐线光源(sharp line source)如空心阴极灯(hollow cathode lamp)只能测定一种元素。虽然已经研制出多元素灯作为新光源，但其稳定性和光源强度均不足，应用受到一定限制。

其他局限还包括分析复杂样品时干扰较为严重。

延伸阅读 7-1：原子吸收光谱分析法的发展历史

---

1) 原子吸收现象的发现与原子吸收光谱分析法的建立

1802 年，英国物理学家伍朗斯顿(William Hyde Wollaston, 1766—1828)在研究太阳连续光谱时，发现太阳光谱的暗线。1817 年，德国物理学家夫琅禾费(Joseph Fraunhofer, 1787—1826)也发现了太阳光谱的暗线，并将其中最明显的 8 条用字母 A～H 分别标记，因此将这些暗线称为夫琅禾费线。1859 年，本生和基尔霍夫在研究碱金属和碱土金属的火焰光谱时，发现温度较低的钠原子蒸气可吸收与其发射光频率相同的辐射而产生暗线，从而创立了原子吸收光谱分析法。他们还发现该暗线与太阳光谱的 D 暗线处于同一波长位置，证实了太阳连续光谱中的 D 暗线是由于大气中的气态钠原子吸收了太阳光谱中的钠辐射。

2) 空心阴极灯的发明及原子吸收光谱分析仪的商品化

1955 年，澳大利亚光谱学家沃尔什爵士(Sir Alan Walsh, 1916—1998)在学术刊物 *Spectrochimica Acta* 上发表了世界首篇原子吸收光谱分析的论文 *The application of atomic absorption spectrometry to analytical chemistry*，成功将分析天体成分的原子吸收原理应用到"地球上的分析化学"中，提出了原子吸收光谱分析法的原理、技术和装置，特别是发明了特殊的低压辉光放电锐线光源——空心阴极灯，为将原子吸收光谱分析法成为一种分析化学方法奠定了坚实的基础。

在此基础上，希而科(Hilger)、瓦里安(Varian Techtron)及珀金埃尔默(Perkin-Elmer)等公司在 20 世纪 50 年代末和 60 年代初先后研制出原子吸收光谱商品仪器。20 世纪 60 年代中期，原子吸收光谱分析法进入了快速发展阶段。

3) 电热原子化技术的提出

1959 年，俄罗斯化学家里沃夫(Boris V. L'vov)提出电热原子化(electrothermal atomization)技术，绝对灵敏度可达到 $10^{-12} \sim 10^{-14}$ g，大大提高了原子吸收光谱分析法的灵敏度。

随着石墨炉原子化技术、塞曼效应背景校正技术、计算机技术等先进技术的不断发展，原子吸收分光光度计的性能和自动化程度不断提高。目前，原子吸收光谱分析法已经十分成熟，在环境保护、生物医药分析等领域得到广泛应用。在药物分析领域，主要用于含金属药品的质量控制及药品中金属特别是重金属的检查和控制。

7.2 原子吸收光谱分析法的基本原理

7.2.1 原子吸收光谱的产生

1. 原子的光吸收过程

正常情况下，原子处于能量最低的稳定状态，称为基态(ground state)。当基态自由原子蒸气(free atomic vapor)中的电子遇到与其从基态跃迁到激发态(excited state)所需能量相等的辐射时，电子从辐射场吸收能量，产生共振吸收(图 7-1)，导致辐射减弱而形成原子吸收光谱。激发态的原子很不稳定，约 $10^{-8} \sim 10^{-7}$ s 后便从激发态返回基态或较低能级状态，同时以电磁波的形式释放出能量，产生原子发射光谱。

原子吸收的频率 ν 或波长 λ 由发生跃迁的两个能级之差(ΔE)决定：

$$\Delta E = h\nu = \frac{hc}{\lambda} \tag{7-1}$$

式中，h 为普朗克常量；c 为光速。

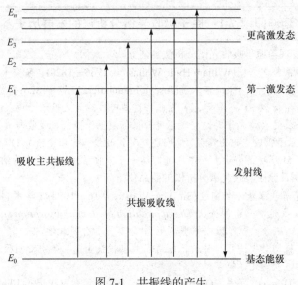

图 7-1 共振线的产生

2. 共振线

原子从基态到激发态又从激发态回到基态的过程所产生的吸收谱线(absorption line)和发射谱线(emission line)是不连续的线状谱线。由于原子所吸收外界辐射能量必须与其电子跃迁的能级之差一致，即发生共振(resonance)，这些吸收谱线和发射谱线又称为共振线(resonance line)。

如图 7-1 所示，共振线包括共振吸收线(resonance absorption line)和共振发射线(resonance emission line)。其中，共振吸收线来自电子从基态跃迁至第一激发态产生的吸收谱线，而共振发射线为电子从基态跃迁至第一激发态(能量最低激发态)后再回到基态时发射的与共振吸收线频率相同的光所产生的谱线。从广义上说，凡存在基态跃迁的谱线均为共振线。

不同的元素由于其原子结构和外层电子的排布不同，从基态激发跃迁至第一激发态(或由第一激发态返回基态)时，原子吸收(或发射)的能量不同，因此各种元素的共振线均不相同，是元素的特征谱线。对大多数元素来说，共振线也是元素最灵敏的谱线。不过，激发态上还有很多转动能态，因而激发态共振线有很多条，但每条共振吸收线吸收辐射的能力有所不同，其中有一条共振吸收线是最强的，称为主共振吸收线(main resonance absorption line)。

延伸阅读 7-2：线状光谱

线状光谱(line spectrum)是指由十分狭窄的若干谱线组成的光谱。

谱线(spectral line)是在均匀连续频谱上十分狭窄的频率范围内因光子严重不足或过量所表现出来的暗线(dark line)或亮线(bright line)。例如，当气体暴露于电磁波时，在特定频率下的气体会发光，以光谱线的形式显示出来。

线状光谱通常由稀薄气体或金属蒸气产生，不同元素的谱线不同，具有很好的特征性，常称为"原子指纹"(atomic fingerprint)。将实验获得的"指纹"与数据库收集的元素谱线相对比，可以进行元素的识别。例如，在元素的发现史上，氦、铊和铈的发现就是受益于原子的特征线状光谱。

7.2.2 原子吸收谱线的特征

原子吸收光谱分析法是基于基态原子对其共振线的吸收而建立的。理论上，原子吸收线是绝对单色的，但实际上原子吸收线并非是完全单色的几何线，而是有相当窄(大约 10^{-3}nm)的频率或波长范围，即谱线具有一定的宽度(line width)和轮廓(line profile)。所以，所谓"单色"仅仅是相对的，不是完全绝对的。

一束平行光垂直通过原子蒸气时，一部分光被吸收，没有被吸收部分光透过并可能进入检测器，因而光发生衰减。光的衰减服从光吸收定律，即朗伯-比尔定律。假设平行光的频率为 ν、强度为 I_0，原子蒸气的厚度为 l，透过光的强度为 I_ν，则有

$$I_\nu = I_0 e^{(-K_\nu l)} \tag{7-2}$$

$$A = \lg \frac{I_\nu}{I_0} = 0.434 K_\nu l \tag{7-3}$$

式中，K_ν 为一定频率的光吸收系数(photoabsorption coefficient)，与谱线频率或波长、基态原子浓度及原子化温度等有关。

以透过光强度(I_ν)对频率(ν)作图(图 7-2)，在 ν_0 处的透过光强度最低，ν_0 称为中心频率，由原子能级决定。若以吸收系数(K_ν)对频率(ν)作图(图 7-3)，在 ν_0 处的 K_ν 有极大值 K_0，故 K_0 称为峰值吸收系数(peak absorption coefficient)或中心吸收系数(central absorption coefficient)。当吸收系数 K_ν 为峰值吸收系数 K_0 的一半(即 $K_\nu = K_0/2$)时，所对应的吸收线上两点间的频率差($\Delta\nu$)称为吸收峰的半宽度(half width)，又称为半峰宽(full width at half maximum)。由于 ν_0 和 $\Delta\nu$ 分别表示吸收线的位置和宽度，因此用这两个参数表征原子吸收线轮廓(absorption line profile)。原子吸收线的 $\Delta\nu$ 为 0.001～0.005nm，比分子吸收带的半宽度小得多。

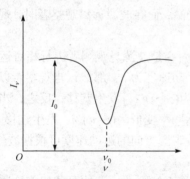

图 7-2 透过光强度与频率的关系

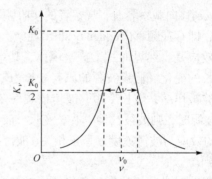

图 7-3 吸收线轮廓与半宽度

学习与思考

(1) 为什么图 7-1 中除了主吸收线以外还有很多吸收线，但只有一条共振发射线？
(2) 为什么原子吸收线的半宽度比分子吸收带的半宽度窄得多？
(3) 试比较原子与分子的光吸收有什么不同。

7.2.3 原子吸收光谱的谱线变宽

原子吸收光谱谱线因为存在内因和外因，始终存在或多或少的谱线变宽(line broadening)现象，而谱线变宽会导致峰值吸收下降，以至于分析测定灵敏度随其下降。

1. 自然宽度

自然宽度(natural line width)是指在无外界影响下，谱线的固有宽度，以 $\Delta\nu_N$ 表示。$\Delta\nu_N$ 大小约为 10^{-5} nm。

根据量子力学的测不准原理(uncertainty principle)[①]，任何能级的能量都具有不确定性，其大小(δE)由式(7-4)估算：

$$\delta E = \frac{h}{2\pi\tau} \tag{7-4}$$

式中，τ 为电子激发态寿命(excited state lifetime)，τ 越小，δE 越大，宽度越宽。

由于在自发衰减(spontaneous radiative decay)和俄歇过程[②](Auger process)中存在的能量不准确性(δE)，电子的激发态寿命也相应地存在不准确性。由式(7-4)可知，短寿命过程有大的能量不确定性和宽发射。

由于自然宽度是固有的，源于气态原子中的电子跃迁，与仪器等因素无关，并且比光谱仪产生的宽度小得多，只有极高分辨率的仪器才能测出，故在实际应用中常可忽略。

2. 多普勒变宽

奥地利物理学家及数学家多普勒于 1842 年在一个铁路交叉处发现，火车从远而近时汽笛声变强、音调变高，而火车从近而远时汽笛声变弱、音调变低。由此，他提出了多普勒效应(Doppler effect)，认为火车汽笛作为声波振源与他本人作为观察者之间存在着相对运动，在波源(wave source)移向观察者时，观察者的接收频率变高；而在波源远离观察者时，观察者的接收频率变低，即存在频移(frequency shift)现象。

多普勒效应是自然界的一个普遍规律，其主要内容是波源与观测者进行相对运动时发生物体辐射波长的变化。假设波源的原有波长为 λ、移动速度为 c，那么，当观察者以速度 v 靠近波源时，波被压缩，波长变短，波传播频率变高为 $(c+v)/\lambda$，发生蓝移；反之，当观察者以速度 v 远离波源时，则波被拉伸，波长变长，波传播频率变低为 $(c-v)/\lambda$，发生红移。当 v 为 0 时，所产生的效应与波源速度 c 呈正相关，波源循着观测方向的运动速度可根据波红(蓝)移的程度计算得到。

在原子吸收光谱分析法中，蒸气原子的热运动是不规则的，有的原子朝着检测器运动，有的原子远离检测器运动。由于存在多普勒效应，当原子朝着检测器运动时，呈现出比原来更高的频率；反之，则呈现出比原来更低的频率。与中心吸收频率相比，基态原子的频率既有升高也有降低的情况，使原子的吸收谱线发生变宽，这就是多普勒变宽。由于多普勒变宽是原子在空间的无规则热运动所起，故又称为热变宽(thermal broadening)。当处于热力学平衡(thermodynamic equilibrium)时，多普勒变宽($\Delta\nu_D$，nm)用式(7-5)表示：

[①] 测不准原理(uncertainty principle)由德国物理学家海森堡(Werner Karl Heisenberg, 1901—1976)1927 年提出，是量子力学的一个基本原理。海森堡认为：运动过程中的微观粒子不可能同时用两个共轭量(conjugate amount)准确地表达；一对共轭量的测定误差乘积大于常数 $h/2\pi$。共轭(conjugate)是指按一定规律相配的孪生现象。微观粒子涉及很多共轭量，如位置与动量、方位角与动力矩、时间与动量等。

[②] 俄歇效应(Auger effect)由法国物理学家俄歇(Pierre Victor Auger, 1899—1993)在 1925 年发现的，是指原子发射一个电子引起其他一个或多个非 X 射线电子也发射出来的现象。俄歇过程使原子、分子成为高阶离子，是一个电子能量降低导致其他一个(或多个)非 X 射线电子能量增高的跃迁过程。

$$\Delta \nu_D = \frac{2\nu_0}{c}\sqrt{\frac{2(\ln 2)RT}{A_r}} \tag{7-5}$$

或

$$\Delta \nu_D = 7.162 \times 10^{-7} \nu_0 \sqrt{\frac{T}{A_r}} \tag{7-5a}$$

式中，T 为热力学温度；A_r 为吸光原子的相对原子质量；ν_0 为谱线的中心频率。

由式(7-5)可见，多普勒变宽与温度的平方根成正比，与相对原子质量的平方根成反比。由于原子吸收光谱分析中原子化温度一般为 2000～3000K，$\Delta \nu_D$ 一般为 0.001～0.005nm，是谱线变宽的主要因素之一。

3. 压力变宽

压力变宽(pressure broadening)是微粒间相互碰撞的结果，因此也称为碰撞变宽(collisional broadening)。在原子化器内，吸光原子与吸光原子之间、蒸气原子与其他粒子之间会相互碰撞，使得吸光原子的能级发生轻微改变，以至于一方面发射或吸收光量子的频率发生变化；另一方面也导致激发态原子的平均寿命改变，最终导致谱线变宽。

这种谱线变宽与吸收区气体的压力相关，气体压力越大，粒子间相互碰撞的概率越大，谱线变宽加剧，故称压力变宽。变宽也与气体粒子的浓度有关，原因是粒子浓度越大，碰撞概率也越大，以至于变宽程度随着原子浓度增加而增加。实际上，压力和浓度引起的谱线变宽，其机制都是相同的，就在于粒子与粒子之间的碰撞概率发生变化。

根据与吸光原子碰撞的粒子种类不同，压力变宽可分为以下两类。

赫鲁兹马克变宽(Holtzmark broadening)：吸光原子与同种原子发生碰撞所引起的谱线变宽称为赫鲁兹马克变宽，也称为共振变宽(resonance broadening)。只有当被测元素的浓度较高或者压力比较大，如大于 13.3kPa 时，才会发现同种原子的碰撞引起的谱线宽度变化。因此，在原子吸收光谱分析中，共振变宽一般可以忽略。

洛伦兹变宽(Lorentz broadening)：当吸光原子与其他粒子(如火焰气体粒子)相互碰撞时所产生的谱线变宽称为洛伦兹变宽，用 $\Delta \nu_L$ 表示：

$$\Delta \nu_L = 2N_A \sigma^2 p \sqrt{\frac{2RT}{\pi}\left(\frac{1}{A}+\frac{1}{M}\right)} \tag{7-6}$$

式中，N_A 为阿伏伽德罗常量；σ^2 为吸光原子与其他粒子碰撞的有效截面积；p 为外界气体压力；M 为待测原子的相对原子质量；A 为其他粒子的相对原子质量。

原子化温度一般在 2000～3000K 时，$\Delta \nu_L$ 也在 0.001～0.005nm，与 $\Delta \nu_D$ 具有相同的数量级。因此，压力变宽(通常体现为洛伦兹变宽)也是谱线变宽的主要因素之一。

压力变宽导致光源的发射线与基态原子的吸收线错位，中心频率 ν_0 位移，谱线轮廓不对称，降低分析的灵敏度。

4. 自吸变宽

光源(空心阴极灯)内，同种基态原子吸收光源发射的共振线，从而发生与发射光谱线相似的自吸现象(图 7-4)，增

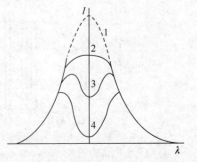

图 7-4 自吸对谱线轮廓的影响

大谱线的半宽度,这种变宽称为自吸变宽(self-absorption broadening)。

光源产生的热量随着灯电流的增大而增大,这时有些阴极元素更容易受热挥发,且从阴极溅射出的原子也增多,因此阴极周围未激发的原子增多,导致自吸变宽现象严重。

5. 场致变宽

谱线变宽也会受到外界电场或带电粒子、离子形成的电场及磁场作用而变宽,这种变宽现象称为场致变宽(field broadening)。在电场或磁场作用下,谱线会发生分裂或波长位移。前者称斯塔克效应(Stark effect)或斯塔克位移,后者称塞曼效应(Zeeman effect)或塞曼位移。

德国物理学家斯塔克(Johannes Stark, 1874—1957)与意大利物理学家罗瑟多(Antonino Lo Surdo, 1880—1949)于1913年同时各自独立发现了斯塔克效应或斯塔克-罗瑟多效应,认为有固有电偶极矩的原子或分子在外电场作用下引起附加能量,造成能级和光谱谱线分裂(splitting of spectral lines)。其中,光谱谱线位移大小称为斯塔克位移。如果斯塔克位移与电场强度成正比,是线性的,故称为一级斯塔克效应;而不存在固有电偶极矩的原子或分子受电场作用时产生感生电矩而在电场中引起能级分裂,斯塔克效应与电场强度平方成正比,是非线性的,故称为二级斯塔克效应。显然,二级斯塔克效应比一级斯塔克效应小得多,因而很容易分辨。此外,斯塔克分裂的谱线是偏振的。在本质上,斯塔克效应是带电粒子引起的斯塔克压力变宽(Stark pressure broadening)。

与斯塔克效应类似,荷兰物理学家塞曼(Pieter Zeeman, 1865—1943)在1896年发现,当把钠光源置于足够强的静磁场(static magnetic field)中时,由于磁场对发光体的作用,使钠原子的D谱线出现了加宽,这一现象被称为塞曼效应。之后,塞曼的导师,荷兰物理学家洛伦兹(Hendrik Antoon Lorentz, 1853—1928)教授基于经典电磁理论认为,由于电子轨道磁矩及磁矩空间取向的量子化,在磁场作用下原子的简并谱线发生了分裂,成几条偏振化谱线。塞曼和洛伦兹因此获得了1902年的诺贝尔物理学奖。

需要说明的是,在一般的原子吸收光谱分析中,如果没有刻意外加电场或磁场,场致变宽是可以忽略不计的。

延伸阅读 7-3:塞曼效应

继1845年法拉第效应[Faraday effect,又称为法拉第旋转或磁致旋光(magneto-optic effect)]和1875年克尔效应(Kerr effect)之后,塞曼效应是第三个有关磁场对光有影响的实例,为研究原子结构提供了重要途径。

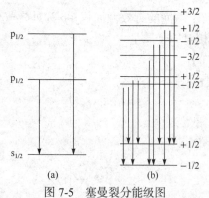

图7-5 塞曼裂分能级图
(a) 裂分源于自旋轨道耦合(spin-orbit coupling),即使没有磁场也会发生;(b) 是外电磁作用下发生的能级分裂

塞曼效应中的电子能级跃迁,即使是在偶极近似下依据旋律完全跃迁禁阻时,也可能发生。

由于能级亚水平(图7-5)是磁场的函数,塞曼效应可用于测定磁场强弱。例如,在天体物理学中,塞曼效应可以用来测量太阳或其他行星等天体的磁场强度;或测量实验室的等离子体的磁场强度。

塞曼效应证实了原子磁矩的空间量子化,是物理学在19世纪末20世纪初最重要的发现之一,广泛应用于核磁共振(nuclear magnetic resonance spectroscopy)、电子自旋共振(electron spin resonance spectroscopy)、磁共振成像(magnetic resonance imaging, MRI)和穆斯堡尔谱(Mössbauer spectroscopy),可以应用于提升原子吸收光谱的准确度和测量电子的荷质比。

7.3 原子吸收光谱的测量

7.3.1 积分吸收测量法

积分吸收(integrated absorption)是指在吸收线轮廓内，吸收系数对频率的积分。积分所得到的结果是吸收线轮廓所包括的总面积，代表原子蒸气吸收共振线的总能量。

原子吸收线轮廓是同种基态原子在吸收其共振辐射时被展开了的吸收带，原子吸收线轮廓上的任意各点都与相同的能级跃迁相连。积分吸收与气态原子中吸收辐射的基态原子数成正比，这是原子吸收光谱分析法的理论基础，可表示为

$$\int K_\nu \mathrm{d}\nu = \frac{\pi e^2}{mc} N_0 f \tag{7-7}$$

式中，e 为电子电荷；m 为电子质量；c 为光速；N_0 为单位体积内基态原子数；f 为振子强度，即能被入射辐射激发的每个原子的平均电子数，与原子吸收特定波长辐射的概率成正比。

在原子化器的平衡体系中，单位体积内基态原子数(N_0)正比于试液中被测物质的浓度(c)。因此，如果能测定积分吸收，则可计算出被测物质的浓度。然而，由于原子吸收线的半宽度很小，只有 10^{-3} nm 数量级，如果要测定如此小范围内 K_ν 对 ν 的积分值需要高达 50 万分辨率的单色器($R=\lambda/\Delta\lambda$)，在技术上这是很难达到的，是在自 19 世纪初发现原子吸收到现在一直没能解决的技术难题，也是至今没能在分析中得到实际应用的原因之一。

7.3.2 峰值吸收测量法

1955 年澳大利亚光谱学家沃尔什爵士提出了峰值吸收测量(peak absorption measurement)法，即以"峰值吸收(peak absorption)"代替"积分吸收"，间接解决了积分吸收难以测定的难题。峰值吸收测量上通过测量峰值吸收系数 K_0 以确定蒸气中的原子浓度。在温度不高、火焰比较稳定的条件下，峰值吸收系数正比于火焰中被测元素的原子浓度。

在通常的原子吸收光谱测定条件下，影响原子吸收线轮廓的主要是多普勒变宽。在只考虑多普勒变宽时，吸收系数可以表示为

$$K_\nu = K_0 \cdot \exp\left\{-\left[\frac{2(\nu-\nu_0)\sqrt{\ln 2}}{\Delta\nu_\mathrm{D}}\right]^2\right\} \tag{7-8}$$

积分，得

$$\int_0^\infty K_\nu \mathrm{d}\nu = \frac{1}{2}\sqrt{\frac{\pi}{\ln 2}} K_0 \Delta\nu_\mathrm{D} \tag{7-9}$$

将式(7-9)代入式(7-7)，得

$$K_0 = \frac{2}{\Delta\nu_\mathrm{D}}\sqrt{\frac{\ln 2}{\pi}} \frac{\pi e^2}{mc} N_0 f \tag{7-10}$$

7.3.3 锐线光源

原子光谱是线状的，因而很难像测定分子光谱那样采用连续光源准确测定原子光谱的峰值吸收。对此，沃尔什爵士在峰值吸收测量法的基础上提出使用锐线光源(sharp line source)解决原子吸收光谱峰值吸收的技术难题。

锐线光源是指发射线半宽度远小于吸收线半宽度的光源(图 7-6)。空心阴极灯是较常用的锐线光源。由于锐线光源的发射线半宽度很小，并且其发射线的中心频率与原子光谱吸收线的中心频率相同，发射线的轮廓近似于一个宽度很小的矩形，在发射线的范围内各波长的吸收系数(K_0)近似相等，即 $K_\nu = K_0$。所以，在当使用锐线光源时，由于 $\Delta\nu$ 很小，所以吸光度 A 可表示为

$$A = \lg\left(\frac{I_0}{I}\right)$$

$$= \lg\left[\frac{\int_0^{\Delta\nu} I_\nu d\nu}{\int_0^{\Delta\nu} I_\nu \cdot e^{(-K_0 l)} d\nu}\right] = \lg\left[\frac{\int_0^{\Delta\nu} I_\nu d\nu}{e^{(-K_0 l)} \cdot \int_0^{\Delta\nu} I_\nu d\nu}\right] = 0.434 K_0 l \tag{7-11}$$

代入式(7-10)，得

$$A = 0.434 \frac{2}{\Delta\nu_D}\sqrt{\frac{\ln 2}{\pi}} \cdot \frac{\pi e^2}{mc} \cdot f l N_0 = k N_0 l \tag{7-12}$$

可见，在实际测量中，只需测量吸光度，便可计算出被测元素基态原子的浓度 N_0。

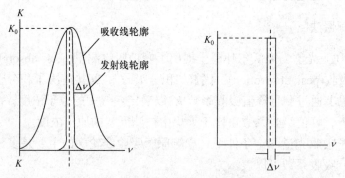

图 7-6 峰值吸收测量原理示意图

7.3.4 基态原子数与原子化温度

原子吸收光谱的测定是基于待测元素原子蒸气中基态原子浓度与特征谱线吸收之间的关系，因此在原子化过程中，需考虑原子蒸气中基态原子数量 N_0 与待测元素原子总数 N 之间的定量关系。当达到热力学平衡时，激发态原子数(N_j)与基态原子数(N_0)的定量关系符合玻尔兹曼分布定律(Boltzmann distribution law)：

$$\frac{N_j}{N_0} = \frac{P_j}{P_0} e^{-(E_j - E_0)/kT} \tag{7-13}$$

式中，E_0 和 E_j 分别为基态和激发态能级的能量。由式(7-13)可见，在同一温度下，随着电子跃迁的能级差($E_j - E_0$)减小，共振线波长变长，N_j/N_0 值增大。随着温度的升高，N_j/N_0 值也增大。

由于常用火焰温度一般低于 3000K，元素激发能一般低于 10eV，大多数共振线的波长小

于 600nm，因此，对于大多数元素来说，N_j/N_0 的数值均很小(<1%)，即火焰中的激发态原子数与基态原子数之比不到 1%，因而原子蒸气中激发态原子数可忽略，基态原子数 N_0 与原子总数 N 近似相等。

7.3.5 原子吸收定量分析法的定量分析基础

在原子吸收光谱测定条件下，尽管原子蒸气中激发态原子数可忽略，但在实际定量分析时，需要测定样品中某元素的含量，而原子吸收光谱分析法测得的是蒸气中的原子总数，所以在一定的实验条件下，被测元素的浓度 c 正比于原子蒸气中的原子总数，即

$$N_0 = ac \tag{7-14}$$

将式(7-14)代入式(7-12)，并保持实验条件一定，此时各有关参数都是不变的常数，因而吸光度可表示为

$$A = kc \tag{7-15}$$

式中，k 为与实验条件相关的常数。

式(7-15)说明，在一定实验条件下，待测元素浓度 c 越大，峰值吸收测量的吸光度 A 越大，两者呈正比关系。所以，试样中某元素的 c 可通过测定 A 求得，从而奠定了原子吸收分光光度法的定量分析基础。

学习与思考

(1) 为什么峰值吸收测量法仅适用于温度不高、火焰比较稳定条件下，并且也只有此条件下才有峰值吸收系数正比于火焰中被测元素的原子浓度？
(2) 为什么必须使用锐线光源才能测定峰值吸收？
(3) 在原子吸收光谱分析中，激发态原子数与基态原子数之比不到 1%，按仪器分析方法的误差要求可以忽略不计，为什么？

7.4 原子吸收分光光度计

原子吸收分光光度计的基本组成包括光源、原子化器、分光系统、检测系统共四个部分，其结构如图 7-7 所示。

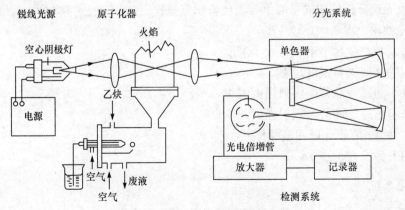

图 7-7 原子吸收分光光度计结构示意图

7.4.1 光源

光源用于产生待测元素的特征共振辐射。原子吸收光谱分析中常用的光源是空心阴极灯，其结构如图 7-8 所示。空心阴极灯采取一种特殊的低压辉光放电(glow discharge)形式，放电集中在阴极空腔内。

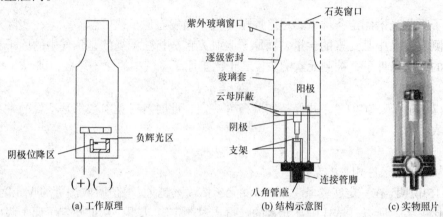

图 7-8 空心阴极灯的工作原理、结构示意图及实物照片

辉光是低压气体放电现象，是在只有几毫米汞柱的稀薄气体中的正、负两个电极被加上近千伏电压时因发生二次电子而导致气体导电产生的阴极附近发光现象。辉光放电的电流强度通常较小，只有 $10^{-4} \sim 10^{-2}$ A，并且在正常辉光放电时，两极间电压不随电流变化。此外，辉光放电温度不高，在放电管内存在特殊的亮区和暗区。

空心阴极灯的两个电极在电场作用下，内充低压气体由于电离而产生了电子和正离子，电子和正离子分别向阳极、阴极运动而在两极附近形成空间电荷区，但电子的漂移速度远大于正离子，使得电子空间电荷区的电荷密度比正离子空间电荷区大得多，以至于整个电极电压几乎集中在阴极附近的一个狭窄区域内。由于在运动过程中电子与载气原子碰撞使气体电离放出二次电子，增加灯管内电子与正电荷的数量；而正电荷从电场获得动能，并且如果该动能大于金属阴极表面的晶格能，则当正电荷碰撞在阴极表面时就能够使金属原子从阴极中溅射出来。此外，阴极表面的原子受热也会蒸发。来自碰撞溅射与热蒸发的金属原子进入灯空腔内，再与其他高能量粒子发生第二类碰撞而获得能量受到激发，在其返回基态时发射出相应元素的特征共振辐射。

原子吸收光谱分析使用的是峰值吸收代替积分吸收，要求锐线光源，所以在光源——空心阴极灯的发光性质上需要满足以下基本要求。

(1) 发射线半宽度远小于吸收线半宽度。
(2) 发射的共振辐射强度足够。
(3) 背景不超过特征共振辐射强度的 1%。
(4) 噪声不超过特征共振辐射强度的 0.1%。
(5) 稳定性好，30min 以内基线漂移小于 1%。
(6) 使用寿命长，超过 5A·h。

7.4.2 原子化系统

原子化系统(atomization system)的作用是使待测元素的基态自由原子离解出来，因而必须使进入系统的样品能够雾化、去除溶剂、蒸发,并为原子化离解提供能量。常用的原子化装置包括火焰原子化器和非火焰原子化器。

1. 火焰原子化器

火焰原子化器(flame atomiser)的组成包括雾化器(nebulizer)和燃烧器(burner)两部分。其中,雾化器的功能是将供试品溶液雾化为气溶胶(aerosol),再与燃气、助燃气充分混合。要求前测组分对后测组分的测定影响小、噪声低、废液排出快。燃烧器的功能是产生火焰,使试样干燥、蒸发、离解,并使其中的待测元素原子化。

火焰温度代表火焰蒸发和分解不同化合物的能力,主要取决于燃气和助燃气的种类、比例及流量。其中,种类和比例影响测定的灵敏度和火焰的稳定性。

常用的火焰种类有:空气-乙炔(C_2H_2)、一氧化二氮(N_2O)-乙炔、空气-氢气(H_2)等。空气-乙炔火焰的最高温度约2300℃;一氧化二氮-乙炔火焰的最高温度约3000℃;而以氧气(O_2)屏蔽的富燃性氧气-乙炔火焰可提高温度达3100℃以上,并增加火焰的还原性,是一种新型的高温火焰。

火焰的组成比如果不同,会产生不同的火焰温度及氧化还原性。例如,燃气较少(燃助比小于化学计量),燃烧完全,形成贫燃焰(有时也称为氧化性焰),产生的温度较高,适用于测定碱金属;而当燃气较多,燃烧不完全,形成富燃焰(具有还原性),其温度较低,适用于测定Mo、Cr、稀土等易形成难熔氧化物的元素。还有一种是化学计量焰,其温度高、干扰少、稳定、背景低,适用于测定许多元素。

2. 非火焰原子化器

非火焰原子化器是利用电热(galvanothermy)、阴极溅射(cathodic sputtering)、等离子体(plasma)或激光(laser)等方法使试样中待测元素形成基态自由原子。

目前常用的非火焰原子化器为石墨炉原子化器(graphite furnace atomization),是以石墨(包括石墨管、石墨坩埚、石墨棒等)为发热体的电加热器,炉中通入保护气,以防氧化并能输送试样蒸气。通电加热盛放试样的石墨管使其升温,可以实现供试品溶液的干燥、灰化,再经高温使待测元素形成基态原子。

此外,还有氢化物发生原子化器(hydride generation atomizer)和冷蒸气发生原子化器(cold vapor generation atomizer)。氢化物发生原子化器由氢化物发生器和原子吸收池组成,可用于砷、锗、铅、镉、硒、锡、锑等元素的测定,其功能是将待测元素在酸性介质中还原成低沸点、易受热分解的氢化物,再由载气导入由石英管、加热器等组成的原子吸收池,在吸收池中氢化物被加热分解,并形成基态原子。冷蒸气发生原子化器由汞蒸气发生器和原子吸收池组成,专门用于汞的测定,其功能是将供试品溶液中的汞离子还原成汞蒸气,再由载气导入石英原子吸收池进行测定。

7.4.3 光学系统

一般来说,原子吸收光谱分析法应用的波长范围在可见和紫外光区,即从铯852.1nm至砷193.7nm范围内。

光学系统包括外光路系统(也称照明系统)和分光系统(单色器)两部分。外光路系统的功能是让光源发出的共振线准确地通过被测试样的原子蒸气,并投射到分光系统上。分光系统的作用是分离待测元素的共振线与邻近谱线。

原子吸收分光光度计有单光束和双光束两种类型。

7.4.4 检测系统

检测系统的功能是接收待测量的光信号并转换为电信号,信号经放大和处理后,提供分析结果。

检测系统由光电转化器、放大器、对数变换器和显示器等部分组成,各部分的功能分别是:

(1) 光电转化器。接受分光系统分离出的光信号,并将其转换为电信号,由光电池、光电倍增管、光敏晶体管等部件组成。

(2) 放大器。采用电子线路将光电倍增管输出的强度较弱的信号进一步放大。

(3) 对数变换器。将光强度转换为吸光度。

(4) 显示器。原子吸收光谱仪工作站。

学习与思考

(1) 试对比分子吸收和荧光分光光度计与原子吸收分光光度计的结构差异。
(2) 试述原子吸收分光光度计采用锐线光源的原因。
(3) 等离子体是物质存在的第四种形态,包括电子、正/负离子、激发态/基态的原子或分子、光子等典型粒子。试从文献中查阅等离子体在原子光谱分析中的应用。
(4) 介质阻挡放电(dielectric barrier discharge, DBD)是有绝缘介质插入放电空间的一种非平衡态气体放电,又称介质阻挡电晕放电或无声放电。试从文献中查阅介质阻挡放电在原子光谱分析中的应用。
(5) 陶瓷烧制是我国劳动人民对科学、技术和美学的不断追求,是中国文明史的重要部分。在不同时期针对不同的目的,陶瓷窑有不同的结构设计,并通过使用不同柴火及其加入方式产生具有不同温度和具有氧化或还原特性的烧制火焰。例如,景德镇的清代镇窑因结构设计全长 18m、最高处 5.6m,容积 260.03m^3,并且还有使用松柴,因而产生的火焰长、灰分少,不含有害物体,属于还原焰。试查阅文献,看看我国主要的陶瓷窑中哪些是氧化焰、哪些是还原焰?为什么?这些火焰的产生与空气-乙炔、一氧化二氮-乙炔、空气-氢气及本生灯火焰有什么异同?

7.5 原子吸收光谱分析法的干扰及其抑制

在原子吸收光谱分析法中,干扰是十分常见的现象。按其产生机制,主要分为光谱干扰(spectral interference)、化学干扰(chemical interference)和物理干扰(physical interference)三类。

7.5.1 光谱干扰及其抑制

光谱干扰包括谱线干扰(spectral line interference)和背景干扰(background interference)。

1. 谱线干扰

谱线干扰主要来自光源和原子化装置,是指被测元素的共振线与干扰测定的杂质谱线没有完全分开,存在下列几种情况。

(1) 邻近待测元素的分析线(analytical line)处有单色器无法分离的谱线,这种干扰可以通过减小单色器狭缝来抑制。

(2) 空心阴极灯的阴极材料不纯,含有干扰元素,而单色器无法分离干扰元素的谱线,此种情况常见于多元素灯。使用杂质含量低的单元素灯可解决该问题。

(3) 灯内杂质气体或阴极上的氧化物使灯的背景辐射较连续,用较小通带或更换灯可抑制干扰。

(4) 火焰自身或待测元素的发射形成干扰。可以通过调适仪器,或适当地增强灯电流,使光源发射强度增加,以提高信噪比。

2. 背景干扰

光谱背景主要源于样品中的共存组分及其在原子化过程中形成的次生分子或原子的热辐射、光吸收和光散射等。

在原子化过程中,会有一些气体分子、氧化物、氢氧化物和盐等新的分子生成,这些分子吸收辐射引起干扰。另外,光在通过原子化过程中可能产生固体微粒,进而发生散射,偏离原方向传播而未进入检测器,从而增加待测元素吸光度,造成测量误差。与火焰原子吸收法相比,石墨炉原子吸收法受到背景吸收的影响更为严重,测定时必须扣除背景吸收。

消除背景干扰可采用仪器校正法,包括邻近非共振线校正法(adjacent non resonance line correction)、连续光源背景校正法(continuum source background correction)、塞曼效应背景校正法(Zeeman effect background correction)、自吸效应背景校正法等。

1) 邻近非共振线校正法

该法适用于背景吸收为宽带吸收且变化较小的情况,否则将影响准确度。分析线测量的是原子吸收与背景吸收的吸光度之和;非共振线测量的是非共振吸收,即背景吸收的吸光度。因此,将分析线测量的吸光度减去分析线邻近的非共振线测量的吸光度,就可得到扣除背景吸收后的原子吸收光度值。

2) 连续光源背景校正法

目前的原子吸收分光光度计一般配有连续光源进行自动的连续光源背景校正,其中氘灯用于紫外区,碘钨灯和氙灯用于可见区。进入单色器狭缝的氘灯产生的连续光谱宽度,比原子吸收线宽度约大100倍;氘灯的原子吸收信号,比空心阴极灯的原子吸收信号的0.5%还低。由于空心阴极灯测定的是原子吸收与背景吸收的信号总和,而氘灯测定的主要是背景吸收的信号,两者的差值即为原子吸收光度值。

3) 塞曼效应背景校正法

基于光的偏振特性区别被测元素与背景的吸收,分为光源调制法(light source modulation)和吸收线调制法(absorption line modulation)两大类。吸收线调制法的应用较广,调制方式包括恒定磁场和可变磁场两种。与常规原子吸收法相比,可变磁场调制方式的测量灵敏度几乎不变,而恒定磁场调制方式的测量灵敏度有所降低。波长对塞曼效应背景校正无影响,与使用氘灯的连续光源背景校正法只能校正低于 1.0 吸光度的背景相比,塞曼效应背景校正法能够校正高达 1.5~2.0 吸光度的背景,且准确度较高。

7.5.2 化学干扰及其消除

化学干扰是原子吸收光谱分析法的主要干扰。化学干扰是指被测元素的原子与共存组分发生化学反应生成稳定的化合物,从而影响被测元素的原子化。

化学干扰的消除主要采用以下方法。

1) 选择合适的原子化方法

适当升高原子化温度可分解难离解的化合物,降低化学干扰。难离解的氧化物可被高温、还原性强的火焰或石墨炉原子化法还原、分解。

2) 加入释放剂

释放剂通过与干扰物质生成更稳定的化合物,使被测元素从与干扰物质的结合物中释放出来。例如,镧或锶与磷酸根形成更稳定的磷酸盐,从而消除磷酸根对钙测定的干扰。

3) 加入保护剂

保护剂通过与被测元素生成更稳定且易分解的配合物,避免被测元素与干扰物质生成难离解的化合物。常使用的保护剂为乙二胺四乙酸(ethylene diamine tetraacetic acid,EDTA)、8-羟基喹啉等有机配合剂。例如,磷酸根干扰钙的测定时,可在试液中加入 EDTA,使钙转化为钙-EDTA 配合物,其中的钙在火焰中容易原子化,从而消除了磷酸根对钙测定的干扰。

4) 加入消电离剂

与被测元素相比,消电离剂的电离电位更低,在同样的条件下,消电离剂更易电离,产生大量的电子,使被测元素的电离被抑制。例如,加入一定量的 KCl 溶液可消除测定钙时的电离干扰。

5) 加入缓冲剂

当加入的干扰元素浓度在试样和标准溶液中达到饱和时,其干扰将趋于稳定。如用乙炔-N_2O 火焰测定钛时,在试样和标准溶液中均加入 200μg/g 的铝盐后,铝元素的干扰趋于稳定,从而消除其对钛测定的干扰。

6) 加入基体改进剂

在石墨炉原子化法中,加入基体改进剂可以使待测元素转变成更难挥发的化合物,或使干扰组分转变成更易挥发的化合物,从而消除干扰。

7.5.3 物理干扰及其消除

物理干扰又称基体效应(matrix effect),是由试液与标准溶液的物理性质差异引起的干扰。例如,溶液黏度、表面张力或密度等的差异影响火焰原子法的雾化效率、雾滴大小及其分布、喷入火焰的速度等,最终引起原子吸收强度的差异。

物理干扰的消除通常采用标准加入法或配制与被测试样组成相近的标准溶液,还可采用稀释法降低试样溶液的浓度。

7.6 定量分析方法

7.6.1 标准曲线法

1. 标准曲线的绘制

原子吸收分光光度法的标准曲线绘制与分子吸收光谱法(3.9.2 节和图 3-23)基本一致,即在仪器推荐的浓度范围内,配制一系列(至少 5 份)按空白溶液和浓度依次递增的待测元素标准溶液,在选定的条件下,依次测定空白溶液和各浓度标准溶液的吸光度,以每一浓度 3 次吸光度读数的平均值为纵坐标、相应浓度为横坐标作图,即得标准曲线(standard curve)。绘制标准曲线时,一般采用线性回归,也可采用非线性回归。在相同条件下,测定供试品溶液的吸光度,取 3 次读数的平均值,根据标准曲线计算供试品中待测元素的浓度或含量。

为了减少测量误差,A 值至少保持在 $0.1\sim 0.8$。当标准试样与实际试样接近时,可保证测定结果的准确度。

2. 影响因素

实际工作中,标准曲线可能呈非线性,其原因有以下四点。

(1) 非吸收线的影响。共振线和非吸收线同时进入检测器,而非吸收线不遵循朗伯-比尔定律,引起标准曲线弯曲。

(2) 压力变宽。待测元素的原子蒸气分压随着其浓度升高而增大,产生压力变宽,待测元素的吸收强度降低,从而出现标准曲线向浓度轴弯曲的现象。

(3) 电离效应。当电离电位低于 6eV 时,元素在火焰中易发生电离,降低其基态原子数 N_0;元素浓度越低,电离度越大,吸光度下降越多,引起标准曲线向下弯曲。

(4) 发射线与吸收线的相对宽度。当发射线与吸收线的半宽度比值大于 0.5 时,不符合朗伯-比尔定律,标准曲线将会弯曲。

3. 注意事项

(1) 配制标准溶液时,应使标准样品的成分与试样尽量接近,并采用与试样相同的处理方法。例如,为了提高测定的准确度,可在纯待测元素溶液中加入定量的基体元素来配制标准溶液,并且使用同种试剂对标准溶液和试样溶液进行处理。

(2) 所配标准溶液的浓度应在吸光度与浓度呈直线关系的范围内。

(3) 由于标准曲线的斜率会随着喷雾效率和火焰状态的改变而变化,所以每次测定前都要使用标准溶液对吸光度进行检查和校正。

(4) 应扣除空白值,可选用空白溶液调零。

(5) 标准曲线法适用于组成简单、干扰较少的试样。

7.6.2 标准加入法

1. 原理

标准加入法(standard addition method)又称为直线外推法(linear extrapolation)或增量法

(incremental method),用于减少由于供试品溶液与标准溶液之间的差异(如基体组成、黏度等)造成的定量分析误差。当试样的基体效应较大且得不到基体空白,或待测元素在纯物质中极微量时,常用该法。

标准加入法:取 A、B 两份相等体积的供试品溶液,将一定量待测元素的标准溶液加入 B 中,用溶剂稀释至两份溶液体积相同后,分别测定其吸光度。

若 A 中待测元素的浓度为 c_x,吸光度为 A_x;B 中待测元素的浓度为 c_x+c_0(c_0 为加入 B 中标准溶液的浓度),吸光度为 A_0,则

$$A_x = kc_x \tag{7-16}$$

$$A_0 = k(c_x + c_0) \tag{7-17}$$

将式(7-16)和式(7-17)相比较,得

$$c_x = \frac{A_x}{A_0 - A_x} c_0 \tag{7-18}$$

由式(7-18)即可得到待测元素的含量。

实际操作中,常采用作图法,即取若干份(如四份)相同体积的供试品溶液,按比例将不同量待测元素的标准溶液依次加入到除第一份之外的供试品溶液中,并分别用溶剂稀释至相同体积[假设试样中待测元素的浓度为 c_x,加入标准溶液后待测元素的浓度分别为($c_x + c_0$)、($c_x + 2c_0$)、($c_x + 4c_0$)],分别测得各溶液吸光度(A_x、A_1、A_2 及 A_3),以 A 为纵坐标、待测元素加入量为横坐标作图,得到一条不经过原点的直线(图 7-9)。

显然,该直线 Y 轴的截距对应于供试品溶液经稀释后待测元素的吸光度。将该直线外推至与 X 轴相交,其 X 轴的截距的绝对值 c_x 即为供试品溶液经稀释后被测元素的浓度。

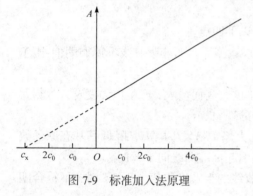

图 7-9 标准加入法原理

2. 注意事项

(1) 各试样中待测元素的浓度 c 与其对应吸光度 A 呈线性关系。
(2) 本法只能消除基体效应,不能消除背景干扰。
(3) 为了使外推结果更加准确,作外推曲线的点应不少于 4 个。添加标准溶液的量应适当,c_0 的吸光度 A_0 应该约为 c_x 吸光度 A_x 的 1/2。
(4) 若曲线斜率太小,测定误差会较大。

学习与思考

(1) 试对比分子吸收和荧光分光光度法与原子吸收分光光度法中标准曲线绘制的不同点。
(2) 试对比分子吸收和荧光分光光度法与原子吸收分光光度法中干扰及其消除方法。
(3) 为什么为了减少测量误差,吸光度(A)值至少保持在 0.1~0.8?为什么当标准试样与实际试样接近时,可保证测定结果的准确度?
(4) 在标准加入法(图 7-9)中,为什么直线反向延长线与浓度轴交点所示的浓度就是待测物质的浓度?

7.6.3 原子吸收光谱的测定条件

1. 分析线的选择

通常,为了获得较高灵敏度,测定所用的分析线为元素的共振线。但是,并非任何情况都是如此。当试样中被测元素的浓度较高时,分析线可选灵敏度较低的非共振线。此外,还要考虑谱线的自吸收和干扰等问题。

2. 狭缝宽度

狭缝宽度影响光谱通带的宽度和进入检测器的辐射能量。狭缝宽度应能分离吸收线与邻近干扰线。若干扰线进入光谱通带内,将降低吸光度。合适的狭缝宽度为不引起吸光度减小的最大狭缝宽度,通常需要通过实验来确定。

原子吸收光谱分析中,由于谱线重叠而引起干扰的概率较低。因此,为了使光强增加并使检测限降低,狭缝宽度可适当增大。在实际测定中,狭缝宽度的选择也受被测元素谱线复杂程度的影响,与过渡元素和稀土元素相比,碱金属和碱土金属的谱线较简单,故可选择较大的狭缝宽度。

3. 空心阴极灯电流

为了使空心阴极灯达到稳定输出,使用前一般需要预热 10~30min。灯的工作电流(简称灯电流)大小决定其发射特性,如果灯电流过小,会导致不稳定放电,输出的光强度小;如果灯电流过大,将增宽发射谱线,降低测定灵敏度,使校正曲线弯曲,并缩短灯寿命。

所以,在能保持稳定放电和合适光强输出的前提条件下,工作电流应该尽量降低,通常为空心阴极灯标示最大电流的 1/2~2/3。实际工作中,通过测定不同灯电流条件下的吸光度来确定最合适的工作电流。

4. 火焰的选择

在火焰原子化法中,原子化效率主要受到火焰类型和特征的影响。测定易离解的元素时,对温度要求不高,可使用空气-C_2H_2 火焰,而测定在火焰中易生成难离解及难熔化合物的元素时,宜用 N_2O-C_2H_2 火焰。对某些元素的分析线在 200nm 以下,可选用空气-H_2 火焰。

火焰类型确定后,为了得到测定所需的火焰特征,还须通过实验调节火焰燃气与助燃气的比例。富燃火焰适用于易生成难离解氧化物的元素;化学计量火焰或贫燃火焰则适用于易生成不稳定氧化物的元素。

5. 进样量的优化

过小的进样量,获得的信号较弱,测量不便;过大的进样量,在火焰原子化过程中会使火焰冷却、吸光度下降,而在石墨炉原子化过程中会增加去除残留样品的难度。在实际工作中,通过测定不同进样量条件下的吸光度来确定最合适的进样量。

6. 燃烧器高度

不同元素的自由原子浓度在火焰区域内的分布随火焰高度的不同而存在差异。光源光束通过的火焰区域由燃烧器高度控制。因此，在测定时，应通过调节燃烧器高度使光源光束通过自由原子浓度最大处。

7.6.4 原子吸收光谱分析法的特征参数

1. 灵敏度

在原子吸收光谱分析法中，将灵敏度(S)定义为校正曲线的斜率，其表达式为

$$S_c = \frac{dA}{dc} \tag{7-19}$$

或

$$S_m = \frac{dA}{dm} \tag{7-19a}$$

即测定值(吸光度)的增量(dA)与相应的待测元素浓度(或质量)的增量(dc或dm)的比值，也即当待测元素的浓度c或质量m改变一个单位时，吸光度A的变化值。

2. 特征浓度

特征浓度(characteristic concentration)是指溶液中待测元素的质量浓度($\mu g \cdot mL^{-1}/1\%$)或质量分数($\mu g \cdot g^{-1}/1\%$)能产生1%吸收或0.0044吸光度时的质量浓度或质量分数，常用来表征火焰原子化法的灵敏度。要提高测定灵敏度，必须降低特征浓度或特征质量。

在石墨炉原子化法中，由于加入原子化器中的试样质量决定测定的灵敏度，因此更适合采用特征质量(g/1%或$\mu g/1\%$)表征灵敏度。

3. 检测限

检测限是指能够在试样中检测出某元素所需的最低浓度，即待测元素产生的信号强度是噪声强度标准偏差的三倍时所对应的待测元素质量浓度或质量分数，用$\mu g \cdot mL^{-1}$或$\mu g \cdot g^{-1}$表示：

$$D_c = \frac{c}{A} \cdot 3\sigma \tag{7-20}$$

或

$$D_m = \frac{m}{A} \cdot 3\sigma \tag{7-21}$$

式中，A为供试品溶液多次测定的吸光度的平均值；σ为空白溶液连续测定至少十次的吸光度的标准偏差。

灵敏度越高和检测限越低，均表示分析方法和仪器的性能越优。因为检测限纳入了噪声影响因素，并提示降低噪声、提高测定精密度是降低检测限的有效途径，故比灵敏度具有更明确的意义，更能反映分析方法和仪器的性能。

7.7 原子吸收光谱分析法在药物研发中的应用

由于原子吸收光谱分析法有测定灵敏度高、特异性好、选择性强、稳定性好、适用范围广

等优点，是一种十分成熟的分析方法，尤其适用于微量金属元素的测定，所以被《中国药典》2015 年版收载于四部通则 0406 项。目前，原子吸收光谱分析法在药物研发中主要用于含金属的化学原料药及其制剂、中药及其制剂、生物制品的鉴别和含量测定，还应用于以上药物中金属及部分非金属元素的检查。此外，原子吸收光谱法也被用于药用包装材料的分析。下面就以一些具体示例，说明原子吸收光谱分析法在药物分析及研发中的应用。

【示例 7-1】 ChP2015 复方乳酸钠葡萄糖注射液的含量测定法

氯化钾。取经 105℃干燥 2h 的氯化钾适量，精密称定，加水溶解并定量稀释制成每 1mL 中约含 15μg 的溶液，作为对照品的溶液。精密量取本品 10mL，置 100mL 量瓶中，用水稀释至刻度，摇匀，精密量取 10mL，置 100mL 量瓶中，用水稀释至刻度，摇匀，作为供试品溶液。

测定法：精密量取对照品溶液 15mL、20mL 与 25mL，分别置 100mL 量瓶中，各精密加混合溶液[取乳酸钠 0.31g、氯化钠 0.60g、氯化钙($CaCl_2 \cdot 2H_2O$)0.02g 及无水葡萄糖 5.00g，置 100mL 量瓶中，加水溶解并稀释至刻度]1.0mL，用水稀释至刻度，摇匀。取上述各溶液与供试品溶液，照原子吸收分光光度法(通则 0406 第一法)，在 767nm 的波长处测定，计算，即得。

氯化钠。取经 110℃干燥 2h 的氯化钠适量，精密称定，加水溶解并定量稀释制成每 1mL 中约含 20μg 的溶液，摇匀，作为对照品溶液。精密量取本品 2mL，置 100mL 量瓶中，用水稀释至刻度，摇匀，精密量取 2mL，置 100mL 量瓶中，用水稀释至刻度，摇匀，作为供试品溶液。

测定法：精密量取对照品溶液 10mL、15mL 与 20mL，分别置 100mL 量瓶中，用水稀释至刻度，摇匀。取上述各溶液与供试品溶液，照原子吸收分光光度法(通则 0406 第一法)，在 589nm 的波长处测定，按下式计算，即得。

$$氯化钠(NaCl)\% = [(w - 1.6165 \times 乳酸钠标示含量\%)/6] \times 100\%$$

式中，W 为本品 1mL 中所测得的氯化钠总量，mg。

氯化钙。对照品溶液的制备：取经 110℃干燥 2h 的碳酸钙对照品约 0.3125g，精密称定，置 500mL 量瓶中，加 $1mol \cdot L^{-1}$ 盐酸溶液 25mL 溶解，用水稀释至刻度，制成每 1mL 中含钙 250μg 的溶液，摇匀。

镧溶液的制备：称取氧化镧 6.6g，加盐酸 10mL 使溶解，用水稀释至 100mL，摇匀。

供试品溶液的制备：精密量取本品 10mL，置 50mL 量瓶中，加镧溶液 2mL，用水稀释至刻度，摇匀。

测定法：精密量取对照品溶液 1mL、2mL 与 3mL，分别置 50mL 量瓶中，各精密加混合溶液(取乳酸钠 0.31g、氯化钠 0.60g、氯化钾 0.03g，置 100mL 量瓶中，加水溶解并稀释至刻度，摇匀)10mL 与镧溶液 2mL，用水稀释至刻度，摇匀。取上述各溶液与供试品溶液照原子吸收分光光度法(通则 0406 第一法)，在 422.7nm 的波长处测定，计算，即得。

要求含氯化钠、氯化钾、氯化钙($CaCl_2 \cdot 2H_2O$)均应为标示量的 95.0%～110.0%。

示例中，复方乳酸钠葡萄糖注射液的处方是乳酸钠 3.10g、氯化钠 6.00g、氯化钾 0.30g、氯化钙($CaCl_2 \cdot 2H_2O$)0.20g、无水葡萄糖 50.0g 和适量注射用水共制成 1000mL。

【示例 7-2】 艾司奥美拉唑钠的鉴别

取本品约 195mg，精密称定，置 200mL 量瓶中，加水溶解并稀释至刻度，摇匀，精密量取 10mL，置 100mL 量瓶中，加 3.8%氯化钾溶液 10mL，用水稀释至刻度，摇匀，作为供试品溶液；另精密量取标准钠溶液(每 1mL 相当于 1.0mg 的 Na)1mL，置 25mL 量瓶中，用水稀释至刻度，摇匀，精密量取 15mL，置 100mL 量瓶中，加 3.8%氯化钾溶液 10mL，用水稀释至刻度，摇匀，作为对照品溶液。取对照品溶液与供试品溶液，照原子吸收分光光度法(通则0406)，在589.0nm的波长处测定，供试品溶液的吸光度应与对照品溶液的吸光度基本一致。

示例中，通过鉴别钠元素从而鉴别艾司奥美拉唑钠。

【示例7-3】 ChP2015甘草中重金属及有害元素的检查法

照铅、镉、砷、汞、铜测定法(通则2321原子吸收分光光度法或电感耦合等离子体质谱法)测定，铅不得过$5mg \cdot kg^{-1}$；镉不得过$0.3mg \cdot kg^{-1}$；砷不得过$2mg \cdot kg^{-1}$；汞不得过$0.2mg \cdot kg^{-1}$；铜不得过$20mg \cdot kg^{-1}$。

示例中，甘草药材在种植过程中可能被土壤或水质中的重金属污染。而人体内重金属蓄积会导致疾病发生，如汞中毒影响人的中枢神经系统等。采用ASS法能够灵敏地检查甘草药材中的重金属及有害元素如铅、镉、砷、汞、铜。

【示例7-4】 ChP2015人血白蛋白的成品中铝残留量的检定法

按照通则3208(人血白蛋白铝残留量测定法)应不高于$200\mu g \cdot L^{-1}$。

通则3208 人血白蛋白铝残留量测定法：按表7-1精密量取供试品、$100ng \cdot mL^{-1}$标准铝溶液(精密量取$100\mu g \cdot mL^{-1}$标准铝溶液0.1mL，置100mL量瓶中，用$0.15mol \cdot L^{-1}$硝酸溶液稀释至刻度)，分别制备空白对照溶液、供试品溶液和标准铝加供试品的混合溶液。照原子吸收分光光度法(通则0406)测定，选择铝灯，测定波长为309.3nm，狭缝为0.7nm。按表7-2设置石墨炉的干燥、灰化、原子化等炉温程序。精密量取空白对照溶液、供试品溶液和标准铝加供试品的混合溶液各$30\mu L$，分别注入仪器，读数。按下式计算：

$$m_{Al} = \frac{20 \times (S_0 - B) \times 12.5}{S - S_0}$$

式中，m_{Al}为供试品中铝的含量，$\mu g \cdot L^{-1}$；B为空白对照溶液读数；S_0为供试品溶液读数；S为标准铝加供试品的混合溶液读数；20为标准铝加供试品的混合溶液中标准铝的含量；12.5为供试品稀释倍数。

表7-1 空白对照、供试品及混合溶液的制备

项目	空白对照溶液	供试品溶液	混合溶液
供试品/mL	—	0.2	0.2
标准铝溶液/[(100ng·mL^{-1})/mL]			0.5
0.15mol·L^{-1}HNO$_3$/mL	2.5	2.3	1.8

注：①供试品和标准铝取量可根据仪器性能进行适当调整，使读数在所用仪器可准确读数范围内；②尽量避免使用玻璃仪器。

表7-2 炉温控制程序

程度	步骤	温度/℃	时间/s 爬坡时间+保持时间
1	预热	80	0+10
2	干燥	220	120+5
3	灰化	1200	10+20
4	原子化	2600	0+5
5	清除	2650	0+5

注：表中列出的炉温控制程序可根据仪器性能做适当调整。

示例中，人血白蛋白容易在生产过程中被铝污染。人血白蛋白作为一种静脉注射用的生物制品，临床上用于肝病及肾病患者、早产儿及老年人等，铝对这些人群的损害尤为明显，易引起铅的蓄积。所以，《中国药典》2015 年版规定采用 ASS 法检查人血白蛋白中的铝残留量。

【示例 7-5】 ChP2015 明胶空心胶囊中铬的检查法

取本品 0.5g，置聚四氟乙烯消解罐内，加硝酸 5~10mL，混匀，浸泡过夜，盖上内盖，旋紧外套，置适宜的微波消解炉内，进行消解。消解完全后，取消解内罐置电热板上缓缓加热至红棕色蒸气挥尽并近干，用 2% 硝酸转移至 50mL 量瓶中，并用 2% 硝酸稀释至刻度，摇匀，作为供试品溶液。同法制备试剂空白溶液；另取铬单元素标准溶液，用 2% 硝酸稀释制成每 1mL 含铬 1.0μg 的铬标准储备液，临用时，分别精密量取铬标准储备液适量，用 2% 硝酸溶液稀释制成每 1mL 含铬 0~80ng 的对照品溶液。取供试品溶液与对照品溶液，以石墨炉为原子化器，照原子吸收分光光度法(通则 0406 第一法)，在 357.9nm 的波长处测定，计算，即得。含铬不得过百万分之二。

示例中，先将药用包装材料明胶空心胶囊消解，使铬游离便于检测，再采用 ASS 标准曲线法测定明胶空心胶囊中的铬含量。

内容提要与学习要求

原子吸收光谱分析法是基于试样蒸气相中被测元素基态原子的外层电子共振吸收紫外至可见光区的特征窄频辐射而建立起来的一种光谱分析方法。由于原子吸收光谱分析法有测定灵敏度高、特异性好、选择性强、稳定性好、适用范围广等优点，是一种十分成熟的分析方法，尤其适用于微量金属元素的测定。目前，原子吸收光谱分析法在药物研发中主要用于含金属的化学原料药及其制剂、中药及其制剂、生物制品的鉴别和含量测定及药物中金属及部分非金属元素的检查。此外，原子吸收光谱法也被用于药用包装材料的分析。

本章学习了 AAS 的基本原理、原子吸收光谱的测量、原子吸收分光光度计的组成、AAS 的干扰及其抑制、AAS 的定量分析方法、AAS 的特点及其应用。

要求掌握 AAS 的基本原理，共振线、特征谱线、锐线光源、吸收线轮廓、积分吸收、峰值吸收、灵敏度和检测限的基本概念；掌握原子吸收光谱的测量、AAS 的定量关系和定量方法；了解原子吸收分光光度计的基本结构；了解 AAS 的干扰及条件选择；了解火焰法及石墨炉法的特点。

练 习 题

1. 简述原子吸收光谱分析法的定义及其优缺点。
2. 简述积分吸收与峰值吸收的区别。为什么原子吸收光谱分析法常采用峰值吸收代替积分吸收？
3. 原子吸收光谱的谱线变宽的原因有哪些？这些因素如何影响谱线的宽度？
4. 原子吸收分光光度计的组成及各部分的作用是什么？
5. 原子吸收光谱分析法中主要的干扰类型有哪些？简述抑制各种干扰的方法。
6. 原子吸收光谱分析法应选择什么光源？简述其原因。
7. 火焰原子吸收光谱法中，应对哪些操作条件进行选择？为什么？
8. 为什么石墨炉原子化器较火焰原子化器具有更高的灵敏度？
9. 简述原子吸收光谱的产生过程。
10. 共振线与原子吸收谱线有哪些异同？

11. 如何解决原子吸收光谱峰值吸收的技术难题?
12. 原子吸收定量分析法的定量分析基础是什么?
13. 如何设置原子吸收光谱的测定条件?
14. 5mL 血液样品经三氯乙酸去蛋白后离心,上清溶液 pH 调至 3.0 后,用 5mL 含有有机络合剂的甲基异丁酮溶液萃取两次。用铅空心阴极灯在波长 283.3nm 处,测得吸光度 0.444。另取两份 5mL Pb 浓度分别为 0.250ppm(1ppm=10^{-6})和 0.450ppm 的 Pb 标准水溶液,经同样方法处理后测得吸光度为 0.396 和 0.599。计算血液样品中 Pb 的浓度(ppm)。
15. 某化学家尝试用配备了 N_2O-乙炔火焰器的原子吸收仪测定锶,然而与 460.7nm 原子共振线相关的灵敏度不够理想,试给出至少三种可能提高灵敏度的建议。
16. 在氢气-氧气火焰中,当试液中含有大量硫酸根离子时可观察到铁原子吸收峰减小,试解释发生这种现象的原因,以及如何克服在测定铁时来自硫酸根离子的潜在干扰问题。
17. 用标准加入法测定某一试样溶液中铬的浓度。10mL 试样在加入不同体积的浓度为 12.2ppm 的铬标准溶液后,用水稀释至 50mL,测得其吸光度如下所示,求试液中铬的浓度。

序号	试液体积/mL	加入标准液体积/mL	吸光度
1	10.0	0.0	0.201
2	10.0	10.0	0.292
3	10.0	20.0	0.378
4	10.0	30.0	0.467
5	10.0	40.0	0.554

第8章 原子发射光谱分析

8.1 概 述

原子发射光谱(atomic emission spectrometry, AES)法是依据待测原子在一定条件下受激发后发射的特征谱线进行元素定性与定量分析的方法。

如7.1节中所述，光谱分析方法是从原子发射光谱研究开始的。AES是最为古老的光谱分析方法，也是最早出现的一种光谱分析方法，到现在已经有一百多年的历史。从1859～1860年的光谱分析诞生开始，大致经历了定性、定量及等离子体光谱三个主要阶段。

原子发射光谱法具有样品用量少、快速、选择性好和能多种元素同时测定等特点，其可对元素周期表中七十多种元素(金属元素及磷、硅、砷、碳、硼等非金属元素)进行定性和定量分析。

延伸阅读8-1：光谱分析始于原子发射光谱研究

原子发射光谱用于定性分析起源于摄影术创始人之一的英国光谱学家塔尔博特(William Henry Fox Talbot, 1800—1877)。塔尔博特1826年通过对钠、钾、锂和锶的乙醇火焰光谱及银、铜、金的火花光谱进行研究，初步确定了元素与特征光谱之间的关系，提出了使用火焰的颜色进行物质检验的设想。

1. 原子发射光谱分析的光源研发

1859～1860年，德国学者本生和基尔霍夫(Gustav Robert Kirchhoff, 1824—1887)利用分光镜研制了第一台光谱分析仪器，发现了光谱与物质组成之间有密切关系，提出每一种元素受光激发后都会产生自己特有的光谱，根据光谱线是否呈现可以确定元素存在的观点，并且分别于1860年和1861年发现了新元素铯和铷，开辟了原子发射光谱的应用领域，也奠定了光谱分析的基础。随后，人们在元素定性分析方面取得了很大进步，并在俄罗斯化学家门捷列夫(Dmitri Ivanovich Mendeleev, 1834—1907)1871年提出元素周期律预言的基础上发现了很多新元素。例如，1875年法国化学家布瓦博得朗(Paul Emile Lecoq de Boisbaudran, 1838—1912)在闪锌矿中发现了镓；1895年英国化学家拉姆塞爵士(Sir William Ramsay, 1852—1916)用光谱证明了氩的存在，并与其合作者瑞利(John William Strutt, 1842—1919)爵士分获1904年的诺贝尔化学和物理学奖。随后其他一些元素如钪、钐、铥等稀土元素及惰性气体如氖、氪、氙等也相继被发现。

采用原子发射光谱法分析时，待测样品需要先经过蒸发、离解、激发等过程，样品受激后发射出的特征光谱需要再进行分光、检测，然后才能进行定性或定量分析，其中激发光源对分析起着至关重要的作用。火焰被最早作为激发光源用于原子发射光谱分析，1935年出现了第一台火焰光度计。但火焰温度低，只能激发少数几个元素，所得光谱比较简单，故火焰光度计主要用于较易激发的碱金属及碱土金属的测定。电弧和火花光源的激发能力大于火焰，使用方便，操作简单，可用于一些难激发元素的测定，是20世纪40~50年代原子发射光谱分析的主流激发光源，至今仍在固体分析中使用。但这两类激发光源易受外界影响，且试样以固体形式激发，基体效应大，样品处理和标样制备困难，导致原子发射光谱分析在20世纪60年代至70年代初基本处于停滞状态。

巴巴特(Babat)在1942年实现高频感应放电以后，里德(Reed)于1961年获得了感应耦合等离子炬，揭开了等离子体在原子发射光谱中的应用序幕；1964年和1965年，格林菲尔德(Greefield)和温特(R. H. Wendt)发表了电感耦合等离子体(inductively coupled plasma, ICP)应用于原子光谱分析的研究报告，使得ICP作为一种新型光源开始引起注意。1975年出现了第一台商用ICP-AES仪器。由于ICP光源优越的分析性能，能对固、液和气样品直接分析,相关报道不断增多。随着对 ICP 分析机理及应用分析方法的研究,ICP-AES 在分析技术、仪器装置及应用等方面得到全面发展。

2. 原子发射光谱分析的理论基础研究

1873 年,英国天文学家洛克叶尔(Lockyer, 1836—1920)发现了谱线的强度、宽度和数目与待测物之间存在一定的关系。1883 年哈特雷(Hartley)提出了最后线原理(ultimate lines principle),但因谱线强度受光源激发条件影响,当时定量分析还比较困难,所以只是建立了光谱半定量分析方法(即谱线呈现法)。

1925 年德国物理学家格拉奇(Walther Gerlach, 1889—1979)提出了内标法原理(internal standard method),改善了分析结果的精密度和准确度,奠定了光谱分析的定量基础。1930 年罗马金(Lomakin)和赛伯(Scheibe)建立了谱线强度与待测元素浓度之间的基本公式。至此,原子发射光谱技术进入定量分析阶段。

3. 原子发射光谱分析的检测器研发

原子发射光谱研究最初采用感光板来接收光谱,此种方式因操作烦琐,大大影响了分析速度,对实验人员的技术水平要求高,所以慢慢被光电直接接收装置所取代。1945 年出现的光电直读光谱仪可以对元素的光谱进行直接分析,操作简单,工作效率和分析结果的准确性大大提高。传统的直读光谱仪多采用普通平面或凹面光栅作为分光系统,以光电倍增管作为检测器,不能全谱直读,且仪器体积较大,不易小型化。

随着光栅制造技术的提升,固体检测元件的使用,以及 ICP 光源及高配置计算机的引入,光谱仪器在结构和体积上发生了很大变化,新型的直读光谱仪不仅能全谱直读,而且提高了仪器的稳定性、分析性能和工作效率,使仪器在智能化、小型化、多功能发展的方向迈进了一步。

当前技术日趋成熟的全谱直读电感耦合等离子体原子发射光谱分析法(ICP-AES),具有灵敏快速、线性范围宽和精密度高等特点,在元素微量分析方面可以与原子吸收光谱分析相媲美,但又有原子吸收法所不能及的多元素同时分析的特点。这种优势使其应用领域由过去的钢铁冶金和机械行业扩展到了如生物样品分析、环境分析、食品药品监测、文物保护等更为广阔的领域,甚至在某些领域还有取代原子吸收法的趋势。

人们充分利用 ICP-AES 优点,将其用作检测器,通过与其他技术联用,实现在线分离富集和元素形态分析。随着 ICP-AES 商品化仪器的不断普及,ICP-AES 法在元素分析领域的应用将更加广阔。

学习与思考

(1) 为什么说光谱分析法是从原子发射光谱开始的?
(2) 原子发射光谱技术建立的初期对化学科学有什么帮助?
(3) 原子发射光谱分析的发展经历了哪些阶段?

8.2 原子发射光谱分析法的基本原理

8.2.1 原子发射光谱的产生

按照原子结构量子理论,核外电子在不同能量的轨道上运动时原子是处于不同能级状态的。一般情况下,原子处于最低能级的基态,但如果受到外界能量(如热能、电能等)刺激核外电子会跃迁至高能级,原子就会变成激发态。

由基态跃迁至激发态的过程称为激发(excitation)。在激发过程中,有些原子在获得足够能量后会失去电子成为带正电荷的离子，即发生了电离(ionization)。原子失去一个电子的电离称为一级电离(first-order ionization)，所需的能量称为一级电离电位(first ionization potential)；一级电离的离子再失去一个电子称为二级电离，所需能量称为二级电离电位；以此类推。离子也可能被激发至激发态。原子或离子从基态被激发至激发态所需要的能量称为激发电位(excitation potential)。离子的激发电位与电离电位无关。

激发态的原子或离子并不稳定，在激发态停留 $10^{-8}\sim10^{-7}$s 后便自动返回到基态或较低能级状态，并以无辐射跃迁和辐射跃迁的方式释放多余能量。无辐射跃迁是通过与其他粒子碰撞发生的，激发能变成粒子的动能或热力学能；而辐射跃迁是以光辐射形式释放，产生发射光谱。同一元素的离子和原子有不同的能级，故产生发射光谱不同，但都是该元素的特征光谱，习惯上统称为原子发射光谱。因能级是量子化的，不具有连续性，所以原子发射光谱是线状光谱。

谱线波长与能量的关系为

$$\lambda = \frac{hc}{E_2 - E_1} \tag{8-1}$$

式中，E_1、E_2 分别为高能级与低能级的能量；λ 为谱线波长；h 为普朗克常量；c 为光速。

原子或离子的激发态有很多，能级由低到高依次称为第一激发态、第二激发态……，因此特定元素的原子可产生一系列不同波长的特征谱线。通过测定这些特征谱线波长和发射光强度就可以建立分析方法。不同元素具有不同的原子结构，故发射不同波长的特征谱线，据此可进行元素的定性分析；谱线强度与试样中被测元素的浓度之间具有一定关系，据此可以进行定量分析。这两点是原子发射光谱分析法的基础。

8.2.2 谱线的类型

1. 原子线和离子线

原子和离子所发射的谱线分别称为原子线(atomic line)和离子线(ionic line)。在元素谱线表中，罗马数字 I 表示原子线，II 表示一级电离离子线，III 表示二级电离离子线。例如，Mg 285.21nm(I)为原子线，Mg 280.27nm(II)为一级电离离子线。在一般激发光源激发下，同一发射光谱中往往既有原子线也有离子线，它们均可用于元素的分析。

2. 共振线与主共振线

通常把从激发态跃迁到基态所产生的谱线称为共振线，其中由第一激发态跃迁到基态产生的谱线称为第一共振线或主共振线。

3. 灵敏线、最后线和分析线

灵敏线是一些激发电位低、强度大的谱线，多是共振线。灵敏线可以是原子线，也可以是离子线。易激发元素的灵敏线波长一般较长。例如，K 元素易被激发，其灵敏线在可见光区，有 K 404.41nm(I)、K 404.72nm(I)、K 766.49nm(I)、K 769.90nm(I)等。Au 元素不易激发，其灵敏线在近紫外区，有 Au 242.80nm(I)、Au 267.60nm(I)等。

某种元素的谱线数目随其在样品中的含量降低而相应减少，当元素含量减至一定值后，此元素的谱线就会全部消失,其中最后消失的谱线就称为最后线。最后线一般是元素的最灵敏线。

原子发射光谱分析是根据灵敏线或最后线来判断元素的存在和含量,所以它们还称为分析线。

8.2.3 谱线的宽度和轮廓

原子发射光谱虽然是线状光谱,但事实上各谱线都有一定的轮廓和宽度。这主要是因为原子发射光并不是纯粹的单色光,谱线有自然宽度,而谱线的波长是其强度最大值处对应的波长。

多普勒变宽和压力变宽同样也是引起发射光谱谱线变宽的两个主要因素。前者是由发光原子的无规则热运动而引起,其值与绝对温度的平方根成正比,通常比自然宽度大 2~3 个数量级;后者也称碰撞变宽,是由原子或离子与其他粒子发生碰撞引起的,与原子的数密度有关。谱线变宽掩盖了光谱结构的细节,因而光谱实验中应尽量消除谱线的变宽因素。

8.2.4 谱线的自吸与自蚀

在发射光谱中,激发光源弧焰各不同部位都分布有一定的体积、温度及原子浓度,一般中心处的温度高,激发态的原子较多;边缘处的温度低,基态或较低能态的原子较多。中心区高能级的原子(或离子)发出的辐射在传播途中,被光源外围低能级的同类原子所吸收,最后转变为热而消失,使实际观测到的谱线强度减弱,这种现象称为自吸(self-absorption)。

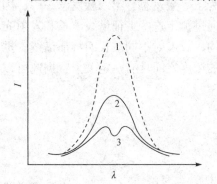

图 8-1 自吸与自蚀示意图
1. 无自吸及自蚀;2. 发生了自吸;3. 发生了自蚀

自吸现象在元素低浓度时不易发生,随元素浓度的增加而增强。弧层越厚,弧层中被测元素浓度越大,自吸也越严重。由于发射谱线比吸收谱线宽,故自吸对谱线中心处的强度影响较大。当自吸严重时,谱线会从中央一分为二,称为自蚀(self-reversal)(图 8-1)。

进行定量分析时,自吸现象的出现将严重影响谱线的强度,限制含量检测范围。

8.2.5 影响谱线强度的因素

1. 激发电位的影响

激发电位越低,相应的跃迁概率越大,谱线越强。每种元素的主共振线的激发电位最小,通常是理论上的最灵敏线。

2. 温度的影响

温度对原子的激发和电离过程均有影响。升高温度有利于原子的激发,使被激发的原子数目增多,谱线强度相应增大;但升高温度也可能使原子发生电离,减少中性原子浓度,造成原子线强度减弱,同时离子线强度增强。因此,每一条谱线都有其适宜的激发温度。

3. 待测元素含量的影响

一定温度下,谱线强度(I)与试样中该元素的浓度(c)符合经验式(8-2):

$$I = ac^b \tag{8-2}$$

式中,b为自吸系数,当待测元素含量较低,无自吸现象时,$b=1$;a受试样成分的物理化学性质和仪器的工作条件影响。

式(8-2)是原子发射光谱定量分析的基本公式,由赛伯和罗马金先后独立提出的,故称赛伯-罗马金(Schiebe-Lomakin)公式。

4. 试样组成与物理状态的影响

经验表明,即使试样中待测元素的浓度相同,且在同一实验条件下,同一谱线的强度也会因试样的化学组成、物理状态不同而发生变化。引起谱线变化可能的原因包括试样的组成和状态会影响到待测元素的蒸发速度、进入观测区的比例及与其他组分的相互作用等,另外也会影响观测区的激发条件,如改变了弧焰的局部温度,进而影响到原子的激发和电离等过程。

实际工作中被测量样品的成分多种多样,除待测成分以外的其他成分统称为基体(matrix)。试样中其他元素的存在对被测元素谱线强度的干扰作用称为基体效应(matrix effect)。对于不同的样品,其基体成分不同,对同一种待测元素产生的基体效应也不同。基体效应是一个无法避免的客观事实,是原子发射光谱定量分析中的主要误差来源之一,试样组成越复杂,基体效应越显著,分析误差越大。

实际操作中,可以根据情况在试样和标准样品中加入一种或多种辅助物质,如光谱缓冲剂或光谱载体,以防止或减小基体效应。加入光谱缓冲剂可以稀释试样,减小试样组成性质的变化以抑制基体效应;还能控制试样在弧焰中的蒸发和激发温度,降低背景影响。而光谱载体可以改变试样中元素的熔点、沸点,从而改变各元素的蒸发情况,起到增强待测元素谱线强度或抑制基体谱线强度的作用。

学习与思考

(1) 原子发射光谱是怎样产生的?为什么各种元素的原子都有其特征的谱线?
(2) 什么是原子发射光谱的共振线、主共振线、灵敏线、最后线和分析线?
(3) 原子发射光谱与原子吸收光谱中的谱线变宽有什么异同?
(4) 如何克服原子发射光谱的谱线自吸和自蚀?
(5) 在原子发射光谱分析中是否也存在基体效应?如果有,该如何克服?
(6) 什么是光谱缓冲剂或光谱载体?

8.3 原子发射光谱仪

原子发射光谱仪的核心是激发光源、分光系统和检测器三部分。另外根据需要,还会配备进样系统、计算机控制及数据处理系统、冷却系统、气体控制系统等。本节仅对系统核心部分进行介绍。

8.3.1 激发光源

激发光源的作用是提供能量使样品蒸发、原子化(电离)及激发各元素的原子(离子)产生发射光谱。光源对分析准确度、精密度和灵敏度有很大影响,一般要求其具有强的激发能力、灵敏度高、稳定性好、良好的信背比、结构简单、操作安全方便等性能。已用于原子发射光谱仪的光源主要有火焰、电火花、电弧(直流、交流)和电感耦合等离子体等。

1. 火焰光源

火焰是原子发射光谱分析中应用最早的光源,由燃气和助燃气混合后燃烧产生。通常用煤气或液化石油气等做燃气,空气作助燃气。试样由雾化器喷入火焰中,依靠火焰的热效应和化学作用将试样蒸发、原子化、离子化和激发发光。以火焰作激发光源的火焰光度计设备简单、价格便宜、准确、快速,灵敏度较高,但因火焰温度较低(1800~3000℃),只能激发Na、K、Li、Ca、Ba等几种激发能低的元素,使用范围有限。

2. 电火花光源

利用升压变压器把电压升高后向一个与分析间隙并联的电容充电,当电容上的电压达到分析间隙的击穿电压时,迅速放电产生电火花,放电结束后电容又重新充电、放电,产生振荡性的放电。高压火花光源放电瞬间温度很高,具有很强的激发能力,可用于一些难激发元素的激发。另外,其稳定性和重现性好,可用于定量分析。但其放电间歇时间略长、电极温度较低、对试样的蒸发能力小、灵敏度较差、背景高,适合易熔金属与合金试样的分析,以及较高含量元素的定量分析。

3. 直流电弧光源

直流电弧利用电压为220~380V,电流为5~30A的直流电源作为激发能源,通过上下两极接触短路引燃电弧,或用高频引燃电弧。直流电弧弧焰温度为4000~7000K,激发能力强;由于持续放电、电极温度高、蒸发能力强、灵敏度高、背景小,适合痕量元素的分析。其缺点是放电不稳定,定量分析的精密度不高。

4. 低压交流电弧光源

低压交流电弧工作电压为110~220V,采用高频引燃电弧。交流电弧不像直流电弧一次点火就能连续燃弧,而是每半个交流周期点火一次,以保持弧焰不断。在实际应用中,也可以控制为连续或断续的交流电弧,灵活性较大。

交流电弧的弧温高,激发能力强;因放电有间隙性,故其电极温度较低,蒸发能力略低,稳定性好,分析的重现性与精密度比较好,适于定量分析;灵敏度和准确度均介于电火花与直流电弧之间。

5. ICP光源

等离子体由电子、离子、原子和分子等组成,其中正、负离子数目几乎相等,整体呈现电中性。光谱分析中,等离子体光源习惯上仅指外观类似火焰的一类放电光源,其中ICP(图8-2)是应用较为广泛的等离子体光源,图8-3是其产生原理及弧焰温度示意图。

图 8-2　ICP 光源

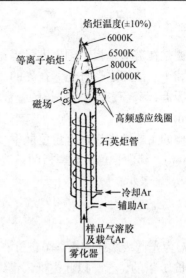

图 8-3　ICP 产生原理及弧焰温度示意图

ICP 光源一般由三部分组成，包括雾化器、等离子炬管和高频发生器等。液体样品通过进样毛细管经蠕动泵作用进入雾化器，被雾化后的样品形成雾状体(或气溶胶)与 Ar 气流汇合，然后进入扩散室，大滴溶液凝聚作为废液排出，细雾被喷入等离子流。

等离子炬管由三层石英同心管组成。最外层石英管通冷却 Ar，防止炬管被高温的 ICP 烧熔；中层石英管通入 Ar 起维持等离子体作用；内层石英管通入 Ar 以携带试样进入等离子体。炬管置于高频感应线圈中，当线圈上有高频电流通过时，在线圈的轴线方向上会产生一个振荡的环形磁场。这时若点火器的高频火花放电，炬管内 Ar 就会电离，产生的导电粒子达到足够的电导率时，会在磁场作用下形成与炬管同轴的环形电流，其电阻很小，电流很大，产生的高温又将气体加热、电离，这种气体在炬管内形成稳定的等离子体焰炬。样品形成的细雾随 Ar 由中心管注入 ICP 中，快速地去溶、蒸发、原子化、离子化和激发。

根据光路采光方向，有水平观察 ICP 光源、垂直观察 ICP 光源和水平/垂直双向观察 ICP 光源三种。实际中根据样品基质、待测元素、波长、灵敏度等因素选择合适的观察方式。

ICP 光源是目前原子发射光谱仪最常用的光源，可用于分析液、固、气态样品中的金属元素，也可分析部分非金属元素。其优点是自吸效应小，测量的线性范围宽(可达 5~6 个数量级，有的仪器甚至可以达到 7~8 个数量级)，检测限低(许多元素可达到 $1\mu g \cdot L^{-1}$)；ICP 炬放电的稳定性很好，背景干扰少，分析的精密度高，相对标准偏差在 1%左右；不使用电极，不会产生样品污染；激发温度高，且存在轴向分析通道；试样在 ICP 光源中停留时间长，并在 Ar 的保护下不易产生其他的化学反应，可以避免一般分析方法的化学干扰，也有利于试样的原子化、电离和激发，因而对难激发或易氧化的样品更为适宜。其缺点是价格昂贵；Ar 消耗量大，费用较高；测定非金属元素时，灵敏度较低。

8.3.2　分光系统

分光系统也称为光色散系统，是将光源发射的复合光束色散成为单色光或按波长顺序排列形成光谱。在 2.4.3 节中，已经学习了单色系统分光器件可分为滤光片、棱镜和光栅。在这里，仅就光栅的一些性质做进一步介绍。

1. 光栅分光原理

光栅是在玻璃基板上刻出大量等宽、等间距的平行刻痕而构成的光学器件，根据其对光的衍射和干涉能力进行分光。在光的照射下，每条刻线都产生衍射，各条刻线所衍射的光又会互相干涉，当光程差为光波长的整数倍时，出现明亮的干涉条纹，就构成了光栅光谱(grating spectrum)。

光栅的主要性能指标有角色散率(angular dispersion)、线色散率(linear dispersion)和分辨率(resolution)。其中，角色散率指两条波长相差 $d\lambda$ 的谱线被光栅色散后所分开角度(θ)的大小，常用 $d\theta/d\lambda$ 来表示：

$$\frac{d\theta}{d\lambda} = \frac{k}{d\cos\theta} \tag{8-3}$$

式中，k 为光谱级次或谱级($k=0、\pm1、\pm2、\cdots$)，零级光谱不起色散作用，1 级就是光程差刚好为波长 1 倍的位置，以此类推，谱线级数越高，强度越低；d 为相邻两刻槽间的距离，称作光栅常数。

线色散率指两条波长相差 $d\lambda$ 的谱线在检测器平面(焦面)上分开的距离 dl，常用 $dl/d\lambda$ 来表示。一般情况下，检测器与光轴之间的夹角为 90°，此时有

$$\frac{dl}{d\lambda} = \frac{kf}{d\cos\theta} \tag{8-4}$$

式中，f 为物镜焦距。

光栅的分辨率 R 为

$$R = \frac{\lambda}{\Delta\lambda} = kN \tag{8-5}$$

式中，N 为光栅总刻线数。

光栅的色散率不随波长而变，得到的谱线按波长均匀排列，称为匀排光谱。光栅的分辨率比棱镜高得多，是目前原子发射光谱仪最常用的分光器件。采用光栅的光谱仪称为光栅光谱仪。

2. 光栅种类

光栅有很多种类，分类准则也有很多。例如，按使用衍射光的方向分，有透射光栅和反射光栅等；按面形分，有平面光栅、凹面光栅、凸面光栅、柱镜光栅等；按槽形分，有三角形光栅、阶梯光栅、矩形光栅等；按制作方法分，有机刻光栅、复制光栅、全息光栅等。有些光栅可能同时属于几个种类，这里仅对凹面光栅、平面闪耀光栅和中阶梯光栅予以简单介绍。

1) 凹面光栅

凹面光栅指在球面反射镜上沿其弦刻出等宽、等间距平行刻线构成的反射光栅。以凹面光栅的曲率半径为直径做一个与光栅相切的圆，即罗兰圆(Rowland circle)，是美国物理学家罗兰(Henry Augustus Rowland, 1848—1901)发现的，若入射狭缝在罗兰圆上，则由凹面光栅形成的光谱呈在罗兰圆上，这种凹面光栅又称罗兰光栅(Rowland grating)，其分光原理参考图 8-4。罗兰光栅结构简单，除了具有分光作用，还兼具聚焦成像作用，是很多传统原子发射光谱仪的核心元件。

2) 平面闪耀光栅

对于平面反射光栅，通过控制光栅刻痕的形状使光能量集中在某一角度范围内，从这个

角度范围探测时,可以看到光栅特别明亮,或者说是"闪耀"起来,这种光栅称为平面闪耀光栅(blazed grating),也称为定向光栅。每一刻痕的小反射面与光栅平面的夹角称为闪耀角,最大光强度所对应的波长称为闪耀波长。

闪耀角β与闪耀波长λ_β的关系:

$$2d\sin\beta\cos(\alpha-\beta) = k\lambda_\beta \tag{8-6}$$

式中,α为入射角;d为光栅常数;k为光谱级次或谱级($k=0$、± 1、± 2、…)。

闪耀角的大小对光的利用率影响很大。通过合理设计闪耀角,光栅就能够得以适用于某一特定波段的某一级光谱。不过,普通闪耀光栅通常利用的是1~2级较低的光谱,且借助于增大焦距f或增加刻线密度来提高分辨率和色散率。

制作平面光栅的一个重要方法就是机械刻画。不过由于技术要求比较苛刻,成本较高,因而制造大面积、刻线密度高的机刻光栅受到制约。如果采用全息技术,不仅可以大幅提高线槽密度,也可制作任意尺寸的光栅。全息光栅的色散率和分辨率较高,但其刻线槽形通常呈近似正弦形,影响了闪耀特性,使集光效率下降。

3) 中阶梯光栅

按照光栅闪耀角的大小,阶梯光栅可以分为大阶梯光栅、中阶梯光栅和小阶梯光栅,发射光谱仪中常用的是中阶梯光栅。它与普通的平面闪耀光栅区别在于光栅每一阶梯的宽度是其高度的几倍,阶梯之间的距离是色散波长的10~200倍,通过增大闪耀角(60°~70°)、光栅常数和光谱级次(28~200级)来提高色散率和分辨率。由于使用高级次光谱,要求在任一级色散辐射时,光栅角度变化相当小,所有波长在或接近在最合适的闪耀角测量,而且物镜焦距短,因而测定时能获得最大的光能量。

中阶梯光栅具有很高的色散率、分辨率和集光本领,经与光栅色散方向垂直的辅助色散元件(光栅或棱镜)对级次重叠光谱进行二次色散后可得到二维光谱图,使用光谱区广,对降低检测限及多元素同时测定等很有利,已相当多地用于ICP-AES商品仪器。

8.3.3 检测系统

原子发射光谱常用的检测方法有摄谱法和光电直读法,相应的光谱仪分别称为摄谱仪和光电直读光谱仪。

1. 摄谱法

摄谱法(spectrography)是采用感光板来记录和显示光谱的方法。将感光板置于色散系统的焦面上,接收不同波长的辐射能而感光,再经过显影、定影等过程,即得到上面具有一定波长和黑度光谱线的光谱底片。用映谱仪将底片放大后,可观察到各谱线的位置及大致强度,从而进行元素的定性及半定量分析。采用测微光度计测量谱线的黑度(emissivity),也可进行定量分析。

摄谱法是较早的光谱显示方法,由于得到的信息需靠有经验的分析人员通过人工方法测量,操作麻烦、分析速度慢,逐渐被光电直读法所取代。

2. 光电直读法

光电直读法是通过光电转换元件采集谱线,并将谱线的光强信号转化为计算机能够识别的数字电信号,用软件对计算机接收到的光强数据进行各种运算,得到样品含量。原子发射光谱分析采用的光电转换元件有光电池、光电管、光电倍增管及固体检测器等。光电池或光电管的信号输出稳定、噪声小、但增益有限、响应略慢。在火焰光度计中常用光电池或光电管作检测器。

如 2.4.5 节所述，光电倍增管(PMT)具有灵敏度高、响应快、稳定性好、坚固耐用、使用的波长范围宽、寿命长等优点，是传统直读光谱仪常用的光电转换元件。但是它没有空间分辨能力，一个光电倍增管只能检测一条谱线。采用 PMT 检测的仪器有单道扫描式、多道固定狭缝式和组合型仪器三种。

(1) 单道扫描式是通过转动光栅使单出射狭缝在光谱仪焦面上移动，在不同时间接收不同元素的分析线，其优点是对谱线的选择具有很大的灵活性，分析元素的数量不受限制，但由于元素是分时测量的，速度略慢。

(2) 多道固定狭缝式是多个狭缝和多个 PMT 组合，构成多个测量通道，其优势是很短时间内能同时测定多个元素，特别适用于固定项目的大批量样品分析。此外，多元素同时测定时，其样品消耗量较单道扫描式少得多，对珍稀样品的多组分测定能力较强。大多数多通道光电直读光谱仪都采用帕邢-龙格成像系统，这种成像系统具有多个出射狭缝，且各出射狭缝和入射狭缝均固定安置于罗兰圆上，PMT 装于出射狭缝后面，以对各个波长的光谱同时进行测量。图 8-4 是多通道光电直读原子发射光谱仪的分光与检测结构。

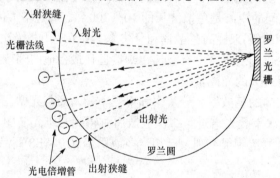

图 8-4 多通道光电直读原子发射光谱仪的分光与检测结构

用 PMT 的多通道直读光谱仪大大提高了分析速度，也方便了对不同元素光谱的分析，但仍然不能实现全谱直读。此外，为了能装上尽可能多的检测器，仪器的分光系统必须尽可能将谱线分开，单色器焦距要足够大，所有光学器件需精确定位，且整个系统要有高的机械稳定性和热稳定性，这就使仪器庞大笨重、使用条件严格、灵活性较差、不易小型化，限制了其普及使用。

(3) 组合型仪器使用一套激发光源，两套分光器进行分光检测，采用计算机控制，同时或分别实现多通道和(或)单通道扫描检测。这种仪器兼具单通道和多通道的特点，可以满足不同的测定需求。

随着电子数码技术发展，固体成像器件如电荷耦合器件(charge-coupled detector, CCD)和电荷注入器件(charge-injection detector, CID)作为图像传感技术逐渐成熟。自 20 世纪 80 年代，采用 CCD、CID 取代 PMT 检测器的直读光谱仪的研制开发应运而生。

CCD 和 CID 在远紫外至近红外区具有良好的光谱响应性能、检测速度快、灵敏度和信噪比高，并且在同一块检测器上可以检测到大量谱线，可以进行多元素测定。实际上，使用固体检测器件的直读光谱仪能实现真正意义上的全谱直读,且体积小、价格低。

目前,以 ICP 为激发光源,采用二维分光系统(中阶梯光栅+棱镜)和高性能固体检测器的全谱直读 AES 仪器具有高的灵敏度和分辨率,稳定性好且自动化程度高,作为多元素痕量分析的重要方法之一,广泛应用于多个领域。图 8-5 是全谱直读 ICP-AES 仪器的示意图。

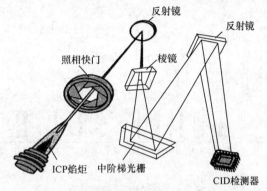

图 8-5 全谱直读 ICP-AES 仪器的示意图

学习与思考

(1) 为什么原子发射光谱的灵敏度要比原子吸收光谱的灵敏度要低,而当引入 ICP 以后,ICP-AES 的灵敏度得到大大提高?
(2) 试比较不同光源对原子发射光谱分析结果的影响。
(3) 原子吸收光谱仪和原子发射光谱仪在结构设计和各检测部件上有什么不同?
(4) 什么是光栅常数?光栅常数与分辨率有什么联系?试比较不同种类光栅的色散率、分辨率和集光本领。
(5) 什么是罗兰圆?如何使罗兰圆应用到分光系统上?

8.4 原子发射光谱分析

8.4.1 定性分析

根据试样光谱中灵敏线或特征谱线组,可以判断试样中某些元素的存在情况。不同元素发射的特征谱线有多有少,原子结构复杂的元素(如 Fe、Co、Ni 等)的谱线可达到数以千计。每种元素的灵敏线或特征谱线组可从有关书籍中查出。进行定性分析时,一般检出待测元素两条以上不受干扰的最后线与灵敏线就能确定元素的存在。若未检出待测元素的特征谱线,说明其在试样中不存在或者含量在检测限以下。例如,Cu 的特征谱线组是 Cu 324.754nm 和 Cu 327.396nm,通过试样光谱中这两条谱线的有无可以判断分析试样中有没有 Cu。

使用光电直读光谱仪,选择测定方法和相应待测元素的分析线,进行谱线扫描可以直接确定元素的存在。

摄谱仪进行定性分析一般采用标准谱图比较法和标准试样比较法。标准谱图比较法常用铁光谱进行比较。铁光谱的谱线多,谱线间相距近,在 210~660nm 均匀分布有几千条谱线,每一条铁谱线的波长已经被精确测量,同时大多数元素的分析线出现在铁光谱谱线的光谱范围内,因此铁光谱可以作为波长的标尺。人们在一张比实际光谱图放大了 20 倍的铁光谱图上方,按波长顺序准确标出其他元素的分析线,制成了标准光谱图,用于其他元素谱线的判断。该法可同时进行多元素测定。图 8-6 是部分铁标准光谱图,上面是元素的谱线,中间是铁光谱,下面是波长标尺。

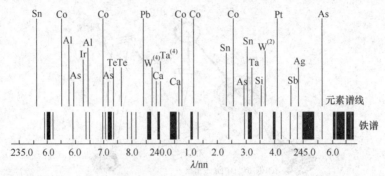

图 8-6 部分铁标准光谱图

定性分析时,将待测样品与铁在完全相同条件下并列摄谱,拍摄的谱片置于映谱仪上放大 20 倍,再与铁标准光谱图比较。将两个谱图上的铁光谱对准重合后,找出铁标准光谱上所标有各元素的特征谱线在试样光谱中是否出现。若发现某元素的 2～3 条特征谱线出现,则该元素就存在。

若有些样品光谱中出现的谱线在铁光谱中没有标出,可采用波长测定法,准确测定波长,再到谱线表上查询以确定其对应的元素。

标准试样比较法是将待测元素的纯物质或纯化合物与未知试样在相同条件下并列摄谱,得到的谱图进行比对,以确定未知样中待测元素是否存在。此法快速可靠,但只限于指定元素分析。

8.4.2 半定量分析

在实际应用中,若仅需知道试样中待测元素的大致浓度范围,可采用半定量分析,主要有谱线黑度比较法和谱线呈现法。

谱线黑度比较法,即对试样及一系列含有不同量待测元素的标准样品进行同时摄谱,然后目视法比较标准系列与试样谱图中灵敏线的黑度。若黑度相同,则说明待测元素在试样与标准样品中的含量近似相等。该方法简单快捷,在一块光谱感光板上可以分析若干试样、多种元素,可作为大批量样品中元素的快速分析技术。

谱线呈现法是根据谱线出现的条数和明亮程度判断该元素的大致含量。试样中分析元素的含量达到检测限时,在光谱中开始出现该元素的最灵敏线,随着分析元素含量的增加,一些次灵敏线和弱线相继出现。谱线呈现的程度与元素含量有关。一般需要先对待分析元素含量不同的一系列标准样品拍摄光谱,并将光谱中谱线出现情况及特征编制成谱线呈现表。分析时,在相同的工作条件下对试样摄谱,根据试样中元素谱线出现的情况及特点,利用谱线呈现表估计分析元素的含量。这种方法不需要每次拍摄标准样品的光谱,分析速度快,可同时测定数十种元素,测定含量范围高达几个数量级。

8.4.3 定量分析

光谱定量分析的主要根据是塞伯-罗马金公式中谱线强度与被测元素浓度的关系。目前主要采用光电直读法进行定量分析。

1. 标准曲线法

在选定的分析条件下，对不少于三个不同浓度的标准系列溶液进行测定。以待测元素的响应值为纵坐标，浓度为横坐标，绘制标准曲线，计算回归方程，相关系数应不低于0.99。在同样的条件下对试样进行测定，利用试样中待测元素的响应值，根据标准曲线或回归方程即可得到试样中待测元素的含量。在激发及测试条件稳定，已知样品和标准液的基本成分相接近，无基体干扰或基体干扰小时可以使用此法。

ICP光源稳定，自吸比较低，且样品溶液采用喷雾法引入ICP光源进行激发，因此样品的均匀性及基体效应对试样的蒸发和挥发的影响较小，可以采用标准曲线法进行定量。

2. 内标标准曲线法

塞伯-罗马金公式中，a受试样激发和辐射过程中的各项因素影响。在一定工作条件下a、b是常数。

影响谱线强度因素较多，为了避免测定条件不同带来的影响，实际多采用内标标准曲线法(相对强度法)进行光谱定量分析。即选用一条比较线和分析线组成分析线对，用分析线与比较线强度比值为纵坐标，浓度为横坐标，绘制标准曲线，计算回归方程。利用供试品中待测元素分析线和比较线强度的比值，从标准曲线或回归方程中查得相应的浓度，计算样品中含待测元素的含量。比较线也称内标线，提供这种比较线的元素称为内标元素。

3. 标准加入法

由于实际样品的组成千差万别，在找不到合适的基体配制标样，且待测元素含量较低时，为了避免实际样品中基体效应的影响，可以采用标准加入法。有关标准加入法的原理已经在7.6.2节中详细描述，在此不再赘述。需要说明的是，此法仅适用于第一法标准曲线呈线性并通过原点的情况。

延伸阅读 8-2：ICP-AES 光谱分析中的干扰

ICP-AES光谱分析中的干扰来源很多，可分为光谱干扰和非光谱干扰两大类。

光谱干扰主要是谱线重叠干扰和背景干扰。由于ICP的激发能力强，几乎每一种存在于ICP焰炬中的物质都会发射出谱线，因此实际试样的光谱中会有众多谱线。谱线重叠干扰指不同元素产生的谱线交织在一起，不利于对样品分析信号的检出和分析的现象。另外，待测元素的谱线通常是叠加在一个背景光谱上，光谱背景的增大会降低谱线强度与背景的对比度，也会使分析校正曲线发生变化，对分析结果造成严重影响，这就是背景干扰。

背景光谱的来源有放电氩气产生的光谱、水蒸气和进入ICP中的杂质气体产生的光谱、基体和共存物产生的光谱及杂散光等。光谱干扰现象普遍存在，且干扰程度随着样品复杂性的增加而增强，故ICP-AES分析方法建立过程中的重要工作之一是减少光谱干扰对测定结果的影响。常用方法有选用高分辨ICP-AES光谱仪、降低待测样品浓度、采用谱线分析算法对光谱干扰进行校正等。谱线分析算法有很多，如干扰系数校正法、导数光谱法、Kalman 滤波法等。

非光谱干扰有物理干扰、化学干扰和电离干扰等,其中物理干扰较为普遍。物理干扰是指待测试样溶液的物理性质对分析测试的影响。在试液被雾化成气溶胶进入 ICP 火焰过程中,样品的物理性质会对其提升量、雾化率及产生气溶胶颗粒大小等造成影响,继而影响谱线强度。例如,如果试液黏度较大,雾化率低,谱线强度相应弱一些。采用基体匹配、蠕动泵进样、试样与标样溶液介质基本一致等方法可减少物理干扰。

化学干扰又称溶剂蒸发效应,由于 ICP 光源温度高,且气溶胶在通道内滞留的时间长,试样得到充分的蒸发和离解,因此化学干扰在 ICP-AES 中并不显著。

电离干扰是指大量易电离元素(如 Na、K、Li 等)进入 ICP 火焰中,不仅使火焰温度明显下降,也因电子密度增加使电离平衡向中性原子移动,导致待测原子浓度升高,离子浓度降低,从而引起被测元素谱线强度发生变化的现象。电离干扰的消除方法有选择合适 ICP 焰炬观测高度,在标准及样品溶液中加入易电离元素,尽量选择离子线作分析线等。

8.4.4 分析线、内标元素及内标线的选择

1. 分析线的选择

定量分析时,分析线的选择通常遵循以下原则。
(1) 尽量选择干扰小、灵敏度高、背景小的谱线。
(2) 自吸效应小的谱线。在分析较高含量元素时,有时可以选择次灵敏线或非灵敏线。
(3) 选择对称性和峰形好的谱线。

2. 内标元素及内标线的选择

在选择内标元素及内标线时,应尽可能满足以下要求。
(1) 内标元素应与待测元素有相近的蒸发特性,可以选择试样中已有元素,也可另外加入。
(2) 内标元素的含量固定,且标样和试样中含量相同。
(3) 分析线对中的内标线与分析线应同为原子线或离子线,且激发电位或电离电位接近(谱线靠近)。
(4) 分析线对的强度不应相差过大,无相邻谱线干扰,无自吸或自吸小。

学习与思考

(1) 原子发射光谱进行定性分析时如何识别谱线?
(2) 原子发射光谱法进行定量分析有哪些常用的方法?如何选择分析线及内标线?
(3) ICP-AES 分析法中的光谱干扰有哪些?如何降低光谱干扰对分析测定的影响?

8.5 原子发射光谱在药物研发中的应用

原子发射光谱法作为一种常用的元素分析测定方法,由于分析性能优越,已广泛应用于生产、生活的各个领域,在药物研发中也有重要应用价值。

8.5.1 在药品质量控制中的应用

在药品质量控制方面，火焰光度法因仪器价格便宜，测试也很简单，已在多版《中国药典》中收载，主要用于碱金属或碱土金属元素，如钾、钠元素的测定。除了钾、钠元素，药物中其他元素，如微量元素注射液中的多种微量元素、重金属杂质铬、有毒杂质砷等进行快速而有效的分析也是质量控制的重要工作。《中国药典》2015 年版收载了电感耦合等离子体原子发射光谱法(ICP-AES，通则 0411)，该法可进行多元素的同时测定，具有原子吸收光谱法溶液进样的灵活性和稳定性，对许多元素检测的灵敏度与原子吸收光谱法相当或更高，且在动态线性范围等方面优势明显，用于药品中多种微量元素、杂质铬、杂质砷等的分析。

例如，ICP-AES 法用于造影剂钆喷酸葡胺注射液中钆的含量测定，与一氧化二氮-乙炔火焰原子吸收光谱法相比，ICP-AES 法测定时样品无须消解和灰化，检测灵敏度更高，实验操作更简单。样品的处理在很大程度上影响着 ICP-AES 的定性、定量分析结果。除部分溶液类及可溶性药物外，多数药物需要进行前处理以破坏有机基体，制备成均匀的溶液试样后再进行分析。常用的处理方法主要有湿法消化、干法消化、高压消化、密闭微波消解和超声提取等。以这些方法处理后的试样直接进行 ICP-AES 分析，通常只得到元素的总量信息。

基于火花、电弧等激发光源的原子发射光谱法主要用于固体样品的分析，且在灵敏度和准确度方面逊于原子吸收光谱法，在药品质量控制中的应用受到限制。

【示例 8-1】 **ChP2015 西咪替丁氯化钠注射液中氯化钠的含量测定**

对照储备液的制备：精密量取标准钠离子溶液，用水制成每 1mL 中含钠离子 100μg 的溶液。

供试品溶液的制备：精密量取本品 5mL，置 50mL 量瓶中，用水稀释至刻度，摇匀，精密量取 1mL，置 50mL 量瓶中，用水稀释至刻度，摇匀，即得。

测定法：精密量取对照品储备液 3.5mL、5.5mL、7.0mL、8.5mL、10.5mL，分别置 100mL 量瓶中，用水稀释至刻度，摇匀。取上述各溶液及供试品溶液，照火焰光度法（通则 0407）测定钠离子浓度，计算，即得。

示例中，西咪替丁氯化钠注射液为西咪替丁与氯化钠的灭菌水溶液，属于 H_2 受体阻滞药。该复方制剂中，氯化钠所含钠离子属于碱金属离子，故可采用火焰光度法测定、以标准曲线法计算氯化钠的含量。

8.5.2 在药理毒理研究中的应用

许多金属和非金属的生理和毒理作用与它们的化学形态有关，因此形态分析也是元素分析中的重要工作之一。对药物，尤其是中药中金属元素的形态分析面临基体复杂且各形态的含量相当低的问题。将 ICP-AES 与不同的技术联用，可以在线分离富集和元素形态分析。例如，将氢化物发生与 ICP-AES 联用，可以消除基体干扰，提高 ICP-AES 对氢化物形成元素的检测限，为复杂基体样品分析提供了新途径。ICP-AES 和液相色谱联用也能有效减少光谱干扰，提高分析的选择性，实现对元素化学形态的分析。

【示例 8-2】 **公丁香中多种金属元素的 ICP-AES 研究**[1]

中药中的微量元素是中药功效的重要物质基础之一。人体所必需的微量元素具有多方面的生理功能，尽管在人体内含量甚微，但对人体健康起着重要作用，人体的许多疾病与微量

---

[1] 张胜帮，郭玉生. 公丁香中多种金属元素的 ICP-AES 研究. 光谱学与光谱分析, 2006, 26(7): 1339-1341.

元素的失调有关,在人体内有恒定水平,量过多或缺乏都会引起疾患。因此对中药所含微量元素的研究已越来越引人注目。

实验方法:准确称取公丁香1.0000g,置于100mL烧杯中,加入10mL HNO_3,2mL H_2O_2,在电热板上低温消化约2h,待 NO_2 棕红色烟冒尽后(此时溶液颜色为黄棕色),升高温度加热至溶液近干,再重复操作3～4次(加 H_2O_2 时必须将溶液先冷却),加 H_2O_2 的次数可根据效果适当增减。根据溶液表面是否有油脂小珠漂浮在上面,如有油脂小珠则应补加 HNO_3 或 H_2O_2 分解,加入少量去离子水继续加热至白烟冒尽,溶液为无色透明,加15mL去离子水稀释,然后转移到100 mL容量瓶中,用去离子水定容。同时平行做一份空白试液。

采用ICP-AES法测定,功率1150W,频率27.12MHz,载气流速 $1.0L \cdot min^{-1}$,样品提升量 $1.85mL \cdot min^{-1}$,长波段积分时间为5s,短波段30s。各元素测定波长分别为K 766.4nm、Fe 259.9nm、Mn 257.6nm、Pb 220.3nm、Zn 213.8nm、Cu 324.7nm、Cr 285.5nm、Mg 279.5nm。

实验结果发现中药公丁香中含有比较丰富的Mn元素,微量元素在中药中可能起到一定的药理作用,用ICP-AES测定中药中微量元素以评价中药价值具有重要的意义。

8.5.3 在中药研发中的应用

目前,传统中药的安全性往往被质疑,特别是在重金属污染已成为突出的问题之一的情况下更是如此,因此准确、严格的检测中药中微量元素与重金属含量不仅有利于阐明传统中药的药理、毒理,也为中药种植、生产及使用提供科学依据。

ICP-AES法在中药元素分析中的应用研究已引起广泛关注,随着中药现代化的进程,其在中药质量控制方面的地位将进一步巩固。例如,ICP-AES分析法可用于测定原料药中残留的催化剂钯、多维元素类营养补充剂的微量元素及硼酸氧化锌软膏中硼元素的测定。《中国药典》2015年版收载了ICP-AES分析法,并指出其适用于各类药品从痕量到常量的元素分析,尤其是矿物类中药、营养补充剂等的元素定性、定量测定。

随着"中国健康2030"规划的实施,中药材中重金属(如铜、铅、镉)的危害性也引起越来越多的关注。中药材中重金属的检测已被载入《中国药典》,对中药材中重金属进行检测,并控制重金属含量,对于我国中药走出国门,打入国外市场至关重要。例如,采用火焰法、石墨炉法,样品消解后直接测定中药材丹参、白芍中重金属铜、铅、镉的含量。结果表明,丹参、白芍中所含铜、铅、镉均符合《中国药典》规定。方法简单、快速、灵敏,适用于中药材中微量重金属的测定。

此外,ICP-AES分析法在新型靶向制剂研究等方面也有应用。

学习与思考

(1) 为什么以火花、电弧为激发光源的原子发射光谱分析较少用于药物研究?
(2) ICP-AES分析法在药品质量研究中有哪些应用?
(3) 请查阅文献,了解ICP-AES分析法在药学其他领域中的应用。
(4) 在原理及应用方面,对原子吸收光谱分析、原子发射光谱分析及原子荧光光谱分析进行比较。

8.6 原子荧光光谱分析法

8.6.1 原子荧光简介

原子的外层电子受到激发从基态或低能态跃迁到高能态,然后又跃迁至基态或低能态,同时发射出特征波长的荧光,若荧光波长与吸收波长一致,称为共振荧光;若不同则称为非共振荧光。原子荧光光谱分析法(atomic fluorescence spectrometry, AFS)是利用原子荧光谱线的波长和强度进行元素定性及定量的分析方法。

原子荧光分析是 20 世纪 60 年代提出并发展起来的一种光谱分析技术。1859 年基尔霍夫在研究太阳光谱时就开始了对原子荧光的理论研究。1902 年,伍德等首先观察到了 Na 的原子荧光。1923 年尼克尔斯和豪伊斯最先报道了火焰中的原子荧光,他们在本生焰中做了 Ca、Sr、Ba、Li 及 Na 的原子荧光测定。1962 年,在第十次国际光谱会议上,阿尔克马德介绍了原子荧光量子产率的测量方法,并预言原子荧光可用于元素分析。1964 年,温夫德尼等明确提出原子荧光光谱法可以作为一种化学分析方法,并首次成功地用原子荧光光谱测定了 Hg、Zn、Cd。此后,原子荧光分析的理论和实验研究开始受到关注。1974 年,津路等首次采用氢化物发生(HG)和原子荧光分析技术相结合的方法测定了 As,这种联合应用成为原子荧光分析中最具活力的技术,并得到发展和完善。

我国专家学者对原子荧光分析技术的研究始于 20 世纪 70 年代中期,并在 HG-AFS 方面取得了杰出成就。1979 年,我国研制成功了用溴化物无极放电灯作为激发光源的 HG-AFS 装置,克服了国外碘化物无极放电灯发射出 I 的共振荧光线对 Bi 产生严重光谱干扰的缺陷,这一科研成果很快转化为商品化仪器,并批量生产。几十年来,经过不断努力,我国在仪器的研发、分析方法研究和应用等方面均处于国际领先水平,为原子荧光分析技术的发展做出了重要贡献。

8.6.2 原子荧光光谱仪

原子荧光光谱仪分为色散型和非色散型两类。色散型仪器主要由激发光源、单色器、原子化器、检测器和数据处理等部分组成,为了避免检测到光源的共振辐射,激发光源的光轴需垂直于检测系统的光轴。非色散型仪器不用单色器,其他结构与色散型仪器基本相似。目前采用氢化物发生-无色散原子荧光技术的原子荧光光谱仪应用广泛。

8.6.3 原子荧光分析法的特点及其应用

AFS 的优点是谱线简单、干扰小、选择性好、灵敏度高、线性范围宽及能进行多元素同时测定;不足之处是存在荧光猝灭效应,适用于分析的元素范围有限,另外散射光的影响较大。随着分析技术及仪器的发展,AFS 已经成为元素分析测定的重要方法之一,在矿产、冶金、食品卫生、药物、生命科学等领域均有应用,主要用于分析能形成氢化物的十几种元素。一些元素,如 As、Sb、Hg、Se、Te 等的氢化物发生-原子荧光测定方法已成为部分行业的国家标准检验方法。另外,由于不同元素的不同价态、形态产生的原子蒸气存在差异,原子荧光光谱法结合分离富集、联用技术等方法,也可在元素形态、价态和有效态的分析方面发挥重要作用。

> **内容提要与学习要求**
>
> 　　物质分子在电能、等离子体等激发下离解出的原子或离子会发生从基态到激发态的跃迁。处于激发态的原子或离子不稳定，它们若以光辐射的方式释放能量而回到低能态，就会产生发射光谱。不同元素的原子结构不同，发射的特征谱线也不同，据此可以进行元素的定性分析；根据谱线强度与试样中被测元素浓度之间的关系可以进行定量分析。
>
> 　　以火焰为光源的火焰光度法主要用于易激发元素的分析，可以测定药物中碱金属或碱土金属元素。采用火花、电弧等为激发光源的 AES 法灵敏度比 AAS 法要低，且主要分析固体试样，在药物研发中应用较少。以 ICP 为激发光源的 ICP-AES 分析法既具有 AES 多元素同时测定的优点，又有 AAS 溶液进样的灵活性和稳定性，能用于七十多种元素的分析，且对许多元素测定的灵敏度与 AAS 法相当或更高，因而在现代药物研发中具有广阔的应用前景。我国现行药典已收载了 ICP-AES 分析法，用于药品的质量控制。
>
> 　　要求掌握原子发射光谱法所涉及的基本概念和基本原理、仪器结构，了解其应用前景。

练 习 题

1. 名词解释：原子发射光谱法、离子线、主共振线、灵敏线、最后线、分析线、自吸、自蚀。
2. 原子发射光谱仪有哪些常用的光源？各有哪些优缺点？
3. 试述 ICP 光源的结构及工作原理。
4. 全谱直读 ICP-AES 仪器的核心部件有哪些？各起何种作用？
5. 元素光谱图中铁谱线的作用是什么？
6. 为何要采用内标法进行定量分析？内标元素及内标线如何选择？
7. 与原子吸收光谱分析法相比，原子发射光谱分析法有哪些优缺点？
8. 原子发射光谱在药物质量控制中主要有哪些应用？
9. 简述原子发射光谱产生的原因及过程。
10. 谱线的类型有哪些？各自有哪些特点？
11. 谱线的自吸与自蚀有什么区别？
12. 影响谱线强度的因素有哪些？这些因素如何影响谱线强度？
13. 原子发射光谱仪器有哪几个组成部分？
14. 常用的分光器件有哪些？分光的原理是什么？
15. 原子发射定性分析的依据是什么？
16. 原子发射定量分析有哪几种方法？
17. 简述分析线、内标元素及内标线的选择原则。

第9章 X射线光谱分析

9.1 概 述

X射线,也称伦琴射线,是德国物理学家伦琴(Wilhelm Conrad Röntgen, 1845—1923)于1895年在研究阴极射线时发现的,开创了医疗影像技术,直接推动了20世纪许多重大科学发现。

X射线是波长在0.01~10nm的电磁辐射的总称,源于高速运动的电子减速或因原子内层轨道电子跃迁,可以直线传播、穿透力极强、能量高、能杀死生物体和细胞的射线。X射线的波长介于紫外和γ射线之间且互有重叠。

X射线的强度(I)可以用单位时间内通过单位面积的能量(energy)来表示,也可以用单位时间内通过单位面积的X射线光子数(强度,c/s或cps)来表示。

延伸阅读9-1:X射线的发现及对相关学科的推动

1895年11月8日,时年50岁的伦琴在研究阴极射线时发现阴极射线照射到涂有氰化铂钡的荧光屏上有蓝白色的光。这种光不能通过玻璃管壁、不能透过铅板,但可以在荧光屏上显示手的轮廓和模模糊糊有手骨形象。伦琴认为,这种光是一种性质不明的新射线,就姑且称为"X线"。

1912年,德国物理学家劳厄(Max Theodor Felix von Laue, 1879—1960)设想,X射线是一种极短的电磁波,而原子(离子)是有规则的三维排列组成晶体,所以只要晶体中原子(离子)的间距和X射线的波长在相同数量级,当晶体受X射线照射时应该产生干涉现象。在他指导下,其助手和学生获得了后来为科学界广为称颂的"劳厄图样"(Laue pattern),既解决了X射线的本质问题,又揭示了晶体的微观结构。1931年,劳厄提出了X射线的"衍射动力学理论"。

英国物理学家莫斯莱(Henry Gwyn Jeffreys Moseley, 1887—1915)于1913年将X射线用于定性及定量分析,总结出莫斯莱定律(Moseley law),发现了原子序数,并预言了在痕量分析中的应用价值,为X射线的光谱分析奠定了基础。顺便说,莫斯莱是一位伟大的物理学家,但不幸在第一次世界大战中阵亡,年仅27岁。

9.2 X射线的产生及弛豫现象

9.2.1 X射线的产生

高速运动的电子减速或原子内层轨道电子跃迁均能产生X射线。因此,要获得X射线光谱,就必须使高速运动的电子减速,或者使原子内层轨道产生空穴引起电子跃迁。

电子减速方式可以利用电场作用使得自由电子加速,随后轰击阳极靶,使其减速或停止。所产生的X射线光谱强度和波长之间的关系函数在一定波长范围内是连续的,可称为连续X射线或白色X射线;而对于原子内层轨道电子跃迁方式产生的X射线为线状光谱,这称为特征X射线,即光谱只出现在某些固定波长处。

1. 连续 X 射线

X 射线管是常用的 X 射线发生装置。如图 9-1 所示,金属钨灯丝通常作为阴极,高纯的金属靶材通常作为阳极。电流通入后,阴极钨灯丝发热并释放出电子,利用高压电场对这些电子进行加速,使其到达 X 射线管的阳极,与金属靶材碰撞后减速。在碰撞过程中,电子的大部分能量以热的形式放出,只有小部分能量转变为 X 射线。

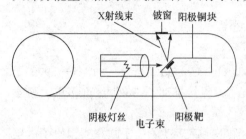

图 9-1 X 射线管的工作示意图

在此过程中,大多数电子的能量不会一次就全部损失,而是多次、逐步释放,且每次释放的能量不等。由于所释放的电子数目庞大,碰撞又随机,因此产生了连续的具有不同波长的 X 射线,形成了连续的 X 射线光谱。

连续 X 射线可用短波限(λ_0)来进行描述。如果一个电子被管电压加速后,撞击阳极靶材后减速到零,一次释放其全部能量,故产生的是整个连续谱中能量最大、波长最短的 X 射线光子。也就是说,$\lambda \geq \lambda_0$。短波限会随管电压发生改变,但与阳极金属靶材没有关系。

一个高速运动电子的动能大小为 eU,则电子的能量转化为 X 光能如式(9-1):

$$eU = h\nu = \frac{hc}{\lambda_0} \tag{9-1}$$

式中,h 为普朗克常量;U 为 X 光管电压,V。因而可得

$$\lambda_0 = \frac{hc}{eU} = \frac{1.2398}{U} \tag{9-2}$$

即管电压升高,短波限将减小,X 光量子能量增大。

连续 X 射线的总强度(I)与 X 光管电压(U)和靶材的原子序数(Z)有关,其相关关系为

$$I = AiZU^2 \tag{9-3}$$

式中,A 为比例常数;i 为 X 光管电流,A。

由式(9-3)可知,操作电压越高,相对强度越大;电流强度越高,相对强度越大;增加靶材的原子序数,可提高 X 射线强度,故 X 光电管阳极靶材选用钨、钼等重金属可以得到能量较高的连续 X 射线。

2. 特征 X 射线

当高速电子能量大到一定程度后,在与阳极撞击时,能够驱逐原子内层电子,会在 K 电子层上产生一个空位。根据能量最低原理(energy minimum principle),K 层的空位将会被 L 层、M 层、N 层等各层电子跃入填充,将其多余能量以 X 射线光子的形式释放出来,发出 X 光。由于不同原子同一能级的能量是不同的,因此电子跃迁所释放的能量也不相同。不同元素所具有的特定波长的 X 光,称为特征 X 射线(characteristic X-ray)。

图 9-2 可说明特征 X 射线的产生过程。所有跃入 K 层空位电子所构成的特征 X 射线,属于 K 系特征 X 射线。而对于分别由 L 层、M 层、N 层等壳层电子跃入 K 层所产生的 X 射线,则分别称为 K_α、K_β、K_γ 等谱线。同样,当 L 层、M 层、N 层等壳层电子被激发时,也将产生 L 系、M 系、N 系特征谱线。

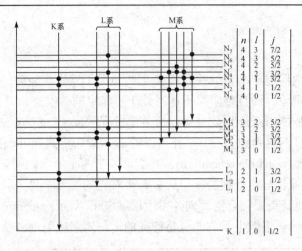

图 9-2 电子能级及相应特征 X 射线

理论上，由 M 层填入 K 层所产生的射线强度，应高于 L 层填入所产生的强度。但是，由于 L 层与 K 层的距离较 M 层与 K 层的距离小，所以，由 L 层填补 K 层的概率大，K_α 线的强度比 K_β 线高，大约为 5：1。此外，L 壳层能级由 L_1、L_2、L_3 共 3 个子能级构成。而 M 壳层能级包括 5 个子能级，N 壳层能级包括 7 个子能级。

电子在能级间的跃迁遵循一定的规律，称为选择定则(selection rule)。选择定则要求只有符合条件的电子跃迁才是允许的：①主量子数 $\Delta n \neq 0$；②角量子数 $\Delta l = \pm 1$；③内量子数 $\Delta j = \pm 1$ 或 0。

当然也有时会出现不符合选择定则跃迁的情况，不过这种跃迁产生的谱线是禁线。$\Delta n=1$ 的跃迁产生 α 线系，$\Delta n=2$ 的跃迁产生 β 线系。

特征谱线的能量等于电子跃迁前后能级之间的能量差。由于

$$E = h\nu = \frac{hc}{\lambda} \tag{9-4}$$

带入 c 和 h 值，有

$$E = \frac{1.2398}{\lambda} \tag{9-5}$$

据此可以计算出谱线的波长

$$\lambda = \frac{1.2398}{E_i - E_f} \tag{9-6}$$

式中，E_i 和 E_f 分别为电子跃迁前后能级的能量。

除了位于低能级位置的谱线(如轻元素的 K 系线和元素的一些 L、M 系线)，元素特征 X 射线的波长与其自身的物理和化学性质无关，这是由于产生特征 X 射线的电子跃迁与其键合形式无关。

基于莫斯莱定律，特征 X 射线的波长 λ 与原子序数 Z 间的关系可表示为

$$\frac{1}{\sqrt{\lambda}} = Q(Z - \sigma) \tag{9-7}$$

式中，Q 为常数；σ 为屏蔽常数。

9.2.2 弛豫现象

当能量高于原子内层电子结合能的高能 X 射线与原子发生碰撞时，会发生一个内层电子被驱逐而出现空穴的现象，而且整个原子体系处于不稳定的激发态，其寿命为 $10^{-12} \sim 10^{-14}$s，随之发生由高能态到低能态跃迁，此过程称为弛豫过程(relaxation process)。

X 射线光谱中存在两种弛豫过程，一种是以特征 X 射线形式向外辐射能量的 X 射线荧光发射过程，即辐射弛豫(radiative relaxation)，其能量等于两个能级的能量差，正是因为如此，X 射线荧光的能量或波长是特征性的，与元素有相对应的关系；另一种是在原子内部将能量转移到较外层电子，使其克服结合能而向外发射俄歇电子(Auger electron)的过程，即非辐射过程(non-radiative process)。俄歇电子的能量是特征的，与入射辐射的能量无关。

学习与思考

(1) X 射线强度与管电压、管电流有何关系？
(2) 在相同负荷下产生 X 射线，怎样进行管电压与管电流的调节？
(3) 如何理解 X 射线存在弛豫现象？

9.3 X 射线光谱仪

X 射线的吸收、发射、散射和衍射都有广泛应用。与其他光学仪器一样，X 射线光谱仪由光源、入射辐射波长限定装置、试样台、辐射检测器或变换器、信号处理和读取器五个部分组成(图 9-3)。

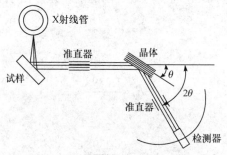

图 9-3 波长色散型 X 射线光谱仪

9.3.1 X 射线源

1. X 射线管

常用的 X 射线光源是不同形状的高功率 X 射线管，一般由一个具有绝缘性能的真空玻璃罩和一个带铍窗口(能透过 X 射线)的防射线重金属罩组成的套管(图 9-1)。阴极灯丝被加热到白炽后释放出热电子，其被凹面聚焦电极聚焦后，在正高压电场的作用下加速奔向阳极靶面。

在灯丝与阳极之间的高压(一般为 40kV)的作用下，阴极灯丝发射的热电子加速撞击在阳极靶面上，产生 X 射线。X 射线管产生的初级射线作为激发 X 射线的辐射源，只有当初级 X 射线的波长稍短于受激元素的吸收限时，才能有效地激发出 X 射线荧光。初级 X 射线的强度能否有效激发受激元素取决于 X 射线管的靶材和工作电压。升高管电压，产生短波长初级 X 射线的比例增加，故产生的 X 射线荧光的强度也增强。入射 X 射线的荧光激发效率与其波长有关，越靠近被测元素吸收限波长，其激发效率越高。

2. 次级 X 射线

为减少 X 射线管初级射线背景，可采取次级 X 射线作为辐射源，即利用从 X 射线管产生的辐射，去激发某些材料的二次金属靶面，再利用二次辐射来激发试样。例如，利用带钨靶的 X 射线管激发钼的 K_α 和 K_β 谱线，所产生的荧光光谱与钼靶产生的特征吸收谱相似，不同的是几乎可以忽略其连续光谱。此时，X 射线管的高压电源为 50～100kV。

3. 放射性同位素

许多放射性物质可以用于 X 射线荧光和 X 射线吸收分析。多数同位素源提供的是线光谱，因而一个给定的放射性同位素，可以应用于某些元素的荧光和吸收研究。例如，在 0.03～0.047nm 产生一条谱线的辐射源可用于银 K 吸收限(absorption edge)的荧光和吸收研究。吸收限为 X 射线性状的特殊标识量，是引起原子内层电子跃迁的最低能量，与原子中电子占有的确定能级有关，因而通常表现为物质对电磁辐射的吸收随辐射频率的增大而增加至某一限度时骤然增大。当辐射源谱线的波长接近吸收限时，其灵敏度得到改善。

9.3.2 入射波长限定装置

1. X 射线滤光片

用滤光片可以得到相对单色性的 X 射线光束。厚度约为 0.01cm 的锆滤光片可以去掉从钼靶发射出来的 K_β 线和多数连续谱，从而得到纯的 K_α 线用于分析研究。将几个不同靶-滤光片结合，各材料用于分离某一靶元素强线。这种方法产生的单色化辐射广泛用于 X 射线衍射研究。

2. 准直器

准直器(collimator)是一个类似凸透镜的前置器件，其功能是滤掉发散的 X 射线使光能最大效率的耦合变成平行光束(高斯光束)而进入所需的器件如晶体和检测器窗口。

光源准直器在样品平面上的投影称为有效样品面积。多片准直器，也称索拉狭缝(Sola slit)，实际上是一组布拉格狭缝(Bragg slit)。多片准直器能使大样品面积上每个窄条都满足布拉格条件，故可增加测量强度，并消除样品的不均匀性。

样品与单色器之间的入射准直器是固定不动的，并分为粗、细两种。粗准直器的金属片间距约为 450μm，一般是作为测量 3×10^{-10}～4×10^{-10}m 以上波长用的；细准直器为 150μm，作为测量短波段之用。它们的长度一般取 10cm，因此，它们的发散角 2α 分别为 0.54°(粗)和 0.18°(细)。

3. 单色器

样品的特征辐射经过准直器形成平行光束后，可以根据所要测量的波长范围，选用不同方法将不同波长的谱线分开。X射线发射光谱的单色器是一块单晶,能把二次X射线束中不同波长的X射线在空间依次展开,形成一种波谱。当晶体由旋转机构带动从平行于准直的二次X射线束的$2\theta=0°$逐渐转向高角区,目的是使各种波长的布拉格角发生衍射,直到一个极限角为止,从而获得不同波长的X射线荧光。

选择单色器基本原则是色散率、分辨率和衍射强度必须符合元素测定要求,而且应当具有优良的指标。此外,晶体的机械强度、温度效应、晶体荧光、异常反射,以及在空气中对X射线曝光时的稳定性等其他特性也应予以适当注意。

9.3.3 X射线检测器

1. 闪烁计数器

闪烁(scintillation)就是瞬间发光或忽明忽暗。人们发现,当X射线照射在某些物质上时,瞬间发出可见光。可利用光电倍增管将这种闪烁光转换为电脉冲(electrical pulse),再利用电子测量装置将其放大并记录下来。将闪烁体(scintillator)与光电倍增管组合起来,就构成了闪烁计数器,如图9-4所示。

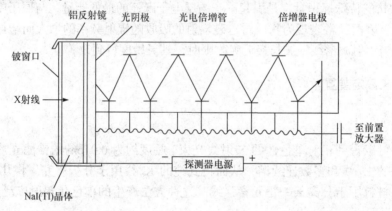

图9-4 闪烁计数器

当X射线进入闪烁体时,闪烁体的分子和原子受激发而处于不稳定的激发态再回到基态,发出位于紫外-近紫外波段的光,并通过光导层进入光电倍增管射到光阴极上。由于光电效应,光阴极游离出光电子并在次阴极上逐次打出更多的次级电子,电子最后被阳极收集和输出电脉冲。

在X射线探测中使用最多的闪烁体是铊激活碘化钠(NaI)晶体。由于有较大密度,NaI晶体能较好地对γ射线和X射线起到阻止作用,能量转换效率和分辨本领也较高。另一种闪烁体,碘化铯(CsI)晶体在空气中不易潮解,但其发光效率仅为NaI的30%~40%,且价格昂贵,使用远不及NaI晶体普遍。

强光照射将严重影响闪烁晶体的性能。若不慎因强光照射使得晶体变色,可长期避光使其褪色,恢复晶体的性能。

闪烁计数器的能量转换效率较低,大约只有7%的初始光子对阳极电流有贡献。故闪烁计数器的分辨率与正比计数器相比差很多。但闪烁计数器独特的优点是,光谱响应曲线在很大的波长范围内基本稳定,对辐射的自吸收较固态要小。

2. 正比计数器

正比计数器是一种充气型探测器，如图 9-5 所示。在一定工作电压下，进入探测器的入射 X 射线光子与工作气体作用，产生初始离子-电子对，发生光电离(photo ionization)。

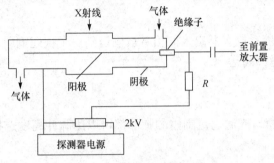

图 9-5 正比计数器

光电离产生的离子在探测器高压直流电的作用下移向阳极，并受到加速而引起其他离子的电离。如此循环，一个电子可以引发 $10^3 \sim 10^5$ 个电子电离，产生"雪崩式"放电，使瞬时电流突然增大，并使高压电突然减小而产生脉冲输出。在一定条件下，脉冲幅度与入射 X 射线光子能量成正比。

3. 半导体检测器

半导体检测器是最为重要的 X 射线检测器，又称为锂漂移硅[Si(Li)]检测器或锂漂移锗[Ge(Li)]检测器。在如图 9-6 所示的 Si(Li)检测器结构示意图中，信号通过镀在 n 型硅层的铝层传导，送到放大系数约为 10 的前置放大器。前置放大器通常为场效应管(field effect transistor，FET)，是探测器的一部分。

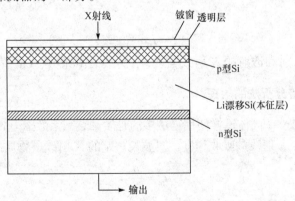

图 9-6 半导体检测器

Si(Li)检测器的本征层类似于正比计数器中的氩气。光子最初吸收光而形成高能量光电子，其动能加速硅晶体中几千个电子至导带，显著增大其导电性。在晶体两端施加电压时，每个光子吸收产生一个电流脉冲，脉冲幅度与被吸收光子的能量成正比。不过，与正比计数器比较而言，不发生脉冲二级放大。

在能量色散型光谱仪中，检测器感应到相同能量 X 射线光子的吸收所产生的电流脉冲大小不尽相同。光电子激发和产生相应的导电电子是一个符合概率理论的随机过程。所以，脉冲高度在平均值附近呈高斯分布。分布宽度因检测器不同而不同，半导体检测器的脉冲宽度明显要窄，故锂漂移检测器在能量色散 X 射线光谱仪中起到重要作用。

9.3.4 信号处理器

从 X 射线光谱仪的前置放大器出来的信号被输送到一个快速响应放大器，增益可以变化 10000 倍，结果使电压脉冲高达 10V。

1. 脉冲高度选择器

所有不在脉冲高度窗口或通道范围内的脉冲都可以用脉冲高度选择器除去，以此可以降低检测器和放大器噪声。

2. 脉冲高度分析器

一个或多个脉冲高度选择器所组成脉冲高度分析器，用以提供能量谱图。X 射线检测器的输出有时会较高，需要进行换算才能得到合适的计数速率，降低脉冲数。

9.4　X 射线吸收光谱分析法

9.4.1　X 射线的吸收

当 X 射线照射固体物质时，一部分射线透过晶体，产生热能；另一部分用于产生散射、衍射和次级 X 射线(X 荧光)等；还有一部分将其能量转移给晶体中的电子。所以，当 X 射线照射固体后其强度会发生衰减，衰减率(attenuation rate)与其穿过物体的厚度成正比，即符合光吸收基本定律：

$$I = I_0 e^{-\mu x} \tag{9-8}$$

式中，I_0 和 I 分别为入射和透射的 X 射线强度；μ 为线衰减系数，cm^{-1}；x 为试样厚度。

9.4.2　X 射线吸收光谱分析法的原理

在 X 射线分析方法中，固体试样使用得最多的是质量衰减系数(μ_m, $cm^2 \cdot g^{-1}$)。质量衰减系数是指单位质量物质对 X 射线的吸收程度。对波长一定的 X 射线，物质的 μ_m 是一个定值，即

$$\mu_m = \frac{\mu}{\rho} \tag{9-9}$$

式中，ρ 为物质密度(material density)，$g \cdot cm^{-3}$。

对于非单质元素组成的复杂物质，其质量衰减系数可通过各元素的衰减系数进行计算。假设复杂物质共由 n 种元素组成，其中 w_1、w_2、w_3、…为所含各元素的质量分数，而 μ_1、μ_2、μ_3、…为相应元素的衰减系数，则此复杂物质的质量衰减系数为

$$\mu_m = w_1\mu_1 + w_2\mu_2 + w_3\mu_3 \tag{9-10}$$

将真正吸收 X 射线致使原子内层电子激发的过程称为真吸收。实验证明，连续 X 射线穿过物质时的质量吸收系数，相当于一个称为有效波长 X 射线所对应的质量吸收系数。有效波长 λ_e

与连续谱短波限 λ_0 的关系为

$$\lambda_e = 1.3\lambda_0^5 \tag{9-11}$$

质量吸收系数是物质的一种特性。物质的质量吸收系数因不同波长或能量的 X 射线不同,质量吸收系数与 X 射线波长(λ)和物质原子序数(Z)的关系为

$$\tau_m = K\lambda^3 Z^4 \tag{9-12}$$

式中,K 为常数。式(9-12)说明,组成物质的元素越重,即原子序数越大,其对 X 射线的阻挡能力越大;X 射线波长越长,即能量越低,越易被吸收。

如图 9-7 所示,当波长变化到某几个值时,μ_m 值突降后发生骤增,因此曲线被分割成若干段。每段曲线的连续变化满足式(9-12),各段之间仅 K 值不同。这些吸收突增处所对应的波长,就是物质因被激发荧光辐射而大量吸收 X 射线的吸收限。由于吸收限是吸收元素的特征量,不随实验条件而变,因而所有元素的 μ_m 与 λ 关系曲线类似,但吸收突增的波长位置即吸收限的位置不尽相同。

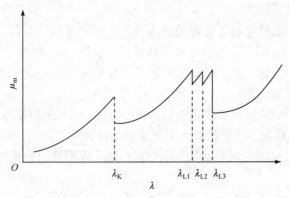

图 9-7　μ_m 与 X 射线波长(λ)的关系

9.4.3　X 射线吸收光谱分析法的应用

X 射线吸收光谱分析法的应用远不及其他几种 X 射线分析法广泛。虽然吸收测量可以在相对无基体效应的情况下进行,但所涉及的计数与其他 X 射线分析法比起来相当费时费力。因此多数情况下,X 射线吸收光谱分析法仅应用于基体效应极小的试样。

与光学吸收分析法相似,X 射线吸收分析法以 X 辐射线或带的减弱作为分析变量。波长的选择采用单色器或滤光片,或者采用单色辐射的放射源。

由于 X 射线吸收峰较宽,直接吸收方法一般仅用于由轻元素组成基体的试样里的单个原子序数较大元素的测定,如汽油中的 Pb 含量的测定和碳氢化合物中卤素元素含量的测定。

9.5　X 射线荧光光谱分析法

X 射线荧光光谱分析法是以二次激发产生的化学元素 X 射线光谱线的强度和波长为依据进行的定性和定量分析。样品(标样或试样)受 X 射线管发出的初级 X 射线束照射以至于其中各个化学元素受激形成激发态,然后又自发回到基态发出二次谱线。二次谱线的波长是相应元素的标志,是定性分析的基础;各谱线强度与相应元素含量有关,是定量分析的基础。

X射线荧光分析包括定性分析、定量分析和半定量分析,一般可以分析样品中的 $^{8}O\sim{}^{92}U$ 元素。元素周期表上原子序数 $Z\leqslant 10(Ne)$ 的最轻元素、$11(Na)\sim 22(Ti)$ 的轻元素、$23(V)\sim 54(Xe)$ 的中重元素和 $55(Cs)\sim 103(Lr)$ 的重元素的分析范围为 $1.0\times 10^{-6}\%\sim 100\%$。轻基体材料如塑料、油等的检测限可以低到 5.0×10^{-9}。分析的样品可以是液体、粉末、块状固体甚至是不规则零件。

9.5.1 定性分析

X荧光的本质就是特征X射线,莫斯莱定律是定性分析的基础。绝大部分元素的特征X射线均已被精确测定,且已汇编成册,供实际分析时查阅。

9.5.2 定量分析

定量分析是通过测定样品产生的X射线荧光强度,然后与标准样品的X射线荧光强度作对比,该方法称为样品比较法。

操作过程是首先根据样品制备流程处理成具有浓度梯度的一系列标准样品,再在适当测量条件下测得扣除了可能存在谱线重叠干扰和背景分析线的净强度,然后建立特征谱线强度与相应元素浓度之间的函数关系,测量未知样品中分析元素的谱线强度,最后通过计算得到未知样品中分析元素的浓度。

根据不同样品和不同待测元素建立校正曲线(calibration curve)是X射线荧光光谱定量分析的前提条件。在多数情况下,分析曲线强度受到基体效应的影响,导致校正曲线偏离线性,此时需进行校正。相关方法在原子吸收光谱分析和原子发射光谱分析时已经述及,在此不再赘述。

9.5.3 仪器装置

X射线荧光光谱仪可以分为波长色散型、能量色散型和非色散型三种类型。波长色散型光谱仪是不同波长的X射线荧光被分光晶体一一分开并进行检测,得到X射线荧光光谱。波长色散型仪器有单道和多道两种,波长色散型X射线荧光光谱仪和凹面晶体X射线光谱仪可以用于X射线荧光分析。

能量色散型光谱仪是指利用半导体探测器将具有不同能量的X射线荧光分开并进行检测。这种半导体探测器包括锂漂移锗探测器、高能锗探测器、锂漂移硅探测器等。能量色散型光谱仪的缺点在于能量分辨率差,与晶体光谱仪相比,能量色散系统在 0.1nm 以上的波长区分辨率较低,但在短波长范围能量色散系统分辨率较高;探测器需在低温下保存,且对轻元素检测困难。非色散型光谱仪通常用于简单试样中少数几个元素的常规分析,采用合适的放射源激发试样,发出的X射线荧光经过两个相邻的过滤片进入一对正比计数器。

延伸阅读 9-2:X射线的散射

波长较长的X射线和原子序数较大的散射体的散射作用与吸收作用相比,X射线通过物质时的衰减常常可以忽略不计。但是对于轻元素的散射体和波长很短的X射线,散射作用就显著了。当X射线射到晶体上时,晶体原子的电子和核随X射线电磁波的振动周期而振动。由于原子核的质量比电子大得多,其振动忽略不计,因而主要考虑电子的振动。根据X光子能量大小和原子内电子结合能不同(即原子序数 Z 的大

小)可以分为相干散射和非相干散射。

1) 相干散射

相干散射也称瑞利散射或弹性散射，是由能量较小、波长较长的 X 射线与原子中束缚较紧的电子(Z 较大)做弹性碰撞的结果，迫使电子随入射 X 射线电磁波的周期性变化的电磁场而振动，并成为辐射电磁波的波源。由于电子受迫振动的频率与入射的振动频率一致，因此从这个电子辐射出来的散射 X 射线的频率和相位与入射 X 射线相同，只是方向有了改变，元素的原子序数越大，相干散射作用也越大。入射 X 射线在物质中遇到的所有电子，构成了一群可以相干的波源，且 X 射线的波长与原子间的间距具有相同的数量级，所以实验上可观察到散射干涉现象。这种相干散射现象，是 X 射线在晶体中产生的衍射现象的物理基础。

2) Compton-吴有训效应

Compton-吴有训效应是指非相干散射，也称 Compton 散射或非弹性散射。非相干散射是能量较大的 X 或 λ 射线光子与结合能较小的电子或自由电子发生非弹性碰撞的结果。碰撞后，X 光子把部分能量传给电子，变为电子的动能，电子从与入射 X 射线成 φ 角的方向射出(称反冲电子)，且 X 光子的波长变长，朝着与自己原来运动的方向成 θ 角的方向散射。由于散射光波长各不相同，两个散射波的相位之间互相没有关系，因此不会引起干涉作用而发生衍射现象，称为非相干散射。实验表明，这种波长的改变 $\Delta\lambda$ 与散射角 θ 之间有下列关系：

$$\Delta\lambda = \lambda' - \lambda = k(1-\cos\theta) \tag{9-13}$$

式中，λ 与 λ' 分别为入射 X 射线与非相干散射 X 射线的波长，k 为与散射体的本质和入射线波长有关的常数。元素的原子序数越小，非相干散射越大，结果在衍射图上形成连续背景。一些超轻元素(如 N、C、O 等元素)的非相干散射是主要的，这也是轻元素不易分析的一个原因。

9.6 X 射线衍射光谱分析法

X 射线衍射技术具有广阔的应用范围，现已渗透到地质学、化学、生命科学、材料科学、物理学及各种工程技术科学中，成为重要的实验手段和分析方法。

9.6.1 X 射线衍射光谱分析法的原理

相干散射是产生衍射的基础。当一束 X 射线以某角度 θ 打在晶体表面时，一部分 X 射线被表面上的原子层散射，而没被散射的 X 射线穿透第二层原子层后，又有一部分被散射，余下继续至第三层，如图 9-8 所示。

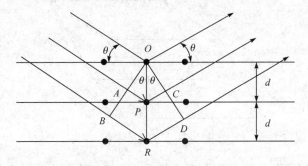

图 9-8 X 射线在晶体上的衍射

晶体规则间隔中心的这种散射累积效应就是光束的衍射。X 射线衍射需要两个条件：

①原子层的间距必须与辐射的波长大致相当；②具有空间分布非常规则的散射中心。如果原子距离 $d_{AP}+d_{PC}$ 是波长的整数倍，即

$$d_{AP} + d_{PC} = n\lambda \tag{9-14}$$

则散射将在 OCD 相。其中

$$d_{AP} = d_{PC} = d\sin\theta \tag{9-15}$$

式中，d 为晶体平面间距离。因此，光束在反射方向发生相干干涉的条件为

$$n\lambda = 2d\sin\theta \tag{9-16}$$

式(9-16)就是著名的布拉格公式(Bragg's formula)。

顺便说，X 射线仅在入射角满足下列条件时，才从晶体表面发生反射，即

$$\sin\theta = \frac{n\lambda}{2d} \tag{9-16a}$$

而在其他角度则仅发生非相干干涉。

9.6.2 晶体结构分析

X 射线衍射光谱分析法的一个重要应用就是晶体结构分析。由于很多药物保持了一定的晶形，在药物晶体结构分析中十分重要。

固体物质分为晶体和非晶体两大类。晶体(crystal)是指组成固体的原子(或离子、分子)按一定方式在空间做周期性有规律排列，隔一定距离(即周期)重复出现的物体。粒子在空间不具有这样严格周期规律的称为非晶体，如塑料、玻璃等。

1. 晶体的点阵结构和平移群

既然晶体是由原子在三维空间中周期性排列而构成的固体物质，且在空间分布的这种周期性可由空间点阵结点的分布规律来表示。

链接点阵中相邻结点而形成的多面体，称为晶胞(unit cell，即单位点阵)。如果仅在晶胞的顶角处存在结点，这就是初级晶胞，但如果在其他位置也存在结点，则为非初级晶胞。如图 9-9 所示，平行于晶胞棱线的三个轴为晶轴，三个轴的长度分别为 a、b、c，轴间夹角分别为 α、β、γ，这是晶胞的六个点阵参数。晶体是由多个初级晶胞无间隙地组合起来所形成的。

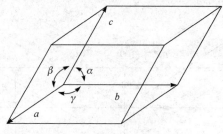

图 9-9 晶胞点阵参数

按照晶体对称性进行分类，可分为 7 个晶系。表 9-1 中每个晶系又包括几种点阵类型，称为布拉维点阵(Bravais lattice)或布拉维格子。共有 14 种布拉维点阵晶胞，如图 9-10 所示，常见的金属点阵结构包括体心立方、面心立方及密排六方。

表 9-1 晶体划分和布拉维点阵类型

晶系	特征最低对称元素	晶胞参数	点阵类型	点阵符号
立方	四个三次轴	$a=b=c$ $\alpha=\beta=\gamma=90°$	简单	C
			体心	B
			面心	F
六方	一个六次轴(或反轴)	$a=b\neq c$ $\alpha=\beta=90°$ $\gamma=120°$	简单	H
四方	一个四次轴(或反轴)	$a=b\neq c$ $\alpha=\beta=\gamma=90°$	简单	T
			体心	U
三方	一个三次轴(或反轴)	$a=b=c$ $\alpha=\beta=\gamma\neq 90°$	简单	R
正交	三个互相垂直的二次轴(或反轴)	$a\neq b\neq c$ $\alpha=\beta=\gamma=90°$	简单	O
			体心	P
			底心	Q
			面心	S
单斜	一个二次轴(或反轴)	$a\neq b\neq c$ $\alpha=\gamma=90°\neq\beta$	简单	M
			底心	N
三斜	无	$a\neq b\neq c$ $\alpha\neq\beta\neq\gamma\neq 90°$	简单	Z

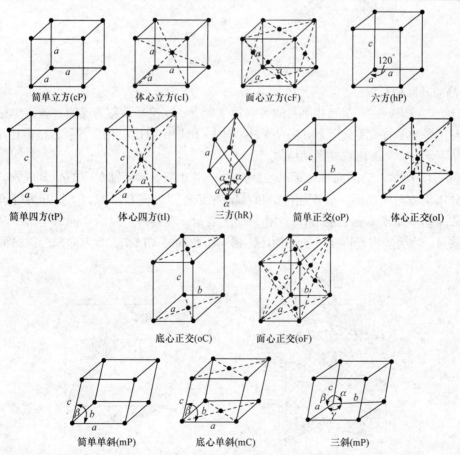

图 9-10 14 种布拉维点阵

2. 晶向与晶面

晶体结构的表征包括晶向(crystal orientation)与晶面(lattice plane)两个最基本参数，因此通常用晶向指数(orientation index)和晶面指数(indices of crystal face)来表达。

1) 晶向及晶向指数

在点阵空间中，晶向是指从坐标原点指向某结点的矢量，该结点的坐标$[r, s, t]$的最小整数比定义为晶向指数。如图 9-11 所示，当晶向垂直于某坐标时，用 0 来表示该轴对应的指数。为了区分晶向的正反方向，分别用$[\mu\nu\omega]$和$[\bar{\mu}\bar{\nu}\bar{\omega}]$来记作正与反方向。

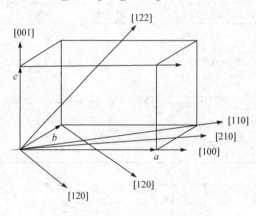

图 9-11　晶向及晶向指数

2) 晶面及晶面指数

部分结点可以放在一组互相平行的等间距平面上，这组平面称为晶面。若离坐标原点最近的晶面在晶轴上的截距分别为 a/h、b/k 和 c/l 时，则把倒数比值化为互质的整数比用(hkl)表示这组晶面，称为晶面指数或密勒指数。

如图 9-12 所示，当晶面平行于某坐标轴时，用 0 来表示该轴对应的晶面指数。同样，为了区分正反方向的晶面，分别用(hkl)和$(\overline{hkl})$来记作正方向和反方向。把互为等价的某些晶面，称为同一晶族(crystal family)，用$\{hkl\}$表示。在同一个晶胞中同属于某一晶族的等效晶面数目，称为多重性因子。与晶面(hkl)相同指数的晶向$[hkl]$，此方向即为该晶面的法线方向。

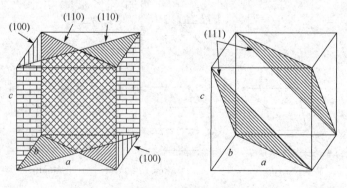

图 9-12　晶面及晶面指数

9.6.3 X 射线衍射强度

一个原子的散射是原子中电子共同散射的结果，而一个晶胞的散射是其中原子共同散射的结果。原子核的质量比电子大得多，而散射光强与质量平方成反比，因此讨论原子的 X 射线散射时可忽略原子核的影响。若有 n 个原子组成的晶胞，其散射即是晶胞内原子散射波矢量相加。

9.6.4 X 射线衍射光谱分析

根据记录衍射信息的方式，X 射线衍射光谱分析可分为照相法和衍射仪法。

1. 照相法

照相法又分德拜法和聚焦法两种。

1) 德拜法

德拜法用于多晶体的衍射分析，此法以单色 X 射线作为光源，摄取多晶体衍射环。如图 9-13 所示，德拜相机(Debye camera)主体是一个带盖的密封圆筒，沿筒的直径方向装有一个前光阑和后光阑，试样置于可调节的试样轴座上，丝轴与圆筒轴线重合，底片围绕试样并紧贴于圆筒内壁。

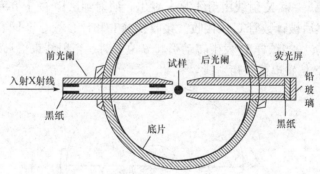

图 9-13 德拜相机

X 射线通过前光阑成为近平行光束，经试样衍射使周围底片感光，多余的透射线束进入后光阑被其底部的铅玻璃所吸收，荧光屏主要用于拍摄前的对光。

德拜法所用试样多为圆柱形的粉末物质黏合体，也可是多晶体细丝。粉末试样可用胶水粘在细玻璃丝上，或填充于特制的细管中。对粉末粒度有一定要求，最好控制在 250~350 目。底片裁成长条形，按光阑位置开孔，并贴相机内壁放置。

2) 聚焦法

如图 9-14 所示，图中片状多晶试样 AB 表面曲率与圆筒状相机相同，X 射线从狭缝 M 入射照到试样表面，其各点同一(hkl)晶面族所产生衍射线都与入射线成相等 2θ 夹角，因而聚焦于相机壁上同一点。图中 $MABN$ 圆周即为聚焦圆。该相机利用了聚焦原理，故称为聚焦相机或塞曼-巴林相机，其布拉格角 $\theta(°)$ 为

$$4\theta = \frac{MABN + NF}{R} \cdot \frac{180}{\pi} \tag{9-17}$$

式中，弧长 $MABN$ 是相机参数；而弧长 NF 在底片上测量；R 为相机半径(即聚焦圆半径)。

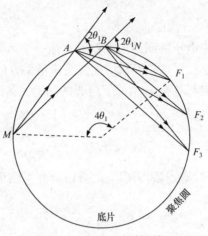

图 9-14　聚焦法衍射几何

2. 衍射仪法

粉末衍射仪中均配备常规的测角仪，其结构简单、使用方便，扫描方式可分为 $\theta/2\theta$ 偶合扫描与非偶合扫描两种类型。

1) 偶合扫描方式

如图 9-15 所示，一束 X 射线由射线源 S 发出，照射到试样 D 上并发生衍射，衍射线束指向接收狭缝 F，然后被计数管 C 所接收。接收狭缝 F 和计数管 C 一同安装在测角臂 E 上，它们可围绕 O 轴旋转。当试样 D 发生转动引起 θ 改变时，衍射线束 2θ 角也发生改变，同时相应的改变测角臂 E 位置以接收衍射线。

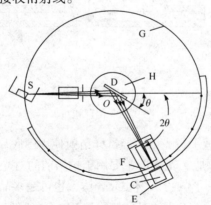

图 9-15　测角仪构造

G. 测角仪圆；S. X 射线源；D. 试样；H. 试样架；F. 接收狭缝；C. 计数管；E. 测角臂

衍射线束 2θ 角就是测角臂 E 所处的刻度 K，当试样架 H 转过 θ 角时侧角臂 E 恒转过 2θ 角，这种连动方式称为 $\theta/2\theta$ 偶合扫描。计数管在扫描过程中逐个接收不同角度下的计数强度，绘制强度与角度的关系曲线，即得到 X 射线的衍射谱线。

采用 $\theta/2\theta$ 偶合扫描，确保了 X 射线相对于平板试样的入射角与反射角始终相等，且都等于 θ 角。

2) 非偶合扫描方式

如果测角臂 E 固定仅让试样架 H 转动，实际上是衍射角 2θ 固定而入射角变动，由于此时入射角并非是布拉格角故改写为 α，这种扫描方式就是 α 扫描。若试样架 H 固定仅让测角臂 E 转动，实际是入射角固定而衍射角 2θ 变动，故称为 2θ 扫描。在偶合扫描方式下，X 射线入射角与反射角始终相等，试样表面法线平分入射线与衍射线的夹角，始终是平行于试样表面的晶面发生衍射，而在 α 扫描或 2θ 扫描方式下，则不存在这种几何关系。

图 9-16 分别示出了 α 扫描过程中的两个试样位置。两个位置的衍射角 2θ 相同即被测晶面为同族晶面，但两个位置的 X 射线入射角 α 不同即参加衍射的晶面取向不同，所测量的是不同取向同族晶面的衍射强度。利用这种扫描方式，能够初步判断材料中同族晶面取向的不均匀性。

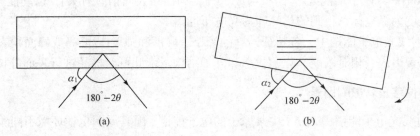

图 9-16 非偶合 α 扫描方式下(a)和(b)对衍射有贡献的晶面

图 9-17 分别示出了 2θ 扫描过程中的两个衍射位置，两个位置的 2θ 角不同即被测晶面为异族晶面。

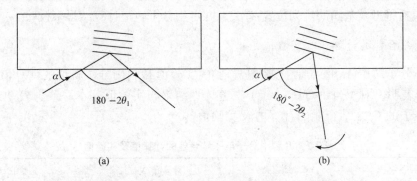

图 9-17 非偶合 2θ 扫描方式下(a)和(b)对衍射有贡献的晶面

虽然两位置的入射角 α 相同，但由于 2θ 不同而导致参加衍射的晶面取向不同，因此所测量的是不同取向异族晶面的衍射强度，这说明 2θ 扫描要比 α 扫描的问题复杂。

在实际工作中，通常是选择不同入射角 α 并分别进行 2θ 扫描，这样得到一系列穿透深度不同的衍射谱线，这些谱线代表了试样不同深度的组织结构特征，特别适合薄膜及表面改性等材料的表面衍射分析。这种方法，也称为二维 X 射线衍射分析。

学习与思考

(1) Cu、Fe、Al、Zn 等常见金属为何种点阵结构？
(2) X 射线衍射光谱分析有哪些特点与局限性？
(3) 为什么 2θ 扫描要比 α 扫描的问题复杂？

9.7 X射线光电子能谱分析法

9.7.1 基本原理

光电子能谱(photoelectron spectroscopy, XPS)展现的是当能量为 $h\nu$ 的单色光照射到样品上时，其光子可能被原子内部不同能级的电子所吸收或散射。如果吸收能量大于电子结合能，则电子就会脱离原子成为自由电子而逸出。这些被光子直接激发出来的电子称为光电子(photoelectron)，光电子动能大小不一(与原子种类和样品表面信息有关)。以动能分布为横坐标，相对强度为纵坐标，得到的谱峰即为光电子能谱。

在 X 射线光电子能谱中，各特征谱峰的峰位、峰形和强度(以峰高或峰面积表征)反映样品表面的元素组成、相对浓度、化学状态和分子结构，依此可对样品进行表面分析。

9.7.2 化学位移及其影响因素

在 X 射线光电子能谱中，分子中某原子的电子能谱，因其周围化学环境不同(化学结构的改变或原子价态的改变)而引起结合能的改变，称为化学位移(chemical shift)。化学位移是 XPS 的一种很有用的信息，通过对化学位移的测定，可以研究分子中的原子价态、化学环境和分子结构等。

XPS 测定的是分子中原子芯层电子的结合能(或电离能)。其谱带位置与分子中原子种类、分子结构(包括键型及基团的排列位置)有关，并可用分子轨道计算结果来校验。

1. 电子结合能的计算值及实验值

几种小分子芯层(1s)电子结合能(电离能)的实验值和利用分子轨道的计算值见表 9-2。表 9-2 数据表明，对于自由分子，分子轨道计算结果与实验值基本一致。表 9-3 展示了不同含碳小分子的 C 1s 结合能的计算值及实验值。

表 9-2 几种小分子电子结合能的计算值及实验值

分子式	轨道	计算值/eV	实验值/eV
CH_4	C 1s	291.0	290.7
NH_3	N 1s	405.7	405.6
H_2O	O 1s	539.4	539.7
HF	F 1s	693.3	694.0
Ne	Ne 1s	868.8	869.1

表 9-3 C 1s 结合能的计算值及实验值

分子式	轨道	计算值/eV	实验值/eV
CH_4	C 1s	291.0	290.7
HCN	C 1s	297.7	294.0
CO	C 1s	298.4	296.0
CH_3F	C 1s	296.0	294.0

表 9-3 的数据表明，计算值与实验值存在一定误差，其中 C 1s 不同的结合能计算值和实验值源于其周围化学环境不同所致。

2. 化学位移

化学位移反映了原子内层电子受到价电子的影响，而价电子又受到周围环境的影响。由于分子组成改变引起原子结合能改变，因而通过测定化学位移能反映出分子的化学结构。

1) 原子静电模型

化学位移可用原子静电模型(atomic electrostatic model)来解释。原子中的电子一方面受到原子核强烈的库仑力作用而具有一定结合能，另一方面又受到外层电子通过斥力对内层电子起着屏蔽作用。外层电子云密度降低，其对内层电子的屏蔽作用会明显减小，导致内层电子结合能明显升高；反之，外层电子云密度升高，会导致内层电子的结合能明显降低。因化学因素引起的原子内层电子结合能的改变是较小的，即化学位移的程度是较小的。

例如，XPS 测得纯铝中 Al(0)2p 的电子结合能为 75.3eV，但当其被氧化成 Al_2O_3 后，Al(Ⅲ)2p 的电子结合能为 78.0eV，化学位移正向位移 2.7eV。

2) 电荷势能模型

化学位移也可以通过电荷势能模型(charge potential model)来分析。设有两个原子 A 和 B，当相距很远时，无化学位移可言。当两者靠近时，如果 A 有一个价电子向 B 转移：

$$A+B \Longrightarrow A^+ B^-$$

式中，A^+ 的价电子层较 A 失去一个电子，XPS 测得 A^+ 的电子结合能较 A 升高 ΔE，即化学位移正向位移 ΔE；B^- 的价电子层较 B 得到一个电子，XPS 测得的 B^- 电子结合能较 B 降低 ΔE，即化学位移负向位移 ΔE。ΔE 可表示为

$$\Delta E = K \cdot \frac{1}{r} \tag{9-18}$$

式中，r 为价电子层轨道半径；K 为常数。若考虑到 A、B 两核间距(R)的影响，式(9-18)可修正为

$$\Delta E = K \cdot \frac{R-r}{Rr} \tag{9-19}$$

由式(9-19)可知，化学位移主要来自价电子转移引起的势能变化。

3. 影响化学位移的因素

分子中某原子(或基团)与不同电负性取代基相连，会导致该原子的电子结合能不同(化学位移)。随着取代基电负性增大，其化学位移(ΔE_B)正向增大，见表 9-4 和表 9-5。

表 9-4　取代甲烷中 C 1s 的 E_B 及 ΔE_B(以 CH_4 中 C 1s 的 E_B 为参考值)

化合物	CH_4	CH_3Br	CH_3Cl	CH_3OH	CH_3F
电负性	2.1	2.8	3.0	3.5	4.0
E_B/eV	290.8	291.8	292.4	293.0	293.6
ΔE_B/eV	0	1.0	1.6	2.2	2.8

表 9-5　多氯代烃中 C 1s 的 E_B 及 ΔE_B (以 CH_4 中 C 1s 的 E_B 为参考值)

化合物	CH_4	CH_3Cl	CH_2Cl_2	$CHCl_3$	CCl_4
E_B/eV	290.8	292.4	293.8	295.6	298.4
ΔE_B/eV	0	1.6	3.0	4.8	7.6

4. 常见有机化合物的电子结合能

从表 9-6 列出的一些简单烃类化合物及其衍生物的 C 1s 电子结合能可见，小分子烃类化合物 C 1s 的 E_B 变化不大(如 CH_4、C_2H_6、C_2H_4、C_6H_{12}、C_6H_6 等在 290.3~290.8eV)；多卤取代或 C 正离子的结合能增值较大；其他类型化合物 C 1s 的化学位移最大不超过 3eV。

表 9-6　一些简单烃类及其衍生物的 C 1s 的结合能

化合物	E_B/eV	化合物	E_B/eV
CH_4	290.8	$(\underline{C}H_3)_3C^+$	291.9
CH_3Br	291.8	$(CH_3)_3\underline{C}^+$	295.9
CH_3Cl	292.4	$(\underline{C}H_3)_2CO$	293.9
CH_3OH	293.0	$CH_3\underline{C}OOM^+$	294.8
CH_3F	293.6	$CH_3\underline{C}OOH$	295.3
CH_2Cl_2	293.8	$CH_3\underline{C}H_2OH$	292.3
$CHCl_3$	295.6	$CH_3\underline{C}HO$	294.0
CCl_4	298.4	$\underline{C}H_3CH_3$	290.6
$\underline{C}H_3CH_2OH$	290.9	$CH_2=CH_2$	290.7
$\underline{C}H_3COOH$	290.8	$CH\equiv CH$	291.2
$(\underline{C}H_3)_2CO$	291.4	C_6H_6	290.4
$\underline{C}H_3CHO$	291.4	C_6H_{12}	290.3

常见含氮化合物的 N 1s 结合能如表 9-7 所示。可见，铵盐中 N 1s 的电子结合能变化不大，在 (400±1.0) eV 范围，芳胺中 N 1s 的电子结合能大于铵盐中 N^+ 1s 的电子结合能。

表 9-7　常见含氮化合物的 N 1s 的结合能

化合物	E_B/eV	化合物	E_B/eV
N_2	409.9	3-羟基-1-甲基吡啶鎓氯化物	400.3
NH_3	405.6		

化合物	E_B/eV	化合物	E_B/eV
$C_6H_5NH_2$	405.5	2-羟基-1-甲基吡啶鎓 Cl^-	399.1
C_6H_5NO	411.6		
$(n\text{-}C_4H_9)_4N^+Br^-$	400.7	4-甲基-1-(2-氨乙基)吡啶鎓 Cl^-	399.2
$(C_2H_5)_4N^+Cl^-$	401.1		397.1
$(C_2H_5)_4N^+BH_4^-$	400.6		
$(n\text{-}C_3H_7)_4N^+BH$	400.4	1-乙基喹啉鎓 Br^-	399.2
$(CH_3)_3C_6H_5N^+Br^-$	400.7		
$(CH_3)_4N^+Br^-$	400.7	2-丁基异喹啉鎓 I^-	399.9
$(C_2H_5)_4N^+I^-$	401.1		

一些含磷化合物的 P 2p 电子结合能数据如表 9-8 所示。可见，三价 P^+ 的电子结合能高于三价 P，五价 P 的电子结合能大于三价 P 的电子结合能。

表 9-8　有机磷化合物的 P 2p 的结合能

化合物	E_B/eV	化合物	E_B/eV
$P(C_6H_5)_3$	131.3	$(C_6H_5)_2(C_2H_5O)P=O$	133.4
$P^+(C_6H_5)_3(CH_3C_6H_5)Cl^-$	132.5	$(C_6H_5CH_2)(OH)_2P=O$	133.8
$(C_6H_5)_3P=O$	132.8	$(C_2H_5O)_3P=O$	134.2
$(C_2H_5O)_3P=O$	132.9	$(C_6H_5O)_3P=O$	134.2
$(C_6H_5)_2(C_2H_5O)P=O$	133.1	$(C_6H_5)_3P=S$	132.3

9.7.3　X 射线光电子能谱仪

X 射线光电子能谱仪主要由超高真空系统、X 射线激发源、能量分析器、检测器等构成。

1. 超高真空系统

真空系统是进行现代表面分析及研究的关键条件，商业电子能谱仪的设计真空大多在 $10^{-6} \sim 10^{-8}$ Pa，且光源等激发源、样品室、分析室及探测器等都应安装在超高真空环境中。

2. 光源

1) 双阳极 X 射线源

X 射线源分为单阳极 X 射线源和双阳极 X 射线源。现代电子能谱仪普遍采用双阳极 X 射线源，其阳极可采用同种或不同材料制成。使用同一种材料的双阳极靶，如 Mg/Mg、Al/Al 等，两个阳极同时使用可使 X 射线的光通量加倍，从而增加仪器灵敏度；采用不同材料制成的双阳极靶，如 Mg/Al、Mg/Si、Mg/Zr 等，则可提高分析过程的灵活性。其结构示意图如图 9-18 所示。

2) X 射线单色器

为了提高光电子能谱仪的分辨率，可使用单色器使 X 射线单色化，其原理为晶体衍射。如图 9-19 所示，将 X 射线阳极、弯曲的晶体及测试样品都置于半径为 R 的罗兰圆周上，晶体表面与圆周相切，阳极靶和测试样品到分光晶体中心的距离相等，晶体曲率半径为 $2R$，X 射线经晶体曲面衍射并聚焦在样品表面。目前，商品化的 X 射线单色器均用石英晶体(1010)晶面作为 X 射线的衍射晶格。

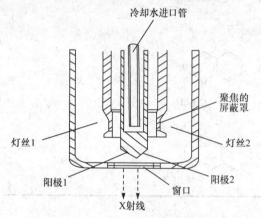

图 9-18 双阳极 X 射线源结构示意图

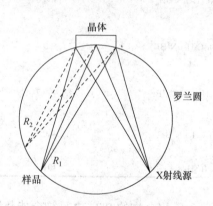

图 9-19 X 射线单色化原理

3. 电子能量分析器

电子能量分析器有多种类型，现代能谱仪多采用静电式能量分析器。常用的静电式能量分析器主要有两种：筒镜分析器和半球形分析器。

1) 筒镜分析器

筒镜分析器(cylindrical mirror analyzer, CMA)由两个同轴的圆筒组成，在空心内筒的圆周上开有入口和出口狭缝，样品和探测器沿内外圆筒的公共轴线放置，如图 9-20 所示。

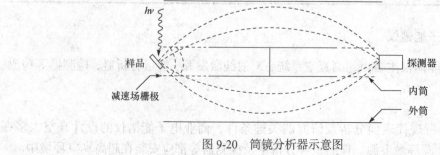

图 9-20 筒镜分析器示意图

样品和内筒同时接地,在外筒上施加一个负的偏转电压,则内、外筒之间存在一个轴对称的静电场,能够通过筒镜分析器的电子能量由式(9-20)决定:

$$E = \frac{1}{2}eV\ln\left(\frac{r_2}{r_1}\right) \tag{9-20}$$

式中,E 为通过分析器的电子动能;e 为电子电荷;V 为加在内、外筒之间的电压;r_1 和 r_2 分别为内筒和外筒的半径。

由样品发射具有一定能量的电子,以一定角度穿过入口狭缝进入两圆筒的夹层,受内、外筒之间径向电场的作用,相同能量的电子将通过出口狭缝,然后进入探测器。若连续地改变施加在外筒上的偏转电压,就可在检测器上依次接收到具有不同能量的电子。

2) 半球形分析器

半球形分析器(hemispherical sector analyzer, HSA)由一对同心半球电极组成,如图9-21所示。在两个同心球面上施加控制电压,进入分析器的电子在半球间隙电场的作用下,将按能量色散,能量为某一定值的电子被聚焦到出口狭缝,进入探测器。

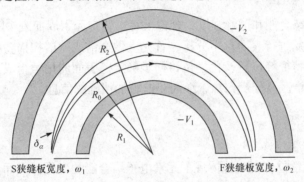

图 9-21 半球形分析器示意图

如果内球半径为 R_1、外球半径为 R_2,则平均半径 $R_0=(R_1+R_2)/2$。设半球间的电势差为 ΔV,则沿半球分析器中心轨道(R_0)运动的电子动能为

$$E = \frac{R_1 R_2}{R_2^2 - R_1^2} \cdot e\Delta V \tag{9-21}$$

式中,E 为动能;e 为电子电荷;ΔV 为半球间的电势差。

通过分析器的电子动能与施加在分析器上的单位电势差及分析器的几何尺寸相关。分析器的几何尺寸是固定的,即 R_1 和 R_2 为已知量,引入光电子能谱仪常数 K,则式(9-21)可表达为

$$E = Ke\Delta V \tag{9-22}$$

测试中,连续或步进地改变内、外球之间的电势差,使不同动能的电子依次沿中心轨道通过。记录每一种动能的电子数,即可得到以电子能量为横坐标,电子计数率为纵坐标的电子能谱图。

4. 检测器及数据分析系统

1) 检测器

XPS 所能检测到的光电子流非常弱,现在普遍采用电子倍增器来测量电子的数目,即脉冲计数。

2) 数据分析系统

电子能谱分析涉及大量复杂数据的采集、储存、分析和处理，数据系统由在线实时计算机及相应软件组成，已成为现代电子能谱仪的一个基本部分。

9.7.4　X光电子能谱的定性与定量分析

X光电子能谱提供材料表面丰富的物理、化学信息，对谱图进行提取与解释，并对不同层次的信息进行讨论分析，从而获得材料表面元素的定性组成、定量组成、化学状态、原子和分子的价带结构及材料的纵深分布等多种信息。

XPS显示出特征的阶梯状本底，是由体相深处发生的非弹性散射过程所造成。光电子产生后在向表面运动过程中会发生非弹性散射，光电子将损失能量以减小动能或增大结合能的方式出现，已损失能量的二次电子还可能继续发生非弹性碰撞再次损失能量，形成三次电子或四次电子，故而失去其元素特征信息而成为本底。

1. 表面元素组成分析

通过测定电子的结合能和谱峰强度，理论上可以鉴定元素周期表中除 H 和 He 以外的全部元素。对所研究样品进行表面化学分析，首先应做全谱或宽谱扫描，将实验谱图与标准谱图相比较，根据元素特征峰位置及化学位移初步确定壁表面的化学组成。然后根据需要选取某些元素的峰，进行窄区高分辨扫描，继而获取更加精确的信息。

2. 元素化学态分析

1) 光电子谱线化学位移

XPS谱图中的化学位移直观地体现了元素电子结合能的变化，因而化学位移是元素状态分析及其相关结构分析的主要依据。除少数元素外，元素周期表中几乎所有元素存在化学位移，从零点几电子伏特到几电子伏特不等，且大部分元素的单质态、氧化态与还原态之间有明显的化学位移及XPS谱图中可分辨的谱峰。因此，XPS常被用作氧化态的测定、价态分析、研究化学键合情况、表面吸附及表面态、官能团和分子结构。

2) 元素组成的定量分析

测量XPS不仅可以给出所含元素简单的定性分析及复杂的化学态信息，还可以给出元素组成的定量信息，从而对谱线强度给出定量信息。XPS定量分析关键在于借助于能谱中各峰强度的比率将所观测到的信号强度转变为元素含量，即谱峰面积转变为相应元素的含量。

XPS定量分析法主要有标样法、理论模型法和灵敏度因子法。在一定条件下，谱峰强度与元素含量成正比，故可采用与标准样品谱峰相比较的方法进行定量分析，即标样法。理论模型法基于光电子发射的三步模型，将测定的谱线强度和激发源、待测样品的性质及谱仪的检测条件等综合考虑，从而形成一定的物理模型。但由于实际问题的复杂性，而且目前还缺乏必要精度的实验数据，故此法的准确性及其在实际中的应用还有待研究和发展。目前应用最为广泛的是元素灵敏度因子法，也是XPS半定量分析中最为常用的方法。该法利用特定元素谱线强度作为参考标准，测得其他元素相对谱线强度，求得各元素的相对含量，从而可以去除仪器方面的影响。

另外，XPS技术是一种半定量分析技术，得出的半定量分析结果是相对含量而不是绝对含量，并不是一种很好的定量分析方法。

9.8 X射线光谱分析在药物研发中的应用

X射线光谱分析已成为当今药物研究与开发中应用较为普遍的一种物理分析方法和常规检测技术,它不仅广泛应用于化学药物研究领域,而且在中药研究与质量控制方面正发挥着其他分析技术不可代替的重要作用。以下为X射线光谱分析在药物分析中的应用实例。

【示例9-1】 粉末X射线衍射法测定阿托伐他汀钙片剂中晶形Ⅰ的含量

根据《中国药典》2015年版四部通则0451第二法,X射线粉末衍射法(标准曲线法)进行晶形Ⅰ定量分析。

衍射条件:采用CuK辐射配制石墨单色器,设置管电压40kV,管电流40mA,采用LynxEye探测器,探测器狭缝1mm,常规扫描设置扫描范围3°~40°,扫描速度每步0.02s,步长0.02°。精细扫描设置扫描范围9.5°~11.5°,扫描速度每步5s,步长0.02°,选择2θ=10.1°衍射峰为定量检测峰,采用PXRD法精细扫描测定晶形特征衍射峰绝对强度数据,此方法采用缩短扫描范围,降低扫描速度,提高步进扫描时间的精细扫描方法,建立了晶形Ⅰ含量测定的线性方程$y=3179.3x-304.56$($r=0.9923$),检测限为3.9mg·g^{-1}(S/N为2.3)。

【示例9-2】 ChP2015蒙脱石散的鉴别以及方英石及其他杂质检查

取样品约4g,加水50mL,搅拌、滤过,滤渣于105℃干燥,取细粉适量,置于载样架上,将载样架放入干燥器(含饱和氯化钠溶液,20℃时相对湿度约75%)中约12h。取出,将载样架上的样品压平,照X射线衍射法(通则0451第二法,X射线粉末衍射法)测定,以CuK$_α$为光源,光管电压和光管电流分别为40kV和40mA,发射狭缝、散射狭缝和接受狭缝分别设置为1°、1°和0.15mm(或相当参数要求),在衍射角(2θ)2°~80°的范围内扫描,记录衍射图谱。供试品的X射线粉末衍射图谱应对对照品图谱中的蒙脱石特征峰[衍射角(2θ)分别约为5.8°、19.8°和61.9°]一致。

方英石及其他杂质的检查:取鉴别项下的供试品,照鉴别项下的X射线粉末衍射条件,在衍射角(2θ)15°~35°的范围以每分钟1°的速度扫描,记录衍射图谱,以图谱的基线为底线,分别量取蒙脱石特征峰(2θ约为19.8°)、方英石衍射峰(2θ约为22.0°)和其他杂质衍射峰的峰顶至底线的高度,计算各峰高相对于蒙脱石特征峰高的比值。在供试品的X射线粉末衍射图谱中,方英石衍射峰的峰高比不得过50%,其他单个杂质衍射峰的峰高比不得过70%。

【示例9-3】 ChP2015阿立哌唑的鉴别

取本品适量,照X射线衍射法(通则0451第二法,X射线粉末衍射法)检查,在晶面间距(8.0±0.1)Å、(6.2±0.1)Å、(5.3±0.1)Å、(4.6±0.1)Å、(4.4±0.1)Å与(4.0±0.1)Å处应有特征衍射峰。

此外,美国药典36版(USP36)采用X射线衍射法鉴别胃肠道用药镁加铝。2009年,龚宁波等在期刊《中国中药杂志》上发表了丹参粉末衍射鉴定与丹参酮ⅡA成分定量分析方法的研究论文。

延伸阅读9-3:药物晶体结构分析

对含草酸钙结晶的植物药材进行研究,结果表明,植物药材中的草酸钙结晶的组成为一水合草酸钙($CaC_2O_4·H_2O$),属于单斜晶系。组成草酸钙结晶是比较广泛地存在于植物中的一种细胞后含物,在细胞中常以簇晶、方晶、柱晶、砂晶和针晶等多种形态出现。这些特征是显微鉴别的重要标识物。

研究草酸钙结晶的晶系和结晶特征，将有助于植物药材的正确鉴定和质量分析。有报道药用植物中草酸钙结晶系按四方晶系和单斜晶系分成两大类。

为阐明植物药材中草酸钙结晶的晶系和晶粒大小，人们已经对各种各样的晶体如常见100多种含草酸钙结晶的植物药材进行了研究。

内容提要与学习要求

X射线属于电磁波，能产生反射、折射、散射、干涉、衍射、偏振和吸收等现象。X射线光谱分析法按应用的X光的性质可以分为：X射线吸收光谱分析法、X射线荧光光谱分析法、X射线衍射光谱分析法。X射线衍射光谱分析是当今研究物质微观结构的主要方法，并且由于波长小、频率高，在医学等很多领域应用广泛，如X光机。

本章主要介绍了X射线的产生、性质及其与物质的相互作用。X射线光谱法理论基础及常用的各种X射线分析方法；主要包括X射线吸收与发射分析法、X射线衍射光谱分析法和X射线光电子能谱分析法的基本分析原理、定性、定量分析及这些技术在药物研发中的应用情况。

要求掌握这些分析方法的基本原理、仪器结构，了解X射线光谱法在药物晶体分析中的应用。

练 习 题

1. X射线连续光谱是如何产生的？为什么会有短波限？短波限如何计算？它与X光管的电压、电流及靶材有无关系？

2. 在X射线管中，若电子到达阳极靶面的速度为 $1.5 \times 10^8 \, m \cdot s^{-1}$，求连续X射线谱的最短波长和相应的最大光子能量。

3. 简述布拉格衍射公式及其应用。

4. 简述X射线产生的原理，比较连续X射线和特征X射线产生的机制。

5. 简述弛豫现象的含义及弛豫过程。

6. 简述X射线光谱仪的基本结构。

7. X射线源有哪些？分别能满足哪些检测分析？

8. 如何限定入射波长？

9. 常见的X射线检测器有哪些？分别能满足哪些检测分析要求？

10. X射线吸收光谱分析法和X射线荧光光谱分析法的原理是什么？分别在药物分析中有哪些应用？

11. X射线衍射光谱分析法与X射线光电子能谱分析法有哪些异同？

12. X射线摄影中，光电效应和康普顿效应对影像质量和患者防护各有哪些利弊？

13. 0.5cm的铝将单能X射线强度衰减到46.7%，试求该光子束的HVL。

14. 若空气中各组分的质量分数为氮75%、氧23.2%、氩1.3%，试计算在能量为20keV光子作用下，空气的质量衰减系数。已知氮、氧、氩的质量衰减系数分别为 $0.36 m^2 \cdot kg^{-1}$、$0.587 \, m^2 \cdot kg^{-1}$ 和 $8.31 m^2 \cdot kg^{-1}$。

15. 影响X射线衍射谱线宽度的样品因素有哪些？

16. 已知Ni对Cu靶 K_α 和 K_β 特征辐射的线吸收系数分别407cm^{-1} 和 2448cm^{-1}，为使Cu靶的K_β线透射系数是K_α线的1/6，求Ni滤片的厚度。

17. 立方晶体，已知晶胞参数 a=0.405nm，射线波长λ=0.154nm，试计算其(200)晶面衍射角。[假定 arcsin(0.38)≈22.36°，保留小数点后两位]

18. 已知衍射峰积分宽度为β=0.25°，X射线波长λ=0.154nm，布拉格角=19.23°，试根据谢乐公式计算亚晶粒尺寸。[假定 cos(19.23°)≈0.94，计算结果取整数]

第10章 核磁共振波谱分析

10.1 概 述

核磁共振(nuclear magnetic resonance, NMR)是近60年来快速发展起来的新分析技术，与紫外、红外吸收光谱一样，本质上都是微观粒子吸收电磁波后在不同能级上的跃迁，只是所涉及的微观粒子不是电子，而是原子核，是磁性原子核在磁场中吸收和再发射发生核磁能级的共振跃迁的一种物理现象。

在 1～100m 的长波长、相当于 60～1000 兆赫(mega hertz, MHz)的甚高频(very high frequency, VHF, 30～300MHz)和特高频(ultra high frequency, UHF, 300～3000MHz)电视波段射频的电磁辐射作用下，处在强磁场中的磁性原子核相互作用发生核磁能级之间的共振跃迁，通过记录其共振跃迁信号频率和强度，就获得了核磁共振波谱(nuclear magnetic resonance spectroscopy)。

不同的原子核会有不同的吸收频率。对同种原子核来说，高分辨的仪器甚至可分辨出原子核外化学环境不同引起的吸收频率的差异，因而核磁共振方法能够用来研究原子核的性质，是研究化合物分子结构强有力的工具和手段。

延伸阅读10-1：核磁共振现象及核磁共振波谱、核磁共振成像分析

在核磁共振波谱分析60余年的发展历程中，先后有8位科学家在不同学科荣获6次诺贝尔科学奖，有下列一些标志性的进展。

(1) 1924年，著名奥地利物理化学泡利(Wolfgang Ernst Pauli, 1900—1958)预言了NMR的基本理论，即有些原子核同时具有自旋和磁量子数，在磁场中会发生分裂。德裔美国物理学家斯特恩(Otto Stern, 1888—1969)因发展分子束方法和发现了质子磁矩，获得1943年的诺贝尔物理学奖。以此为理论基础，美国物理学家拉比(Isidor Isaac Rabi, 1898—1988)于1936年发现氢分子吸收特定频率射频发生偏转而描述了核磁共振现象，并获得了1944年的诺贝尔物理学奖。1945～1946年美国物理学家普赛尔(Edward Mills Purcell, 1912—1997)和瑞士出生的美国物理学家布洛赫(Felix Bloch, 1905—1983)分别成功观察到固体蜡和水中质子的核磁共振吸收现象，两人因此而共享了1952年诺贝尔物理学奖。

(2) 化学位移(1950年)和自旋偶合(1952年)的发现使核磁共振作为一种结构分析方法。1953年美国Varian公司推出了核磁共振波谱仪用于化合物结构测定；20世纪60年代核奥弗豪泽效应(nuclear Overhauser effect, NOE)应用于有机立体化学研究。

(3) 1966年瑞士化学家恩斯特(Richard Robert Ernst, 1933—)发明了傅里叶变换核磁共振分光法，并于20世纪70年代确立二维及多维核磁共振技术的理论基础而获得1991年度诺贝尔化学奖；

(4) 1985年瑞士科学家维特里希(Kurt Wüthrich, 1938—)发明了测定溶液中生物大分子三维结构的方法，因而获得2002年度诺贝尔化学奖；

(5) 在20世纪80年代初出现了在体核磁共振并应用于研究活体动物和灌流器官；1973年美国化学家劳特布尔(Paul Christian Lauterbur, 1929—2007)和英国物理学家曼斯菲尔德爵士(Sir Peter Mansfield, 1933—

2017)发明梯度场方法并在磁共振成像技术方面取得突破性成就而获得 2003 年诺贝尔生理学或医学奖。

随着核磁共振技术的不断发展,核磁共振无论在广度和深度方面均出现了新的进展。这表现在各种新式探头如微量探头、多功能探头、新超导材料探头能提高灵敏度,更好地满足多种实验要求;仪器向更高的磁场发展以获得更高的灵敏度和分辨率,400MHz、600MHz、800MHz 核磁共振波谱仪逐渐普及,并有 1000MHz 高磁场超导核磁共振波谱仪问世;发展出一系列具有特殊用途的核磁共振技术,如核磁双共振、三维和多维核磁共振谱、核磁共振成像技术、固体高分辨核磁谱、LC-NMR 联用技术,以及碳、氢以外核的研究等 NMR 新技术等;计算机及相关软件系统不断改善,功能更加强大,操作更加人性化。

核磁共振波谱法现已广泛应用于化学、医学、生物学和农林科学等领域中,为人们提供有关分子结构、分子构型、分子运动等多种信息。与其他分析方法相比,核磁共振的灵敏度相对较低,但其提供原子水平上的结构信息是其他方法所无法比拟的。因此,核磁共振波谱法已成为结构分析的主要手段之一。

10.2 核磁共振的原理

10.2.1 原子核的自旋和磁矩

1. 原子核的自旋

原子核由质子(带正电荷)和中子(不带电)组成,因此原子核带正电荷,其电荷数等于质子数,与元素周期表中的原子序数相同。原子核的质量数为质子数与中子数之和。原子核的质量和所带电荷是原子核的最基本属性。

原子核通常表示为 $^A X_Z$,其中 X 为元素的化学符号,A 是质量数,Z 是质子数。Z 相同,而 A 不同的原子核称为同位素(isotope),如 $^1H_1$、$^2H_1$ 和 $^3H_1$。大多数原子核和电子一样有自旋(spin)现象,因而具有自旋角动量(spin angular momentum,S)及相应的自旋量子数(spin quantum number,m_s)。

自旋量子数描述的是原子核的运动状态,其值与原子核质量数和所带电荷数有关,也就是说与质子数和中子数有关,一般分为三种情况,如表 10-1 所示。

表 10-1 原子核的自旋量子数

质量数	质子数	中子数	自旋量子数(m_s)	NMR 信号	原子核
偶数	偶数	偶数	0	无	$^{12}C_6$、$^{16}O_8$、$^{32}S_{16}$
偶数	奇数	奇数	整数(1,2,3···)	有	$^2H_1$、$^{14}N_7$
奇数	偶数	奇数	半整数	有	$^1H_1$、$^{13}C_6$、$^{19}F_9$、
	奇数	偶数	(1/2,3/2,5/2···)		$^{15}N_7$、$^{31}P_{15}$、$^{17}O_8$

自旋量子数 $m_s = 0$ 的原子核称为非磁性核,中子数和质子数都为偶数,质量数也为偶数。这类原子核电荷均匀分布于球体表面,为非自转体,无自旋现象,不是核磁共振研究对象,不能用核磁共振法进行测定,如 $^{12}C_6$、$^{16}O_8$、$^{32}S_{16}$ 等。

凡是 $m_s \ne 0$ 的原子核都称为磁性核,均有自旋现象。这类原子核可以是核磁共振研究的对象,用核磁共振法进行测定,包括以下两种情况。

(1) 对 m_s 为整数(1、2、3…)的原子核有自旋现象，其中子数、质子数均为奇数，质量数为偶数，如 $^2H_1$、$^{14}N_7$ 等。这类原子核核电荷分布可以看作是一个椭圆体，点和分布不均匀，它们的核磁吸收现象复杂，在核磁共振中应用很少。

(2) 对 m_s 为半整数(1/2、3/2、5/2…)的原子核有自旋现象，中子数、质子数一部分为偶数，另一部分为奇数，质量数为奇数，如 $^1H_1$、$^{13}C_6$、$^{19}F_9$、$^{15}N_7$、$^{31}P_{15}$、$^{17}O_8$ 等。这类原子核可看作是一种电荷分布不均匀的自旋椭圆体，共振吸收复杂。

其中 m_s=1/2 的原子核(^1H、^{13}C、^{15}N、^{19}F、^{31}P 等)的电荷呈均匀球形分布于表面，为球形自转体，其核磁共振现象简单、谱线窄，易于核磁共振检测，是 NMR 的主要研究对象。目前研究最多的就是 ^1H 和 ^{13}C 的核磁共振谱。^1H 的天然丰度较大(99.985%)、磁性较强，易于观察到比较满意的核磁共振信号，因而用途最广。^{13}C 的天然丰度较低，只有 ^{12}C 的 1.1%，灵敏度只有 ^1H 的 1.59%，但现代技术已经使 ^{13}C NMR 在有机结构分析中起着重要作用。

原子核在自旋时会产生自旋角动量。原子核的质子和中子存在确定的自旋角动量，在原子核内有各自的轨道运动，存在相应的轨道角动量。这些角动量的总和就是原子核的自旋角动量，反映了原子核的内部特性，是原子核的重要性质之一。不同的原子核的自旋运动情况不同，产生的自旋角动量也会不同，自旋角动量 S 的数值大小与自旋量子数 I 之间的关系为

$$S = \frac{h}{2\pi}\sqrt{m_s(m_s+1)} \tag{10-1}$$

式中，h 为普朗克常量；m_s 为自旋量子数。

2. 原子核的磁矩

原子核带正电荷，做自旋运动时产生磁场，形成核磁矩(nuclear magnetic moment, μ)。核磁矩是表示自旋核磁性强弱特性的矢量参数，而自旋角动量是表述原子核自旋运动特性的矢量参数。它们不仅都有大小，而且都有方向。自旋角动量的方向与核磁矩的方向一致，并且彼此间有密切的关系：

$$\mu = \gamma S \tag{10-2}$$

式中，γ 为磁旋比(gyromagnetic ratio)，是核磁矩 μ 与自旋角动量 S 之间的比例常数，也是原子核的基本属性之一。不同原子核的核磁矩 μ 值不同，如 ^1H 的 $\gamma = 26.752 \times 10^7\,T\cdot s$；$^{13}C$ 的 $\gamma = 6.728 \times 10^7\,T\cdot s$。原子核的磁旋比 γ 越大，原子核的磁性也就越强，在核磁共振中也就越容易被检测。

由式(10-1)和式(10-2)可知，自旋量子数 $m_s = 0$ 的原子核，自旋角动量 $S = 0$，核磁矩 $\mu = 0$，不产生核磁共振信号。自旋量子数 $m_s \neq 0$ 的原子核都有自旋角动量 S 和核磁矩 μ，能产生核磁共振，核磁矩 μ 的方向服从右手法则，如图 10-1 所示。

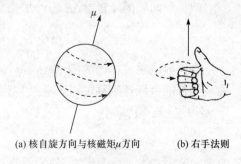

(a) 核自旋方向与核磁矩 μ 方向　　(b) 右手法则

图 10-1　原子核的拉莫尔回旋

10.2.2 核磁共振现象

在磁场中,当核磁矩(μ)与外加磁场(H_0)成一定的角度θ时,自旋核会受到一个外力矩的作用,使得原子核在自旋的同时还绕外磁场H_0方向做旋转运动,这种运动方式称拉莫尔进动或拉莫尔回旋(Larmor procession),恰与一个自旋的陀螺在地球引力作用下的运动方式相似,如图10-2所示。

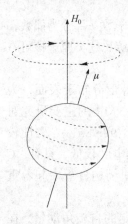

图10-2 原子核的进动

原子核的进动频率(ν)与外加磁场强度(H_0)的关系可用拉莫尔方程表示:

$$\nu = \frac{\gamma}{2\pi} H_0 \tag{10-3}$$

对一定的原子核,进动频率(ν)随外加磁场强度(H_0)增加而增大。

无外磁场时,原子核的自旋运动通常是随机的,因而自旋产生的核磁矩在空间的取向是任意的。若将原子核置于磁场中,则核磁矩由原来的随机无序排列状态趋向整齐有序的排列。按照量子力学理论,磁性核在外加磁场中的自旋取向数共有$2I+1$个取向。每个自旋取向分别代表原子核的某个特定的能级状态,用磁量子数(magnetic quantum number, m)来表示,$m = m_s, m_s-1, m_s-2, \cdots, -m_s+2, -m_s+1, -m_s$。

对于自旋量子数$m_s = 1/2$的原子核(如^{1}H和^{13}C),在外加磁场作用下能级会发生分裂,自旋轴有两种取向,即$m = +1/2$和$m = -1/2$;对于$m_s = 1$的原子核,有三种取向,即$m = 1, 0, -1$。下面以$m_s = 1/2$的原子核为例说明:$m = +1/2$的原子核,磁矩与外磁场方向H_0一致,为能量较低的状态E_1;$m = -1/2$的原子核,磁矩与外磁场方向H_0相反,为能量较高的状态E_2(图10-3)。

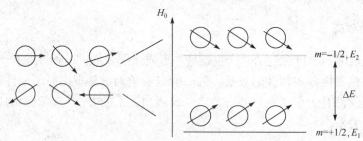

图10-3 外磁场作用下原子核的取向和能级分裂

两种取向间的能量差ΔE与外加磁场强度(H_0)及磁旋比(γ)或核磁矩(μ)有关,可以表示为

$$\Delta E = E_2 - E_1 = \frac{\gamma h}{2\pi} H_0 \quad \text{或} \quad \Delta E = 2\mu H_0 \tag{10-4}$$

当外界电磁波提供的能量$\Delta E = h\nu_0$刚好等于相邻能级间的能量差ΔE时,原子核就吸收电磁波从低能级跃迁到高能级,就会发生核磁共振现象。其发生核磁共振需要吸收的电磁波频率ν_0为

$$\nu_0 = \frac{\gamma}{2\pi} H_0 \tag{10-5}$$

也就是说,磁性核在外磁场中以频率ν做拉莫尔回旋时,如果受到正好以相同频率($\nu_0 = \nu$)的电磁波照射,那么磁性核就吸收该频率的电磁波,发生核磁共振。

> **学习与思考**
>
> (1) 核磁共振波谱与紫外、红外光谱有何区别和相似性?
> (2) 核磁共振是如何产生的?
> (3) 为什么在外磁场作用下原子核的取向和能级会发生分裂?

10.2.3 自旋弛豫

原子核处于低能级与高能级上的核数目达到热动平衡,在热力学平衡条件下满足玻尔兹曼分布(Boltzmann distribution):

$$\frac{N_\text{i}}{N_\text{h}} = e^{\frac{\Delta E}{kT}} \tag{10-6}$$

式中,N_i、N_h 分别为低能级和高能级上的粒子数;ΔE 为高、低能级的能量差;T 为热力学温度;k 为玻尔兹曼常量,1.38066×10^{-23} J·K^{-1}。

由于磁能级差非常小,处于低能级原子核数目比处于高能级原子核数目约多十万分之一,因而随着低能级原子核吸收能量跃迁到高能级,处于低能级原子核的数目就会越来越少,以至于到最后高能级与低能级上的原子核数目相等,当从低能级向高能级与从高能级向低能级跃迁的原子核数目达到相等的饱和状态时核磁共振信号消失。但是核磁共振信号并未终止,原因是处于高能级的原子核可以通过非辐射途径释放能量返回至低能级,使低能级的原子核数目始终保持多数。这种处于高能级的原子核通过非辐射途径释放能量回到低能级的过程称为弛豫(relaxation),弛豫又分为纵向弛豫(longitudinal relaxation)和横向弛豫(transverse relaxation)。

1) 纵向弛豫

纵向弛豫是一个自旋核与周围分子交换能量过程,属于体系和环境的交换能量。如果某个波动场的频率与原子核自旋产生的频率一致,自旋原子核就会与波动场发生能量交换,把能量传给周围分子而跃迁到低能级,发生纵向弛豫。

纵向弛豫的结果是高能级的原子核数目减少。就整个自旋体系来说,总能量下降。纵向弛豫过程所经历的时间越短,纵向弛豫过程的效率越高,越有利于核磁共振信号的测定。

2) 横向弛豫

横向弛豫是核与核之间进行能量交换的过程。一个自旋核在外磁场作用下吸收能量从低能级跃迁到高能级,在一定距离内与另一个频率相同的相邻核产生能量交换,高能级的核将能量交给另一个核后跃迁回到低能级,而接受能量的那个核被激发跃迁到高能级。交换能量后两个核的取向交换,各能级的核数目不变,系统的总能量不变。

10.3 核磁共振波谱仪

10.3.1 核磁共振的产生方式

1948 年诞生于美国加利福尼亚州硅谷的美国瓦里安联合公司(Varian Associates)于 1953 年使用永磁体或者电磁体作为共振磁场,制造出第一台商业化核磁共振波谱仪,共振频率只有30MHz，分辨率不高。

为了提高分辨率，人们开展了高功率仪器的研究及广泛使用。1964年瓦里安联合公司生产出第一台超导核磁共振波谱仪，射频达到200MHz；1971年日本电子株式会社(JEOL Ltd.)生产出第一台超导傅里叶变换核磁共振波谱仪。到现在，所有100MHz以上核磁共振波谱仪都是采用液氦冷却的超导磁场和傅里叶脉冲变换模式。

核磁共振波谱仪按照磁场强度不同而所需的射频不同，可分为60MHz、100MHz、300MHz、500MHz甚至900MHz等型号，频率高的仪器，分辨率高、灵敏度高。按照施加射频方式不同，可分为连续波核磁共振(continuous wave NMR, CW-NMR)波谱仪和脉冲傅里叶变换核磁共振(pulse Fourier transform NMR, PFT-NMR)波谱仪。

由于只有外加电磁波频率与核跃迁频率相同才能发生核磁共振，而式(10-5)中电磁波频率(ν)和外加磁场强度(H_0)是变量。因此可通过扫频(frequency sweeping)和扫场(field sweeping)两种方式实现核磁共振。前者是将样品置于强度恒定的外磁场H_0中，逐渐改变射频频率产生共振，不过该扫描方式现在已很少使用；后者是固定射频频率，通过改变外磁场强度H_0产生共振，由于扫场易于实现和控制，因而目前市售的仪器一般都采用此方式。

10.3.2 连续波核磁共振波谱仪

1. 仪器结构

20世纪80年代以前连续波核磁共振波谱仪被广泛使用，随着脉冲傅里叶变换核磁共振技术面世，其重要性大大降低。但由于结构简单、易于操作、价格低廉，仍在 ^{1}H、^{19}F、^{31}P 等丰核的核磁共振波谱测定上使用。

如图10-4所示，该仪器主要由射频振荡器、磁铁、探头、扫描发生器、射频接收器和记录仪组成。将适量样品放入样品管中，把样品管放入探头中，样品管以一定的速率旋转以消除由磁场不均匀性产生的影响。如果由磁铁产生的磁场是固定的，通过射频振荡器线性地改变它所发射的射频的频率，如果射频的频率与磁场强度相匹配，样品就会吸收此频率的射频产生核磁共振，此吸收信号被接收，经检测、放大后，由记录仪(或计算机)给出样品的核磁共振谱。

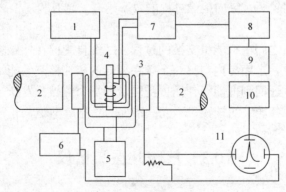

图10-4 核磁共振波谱仪结构图

1. 射频振荡器； 2. 磁铁； 3. 场扫描线圈； 4. 样品管； 5. 音频场调制发生器； 6. 扫描发生器； 7. 射频接收器； 8. 检测器； 9. 音频放大器； 10. 相检波； 11. 记录仪

1) 射频振荡器

射频振荡器(radio frequency oscillator)用于产生一个与外加磁场强度相匹配的射频频率，以提供能量使磁核从低能态跃迁到高能态，相当于紫外或红外光谱中的光源。由于在相同外磁场中不同原子核因磁旋比不同而具有不同的共振频率，因而需要配置不同的射频振荡器。例如，一台磁场强度为9.37T的超导核磁中，^1H的激发频率为400MHz，而^{13}C所用的射频振荡器则应产生100MHz的电磁波，如果还要测定其他磁核的共振信号，则应配置相应的射频发生器。

核磁共振波谱仪的型号一般使用仪器激发氢原子常数核磁共振所需的电磁波频率，如400MHz核磁共振波谱仪是指^1H的共振频率为400MHz，外加磁场强度为9.37T的仪器。频率越高，仪器分辨率越好，灵敏度越高，图谱越简单，越易于解析。高分辨波谱仪要求有稳定射频频率，因此仪器通常采用恒温下的石英晶体振荡器得到基频，再经过倍频、调频和功能放大得到所需射频信号源。为了提高基线的稳定性和磁场锁定能力，须用音频调制磁场。

2) 磁铁

磁铁(magnet)是所有类型的核磁共振波谱仪最基本组成部分，其作用是提供一个强而稳定、均匀的外磁场，使自旋核能发生分裂，是决定核磁共振波谱仪灵敏度和分辨率的最主要部分。

永久磁铁、电磁铁和超导磁铁都可用做核磁共振波谱仪的磁铁，但前两者所能达到磁场强度一般不能超过2.5T。永久磁铁一般可获得0.7046T或1.4029T的磁场，相对应质子共振频率为30MHz和60MHz；电磁铁可提供60MHz、90MHz和100MHz的共振频率。

超导磁体可稳定、均匀地提供高达20T以上的磁场，因此可以制作200MHz以上的高频波谱仪，目前已经制成了高达1000MHz的核磁共振波谱仪。超导磁铁是用铌-钛超导材料绕成螺旋管线圈，置于液氦杜瓦瓶中，然后在线圈上逐步加上电流(俗称升场)，待达到要求后撤去电源。由于超导材料在液氦温度下电阻为零，电流始终保持原来的大小，形成稳定的永久磁场。为了减少液氦的蒸发，通常使用双层杜瓦瓶，在外层杜瓦瓶中装入液氮，以利于保持低温。由于运行过程中消耗液氦和液氮，超导磁铁的维护费用较高。

3) 探头

探头(probe)用来使样品保持在磁场中某一固定位置以检测核磁共振信号，装在磁极间隙内，其组成包括样品管座、发射线圈、接受线圈、预放大器和变温元件等。发射线圈轴线与样品管垂直，接收线圈绕在样品管外的玻璃管上，并分别和射频振荡器和射频接收器相连。

磁场和频率源通过探头作用于试样，核磁共振信号被探头检测出来送入波谱仪。试样管顶部装有气动涡轮，高速气流使试样管绕其轴旋转，以消除磁场的非均匀性，提高谱峰的分辨率。

4) 射频接收器

射频接收器(radio frequency receiver)线圈在试样管的周围，并与发射器线圈和扫描线圈相垂直，当发射器发生的频率ν_0与磁场强度H_0达到前述特定的组合时，试样发生共振而吸收能量，为接收器检出。由于信号很微弱，共振产生的信号通常要扩大10^5才能记录。

核磁共振图谱纵坐标表示共振信号强度，横坐标表示磁场强度、频率或化学位移。射频接收器具有信号累加的功能，将样品重复扫描使其信号累加，则可提高连续波核磁共振波谱仪的灵敏度。许多仪器备有自动积分仪，能在记录纸上以阶梯形的曲线表示各组共振吸收峰面积，其大小与相应核的数目成正比。

5) 扫描发生器

扫描发生器(scanning generator)是连续波核磁共振波谱仪特有的一个部件，用于控制扫描速度、扫描范围等参数。通过在扫描线线圈上施加一定直流电产生 10^5T 附加磁场来进行核磁共振扫描。在连续波核磁共振波谱仪中一般采用扫场方式。

2. 仪器的特点

现在以扫场仪器为例简述 CW-NMR 波谱仪的工作过程。因为样品中不同化学环境的磁核共振条件稍有差别，扫场线圈在磁体产生的外磁场基础上连续做微小的改变，扫过全部可能发生共振的区域，当磁场强度正好符合某一化学环境的磁核共振条件时，原子核可以吸收射频发生器发出的电磁波能量，从低能级跃迁到高能级，射频接收器接收吸收信号，经放大后记录下来。

如果将整个扫描时间划分为若干个时间单元，在某一时间单元里只有一种化学环境的核因满足共振条件而产生吸收信号，其他的核都处于等待状态。在其他的时间单元里，或是另外的核因满足条件发生共振而被记录下来，或是因为没有符合共振条件的核而只记录基线，所以连续波核磁共振波谱仪是一种单通道仪器，只有依次逐个扫过设定的磁场范围(即所有时间单元)才能得到一张完整谱图。

为了记录无畸变的核磁共振谱图，扫描磁场的速度必须很慢，以使核的自旋体系与环境始终保持平衡，这样扫描一张谱图需要 100～500s。核磁共振测定的主要困难是核磁共振信号很弱。为了提高信噪比，通常采用重复扫描累加的方法。因为信号频率是固定的，信号强度与扫描次数成正比；噪声是随机的，与扫描次数的平方根成正比。在 CW-NMR 波谱仪上，如果扫描一次需要 250s，为了使信噪比提高 10 倍，应扫描 100 次，需花费 25000s。如若要进一步提高信噪比，则所需的时间更长。这种办法不仅费时，而且要求仪器非常稳定，以保证在测定时间范围内信号不漂移，这一点实际上很难做到。

设想一个多通道的射频发射器，每个通道发射不同频率，使不同化学环境的核同时满足共振条件，产生的吸收信号由一个多通道的接收器同时接收，那么只需要一个时间单元就能够检测和记录整个谱图。这样便可以大幅度节省时间，使重复扫描累加提高信噪比的办法切实可行，在脉冲傅里叶变换核磁共振波谱仪上已经得到了实现。

10.3.3 脉冲傅里叶变换核磁共振波谱仪

脉冲傅里叶变换核磁共振波谱仪(PFT-NMR)波谱仪采用的是单频发射接收方式，在某一时刻内只记录谱图中很窄的一部分信号，即单位时间内获得的信息很少。因此对于核磁共振信号很弱的原子核，如 ^{13}C 和 ^{15}N 等，即使采用了累加技术，灵敏度也不能得到明显的提高。为了提高单位时间的信息量，可采用多通道发射器同时发射多种频率，使处于不同化学环境的原子核同时发生核磁共振，再采用多通道接收器同时得到所有的核磁共振信息。

例如，在 100MHz 核磁共振仪中，质子共振信号化学位移范围为 10 时，相当于 1000Hz；若扫描速度为 $2Hz \cdot s^{-1}$，则连续波核磁共振仪需 500s 才能扫完整个谱图。而在具有 1000 个频率间隔 1Hz 的发射器和接收器同时工作时，只要 1s 即可扫完整个谱图。显然，后者可大大提高分析速度和灵敏度。

PFT-NMR 波谱仪在恒定磁场中，所选定频率范围内采用多通道发射器同时发射多种频率，使所选范围内所有自旋核同时从低能态激发到高能态发生激发，各种高能态核经过一系列非辐射途径又重新回到低能态。在这个过程中产生的感应电流信号，称为自由感应衰减(free induction decay, FID)信号。检测器得到核的多条谱线混合 FID 信号叠加，即时间域函数，然后以快速傅里叶变换作为多通道接收器变换出各条谱线在频率中的位置及其强度。FID 信号经计算机快速傅里叶变换后得到常见的磁共振谱图。

PFT-NMR 波谱仪与 CW-NMR 波谱仪相比具有以下三点明显优势。

(1) PFT-NMR 波谱仪的灵敏度和分辨率较高，光谱的背景噪声较小，灵敏度是 CW-NMR 波谱仪的两个数量级以上，从核磁共振信号强的 ^{1}H、^{19}F 等原子核到核磁共振信号弱的 ^{13}C、^{15}N 原子核均能测定。

(2) 测定速度加快。每施加一个脉冲，就能接收到一个 FID 信号，得到一张常规的核磁共振谱图。脉冲的时间非常短，仅为毫秒级。即使做累加测量，时间间隔也小于数秒，加上计算机傅里叶变换，用 PFT-NMR 测定一张谱图仅需几秒到几十秒，比 CW-NMR 所需时间大为减少。PFT-NMR 波谱仪可用于动态过程、瞬变过程、反应动力学方面分析。

(3) 用途更广泛，如固体高分辨谱、自选锁定弛豫时间及各种二维谱测定等。

学习与思考

(1) 核磁共振波谱仪的规格型号有哪些？目前都有哪些厂家生产核磁共振波谱仪？
(2) 核磁共振波谱仪有哪些主要部件？各部件的功能是什么？彼此之间如何进行空间布局才能获得最佳核磁共振信号？
(3) 相比传统的核磁共振波谱仪，脉冲傅里叶变换核磁共振波谱仪有哪些优点？

10.4 化学位移

10.4.1 化学位移的产生

核磁共振必须是磁性核置于外磁场中，且射频电磁波频率等于核的进动频率，即原子核的共振频率与核本身的磁旋比 γ 和外磁场 H_0 有关。也就是说，在一定条件下，化合物中所有 ^{1}H 核发生共振只产生一条谱线，所有 ^{13}C 核也只产生一条谱线。但是实际谱图中同一种磁性核由于处于分子中的不同部位，有不同共振频率，谱图上可出现多个吸收峰。这说明共振频率不完全取决于核本身，还与被测核在分子中所处的化学环境有关。

在讨论核磁共振基本原理时，把原子核当作孤立核，没有考虑核外电子，也没有考虑原子核在分子周围所处的环境等因素。由于原子核外有电子云存在，当原子核置于外磁场 H_0 中，核外电子会受 H_0 诱导产生一个方向

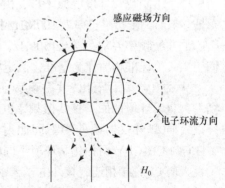

图 10-5 原子核外电子的屏蔽作用

与 H_0 相反、大小与 H_0 成正比的诱导磁场。产生的诱导磁场使原子核实际受到的外磁场强度减小，即核外电子对原子核产生屏蔽作用(图 10-5)。这种核外电子对核的屏蔽作用称为屏蔽效应(shielding effect)，用屏蔽常数(shielding constant, σ)表示。

可见处于外磁场中的原子核受到的不再是外磁场 H_0 作用,而是 $H_0(1-\sigma)$ 作用。所以实际原子核在外磁场 H_0 中的共振频率不再由式(10-5)决定,而应修正为

$$\nu_0 = \frac{\gamma}{2\pi} H_0 (1-\sigma) \tag{10-7}$$

同一种核处在分子中部位不同,具有不同化学环境(chemical environment)。核外电子云密度有差异,由于还受到不同大小的电子屏蔽,因此引起的共振频率有差异,在谱图上共振吸收峰就出现在不同的位置。这种由于磁屏蔽作用引起吸收峰位置变化称为化学位移(chemical shift)。

例如,乙醇(CH_3CH_2OH)中有 6 个 ^1H,如果没有核外电子屏蔽,应该只出现一个吸收峰,但实际谱图上出现三个吸收峰(图 10-6)。如果把这三个吸收峰与乙醇分子结构中的—OH、—CH_2—和—CH_3 基团里的质子联系起来,就容易理解了。由于氧原子吸电子作用,—OH 中的 H 因为与电负性强的氧原子相连而导致其核外电子云密度较小,核受到的磁屏蔽作用也较小,扫描时首先在低场出现共振吸收峰;—CH_2—由于离氧原子较近,仍然受到氧原子的吸电子影响,以至于其中的 H 受到的屏蔽作用降低了些,共振吸收峰出现在磁场稍强处;

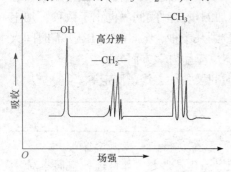

图 10-6 乙醇核磁共振氢谱示意图

而—CH_3 远离氧原子,受到氧原子吸电子的影响最小,H 的共振吸收峰出现在最高场。从低场到高场三个吸收峰的面积比或者强度比分别为 1∶2∶3,这与分子中—OH、—CH_2—和—CH_3 三个基团的质子数相应。

由此可见,磁屏蔽效应能够反映出氢原子在分子中所处的部位,吸收峰的相对强度与对应的质子数成正比。显然,这些信息都能与分子的结构关联起来。

10.4.2 化学位移的表示方法

处于不同化学环境的原子核,由于屏蔽作用不同产生的共振差异其实很小,难以测定绝对值。例如,在共振频率为 100MHz 核磁共振波谱仪中,处于不同化学环境的 ^1H 因屏蔽作用引起的共振频率差别在 0~1500Hz,仅为共振频率的百万分之十几。为了解决这个问题,人们引入一个标准物质作为基准,测定样品和标准物质的共振频率之差。

从式(10-7)可以看出,共振频率与外磁场强度 H_0 成正比。如果外界提供的磁场强度不同,同一种化学环境的原子核共振频率也就不同。因此,如果用磁场强度或共振频率表示化学位移,不同型号仪器因使用不同照射频率而得到的化学位移值也不同,如 1,2,2-三氯丙烷($CH_3CCl_2CH_2Cl$)有两种化学环境不同的 ^1H,在氢谱中出现两个吸收峰。其中,—CH_2—与电负性大的 Cl 直接相连,核外电子云密度较小,即所受屏蔽作用较小,故—CH_2—吸收频率比—CH_3 大。在 60MHz 核磁共振波谱仪上测得的谱图中—CH_3 与标准物质的吸收峰相距 134Hz,—CH_2—与标准物质的吸收峰相距 240Hz,而在 100MHz 核磁共振波谱仪测定其 NMR 谱图,对应的数据分别为 223Hz 和 400Hz。

由此可见,同一种分子在不同仪器上测得的核磁共振谱图以共振频率表示将无法进行直观的比较。为了解决这个问题,在实际应用中采用某一标准物质做参照物,求其相对变化量来表示化学位移(δ):

$$\delta = \frac{\nu_{SP} - \nu_{ST}}{\nu_{ST}} \times 10^6 \tag{10-8}$$

式中，ν_{SP} 和 ν_{ST} 分别为样品中磁核与标准物质中磁核的共振频率。由于 ν_{ST} 与仪器的振荡器频率非常接近，故常可用振荡器频率代替。

以上可以看出，化学位移 δ 是无量纲单位。由于 ν_{SP} 和 ν_{ST} 的数值都很大(MHz 级)，其差值却很小，因此 δ 的值也非常小，为了便于读写在公式中乘以 10^6。此公式适合固定磁场改变射频的仪器，而对于固定射频频率改变外磁场强度的仪器，化学位移 δ 则定义为

$$\delta = \frac{H_{SP} - H_{ST}}{H_{ST}} \times 10^6 \tag{10-8a}$$

式中，H_{SP} 和 H_{ST} 分别为样品和标准物质的磁核产生共振吸收时的外磁场强度。

例如，1,2,2-三氯丙烷—CH_3 的化学位移如用 δ 值表示，在 60MHz 和 100MHz 核磁共振波谱仪上测定时分别为

60MHz 仪器 $\qquad \delta = \dfrac{134}{60 \times 10^6} \times 10^6 = 2.23$

100MHz 仪器 $\qquad \delta = \dfrac{223}{100 \times 10^6} \times 10^6 = 2.23$

同样可以计算出—CH_2—的化学位移值均为 4.00。由此可见，用 δ 表示化学位移，同一个化合物在不同型号(不同照射频率)的仪器上所测得的数值是相同的。

10.4.3 化学位移的影响因素

化学位移 δ 反映质子的类型及其所处的化学环境，与分子结构密切相关，因此有必要对其进行较为详细的研究。化学位移的大小取决于屏蔽常数 σ 的大小。若分子结构上的变化或周围环境的影响使质子核外电子云密度降低，将使峰的位置移向低场，称去屏蔽作用；反之，屏蔽作用则使峰的位置移向高场。

1. 诱导效应

电负性较大的基团(—OH、—NO_2、—OR、—COOR、—CN 及卤素等)具有较强吸电子能力，通过诱导作用使 C—H 键上 H 的 s 电子云向碳转移，减弱氢核的屏蔽效应，化学位移加大。取代基电负性越强，与取代基连接于同一碳原子上氢的共振峰越移向低场，反之亦然。取代基的诱导效应可随碳链延伸，邻位碳原子氢位移较明显，β 位碳原子氢次之，γ 位及以后碳原子上的氢位移不明显。

2. 环电流效应

乙烯的化学位移值为 5.23ppm，苯的化学位移值为 7.3ppm，但它们的碳原子都是 sp^2 杂化。若无其他的影响，仅从 sp^2 杂化考虑，苯的化学位移值应该大约为 5.7ppm。实际上，苯环上氢的化学位移值明显地移向了低场，这是因为存在着环状共轭体系所特有的环电流效应(ring current effect)，如图 10-7 所示。

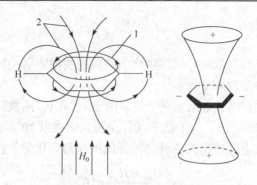

图 10-7　苯环的环电流效应

假设苯环分子与外磁场方向垂直，其离域 π 电子将产生环电流。环电流产生的磁力线方向在苯环上、下方与外磁场磁力线方向相反，但在苯环侧面(苯环的氢正处于苯环侧面)，二者的方向则是相同的。即环电流磁场使外磁场强度增强，氢核被去屏蔽，峰位置将移向低场。不仅是苯，具有 $(4n+2)$ 个离域 π 电子(既具有芳香性)的环状共轭体系都有强烈的环电流效应。如果氢核处于环的上、下方，则受到强烈的屏蔽作用，这样的氢在高场方向出峰；而处在环侧面的氢核则受到去屏蔽作用，在低场方向出峰，其化学位移值较大。

3. 各向异性效应

分子中非球形对称电子云(π 电子系统)对邻近质子会附加一个各向异性磁场。附加磁场在某些区域与外磁场方向相反，使外磁场强度减弱，起抗磁性屏蔽作用，而在某些区域则与外磁场方向相同，对外磁场起增强作用，产生顺磁性屏蔽作用。通常抗磁性屏蔽作用称为屏蔽作用，产生屏蔽作用的区域可用"+"表示；顺磁性屏蔽作用称为去屏蔽作用，去屏蔽作用的区域可用"−"表示。

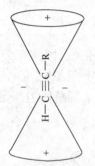

图 10-8　炔氢的磁各向异性

炔氢处于 C≡C 键轴方向，受到强烈屏蔽，因此相对烯氢在高场出峰。这种强烈的屏蔽作用和 C≡C 键 π 电子只能绕键轴转动密切相关。前述环电流效应也可以认为是磁各向异性作用，但环电流效应更以存在较多的离域 π 电子为特征，它产生的磁各向异性作用也较强，如图 10-8 所示。

4. 相连碳原子的杂化

与氢相连的碳原子从 sp^3(碳碳单链)到 sp^2(碳碳双键)杂化，s 电子的成分从 25% 增加至 33%，键电子云更加靠近碳原子，因而对相连的氢原子有去屏蔽作用，即峰位置移向低场。至于炔氢谱峰相对烯氢处于较高场，芳环氢谱峰相对于烯氢处于较低场，则因其他重要的影响因素所致。

5. 范德华效应

有强极性基团的分子内会产生电场，从而影响分子内其余部分的电子云密度，进一步影响其他核的屏蔽常数。当两个核靠近时，由于受到范德华力的作用，电子云会发生相互排斥，核外电子云密度将降低，屏蔽作用减小，峰移向低场方向，这被称为范德华效应(van der Waals effect)。这种效应与两个原子的核间距相关。当两个原子核距离 0.17nm 时，即约为范德华半径之和时，范德华效应对化学位移的影响约为 0.5，当两个原子核距离为 0.20nm 时，对化学位移的影响约为 0.2。当原子核间的距离小于范德华半径之和时，氢核外电子被排斥，共振移向低场。当原子核间的距离大于 0.25nm 时，可不再考虑范德华效应。

6. 氢键

两个电负性较强的基团相互靠近形成氢键的质子，通过共价键和氢键产生吸电子诱导效应，产生较强的去屏蔽作用，使得质子周围的电子云密度降低，吸收峰移向低场，化学位移值增大。无论是分子内还是分子间氢键的形成都使氢受到去屏蔽作用。—OH、—NH_2 等基团能形成氢键。羧基形成强的氢键，因此其化学位移值一般都超过 10ppm。

7. 化学交换

在某些化学交换过程中，质子具有两种以上的不同存在形式。不同存在形式的转化速率不同，使得质子显示出不同核磁共振谱图。如果两种形式之间转化速率很快，将出现一种化学位移平均化信号；如果转化速率很慢，则显示出两种形式各自不同的化学环境信号，在这两种极端之间，将观察到展宽的波峰。由这种波谱可以获得有关化学交换过程的信息。

常见的交换过程有质子交换、构象互换和部分双键旋转。最典型的例子是环己烷两种椅式构象的相互转变。在温度较低如-89℃时，转换速度很慢，可以观察到直立、平伏的两种不同质子的信号；但在室温下，这两种等价的椅式构象转换速度很快，致使环己烷的核磁共振谱图只有单一的锐锋。

10.4.4 NMR 波谱的测定

1. 溶剂效应及溶剂的选择

分子受到不同溶剂影响而引起化学位移的改变称为溶剂效应(solvent effect)，即同一物质在不同溶剂中的化学位移会有所不同。溶剂效应主要由溶剂的各向异性效应或者溶剂与溶质分子之间形成氢键引起的。一般化合物在 CCl_4 和 $CDCl_3$ 中测得的 NMR 波谱重现性较好。因此，在报道 NMR 数据或与文献值进行比较时必须注意所用的溶剂。

NMR 用于一般液态样品测定，固体样品需用合适溶剂配成溶液。^1H NMR 波谱的样品溶剂常用二甲基亚砜、氯仿、甲醇、丙酮、吡啶等含氢溶剂。为避免溶剂中质子信号干扰，溶剂均采用氘代试剂，即溶剂中的 ^1H 全部被 ^2D 所取代。氘核还可用于核磁共振波谱仪锁场，用氘代试剂作锁场信号"内锁"方式作图，所得谱图分辨率较好。常用氘代溶剂有氘代氯仿($CDCl_3$)、氘代丙酮(CD_3COCD_3)、氘代甲醇(CD_3OD)、重水(D_2O)等。

用于 NMR 测试的理想溶剂是化学惰性的，与样品分子没有化学反应；溶剂分子最好是磁各向同性的，不影响样品分子的磁屏蔽；溶剂分子不含被测定的磁性核，或者磁性核的信号不干扰样品信号；价格便宜。一般对低、中极性样品，常选用价格较低的氘代氯仿作溶剂；极性大的样品可选用氘代丙酮、重水等作溶剂；芳香化合物和芳香高聚物可选用氘代苯作溶剂；一般氘代试剂难溶样品可选用氘代二甲基亚砜(DMSO)作溶剂；难溶的酸性或芳香化合物可选用氘代吡啶等作溶剂。

2. 试样

试样质量浓度一般为 500~1000g·L^{-1}，需样品 15~30mg。对于 5mm 的样品管，最小充满高度约为 25mm，液体最小体积为 0.3mL。而对于 PFT-NMR 波谱仪，试样量可大大减少，^{1}H NMR 波谱一般只需 1 mg 左右，甚至可少至几微克；^{13}C NMR 波谱需要几毫克到几十毫克试样，一般 ^{13}C NMR 波谱所需的时间比 ^{1}H NMR 波谱长。配制的样品溶液黏度应较低，以免降低谱峰分辨率。当样品需做变温测试时，应根据低温的需要选择凝固点低的溶剂或按高温的需要选择沸点高的溶剂。表 10-2 列出了常用氘代溶剂 ^{1}H NMR 和 ^{13}C NMR 的化学位移值和峰形。

表 10-2 常用氘代溶剂 ^{1}H NMR 和 ^{13}C NMR 信号

溶剂	分子式	^{1}H 的 δ/ppm	峰形	^{13}C 的 δ/ppm	峰形
氘代氯仿	CDCl$_3$	7.25	1	77.7	3
氘代甲醇	CD$_3$OD	3.50	5	49.3	7
		4.78	1		
氘代丙酮	CD$_3$COCD$_3$	2.04	5	206.0	13
				29.8	7
氘代 DMSO	CD$_3$SOCD$_3$	2.49	5	39.5	7
氘代苯	C$_6$D$_6$	7.15	1	128.0	3
重水	D$_2$O	4.60	1		
氘代二氯甲烷	CD$_2$Cl$_2$	5.32	3	53.8	5
		8.71	1	149.9	3
氘代吡啶	C$_5$D$_5$N	7.55	1	135.5	3
		7.19		123.3	3

3. 内标的选择

在解析 NMR 波谱图时，每张谱图都必须有一个参考峰，以此峰为标准，以确定化学位移，因而需要一个标准物质即内标物质(internal standard)作为参考。最常用的内标物质是四甲基硅烷[tetramethylsilane, (CH$_3$)$_4$Si, TMS]；也可直接根据氘代试剂的化学位移来确定待测试样的化学位移，而不需加入内标。一般在试样溶液中加入约 1%的 TMS 标准试样。TMS 分子结构中，四个甲基具有相同的化学环境，因此在氢谱或者碳谱中都只有一个共振峰。与其他化合物相比，TMS 的峰出现在高场区，测定 NMR 数据大多以它作为标准试样。

为了便于波谱解析，在 NMR 波谱中规定 TMS 的化学位移值 δ 为 0，位于谱图的最右边。大多数有机化合物中的氢核或碳核的化学位移都是正值。当外磁场强度从左至右扫描逐渐增大时，δ 值却自左至右逐渐减小。凡是 δ 值较小的核，就说它处于高场。不同核因屏蔽常数 σ 不相等，δ 值变化也不同，如在 NMR 波谱图中，^{1}H 的 δ 值一般小于 20ppm，而 ^{13}C 的 δ 值大部分在 0~250ppm。

TMS 是非极性的，不溶于水。对于强极性试样，必须用重水为溶剂，测定时使用如 2,2-二甲基-2-硅戊烷-5-磺酸钠[(CH$_3$)$_2$SiCH$_2$CH$_2$CH$_2$SO$_3$Na, DSS]、叔丁醇、丙醇等标准物。但这些标准物在氢谱和碳谱中都出现一个以上的吸收峰，水溶液中 DSS 的三个等价甲基单峰的化学位移为 0，其余三个亚甲基是复杂的偶合多重峰，在 1%浓度下，淹没在噪声背景中。此外高温操作时需以六甲基二硅醚(HMDS)为标准试样，其化学位移为 0.4ppm。

10.4.5 常见结构的化学位移

化学位移是鉴定有机化合物分子结构的一个非常重要信息。分子结构中处于同一类基团中的氢核有相似的化学位移，因而其吸收峰会在一定的范围内出现。换句话说，不同基团的化学位移值有一定的特征性。例如，—CH_3 的氢核化学位移一般在 0.8~1.5ppm，羧基氢在 9~13ppm。自 20 世纪 50 年代末高分辨核磁共振仪问世以来，人们测定了大量化合物的质子化学位移数值，建立了化合物分子结构与化学位移的经验关系。常见特征质子的化学位移值见表 10-3。

表 10-3 常见特征质子的化学位移值

质子的类型	化学位移/ppm	质子的类型	化学位移/ppm
RCH_3	0.9	ROH	0.5~5.5
R_2CH_2	1.3	ArOH	4.5~4.7
R_3CH	1.5	RCH_2OH	3.4~4
$R_2C=CH_2$	4.5~5.9	$ROCH_3$	3.5~4
$R_2C=CRH$	5.3	RCHO	9~10
$R_2C=CR—CH_3$	1.7	$RCOCR_2—H$	2~2.7
$RC≡CH$	2~3.5	HCR_2COOH	2~2.6
$ArCR_2—H$	2.2~3	$R_2CHCOOR$	2~2.2
RCH_2F	4~4.5	$RCOOCH_3$	3.7~4
RCH_2Cl	3~4	$RC≡CCOCH_3$	2~3
RCH_2Br	3.5~4	RNH_2 或 R_2NH	0.5~5
RCH_2I	3.2~4	RCONRH 或 ArCONRH	5~9.4

10.5 自旋偶合和自旋分裂

10.5.1 自旋偶合

1951 年美国斯坦福大学的阿诺德(Arnold)等发现了乙醇(CH_3CH_2OH)的核磁共振信号是由 3 组峰构成，并对应于分子中的 3 组质子信号—CH_3、—CH_2—和—OH，揭示了核磁信号与分子结构关系。从图 10-9 所示的核磁共振波谱可以看到，高场的—CH_3 与相对高场处的—CH_2—分别裂分成三重峰和四重峰。多重峰的产生源于邻近质子相互作用引起的能级裂分。这种由于相邻核的自旋产生的相互干扰作用称为自旋-自旋偶合(spin-spin coupling)，简称自旋偶合。由自旋偶合引起谱峰增多的现象称为自旋偶合裂分(spin coupling splitting)。

以图 10-9 所示的乙醇为例，若不考虑—OH 的影响，乙醇分子中的质子可分为两组，即 H_a(甲基)和 H_b(亚甲基)。在 H_a 除了受外界磁场(H_0)的作用外，还因为成键价电子的传递受到来自于相邻碳原子上 H_b 自旋产生的小磁矩(H_b)的影响。由于相邻碳原子上有两个 H_b，有两种质子自旋取向，自旋就可能有①↑↑、②↑↓、③↓↑和④↓↓四种组合方式。

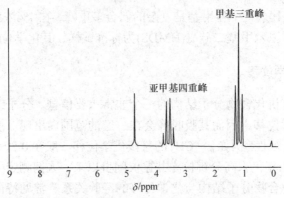

图 10-9　CH_3CH_2OH 的 ^1H NMR 谱图

假使在组合方式①中的磁矩与外界磁场方向是一致的,那么 H_a 受到的磁场就会增强(H_0+H_b),H_a 的信号将会出现在比原来磁场稍低的地方;组合方式②和③的两种状态所产生的磁场恰好互相抵消(H_0),对于 H_a 的共振不产生影响,共振峰仍在原处出现;组合方式④中的磁矩与外磁场方向相反,H_a 受到的磁场将会降低(H_0-H_b),使 H_a 信号峰出现在比原来稍高的地方。

由此可见,亚甲基上两个氢产生三种不同的局部磁场,会使邻近甲基的信号峰一分为三,形成三重峰。上述四种自旋组合的概率相等,以至于组合方式②和③出现的概率之和是组合方式①或④的 2 倍,产生如图 10-10 所示的 1∶2∶1 强度比。

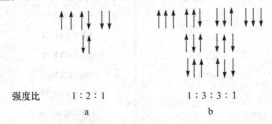

图 10-10　CH_3CH_2OH 中—CH_3(a)和—CH_2(b)的自旋裂分

同样,H_a 也会影响 H_b 的核磁共振信号。三个 H_a 的自旋取向有八种,但这八种只有四种组合对核磁共振信号是有影响的,因此三个 H_a 质子可与产生四种不同的局部磁场,使 H_b 的信号峰裂分为四重峰,各峰的强度比为 1∶3∶3∶1。

在一般情况下,相邻的原子磁等价原子核数目 n 可以确定峰裂分的数目即 $2nI+1$ 个。例如,氢核,$I=1/2$,峰裂分数目等于 $n+1$;二重峰表示与它相邻碳原子上有一个氢质子;三重峰表示与它相邻碳原子有两个氢质子。峰裂分后多重峰的吸收强度比为二项式 $(a+b)^n$ 展开后各项的系数之比。多重峰的化学位移值为峰裂分后多重峰的中心位置。

10.5.2　核的等价性

1. 化学等价

在核磁共振波谱中,相同化学环境的同种原子核具有相同化学位移,称为化学等价(chemical equivalence),也称为化学位移等价。例如,在对硝基苯甲醛中与硝基或者醛基相邻的两个氢的化学环境相同,有相同的化学位移,因而是化学等价的;在苯环上,六个氢的化学位移相同,也是化学等价的;因单键自由旋转,甲基上三个氢都是化学等价的。

亚甲基上两个氢情况较为复杂,主要有三种情况:①环上亚甲基的两个氢不是化学等价的，如环己烷上的亚甲基；②与手性碳直接相连亚甲基上的两个氢不是化学等价的；③当单键不能快速旋转时，同碳上两个相同基团也可能不是化学等价的，如 N,N-二甲基甲酰胺中两个甲基因 C—N 键旋转受阻而产生化学不等价，谱图上就会出现两个信号峰。

2. 磁等价

如果两个原子核化学位移相同(化学等价)，且与分子中其他原子核偶合的偶合常数相同，那么这两个原子核称为磁等价(magnetic equivalence)。由此可见，磁等价比化学等价要求的条件高。例如，CH_3CH_2OH 分子中甲基—CH_3 的三个质子有相同的化学环境是化学等价，亚甲基—CH_2—上的两个质子也是化学等价，甲基上的三个 H 与亚甲基上每个 H 偶合的偶合常数也都相等，所以甲基上的三个 H 是磁等价的，亚甲基上的两个 H 也是磁等价的。

以上可以看出，化学等价核不一定是磁等价的，而磁等价核一定是化学等价的。例如，在 1,1-二氟乙烯中，两个 ^1H 和两个 ^{19}F 虽然化学环境相同，是化学等价的，但是由于双键不能自由旋转，H_1 与 F_1 是顺式偶合，与 F_2 是反式偶合，同理 H_2 和 F_2 是顺式偶合，与 F_1 是反式偶合。所以 H_1 和 H_2 是磁不等价的。产生磁不等价的原因有：①单键旋转受阻时产生磁不等价质子，如低温下的环己烷，通过对称轴旋转能够互换的质子称为磁等价质子(magnetic equivalent proton)；②单键带有双键性质时产生磁不等价质子，如酰胺 $RCONH_2$；③与手性碳原子相连的同碳质子是不等价质子；④双键上的同碳质子，如—CH_2=CHR。

既化学等价又磁等价的核称为磁全同核(magnetic identical nuclei)。磁全同核之间的偶合不会发生裂分；即使是化学等价核，其磁不等价在谱图上也会发生裂分；不等价质子之间存在偶合会发生裂分。

10.5.3 偶合常数

多重峰之间的距离用偶合常数(coupling constant，J)表示，单位是 Hz。偶合常数 J 反映核与核之间的偶合强弱，大小可通过吸收峰的位置差别即图谱上裂分峰之间的距离来体现，与外磁感应强度无关。J 值大小取决于相邻两核的种类、核间距、核间化学键的个数与类型，以及在分子结构中所处的位置。目前已积累了大量 J 与结构关系的实验数据。表 10-4 列出一些质子的自旋偶合常数。

表 10-4 质子的自旋偶合常数

结构类型	J/Hz	结构类型	J/Hz
H-C-H	10~15	环己烷 H_a,H_e	J_{a-a} 9~13 J_{a-e} 2~4 J_{e-e} 2~4
H-C-C-H	6~8	C=C (HC, CH)	6~12
H-C-C-C-CH	0	C=C (CH)	1~2
H-C-OH	4~6	C=C (CH)	4~10
H-C(=O)-CH	2~3	H-C=C-CH	0~2

续表

结构类型	J/Hz	结构类型	J/Hz
环氧丙烷(H-C-C-H, O)	5~6	苯	邻位 6~10 间位 1~3 对位 0~1
C=C (顺式)	15~18	吡啶	$J_{2\text{-}3}$ 5~6 $J_{3\text{-}4}$ 7~9 $J_{2\text{-}4}$ 1~2 $J_{3\text{-}5}$ 1~2 $J_{2\text{-}5}$ 0~1 $J_{2\text{-}5}$ 0~1
C=C (同碳)	0~2		
环氧乙烷	顺式 2~5 反式 1~3	环丙烷	顺式 6~12 反式 4~8

偶合作用是通过成键电子传递的。J 值随着氢核环境不同和偶合作用的远近而不同，一般不超过 20Hz；随着成键数增加，J 值减小，一般超过 3 个键以上的 J 接近于 0。根据原子核之间的距离可将偶合分为同碳偶合、邻碳偶合和远程偶合。

1. 同碳偶合

同碳偶合(carbon coupling)指在同一碳原子上的两个磁不等价质子间发生的偶合。因为之间连接了两个化学键，用 $^2J_{\text{H-H}}$ 或 ^2J 表示。同碳质子偶合种类较少，^2J 大小变化范围较大。

在 sp^3 杂化体系中，由于单键可以自由旋转，同碳上的质子大部分都是磁等价的，同碳偶合体现不出来。只有在构象固定情况下才会产生同碳偶合。在 sp^2 杂化体系中，双键是不能自由旋转的，同碳质子偶合比较常见。例如，端烯—C=CH_2，与手性碳相连的—CH_2—或者固定环上的—CH_2—，由于两个 H 的化学位移不同，表现出 ^2J 偶合，形成复杂谱图。

2. 邻碳偶合

邻碳偶合(adjacent carbon coupling)指相邻碳原子上的两个质子之间的偶合，用 ^3J 表示。在氢谱中 ^3J 是最为常见的一种偶合。在 sp^3 杂化体系中，当单键自由旋转时，邻碳偶合常数约 7Hz，固定构象的邻碳偶合常数 0~18Hz，如顺式烯烃邻碳偶合常数为 10~12Hz，反式烯烃邻碳偶合常数为 15~18Hz。

3. 远程偶合

远程偶合(long-range coupling)是指超过三个化学键而不包括三个化学键以上的原子核间的偶合作用。这种偶合作用较弱，偶合常数为 0~3Hz，并且饱和链烃中的远程偶合很少观察到峰的分裂，可以忽略。但当两个原子核处于特殊空间时，跨越四个以上化学键的偶合作用仍可以检测到。例如，烯烃、炔烃和芳香烃中，π 电子的流动性大，使偶合作用可以延伸到较远的距离。不同分子的偶合常数的观察值和经验规律对谱图解析是非常有用的。

> **学习与思考**
>
> (1) 怎样表示化学位移？影响化学位移的主要因素有哪些？
> (2) 默记常见结构的化学位移值。
> (3) 为何会发生自旋偶合与自旋裂分？
> (4) 化学等价核与磁等价核有何区别？
> (5) 常见质子的偶合常数如何？

10.6 核磁共振氢谱的解析

10.6.1 核磁共振氢谱

由于质子 ^{1}H 的磁旋比和天然丰度都比较大，因此核磁共振氢谱(^{1}H NMR)灵敏度是所有磁性核中最大的。^{1}H 是化合物组成中最常见的原子核。因此，解析 ^{1}H NMR 谱已成为分子结构分析中最常用的核磁共振波谱分析法之一。

核磁共振氢谱的横坐标为化学位移值 δ，自左到右是化学位移值 δ 减小的方向，也是磁场强度增强(频率减小)的方向。在讨论核磁共振谱峰位置的变化时，常将谱图右端称为高场，左端称为低场。如图 10-11 所示，谱图的纵坐标代表吸收峰强度，峰信号强度是依据谱图上台阶的积分曲线，每一台阶代表其下方对应的峰面积，峰面积与其质子数目成正比。核磁共振氢谱的谱峰呈现多重峰，这是由自旋偶合引起的。

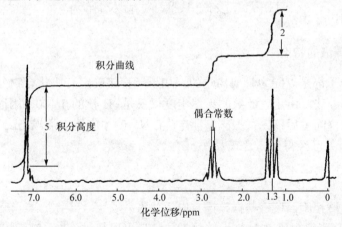

图 10-11 核磁共振氢谱的示意图

10.6.2 核磁共振氢谱的解析步骤

核磁共振氢谱的解析通常包括以下 10 个步骤。

(1) 初检。首先检查内标物 TMS 峰的位置是否正确，基线是否平坦，溶剂中残存的 ^{1}H 信号峰是否出现在正确的位置。

(2) 根据化合物分子式计算不饱和度(Ω)。不饱和度的计算公式为

$$\Omega = 1 + n_4 + \frac{1}{2}(n_1 + n_3) \tag{10-9}$$

式中，n_1、n_3、n_4分别为一价、三价和四价原子的数目。

(3) 根据积分曲线各信号的相对高度，确定化合物分子式中氢原子的数目。通常利用明显的信号，如甲基、甲氧基或孤立的次甲基信号，为标准计算各峰的质子数目。

(4) 解析孤立甲基峰。例如，CH_3—O—、CH_3—N—及CH_3—Ar等均为单峰。

(5) 解析低场共振峰。醛基氢化学位移值10ppm、酚羟基氢化学位移值9.5~15ppm、羧基氢化学位移值11~12ppm及烯醇氢化学位移值14~16ppm。

(6) 解析图谱中的一级偶合部分。由共振信号峰的化学位移值及峰裂分情况，确定归属及偶合系统。

(7) 解析图谱中的高级偶合部分。先查看化学位移值7ppm左右是否有芳氢的信号，按分裂情况可以确定自旋系统及取代位置。难解析的高级偶合系统可先进行纵坐标扩展，若不解决问题，可更换高场强仪器或运用双照射等技术测定，也可用位移试剂使不同基团谱线的化学位移拉开，从而使图谱简化。

(8) 确定活泼氢的化合物。可对比重水交换前后图谱的变化，确定活泼氢的峰位及类型(—OH、—NH、—SH、—COOH等)。

(9) 获得组成结构单元。对各组信号峰的化学位移值和偶合情况分析，推出基本组成结构单元，最后推测几种可能的结构式。

(10) 结构初定后，查表或计算各基团的化学位移，核对偶合关系与偶合常数是否合理，或利用UV、IR、质谱分析(MS)和^{13}C NMR等信息加以确认。

10.7 核磁共振碳谱及解析

10.7.1 核磁共振碳谱的特点

有机化合物分子都是以碳为骨架构建的，如果能直接确定有机化合物分子中碳原子的位置，无疑是最好的办法。由于^{13}C核的天然丰度仅仅是^{1}H核的1/100，因而灵敏度很低。脉冲傅里叶核磁共振仪问世后核磁共振碳谱测定(^{13}C NMR)才应用于常规测试。^{13}C NMR技术近30年来发展迅速，并已经得到广泛普及。

1. 优缺点

与核磁共振氢谱相比，核磁共振碳谱有以下优点。

(1) 氢化学位移值很少超过10，而碳化学位移值可以超过200。对于相对复杂的化合物，从核磁共振碳谱上可以分辨分子结构的精细变化。

(2) 核磁共振碳谱直接反映化合物中碳原子的信息，对常见的C=C、C=O等官能团可以直接进行解析。

(3) 利用二维核磁共振，可以从核磁共振碳谱上直接区分碳原子的级数(伯、仲、叔和季)，从而推测碳原子被取代的状况。

事物都具有两面性，有优点就有缺点，核磁共振碳谱也一样，其缺点主要体现在以下两方面。

(1) ^{13}C同位素原子核在自然界中的丰度低，而且^{13}C的磁矩也只有^{1}H的1/4，因此，核磁共振碳谱测定不仅需要高灵敏度的核磁共振仪器，而且所需样品量也要增加。

(2) 测定核磁共振碳谱的技术和费用也都高于核磁共振氢谱。因此一般先测定有机化合物样品的核磁共振氢谱,若难以得到准确的结构信息再测定核磁共振碳谱。一个有机化合物同时测定了核磁共振氢谱和核磁共振碳谱一般就可以推断其结构类型。

2. 相对 ^{1}H NMR 的个性

^{13}C NMR 测定的基准物质和 ^{1}H NMR 谱一样都是四甲基硅烷(TMS),只是此时基准原子是 TMS 分子中的 ^{13}C。^{13}C NMR 谱仍然需要采用氘代试剂。因 ^{13}C 的自然丰度仅为 1.1%,因而 ^{13}C 原子间的自旋偶合可以忽略;但分子中的 ^{1}H 会与 ^{13}C 发生自旋偶合同样能导致峰分裂。现在的 ^{13}C NMR 已能对碳谱进行去偶处理,得到 ^{13}C NMR 谱都是去偶的,谱图是尖锐谱线,而没有峰分裂。

需要指出的是,^{13}C NMR 谱谱线的大小强弱与碳原子数无关,谱线高,并不意味具有多个碳原子,有时只能表示该碳原子是与较多的氢原子相连,这点与 ^{1}H NMR 不同。因此 ^{13}C NMR 谱只能通过化学位移值来提供结构信息,谱线的数目表示有机物分子中碳原子数的种类,即有多少谱线就说明有机化合物分子至少由多少碳原子组成。

3. 相对 ^{1}H NMR 的共性

从以上可以看出,^{13}C NMR 谱和 ^{1}H NMR 谱技术有许多共性,原理基本相同,只是针对测定的原子核对象改变而有一些相应的改变。例如,重氢交换技术对 ^{13}C NMR 谱就不适合;^{13}C NMR 谱峰高与碳原子数无关,谱图解析中只关注化学位移,^{13}C NMR 谱都是完全去偶的谱线,而 ^{1}H NMR 谱却都是多重分裂并且有可能重叠的峰。

10.7.2 ^{13}C 核磁共振谱的化学位移

不同类型的碳原子在化合物分子中不同的位置会有不同的化学位移 δ 值。如图 10-12 所示,饱和碳在较高场,炔碳次之,烯碳和芳碳在较低场,而羰基碳在更低场。表 10-5 列出了有机化合物分子中常见不同类型碳原子的化学位移。

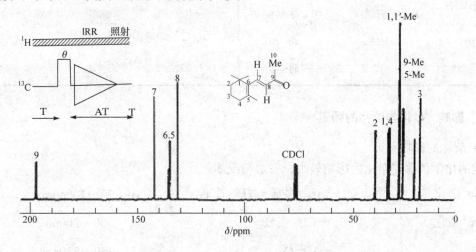

图 10-12 核磁共振碳谱示意图

表 10-5 常见不同类型碳原子的化学位移值

官能团	结构类型	δ/ppm	官能团	结构类型	δ/ppm
>C=O	酮	188~228	-C-N<	季碳胺	65~75
>C=O	醛	185~208	-CH-N<	叔碳胺	50~70
>C=O	酸	165~182	-CH₂-N<	仲碳胺	40~60
>C=O	酯、酰胺、酸酐	150~180	H₃C-N<	伯碳胺	20~45
>C=NOH	肟	155~165	-C-S-	季碳硫醚	55~70
>C=N-	亚甲胺	145~165	-CH-S-	叔碳硫醚	40~55
-N=C=S	异硫氰化物	120~140	-CH₂-S-	仲碳硫醚	25~45
-S-C≡N	硫氰化物	110~120	H₃C-S-	伯碳硫醚	10~30
-C≡N	氰化物	110~130	-C-X	季碳卤化物	35~75
芳杂环 (X=O,S,N)	芳杂环	115~155	-CH-X	叔碳卤化物	30~65
苯环	芳环	110~135	-CH₂-X	仲碳卤化物	10~45
>C=C<	烯	110~150	H₃C-X	伯碳卤化物	-35~35
-C≡C-	炔	70~100	-C-	季碳烷烃	35~70
>C-O-	季碳醚	70~85	-CH-	叔碳烷烃	30~60
-CH-O-	叔碳醚	65~75	-CH₂-	仲碳烷烃	25~45
-CH₂-O-	仲碳醚	40~70	H₃C-	伯碳烷烃	-20~30
H₃C-O-	伯碳醚	40~60	△	环丙烷	-5~5

10.7.3 影响 ^{13}C 化学位移的因素

1) 杂化的影响

碳的化学位移受杂化的影响较大,一般情况如下:

    sp³ 杂化   伯碳<仲碳<叔碳<季碳 δ_C 20~100ppm

    sp² 杂化   —CH=CH— δ_C 100~200ppm

                          —C=O δ_C 150~220ppm

| sp 杂化 | —C≡CH | δ_C 70～130ppm |

2) 诱导效应

电负性强的基团会使相邻碳原子核产生去屏蔽效应，且基团的电负性越强，去屏蔽作用越大。

3) 空间效应

间隔几个键的碳原子如果空间上接近，可能产生强烈的相互影响。例如，碳原子与多分支的烷基相连，则其化学位移值明显增大；各种基团的取代均使γ位的碳原子化学位移值稍减小(即共振移向高场)。

4) 缺电子效应

如果碳带正电荷，缺少电子，屏蔽作用相应减弱，化学位移处于低场。例如，羰基碳为sp^2杂化，且与其相连的氧电负性较大，使羰基碳一定程度上带正电荷，所以羰基 ^{13}C NMR 在碳谱中处于低场。

5) 共轭效应

在羰基碳邻位引入双键或含孤对电子的杂原子(如 O 等)，由于形成 p-π 或者 π-π 共轭体系，羰基碳上电子密度增加，屏蔽作用增大而使化学位移减小。

6) 电场效应

在含氮化合物中，如含氨基(—NH_2)化合物，质子化后生成—NH_3^+，正离子使化学键上电子移向α位或β位碳原子，使其电子云密度增加，屏蔽作用相应增大，与未质子化的中性胺相比较，其相邻α位或β位碳原子的化学位移移向高场。

7) 取代程度

一般情况下随碳上取代基数目的增加，化学位移向低场的偏移也越大。

8) 邻近基团的磁各向异性

磁各向异性的基团对原子核屏蔽的影响产生的差异一般不大。但有时这种磁各向异性的影响也是比较明显的。

9) 构型

构型对化学位移也有一定影响。例如，烯烃的顺/反(Z/E)异构体中，烯碳的化学位移值相差 1～2ppm，顺式在较高场；与烯碳相连的饱和碳的化学位移值相差多些，为 3～5ppm，顺式也在较高场。

10) 溶剂和温度效应

溶剂种类、浓度及 pH 都会引起碳化学位移值的变化。当分子中存在构型或者构象变化，以及内运动或有交换过程时，温度变化会直接影响分子动态过程的平衡，从而使谱线的数目、分辨率、线形发生一定的变化。

10.7.4 常见的 ^{13}C 核磁共振谱

^{13}C 的天然丰度仅为 1.1%，而 ^{1}H 的天然丰度为 99.98%。因此，在 ^{1}H NMR 谱中，^{13}C 对 ^{1}H 的偶合作用可以忽略不计；而在 ^{13}C NMR 谱中，如果不对 ^{1}H 去偶，^{13}C 会被 ^{1}H 分裂，使得谱图相互交错，难以归属，为分析和结构推导带来了很大困难。偶合裂分的同时，也大大

降低了 ^{13}C NMR 谱的灵敏度。解决这些问题的办法，通常采用去偶技术。

1) 质子噪声去偶谱

质子噪声去偶谱(质子宽带去偶谱)是最常见的 ^{13}C NMR 谱。在测定 ^{13}C NMR 谱时，去除 ^{13}C 与 ^{1}H 之间的全部偶合，使每种碳原子仅出一条共振谱线。值得注意的是，质子噪声去偶谱线强度不能定量地反映碳原子的数量。

2) 偏共振去偶

偏共振去偶(off-resonance decoupling)是在测定样品时另外再加一个比内标物 TMS 质子共振频率高 100～500Hz 的照射频率。此时，直接与 ^{13}C 相连的 ^{1}H 核与该 ^{13}C 的偶合最强，^{13}C 与 ^{1}H 之间间隔原子数目越多，偶合作用越弱。

偏共振去偶可以消除弱的偶合，只保留与 ^{13}C 直接相连的 ^{1}H 偶合。所得到谱图中如果 ^{13}C 峰裂分为 n 重峰，就表明它与 $n-1$ 个氢相连，如次甲基(—CH)碳核为双峰，亚甲基(—CH$_2$—)为三重峰，甲基(—CH$_3$)为四重峰。这种偏共振的 ^{13}C NMR 谱，对分析结构有一定的用途。

3) 无畸变极化转移增强技术

无畸变极化转移增强(distortionless enhancement by polarization transfer, DEPT)技术是一种用于区分伯碳、仲碳、叔碳和季碳的一种 ^{13}C NMR 谱检测技术，如图 10-13 所示。DEPT 波谱的一个显著特征是质子的脉冲序列角度 θ 是可变的，因而可得 45°、90°或 135°三种谱图。

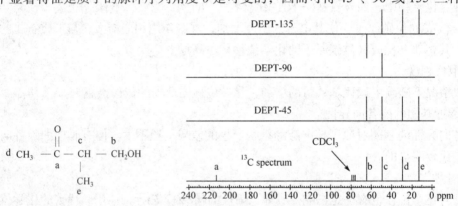

图 10-13　4-羟基-3-甲基-2-丁酮的 DEPT 谱图

在 DEPT-45 波谱中，—CH、—CH$_2$—、—CH$_3$ 均出正峰；DEPT-90 波谱中，只有—CH 出正峰，其余均出负峰；而在 DEPT-135 波谱中，只有—CH、—CH$_3$ 出正峰，—CH$_2$—出负峰。其中，DEPT-135 波谱最常见。

4) 门控去偶和反门控去偶

门控去偶(gated decoupling)或反门控去偶(inverse gated decoupling)可以用来测定偶合常数及各类碳的数量。门控去偶是指用发射门和接收门来控制去偶的实验方法，用这种方法与用单共振法获得的 ^{13}C NMR 谱较为相似，但需要累加的次数更少、耗时更短。反门控去偶是加长脉冲间隔，增加延迟时间，尽可能抑止 NOE，使谱线强度能够代表碳数目的方法，由此得到的碳谱称反门控去偶谱，也称定量碳谱，其信号强度也基本上与碳数目成正比。

5) 选择氢核去偶及远程选择氢核去偶

选择氢核去偶(selective hydrogen decoupling，SPD)及远程选择氢核去偶(long-range selective proton decoupling，LSPD)两种方式均是在氢核信号归属明确的前提下，用很弱的能量选择性地照射某种特定氢核，分别消除它们对相关碳的偶合影响。SPD 或 LSPD 表现在谱图上峰形发生变化的信号只是与其有偶合相关或远程偶合相关的 ^{13}C 信号。

10.7.5 ^{13}C 核磁共振谱的解析步骤

^{13}C 核磁共振谱的解析包括以下七个步骤。

1) 鉴别谱图中的非真实信号峰

(1) 溶剂峰。虽然碳谱不受溶剂中氢的干扰，但仍常采用氘代试剂作为溶剂，氘代试剂中的碳原子有相应的峰。

(2) 杂质峰。杂质含量相对少，其峰面积小，与化合物中的碳峰不成比例。

测试条件也会对所测谱图有较大影响。例如，有时因为脉冲倾斜角较大，脉冲间隔不够长，导致季碳不出峰；或者扫描宽度不够等均会加大谱图解析的难度。

2) 计算不饱和度

根据分子式按式(10-9)计算不饱和度，推测谱图中是否有苯环或者双键碳。

3) 分析化合物结构的对称性

当谱峰数目等于碳原子数目，说明分子中结构无对称性；当谱峰数目小于分子中碳原子数目，说明分子有一定的对称性。另外，化合物碳原子数目较多时，有些碳核的化学环境相似，可能其化学位移值会产生重叠。

4) 确定碳原子级数

DEPT 技术可确定碳原子的级数，由此可推测化合物中与碳原子相连的氢原子数目。若此数值小于分子式中的氢原子数目，二者的差值为化合物中活泼氢的原子数目。但前提是化合物中碳原子数峰无重叠。

5) 按化学位移值分区确定碳原子类型

核磁共振碳谱化学位移值一般可分为三个区间：饱和碳原子区(化学位移值<100ppm)；不饱和碳原子区(烯烃和芳烃中，化学位移值= 90~160ppm)；羰基或叠烯区(化学位移值>150ppm)。

6) 推导可能的结构式

先推导出基本结构官能团，再进一步组合成可能的结构式。

7) 对核磁共振碳谱进行指认

对核磁共振碳谱中各信号峰在推导出的可能结构式进行归属，从而在被推导的可能结构式中找出最合理的结构式。

学习与思考

(1) 核磁共振氢谱与核磁共振碳谱之间有何区别？
(2) 常见类型碳原子的化学位移值与其结构有何关系？
(3) 核磁共振谱的解析有哪些步骤？
(4) 在解析核磁共振碳谱时为什么常采用去偶技术？都有哪些去偶技术？

10.8 二维核磁共振谱

10.8.1 基本原理及类别

1. 基本原理

二维核磁共振(two dimensional nuclear magnetic resonance, 2D-NMR)谱是 1971 年由比利时物理化学家伊纳提出并经瑞士物理化学家恩斯特不断完善，成为核磁共振波谱学的最主要里程碑。2D-NMR 谱是一维 NMR(1D-NMR)谱的自然拓展，将化学位移、偶合常数等核磁共振波谱的基本参数以二维平面的形式展现出来，从而获得比一维核磁共振氢谱、碳谱更加丰富的结构信息，谱峰分辨率大大提高，成为鉴定有机化合物结构强有力的现代工具。

一维核磁共振谱是自由感应衰减(free induction decay, FID)的时域信号经傅里叶转换成频域谱的频率函数 $S(\omega)$，共振峰分布在一个频率轴上，横坐标同时表示化学位移和偶合常数两种核磁共振参数。然而，二维核磁共振谱的信号是两个频率的函数，即通过频域(frequency-frequency)二维实验、时频域(frequency-time)混合二维实验以及时域(time-time)二维实验三类不同的方法将一个独立的频率变量引入 NMR 谱中构成 $S(\omega_1,\omega_2)$，谱峰分布在由两个频率轴组成的平面上。

例如，二维时域实验中的两个独立的时间变量是通过一系列实验获得信号 $S(t_1, t_2)$，再经过两次傅里叶转换后得到两个独立的频率变量二维谱 $S(\omega_1,\omega_2)$，因此也称为二维傅里叶变换 NMR。测量时，在时域上分为预备(preparation)、发展(evolution)、混合(mixing)和检测(detection)四个时期。一般是将第二个时间变量(t_2)作为采样时间(第四个时期)，而第一个时间变量(t_1)仅是脉冲序列中的某一个时间间隔(第二个时期)，与 t_2 完全无关。所获得的谱图中一个坐标表示化学位移，另一个坐标既可以是偶合常数，也可以是同核或异核化学位移。所以，二维傅里叶变换非常富有活力，但两个变量都必须是频率，如果其中一个变量是时间、温度或浓度等，都不属于二维核磁，但可以从两个频率变量基础上的二维核磁共振延伸至三维或多维核磁共振谱，这些主要用于生物大分子结构(蛋白质、核酸等)的研究。

2. 类别

2D-NMR 可分为二维 J 分解谱(J resolved spectroscopy)、二维化学位移相关谱(chemical shift correlation spectroscopy)和多量子谱(multiple quantum spectroscopy)三类。

二维 J 分解谱是将一维谱中重叠在一起的化学位移和偶合常数分解在平面上便于解析，因而又可分为同核或者异核分解谱；二维化学位移相关谱是检测原子核的自旋偶合及偶极相互作用的，可分为同核化学位移相关谱、异核化学位移相关谱、化学交换和二维 NOE 谱等。通常，测定的核磁共振谱为单量子跃迁($\Delta m=\pm1$)。当发生多量子跃迁(Δm 为大于 1 的整数)，用特定的脉冲序列可以检出多量子跃迁，得到多量子跃迁的二维谱，即多量子谱。

2D-NMR 实验的记录有堆积图(stacked plot)、平面等高线图(contour plot)、截面图(sectional view)和积分投影图(integral projection)四种谱图类型。其中平面等高线图的最中心圆圈表示峰的位置，圆圈的数目表示峰的强度，这种图在 2D-NMR 最常使用。

由于二维核磁共振谱的种类很多，在此仅讨论重要的几种。

10.8.2 同核化学位移相关谱

同核化学位移相关谱(homonuclear chemical shift correlation spectroscopy, ^{1}H-^{1}H COSY)最常用,一般反映的是邻碳氢的偶合关系,从而可知同一自旋体系里质子之间的偶合关系,是归属谱线、推导结构强有力的工具。

1. ^{1}H-^{1}H COSY 的结构

^{1}H-^{1}H COSY 相当于从事一系列连续选择性去偶实验去求得偶合关系,用以确定质子之间的连接顺序。谱图的基本特征是有一对角线。在对角线上的峰称对角峰(diagonal peak),即 $\omega_1=\omega_2$。对角峰在两个频率轴上的投影就是其自身的信号,所以对角峰对应着一维 ^{1}H 谱;而对角线以外的峰,即 $\omega_1\neq\omega_2$ 称为交叉峰(correlative peak);在对角线两侧对称位置上的交叉峰因为是相邻两原子间或有远程偶合的原子引起的,故而又称为相关峰(correlative peak)。以任一交叉峰为出发点就可以确定相应两组峰组的偶合关系,而不必考虑氢谱中的裂分峰形。由于交叉峰是沿对角线对称分布的,因而只分析对角线一侧的交叉峰即可。

如图 10-14 所示,H_a(—CH_3)只有一个相关峰,显示与 H_b(—CH_2—)相连;H_b(—CH_2—)有两个相关峰,显示与 H_a(—CH_3)和 H_c(—CH_2—)相连;H_c(—CH_2—)也只有一个相关峰,显示与 H_b(—CH_2—)相连。一般反映 ^3J 偶合关系,远程偶合较弱,不产生交叉峰。当 ^3J 较小时(如两面角接近 90°)也可能无交叉峰。

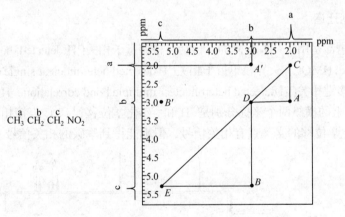

图 10-14 $CH_3CH_2CH_2NO_2$ 的 ^{1}H-^{1}H COSY 谱图

2. 二维核奥弗豪泽波谱

美国物理学家奥弗豪泽(Albert W. Overhauser, 1925—2011)于 1953 年提出核自旋极化可以通过微波辐射增强,后经其他科学家进一步完善,提出了核奥弗豪泽效应(nuclear Overhauser effect, NOE),从而诞生了二维核奥弗豪泽波谱(nuclear Overhauser effect spectroscopy, NOESY)。

NOESY 反映的是化合物结构中原子核与核之间空间距离的关系,与二者间隔多少化学键没有关系。NOESY 对确定化合物结构、相对构型及生物大分子有着重要意义。NOESY 与 ^{1}H-^{1}H COSY 有点相似,也存在对角峰和交叉峰,谱图解析的方法也和 ^{1}H-^{1}H COSY 类似,不同的是图中的交叉峰并不是表示两个氢核之间有偶合关系,而是表示两个氢核之间的空间距离比较接近。

如图 10-15 所示，H-11 与 H-9 和 H-8 之间有 NOESY 相关信号。由于 NOESY 实验是由 ^{1}H-^{1}H COSY 实验发展而来的，在图谱中往往出现 ^{1}H-^{1}H COSY 峰，即 J 偶合交叉峰，故在解析时需对照其 ^{1}H-^{1}H COSY 谱图将 J 偶合交叉峰扣除。

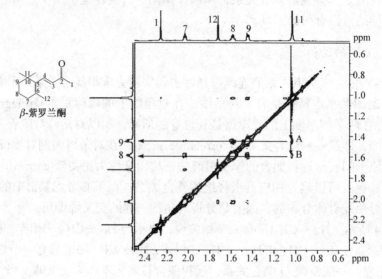

图 10-15　化合物 β-紫罗兰酮的 NOESY 谱图

10.8.3　多量子跃迁谱

多量子跃迁谱都是用于 ^{1}H 检测的，包括异核多量子相关(^{1}H detected heteronuclear multiple quantum coherence，HMQC)谱、异核单量子相关(^{1}H detected heteronuclear single quantum coherence，HSQC)谱和异核多键相关(^{1}H detected heteronuclear multiple bond correlation，HMBC)谱三种。

HMQC 谱图上的横纵两个坐标分别是 ^{1}H 和 ^{13}C 化学位移，与 ^{13}C 直接相连 ^{1}H 在对应的 ^{13}C 化学位移与 ^{1}H 化学位移的交叉点有相关信号，但不能得到季碳的相关信号。如图 10-16 所示。

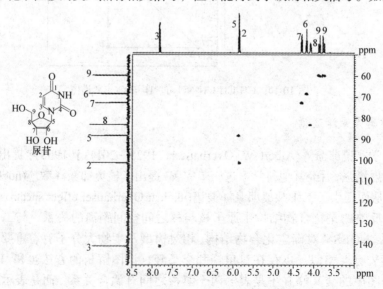

图 10-16　化合物尿苷的 HMQC 谱图

异核多键相关谱是一种测定远程 ^{1}H-^{13}C 相关方法,把 ^{1}H 核和与其远程偶合的 ^{13}C 核关联起来。如图 10-17 所示,H-3 与 C-4、C-5 和 C-2 之间有 HMBC 相关信号。该法适用于含多个甲基的天然产物的结构鉴定,如三萜类化合物、甾醇类化合物。HMBC 可灵敏地检测 ^{1}H-^{13}C 远程偶合,因此可得到有关季碳的结构信息及其被杂原子切断的 ^{1}H 偶合系统之间的结构信息。

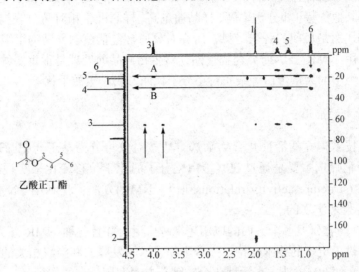

图 10-17 化合物乙酸正丁酯的 HMBC 谱

学习与思考

(1) 常见二维核磁共振谱有哪些?
(2) 如何解析 ^{1}H-^{1}H COSY、HSQC、HMBC、NOESY 四种二维核磁共振谱?
(3) ^{1}H-^{1}H COSY、HSQC、HMBC、NOESY 四种二维核磁共振谱各自有哪些特性?

10.9 核磁共振波谱在药物研发中的应用

NMR 具有高分辨率、对样品破坏小及可原位检测等优势。20 世纪 80 年代瑞士科学家维特里希将 NMR 技术应用到蛋白质的结构解析中,推动了 NMR 在生物学和医学领域的应用。NMR 技术在新药研发中主要用于药靶分子如蛋白和核酸分子的空间结构研究,也用于小分子先导化合物和天然产物的结构分析。实践证明,NMR 技术在蛋白质-配体相互作用的分子机理研究、小分子的高通量筛选、药物构效关系以及毒理学和新药安全评价等方面发挥着越来越重要的作用。

10.9.1 药物靶标生物大分子结构的解析

NMR 技术解析膜蛋白的结构主要分为溶液 NMR 和固态 NMR。溶液 NMR 目前只能分析 7 个跨膜部分、分子质量 100kDa 以下的膜蛋白单体。而近十年发展起来的固态 NMR 可以解析溶解度很差的蛋白结构。溶液 NMR 和固态 NMR 都需要蛋白的同位素标记,一般采用统一的 ^{13}C 和 ^{15}N 标记;大多使用氘代样品降低同核或者异核间强烈的偶极偶合作用,然后再计算蛋白的三维结构。

10.9.2 药物代谢和药物筛选中的应用

1. 药物代谢研究中的应用

NMR 技术能够实时监测多种药物代谢产物，为药物代谢的研究提供了便利。另外，NMR 技术还具有很多其他优势，如分辨率高、样品通量高、样品准备相对简单等。因此，应用 NMR 技术来研究药物代谢是目前的一个趋势，研究对象通常包括植物、动物组织，微生物，动物细胞体液等。利用 NMR 技术研究药物代谢，对生物样品前处理是很重要的，目的是排除不同体液或动物组织中的大量蛋白等杂质对小分子代谢产物产生的干扰。

2. 药物筛选中的应用

利用 NMR 技术建立的活性化合物筛选方法按对象可分为基于药靶筛选和基于配体筛选两种。基于药靶筛选主要是通过观察蛋白靶分子的化学位移变化来实现的。最著名的就是 SAR-by-NMR(structure-activity relationship by NMR)方法，是利用 ^{15}N 标记的蛋白质和 ^{15}N-^{1}H HSQC 实验来实现的。

NMR 技术在药物研发各个方面的应用越来越广泛，并且各种 NMR 新方法也层出不穷，为新药的开发提供了更多的技术支持。随着生物技术的发展，和疾病相关的靶蛋白或靶分子被发现或者合成，使 NMR 技术在活性化合物筛选方面发挥一定的作用。

10.10　现代磁共振分析技术

10.10.1　固体高分辨核磁共振谱

在实际工作中，也会用到固态样品进行测试。一方面，有些样品找不到任何溶剂以配制其溶液；另一方面，加某些样品配制成溶液后或熔化过程中结构会发生变化，不适于液体核磁测定。

固体核磁共振技术同溶液核磁共振技术一样，不仅能够测定自旋量子数为 1/2 的核，如 ^{1}H，还可以测定其他核，如 ^{2}H、^{17}O 等，所以分析范围广泛。固体核磁共振谱不仅能够获得溶液核磁技术所测得的化学位移、偶合常数等方面的信息，还能够测定样品中特定原子间的相对位置，如原子间相互距离、取向等信息，这些信息是其他常规手段通常无法获得的。

与液体 NMR 谱图中共振信号很强不同，固体 NMR 技术中，试样处于固体状态，自旋偶合作用很难通过分子热运动达到平均化，最终使得谱线的展宽，导致灵敏度和分辨率的下降。因此，固体 NMR 中需采用特殊方法压制强偶极自旋偶合作用导致谱线宽化，以观察到可用于解析化合物化学结构的高分辨固体核磁共振谱。

在固体 NMR 中虽然质子的自然丰度与旋磁比都比较高，但是由于体系中质子数目多，相互偶极自旋偶合强度远高于稀核，如 ^{13}C 和 ^{15}N 等，因此在大多数情况下固体 NMR 采用魔角旋转技术(magic angle spinning，MAS)与交叉极化技术(cross polarization)可得到高分辨的杂核固体核磁共振谱。对于 ^{1}H 必须采用魔角旋转与多脉冲结合方式(combined rotation and multipulse spinning)将质子的磁化矢量转至魔角方向方能得到高分辨质子谱。

10.10.2 计算机辅助有机化合物结构解析

核磁共振波谱法已成为化合物结构解析的重要手段。但对有些结构复杂的有机化合物或生物大分子物质来讲，由核磁共振波谱图直接解析其结构也有一定难度。随着计算机技术的发展，产生了通过计算机辅助方法鉴定化合物，主要用数据库、波谱模拟和人工智能三种方法。

1. 数据库

近二十年来计算机技术飞速发展为天然药物化学、合成药物化学研究积累了大量化合物结构信息，从而建立起了有机化合物波谱数据库。通过化合物数据库检索，可以比较化合物的结构信息相关数据，快速确定已知化合物结构；对结构未知的化合物进行相似度检索，对于新化合物或未知化合物结构解析具有参考意义。

目前，常用数据库有美国化学学会旗下的化学文摘 CA 数据库及其网络版的 SciFinder 数据库，有大约 4000 万个化合物的信息；爱思唯尔(Elsevier)出版集团旗下的 Reaxys 数据库，包括贝尔斯坦(Beilstein)，有大约 2800 万个化学反应、1800 万种化学成分；德国巴斯夫(BASF)公司的 SpecInfo 系统，包含了约 57 万个化合物信息，收录了大约 21 万个化合物的质谱数据(NIST/EPA/NIH 2011)、超过 10 万条核磁共振氢谱数据、44 万条核磁共振碳谱数据和 1.8 万个化合物的红外光谱数据。

我国的微谱数据库(http://www.nmrdata.com/)，也收录了大约 80 万个有机化合物的核磁共振碳谱数据。

利用数据库强大的检索功能，能快速查找相似的化合物信息，不过这些数据库维护成本高，一般均需收费。此外，数据库中化合物的数目与自然界中化合物的数目相差太远，对骨架结构新颖的化合物提供的参考信息有限。

2. 波谱模拟

通过模拟得到化合物的 NMR 谱图，与实际测试得到的谱图进行比较，用于指导化合物的结构解析。已有一些化学软件，如 ChemOffice 的组件 ChemDraw 可以根据画出的有机化合物分子结构，模拟其 ^{1}H NMR 和 ^{13}C NMR 谱图；主流的 NMR 处理与分析软件 MestReNova 也可通过导入 ChemDraw 画的分子结构，在"Molecule"下预测该化合物的 ^{1}H NMR 和 ^{13}C NMR 谱图；NUTS 软件也有类似功能。

互联网上免费核磁共振波谱数据库 NMRShiftDB 可以直接从化学结构式预测完整的 NMR 谱图。值得注意的是，由于各软件使用的计算原理与方法不尽相同，模拟的谱图化学位移值及峰的裂分与实测谱图存在一定差异，其结果仅供参考。

3. 人工智能

利用人工智能识别化合物图谱、解析结构始于 20 世纪 60 年代，随后一系列专家系统(expert systems, ESs)逐步得以创建。最初的 ESs 是在分别处理 1D-NMR、MS 和 IR 数据基础上再将其信息整合，可用于碳原子数小于 20 的简单有机小分子化合物结构检验，作为结构解析的辅助分析工具。

20 世纪 90 年代开始，2D-NMR 快速发展并被整合到 ESs 中，使得 ESs 能力有了根本性的提升与变化，可用于复杂有机化合物分子结构解析，并开始用于天然产物的结构鉴定及新化合物的结构解析。目前，ESs 可用于骨架碳原子数超过 100 的有机化合物分子结构的解析，解析结果的可靠性也较以前大为提高。

计算机辅助结构解析专家系统主要有谱图分析、结构生成和结构验证三个部分构成。人们运用人工智能，从未知化合物的谱图出发，通过知识库的分析生成候选化合物，这是数据库和波谱模拟手段无法完成的，因此具有十分广阔的应用前景。近年来，计算机辅助结构解析也有了很大的进展。

计算机辅助结构解析还存在一些缺陷，如对于带电荷化合物或者金属有机化合物等非经典结构，不能使用该系统进行结构解析；结构生成使用的知识库的建立是一个经验过程，具有一定误差；结构片断生成步骤中如果生成的片段过大，很可能得不到正确结构；如果生成的结构片断过小又会导致无效组合的数目过多，降低处理效率。对一些结构复杂的化合物，结构解析的结果可靠性仍然需要如单晶衍射的数据结果支持。这些都限制了计算机辅助结构解析在未知有机化合物结构研究上的应用。但随着技术的不断完善，预计该技术将得到越来越广泛使用，也有可能在未来成为化合物结构解析的主流手段。

延伸阅读 10-2：核磁共振成像分析

在医学临床和科研领域，核磁共振成像(magnetic resonance imaging，MRI)技术不仅能提供体内组织器官的形态学信息，而且能提供如组织代谢等多方面的生理信息，目前主要应用于以下三方面。

(1) 形态学观察。MRI 应用于组织和器官的形态学研究是其最基本的功能；目前的 MRI 能分辨骨髓、肌腱、皮肤与皮下的筋膜，甚至还能辨出指动脉和指神经的分支，以及腕部、前臂、胸廓、腹部、头部等活体部位的 NMR 影像等。

(2) 生理学研究。MRI 应用于生理学的研究具有重要的意义。例如，在心血管系统研究方面当某一组织或器官产生缺血时，可以通过 NMR 影像来分析缺血后的生理反应。在新陈代谢及生长发育方面，如通过对胎儿颅脑主要结构 MRI 信号分析，可以观察不同孕期胎儿不同脑区的变化，研究脑的发育过程等。

(3) 在疾病诊断中的应用。MRI 在骨关节、软组织病变的诊断中有独到之处。近年来，MRI 仪对病人的无损检查、对疾病的动态检测、外科手术前的定位诊断、肿瘤的诊断及治疗跟踪、脑溢血患者的早期诊断、脑和脊髓疾病的诊断等方面发挥了重要作用。

MRI 不仅广泛应用于生物学、医学领域，也广泛应用于物理和化学等材料科学领域。例如，双梯度 MRI 仪拥有两套梯度磁场系统，既满足了神经、心脏等的小视野快速信号的采集，又能胜任腹部及全身血管的大视野扫描。核磁共振成像技术可以采集到血氧水平的变化从而观察脑的功能活动，并将其应用到对脑功能的定位研究。

学习与思考

(1) 核磁共振波谱在药物研发方面有哪些主要应用？
(2) 对于化合物结构解析，除了核磁共振波谱以外，目前还有哪些方法可以辅助结构解析？
(3) 核磁共振成像技术的应用有哪些？

内容提要与学习要求

外磁场的作用下，具有磁矩的原子核存在着不同能级，当用一定频率的电磁波照射时，它们会吸收能量，可引起原子核自旋能级的跃迁，即产生核磁共振信号。核磁共振条件：①原子核有自旋(磁性核)；②需要有外磁场，自旋能级裂分；③外界提供的电磁波的能量等于自旋能级能量差，即照射频率 ν_0 与外磁场 H_0 的关系满足 $\nu_0=(\gamma/2\pi)H_0$。核所处的化学环境不同，核外电子云密度也不同，受到屏蔽作用也不同，引起外磁场强度或共振频率有差异，在谱图上吸收峰位置就不同，这种由屏蔽作用引起吸收峰位置的变化称为化学位移。由于分子中不同质子所处的化学环境不同，会产生与分子结构密切相关的化学位移。目前核磁共振波谱已成为有机化合物结构鉴定的重要手段。

要求掌握核磁共振的基本原理，自旋偶合和自旋裂分规律，以及常见特征氢原子和碳原子的化学位移值；熟练使用核磁共振氢谱和碳谱解析有机化合物的结构；了解二维核磁共振谱的解析及核磁共振成像技术的应用前景。

练 习 题

1. 名词解释：屏蔽效应、去屏蔽效应、化学位移、偶合常数、化学等价核、磁等价核。
2. 下列哪一组原子核不产生核磁共振信号？

    ^2_1H、$^{14}_7N$ $^{19}_9F$、$^{12}_6C$ $^{12}_6C$、^1_1H $^{12}_6C$、$^{16}_8O$

3. 为什么强射频波照射样品，会使 NMR 信号消失，而 UV 与 IR 吸收光谱法却不消失？
4. 为什么用 δ 值表示峰位，而不用共振频率的绝对值表示？为什么核的共振频率与仪器的磁场强度有关，而偶合常数与磁场强度无关？
5. 什么是自旋偶合与自旋分裂？单取代苯的取代基为烷基时，苯环上的芳氢(5 个)为单峰，为什么？两取代基为极性基团(如卤素、—NH₂、—OH 等)，苯环的芳氢变为多重峰，试说明原因，并推测是什么自旋系统。
6. 峰裂距是否是偶合常数？偶合常数能提供什么结构信息？
7. 为什么 HF 的质子共振谱中可以看到质子和 ^{19}F 的两个双峰，而 HCl 的质子共振谱中只能看到质子单峰？
8. 某化合物三种质子相互偶合构成 AM_2X_2 系统，$J_{AM}=10Hz$，$J_{XM}=4Hz$，A、M_2、X_2 各为几重峰？
9. 磁等价与化学等价有什么区别？说明下述化合物中哪些氢是磁等价或化学等价及其峰形(单峰、二重峰……)。

    ① Cl—CH=CH—Cl； ② $CH_3CH=CCl_2$

10. ABC 与 AMX 系统有什么区别？
11. ^1H NMR 谱与 ^{13}C NMR 谱各能提供哪些信息？为什么说 ^{13}C NMR 谱的灵敏度比 ^1H NMR 谱低？
12. 根据下列 NMR 数据，给出化合物的结构式。

    ① $C_{14}H_{14}$：$\delta 2.89$ppm(s, 4H)及$\delta 7.19$ ppm(s, 10H)； ② C_7H_9N：$\delta 1.52$ppm (s, 2H)，$\delta 3.85$ppm (s, 2H)及 $\delta 7.29$ppm (s, 5H)； ③ C_3H_7Cl：$\delta 1.51$ppm (d, 6H)及$\delta 4.11$ppm (sept., 1H)； ④$C_4H_8O_2$：$\delta 1.2$ppm (t, 3H)，$\delta 2.3$ppm (qua., 2H)及$\delta 3.6$ppm (s, 3H)； ⑤ $C_{10}H_{12}O_2$：$\delta 2.0$ppm (s, 3H)，$\delta 2.9$ppm (t, 2H)，$\delta 4.3$ppm (t, 2H)及$\delta 7.3$ppm (s, 5H)； ⑥ $C_9H_{10}O$：$\delta 1.2$ppm (t, 3H)，$\delta 3.0$ppm (qua., 2H)及$\delta 7.4\sim 8.0$ppm (m, 5H)。

13. 试对照结构指出图中各个峰的归属。

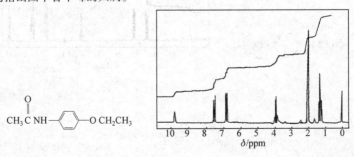

14. 由下述 NMR 谱图，进行波谱解析，给出未知物的分子结构及自旋系统。

(1) 已知化合物的分子式为 C_9H_{12}，核磁共振波谱图如下(a)所示。

(2) 某一含有 C、H、N 和 O 的化合物，其相对分子质量为 147，C 为 73.5%，H 为 6%，N 为 9.5%，O 为 11%，核磁共振波谱如下(b)所示。

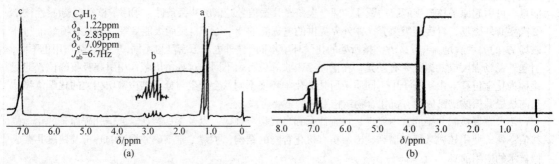

(3) 已知化合物的分子式为 $C_{10}H_{10}Br_2O$，核磁共振波谱图如下所示。

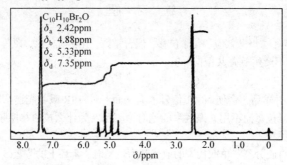

15. 试计算：

(1) 200MHz 及 400MHz 仪器的磁场强度是多少？(2) C 共振频率是多少？

16. 桂皮酸的化学结构如下，试计算顺式与反式桂皮酸 H_a 与 H_b 的化学位移。

桂皮酸：⌬—CH$_b$=CH$_a$COOH

17. 已知用 60MHz 仪器测得：δ_a=6.72ppm，δ_b=7.26ppm，J_{ab}=8.5Hz。求算：

(1) 两个质子是什么自旋系统？(2) 当仪器的频率增加至多少时变为一级偶合 AX 系统？

18. ^{1}H NMR 谱与 ^{13}C NMR 谱各能提供哪些信息？为什么说 ^{13}C NMR 谱的灵敏度约相当于 ^{1}H NMR 谱的 1/5800？

19. 试对照结构指出图上各个峰的归属。

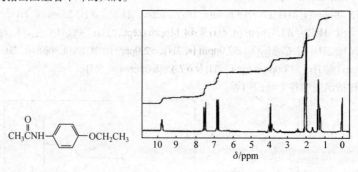

第11章 质谱分析

11.1 概　述

11.1.1 质谱与质谱分析法

质谱分析法(mass spectrometry, MS)是十分重要的分析方法，用途十分广泛。其基本原理就是各种各样的样品在高真空环境受到高速电子束碰撞或强电场作用下转化为运动的气态离子并在磁场中得到分离，而分解出的阳离子被加速导入质量分析器(mass spectrometer analyzer)后按照质荷比(mass-charge ratio, m/z)的大小顺序进行收集，最终以质谱图的形式记录下来。根据质谱峰位置进行定性和结构解析，或根据其强度进行定量分析。

延伸阅读 11-1：质谱分析技术与质谱分析法

最初质谱分析主要是用于测定原子质量和发现同位素。早在1886年德国科学家戈德斯坦(Eugen Gold stein, 1850—1930)在低压放电实验中观察到带有正电荷的粒子。随后，德国物理学家维恩(Wilhelm Carl Werner Otto Fritz Franz Wien, 1864—1928)发现正电荷粒子束在磁场中会发生轨迹偏转，并在1899年设计构造了一个平行的电场和磁场装置，并根据荷质比分离这些正射线(positive rays)。这些发现为质谱分析法的产生奠定最初基础。

在质谱领域，因其对科学研究带来非凡价值而产生了四个诺贝尔奖项。在20世纪初，英国剑桥大学物理学家汤姆森(Joseph John Thomson, 1856—1940)发现利用低压放电子源产生高速正离子束，通过一组电场和磁场，不同的正离子按质荷比大小发生曲率半径不同的抛物线轨道偏转，最终依次到达检测器，在感光板上被记录下来。这台抛物线装置被后人认为是历史上第一台质谱仪，汤姆森也因此获得了1906年诺贝尔物理学奖并于1913年通过装置改进还发现了氖同位素 ^{20}Ne 和 ^{22}Ne。1919年，英国物理与化学家阿斯顿(Francis William Aston, 1877—1945)制成了第一台真正意义上的质谱仪——速度聚焦磁质谱仪，并用质谱仪发现了多种同位素和原子，还将质谱分析法用于定量分析。阿斯顿也因此成为1922年诺贝尔化学奖得主。但这段时期的质谱仪仅限于气体分析和稳定同位素测定，直到1942年才出现了用于分析石油馏分中的复杂烃类有机混合物的商品化质谱仪。

第二次世界大战期间，为适应原子能工业和石油化学工业生产的需要，质谱分析技术得到了较快发展。随着微电子学、光学、计算机的发展，生产了分辨率为数千、数万甚至高达百万的质谱仪，质谱分析技术的应用得到了突破性进展，可用于测定有机化合物的结构，使其逐渐广泛应用于化学工业和石油工业中。1966年，菲尔德(Frank H. Field)和曼森(Milan S. B. Munson)报道了电离方式较为温和的化学电离源(chemical ionization, CI)，使得质谱第一次可用于检测热不稳定的生物分子。1989年，生于德国的美国物理学家德梅尔特(Hans Georg Dehmelt, 1922—2017)和德国物理学家保罗(Wolfgang Paul, 1913—1993)因离子阱(ion trap)的应用获诺贝尔物理学奖。2002年，美国分析化学家芬恩(John Bennett Fenn, 1917—2010)和日本株式会社岛津制作所化学工程师田中耕一(Koichi Tanaka, 1959)因电喷雾电离(electron spray ionization, ESI)质谱和基质辅助激光解吸电离(matrix-assisted laser desorption ionization, MALDI)质谱技术获诺贝尔化学奖。ESI和MSLDI等软电离技术的发现使得质谱能被用于分析极性较高、挥发困难及热不稳定样品，具有分析迅速、高灵敏度、高准确性的优点，并能用于蛋白质的序列分析及翻译后的修饰分析，被广泛应用于有机、无机及生物质谱等领域。

如今,人们开发了越来越多新的质谱技术,如快原子轰击电离子源(fast atomic bombardment, FAB)、大气压化学电离源(atmospheric-pressure chemical ionization, APCI)技术,以及各种联用技术,如色谱-质谱联用、毛细管电泳-质谱联用、质谱-质谱联用等的出现和成熟使用,使得质谱分析技术成为分析化学的一个重要分支,同时具有高特异性和高灵敏度等优点,并得到了广泛应用的普适性方法,也使质谱方法成为现代科学前沿的热点之一。

质谱分析法在食品科学、环境科学、生命科学、刑侦科学、材料科学、药学、化学化工、能源、医学、考古学、国防公安及空间探索等各个领域,发挥着越来越重要的作用,其测定对象包括同位素、无机化合物、有机化合物、生物大分子及聚合物。随着计算机技术的深入发展,将计算机控制操作、采集处理数据功能应用到质谱分析当中,提高了数据分析速度和实现了分析自动化,为复杂化合物的分析提供了强有力的支撑。

质谱分析法与不同的分离方法联用,大大扩展了分析应用范围。与气相色谱、液相色谱和毛细管电泳等的联用,加上现代串联质谱的应用,质谱分析法在分离和鉴定复杂混合物组成及结构方面成为极有力的手段。在生命科学领域里,尤其是针对大规模的蛋白质组学的研究,质谱已成为不可替代的重要工具。

11.1.2 质谱分析法的特点

质谱、核磁共振波谱、红外吸收光谱和紫外-可见光谱已被列为有机化合物分析及鉴定的四大工具。与其他三者相比,质谱分析法有以下不可替代的特点。

(1) 质谱分析法是唯一可以测定物质相对分子质量的分析方法。高分辨率质谱不仅能够准确地测定出物质的相对分子质量,还能对结构进行分析,甚至可以确定化合物的化学式,这对未知化合物的结构解析提供了帮助。与液相色谱技术的联用,为复杂混合物的分离鉴定提供了技术支持。

(2) 灵敏度高,耗样量少。质谱分析法通常只需要几微克甚至更少的样品量就可以得到较为满意的结果,绝对灵敏度可达 $10^{-13} \sim 10^{-10}$g,比其他化合物鉴定方法都要高。

(3) 分析速度快,效率高。质谱分析法能测定化学反应中存在的中间产物。飞行时间质谱每秒可记录10万张质谱图,静态质谱仪每秒也可记录200个质谱图。

(4) 高分辨本领。质谱分析法能提供待测样品的准确相对分子质量,能提供化合物的元素组成、官能团组成、分子式及分子结构等信息。同时,质谱分析法还能对同位素如 ^{200}Hg 和 ^{201}Hg、^{235}U 和 ^{238}U 等进行分辨,也可以区分有机化合物中性质极为相似的不同物质。

(5) 应用范围广。质谱分析法可对气态、液态、固态的有机化合物或无机化合物进行分析,还能对有机化合物的结构进行分析并具有独特的功能。

质谱分析法也有不足之处,如质谱仪器价格昂贵,结构复杂,使用及维修比较困难;质谱图十分复杂,难于解析;测定对样品具有破坏性,对样品纯度要求高。

学习与思考

(1) 上网查一查与质谱相关的诺贝尔获奖者,并从这些获奖者中了解哪些质谱研究取得划时代的进展。

(2) 与其他波谱分析法相比,质谱分析法有哪些突出优点?

(3) 质谱仪作为一种检测器,能与哪些仪器进行联用?

11.2 质谱分析仪

11.2.1 质谱分析仪的主要构件

人们把用于获得质谱图并完成质谱分析的仪器称为**质谱仪**(mass spectrometer)，其工作流程如图 11-1 所示。样品通过进样系统进入离子源变成离子和碎片离子，由质量分析器分离并按质荷比大小依次进入检测器，信号经放大、记录，并以质谱图形式展现。

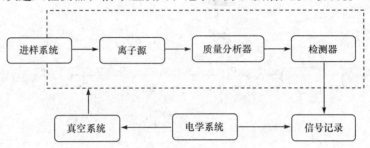

图 11-1　质谱分析仪工作流程简图

质谱仪的种类很多，按其应用范围可分为无机质谱仪、有机质谱仪、同位素质谱仪和气体分析质谱仪；按分辨本领可分为高分辨、中分辨和低分辨质谱仪；按工作原理分为静态仪器和动态仪器等。不管哪种类型的质谱仪，其基本组成都是相同的。质谱仪通常由真空系统、进样系统、离子源、质量分析器、离子检测器、计算机自控及数据处理系统六个部分组成。本章主要讨论的是有机质谱仪。

11.2.2 真空系统

在质谱分析中，为了降低背景及减少离子之间、分子与离子之间的碰撞，离子产生及经过的系统包括离子源、质量分析器、检测器等必须处于高真空状态。离子源的真空度应达 $1.3\times10^{-4}\sim1.3\times10^{-5}$Pa，质量分析器中应达到 1.3×10^{-6}Pa，并要求真空度十分稳定。

若真空度过低，将可能造成以下问题：①管路中残留氧气将损坏离子源灯丝；②本底升高，副反应增多，物质的裂解类型受到改变，使得谱图复杂化，增大解析难度；③离子束的正常调节受到干扰；④引起加速极的异常放电。

一般质谱仪都采用机械泵预抽真空，然后再用高效率扩散泵连续不间断地运行以保持真空。现代质谱仪采用分子泵以获得更高的真空度。

11.2.3 进样系统

试样需经过分离、提纯、干燥之后才能进入质谱仪。进样系统的作用是将待测物质(即试样)高效重复地送进离子源，并且不引起真空度降低。将样品导入离子源的方法决定于样品的物理性质如熔点、蒸气压等。常见的进样系统有间歇式进样、直接探针进样和色谱进样。

1. 间歇式进样

该进样系统适于气体、液体和中等蒸气压的固体样品进样。

间歇式进样系统简图如图 11-2 所示。进样方式是通过可拆卸式的试样管将 10~100μg 量程的固体和液体样品引入样品储存器中。由于进样系统的低压强及储存器的加热装置，储存器中的样品会保持气态。试样最好在操作温度下有 0.13~1.3Pa 的蒸气压。由于进样系统的压力比离子源的压力要大，样品离子可以通过分子漏隙(通常是带有一个小针孔的玻璃或金属膜)以分子流的形式渗透进高真空的离子源中。

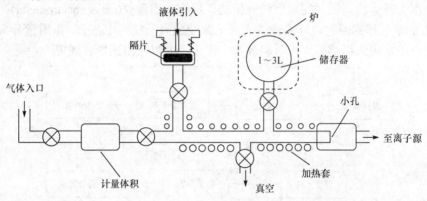

图 11-2　间歇式进样系统简图

2. 直接探针进样

直接探针进样适用于间歇式进样无法变成气体的固体、热敏性固体及非挥发性液体。仪器通常有一个直接进样杆或称探针杆，将待测物质直接送进离子源，通过调节温度，使样品气化，其进样系统简图如图 11-3 所示。

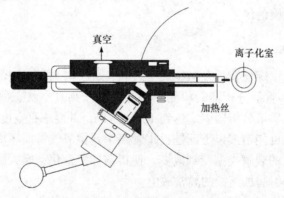

图 11-3　直接探针进样系统简图

此进样法可将微克量级甚至更少试样送进离子源，但是不能分析复杂的化合物体系。

3. 色谱进样

色谱进样适用于质谱仪与气相色谱、高效液相色谱或毛细管电泳色谱仪联用。色谱仪作为质谱仪的进样系统，经色谱柱分离流出的样品经分子分离器除去流动相和溶剂之后，再经过接口装置进入质谱仪的离子源。

现代色谱仪与质谱仪的联用技术，同时兼备了色谱法的优良分离能力与质谱法强有力的鉴定能力，使得现代色谱-质谱联用仪成为了分析复杂混合物最有效的工具。色谱-质谱联用技术将在 11.6 节介绍。

11.2.4 离子源

离子源(ionic source)在早期又称为电离室,是质谱仪的核心部件,其性能决定了离子化效率,也在很大程度上决定了质谱图的面貌及仪器的灵敏度。离子源的作用是使待分析试样分子或者原子在电离室中被电离成离子。此外离子源还起聚焦和准直的作用,使离子汇聚成有一定几何形状和能量的离子束。

常见离子化方式有两种,一种是样品在离子源中以气态的形式被离子化,主要包括电子轰击源、场致电离源、化学电离源等;另一种称为解吸离子源,是从固体介质表面或溶液介质中溅射出带电离子,主要包括场解吸源、快原子轰击源、基质辅助激光解吸电离源等。

通常情况下,离子源又分为硬电离源和软电离源。二者的区别在于给予样品分子的能量不同,通常使用较大能量碰撞样品分子的电离方法为硬电离(hard ionization)方法,而给予样品较小能量的电离方法为软电离(soft ionization)方法。硬电离源,如电子轰击离子源(electron impact, EI),有足够的能量碰撞分子使其处于高激发能态,由硬电离源得到的质谱图,多伴随化合物键的断裂,因此很难得到清晰的分子离子峰,却能提供被分析物质更多的结构信息。

对相对分子质量较大、极性大、难以气化或稳定性差的有机化合物,硬电离方法难以给出完整的分子离子信息,针对硬电离技术的缺陷,科学家已研发出软电离技术,如化学电离源(chemical ionization, CI)、场致电离源(field ionization, FI)、场解吸电离源(field desorption, FD)、快原子轰击离子源(fast atom bombardment, FAB)等。软电离得到的质谱图,不涉及键的断裂,分子离子峰强度很大,能提供较为精确的相对分子质量;不足之处在于碎片离子峰较少且强度低,不能提供更多的结构信息,适于易破裂和易电离的样品。表 11-1 列出了各种离子源的基本特征。

表 11-1 质谱研究中的几种离子源

名称	简称	类型	离子化试剂	应用年代
电子轰击离子化 (electron bomb ionization)	EI	气相	高能电子	1920
化学离子化 (chemical ionization)	CI	气相	试剂离子	1966
场离子化 (field ionization)	FI	气相	高电势电极	1970
场解吸 (field desorption)	FD	解吸	高电势电极	1969
快原子轰击 (fast atom bombardment)	FAB	解吸	高能电子	1981
二次离子质谱 (secondary ion MS)	SIMS	解吸	高能电子	1977

续表

名称	简称	类型	离子化试剂	应用年代
激光解吸 (laser desorption)	LD	解吸	激光束	1978
电流体效应离子化(电喷雾) (current body effect ionization、electrospray)	EH ESI	解附	高场	1978
热喷雾离子化 (thermospray ionization)	TSI	解吸	荷电微粒能量	1985

1. 电子轰击离子源

电子轰击离子源(EI)是最早的离子源，也是有机质谱中广泛使用的离子源，主要用于易挥发样品的电离，如图 11-4 所示。通常采用电加热铼或钨的灯丝到 2000℃，产生能量为 10～70eV(一般为 70eV)的高速电子束。此时形成的离子流比较稳定，当气态样品进入电离室时，具有较高速度的电子与分子发生碰撞。若被用于轰击电子的能量大于待测分子的离子化能，将导致含有偶数电子的试样分子(M)电离，失去一个外层电子，形成带正电荷的分子离子(M^+)：

$$M + e^-(\text{高速}) \longrightarrow M^+ + 2e^-(\text{低速})$$

带奇数电荷的 M^+ 有可能进一步发生化学键断裂或分子重排，并碎裂成各种碎片离子、中性离子或游离基，在电场作用下，正离子被加速、聚焦，进入质量分析器分析。这些碎片离子可以用于有机化合物的结构鉴定。

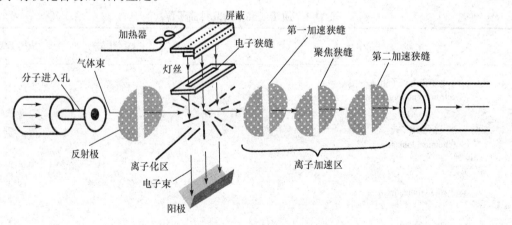

图 11-4 电子轰击离子源示意图

EI 结构比较简单，操作方便，电离效率较高，使得质谱仪有了较高灵敏度和分辨率，是应用最广泛的电离方式。不足之处在于，样品必须气化为分子状态进入电离室，才能实现电离，故不适于热稳定性差和不易挥发的样品。

需要注意的是，大多数有机化合物的键能在十几电子伏特，在 70eV 的能量下，可能发生化学键的断裂形成碎片离子。对于相对分子质量较大、热稳定性差的化合物，在加热和电子轰击下，分子碎裂，将难以给出完整的分子离子信息，反映在质谱图上就是很难找到分子离子峰，这也使 EI 的使用受到一定的限制。

【示例 11-1】 不同电子能量下的苯甲酸 EI 质谱图

图 11-5 显示了苯甲酸在 EI 中被不同电子能量(10eV、20eV 及 70eV)轰击下的质谱图，增加电子能量，可得到更多的碎片信息。

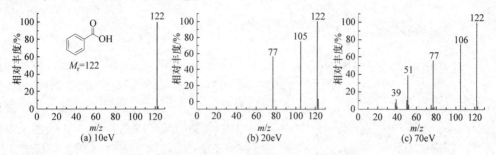

图 11-5 不同电子能量下的苯甲酸 EI 质谱图

2. 化学电离源

有些化合物相对分子质量太大或稳定性差，用 EI 方式往往不易得到分子离子信息。为了得到待测样品的分子离子峰，可以采用化学电离源(CI)电离方式。CI 在结构上与 EI 的主体部件相同，主要差别在于 CI 样品分子在承受电子轰击前要引入一种反应气(通常为甲烷、异丁烷、氨气或氢气等)将其稀释，且引入的反应气的量比样品气要大得多(约为 $10^3:1$)，因此样品分子受到高能电子轰击的概率极小。通常，灯丝发射出的电子首先会将反应气电离，当样品分子进入电离源时，被离子化的反应气与样品分子进行离子-分子反应，使得气态样品分子电离。

现以 CH_4 作为反应气为例，说明化学电离源电离的过程：

$$CH_4 + e^- \longrightarrow CH_4^+ \cdot + 2e^-$$

$$CH_4^+ \cdot \longrightarrow CH_3^+ + H \cdot$$

生成的 $CH_4^+ \cdot$ 和 CH_3^+ 很快与大量存在的 CH_4 分子发生反应，即

$$CH_4^+ \cdot + CH_4 \longrightarrow CH_5^+ + CH_3 \cdot$$

$$CH_3^+ + CH_4 \longrightarrow C_2H_5^+ + H_2$$

生成的 CH_5^+ 和 $C_2H_5^+$ 与试样分子 M 发生质子化反应或复合反应：

$$\left. \begin{array}{l} CH_5^+ + M \longrightarrow MH^+ + CH_4 \\ C_2H_5^+ + M \longrightarrow MH^+ + C_2H_4 \end{array} \right\} \text{产生}(M+1)\text{峰}$$

$$\left. \begin{array}{l} CH_5^+ + M \longrightarrow (M-H)^+ + CH_4 + H_2 \\ C_2H_5^+ + M \longrightarrow (M-H)^+ + C_2H_6 \end{array} \right\} \text{产生}(M-1)\text{峰}$$

$$CH_5^+ + M \longrightarrow (M+CH_5)^+ \quad \text{产生}(M+7)\text{峰}$$

$$C_2H_5^+ + M \longrightarrow (M+C_2H_5)^+ \quad \text{产生}(M+29)\text{峰}$$

即形成了一系列准分子离子，出现 $(M+1)^+$、$(M-1)^+$、$(M+17)^+$、$(M+29)^+$ 等质谱峰。

CI 是一种软电离方式,这种电离方式适合用 EI 方式不易得到分子离子信息的样品分子。其缺点是碎片少,不能提供化合物的结构或其片段断裂信息。EI 和 CI 一般只适用于小分子化合物的质谱分析,相对分子质量较大的化合物特别是生物大分子的质谱分析,要使用新的软电离技术。

3. 场致电离源和场解吸电离源

如图 11-6 所示,场致电离源(FI)是由距离很近($d<1$mm)的阳极和阴极组成,两极间加上 7000~10 000V 的高电压后,在阳极尖端(作为场离子发射体)附近产生 1×10^7~1×10^8V/cm^2 强电场,接近阳极(高静电发射体)的气态样品分子,失去价电子发生电离而生成分子离子,最后加速进入质量分析器。

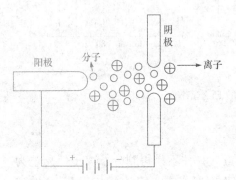

图 11-6 场致电离源原理示意图

在场致电离的质谱图上,分子离子峰很明显,碎片峰却很弱,这对于测定待测物质的相对分子质量来说是十分有利的,但因缺乏分子的结构和键断裂信息,对于结构鉴定来说却很不利。

对于液体样品(固体样品先溶于溶剂)可用场解吸电离源(FD)来实现离子化。FD 的电离原理与 FI 电离相同,但是对样品没有气化要求。将金属丝浸入待测样品液,使样品吸附在金属丝上,此时金属丝将作为离子发射体,将样品送入离子源,金属丝通过弱电流加热使其上的试样分子解吸下来,并在发射丝附近的高压静电场的作用下被电离成分子离子。FD 主要适用于难气化、热稳定性差且相对分子质量高的化合物,如肽类、糖类、高聚物、有机金属化合物等。二者均易得到分子离子峰,有时 FD 的分子离子峰更强。

4. 快原子轰击源

快原子轰击源(FAB)是利用中性原子轰击待测样品使有机物分子电离的一种软电离技术。如图 11-7 所示,"快原子"通常是将惰性气体(常用氩)先电离成 Ar$^+$,经电场加速形成高能离子,再通过电荷交换室,高能离子被中和成中性原子流。将待测样品制成溶液,置于涂布有底物(如甘油、硫代甘油、三乙醇胺等)的金属靶,靶材一般为铜。经强电场加速后高能原子流轰击靶上样品,与试样分子进行能量交换并使样品电离,电离的样品溅射出来进入真空,在电场的作用下进入质量分析器。

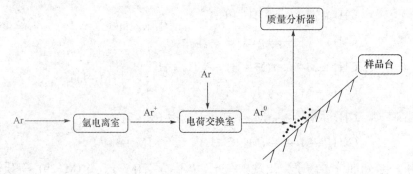

图 11-7 快原子轰击电离源示意图

FAB 电离过程中不需要待测样品加热气化,这也使得该电离方式适合高极性、难气化、热稳定性差的大分子样品分析。FAB 的质谱主要得到准分子离子,碎片离子较少。常见的离子有$(M+H)^+$、$(M+Na)^+$或$(M+K)^+$等的准分子离子峰;若以甘油为基质,生成的离子中还可能会有样品分子和甘油的加和离子。

5. 基质辅助激光解吸电离源

基质辅助激光解吸电离源(matrix-assisted laser desorption ionization,MALDI)是一种结构简单、灵敏度很高的新型电离源。它以小分子有机化合物作为基质,样品与基质按比例混合后涂布于金属靶上,样品分散在基质分子中形成共结晶薄膜。在真空环境下,利用高强度的紫外或红外脉冲激光照射晶体时,基质从激光中吸收能量,瞬间由固态转变成气态形成基质离子,样品解吸,基质离子将能量传递给试样分子,基质与样品之间发生电荷转移导致了样品的离子化。

MALDI 主要用于相对分子质量较大的样品分子分析,但只能连接飞行时间分析器作为检测器。激光电离源必须要有合适的基质才能得到较好的离子化效率。

6. 电喷雾离子源

电喷雾离子源(electrospray ionization,ESI)是近年来新发展出的软电离技术,主要用于液相色谱-质谱联用仪中,既是电离源,又是液相色谱和质谱接口装置。ESI 的电离是在液滴变成蒸气产生离子发射过程中形成,也称为离子蒸发,其主要部件是一个多层套管组成的电喷雾喷嘴(11-8),喷嘴内层是来自液相色谱系统的流出物,外层是大流量的雾化气(常用氮气),将流出溶液分散成微滴。

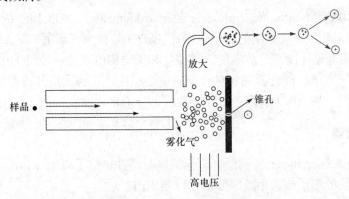

图 11-8 电喷雾离子源电离示意图

由于在样品出口端和对应电极之间施加数千伏的高电压,该电压提供了电场梯度,在强电场的作用下,正、负离子被分离,带电荷的液滴生成。在电喷雾喷嘴的斜前方还有一个辅助气喷嘴,辅助气的作用是使液滴的溶液迅速蒸发,液滴收缩,形成更小的微滴。此时,微滴的表面电荷密度逐渐增大,液滴内电荷间排斥力也逐渐增大,当增大到某个临界值时,液滴发生"爆炸",气相离子从表面蒸发出来,在喷嘴和锥孔之间电压的作用下,由取样孔进入质量分析器。加到喷嘴上的电压可以是正电压,也可以是负电压。若是正电压时,可以得到正离子质谱,当所加电压为负时,得到的是负离子的质谱(图 11-9)。电喷雾离子源下得到的正离子及负离子的谱图,可综合正、负离子谱的信息确定化合物的分子离子峰。

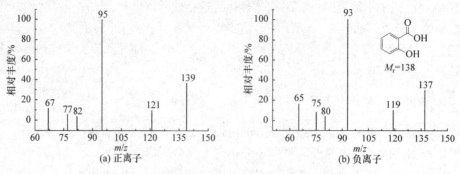

图 11-9 水杨酸在 ESI 下得到正、负离子质谱图

延伸阅读 11-2：ESI 的突出优点

样品在 ESI 中，并未受到能量碰撞，化合物在电离过程中不会发生分解。这对于分析相对分子质量大、稳定性差的化合物有了独特的优势，故又将这种电离源的质谱称为无碎片质谱。

ESI 的最大特点是容易形成多电荷离子。例如，一个 5000Da 的分子如带有 5 个电荷，则其质荷比只有 1000，一般的质谱仪也能够对其进行分析。根据这一特点，目前使用电喷雾离子源可以测量相对分子质量较大的化合物，如肽、糖等，甚至可以测量相对分子质量在 300 000Da 以上的蛋白质。

近年来，ESI 的发展为生物体中分子识别机制、新药物的筛选方面的研究提供了快速分析的手段，在蛋白质一级结构的分析中也运用的比较成熟。如今，LC-ESI/MS 技术已得到普遍运用。

7. 大气压化学电离源

大气压化学电离源(atmospheric pressure chemical ionization，APCI)的结构与 ESI 大致相同，也是液相色谱-质谱联用仪最常用的离子化方式。APCI 是在大气压下，在 APCI 的附近放置针状放电电极，利用电晕在高压下放电使气相样品和流动相电离的一种离子化技术。APCI 产生的离子多为单电子离子，能分析的相对分子质量范围往往受到质量分析器分析范围的限制，且要求样品能挥发，故 APCI 适用于中等极性的小分子化合物。

11.2.5 质量分析器

质量分析器(mass analyzer)是质谱分析仪的核心部件，位于离子源和检测器之间，其作用就是将不同质荷比的离子按大小顺序分开并排列成谱。

目前的质量分析器有单聚焦质量分析器、双聚焦质量分析器、四极杆质量分析器、飞行时间质量分析器、傅里叶变换回旋共振及离子阱质量分析器等。各种质量分析器比较见表 11-2。

表 11-2 质量分析器比较

质量分析器	测定参数	质量范围(m/z)	分辨率	优点	缺点
四极杆	按质荷比大小过滤	3 000	2 000	适合 ESI，正负离子模式易于切换，体积较小，价格低廉	测量范围(m/z)限于 3 000，与 MALDI 兼容性差
离子阱	频率	2 000	1 500	体积小，中等分辨率，设计简单价格低，适合多级质谱，正负离子模式易于切换	测量范围限于商品水平，但正在取得进展

续表

质量分析器	测定参数	质量范围 (m/z)	分辨率	优点	缺点
磁场	动量/电荷	20 000	10 000	分辨率高，测试准确，测量范围中等	要求高真空，价格高，操作烦琐，扫描速度慢
飞行时间 (TOF)	飞行时间	∞	15 000	质量范围宽，扫描速度快，设计简单，高分辨率，高灵敏度	价格昂贵
FT-MS	频率	10 000	30 000	高分辨率，适合多级质谱	需高真空($<1.3\times10^{-5}$Pa)和超导磁体，操作困难，价格昂贵

1. 单聚焦质量分析器

单聚焦质量分析器(single focusing analyzer)由加速器、磁铁、质量分析管、出射狭缝和真空系统组成。由离子源产生的离子束在加速电场的作用下，以较高的速度进入质量分析器，由于磁场的作用，离子束的运动轨道将发生偏转，由直线运动变成弧线运动，如图11-10所示。

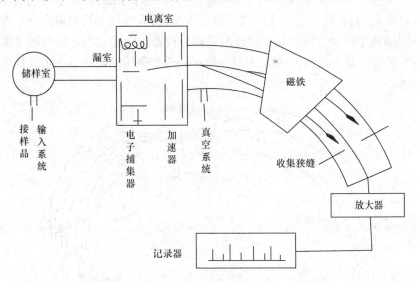

图 11-10 单聚焦质量分析器的结构原理示意图

由公式

$$R = \frac{1.44 \times 10^{-2}}{B} \cdot \sqrt{\frac{mU}{z}} \tag{11-1}$$

式中，R 为运动半径；m 为离子质量；B 为磁感应强度；U 为离子加速电压；z 为离子电荷量。

由式(11-1)可知，在一定磁感应强度(B)和加速电压(U)条件下，不同 m/z 的离子进入质量分析器，其运动半径 R 是不相同的，据此便可实现分离。对于固定的仪器设备，由于出射狭缝和离子检测器的位置固定，离子弧形运动的曲线半径 R 也是固定的，由此采用连续改变加速电压 U 或磁场强度 B，使不同 m/z 的离子依次通过出射狭缝，以半径为 R 的弧形运动方式到达离子监测器，使离子从时间上被分开，实现质量扫描得到质谱图。

单聚焦质量分析器的结构简单,操作方便但分辨能力低,目前只适用于同位素质谱仪和气体质谱仪。对于具有相同动能和质量的离子,不管其进入磁场的方向如何,最终都集中成一个离子束,它起到了方向聚焦的作用,但不能对不同动能的离子实现聚焦。

2. 双聚焦质量分析器

双聚焦质量分析器(double focusing analyzer)是在单聚焦质量分析器的基础上逐渐发展起来的。双聚焦质量分析器在离子源和磁场之间加入一静电场 E,使加速后的正离子先进入静电场,这时带电离子受电场力作用发生偏转,要使得离子保持半径 R 的轨道运动,必要条件是偏转产生的向心力等于静电力,即

$$eE = \frac{mu^2}{R} \tag{11-2}$$

故可得

$$R = \frac{m}{e} \cdot \frac{u^2}{E} \tag{11-3}$$

当 E 为一定值时,只有动能相同的离子才能具有相同的 R。因此静电场的作用是产生了一次能量分离聚焦,只允许一定动能的离子通过狭缝,进入磁场分析器再进行一次偏转分离,使得质量不同的离子得到分散,对于这样的质量分析器,既能实现方向聚焦又能实现能量聚焦,故称为双聚焦质量分析器,如图 11-11 所示。双聚焦质量分析器在很大程度上提高了仪器的检测分辨率。

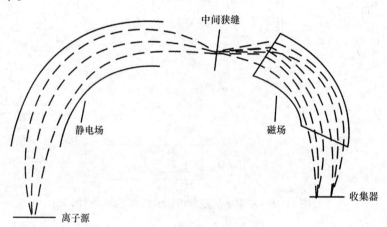

图 11-11 双聚焦质量分析器原理示意图

3. 四极杆质量分析器

四极杆质量分析器(quadrupole analyzer),又称四极滤质器。由其作为质量分析器构成的质谱仪可称为四极质谱仪。如图 11-12 所示,仪器由四根平行截面为双曲面或圆形的棒状电极组成,电极一般选用镀金陶瓷或钼合金材质。两组电极之间施加一定的直流电压(DC)和频率在射频范围内的交流电压(RF),两对电极之间的电位相反。

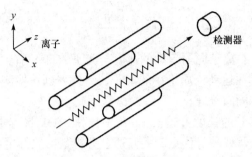

图 11-12 四极质谱仪示意图

实际上在一定条件下,被检测离子的质荷比与电压呈线性关系。因此,改变 DC 和 RF 可达到质量扫描的目的,四极滤质器也就是通过这样的工作原理实现离子扫描。四极滤质器结构紧凑、质量轻巧、体积小、易于操作、扫描速度快且还能达到较高的分辨率,在色谱-质谱联用仪器中具有一定的优势。

4. 飞行时间质谱

飞行时间质谱(time of flight analyzer, TOF)的工作原理很简单,结构示意如图 11-13 所示。其主要部件是一个离子漂移管,由灯丝(阴极)发射的电子,在电离室中被加速之后,撞击电离室中的待测组分分子使其电离;在栅极(G_1 与 G_2)之间有一直流电压(U)能使离子加速而获得动能,以速度 u 进入长度为 L 的无电场、无磁场的自由空间,即漂移区,最终到达检测器,得到质谱图。

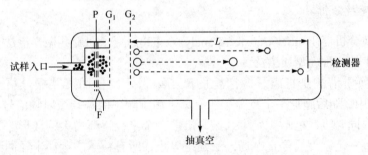

图 11-13 飞行时间质谱仪原理示意图

假如忽略离子(质量为 m)的初始动能,离子在经过栅极之间的直流电压加速之后获得一个动能:

$$\frac{1}{2}mu^2 = zU \tag{11-4}$$

因而有

$$u = \sqrt{\frac{2zU}{m}} \tag{11-4a}$$

式中,u 为离子的速度;z 为离子的电荷数;m 为离子的质量;U 为直流电压。获得动能后的离子在漂移空间内,因无磁场、无电压,认为其作匀速运动。设离子在漂移区飞行时间为 t,漂移管的长度为 L,则

$$t = L\sqrt{\frac{m}{2zU}} \tag{11-5}$$

即当电压为一定值时,离子向前运动的速度与离子的 m/z 有关,以至于在漂移空间内,离子是以各种不同的速度在运动,质量小的离子,将优先到达检测器。根据此原理,可以将离子按照质荷比的大小不同而分开。

由式(11-5)可知,漂移管的长度 L 越长,分辨率越高。TOF 具有质量范围宽、扫描速度快、质量分析范围广和质量分辨率高等优点,尤其适合分析蛋白质等生物大分子。目前,MALDI 常常与 TOF 联用,在大分子的分析方面得到广泛的应用。

5. 离子阱质量分析器

离子阱质量分析器(ion trap analyzer)主要是由一环形电极及上下各一端罩电极组成,端罩电极接地,在环形电极上施加变化的射频电压。由离子源(一般为 CI 或 EI)产生的离子当具有合适的质荷比时,将在阱中指定的轨道上做稳定的旋转运动。此时如果增加该电压,质量较大的离子将转至其他稳定轨道,而质量较小的离子将偏离轨道并撞到环电极上。

如果离子进入阱中后,环电极上的射频电压不断升高,阱中离子将按质荷比大小依次从离子阱底端离开,被检测器检测、记录。离子阱质量分析器与四极滤质器原理相似,也是通过改变扫描电压,将未满足条件的离子过滤掉,最终检测特定质荷比的离子,得到质谱图。

离子阱质量分析器具有结构简单、易于操作、灵敏度高的特点,常被用于与气相色谱联用,用于质荷比在 200~2000 的分子分析。

6. 傅里叶变换分析器

傅里叶变换分析器(Fourier transform analyzer, FT)是离子回旋共振光谱法与现代计算机技术相结合而产生的一种新型质谱法。

傅里叶变换质谱法是将离子源产生的离子束引入离子回旋共振分析器(ion cyclotron resonance, ICR)中,随后施加一个涵盖了所有离子回旋频率的宽频域射频信号。回旋的离子在此信号激发下,同时吸收能量,发生共振并沿着一个半径逐渐增大的环形路径运动。当运动半径逐渐增大到一定程度后停止电场,激发也停止,所有粒子的运动半径回到原值。此时,检测器板上将形成一个自由感应的衰减信号,称为像电流(image current),被电学仪器放大和记录。得到的像电流包含了所有离子自由感应衰减信息的时域信号,经过傅里叶转换,可获得一个完整的频率域谱。离子的 m/z 与其共振频率具有一一对应关系,因此可得到以质荷比为横坐标的质谱图。

傅里叶变换质谱仪是一种高分辨仪器,分辨率达到 10 000 是相对容易的。其分辨率与磁场强度(B)、信号持续时间(T)成正比,与离子的 m/z 成反比。FT-ICR 分辨率极高,远超过其他质谱仪,在分子质量为 1000u 时,仪器分辨率可超过 10^6;此外,还可完成多级串联质谱操作,提供高分辨质谱数据;FT-ICR 一般采用外电离源,因而可用各种电离方式,便于与色谱仪联用。其分析质量范围宽、分析速度快、性能可靠,得到广泛应用。

11.2.6 检测器及数据处理系统

经过质量分析器的离子,到达检测系统进行检测。离子检测器的作用是接收被分离后的很小的离子流,并加以放大,检测离子流的强度,最后送到计算机数据处理系统,由计算机显示和输出,即可得到质谱图。

检测器通常使用电子倍增器(electron multiplier),其工作原理与光电倍增管类似。如图11-14所示,电子倍增器由一个转换极、一组倍增极和一个收集极组成。电子倍增器将由质量分析器出来的、具有一定能量的离子打到高能电极产生二次电子,二次电子经多级倍增后产生电信号,并得到放大,收集记录不同的离子信号,得到质谱数据。电子倍增器通常有 10~20 级,增益为 $10^4 \sim 10^6$ 倍。电子能以很快的速度通过电子倍增器,因此利用电子倍增器作为检测器通常具有灵敏度高和测定快速等优点。

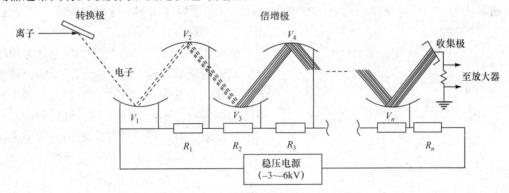

图 11-14 电子倍增器工作原理示意图

人们还将电子倍增器微型化,集成组装成多通道板(multiple channel plate, MCP)检测器,在实际工作中发挥重要作用。

通道电子倍增器(channeltron electron multiplier)是一种新型的电子倍增器件,区别于金属打拿极的电子倍增器。其主要作用就是通过二维连续打拿极的电子倍增器功能放大比较微弱的电子信号,通常可用于直接检测电子、离子、α射线、β射线、γ射线和 X 射线、真空紫外光子、亚稳态分子等,因而在质谱仪、电子能谱仪、光电子谱仪、离子谱仪、等离子谱仪等精密仪器中得到广泛应用。

与光电倍增管一样,电子倍增器的信号灵敏度与电子倍增器的电压有关。虽然提高电子倍增器电压可以提高灵敏度,但同时会降低电子倍增器的使用寿命。其他常用的离子检测器有法拉第杯接收器、照相板、光电倍增管、CCD 等,在光谱中广泛使用的检测器也获得日益增多的应用。

11.2.7 质谱仪的主要性能指标

1. 质量范围

质谱仪的质量范围(mass range)是指仪器测量离子的荷质比范围,或者表示质谱仪所能够进行分析样品的相对分子质量范围,通常采用原子质量单位(unified atomic mass unit, u)进行量度。如果离子只带一个电荷,可测的荷质比范围实际上就是可测的分子质量或原子质量的范围。

质量范围的大小主要取决于质量分析器的类型。不同的质谱仪质量范围往往具有很大的差别,测定气体的质谱仪,质量范围一般为 2~100u;有机质谱仪的质量范围可达几千;现代质谱仪可以分析相对分子质量上万的生物大分子;而飞行时间质谱仪可以分析的质量范围无上限。

2. 分辨率

分辨率是指质谱仪对离子质量的鉴别能力，或者说是仪器将相邻的两个质量数离子分开的能力，通常用 R 表示。分辨率的定义是，两个相等强度的已经被分开的相邻峰，其分辨率 R 可用式(11-6)表示：

$$R = m_2/(m_2 - m_1) \tag{11-6}$$

式中，m_2、m_1 均为离子的质量数，且 $m_2 > m_1$，如果 $m_2 - m_1 = \Delta m$，则

$$R = m_2/\Delta m \tag{11-6a}$$

通常认为，当相等强度的相邻两峰重叠部分高度小于峰高 10%，分离度较好，两峰"已经分开"，如图 11-15 所示。

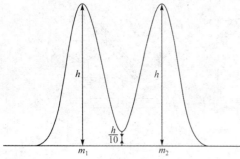

图 11-15 分辨率示意图

从式(11-6)可以看出，当两峰质量数差值越小，分析测试的质量数越大(m_2 越大)，所需仪器的分辨率 R 越大。在实际工作中，很难找到两个相等强度的相邻峰，因此强度相等可取近似值。如果找不到刚刚分开的两个峰，需要用分辨率来提高其分离程度，分辨率的大小可表示为

$$R = m_1/W_{0.05} \tag{11-7}$$

式中，m_1 为任意选择单峰的离子质量数；$W_{0.05}$ 为峰高 5%处的峰宽(代替Δm)。式(11-7)表示方法简单，但半峰宽会随峰高发生变化，对分辨率有一定的影响。

影响质谱仪分辨能力的因素主要有：①提供的加速电压及磁场强度是否稳定；②加速器与收集器是否具有合适的狭缝宽度或质谱元件将离子聚焦的能力；③离子源的种类与性能能否保证提供的离子具有均一的能量。

分辨率是反应质谱仪性能的重要指标，几乎决定了质谱仪的价格。质谱仪按分辨率大小可分为低、中、高三个级别，R 在 10 000 以下的称为低分辨质谱仪，在 10 000 以上的称为中或高分辨质谱仪。

一般有机分析要求质谱仪的分辨率在 500 左右，此类仪器一般采用四极杆质量分析器、离子阱质量分析器等作为质量分析器，仪器价格相对便宜；当进行同位素质量及有机分子质量的准确测定时，则要求质谱仪具有较高分辨本领，通常使用双聚焦磁式质量分析器作为此类质谱仪的质量分析器。低分辨质谱仪只能给到离子质量的整数位，中分辨质谱仪可以给到小数点后四位，高分辨质谱仪可以给到小数点后第五位，R 值可达 100 000，能对有机化合物的精确结构给出准确信息。

3. 灵敏度

在一定操作条件下，质谱仪能给出定性信息(信噪比)时所需样品的最小量称为该仪器的灵敏度，可以用绝对灵敏度、相对灵敏度和分析灵敏度表示。其中绝对灵敏度是指仪器在固定分辨率的情况下，产生一定信噪比的分子离子峰时，可检测到的最小样品量；相对灵敏度是指仪器可同时检测的样品含量比；而分析灵敏度则是输入信号量和输出信号比。

在测定仪器灵敏度时，尤其比较不同质谱仪时，应该严格控制操作条件，使用相同的样

品,信噪比标准也应该统一,只有使用相同操作条件测得的灵敏度的数据,才具有可比性。

学习与思考
---

(1) 质谱仪主要由哪些部件组成?
(2) 质谱仪的离子源类型有哪些?各适用于分析哪种类型的化合物?
(3) 光电倍增管和电子倍增器在工作原理和器件构造上有哪些异同?
(4) 上网查询近年来国内外商用高分辨质谱仪有哪些典型产品,列表对比其性能指标和适用范围。

11.3 质谱图及化学键的主要裂解方式

11.3.1 质谱的表示方式

质谱仪记录下来的只有正离子的信号,而负离子的信号在电场中往相反方向运动,中性碎片由于不受磁场作用,所以负离子及中性碎片在质谱中均不出峰。不同质荷比的正离子经质量分析器分开后,被记录下来的数据用三种方式表示:质谱图、质谱表和元素图表。

1. 质谱图

质谱图是质谱分析中最常用的表示方法。质谱图又分为峰形图(peak pattern)和棒图(bar graph)。其中峰形图沿用较少,大部分质谱图用棒图(图 11-16)表示。图中横坐标表示质荷比(m/z),因质荷比中离子所带电荷一般为 1,故 m/z 在大多数情况下即表示离子的质量;纵坐标表示相对强度(通常又称为相对丰度),即把质谱图中最强的质谱峰作为基峰(base peak),并规定其相对强度为 100%,其他离子峰强度以相对于基峰强度的百分数表示。

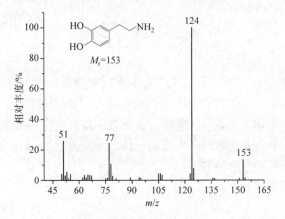

图 11-16 多巴胺的质谱图

2. 质谱表

质谱表是以列表的形式来表示质谱数据,表中列出各峰的 m/z 值及所对应的相对丰度,如表 11-3 为多巴胺的质谱表。

表 11-3 多巴胺的质谱表

m/z	相对丰度/%	m/z	相对丰度/%	m/z	相对丰度/%	m/z	相对丰度/%
50	4.0	64	1.6	79	2.7	123	4.1
51	25.7	65	3.6	81	1.0	124	100.0(基峰)
52	3.0	66	3.1	89	1.6	125	7.6
53	5.4	67	2.9	94	1.8	136	1.5
54	1.0	75	1.0	95	1.4	137	1.0
55	4.0	76	1.5	105	4.3	151	1.0
62	1.6	77	24.3	106	4.3	153	13.3($M^{\ddot{+}}$)
63	3.3	78	10.5	107	3.3	154	1.5(M+1)

注：多巴胺质谱表中只显示质荷比大于 50 及相对丰度大于 1%的质谱峰。

3. 元素图表

元素图表是将高分辨质谱仪所得结果，经计算机数据程序运算处理所得。根据元素图表可确定分子离子和碎片离子的元素组成。

11.3.2 质谱图中主要离子峰类型

待测样品在离子源中可能形成各种类型的离子，主要包括分子离子、碎片离子、同位素离子、亚稳离子、重排离子、多电荷离子等。识别并了解这些离子的形成规律，在质谱图的解析及化合物的结构鉴定中有着重要作用。

1. 分子离子

离子源中高速电子轰击样品分子，使其失去一个电子而形成离子($M^{\ddot{+}}$)，被称为分子离子(molecular ion)或母离子(mother ion)。

$$M + e^- \longrightarrow M^{\ddot{+}} + 2e^-$$

式中，e^- 为轰击电子，$M^{\ddot{+}}$ 为分子离子。

在质谱分析中，用"+"表示正电荷，"·"表示不成对电子。$M^{\ddot{+}}$ 与分子相比仅丢失了一个电子，其质量可忽略不计，故在质谱分析中，通常以分子离子峰的质荷比表示分子质量(M)。

不同类型的电子具有不同的能量。通常，电子能量高低顺序为 n 电子>π 电子>σ 电子(参见 3.1.2 节)。因此样品分子在电离时，失去电子的难易顺序也为 n 电子>π 电子>σ 电子。几种键电子电离产生分子离子的情况如下：

$$n\text{ 电子：} R-\ddot{O}-R' \longrightarrow R-\overset{+}{\underset{\cdot}{O}}-R'$$

$$\pi\text{ 电子：} RH_2C::CH_2R' \xrightarrow{-e^-} RH_2C\overset{+}{\cdot}CH_2R'$$

$$RHC::CHR' \xrightarrow{-e^-} RHC\overset{+}{\cdot}CHR'$$

$$\sigma\text{ 电子：} RH_2C:CH_2R' \xrightarrow{-e^-} RH_2C\overset{+}{\cdot}CH_2R'$$

在质谱分析中，化合物的分子结构几乎决定了分子离子峰的强度。分子离子峰的强度取决于分子离子的稳定性，稳定性越高的分子离子峰越强。各类化合物在 EI 作为离子源在质谱分析中分子离子的稳定性如下：

芳香族化合物＞共轭链烯＞脂环化合物＞烯烃＞直链烷烃＞硫醇＞酮＞胺＞酯＞醚＞支链烷烃＞腈＞伯醇＞仲醇＞叔醇＞缩醛。

2. 碎片离子

样品分子在离子源中受到高速电子轰击时，形成分子离子的能量如果还有剩余，共价键便会按照特殊的裂解机理产生进一步的断裂，也称为开裂，进而形成碎片离子、中性碎片及自由基，由此产生新的能量较低的离子便是碎片离子。在质谱图上，除了分子离子以外的，基本上都是碎片离子(fragment ion)的峰。碎片离子在化合物的结构鉴定中能提供重要的信息。因此了解离子的开裂规律，在结构解析中起着关键作用。

3. 同位素离子

自然界中很多元素具有天然同位素，如 C、H、O、N、S、Cl、Br 等。常见元素的同位素及其天然丰度如表 11-4 所示，其中以低质量的同位素丰度为 100%。

表 11-4 常见元素的同位素及其天然丰度

元素	同位素	天然丰度/%	同位素	天然丰度/%	同位素	天然丰度/%
氢	^1H	100	^2H	0.015	—	—
碳	^{12}C	100	^{13}C	1.11	—	—
氮	^{14}N	100	^{15}N	0.37	—	—
氧	^{16}O	100	^{17}O	0.04	^{18}O	0.20
氟	^{19}F	100	—	—	—	—
硅	^{28}Si	100	^{29}Si	5.06	^{30}Si	3.36
磷	^{31}P	100	—	—	—	—
硫	^{32}S	100	^{33}S	0.79	^{34}S	4.43
氯	^{35}Cl	100			^{37}Cl	31.99
溴	^{79}Br	100			^{81}Br	97.28
碘	^{127}I	100	—	—	—	—

含有同位素的化合物在质谱图中一般会出现同位素峰，同位素峰的强度比与同位素的丰度比是相当的。在质谱图中，Cl、Br 的同位素 ^{35}Cl 和 ^{37}Cl、^{79}Br 和 ^{81}Br 天然丰度较大，含这两种元素的同位素离子峰有明显的特征，较易出现 M^+ 及 $(M+2)^+$ 的离子峰。根据这一特点，可为推测化合物的元素组成提供一定的信息。

同位素离子峰的相对强度可按 $(a+b)^n$ 进行计算。各同位素相对强度的比值等于该式展开后得到的各项数值之比。其中，a 为轻同位素的相对丰度，b 为重同位素的相对丰度，n 为分子中含同位素原子的个数。

【示例 11-2】 分子离子峰及同位素峰强度比的计算

计算 $CHBr_3$ 的分子离子峰及其同位素峰的强度比。

分子中含有 3 个溴原子，$n=3$，a 为 ^{79}Br 的相对丰度(50.52%)，b 为 ^{81}Br 的相对丰度(49.48%)。将以上数据带入 $(a+b)^n$ 进行计算得

$$(a+b)^3 = a^3 + 3a^2b + 3ab^2 + b^3$$

由于 a、b 的数值十分接近，可大致认为 $a=b$，根据上式展开及各项的系数可知，$CHBr_3$ 的 4 个质量 M(含 3 个 ^{79}Br)、(M+2)(含 2 个 ^{79}Br 和 1 个 ^{81}Br)、(M+4)(含 1 个 ^{79}Br 和 2 个 ^{81}Br)、(M+6)(含 3 个 ^{81}Br)的同位素离子峰，其强度比 M：(M+2)：(M+4)：(M+6)约为 1：3：3：1。

4. 亚稳离子

从离子源出来的离子，有一部分由于自身不稳定，前进过程中发生了分解，生成了新离子，新产生的离子称为亚稳离子(metastable ion)。形成亚稳离子的过程可以表示为

$$m_1^+ \longrightarrow m_2^+ + N$$

式中，m_1^+ 为母离子；m_2^+ 为亚稳离子；N 为丢失的中性碎片(neutral fragment)。由于中性碎片带走了一部分动能，m_2^+ 离子的动能要比直接在离子源中产生的离子小得多。

亚稳离子具有以下特点可与电离室中形成的正常离子相区别。

(1) 离子峰强度很弱，仅为 m_1^+ 峰的 1%～3%。

(2) 峰形宽而矮的，呈小包状，一般可跨 2～5 个质量单位。

(3) 亚稳离子的质荷比一般不是整数，与母离子和正常离子之间的关系为：$m_2^+ = m^2/m_1^+$

其中，m_1^+ 为母离子，m_2^+ 为亚稳离子，m 为正常离子。

【示例 11-3】 氨基茴香醚出现亚稳离子的图谱

如图 11-17 所示，氨基茴香醚在 m/z 为 94.8 及 59.2 出现亚稳离子峰，可由此推断各离子之间的"亲缘关系"。

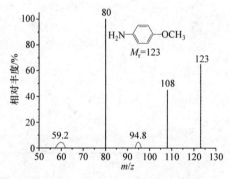

图 11-17　氨基茴香醚的质谱

由 $m_2^+ = m^2/m_1^+$ 式，可计算得

$$94.8 = 108^2/123$$
$$59.2 = 80^2/108$$

由此可推断各离子之间的"亲缘关系"及裂解过程为

$$m/z\ 123 \xrightarrow{94.8} m/z\ 108 \xrightarrow{59.2} m/z\ 80$$

两个亚稳离子峰 m/z 94.8 及 59.2 的存在，也证明了 m/z 80 的离子是由母离子经过两步断裂而得到。由此可见，在存在亚稳离子峰的质谱图中，可实现由子离子找母离子，在确定分子离子峰上有一定的意义。

5. 重排离子

重排离子(rearrangement ion)是分子离子在裂解过程中，化学键发生断裂，结构发生一定规律的重排反应(rearrangement reaction)而形成的离子。重排反应中化学键会发生两个及以上的断裂。重排反应往往会导致原化合物碳架发生变化，并产生新的结构单元离子。

6. 多电荷离子

样品分子在离子源中被电离，分子失去两个或两个以上的电子，从而带有两个或两个以上电荷的离子被称为多电荷离子(multiple-charged ion)。芳香族化合物、有机金属化合物或含有共轭体系的化合物易产生多电荷离子。

学习与思考

(1) 质谱图中主要离子峰类型有哪些？
(2) 化合物中含有同位素原子时，在质谱分析时应注意些什么？
(3) 重排反应会给质谱离子的判定带来什么影响？

11.3.3 化学键的主要裂解方式

1. 裂解方式

化学键断裂时，伴随着电子转移。为了区分，常常使用单钩箭头"⌒"表示单个电子的转移，用双钩箭头"⌒"表示两个电子的同时转移。

化学键的开裂有以下三种情况。

(1) 均裂：由两个电子构成的δ键开裂后，两个碎片各保留一个电子。

$$X\frown Y \longrightarrow X\cdot + Y\cdot$$

(2) 异裂：δ键开裂后两个电子都留在同一个碎片上。

$$X\frown Y \longrightarrow X^+ + Y^-$$

(3) 半异裂：已离子化的δ键的开裂。

$$X-Y \xrightarrow{-e^-} X^+ \frown Y \longrightarrow X^+ + \cdot Y$$

2. 离子开裂类型

阳离子的开裂类型大体可以分成单纯开裂(简单开裂)、重排开裂、复杂开裂和双重重排开裂四种方式。

1) 单纯裂解

在分子离子的裂解中，当仅有一个键发生断裂时，称为简单裂解，主要有α断裂、β断裂、γ裂解和诱导裂解等几种情况。

(1) α断裂。与含有 C—X 或 C=X(X 为杂原子)基团直接相连的α键，因为自由基有着强烈的电子配对倾向而发生断裂，如：

$$R_1 - \underset{\underset{+}{\overset{\|}{O}}}{C} - R_2 \longrightarrow \cdot R_1 + \underset{\underset{+}{\overset{\|}{O}}}{C} - R_2$$

(2) β断裂。含有双键的化合物及含有杂原子的有机化合物(如胺、硫醚、卤化物等)容易在β键处断裂，如：

(3) γ裂解。对于酮及其衍生物，以及含有N杂环的烷基取代物，容易发生γ键的断裂，生成稳定的四元环，如：

(4) 诱导裂解(induced cleavage)。正电荷中心易吸引一对电子，从而造成单键的断裂这是发生诱导断裂的诱因。当一对电子发生转移时，正电荷的位置也将发生变化，如：

$$R_1 - \overset{\overset{+}{O}}{\underset{\|}{C}} - R_2 \longrightarrow R_1 + \cdot \overset{\overset{O}{\|}}{C} - R_2$$

2) 重排裂解

有些离子在裂解时，由于游离自由基有配对倾向，自由基中心会引发重排反应。重排时通常有两个或两个以上的键发生断裂，有一个氢原子发生转移，同时脱掉一个中性分子，或发生键的重排。由于脱去中性分子是失去偶数个电子，所以含奇数个电子的离子或含有偶数个电子的离子在经重排后产生的离子所含电子的奇偶数是不发生变化的。据此，可以判断该离子是否由重排产生。但含氮化合物则会因为所含氮原子的奇偶数不同而发生相应变化。

发生重排的类型有很多，比较重要且比较常见的主要有麦氏重排(McLafferty rearrangement)、逆第尔斯-阿尔德反应(retro Diels-Alder reaction)、四元环过渡态重排(four membered ring transition state rearrangement)。

(1) 麦氏重排。化合物中含有C=X(X为O、N、S、C等)基团，如醛、酮、羧酸、酯、烯烃、侧链芳烃、含硫羰基及双键氮等，且这个基团相连的链上具有γ氢原子时，可发生麦氏重排。经过六元环空间排列的过渡态，γ氢原子重排并转移到带正电荷的杂原子上，同时β键发生断裂，脱去一个中性分子，这种开裂方式称为麦氏重排。重排通式如下：

麦氏重排广泛存在于质谱分析中，对质谱解析有着重要意义。若由简单开裂或重排开裂所产生的碎片离子仍满足麦氏重排的条件，则可进一步发生麦氏重排。

(2) 逆第尔斯-阿尔德反应(RDA反应)。第尔斯-阿尔德反应的逆向过程为逆第尔斯-阿尔德反应。通常具有环己烯结构的化合物都能够进行RDA反应。开裂过程中，会同时发生两个β键的断裂。通式如下：

(3) 四元环过渡态重排。四元环过渡态重排的结果是氢原子重排到饱和杂原子上并伴随相邻键的断裂，示例如下：

$$R'H_2CH_2C\overset{+}{-}X-CH-R \longrightarrow H_2C\overset{+}{=}X-CH-R$$
$$\overset{H}{\underset{R'}{HC}}$$

$$\longrightarrow R-CH=\overset{+}{X}H \; + \; \underset{R'}{\|}$$

3) 复杂开裂

含有杂原子的环状化合物能发生一个以上的键的开裂,同时脱去中性分子和自由基。环酮、环醇、环卤烃、环醚、环烃胺等都可以发生复杂开裂。

4) 双重重排开裂

双重重排是多个键发生断裂,脱去一个游离基,同时有两个氢从脱去的碎片上发生迁移生成新碎片离子的开裂。正是因为发生了上述过程,质谱图上有时候会产生很多两个质量单位的离子峰。乙酸以上的酯和碳酸酯、相邻的两个碳原子上有适当取代基的化合物(如二醇)容易发生双重重排开裂。

11.4 质谱定性与定量分析

11.4.1 质谱定性分析

1. 相对分子质量的确定

质谱法是目前为止,唯一一种能够确定待测样品相对分子质量的方法。一般情况下,分子失去一个电子形成了分子离子,而电子的质量很小,忽略不计,所以分子离子的质荷比(m/z)在数值上就等于该分子的相对分子质量。测定相对分子量必须掌握判断分子离子峰的方法。

(1) 分子离子峰稳定性的一般规律。分子离子的稳定性与分子结构密切相关。一般而言,碳链越长、碳数目越多、含支链,分子离子的稳定性降低;而含 π 键的芳香共轭烯链稳定性高。分子离子稳定性顺序一般为:芳香环>共轭链烯>脂肪族化合物>直链烷烃>硫醇>酮>胺>醚>分支多的烷烃>醇。

对于非挥发或热稳定性差的化合物应采用软电离源离解方法,如化学电离、大气压化学电离、电喷雾电离等,以加大分子离子峰的强度。

(2) 分子离子峰质量数的规律(氮律)。有机化合物由 C、H、N、O 组成时,若含有偶数(包括零)个 N 原子,其分子离子峰的 m/z 值一定为偶数;若含有奇数个 N 原子,则其分子离子峰的 m/z 值一定是奇数,将这一规律称为氮律。分子离子峰必须符合氮律,是因为组成有机化合物的主要元素 C、H、O、N、S、卤素等元素中,只有 N 元素的化合价是奇数而质量数是偶数。

(3) 分子离子峰与邻近峰的质量差是否合理。有不合理的碎片峰,就不是分子离子峰。如分子离子不可能裂解出两个以上的氢原子和小于一个甲基的基团,因此在分子离子峰的左边不可能出现比分子离子峰质量小 3~14 个质量单位的峰;若出现质量差 15 或 18,这是由于裂解出 ·CH_3 或一分子 H_2O,这些质量差是合理的。

(4) $(M+1)^+$ 和 $(M-1)^+$ 峰。醚、酯、胺或者酰胺等化合物的分子离子不稳定，因此分子离子峰很小或者不出现，但 $(M+1)^+$ 却很大，这是由于分子离子在离子源中捕获了一个 H 形成的质子化分子离子 $(M+1)^+$ 峰。此外，某些化合物可能没有分子离子峰，但会形成去质子化分子离子 $(M-1)^+$ 峰，如醛类化合物。

(5) 化合物中含有 Cl 或 Br。若化合物中含有 Cl 或 Br 时，一般会出现这两个元素的同位素峰，M 与 (M+2) 峰的比例是确认分子离子峰的一个重要手段。

2. 分子式的确定

随着现代技术的发展，越来越多的手段被运用到质谱分析中。质谱分析法不仅能确定化合物的相对分子质量，还能确定化合物的元素组成和分子式。确定化合物分子式的方法主要有高分辨质谱法和同位素相对丰度法。

1) 高分辨质谱法

高分辨质谱仪能精准确定化合物的相对分子质量。因为 C、H、O、N 的相对原子质量分别为 12.000 000、1.007 825、15.994 914、14.003 074，如果高分辨质谱仪精确测定分子离子(包括碎片离子)的质荷比，在高分辨质谱给出的可能分子式中，相对分子质量相差最小的则最可能为该化合物的分子式。结合强大的计算机数据处理系统，不仅能给出分子离子峰的元素组成及分子式，还能给出碎片离子峰的元素组成及分子式。

延伸阅读 11-3：常用质谱谱图库

计算机技术的飞速发展，也使得质谱技术得到更加广泛的应用。将标准电离条件(EI 源、70eV 轰击)下得到的纯化合物的谱图数据，存储在计算机磁盘中，随着分析的化合物数量增加而不断更新，便得到了质谱谱图库。

目前，很多质谱仪都配有质谱数据库，能高效地进行自动检索质谱图，并给出被测物相对分子质量和结构信息。目前普遍使用的数据库包括美国国家标准与技术研究院(National Institute of Standards and Technology, NIST)等部门或出版商开发的 NIST'98 质谱数据库、WILEY 质谱数据库、NIST/EPA/NIH 质谱数据库、DRUG 质谱数据库等。

---

2) 同位素相对丰度法

如果是低分辨质谱仪，不能测得化合物精确的相对分子质量。在质谱分析中，可利用同位素离子峰的丰度比来推测化合物的分子式。各元素具有一定的同位素天然丰度，含 C、H、O、N 的分子离子及碎片离子的 (M+1)/M% 及 (M+2)/M% 都有所不同，如果以质谱法测定分子离子峰及分子离子峰的同位素峰 (M+1，M+2) 的相对丰度，就能通过计算 (M+1)/M 及 (M+2)/M 比值来确定化合物的分子式。威尔士化学与物理学家贝农(John H. Beynon, 1923—2015)等根据同位素峰丰度比与离子的元素组成间的关系，按离子质量为序编制了贝农表(Beynon table)。表中与待测分子质量最接近的，可认为是该化合物的分子式。

3. 结构鉴定

通过对图谱中各种碎片离子、亚稳离子、分子离子的化学式、相对峰高、质荷比等信息，结合化合物的裂解规律，找出碎片离子产生的途径，从而判断化合物的分子结构。纯化合物的结构鉴定是质谱应用最成功的领域。

对于已知结构或合成产品的结构鉴定，可利用查询标准图谱或与相同分析条件下标准品谱图对比来进行判断；要求相对分子质量吻合，主要碎片峰能够得到合理的解释。当分析结构未知的化合物时，质谱图可以提供确定化合物的结构片段信息，结合核磁共振、红外、紫外等其他技术鉴定其结构。

对于混合物可以利用质谱联用技术，如液相色谱-质谱联用、气相色谱-质谱联用，将化合物分离后再行鉴定。许多现代质谱仪都配有计算机质谱图库，利用工作站软件的谱库检索功能，大大方便了利用质谱进行有机化合物的结构鉴定。

学习与思考

(1) 简述什么是氮律。如果化合物的分子离子峰为奇数意味着什么问题？
(2) 质谱定性分析包括哪些步骤？
(3) 在质谱定性分析时如何使用质谱数据库？

11.4.2 质谱定量分析

质谱法定量分析的依据是质谱检出的离子流强度与离子数目成正比，因此可通过测量离子流强度进行定量测定。由于质谱分析法的灵敏度大大高于常规紫外分析法等，近年来被广泛用于药物代谢等研究。

1. 质谱定量分析的前提条件

对于多组分混合物的定量分析，质谱分析法是一种非常有用的手段，适用于分析气体、易挥发或难挥发的化合物。在用质谱定量分析时，首先要满足：①样品中每一种组分最少有一个特征峰，与其他组分有较好的分离效果，不受其他峰的影响；②各组分的裂解模型及灵敏度具有重现性；③各组分对峰的贡献具有线性加和性；④有合适的标准物质，供仪器校正使用。在满足上述要求的前提下，才可以合理地计算混合物中各组分的含量。

2. 质谱定量分析的理论基础

在适当的条件下，质谱峰高与组分的分压成正比，即

$$i_{11}P_1 + i_{12}P_2 + \cdots + i_{1n}P_n = I_1$$
$$i_{21}P_1 + i_{22}P_2 + \cdots + i_{2n}P_n = I_2$$
$$\cdots\cdots$$
$$i_{m1}P_1 + i_{m2}P_2 + \cdots + i_{mn}P_n = I_m$$

式中，I_m 为混合物在质谱图上质量 m 处的峰高(离子流)；i_{nm} 为组分 n 在质量 m 处的离子流；P_n 为混合物中 n 组分的压强。

i_{nm} 与仪器的操作条件(如轰击电流、磁场强度及温度)有密切关系，故定量分析样品要保持仪器参数一致才能进行分析。以纯物质校正 i_{nm}、P_n 测得未知混合物 I_m，通过解上述多元一次联立方程组即可求得各组分的含量。

用质谱法进行化合物的定量分析也可以在气相色谱-质谱联用仪或液相色谱-质谱联用仪上进行。将质谱仪当做检测器，而峰面积与含量成正比，因此可对待测样品进行定量分析。用质谱法做定量分析选择比单纯色谱法要高，而且能克服一些色谱法的不足。

质谱仪可选择全扫描(full scan)或选择离子监测扫描(selective ion monitoring, SIM)模式(见 11.5.3 节)。前者可对指定范围内的离子全部扫描并记录，得到全质量范围的总离子流图(total ion chromatogram, TIC)；而 SIM 只对选定的离子进行检测，消除了其他组分的干扰，把由全扫描方式得到的非常复杂的总离子流图变得十分简单。

3. 复杂样品的质谱定量分析

对于复杂样品(如血清药样)，SIM 模式所得质谱图仍显示许多峰，不能唯一确认兴趣化合物，则可选用选择反应监测(selected-reaction monitoring, SRM)模式。SRM 模式是选定一个特征的母离子做二级质谱，在其碎片离子中再选定一个特征的子离子作为监测离子，因此其图谱非常简单，通常只包含一个峰，灵敏度更高、特异性更强，可实现在非常复杂的样品中进行定量分析。

11.5 现代质谱分析技术

11.5.1 基质辅助激光解吸离子化-飞行时间质谱

飞行时间质量分析器质谱仪(time of flight mass spectrometry, TOF-MS)于 20 世纪 40 年代问世，但由于当时计算机科学技术及仪器设计的落后，飞行时间(TOF)技术并未得到广泛应用。直到到 80 年代，德国科学家希伦坎普(Franz Hillenkamp, 1936—2014)等发明了基质辅助激光解吸离子化技术后，科学家将这种新的电离方法与 TOF 组合得到发展起来一种新型的质谱分析技术——基质辅助激光解吸离子化-飞行时间质谱(MALDI-TOF/MS)。

由于在 MALDI-TOF/MS 中引入了有机酸作为基质，减少了分析中产生的碎片离子，也使得难挥发性物质和热不稳定性生物大分子的解吸离子化问题得到解决，因此该技术具有操作简便、高灵敏度、高准确度及高分辨率等特点，是生命科学领域中重要的分析工具，已广泛应用于生物大分子，如蛋白质、核酸、糖及多肽、核苷酸、多聚物的鉴定和结构分析，是蛋白质组学研究的核心技术之一。

1. MALDI-TOF/MS 的工作原理

MALDI-TOF/MS 技术是将化学基质(chemical matrix)与待测样品混合，接着将样品混合物滴于一平板或载玻片上挥发，样品与基质形成共结晶薄膜(eutectic film)，并将其放置于激光离子发生器中。当基质-样品混合物受到激光照射，基质吸收光子而被激活，由此产生的能量将被传递给生物分子，而固态样品混合物变成气态，电离过程中将质子传递给生物分子或直接从生物分子得到质子，由此转换成离子信号，生物分子离子受电场作用而加速飞过飞行管道。由于不同离子信号到达检测器的飞行时间是不相同的，所以离子的质荷比(m/z)与离子的飞行时间成正比。依据质荷比的不同被检测器检测记录，最终通过形成质谱图实现样品分析。

2. 化学基质的作用

合适的基质是 MALDI-TOF/MS 分析的关键因素之一，其主要有以下两方面的作用。

(1) 对试样起着溶剂的作用。减少试样分子间的相互作用，使被测分子分离成单分子状态。这要求基质与被测高分子具有很好的相溶性，同时不能有分子间的相互作用。

(2) 基质吸收激光脉冲能量，并对样品分子能均匀激发。这要求基质对激光光源有很强的吸收，当激光脉冲照射时，基质吸收激光的绝大部分能量，同时将吸收的能量转变成固体混合物内基质的电子激发能，瞬间使试样由固态转变成气态形成基质离子。常用的基质有烟酸、2,5-二羟基苯甲酸、芥子酸、α-氰基-4-羟基肉桂酸等。

11.5.2 傅里叶变换离子回旋共振质谱仪

傅里叶变换离子回旋共振质谱(Fourior transform ion cyclotron resonance mass spectrometer, FT-ICR/MS)一种高性能的高分辨质谱仪。1974年，英属哥伦比亚大学的卡密萨如(Mel Comisarow)和马歇尔(Alan G. Marshall, 1944—)第一次将傅里叶变换技术和离子回旋共振技术应用到质谱检测中。

1. FT-ICR/MS 的工作原理

FT-ICR/MS 仪主要是由一对激发电极、一对检测电极和一对收集电极组成，三对电极构成一个类似于池子的部件，称为离子回旋共振(ion cyclotron resonance，ICR)离子阱，并置于稳定的超导磁场中，磁场垂直于收集电极。系统将离子源产生的离子束引入 ICR，并被施加一个宽频域射频信号。在此信号的激发下，所有的离子开始进行回旋运动，各种离子的回旋运动频率为

$$f = \frac{qB}{2\pi m} \tag{11-8}$$

式中，f 为离子回旋运动频率；q 为离子带电量；B 为磁场强度；m 为离子的质量。

在激发电极上施加一个与分析池中某个质荷比的离子具有相同回旋频率的高频电信号，由于共振吸收，该回旋离子将吸收高频电信号的能量，运动速度和回旋运动的半径都会增加。这时，该离子与其他离子间将产生一定的距离，半径也与其他离子不同。当突然停止在激发电极上施加该高频电信号后，该离子就在垂直的磁场中做稳定的回旋运动，因其比其他离子具有较大的半径，所以该离子将比其他离子与检测电极的距离更近，检测电极将率先检测到该离子传回来的电信号，并作出响应。由于检测到的电信号的频率和离子做回旋运动的频率一致，运用傅里叶变换技术，识别和区分电信号，快速将时域谱变换成频域谱。而离子的质荷比与其共振频率具有一一对应关系，经过计算机系统的统计与处理，可得到以质荷比为横坐标的质谱图。

2. FT-ICR/MS 的特点

FT-ICR/MS 的突出特点在于应用了超导磁体提供强度高、稳定性好的磁场，使得 FT-ICR/MS 具有其他质谱仪不可比拟的高分辨率和高准确性，以至于质谱检测方法具有高分辨率、高扫描速度、高质量检测上限及便于发展串联质谱技术等优点。

近来科学家还在其离子源系统接上 ESI、APCI 等软电离技术。就 ESI 而言，生物大分子在 ESI 条件下能形成多电荷离子，电荷数的不固定导致了 FT-ICR/MS 能测定的质量范围的不确定性，这使得质谱仪的测量范围拓展到生物大分子如蛋白质、多聚物、新材料等研究领域。

11.5.3 串联质谱

串联质谱(tandem mass spectrometer; MS/MS 或 MS^n，$n \geq 2$)，又称为多级质谱或质谱-质谱法。通常是指质谱仪在空间和时间上的串联使用，通常将两个或两个以上的质谱仪连接在一起。第一台质谱仪的作用是分离出特定的分子离子，随后导入碰撞室被活化，同时产生碎

片离子,再导入到第二台质谱仪进行扫描及其他分析。或在前一时间段中选出特定离子或离子碎片,在下一时间段对该离子或离子碎片进行裂解和结构分析。

1. 质谱串联方式

串联质谱法可以分为空间串联(tandem in space)和时间串联(tandem in time)两类。空间串联是指由两个以上的质量分析器联合使用。前一级质谱仪选定离子,并导入到两个质量分析器之间的碰撞活化室,由碰撞气将离子打碎,再导入到后一级质谱仪中进行分析。空间串联型质谱仪又分为磁扇形串联、四极杆串联、混合串联等。

时间串联是在同一台质谱仪上进行的,离子的选取、裂解及碎片离子的分析都是在同一质量分析器中完成,前一时刻选定离子,在质量分析器中打碎,后一时刻再进行进一步的分析。时间串联的质谱仪常用的质量分析器如四极离子阱分析器等。前体离子的裂解方式有亚稳裂解、碰撞诱导裂解、表面诱导解离、激光诱导解离等。

在各种串联质谱中,三重四极杆串联质谱的技术最为成熟,也具有较强的代表性。如图 11-18 所示,三重四极杆串联质谱的第一级和第三级四极杆分析器分别为 MS1 和 MS2,第二级四极杆分析器作为碰撞活化室,测定时,待测样品在离子源中被离子化,经过 MS1 选择一定质荷比的离子,导入第二级质谱(碰撞室),与碰撞室内的碰撞气体(通常是 He、Ar、N_2、CH_4 等)进行碰撞诱导裂解(collision-induced dissociation, CID)或者碰撞活化分解(collisionally-activated decomposition, CAD),产生碎片离子,由第三级质谱(MS2)对碎片离子进行选择性分析。

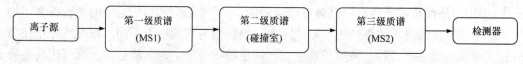

图 11-18 Q-Q-Q 串联模式的基本工作原理

随着现代质谱技术的发展,出现了多种质量分析器组成的串联质谱,如四极杆-飞行时间(Q-TOF)串联质谱和飞行时间-飞行时间(TOF-TOF)串联质谱等,这也使得质谱技术得到了广泛的应用。

空间串联质谱仪能进行多种扫描模式,时间串联质谱仪却不能进行前体离子扫描和中性丢失扫描。

2. 产物扫描模式

质谱仪作为整套仪器中最重要的部分,常见以下扫描模式。

1) 全扫描模式

全扫描模式(full scan mode)是最常用的扫描方式之一。扫描的质量范围包括被测化合物的分子离子和碎片离子的质量,得到的是化合物的全谱。该模式一般用于未知化合物的定性分析。

2) 子离子扫描模式

固定 MS1 扫描电压,选择某一质量离子(母离子)进入碰撞室,发生碰撞离解产生碎片离子,然后进行 MS2 全扫描,得到的所有碎片离子是由选定的母离子产生的子离子,没有其他的干扰,故称为子离子扫描模式(product ion scan mode)。该模式主要用于化合物结构分析。

3) 母离子扫描模式

MS1 扫描电压选择母离子(如分子离子),进入碰撞室碰裂后,MS2 固定扫描电压,只选择某一特征离子质量,该特征离子是由所选择的母离子产生的,由此得到所有能产生该子离子的母离子谱,故称为母离子扫描模式(precursor-ion scan mode)。该模式主要用于寻找产生特定碎片离子的化合物和同系物的分析。

4) 选择离子扫描模式

该模式是选择性的扫描某几个选定的质量,而不是连续扫描某一质量范围,得到的不是化合物的全谱,故称为选择离子扫描(selective ion monitoring, SIM)模式。该模式主要用于特定目标化合物和复杂混合物中的杂质进行定量分析。

5) 中性丢失扫描模式

利用 MS1 扫描所有离子,所有离子进入碰撞室碎裂后,MS2 以与 MS1 相差固定质量联动扫描,检测丢失该固定质量的中性碎片(如质量数为 15、18、45)离子对,得到中性碎片谱,故称为中性丢失扫描模式(neutral loss scan mode)。这种扫描模式可以筛选出产生特殊中性丢失化合物,利用中性丢失能确定化合物特征官能团。

6) 多反应监测模式

该模式又称为选择反应检测(selected-reaction monitoring, SRM)。MS1 选择一个(或多个)特征离子,经过碰撞离解,到达 MS2 再进行选择离子检测,只有符合特殊要求的离子才能被检测到,MRM 模式是进行了前后两次选择,比 SIM 模式具有更高的选择性,能有效排除干扰,专属性也更强,信噪比更高,故称为多反应监测(multi-reaction monitoring, MRM)模式。MRM 模式非常适用于从很多复杂的体系中选择某特定质量,经常用于微小成分的定量或定性分析。

3. 串联质谱的应用

串联质谱在有机化合物结构鉴定、药物代谢研究、天然产物鉴定、环境污染分析、农药残留监测、法医鉴定等方面有重要意义。例如,串联质谱中二级或多级质谱比一级质谱图简单,而且消除了背景的干扰,提高了选择性和灵敏度,增加了质谱的信息,使得结构解析变得相对容易。

串联质谱分析法对于鉴定未知化合物,分析复杂混合物中目标化合物,阐明化合物裂解途径及定量分析低浓度生物样品等方面具有突出的优势。在分析有机化合物时,采用中性丢失扫描模式可用于寻找具有相同结构特征的化合物分子,可以发现所有可能的化合物结构等。串联质谱技术在药物研究领域也得到了广泛的应用,例如,通过产物离子扫描模式,可获得药物或污染物前体离子的结构信息,对于未知化合物的结构鉴定有重要的意义。

11.5.4 电感耦合等离子体质谱

电感耦合等离子体质谱(inductively coupled plasma mass spectrometry, ICP-MS)是 20 世纪 80 年代发展起来的一种新型元素分析技术,1983 年第一台 ICP-MS 商品仪器诞生。因其通过独特的接口技术将 ICP 的高温电离特性与质谱仪的灵敏快速扫描的优点相结合,几乎可以分析地球上所有元素,并在痕量元素分析和同位素分析领域占据了重要地位。

ICP-MS 仪器主要由进样系统、ICP 离子源、接口单元、离子透镜、质量分析器、检测及数据处理系统、真空系统等单元组成(图 11-19)。ICP 离子源中产生的等离子体被接口单元提取,经过离子透镜去除杂质(电子、光子、颗粒物等)干扰,实现离子聚焦,将离子束导入到质量分析器中。最终离子信号被检测及数据处理系统转化为电信号,经过放大、转换、记录得到质谱图。

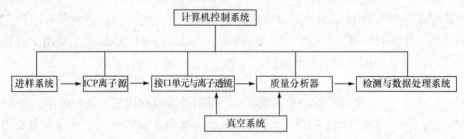

图 11-19　ICP-MS 仪器的基本结构示意图

接口单元连接了常压高温等离子体炬及高真空的质谱单元，是 ICP-MS 仪器的关键，也直接影响着仪器的性能。目前，能够用于 ICP-MS 商品仪器的质量分析器主要有双聚焦质量分析器、四极杆质量分析器、飞行时间质量分析器、离子阱质量分析器等。质谱单元质量分析器的不同，也决定了 ICP-MS 仪器的灵敏度及分辨率。接口单元、离子透镜、质量分析器都需要保持特定的真空度，以降低离子之间的碰撞概率并保证离子的传输效率，通常需要由机械泵及涡旋分子泵来维持 ICP-MS 仪器系统的真空度。

ICP-MS 具有的突出特点：①多元素快速分析能力；②低背景、低检测限、高灵敏度及较高的精密度；③极宽的线性动态范围；④能有效排除多原子离子的干扰；⑤极高的仪器自动化程度；⑥容易实现与不同的进样技术(如流动注射)及分离技术(如高效液相色谱、气相色谱)联用。因此，该技术已从最初用于地质科学中微量、痕量样品检测，到现在广泛应用于环境、材料、生物医学、农业、核工业、考古、冶金、食品等领域。

延伸阅读 11-4：质谱成像技术

质谱成像(mass spectrometry imaging, MSI)是一种新型的分子成像技术。应用这一技术，可以直接从生物组织切片表面获得多种蛋白质或小分子代谢物的空间分布信息。这种原位分析技术的基本原理是使组织切片表面的分子离子化，通过质谱测定这些离子化分子的质荷比(*m/z*)，再结合专业质谱图像处理软件重构出分析物在组织中分布的谱图，从而实现对待测样本的分子结构信息、分子或离子的相对丰度及空间上的分布信息进行全面、快速分析。

MSI 离子化方式的选择与 MSI 的空间分辨率和信号强弱密切相关。按照电离方式，MSI 可分为三类：基质辅助激光解吸电离(MALDI)技术、需要在真空条件下进行离子化的二次离子质谱(secondary ion mass spectrometry, SIMS)技术和以解吸电喷雾(desorption electrospray ionization, DESI)离子源为代表的常压敞开式离子化质谱成像技术。

MSI 作为一种新兴的分子成像技术，具有无需放射性同位素或荧光等特殊标记，可以实现对不同分子或多种分子的高灵敏度同时检测，能够直接提供目标化合物的空间分布和分子结构信息等优势，在化学、药学、临床医学等领域显示出广阔的应用前景，尤其在药物发现、生物标志物发现、疾病早期诊断及疾病预后评估等方面具有重要应用价值。

内容提要与学习要求

质谱分析法基本原理就是各种各样的样品在高真空环境受到高速电子束碰撞或强电场作用下转化为运动的气态离子并在磁场中得到分离，从而在质量分析器中按照质荷比排列出来形成分子碎片峰。分子碎片峰包含了分子结构十分重要的信息，因而是药物研发中十分重要的分析测试工具。

本章主要介绍了质谱分析法的含义及特点，质谱分析仪的主要构件，质谱图主要裂解峰及裂解方式，质谱定性与定量分析，现代质谱分析技术。

要求掌握质谱分析原理、相关仪器部件的功能。

练 习 题

1. 质谱分析法的基本原理是什么?
2. 简述单聚焦质谱的工作原理。
3. 质谱仪由哪几部分组成？各部分的作用是什么？
4. 质谱仪离子源有哪些?
5. 如何判断分子离子峰?
6. $m/z=500$ 的质谱峰，其峰高 5%的峰宽为 0.25，计算该质谱仪的分辨率。
7. 简述质谱仪主要的性能指标。
8. 质谱仪常用的质量分析器有哪几种？简述其各自的原理。
9. 简述氮律是什么。
10. 以三重四极杆串联质谱为例，说明串联质谱的扫描模式有哪些，各有什么优点?
11. 色谱技术与质谱技术联用后有什么突出的优点？
12. 与核磁共振波谱、红外吸收光谱和紫外-可见光谱相比，质谱法有些什么突出特点？
13. 有机化合物在电子轰击离子源中有可能产生哪些类型的离子？从这些离子的质谱峰中可以得到什么信息？
14. 如何利用质谱信息来判断化合物的相对分子质量，判断分子式？
15. 要鉴别 N_2^+ (m/z 为 28.006) 和 CO^+ (m/z 为 27.995) 两个峰，仪器的分辨率至少是多少？
16. 计算出与下列裂解反应相应的亚稳离子的质荷比值。

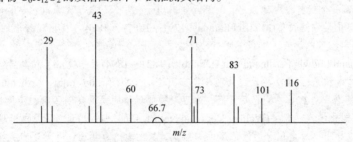

17. 某酯类化合物 $C_6H_{12}O_2$ 的质谱图如下，试推测其结构。

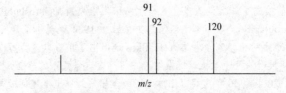

18. 计算下列分子的 (M+2) 与 M 峰的强度比。

(1) C_2H_5Br (2) C_6H_5Cl (3) $C_2H_4SO_2$

19. 一种苯取代化合物，相对分子质量为 120，质谱图如下所示，请指出分子离子峰并解释各质谱峰雕规律。

第 2 篇 电化学分析

第 12 章 电化学分析导论

12.1 概　述

电化学(electrochemistry)是讨论电子转移与化学反应之间内在联系的一门学科，研究电能与化学能之间发生相互转化规律。电化学分析(electrochemical analysis)也称电分析化学(electroanalytical chemistry)，是应用电化学的基本原理和实验技术，依据物质电化学性质来测定物质组成及含量的一类分析方法。

电化学分析法是有关将含被测组分的待测溶液作为电解质溶液，选择适当的电极构成化学电池(原电池或电解池)，根据化学电池的电化学参数(电位、电流、电导或电量等)与被测组分之间的内在联系以实现被测组分定性定量的方法学。

延伸阅读 12.1：电分析化学的理论基础是电化学

电化学分析的发展经历了从电化学理论的建立、在分析测试领域的应用、成为电分析化学一个分支领域的三个阶段。自 1800 年意大利物理学家伏特伯爵(Count Alessandro Giuseppe Antonio Anastasio Volta, 1745—1827)制造出第一个伏打堆电池以来，电解开始出现于化学领域里。作为电化学和电化学分析法莫基人之一的英国物理与化学家法拉第(Michael Faraday, 1791—1867)于 1834 年提出了著名的法拉第电解定律，即 $Q=nFM$，并科学定义了电解质、电极、阴极、阳极、离子、阴离子、阳离子等概念。1853 年德国物理学家亥姆霍兹(Hermann Ludwig Ferdinand von Helmholtz, 1821—1894)首先提出了双电层结构的定量理论并计算出简单双电层的电位差。1887 年瑞典物理化学家阿伦尼乌斯(Svante August Arrhenius, 1859—1927)在溶液性质和理论研究的基础上创立了电离理论，为溶液物理化学的发展开创了新的阶段。

自从 1889 年德国化学家能斯特(Walther Hermann Nernst, 1864—1941)创立了原电池理论，将热力学原理应用到电池上并推导出电极电位与溶液浓度的关系式，电化学热力学理论开始逐步完善。1905 年德国化学家塔费尔(Julius Tafel, 1862—1918)发现了电极的极化现象，提出了电流密度与氢超电势关系的塔费尔公式(Tafel equation，即 $\eta=a+b\lg i$，式中，a 为与电极材料、电极表面状态、溶液组成和温度有关的一个常数，b 为随电流范围变化的一个常数，i 是与电极过程机理的参数)，开创了电化学动力学研究的新局面。生于俄罗斯的比利时腐蚀科学家鲁贝(Marcel Pourbaix, 1904—1998)于 1938 年创立了电位-pH 图(potential-pH diagram 或 Poubaix diagram)理论，并于 1963 年出版了按元素周期表分类编排的金属-水系电位-pH 图，使得电化学热力学的研究向前推进了一大步。捷克分析化学家海洛夫斯基(Jaroslav Heyrovský, 1890—1967) 1922 年创立了极谱法(polarography)，与日本化学家志方益三于 1924 年制作了第一台极谱仪，并于 1959 年获得诺贝尔化学奖。1934 年捷克化学家尤考维奇(D. Ilkovic)提出了扩散电流方程($Id = kc$)。

上述法拉第电解定律、极谱法及尤考维奇扩散电流方程三大定量关系的建立，为电化学在电化学分析中的应用奠定了很好的基础。20 世纪 50 年代随着固体电子线路出现，充电电流问题得到解决，仪器研发上随之取得突破。随着方波极谱、膜电位理论、催化波和溶出法等理论和方法的出现，电化学分析无论在理论研究还是在灵敏度提高方面都得到极大发展。

电极反应中电子跃迁距离通常只有几个埃，因而采用量子理论处理才能真正接触到电极反应的实质。自20世纪60年代以来，量子理论开始引入电极反应过程的研究中，并由此展开了量子电化学研究领域。

显然，起源于19世纪的电化学分析，随着电化学理论不断完善、电子技术及计算机技术快速发展，已广泛应用于现代科学技术和工业领域的各个方面，并已成为现代仪器分析中一个极为重要的分支。到现在，有关化学修饰电极(chemically modified electrodes)、生物电化学传感器(biosensor)、光谱-电化学方法(electrospectrochemistry)、超微电极(ultramicroelectrodes)已经成为新的研究领域。计算机的使用，使电化学分析法产生飞跃。

12.1.1 电化学分析法分类

1. IUPAC 分类

根据IUPAC的建议，电化学分析法依据是否：①涉及电极反应；②涉及双电层现象，但不涉及电极反应；③既不涉及双电层，也不涉及电极反应来进行分类。

2. 习惯分类

习惯上，按照分析中测定的电化学参数，人们常将电化学分析法分为以下五类。

1) 电位分析法(potentiometry)

通过测量电极电位和溶液中某种离子活度(或浓度)之间的关系而建立起来的电化学分析法，其实质是通过在零电流下测定电极电位来进行分析测定。可分为直接电位法和电位滴定法，前者是通过电极电位直接求出被测离子的活度或浓度，后者利用电极电位的变化来确定滴定终点。

2) 电导分析法(conductometry)

电解质(electrolyte)溶液在两电极间产生的电导电流与所含离子的浓度有关，既可以根据电导率的变化来进行电导分析，也可在滴定过程中利用电导的变化来指示滴定终点。

3) 电解分析法(electrolytic analysis)

电解分析是以测量电极表面沉积物的质量为基础的分析方法，又称为电重量(质量)分析法。方法以电子为"沉淀剂"，使金属离子还原为金属或形成其他形式沉积于已知质量的电极上，然后根据电极上所增加的质量来计算出被测物质含量的一种分析方法。此方法又分为恒电流电解分析法和恒电位电解分析法。

4) 库仑分析法(coulometry)

该方法是以测量电解过程中被测物质在电极上发生电化学反应所消耗的电量(库仑量)为基础，要求工作电极上没有其他的电极反应发生，电流效率必须达到100%。根据电解方式又可分为控制电位库仑分析法和控制电流库仑分析法两种。

5) 极谱法(polarography)和伏安法(voltammetry)

根据在电解过程中通过电解池的电流和加在两个电极上的电压或指示电极的电位，得到电流-电位(或电极的电位-时间)曲线来进行定性和定量分析的一种方法。如果采用滴汞电极作为指示电极，称为极谱分析法。如果采用恒定或固态电极如悬汞电极、铂微电极、石墨电极等作为指示电极，称为伏安分析法。

12.1.2 电化学分析法的特点

电化学分析是仪器分析的一个重要组成部分,与其他各类仪器分析法相比较具有以下一些特点。

(1) 灵敏度高。一般电化学分析法测定各种组分的适宜含量为 $10^{-8} \sim 10^{-4}$ mol·L^{-1},其中极谱或伏安分析法的检测限可低至 $10^{-12} \sim 10^{-10}$ mol·L^{-1}。

(2) 准确度高。各种电化学分析法的准确度都能满足对常量、微量和痕量组分测定的要求,而且重现性和稳定性良好。库仑分析法的误差比化学分析法还小,且无需标准品(对照品)。

(3) 分析浓度范围宽,应用面广。凡是具有电化学活性的无机或有机化合物,或经化学处理后具有电化学性质的物质,均可应用电化学分析法进行测定。电化学分析法不仅能进行成分分析,有时也用于结构分析。

(4) 仪器简便、价格便宜,且易于实现微型化和自动化。由于测量的是电信号,连接计算机后易于实现自动化和操作程序化。

随着纳米技术、表面技术、谱学技术的发展和应用,电化学分析在方法、技术和应用方面得到长足发展。电化学分析法将向着微量、实时、现场监测、活体、单细胞水平检测及超高灵敏度和超高选择性方向迈进,在生命科学、医药卫生、环境科学、材料科学及能源科学等领域中有着广阔的应用前景。

学习与思考

(1) 电化学分析有哪些分析方法?各有哪些特点?
(2) 电化学分析法有哪些优点?应用前景如何?
(3) 查阅文献,看看现代电化学分析有哪些分支领域,各自在哪些领域有广泛用途?
(4) 查阅文献,看看纳米技术的发展为电化学分析带来了什么机遇。

12.2 化 学 电 池

12.2.1 化学电池的种类

物质的电化学性质,一般发生于化学电池(chemical cell)中。各种电化学分析法都是将待测试样溶液作为化学电池的一部分,然后通过测量电池的某些参数(如电位、电流、电阻、电容或电量等)或这些参数在某个过程中的变化情况来进行分析。

化学电池由两个电极系统构成,是化学能与电能的转换装置,分原电池(primary cell 或 galvanic cell)和电解电池(electrolytic cell)两种。

12.2.2 丹尼尔电池

将氧化还原反应的化学能直接转化为电能的装置为原电池。世界上最早的原电池是 19 世纪意大利科学家伏特发明的,又称丹尼尔(Daniell)电池,其结构如图 12-1(a)所示。

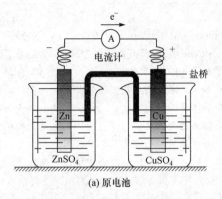
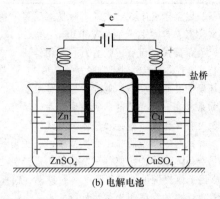

(a) 原电池　　　　　　　　　　　　(b) 电解电池

图 12-1　化学电池示意图

为了描述和应用方便，电化学中规定了化学电池的表示方法。低电位的电极写在左边，高电位的电极写在右边。例如，由铜电极和锌电极组成的原电池表示为

$$(-)Zn\,|\,ZnSO_4(1.0\,mol\cdot L^{-1})\,\|\,CuSO_4(1.0\,mol\cdot L^{-1})\,|\,Cu(+)$$

电极半反应为

锌极(Zn)：　　　　　$Zn - 2e^- = Zn^{2+}$（负极发生失电子氧化反应，流出电子）

铜极(Cu)：　　　　　$Cu^{2+} + 2e^- = Cu$（正极发生得电子还原反应，流进电子）

电池总反应：　　　　$Zn + Cu^{2+} = Zn^{2+} + Cu$

如图 12-1(b)所示，如果一外电源接到丹尼尔电池上，其中 Zn 极和外电源的负极相连接，Cu 极和外电源的正极相连接，那么当外加电压略大于原电池电动势时，Zn 极发生还原反应，Cu 极发生氧化反应，最终作用结果是将电能转化为化学能，化学电池变为电解电池。该电解电池表示为

$$(-)Cn\,|\,CuSO_4(1.0\,mol\cdot L^{-1})\,\|\,ZnSO_4(1.0\,mol\cdot L^{-1})\,|\,Zu(+)$$

其电极半反应为

锌极(Zn)：　　　　　$Zn^{2+} + 2e^- = Zn$（阴极发生还原反应，流进电子）

铜极(Cu)：　　　　　$Cu - 2e^- = Cu^{2+}$（阳极发生氧化反应，流出电子）

电池总反应为：　　　$Zn^{2+} + Cu = Zn + Cu^{2+}$

在化学电池中，不论是原电池还是电解电池，将发生氧化反应的电极称为阳极(anode)；发生还原反应的电极称为阴极(cathode)。另外，化学电池又分为可逆电池(reversible cell)和不可逆电池(irreversible cell)。如果电池中所有反应(包括离子迁移)都是可逆的，电能的变化也是可逆的，此电池为可逆电池。若电池在放电或充电时，化学反应和能量的变化两者有其一是不可逆的，即为不可逆电池。

延伸阅读 12-2：伏特与伏打电堆

伏特是伟大的物理学家，意大利人，因在 1800 年发明了伏打电堆而著名，并因此于 1801 年被拿破仑下令授予一枚特制金质奖章和一份养老金，是拿破仑的被保护人。

伏特出生于意大利一个富有的天主教家庭，从小受到良好家庭气氛的熏陶，热爱科学。青年时期就开始了电学实验，由于得到好友的帮助，16 岁时就开始与一些著名的电学家通信，19 岁时写了一首关于化学发现的拉丁文小诗。受国际知名的电学家贝卡里亚的影响，他在青年时期就形成了理论思想远不如实验重要的想法。他很早开始应用他的理论制造各种有独创性的仪器，对电量、电量或张力、电容等都很有独

到的见解,以至于在1769年24岁时发表了第一篇科学论文。他32岁时去瑞士游历,拜望了法国启蒙思想家、文学家、哲学家伏尔泰(Voltaire是笔名,原名是Francois-Marie Arouet,1694—1778)和一些瑞士物理学家,受益匪浅,而后回到意大利任帕维亚大学(Università degli Studi di Pavia,UNIPV)物理学教授。

伏特在45岁那年读到了伽伐尼在1791年一篇关于用蛙(frog)做莱顿瓶(Leyden jar)的文章,在几分同意和几分怀疑的复杂心境下,他开始猜测蛙主要是一种探测器,而电源则在蛙之外。并且他发现,两种不同的金属如果放在一起会起电。伏特通过深入研究,发现导电体可以分为两大类,即金属和液体,其中金属彼此接触时会产生电势差,而液体与液体之间及其浸在液体里的金属之间没有很大的电势差。如果把金属导体依次排列起来形成的一个金属链中,一种金属和最后一种金属之间的电势差是相同的。由此,伏特认为,金属导体和液体连接使每一个接触点上产生的电势差可以相加。他把这种装置称为"电堆"(galvanic pile),原因是他使用了浸在酸溶液中的锌板、铜板和布片重复许多层而构成的。电堆能产生连续电流,其强度与静电起电的强度相比是数量级的差别,从而开启了一场真正的科学革命。1800年3月20日他55岁时生日后不久,伏特宣布发明了"伏打电堆",成为历史上的神奇发明之一。

12.3 电池电动势

电池电动势(electrodynamic potential)是由不同物体相互接触时,由于相互接触的相界面上存在相界面电位差(phase boundary potential difference)而产生,主要包括电极-溶液相界面电位差、液体-液体相界面电位差、电极-导线相界面电位差三个部分。

12.3.1 电极-溶液相界面电位差

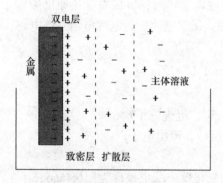

图 12-2 双电层结构

将某种金属插入含有该金属离子的电解质溶液中就组成了金属电极(metal electrode)。金属电极中含有金属离子和自由电子。当金属和电解质溶液相接触时,在金属与该金属离子溶液的两相界面,金属会失去电子(氧化)形成金属离子进入溶液中,电子则留在金属电极上使其带负电,并吸引溶液中的金属正离子形成如图12-2所示的双电层(double electrode layer)结构,而溶液中的金属离子也会得到电子(还原)形成金属沉积在金属表面。

如果金属的氧化能力大于其离子的还原能力,两相界面金属表面带负电,溶液带正电;反之,如果金属离子的还原能力大于其金属的氧化能力,则金属离子从金属电极上获得电子进入金属晶格中,形成金属表面带正电,溶液带负电的双电层。

当金属离子进入溶液的速度等于金属离子沉积到金属表面上的速度时达到动态平衡,在金属与溶液界面上形成了稳定的双电层。由于双电层结构的形成,在电极和溶液界面上产生了一个稳定的相界面电位或称金属电极电位(electrode potential),它是电池电动势的主要来源。

12.3.2 液体-液体相界面电位差

当组成不同或组成相同但浓度不同的两个电解质溶液接触时,就会发生相互扩散。在扩散过程中,由于正、负离子的扩散速率不同,速率较快的离子就要在两溶液接触的相界面一侧积累较多的所带电荷,这些电荷与另一侧速率较慢的离子所带的相反电荷形成双电层。当扩散达到平衡时，此时溶液界面上形成的微小的电位差称为液接电位(liquid junction potential)或扩散电位(diffusion potential)。

液接电位很小，一般为30mV左右，难以准确测量和计算。在实际工作中，常在两个溶液间通过连接一个盐桥(electrolytic bridge 或 salt bridge)以降低或消除液接电位。盐桥为U形管结构，内部通常装有高浓度且正、负离子迁移速率相近的电解质，如 KCl、KNO_3、NH_4Cl 等的3%琼脂溶液。由于电解质浓度高，盐桥连接两溶液时在界面产生的液接电位基本上是由盐桥中的电解质扩散产生的，加上所用电解质的正、负离子扩散速率相近，所产生的电位差很小，并且两个电位差的方向正好相反，可相互抵消。因此，盐桥不仅可以联通两个半电池，保持电荷平衡并使得反应顺利进行，还可以消除液接电位。

12.3.3 电极-导线相界面电位差

由于不同金属有不同的氧化还原特性，电子离开金属表面的难易程度不同，所以当两种不同金属相互接触时，由于有不同的电子密度，在所接触的相界面上形成双电层而产生电位差，称为接触电位(contact potential)。对于一个电极而言，接触电位是一个常数，且数值很小，常忽略不计。

12.3.4 原电池的电动势

原电池电动势在数值上等于组成电池的各相界面电位差的代数和。其中接触电位、液接电位差可以忽略不计，所以电池电动势的主要来源就是电极和溶液之间的相界面电位。

当流过电池的电流为零或非常接近于零时，两电极间的电位差称为电池电动势，常称为电压(electric voltage)，用 E 表示：

$$E = \varphi^+ + \varphi^- \tag{12-1}$$

式中，φ^+ 和 φ^- 分别为电池半反应的电极电位。电极电位可由能斯特方程计算。

12.4 极化现象

极化(polarization)的原意是指在一定条件下事物发生两极分化，以至于事物的性质相对于原来状态发生了偏离。电池中一个或两个电极都能发生极化。对于可逆电极和可逆的电极反应，电极电位符合能斯特方程(Nernst equation)。当较大的电流通过化学电池时，电池将偏离平衡态，电极电位偏离可逆电位，这种现象称为电极极化(electrode polarization)。

对于原电池，极化将使其电动势降低；对于电解电池，极化将使其所需要的外加电压增大。极化通常可以分为浓差极化(concentration polarization)和电化学极化(electro-chemical polarization)两类。在一个电极反应过程中，这两种极化作用可能同时发生。

12.4.1 浓差极化

浓差极化是由电极表面区域溶液离子浓度与溶液内部离子浓度(本体溶液的浓度)差异所引起的极化现象。对于一个快速可逆电极过程，直接与电极接触的电极表面液层是电极与溶液间电荷交换的区域，该液层的浓度与电极电位之间遵循能斯特方程。如果电极表面液层与溶液本体之间达到平衡的速度不够快，溶液本体中的离子来不及传输到电极表面，造成溶液本体与电极表面液层之间存在浓度差,引起电极电位发生改变,这种现象称为浓差极化。

影响浓差极化的因素很多,如电极的形状和电极表面积的大小、电解质溶液的组成、搅拌速度、温度、电流密度、电池反应中反应物和生成物的物理状态及电极的成分等。增大电极表面积、加快溶液搅拌速度、提高溶液温度、增加溶液浓度等,都可以减小浓差极化。

12.4.2 电化学极化

电化学极化是由电极反应速率较慢引起的,也称为动力学极化。许多电极反应是分步进行的,如果其中某一步反应的速率较慢,就会限制总的电极反应速率。这一步反应需要比较高的活化能才能进行。为了使电解电池的反应能以明显的速率发生,必须克服反应速率的障碍能垒而外加一个超过理论值的电位。对于原电池,其输出电位低于理论值。实际电位与理论值电位之间的差值称为超电位(overpotential)或过电位。

超电位的大小可以作为电极极化程度的量度。影响超电位的因素很多,其大小很难从理论上进行计算。不过,人们已经发现了一些影响规律。例如,超电位随电流密度增大而增大;随温度升高而降低;锡、铝、锌、汞等软金属电极上超电位显著;产生气体产物的电极过程超电位很大;有金属沉积或离子改变氧化态的电极过程的超电位一般很小以至于可以忽略。

电化学极化占主导时,电流受电极过程的速度控制;在浓差极化占主导时,电流受物质传输速度的控制,这是两种极化作用的区别。

学习与思考

---

(1) 什么是电池的电动势?是如何产生的?与界面电位有什么关系?
(2) 电极极化有哪些种类?各有什么特点?
(3) 如何理解电极表面的双电层结构?它与电动势有什么联系?

12.5 指 示 电 极

根据电极的用途可将电极分为指示电极(indicator electrode)和参比电极(reference electrode)两类。电化学中把电极电位随着溶液中待测离子活度(或浓度)变化而变化的电极称为指示电极。参比电极是指在一定的条件下,电极电位恒定且不受溶液组成或电流方向变化影响的电极。

在电位分析法中,通常将指示电极和参比电极插入作为化学电池的电解质溶液的待测溶液中,构成一个原电池,通过测量电池的电动势,可以计算待测离子的浓度,也可以根据电池电动势的变化来确定电位滴定终点。

理想的指示电极要求快速、稳定,并对待测离子具有一定选择性,基于分析的用途,还需要具有好的重现性与长的使用寿命。按工作原理,电位分析法的指示电极可归纳为两种,一种是基于电子交换反应的电极,通常是金属基指示电极(metal based indicator electrode);另一种是基于离子交换或扩散的电极,不发生电子交换,通常是离子选择电极(ion selective electrode, ISE)。根据电极材料和与其相接触溶液的不同,电位分析法中常用的指示电极可分为金属基电极和膜电极(membrane electrode)两类。

12.5.1 金属基电极

金属基电极是以金属为基体,基于电子转移反应的一类电极,按其组成及作用不同又可分为以下四类。

1. 金属-金属离子电极

金属与其离子溶液组成的电极体系,由金属插在该金属离子溶液中组成电极,一般表示为 $M|M^{n+}$。这类电极只有一个相界面,也称为第一类电极,如银(Ag)、汞(Hg)、铜(Cu)、铅(Pb)、锌(Zn)、镉(Cd)等电极。

半反应 $$M^{n+} + ne^- \rightleftharpoons M$$

电极电位 $$\varphi_{M^{n+}/M} = \varphi^{\ominus}_{M^{n+}/M} + \frac{RT}{nF} \ln a_{M^{n+}} \tag{12-2}$$

式中,$\varphi^{\ominus}_{M^{n+}/M}$ 为条件电位(condition potential)。所谓条件电位就是在条件一定时氧化型和还原型的分析浓度都为 $1\text{mol} \cdot \text{L}^{-1}$ 或氧化型和还原型的分析浓度之比为 1 时的电位。

式(12-2)说明,金属-金属离子电极的电极电位 φ 仅与 M^{n+} 的活度($a_{M^{n+}}$)有关,其使用条件是金属在溶液中不能被介质氧化而置换出氢气。一般情况下,条件电位大于零的金属皆可作为电极。

2. 金属-金属难溶盐电极

将金属表面覆盖该金属难溶盐后,浸入含有该难溶盐的阴离子溶液中组成的一类电极,是金属与其难溶盐(或配合物)及难溶盐(或配合物)的阴离子组成,用通式 $M|MX|X^{n-}$ 表示。这类电极有两个界面,也称第二类电极,如银-氯化银电极:

电极反应 $$AgCl + e^- \rightleftharpoons Ag + Cl^-$$

电极电位(25℃) $$\varphi = \varphi^{\ominus}_{AgCl/Ag} + 0.0591 \lg \frac{1}{a_{Cl^-}} \tag{12-3}$$

此类电极一般能指示与金属离子生成难溶盐(或配合物)的阴离子浓度。如式(12-3)所示,银-氯化银电极可指示氯离子活度。类似且常用的电极还有甘汞电极。

另外,金属与其配合物组成的电极如银-银氰配位离子电极:

$$Ag(CN)_2^- + e^- \rightleftharpoons Ag + 2CN^-$$

$$\varphi = \varphi^{\ominus}_{Ag(CN)_2^-/Ag} + \frac{RT}{F} \ln \frac{a_{Ag(CN)_2^-}}{a_{CN^-}^2} \tag{12-4}$$

如果氰离子浓度过量,则 $Ag(CN)_2^-$ 活度可视为常数(K),则有

$$\varphi = K - \frac{RT}{F} \ln a_{CN^-}^2 \tag{12-4a}$$

银-银氰配合物离子电极可指示氰离子活度。这一类电极的电极电位大小取决于阴离子的活度,可以作为测定阴离子的指示电极;且这一类电极制作简单,使用方便,如银-氯化银电极及甘汞电极(尤其是饱和甘汞电极)已符合参比电极的性能要求,故又常作为电化学中的二级标准电极。

3. 第三类电极

第三类电极是金属与两种具有相同阴离子难溶盐(或难离解配合物)及第二种难溶盐(或配合物)的阳离子所组成的,可用通式 $M|MX|NX|N^{n+}$ 表示,其中 MX 和 NX 是难溶或难离解化合物。这类电池一般有三个界面,由于电极涉及 MX 与 NX 两个难溶盐的固-固平衡,响应十分缓慢。自从有了离子选择性电极之后,这类电极已经很少使用。

这两种难溶盐(或配合物)中,阴离子相同,而阳离子一种是组成电极金属的离子,另一种是待测离子。典型代表如草酸根离子与银离子和钙离子生成难溶盐,如果两种盐溶液过饱和,则游离的钙离子可以用银电极测定。

电极反应 $\quad Ag_2C_2O_4 + 2e^- + Ca^{2+} \Longrightarrow 2Ag + CaC_2O_4$

如果两种盐溶液是过饱和的,则有

$$a_{Ca^{2+}} = \frac{K_{sp}(CaC_2O_4)}{a_{C_2O_4^{2-}}} \quad a_{C_2O_4^{2-}} = \frac{K_{sp}(Ag_2C_2O_4)}{a_{Ag^+}^2}$$

将其带入银电极的能斯特方程则有

$$\varphi = \varphi_{Ag^+/Ag}^{\ominus} + \frac{RT}{2F}\ln\frac{K_{sp}(Ag_2C_2O_4)}{K_{sp}(CaC_2O_4)} + \frac{RT}{2F}\ln a_{Ca^{2+}} \tag{12-5}$$

式(12-5)的前两项为常数项。可见,该电极电位仅与钙离子活度相关,故可以用银电极检测游离的钙离子。

此外,在电位滴定法中,常用 EDTA 配体,故常使用此类电极作为指示电极。例如,采用 $Hg|Hg$-EDTA 电极作为指示电极来滴定金属离子 M^{2+}:

$$H_2Y^{2-} + M^{2+} \Longrightarrow 2H^+ + MY^{2-}$$

$$H_2Y^{2-} + Hg^{2+} \Longrightarrow HgY^{2-} + 2H^+$$

同样,将配位稳定常数代入汞电极电位方程,得

$$\varphi = \varphi_{Hg^{2+}/Hg}^{\ominus} + \frac{RT}{nF}\ln\frac{K_{MY^{2-}}}{K_{HgY^{2-}}} + \frac{RT}{nF}\ln\frac{a_{M^{2+}}a_{HgY^{2-}}}{a_{MY^{2-}}} \tag{12-6}$$

在滴定过程中,可视 HgY^{2-} 活度基本不变,所以电极电位只与 M^{2+} 与 MY^{2-} 活度比例相关,这也是此类电极可以作为指示电极在电位滴定中使用的理论基础。

4. 零类电极

将金、铂等惰性金属或石墨碳电极插入含有同一元素能发生氧化还原反应的两种不同氧化态的离子溶液中,所构成的氧化还原电极就是零类电极(null electrode)。即零类电极是由惰性金属与可溶性氧化态和还原态溶液(或与气体)组成,用通式 $Pt|M^{m+}, M^{n+}$ 表示。惰性电极本身不发生电极反应,只是电子转移的媒介,起到传导电流的作用,因而这类电极又叫惰性金属电极(inert metal electrode)。

最常用的零类电极是铂(Pt)电极。如 $Pt|Fe^{3+}$, Fe^{2+}、$Pt|Ce^{4+}$, Ce^{3+}、氢电极等。这一类电极的电极电位随着溶液中氧化态和还原态的活度比值的改变而改变,能指示同时存在溶液中的离子氧化态和还原态比值,用于测量溶液中两者的活度或活度比,也可用于有气体参与

的电极反应,在电位滴定分析中有着非常重要的应用。

例如,对于 Pt | Fe^{3+}, Fe^{2+} 有

$$Fe^{3+} + e^- \rightleftharpoons Fe^{2+}$$

$$\varphi = \varphi^{\ominus}_{Fe^{3+}/Fe^{2+}} + \frac{RT}{F}\ln\frac{a_{Fe^{3+}}}{a_{Fe^{2+}}} \tag{12-7}$$

又如,氢电极:

电极反应
$$2H^+ + 2e^- \rightleftharpoons H_2$$

电极电位(25℃)
$$\varphi = \varphi^{\ominus}_{H^+/H_2} - \frac{RT}{F}\ln\frac{(P_{H_2}/101.3)^{1/2}}{a_{H^+}} \tag{12-8}$$

式中,P_{H_2} 为氢气的压力,kPa。若将氢气压力保持在 101.3 kPa,则式(12-8)表示为

$$\varphi = -0.0591\lg\frac{1}{a_{H^+}} = -0.059\text{pH} \tag{12-9}$$

12.5.2 膜电极

1. 特性及物理结构

膜电极的种类特别繁多,其使用方式及工作机制各不相同,目前还没有一个简单的理论能统一解释。但膜电极存在一些共性,例如,它们都是基于离子交换或扩散的电极,属于离子选择电极。之所以称它们为膜电极,是因为其关键结构是电极上对某一种离子具有灵敏的电极响应的敏感膜(sensitive membrane)。敏感膜产生的膜电位(membrane potential, φ_m)与响应离子活度之间的关系服从能斯特方程,整个膜电极的电极电位也服从能斯特方程。膜电极可以不破坏溶液直接测定离子活度,电极响应速度相当快,动态工作范围广,一般可达 4~6 个数量级。pH 玻璃电极是应用最早的一类膜电极。

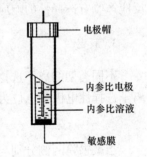

图 12-3 离子选择性电极

各类离子选择电极通常是由敏感膜、含有与待测离子相同离子的内参比溶液和内参比电极三部分组成,不同电极在构造上的差别主要是敏感膜(或传感膜)不同。如图 12-3 所示,电极腔体一般由玻璃或高分子聚合物材料制成,内参比电极通常采用银丝-氯化银,内参比溶液一般为含有被响应离子的强电解质溶液。敏感膜将内参比溶液与外侧的待测离子溶液分开,是电极的关键部件。

2. 膜电极分类

根据膜电位响应机理、膜的组成和结构,离子选择性电极可按图 12-4 进行分类。

(1) **晶体膜电极**。这类电极的敏感膜是由含有被测成分的难溶盐单晶切片或多晶沉淀压片制成的活性膜。根据膜的状态又可分为均相膜和非均相膜电极。均相膜电极的敏感膜由均匀的电活性物质组成,其中,包括以单晶膜片为敏感膜的单晶膜电极和以几种多晶粉末压片为敏感膜的多晶压片膜电极。

(2) **非晶体膜电极-刚性基质电极**。玻璃电极属于非晶体膜电极,也是最早应用的膜电极。常见的有 pH 玻璃电极和钠玻璃电极。

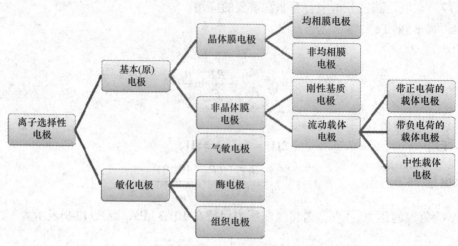

图 12-4 膜电极的类别

(3) 流动载体膜电极(液膜电极)。此类电极的敏感膜是由溶解在有机溶剂中的电活性物质组成。根据电活性物质的不同又可将该类电极分为带正电、负电和电中性的流动载体膜电极。

(4) 敏化电极。此类电极有气敏电极、酶电极等。气敏电极的敏化离子通过界面反应将被测物质或中介物质转化为对原离子电极有响应的离子。酶电极由离子敏感膜和覆盖在膜表面上的酶涂层组成。酶涂层中含有对待测物质具有专属性反应的酶，能催化酶反应，敏感膜对反应产物有选择性的响应。

3. 膜电位

不同类型的离子选择性电极响应机理虽有差别，但膜电位产生的基本原理都是相似的。离子选择性电极的电位为内参比电极电位($\varphi_{内参}$)与膜电位(φ_m)之和：

$$\varphi_{ISE} = \varphi_{内参} + \varphi_m$$

当敏感膜两侧分别与两个浓度不同的电解质溶液接触时，在膜与溶液两相间的界面上，由于离子的选择性和强制性扩散，破坏了界面附近电荷分布的均匀性，而形成双电层结构。膜电位即为横跨敏感膜两侧产生的电位差(图 12-5)。

如果敏感膜对阳离子 M^{n+} 有选择性响应，将电极浸入含有该离子的溶液中时，在敏感膜的内外两侧的界面上均产生相界电位，并符合能斯特方程：

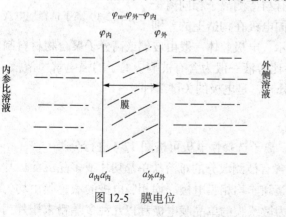

图 12-5 膜电位

$$\varphi_{内} = k_1 + \frac{RT}{nF} \ln \frac{a_{内}}{a'_{内}} \tag{12-10}$$

$$\varphi_{外} = k_2 + \frac{RT}{nF} \ln \frac{a_{外}}{a'_{外}} \tag{12-11}$$

式中，k_1、k_2 为与膜表面有关的常数；a 为液相中 M^{n+} 的活度；a' 为膜相中 M^{n+} 的活度。通常

敏感膜的内外表面性质可看做相同，则 $k_1=k_2$，$a'_{外}=a'_{内}$，得

$$\varphi_m = \varphi_{外} - \varphi_{内} = \frac{RT}{nF}\ln\frac{a_{外}}{a_{内}} \tag{12-12}$$

由于膜内溶液中 M^{n+} 的活度 $a_{内}$ 为常数，故

$$\varphi_m = 常数 + \frac{RT}{nF}\ln a_{外} \tag{12-13}$$

即膜电位与膜外 M^{n+} 活度的对数成正比。

阳离子选择性电极的电极电位应为

$$\varphi_{ISE} = \varphi_{内参} + \varphi_m = k + \frac{RT}{nF}\ln a_{外} \tag{12-14}$$

式中，k 为常数项，包括内参比电极电位和膜内相界电位等。对阴离子 R^{n-} 有响应的敏感膜，其膜电位应为

$$\varphi_m = 常数 - \frac{RT}{nF}\ln a_{外} \tag{12-15}$$

相应的阴离子选择性电极的电极电位为

$$\varphi_{ISE} = \varphi_{内参} + \varphi_m = k - \frac{RT}{nF}\ln a_{外} \tag{12-16}$$

写成总的表达式，离子选择性电极的电极电位为

$$\varphi_{ISE} = k \pm \frac{RT}{nF}\ln a_{外} \tag{12-17}$$

式中，若是阳离子，则为"+"；若是阴离子，则为"-"，与能斯特方程式相似。

随着科学研究的不断深入，分析技术的不断改进，目前，除了上述几类指示电极以外，还存在另外一些具有实用意义的电极，如微电极或超微电极、化学修饰电极(CME)等，这里不做详细介绍。

学习与思考

---

(1) 电极可以分为几类？各自的作用机制是什么？
(2) 根据工作原理，指示电极分为几类？各自的工作原理有何区别？
(3) 零类电极用途很广，为什么？
(4) 为什么膜电极又称离子选择电极？构建膜电极时需要注意哪些事项？
(5) 查阅文献，看看膜电极都有些什么用途？

12.6 参比电极

参比电极(reference electrode)是指在温度、压力一定的实验条件下，其电极电位准确已知且不随待测溶液的组成不同而发生改变的电极。除此之外，它还应该具备较好的可逆性及重现性。即在实验条件发生一定程度的改变时，如测试温度变化或者电池有微弱电流通过等，参比电极都能遵循能斯特方程无滞后响应及电位改变。

常用的有一级标准参比电极——标准氢电极(standard hydrogen electrode，SHE)、二级标准参比电极——甘汞电极和银-氯化银电极。其中标准氢电极是确定电极电位的基准(一级标准)电极，即所谓的理想参比电极，规定在任何温度下，其电极电位值为零。因为使用标准氢电极涉及氢气、铂金属电极等，操作比较烦琐，所以在日常研究工作中，一般不用它做参比电极。最为广泛使用的参比电极是甘汞电极(calomel electrode)和银-氯化银电极。

12.6.1 甘汞电极

常见甘汞电极的外观及具体结构如图 12-6 所示。在外玻璃管内套有一个内部电极，内部电极下层为甘汞(Hg_2Cl_2)与汞的糊状物，上层为汞，汞中插入一根铂丝作为导线。内部电极玻璃管的下端用多孔物质将甘汞和汞隔离在玻璃管内(但离子可通过多孔物质)。外玻璃管内装有一定浓度的氯化钾(KCl)溶液，管下端与待测溶液接触部分一般为烧结玻璃砂芯或陶瓷等多孔物质。如果使用的是饱和 KCl 溶液，即为常见的饱和甘汞电极(saturated calomel electrode，SCE)。

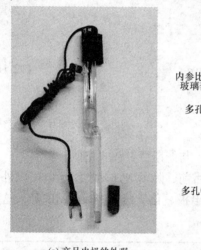
(a) 商品电极的外观

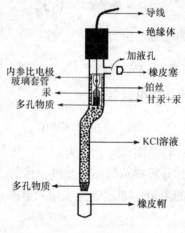
(b) 电极构造示意图

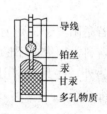
(c) 电极核心部位构造放大示意图

图 12-6　甘汞电极

电极组成：　　　　　$Hg(l)\,|\,Hg_2Cl_2(s), KCl(aq, c)\,\|$

电极反应：　　　　　$Hg_2Cl_2(s) + 2e^- \rightleftharpoons 2Hg(l) + 2Cl^-$

电极电位：　　　　　$\varphi = \varphi^{\ominus}_{Hg_2Cl_2/Hg} + \dfrac{2.303RT}{2F}\lg[Hg^{2+}]$

根据溶度积常数的定义，有 $k_{sp}=[Hg^{2+}][Cl^-]^2$。由于 $Hg_2Cl_2(s)$ 与 $Hg(l)$ 的活度都等于 1，故 25℃时电极电位：

$$\varphi = \varphi^{\ominus}_{Hg_2Cl/Hg} + \dfrac{2.303RT}{2F}\lg\dfrac{k_{sp}}{[Cl^-]^2}$$

$$= \varphi^{\ominus}_{Hg_2Cl/Hg} + \dfrac{2.303RT}{2F}\lg k_{sp} - \dfrac{2.303RT}{F}\lg[Cl^-] \qquad (12\text{-}18)$$

当温度一定时，甘汞电极的电极电位主要取决于电极内部 KCl 溶液中 Cl^- 的活度，而与 H^+ 活度无关。常用的 KCl 浓度有 $0.1\,mol\cdot L^{-1}$、$1.0\,mol\cdot L^{-1}$ 和饱和浓度，它们在 25℃时的电极电位分别为 0.3365V、0.2828V 和 0.2438V。

12.6.2 银-氯化银电极

银-氯化银电极主要优点是可以在高于 60℃ 的温度下使用，且较少与其他离子反应。如图 12-7 所示，电极内部充满一定浓度的 KCl 溶液(内部溶液)，其中插入一根表面镀了一层氯化银的银丝。电极底端为多孔物质，可与待测溶液接触并进行离子交换。其工作原理如下：

电极组成　　　　　　　　　$Ag(s) | AgCl(s), KCl(aq, c) ‖$

电极反应　　　　　　　　　$AgCl + e^- \rightleftharpoons Ag + Cl^-$

25℃电极电位：

$$\varphi_{AgCl/Ag} = \varphi^{\ominus}_{AgCl/Ag} - \frac{RT}{F}\ln a_{Cl^-} \tag{12-19}$$

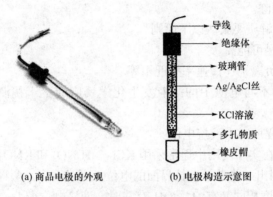

(a) 商品电极的外观　　(b) 电极构造示意图

图 12-7　银-氯化银电极

由于其电极电位同样取决于溶液中 Cl⁻ 活度，常在固定 Cl⁻ 活度条件下作为各类离子选择性电极的内参比电极。由于电极体积可以做得很小，因而也常在电化学检测器中使用。

如果内部溶液浓度不同，甘汞电极和银-氯化银电极电位会有一定的漂移，表 12-1 列出了常用的几种氯离子浓度下，上述两种参比电极的电极电位。

表 12-1　几种常用参比电极的电极电位(25℃)

电极	KCl 浓度	电极电位(vs. SHE)/ V
0.1mol·L⁻¹ 甘汞电极	0.1mol·L⁻¹	+0.3365
标准甘汞电极(NCE)	1.0mol·L⁻¹	+0.2828
饱和甘汞电极(SCE)	饱和 KCl	+0.2438
0.1mol·L⁻¹ Ag/AgCl 电极	0.1mol·L⁻¹	+0.2880
标准 Ag/AgCl 电极	1.0mol·L⁻¹	+0.2223
饱和 Ag/AgCl 电极	饱和 KCl	+0.2000

12.7　盐　桥

在介绍能斯特方程时，曾提到电池电动势测量中有一项称为液接电位。液接电位的形成是当两种组成不同或活度不同的电解质溶液相接触时,因溶液间正负离子的扩散通过接触界面的离子迁移速率不同而造成在溶液接界处的电荷平衡,从而形成双电层。这种双电层产生的电位差称为液体接界(扩散)电位,简称液接电位。

如 12.3.2 节所述,盐桥就是"连接"和"隔离"不同电解质的装置,其主要作用就是消除或减小液接电位和接通电路,常和参比电极组合在一起。例如,甘汞电极和银-氯化银电极的盐桥就是 KCl 溶液。饱和 KCl 溶液的浓度(高达 $4.2 mol \cdot L^{-1}$)相对电解质溶液的浓度来说较高,当盐桥插入到浓度不大的两电解质溶液之间时,会产生两个接界面,盐桥中 K^+ 和 Cl^- 向溶液扩散就成为这两个接界面上离子扩散的主流。由于 K^+ 和 Cl^- 的扩散速率相近,使盐桥与两个溶液接触产生的液接电势数值几乎相等且两者方向相反,从而使得液接电位减至最小(1~2mV)以至接近消除。

选择盐桥中的电解质要服从以下原则。

(1) 电解质浓度尽可能高。

(2) 电解质中正负离子迁移速率接近相等。

(3) 电解质本身不与电池中的溶液发生化学反应或不干扰测定(盐桥中不能含有待测离子)。

(4) 尽可能最大程度减小液接电位。

根据上述原则,在实际使用中通常采用 KCl、NH_4NO_3 和 KNO_3 的饱和溶液作为盐桥中的电解质。表 12-2 中列出一些常见液接界面的电位。可以看出,两种溶液的浓度相差越大,液接电位反而越小;浓度相同又有 H^+、OH^- 存在时,液接电位最大,这可能与 H^+、OH^- 拥有较快迁移速率有关。

表 12-2　一些液接界面的液接电位(25℃)

液接界面	液接电位 E_j / mV
KCl ($0.01 mol \cdot L^{-1}$) ‖ HCl ($0.01 mol \cdot L^{-1}$)	−26
KCl ($0.1 mol \cdot L^{-1}$) ‖ HCl ($0.1 mol \cdot L^{-1}$)	−27
KCl ($3.5 mol \cdot L^{-1}$) ‖ HCl ($0.1 mol \cdot L^{-1}$)	+3.1
KCl ($0.1 mol \cdot L^{-1}$) ‖ NaCl ($0.1 mol \cdot L^{-1}$)	+6.4
KCl ($3.5 mol \cdot L^{-1}$) ‖ NaCl ($0.1 mol \cdot L^{-1}$)	+0.2
KCl ($3.5 mol \cdot L^{-1}$) ‖ NaCl ($1 mol \cdot L^{-1}$)	+1.9
KCl ($0.1 mol \cdot L^{-1}$) ‖ NaOH ($0.1 mol \cdot L^{-1}$)	+18.9
KCl ($3.5 mol \cdot L^{-1}$) ‖ NaOH ($0.1 mol \cdot L^{-1}$)	+2.1
KCl ($3.5 mol \cdot L^{-1}$) ‖ NaOH ($1 mol \cdot L^{-1}$)	+10.5

学习与思考

(1) 什么是理想参比电极？有什么特性？
(2) 为什么甘汞电极和银-氯化银电极可以作为参比电极？各自的工作原理是什么？
(3) 为什么盐桥可以消除或减小液接电位？
(4) 为什么盐桥通常选择高浓度的电解质溶液？

内容提要与学习要求

电化学是讨论电学与化学之间内在联系的一门学科，研究电能与化学能之间发生相互转化规律。电化学分析是应用电化学的基本原理和实验技术，依据物质电化学性质来测定物质组成及含量的一类分析方法。

在本章知道了电化学是电化学分析的基础。电化学中有关化学电池的概念是电化学分析的基础，涉及指示电极、工作电极、参比电极和辅助电极。在电极表面会产生各种极化现象。

要求掌握电池、电解池和电极相关的概念，明确电极有哪些种类。

练 习 题

1. 电位分析法是根据什么原理进行测定的？
2. 什么是指示电极、工作电极、参比电极和辅助电极？试举例说明其作用。
3. 什么是电池电动势？如何测定电池的电动势？
4. 什么是电极电位？如何理解条件电位？
5. 什么是电极的极化？它是如何产生的？
6. 液接电位是如何产生的？为什么可以利用盐桥来消除液接电位？
7. 库仑分析法的基本依据是什么？
8. 阐述离子选择性电极的基本结构及膜电位的产生机理。
9. 膜电极有哪些类别？其工作原理上有什么不同？
10. 玻璃电极在使用前，需要在水溶液中浸泡 24h 以上，其主要目的是什么？
11. 甘汞电极和银-氯化银都可作为参比电极，为什么两者在结构设计上有很大不同？它们的工作原理有什么区别？
12. 为什么表 12-2 中列出的液接电位与 KCl 和 NaCl 的相对浓度有关？在不同温度下，这些液接电位将如何变化？
13. 根据本章学习的知识，试着自己设计具有不同功能的指示电极和离子选择电极。画出电极机构示意图，写出工作原理。
14. 为什么离子选择性电极对待测离子具有选择性？如何估量这种选择性？
15. 直接电位法的主要误差来源有哪些？应如何减免？
16. 为什么一般来说电位滴定法的误差比电位测定法小？
17. 简述离子选择性电极的类型及一般作用原理。
18. 比较各类反应的电位滴定中所用的指示电极及参比电极，并讨论选择指示电极的原则。

第13章 电导分析

13.1 概 述

电导分析法(conductometry)是利用离子或极性分子的导电性质所建立起来的测量的方法。很多药物或与其相关的物质具有导电性，或其涉及的某一过程间接具有导电性，因此电导分析法在药学领域应用甚广。

在外加电场作用下，导体中的电荷定向移动形成电流(electric current)，电流的大小以单位时间里通过导体任一横截面的电量多少来表示。对于溶液，当电压(voltage，又称电势差或电位差)固定时，电流大小与溶液中正负离子的数目、离子所带电荷多少以及离子移动速度等参数密切相关。由于这些参数与电解质强弱、浓度及所处溶剂、温度、压力和黏度等有关，因此在固定电解质种类和实验条件(如温度、压力等)情况下，电流大小主要与电解质溶液中所含带离子的多少即分析物的浓度有关。

在欧姆定律中，通过电解质溶液的电流(I，单位为安培，以 A 表示)与施加电压(E，单位为伏特，以 V 表示)成正比，与电解质溶液的电阻(resistance，R，单位为欧姆，以 Ω 表示)成反比。在电化学中，用电阻的倒数，即电导(conductance，G，单位为西门子，以 S 或 Ω^{-1} 表示)来表示溶液的导电能力。电导分析法就是将由两个平行电极组成的电导池浸入电解质溶液中，通过测定电导池中溶液的电导值来确定被测物浓度的分析方法。

电导分析法以测量电解质溶液的电导为基础。可以用测得的电导率大小直接计算物质含量，这种方法称为直接电导法(direct conductometry)。也可以根据滴定过程中电解质溶液电导值的变化来确定终点，这种方法称为电导滴定法(conductometric titration)。为了避免电极被污染中毒，可把电极置于容器器壁外表面，不与溶液直接接触，对电极施加高频电压，测定溶液的总阻抗，这种的方法称为非接触电导法(contactless conductometry)。

电导分析法的优点很多，如灵敏度较高、装置简便等。然而溶液的电导是电解质中各种离子电导的总和，所以直接电导法只能用于测量离子的总量，导致其选择性差。因此，如果将其设计为色谱(分离分析法)的检测器，则不仅可解决选择性差的问题，还具备了通用性强的优点。

13.2 电解质溶液的导电现象

13.2.1 导体

1. 导体及其分类

导体(conductor)是指易于传导电流使电流沿一个或多个方向流动的物质，其电阻率很小。导体材料包括金属(metals)、电解质(electrolytes)、超导体(superconductors)、半导体(semiconductors)、等离子体(plasmas)和一些非金属导体如石墨(graphite)和导电高分子(conductive polymers)等。

导体之所以能导电，是因为这些物质中存在有大量可自由移动称为载流子(carrier)的带电粒子(charged particle)。载流子是带有电荷的物质粒子，包括电子和离子。在外电场作用下，一个一个的载流子发生定向挤压，形成载流子流(carrier flow)，即电流。

以电子为主要导电粒子的导体称为第一类导体(first class conductor)，主要包括金属、石墨、某些金属氧化物(如 PbO_2)、金属碳化物(如 WC)等，在导电过程中不引起化学反应，也没有明显物质转移。德鲁德动量传递模型(momentum transfer model)应用于金属导体十分完美，原因是金属原子的外层价电子很容易变成自由电子，以至于金属导体拥有海量的离域电子，每立方厘米可达 10^{22} 个电子，因此金属导体的电阻率很小($10^{-8} \sim 10^{-6}\Omega \cdot m$)，使得电子有足够流动性发生碰撞而产生动量传递，而留下的正离子(原子实)形成规则的点阵，所以金属导体的电导率通常比其他导体材料的大。

温度对导电性能有很大影响(图 13-1)。随温度升高，金属导体中由于离子振动增强阻碍了电子流动；反之，温度降低，金属导体的电阻率一般随温度降低而减小，甚至在极低温度下有些金属合金的电阻率消失而成为超导体。

以正负离子为主要导电粒子的导体称为第二类导体(second class conductor)，主要包括电解质或熔融电解质，靠离子的定向迁移导电。大部分纯液体包括水和液态有机酸碱虽然有一定程度的离解，但由于离解程度很小以至于导电的正负离子太少而不是好的导体。例如，纯水的电阻率为 $10^4\Omega \cdot m$，比金属导体的电阻率高百亿到万亿($10^{10} \sim 10^{12}$)倍。

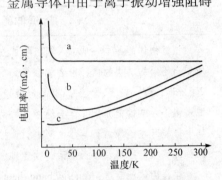

图 13-1 温度对导电性能的影响
a. 绝缘体；b. 半导体；c. 导体

但如果在纯水或液态有机酸碱中加入一点电解质，所形成的溶液中离子浓度大为增加，电阻率大为降低，成为导体。尽管如此，其电阻率还是要比金属大得多，其原因就是溶液中的正负离子浓度比金属导体中的电子浓度低得多，并且这些正负离子因为还存在着与周围介质的相互作用，且作用力还比较大，以至于在外电场作用下的流动性(迁移率)也比较小。

2. 德鲁德传导模型

流动的载流子之间有长链动量转移，可以严格地使用德鲁德导电模型(Drude model)来描述。德国物理学家德鲁德(Paul Karl Ludwig Drude, 1863—1906)于 1900 年通过借鉴经典气体分子理论模型，做了以下四点假设。

(1) 独立电子近似，即所谓的单电子近似，忽略了电子与电子之间存在相互作用，彼此是相互独立而像单个电子一样。

(2) 自由电子近似，单个电子在与离子实(ion core)的连续两次碰撞的时间间歇内做自由运动。所谓离子实是指除价电子之外的内层电子和原子核所构成的运动体系。

(3) 弛豫时间近似，是指在某时间间隔 dt 内，电子与离子实之间的碰撞概率为 dt/τ，其中 τ 为弛豫时间，即电子与离子实连续两次碰撞之间的平均自由时间。

(4) 经典近似，是指电子与离子实连续两次碰撞之间的电子所处的运动状态遵循牛顿运动定律(Newton's laws of motion)，而碰撞前后电子遵循玻尔兹曼(Boltzmann)统计分布。

根据上述四点近似,可以获得有关电子运动[式(13-1)]和电流密度(J)-电场(E)线性关系[式(13-2)]的两个公式:

$$\frac{d}{dt}\langle P(t)\rangle = q\left(E + \frac{\langle P(t)\rangle \times B}{m}\right) - \frac{\langle P(t)\rangle}{\tau} \tag{13-1}$$

$$J = \left(\frac{nq^2\tau}{m}\right)E \tag{13-2}$$

式中,t 为时间;$\langle P(t)\rangle$ 为每个电子的平均动量(average momentum);q、n、m 和 τ 分别为电荷(electron charge)、数密度(number density)、质量(mass)和两个离子的平均自由时间(mean free time)。需要注意的是,平均自由时间是指上一次碰撞以后电子的运行时间,而不是碰撞的平均时间。

延伸阅读 13-1:导体、半导体和绝缘体

根据物体的导电性质,人们把物体分为导体、半导体和绝缘体。其中导体和绝缘体(insulator)是导电性质完全不同的两类物体,前者如金属,其导电性能很好,电阻率很小,为 $10^{-8} \sim 10^{-6}\Omega \cdot m$;而后者如金刚石、云母、塑料、玻璃、橡胶等,其导电性能非常差,因而又称为电介质(dielectric),其电阻率达 $10^8 \sim 10^{20}\Omega \cdot m$。把常温下导电性能介于导体与绝缘体之间的材料如硅、锗、砷化镓等称为半导体。通常情况下,半导体的导电性能可在绝缘体至导体之间进行调控。正是其导电性能的可调性,半导体材料已在当今大部分电子产品如计算机、手机、移动电话、收音机、数字录音机中起核心作用。

根据固体能带理论(energy band theory),核外电子所处的能级分为导带(conduction band)、禁带(forbidden band)和价带(valence band)三种能带(energy band),其中禁带把导带和价带分开,如图13-2所示。三种能带具有不同的电子填充性质,禁带里电子不允许填充。在导体中,导带里存在大量能自由移动的电子,如果存在外加电场,这些电子就成为载流子;在半导体和绝缘体中,大多数电子处于价带且不能自由移动,但如果受到光、热等外刺激,有少量价带电子越过禁带发生跃迁到导带上成为载流子。

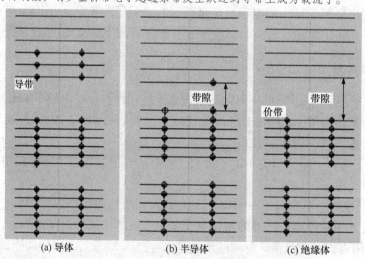

图 13-2 导体、半导体和绝缘体的能带结构

绝缘体和半导体的区别主要是禁带宽度不同,其中半导体的禁带宽度一般低于 3eV,相比之下,绝缘体的禁带宽度更宽,以至于电子如果要发生从价带到导带的跃迁就变得很困难。所以,绝缘体中载流子浓

度很低。由此可见，导体、半导体和绝缘体导电性能的差别就在于其内部能发生自由移动的电子的多少。严格意义上讲，没有绝对不导电的物质。

13.2.2 电解质溶液的导电机制

电解质(electrolyte)是十分熟悉的导电物质，通常是指溶于水形成溶液或在熔融状态下因为自身电离成阳离子与阴离子的化合物，其导电机制与金属导体完全不同。实际上，电解质本身不一定具有导电性，而是当其溶于水或处于熔融状态下电离出了能自由移动的离子后才能导电。

离子化合物在水溶液中或熔融状态下能导电；某些共价化合物也能在水溶液中导电，但也存在固体电解质，其导电性能来源于晶格中离子的迁移。在水溶液中或熔融状态下发生了绝大部分电离的电解质称为强电解质，如强酸强碱、活泼金属氧化物和大多数盐；而在水溶液中或熔融状态下不完全发生电离的电解质称为弱电解质，如水、弱酸、弱碱、弱酸弱碱盐。

显然，电解质的强弱和导电性能仅与其离子的电离程度有关，而与电解质的溶解度无关。而电离受到键型、键能、溶解度、浓度和溶剂等因素的影响，以至于一种电解质在某种情况下是强电解质，但条件改变了有可能变成弱电解质。

13.2.3 法拉第定律

电流通过电解质溶液时，溶液中传导的电流是由正负离子的定向移动而共同承担的，使得电路的电流得以连续，而电极上发生氧化还原反应而导致电子得失。英国物理学家、化学家法拉第(Michael Faraday, 1791—1867)在大量实验基础之上提出了法拉第电解定律(Faraday's law of electrolysis)。法拉第发现，由于电子得失，电极上发生了氧化还原反应，反应物质的质量(m)与通过溶液的电量(Q)成正比：

$$m = kQ = kIt \tag{13-3}$$

式中，m为电极上析出或溶解物质的质量；k为与析出或溶解物质性质相关的常数；Q为通过电解液的总电量，是电流I与通电时间t的乘积。式(13-3)就是法拉第电解第一定律。

当以相同电量分别通过不同电解质溶液时，在各电极上发生化学反应的物质的量(即溶解或析出的物质的量)相等，表示为

$$Q = nzF = \frac{m}{M}zF \tag{13-4}$$

式中，Q为通入电解池的电量；n为电极上发生反应的物质的物质的量；m为电极上发生反应的物质的质量；M为电极上发生反应的物质的摩尔质量；z为电极反应中得失电子数；F为法拉第常量(Faraday's constant)，是指每摩尔电子所携带电荷，是阿伏伽德罗常量与元电荷的电量($e=1.602176\times10^{-19}$C)的积，其大小一般认为是(96485.3383 ± 0.0083)C·mol^{-1}，有时使用近似值96500C·mol^{-1}。所以，式(13-2)可进一步演变为电解1mol物质所需的电量就是1个法拉第常量，即96500库伦(C)或26.8安·时(A·h)：

$$1F = 96500C \tag{13-4a}$$

这就是法拉第电解第二定律。

学习与思考
---

(1) 什么是导体？导体、半导体和绝缘体各自导电性质有哪些特点？
(2) 查阅文献，看看半导体的载流子是怎么回事？
(3) 查阅文献，看看德鲁德传导模型针对各种导电材料有哪些具体应用？
(4) 什么是法拉第定律？查阅文献，法拉第第二电解定律的数学表达式还有哪些？

13.3 电导分析法的基本原理

13.3.1 电导与电导率

1. 基本概念

在欧姆定律中，通过电解质溶液的电流 I 与施加电压 E 成正比，与溶液的电阻 R 成反比。即

$$I = \frac{E}{R} \tag{13-5}$$

式中，I、E、R 的单位分别是 A、V 和 Ω。

在给定实验条件(温度、压力等)下，电解质溶液的电阻 R 与导体的关系为

$$R = \rho \frac{L}{A} \tag{13-6}$$

式中，L 为电解质溶液对应的导体长度，m；A 为对应导体的横截面积，m^2；常数 ρ 为电阻率，$\Omega \cdot cm$。电阻率的倒数称为电导率，用 κ 表示，单位为 $S \cdot m^{-1}$。即

$$G = \frac{1}{R} \tag{13-7a}$$

$$\kappa = \frac{1}{\rho} \tag{13-7b}$$

所以，电导和电导率的关系为

$$G = \kappa \frac{A}{L} \tag{13-7c}$$

电导率的物理意义在于当导体横截面积为单位面积，距离为单位长度时的电导，是排除了导体几何因素影响的参数。为了简化电导率和浓度的关系，在电化学中普遍采用摩尔电导率的概念，即距离为 1m 的两电极间含有 1mol 溶质时电解质溶液所具有的电导。摩尔电导率 Λ_m 与电导率 κ 的关系为

$$\Lambda_m = \frac{\kappa}{c} \tag{13-8}$$

式中，Λ_m 为摩尔电导率，$S \cdot m^2 \cdot mol^{-1}$；$c$ 为电解质浓度，$mol \cdot m^{-3}$。

2. 离子独立运动规律

在电解质溶液中，其导电能力取决于电解质离解生成的正负离子，电导率正比于离子浓

度,但溶液浓度对电导率的影响相对复杂;对电解质溶液来说,影响其离子浓度的主要因素是电解质溶液的浓度和电离度。

浓度越大,电离后的离子浓度也越大;在电解质的浓度相等条件下,电离度越大,则离子浓度也越大。当电解质的浓度逐渐增加时,单位体积内溶液中的离子数目也相应增加,电导率随之增加;但当浓度增加到一定程度后,离子间相互作用加大或电解质离解度降低,又使得电导率下降。因此,在不少电解质溶液的电导率和浓度的关系中往往会出现一个极大值,如图13-3 所示。

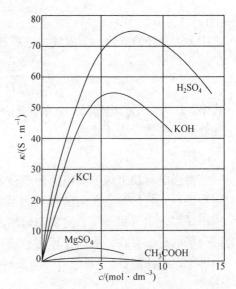

图 13-3 电解质溶液电导率与浓度的关系

德国物理学家科尔劳施(Friedrich Wilhelm Georg Kohlrausch,1840—1910)研究了大量电解质的导电(electric conductivity)、弹性(elasticity)、热弹性(thermoelasticity)、导热性(thermal conduction)等行为。在大量实验数据的基础上,他发现当电解质溶液无限稀时,离子间的距离相距很远,甚至远到可忽略离子间的作用。所以,此时每个离子的运动可认为是完全独立的,不受其他离子的影响。这一规律称为科尔劳施离子独立迁移定律(Kohlrausch law of independent migration of ions)。该定律认为,电解质的摩尔电导率是正、负离子的摩尔电导率之和,即

$$\Lambda_m^\infty = \Lambda_{m^+}^\infty + \Lambda_{m^-}^\infty \tag{13-9}$$

式中,Λ_m^∞ 为溶液无限稀释时的摩尔电导率或极限摩尔电导率;$\Lambda_{m^+}^\infty$ 和 $\Lambda_{m^-}^\infty$ 分别为电解质溶液中的正、负离子在无限稀释时的摩尔电导率。

每种离子所带电荷数和体积大小(水合半径)不同,导致各自的离子运动快慢有差异,在电场改变时这些离子的移动速率也不一样。在单位电场下离子移动的速率称为离子淌度(ion mobility),无限稀释时离子移动的速率称为绝对离子淌度。

在电解质溶液中,H^+ 和 OH^- 的离子淌度特别大。H^+ 的离子半径最小,在水中形成水合质子(H_3O^+),在电场作用下它不是简单的移动,而是水分子间的质子传递,H_3O^+ 自身并没有移动,质子传递时电荷移动速率很快,造成 H^+ 的离子淌度很大;OH^- 的迁移,则是在 OH^- "移动"的反方向上质子在水分子间传递。

13.3.2 影响电导分析法的因素

电导分析的灵敏度高,装置简单,但受电解质浓度、温度及溶剂相关性质(如黏度和介电常数等)等因素的影响和制约。

1. 电解质浓度

对电解质溶液来说,当浓度增加时,电导率会逐渐升高;但增加到一定程度后,电解质浓度与电导率的关系就变得比较复杂。对于 1∶1 型的电解质溶液,摩尔电导率 Λ_m 与浓度 c 的关系为

$$\Lambda_m = \Lambda_m^\infty - A\sqrt{c} \tag{13-10}$$

式中，A 为经验常数，与温度、电解质及溶剂性质相关：

$$A = \left[\frac{8.20 \times 10^5}{(DT)^{3/2}}\Lambda_m^\infty + \frac{82.5}{(DT)^{1/2}\eta}\right] = A\Lambda_m^\infty + B \tag{13-10a}$$

式中，D 为溶剂介电常数；η 为溶剂的黏度；T 为热力学温度。对于 $M^{n+}A^{n-}$ 型电解质，其离子独立运动的数学表达式为

$$\Lambda_m^\infty = n_+ \Lambda_{m^+}^\infty + n_- \Lambda_{m^-}^\infty \tag{13-10b}$$

对强电解质来说，其电离程度非常高，在溶液中主要以离子形态存在，当浓度增加到一定程度后，将导致离子间的距离明显缩小，静电作用的影响占据优势，从而使得离子的运动速率减缓，电导率下降；对弱电解质来说，在溶液中的电离程度很小，离子数量很少，主要以分子的形态存在，静电作用可忽略不计，但其离解度随着浓度增加而迅速降低，从而导致电导率也迅速降低。

2. 温度

电解质溶液的电导率受温度影响很大，主要原因是温度的变化可直接影响到溶液中电解质的电离度、溶解度、离子迁移速率和溶液黏度等，从而明显影响电解质溶液的电导率。

简单地说，当温度升高时，溶液黏度降低，离子运动速度加快，在电场作用下离子的定向运动速度也加快，溶液的电导率增加；反之，溶液温度下降，溶液电导率减小。对大多数离子，每增加 1℃，电导约增加 2%。某温度 t(℃)时的摩尔电导率 $\Lambda_{m,t}^\infty$ 与 25℃时的摩尔电导率 $\Lambda_{m,25℃}^\infty$ 近似关系为

$$\Lambda_{m,t}^\infty = \Lambda_{m,25℃}^\infty (0.5 + 0.02t) \tag{13-11}$$

3. 溶剂的黏度和介电常数

溶剂的黏度和介电常数都是影响电导率的重要因素。离子与溶剂分子之间的离子-偶极作用，导致溶液的黏度和介电常数不同于纯溶剂。其结果是，离子周围的溶剂分子会发生取向排列，导致其介电常数相应降低；离子-偶极作用还导致分子间作用力增加而使黏度相应增大等。

相对来说，一旦溶剂的黏度增加，离子运动的阻力就增大，离子的电导率就随之降低；而介电常数是表征溶剂对溶质分子溶剂化及隔开离子的能力，介电常数低，库仑作用力就加强，电解质的离解就相应减少，尤其对弱电解质更明显，而强电解质的溶解度也会降低，从而导致离子浓度降低，电导率降低。

学习与思考

(1) 什么是电导？电导和电导率有什么关系？
(2) 什么是科尔劳施离子独立迁移定律？为什么它只有在稀溶液中成立？查阅文献，看看德国科学家科尔劳施是在什么条件下提出科尔劳施离子独立迁移定律的？
(3) 电解质的浓度是如何影响电导率的？
(4) 什么是离子淌度？试查阅文献，看看离子淌度在现代分析化学中有哪些应用？

13.4 溶液电导的测量

电导是电阻的倒数,测量电导的原理与电学上测量电阻的方法相似,但仪器差别较大。典型的溶液电导测量仪器包括电导池和电导仪两部分。

13.4.1 电极和电导池

测量溶液的电导时,必须插入两个平行、相对大小一致、距离固定的电极以构成电导池,如图 13-4 所示。测量时有电流通过电极和溶液的界面。当有直流电通过电极时,电极上的离子将同时发生氧化还原反应,从而改变电极附近溶液的组成,产生极化,导致电导测量的极大误差。所以,在电导分析中应该使用交流电,这样上下半周所引起的对称极化会相互抵消。

电导池的电极常用铂箔制成。为了减少交流电的极化效应,在铂电极上覆盖"铂黑"。铂黑是颗粒很细的铂,大大增加电极与溶液接触的面积,降低电流密度,减少极化,同时也减低了电容的干扰。

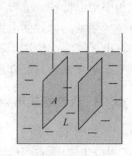

图 13-4 电导池示意图

镀铂黑也有不利的一面,原因是它能催化溶液中的某些反应,也可能从溶液中吸附大量的溶质,从而改变溶液的浓度。

电导池的几何尺寸是很难精准确定的。反映几何尺寸的量是电极面积(A)和电极间距(L),两者的比值(A/L)称为电导池常数,通常用 KCl 标准溶液测定并常用其校正。KCl 标准溶液的数值见表 13-1。在选择 KCl 标准溶液时常常采用其电阻值接近待测量溶液者,以减少误差。

表 13-1 不同浓度 KCl 标准溶液在不同温度下的电导率 (单位:$S \cdot cm^{-1}$)

$t/℃$	$c/(mol \cdot L^{-1})$			
	1.000	0.1000	0.0200	0.0100
5	0.07414	0.00822	0.001752	0.000896
10	0.08319	0.00933	0.001994	0.001020
15	0.09252	0.01048	0.002243	0.001147
20	0.10207	0.01167	0.002501	0.001278
25	0.11180	0.01288	0.002765	0.001413
30	—	0.01412	0.003036	0.001552

当金属电极直接接触到电解质溶液时,电极和溶液构成如下系统:

$$M\text{-}C_{d1}\text{-}\begin{bmatrix} C_s \\ R_s \end{bmatrix}\text{-}C_{d1}\text{-}M$$

式中,M 为金属电极;C_{d1} 为界面的电容;C_s 为溶液的电容;R_s 为溶液的电阻。C_{d1} 为串联在 C_s 与 R_s 并联的电路中。C_s 相对 C_{d1} 小很多而可以忽略。

总阻抗(z)包括电阻(R_s)和容抗($X_{C_{d1}}$)

$$z = \sqrt{R_s^2 - X_{C_{d1}}^2} \tag{13-12}$$

当 C_{d1} 较小且使用频率不高时,容抗 $X_{C_{d1}}$ 比 R 小得多,此时测得的阻抗即为溶液电阻。但常常 C_{d1} 不够小,一般是在测量电路里,在电桥臂上并联一个可变电容器,调节其值与电路中其他电容相平衡,以减少误差。

13.4.2 电导仪

电导仪是测量溶液电导的仪器。一般的电导仪除电导池外,还包括测量电源、测量电路、校正电路、补偿电路和指示器等部分。

测量电源采用交流电源,一般为正弦波,频率一般为 50~1000Hz。溶液电导低时选用的频率可以低些,电导高时选用的频率要高些。

溶液的电导受温度影响较大,为了统一和比较,常折换成 25℃时的电导率。有的电导仪,在电子线路中使用了补偿电路,将仪器的显示部分自动换算为 25℃时的电导率。

电导池常数已知或经 KCl 标准溶液测定后,可由电导仪校正电路进行校正。

13.4.3 无电极式电导测量法

如图 13-5 所示,方法采用两个环形变压器,用耐腐蚀的树脂密封,使用时浸于被测溶液 C 中。T_1 为励磁变压器,T_2 为检测变压器,C 可以看成一个闭环线圈。C 穿过 T_1 构成 T_1 的次级输出线圈,而 C 穿过 T_2 构成 T_2 的初级输入线圈。若在 T_1 的初级线圈施加 50Hz 交流电压 E,在 T_1 的初级线圈即 C 产生感应电动势,在 C 中就有电流 i,其值与被测溶液的电导有关。由于 C 又是 T_2 的初级线圈,故感应生成电压 e,其值与 i 有关,也就反映了溶液的电导。

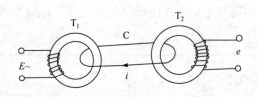

图 13-5 无电极式电导测量装置

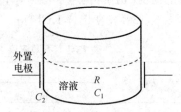

图 13-6 非接触式电导池

这种方法不存在电极污染,也不存在极化现象,但灵敏度不高,适合浓度较大的电解质溶液。

13.4.4 非接触式电导法

在溶液的容器外设置两个电极,电极与溶液不接触,如图 13-6 所示。该电导池的总阻抗(z)为

$$z = \frac{1}{j\omega C_2} + \frac{1}{1/R + j\omega C_1}$$
$$= \frac{R}{1+\omega^2 C_1^2 R^2} + j\frac{1+\omega^2 C_1(C_1+C_2)R^2}{\omega C_2(1+\omega^2 C_1^2 R^2)} \tag{13-13}$$

式中,R 为溶液的电阻;C_1 为溶液的电容;C_2 为溶液与外置电极之间的电容(两个电容合并后电容量为 C_2);ω 为施加交流电(正弦波)的角频率;$j=\sqrt{-1}$。

为了降低容抗,需要施加高频交流电。由于 C_1 和 C_2 的具体数值不知道,因此不能由此测出溶液准确的电阻,早期用来监测滴定过程溶液电导的变化,称为高频滴定(high frequency titration)。

根据上述总阻抗表达式,溶液电阻一定时,使用大面积的电极(C_1 和 C_2 大)、薄的容器壁(C_2 大),以及使用较高的频率 ω(容抗降低),都有利于降低总阻抗,便于测量。

非接触式电导法近年更多用于毛细管电泳和微流控芯片的非接触式电导检测,而且应用很广。

非接触式电导法有突出的优点,表现在电极不与溶液直接接触,样品溶液不会污染电极;避免电极上发生电解,产生极化作用;电极的某些催化作用也不存在;沉淀覆盖电极也被消除,所以很多沉淀反应常常用高频法来指示终点。

学习与思考

(1) 什么是电导?电导和电导率有什么关系?
(2) 电解质的浓度是如何影响电导率的?

13.5 电导分析法及其应用

13.5.1 直接电导法

直接电导法灵敏度高、仪器简单、测量方便,可用于待测物浓度的定量分析,主要利用电解质溶液的电导与离子浓度呈正比的关系进行分析,即

$$G=Kc \tag{13-14}$$

式中,G 为电导;c 为电解质溶液的浓度;K 与实验条件相关,当实验条件一定时为常数。

直接电导法的定量分析可以采用标准曲线法、外标一点法或标准加入法。

(1) 标准曲线法配制系列已知浓度的待测物的标准溶液,分别测定其电导,绘制 G-c 标准曲线;然后在相同条件下测定待测物溶液的电导 G_x,利用标准曲线求得待测物的浓度 c_x。

(2) 外标一点法在相同条件下,同时测定待测物溶液(浓度设为 c_x)和一个已知浓度的标准溶液(浓度为 c_s)的电导 G_x 和 G_s,根据式(13-15)可计算求得待测物的浓度 c_x:

$$c_x = c_s \frac{G_x}{G_s} \tag{13-15}$$

(3) 标准加入法先测定待测物溶液的电导 G_1,再向待测物溶液中加入已知量的标准溶液,然后再测量其电导 G_2,根据式(13-16)求得待测物的浓度 c_x:

$$c_x = \frac{G_1}{G_2 - G_1} \frac{V_s c_s}{V_s + V_x} \tag{13-16}$$

式中,c_x 为待测物溶液的浓度;c_s 为标准溶液的浓度;V_x 为待测物溶液的体积;V_s 为加入的标准溶液的体积。

13.5.2 电导法的应用

1. 直接电导法的应用

目前,直接电导法可应用于以下几方面。

1) 纯水的测定

纯水中存在的杂质主要是一些可溶性无机盐，水质的好坏与其电导率大小密切相关，电导率越低(电阻越高)，表明水中的离子越少，即水的纯度越高。在强电解质浓度低于 20%(质量分数)时，电导率随电解质浓度的增加呈线性增加。分析工作要求纯水的电导率在 $2\mu S \cdot cm^{-1}$ 以下(即电阻率在 $0.5 \times 10^6 \Omega \cdot cm$)。一些典型的不同水质的电导率如图 13-7 所示。

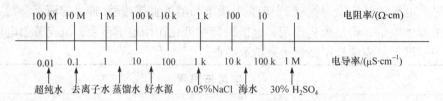

图 13-7 一些典型的不同水质的电导率

直接电导法在检测水质中应用广泛。例如，土壤、海水中的盐度也可用上述方法测得。需要注意的是，直接电导法只能用于检测离子型杂质，对水质的其他因素，如非导体类的细菌、海藻、悬浮物等杂质则无法检测，且直接电导法测定的是离子总浓度，不能反映单一离子的浓度。

2) 大气中有害气体的测定

测定大气中的有害气体如 SO_2、CO、CO_2 及 N_xO_y 等时，可利用气体吸收装置，通过反应前后吸收液电导率的变化来反映吸收气体的浓度。SO_2 被 H_2O_2 氧化为 H_2SO_4 后使电导率增加，由此可计算出大气中 SO_2 的含量。基于相似原理，也可测得大气中 HCl、HF 等有害成分的含量。该法灵敏度高、操作简单，并可获得连续读数，在环境监测中得到广泛应用。

3) "地沟油"质量评价

劣质油(如"地沟油")中由于掺杂了大量金属离子而产生导电性，并且随着杂质浓度的增加，导电性增强。利用直接电导法测定食用油的电导率，间接反映其中的总离子浓度，可作为"地沟油"质量评价的方法之一。

4) 其他应用

近年来，直接电导法还可用于评价植物耐寒性、测定植物种子活力，以及用于保护渣结晶温度、新型低温电解质体系分子比等。

2. 电导滴定法

电导滴定法是利用滴定过程中离子的结合或生成后导致溶液电导值发生变化的现象，通过连续测量滴定过程电导值变化来确定终点的分析方法。一般来说，只要反应物的离子和生成物的离子淌度有较大的改变，就可应用电导滴定法。因为 H^+ 和 OH^- 的离子淌度比较大，所以由它们参与的反应电导变化比较明显。电导滴定法操作与电位滴定法大致相同，可用于酸碱反应、沉淀反应、氧化还原反应等。

电导滴定法有以下几个方面较典型的应用：

1) 强酸、强碱滴定

强酸如 HCl 滴定强碱 NaOH，反应中 H^+ 和 OH^- 不断消耗和中和，Na^+ 和 Cl^- 的离子淌度远小于 H^+ 和 OH^-，导致溶液电导逐渐下降，滴定曲线下降；在滴定终点时，溶液具有纯 NaCl

的电导,是滴定曲线的最低点;随后随着滴定溶液的继续加入,电导增加,曲线上扬。

强酸、强碱的滴定一般不采用电导滴定,因为它们的 pH 改变比较大,有更多的指示终点的选择。但在被滴定溶液浓度很低时,或者混合酸中不同酸的电导差别明显时,应用电导滴定法分析比较有效。

2) 弱酸、弱碱滴定

电导滴定可用于测定离解常数较低的弱酸。当用强碱滴定时,开始溶液的电导受弱酸的离解平衡控制,滴定开始后形成的弱酸盐的阴离子抑制了弱酸离解,导致电导降低,滴定曲线下降;随着滴定的进行,非电导的弱酸转变成导电好的盐类,滴定曲线逐渐上升;达到足够量时,溶液电导由极小值开始增加到滴定终点,此时强碱过量而使得电导迅速增加,曲线上扬。

但当用弱碱滴定弱酸时,由于弱碱极少离解,在滴定终点后溶液电导变化不明显,滴定曲线保持与横坐标基本平行的直线。

3) 沉淀反应和配位反应中的应用

在进行沉淀滴定时,滴定液中的离子与被测离子反应生成难溶性化合物,此时溶液电导有较明显的改变,可以用来判断滴定终点。但在沉淀滴定中,滴定剂的选择要尽量使得滴定曲线有明显转折变化。

在配位反应中,可以用于测定浓度比较低、溶液有颜色或者浑浊的待测物,由于浓度比较稀、配合物比较稳定,从而使得滴定曲线的转折也比较明显。

此外,电导滴定法也可用于能引起电导有较大改变的氧化还原反应、生物碱测定的置换分析方法等。

13.6 电导检测器

电导分析法对离子和极性分子都有响应,由此被认为选择性差、易受干扰。但如果将样品经过在线分离后进行电导测定,就可以排除干扰、提高分析准确度。这一发展方向就是设计色谱分析的电导检测器。按溶液与电极是否接触,可分为接触式电导检测(contact conductivity detector)和非接触式电导检测(contactless conductivity detector)。

13.6.1 接触式电导检测器

高效液相色谱的电导检测器,构成比较简单,对含水移动相和离子溶质最适用,能检出水中 0.01ppm 盐的浓度。

离子色谱中使用的淋洗液,电导一般都大于待测离子的电导。需在分离柱的后面接一根抑制柱,将淋洗液中的离子滞留在柱上或交换成低离解的物质,降低背景电导,不影响被测离子的测定。

气相色谱法中,色谱柱流出的蒸气燃烧后汇入去离子水,再流经电导检测器。此方法用于监测经燃烧后产生可电离的物质,尤其适用含氮和氯的化合物的监测。

毛细管电泳和微流控芯片的电导检测器,因为通道很小,电极加工难度大。两个电极容易从分离高压中感应或分配到次生电压,此电压容易损坏相关电路。

13.6.2 非接触式电导检测器

由于接触式电导检测器的电极与溶液接触，电极容易污染和中毒，目前主流方向是向非接触式电导检测发展。

高效液相色谱和毛细管电泳的非接触式电导检测器，是在色谱柱后的连接管或毛细管的外面套上两个金属管，作为两个非接触电极。

微流控芯片的非接触式电导检测器近年研究较深入，也较成熟，在医药领域应用也很广泛。

电导检测器的特点是通用性强、灵敏度较高，但温度和介电常数的影响比较大，也容易受附近电磁场干扰。因此电导检测器应该附设恒温和屏蔽装置。

学习与思考

(1) 建立直接电导法的理论基础是什么？
(2) 如何设计电导检测器？在色谱分析中如何应用电导检测器？
(3) 电导分析法在面对弱酸、弱碱等样品时需要注意哪些事项？

内容提要与学习要求

电导分析法是由两个平行电极构成的电导池浸入被分析溶液中，通过测定电导池中电解质溶液的电导数值或规律来确定被测物浓度的分析方法。该方法涉及相关导体、电解质溶液的导电性质。

本章主要介绍了电导分析法的概念、导体及其分类、电解质溶液的导电机制、法拉第定律、电导分析法的基本原理、影响电导分析法的因素、溶液电导的测量、电导分析法及其应用。

要求掌握电导分析法的原理、相关概念和仪器装置，掌握法拉第电解定律。由于很多药物或与其相关的物质具有导电性，因而电导分析法在药物研发领域应用甚广。

练 习 题

1. 什么是溶液的电导？影响溶液电导的因素有哪些？
2. 什么是科尔劳施离子独立迁移定律？为什么该定律仅在稀溶液中成立？
3. 测定电导使用什么设备？如何使现在常规使用的电导仪进一步简单、便携和实用化？
4. 举例说明电导分析法在药物分析中的应用。
5. 对于没有带电官能团的有机药物分子，如何利用电导分析法进行测定？试举例说明。
6. 举例说明不同型体电解质的摩尔电导率表示方法不同。
7. 举例说明影响电导分析法的因素。
8. 电导分析法的理论基础是如何建立的？由此判定电导分析法有什么特点？
9. 电导分析法在面对弱酸、弱碱等样品时需要注意哪些事项？在强酸和强碱溶液、配位化合物溶液中又该如何处理？
10. 举例说明影响电导分析法的因素。
11. 举例说明电导分析法在药物研发中的应用。
12. 试比较利用电导滴定法滴定强酸、强碱溶液时与容量滴定分析法有哪些不同，进一步讨论仪器滴定分析法与容量滴定分析法各自有什么特点。
13. 试分别计算室温下 $1.0\,mol \cdot L^{-1}$、$0.1\,mol \cdot L^{-1}$ 和 $0.01\,mol \cdot L^{-1}$ H_2SO_4 溶液、KCl 溶液和 CH_3COOH 溶

液的电导。

14. 在25℃时，用面积为 1.11cm^2，相距 1.00cm 的两个平行的铂黑电极来测定纯水的电导，其理论值为多少？

15. 用电导池常数为 0.53cm^{-1} 的电导池测得某硝酸溶液的电导为 22.7mS，计算该硝酸溶液的摩尔浓度。

16. 在电池中，放有两支面积为 1.25×10^{-4}m^2 的平行电极，相距 0.105m，测得某溶液的电阻为 1995.6Ω，计算池常数和溶液的电导率。

17. 某电导池内装有两个直径为 4.0×10^{-2}m 并相互平行的圆形电极，电极之间的距离为 0.12m，若池内盛满浓度为 0.1mol·L^{-1} 的 AgNO$_3$ 溶液，并施加 20V 电压，则所测电流为 0.1976A。试计算池常数、溶液的电导、电导率和 AgNO$_3$ 的摩尔电导率。

18. 用一个具有池常数为 555m^{-1} 的电导池测得饱和 AgCl 水溶液的电阻值为 67953Ω(298K)，实验用水的电导率为 8×10^{-5}S·m^{-1}。计算 AgCl 的溶度积。

19. 给出下列滴定体系的电导滴定曲线：
(1)用 KCl 滴定 AgNO$_3$　　(2)用 LiCl 滴定 CH$_3$COOAg

20. 普通电导法测量中，为什么以交流电源对电导池供电为好？

21. 用电导法测 SO$_2$ 气体时，通常选什么吸收液？为什么？

第14章 电位分析

14.1 概 述

电位分析法(potentiometric analysis)是当化学电池通过电流为零或接近为零时,根据两电极间的电位差(或电动势差)与物质活度(或浓度)等之间的关系所建立的分析方法,有直接法(potentiometry,电位法)和间接法(potentiometric titration,即电位滴定法)两大类。

直接电位法一般是将专用的指示电极(一般指离子选择电极)直接插入含待分析物的溶液,通过电位计显示而直接读出相关数值的方法,有时也称为离子选择电极法。而电位滴定法则类似于化学滴定分析,在滴定过程中,利用化学计量点时指示电极电位的突变来判定终点,并根据相关反应的计量关系对待分析物进行间接定量。

电位滴定法与一般滴定分析法的根本区别在于确定终点的方法不同。尽管在仪器及操作等方面电位法与电位滴定法存在一定差别,但它们所依据的理论基础和原理都是相同的,只是达到目的的手段不同,针对的具体对象主要在于量上的差别。

直接电位法可用于离子的快速测定,所测定的离子浓度范围宽。除常见有机离子、阳离子、阴离子以外,针对其他方法较难测定的一些碱金属与碱土金属离子、一价阴离子及气体,直接电位法显得更有优势。基于直接电位法可测定离子活度,它还可用于化学平衡、动力学、电化学理论研究及热力学常数测定。

随着科学技术及工业发展,现代工业生产流程或环境监测,以及生物医学等领域的微量分析(如活体、细胞分析等)都需要大量微型化传感器开展实时分析(real time analysis)、在线分析(on-line analysis)、现场或原位分析(in-situ analysis),因直接电位法所需电极结构相对简单且易微型化而有广泛应用。

14.2 电位分析法的理论基础

既然电位分析法是基于电极电位与待分析物活度(或浓度)而建立起来的,那么电极电位与物质的活度(或浓度)之间必然遵循某种规律性关系。对于任何一个电极反应:

$$Ox + ne^- \rightleftharpoons Red$$
$$Red + ne^- \rightleftharpoons Ox$$

电极电位φ可表示为

$$\varphi = \varphi_{Ox/Red}^{\ominus} + \frac{RT}{nF}\ln\frac{a_{Ox}}{a_{Red}} \tag{14-1}$$

式中,$\varphi_{Ox/Red}^{\ominus}$为标准电极电位,是指各离子活度均为 $1\text{mol}\cdot\text{L}^{-1}$、气体压力为 $1\text{atm}(1\text{atm}=1.01325\times10^5\text{Pa})$、温度为 $25°C$ 时氧化还原电对的电极电位;R 为摩尔气体常量;T 为热力学温度;F 为法拉第常量;n 为电子转移数;a 为氧化态(Ox)或还原态(Red)的活度。一般在半

反应中，固态物质的活度定为 $1\text{mol}\cdot\text{L}^{-1}$，纯溶剂的活度定为 $1\text{mol}\cdot\text{L}^{-1}$，气态物质的活度用气体分压来表示。

在25℃下，电极反应的电极电位大小遵守能斯特(Nernst)方程，即

$$\varphi = \varphi^{\ominus}_{\text{Ox/Red}} + \frac{0.059}{n}\lg\frac{a_{\text{Ox}}}{a_{\text{Red}}} \tag{14-2}$$

对于金属电极，还原态为金属，其活度为 $1\text{mol}\cdot\text{L}^{-1}$，则

$$\varphi = \varphi^{\ominus}_{\text{M}^{n+}/\text{M}} + \frac{RT}{nF}\ln a_{\text{M}^{n+}} \tag{14-3}$$

能斯特方程准确地描述了电极电位与离子活度(或浓度)之间的关系，是电位分析法的理论基础与定量分析条件。因此，在实际分析时，只需准确测出电极电位的数值，就可得出分析物的相应浓度。

无论是电位分析法还是电位滴定法，都需要两个电极，使其与待测溶液进行接触，通过导线的连接与电位计组成一个化学电池通路，才能测定溶液电位的变化，最终达到分析目的。图 14-1 即为电位分析法中测量用的电池通路简图：其中一支电极为参比电极，其电位不随待测离子活度改变而变化，主要起电位参照作用；而另一支电极的电位会随着待测离子浓度的改变而发生变化，故称为指示电极。

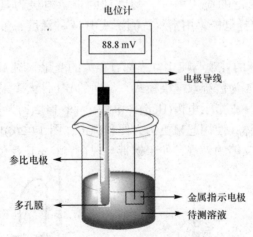

图 14-1　电池通路简图

指示电极与参比电极构成一个电池，如图 14-1 所示，电池电动势取决于指示电极的电极电位，而指示电极的电极电位与溶液中待测离子的活度相关，且服从能斯特方程。在溶液平衡体系不发生变化及电池回路零电流条件下，测得电池的电动势 E：

$$\underbrace{参比电极}_{\varphi_{\text{ref}}}\underbrace{|盐桥|}_{\varphi_{\text{j}}}待测溶液|\underbrace{指示电极}_{\varphi_{\text{ind}}}$$

$$E = \varphi_{\text{ref}} + \varphi_{\text{j}} + \varphi_{\text{ind}} \tag{14-4}$$

式中，φ_{ref} 为参比电极电位；φ_{j} 为液接电位；φ_{ind} 为指示电极电位。

对于大多数情况而言，液接电位都非常小，可以忽略不计。由于 φ_{ref} 不变，φ_{ind} 符合能斯特方程式，所以 E 的大小取决于待测物质离子的活度(或浓度)，从而达到分析的目的。

$$\varphi = K \pm \frac{0.059}{n} \lg a \tag{14-5}$$

式中，如果是氧化态离子活度，则为"+"；若为还原态离子活度，则为"–"。

学习与思考
---

(1) 什么是电位分析法？直接电位分析法有何特点？

(2) 查阅文献，什么是实时分析、在线分析、现场或原位分析、体内分析或活体分析、体外分析？这些分析方法各有什么特点？

(3) 电位分析法的理论基础是什么？如何实现电位分析？

14.3 酸 度 计

14.3.1 酸度计的种类与结构

1. 酸度计的种类

酸度计(pH meter)是实验室最常用的基本工具，用于测定溶液的 pH，因而也称 pH 计，是电位分析法最早和最为广泛的应用之一。酸度计的指示电极为氢离子(H^+)玻璃电极(glass electrode)，也可称为 H^+ 选择电极，用指示待测溶液中 H^+ 的活度；参比电极为银–氯化银电极(或饱和甘汞电极)。

随着时代进步，pH 计的外观与使用方式都有很大的变化。图 14-2 展示了几种具有代表性的 pH 计外观，图 14-2(a)为传统双电极模式，早期的 pH 计大多采用这种双电极测量体系，其构成为一支参比电极，一支指示电极(H^+选择电极)；图 14-2(b)为复合式电极模式，将指示电极与外参比电极融为一体，使用起来更为方便和稳定；图 14-2(c)也属于复合式电极，只是将整个装置微型化成为一支笔的外观，便于携带。现在实验室广泛使用复合式电极 pH 计。

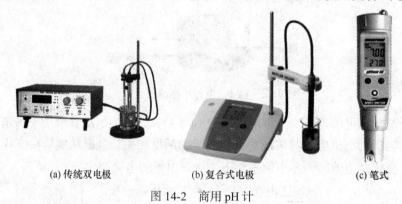

(a) 传统双电极　　　(b) 复合式电极　　　(c) 笔式

图 14-2　商用 pH 计

2. 酸度计的结构

双电极 pH 计中的指示电极和复合式 pH 计中的电极具有相似的基本结构，区别在于外参比电极与指示电极是否融为一体。如图 14-3 所示，常见电极由玻璃管电极腔体、内参比溶液(pH 7 的缓冲溶液或者 $0.1\,mol \cdot L^{-1}$ 的 HCl)、内参比电极(如银丝等)及敏感玻璃膜(sensitive glass membrane)组成。内参比电极的电位是恒定的，关键部分为敏感玻璃膜。

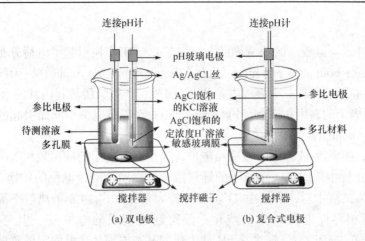

图 14-3　常见的 pH 计电极构造及工作原理

敏感玻璃膜是 pH 计的关键构件，其材料成分及含量都会影响电极对离子响应的灵敏度。目前常用 015 康宁玻璃(Corning gorilla glass，又称大猩猩玻璃)制成。尽管与普通玻璃中 21.4%氧化钠(Na_2O)、6.4%氧化钙(CaO)和 72.2%二氧化硅(SiO_2)(比例为摩尔分数)组成相差不大，因康宁玻璃被化学强化，有很好的性能，其测量范围为 pH 1~10。若有一定比例的氧化锂(Li_2O)，测量范围进一步扩大。改变玻璃的某些成分及组成比例，如加入一定量的氧化铝(Al_2O_3)，可以做成别的阳离子电极，如银离子、钠离子、钾离子等离子选择电极。

14.3.2　pH 计的工作原理

1. 水化层结构的形成

以硅酸盐为主要成分的敏感玻璃膜中含有金属离子、硅(Si)、氧(O)元素，Si—O 键构成固定的带负电荷的三维网络骨架(图 14-4)，金属离子与氧原子以离子键的形式结合，存在并活动于网络之中，起着传导电荷的作用。

当电极浸泡在纯水或者稀酸溶液中时，由于玻璃膜外表面 Si-O 骨架结构与 H^+ 结合的能力远远大于其与 Na^+ 的结合力，故存在如下反应：

$$\equiv Si-ONa + H^+ \rightleftharpoons \equiv Si-OH + Na^+$$

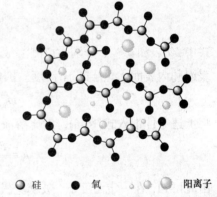

图 14-4　敏感玻璃膜的结构模拟图

H^+ 占据了膜表面几乎所有位点，所以玻璃膜表面形成了一层稳定的水化层，这也是玻璃电极必须在水溶液中浸泡足够时间之后再使用的原因。同理，玻璃膜的内表面与内部参比溶液接触，也形成一层水化层。这样，敏感玻璃膜就形成了内外表面的两个水化层及中间的干玻璃层的夹心结构，如图 14-5 所示。

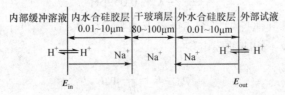

图 14-5　水化敏感玻璃膜的结构示意图

2. 膜电位

外部试液与外水合硅胶层的固液界面上，因 Na^+ 与 H^+ 交换引起了电荷分布的不同，从而形成界面电位(phase boundary potential，也称 Donnan 电位，E_{out})。同样，内部缓冲溶液与内水合硅胶层的固-液界面存在一个界面电位(E_{in})。另外，干玻璃层与其内外的水合表层(固体内部)存在两种不同离子的自由扩散(无强制和选择性)，因扩散速率不同而引起的电位差称为扩散电位(diffusion potential)。

前面已介绍，如果液-液界面形成液接电位，当正、负离子的迁移数相等时，扩散电位等于零。这也是在盐桥中选用正、负离子的迁移数相等以消除液接电位的依据。因此，当 pH 计的玻璃电极浸入试液中后，试液中 H^+ 活度有较大差异，式(14-5)的离解平衡发生移动，造成膜内外固液两相界面电荷的分布差异，使跨越玻璃膜的电位差发生变化，即膜电位(membrane potential，φ_m)改变，这也是 pH 计工作的基本原理。这里假定敏感玻璃膜两侧的水化层完全对称，因此其内部形成的两个扩散电位相等且符号相反，故可不予考虑。通常测试是在搅拌条件下进行，可认为试液相内 H^+ 活度是均匀的，故也可忽略由于活度不均匀造成的扩散电位(液接电位)。于是

$$\varphi_m = \varphi_{out} - \varphi_{in} \tag{14-6}$$

由能斯特方程可知：

$$\varphi_{out} = \varphi_{m,out}^{\ominus} + \frac{RT}{F} \ln \frac{a_{H^+}}{a_{out,H^+}} \tag{14-7}$$

$$\varphi_{in} = \varphi_{m,in}^{\ominus} + \frac{RT}{F} \ln \frac{a_{in/ref,H^+}}{a_{in,H^+}} \tag{14-8}$$

式中，a_{H^+} 和 $a_{in/ref,H^+}$ 分别为待测溶液和内附参比溶液的 H^+ 活度；a_{out,H^+} 和 a_{in,H^+} 分别为水化层外表面和内表面水化层的 H^+ 活度。因内外侧水化层结构基本相同，故

$$\varphi_{m,out}^{\ominus} = \varphi_{m,in}^{\ominus} \qquad a_{in,H^+} = a_{out,H^+}$$

将上述条件带入式(14-6)，参比溶液活度为已知，故有

$$\varphi_m = \frac{RT}{F} \ln \frac{a_{H^+}}{a_{ref,H^+}} = K + \frac{RT}{F} \ln a_{H^+} \tag{14-9}$$

由此可知，在一定温度下，玻璃电极的膜电位与溶液 pH 呈线性关系。膜电位的产生不是源于电子得失，而在实际测量时，玻璃电极与参比电极组成测量电池，其电池电动势大小为

$$E = \varphi_{out/ref} - (\varphi_m + \varphi_{in/ref}) \tag{14-10}$$

$$E = K - \frac{RT}{F} \ln a_{H^+} \tag{14-11}$$

在 25℃时

$$E_{pH} = K + 0.059 pH \tag{14-12}$$

与玻璃电极类似，其他各种离子选择电极的膜电位在一定条件下也都遵守能斯特方程。对阳离子有响应的电极，相应的膜电位为：

$$\varphi_m = K + \frac{RT}{nF} \ln a^+ \tag{14-13}$$

对阴离子有响应的电极，膜电位则为

$$\varphi_\mathrm{m} = K - \frac{RT}{nF}\ln a^- \tag{14-14}$$

式中，a^+ 和 a^- 分别为阳离子和阴离子的活度。

不同电极的 K 值不相同，其大小与敏感玻璃膜、内部溶液等有关。式(14-13)和式(14-14)说明，一定条件下，电极电位与待测离子活度的对数呈线性关系，这也是离子选择电极应用的理论依据。

事实上，敏感玻璃膜两侧的水化层一般不完全相同，因此跨越玻璃膜仍存在一定的电位差，即不对称电位(asymmetric potential)，其大小与玻璃膜的工艺质量相关。通常情况下，不对称电位无法精确测量与计算，常将其归于常数项。所以，在实际使用 pH 计测定溶液 pH 的时候，都需要使用标准缓冲溶液进行校正，以减少不对称电位和液接电位的影响，然后方可直接在 pH 计上读出准确的试液 pH。

另外，在生物医药领域的相关研究中，经常会需要利用 pH 计测量血液的 pH。测量时需要注意：①使用标准生理缓冲溶液；②使用 37℃时电极响应斜率(61.5mV/pH)；③隔离空气，防止血液中 CO_2 的吸入或者溢出；④血液成分复杂，需要特殊的清洗方法。

3. 钠差与酸差

当测量 pH 较高，尤其钠离子浓度较大时，测得的 pH 偏低，这称为钠差(sodium error)或碱差(alkaline error)。其出现往往是在试液 pH 超出了玻璃电极测定上限的时候，并且此时玻璃膜对 H^+ 和其他离子同时都产生响应，导致 pH 测定结果偏低。其主要原因是当测试溶液中 H^+ 活度很低时，玻璃膜水化层的质子与膜外溶液表层的钠离子交换，钠离子进入膜内，膜电位部分依赖于膜外溶液钠离子与水化层钠离子活度的比值，响应类似于一支钠离子选择电极。H^+ 活度越低，影响越显著。

当测定 pH<1 的强酸性溶液或高盐度溶液时，pH 玻璃电极的电极电位与 pH 之间出现非线性关系，且通常测定值比实际值偏高，这种现象称为酸差(acid error)。因为高浓度的 H^+ 或盐分使得溶液具有大的离子强度，导致 H_2O 分子活度下降，小于 1，且不再是常数，也就是 H_3O^+ 活度下降，使 pH 的测定值增加。试液中加入乙醇之类的非水溶剂，也可以引起酸差。

学习与思考

(1) pH 计为什么能用于溶液的酸度测定？其基本原理是什么？其基本构造如何？
(2) 为什么玻璃电极在使用之前都要在水中浸泡足够时间才能使用？
(3) 查阅文献，看看康宁 015 玻璃和普通玻璃有什么区别？尽管组成基本相同，为什么酸度计的敏感玻璃膜选用康宁 015 玻璃而不用普通玻璃？
(4) 什么是钠差？什么是酸差？各自是如何产生的？

14.4 离子选择电极

14.4.1 离子选择电极的种类

随着科学技术的迅速发展，离子选择电极的种类越来越多，正如 pH 电极中一样，如果改变敏感玻璃膜的某些成分及组成比例,可以制成不同的阳离子电极,如锂离子、银离子、钠离子、钾离子等离子选择电极(ion-selective electrodes,ISE)。

国际纯粹与应用化学联合会(IUPAC)1994年推荐,离子选择电极主要分为原电极(primary ion-selective electrodes)、敏化膜电极(sensitized membrane electrodes)和全固态电极(all-solid-state ion-selective electrodes)三类。

14.4.2 原电极

原电极是指测定时敏感膜与试液直接接触的一类离子选择电极。原电极主要包括晶体(膜)电极(crystalline membrane electrodes)和非晶体(膜)电极(non-crystalline membrane electrodes)两类。晶体膜电极又可分为均相膜电极(homogeneous membrane electrodes)与非均相膜电极(heterogeneous membrane electrodes),非晶体膜电极则包括刚性基质电极(rigid, self-supporting, matrix electrodes)和活动载体电极(electrodes with mobile charged sites)。敏化离子选择电极则是在原电极的基础上装配而成的离子选择电极。

1. 晶体(膜)电极

晶体(膜)电极的敏感膜一般是单晶、多晶或混晶活性膜,由难溶盐经加压或拉而成,对构成难溶盐晶体的金属离子有能斯特响应。电极的内参比体系有两种,其中常见的是组成为内参比电极(internal reference electrode)和内参比溶液(internal reference solution)。内参比电极一般是银-氯化银电极,而内参比溶液则因电极种类而异。另外一种是全固态结构(all solid state structure),即在制膜材料中加入少量银粉或一小段银丝经过加压制成膜,然后接一根银丝或铜丝作为导线即可。银盐体系的商品电极多是采用这种结构形式。

由于制备敏感膜的方法多样,因而晶体膜又分为均相膜和非均相膜两类。均相膜电极的敏感膜由单晶或者多晶构成(一种化合物或几种化合物混合均匀)。而非均相膜则加入了某种惰性材料,如硅橡胶、聚氯乙烯、聚苯乙烯、石蜡等,但依然是电活性物质的晶体对膜电极功能起决定性作用。

均相膜电极和非均相膜电极在原理上是相同的,依据的都是晶格缺陷产生空穴引起相应离子的迁移,差异仅仅体现在电极的检测下限和响应时间等性能上。某种特定的晶体膜所含有的空穴形状及大小、电荷的分布只允许特定晶格离子的移动,其他离子则不能通过,以此限制其他离子的移动而显示其选择性。因为没有其他离子进入晶格空穴,所以干扰一般是由晶体表面的因素而引起的。例如,共存离子与晶格离子形成难溶盐或者配合物,改变了膜表面的性质。

1) 均相晶体膜电极

均相晶体膜电极分为单晶、多晶或混晶膜电极。

如图14-6所示的是单晶膜电极中最典型、应用最广泛的氟离子选择电极结构,其敏感膜是纯氟化镧(LaF_3)单晶,也可以是为了提高膜电导率而掺杂了如铕离子(Eu^{2+})、钙离子(Ca^{2+})等2价离子的LaF_3单晶切片,将其严格封在塑料管的一端。Ag-AgCl电极为内参比电极,内部装有NaF与NaCl混合液。由于LaF_3是阴离子导电体,因F^-迁移而产生导电性。溶液中的F^-通过扩散作用进入

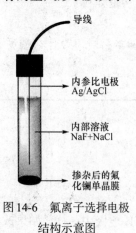

图14-6 氟离子选择电极结构示意图

膜中的缺陷空穴，而膜内的 F^- 反过来也进入溶液中，从而在两相界面上形成双电层结构产生膜电位(φ_m)：

$$\varphi_m = K - \frac{RT}{nF}\ln a_{F^-} \tag{14-15}$$

当氟离子电极插入溶液中时，与甘汞电极组成电池，电池电动势为

$$E = \varphi_{SCE} - \varphi_{ISE,F^-}$$

由于参比电极电位为常数，氟离子选择电极的内参比电极也为常数，根据能斯特方程，电池电动势：

$$E = K - 0.059 \text{p}a_{F^-}$$

所以，E 随着 F^- 活度的改变而变化。

一般来说，电极在高活度范围时响应比低活度迅速。在 $10^{-6} \sim 1\text{mol}\cdot\text{L}^{-1}$，$E$ 的变化符合能斯特方程。如果溶液中存在镧的强配位剂时，因为配位剂造成 LaF_3 溶解，会使 F^- 活度的响应范围缩小；而氟离子电极的检测下限，则由单晶的溶度积决定。LaF_3 饱和溶液中 F^- 活度约为 $10^{-7}\text{mol}\cdot\text{L}^{-1}$，因此氟离子电极在纯水体系中检测下限最低也在 $10^{-7}\text{mol}\cdot\text{L}^{-1}$ 左右。

氟电极选择性较好，主要干扰离子是 OH^-，原因是在膜表面发生如下反应：

$$LaF_3 + 3OH^- \rightleftharpoons La(OH)_3 + 3F^-$$

反应产生的 F^- 及在电极表面形成的 $La(OH)_3$ 层，都将干扰正常测定。当 pH 较低时，又会形成 HF 降低游离 F^- 的浓度，也会干扰溶液中 F^- 测定，因此，测定时尽量控制溶液的 pH 在 5～6。实际工作中，通常采用柠檬酸盐缓冲溶液控制测试液的酸度。柠檬酸盐不仅能控制溶液的酸度和离子强度，还能作为配位剂消除 Fe^{3+}、Al^{3+} 等对 F^- 测定产生的干扰。

与单晶膜不同的是，多晶膜或混晶膜电极是将一种微溶金属盐或两种微溶金属盐的细晶体，在高压力下压制成致密薄膜，再经抛光处理后制成。例如，Ag_2S 膜电极或 Ag_2S-AgX(卤化银)等混晶膜电极。由于 Ag_2S 的溶解度极小，具有良好抗氧化、抗还原能力、导电性好，是一种低阻离子导体，又容易加工成型，是很好的电极材料。晶体中可移动的离子是 Ag^+，膜电位对 Ag^+ 敏感，所以是一种 Ag^+ 选择性电极。Ag_2S 膜电极存在两种结构形式，一种是离子接触型，即一般离子选择性电极结构，由内参比电极、内参比溶液、Ag_2S 敏感膜等部分组成；另一种是全固态型结构，以金属 Ag 丝与 Ag_2S 膜片直接接触。全固态电极制作简便，电极使用不受方向限制，可任意方向倒置，同时消除了温度和压力对含溶液电极所加的限制。当使用该电极时，与 Ag_2S 接触的试液中存在的 Ag^+ 和 S^{2-} 的活度，由 Ag_2S 溶度积的平衡关系决定。

$$Ag_2S \rightleftharpoons 2Ag^+ + S^{2-}$$

$$a_{Ag^+}^2 \cdot a_{S^{2-}} = K_{sp(Ag_2S)}$$

$$\varphi = K' + \frac{RT}{F}\ln a_{Ag^+} = K' - \frac{RT}{2F}\ln a_{S^{2-}} \tag{14-16}$$

可见 Ag_2S 膜电极同时能用来作为 S^{2-} 选择电极。表 14-1 列出了不同晶体膜电极的品种和性能。

表 14-1　晶体膜电极的品种和性能

电极名称	膜组成主要成分	响应范围/(mol·L^{-1})	pH 适用范围	主要干扰离子
氟离子电极	LaF$_3$+Eu^{2+}	5×10^{-7}~1×10^{-1}	5~6	OH$^-$
氯离子电极	AgCl+Ag$_2$S	5×10^{-5}~1×10^{-1}	2~11	Br$^-$, I$^-$, S^{2-}, CN$^-$
溴离子电极	AgBr+Ag$_2$S	5×10^{-6}~1×10^{-1}	2~12	S^{2-}, I$^-$, CN$^-$, S$_2$O$_3^{2-}$
碘离子电极	AgI+Ag$_2$S	1×10^{-6}~1×10^{-2}	2~11	S^{2-}, CN$^-$
硫离子电极	Ag$_2$S	1×10^{-7}~1×10^{-1}	2~12	Hg^{2+}
铜离子电极	CuS+Ag$_2$S	5×10^{-7}~1×10^{-1}	2~10	Hg^{2+}, Ag$^+$, S^{2-}
铅离子电极	PbS+Ag$_2$S	5×10^{-7}~1×10^{-1}	3~6	Hg^{2+}, Ag$^+$, Cu^{2+}
镉离子电极	CdS+Ag$_2$S	5×10^{-7}~1×10^{-1}	3~10	Hg^{2+}, Ag$^+$, Pb^{2+}

延伸阅读 14-1：多晶膜电极的性质

与前述类似，氯化银、溴化银及碘化银晶体膜也能分别作为氯离子、溴离子及碘离子的敏感膜。氯化银和溴化银均具有较高电阻，并有较强的光敏性。把氯化银或者溴化银晶体和硫化银研磨均匀一起压制，使氯化银或者溴化银分散在硫化银的骨架中，制成的敏感膜能克服上述缺陷。同样，铜、铅或者镉等重金属离子的硫化物与硫化银混匀压片，制得的电极对这些二价阳离子有敏感响应，响应过程受溶度积平衡关系控制。膜内导电同样由银离子完成。

由于晶体表面不像玻璃电极那样存在离子交换平衡，所以电极不需浸泡活化即可使用，但要注意金属硫化物的溶度积必须大于电极材料的溶度积，否则，电极与含该金属离子的试液接触时会与电极材料发生置换反应。电极的检测限取决于膜物质的溶解度。由于硫化银的溶度积很小，所以电极具有很好的选择性和灵敏度(表 14-1)。

非均相晶体膜电极的敏感膜是将微溶金属盐粉末均匀铺在由惰性基质物质构成的两个薄片之间再经加热压制而成。微溶金属盐起着离子交换作用，同时提供导电路径。使用内参比溶液和内参比电极的非均相晶体膜电极，结构和外形与固态或玻璃电极很相似，不过在高阻玻璃管下端不吹成泡，工作端需要封上一层硅橡胶膜，也可是其他物质。但硅橡胶膜柔软，有抗破碎和抗膨胀性能，作为憎水结构材料，其中掺杂了具有离子交换作用的不溶性粉末，电极内充液是薄膜掺杂物质的离子的溶液，其中再插入一支内参比电极。非均相晶体膜电极在第一次使用时，必须预先浸泡，以防止电位漂移。其响应机理和计算公式均与晶体膜电极的相同。

2. 非晶体(膜)电极

根据膜基质的性质，非晶体(膜)电极可分为刚性基质电极(玻璃电极)和活动载体电极(液膜电极)两种。非晶体(膜)电极是出现最早、应用最广泛的一类离子选择电极。随着现代科学研究与实践的深入，金属离子玻璃膜电极的应用也越来越广泛。

1) 刚性基质电极(rigid matrix electrode)

电极的膜基质为刚性物质，典型代表除最早问世也是研究最多的 pH 玻璃膜离子选择电极以外，还有对金属离子响应的 pM 玻璃电极。与 pH 玻璃电极的区别在于，pM 玻璃电极的玻璃膜组分中加入了 Al$_2$O$_3$，制成的铝硅酸盐玻璃膜可使电位选择系数的值增大。对于

Na₂O-Al₂O₃-SiO₂ 玻璃膜，改变三种组分的相对含量会使电极选择性表现很大差异。常见的 pM 玻璃电极有 Na^+、K^+、Li^+、Ti^+(钛离子)、Rb^+(铷离子)、Cs^+(铯离子)等，但应用较广泛的是 Na^+ 和 K^+ 的玻璃电极。钠玻璃电极(pNa 电极)的结构与 pH 玻璃电极相似，其选择性主要取决于玻璃膜的组成。

2) 活动载体电极

活动载体电极，也称为液膜电极，其电极底端结构放大如图 14-7 所示。将与待测离子有作用的一种载体(为配位剂或缔合剂)溶于与水不混溶的有机溶剂中，组成为离子交换剂，并吸附(或吸收)于微孔物质(如纤维素、醋酸纤维素、聚氯乙烯等)膜中，用这种敏感膜制成的电极称为流动载体电极(mobile carrier electrode)。

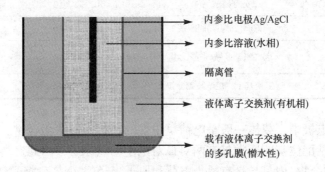

图 14-7　活动载体电极底端的结构

当流动载体电极与测量溶液接触时，响应离子可自由进出(交换、扩散)于液、膜两相。进入膜相中的响应离子与束缚在膜相中的活性载体结合成离子型的缔合物或配合物，同样被束缚在膜相中，而响应离子的伴随离子不能进入膜内。如图 14-8 所示，正是响应离子在液相与膜相之间交换及在膜相中的扩散形成了膜电位，而膜电位变化又可显示待测离子浓度变化。根据活性载体性质的不同，流动载体电极可分成带电荷流动载体电极及中性流动载体电极两种类型。

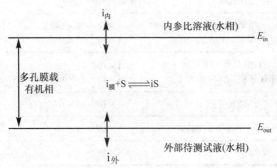

图 14-8　液膜和电极膜电位产生示意图

带电荷流动载体电极的活性载体为带电荷的阴、阳离子，它们可与被测离子生成缔合物或配合物。常用的荷正电的配位体是大体积的有机阳离子，如长碳链的季胺化合物、碱性染料阳离子基及过渡金属离子与邻菲罗啉或吡啶等形成的配位阳离子等。这些有机阳离子对阴离子有很好的缔合作用能力，可用来制作阴离子的选择电极。

常用荷负电的配位体主要有弱酸型螯合剂及大体积的阴离子，如二葵基磷酸钙、烷基硫代乙酸阴离子、四对氯苯硼酸阴离子等，可用来制作测定 Ca^{2+}、Cu^{2+}、Pb^{2+} 和 K^+ 的选择电极。这类电极的响应机理类似于玻璃膜电极，区别是离子交换剂可在膜内自由移动。表 14-2 列出了常用带电荷的流动载体电极。

表 14-2 带电荷的流动载体电极

电极名称	活性物质/溶剂	响应范围/(mol·L^{-1})	主要干扰离子
Ca^{2+}	二(正辛基苯基)磷酸钙/苯基磷酸二辛酯	$1\times10^{-5}\sim1\times10^{-1}$	Zn^{2+}, Mn^{2+}, Cu^{2+}
水硬度(Ca^{2+}, Mg^{2+})	二葵基磷酸钙/葵醇	$1\times10^{-5}\sim1\times10^{-1}$	Zn^{2+}, Cu^{2+}, Na^+, K^+, Ba^{2+}
NO_3^-	四(十二烷基)硝酸铵	$5\times10^{-6}\sim1\times10^{-1}$	NO_2^-, Br^-, I^-, ClO_4^-
ClO_4^-	邻二氮杂菲铁(Ⅱ)配合物	$1\times10^{-5}\sim1\times10^{-1}$	OH^-
BF_4^-	三庚基十二烷基氟硼酸铵	$1\times10^{-6}\sim1\times10^{-1}$	I^-, ClO_4^-, SCN^-

在中性载体电极中，载体一般是电荷呈中性的环状或链状化合物，并带空腔结构，且分子中含有多个极性配位基，通常是有两对孤对电子的氧原子，因此这类化合物通常与金属离子形成 1∶1 的配合物。但只与具有适当电荷和原子半径(大小与空腔适合)的离子形成配合物，此配合物能溶于有机相形成液膜，进而成为待测离子的迁移通道。

大部分中性载体分子的空间结构是由多锯齿状的配位体形成的腔体，具有亲脂性的外壳即腔体外壁上的非极性基团和亲水性的内壁即内部的极性基团。常见的中性载体分子有大环抗生素、大环醚类化合物、开链酰胺、非离子型表面活性剂等。表 14-3 列出了几种常见中性流动载体电极。

表 14-3 中性流动载体电极

电极名称	中性载体	响应范围/(mol·L^{-1})	主要干扰离子
K^+	缬氨霉素 二甲基二苯基, 30-冠醚-10	$1\times10^{-5}\sim1\times10^{-1}$ $1\times10^{-5}\sim1\times10^{-1}$	Rb^+, Cs^+, NH_4^+ Rb^+, Cs^+, NH_4^+
Na^+	三甘酰双苄苯胺 四甲氧苯基, 24-冠醚-8	$1\times10^{-4}\sim1\times10^{-1}$ $1\times10^{-5}\sim1\times10^{-1}$	K^+, Li^+, NH_4^+ K^+, Cs^+
Li^+	开链酰胺	$1\times10^{-5}\sim1\times10^{-1}$	K^+, Cs^+
NH_4^+	类放线菌素+甲基类放线菌素	$1\times10^{-5}\sim1\times10^{-1}$	K^+, Rb^+
Ba^{2+}	四甘酰双二苯胺	$5\times10^{-6}\sim1\times10^{-1}$	K^+, Sr^{2+}

延伸阅读 14-2：典型的流动载体电极

1) 典型的带电荷流动载体电极

常用的钙离子电极就是一种带负电荷的流动载体电极。电极内装有两种溶液，一种是内部溶液 (0.1mol·L^{-1} $CaCl_2$ 水溶液)，其中插入内参比电极。另外一种溶液是溶于有机溶剂的液体离子交换剂，即载体二癸基磷酸根[$(RO)_2PO_2^-$]。此试剂与钙离子作用生成二癸基磷酸钙{$[(RO)_2PO_2]_2Ca$}。当其溶于癸醇或苯基膦酸二辛酯等有机溶剂中,即得离子缔合型的液态活性物质,以此可得对钙离子有响应的液态敏感膜。该薄膜以电极底部的憎水性多孔材料为载体,载体将内部溶液与外部试液隔开,离子交换反应发生在敏感膜的两面,形成与玻璃电极类似的响应机制。

$$Ca[(RO)_2PO_2]_2 \rightleftharpoons 2(RO)_2PO_2^- + Ca^{2+}$$
有机相　　　　有机相　　水相

对带电荷流动载体电极来说,载体与响应离子生成的缔合物越稳定,响应离子在有机溶剂中的消度越大,选择性就越好。至于电极灵敏度,则取决于活性载体在有机相和水相中的分配系数,分配系数越大,灵敏度越高。

2) 典型的中性流动载体电极

例如,用于钾离子电极的缬氨霉素,它的结构如图 14-9 所示。它是一个具有 36 元环的环状缩酚酞,与钾离子能生成配合物,溶解于有机溶剂中,可制成对钾离子有选择性的液膜。10 000 倍钠离子的存在下,仍然可以用于钾离子的测定。

另外一种易于合成并具有很大实用价值的化合物为 4,4′-二叔丁基二苯并-30-冠-10,也可制成对钾离子有选择性的液膜,其结构如图 14-10 所示。

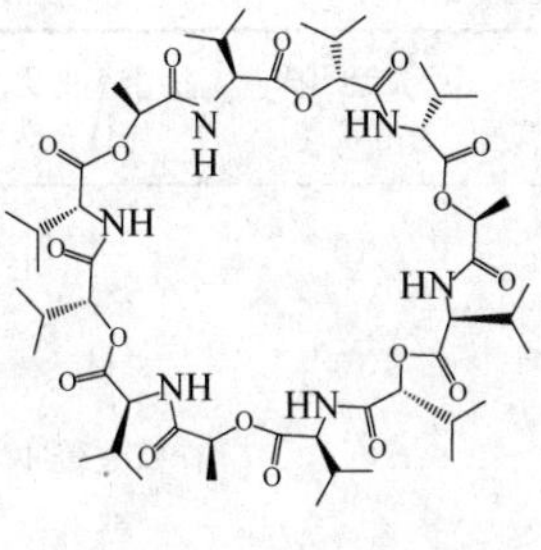

图 14-9　缬氨霉素 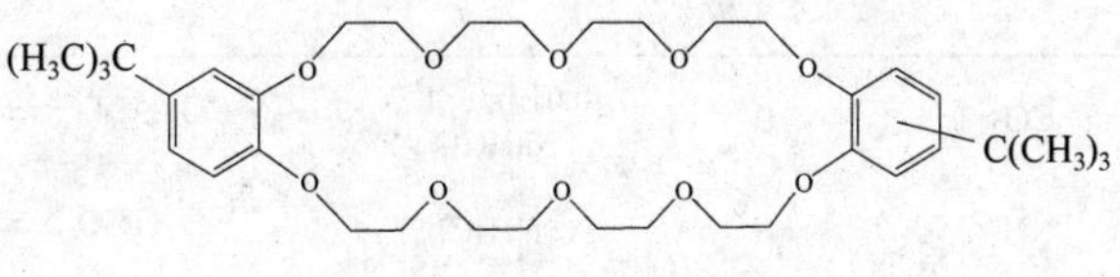　　　　图 14-10　4,4′-二叔丁基二苯并-30-冠-10

14.4.3　敏化膜电极

敏化膜电极包括气敏电极(gas sensitive electrodes)和酶底物电极(enzyme substrate electrodes)。

1. 气敏电极

气敏电极是基于界面化学反应的敏化离子选择电极,也是一种气体传感器,能用于测定溶液或其他介质中某种气体的含量。

指示电极一般为离子选择电极(如 pH 电极等),与外参比电极插入同一根电极管中组成复合电极,电极管中充有称为中介液(medium liquid)的特定电解质溶液,电极管底端紧靠指示电极敏感膜处用特殊的气体渗透膜或空隙间隔把中介液与外测定液隔开,构成了气敏电极。

如图 14-11 所示,微多孔性气体渗透膜是其主要部件,一般由醋酸纤维、聚四氟乙烯、聚偏氟乙烯等材料组成,具有疏水性,但能使气体透过。

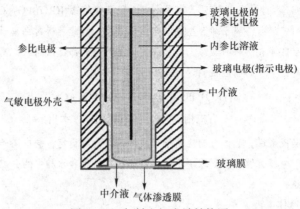

图 14-11 气敏电极底端结构图

测量时，试样中待测组分(气体)扩散进入指示电极敏感膜与气体渗透膜之间的极薄液层(中介液)内，引起中介液中某化学平衡的移动，使得引起指示电极响应的离子的活度发生变化，电极电位也发生变化，从而可以指示试样中气体的分压。表 14-4 列出了几种常见气敏电极。

表 14-4 常见气敏电极

电极名称	离子指示电极	中介液	化学反应平衡	检测限 /(mol·L^{-1})	适用溶液及 pH	常见干扰
CO_2	H^+	0.01 mol·L^{-1} NaHCO$_3$	$CO_2 + H_2O \rightleftharpoons HCO_3^- + H^+$	10^{-5}	<4	
NH_3	H^+	NH_4Cl	$NH_3 + H_2O \rightleftharpoons NH_4^+ + OH^-$	10^{-6}	>11	挥发性胺
NO_2	H^+	$NaNO_2$	$2NO_2 + H_2O \rightleftharpoons NO_3^- + NO_2^- + 2H^+$	5×10^{-7}	柠檬酸缓冲液	SO_2, CO_2
SO_2	H^+	$NaHSO_3$	$SO_2 + H_2O \rightleftharpoons HSO_3^- + H^+$	10^{-6}	HSO_4^-缓冲液	Cl_2, NO_2
H_2S	S^{2-}	pH 5 的柠檬酸缓冲液	$H_2S \rightleftharpoons HS^- + H^+$	10^{-8}	<5	O_2
HCN	Ag^+	$KAg(CN)_2$	$Ag(CN)_2^- \rightleftharpoons Ag^+ + 2CN^-$	10^{-7}	<7	H_2S
HF	F^-	H^+	$HF \rightleftharpoons F^- + H^+$	10^{-3}	<2	
CH_3COOH	H^+	CH_3COONa	$CH_3COOH \rightleftharpoons CH_3COO^- + H^+$	10^{-3}	<2	
Cl_2	Cl^-	HSO_4^-缓冲液	$Cl_2 + H_2O \rightleftharpoons ClO^- + Cl^- + 2H^+$	5×10^{-3}	<2	

CO_2 电极是使用得较早的气敏电极，当电极插入试液中时，CO_2 通过气体渗透膜，与中介液(中间电解质通常为定浓度的 NaHCO$_3$ 溶液)接触，和 H_2O 结合生成 H_2CO_3，故 NaHCO$_3$ 的电离平衡发生改变，相应的溶液 pH 也发生改变。利用 pH 电极测定 pH 的改变值可间接得到 CO_2 的含量。

又如，常见的 NH$_3$ 气敏电极以 pH 玻璃电极为指示电极，透气膜为聚偏四氟乙烯，中介质为 NH$_4$Cl 溶液。NH$_3$ 穿过透气膜进入 NH$_4$Cl 溶液，引起下列平衡的移动：

$$NH_3 + H_2O \rightleftharpoons NH_4^+ + OH^-$$

$$K_b = \frac{[NH_4^+][OH^-]}{NH_3} \tag{14-17}$$

$[NH_4^+]$可视为不变,所以$[OH^-] = K_b'[NH_3]$,又$[NH_3]$正比于p_{NH_3},则玻璃电极电位为

$$E = K - 0.059\lg[OH^-] = K' - 0.059\lg[NH_3] = K'' - 0.059\lg p_{NH_3} \tag{14-18}$$

类似的电极还有NO_2,H_2S,SO_2等气敏电极。

2. 酶底物电极

这是比较独特的一类离子选择电极,工作原理主要基于各种具有高度专一性(选择性)及高催化效率的酶催化反应。将酶涂布在电极的敏感膜上,催化底物反应,生成的产物若能够在该电极上产生响应,则可间接获得该底物的浓度。自1962年克拉克提出酶电极之后,酶电极的类型及性能的改善一直是分析科学家研究的热点之一,发展到现在,酶电极的类型大大增加,应用逐步扩充到各个领域。例如,经典的葡萄糖氧化酶催化葡萄糖氧化的反应:

$$葡萄糖 + O_2 + H_2O \xrightarrow{葡萄糖氧化酶} 葡萄糖酸 + H_2O_2$$

可通过使用氧电极检测溶液中氧含量的变化来间接得到葡萄糖的浓度信息。又如,尿素在脲酶的催化下可发生如下反应:

$$CO(NH_2)_2 + H_2O \xrightarrow{脲酶} 2NH_3 + CO_2$$

用氨气敏电极或中性载体铵离子电极检测生成的氨可间接测定尿素的浓度。另外还有氨基酸的测定,也可以使用铵离子电极检测氨基酸氧化酶催化氧化氨基酸所产生的铵离子,从而获得氨基酸的浓度。

在日常研究工作中,酶的提取及保存都受到实验条件的限制,所以酶电极发展到一定时期的时候,出现了一种衍生型电极——组织电极。所谓组织电极就是直接使用动植物的组织代替高纯度的酶作为生物膜催化材料。目前常见的组织电极如表14-5所示。

表14-5 部分组织电极的酶源和检测底物

酶源/组织	检测底物	酶源/组织	检测底物
香蕉	草酸、儿茶酚	烟草	儿茶酚
菠菜	儿茶酚类	番茄种子	醇类
甜菜	酪氨酸	燕麦种子	精胺
土豆	儿茶酚、磷酸盐	大豆	尿素
花椰菜	L-抗坏血酸	猪肾	L-谷氨酰胺
莴苣种子	过氧化氢	鼠脑	儿茶酚胺、嘌呤
玉米脐	丙酮酸	猪肝	丝氨酸、L-谷氨酰胺
生姜	L-抗坏血酸	鱼鳞	儿茶酚胺
葡萄	过氧化氢	鸡肾	L-赖氨酸
黄瓜汁	L-抗坏血酸	鱼肝	尿酸
卵形植物	儿茶酚	红细胞	过氧化氢

组织电极的主要优势：①经济、便利，组织易于获取；②组织中的酶处于天然状态，具有最理想的活性及反应环境，稳定性也相应得到提高。同酶膜电极一样，组织电极的制作关键在于组织膜(生物膜)的固定化。其固定方法的选择很大程度上决定了该电极的使用寿命、灵敏度、重现性等性能参数。

14.4.4 离子敏场效应晶体管

离子敏场效应晶体管(ion sensitive field effective transistor，ISFET)是离子选择电极制造工艺和半导体微电子技术结合的产物，作为一种微电子化学敏感元件，它既有离子选择电极的特性，又保留场效应晶体管的性能。

图 14-12(a)表示常见的金属-氧化物-半导体场效应晶体管(MOSFET)结构及工作原理。半导体硅(p 型 Si 薄片)表面的 SiO_2 绝缘层上有一金属栅极，这种金属-氧化物-半导体组合层具有高阻抗转换的特性。其中有两个高掺杂的 n 区，分别为源极(source)和漏极(drain)。如在源极和漏极之间施加电压，电子便从源极流向漏极，即有电流通过沟道。此电流称为漏电流 I_d，漏电流的大小受栅极与源极间的电压 U_g 控制，并为栅压和源极与漏极电压 U_d 的函数。

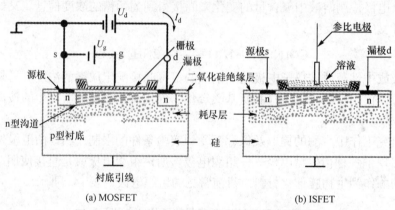

图 14-12　MOSFET 和 ISFET 结构及工作原理图

用离子选择电极敏感膜代替 MOSFET 金属栅极时，即成为 ISFET[图 14-12(b)]。当它与参比电极组成测量体系用于试液分析时，产生的膜电位叠加在栅压上，引起 I_d 的变化，而 I_d 与响应离子活度之间有类似于能斯特方程式的关系，故此可以用 ISFET 来定量分析试液中离子浓度。如果在栅极上形成对其他离子有选择性响应的膜，则可制成相应的离子选择电极。

ISFET 是全固态器件，本身具有高阻抗转换和放大功能，又兼备体积小、易微型化和多功能化的优势，但制造工艺复杂、绝缘要求高。目前已有很多笔式的 pH 电极即为 ISFET(图 14-12)。这种传感器全集成型，只需少量试液就可以完成测定工作。

14.4.5 离子选择电极的性能参数

1. 选择性

理想的离子选择电极只对某一种待测离子有灵敏的响应。但实际情况却不是如此，因为各种影响同一敏感膜通常会对多种不同离子产生一定的响应。因此，膜电极的响应只有相对的选择性，而没有绝对的专一性。pH 计使用时出现的钠差就是因为 H^+ 玻璃膜对 Na^+ 有一定的响应所产生的误差。电极对各种离子的选择性一般用电位选择性系数来表示。以钠差为例，则膜电位(φ_m)与 H^+、Na^+ 活度之间的关系由尼柯尔斯方程表示：

$$\varphi_m = k + \frac{RT}{nF}\ln(a_A + K_{A,B}^{pot} a_B^{z_A/z_B}) \tag{14-19}$$

式中，k 为常数；z_A、z_B 分别为 A、B 的电荷数；$K_{A,B}^{pot}$ 为电位选择性系数，表征了共存离子 B(Na^+) 对响应离子 A(H^+) 的干扰程度。以此类推，假设试液中存在多种干扰离子，分别为 B、C、…，响应离子为 A，则膜电位为

$$\varphi_m = k + \frac{RT}{nF}\ln(a_A + K_{A,B}^{pot} a_B^{z_A/z_B} + K_{A,C}^{pot} a_C^{z_A/z_C} + \cdots) \tag{14-20}$$

如果式(14-19)和式(14-20)用线性非时变系统在不同频率下的增益及相位绘在直角坐标系的图上，且频率仅是曲线中的参数，则称为尼柯尔斯图(Nichols plot)，是美国控制工程师尼柯尔斯(Nathaniel B. Nichols，1914—1997)提出的。

由式(14-20)可知，电位选择性系数 K 越小，电极对目标离子 A 的选择性就越高，如果 $K_{A,B}^{pot}$ 为 0.01，A、B 离子的荷电数相等的话，则表示电极对 A 的敏感性为干扰离子 B 的 100 倍。则干扰引起的误差为

$$\varphi = \frac{K_{A,B}^{pot} a_B^{z_A/z_B}}{a_A} \times 100\% \tag{14-21}$$

必须指出的是，电位选择性系数并不是一个热力学常数，它仅表示某一离子选择电极对各种不同离子的响应能力，会随着被测离子及共存干扰离子活度及溶液条件的不同而发生改变。某一特定条件下的 K 数值可以从专业手册里查询，或者用 IUPAC 建议的实验方法测定。因此，不能直接使用文献中的 K 值作分析测定时的干扰矫正。但是，它仍然是评估已知共存离子对特定离子选择电极的干扰程度的有用指标。

【示例 14-1】
某种硝酸根离子电极对硫酸根离子的选择性系数 $K_{NO_3^-,SO_4^{2-}}$ 为 4.1×10^{-5}，现欲在 $1\,mol\cdot L^{-1}$ 的硫酸盐溶液中测定硝酸根离子，如要求硫酸根造成的误差小于 5%，试估算待测的硝酸根离子活度至少应为多少。

【解】 $\quad 0.05\, a_{NO_3^-} = 4.1\times10^{-5}\times 1^{1/2}$

故待测的硝酸根离子活度至少应不低于

$$a_{NO_3^-} = 8.2\times10^{-4}(mol\cdot L^{-1})$$

2. 能斯特响应斜率、线性范围及检测限

将离子选择电极的电位与响应离子活度的对数作图，所得曲线即为校准曲线，如图 14-13 所示。如果曲线服从能斯特方程，即为能斯特响应。响应的线性范围就是曲线直线部分所对应的离子活度区间(AB 段)，而直线的斜率即为电极的实际响应斜率，也称为极差(S)。理论的能斯特方程响应斜率为 $59.2/n$ mV。在低离子活度区，响应曲线逐渐弯曲。

图 14-13 中 AB 区间与 CB 区间交点处，其垂直对

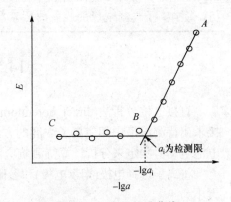

图 14-13 电极校准曲线

应的横坐标值为检测限,即电极能够有效检测出的最小浓度。而电极电位与待测离子活度的对数呈线性关系,所对应离子的最大活度为电极的检测上限(BA 段末端 A 点)。

3. 响应时间

根据 IUPAC 于 1994 年的建议,响应时间(response time)是指从离子选择电极和参比电极共同插入待测试液时起至得到稳定的电极电位数值(变化在 1mV 以内)时所经过的时间。

显然,电位值未达稳定值之前就读数,必然给测定结果带来误差。膜电位的产生是响应离子在敏感膜表面扩散及建立双电层的结果。电极达到这一平衡的速度,少则几秒钟,多则几分钟甚至几十分钟。响应时间越短,对提高分析速度越有利。它主要取决于敏感膜的结构性质。

延伸阅读 14-3:影响晶体膜响应时间的因素

一般来说,晶体膜的响应时间短,流动载体膜的响应因为涉及表面的化学反应过程而达到平衡慢。然而,响应离子的浓度与扩散速率、溶液的温度与 pH 及共存离子的种类与浓度等都对电极的响应时间有一定影响。

(1) 响应离子扩散速率快,则响应快,这也是为什么在使用 pH 计测量时,往往要搅拌试液的原因。

(2) 响应离子浓度高,达到平衡的时间相对就快;共存干扰离子的增加,会延长电极的响应时间,但是同时如果是部分不干扰离子的共存是有利于缩短电极响应时间的。

(3) 溶液温度升高,响应速度也会加快。

(4) 一般离子选择电极的使用有合适的 pH 范围,超出这个范围,也会导致响应时间的变化及准确度的改变。

(5) 不同的离子选择性电极,膜的结构、组成不同,膜的厚度及光洁度不同,所以响应时间也不同。电极膜越厚,响应时间越长。

需要说明的是,还有其他的一些参数来描述离子选择电极的性能,如内阻、稳定性、重现性及寿命等,这里不做详细讨论。

学习与思考

(1) 试比较原电极、敏化膜电极和全固态电极三类电极各有哪些亚类别和特点。
(2) 晶体(膜)电极和非晶体(膜)电极在结构上有什么不同?为什么?
(3) 什么是尼柯尔斯图?查阅文献,看看如何理解和绘制尼柯尔斯图。
(4) 为什么低离子活度区能斯特响应曲线会逐渐弯曲?
(5) 影响离子选择电极的性能的因素有哪些?

14.5 直接电位分析

直接电位分析法(direct potentiometry)是指通过测定电池电动势,然后利用能斯特方程直接求出待测溶液中相应离子浓度的方法。其基本原理在前面已详细说明,在此主要介绍利用电池电动势测定来分析计算待测响应离子的浓度(活度)。

将离子选择电极(指示电极)和参比电极插入试液组成测定各种离子活度的电池,其电动势大小为

$$E = K \pm \frac{2.303RT}{nF} \lg a_i \tag{14-22}$$

由于 K 包含了内参比电位、外参比电位及液接电位、不对称电位等，所以其大小无法计算，且不同电极 K 值大小也不同，因而也无法根据电池电动势直接计算出离子活度。实际工作中常采用标准曲线法、直接比较法、标准加入法。

14.5.1 标准曲线法

在光谱分析中，已经学习了标准曲线法是通过已知浓度的溶液绘制标准工作曲线，从而查出待测物质的浓度。同样，在直接电位法中，同样可以用待测物质配制一系列不同浓度的标准溶液，然后测定相应电位值，绘制 E-$\lg c$ 关系曲线，通过待测离子电位值 E_x 所对应的 $\lg c_x$ 而获得待测物质浓度的大小。

需要注意的是，能斯特方程体现的是电极电位与离子活度之间的关系，非分析化学上测定的离子浓度，而活度与浓度之间的关系为

$$a = \gamma c \tag{14-23}$$

式中，γ 为活度系数，由溶液的离子强度所决定。所以电位为

$$\varphi = K \pm \frac{RT}{nF}\ln a = K \pm \frac{RT}{nF}\ln \gamma c = K' \pm \frac{RT}{nF}\ln c \tag{14-24}$$

为了减少误差，在待测试液中加入总离子强度调节缓冲剂(total ionic strength adjustment buffer, TISAB)调节离子强度，使测量过程中 γ 基本不变。这样，γ 可归入常数项。

在实际工作中，TISAB 所含成分有三个作用，即控制一定离子强度、控制测量酸度、含有配位剂可掩蔽干扰离子。常用的一种 TISAB 组成为氯化钠 $0.1\text{mol}\cdot\text{L}^{-1}$，乙酸 $0.25\text{mol}\cdot\text{L}^{-1}$，乙酸钠 $0.75\text{mol}\cdot\text{L}^{-1}$，柠檬酸钠 $0.001\text{mol}\cdot\text{L}^{-1}$，pH 为 5.0，总离子强度为 $1.75\text{mol}\cdot\text{L}^{-1}$。

14.5.2 直接比较法

当分析的试样数量不多时，为避免绘制标准曲线的麻烦，可采用直接比较法。具体方法是，测量一个已知浓度 c_s 的标准溶液的电池电动势 E_s，再测量试样溶液 c_x 的电池电动势 E_x，则有

$$E_s = K \pm S\lg \gamma_s c_s \tag{14-25}$$

$$E_x = K \pm S\lg \gamma_x c_x \tag{14-26}$$

由于在两溶液中都分别加入了离子强度调节剂，其活度系数基本不变，则将两式相减整理可得

$$c_x = c_s 10^{\Delta E/S} \tag{14-27}$$

直接比较法只适用于电极实际斜率与理论斜率相一致时。在实际测量中，需用两个不同浓度的标准溶液 pA_{s1}、pA_{s2}，且 $pA_{s1} < pA_x < pA_{s2}$，分别用两个标准溶液对离子计进行斜率校正及定位，然后从离子计上直接读出 pA_x 值。

14.5.3 标准加入法

标准加入法又称添加法或者增量法，是适用于众多分析技术的一种通用型分析方法。标准曲线法要求试样溶液与标准溶液有相似的组成，而标准加入法则可避免由于组成不同而造

成的误差，因为加入前后试液的性质包括活度系数、组成、pH等都基本不变，所以准确度较高，一般适用于组成较为复杂及非批量试样的分析。标准加入法又分一次标准加入法和连续标准加入法。

1. 一次标准加入法

一次标准加入法是指在试液中只加入一次标准溶液。首先，测得浓度为c_x、体积为V_x试样溶液的电位值为φ_1，然后加入浓度为c_s、体积为V_s的标准溶液，测得电位值为φ_2。

为了避免加入标准溶液前后试液性质包括活度、pH、组成等发生改变，实际操作中通常V_s远小于V_x，而c_s远大于c_x，且电极的实际响应斜率S既可从标准曲线斜率求出，又可用最小二乘法算出。由能斯特方程可知：

$$\varphi_1 = K + S\lg\gamma' c_x \tag{14-28}$$

$$\varphi_2 = K + S\lg\gamma'' \frac{V_s c_s + V_x c_x}{V_s + V_x} \tag{14-29}$$

二者之差为

$$\Delta E = \varphi_2 - \varphi_1 = S\lg\frac{\gamma''(V_s c_s + V_x c_x)}{\gamma'(V_s + V_x)c_x} \tag{14-30}$$

ΔE一般要求有十几至几十毫伏的改变。

假设加入标准溶液后试样溶液的成分变化较小，加入的标准溶液对试样溶液的离子强度影响不大，则有

$$\Delta E = S\lg\frac{(V_s c_s + V_x c_x)}{(V_s + V_x)c_x} \tag{14-31}$$

整理之后得

$$10^{\frac{\Delta E}{S}} = \frac{V_s c_s + V_x c_x}{(V_s + V_x)c_x} \tag{14-32}$$

又因$V_x \gg V_s$，则

$$10^{\frac{\Delta E}{S}} = \frac{V_s c_s + V_x c_x}{V_x c_x} = \frac{V_s c_s}{V_x c_x} + 1 \tag{14-33}$$

$$c_x = \frac{V_s c_s}{V_x} \cdot \left(10^{\frac{\Delta E}{S}} - 1\right)^{-1} \tag{14-34}$$

如果采用试样加入法，即向一定体积已知浓度的标准溶液中加入一定体积的试样溶液，同样可推得公式如下：

$$c_x = c_s \frac{V_s + V_x}{V_x}\left(10^{\frac{\Delta E}{S}} - \frac{V_s}{V_x + V_s}\right) \tag{14-35}$$

2. 连续标准加入法

在测量过程中连续多次加入标准溶液，所得E值处理后与对应V_s值作图计算得出被测离子浓度的方法称为连续标准加入法，其准确度稍高于一次标准加入法。

具体做法是在测量过程中，连续多次(3～5次)加入标准溶液，每一次可测得一个E值。按照式(14-28)和式(14-29)，每次加入V_s(累加值)，E应为

$$E = K' + S\lg\frac{c_xV_x+c_sV_s}{V_x+V_s} \quad (14\text{-}36)$$

变换整理后得

$$(V_x+V_s)10^{E/S}=(c_xV_x+c_sV_s)10^{K'/S}=K''(c_xV_x+c_sV_s) \quad (14\text{-}37)$$

所以$(V_x+V_s)10^{E/S}$与V_s呈线性关系。根据所得结果绘制$(V_x+V_s)10^{E/S}$-V_s曲线，如图14-14所示，延长直线交于V_s轴的V_s'(呈负值)，即$(V_x+V_s')10^{E/S}=0$，得$K''(c_xV_x+c_sV_s')=0$，所以有

$$c_x = -\frac{c_sV_s'}{V_x} \quad (14\text{-}38)$$

实际工作中$(V_x+V_s)10^{E/S}$的计算很不便。如果用半反对数格氏作图纸直接作E-V_s曲线相对比较方便，结果的计算公式同上，此方法又称为格氏作图法(Gran's plot)。市售格氏作图纸是根据给定的电极斜率制成的，所以分析前最好进行空白实验以校正电极斜率。

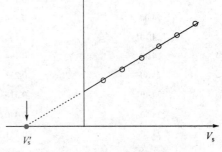

图 14-14　连续标准加入法曲线

14.6　电位滴定法

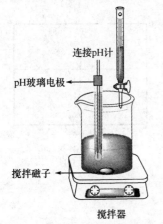

图 14-15　电位滴定法的基本实验装置

电位滴定法的基本仪器装置如图 14-15 所示，与普通滴定分析相似，但不需指示剂，而是将参比电极和指示电极浸入待测溶液中组成工作电池，通过测定在滴定过程中因离子浓度不断变化而产生的指示电极电位改变，并根据电位在化学计量点附近发生突变而判定滴定终点，以此获得待测物的浓度等信息。

电位滴定法并不依赖于能斯特方程，而只是依赖物质之间发生反应的计量关系，其化学计量点和终点位置重合，不存在终点误差。电位计测量的电位改变比肉眼观察有色指示剂颜色的改变要准确及精确很多，更适合较稀溶液的滴定，也可较好的应用于非水滴定。

14.6.1　滴定曲线及滴定终点

在搅拌条件下将滴定剂按需滴入工作电池中。每滴加一次，测量一次电动势，从而得到一条电动势(E)随滴定剂体积(V)变化的E-V曲线。因化学计量点附近的电位变化非常迅速，故为了更准确地确定终点，加入滴定剂量要相对减少，一般为0.1～0.2mL，且每次滴加相等的量会更易于计算。

以 0.1mol·L^{-1} AgNO$_3$ 标准溶液滴定 2.433mmol·L^{-1} Cl$^-$为例，根据表14-6所得的数据绘制得到 E-V 曲线即滴定曲线，如图14-16(a)所示。

表 14-6　0.1mol·L^{-1}AgNO$_3$ 标准溶液滴定 NaCl

AgNO$_3$体积(V/mL)	电位(E)	一级微分($\Delta E/\Delta V$)	二级微分($\Delta^2 E/\Delta^2 V$)
5.00	0.062		
15.00	0.085	0.002	

续表

AgNO₃体积(V/mL)	电位(E)	一级微分($\Delta E/\Delta V$)	二级微分($\Delta^2 E/\Delta^2 V$)
20.00	0.107	0.004	
22.00	0.123	0.008	
23.00	0.138	0.015	
23.50	0.146	0.016	
23.80	0.161	0.050	
24.00	0.174	0.065	
24.10	0.183	0.09	0.2
24.20	0.194	0.11	2.8
24.30	0.233	0.39	4.4
24.40	0.316	0.83	−5.9
24.50	0.340	0.24	−1.3
24.60	0.351	0.11	−0.4
24.70	0.358	0.070	
25.00	0.373	0.050	
25.50	0.385	0.024	
26.00	0.396	0.022	
28.00	0.426	0.015	

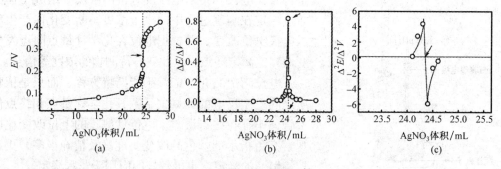

图 14-16 电位滴定曲线

箭头所指为滴定终点

一般来说，曲线突跃范围的中点，即为化学计量点。如果突变范围太小，或者变化不明显，可采用一级微分确定。如图 14-16(b)所示，横坐标依然为滴定剂的体积，纵坐标变为 E 变化值与相应滴定剂体积增量的比值即$\Delta E/\Delta V$。例如，加入 24.10mL 和 24.20mL 滴定剂之后，E 的变化值为(0.194−0.183)V。很明显，体积增量为 0.1mL，则

$$\frac{\Delta E}{\Delta V} = \frac{0.194-0.183}{24.20-24.10} = 0.11$$

这样得到的一级微分曲线经过拟合后会出现一个很明显的尖峰，尖峰所对应的 V 值即为滴定终点。另外，还可采取二级微分的方法来确定滴定终点。如图 14-16(c)，横坐标不变，纵坐标为相邻两次测量的$\Delta E/\Delta V$差值与相应体积增量的比值。

例如，当滴定剂体积 V=24.30mL 时，二级微分 $\Delta^2 E/\Delta^2 V$ 值可根据下面的计算得到：

$$\frac{\Delta^2 E}{\Delta^2 V} = \frac{0.83-0.39}{24.35-24.25} = 4.4$$

同理，V=24.40mL 时，$\Delta^2 E/\Delta^2 V$ = -5.9。这样得到的曲线经过拟合后，与 X 轴的交点所对应的 V 值即为终点。由以上计算可知终点 V 值应在 24.30mL 与 24.40mL 之间，通过计算最后可知 $V_{终点}$ =24.34mL，相应的终点电位计算可得 0.268V。

目前使用自动电位滴定仪所设置的滴定终点即为实验预先测得的终点电位，不能根据标准电极电位进行计算。当滴定到达预设终点时，自动电位仪会自动关闭滴定装置，显示滴定剂用量，给出相关结果，并且给出和储存滴定曲线。

除此之外，还有一种格氏作图法可以确定滴定终点。在半反对数格氏作图纸上用滴加标准溶液的体积 V 与相应的电极电位 E 作图，则滴定曲线为一直线。将直线外延伸至与 V_s 相交于一点，该点即为滴定终点。

14.6.2 指示电极的选择

在许多情况下，电位滴定法相较于常规指示剂滴定分析，拥有更好的准确度与精密度，能够实现连续或者自动滴定，适用于微量分析，故而应用范围非常广泛。当滴定体系没有合适的指示剂时，尤其是当测试溶液为浑浊有色或者不透明的，以及非水相介质等的时候，可选择电位滴定法来完成。另外，它也可用于滴定极弱酸碱和稳定常数较小的配合物，但是需要根据不同的测试需要选择相应合适的指示电极，电极指示的变化物质必须是直接参加或者间接参加滴定反应的物质。

1. 酸碱反应

酸碱反应体系的滴定主要是检测溶液中 pH 的变化，故最常采用 pH 玻璃电极做指示电极。在化学计量点附近，待测溶液 pH 发生快速改变使得玻璃电极电位发生突跃而指示滴定终点。

电位滴定法在药学研发领域应用非常广泛，有时涉及非水介质中的酸碱反应体系。因为是非水溶液，所以通常没有合适的指示剂，又或者变色反应不灵敏。此时，就可以采用电位滴定法代替常规指示剂滴定分析。指示电极和参比电极的使用与水溶液体系中一样，但如果使用饱和甘汞电极作为参比电极，为了避免甘汞电极中参比溶液渗出而影响液接电位，一般使用无水乙醇代替水作为参比电极内参比溶液的溶剂。

在滴定过程中，非水介质的介电常数也会影响电位的读出。介电常数大的溶剂，电位读数较稳定，但过于稳定会造成滴定突跃不明显；介电常数小的溶剂，反应易于进行完全，但电位读数又趋于不稳定。故在非水滴定中，溶剂的选择与使用很重要。通常是介电常数大的与介电常数小的搭配使用，既能得到稳定的电位读数，又能观察到明显的电位突跃。

2. 配位反应

对于配位反应的电位滴定分析，通常都以 EDTA 为滴定剂进行滴定。此时可采用两种类型的指示电极，第一类是针对特定类型反应的，早期研究比较多的涉及氧化还原电对如 Fe^{3+}/Fe^{2+}、Cu^{2+}/Cu^+ 等的配位反应，在滴定过程中会发生氧化还原反应，指示电极一般使用铂电极。在测定钙离子时，则可用钙离子选择电极作为指示电极；而测定氟离子时，可以选择氟离子指示电极。第二类主要是使用汞电极作为指示电极时,在滴定试液中加入少量汞(Ⅱ)-EDTA配合物(3~5滴 0.05mol·L^{-1} Hg^{2+}-EDTA),可滴定多种金属离子,也称为pM电极。

当用EDTA滴定金属离子时,试液中存在两个配位反应,汞(Ⅱ)-EDTA配合物及待测金属离子与EDTA的配合物。EDTA的添加会改变两个配位反应的平衡,即待测的金属离子与EDTA发生配位反应,会影响汞(Ⅱ)-EDTA配位平衡中游离EDTA的浓度,进而改变游离汞离子的浓度,故游离汞离子的浓度与待测金属离子浓度和待测金属离子-EDTA配合物浓度之间存在一个置换关系。也就是说,汞离子与EDTA配合物的浓度基本保持不变,汞电极的电位随待测金属离子及待测金属离子-EDTA配合物二者的浓度而变化,也因此可以得到待测金属离子的浓度信息。

由此可以看出,pM电极受制于待测金属离子与EDTA配合物的稳定性。一般来说,待测金属离子与EDTA形成的配合物稳定性要低于汞离子-EDTA配合物才能使用这种指示电极。而且,EDTA配位反应受试液pH影响较大,故一般限制在2~11。pH过低,EDTA配合物不稳定;pH过高,金属离子容易生成沉淀影响电极反应。

3. 氧化还原反应

因为氧化还原反应的本质就是电子的传递与得失,所以氧化还原滴定都可以采用电位分析法指示终点。在涉及氧化还原反应的试液中,物质的氧化态和还原态的浓度比值会随着滴定进行而发生变化,从而引起电位变化,一般采用铂电极来指示这种变化。

4. 沉淀反应

沉淀反应分为很多类型,根据不同的反应类型选择不同的指示电极。例如,用硝酸银标准溶液滴定卤素离子时,可以用银电极作指示电极,不过目前大多采用相应的离子选择电极作为指示电极。又因为氯、溴、碘三种离子的银盐溶解度相差较大,所以可以采用碘离子选择电极作为指示电极,连续分步滴定氯、溴、碘三种离子。此时,如果参比电极为甘汞电极,为了避免甘汞电极内参比溶液中氯离子的渗出对测定造成的干扰,需使用将试液与参比电极隔开的盐桥(双盐桥甘汞电极)。另一种更为简洁的方法,就是在试液中滴加少量酸(HNO$_3$),滴定过程中试液pH保持不变,然后使用pH玻璃电极作为参比电极,可以得到恒定的参比电极电位。

对于其他类别的沉淀反应,除了使用相应的离子选择电极作为指示电极以外,也有部分反应可以使用铂电极。例如,当用K$_4$Fe(CN)$_6$标准溶液滴定某些金属离子时,可在生成沉淀以前往试液中加入少量[Fe(CN)$_6$]$^{3-}$。[Fe(CN)$_6$]$^{3-}$不与待测金属离子发生沉淀反应,但可与K$_4$Fe(CN)$_6$组成氧化还原体系,[Fe(CN)$_6$]$^{3-}$/[Fe(CN)$_6$]$^{4-}$电对的浓度比在滴定过程中会发生变化,故可使用铂电极指示因电对浓度比变化而引起的电位突跃。

延伸阅读14-4:自动电位滴定仪

不同公司及品牌的自动电位滴定仪(automatic potentiometric titrator)外观有所区别,但工作原理都一致,过程也相差无几。其主要构成部分大多包括电源、自动滴定系统、滴定槽、搅拌装置、电位计、数据处理及显示系统和微机处理器、电极架附件等。

自动电位滴定仪可以根据溶液电位改变的大小来调节滴定剂滴加速度及体积,当滴定剂加入前后试液电位差很小时,滴定剂的滴加速度会较快;如果电位差越来越大时,滴加速度就会越来越慢,滴定剂滴加的体积就会越来越少。

除了可自动控制滴定剂的量与快慢外,自动电位滴定仪还可预设滴定终点。当试液的电位达到预设电位时,滴定自动停止,相应的信号被记录在微机处理器中。根据输入的样品体积、质量、滴定剂浓度等其他滴定条件,经过处理及分析之后,结果显示在显示屏上,包括滴定曲线、数据分析及计算结果等。

一台自动电位滴定仪就像一个滴定管理员一样,具有多种滴定模式、简单快速的操作菜单、可调整的计算与分析方法及强大的数据存储与管理功能,帮助人们高效地完成滴定分析工作。

信息时代的背景下,自动电位滴定仪的发展自然也离不开计算机。目前自动电位滴定仪大多采用计算机控制,计算机自动采集与处理滴定过程中的数据,根据滴定反应化学计量点前后电位突变的特性而调整滴定速度,并可自动寻找到滴定终点进而自动停止。因此,现代自动电位滴定仪变得更加自动和快速。

14.7 压电现象

1880 年,法国物理学家 P·居里(Pierre Curie, 1859—1906)和 J·居里(Jacques Curie, 1855—1941)兄弟发现,当把重物放在石英晶体上时,石英晶体会产生一些表面电荷,且所产生电荷量与重物产生的压力成比例。这种施加外力而产生电荷的现象称为压电现象(piezoelectricity),而能产生压电效应的晶体就称压电晶体,简称压电体(piezoelectrics),其中水晶(α-石英)就是十分著名的压电体,而钛酸钡($BaTiO_3$)、锆钛酸铅$[Pb(Zr_xTi_{1-x})O_3, PZT]$是著名的压电陶瓷。

压电体是十分有趣的晶体,其产生压电现象的原因就在于对称性较低的晶体在受到外部力量作用时发生形变,晶胞中正负离子产生相对位移导致正负电荷中心不再重合,产生新的极化作用,出现异号电荷。此外,晶体材料如果处于在电场中也会发生新的极化,使电荷中心发生位移导致材料变形。

压电材料有无机和有机等类别。其中,无机压电材料分为压电晶体和压电陶瓷。无论是哪种压电材料,各自有不同的特点,因而有不同的用途,并且十分广泛,如电声换能器、水声换能器、超声换能器、传感器和驱动器等。

14.7.1 压电效应的原理

压电材料在外力作用下发生电极化,以至于在压电体两端表面内出现符号相反的束缚电荷而产生电位差的现象称为正压电效应(piezo-electric direct effect);如果压力是一种高频的震动,产生的就是高频电流。例如,石英、酒石酸钾钠等晶体材料,由于其分子排列不对称,在一定方向外力压力作用下,两端出现电势差,在两个相对表面上出现正、负两种相反的电荷。

如果压电材料受到外在施加电压作用,产生机械应力则称为逆压电效应(inverse piezoelectric effect)。此时,压电体受到外加电场作用而发生形变,其形变量与外电场强度成正比。例如,高频信号加在压电陶瓷上时产生高频声的机械震动信号,即超声波(ultrasonic waves)。

从压电压力和电机两个方面来看,压电效应一般分为正压电效应和逆压电效应。晶体结构的对称性决定晶体是否具有压电效应。显然，机械变形压电材料可以产生电场，也可以通过电场作用产生机械变形，这种固有的机电耦合效应(electromechanical coupling effects)使压电材料在工程领域得到了广泛的应用。一方面，人们根据压电特性开发了各种压电传感器；另一方面，人们制备出一系列具有自承载能力的智能结构，具有自诊断、自适应和自修复功能等压电材料。

14.7.2 压电材料的主要参数

反映压电材料性能的标志是压电体的参数。所以，描述压电材料除了表征其力学、电学性质的参数外，还有表示压电性质的参数，现介绍如下。

1. 弹性系数

在外力作用下，任何物体都会发生不同程度的弹性形变。弹性系数(elastic coefficient)是反映压电材料弹性性质的参数，是指在弹性范围内，物质所受外力与在力方向上的形变之比。

为了表示单位应力下所发生的应变，人们也用弹性顺度常数或弹性柔顺常数(elastic compliance constant，S_{ij}，单位为 m^2/N)来表示弹性体的柔性。弹性柔顺常数值越大，表示材料越易发生形变，并且通过弹性柔顺常数，还可以表明材料的形变随外力撤销而消除，其原有性质得以恢复。例如，压电陶瓷是各向异性的，在不同电学条件下的弹性，可用弹性柔顺系数进行评价，弹性顺度常数不同就说明其所处条件发生了变化；又如，压电体由于存在二级压电效应，在不同电学条件下的弹性柔顺常数不同，在短路条件下称为短路弹性柔顺常数，而在开路条件下称为开路弹性柔顺常数。

压电陶瓷中有时还使用弹性刚度系数(elastic stiffness coefficient，c)表示物体产生单位应变所需要的应力，在不同电学条件下会有不同的弹性刚度系数。

2. 机械品质因数

机械品质因数(mechanical quality factor，Q_m)是用来表示压电体在谐振时机械损耗大小的一个无量纲物理量。由于材料存在内摩擦时机械会产生机械损耗，当压电体振动时，要克服摩擦而消耗能量，机械损耗与机械品质因数成反比，Q_m 越大，机械损耗越小，能量衰减越慢，通频带越窄。

Q_m 与压电体的谐振模式有联系，通常是指平面径向振动模式测量出的机械品质因数。Q_m 是决定换能器的通频带关键因素。一般，压电陶瓷的 Q_m 因配方和工艺条件的不同相差很大。例如，锆钛酸铅陶瓷的 Q_m 值可在 50～3000 大幅度调节。

3. 介电常数

介电常数(permittivity)又称为电容率。当一介电质处于电场强度 E 中时，那么电介质内部的电场可用电位移 D 表示($D=\varepsilon E$)。如果用电介质作为电容器电极间的绝缘物，则有

$$\varepsilon = \frac{C \cdot s}{A} \tag{14-39a}$$

$$A = \frac{C \cdot s}{\varepsilon} \tag{14-39b}$$

式中，ε 为介电常数，$F \cdot m^{-1}$；C 为电容量，F；s 为电极间距离，m；A 为电极面积，m^2。

介电常数在压电材料中反映极化性质。在实际应用中，常使用相对介电常数 ε' 来表示，即在同样电极条件下，某材料的 ε 与真空时的介电常数 ε_0 的比值($\varepsilon'=\varepsilon/\varepsilon_0$)。

4. 介质损耗和电学品质因数

在交流电压的作用下，单位时间内所损耗的电能称为介质损耗(insertion loss)，是电介质材料的重要参数之一。引起压电陶瓷内介质损耗的原因很复杂，主要有以下三点。

(1) 当外加电压的频率很高时，材料内极化状态的改变跟不上外加电压的改变。通常要经过一段弛豫时间、极化强度才能达到其最高值。这种极化滞后现象会引起动态电容率和静态电容率之间的差异，导致介质损耗。

(2) 高温、强电场可使压电体的内介质漏电(漏导)，从而引起介质的损耗。介质漏电是通过发热把部分电能消耗掉。

(3) 制备工艺不完善使陶瓷结构不均匀而导致介质损耗。

5. 机电耦合系数

从能量角度来讲，机电耦合系数(electromechanical coupling factor, K)是表示压电体中机械能与电能相互转化的程度。机电耦合系数是综合反映压电材料性能的重要指标。

机电耦合系数(K)为

$$K = \frac{E_b}{\sqrt{E_a E_c}} \tag{14-40}$$

式中，E_b 为压电能，而式中分母则是弹性能和介电能的几何平均值。从式(14-40)可得，K 值直接与压电材料的三个特征量相关，故而是压电材料一个最明显的特征量，不仅随压电材料而有差别，即使是同一种材料，其大小与压电体的形状及振动的模式有关。

6. 压电系数

压电系数(piezoelectric coefficient)是反映压电材料所特有的一组重要参数，反映压电体中力学(弹性)与电学(介电性)之间的耦合关系，一方面体现了压电体把机械能转变成电能，另一方面也体现了把电能转变成机械能。压电系数有以下四种变化形式。

(1) 压电应变系数(piezoelectric strain coefficient)。当压电体处于应力恒定时，因为电场强度变化所产生的应变变化与电场强度变化之比。

(2) 压电电压系数(piezo electric voltage coefficient)。当压电体的电位移恒定时，由于应力变化所产生的电场强度变化与应力变化之比，或当应力恒定时，由于电位移变化所产生的应变变化与电位移变化之比。

(3) 压电应力系数(piezoelectric stress constant)。当压电体在应变恒定时，由于电场强度变化所产生的应力变化与电场强度变化之比，或电场强度恒定时，由于应变变化所产生的电位移变化与应变变化之比。

(4) 压电劲度系数(piezoelectric stiffness constant)。当压电体在应变恒定时，由于电位移变化所产生的应力变化与电位移变化之比，或电位移恒定时，由于应变变化所产生的电场强度变化与应变变化之比。

7. 居里温度

居里温度(Curie temperature)又称居里点(Curie point)或磁性转变点，是指压电体可以承受的温度极限值。当超过此温度或达到某一临界值的时候，压电陶瓷结构解体，介电、弹性及热学等性质均出现反常现象，而压电性能消失。

如果某一压电材料包括了上居里点与下居里点，那么上、下居里点越宽越好。对下居里点来说，在极低温度下，某些压电陶瓷特性会消失。需要注意的是，工作的最高温度并不等于就能承受骤然的温度变化，因为压电体具有各向异性，所以热膨胀系数也呈各向异性，使用时(如焊线)应特别注意。

8. 频率常数

对一厚度为 δ 的压电体，其上表面振动经某一厚度 δ 传递到下表面时，会引起振动的叠加或者抵消，如果 $\delta=\lambda/2$，则上下表面振动相加，随着振动幅度增大，压电体的端面成为驻波的波腹。在声学上，满足这一条件的频率，即压电体的厚度 δ 等于波在该材料中半波长，称为基频(fundamental frequency)或谐振频率(resonance frequency)，或半波谐振。

压电体谐振频率和沿振动模式方向几何尺寸(厚度、长度、直径等)的乘积称为频率常数(frequency constant, N)。频率常数是确定压电体几何尺寸一个重要的参数。压电体的谐振频率与材料性质有关，而且与压电体的几何尺寸有关，但频率常数只与材料性质有关，而与压电体几何尺寸无关。某一压电体的密度、弹性模量等材料属性，都有一确定值，选定材料就没法改变，在这种情况下，若频率常数已知，那么根据 N 值就可得出任意频率下的压电体厚度。

14.7.3 压电方程

在压电材料中，电场和材料中电位移产生应力和应变；相反，材料的一个应力或应变会产生内部磁场及电位移。压电材料中电量和电位移与机械量和应变之间存在着线性关系，由于有四个量，所以这个关系就比较复杂。

在大多数诊断成像应用之中，换能器是一个薄层，当加上电压时，其厚度发生变化，表面能够产生振动，发射超声波。当接收到压力振荡时，厚度发生变化，就会产生一个信号电压。

14.7.4 压电振子

被覆激励电极的压电体称为压电振子(piezoelectric vibrator)。一个压电振子具有两个基础效应，分别是正压电效应和逆压电效应，具有机电转换能力，是一个可逆机电换能的系统。

1. 压电振子的力电类比等效电路

分析压电振子的性质主要有力电类比等效电路法(force analogy equivalent circuit method)、波动传输法(wave propagation method)等。其中力电类比等效电路法是将机械振动成交变电路形式，等效定量求解压电(电学⟷力学)转换过程的特性参数，即是求出电路参数的解，也可类比地求出机械振动的解。此法简单，物理概念明晰；而波动传输法是将各部分作为分布参数，从波动方程和耦合条件求解，理论严谨而复杂。实际应用中，常采用力电类比等效电路法。

假如把压电振子力电网络力学端的参数反映到电学端变成等效的电学量，则可得到压电振子的等效电路，它可以将一个有关力、声及电复杂系统的问题，转化成一个简单电路来处理。压电振子的等效电路法是分析与设计超声换能器的一种重要方法。等效电路中的等效参数与压电振子的材料、尺寸、几何形状、振动模式及边界条件都有关。假如振子是在谐振频率附近，有限频带内工作，又不存在其他振动模式的干扰，则振子的等效参数与频率无关，在小信号下，等效参数为常数，振子可看成是线性器件。

2. 压电振子的谐振特性

压电振子是弹性体，本身有固有频率。所以当所施加的频率等于其固有频率时，它就产生机械谐振(mechanic resonance)。振子又是压电体，当所施加电的频率与压电振子固有频率一致时，因为逆压电效应则发生机械谐振，所以谐振时振幅最大，弹性能量也最大，这时压电体获得最大形变，而机械谐振又可通过正压电效应而产生电信号或最大电荷。

从换能器接收超声波的能量考虑，只有在换能器呈现最大的阻抗时，才能得到最高的灵敏度。所以，为提高换能器接收超声波的灵敏度，换能器应工作在反谐振频率。实际操作中，换能器的频率选择，应根据不同要求，在谐振频率和反谐振频率范围内作调整。

学习与思考

(1) 什么是压电材料？分为几类？各有什么特点？
(2) 压电材料的形变、应变有什么区别？
(3) 查阅文献，看看压电方程有哪些表达方式？
(4) 压电振子有什么特性？

内容提要与学习要求

电位分析法是电化学分析的重要分支，是根据两电极间的电位差(或电动势差)与物质活度(或浓度)等之间的关系所建立起来的一类方法，可分为直接法和间接法两大类，前者一般是将专用指示电极直接插入含待分析物的溶液通过电位计显示而直接读出相关数值的方法；后者是在滴定的过程中，利用化学计量点时指示电极电位的突变来判定终点，并根据相关反应的计量关系对待分析物进行间接定量。

本章主要介绍了电位分析法的含义及理论基础，酸度计的种类、结构与工作原理，离子选择电极的种类及性能参数，直接电位分析法和电位滴定法的测定方式，压电效应的原理及重要参数。

要求掌握相关概念，酸度计等工作原理和结构装置。了解有关压电电分析化学的相关基础知识及其在化学与生物传感分析中的应用。

练 习 题

一、选择题
1. 用离子选择电极标准加入法进行定量分析时，对加入标准溶液的要求为(   )。
   A. 体积要大，其浓度要高   B. 体积要小，其浓度要低
   C. 体积要大，其浓度要低   D. 体积要小，其浓度要高
2. 在电位分析法中离子选择性电极的电位应与待测离子的浓度(   )。
   A. 成正比   B. 的对数成正比
   C. 符合扩散电流公式的关系   D. 符合能斯特方程式

3. 离子选择性电极的选择系数可用于(　　)。
   A. 估计共存离子的干扰程度　　　　B. 估计电极的检测限
   C. 估计电极的线性响应范围　　　　D. 估计电极的线性响应斜率
4. 用酸度计测定溶液的 pH 时，一般选用(　　)为指示电极。
   A. 标准氢电极　　B. 饱和甘汞电极　　C. 玻璃电极　　D. Ag/AgCl 电极
5. 用电位法测定溶液的 pH 时，电极系统由玻璃电极与饱和甘汞电极组成，其中玻璃电极是作为测量溶液中氢离子活度的(　　)。
   A. 金属电极　　B. 参比电极　　C. 指示电极　　D. 电解电极
6. pH 玻璃电极在使用前一定要在水中浸泡几小时，目的在于(　　)。
   A. 清洗电极　　B. 活化电极　　C. 校正电极　　D. 除去沾污的杂质
7. 使 pH 玻璃电极产生钠差现象是由于(　　)。
   A. 玻璃膜在强碱性溶液中被腐蚀　　　　B. 大量的 OH^- 占据了膜上的交换点位
   C. 强碱溶液中 OH^- 中和了玻璃膜上的 H^+　　D. 强碱溶液中 Na^+ 浓度太高
8. 中性载体电极与带电荷流动载体电极在形式及构造上完全相同。它们的液态载体都是可以自由移动的。它与被测离子结合以后，形成(　　)。
   A. 中性的化合物，故称中性载体
   B. 带电荷的化合物，能自由移动
   C. 带电荷的化合物，在有机相中不能自由移动
   D. 中性化合物，溶于有机相，能自由移动
9. $M_1 | M_1^{n+} \| M_2^{2+} | M_2$ 在上述电池的图解表示式中，规定左边的电极为(　　)。
   A. 正极　　B. 参比电极　　C. 阴极　　D. 阳极
10. 氨气敏电极的电极电位(　　)。
    A. 随试液中 NH_4^+ 或气体试样中 NH_3 的增加而减小
    B. 随试液中 NH_4^+ 或气体试样中 NH_3 的减小而增加
    C. 与试液酸度无关
    D. 表达式只适用于 NH_4^+ 试液

二、填空题
1. 离子选择性电极的电极斜率的理论值为_____。25℃时一价正离子的电极斜率是_____；二价正离子是_____。
2. 某钠电极，其选择性系数 K_{Na^+, H^+} 约为 30。如用此电极测定 pNa=3 的钠离子溶液，并要求测定误差小于 3%，则试液的 pH 应大于_____。
3. 用离子选择性电极测定浓度为 $1.0×10^{-4}$ mol·L^{-1} 某一价离子 i，某二价的干扰离子 j 的浓度为 $4.0×10^{-4}$ mol·L^{-1}，则测定的相对误差为_____。(已知 $K_{ij}=10^{-3}$)
4. 玻璃电极在使用前，需在蒸馏水中浸泡 24h 以上，目的是_____，饱和甘汞电极使用温度不得超过_____℃，这是因为温度较高时_____。
5. 正负离子都可以扩散通过界面的电位称为_____，它没有_____性和_____性，而渗透膜，只能让某种离子通过，造成相界面上电荷分布不均，产生双电层，形成_____电位。
6. 用氟离子选择电极的标准曲线法测定试液中 F^- 浓度时，对较复杂的试液需要加入___试剂，其目的有：第一_____；第二_____；第三_____。
7. 电位法测量常以_____作为电池的电解质溶液，浸入两个电极，一个是指示电极，另一个是参比电极，在零电流条件下，测量所组成的原电池_____。
8. 由 LaF_3 单晶片制成的氟离子选择电极，晶体中_____是电荷的传递者，_____是固定在膜相中不参与电荷的传递，内参比电极是_____，内参比电极由___组成。

三、简答题
1. 在直接电位法分析中，指示电极的电极电位与被测离子的活度有什么关系？
2. 试述 pH 玻璃电极的响应机理。
3. 如何理解酸差和钠差？二者各自对测定溶液 pH 有什么影响？
4. 如何定义 ISE 的不对称电位？为了减少不对称电位对 pH 测量的影响，在使用 pH 玻璃电极时有哪些注意事项？
5. 以氟化镧单晶作敏感膜的氟离子选择电极，其膜电位产生的原因是什么？
6. 什么是 ISE 的电位选择系数？它在电位分析中有什么重要意义？
7. 总离子强度调节缓冲剂的作用是什么？
8. 有哪几种方法可以确定电位滴定的终点？
9. 我们生活中哪些地方使用了压电陶瓷？它们是如何为我们工作的？
10. 什么是居里温度？为什么压电材料的居里温度越宽越好？

四、计算题
1. 测得电池：pH 玻璃电极 | pH=5.00 的溶液 | SCE 的电动势为 0.2018V；采用同样的电极测得另一未知酸度溶液的电动势为 0.2366V。已知电极实际响应斜率为 58.0mV/pH。请计算未知液的 pH。
2. 冠醚中性载体膜钾电极为工作电极，饱和甘汞电极为参比电极，乙酸锂为盐桥组成电池为：K$^+$-ISE | 测量溶液 | SCE，测量 0.0100mol·L^{-1} KCl 溶液电动势为 –88.8mV，测量 0.0100mol·L^{-1} NaCl 溶液时电动势为 58.2mV，假设电极响应斜率为 58.0mV/pK，试计算 K_{K^+,Na^+}^{pot}。
3. 在下列组成的电池形式中：I$^-$ 选择电极|测量电极 ‖ SCE 用 0.1mol·L^{-1} 的 AgNO$_3$ 溶液滴定 5.00×10^{-3}mol·L^{-1} 的 KI 溶液。已知，碘电极的响应斜率为 60.0mV/pI，$E_{AgI,Ag}^{\ominus} = -0.152V$，$K_{sp,AgI} = 9.3 \times 10^{-17}$，$E_{SCE} = 0.244V$。请计算滴定开始和终点时的电动势。
4. 用氟离子选择电极测定某一含 F$^-$ 的试样溶液 50.0mL，测得其电位为 86.5mV。加入 5.00×10^{-2}mol·L^{-1} 氟标准溶液 0.50mL 后测得其电位为 68.0mV。已知该电极的实际斜率为 59.0mV/pF，试求试样溶液中 F$^-$ 的含量。
5. 用 pH 玻璃电极测定 pH=5.0 的溶液，其电极电位为 43.5mV，测定另一未知溶液时，其电极电位为 14.5mV，若该电极的响应斜率为 58.0mV/pH，试求未知溶液的 pH。
6. 以 0.05mol·kg^{-1} KHP 标准缓冲溶液(pH 4.004)为下述电池的电解质溶液，测得其电池电动势为 0.209V，玻璃电极 | KHP(0.05mol·kg^{-1}) | SCE 当分别以三种待测溶液代替 KHP 溶液后，测得其电池电动势分别为 0.312V、0.088V、0.017V，计算每种待测溶液的 pH。

第 15 章 极谱法与伏安分析

15.1 概 述

广义的伏安分析法(voltammetry)是指测定电化学活性物质在电解反应过程中的电流-电压(i-E)关系曲线,并以此为基础所建立的电化学物质的定性或定量分析方法。所测定的信号是电流,所展现的是电流随外加电压的变化情况。

在广义伏安分析法中,可采用不同的工作电极实现电化学反应和信号测量。如果采用的工作电极为周期性更新的液态电极(如滴汞电极),则称为极谱法(polarography);如果采用的工作电极为固态电极(如玻碳电极、石墨电极、金电极、铂电极)或静止的液态电极(如悬汞电极、汞膜电极),则为狭义伏安分析法。本章后续内容中提到的伏安分析法均指采用固态电极或静止液态电极的狭义伏安分析法。

延伸阅读 15-1:著名分析化学家海洛夫斯基、极谱法与伏安分析法

海洛夫斯基(Jaroslav Heyrovský, 1890—1967)是世界著名的捷克斯洛伐克分析化学家,因发明和发展极谱法而获1959年诺贝尔化学奖。他分别于1914年和1918年获得伦敦大学理学学士和哲学博士学位,1926~1954年担任布拉格大学教授,1950年在捷克斯洛伐克科学院创办了极谱研究所,1952年当选为捷克斯洛伐克科学院院士,1965年入选为英国皇家学会外国会员。他曾在国际纯粹与应用物理学联合会和伦敦极谱学会分别担任理事长和副理事长,著作有《极谱法在实用化学中的应用》和《极谱学》等。

1922年海洛夫斯基以发明极谱法而闻名于世,并在其指导下后成为日本京都大学教授的日本留学生志方益三(しかた ますぞう,1895—1964)于1924年制造了第一台极谱仪。1941年,他又成功将极谱仪与示波器联用,提出示波极谱法。可见,很多科学发现和理论的创新是源于仪器设备的创新。作为极谱分析的奠基人,海洛夫斯基培养了大量的极谱研究人才。我国著名分析化学家汪尔康院士就曾于20世纪50年代被国家选派至捷克斯洛伐克科学院学习,并在海洛夫斯基教授指导下获得了副博士学位。

在海氏的研究基础上,捷克斯洛伐克分析化学家尤考维奇(D. Ilkovic)于1934年推导出了扩散电流方程(diffusion current equation),为经典直流极谱分析法奠定了理论基础。单扫描极谱、方波极谱、脉冲极谱等各种快速、灵敏的现代极谱方法随后就相继出现。随着周期性更新液态电极难题的解决,以固态电极和静止液态电极的伏安法、循环伏安法、示差脉冲伏安法、溶出伏安法等一系列新方法出现,使得极谱分析得到快速迅猛发展。

极谱法简单、快速、灵敏,适用于绝大部分化学元素分析、有机分析、溶液反应化学平衡和化学反应速率的研究。如今,极谱法与伏安分析法可以实现大部分无机离子、有机化合物和生物分子的测定,已广泛应用于环境、生物、食品、医药、地矿等领域中的各种分析测试问题。结合生命科学、传感器技术和纳米科技最新成就,现代伏安分析方法在灵敏度、特异性、分析速度等关键性质上获得了提高,应用领域大为拓宽。

采用高分子化合物、纳米颗粒、生物酶等修饰固体电极,可构建新型电化学传感器,用于高灵敏地测定氧氟沙星、多巴胺、葡萄糖等各种还原性药物分子。采用含铜、镉、铅、锌、银等金属元素的纳米颗粒作为信号探针标记抗体或核酸适配体(aptamer),可实现多种蛋白质、致病菌和违禁药物等高特异性和高灵敏度的溶出伏安分析。

伏安分析的电极和检测设备具有便携化的优点，非常适合于现场检测。如果电极进一步微型化，可发展为植入型电化学传感器，用于在体、实时监测动物的生理指标变化，在临床监控中应用前景广阔。

15.2 经典极谱分析

15.2.1 极谱分析法原理

1. 极谱分析法装置

直流极谱法(direct current polarography)又称恒电位极谱法(constant potential method)，是经典的极谱分析方法。其装置主要由极谱电解池、电压控制系统和电流测定系统三部分构成(图 15-1)。

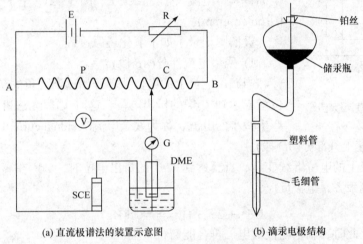

(a) 直流极谱法的装置示意图　　(b) 滴汞电极结构

图 15-1　直流极谱法的装置示意图及滴汞电极结构

电解池通常采用饱和甘汞电极(SCE)作为参比电极，滴汞电极(DME)作为工作电极。滴汞电极的上部为悬高的储汞瓶，储汞瓶通过厚壁塑料管与一支内径很小的毛细管相连接。在重力作用下，汞从毛细管下端管口处流出，周期性地形成汞滴。

电压控制系统主要由电源、滑线变阻器和伏特计组成，通过滑线变阻器可改变施加在甘汞电极和滴汞电极间的电压，使其在一定电压范围内扫描。

电解池中的样品溶液在电压作用下发生电解，通过电流测定系统就可测出该电解过程产生的电流，作为定性、定量分析的依据。

2. 极谱法的优缺点

由于极谱法采用滴汞电极作为工作电极，与常见的固态电极相比，滴汞电极有以下优点。

(1) 测量过程中汞滴不断下落，导致电极表面不断更新，可以有效避免反应物质在电极表面的吸附污染，在连续测定时具有极好的重现性。

(2) 氢在汞电极上过电位比较大，在酸性介质中电极电位可达−1.0V，因此在测定绝大多数物质时，氢离子都不至于还原成氢气并产生干扰电流。

(3) 许多金属可在汞滴中形成汞齐，以至于金属的还原电位显著降低，使得电解反应更易进行。

但是滴汞电极也有以下一些固有的问题。
(1) 汞蒸气毒性较强，实验中需加强通风与防护，而且实验中产生大量废汞难以处理。
(2) 滴汞电极所用毛细管容易被汞液堵塞。
(3) 当滴汞电极作为阳极使用时，电极电位若超过+0.4V 会导致汞被氧化。

15.2.2 极谱波

现以测定 5.0×10^{-4} mol·L^{-1} Cd^{2+} 为例来说明直流极谱中极谱波(polarographic wave)的形成过程。将 Cd^{2+} 溶于 1.0mol·L^{-1} 的盐酸溶液中，加入电解池中并去除氧，然后在电极上施加从零开始逐渐向负的电压，同时记录在电压变化过程中的电解电流。以电压 E 为横坐标，电流 i 为纵坐标，获得电流-电压曲线(i-E，图 15-2)，呈 S 形状，称为极谱图(polarogram)。

极谱图记录了如下氧化还原过程：

1) 残余电流部分(AB 段)

当滴汞电极上的电位从零开始逐渐变负的初始阶段，电极电位尚未达到 Cd^{2+} 的析出电位，这时 Cd^{2+} 无法析出，电解池中仅产生微小的电流，称为残余电流(residual current，i_r)。

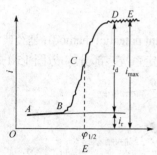

图 15-2 Cd^{2+} 的直流极谱图

2) 电流快速上升部分(BD 段)

当滴汞电极上的电位继续变负，直至达到 Cd^{2+} 的析出电位时，Cd^{2+} 在滴汞电极上析出金属镉，并形成镉汞齐，电极反应为

$$Cd^{2+} + 2e^- + Hg \rightleftharpoons Cd(Hg)$$

产生电解电流。此时，滴汞电极的电位符合能斯特方程：

$$\varphi_{de} = \varphi^{\ominus}_{Cd^{2+},Cd} + \frac{0.059}{2}\lg\frac{c_e}{c_a} \quad (25℃) \tag{15-1}$$

式中，c_e 和 c_a 分别为滴汞电极表面 Cd^{2+} 和镉汞齐的浓度。

如果继续加大电压使滴汞电极电位低于 Cd^{2+} 的析出电位，滴汞电极表面的 Cd^{2+} 迅速还原，电解电流急剧上升。此时，由于滴汞电极表面的 Cd^{2+} 被还原，其浓度小于样品溶液本体的 Cd^{2+} 浓度，这种现象称为浓差极化(concentration polarization)。浓差极化的存在使得溶液本体中 Cd^{2+} 不断扩散到滴汞电极表面，产生电解电流(faradaic current)。在这个过程中，电极反应的速率大于离子扩散速率，电解电流的大小由扩散速率决定，因此该电解电流称为扩散电流(diffusion current，i)，其大小与扩散层中的浓度梯度成正比，即

$$i = K(c - c_e) \tag{15-2}$$

式中，c 和 c_e 分别为溶液本体和电极表面的 Cd^{2+} 浓度；K 为比例常数。

3) 极限扩散电流部分(DE 段)

当外加电压继续加大，滴汞电极的电位持续变负到一定数值后，滴汞电极表面的 Cd^{2+} 迅速还原，其浓度趋近于零。根据式(15-2)，此时电流达到最大极值，称为极限电流(limiting current，i_l)。极限电流扣除残余电流(i_r)后为极限扩散电流(limiting diffusion current，i_d)，其数值与样品溶液的浓度符合以下关系：

$$i_d = i_l - i_r = Kc \tag{15-3}$$

从式(15-3)可看出,极限扩散电流与样品浓度呈正比关系。这是直流极谱法定量分析的基本依据。

从极谱波上还可以得到一个重要信息就是半波电位(half-wave potential, $\varphi_{1/2}$),即扩散电流为极限扩散电流值一半时相对应的滴汞电极电位。在样品溶液的组成和温度一定时,各种物质的半波电位 $\varphi_{1/2}$ 为一个特征定值,不随浓度而发生改变,这是极谱法定性分析的依据。

15.2.3 极谱波的类型

1. 可逆波与不可逆波

在直流极谱法中,电活性物质到达滴汞电极表面发生电极反应的过程分两步进行,首先是电活性物质从溶液本体中扩散到滴汞电极表面,然后再在电极表面获取或者失去电子,发生电极反应。

如果电活性物质扩散过程的速率远远小于电极反应的速率,那么整个电极过程的速率主要受扩散过程控制,所获得的极谱波为可逆波(reversible wave)。如果扩散过程的速率大于电极反应的速率,那么整个电极过程的速率主要受电极反应速率控制,所获得的极谱波为不可逆波(irreversible wave)。

对于可逆电极过程,其反应速率很快,不表现出明显的过电位(overpotential, η),在任何电位下电极表面均可迅速达到化学平衡,电极电位完全符合能斯特方程。由于可逆过程的电极反应速率远远大于电活性物质的扩散速率,整个电解过程中的电流均受控于扩散速率。随着电压增大,电流很快达到极限扩散电流,且极限扩散电流的值与电活性物质的浓度成正比。

过电位是指一个电极反应偏离平衡时的电极电位与这个电极反应的平衡电位的差值,又称超电势(superpotential),在不可逆电极过程中表现十分明显。由于电极电位不符合能斯特方程,因而需要对电极施加额外电压予以克服方可让电极反应进行。因其电极反应速率小于扩散速率,扩散电流受电极反应控制,因而扩散电流随电压增加而缓慢升高。只有当电压大到足以克服过电位时,电极反应才变得很快,这时电流才受扩散控制并达到极限扩散电流,并且与电活性物质的浓度成正比。

相对于可逆波(reversible wave),不可逆波(irreversible wave)中扩散电流增长较慢,整个波形延伸很长(图 15-3),造成极限扩散电流测量不便,且易受其他极谱波干扰。可逆波和不可逆波的半波电位之差,即为不可逆电极过程的过电位(η)。

2. 还原波与氧化波

极谱波按照电极反应的类型可分为还原波(阴极波)、氧化波(阳极波)和综合波(图 15-4)。

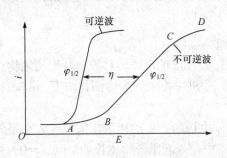

图 15-3 可逆波与不可逆波

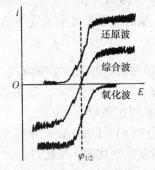

图 15-4 综合波、还原波和氧化波

还原波(reductive wave)是指溶液中氧化态物质(如金属离子)在工作电极上被还原所得到的极谱波，其电极反应可表示如下：

$$Ox + ne^- \rightleftharpoons Red$$

极谱波中还原电流通常表示为正电流，还原波在横坐标上方。

氧化波(oxidation wave)是指溶液中还原态物质在工作电极上被氧化所得到的极谱波，其电极反应可表示如下：

$$Red - ne^- \rightleftharpoons Ox$$

氧化电流通常表示为负电流，氧化波在横坐标下方。

综合波(complex wave)是指样品溶液中同时存在氧化态物质和还原态物质，在电极上同时被还原和氧化所获得的极谱波。

15.2.4 极谱波方程

人们利用极谱波方程(polarographic wave equation)来表示极谱电流与滴汞电极电位之间的数学关系。不同种类的极谱波有不同的极谱波方程。对于直流极谱中简单金属离子的还原可逆波，25 ℃时的极谱波方程可表示如下：

$$\varphi_{de} = \varphi_{1/2} + \frac{0.059}{2} \lg \frac{i_d - i}{i} \tag{15-4}$$

式中，$\varphi_{1/2}$为半波电位，其值符合以下方程：

$$\varphi_{1/2} = \varphi^{\ominus} + \frac{0.059}{2} \lg \frac{D_a^{1/2}}{D_s^{1/2}} \tag{15-5}$$

式中，D_a和D_s分别为金属在汞齐中的扩散系数和金属离子在溶液中的扩散系数，在溶液组成和温度一定时均为常数。

在极谱分析前，需要在样品溶液中加入支持电解质、极大抑制剂、除氧剂及为消除其他物质干扰和改善波形的掩蔽剂、缓冲液等，所有这些物质构成的溶液体系称为底液(matrix)。由式(15-5)可知，每种物质的半波电位在一定底液和一定实验条件下为特征常数，其值可以通过一些分析化学手册查询，且不随其浓度发生改变，这是以极谱法进行定性分析的基础。

15.2.5 扩散电流方程

极谱法是根据极谱波的极限扩散电流来对待测物进行定量分析，由捷克斯洛伐克科学家尤考维奇于1934年提出。他认为，在特定条件下，含有大量电解质且保持平静的溶液，其滴汞电极上瞬时极限扩散电流受影响因素可通过式(15-6)表示：

$$i_\tau = 708nD^{1/2}q_m^{2/3}\tau^{1/6}c \tag{15-6}$$

式(15-6)即为著名的尤考维奇方程。式中，n为该电极反应的电子转移数；D为待测物在溶液里的扩散系数，$cm^2 \cdot s^{-1}$；q_m为汞滴流速，$mg \cdot s^{-1}$；τ为时间，s；c为待测物浓度，$mmol \cdot L^{-1}$；i_τ为瞬时极限扩散电流，μA。

从式(15-6)可以看出，周期性生长和滴落的滴汞电极所产生的极限扩散电流大小是随着汞滴生长而发生变化的，变化过程分为两个阶段，其中在汞滴刚开始生长的瞬间，$\tau=0$，相应的极限扩散电流为零；而当$\tau=t$，即汞滴从开始生长到滴落所需的时间的那个时刻，相应的极限扩散电流也达到最大。

所以,在汞滴周期性生长和滴落的整个测定过程中,所记录到的极谱波为锯齿波。在实际分析过程中,用于定量分析的是整个测定时间内的平均极限扩散电流 i_d,其值符合以下关系:

$$i_d = 607nD^{1/2}q_m^{2/3}\tau^{1/6}c \qquad (15\text{-}7)$$

在汞柱高度、毛细管内径、温度和溶液组分不变的情况下,n、D、q_m 和 τ 均为常数。因此,式(15-7)可简化为

$$i_d = Kc \qquad (15\text{-}8)$$

式中,K 为尤考维奇常数。由式(15-7)可见,一定实验条件下,平均极限扩散电流与待测物浓度呈一个简单的正比关系,这就是极谱定量分析的理论基础。

15.2.6 干扰电流及其消除

在极谱分析中,除了与待测的电活性物质浓度有关的扩散电流外,还存在与待测物无关的多种干扰电流,因此必须了解各种干扰电流的来源,并采取相应措施消除其干扰,方可获得真实有用的检测信号。

1. 残余电流

如 15.2.2 节所述,在极谱分析过程中外加电压尚未达到待测物的析出电位之前,极谱波中存在残余电流。残余电流包括溶液中痕量杂质所产生的电解电流和滴汞电极与溶液界面上的充电电流(charging current),其中充电电流是残余电流的主要部分。

滴汞电极和溶液界面形成的双电层相当于一个电容器。电容器所充电荷随着汞滴的生长而增加,随着汞滴周期性生长和滴落,产生源源不断的充电电流。充电电流在直流极谱法中无法消除,其存在决定了极谱分析的检测下限。充电电流通常可达 10^{-7}A 数量级,相当于 10^{-5} mol·L^{-1} 电活性物质的扩散电流,因此直流极谱法的检测下限难以突破这个浓度。目前通常采取切线作图法或者残余电流补偿装置将其予以扣除。

2. 迁移电流

电活性物质在电场作用下发生电迁移,运动到电极表面并发生电化学反应,产生的电流称为迁移电流(migration current)。例如,以极谱法检测 Cd^{2+} 时,由于浓差极化,溶液本体中的 Cd^{2+} 扩散到滴汞电极表面产生扩散电流是信号电流(signal current)。但此时滴汞电极因充当阴极而对溶液中的 Cd^{2+} 有很强的静电吸引,使得 Cd^{2+} 发生电迁移,到达电极表面且产生迁移电流。所以,所测到的电流实际上为扩散电流与迁移电流的加和。

迁移电流与溶液中电活性物质的浓度并无定量关系,需要消除。消除办法是向样品溶液中加入 KCl、KNO$_3$、HCl、H$_2$SO$_4$ 等支持电解质,其浓度一般为待测物浓度的 50~100 倍。由于所加入的支持电解质浓度远大于待测物浓度,因而在电场作用下发生电迁移的主要为支持电解质离子。由于支持电解质的离子本身很稳定,不会在测定电压范围内发生电极反应,能有效消除迁移电流的影响。

3. 极谱极大

在电解过程开始时,有时可观察到电流随电压加大而快速上升到一个极大值(图 15-5),

之后逐渐下降到扩散电流的正常区域,这种现象称为极谱极大(polarographic maximum)。极谱极大现象严重影响扩散电流和半波电位测量。

极谱极大源于汞滴生长过程中,汞滴表面不同区域有不同的表面张力,以至于汞滴表面存在切向运动,并引起附近待测物溶液被剧烈搅动,使待测物急速到达滴汞电极表面发生电极反应,引起电流的急剧加大。

消除极谱极大可通过加入少量(如 0.002%～0.02%)表面活性物质如明胶、聚乙烯醇、TritonX-100 等来实现。其工作机制是表面活性物质吸附到汞滴表面,可降低汞滴表面张力,并使表面张力分布均匀,以抑制汞滴发生切向运动。

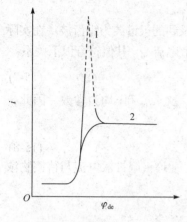

图 15-5　极谱极大现象
1. 不加极大抑制剂；2. 加入极大抑制剂

4. 氧波

样品溶液中总会存在来自空气的溶解氧。氧分子在一定负电位下会发生电极反应并被还原,产生极谱电流,这种电流称为氧波。氧波占据了极谱分析中最常用到的–1.4～0V 电势区间,并且重叠在待测物的极谱波上,产生很大干扰。

消除氧波干扰的方法是在溶液中通入氮气或氩气,以除去溶解氧；也可在碱性或中性溶液中加入亚硫酸钠还原氧,或在酸性溶液中加入铁粉,产生氢气去除氧气。

15.2.7　极谱法的测定

如前所述,在样品溶液的组成和温度一定时,各种物质的半波电位为一个定值,且不随浓度而发生改变,因此可利用半波电位进行定性分析。不过,极谱分析更主要用于定量分析。从尤考维奇方程可知,在固定实验条件下,极限扩散电流与待测物的浓度呈正比关系,因此只要测得极限扩散电流的大小即可对待测物进行定量分析。在极谱波曲线上,极谱扩散电流值通常以波高来表示。由于极谱波为锯齿波,取值时通常取中位值作为平均极限扩散电流的度量。

1. 标准曲线法

先配制一系列浓度不同的标准溶液,在相同条件下分别测定各溶液的波高,依此得到波高-浓度标准曲线,之后在相同条件下测得样品溶液的波高(peak height),并在标准曲线上查出对应浓度值。

2. 标准加入法

首先测量浓度为 c_x、体积为 V_x 的样品溶液的波高 h_x,然后往其中加入浓度为 c_s、体积为 V_s 的标准溶液,并测得该混合溶液的波高 H,则

$$h_x = Kc_x \tag{15-9}$$

$$H = K\left(\frac{V_x c_x + V_s c_s}{V_x + V_s}\right) \tag{15-10}$$

两式相除,即可得

$$c_x = \frac{V_s c_s h_x}{(V_s + V_x)H - V_x h_x} \tag{15-11}$$

15.2.8 极谱法的应用

在极谱工作电位范围内能发生电化学反应的无机阳离子、阴离子和有机分子都可以进行极谱测定。目前已采用极谱还原波测定的阳离子包括 Cu^{2+}、Cu^+、Pb^{2+}、Zn^{2+}、Cd^{2+}、Co^{2+}、Ni^{2+}、Tl^+、Fe^{2+}、Fe^{3+}、Bi^{3+}、Sb^{3+}等。

卤阴离子(Cl^-、Br^-、I^-)和硫属阴离子(S^{2-}、Se^{2-}、Te^{2-})等可以和 Hg^{2+} 形成盐,因而可用氧化波进行测定。含氧阴离子如 BrO_3^-、IO_3^-、IO_4^- 和 SO_3^{2-} 等可用还原波进行测定。

许多有机化合物也可以用极谱法进行分析,如不饱和共轭烃、羰基化合物、硝基化合物、亚硝基化合物和偶氮化合物等。

学习与思考

(1) 直流极谱法为什么通常不采用固体电极?
(2) 对于某一实际样品溶液的极谱分析,能否未经任何前处理而直接测定其扩散电流,以作为定量分析的依据?请简要阐述理由。
(3) 极谱分析的标准曲线法和标准加入法有何异同?

15.3 现代极谱分析

经典直流极谱法由于存在充电电流,其检测灵敏度受到限制,因而在同时测定不同待测物时分辨率较低,待测物彼此之间的极谱波会相互干扰。因此,在直流极谱法基础上,人们又发展了单扫描极谱法、脉冲极谱法、方波极谱法等以解决上述问题。

15.3.1 单扫描极谱法

在一滴汞生长后期,将一线性变化的电压施加于电极上电解待测物,并检测电流信号,从而在一滴汞上获得一个完整的极谱波,这种方法称为单扫描极谱法(single-sweep polarography)。

从 15.2 节可知,直流极谱法扫描速度较慢(通常为 $0.2V \cdot min^{-1}$),记录的极谱波是许多滴汞的平均结果,而单扫描极谱法扫描速度很快(通常为 $0.25V \cdot s^{-1}$),电压是以线性脉冲的锯齿波形式施加在汞滴生长的后期,记录的是单独一滴汞的测量结果。

图 15-6 显示的是两个典型的单扫描极谱波。从图中可以看到,单扫描极谱波呈峰形,明显区别于直流极谱波的阶梯形,其原因是在单扫描极谱分析中,扫描电压变化速度很快,导致电活性物质在电极表面迅速发生反应,产生很大的电流。此时电活性物质扩散到电极表面的速率跟不上在电极表面消耗的速率,使得电极表面的电活性物质浓度迅速减小,所以电压继续增加时,电流反而减小,从而形成峰形的极谱波。

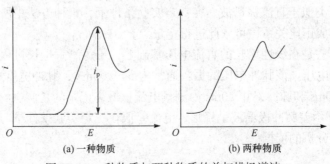

图 15-6 一种物质与两种物质的单扫描极谱波

同直流极谱一样，单扫描极谱的电极反应过程也可以分为可逆与不可逆。对于可逆反应过程，可以获得尖峰状的极谱波，其峰电流方程式可以表示如下：

$$i_p = 2.69 \times 10^5 n^{3/2} D^{1/2} v^{1/2} Ac \tag{15-12}$$

式中，i_p 为峰电流(peak current)，A；n 为电极反应中的电子转移数；D 为扩散系数，$cm^2 \cdot s^{-1}$，v 为电压扫描速率，$V \cdot s^{-1}$；c 为待测物浓度，$mol \cdot L^{-1}$。在一定的实验条件下，n、D 和 v 均为常数，因此峰电流 i_p 与浓度 c 成简单正比关系，这是以单扫描极谱法进行定量分析的依据。

在 25°C 时，可逆波的峰电位 φ_p 与直流极谱波的半波电位 $\varphi_{1/2}$ 的关系为

还原波：
$$\varphi_p = \varphi_{1/2} - \frac{0.028V}{n} \tag{15-13}$$

氧化波：
$$\varphi_p = \varphi_{1/2} + \frac{0.028V}{n} \tag{15-14}$$

可见，单扫描极谱中的峰电位是与半波电位相关的常数，在实验条件一定时，不同电活性物质具有不同特征峰电位，因此可以根据这一特点进行定性分析。

和直流极谱相比，单扫描极谱具有以下特点。
(1) 电压扫描速度快，可在数秒内完成测量。
(2) 灵敏度高，检测下限可达 $10^{-7} mol \cdot L^{-1}$ 数量级，比直流极谱法灵敏约高两个数量级。
(3) 分辨率高，两种待测物的半波电位只要相差 0.1V 以上，即可把信号分开。
(4) 前放电物质和溶解氧干扰较小，可不除去这些干扰物质。

15.3.2 脉冲极谱法

脉冲极谱法(pulse polarography)可克服直流极谱法中电容电流(capacitive current)和毛细管噪声电流(capillary noise current)对测定的影响，具有灵敏度高、分辨力强等优点。

脉冲极谱法是在滴汞电极生长的后期，在已施加的直流电压上再叠加一个周期性的脉冲电压，并在脉冲电压的后期测量极谱电流。每滴汞只记录一次由脉冲电压产生的电解电流，该电流是基本消除了充电电流后的电解电流。这是因为施加脉冲电压后，会同时产生充电电流和电解电流，但是电解电流衰减的速度远慢于充电电流衰减的速度，所以在施加脉冲电压的后期进行测量，所测得的就几乎完全是电解电流。依据脉冲电压施加方式与电解电流测量方式的差异，脉冲伏安法通常可以分为常规脉冲极谱法与示差脉冲极谱法。

从图 15-7 中可以看到，常规脉冲极谱法是在设定的直流电压上，在每滴汞生长的末期叠加一个矩形脉冲电压，脉冲振幅随着时间线性增加，电压在脉冲间隙恢复至起始电压。常规脉冲极谱法的脉冲宽度通常为 40~60ms，在脉冲结束前 20 ms 进行电流测量，所记录得到的极谱波呈台阶形，类似于直流极谱波。在一定实验条件下，这种方法中所测得的极限扩散电流和待测物的浓度成正比关系，可依此进行定量。

示差脉冲极谱法是在线性增长的直流电压基础上，于每滴汞生长过程的末期叠加一个振幅不变的矩形脉冲电压。该脉冲电压的振幅通常为 5~100mV，脉冲宽度通常为 40~80ms，并在脉冲施加前 20ms 和脉冲终止 20ms 内测量电流，最终记录的是两次测量的电流差值。从图 15-8 可以看出，示差脉冲极谱波呈峰形，电流差值在一定实验条件下与待测物的浓度呈正比关系，这是定量分析的依据。

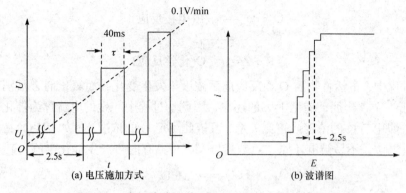

图 15-7 常规脉冲极谱法的电压施加方式与波谱图

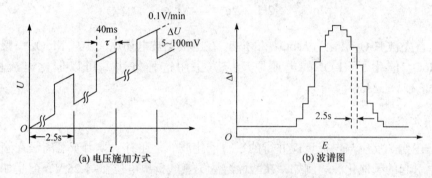

图 15-8 示差脉冲极谱法的电压施加方式与波谱图

脉冲极谱法具有以下特点:

(1) 由于有效降低了充电电流和毛细管噪声电流,灵敏度得到了显著提高,尤其对于电极反应可逆的物质,检测下限可达到 $10^{-8}\text{mol} \cdot \text{L}^{-1}$。

(2) 示差脉冲极谱法的极谱波呈峰形,所以分辨力增强,两个待测物的峰电位只要相差 25mV 即可分开。

(3) 如采用单汞滴示差脉冲极谱法,则可和单扫描极谱法一样快速。

(4) 对于不可逆电极过程的待测物灵敏度和分辨力较好,适合有机化合物分析。

15.3.3 极谱催化波

如果极谱电流的大小并不取决于待测物质的扩散速率或者电极反应速率,而取决于电极附近化学反应过程的速率,使得该电极过程受到化学反应动力学的控制,那么这种极谱波称为动力波(dynamic wave)。如果化学反应平行于电极反应,那么产生的动力波则称为极谱催化波(polarographic catalytic wave)。极谱催化波通常有很高的灵敏度,因而在痕量分析中受到了广泛关注,并得到了大量应用。极谱催化波可分为平行催化波与氢催化波两类。

1. 平行催化波

平行催化波的生成是由某一氧化性电活性物质 O 在电极上发生电还原,得到还原产物 R,溶液中另一氧化性物质 Z 可将 R 重新氧化为 O,而 Z 自身不会在工作电位范围内发生电还原,再生得到的 O 在电极上又一次发生电还原。这个循环往复的过程使得极谱电流大大增加,其过程可表示如下:

$$O + ne^- \longrightarrow R(电极反应)$$
$$R + Z \rightleftharpoons O(化学反应)$$

在以上过程中，电活性物质 O 在反应前后浓度未发生变化，而氧化剂 Z 被消耗。电活性物质 O 相当于一个催化剂，催化了 Z 的还原，因此本过程中产生的电流称为催化电流。催化电流的强度与催化剂 O 的浓度成正比关系，可依此测定 O 的浓度。例如，H_2O_2 在滴汞电极上有着较大的过电位，不易被电还原，但是其与 MoO_4^{2-} 共存时可产生催化电流，其过程如下：

$$MoO_4^{2-} + H_2O_2 \rightleftharpoons MoO_5^{2-} + H_2O$$
$$MoO_5^{2-} + 2H^+ + 2e^- \longrightarrow MoO_4^{2-} + H_2O$$

MoO_4^{2-} 首先被 H_2O_2 氧化为 MoO_5^{2-}，MoO_5^{2-} 在电极上被电还原又生成 MoO_4^{2-}，整个过程中相当于 MoO_4^{2-} 催化了 H_2O_2 的电还原反应。采用这种方法，可以催化电流检测低达 $2.0 \times 10^{-7} mol \cdot L^{-1}$ 的 MoO_4^{2-}。

2. 氢催化波

除了上述化学反应与电极反应并行的平行催化波外，还有一类由于氢离子在滴汞电极上被催化还原引起的氢催化波。例如，在酸性溶液中氢的析出电位在 $-1.25 V$，但是如果溶液中存在 $5.0 \times 10^{-6} mol \cdot L^{-1}$ 的 Pt^{4+} 时，在 $-1.05 V$ 即出现一个氢催化波，其电流随 Pt^{4+} 浓度提高而增大，因此可用于检测 Pt^{4+}。这是因为铂族元素的离子很容易在电极上被还原而沉积在滴汞电极表面，而氢离子在铂电极上的过电位远低于汞电极上的过电位，所以可在较正的电位析出并产生电流。但是这类氢催化波特异性和灵敏度都不高，应用范围较为有限。

一些含氮或硫的有机化合物及其金属配合物含有可质子化的基团，能与溶液中的质子给予体发生质子化反应，并吸附在电极表面，被结合的质子被活化，在较正的电位下发生电还原反应。电还原产物又从溶液中获得质子，形成氢离子电还原的循环催化过程，产生氢催化波。这类氢催化波的特异性和灵敏度都较好，可用于测定氨基酸、蛋白质等。例如，在含 Co^{2+} 的氨性缓冲液中，可测定半胱氨酸、胱氨酸等巯基化合物。这类巯基化合物中的硫原子可与质子给予体产生质子化反应，形成具有催化活性的基团，并在电极上产生氢催化波。

学习与思考

(1) 单扫描极谱法和脉冲极谱法进行定量分析的依据是什么？
(2) 单扫描极谱法和脉冲极谱法的极谱波与直流极谱法的极谱波有什么区别？
(3) 试讨论含 Co^{2+} 的氨性缓冲液中应用极谱分析法测定半胱氨酸、胱氨酸等巯基化合物的反应机制。

15.4 伏安分析法

在前两节中所介绍的极谱方法，如直流极谱法、单扫描极谱法、脉冲极谱法和极谱催化波等，普遍采用了表面能周期性更新的滴汞电极作为工作电极。由于表面在不断发生更新，滴汞电极不存在电极沾染问题，可连续测定多个样品，且具有良好重复性。

但是，在这些方法中，由于大量使用汞，给人员防护与实验废弃物处理带来很大负担。为此，采用滴汞电极的极谱分析方法近年来使用越来越少，取而代之的是采用非汞固体电极的伏安分析方法(voltammetry)。伏安分析方法所涉及电化学原理和极谱分析方法非常类似，使用包括玻碳电极、石墨电极、金电极、铂电极等固体电极(solid electrode)。

由于固体电极表面不能够发生周期性更新，每次进行电化学测量后，其表面不可避免地沾染上反应物质及反应产物，给下一次测量带来影响。因此，每次测量以后必须对电极表面进行打磨抛光，使其表面更新，以保证下次测量的重复性与可靠性。固体电极的打磨抛光是目前清洁电极的一个常规处理方法，通常是手工方式进行，比较费时费力，因此发展起来了一次性使用的印刷电极(printed electrode)。此外，也可采用悬汞电极、汞膜电极等静止的液态电极开展伏安分析，这类电极虽然也用到汞，但是用量较小。本节简要介绍两种最常见的伏安分析方法。

15.4.1 循环伏安法

如图 15-9 所示，循环伏安法(cyclic voltammetry, CV)是将线性扫描电压施加于工作电极上，测定一个电压循环扫描过程的电流曲线。扫描首先开始于起始电压为 V_i 沿某一方向扫描至终止电压 V_s，再以同样的扫速反方向扫描至起始电压 V_i，完成一个循环，在电压扫描的同时记录电解电流。在循环扫描过程中，当工作电位上的电位从正往负扫描时，电活性物质被还原，产生还原波，其峰电流记为 i_{pc}；当工作电极的电位反向扫描时，前一步反应生成的还原性物质再被氧化，产生氧化波，其峰电流记为 i_{pd}。

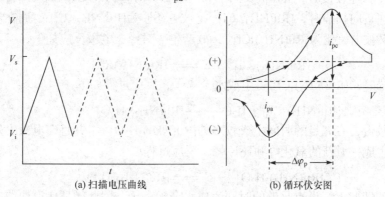

图 15-9 循环伏安法扫描电压曲线与所获循环伏安图

循环伏安法常用于判断电极反应的可逆性，探究电极反应机理，测定电极过程动力学参数等，也可以进行定性、定量分析，但是用于定量分析时灵敏度较低，故大部分情况下不予采用。

1. 电极过程的可逆性判断

可逆电极反应在循环伏安图的上下两条曲线是对称的，氧化波和还原波的峰电流之比 $i_{pa}/i_{pc} = 1$，两个峰电位的差值在 25℃ 时应为

$$\Delta\varphi_p = \varphi_{pa} - \varphi_{pc} = \frac{2.2RT}{nF} = \frac{56.5}{n}mV \tag{15-15}$$

对于不可逆电极过程,除了氧化波和还原波的曲线明显不对称,峰电流之比不为1之外,氧化波和还原波的峰电位差值也明显大于式(15-14)。因此,循环伏安法可被用于判断电极反应过程的可逆性。但是,在实际情况中,峰电位差值$\Delta\varphi_p$和循环电压扫描过程中的换向电位及实验条件有一定关系,其值可能在一定范围内有所变化。所以,当$\Delta\varphi_p$处于55～65nmV时,都可以认为该电极反应是可逆的。

2. 电极反应机理研究

循环伏安法很多时候用于研究电极反应机理。例如,研究无机配位物$[Ru(NH_3)_5Cl]^{2+}$的电极反应机理时,可得到图15-10中的循环伏安曲线。

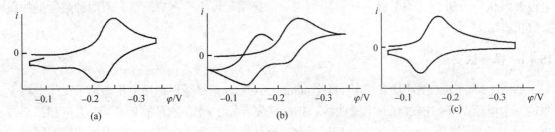

图15-10 $[Ru(NH_3)_5Cl]^{2+}$的循环伏安图

对该化合物进行循环伏安扫描时,如果扫速很快,循环伏安图中只有一对氧化峰和还原峰[图15-10(a)];扫速较慢时,循环伏安图中又出现了一对新的氧化峰和还原峰[图15-10(b)]。这是因为在快速负向扫描时,$[Ru(NH_3)_5Cl]^{2+}$是被电还原为$[Ru(NH_3)_5Cl]^+$,而在反向扫描时,$[Ru(NH_3)_5Cl]^+$又被电氧化为$[Ru(NH_3)_5Cl]^{2+}$,故产生一对峰,电极反应如下:

$$[Ru(NH_3)_5Cl]^{2+} + e^- \rightleftharpoons [Ru(NH_3)_5Cl]^+$$

在慢速扫描时,$[Ru(NH_3)_5Cl]^+$可生成水合离子,反应过程如下:

$$[Ru(NH_3)_5Cl]^+ + H_2O \longrightarrow [Ru(NH_3)_5H_2O]^{2+} + Cl^-$$

由于扫速较慢,有充足的时间生成较多的$[Ru(NH_3)_5H_2O]^{2+}$,并且在电极上发生另外一个电化学反应,生成一对新的氧化峰和还原峰,反应过程如下:

$$[Ru(NH_3)_5H_2O]^{3+} + e^- \rightleftharpoons [Ru(NH_3)_5H_2O]^{2+}$$

而在快速扫描的情况下,没有足够的时间生成水合配离子,因此循环伏安曲线上只有一对氧化峰和还原峰。图15-9(c)是$[Ru(NH_3)_5H_2O]^{3+}$的循环伏安曲线,图中的峰电位与图15-9(b)中新出现的氧化峰和还原峰的峰电位一致,从而证实了以上机理。

15.4.2 溶出伏安法

溶出伏安法(stripping voltammetry)是一种将电化学富集过程与电化学溶出过程相结合的伏安分析方法,整个分析过程包括两个步骤:第一步是在工作电极上施加一定电位,将溶液里的待测离子通过电解过程富集于工作电极之上;第二步是再施加反向电位,将富集在工作电极上的物质通过电解过程溶出,同时测定本溶出过程中产生的电解电流,即可得到溶出伏安曲线(voltampere curve)。所得曲线的峰电流大小与溶液中的待测物浓度呈正相关。

在溶出伏安分析的电化学富集过程中,待测物从体积较大的稀溶液中沉积到较小的工作电极上,使其浓度有很大提高,然后再进行电化学溶出即可产生较大的电解电流。电解沉积

(electrolytic deposition)作为一个有效的浓缩富集过程,可以显著地提高分析检测的灵敏度,该方法的检测下限可到 $10^{-12}\text{mol}\cdot\text{L}^{-1}$。

根据电解溶出时电化学反应性质,溶出伏安法可分为阳极溶出伏安法(anodic stripping voltammetry,ASV)和阴极溶出伏安法(cathodic stripping voltammetry,CSV)。如果是通过电化学氧化将待测物从工作电极上溶出,则称为阳极溶出伏安法;如果是通过电化学还原将待测物从工作电极上溶出,则称为阴极溶出伏安法。

1. 阳极溶出伏安法

阳极溶出伏安法通常用于阳离子测定。例如,在汞膜电极上测定 Pb^{2+} 首先需要在汞膜电极上施加负电位,使溶液中的 Pb^{2+} 电解还原为铅汞齐,然后再施加正电位,使铅汞齐被氧化为 Pb^{2+} 重新溶出,产生氧化电流。其电极过程如下:

$$Pb^{2+}Hg + 2e^- \underset{\text{溶出}}{\overset{\text{预电解}}{\rightleftharpoons}} Pb(Hg)$$

2. 阴极溶出伏安法

与阳极溶出伏安法相反,阴极溶出伏安法的电极过程常用于各种阴离子测定。例如,在悬汞电极上测定 S^{2-} 是首先在悬汞电极上施加正电位,将 Hg 氧化为 Hg^{2+},并沉积为难溶的 HgS。然后再施加负电位,将 HgS 重新还原为 Hg,S^{2-} 重新溶出,并产生还原电流。其电极过程如下:

$$Hg + S^{2-} \underset{\text{溶出}}{\overset{\text{预电解}}{\rightleftharpoons}} HgS + 2e^-$$

溶出伏安法主要用于测定痕量金属离子,特别是可与 Hg 形成汞齐的金属元素,如 Pb^{2+}、Cd^{2+}、Cu^{2+}、Zn^{2+} 等均可采用阳极溶出伏安法测定。此外,能和 Hg^{2+} 形成难溶盐的阴离子,如 S^{2-}、Cl^-、Br^-、I^- 等均可采用阴极溶出伏安法测定。

学习与思考

(1) 采用滴汞电极的传统极谱分析方法为什么近年来使用越来越少,并日益为采用非汞固体电极的伏安分析方法所取代?
(2) 伏安分析法中所使用的非汞固态电极该如何处理方可保证测定的重复性与可靠性?
(3) 试比较循环伏安法和溶出伏安法各有什么优缺点。

15.5 超声电分析化学

超声波(ultrasonic waves)是源于物质的振动而产生的声波,频率高于 20kHz,传播方向较强,具有可聚焦性。液体中的微小气泡核在声波作用下被激活,表现为气泡核的振荡、生长、收缩乃至崩溃等一系列非线性动力学过程。特别是当超声强度达到一定程度后,在液体介质中由于涡流或超声波的物理作用形成局部暂时负压区,从而产生空化气泡(cavitation bubble)。当能量达到某个阈值时,空化气泡急剧爆破,这就是超声空化现象(cavitation phenomenon),是超声波的一大特征。

在声波的作用下,液体中的微小气泡有稳态空化和瞬态空化两种运动,前者是气泡的振荡及生长过程,后者是气泡的压缩及崩溃过程。瞬态空化形成局部热点,温度可达 5000K 以上,温度变化率达 $1K\cdot s^{-1}$,压力高达数百乃至上千个大气压。甚至有报道称,超声空化产生的高温及高压效应有望引发核反应。

两个瞬态过程作用于传质的增强：①气泡崩溃在固液界面或附近是由于直接作用于电极表面高速液体微射流形成的结果；②电极扩散层中或附近气泡的移动中，产生质量传递的瞬态高速。

15.5.1 超声伏安分析法

在超声存在下进行的伏安法称作超声伏安法，已经成为研究电化学过程强有力的工具。其原理包括超声加快液相传质而提高灵敏度，电极预处理和活化电极表面而提高重现性和非均相样品中超声电化学分析等。

例如，超声辐射使阳极溶出伏安法预电解富集过程的传质加快，预电解富集30s，测定铅和镉的检测限达到 3×10^{-11} mol·L^{-1}，灵敏度得到极大提高；而连续 9 次测定 1.0×10^{-8} mol·L^{-1} Cd^{2+} 的 RSD 为 1.2%，重现性极好。

超声伏安分析法在非均相样品分析中应用具有广阔的前景。例如，高浓度蛋白质、多糖和脂肪在电极上的吸附严重地污染电极，降低电极的灵敏度和重现性，如果不进行样品前处理，传统电化学方法很难直接进行测定，因而测定过程中需要连续清洗电极。但在非均相体系中，超声诱导声流动空化，在电极和溶液界面液体产生高速微喷射流，使得电极表面不断更新，电极的基体被腐蚀，以至于电极的钝化作用减弱。

超声电化学分析应用于复杂基体如非均相鸡蛋中亚硝酸盐的测定，可免去样品的预处理。例如，电化学检测亚硝酸盐基于亚硝基的衍生反应，后者的还原可产生分析信号。引入超声可显著增强电极对亚硝基还原响应，诱导电极清洗，增强了信号分辨程度，但在无超声条件下信号不能得到分辨。超声线性扫描伏安法比超声清洗线性扫描伏安法具有更高的灵敏度。

此外，超声伏安法可测定水果饮料中的维生素C，测定啤酒中的铜，测定汽油中的铅。

15.5.2 电极过程动力学

超声增强伏安法有下列优点：

(1) 超声辐射使电极表面附近电活性物质和产物的质量传递大大加快。

(2) 超声能通过在水声解过程中形成的高活性自由基如羟基自由基和氢自由基改变化学和电化学反应的机理。

(3) 超声使得电化学反应中相关组分的吸附性减弱。

(4) 超声辐射能连续使电极表面现场活化,应用于氧化还原电对非均相电子转移速率常数的测定。

使用微电极具有下列优点：

(1) 微电极相对较小，这能够通过监测在微电极上电活性组分氧化或还原产生的电流，记录内爆空化气泡个体的冲击。

(2) 超声辐射下，电位扫描速率即使扩展到 25V 也可获得稳态伏安图，能够在质量传递极限条件下测量电流。

15.5.3 超声电化学发光分析

电化学发光是电极反应产物之间或电极产物与体系中某组分进行化学反应所产生的一种光辐射过程。在电化学发光研究中,存在着来源于反应机理、动力学形态和扩散方面的一些缺点。由于在平面电极或圆盘电极上存在边缘效应(edge effect)，非均匀扩散引起边缘附近比较明亮。

电极表面普遍存在"斑点",因此限制了电解池的设计。为了获得良好的重现性,需要使用面积比较小的电极,致使发射光强度比较小,限定了检测限的降低,并且电极污染问题引起重现性和发光效率降低,需要清洗电极过程和使用其他方法活化电极。

将超声技术与电化学发光联用,不仅可提高电化学发光分析的灵敏度,而且可增强化学物质的电化学发光,边缘效应和电极斑减小,重现性和稳定性改善,电极污染减小,量子效率增加。超声对鲁米诺电化学发光也具有增强作用。

延伸阅读 15-2:现代超声分析化学

1) 超声光谱分析法

微量元素的测定方法如原子吸收法、电感耦合等离子体原子发射光谱法等通常要求将固体样品消解。常用的消解方法有微波消解法、湿式消解法、干灰化法。但这些方法要求浓酸、高温、高压以消解固体样品中的元素,且消解过程较漫长。

利用超声波辐射压强产生的强烈空化、机械搅动、乳化、扩散、击碎等多级效应,增大物质分子运动频率和速度,增强溶剂穿透力,加速目标成分进入溶剂,缩短了操作时间,所以超声波辅助提取法(ultrasonic assisted extraction)是一种更简便快速的样品预处理方法。例如,用超声波辐射,强化盐酸置换出卟啉环中的镁离子,用原子吸收分光光度法测定镁,即可测出叶片中叶绿素总含量。

2) 超声生物分析法

借助于超声联合声敏剂(如血卟啉)诱导声化学反应、激活声敏剂分子,声动力疗法(sonodynamic therapy, SDT)通过增效声动力效应杀伤肿瘤细胞、抑制肿瘤生长的协同效应。有关 SDT 疗法的抗肿瘤机理主要有以下两种论点。

(1)单线态氧机理。储存在肿瘤细胞中声敏物质(如血卟啉)经超声处理后,吸收能量发生电子跃迁,从低能态激发到高能态。当回到低能态时,释放出大量能量,激发血卟啉产生三价态血卟啉。由于三价态血卟啉极不稳定,很快分裂为单价态血卟啉,释放出处于激发态的有很强氧化能力的负离子分子氧。

(2)超声空化机理。SDT 与其他疗法联合,可明显增强 SDT 的疗效。

内容提要与学习要求

极谱法和伏安分析法均为测定电活性物质在电解反应过程中的电压-电流关系曲线,且依此开展定性、定量分析的电化学分析方法。

直流极谱法使用的仪器装置由极谱电解池、电压控制系统和电流测定系统三部分构成。极谱波可根据半波电位进行定性分析,根据尤考维奇方程进行定量分析。极谱定量分析可以采用标准曲线法和标准加入法。为解决直流极谱法中残余电流较大等问题,出现了单扫描极谱法、脉冲极谱法和极谱催化波等现代极谱方法。为了避免采用滴汞电极作为工作电极,出现了伏安分析法,包括循环伏安法、溶出伏安法等。

本章主要介绍了极谱法概念、原理及优缺点,极谱波的形成过程及类型,极谱法中的干扰电流及其消除,极谱法的测定及应用,现代极谱分析的种类,伏安分析法的分类,超声电分析化学的基本原理、优点及分类。

需要掌握各类极谱与伏安分析方法的基本原理、分析方法及所采用的仪器装置等,了解超声电分析化学的相关基础知识。

练 习 题

1. 极谱法和伏安分析法如何区分？
2. 极谱分析中常见的干扰电流来源于哪些方面？如何消除这些干扰电流？
3. 直流极谱法的灵敏度偏低的原因是什么？
4. 极谱定性和定量分析的依据分别是什么？有哪些定量方法？
5. 单扫描极谱法和循环伏安法中如何判断电极反应过程的可逆性？
6. 循环伏安法中可逆和不可逆的电极反应，其分别对应的伏安图曲线的对称性如何？其中，氧化波和还原波的峰电流比值分别为多少？
7. 请详细说明循环伏安法与溶出伏安法的分析原理及其特点。
8. 请详细说明阳极溶出伏安法及阴极溶出伏安法的原理及特点。
9. 目前伏安法所用的电极包括哪几类？其中固体电极的预处理方法有哪些？
10. 采用伏安法检测 Pb^{2+}、I^-、Cl^-、Zn^{2+}、S^{2-}、Cu^{2+}、Br^- 及 Cd^{2+} 等离子，哪些离子适于采用阳极溶出伏安法测定？哪些离子适于采用阴极溶出法测定？并各选一种离子说明两种溶出伏安法的测定过程及电极反应过程。
11. 为什么有些无机配位物如 $[Ru(NH_3)_5Cl]^{2+}$，在循环伏安法中随着扫描速率的改变时，其氧化峰和还原峰的数目会发生改变？
12. 以直流极谱法检测某样品溶液中 Pb^{2+} 浓度，测得其极限扩散电流为 $6.0\mu A$。然后加入 10mL 浓度为 $2.0 mmol\cdot L^{-1}$ 的 Pb^{2+} 标准溶液到 50mL 上述样品溶液中，测得极限扩散电流为 $18.0\mu A$。请计算该样品溶液中 Pb^{2+} 浓度。
13. 取 3.0g 锡矿石样品，以 Na_2O_2 熔融后将其溶解，将溶液转移到 250mL 的容量瓶中，并稀释定容至刻度线。移取该试液 25.0mL 进行极谱检测，测得其极限扩散电流为 24.9mA。之后在该试液中加入 5.0mL 浓度为 $6.0 mmol\cdot L^{-1}$ 的标准锡溶液，并测得其极限扩散电流为 28.3mA。计算该矿石样品中锡的质量分数。
14. 极谱定量分析中，与被测物浓度成正比的电流是( )。
    A. 扩散电流　　　　　　　　　　　B. 极限电流
    C. 极限扩散电流　　　　　　　　　D. 扩散电流减去残余电流
15. 极谱测定时，溶液能多次测量，数值基本不变，是由于( )。
    A. 加入浓度较大的惰性支持电解质　　B. 外加电压不很高，被测离子电解很少
    C. 电极很小，电解电流很小　　　　　D. 被测离子还原形成汞齐，又回到溶液中去
16. 在恒电流电解中由于阴极、阳极电位的不断变化，为了保持电流恒定，必须( )。
    A. 减小外加电压　　　　　　　　　B. 增大外加电压
    C. 保持外加电压不变　　　　　　　D. 保持阳极电位不变
17. 在极谱分析中与极限扩散电流呈正比关系的是( )。
    A. 汞柱高度　　B. 汞柱高度的一半　　C. 汞柱高度平方　　D. 汞柱高度平方根
18. 极谱定量测定时，试样溶液和标准溶液的组分保持基本一致，是由于( )。
    A. 使被测离子的扩散系数相一致　　B. 使迁移电流的大小保持一致
    C. 使残余电流的量一致　　　　　　D. 被测离子活度系数相同时才一致
19. 在极谱分析中，采用标准加入法时，下列操作错误的是( )。
    A. 电解池用试液润洗后使用　　　　B. 试液及标准液体积必须准确加入
    C. 将电极上残留水擦净　　　　　　D. 将电解池干燥后使用

第3篇 色谱及分离分析

第16章 色谱分析法导论

16.1 概 述

16.1.1 物质的分离与色谱法

1. 物质的分离

无论是什么物质(或物体)，总是存在于三维空间和一维时间中，各自体现出物理、化学或生物特性，从而分布在时空和性能维度的某些坐标点上，但这些坐标点可能很接近。

人们为了区分它们，往往需要把处于某个维度上相近的物质进行分离，分离的基本测量就是借助于外在因素，使要彼此分离的物质在某个坐标点的时空位置发生改变，从而实现时间或空间分辨。

2. 色谱分析法

色谱分析法(chromatography)的建立完全是典型的时间换空间策略，是借助于不同物质在流动相中的运动被固定相中某些因素因"拉拉扯扯"发生作用后引起相对运动速度改变，即时空的不断变化。不同物质在溶解度、蒸气压、吸附能力、立体结构或离子交换等物理化学性质上的微小差异以至于在固定相(stationary phase)和流动相(mobile phase)之间有不同的分配系数，当两相做相对运动时，随流动相进入色谱柱的样品(sample)中的组分在两相间进行连续多次分配，迁移速率差异导致的效应会逐渐累积，从而达到时空分离的结果。

由于物质总有包括颜色、气味、味道等各种各样的物理、化学和生物特性，当色谱法与光、电、磁甚至与气味和味道等各种性质检测技术相结合后，已经发展成为一种具有高选择性、高灵敏度和分析速度快的分析方法。特别是阵列检测技术和多种检测技术联用，大大提高了色谱分析技术的应用范围。与蒸馏、重结晶、溶剂萃取及化学沉淀法等传统方法相比，色谱法特别适合混合物中多组分的分离，是分离技术中效率最高的一种方法，已广泛应用于化工、石油、环境保护、生物化学、医学和法医检验、制药、食品安全等各个领域。

延伸阅读 16-1：色谱法的起源及发展过程

早在古罗马时代，人们把混合色素溶液滴在布上或纸上，然后观察到溶液扩散所形成的同心圆环的分离现象。在染料工业中，工人利用类似的现象来检验染色浴的质量。1800年以前，在制糖工业中，人们已经利用木炭的吸附作用来除去糖溶液中的色素。

1850年，德国染料化学家龙格(Friedlieb Ferdinand Runge, 1795—1867)认识到，吸附作用在分离上具有广泛用途,还可用于分离染料及其他一般有色物质,并成功利用无机阳离子在纸和其他多孔物质中有不同的迁移速率来分离一系列有色物质。受其影响,随后的几十年内,科学家纷纷使用如硅藻土吸附柱、泥土吸附柱和活性炭吸附柱分离了一些有机化合物和无机化合物。1886年,恩格勒(C. Engler)等发现,当烃类混合物通过活性炭吸附柱时,不饱和烃被吸附,而饱和烃则随流出液移动。1897年,美国石油化学家德伊(D. T. Day)观察到石油通过填有硅藻土和其他吸附剂的吸附柱时,不同的石油组分出现在吸附柱上不同高度的位置。

现在公认色谱法的创立者是俄国植物学者茨维特(M. C. Tsweet, 1872—1919)。1901年,茨维特在华沙大学开始研究植物叶子的色素成分分离时,发现将植物叶子的萃取物倒入填有碳酸钙的直立玻璃柱内,然后用石油醚淋洗,萃取物沿柱形成各种不同颜色的谱带,因此茨维特将这种方法命名为chromatography,成为色谱法的名称。1903年,茨维特在华沙自然科学学会生物学会议上展示了相关研究成果,介绍了应用吸附原理分离植物色素的方法。

尽管今天色谱的分离对象早已超出有色物质,但是仍然沿用色谱法这一名称(正如第2.3.2节中已经知道,颜色是一个具有主观性的心理学名词)。茨维特的实验虽然意义很大,但并没有立即得到当时化学界的重视。直到1931年,奥地利化学家库恩(Richard Kuhn, 1900—1967)等发展了茨维特的色谱法,分离了60多种类胡萝卜素。因在类胡萝卜素和维生素研究工作的贡献,库恩获得了1938年的诺贝尔化学奖,也让科学界接受了色谱法。

16.1.2 色谱过程

1. 色谱分离中的物理平衡

色谱分离的主要特点是互不相溶的两相做相对运动,其中一相固定不动,称为固定相,另一相是携带试样向前移动的流体,称为流动相。此外,固定相还得有一个物理载体,一般为色谱柱(有的色谱类型是平面型载体)。样品随流动相进入色谱柱得到分离。

色谱过程,是指样品中各组分在流动相携带下通过色谱柱床,在固定相和流动相间反复发生和达到分配"平衡",实现各组分的相互分离。混合物试样中的各组分,随流动相流过固定相时与固定相发生分子间相互作用。样品中各组分在分子结构和物理化学性质上的差异,各组分与固定相间的分子间作用力的类型和强度不同,导致在色谱柱内滞留的程度也不同,于是随流动相移动的速率不同,从而实现分离。

图16-1是填充柱内进行的吸附色谱分离过程。把含有A和B两组分的试样加到色谱柱的进口端,A和B会被固定相吸附,然后用适当的流动相淋洗,被固定相吸附的两种组分又溶解于流动相中而被解吸,并随着流动相向前移动,此过程称为洗脱(elution)。当携带组分A或B的流动相遇到前面新的固定相时,被解吸的组分又再次被吸附。在试样随流动相前行的过程中,组分与色谱柱内的固定相之间会反复多次发生吸附-解吸(或分配)过程。

2. 差速迁移与分布离散

差速迁移与分布离散是样品分子在色谱柱内运行的两个基本特征。如果两组分在结构和物理化学性质上存在差异,那么它们在吸附剂表面的吸附能力和在流动相中的溶解度也会有差异,于是两个组分的分配系数(distribution coefficient)不等,因而产生差速迁移(differential

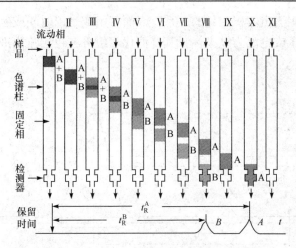

图 16-1 色谱过程示意图

migration)，经过多次重复吸附-解吸(或分配)，迁移速率差异产生的不同步被累积放大，从而使两组分得到分离，即分布离散(spreading)。混合物中，吸附力较弱的组分 A 随流动相移动较快，先从色谱柱中流出，吸附力较强的 B 后流出。

差速迁移是指样品注入色谱柱后，在流动相携带下，样品中不同种类组分通过色谱柱的速率并不相同。当流动相携带组分流过固定相时，样品中各组分在两相之间进行连续多次的分配。由于各种组分与固定相和流动相作用力的差异，不同种类组分在固定相中溶解或吸附的能力不同，即在两相间的分配系数不同，表现为随流动相的迁移速率的不同。分配系数大的组分，迁移速率慢，分配系数小的组分，迁移速率快，于是各组分相互分离。组分通过色谱柱的速率，取决于各组分在色谱体系中的分配平衡常数。差速迁移主要由被分离组分在分子结构及与固定相、流动相的分子间作用力上的差异决定。

分子离散是同种组分分子在两相间连续分配过程中，发生的流体分子扩散、传质导致分布区域展宽，是同种化合物分子沿色谱柱迁移过程中发生分子分布区域扩展。同一组分分子在色谱柱入口处分布在一个狭窄的区带内，随着分子在色谱柱内迁移，分布区带不断展宽，同种组分分子的移动速率不同。这种差别不是由于分配平衡常数不同，而是来源于流体分子运动的速率差异。

分子结构与色谱保留值的关系是色谱热力学的主要研究课题，而色谱过程中的流体分子运动规律是色谱动力学的重要研究课题。前者是探讨色谱分离机理和发展高选择性色谱体系的理论基础，而后者是发展高效色谱分离材料的理论基础。

16.2 色谱流出曲线及有关术语

16.2.1 色谱流出曲线

1. 色谱图

如图 16-2 所示，样品流经色谱柱达到检测器产生的信号-时间曲线即为色谱流出曲线，也就是通常所说的色谱图(chromatogram)。色谱图表示了色谱柱流出液中产生的与浓度相关的响应信号随时间或流动相流出体积变化的关系,因而其组成是以时间或(流动相)体积为横坐标、以检测器响应值如电压或电流为纵坐标,其峰值代表组分在色谱流出液(effluents)中某个时刻的浓度。

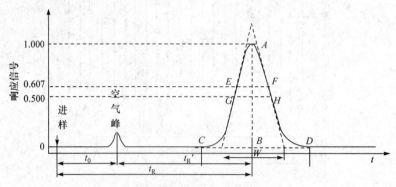

图 16-2　典型色谱流出曲线(色谱图)

2. 基线

在色谱操作条件下,从色谱柱后流出进入检测器的只有纯流动相时,被检测到的信号构成的流出曲线称为基线(base line)。稳定的基线看起来是一条与横坐标轴平行的直线。如图 16-3 所示,基线往往会伴有噪声(noise)和漂移(drift)。噪声来源于各种未知偶然因素引起的基线信号的随机波动,通常因电源及检测器不稳定,流动相含有气泡或色谱柱被污染所致。漂移是基线随时间有趋向性的缓慢变化,主要由操作条件如电压、温度、流动相及流量的不稳定所引起。

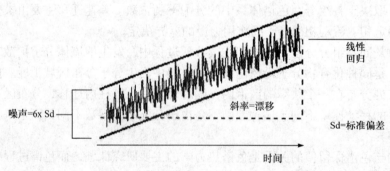

图 16-3　噪声与漂移示意图

3. 色谱峰

色谱图上显著突出于基线的部分,也就是组分流经检测器所产生的信号,称为色谱峰(chromatographic peak)。如图 16-2 所示的是当被分离组分离开色谱柱在柱出口流动相中的浓度分布。试样各组分在色谱柱内分离,随流动相洗出色谱柱,形成连续的色谱峰。试样各组分在色谱柱内差速迁移和分子离散形成的浓度分布则称为色谱谱带(chromatographic band)或色谱区带(chromatographic zone)。色谱峰反映了被分离的各组分从色谱柱流出浓度随时间的变化,反映了组分在柱内运行和空间分布情况。

16.2.2 色谱峰形参数

在适当的色谱分离和检测条件下,样品中每个组分均有相应的色谱峰。正常色谱峰近似于正态分布曲线(又称为 Gaussian curve),具有对称性。如果进样量很小且组分浓度很低,吸附或分配等温线是线性的,色谱峰常是对称的。

1. 峰高

峰高(peak height, h)是指色谱峰的最高点至基线的距离,反映组分在柱后出现浓度极大值时的检测信号。

2. 色谱峰区域宽度

色谱峰的区域宽度是描述色谱流出曲线的重要参数,其表示方法有以下三种。

(1) 标准偏差(standard deviation, σ)。把色谱峰看作正态分布曲线时,正态分布曲线两侧拐点之间的峰宽之半称为标准偏差。正常峰的拐点在峰高的 0.607 倍处。标准偏差的大小说明组分在流过色谱柱过程中的分散程度。

(2) 峰宽(peak width, W)。色谱峰两侧拐点处作两条切线与基线的两个交点间的距离称为峰宽,也称峰底宽。对正态分布曲线,峰宽可表示为

$$W = 4\sigma \tag{16-1}$$

(3) 半峰宽(peak width at half-height, $W_{1/2}$),是峰高一半处的峰宽,即半峰高宽度。对正态分布曲线有

$$W_{1/2} = 2.355\sigma \tag{16-2}$$

现在文献中常用 $W_{1/2}$ 表示半峰宽。但严格的说,半峰宽是 2σ,为峰宽的一半,实际上是正态分布曲线峰高的 0.607 倍处的峰宽,即正态分布曲线两侧拐点之间的峰宽。

色谱峰的区域宽度随组分的保留时间增加而增加,一般呈线性关系。

3. 对称因子

对称因子(symmetry factor, f_s)用于描述色谱峰的对称性。其大小在 0.95~1.05 的色谱峰为对称色谱峰,否则为不对称色谱峰。不对称色谱峰分为前延峰(leading peak)和拖尾峰(tailing peak)两种,$f_s < 0.95$ 为前延峰,$f_s > 1.05$ 为拖尾峰。所以对称因子又叫拖尾因子(tailing factor, T_s),其大小用式(16-3)计算:

$$f_s = \frac{W_{0.05}}{2A} = \frac{A+B}{2A} \tag{16-3}$$

式中,$W_{0.05}$ 为 0.05 倍峰高处的峰宽;A、B 分别为该处的色谱峰前沿与后沿和色谱峰顶点至基线垂线之间的距离,如图 16-4 所示。

4. 峰面积

峰面积(peak area, A)是指色谱峰曲线与峰底线所包围的面积,如图 16-5 所示。当把色谱峰近似看作正态分布曲线时,可用式(16-4)计算峰面积。

$$A = 1.064 h W_{1/2} \tag{16-4}$$

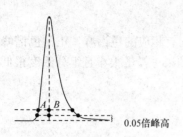
图 16-4 对称因子计算示意图

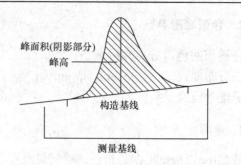
图 16-5 峰面积示意图

峰高和峰面积是色谱定量分析的主要参数。

16.2.3 保留值

色谱保留值是色谱定性分析的基本参数，包括保留时间和保留体积，是色谱法定性分析的基本依据。但保留时间常受流动相流速影响，而保留体积具有更好的稳定性。

1. 保留时间

保留时间(retention time, t_R)是色谱曲线中最基本的参数，是指试样从进样到出现色谱峰峰高极大值时所经过的时间。它代表某流出组分通过色谱柱消耗的平均时间，包括了组分溶解在流动相中随流动相流过色谱柱死体积所用的时间和组分被固定相吸附或溶解引起滞留的时间。

2. 死时间

死时间(dead time, t_0)是指不被固定相吸附或溶解的物质随流动相进入色谱柱，从进样到出现峰高极大值所需的时间，正比于色谱柱的空隙体积。这种不被固定相吸附或溶解的物质在柱内的流动速度与流动相相近，可用来计算流动相平均线速度。

3. 调整保留时间

调整保留时间(adjusted retention time, t_R')是指扣除死时间后的保留时间，即为该组分的调整保留时间，即

$$t_R' = t_R - t_0 \tag{16-5}$$

组分在色谱柱中的保留时间 t_R 包含了 t_R' 和 t_0，其中 t_R' 是组分经过色谱柱时被吸附或溶解在固定相中引起滞留的时间，而 t_0 是组分经过色谱柱时，溶解在流动相中随流动相迁移的时间。

4. 保留体积

保留体积(retention volume, V_R)是指从进样开始到被测组分被洗脱出来在柱后出现浓度极大值时所通过的流动相体积。保留体积与保留时间和流动相体积流速(F)之间有如下关系：

$$V_R = t_R F \tag{16-6}$$

5. 死体积

死体积(dead volume, V_0)是从进样器经色谱柱到检测器的流路中未被固定相占有的空间体积，是柱内固定相颗粒间所剩余的空间，色谱仪中管路和连接头之间的空间，以及检测器的空间三项的总和。如果忽略柱外死体积，则柱内固定相颗粒间间隙的容积，即柱内流动相的体积，代表死体积。死体积可由死时间和色谱柱出口处流动相体积流速 F 计算，即

$$V_0 = t_0 F \tag{16-7}$$

6. 调整保留体积

调整保留体积(adjusted retention volume, V_R')是指扣除死体积的保留体积：

$$V_R' = V_R - V_0 = t_R' F \tag{16-8}$$

7. 相对保留值

相对保留值(relative retention value, $r_{2,1}$)是指某两个组分的调整保留值之比。

$$r_{2,1} = \frac{t_{R_2'}}{t_{R_1'}} = \frac{V_{R_2'}}{V_{R_1'}} \tag{16-9}$$

相对保留值用于定性分析时，通常选定一个色谱峰作为参照标准(s)，再求其他峰(i)的相对保留值，即

$$r_{i,s} = \frac{t_{R_i'}}{t_{R_s'}} = \frac{V_{R_i'}}{V_{R_s'}} \tag{16-10}$$

虽然保留时间和保留体积也可以用于定性分析，但受许多因素影响；而相对保留值只与固定相性质和柱温有关，与柱内径和柱长、柱填充情况及流动相流速无关，因此在色谱分离中，特别是在气相色谱中，相对保留值用于定性分析的可靠性更高。

相对保留值也可以用来描述固定相对难分离物质对的选择性分离能力，此时称为选择因子，用符号 α 表示，即

$$\alpha = \frac{t_{R_2'}}{t_{R_1'}} = \frac{V_{R_2'}}{V_{R_1'}} \tag{16-11}$$

在这里，$t_{R_2'}$ 为后出峰组分的调整保留时间，因此 α 总是大于 1。如果 $\alpha=1$，说明两组分无法得到分离。α 与组分在固定相和流动相间的分配平衡性质、柱温有关，与柱尺寸、流速、填充情况无关。α 的大小实际上反映了不同组分在两相间的分配平衡热力学性质的差异，即分子间作用力的差异。

8. 保留指数

保留指数(retention index, I)又称科瓦茨保留指数(Kováts retention index)，是相对保留值的一种，由瑞士科学家科瓦茨(Ervin Kováts)于 20 世纪 50 年代研究植物香精成分时提出，主要用于气相色谱中定性分析。

在其计算方法中，规定正构烷烃的保留指数为其碳数的 100 倍，其他种类物质的保留指数需在实际色谱分析条件下以正构烷烃为参比物进行测定和计算。当测定某组分 x 的保留指

数时，需选取两种分别含 z 和 $z+1$ 个碳原子的正构烷烃的保留时间分别为 $t_{R'(z)}$ 和 $t_{R'(z+1)}$，而组分 x 的调整保留时间 $t_{R'(x)}$ 处于两者之间。于是，由式(16-12)计算出组分 x 的保留数：

$$I_x = \frac{\lg t_{R'(x)} - \lg t_{R'(z)}}{\lg t_{R'(z+1)} - \lg t_{R'(z)}} \times 100 + 100z \tag{16-12}$$

保留指数的实质是以正构烷烃系列物作为度量各种组分相对保留值的标尺，对于研究分子结构与保留行为的关系或色谱保留机理具有理论价值。

16.2.4 分配平衡中的基本概念

1. 分配系数

在《基础分析化学》(黄承志，科学出版社，2016)中，已经学习了分配系数(distribution coefficient, K)的概念，它是指在温度一定的平衡状态下，样品组分在固定相与流动相中浓度的比值：

$$K = \frac{c_s}{c_m} \tag{16-13}$$

式中，c_s 和 c_m 分别为组分在固定相与流相中的浓度。在不同类型的色谱分离机制中，K 的概念不同。

分配系数是溶质的特征值，与组分、固定相和流动相的热力学性质及温度和压力有关。理想色谱条件下，当流动相、固定相、温度和压力等条件一定时，若样品浓度很低，K 只取决于溶质的性质，为常数。不同组分有不同的分配系数是实现色谱分离的前提，分配系数相差越大，分离越容易。分配系数大的组分在固定相中保留时间长，分配系数小的组分在固定相中保留时间短。K 的特性不仅影响组分在柱内的保留情况，还影响色谱峰的形状(详见分配等温线)。

2. 容量因子

容量因子(capacity factor, k)是指在一定温度和压力下，组分在两相间达到分配平衡状态时组分在固定相和在流动相中的质量比，故又称为分配比或质量分配系数：

$$k = \frac{Q_s}{Q_m} = K \frac{V_s}{V_m} = \frac{K}{\beta} \tag{16-14}$$

式中，Q_s 和 Q_m 分别为组分在固定相与流动相中的质量；V_s 和 V_m 分别为柱中固定相与流动相的体积，V_m 可近似看作死体积 V_0；β 为相比率，是色谱柱内流动相与固定相体积的比值，反映了柱形及其结构特征的参数，用于衡量色谱柱对组分保留能力大小。k 值越大，保留时间越长，组分在固定相中的质量越多，表明柱的容量越大；k 值为零时，则表示固定相不保留该组分。

显然，k 值随柱温、柱压、固定相与流动相体积而变化。除了与组分、流动相、固定相的性质及温度有关，k 值还与 β 有关。

3. 保留值与分配系数的关系

组分分子在色谱柱内的任一瞬间迁移可分为两部分，一部分进入固定相滞留，其迁移速率 $u_s=0$；另一部分随着流动相迁移，其迁移速率 $u_m=L/t_0$。

分配平衡是一个动态平衡,同组分中哪些分子进入固定相(Q_s)和哪些留在流动相(Q_m)都是随机和动态的。但是,在任一瞬间,进入固定相和流动相的分子数量的比例或概率,必须服从 K 和 k 的约束。因此,组分流出色谱柱的平均移动速率 u_{ave} 可通过计算组分分布在固定相和流动相中两部分速率的加权平均值来求得

$$u_{ave} = u_m \frac{Q_m}{Q_m + Q_s} + u_s \frac{Q_s}{Q_m + Q_s}$$

将 $u_s=0$,$u_m=L/t_0$,$u_{ave}=L/t_R$,$k=Q_s/Q_m$ 代入上式,可得

$$t_R = t_0(1+k) = t_0\left(1 + K\frac{V_s}{V_m}\right) \tag{16-15a}$$

或

$$V_R = V_0(1+k) = V_0\left(1 + K\frac{V_s}{V_m}\right) \tag{16-15b}$$

式(16-15a)和式(16-15b)称为<u>色谱过程方程,是色谱分析法的基本公式之一</u>,揭示了保留值与分配系数之间的关系。在一定色谱条件时,保留值的大小仅取决于分配系数。

由此,色谱分离的前提条件可通过计算两组分的保留时间差值 Δt_R 来获得

$$\Delta t_R = t_{R_2} - t_{R_1} = t_0(k_2 - k_1) = t_0(K_2 - K_1)\frac{V_s}{V_m}$$

可见,$K_1 \neq K_2$,即分配系数不等,是色谱分离的前提。从式(16-15a)和式(16-15b)还可以推导以下结论:

$$k = \frac{t_{R'}}{t_0} = \frac{V_{R'}}{V_0} \tag{16-16}$$

于是有

$$r_{2,1} = \frac{K_2}{K_1} = \frac{k_2}{k_1} \tag{16-17}$$

$$\alpha = \frac{K_2}{K_1} = \frac{k_2}{k_1} \tag{16-18}$$

式中,K_2 和 K_1 分别为两组分在两相中的分配系数(在两相中的浓度比值);而 k_2 和 k_1 则为相应的两组分在两相中的容量因子。可见,色谱法中,两组分分离的选择性与其在两相中的分配平衡常数的差异有关。

4. 分配等温线

在恒温条件下,将 c_s 和 c_m 作为坐标的两个轴作图得到的组分在两相中的浓度关系曲线,称为分配等温线(distribution isotherm),可反映组分在色谱两相中的分配系数 K 随进样量增加而变化的情况。在气固色谱和液固色谱中称为吸附等温线,在气液色谱和液液色谱中称为溶解等温线或分配等温线。有时为了表述方便,把两者都合称为分配等温线或分布等温线。

如图 16-6 中分配等温线上每一点对应的纵横坐标的比值 c_s/c_m 即为 K。吸附等温线一般是非线性的,对应组分的色谱峰为非对称形的。在样品量较小时,溶解等温线一般是线性或有线性区间的,对应组分的色谱峰为对称形的。在许多情况下,随着进样量增大,K 减小,导

致色谱峰拖尾；但也有随着溶质浓度增大，K 也增大，导致前延色谱峰出现。

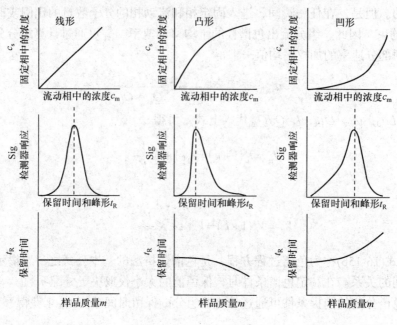

图 16-6　分配等温线

16.2.5　柱效参数

1. 理论塔板数

理论塔板数(theoretical plate number, N)是用于定量表示色谱柱的分离效率(简称柱效)的一个重要指标。如果色谱峰峰形对称并符合正态分布，N 可用式(16-19)计算：

$$N = \left(\frac{t_R}{\sigma}\right)^2 = 16\left(\frac{t_R}{W}\right)^2 = 5.54\left(\frac{t_R}{W_{1/2}}\right)^2 \tag{16-19}$$

从理论塔板数的计算公式(16-19)可看出，色谱峰区域宽度与柱效密切相关。在相同的保留时间内，峰宽越窄，柱效越高，意味着在相同分析时间内，色谱图上可容纳的谱峰数量更多，色谱柱可以分离更多组分。N 的大小取决于固定相种类、粒径大小及分布、填充状况、柱长、流动相的种类和流速及测定柱效所用物质的性质等因素。

对一根色谱柱而言，N 可看作常量，因而 W 与 t_R 成比例变化。在同一分离条件下，如果各组分含量及在检测器上的灵敏度相当，则保留时间长的峰比前面保留时间短的峰要更宽更矮一些。在实践中，由于色谱图的不规则性，用半高宽计算理论塔板数比用峰宽计算更为方便和常用。

2. 理论塔板高度

色谱柱的柱效既可以用理论塔板数来表征，也可以用理论塔板高度来描述。理论塔板高度(high equivalent to theoretical plate, HETP)H 可用柱长 L 和理论塔板数 N 计算：

$$H = \frac{L}{N} \tag{16-20}$$

N 和 H 都可以用于描述柱效,由于 N 与柱长 L 成正比,用 N 表示柱效时应注明柱长,否则,表示柱长为 1m 时的理论塔板数。

16.2.6 分离度

分离度(resolution, R),也称分辨率,是指同一谱图上,相邻两色谱峰的保留时间之差与两峰峰宽平均值的比值,表示相邻两峰的分离程度(图 16-7)。单纯的用保留时间或峰宽来描述分离情况,都有失偏颇,只有把保留时间和峰宽结合起来,才能全面描述分离情况。R 计算公式如下:

$$R = \frac{t_{R_2} - t_{R_1}}{(W_2 + W_1)/2} \tag{16-21}$$

式中,t_{R_1}、t_{R_2} 分别为组分 1、组分 2 的保留时间;W_1、W_2 分别为组分 1、组分 2 色谱峰的宽度。

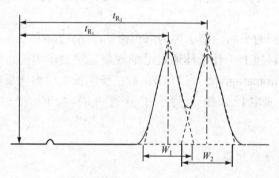

图 16-7 分离度的计算示意图

当色谱峰近似为正态分布曲线,且两峰相距较近,即 $W_1 \approx W_2 = 4\sigma$ 时,①若 $R<1$,则两峰分离不完全;②若 $R=1$,则两峰基部略有重叠,被分离的峰面积为总面积的 95.4%($t_R \pm 2\sigma$);③若 $R=1.5$,则两峰完全分开,被分开的面积达 99.7%($t_R \pm 3\sigma$)。

为了保证定量分析时的准确度和精密度,一般要求 $R \geq 1.5$。

学习与思考

(1) 检测器得到色谱峰为拖尾峰,与其对应的分配等温线为哪种类型?

(2) 在色谱流出曲线上,两峰之间的距离取决于相应两组分在两相间的分配系数还是扩散速率?为什么?

(3) 黄河水的泥沙在河水流淌过程中沉积下来淤塞河道。试讨论此沉积过程中涉及哪些分离现象,相关的原理可能是什么?

(4) 粮食风车是我国古代劳动人民勤劳智慧的结晶,是粮食生产中进行分离的一件专业化工具。试了解粮食风车的结构及其用途,讨论粮食风车用在粮食生产过程用于分离的基本原理。

16.3 色谱法的分类及其分离机制

16.3.1 色谱法的分类

色谱法的种类很多,分类复杂。通常按照固定相载体的形态、两相分子聚集形态、色谱分离机制和色谱分离目的进行分类。

1. 按固定相载体的形态分类

在分离过程中,根据色谱填料或固定相载体的空间形态不同或色谱操作形式的不同,将色谱法分为柱色谱法(column chromatography)、平面色谱法(planar chromatography)。

柱色谱法是以柱管为色谱固定相的容器或载体,而流动相依靠自身重力或外加压力通过柱内固定相的色谱分离方法。根据固定相装填方法或固载方法不同,分为填充柱色谱法(packed-column chromatography)和开管柱或毛细管色谱法(open-tubular capillary chromatography)。前者是将固定相填充于一根玻璃或金属柱内,后者通常是固定相吸附在细长的石英管内壁上。

以多孔滤纸为固定相的平面色谱法称为纸色谱法(paper chromatography);若将吸附剂均匀地铺在一块玻璃板或塑料板上,让液体通过毛细现象或重力作用携带试样通过固定相,称为薄层色谱法(thin-layer chromatography,TLC);若在玻璃板上以聚合反应生成多孔高分子聚合物为固定相,采用外加电场来推动待测组分通过固定相,则称为平板电泳法(planar electrophoresis)。

2. 按两相分子聚集形态分类

色谱法的最基本分类方法是依据色谱过程中流动相和固定相的物理状态。按流动相物态,可将色谱法分为气相色谱法(gas chromatography,GC)、液相色谱法(liquid chromatography,LC)和超临界流体色谱法(super-critical fluid chromatography,SFC),其流动相分别为气体、液体和超临界流体。固定相可以是固体也可以是液体,但是这个液体必须附载在某个担体(support)上。

按照固定相的物态不同(固体或液体),气相色谱法分为气固色谱法(gas-solid chromatography,GSC)和气液色谱法(gas-liquid chromatography,GLC);同理,液相色谱法分为液固色谱法(liquid-solid chromatography,LSC)和液液色谱法(liquid-liquid chromatography,LLC)等。

3. 按色谱分离机制分类

如前所述,在色谱分析过程中,待测组分的迁移速率取决于它们与固定相和流动相分子间作用力大小差别。分子间作用力包括色散力、诱导力、氢键力和路易斯酸碱相互作用等。如果是离子,还有离子间的静电作用力。不同作用力决定了不同色谱分离机制。

依据色谱分离所用的物理化学原理将色谱法分为吸附色谱法(adsorption chromatography)、分配色谱法(partition chromatography)、离子交换色谱法(ion-exchange chromatography,IEC)和空间排阻色谱法(steric exclusion chromatography,SEC)四种基本类型。此外还有亲和色谱法(affinity chromatography,AC)、手性色谱法(chiral chromatography)和电泳法(electrophoresis)等特殊类型。

4. 按色谱分离目的分类

色谱法将分离和测定的过程合二为一，既可用于分析分离，也可用于样品制备分离。用于制备性分离的称为制备色谱(preparative chromatography)，用于分析性分离的称为分析色谱。

制备色谱的目的是分离混合物并获得一定数量的纯组分，考查指标重点在分离样品的量，这在有机合成产物纯化、天然产物分离纯化及去离子水制备等方面有广泛应用。制备色谱可以采用柱色谱或平面色谱模式。分析色谱的目的是定性分离或者定量测定混合物中有关物质的组成和含量因而考查指标重在分离速度。

平面色谱法多用于定性分析，而柱色谱法，如气相色谱、高效液相色谱等在定性分析和定量分析上都适用。

学习与思考

(1) 在色谱流出曲线上，某一组分的色谱峰的宽度主要取决于组分在色谱柱中的保留值还是扩散速率？为什么？
(2) 指出下列哪些参数的改变会引起相对保留值的增加：①柱长增加；②相比率增加；③降低柱温；④加大色谱柱的内径；⑤改变流动相的流速。
(3) 很多药物存在手性异构体，要对异构体进行拆分，应该采用哪种色谱模式？

16.3.2 基本类型色谱法的分离机制

根据色谱分离机制，吸附色谱、分配色谱、离子交换色谱、空间排阻色谱四大基本类型的色谱过程方程可表示如下：

$$t_R = t_0(1+k) = t_0\left(1 + K\frac{V_s}{V_m}\right) \tag{16-22}$$

式中，K 为平衡常数。在不同类型的液相色谱中，K 表示的意义有所不同。

1. 分配色谱

分配色谱中 K 为分配系数，V_s 为固定液的体积。分配色谱法的固定相是液体，流动相为气体或某些溶剂，分析对象广泛，适合各类有机化合物、生物大分子或天然产物的分析。其分离机制是利用各组分在两相中分配系数或溶解度的差别而分离。其原理与液液萃取类似，不同之处在于分配色谱在分离过程中，组分在两相间反复多次发生溶解分配平衡，具有更高的分离效率。

2. 吸附色谱

在吸附色谱中，K 用吸附系数 K_a 表示，V_s 用吸附表面积 S_a 表示。吸附色谱法的固定相是多孔固体吸附剂，流动相为气体或某些溶剂，主要分析对象为气体小分子(气相色谱，GC)和各类有机化合物。其分离机制是利用各组分在吸附剂表面吸附能力的差别而分离。吸附色谱的色谱过程是流动相分子与物质分子竞争固定相中吸附中心的过程。

3. 离子交换色谱

在离子交换色谱中，K 用离子交换系数或选择系数 $K_{A/B}$ 表示，V_s 为离子交换树脂体积。

离子交换色谱法的固定相是离子交换剂，流动相为有一定离子强度的缓冲溶液，主要分析对象是无机离子、氨基酸和生物大分子等。其分离机制是基于离子型组分与离子交换剂的离子基团发生离子交换的能力差异来进行分离。

4. 空间排阻色谱

在空间排阻色谱中，K 用渗透系数 K_p 表示，V_s 为凝胶孔隙体积。空间排阻色谱的固定相是一种多孔性凝胶，流动相为缓冲溶液或某些有机溶剂，主要分析对象是生物大分子或合成有机高分子。其分离原理是利用各组分的分子体积大小不同，从而在多孔凝胶上受阻滞的程度不同而获得分离。

延伸阅读 16-2：生物色谱法与中药活性筛选

现代生命科学已揭示了细胞及细胞膜的结构组成，并逐渐明确了酶、抗体、受体、传输蛋白、DNA 及肝微粒体等生物大分子在生命活动中所起的生理作用。如果将这些活性生物单元固载于色谱担体上，就能得到一种能够模仿药物分子与生物大分子、靶体或细胞相互作用的色谱系统，从而就能用色谱提供的各种参数来定量表征药物与生物大分子、靶体间及细胞的相互作用，为研究药物的吸收、分布、活性、构效关系、代谢机理，以及药物间的竞争、协同、拮抗等相互作用提供了一种新的途径，这就是目前日益兴盛的生物色谱技术(biochromatography)。

生物色谱技术将效应成分的分离与筛选结合在一起，是化学成分↔效应↔作用机理联动的研究方法，特别适合天然产物效应物质的基础研究。将生物色谱技术应用于研究中药活性成分，并以此明确其靶向↔代谢↔作用途径。研究的一般方法是先建立以血液中运输蛋白为固定相的色谱体系进行活性成分初步筛选，然后以特异性靶点筛选具有特定活性的物质，结合光谱、波谱等检测技术，使得活性成分筛选、分离及结构鉴定一体化。

16.4 基本分离方程式及影响分离度的因素

16.4.1 基本分离方程式

由式(16-21)所示的分离度技术公式可以看出，两组分分离的效果，一方面取决于各自的保留时间是否有足够的差值，这是差速迁移问题，与分配系数有关，即与色谱热力学过程有关；另一方面，还与各自峰宽有关，而色谱峰展宽是由分子离散导致的，这与色谱动力学过程有关。

色谱理论包括热力学和动力学两个方面。热力学理论是从相平衡观点来研究分配过程，以塔板理论(plate theory)为代表。动力学理论从流体动力学观点来研究各种动力学因素对峰展宽的影响，以速率理论(rate theory)为代表。

延伸阅读 16-3：著名分析化学家马丁和辛格

英国生物化学家马丁(Archer John Porter Martin, 1910—2002)和辛格(Richard Laurence Millington Synge, 1914—1994)为色谱学发展做出了杰出贡献，获得 1952 年诺贝尔化学奖。

马丁出生在一个医生家庭，19 岁考上剑桥大学，3 年后获得生物化学硕士学位，随后在剑桥大学当实验员，从事物理和食物营养分析工作，1935 年获得硕士学位，1936 年获得博士学位。1941 年与辛格一起共同发明了液相分配色谱，1944 年又与康斯登和戈登发明了纸色谱分析法，1951 年与詹姆斯一起发明气液分配色谱。马丁是一个典型的从实验员开始做起的科学巨匠，知识面非常广。大学毕业后在剑桥大学当实验员期间，马丁充分利用实验室的条件，白天完成上司交给的任务，晚上从事自己喜欢的研究。1933 年，马丁注意到胡萝卜素在柱上被分离过程与分离挥发性物质的蒸馏过程很相似，进而设计了分离装置，并于 1934 年在 Nature 杂志上发表了有关维生素吸收光谱的论文。获得博士学位后，马丁应聘到了利兹羊毛工业研究所从事毛织物的染色研究，在这里与辛格一起开展了卓有成效的合作。

辛格生于英国利物浦的一个普通家庭，1928 年 15 岁时考上曼彻斯特学院，后转入剑桥大学于 1936 年获三一学院的文学学士学位，并留校继续从事生物化学实验，攻读研究生课程。1939 年离开了剑桥大学，开始与马丁合作，从事丝绸和羊毛的化学研究工作，共同发明分配色谱法，用于分离氨基酸混合物中的各种组分，还用于分离类胡萝卜素。此法操作简便、试样用量少，可用于分离性质相似的物质及蛋白质结构的研究，是生物化学和分子生物学的基本研究方法。

速率理论主要探讨的是单个组分在迁移过程中的分子离散，而色谱分离与两个组分的迁移和分子离散有关。分离度与相邻两组分色谱峰保留值及峰宽有关，是同时反映色谱柱效和选择性的一个综合指标。

当相邻峰保留值相近时，有 $W_1 \approx W_2$，将 $W = 4t_R/\sqrt{N}$ 和 $t_R = t_{R'} + t_0$ 代入 R 定义式(式 16-21)，经适当变换，并引入选择因子 $\alpha(\alpha = t_{R'_2}/t_{R'_1})$ 和容量因子 k 代替 $k_2(k_2 = t'_{R_2}/t_0)$，有

$$R = \frac{\sqrt{N}}{4} \frac{\alpha-1}{\alpha} \frac{k}{1+k} \tag{16-23}$$

式(16-23)称为色谱基本分离方程式，是色谱分析中最重要的方程式之一。

根据式(16-23)，可将影响分离度的因素分为三部分，第一项与区带扩张的色谱动力学因素 N 或 H 有关。第二和第三项与分离选择因子、保留因子等色谱热力学因素有关。式(16-23)将 R 与影响其大小的因素，柱效 N、选择因子 α 和保留因子 k，联系起来。

延伸阅读 16-4：范第姆特与气相色谱分析技术

范第姆特(Jan Josef van Deemter)于 1918 年出生在一个靠近荷兰的德国小镇，在荷兰完成了学业并于 1945 年获得著名学府格罗宁根大学(University of Groningen)的物理学博士学位。随后他在位于荷兰南部城市埃因霍温(Eindhoven)的菲利普物理实验室(Philips physical laboratory)和格罗宁根土壤研究所(Institute for Soil Research)从事了研究以后，于 1947 年加入壳牌石油公司(Koninklijke Shell Laboratorium Amsterdam, KSLA)，先后开展了一系列石油产品的研发，直到 1978 年从壳牌公司退休。

范第姆特发表了 25 篇论文和有关应用数学、机械学、流体、反应工程和色谱学的研究报告。他早期从事化学工程研究，特别是在 1952~1957 年，他是色谱理论研究的活跃分子。1956 年，他与别人合作发表了有关色谱柱效的学术论文，发展了描述色谱过程的速率理论(velocity theory)，奠定了色谱柱效及其影响因素理论的研究基础。

目前气相色谱法已成为非常重要的分离分析方法，广泛应用于医药、石油化工、环境监测等领域。在药学领域，气相色谱法已成为药物含量测定、药物杂质检查、溶剂残留测定、中药挥发油分析等的重要手段。

16.4.2 影响分离度的因素

在色谱分离的实践中,主要围绕三个基本问题来展开:发展高选择性色谱固定相,发展高效能色谱柱和色谱分离条件最优化。在讨论各分离因素对分离的影响前,首先要根据试样的物理性质、化学性质和分析要求选择不同类型的色谱方法。分离最优化问题是将分离的选择性、分离效能、分离时间等因素结合起来综合考虑,要在尽量短的时间内(高效),实现尽可能多的组分分离。但是,在实际操作中常需要兼顾分离度和分离时间。

1. 分离时间及影响因素

分离时间通常指最后一个组分出峰的时间。将 $N = L/H$ 和 $t_R = L(1+k)/u$ (u 为流动相线速度)代入基本分离方程式[式(16-23)],可得到

$$t_R = \frac{16R^2 H}{u}\left(\frac{\alpha}{\alpha-1}\right)^2 \frac{(1+k)^3}{k^2} \tag{16-24}$$

可见,分离时间 t_R 与 R、α、k、H/u 等参数有关。提高柱效,可以降低塔板高度,若 u 不变,可缩短分离时间。改变固定相和流动相的性质,调节 α 和 k,也可以影响分离时间。α 值对分离时间的影响很大,α 从 1.05 升至 1.1,分离时间可降至原来的 1/4。k 值对分离时间也有重要影响,k 值过高会导致分离时间过长。k 在 1～5 变化,分离时间变化很小。复杂混合物体系,k 分布范围较宽,k 值大的组分出峰时间较长。对于复杂混合物体系,在 GC 中常采用程序升温的办法来调节各组分出峰时间,而在 HPLC 中常采用调节流动相溶剂种类、比例及缓冲液 pH 等方式,或采用梯度洗脱的办法,来调节各组分出峰时间。

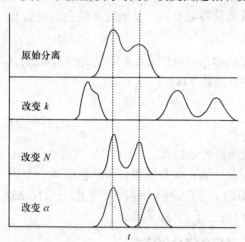

图 16-8 影响分离度的因素

2. 分离操作条件优化

分离操作条件对理论塔板数、容量因子和选择因子有很大影响,其直接表现就是分离度发生变化,其各自的影响如图 16-8 所示。

1) 分离度与理论塔板数的关系

根据基本分离方程式,分离度与理论塔板数有关,将 $N=L/H$ 代入方程,有

$$R = \frac{\sqrt{N}}{4}\frac{\alpha-1}{\alpha}\frac{k}{1+k} = \frac{\sqrt{L}}{4\sqrt{H}}\frac{\alpha-1}{\alpha}\frac{k}{1+k} \tag{16-25}$$

可知

$$R \propto \sqrt{N} \propto \sqrt{L} \propto \frac{1}{\sqrt{H}}$$

可见,提高 L 和降低 H 可以提高 R。

若其他条件不变,只改变柱长,流动相流速不变,有

$$\left(\frac{R_2}{R_1}\right)^2 = \frac{N_2}{N_1} = \frac{L_2}{L_1} \tag{16-26}$$

在同种固定相下，其他条件不变，若柱长增加 1 倍，则塔板数增加 1 倍，分离度增加到原来的 $\sqrt{2}$ 倍，峰宽也增加到原来的 $\sqrt{2}$ 倍。根据式(16-26)，可以计算给定体系所能达到的分离度和达到某一分离度所需的色谱柱长。不过，通过增加柱长来提高分离度，分离时间也相应增加，且峰宽也增加，如分离时间方程式(16-27)所示。

$$\frac{t_2}{t_1} = \frac{L_2}{L_1} = \left(\frac{W_2}{W_1}\right)^2 \tag{16-27}$$

若要维持分离时间不变，则需提高流动相流速，这需要提高柱压，对仪器有更高要求。

为提高柱效，用减小塔板高度的方法比增加柱长更有效。根据速率理论方程，可以通过改变流动相线速度来改变塔板高度和柱效。由于流动相线速度直接影响分离时间，常需要兼顾分离时间和分离度。在气相色谱中，在分离度允许下，常选择流动相流速高于最佳流速 u_{opt}，而在高效液相色谱中，在分离时间允许下，降低流速有助于改善传质，提高柱效，提高分离度。

2) 分离度与容量因子的关系

根据基本分离方程式[式(16-23)]，R 与 $k/(1+k)$ 正相关，k 增加，R 增加，但当 $k>10$ 时，R 的增加不明显。根据色谱过程方程，k 增加会带来分离时间的显著增加。一般情况下，控制 k 为 2~5，对于复杂混合物，控制 k 为 1~10。

改变 k 的方法有改变固定相种类、改变柱温(GC)或改变流动相性质和组成(液相色谱，LC)、改变相比率 β(改变 V_S 及柱死体积 V_0)等几种方式。气相色谱常通过改变柱温来调节容量因子，也可通过改变相比率来调节；而高效液相色谱主要以改变流动相溶剂组成来调节容量因子。

3) 分离度与选择因子的关系

根据基本分离方程式[式(16-23)]，R 与 $(\alpha-1)/\alpha$ 正相关，当 $1<\alpha<1.5$，α 的微小变化可引起 R 较大改变，α 是影响 R 的诸多因素中最敏感的。然而，当 $\alpha>1.5$，R 随 α 增加变化幅度不大。根据分离时间方程[式(16-27)]，t_R 与 $[\alpha/(\alpha-1)]^2$ 成正比，α 增加，t_R 减少。α 从 1.05 增加到 1.5，t_R 减至原来的 1/49。可见 α 对 t_R 影响很大。与 α 相比，提高 k 增加 R 以增加分离时间为代价，而提高 α 既能提高 R，又能减少分析时间。改变 α 的方法有改变固定相、改变柱温(GC)或改变流动相性质和组成(LC)。

学习与思考

(1) 为什么可用 R 作为色谱柱分离的总效能指标？
(2) 调节 α 与调节 k 对色谱分离的影响有什么不同？
(3) 在 GC 和 LC 中，调节 α 的方法有什么不同？

内容提要与学习要求

色谱法是现代化学分析中的重要分析技术，被广泛地应用于环境保护、药物分析、食品安全和生命科学等领域。

本章介绍了色谱法的基本概念、色谱分离的基本原理、色谱过程及样品分子在色谱柱内运动的两个基本特征：差速迁移和分子离散。要求掌握色谱流出曲线及有关术语，色谱定性、定量分析基本参数，以及柱效、分离度的计算公式。

要求熟悉各种色谱法的基本类型及原理，掌握塔板理论和速率理论，了解影响塔板高度和分离度的主要因素。

练 习 题

1. 色谱法的基本原理是什么？色谱过程中各组分的差速迁移和同组分的分子扩散分别取决于哪些因素？
2. 色谱热力学和色谱动力学研究的对象分别是什么？有什么区别和联系？在色谱条件选择上有什么实用价值？
3. 速率理论与塔板理论有什么区别和联系？对色谱条件优化有什么指导作用？
4. 试列出影响色谱峰展宽的各种因素。
5. 试推导色谱基本分离方程式。
6. 在一根长 2m 的色谱柱上分离一个试样的结果如下：$t_0=1$min，组分 1 的保留时间 t_{R_1} 为 15min，组分 2 的保留时间 t_{R_2} 为 18min，峰宽 W 为 1min。
   (1) 用组分 2 计算色谱柱的理论塔板数 N 及塔板高度 H。
   (2) 求两组分的调整保留时间 $t_{R_1'}$ 和 $t_{R_2'}$。
   (3) 用组分 2 计算色谱柱的有效塔板数 N_{eff} 及有效塔板高度 H_{eff}。
   (4) 求两组分的保留因子 k_1 及 k_2。
   (5) 求相对保留值 $r_{2,1}$ 及分离度 R。
7. 在一根长 2m 的色谱柱上分离两组分，得到的调整保留时间分别为 14min 和 16min，而且后者的基线宽度为 1min，若要使两者的分离度达到 1.5，应用多长的色谱柱。
8. 组分 A 和 B 在某毛细管柱上的保留时间分别为 14.6min 和 14.8min，理论塔板数对 A 和 B 均为 4200，问：
   (1) 组分 A 和 B 的分离度是多少？
   (2) 假定 A 和 B 的保留时间不变，而分离度要求达到 1.5，则理论塔板数需要多少？
9. 有 A、B 两组分，其调整保留时间分别是 62s 和 71.3s，要使两组分完全分离，所需的有效塔板数是多少？如果有效塔板高度为 0.2cm，需用多长的色谱柱？
10. 长度相等的两根色谱柱，其 van Deemter 方程的常数如下：
    柱 1：$A=0.18$cm，$B=0.40$cm$^2 \cdot$s^{-1}，$C=0.24$s
    柱 2：$A=0.05$cm，$B=0.50$cm$^2 \cdot$s^{-1}，$C=0.10$s
    (1) 如果载气流速为 0.50cm$^2 \cdot$s^{-1}，那么，哪根柱子的理论塔板数高？
    (2) 柱子 1 的最佳流速是多少？
11. 在一液液色谱柱上，组分 A 和 B 的 K 分别为 10 和 15，柱的固定相体积为 0.5mL，流动相体积为 1.5mL，流速为 0.5mL·min^{-1}。求 A、B 的保留时间和保留体积。
12. 在一根 3m 长的色谱柱上分离一个试样的结果如下：死时间为 1min，组分 1 的保留时间为 14min，组分 2 的保留时间为 17min，峰宽为 1min。
    (1) 用组分 2 计算色谱柱的理论塔板数 N 及塔板高度 H。
    (2) 求调整保留时间 $t_{R_1'}$ 及 $t_{R_2'}$。
    (3) 用组分 2 求 N_{eff} 及 H_{eff}。
    (4) 求容量因子 k_1 及 k_2。
    (5) 求相对保留值 $r_{1,2}$ 和分离度 R。
13. 某色谱柱长为 100cm，流动相流速为 0.1cm·s^{-1}，已知组分 A 的洗脱时间为 40min，求组分 A 在流动相中的时间和保留比 $R'=t_0/t_R$。
14. 在某一液相色谱柱上组分 A 流出需 15.0min，组分 B 流出需 25.0min，而不溶于固定相的物质 C 流出需 2.0min。问：
    (1) 组分 B 相对于 A 的相对保留值是多少？
    (2) 组分 A 相对于 B 的相对保留值是多少？

(3) 组分 A 在柱中的容量因子是多少？

(4) 组分 B 在固定相的时间是多少？

15. 在 30.0cm 长的色谱柱上分离 A、B 混合物，A 物质保留时间 16.40min，峰宽 1.11min，B 物质保留时间 17.63min，峰宽 1.21min，不保留物质 1.30min 流出色谱柱。求 A 及 B 物质的理论塔板数及理论塔板高度。

16. 色谱法是(　　)。

  A. 一种分离技术   B. 一种富集技术   C. 一种进样技术   D. 一种萃取技术

17. 色谱分离系统是(　　)。

  A. 装填了固定相的色谱柱，样品混合物组分的分离就是在色谱柱中运行时完成的

  B. 装填了固定相的色谱柱，样品混合物组分之间的化学反应就是在色谱柱中运行时完成的

  C. 充满了载气的色谱柱，样品混合物组分的分离就是在色谱柱中运行时完成的

  D. 充满了载气的色谱柱，样品混合物组分之间的化学反应就是在色谱柱中运行时完成的

18. 下面参数可用来衡量分离效率的是(　　)。

  A. 保留时间   B. 峰高   C. 峰面积   D. 峰宽

19. 组分在固定相和流动相中的质量为 m_A、$m_B(g)$，浓度为 c_A、$c_B(g \cdot mL^{-1})$，摩尔数为 n_A、$n_B(mol)$，固定相和流动相的体积为 V_A、$V_B(mL)$，此组分的容量因子是(　　)。

  A. m_A/m_B B. $(c_A V_A)/(c_B V_B)$ C. n_A/n_B D. c_A/c_B

20. 分离度(色谱柱的总分离效能，R)是指(　　)。

  A. 相邻两组分的调整保留时间之差，与两组分色谱峰宽总和之半的比值

  B. 相邻两组分色谱峰的调整保留时间之差

  C. 两组分色谱峰宽总和之半

  D. 相邻两组分色谱峰的保留时间之差，与两组分色谱峰宽总和的比值

第 17 章　平面色谱分析

17.1　概　述

平面色谱法(planar chromatography)是指在纸和薄层板等平面上实现物质分离的一种分析方法，包括纸色谱法及薄层色谱法等，是色谱分析法中的一个分支。

纸色谱法(paper chromatography, PC)又称纸层析法，是以滤纸为载体，以纸上所含水分或其他物质为固定相，用展开剂进行展开的分配色谱。滤纸的原料为纤维素，其分子中具有很多羟基，有较强的亲水性，能吸附约22%的水分，其中约有6%的水分与纤维素上的羟基结合形成液液分配色谱中的固定相，展开剂为不与水相溶的有机溶剂，也可使纸吸留其他物质作为固定相，如缓冲液、甲酰胺等。

其分离过程是将待分离的物质点在滤纸条的一端后，将其悬挂在密闭的展开室内，待纸被展开剂的蒸气饱和后，将点样一端浸入展开剂中，展开剂借助毛细作用流向另一端，当组分移动一定距离后，各组分移动距离不同，最后形成互相分离的斑点(图 17-1)。将纸取出，待溶剂挥发后，用显色剂或其他适宜方法确定斑点位置。

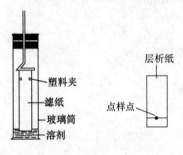

图 17-1　纸色谱装置

根据组分移动距离(R_f)值与已知样品比较，进行定性分析。也可用斑点扫描仪定量或将组分点取下，以溶剂溶出组分，用适宜方法(如光度法、比色法等)定量。

需要说明的是，随着薄层色谱法的发展和普及，纸色谱法的应用逐渐减少，本章主要讲述薄层色谱法。

延伸阅读 17-1：平面色谱的发展历史

1938 年，伊兹梅勒(N. A. Izmailor)和施雷柏(M. S. Schraiber)率先将氧化铝涂布在玻璃板上，用微量圆环技术分离了多种植物中的成分，成为最早的薄层色谱法。1944 年康斯登(R. Consden)、戈登(A. H. Gorden)和马丁(A. J. P. Martin)首次使用纸作载体分离了蛋白质水解液中的氨基酸，由此出现了纸色谱法。

20 世纪 50 年代，柯克纳(J. G. Kirchner)等在经典柱色谱及纸色谱法的基础上发展了以硅胶为吸附剂，煅石膏为黏合剂涂布于玻璃板上制成硅胶薄层，成功地分离了挥发油，发展了薄层色谱法。60 年代后，施达(Stahl)等对薄层色谱进行了标准化、规格化及扩大应用等方面的研究工作，奠定了现代薄层色谱法的基础。1964 年原绍(Shoji Hara)等设计了薄层扫描光密度计，开创了薄层色谱在线定量分析的新局面。70 年代后，薄层色谱法日趋成熟，在分析领域内的应用更加广泛。

17.2　薄层色谱法的分类

薄层色谱法(thin layer chromatography, TLC)又称为薄层层析，是一种用于分离混合物的色谱技术，系将适宜的固定相(常为硅胶、氧化铝或纤维素等)涂布于玻璃板、塑料或铝基片上成一均匀薄层，经活化处理后，将供试品溶液用毛细管或自动点样器点样于薄层板上，经展开、检视分离后的色谱图,根据比移值(migration value, R_f)与适宜的对照品按相同步骤所得色谱图的比移值(R_f)作对比,用以进行供试品的鉴别、杂质检查或含量测定的方法。

根据所用吸附剂的性质及其分离样品的机理,薄层色谱法可分为吸附薄层色谱法、分配薄层色谱法、分子排阻薄层色谱法、离子交换薄层色谱法、聚酰胺薄层色谱法等类别。

17.2.1 吸附薄层色谱法

该法利用吸附剂对不同物质的吸附能力(吸附力的大小)有差别而达到分离的目的。当用一定溶剂展开时,不同物质在吸附剂和溶剂之间发生连续不断的吸附、解吸、再吸附、再解吸。易被吸附的物质(也就是吸附力强的物质)相对移动得慢一些,而较难被吸附的物质则相对移动得快一些,经过一定时间后,不同的物质就彼此分开了,从而达到分离的目的。吸附薄层色谱中常用吸附剂为硅胶、硅藻土、氧化铝等。

吸附剂的活性一般是指吸附剂的表面活性。活性、吸附剂种类、溶剂系统和温度等因素一起决定了一个物质的 R_f 值,如果其他因素不变,活性提高,R_f 值减小,反之 R_f 值增大。

17.2.2 分配薄层色谱法

该法常以纤维素、硅藻土或硅胶为载体,在载体上吸附一定量的水或其他溶剂(如缓冲液、酸溶液、甲酰胺、丙二醇等)为固定相,另以与固定相不相混溶(或部分混溶)的展开剂作为流动相。由于被测物质在两相中的溶解度不同,在一定温度下,被测物质在两相中分配的比例是一定的,也就是浓度比是一个常数,即为分配系数(K):

$$K = \frac{c_s}{c_m} \tag{17-1}$$

式中,c_s 为被测定物质在固定相中的浓度,$g \cdot L^{-1}$;c_m 为被测定物质在流动相中的浓度,$g \cdot L^{-1}$。

分配系数受温度变化的影响,但与被测物质的浓度无关。在分配薄层色谱中,当展开剂流经原点时,被测混合物中不同物质即在两相之间进行分配。分配系数小的物质,也就是在流动相中溶解度大的物质,随流动相移行的距离大,反之,分配系数大的,移行的距离就小一些,经过一定距离的展开后,分配系数不同的物质逐渐拉开距离,从而实现分离。

分配薄层色谱使用范围很广,无论极性组分或非极性组分的分离均可适用。如果用极性物质作固定相,则用比固定相小很多的物质作展开剂,近原点处极性组分保留最强,称为正相分配薄层色谱。相反,如果用弱极性物质作固定相,强极性物质作展开剂,非极性组分则保留最强,称为反相分配薄层色谱,如用碳十八硅烷键合硅胶作固定相即为该类。

17.2.3 分子排阻薄层色谱法

采用葡聚糖凝胶制成薄层,当展开剂流过薄层时,混合组分按相对分子质量大小不同,在葡聚糖凝胶上反复进行扩散和排阻,利用试样中各组分相对分子质量大小而进行分离。

分子排阻薄层色谱法在薄层色谱中应用较少,常用于高分子的非离子化分子的分离,如蛋白质及核酸等的分离。用此法可分离不同相对分子质量的混合样品。常用的展开剂是水或盐类的水溶液、缓冲液等。

17.2.4 离子交换薄层色谱法

该法一般用离子交换纤维制作薄层板。其原理同离子交换,即利用离子交换剂对不同物质的亲和力的大小,当用适当溶剂展开时,亲和力大的组分移动较慢,亲和力小的组分移动较快,从而实现分离。本法常用于分离亲水性强、能呈离子态的化合物。

离子交换薄层适用于氨基酸、蛋白质、蛋白质水解物及其他离子型化合物的分离。为了得到较好分离,点样前需用水或 $0.1\text{mol} \cdot \text{L}^{-1}$ 氢氧化钠溶液对薄层板展开一次,这样可使离子交换薄层得到活化或再生。各种类型的缓冲液或盐溶液可以作为离子交换薄层的展开剂。

17.2.5 聚酰胺薄层色谱法

聚酰胺分子内存在很多酰胺基,可与酚类、酸类、醌类及硝基类化合物等形成氢键,因而对这些化合物产生了吸附作用。

聚酰胺与各类化合物形成氢键的能力取决于化合物本身的分子结构(如分子中游离羟基的数目、位置、共轭双键数目等),同时也与展开剂的极性有关,在水中形成氢键的能力最强,有机溶剂中形成氢键的能力较弱。

在聚酰胺薄层上展开剂洗脱能力的顺序为:水<乙醇<甲醇<丙酮<氢氧化铵(钠)溶液<甲酰胺<二甲基甲酰胺。

17.3 固定相的选择

17.3.1 常见薄层色谱固定相

在薄层色谱中,固定相与展开剂的选择是否合适是色谱分离能否获得成功的关键。选择固定相时主要依据样品的性质,如溶解度、酸碱性及极性等。常见的薄层色谱固定相、分离机制及主要应用范围见表 17-1,90%以上的分离工作可以用硅胶,其次是氧化铝。

表 17-1 薄层色谱常用固定相、分离机制及主要应用范围

固定相		分离机制	主要应用范围
氧化铝*		吸附色谱法	生物碱、萜类、甾类、脂肪及芳香族化合物
硅胶	未改性硅胶	正相色谱法	广泛应用于各类化合物
	改性硅胶(C_2板、C_8板、C_{18}板)	反相色谱法	非极性物质(类脂、芳香族化合物)、极性物质(碱性及酸性物质)
纤维素	未改性纤维素	分配色谱法	氨基酸、羧酸及碳氢化合物
	乙酰化纤维素	根据乙酰基含量决定从正相至反相色谱法	蒽醌类、抗氧化剂、多环芳香化合物、硝基酚类
	离子交换纤维素	阴离子交换	氨基酸、肽、酶、核苷酸、核苷
	DEAE 纤维素	离子交换	核酸水解物、单及多核苷酸
离子交换剂*		阳离子及阴离子交换	氨基酸、核酸水解物、氨基糖、抗生素等
硅藻土*		处理后作为反相色谱法	黄曲霉素、除草剂、四环素等
聚酰胺*		分配色谱法	黄酮类、酚类
葡聚糖凝胶*		凝胶过滤	蛋白质、核酸等

*表示固定相没有进一步分类。

17.3.2 硅胶

硅胶为多孔性无定形粉末，其化学分子式为 $m\text{SiO}_2 \cdot n\text{H}_2\text{O}$，其表面带有的硅醇基 (—Si—OH) 具有较强的极性和弱酸性，是其产生吸附作用的活性基团或称活性位点。活性位点越多，吸附力越强。硅胶能吸附水分(包括空气中的水分)后形成水合硅醇基，吸附力会有所减弱。所以硅胶在使用前一般需在 105～110℃活化一定时间，以便除去部分水分，增强其吸附力。

借助化学反应将有机分子以共价键形式连接在硅胶的硅醇基上即形成改性硅胶，称为化学键合固定相硅胶，按键合有机硅烷的官能团可分为极性键合相硅胶和非极性键合相硅胶。

极性键合相硅胶指键合有机分子中含有某种极性基团，和普通硅胶比，吸附活性降低。常见的极性键合相有氰基(—CN)、氨基(—NH_2)等，极性键合相一般作为正相色谱，用非极性或极性小的展开剂，但有时对于强极性化合物如糖或多肽的分离，用极性展开剂也可得到有效分离。

非极性键合相硅胶也称反相键合相硅胶，键合相表面都是极性很小的烃基，如十八烷基、辛烷基、乙基等，最常用的是十八烷基键合硅胶。展开剂多为强极性溶剂或无机盐的缓冲液，其 R_f 值与正相分配薄层相反，故称为反相薄层色谱。

薄层用的硅胶粒度为 10～40μm。不含黏合剂的硅胶称硅胶 H，硅胶中加入 10%～15%的煅石膏后称硅胶 G。若在硅胶中加入荧光物质称硅胶 HF_{254} 或 $\text{HF}_{254+365}$，表示在 254nm 或 365nm 紫外光下呈强烈黄绿色荧光背景，适用于本身不发光又无适当显色剂显色的物质。最常用的是硅胶 GF_{254}。

硅胶有微酸性，通常用于对酸性和中性物质的分离。若在展开剂中加少量的酸或碱调成一定 pH 的展开剂，可改变硅胶的酸碱性质，适合各种物质分离的要求。

硅胶分离效率的高低与其粒度、孔径及表面积等几何结构有关。通常认为粒度越小，粒度分布越窄，其分离效率越高。

17.3.3 氧化铝

氧化铝是由氢氧化铝于 400～500℃灼烧而成的，因制备和处理方法的差别，氧化铝有弱碱性(pH 为 9～10)、酸性(pH 为 4～5)及中性(pH 为 7～7.5)之分，因此其使用范围也不同。弱碱性氧化铝适用于分离中性或碱性化合物，如多环碳氢化合物类、生物碱类、胺类、脂溶性维生素及醛酮类；中性氧化铝适用于分离醛、酮及对酸、碱不稳定的酯和内酯化合物；酸性氧化铝适用于分离酸性化合物。

氧化铝作为吸附剂时一般不加黏合剂，但有时也加煅石膏或羧甲基纤维素钠等黏合剂。氧化铝与硅胶类似，有氧化铝 H、氧化铝 G、氧化铝 HF_{254} 等。

学习与思考

(1) 如何选择薄层色谱的固定相？
(2) 为什么样品的鉴别中，多选用硅胶正相色谱法，较少采用硅胶反相色谱法？
(3) 硅胶和氧化铝做固定相各在什么条件下使用？
(4) 存在相对运动不同的组分就可以得到分离。试设计出能产生相对运动使物质得以分离的新分离分析方法。

17.4 展开剂的选择

17.4.1 选择原则

在薄层吸附色谱中,展开剂选择的一般原则和吸附柱色谱法中流动相的选择原则相似,主要根据被分离物质的极性、吸附剂的活性及展开剂本身的极性决定。

1. 分离要求

薄层吸附色谱的分离过程是一个"吸附⇌解吸"的往复循环过程,即发生了吸附、解吸、再吸附、再解吸。在此过程中,当组分和吸附剂一定时,展开剂的极性增加,组分的 R_f 值增大,反之 R_f 值减小。一般组分的 R_f 值在 0.2~0.8 为宜。

2. 溶剂极性

在薄层吸附色谱中,一般选择单一溶剂作展开剂,但对难分离组分,则需要使用二元、三元甚至多元溶剂。

常用溶剂极性由小到大顺序是:石油醚、环己烷、甲苯、苯、三氯甲烷、乙醚、乙酸乙酯、正丁醇、正丙醇、丙酮、异丙醇、乙醇、乙酸、甲醇、甲酸、水。混合溶剂的极性应介于各单一溶剂的极性之间,并随混合比例而有差异。例如,一物质以甲苯作展开剂展开,移动距离太小,甚至在原点,说明展开剂的极性太小,此时可加入一定比例的乙醚、丙酮、乙醇等强极性溶剂,再视分离效果调整配比,如甲苯:乙醚由 9:1 调整为 8:2 或 7:3 等,若样品斑点跑到溶剂前沿,则考虑降低展开剂的极性。

3. 酸度等因素的影响

对普通酸性组分,特别是离解度大的弱酸性组分,应在展开剂中加入一定比例的酸,可防止拖尾现象;在分离碱性物质如某些生物碱时,可选用氧化铝为吸附剂,选用中性溶剂为展开剂,也可采用硅胶为吸附剂,选用碱性展开剂为宜,如在展开剂中加入二乙胺或氨水来调整展开剂的 pH,使分离的斑点清晰集中。

展开剂在薄层中的流速与展开剂的表面张力、黏度及吸附剂的种类、粒度、均匀度等有关,也与展开距离有关。

4. 绿色环保

展开剂的选择也应注重绿色环保要求,尽量采用价格便宜、挥发度适中、毒害小、污染少、容易购到的试剂与试药,避免使用苯、氯仿等毒性大的溶剂。

17.4.2 最佳展开系统

为了在众多的溶剂中选择最佳展开剂组成及配比,以实现最佳分离效果,常需对展开剂系统进行优化。利用计算机技术,选择优化因素,确定优化指标,通过合理的实验设计,以各种优化方法选择出最佳展开系统。

三角形法则(triangle optimization rule)是目前应用较多的优化方法。按照化合物的极性、展开剂极性及吸附剂活度三者之间的关系设计了三因素组合实验(图 17-2)。如将三角形的一个顶点指向某一点，其他两个因素将随之自动地增加或减少，以帮助选择展开剂的极性或固定相的活度。如以组分(被分离物)的极性为起点，极性较小的组分，可选择活性较高的吸附剂和极性较弱的展开剂，而极性较大的组分，则选择用活性较低的吸附剂和极性较强的展开剂。中等极性的化合物的分离则应采用中间条件展开，以得到大多数斑点的 R_f 值在 0.2～0.8 为宜。

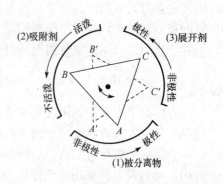

图 17-2 化合物极性、吸附剂活度和展开剂极性间的关系

学习与思考

(1) 如何选择薄层色谱的展开剂？
(2)《中国药典》收载的北豆根药材鉴别采用硅胶 G 薄层板，以三氯甲烷-甲醇-浓氨水(9∶1∶1 滴)为展开剂，碘化铋钾试液为显色剂，试分析展开剂中为什么加入浓氨水？为什么采用碘化铋钾试液为显色剂？还可以采用其他什么显色方法？

17.5 薄层色谱分离过程

17.5.1 铺制薄层板

将固定相和水按一定比例如 1∶2.5～3.0，或加入一定量黏合剂，一般常用 10%～15%的煅石膏，或用 0.2%～0.5%的羧甲基纤维素钠水溶液在研钵中向同一方向研磨混合，去除表面的气泡后，根据所需薄层的厚度及薄层板的大小，取适量吸附剂糊，倒在玻璃板(应光滑、平整，洗净后不附水珠)上，振动，使糊状物均匀地分布在薄层板上形成薄层。也可将吸附剂糊倒入涂布器中，在玻璃板上平稳地移动涂布器进行涂布(厚度为 0.2～0.3mm)，晾干、烘干后使用或置有干燥剂的干燥箱中备用。使用前，在反射光及透视光下检视，薄层表面应均匀、平整、无麻点、无气泡、无破损及污染。

17.5.2 点样

1. 样品制备

溶解样品溶剂的选择对点样很重要，要尽量避免用水为溶剂，因为水溶液点样时斑点易扩散，且不易挥发。一般用甲醇、乙醇、丙酮等挥发性有机溶剂，最好用与展开剂极性相似的溶剂。水溶性样品，可先用少量水使溶解，再用甲醇或乙醇稀释。应尽量使点样后溶剂能迅速挥发，以减少斑点扩散，并减少空气中水分对薄层吸附剂活度的影响。

2. 点样量确定

点样量的多少与薄层的性能、厚薄及显色剂的灵敏度有关。点样量对组分的分离效果有很大影响，点样量太小，可能斑点模糊或不显，难以观察；但点样量太大，原点超载时，常出现斑点过大或拖尾，使比移值相近的斑点叠加，达不到分离，故需多次实验才能确定。适宜的样品量，在定性时主要根据显色的灵敏度考虑。一般样品量最小为几纳克，常用量为几至几十微克，当用薄层分离制备时，可以点样至毫克级。

3. 点样设备及点样方式

点样常采用专用的定容毛细管，也可采用平头微量注射器或自动点样器点样于薄层板上。样品一般点为圆点状或窄细的条带状。

点样速度要尽可能快，点样时间以不超过 10min 为宜，点样环境相对湿度尽量控制在 60%以内。接触式点样采用边点样边用吹风机或加热板挥干溶剂的方式，且接触式点样需注意勿损伤薄层表面。在同一原点进行多次点样时，要尽可能使每次的点样环中心重合，直径大小一致，以免形成多个环状，在原点的不均匀分布将使展开后的色谱图带不够清晰和整齐。若因样品溶液太稀，可重复点样，但应待前次点样的溶剂挥发后方可重新点样，以防样点过大，造成拖尾、扩散等现象而影响分离效果。

17.5.3 展开

薄层展开可在展开槽或展开缸(图 17-3)中进行，展开时应将展开槽放置在水平、稳定的实验台上，要避免光线直射，对遇光易分解的化合物，应将展开槽置暗处或覆盖黑纸进行展开。如需预先用展开剂预平衡，可在槽或缸中加入适量的展开剂，密闭，一般保持 15～30min，使系统平衡。

(a) 直立型的单层层析缸

(b) 双层层析缸

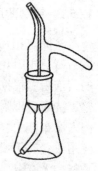
(c) 喷瓶

图 17-3　薄层色谱常用长方形水平展开槽

溶剂的饱和程度对分离效果影响较大。在饱和情况下，展开时间要比不饱和时的时间短，分离效果好，且可消除边缘效应。所谓边缘效应，是指展开时薄层板边缘的 R_f 值高于中部的 R_f 值的现象。边缘效应主要是由层析缸中的不饱和状态和展开剂在薄层板不同部位分配不同而引起。

温度对薄层色谱有影响。展开时温度降低，R_f 值减小，反之在较高温度下展开时，R_f 值较高。对某些化合物来说，展开时温度低，斑点集中，分离效果好，但并非所有化合物都如此。一般来讲，挥发性化合物如萜类碳氢化合物进行薄层分离时需要低温。在展开温度相差较大时，对色谱质量有不同程度的影响，这是因为温度的变化，使展开剂组成中各有机溶剂的蒸气比例发生变化。含水的展开剂在放置过程中或展开时有机相中的水的比例不同，不同程度地改变了展开剂的极性,从而影响到色谱的分离度。

湿度对薄层色谱也有影响,对温湿度敏感的品种,必须按照品种项下的规定,严格控制实验环境的温湿度。在展开过程中,最好恒温恒湿,因为温度及湿度的改变都会影响 R_f 值和分离效果,降低重现性。尤其对活化后的硅胶、氧化铝板更应注意空气的湿度,尽可能避免与空气多接触,以免降低活性而影响分离效果。

在日常实践中,当硅胶 G 或氧化铝薄层板从干燥器中取出,从点样到放至层析缸中展开,尽可能时间短。薄层的活性主要取决于当时实验室的相对湿度,一般所谓的薄层色谱重现性差,环境湿度是主要的因素之一。因此药典规定薄层板临用前一般应在 110°C 活化 30min(聚酰胺薄膜不需要活化)。

17.5.4 显色与检视

当薄层色谱展开后,为了确定色斑的位置,通常先在日光下观察,划出有色物质的色斑,然后在紫外灯下观察有无紫外吸收或荧光色斑以定位。也即供试品含有可见光下有颜色的成分可直接在日光下检视,也可用喷雾法或浸渍法以适宜的显色剂显色,或加热显色,在日光下检视。有荧光的物质或遇某些试剂可激发荧光的物质可在 356nm 紫外光灯下观察荧光色谱。对于可见光下无色,但在紫外光下有吸收的成分可用带有荧光剂的硅胶板(如 GF_{254} 板),在 254nm 紫外光灯下观察荧光板面上的荧光猝灭物质形成的色谱。

薄层色谱有通用型显色剂和专属型显色剂,常用的通用型显色剂如碘、硫酸溶液及荧光黄溶液等。碘对许多化合物可显色,如生物碱、肽类、氨基酸衍生物及皂苷等。专用显色剂是指对某个或一类化合物的显色试剂,如茚三酮是氨基酸的专用显色剂,一些取代基为 α-氨基酸结构的头孢类药物,如头孢拉定、头孢克洛侧链均为氨苄基,其薄层鉴别也可以茚三酮为显色剂。

17.5.5 记录

薄层色谱图一般可采用照相或普通扫描仪,以光学照片或电子图像的形式保存,也可用薄层扫描仪扫描记录相应的色谱图,见图 17-4 黄连药材及对照提取物高效薄层色谱图及图 17-5 黄连高效薄层色谱扫描图。

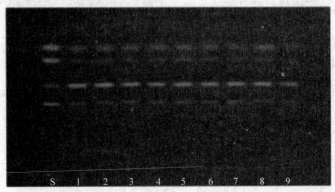

图 17-4 黄连药材及对照提取物高效薄层色谱图(T:17°C,RH:37%)

S. 色谱带由下往上排依次为对照品药根碱、盐酸巴马汀、盐酸小檗碱、表小檗碱、黄连碱;1. 黄连-ERS;2~5. 黄连药材购于清平市场;6. 黄连药材购于大参林;7. 黄连药材购于 1 号店;8. 黄连药材购于前进路;9. 黄连药材购于集和堂

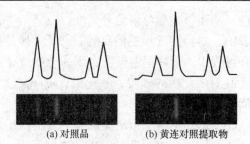

图 17-5 黄连高效薄层色谱扫描图
盐酸巴马汀、盐酸小檗碱、表小檗碱、黄连碱(从左到右)

由于纸色谱和薄层色谱是不连续的操作,影响分离的因素很多。在纸色谱和薄层色谱实验报告中,应对实验时的温度、湿度、展开槽、展开方式及展开操作做详细记录,以便重复实验时可以得到相同的结果。

学习与思考

(1) 要得到好的薄层色谱图,操作中需注意哪些因素?
(2) 无论是定性还是定量,同样是色谱操作,为什么薄层色谱的重复性比高效液相色谱及气相色谱差?
(3) 查查文献,如何使用普通的扫描仪把薄层色谱的斑点转化成表示强度-时间(I-t)关系的谱图?

17.6 薄层色谱的系统适应性实验

对薄层色谱检测方法进行系统适用性实验,目的是使斑点的检测灵敏度、比移值(R_f)和分离效能符合规定。具体操作为用供试品和对照品对实验条件进行实验和调整,以达到要求的检测灵敏度、分离度和重复性。

17.6.1 检测灵敏度

用于限量检查时,供试品溶液中被测物质能被检出的最低量称为检测灵敏度。一般采用供试品溶液和对照品溶液与对照品溶液稀释若干倍的溶液在规定的色谱条件下,在同一块薄层板上点样、展开、检视,后者应显示清晰的斑点。

17.6.2 比移值测定

如图 17-6 所示,比移值是从点样原点至展开斑点中心的距离与从点样原点至展开剂前沿

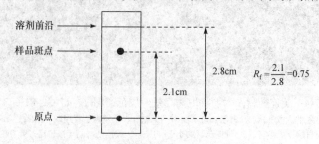

图 17-6 薄层色谱的比移值计算

的距离的比值。鉴别时，可用供试品溶液主斑点与对照品溶液主斑点的比移值进行比较，或用比移值来说明主斑点或杂质斑点的位置。R_f值与容量因子和分配系数的关系为反比关系。

为了消除系统误差，常使用相对比移值(R_s)。相对比移值是指被测组分的 R_f 值与参考物质的 R_f 值之比。比移值 R_f 与相对比移值 R_s 均为定性参数，定性更准确。

影响 R_f 值的因素较多，如固定相的性质、薄层厚度、展开剂的性质与混合溶剂的比例、蒸气饱和程度及温度等。要想得到重现的 R_f 值，必须对诸因素加以控制。故在报道 R_f 值时，除固定相的种类、规格外，有关的薄层厚度、展开剂、平衡时间、展开方式和距离、温度和环境湿度等，都应注明，否则 R_f 值不易重复和参考比较。

17.6.3 分离效能

用于鉴别时，对照品溶液与供试品溶液中相应的主斑点是应该清晰分离的。考察分离效能可将杂质对照品用供试品自身稀释对照溶液溶解制成混合对照溶液；也可将杂质对照品用待测组分的对照品溶液溶解制成混合对照溶液；或者采用供试品以适当的降解方法获得的溶液。上述溶液点样展开后的色谱图中，应显示清晰分离的斑点，见图17-7。

可用分离度(R)来衡量薄层色谱中薄层分离效果的好坏。用于限量检查和含量测定时，要求定量峰与相邻峰之间有较好的分离度，其计算公式为

$$R = \frac{2(d_2 - d_1)}{(W_1 + W_2)} \tag{17-2}$$

式中，d_2 为相邻两峰中后一峰与原点的距离；d_1 为相邻两峰中前一峰与原点的距离；W_1 及 W_2 为相邻两峰各自的峰宽。

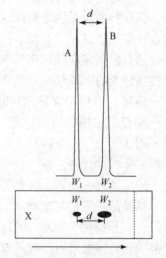

图 17-7 薄层色谱分离度的示意图

学习与思考

(1) 薄层色谱法中，为什么要进行系统适用性实验？
(2) 某样品做薄层色谱分析，结果只显示1个斑点，能断定该样品只含一种成分吗？为什么？
(3) 影响薄层色谱分离效能的因素有哪些？

17.7 薄层色谱扫描法

薄层色谱扫描法(thin-layer chromatographic scanning, TLCS)指用一定波长的光照射在薄层板上，对薄层色谱中有紫外或可见吸收的斑点或经照射能激发产生荧光的斑点进行扫描，记录其吸收度随展开距离的变化，得到薄层扫描曲线(图 17-5)，曲线上的每一个色谱峰相当于薄层上的一个斑点，色谱峰高或峰面积与组分的量之间有一定的关系，比较对照品与样品的峰高或峰面积，即可得出样品中待测组分的含量。

薄层色谱扫描法可分为吸收法和荧光法。薄层吸收扫描法适合于有颜色的化合物或有紫外吸收的物质，以及通过色谱前或色谱后衍生成上述类型化合物的样品组分的扫描测定。将扫描得到的图谱及积分值用于鉴别、检查和含量测定。可采用反射或透射两种方式进行扫描，一般选择反射扫描方式。反射扫描方式是指测定样品斑点对照射光的反射情况进行测定；

透射扫描方式则是测定照射光穿透样品斑点后光的吸收情况。薄层色谱荧光扫描法是利用薄层色谱斑点(组分)发出的荧光强度或利用荧光薄层板上暗斑的荧光猝灭程度进行定量的方法，测定均采用反射扫描方式。透射扫描方式大多用于凝胶色谱，非透明介质薄层板的扫描主要为反射式吸收法或荧光扫描法。

凡化合物本身能发射荧光或经过色谱前或色谱后衍生化能生成受紫外光激发而发荧光的化合物均适用于薄层荧光扫描法。

薄层色谱扫描可使用单波长和双波长进行测定。单波长薄层扫描适合分离度好、背景干扰小的薄层色谱。双波长薄层扫描时用测定波长和参比波长分别扫描薄层板，测定样品斑点在两波长下的吸收度之差，可减少分离度欠佳的组分间的相互干扰，并减少薄层板的背景干扰，操作时应选择待测斑点无吸收或最小吸收的波长作为参比波长。

薄层扫描定量测定应保证供试品斑点的量在线性范围内，必要时可适当调整供试品溶液的点样量，供试品与对照品同板点样、展开、扫描、测定和计算。除另有规定外，薄层色谱扫描法含量测定应使用市售薄层板。薄层色谱分析的各个步骤如点样、展开等，均会影响薄层扫描结果的准确性与重现性，因此在实验的各个步骤均应规范操作。

薄层色谱用于含量测定时，通常采用线性回归二点法计算，如线性范围很窄时，可用多点法校正多项式回归计算。供试品溶液与对照品溶液交叉点于同一薄层板上。供试品点样不得少于 2 个，对照品每一浓度不得少于 2 个。扫描时，应沿展开方向扫描，不可横向扫描。

随着制板、点样、展开等操作的仪器化及仪器性能的改进，薄层色谱扫描法检测的灵敏度、结果的精密度与准确度均大大提高。与高效液相色谱法相比，具有多通道效应，可同时平行分离分析多个样品；流动相用量少且选择范围宽、更换方便；固定相为一次性使用，对样品的预处理要求不高等优点，被较多用于中药制剂中有效成分的含量测定。

17.8 薄层色谱法在药物分析中的应用

17.8.1 定性鉴别

取适宜、浓度相近的对照品溶液与供试品溶液，在同一薄层板上点样、展开与检视，供试品溶液所显主斑点的颜色(或荧光)和位置(R_f)应与对照溶液的斑点一致，而且主斑点的大小与颜色的深浅也应大致相同。或采用供试品溶液与对照品溶液等体积混合，应显示单一、紧密的斑点；或选用与供试品化学结构相似的对照品与供试品溶液的主斑点比较，两者 R_f 应不同，或将上述两种溶液等体积混合，应显示两个清晰分离的斑点。

17.8.2 杂质限度检查

可采用定量配制的对照品对照或对照品稀释对照，也可采用供试品溶液的自身稀释对照。供试品溶液除主斑点外的其他斑点应与相应的杂质对照品溶液或系列浓度杂质对照品溶液的主斑点比较，或与供试品溶液的自身稀释对照溶液或系列浓度自身稀释对照溶液的主斑点比较，颜色(或荧光)不得更深；或照薄层扫描法操作，峰面积不得大于对照品的峰面积值。通常应规定杂质的斑点数和单一杂质量，当采用系列自身稀释对照溶液时，也可规定估计的杂质总量，对杂质进行半定量测定。

17.8.3 含量测定

照薄层色谱扫描法,测定供试品中相应成分的含量,也可在用薄层分离后,将斑点进行洗脱,再用紫外分光光度法等仪器方法进行定量。

用于定量的薄层色谱,要求展开后的斑点集中,无拖尾现象。洗脱时,要选用对被测物有较大溶解度的溶剂浸泡,进行多次洗脱以达到定量洗脱的目的。对一些吸附性较强而不易洗脱的组分,可以采用离心分离或过滤等方法定量洗脱。

学习与思考

---

(1) 薄层色谱被广泛用于药物鉴别,但却较少用于药物含量测定,为什么?

(2) 不用薄层色谱扫描法,怎样采用薄层色谱法对药物中的杂质进行半定量测定?

(3) 在相同介质中比移值完全不相同的两个溶液混合以后进行薄层色谱分析,所得的斑点与混合前溶液的薄层色谱斑点有哪些异同?

17.8.4 应用示例

薄层色谱法具有操作简单、快速、设备投资小、检测运行成本低等特点,适用于绝大多数物质的分离分析,在医药、生物、环境、食品等各领域得到了广泛的应用。在药学领域,被广泛应用于中草药品种鉴别和成分分析、中成药鉴别和质量标准研究、合成药物的定性鉴别、纯度检查、稳定性考察和药物代谢及合成工艺监控分析、生化和抗生素研究等方面,仅2010年版《中国药典》一部,收载薄层鉴别就达2962项,下面举例介绍。

1. 中药材鉴别

中药材的薄层色谱鉴别主要依据薄层色谱上斑点的 R_f 值、斑点颜色及整个色谱的指纹分析。因为方法简便易行,故应用非常广泛,也被各国药典采用。

【示例 17-1】 银杏叶的鉴别

取银杏叶粉末 0.2g 至试管中,加 10mL 甲醇,水浴 65°C 加热 10min,加热过程中不时振摇,冷至室温,滤过,水浴 60°C 浓缩滤液至 5mL,放冷,作为供试品溶液。另取芦丁和绿原酸对照品,加甲醇制成每毫升各含芦丁 0.6mg、绿原酸 0.2mg 的混合溶液,作为对照品溶液。照薄层色谱法实验,吸取上述两种溶液各 20μL,分别点于 0.25mm 厚的硅胶 G 薄层板上,以乙酸乙酯-水-无水甲酸-冰醋酸(67.5:17.5:7.5:7.5)为展开剂,展开,取出,晾干,烘箱中加热至 100~105°C,立刻喷以每毫升含 10mg 2-氨基乙基联苯基硼酸酯的甲醇溶液,再喷以每毫升含 50mg 聚乙二醇 400 的乙醇溶液,薄层板放冷,置紫外灯(365nm)下检视,对照品溶液色谱中,芦丁显黄棕色荧光斑点,绿原酸显淡蓝色荧光斑点,供试品色谱中,在与对照品色谱相应的位置上,显相同颜色的荧光斑点。

2. 纯度检查

为保证合成药物的纯度,对可能存在于合成药中的原料、中间体、副产物及在放置过程中产生的降解产物(总称有关物质)进行检查,并控制其限量。各国药典在合成药物进行有关物质检查时,多采用薄层色谱法,此法不仅快速,而且有助于证明该杂质并非是 GC 和 HPLC 检查过程中分解产生的。如果被检物质已知并有对照品,则可用随行对照品,如为未知物,常采用自身对照法。

【示例 17-2】 头孢拉定有关物质检查

取头孢拉定供试品，加 0.01mol·L^{-1} 氨溶液制成每毫升中含 20mg 的溶液，作为供试品溶液；精密量取适量，加 0.01mol·L^{-1} 氨溶液稀释成每毫升中含 0.1mg 的溶液，作为对照溶液(1)。另取头孢氨苄、双氢苯甘氨酸和 7-氨基去乙酰氧基头孢烷酸对照品适量，加 0.01mol·L^{-1} 氨溶液制成每毫升中含 0.5mg、0.4mg 及 0.2mg 的混合溶液，作为对照溶液(2)。照薄层色谱法实验，吸取上述三种溶液各 5μL，分别点于同一硅胶 G 薄层板[经 105℃ 活化 1h 后，置 5%(mL/mL)正十四烷的正己烷溶液中，展开至薄层板的顶部，晾干]上，以 0.1mol·L^{-1} 枸橼酸溶液-0.2mol·L^{-1} 磷酸氢二钠溶液-丙酮(60∶40∶1.5)为展开剂，展开后，于 105℃ 加热 5min，取出，立即喷以用展开剂制成的 0.1% 茚三酮溶液，在 105℃ 加热 15min 检视。供试品溶液如显杂质斑点，除头孢氨苄外，与对照溶液(2) 相同位置上所显的斑点比较，其颜色不得更深。其他杂质斑点应与对照溶液(1) 所显示的斑点比较，不得更深。

3. 判断合成反应进行程度

薄层色谱法用于合成工艺的监控，具有只需少量反应液就可以在很短时间内得到结果的优点。例如，在有机合成反应中，薄层色谱可用于监控反应进行的程度，判断反应终点。在化学反应进行到一定时间或反应终了时，把反应液取出作薄层分析，可以知道还剩下多少原料药未起作用。方法是把反应液或其有机溶剂提取液点在薄层上，同时点原料药作参比对照，看薄层上是否出现原料药斑点。还可以用薄层检查反应副产物。如果化学反应分步进行，则每一步反应的中间体的质量和产率也都可用薄层进行定性和定量分析。

【示例 17-3】 普鲁卡因合成反应监测

在生产上，常用薄层色谱法快速判断反应进行的程度。从图 17-8 中可以看出硝基卡因还原普鲁卡因的反应经 2h 取样检查，在薄层上已不显示硝基卡因斑点，仅有普鲁卡因和中间体的斑点，再经 2h 后，情况未变化，所以可将生产上原定还原时间由 4h 缩短为 2h。

色谱条件。薄层板为硅胶羧甲基纤维素钠板，展开剂为环己烷-苯-二乙胺(8∶2∶0.4，体积比)，显色剂为碘化铋钾溶液。

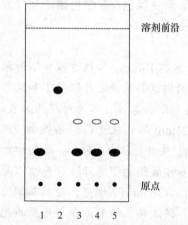

图 17-8 普鲁卡因与硝基卡因的薄层色谱图

1. 盐酸普鲁卡因；2. 硝基卡因；3. 还原 2h 取样；
4. 还原 3h 取样；5. 还原 4h 取样(原定出料时间)

4. 含量测定

由于薄层色谱法的分离机制复杂，影响因素较多，一般主要用于药物的定性分析，作为定量检测，相比于高效液相色谱及气相色谱，其误差较大，重现性相对较差，需要特别注意控制实验条件和消除影响因素。常用的定量方法是薄层扫描法和薄层洗脱后定量法。目前，新一代的薄层扫描仪采用了全自动的操作系统、多样化的扫描模式和成像系统，使检测结果的准确性和重现性均有了较大提高。

【示例 17-4】 六味地黄胶囊中熊果酸含量测定

取六味地黄胶囊内容物适量，研细，混匀，取细粉约 0.5g，精密称定，置索氏提取器内，加乙醚适量，加热回流 3h，提取液回收乙醚至干，残渣加适量无水乙醇-氯仿(3∶2)混合液，微热使溶解,定量转移至 5mL 量瓶内,并稀释至刻度,摇匀,作为供试品溶液。另取熊果酸对照品适量,精密称定,加无水乙醇制成每毫升含 0.5mg 的溶液,作为对照品溶液。照薄层色谱法(《中国药典》2015 年版通则 0502)实验,精密吸取供试品溶液 10μL、对照品溶液 5μL 与 10μL,分别交叉点于同一硅胶 G 薄层板上,以环己烷-氯仿-乙酸乙酯-甲醇(25:15:5:2) 为展开剂,展开,取出,晾干,喷以 10%硫酸乙醇溶液,在 110℃加热至斑点显色清晰,晾干,在薄层板上覆盖同样大小的玻璃板,周围用胶布固定,照薄层色谱法进行扫描,波长:λ_S=520nm,λ_R=700nm,测量供试品吸收度积分值与对照品吸收度积分值,计算,即得。

延伸阅读 17-2:薄层色谱新技术

早期的薄层色谱由于仪器自动化程度低、分辨率低及重现性差等方面的不足,较长时间停留在定性及半定量的水平上。20 世纪 70 年代开始,薄层色谱向仪器化、高效化、定量化、自动化发展,在分析化学领域被广泛使用,目前已进入分离高效化、定量仪器化、数据处理自动化的新阶段。

随着科学技术的迅速发展,薄层色谱技术也已由传统的普通薄层色谱发展到现在的高效薄层色谱(HPTLC)、制备薄层色谱(PTLC)、胶束薄层色谱(MTLC)、微乳薄层色谱(METLC)、包合薄层色谱(ICC)、加压薄层色谱(OPLC)、离心薄层色谱(CTLC)、超薄层色谱(UTLC)及二维薄层色谱(2DTLC)等,并逐步向联用检测方向发展,如薄层色谱-红外联用、薄层色谱-质谱联用、薄层色谱-核磁共振联用及薄层-生物自显影等。科学家研发出越来越先进的仪器设备,减少影响色谱行为的个人因素和环境因素,所获数据越来越准确客观。

随着薄层色谱规范化和自动化水平的提高,薄层色谱法将日趋高效、准确和灵敏。薄层色谱法仍将是可供选择的经济、可靠、快速的重要分析方法之一,并会有更加广阔的应用前景。

内容提要与学习要求

纸色谱法系以滤纸为载体的液相色谱法,以纸上所含水分或其他物质为固定相,用展开剂进行展开的分配色谱;薄层色谱法通常是将吸附剂在光洁的表面,如玻璃、金属或塑料等表面均匀地铺成薄层,将供试品点在薄层板上,经展开、检视分离后的色谱图。薄层色谱法是以吸附剂为固定相的一种液相色谱法,属于吸附色谱法的范畴。纸色谱法与薄层色谱法简单、实用,两者较多地被用于供试品的鉴别、杂质检查或含量测定。

本章主要介绍了平面色谱法的含义,薄层色谱的分类,常见的薄层色谱固定相,展开剂的选择原则,薄层色谱分析过程,薄层色谱的系统适应性实验,以及薄层色谱法在药物分析中的应用。

要求掌握纸色谱与薄层色谱用于供试品鉴别、检查和含量测定的原理、特点、系统适用性实验及应用范围;熟悉薄层色谱的操作方法,包括薄层板的制备、点样、展开、显色与检视、记录等;了解薄层色谱的发展历史及薄层色谱新技术。

练 习 题

一、选择题(每题只有一个最佳答案)
1. 用薄层色谱定性的主要依据是(   )。
   A. 分配系数   B. 分配比   C. 分移动的距离   D. 比移值
2. 经薄层色谱分离后样品斑点中心的位置恰好在起始线与溶剂前沿线中间,其 R_f 值是(   )。
   A. 0.25   B. 0.50   C. 0.75   D. 1.00

3. 吸附薄层色谱属于( )。
   A. 液液色谱　　　　　B. 液固色谱　　　　　C. 气液色谱　　　　　D. 气固色谱
4. 纸色谱法的分离原理主要属于( )。
   A. 液液色谱　　　　　B. 液固色谱　　　　　C. 气液色谱　　　　　D. 气固色谱
5. 在纸色谱中,若被分离各组分的极性强弱不同,当选用强极性溶剂展开时,比移值 R_f 大的是( )。
   A. 弱极性组分　　　　B. 中等极性组分　　　C. 强极性组分　　　　D. 无法确定
6. 用薄层色谱法对待测组分定量时,可采用( )。
   A. 斑点至原点的距离　B. 比移值 R_f　　　　C. 斑点面积的大小　　D. 斑点的颜色
7. 吸附薄层色谱法中的固定相是( )。
   A. 固体　　　　　　　B. 液体　　　　　　　C. 气体　　　　　　　D. 液固混合体
8. 用薄层色谱法对待测组分定性,准确度最高的是( )。
   A. 斑点至原点的距离　B. 比移值 R_f　　　　C. 相对比移值　　　　D. 保留时间
9. 吸附色谱中,吸附剂含水量越高,则( )。
   A. 活性越低　　　　　B. 活性越高　　　　　C. 吸附能力越大　　　D. 活性级别越小
10. 欲用吸附色谱法分离极性较强的组分,应采用( )。
    A. 活性高的固定相和极性强的流动相　　　B. 活性高的固定相和极性弱的流动相
    C. 活性低的固定相和极性弱的流动相　　　D. 活性低的固定相和极性强的流动相
11. 用薄层色谱法分离两极性组分,其 R_f 值分别为 0.198 和 0.200,可采取措施以改善分离效果的是( )。
    A. 换用极性较弱的展开剂　　　　　　　　B. 换用吸附性更强的固定相
    C. 采用多次展开法　　　　　　　　　　　D. 使层析缸中溶剂蒸气充分饱和再展开
12. 薄层色谱对点样的要求是( )。
    A. 样点越小越好　　　　　　　　　　　　B. 样点直径一般为 2~3mm
    C. 样点越大越好　　　　　　　　　　　　D. 样点直径应大于 3mm
13. 用硅胶作吸附剂,正丙醇作展开剂,薄层色谱分析某弱极性物质时,其 R_f 值太大,为减少 R_f 值,可采用的方法是( )。
    A. 增大硅胶吸附剂的含水量　　　　　　　B. 用乙酸乙酯作展开剂
    C. 在正丙醇中加入一定量的甲醇　　　　　D. 减少进样量
14. 样品在薄层色谱上展开,10min 有一 R_f 值,则展开 20min 后,下列说法正确的是( )。
    A. R_f 值不变　　　　B. R_f 值翻倍　　　　C. R_f 值变小　　　　D. 不确定

二、判断题
1. 某样品在一硅胶板上进行展开、显色后,只得到一个斑点,则此样品肯定为纯物质。　　( )
2. 采用吸附色谱分配分离 A、B 组分,A 组分的 R_f=0.40,B 组分的 R_f=0.50,结果表明 B 组分的吸附平衡常数 K 较 A 组分的小。　　　　　　　　　　　　　　　　　　　　　　　　　　　　( )
3. R_f 值是薄层色谱法的定性依据,在同样的条件下,两组分有相同的 R_f 值,则说明是同一种物质。( )
4. 用薄层色谱法分离氨基酸类化合物,作为固定相的硅胶其吸附活性不宜太高。　　　　( )
5. 使层析缸中溶剂蒸气充分饱和的方法能克服薄层分析中的边缘效应。　　　　　　　　( )
6. 凝胶色谱分析中相对分子质量小的组分先流出色谱柱。　　　　　　　　　　　　　　( )
7. 吸附剂的含水量越小,活性越强,所以硅胶活化时,温度越高,活性越强。　　　　　( )
8. 用薄层色谱法分离强极性物质时,应选用活性低的吸附剂和极性强的展开剂。　　　　( )
9. 分配色谱法是利用固定相对被分离组分吸附力差异以实现分离。　　　　　　　　　　( )
10. 阳离子交换树脂可交换的离子为阳离子,阴离子交换树脂可交换的离子为阴离子。　( )
11. 凝胶色谱法根据被分离组分分子的大小来实现分离,大分子受阻程度大,后流出柱子。( )
12. 硅胶吸附剂的活性基团是硅醇基,把硅胶加热至 500℃ 以上,硅醇基将被破坏。　　( )
13. 硅胶吸附的水为自由水,将硅胶加热至 100℃ 左右,可除去自由水,提高硅胶的活性。( )
14. 中性氧化铝只能分离中性物质。　　　　　　　　　　　　　　　　　　　　　　　　( )

15. 若被分离物质极性小，应选择含水量多，活性小的吸附剂，极性大的流动相。　　　　　　（　）
16. 比移值 R_f 与相对比移值 R_s 均为定性参数，但 R_s 能消除系统误差，定性更准确。　（　）
17. 用吸附薄层色谱法分离极性大的组分，应选择极性大的吸附剂，极性小的展开剂。　　（　）
18. 纸色谱法是以滤纸纤维吸附的水为固定相的液-液分配色谱法，其基本操作与薄层色谱法相似。（　）

三、问答题

1. 在吸附薄层色谱中如何选择展开剂？欲使某极性物质在薄层板上移动速度快些，展开剂的极性应如何改变？

2. 简述薄层色谱的分类。

3. 在薄层色谱中，以硅胶为固定相，二氯甲烷为流动相时，试样中某些组分 R_f 值太大，若改为二氯甲烷-甲醇(3∶1)时，则试样中各组分的 R_f 值会变得更大，还是变小？为什么？

4. 在硅胶薄层板 A 上，以甲苯-甲醇(1∶4)为展开剂，某物质的 R_f 值为 0.50，在硅胶板 B 上，用相同的展开剂，此物质的 R_f 值降为 0.40，则 A、B 两种板，哪一种板的活度大？

5. 已知 A、B 两物质在某薄层色谱系统中的分配系数分别为 90 和 100。问哪一个的 R_f 值小些？

6. 薄层色谱展开剂的流速与哪些因素有关系？

7. 化合物 A 在薄层板上从原点迁移 7.6cm，溶剂前沿距原点 16.2cm。

　　(1) 计算化合物 A 的 R_f 值。

　　(2) 在相同的薄层系统中，溶剂前沿距原点 14.3cm，化合物 A 的斑点应在此薄层板上什么位置？

8. 已知 A 与 B 两物质的相对比移值为 1.5，当 B 物质在某薄层板上展开后，色斑距原点 9cm，溶剂前沿到原点的距离为 18cm，若 A 在此板上同时展开，则 A 物质的展距为多少？A 物质的 R_f 值为多少？

9. 今有两种性质相似的组分 A 和 B，共存于同一溶液中。用纸色谱分离时，它们的比移值分别为 0.45、0.63。欲使分离后两斑点中心间的距离为 2cm，则滤纸条应为多长？

第 18 章 气相色谱分析

18.1 概　　述

气相色谱法(gas chromatography, GC)是以气体为流动相、以固体吸附剂或涂渍有固定液的固体载体为固定相来进行分离分析的方法学，主要研究易挥发物质的分离问题。

气相色谱理论可分为以塔板理论(plate theory)为代表的热力学理论和以速率理论为代表的动力学理论两方面。热力学理论是从相平衡观点来研究分离过程，而动力学理论是研究各种动力学因素对色谱柱效(column efficiency)的影响。在范第姆特1956年提出速率理论基础上，美国犹他大学吉丁斯(J. Calvin Giddings, 1930—1996)教授 1965 年扩展了色谱理论，为气相色谱学从技术到科学再到应用实践的循环发展奠定了很好的基础。

气相色谱法以气体为流动相，气体具有黏度小、传质速度快、渗透性强的优点，因此气相色谱法具有以下特点。

(1) 分离效能高。一般气相色谱填充柱的理论板数为几千，毛细管气相色谱柱理论板数最高可达百万，因此可以使一些分配系数很接近的难分离物质在短时间内获得良好的分离效果。此外，该法能够同时分离和测定极为复杂的混合物。

(2) 灵敏度高。气相色谱法可以检测含量为 $10^{-11}\sim10^{-13}$ g 的物质，非常适合微量和痕量分析。

(3) 选择性强。通过选择合适的固定相，气相色谱法能够分离有机化合物中的顺反异构体、对映体等性质极为相近的物质。

(4) 分析速度快。通常一个试样的分析只需几分钟到几十分钟。

(5) 应用范围广。该法可以分析气体、易挥发的液体或固体样品。只要沸点在 500℃ 以下，热稳定性好的组分，条件选择合适，基本上可直接采用气相色谱法分析。对于受热易分解或挥发性低的物质，可通过化学衍生的方法实现气相色谱分析。

18.2　气相色谱法的基本原理

18.2.1　气相色谱的分离过程

气相色谱主要是利用物质的沸点、极性或吸附性质的差异实现混合物的分离。待分析样品在气化室(vaporizer)气化后被载气带入色谱柱(chromatographic column)并随载气(carrier gas)流动，各种组分在流动相(mobile phase)和固定相(stationary phase)之间进行反复分配(distribution)或吸附与解吸(sorption and desorption)，不断建立和打破热平衡。试样中各组分按分配系数大小顺序，依次被载气带出色谱柱，进入检测器(detector)，检测器将待测物质的质量或浓度的变化转变为电信号，经色谱工作站数据处理后，得到色谱图(chromatogram)。

18.2.2 塔板理论

1. 塔板理论的基本假设

为了研究色谱柱中的分离过程、色谱峰形状及评价柱效，英国生物化学家马丁和辛格借用蒸馏中塔板的概念，将色谱柱设想成一个由多层塔板构成的分馏塔，建立起描述分离过程的数学表达式。

模拟分馏塔中的分馏过程，待测组分在色谱柱中分馏塔板间移动，在每一个塔板内溶质在固定相和流动相间形成分配平衡。随着流动相的流动，溶质分子不断从一个塔板移动到下一个塔板，并不断形成新的平衡。有多少层塔板，就有多少次分配平衡，塔板数量越多，分离能力越强。由塔板理论计算出来的理论塔板数(N)和塔板高度(H)，都可用于柱效评价。

为了使问题简化，塔板理论作了以下四点假设。

(1) 色谱柱中存在由塔板分隔出来的高度为 H 的区间。在每个区间内，样品组分在两相间能迅速达到分配平衡。

(2) 流动相以一个塔板体积为最小体积流量单位间歇式进入并通过色谱柱。

(3) 分配等温线为直线型，即组分在两相间的分配系数是恒定的，与组分在塔板中浓度无关。

(4) 所有组分开始时全部进入零号塔板中，塔板与塔板之间没有纵向扩散。

2. 组分在色谱柱内的分配和迁移

根据塔板理论，组分在两相间的连续转移过程形象地理解为在单个塔板中不连续的分配平衡过程。例如，理论塔板数为5(即 $N=5$)的色谱柱，也就是色谱柱分成 5 个连续区段，塔板编号以 $r(r=0、1、2、3、\cdots、N-1)$ 表示。色谱柱全部空隙空间已经被流动相所充满，在实验使用的固定相和流动相下，组分 A 和 B 的容量因子分别为 $k_A=1$ 和 $k_B=0.5$，且由 A 和 B 组成的混合物样品进样量为 $200\mu g(m_A = m_B = 100\mu g)$。假如开始只考虑组分 A 的分配转移，开始时在 5 个塔板内，组分的质量都为 0。

如图 18-1 所示，当第 1 个塔板体积(注意塔板体积数和塔板数的区别)的流动相将混合样品带入色谱柱的第 0 号塔板后，100μg 组分 A 在 0 号塔板里的固定相和流动相之间迅速发生第 1 次分配平衡，由于分配因子 $k_A=1$，有 50μg 组分 A 进入到固定相(液)里，流动相里还留下 50μg。

	$r=0$		$r=0$	$r=1$		$r=0$	$r=1$	$r=2$
固定相	50	⇒	25	25	⇒	12.5	25	12.5
流动相	50		25	25		12.5	25	12.5

图 18-1 组分 A 在塔板里的平衡分配(单位：μg)

接着第 2 个塔板体积的流动相继续流入，将 0 号塔板里的流动相置换成了纯流动相，原来的 0 号塔板里含有 50μg 组分 A 的流动相被冲到 1 号塔板。随后在 0 号塔板里会迅速发生第 2 次分配平衡，组分 A 从固定相(液)里解吸出 25μg 进入流动相，仍有 25μg 留在固定相中。而在 1 号塔板里，刚刚随流动相进来的 50μg 组分 A，也会立刻在两相间发生分配平衡，有 25μg 组分 A 进入固定相(液)中，有 25μg 组分 A 留在流动相中。

通入第 3 个塔板体积的流动相，首选把 0 号塔板里流动相中含有 25μg 组分 A 的流动相带入 1 号塔板里，1 号塔板里含 25μg 组分 A 的流动相被冲到 2 号塔板里，以至于在 0 号、1

号、2 号塔板再次分别发生分配并形成平衡，平衡后组分 A 在 0 号塔板里共有 25μg，1 号塔板里共有 50μg，2 号塔板里共有 25μg。

依此类推，以塔板体积为单位的流动相不断地流入色谱柱，流动相中所含的物质依次流向下一个塔板，并不断形成新的分配平衡。根据表 18-1，组分从具有 5 块塔板的柱子中冲洗出来的最大浓度(13.7μg)的塔板体积数为 8 和 9(表 18-1 中加框部分)。

表 18-1　在塔板数 $N=5$, $k_A=1$, $100\mu g$ 组分 A 在柱中及柱后的分布

流动相的塔板体积数(n, ΔV_0)	塔板号 r					离开柱子的组分 A (x, μg)
	0	1	2	3	4	
0	100(50)	0	0	0	0	0
1	50	50(25)	0	0	0	0
2	25	50	25(12.5)	0	0	0
3	12.5	37.5	37.5	12.5(6.3)	0	0
4	6.3	25	37.5	25	6.3(3.2)	0
5	3.2	15.7	31.3	31.3	15.7(7.9)	3.2
6	1.6	9.5	23.4	31.3	23.5(11.8)	7.9
7	0.8	5.6	16.4	27.4	27.4(13.7)	11.8
8	0.4	3.2	11.0	21.9	27.4(13.7)	13.7
9	0.2	1.8	7.1	16.5	24.7(12.4)	13.7
10	0.1	1	4.4	11.8	20.6(10.3)	12.4
11	0	0.6	2.7	8.1	16.2(8.1)	10.3
12	0	0.3	1.6	5.4	12.1(6.1)	8.1
13	0	0.2	0.9	3.5	8.7(4.4)	6.1
14	0	0.1	0.5	2.2	6.1(3.1)	4.4
15	0	0	0.2	1.3	4.2(2.1)	3.1
16	0	0	0.1	0.7	2.7(1.4)	2.1
17	0	0	0	0.4	1.7(0.9)	1.4
18	0	0	0	0.2	1.1	0.9

注：左边第一列为以 ΔV_0 为塔板体积单位的流动相体积数；括号中的数值为在流动相中分布的组分 A 的质量，单位为 μg。

将表 18-1 中计算出的数据，以进入柱子的流动相塔板体积数为横坐标，以离开柱子时组分 A 的质量(μg)为纵坐标作图，就可得到图 18-2 所示的曲线。流出曲线为不对称峰形，这是由于柱子的总塔板数太少，分配平衡常数太少，当塔板数大于 50 以上时，溶质分布趋向对称分布。同样可以计算出组分 B($k_A=1$, $k_B=0.5$)的塔板体积数为 6 和 7。也就是，组分 A 和 B 的混合物经过 5 个塔板体积流动相后，两组分开始分离，k 值小的组分先出现浓度极大值，先洗脱出柱。事实上，色谱柱的塔板数一般在数千以上，以至于分配系数有微小差别的混合组分都能得到良好分离。

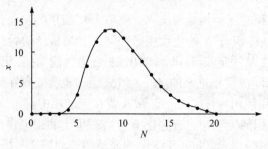

图 18-2　组分 A 从 $N=5$ 柱中流出曲线图

3. 色谱流出曲线方程

图 18-1 所示的过程可以推广到一般化。假设 $k = p/q$ 和 $p+q =1$，其中 p、q 分别为溶质在固定相和流动相中的溶质分数，且有 $p=k/(1+k)$, $q=1/(1+k)$。并设 ΔV_0 为单位塔板流动相体积，随着 n 个塔板体积的流动相(流动相体积 $V = n\Delta V_0$)进入色谱柱，则组分在柱内各塔板上的分布量可用二项式 $(p+q)^n$ 的展开式来描述，即

$$(p+q)^n = \sum_{r=0}^{n} C_n^r p^{n-r} q^r = \sum_{r=0}^{n} {}^n X_r$$

式中，C_n^r 为二项式第 r 项系数；${}^n X_r$ 为二项展开式的第 r 项，是二项分布式的概率密度函数，在此处表示当 n 个塔板体积的流动相流过色谱柱时，溶质分布在 r 板上的质量分数。

$${}^n X_r = C_n^r p^{n-r} q^r = \frac{n!}{r!(n-r)!} p^{n-r} q^r \tag{18-1}$$

由于二项分布式密度函数是一个非连续函数的表达形式，当 n 和 r 比较大时计算非常麻烦，一般将它转变为连续函数(continuous function)。根据概率论(probability theory)，二项分布式的 n、r 值很大时，可近似用正态分布函数(normal distribution function)表示。由于在气相色谱和高效液相色谱中塔板数非常大，因而可以用正态分布函数代替二项式分布式密度函数来描述组分在色谱柱内和流出色谱柱末端时的分布情况。

如果 r 是最后一个塔板，且溶质在 r 板上浓度分布取得最大值时，此时流过色谱柱的流动相塔板体积数为 n_{max}。于是有，$r \times \Delta V_0 = V_0$ (V_0 为色谱柱的死体积) 及 $n_{max} \times \Delta V_0 = V_R$ (V_R 为该组分的保留体积，即洗脱出溶质最大浓度的流动相体积)。式(18-1)可转化为

$${}^n X_r = \frac{1}{\sqrt{2\pi r}} e^{-\frac{r}{2}\left(1-\frac{n}{n_{max}}\right)^2} \tag{18-2}$$

在色谱过程中，n、r 值很大，$r \approx (r+1)$，且塔板数 r 一般用 N 表示，且 $n/n_{max}=V/V_R$。设 M 为所进的样品中组分 A 的总量，组分 A 被流动相洗脱离开 r 板(最后一个塔板)时，有 q 比例的组分 A 随流动相进入检测器，若把流动相中组分 A 的量用浓度 c 来表示，则有

$$c = \frac{1}{\sqrt{2\pi} \frac{V_R}{\sqrt{N}}} e^{-\frac{(V-V_R)^2}{2\left(\frac{V_R}{\sqrt{N}}\right)^2}} \cdot M \tag{18-3}$$

或

$$c = \frac{1}{\sqrt{2\pi} \frac{t_R}{\sqrt{N}}} e^{-\frac{(t-t_R)^2}{2\left(\frac{t_R}{\sqrt{N}}\right)^2}} \cdot \frac{M}{F} \tag{18-3a}$$

式中，c 为色谱流出曲线上对应于通过任意流动相体积 V 的浓度；N 为理论塔板数；M 为注入色谱柱的样品量；V_R 为样品组分的保留体积；t_R 为样品组分的保留时间；F 为流动相的体积流速。

式(18-3)或式(18-3a)称为<u>色谱流出曲线方程</u>，也称为塔板理论方程，是色谱柱洗脱出溶质的浓度 c 随流动相的体积 V 变化的方程，即任意流动相体积 V 通过理论塔板数为 N 的色谱柱

洗脱出溶质的浓度变化曲线。

4. 塔板理论方程讨论

1) 峰高

峰高是浓度极大值。当 $V=V_R$，即通过色谱柱的流动相体积等于溶质保留体积时，流出溶质浓度取得最大值：

$$c_{\max} = \frac{1}{\sqrt{2\pi}\dfrac{V_R}{\sqrt{N}}} \cdot M \tag{18-4}$$

$c_{\max}$ 即为最大峰高 h。

式(18-4)表明，组分最大浓度(峰高)正比于进样量和理论板数的平方根($N^{1/2}$)，反比于保留体积。也就是说，进样量越大，峰越高(在柱及检测的线性范围内时)；保留体积越大，峰高越低。当保留体积和进样量一定时，柱效越高，峰高越高。当进样量和柱效一定时，保留时间小的峰又高又窄，后流出的峰变低变宽。

2) 理论塔板数和塔板高度

将塔板理论方程与标准正态分布函数进行比较，可知

$$\sigma = \frac{V_R}{\sqrt{N}} \tag{18-5}$$

或

$$\sigma = \frac{t_R}{\sqrt{N}} \tag{18-5a}$$

根据式(18-5)，结合标准正态分布函数的特性，以及峰底宽和半高宽的关系，可得到柱效计算公式：

$$N = \left(\frac{V_R}{\sigma}\right)^2 = 16\left(\frac{V_R}{W}\right)^2 = 5.54\left(\frac{V_R}{W_{1/2}}\right)^2 \tag{18-6}$$

式中，σ、W、$W_{1/2}$ 的单位与相应的 V_R 或 t_R 的单位一致。如果用 t_R 代替 V_R，就得式(16-19)，同样根据塔板模型的假设有了理论塔板数后，就可以算出相当于一块塔板的板高(H)，即式(16-20)需要注意的是用塔板数与板高表示柱效率是等价的。对于一定长度的柱子来说，塔板数越大，则塔板板高越小，柱效率越高。

理论塔板数和塔板高度都能定量地描述色谱柱性能。但在实验测定柱效时，由于色谱系统存在死体积，溶质消耗在死体积中的死时间与分配平衡无关，则 N、H 与色谱柱实际柱效不完全一致，特别是对 k 很小的组分。于是提出有效塔板数(N_{eff})和有效塔板高度(H_{eff})的概念，用式(18-7)计算：

$$N_{\text{eff}} = 16\left(\frac{V_{R'}}{W}\right)^2 = 5.54\left(\frac{V_{R'}}{W_{1/2}}\right)^2 \tag{18-7}$$

或

$$N_{\text{eff}} = 16\left(\frac{t_{R'}}{W}\right)^2 = 5.54\left(\frac{t_{R'}}{W_{1/2}}\right)^2 \tag{18-8}$$

相应地

$$H_{\text{eff}} = \frac{L}{N_{\text{eff}}} \tag{18-9}$$

在 N_{eff} 和 H_{eff} 的计算中，因为扣除了与分配平衡无关的死体积或死时间，故能更好地反映色谱柱实际效能。

5. 塔板理论的局限性

基于分配平衡和塔板的概念，马丁等导出了式(18-3)所示的色谱流出曲线方程，初步阐明溶质在色谱柱内分布随流动相洗脱体积变化的规律，推导出了式(18-6)或式(16-19)所示的理论塔板数计算公式，并进一步描述了溶质洗出最大浓度所处位置及其影响因素，导出保留体积的基本关系式。

作为描述溶质在色谱柱内实现有效分配平衡次数的度量，理论塔板数形象而定量地描述色谱柱的柱效。理论塔板数和塔板高度是广泛应用在色谱实践中评价色谱柱效的主要指标，具有重要的理论和实用价值。

塔板理论基础是热力学，能很好解释色谱峰的峰形、峰高，能客观评价色谱柱的柱效，但毕竟是一个近似理论，存在以下不足。

(1) 塔板理论所依据的分配平衡在色谱过程中只是一种理想状态、极限状态，假设的单个不连续步骤，每步中体系都达到平衡，组分通过体系时，由于流动相稀释，组分浓度分布区带增宽。事实上，组分在塔板内瞬间达到分配平衡及纵向扩散可以忽略是与实际过程不相符的，色谱分离是一个动态过程，流动相携带溶质通过色谱柱时，速度较快，溶质在固定相与流动相间不能真正达到分配平衡。

(2) 假定分配等温线为直线型，但实际上组分在色谱柱中的纵向扩散是不能忽略的。

(3) 塔板理论假设没有考虑各种动力学因素对色谱柱内传质过程的影响，不能很好解释与动力学过程相关的如色谱峰峰变形、理论塔板数与流动相流速的关系问题。

(4) 塔板理论没有考虑到柱结构参数、色谱操作参数与理论塔板数的关系。

正是因为上述原因，塔板理论不能全面反映色谱分离本质，很难真正能阐明塔板高度的色谱意义和本质，不能说明影响柱效的主要因素。为此，马丁本人也于1952年指出，在气相色谱过程中，溶质分子的纵向扩散是引起色谱峰展宽的重要因素。

学习与思考

(1) 总结塔板理论有哪些基本要点？
(2) 能否根据理论塔板数来判断分离的可能性？为什么？
(3) 为什么塔板理论对色谱体系开发、色谱操作条件选择的指导作用有限？
(4) 试按表 18-1 的计算方式计算出图 18-1 中组分 B(k_B=0.5)在柱内的质量分布情况，当 n=6 和 7 时，柱出口产生组分 B 的浓度是不是最大值点？

18.2.3 速率理论

相对于塔板理论的平衡过程研究法，范第姆特根据非平衡过程研究法提出了速率理论

(velocity theory)[①], 将色谱过程作为一个连续流动的非平衡, 通过研究扩散、传质等与色谱过程物料平衡的关系, 考察溶质通过色谱体系总的浓度变化, 得到了描述气相色谱速率的范第姆特方程(van Deemter equation), 简称范氏方程。在范氏的基础上, 美国犹他大学的吉丁斯将色谱过程看作分子无规则运动的随机过程, 提出了随机行走(random walk)的紊流(turbulence)理论模型。

1. 塔板高度的统计学意义

当溶质分子随流动相通过色谱柱时, 除了反复进行的吸附-解吸过程外, 还有浓度差引起的扩散, 以及分子间的碰撞。色谱填料障碍引起的运动路径不同, 溶质分子移动或吸附和移动路径完全是无规则的, 因而其行为可以用随机模型来描述。

每一种随机过程总是导致正态分布, 因而溶质分子在色谱柱内离散的度量可以采用标准偏差 σ 或 σ^2 表示。色谱过程中溶质分子在色谱柱内的离散程度应为单位柱长中分子离散程度的累计, 与柱长成正比:

$$\sigma^2 = HL \tag{18-10}$$

式中, σ^2 为正态分布曲线的方差, 表示随机变量的分散程度; 比例因子 H 为单位柱长的分子离散。

$$H = \frac{\sigma^2}{L} \tag{18-11}$$

在这里, 范氏仍然借用了塔板理论的术语, H 仍称为理论塔板高度。式(18-11)说明理论塔板高度与色谱分布曲线方差间的关系。

色谱过程存在多种无规则分子运动状态, 引起色谱区带扩张。根据统计学理论, 有限个独立随机变量和的方差等于其方差和, 因而色谱分离最终得到的色谱区带是各个独立因素引起色谱区带扩张的总和, 即溶质分子总的离散等于各独立离散因素的总和。

$$\sigma^2 = \sigma_1^2 + \sigma_2^2 + \sigma_3^2 + \cdots + \sigma_i^2 + \cdots + \sigma_n^2 = \sum \sigma_i^2 \tag{18-12}$$

色谱柱的总塔板高度可用各独立扩散过程影响因素对塔板高度影响的总和来表示, 即

$$H = H_1 + H_2 + H_3 + \cdots + H_i + \cdots + H_n$$
$$= \frac{\sigma_1^2}{L} + \frac{\sigma_2^2}{L} + \frac{\sigma_3^2}{L} + \cdots + \frac{\sigma_i^2}{L} + \cdots + \frac{\sigma_n^2}{L} = \sum H_i \tag{18-13}$$

式(18-13)表明, 色谱柱总塔板高度等于各个独立影响因素对塔板高度贡献之和, 是单位柱长上溶质分子的总离散度, 因而是一个描述该组分所有分子离散程度的统计学概念。因此, 在速率理论中, 塔板高度是描述单位柱长中溶质分子离散的程度, 表征色谱区带或色谱峰扩张的指标。这就是理论塔板高度的统计学意义。

2. 速率理论方程

范氏全面概括了气相色谱中影响色谱峰扩张的因素, 提出引起色谱峰区带扩张、塔板高度增加有涡流扩散、纵向分子扩散、传质阻力三个基本因素, 可用数学表达式表达:

$$H = H_e + H_d + H_{sm} \tag{18-14}$$

式中, H 为塔板高度; H_e、H_d 和 H_{sm} 分别为涡流扩散项、纵向分子扩散项和传质阻力项对塔

[①] van Deemter J J, Zuiderweg F J, Klinkenberg A. Longitudinal diffusion and resistance to mass transfer as causes of nonideality in chromatography. Chem. Eng. Sci., 1956, 5(6): 271-289.

板高度的贡献。由于传质阻力包括固定相传质阻力和流动相传质阻力，因而将各项大小分别代入，则有

$$H = A + B/u + (C_s + C_m)u \tag{18-14a}$$

式中，u 为流动相平均线速度；A 为涡流扩散项因素；B/u 为纵向分子扩散项，B 为纵向扩散系数；$(C_s+C_m)u$ 为传质项，C_s 和 C_m 分别为固定相和流动相传质项系数。

需要指出的是，吉丁斯后来发现并证明了影响塔板高度的各项因素不都是独立的。例如，涡流扩散项与流动相传质阻力之间是有关联的，是偶合的。这两者的偶合项对塔板高度的贡献，要少于它们单独贡献之和。

3. 气相色谱速率方程

1) 涡流扩散项

涡流扩散(eddy diffusion)项，也称多径项，以 A 表示。色谱柱内填料粒径大小不同及填充的不均匀性，同种组分各分子通过色谱柱的路径不完全相同，从而造成峰的扩张，引起柱效降低，这称为涡流扩散。

如图 18-3 所示，流动相携带溶质分子沿柱内各路径形成紊乱的涡流运动，有些溶质分子沿着较直的路径运行，以较短时间通过色谱柱，造成部分溶质分子超前；而另一些溶质分子，沿着弯曲路径运动，耗费时间较长，造成部分溶质分子滞后。流动相不同路径的流速差异引起溶质分布区带扩张，表示为

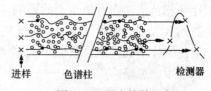

图 18-3 涡流扩散示意图

$$H_1 = \frac{\sigma_1^2}{L} = 2\lambda d_p \tag{18-15}$$

$$A = 2\lambda d_p \tag{18-16}$$

式中，λ 为常数项，通常称为填充因子，与填料粒径大小、分布范围及填充方法、柱填充均匀性有关，柱床填充越均匀，λ 值越小，因而开管柱没有涡流扩散项，$A=0$；d_p 为固定相颗粒的平均粒径，cm，小粒径有利于降低涡流扩散引起的谱峰展宽，但粒径太小，不利于填充均匀反而会导致 λ 数值上升，同时降低了色谱柱的渗透性。此外，粒径的大小，往往还要与色谱柱管内径相匹配，从而也影响 λ 数值。

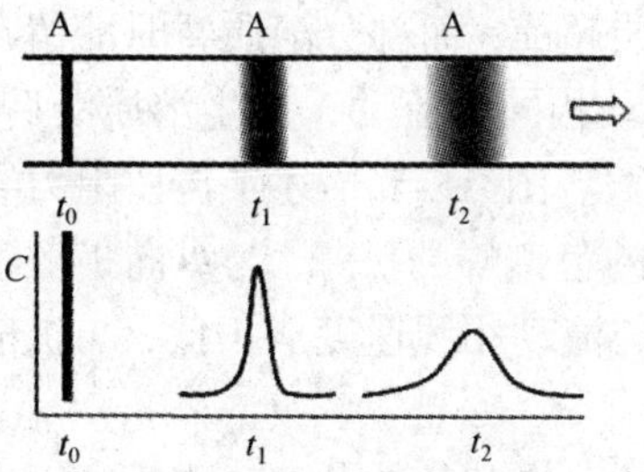

2) 纵向扩散项

纵向扩散(longitudinal diffusion)项，也称分子扩散项。扩散是分子自发运动过程，是分子微观运动的宏观表现，可由浓度梯度引起。组分进入色谱柱时，其浓度分布呈塞子状。由于浓度梯度的存在，组分将向塞子前后扩散，造成区带展宽(图 18-4)。溶质在色谱柱内流动相和固定相中都存在分子扩散，但相对于气液色谱，液相扩散系数要比气相小得多，固定相中分子扩散可以忽略。

图 18-4 纵向扩散

分子扩散引起的色谱区带扩张与在流动相中的溶质停留时间和扩散系数成正比。因此，塔板高度与流动相线速度成反比。如果色谱柱长为 L，流动相流路的弯曲系数为 γ，则有

$$\sigma_2^2 = 2D_m t_m = \frac{2D_m \gamma L}{u} \tag{18-17}$$

$$H_2 = \frac{\sigma_2^2}{L} = \frac{2\gamma D_m}{u} = \frac{B}{u} \tag{18-18}$$

$$B = 2\gamma D_m \tag{18-19}$$

式中，B 为纵向扩散系数或分子扩散系数；γ 为弯曲因子，也称为扩散障碍因子(obstruction factor)；D_m 为溶质在流动相中的扩散系数，$cm^2 \cdot s^{-1}$，在气相色谱中，也用 D_g 表示。

γ 与填充物的形状和填充状况有关，反映固定相颗粒引起的柱内扩散路径弯曲对分子扩散的阻碍。对于填充柱，γ 值一般为 0.5~0.7；在开管毛细管中，不存在路径弯曲，因而无扩散障碍，$\gamma=1$。

D_m 与溶质的性质，流动相的性质、温度、压力等有关。D_m 越大，理论塔板高度增加，理论塔板数下降，峰展宽。扩散系数 D_m 与温度成正比，与流动相(气体)相对分子质量的平方根成反比。

分子在气体中的扩散系数比液体中的扩散系数至少大 10^4 倍，因此 B 项在气相色谱法中比液相色谱法中有更重要的影响。在气相色谱法中，增加载气密度，即使用相对分子质量较高的载气，增加载气压力和降低柱温，能降低 D_m。在液相色谱法中，分子在液体中的扩散系数比气体中的扩散系数低 4~5 个数量级，若流动相线速度大于 $1 cm \cdot s^{-1}$，则 B/u 很小，纵向扩散可以忽略。

3) 传质阻力项

溶质进入色谱柱后首先在流动相中实现局部分布平衡，然后扩散到流动相与固定相界面，被固定相表面吸附或被吸收进入固定相，在两相中进行分配。当后面不含或含有更低组分浓度的流动相到来时，固定相中该组分的部分溶质将回到两相界面，并重新进入流动相而被流动相带走转移。溶质在固定相和流动相之间达到分配平衡需要进行分子的吸附、脱附、溶解、扩散等过程，称为传质过程(mass transport process)。溶质与固定相、流动相的分子间发生相互作用，阻碍溶质分子快速传递实现动态分布平衡。这些导致有限传质速率的分子间作用力称为传质阻力(mass transfer resistance)。

在色谱过程中，流动相处于连续流动状态，传质阻力使溶质在两相间的分配平衡并未真正达到，导致部分溶质未能进入固定相就被流动相推向前进，产生溶质超前，而部分溶质暂时滞留在固定相，未能随流动相同步流动，产生溶质滞后，造成色谱峰区带展宽。图 18-5 描述了传质阻力导致非平衡过程引起的色谱峰的扩张。与纵向扩散项不同，传质阻力项与流动相线速度成正比，与扩散系数成反比。

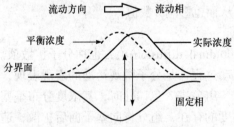

图 18-5 传质阻力导致非平衡过程所引起的色谱峰扩张

根据吉丁斯提出的随机行走模型，溶质在固定相吸附被看作停留的步子，解吸进入流动相看作是向前移动的步子。溶质在固定相中的停留时间与固定液液膜厚度的平方成正比，与溶质在固定相中扩散系数成反比，由此导出固定相传质在单位柱长上产生的谱带扩张为

$$H_s = \frac{\sigma_s^2}{L} = q \frac{k}{(1+k)^2} \frac{d_f^2}{D_s} u = C_s u \tag{18-20}$$

$$C_s = q \frac{k}{(1+k)^2} \frac{d_f^2}{D_s} \tag{18-21}$$

式中，D_s 为组分在固定液中的扩散系数，$cm^2 \cdot s^{-1}$；d_f 为固定液的平均膜厚度，cm；q 为由固定相颗粒形状和孔结构决定的结构因子。固定相载体为球形，固定液液膜近似于球面，q 为 $8/\pi^2$，若载体形状不规则，固定液液膜呈平面状，则 q 为 2/3。

延伸阅读18-1：不同气相色谱过程中的传质阻力

气体流动相扩散系数很高，溶质在气相中传质速率快，因而范氏导出的气相色谱速率方程省略了气相传质阻力项。当时采用的经典填充柱，固定液含量较高(一般为 20%~30%)，中等线速时，塔板高度的主要影响因素是固定相(液)传质项，而流动相(气相)传质项数值很小可忽略。

随着快速气相色谱技术的发展，流动相线速度升高，固定相液膜厚度降低，流动相传质过程对色谱区带扩张的影响已经不可忽略，甚至会成为主要影响因素。后人进行了研究和推导，补充了流动相传质阻力扩散项。

在填充柱气相色谱中，气相传质造成的单位柱长上的区带扩张为

$$H_m = \frac{\sigma_m^2}{L} = 0.01 \frac{k^2}{(1+k)^2} \frac{d_p^2}{D_m} u = C_m u \tag{18-22}$$

$$C_m = 0.01 \frac{k^2}{(1+k)^2} \frac{d_p^2}{D_m} \tag{18-23}$$

式中，D_m 为组分在流动相中的扩散系数，$cm^2 \cdot s^{-1}$；d_p 为固定相粒径，cm。于是，填充柱气相色谱的传质阻力造成的谱带展宽为

$$H_3 = H_s + H_m = (C_m + C_s)u = \left[0.01 \frac{k^2}{(1+k)^2} \frac{d_p^2}{D_m} + q \frac{k}{(1+k)^2} \frac{d_f^2}{D_s} \right] u \tag{18-24}$$

$$C = C_m + C_s = 0.01 \frac{k^2}{(1+k)^2} \frac{d_p^2}{D_m} + q \frac{k}{(1+k)^2} \frac{d_f^2}{D_s} \tag{18-25}$$

目前，气相色谱中普遍采用的是开管毛细管柱气相色谱，固定液直接涂覆于毛细管内壁。对于开管结构，柱管中心与边缘载气流速存在一定差异，导致溶质在流动相中的非平衡分布，形成气相传质阻力，引起塔板高度增加。因此，其速率方程有所不同(详见气相色谱一章)。填充柱气相色谱的速率方程为

$$H = A + \frac{B}{u} + (C_m + C_s)u$$

$$= 2\lambda d_p + \frac{2\gamma D_m}{u} + 0.01 \frac{k^2}{(1+k)^2} \frac{d_p^2}{D_m} u + q \frac{k}{(1+k)^2} \frac{d_f^2}{D_s} u \tag{18-26}$$

4. 关于速率方程的讨论

影响塔板高度的因素很多，除了流动相线速度，还有固定相粒径、孔结构，流动相黏度、体系温度等重要因素。可以根据速率方程式的指导来选择担体、固定液、色谱柱柱管、柱温、载气和怎样装填充色谱柱等。在这里只讨论流动相(载气)线速度 u 对塔板高度 H 的影响。

图 18-6 是气相色谱典型的范氏方程曲线，展示了 H-u 关系。A 与流动相线速度无关，但 B/u 和 $(C_m+C_s)u$ 两项随线速度变化，且趋势相反。因此在 H-u 关系曲线图上存在一个最

低点即最小塔板高度 H_{min} 和对应的流动相最优流速 u_{opt}，其数值大小可通过将速率方程式微分得到。

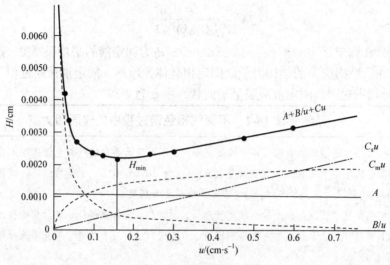

图 18-6　气相色谱的 H-u 曲线

(1) A 项对塔板高度的影响与线速度无关，为一常数。后来吉丁斯证明，涡流扩散项与流动相传质阻力之间不是独立而是有关联的。在色谱过程中，溶质可能从一个流路横向扩散或对流至流速不同的另一个流路，因而涡流扩散与流动相传质效应相互偶合。这两个偶合项，随流速增加而趋于平缓，对塔板高度的贡献，要少于它们单独贡献之和。

(2) B 项与线速度成反比。当 u 较小时，则 $C_m u$ 和 $C_s u$ 两项对 H 的影响可以忽略，分子扩散项是塔板高度的主要影响因素。则速率方程就变成

$$H = A + \frac{B}{u} \tag{18-27}$$

(3) $C_m u$ 和 $C_s u$ 项与线速度成正比。当线速度较大时，B 项对 H 项的影响可以忽略，传质阻力是塔板高度的主要影响因素。则速率方程就变成

$$H = A + (C_m + C_s)u \tag{18-28}$$

当线速度 u 较高时，若采用高含量固定液(d_f 较大)色谱柱，则 C_s 项起主要作用；若采用低含量固定液色谱柱(d_f 较小)，C_m 项起主要作用。

从上面的分析可知，当 $u<u_{opt}$ 时，分子扩散起主要作用，线速度降低，塔板高度增加得很快；当 $u>u_{opt}$ 时，传质阻力起主要作用，塔板高度随线速度增加而增高，但变化比较缓慢，曲线比较平滑；当 $u=u_{opt}$ 时，分子扩散项及传质阻力项对塔板高度影响最小，柱效最高。但是，在实际分析工作中，用 u_{opt} 进行分析时消耗的时间太长，实际采用的线速度要高于 u_{opt}。对于快速色谱分析，要求 H/u 有最小值，而不仅是 H 有最小值。

学习与思考

(1) 塔板理论和速率理论中的塔板高度有什么不同？
(2) 怎样理解速率方程式中各项的基本物理意义？
(3) GC 和 LC 中的速率方程有什么不同？

5. 影响谱带扩宽的其他因素

1) 非线性色谱

速率理论假定分配等温线是线性的。但在实际工作中，经常遇到的是非线性等温线。非线性等温线会导致色谱峰出现畸形而引起峰展宽，如前延峰或拖尾峰。即便是线性等温线，通常也是有一定条件限制的，如样品量不能太大，以免过载。

2) 活性中心的影响

载体或吸附剂表面的活性中心对组分的吸附力太强，使组分解吸太慢而造成拖尾。通常的解决办法是对载体进行预处理，去除表面的活性中心，或在流动相中加入竞争性添加剂来降低吸附。

3) 柱外效应

柱外效应是指色谱柱外各种因素引起色谱峰扩展，包括进样的方式和进样技术，以及进样器、检测器、连接管的死体积等因素造成的谱带扩宽。柱外效应可分为柱前和柱后两方面。柱前因素主要由进样器的死体积、进样方式与技术、进样时液体扰动引起。当采用柱上进样技术等措施，可减少试样中组分在柱前的扩散，从而提高柱效。柱后因素主要由检测器流通池及连接管道的体积引起，当采用小体积检测器以减少其死体积后，影响可以降低，柱效得到提高。

柱外效应是影响高效液相色谱柱效的重要因素，也可以采用方差的形式来描述其对峰展宽的影响。

$$\sigma_{ex}^2 = \sigma_{inj}^2 + \sigma_{tub}^2 + \sigma_{cf}^2 + \sigma_{det}^2 + \sigma_{oth}^2 \tag{18-29}$$

式中，从左至右各项分别为柱外效应、进样操作及进样系统死体积、连接管、色谱柱头、检测器形状与体积及其他因素引起的谱带展宽。

色谱峰最终的展宽是柱内和柱外多种因素展宽的总和：

$$\sigma_T^2 = \sigma_{in}^2 + \sigma_{ex}^2 \tag{18-30}$$

式中，从左到右分别为色谱峰总展宽、柱内各因素总展宽和柱外效应各因素总展宽。影响谱带扩展的各种因素概括如表 18-2 所示。

表 18-2　影响谱带扩展的各种因素

色谱峰总展宽 (σ_T^2)	柱内展宽 (σ_{in}^2)	动力学因素	涡流扩散、纵向分子扩散、固定相传质阻力、流动相传质阻力
		其他	非线性等温、活性中心
	柱外效应 (σ_{ex}^2)	死体积	进样器、连接管、检测器
		其他	进样技术、气化温度

6. 毛细管气相色谱速率理论

1958 年瑞士化学家戈利(Marcel Jules Edouard Golay，1902—1989)在范氏方程式的基础上提出了毛细管柱(capillary column)的速率理论方程式，称为戈利方程：

$$H = \frac{B}{u} + C_g u + C_l u \tag{18-31}$$

式中，各项的物理意义及影响因素与填充柱速率方程式相同。但由于毛细管柱为空心柱，所以方程式中的涡流扩散项 A 等于零；纵向扩散项中的弯曲因子 γ 为 1，$B=2D_g$；传质阻抗项中液相传质阻抗项 C_l 与填充柱的相同，气相传质阻抗在填充柱中可以忽略，但在毛细管气相色谱中，气相传质阻抗则较为重要。戈利方程式可详细表示如下：

$$H = \frac{2D_g}{u} + \frac{r^2(1+6k+11k^2)}{24D_g(1+k)^2}u + \frac{2kd_f^2}{3(1+k)^2 D_l}u \tag{18-32}$$

式中，r 为毛细管柱半径。式(18-32)可以看出，纵向扩散项随载气线速度增加而很快下降；传质阻抗项则随载气线速度增加而增加。

对于高效薄液膜毛细管柱，液相传质阻抗项较小，影响色谱柱效的主要因素是气相传质阻抗项，因此为降低气相传质阻抗，实验时最好采用高扩散系数和低黏度的氦气或氢气作载气。

18.3 气相色谱仪

18.3.1 气相色谱仪的构成

气相色谱仪由气路系统、进样系统、分离系统、检测器系统和数据处理系统几部分构成。其中进样器、柱温箱和检测器分别具有温控系统。载气由高压钢瓶供给，经减压阀、净化器进入气流调节阀，调节并控制载气流速至所需值，然后以稳定的流速和恒定的压力到达气化室。

气化室与进样口相接，试样用注射器由进样口注入，在气化室瞬间气化，被载气带入色谱柱，试样中各组分在固定相和流动相中进行多次分配后，按分配大小顺序，依次被载气带出色谱柱进入检测器。检测器将组分的浓度或质量随时间的变化转变为电信号，经数据处理后，得到色谱图。常用气相色谱仪的主要部件和分析流程如图 18-7 所示。

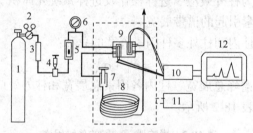

图 18-7　气相色谱流程示意图
1. 载气钢瓶；2. 减压阀；3. 净化干燥管；4. 针形阀；5. 流量计；6. 压力表；7. 进样器；8. 色谱柱
9. 热导检测器；10. 放大器；11. 温度控制器；12. 记录仪

18.3.2 气相色谱仪的构件系统

1. 气路系统

气路系统包括用作流动相的载气和检测器所需气体的气源、气体净化装置和气体流速控制装置。气体从钢瓶或气体发生器流出，经减压阀、净化管和压力调节阀，然后通过色谱柱，最后由检测器排出。整个系统均需保持密封，不得有气体泄漏。

载气是一类不与试样组分和固定相作用，专用来输送试样的惰性气体。常用的载气有氮气、氢气、氦气等。其中氦气最为理想，但因其价格高，主要用于气质联用分析；氢气也有较好的灵敏度，但易燃。具体采用何种载气，取决于选用的检测器及实验的分析要求。相对而言使用最多的是纯度在 99.99% 以上的高纯氮气。

净化器串联在气路中可用来提高载气的纯度,管内装有不同种类的净化剂,如活性炭可吸附油性组分,硅胶和分子筛可除去水分,脱氧剂可除去微量氧等。气路中除载气外,某些检测器还需要通入辅助气体,如氢火焰离子化检测器需要氢气和空气作为燃气和助燃气。

载气流量和压力的控制直接影响分析结果的准确性和重现性,尤其是在毛细管气相色谱法中载气流量小,如控制不精确,将影响组分的出峰时间和测定结果的重现性。

2. 进样系统

进样系统包括进样器、气化室及加热系统。气化室的作用是将液体样品瞬间气化。为保证样品瞬时气化,要求气化室热容量大,具体可根据样品的沸点设定气化温度。为减少样品气化过程中的扩散,避免因冷样品的注入而引起温度波动,气化室的体积要求要小。气化室采用石英或玻璃制成衬管,污染后可以很方便地进行清洗。样品在室温下一般为固态或液态,需要用适当溶剂溶解后用微量注射器取样注入气化室。溶剂的选择、进样器的温度、进样的方式、进样量的大小、微量注射器针头在气化室中停留时间的长短、进样速度的快慢等对色谱峰都有一定的影响。

3. 分离系统

分离系统包括色谱柱和柱温箱,是色谱仪的心脏部分,其中色谱柱是分离的关键。色谱柱可分为填充柱和空心毛细管柱两大类。填充柱的柱管由不锈钢或玻璃材料制成,内径一般为 $2\sim4$ mm,长度为 $0.5\sim6$ m,大多弯制成 U 形或螺旋形,固定相被均匀而紧密地装入柱内。毛细管柱的中心是空的,内径一般为 $0.2\sim0.5$ mm,长度为 $10\sim60$ m,材质多为石英,弯成螺旋形。毛细管柱柱效高,可用于分析组成复杂、沸程较宽的混合物。

4. 控制系统

控制整台仪器的运行,包括仪器各部分的温度控制、进样控制、气体流速控制和各种信号控制等。柱温箱的温度直接影响色谱分离的选择性和色谱柱效,检测器温度直接影响检测器的灵敏度和检测信号的稳定性,因此色谱仪必须有足够的温控精度。柱温箱有恒温和程序升温两种控温方式,对于沸点范围较宽、成分较为复杂的样品,可采用程序升温方式进行分析,使待分离组分在其各自的最佳柱温下流出,从而改善分离效果,缩短分析时间。气化室的温度应能使试样组分瞬间气化但又不致分解,一般情况下气化室温度要比柱温高 $10\sim50$ ℃。

5. 检测和记录系统

检测和记录系统包括检测器、放大器、数据处理系统。检测器是将通过色谱柱分离后的各组分的量转变为可测量的电信号的装置。检测器输出的电信号被送入记录仪记录。记录系统由计算机和色谱工作站组成。色谱工作站除能进行色谱峰积分外,还可进行诸如色谱定性、定量、绘制标准曲线、计算样品含量、计算柱效参数等功能。

18.3.3 气相色谱检测器

气相色谱检测器种类很多,包括热导检测器(thermal conductivity detector, TCD)、氢焰离子化检测器(hydrogen flame ionization detector, FID)、电子捕获检测器(electron capture detector,

ECD)、火焰光度检测器(flame photometric detector, FPD)和热离子检测器(thermionic detector, TID)等,其中最常用的主要是 FID、ECD 和 FPD 等。另外,在气质联用(GC-MS)中质谱也可看成是气相色谱仪的检测器。

按照对组分是否具有响应选择性,检测器可分为通用型检测器和选择性检测器两大类。热导检测器属于通用型检测器,而电子捕获检测器属于典型的选择性检测器。根据输出信号与组分含量间的关系不同,检测器又可分为浓度型检测器和质量型检测器。浓度型检测器测定的是载气中组分浓度的瞬间变化,检测器的响应值与组分在载气中的浓度成正比,与单位时间内进入检测器的组分质量无关,如热导检测器和电子捕获检测器等。质量型检测器测定的是载气中组分进入检测器的质量流速变化,即响应值与单位时间内进入组分的质量成正比,如氢焰离子化检测器和火焰光度检测器等。

1. 检测器的性能指标

检测器测定的是色谱柱后流出组分的浓度或质量的瞬时变化,因此要求检测器稳定性好、灵敏度高、死体积小、响应快、噪声低及线性范围宽等。一般以灵敏度、噪声和基线漂移、检测限等指标对检测器进行综合评价,如表 18-3 所示。

表 18-3 常用检测器的性能指标

检测器	测定对象	噪声	检测限	线性范围	合适载气
TCD	通用	$0.005 \sim 0.01 \text{mV}$	$10^{-6} \sim 10^{-10} \text{g} \cdot \text{mL}^{-1}$	$10^4 \sim 10^5$	H_2、He
FID	含 C 有机化合物	$5 \times 10^{-14} \sim 10^{-14} \text{A}$	$< 2 \times 10^{-12} \text{g} \cdot \text{s}^{-1}$	$10^6 \sim 10^7$	N_2
ECD	含电负性基团	$10^{-12} \sim 10^{-11} \text{A}$	$1 \times 10^{-14} \text{g} \cdot \text{mL}^{-1}$	$10^2 \sim 10^5$	N_2
TID	含 N、P 化合物	$\leq 5 \times 10^{-14} \text{A}$	N: $<10^{-12} \text{g} \cdot \text{s}^{-1}$ P: $<10^{-11} \text{g} \cdot \text{s}^{-1}$	$10^4 \sim 10^5$	N_2、Ar
FPD	含 S、P 化合物	$10^{-10} \sim 10^{-9} \text{A}$	P: $\leq 10^{-12} \text{g} \cdot \text{s}^{-1}$ S: $\leq 5 \times 10^{-11} \text{g} \cdot \text{s}^{-1}$	P: $>10^3$ S: 5×10^2	N_2、He

1) 灵敏度

灵敏度(sensitivity),又称响应值,是评价检测器性能的重要指标。检测器的灵敏度通常指待测组分通过检测器时单位浓度或单位质量的变化所引起的测定信号值的变化程度。

灵敏度单位因检测器种类不同而不同。对于 TCD 等浓度型检测器,表示 1mL 载气携带 1mg 的某组分通过检测器时所产生的电压,单位是 $\text{mV} \cdot \text{mL} \cdot \text{mg}^{-1}$;对于 FID 等质量型检测器,表示每秒有 1g 的某组分被载气携带通过检测器时所产生的电压,单位为 $\text{mV} \cdot \text{s} \cdot \text{g}^{-1}$。

2) 噪声和基线漂移

无样品通过检测器时,由仪器自身和工作条件等偶然因素变化所引起的基线起伏称为噪声(noise, N)。噪声的大小用基线波动的最大宽度来衡量,单位一般用 mV 表示(图 18-8)。

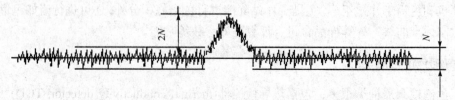

图 18-8 检测器的噪声和检测限示意图

基线漂移(drift)是指基线在单位时间内单方向缓慢变化的程度，单位用每小时信号变化值($mV \cdot h^{-1}$)表示。噪声和基线漂移可以表明检测器的稳定状况，良好的检测器噪声和基线漂移都应该很小。噪声和基线漂移与检测器的稳定性、载气与辅助气的纯度和流速稳定性、柱温稳定性、固定相的流失等密切相关。

3) 检测限

因为灵敏度不能反映检测器的噪声水平，所以灵敏度不能全面表明一个检测器的优劣。放大器放大信号可以增加灵敏度，但同时噪声也被放大，弱信号仍然难以辨认。

检测限(detectability)D从灵敏度和噪声两方面表征了检测器的性能。定义为某组分的峰高恰为噪声的两倍或三倍时，单位时间内载气带入检测器中该组分的质量($g \cdot s^{-1}$)或单位体积载气中所含该组分的量($mg \cdot mL^{-1}$)。低于此值的组分峰信号将被噪声淹没而检测不出(图 18-8)。检测限数值越小，表示检测器灵敏度越高，仪器性能越好。检测限、灵敏度及噪声可用关系式(18-33)表示：

$$D = \frac{2N}{S} \tag{18-33}$$

在实际工作中灵敏度常用最小检测量或最小检测浓度表示，最小检测量或最小检测浓度常用恰能产生二倍噪声或三倍噪声信号时的进样量或试样浓度表示。

检测器的检测限与色谱分析的最小检测量或最小检测浓度概念不同，前者是衡量检测器的性能指标，而后者不仅与检测器的性能有关，还与色谱峰的峰宽和进样量等因素有关。

2. 热导检测器

热导检测器是基于被测组分与载气之间导热系数的差别来检测组分的浓度变化。这种检测器具有结构简单(图 18-9)、通用性强、稳定性好、线性范围宽、不破坏样品的特点，但与其他检测器相比灵敏度较低，噪声较大。

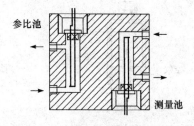

图 18-9 双臂热导检测器示意图

1) 结构与测定原理

热导检测器由池体和在不锈钢块的孔道中装入的热敏元件组成。热敏元件使用电阻率高、电阻温度系数大的钨丝或铼钨丝制成。

热导池可分为双臂热导池和四臂热导池。如将两个材质、电阻相同的热敏元件，装入一个双腔池体中，即构成双臂热导池。一臂连接在色谱柱之前，只通入载气，成为参考臂；另一臂连接在色谱柱之后，成为测量臂。此两臂和两等值的固定电阻组成惠斯通电桥(Wheatstone bridge)。

当载气以恒定速度通入热导池，以恒定电压给热导池通电时，钨丝因通电升温，所产生的热量被载气带走，并以热导方式通过载气传给池体。当热量的产生与散热建立动态平衡时，钨丝的温度恒定。若测量臂只有载气没有试样气体通过，从两个热敏元件上带走的热量相等，即两个热导池钨丝温度相等，两池电阻变化相等，电桥处于平衡，检流计无电流通过，记录仪输出一条直线。

经色谱柱分离后的样品随载气进入测量臂后，待测样品和载气组成的混合气与纯载气的导热系数不同，测量池和参比池中钨丝的温度和电阻产生不等值变化，电桥平衡被破坏，产生电位差，就有电压信号输出，记录仪上即有信号产生因此出现色谱峰。

热导检测器基于不同物质具有不同导热系数的原理制成，待测样品与载气的导热系数相差越大，热导池的灵敏度就越高。由于一般物质的导热系数较小，因此宜采用导热系数较大的气体作载气。有机化合物与氮气的热导率之差较小，所以用氮气作载气时，灵敏度较低。氢气和氦气的热导率与有机化合物的热导率差值大，因此灵敏度较高，且不会出倒峰。

2) 使用注意事项

热导检测器为浓度型检测器，在进样量一定时，峰面积与载气流速成反比，因此用峰面积定量时，需严格控制流速恒定；为避免电热丝被烧断，在没有通载气时不能加桥电流(bridge current)，而在关仪器时应先切断桥电流再关载气；增加桥电流可提高灵敏度，但桥电流增加，金属易氧化，噪声也会变大，热丝易烧断。所以在灵敏度够用的情况下，应尽量采取低桥电流以保护热敏元件；降低检测室温度可增加导热，提高灵敏度。但检测器温度不得低于柱温，以防样品组分在检测室中冷凝而引起基线不稳。通常检测室温度应高于柱温 20～50℃。

3. 氢焰离子化检测器

氢焰离子化检测器是利用有机化合物在氢火焰的作用下，发生化学电离而形成离子流，通过测定离子流强度进行组分的检测。氢焰离子化检测器的特点是稳定性好、响应快、灵敏度高、线性范围宽，是目前最常用的检测器之一。但缺点是测定时样品被破坏，无法进行收集，而且一般只能测定含碳有机化合物，不能检测永久性气体及 H_2O、H_2S 等。

1) 结构与检测原理

氢焰离子化检测器由离子化室、火焰喷嘴、发射极(负极)和收集极(正极)组成，其结构示意图如图 18-10 所示。

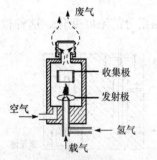

图 18-10　氢焰离子化检测器示意图

在发射极和收集极之间加有 150～300V 的极化电压，形成一个外加电场。检测时被测组分被载气携带，与氢气混合进入离子化室，在氢气与空气燃烧产生的高温(约 2100℃)火焰中电离成正离子和电子。产生的正离子和电子在发射极和收集极的外电场作用下定向运动形成电流。产生的微弱电流经放大器放大后，得到色谱峰。微电流的大小与进入离子化室的被测组分含量有关，含量越高，产生的微电流就越大。

2) 使用注意事项

氢焰离子化检测器需要使用三种气体，氮气作载气，氢气作燃气，空气作助燃气。三者流量关系为氮气：氢气=(1：1)～(1：5)；氢气：空气=(1：5)～(1：10)；氢焰离子化检测器为质量型检测器，峰高由单位时间内进入检测器的组分质量所决定。进样量一定时，峰高与载气流速成正比，因此，在用峰高法定量时，需保持载气流速恒定。而流速对峰面积的影响较小，因此一般采用峰面积定量。

4. 电子捕获检测器

电子捕获检测器是一种高选择性、高灵敏度的检测器。高选择性是指它只对含有强电负性元素的物质，如含有卤素、硝基、硫、氮、羰基、氰基等的化合物有响应，元素的电负性越强，检测器的灵敏度越高，其检测下限可达 $10^{-14} g \cdot mL^{-1}$。电子捕获检测器目前广泛用于有机氯和有机磷农药残留量、金属有机多卤或多硫化合物等的分析测定。

1) 结构与检测原理

如图 18-11 所示,检测器的池体中装有一个圆筒状的 β 射线放射源作为负极,以一个不锈钢棒作为正极,在两极间施加适当电压。一般以 ^{63}Ni 作为放射源。当载气进入检测器,受 β 射线的辐射发生电离,生成的正离子和电子分别向两极移动,形成恒定的电流即基流。

当含有电负性元素的组分随载气进入检测器时,就会捕获这些电子而产生负离子,并放出能量,生成的负离子与载气电离产生的正离子碰撞生成中性化合物,其结果使基流下降,产生负信号形成倒峰。经放大器放大,极性转换而成为色谱峰。组分浓度越高,

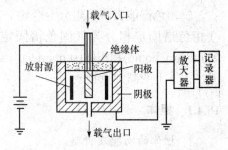

图 18-11 电子捕获检测器示意图

组分中电负性元素的电负性越强,捕获电子的能力越大,色谱峰越大。相对而言,电子捕获检测器的线性范围较窄,进样量不可过大。

2) 使用注意事项

电子捕获检测器应使用高纯度载气。通常用氮气作为电子捕获检测器的载气,由于氮气中常含有微量氧和水分等电负性杂质,对检测器的基流会有很大的影响,因此需使用纯度在 99.99% 以上的高纯氮气。如果纯度达不到要求,可采用脱氧管等净化装置除去杂质;载气流速对基流和响应信号也有影响,可根据测定要求选择最佳载气流速;因为检测器中含有放射源,应注意安全,不可随意拆卸。

5. 火焰光度检测器

火焰光度检测器是一种只对含硫、磷的化合物具有高选择性、高灵敏度的检测器,也称为硫磷检测器,结构如图 18-12 所示,可用于 SO_2、H_2S 及有机磷、有机硫农药痕量残留物的分析。

火焰光度检测器实际上是一个简单的火焰发射光谱仪,含硫、磷的化合物在富氢焰(氢气与空气中氧的比例大于 3∶1)中燃烧,分解成有机碎片,从而发出不同波长的特征光谱,其中含硫化合物发出 394nm 的特征光,含磷化合物发出 526nm 的特征光,通过滤光片获得较纯的单色光,经光电倍增管把光信号转换成电信号,经放大后由记录仪记录下来。

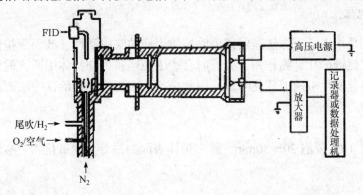

图 18-12 火焰光度检测器示意图

18.4 气相色谱固定相及色谱柱

气相色谱能否将多组分混合物分离完全,主要取决于色谱柱中固定相的选择性和柱效。气相色谱固定相分为气固色谱固定相和气液色谱固定相两大类。液体固定相由固定液(stationary liquid)和担体(supporter)组成。担体是用作支持物的一种惰性固体颗粒,固定液是涂渍在担体上的高沸点物质。

18.4.1 担体

1. 担体的功能及种类

担体为化学惰性的多孔性固体颗粒,又称载体(carrier),其作用是为固定液提供惰性表面,使固定液能铺展成薄而均匀的液膜。

理想的担体应该具有:①化学惰性,即在使用温度下不与固定液或试样组分发生反应;②热稳定性好,即在使用温度下不分解、不变形、无催化作用;③有一定的机械强度,即在处理过程中不易破碎;④比表面积大,粒度和孔径分布均匀,以便使固定液成为均匀的薄膜;⑤没有吸附性能或吸附性能很弱。

担体有硅藻土担体和非硅藻土担体两种。玻璃微球、聚四氟乙烯担体属于非硅藻土担体,这类担体耐腐蚀、固定液涂量少,适用于分析强腐蚀性物质。

目前最常采用硅藻土担体。硅藻土担体是将天然硅藻土压成砖形,在 900℃煅烧,然后粉碎、过筛制成。因处理方法不同,又分为红色担体和白色担体。

1) 红色担体

天然硅藻土煅烧时其中所含的铁会形成氧化铁而使担体呈淡红色,故称红色担体。红色担体表面孔穴密集、孔径较小、比表面积大、机械强度大,但吸附活性和催化活性强。该类担体适合涂渍非极性固定液,用于分离非极性组分。

2) 白色担体

硅藻土煅烧前在原料中加入少量助熔剂 Na_2CO_3,煅烧后铁会生成无色的铁硅酸钠,而使硅藻土呈白色。白色担体由于助熔剂的存在形成疏松颗粒,表面孔径较大,比表面积小,机械强度比红色担体差,但吸附活性低,常与极性固定液配伍,用于分离极性组分。

2. 担体的钝化

担体的钝化是指以适当方法减弱或消除担体表面的吸附活性。硅藻土担体表面存在的硅醇基会与易形成氢键的化合物作用,分析时会产生拖尾;另外担体中所含的少量金属氧化物也可能使被测组分发生吸附或催化降解,因此必须除去担体中的活性中心。常用的担体钝化方法有以下几种。

1) 酸洗法

用 $6mol \cdot L^{-1}$ HCl 浸泡 20~30min,除去担体表面的铁等金属氧化物。酸洗担体适用于分析酸性化合物。

2) 碱洗法

用 5%氢氧化钾-甲醇液浸泡或回流,除去担体表面的 Al_2O_3 等酸性作用点。碱洗担体适用于分析碱性化合物。

3) 硅烷化法

将担体与硅烷化试剂反应,以除去担体表面的硅醇基。该法主要用于分析形成氢键能力较强的化合物,如醇、酸及胺类物质等。常用的硅烷化试剂有六甲基二硅胺(hexamethyldisilazane, HMDS)、二甲基二氯硅烷(dimethyldichlorosilane, DMCS)等。

18.4.2 固定液

1. 固定液的功能及种类

固定液一般是高沸点液体,在室温下呈固态或液态,在操作温度下呈液态。

理想的固定液需要满足:①在操作温度下蒸气压低于 10Pa,蒸气压低的固定液流失慢、柱寿命长、检测器信号本底低,且每种固定液均有最高使用温度,实际使用时应低于最高使用温度20℃以下;②对被分离组分有足够的溶解能力;③热稳定性好,高柱温下不分解,不与试样组分发生化学反应;④对被分离组分的选择性高,即分配系数有较大差别。

固定液种类繁多,为方便使用时选择合适的固定液,一般固定液可按照化学结构类型和相对极性进行分类。

1) 按化学结构分类

固定液根据化学结构可分为烃类、聚硅氧烷类、聚乙二醇类和酯类等。烃类中常用的为角鲨烷和阿皮松。聚硅氧烷类是目前最常用的固定液,其基本结构为

$$(CH_3)_3Si-O-\left(\underset{R}{\underset{|}{\overset{CH_3}{\overset{|}{Si}}}}-O-\right)_n-Si(CH_3)_3$$

根据取代基的不同,又分为聚甲基硅氧烷(如 OV-1、HP-1)、聚苯基甲基硅氧烷(HP-5、HP-50)、聚氰烷基甲基硅氧烷(HP-1701、OV-225)等。聚乙二醇-20 000(PEG-20M)是常用的聚乙二醇类固定液。酯类固定液主要有中等极性的邻苯二甲酸酯和强极性的线性脂肪族聚酯。

2) 按相对极性分类

一般认为固定液的极性是固定液与被测组分之间作用力的函数,表示固定液含有的基团与组分基团相互作用力的大小,借以描述固定液的分离特征。

1959 年,德国化学家罗尔施奈德(L. Rohrschneider)[1]提出用相对极性(P)来表征固定液的分离特征。规定β, β'-氧二丙腈的相对极性为 100,角鲨烷的相对极性为 0,其他固定液的相对极性在 0~100。

极性测定是用苯与环己烷(或正丁烷与丁二烯)为分离物质对,分别在对照柱β, β'-氧二丙腈及角鲨烷柱上测定它们的相对保留值的对数 q_1 及 q_2。然后在被测固定液柱上测得 q_x,带入式(18-34)计算被测固定液的相对极性 P_x:

$$P_x = 100\left(1 - \frac{q_1 - q_x}{q_1 - q_2}\right) \tag{18-34}$$

---

[1] Rohrschneider L. Zur polarität von stationären phase in der gaschromatographie. Fresenius' Zeitschrift für Analytische Chemie., 1959, 170: 256-263.

根据相对极性数值的大小，可将固定液极性分成五级，1~20 为+1 级，21~40 为+2 级，以此类推。0 级和+1 级为非极性固定液，+2 级和+3 级为中等极性固定液，+4 级和+5 级为极性固定液。

2. 固定液的选择

固定液的极性决定了组分与固定液分子间作用力的类型和大小，因此对于给定的待测组分，固定液的极性是固定液选择的主要依据。一般可根据相似相溶性原则(similarity compatibility rule)按被分离组分的极性与固定液极性相似的原则来选择。由于被分离组分和固定液的极性相似，彼此之间的相互作用力较强，组分在固定液中的溶解度大，在色谱柱上保留强，因此被测组分被分离的可能性就大。

为便于实际工作中选择合适的固定液，可将常见的有机化合物按其形成氢键能力和极性大小分为非极性、中等极性、强极性和氢键型固定液四类。

1) 非极性固定液

非极性固定液主要是一些饱和烷烃和甲基硅油，常用的有角鲨烷、阿皮松等。它们与待测分子之间的作用力以色散力为主。待测组分按沸点由低到高顺序出峰，若样品中兼有极性和非极性组分，相同沸点的极性组分先出峰。此类固定液适用于非极性和弱极性化合物的分析。

2) 中等极性固定液

中等极性固定液由较大的烷基和少量的极性基团，或者是可以诱导极化的基团组成，常用的有邻苯二甲酸二壬酯、聚酯等。它们与待测分子间的作用力以色散力和诱导力为主。待测组分之间若极性差异小而沸点差异大则按沸点顺序出峰；若组分沸点相近极性有较大差异，则极性小的组分先出峰。此类固定液适用于弱极性或中等极性化合物的分析。

3) 强极性固定液

强极性固定液含有较强的极性基团，常用的有氧二丙腈等。它们与待测组分分子间的作用力以静电力和诱导力为主，组分按极性由小到大的顺序出峰。此类固定液适用于极性化合物的分析。

4) 氢键型固定液

这类固定液极性较强，常用的有聚乙二醇、三乙醇胺等。它们与待测组分分子之间以氢键作用力为主，组分依据形成氢键难易程度出峰，形成氢键能力弱的组分先出峰。此类固定液适用于分析含 F、N、O 等的化合物。

利用相似相溶原则选择固定液时，还要注意混合物中组分性质差别情况。一般分离非极性和极性混合物选用极性固定液；分离沸点差别较大的混合物选用非极性固定液。

对于较难分离的组分，也可用两种或两种以上的固定液，采用混涂、混装或串联方式进行分离。

18.4.3 气固色谱固定相

气固色谱固定相在形态上是固体，包括固体吸附剂和高分子多孔微球聚合物等。这两类固定相可直接装入柱中用于组分的分离。

1. 固体吸附剂

固体吸附剂(solid absorbent)是多孔、大表面积、具有吸附活性的固体物质。这类吸附剂有吸附容量大、耐高温的优点，适合分离永久性气体(常温、常压下为气态的气体)和低沸点物质；缺点是柱效和柱寿命较低。常用的包括非极性的活性炭、弱极性的氧化铝、强极性的硅胶和具有特殊吸附能力的分子筛等。

(1) 活性炭是非极性吸附剂。把炭黑置于惰性气体中加热至 3000℃得到石墨化炭黑，石墨化炭黑可分离醇、酸、酚、胺等多种极性化合物，也可分离某些异构体。炭分子筛，又称为碳多孔小球，由聚偏二氯乙烯小球经高温热解处理得到。炭分子筛孔径具有典型的非极性表面，适合分析低碳烃的气体及短链极性化合物。

(2) 氧化铝是一种中等极性吸附剂，热稳定性和力学强度都很好，主要用于分析 $C_1 \sim C_4$ 烃类及其异构体。氧化铝的含水量对分离影响很大，一般要求小于 1%。

(3) 硅胶是一种强极性吸附剂。硅胶常用于分析硫化物，如在 40℃时，在 4min 内可以分离 CO_2、H_2S 和 SO_2。

(4) 分子筛是强极性吸附剂，主要组成为 $M_2O \cdot Al_2O_3 \cdot SiO_2$(M 表示 Na^+或 Ca^{2+})，是人工合成的硅铝酸盐。分子筛使用前必须在 300~500℃的高温下进行活化，以除去空穴中的吸附水。充分活化的分子筛在室温条件下可使 H_2、O_2、N_2、CH_4 和 CO 等气体得到很好的分离。

2. 聚合物固定相

最常用的聚合物固定相(polymer stationary phase)是由苯乙烯或乙基乙烯苯与二乙烯苯交联共聚而成的高分子多孔微球。这种聚合物性能优良，经活化后可直接作为固定相使用，也可在其表面涂渍固定液作为担体使用。

高分子多孔微球分为极性和非极性两种。如果在聚合时，引入不同极性的基团，就可以得到具有不同极性的高聚物。高分子多孔微球的特点是耐高温,最高使用温度可达 200~300℃；色谱峰形对称，无柱流失现象，柱寿命长；一般按极性顺序分离化合物，极性大者先出峰。可用于分析极性的多元醇、脂肪酸、腈类、胺类或非极性的烃、醚、酮等，而且拖尾小，峰形对称，尤其适合分析有机化合物中的微量水分。

18.4.4 气相色谱柱

气相色谱柱分填充柱和毛细管柱两大类。1957 年戈利提出把固定液直接涂在毛细管壁上，从而发明了空心毛细管柱(capillary column)，又称为开管柱(open tubular column)。20 世纪 60 年代以不锈钢材料制作毛细管柱，70 年代采用玻璃材料作毛细管柱，1979 年弹性熔融石英毛细管柱的问世，开创了毛细管色谱的新纪元。

1. 毛细管气相色谱法的特点

毛细管柱与填充柱相比，有以下特点。

(1) 分离效能高。毛细管柱因为液膜薄，传质阻抗小，没有涡流扩散，因此柱效较高。又由于毛细管柱比填充柱长很多，长度可达几十米甚至上百米，每米塔板数大致 2000~5000，因此总柱效可达 $10^4 \sim 10^6$。所以毛细管气相色谱对固定液的选择性要求不是很苛刻。

(2) 柱渗透性好。毛细管柱一般为开管柱，流动相阻力小，分析速度较快。

(3) 柱容量小。由于毛细管柱柱体积通常只有几毫升，涂渍的固定液液膜又很薄，因此柱容量小。所以进样时要采取特殊的进样技术，一般采用分流进样。

(4) 易进行气相色谱-质谱联用。由于毛细管柱的载气流速小，与质谱仪离子源的高真空度比较容易匹配。

(5) 应用范围广。毛细管色谱具有高效、快速、灵敏度高等特点。在医药卫生领域，常用于体内药物分析、药品有机溶剂残留量测定及兴奋剂检测等。

2. 毛细管气相色谱柱的分类

目前常用的毛细管气相色谱柱主要是弹性熔融石英毛细管柱(fused silica open tubular column, FSOT 柱)，毛细管柱的内径一般为 0.1~1.0mm，根据制备方式可分为开管型毛细管柱和填充型毛细管柱。开管型毛细管柱按内壁的状态，可分为以下四类。

(1) 涂壁毛细管柱(wall coated open tubular column, WCOT 柱)。把固定液涂在毛细管内壁上，目前较常采用。

(2) 多孔层毛细管柱(porous-layer open tubular column, PLOT 柱)。在毛细管内壁上附着一层多孔固体，如熔融二氧化硅或分子筛等，可涂或不涂固定液。这种毛细管柱容量较大，柱效较高。

(3) 载体涂层毛细管柱(support coated open tubular column, SCOT 柱)。先在毛细管内壁上黏附一层载体，如硅藻土载体，再在此载体上涂固定液。

(4) 交联或键合毛细管柱。将固定液通过化学反应键合于毛细管壁上，或通过交联反应使固定液分子间交联成网状结构，这样可提高柱效，提高使用温度，减少柱流失。

毛细管气相色谱柱按毛细管内径又可分为以下三类。

(1) 常规毛细管柱。这类毛细管柱的内径为 0.1~0.3mm，目前常用的是 0.25mm 和 0.32mm 内径的毛细管柱。

(2) 小内径毛细管柱(microbore column)。这类毛细管柱是指内径小于 100μm，一般为 50μm 的弹性石英毛细管柱，这类色谱柱主要用于快速分析，在毛细管临界流体色谱、毛细管电泳中常用这类色谱柱。

(3) 大内径毛细管柱(megaobore column)。这类毛细管柱的内径一般为 0.53mm。其固定液液膜可以小于 1μm，也可高达 5μm。大内径、厚液膜毛细管柱可以代替填充柱用于常规分析。

3. 毛细管气相色谱柱的制备

毛细管柱的制备包括拉制、柱表面处理、固定液的涂渍等步骤。弹性熔融石英毛细管外壁涂有聚酰亚胺保护层，色谱柱有一定的柔性。

毛细管内表面的固定液液膜必须涂渍均匀，且不随柱温和其他操作条件变化而破坏。由于毛细管内壁较光滑，固定液不易涂渍均匀，因此可采用化学反应法或沉积细颗粒法对毛细管壁表面进行粗糙化处理。

一般涂渍方法制备的毛细管柱，使用较高的柱温往往会产生明显的柱流失，同时液膜易破裂形成液滴而使柱效降低。将固定液分子之间及固定液与柱内表面进行共价键合制备的交联柱可改善这种状况。交联毛细管柱具有以下优点。

(1) 液膜稳定，形成的固定相液膜不易剥落，并可制备大口径、厚液膜柱。

(2) 由于交联键合作用，固定液的挥发度很低，柱流失少，故色谱柱的热稳定性好，使用温度高，而且寿命较长。

(3) 可耐溶剂洗涤。由于交联毛细管的稳定性好，便于毛细管色谱与质谱、红外等仪器联用。

4. 毛细管气相色谱的仪器系统

毛细管气相色谱的流路系统与填充柱气相色谱流路系统没有本质差别，主要区别有两个，一是在毛细管柱色谱的进样部分增加了分流装置，二是在色谱柱后增加了尾吹气流路系统。

填充柱一般流速在几十毫升每分钟，柱外死体积对峰展宽的影响可以忽略不计；而毛细管柱流速可低至 $1\text{mL}\cdot\text{min}^{-1}$ 甚至更低，柱外效应对分离效率和定量结果的准确度影响很大。因此，进样部分要有特殊的装置。常用的有分流/无分流进样器、柱上进样器、程序升温进样器、顶空进样器、热裂解进样器等。目前应用最广的为分流进样器和无分流进样器。

1) 分流进样

分流进样器结构简单操作方便，而且只要改变操作条件、衬管类型就可成为无分流进样器，所以通称为分流/无分流进样器，其结构如图 18-13 所示。进入进样器的载气分成两路，一路作为隔垫吹扫气；另一路通过衬管一部分进入毛细管柱，另一部分分流放空。分流进样的作用一是控制样品进入色谱柱的量，保证毛细管柱不超载；二是保证起始谱带较窄。分流比为进柱的试样组分的物质的量与放空的试样组分的物质的量的比值。一般等于通过色谱柱的载气流量与放空流量之比。分流比按实验具体要求设定，普通毛细管柱的分流比通常为 (1:20)~(1:500)；对稀释样品、气体样品和大口径毛细管柱，可不分流或设定分流比为 (1:2)~(1:15)。

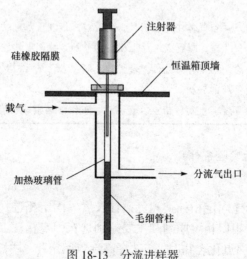

图 18-13 分流进样器

分流进样有三个优点：①操作简单；②只要色谱柱安装合适，柱外效应较小，可以保证有较高的柱效；③样品中的难挥发组分会留在气化室中，不会污染色谱柱，但应注意经常更换衬管。

当然分流进样也有不足：①宽沸程试样易产生非线性分流，引起试样失真；②载气消耗相对较大；③热稳定性差的试样易发生热分解。

2) 无分流进样

无分流进样指试样注入进样器后全部迁移进入毛细管柱进行分析，灵敏度高于分流进样器，特别适用于痕量分析。

无分流进样可在分流进样器上实现，进样时关闭放空阀，此时载气把试样组分带入色谱柱，经过 30～80s 的短暂时间，打开放空阀，把残余试样组分放空，同时柱温箱开始程序升温进行分析。

采用无分流进样进行色谱分析时应注意三点：①由于无分流进样多用于浓度较低样品，预处理或稀释时的溶剂应与试样极性相匹配，否则会使谱带变宽；②程序升温起始温度最好低于溶剂沸点，试样在柱头冷聚焦，可使进样峰变窄，如试样组分沸点较高，则起始温度可适当高于溶剂沸点；③由于溶剂量较大，应尽量采用耐溶剂冲洗的交联毛细管柱。

3) 尾吹气流路

毛细管柱后一般需增加辅助气，称为尾吹气(make-up gas)。尾吹气是从色谱柱出口直接进入检测器的一路气体。因为毛细管柱内载气流量小(常规为 1～3mL·min^{-1})，远低于检测器对载气流量的要求(一般检测器要求 20mL·min^{-1} 的载气流量)，所以在色谱柱后需增加一路载气直接进入检测器，以保证检测器在高灵敏度状态下工作。

尾吹气的另一个重要作用是消除检测器由于死体积较大而产生的柱外效应。经分离的化合物流出色谱柱后，可能由于管道体积的增大而出现体积膨胀，流速缓慢，从而引起谱带展宽。加入尾吹气后可以消除这一现象。

延伸阅读 18-2：固相微萃取技术

1993 年美国 Supelco 公司推出了一款商品化的固相微萃取装置，装置类似于一支气相色谱的微量进样器，萃取头是在一根石英纤维涂上固相微萃取涂层，外套细不锈钢管以保护石英纤维不被折断，纤维头可在钢管内伸缩。

将纤维头浸入样品溶液中或顶空气体中一段时间，同时搅拌溶液以加速两相间达到平衡的速度，待平衡后将纤维头取出插入气相色谱气化室，热解吸涂层上吸附的物质。被萃取物在气化室内解吸后，靠流动相将其导入色谱柱，完成提取、分离、浓缩的全过程。固相微萃取技术几乎可以用于气体、液体、生物、固体等样品中各类挥发性或半挥发性物质的分析。

目前，固相微萃取技术在环境、生物、工业、食品、临床医学等领域已经得到了十分广泛的应用。

---

5. 毛细管气相色谱的实验条件

1) 固定相选择

固定相选择主要是选择固定相种类和色谱柱长度。固定相选择需要注意两个方面，一是极性和最高使用温度，按相似相溶原则和主要差别选择固定相；二是柱温不能超过色谱柱的最高使用温度。在分析高沸点化合物时，需选择高沸点固定相。柱长加长能增加理论塔板数，使分离度提高；但柱长过长，峰变宽，不利于分离。

2) 毛细管柱内径选择

由毛细管气相色谱速率理论可知，理论塔板高度与色谱柱半径平方成正比，即内径越细，柱效越高。但内径变细在实际应用时要受仪器、操作等诸多条件的限制，一般内径 250μm 柱容量约 100ng，而 30μm 柱的柱容量要低于 1ng。样品容量低对仪器要求比较苛刻，首先要求检测器的敏感度要小于 $10^{-11}\mathrm{g\cdot s^{-1}}$,同时要求检测器的死体积要很小。目前主要采用内径 100～300μm 的毛细管柱。

3) 液膜厚度选择

通常增加液膜厚度会使色谱柱柱效下降。实际工作中液膜厚度的选择取决于分析的具体要求。分离挥发性低、热稳定性差的物质时需用薄液膜柱;分析挥发性高、保留值小的物质时,要求液膜厚度大于 1μm;快速分析时一般采用小内径和薄液膜柱。柱内径和液膜厚度的选择需要综合考虑色谱柱的柱容量和柱效。如果需要增加柱容量,可以采用大口径和厚液膜柱。

4) 载气选择

气相色谱中常用的载气有 N_2、H_2 和 He。载气的选择需要从柱压降、对峰扩张及对检测器灵敏度的影响三方面来考虑。首先需考虑检测器的适应性,如 TCD 常用 H_2、He 作载气,FID、FPD 和 ECD 常用 N_2 作载气;其次要考虑流速的大小,载气流速影响分离效率和分析时间,当色谱柱和组分一定时,由速率方程可计算出最佳流速,此时柱效最高,但在此流速下,分析时间较长。一般会采用稍高于最佳流速的载气流速,以加快分析速度。考虑到操作安全性,在毛细管气相色谱的载气多采用 N_2 和 He。

5) 柱温选择

在气相色谱法中,柱温对分离度影响很大,是色谱条件选择的关键。选择的基本原则是在使最难分离的组分有符合要求的分离度的前提下,尽可能采用较低柱温,但以保留时间适宜和不拖尾为宜。较低的柱温使试样有较大的分配系数,选择性好,但分析时间延长,峰形变宽,柱效下降;柱温升高可改善传质阻力,提高柱效,缩短分析时间,但同时也将加剧纵向扩散效应,降低柱子的选择性。在实际工作中常通过实验来选择最佳柱温,既能分离各组分,又不使峰形扩张、拖尾。

对于宽沸程样品,选择一个恒定柱温常不能兼顾所有组分,需采取程序升温方法。程序升温按预定的程序连续或分阶段地进行升温,可以兼顾高、低沸点组分的分离效果和分析时间,使各成分都能在较佳的温度下分离。程序升温还能缩短分析周期,改善峰形,提高检测灵敏度。

延伸阅读 18-3:顶空气相色谱法

顶空气相色谱法(headspace-gas chromatography, HS-GC)是顶空分析技术(headspace-gas analytical technique)与气相色谱法的联用方法,也称为液上气相色谱,适用于固体和液体供试品中挥发性组分的分离和测定。将固态或液态的供试品制成供试液后,置于密闭小瓶中,在恒温控制的加热室中加热至供试品中挥发性组分在液态和气态达到平衡后,由进样器自动吸取一定体积的顶空气体注入色谱系统中。顶空气相色谱有动态和静态两种方式。

静态顶空气相色谱是分析在密闭系统中的蒸气相,这一蒸气相要与被分析的固体或液体样品达到热平衡,样品是平衡气相的一部分,一般只需要将被分析的样品置于密闭的容器中使液相或固相达到平衡,然后用微量进样器吸取蒸气样品注入色谱柱中进行分析。

动态顶空分析不针对平衡状态,称为吹扫-捕集分析,是用一种惰性气体在规定时间内恒速鼓泡经过液相或固相样品,蒸气收集在吸附阱中,待加热时脱附进入气相色谱。这种分析方法可以免去复杂的前处理步骤,同时可以避免水、高沸点物质或非挥发性物质进入色谱柱,而引起柱的超载或对色谱系统的污染。一般在药物分析中常采用动态顶空气相色谱法。

顶空进样装置主要包括样品瓶、恒温装置和取样进样装置。样品瓶一般是体积为 10mL 或 20mL 的玻璃瓶,用硅橡胶隔垫密封。恒温装置的温度及恒温时间根据需要设定。取样进样装置由取样针、定量环、转移管等组成，将供试液上方的气体定量注入气相色谱仪的进样口。

顶空气相色谱操作时样品瓶中所加供试液不得太多，以免污染取样针。在分析灵敏度足够的情况下，供试液体积应尽量少；当使用该法进行药物中有机溶剂残留检测时，通常以水为溶剂，对于非水溶性药物，可采用 N,N-二甲基甲酰胺、二甲亚砜或其他适宜溶剂，所用溶剂不得干扰被测溶剂的测定。

供试液顶空平衡时间一般为 30~45min，以保证供试品溶液的气-液两相有足够的时间达到平衡，顶空平衡时间如果过长，可能会引起顶空瓶的气密性变差，导致定量准确性降低。

当采用顶空进样时，供试品与对照品处于不完全相同的基质中，故应考虑气液平衡过程中的基质效应。由于标准加入法可消除供试品溶液基质与对照品溶液基质不同所致的基质效应的影响，故通常采用标准加入法验证定量方法的准确性。

18.5 气相色谱的定性与定量分析

18.5.1 定性分析方法

试样经色谱分离后得到色谱图，根据色谱图提供的信息可以进行待分离组分的分析。色谱分析的优点是能够对成分复杂的混合物进行分离分析，但难以对未知物进行准确定性，需要依据已知纯物质或有关的色谱定性参考数据才能进行定性鉴别。

1. 对照品对照法

根据同一种物质在同一根色谱柱上和完全相同的色谱条件下保留时间相同的原理进行定性。完全相同的实验条件下，分别测定对照品和未知试样中各组分的保留值，如果未知试样色谱图中对应于对照品保留值的位置上有色谱峰出现，则可以判定试样中可能含有与对照品相同的组分，否则就可能不存在这种组分。

如果试样复杂，组分色谱峰相距太近，保留值的准确判定有一定困难，这时可将已知物加到未知试样中混合进样，若待定性组分色谱峰峰高较之前增加，则表示原试样中可能含有该已知物的成分。有时几种物质在同一色谱柱上恰有相同的保留值，无法定性，则需采用性质差别较大的双柱定性。若在这两个柱子上，该色谱峰峰高都增大，一般可认定是同一物质。该法是实际工作中最常用的简便可靠的定性方法。

2. 相对保留值定性法

此法适用于待定性组分没有纯物质的情况，对于一些组分比较简单的已知范围的混合物，在无已知物的情况下，可用此法定性。将所得各组分的相对保留时间与色谱手册数据对比定性。一般相对保留值的数值与组分的性质、固定液的性质及柱温有关，与固定液的用量、柱长、流速及色谱柱填充情况等因素无关。利用此法定性时，应先查手册，根据手册规定的实验条件及参考物质进行实验。

3. 保留指数定性法

许多手册上收载有各种化合物的保留指数，只要固定液及柱温相同，就可以利用手册数据对未知物进行定性。保留指数的重复性及准确性均较好(RSD<1%),是定性的重要方法。

4. 利用化学反应定性法

将色谱流出物通入官能团分类试剂中,观察试剂是否发生某种特定变化,来判断该组分可能含有什么官能团或属于哪类化合物,再参考保留值进行粗略定性。若用氢焰离子化检测器必须在色谱柱及检测器间装上柱后分流阀,接收组分。因为氢焰离子化检测器属于破坏型检测器,样品在氢焰中被破坏,不能直接用尾气检查。

5. 两谱联用定性法

气相色谱分离效率高,定性相对困难;红外吸收光谱、质谱及核磁共振技术鉴别未知物结构的能力强,但要求所分析的试样纯度尽可能高。因此,把气相色谱仪作为分离手段,质谱仪、核磁共振仪作为鉴定工具,两者结合取长补短,这种方法称为两谱联用。

18.5.2 定量分析方法

气相色谱法对于多组分混合物既能分离,又能提供定量数据,具有快速、灵敏、定量准确度高、精密度好等特点。色谱定量分析的基础是在实验条件恒定时,被测物质的量与其峰面积成正比,因此可利用峰面积定量。目前色谱仪都带有数据处理器,仪器可自动打印峰面积和峰高,准确度高。

1. 定量校正因子

被测组分量与检测器的响应信号成正比。但是同一种物质在不同类型检测器及不同物质在同一种检测器上响应值不同,各组分峰面积或峰高的相对百分数并不等于样品中各组分的百分含量。因此不能用峰面积直接计算物质的量,需要引入定量校正因子(quantitative correction factors)的概念,校正后的峰面积或峰高可以定量地代表物质的量。

定量校正因子分为绝对定量校正因子和相对定量校正因子两种。其中绝对定量校正因子为

$$f_i' = \frac{m_i}{A_i} \tag{18-35}$$

式中,f_i' 为单位峰面积所代表物质的质量。测定绝对校正因子需要知道准确进样量,而且其值会随色谱实验条件的改变而改变,因此测定 f_i' 相对比较困难。所以,在实际分析工作中,往往使用相对定量校正因子。

相对定量校正因子为某物质与所选定标准物质的绝对定量校正因子之比,即

$$f_i = \frac{f_i'}{f_s'} \tag{18-36}$$

使用氢焰离子化检测器时,常用正庚烷作标准物质;使用热导检测器时,一般用苯作标准物质。平常所指的定量校正因子都是相对定量校正因子,最常用的是相对质量校正因子,即

$$f_g = \frac{f_i'}{f_s'} = \frac{A_s m_i}{A_i m_s} \tag{18-37}$$

式中,A_i、A_s、m_i、m_s 分别为物质 i 和标准物质 s 的峰面积和质量。测定相对质量校正因子时,

用分析天平称取质量为 m_i、m_s 的被测物质 i 和标准物质 s，配成混合溶液后进样分析，根据所得峰面积计算相对定量校正因子。

2. 外标定量法

气相色谱定量方法分为外标法(external standard method)、内标法(internal standard method)、归一化法(normalization method)及标准加入法。

外标法分为工作曲线法和外标一点法。在一定操作条件下，用对照品配成不同浓度的对照液，定量进样进行色谱分析，用峰面积或峰高对对照品的质量(或浓度)作工作曲线，求出回归方程，然后在相同条件下分析待测样品试样，计算被测组分的质量分数，这种方法称为工作曲线法。工作曲线的截距一般应接近零，截距大说明方法系统误差大。实际定量时若工作曲线线性好，截距近似为零，则可采用外标一点法定量。

外标一点法是用待测物质 i 的一种浓度对照液进样分析，供试液在相同条件下进样测定，依据式(18-38)计算供试品的含量：

$$m_i = \frac{A_i}{(A_i)_s}(m_i)_s \tag{18-38}$$

式中，m_i、A_i 分别为供试液进样体积中所含物质 i 的质量及相应峰面积；$(m_i)_s$、$(A_i)_s$ 分别为物质 i 在对照液进样体积中所含的质量及相应峰面积。若供试液和对照液进样体积相同，则公式中的质量可以用浓度代替。

外标法的优点是计算方便，不必用校正因子，不必加内标物，这种方法常用于日常质量控制分析。分析结果的准确度主要取决于进样的准确性和操作条件的稳定程度。

3. 内标定量法

气相色谱法由于进样量小，进样体积不易准确控制，在药物分析中多用内标法定量。该法适用于试样中组分不能全部出峰，检测器不能对每个组分都有响应，或只需测定试样中某几个组分质量分数的情况。

内标法是将一定质量的纯物质作为内标，添加到准确称量的试样中，根据试样和内标物的质量及其在色谱图上的峰面积比，求出某组分的含量。

实际工作中，内标物的选择至关重要。内标物须满足三个要求：①内标物应是试样中不存在的物质；②内标物色谱峰应位于被测组分色谱峰的附近，并能与组分完全分离；③内标必须是纯度合乎要求的纯物质。

根据实际操作不同，内标法可分为内标校正因子法、内标工作曲线法和内标对比法。

1) 内标校正因子法

以一定质量的纯物质作为内标物，加入准确称量的试样中，混合均匀进样分析，根据试样和内标物的质量及其在色谱图上相应的峰面积比，求出某组分的质量分数。例如，要测定试样中组分 i 的质量分数，于试样中加入质量为 m_s 的内标物，试样质量为 m，则

$$m_i = \frac{A_i f_i}{A_s f_s} m_s \qquad w_i(\%) = \frac{A_i f_i m_s}{A_s f_s m} \times 100\% \tag{18-39}$$

2) 内标工作曲线法

配制一系列不同浓度的对照液，并加入相同质量的内标物，进样分析测得内标及不同浓

度对照液的峰面积,以对照液峰面积与内标峰面积之比对对照液浓度作图,求回归方程,计算试样中组分的质量分数。供试液配制时也需加入与对照液相同质量的内标物,根据被测组分与内标物的峰面积比值,由工作曲线求得被测组分的质量分数。

3) 内标对比法

若内标工作曲线的截距近似为零,可用内标对比法定量。在对照品溶液与被测溶液中,分别加入相同质量的内标物,配成对照品溶液和供试品溶液,分别进样,按式(18-40)计算被测组分浓度:

$$\frac{(A_i/A_s)_{试样}}{(A_i/A_s)_{对照}} = \frac{c_{i试样}}{c_{s对照}} \qquad c_{i试样} = \frac{(A_i/A_s)_{试样}}{(A_i/A_s)_{对照}} \times c_{i对照} \tag{18-40}$$

内标工作曲线法和内标对比法不必测出校正因子,消除了实验操作条件的影响,也不需严格要求进样体积准确。

内标法是通过测量内标物与被测组分的峰面积的相对值来进行计算,因此操作条件变化而引起的误差可以抵消,另外该法对进样量准确度的要求相对较低。这是内标法的主要优点。所以内标法特别适合复杂基质中药物的含量测定。

学习与思考

(1) 一般什么情况下最好选择内标法定量?什么情况下可以选择外标法定量?
(2) 选择内标和外标各自有什么要求?为什么?
(3) 在实际操作中,内标法分为内标校正因子法、内标工作曲线法和内标对比法,这三种方法各适用于什么情况?

---

4. 归一化定量法

组分 i 的质量分数等于它的色谱峰面积在总峰面积中所占的百分比。如果样品中所有组分均能产生信号,并得到相应的色谱峰,就可以利用面积归一化法计算各组分的含量。考虑到检测器对不同物质的响应不同,峰面积需经校正,故组分 i 的质量分数可按式(18-41)计算:

$$w_i(\%) = \frac{A_i f_i}{A_1 f_1 + A_2 f_2 + A_3 f_3 + \cdots + A_n f_n} \times 100\% \tag{18-41}$$

归一化法操作简便、定量结果与进样量无关、操作条件变化对结果影响小。但要求所有组分在一个分析周期内需流出色谱柱,并且检测器对它们都产生信号。

试样中所有组分对检测器的响应程度越相近,测定结果越准确。

5. 标准加入法

在供试液中加入一定量被测组分的对照品,测定增加对照品后组分峰面积的增量,以计算组分的质量。

$$m_i = \frac{A_i}{\Delta A_i} \Delta m_i \tag{18-42}$$

式中,Δm_i 为对照品的加入量;ΔA_i 为峰面积的增量。

延伸阅读 18-4：全二维气相色谱

全二维气相色谱是把分离机理不同而又互相独立的两根色谱柱以串联方式结合，在两根色谱柱之间装有调制器，调制器起捕集再传送的作用，第一支色谱柱分离后的馏分，进入调制器聚焦后再以脉冲方式进到第二支色谱柱进行进一步分离，所有组分从第二支色谱柱进入检测器，信号经数据处理系统处理，得到以第一支色谱柱保留时间为第一横坐标，第二支色谱柱保留时间为第二横坐标，信号强度为纵坐标的三维色谱图或二维轮廓图。

全二维气相色谱有如下特点：

(1) 分辨率高、峰容量大。其峰容量为二根色谱柱峰容量的乘积。美国南伊利诺利(Southern Illinois)大学已成功用此技术一次进样从煤油中分出一万多个峰。

(2) 灵敏度高。经第一支色谱柱分离后的馏分在调制器产生聚焦，然后以脉冲形式进样。因此，灵敏度会比通常的一维色谱提高 20～50 倍。

(3) 分析时间短。由于采用了二根不同极性的柱子，因此样品更容易分开。又由于分辨率高，定性可靠性大大增强。

该技术在 20 世纪 90 年代初萌芽，1999 年由美国 Zoex 公司实现仪器商品化。可以说二维气相色谱是色谱技术的又一次革命性突破，未来将在诸如石油、中药、香精香料等复杂样品分离中发挥十分积极的作用。

18.6 气相色谱法在药物分析中的应用

气相色谱法用于药物测定时，《中国药典》2015 年版要求各品种项下规定的色谱条件，除检测器种类、固定液品种及特殊指定的色谱柱材料不得改变外，其余如检测器的灵敏度、色谱柱内径、长度、固定液涂布浓度、载体牌号、粒度、载气流速、柱温、进样量等均可适当改变，以适应具体品种对系统适用性实验的要求。

采用色谱法进行药物分析时，需按各品种项下要求用规定的溶液对色谱系统进行适用性实验，以判断所用色谱系统是否符合规定的分析要求。

18.6.1 系统适用性实验

色谱系统的适用性实验包括理论塔板数、分离度、灵敏度、拖尾因子和重复性五个参数。其中，分离度和重复性尤其重要。

1. 色谱柱的理论塔板数

因为不同物质在同一色谱柱上的色谱行为不同，所以采用理论塔板数衡量柱效时应指明测定物质。一般规定是待测组分或内标物质的理论塔板数。

在规定色谱条件下，注入供试品溶液或各品种项下规定的内标物质溶液，记录色谱图，根据供试品主成分峰或内标物质峰的保留时间 t_R 或半峰宽，按式(18-8)计算色谱柱的理论板数。

2. 分离度

分离度是衡量色谱系统效能的关键指标，评价待测组分与相邻共存物或难分离物质之间的分离程度。具体可通过测定待测物质与已知杂质的分离度，待测组分与某一添加的指标性成分的分离度，或者将供试品(或其对照品)经适当降解，通过测定待测组分与某一降解产物的分离度，对色谱系统进行分离度的评价。

无论是定性鉴别还是定量分析，均要求待测物与其他峰、内标峰或特定的杂质峰分离良好。除另有规定外，待测组分与相邻共存物之间的分离度应大于1.5。分离度的计算按式(16-21)进行。

3. 灵敏度

用于评价色谱系统检测微量物质的能力，以信噪比(S/N)来表示。信噪比通过测定一系列不同浓度的供试品或对照品溶液来确定。定量测定时，信噪比应不小于10；定性测定时，信噪比应不小于3。系统适用性实验中可以设置灵敏度实验溶液来评价色谱系统的检测能力。

4. 拖尾因子

用于评价色谱峰的对称性。拖尾因子(T)是评价色谱峰形的参数，目的是为了保证色谱分离效果和测量精度，以峰高定量时，除另有规定外，T值应在 0.95～1.05。以峰面积作定量参数时，一般的峰拖尾或前伸不能影响峰面积积分，但严重拖尾会影响基线和色谱峰起止的判断和峰面积积分的准确性，此时应在品种正文项下对拖尾因子作出规定。拖尾因子计算按式(16-3)进行。

5. 重复性

重复性用于评价色谱系统连续进样时响应值的重复情况。采用外标法定量时，取各品种项下的对照品溶液，连续进样 5 次，除另有规定外，5 次峰面积测量值的相对标准偏差应不大于 2.0%；采用内标法定量时，通常配制相当于测定浓度 80%、100%和120%的对照品溶液，分别加入相同质量的内标溶液，配成 3 种不同浓度的溶液，计算平均校正因子，其相对标准偏差应不大于 2.0%。

18.6.2 气相色谱法在药物鉴别中的应用

若某种药物含量测定采用气相色谱法，则其鉴别实验即可采用气相色谱法进行。例如，《中国药典》中维生素 E 的鉴别规定在含量测定项下记录的色谱图中，供试品溶液主峰的保留时间应与对照品溶液主峰的保留时间一致。

18.6.3 气相色谱法在杂质检查中的应用

气相色谱法进行药物的杂质检查主要集中在药物的残留溶剂测定。药物中的残留溶剂主要指在原料药或辅料的生产过程中，或者在制剂制备过程中使用的，但在工艺过程中未能完全去除最终带入终产品中的有机溶剂，《中国药典》四部通则中收载了残留溶剂的种类及其限度要求，如表18-4所示。

表 18-4 药品中常见残留溶剂及限度

溶剂名称	限度/%	溶剂名称	限度/%	溶剂名称	限度/%	溶剂名称	限度/%
第一类溶剂(应该避免使用)		甲酰胺	0.022	正丁醇	0.5	正戊烷	0.5
苯	0.0002	正己烷	0.029	仲丁醇	0.5	正戊醇	0.5
四氯化碳	0.0004	甲醇	0.3	乙酸丁酯	0.5	正丙醇	0.5
1,2-二氯乙烷	0.0005	2-甲氧基乙醇	0.005	叔丁基甲基醚	0.5	异丙醇	0.5
1,1-二氯乙烯	0.0008	甲基丁基酮	0.005	异丙基苯	0.5	乙酸丙酯	0.5
1,1,1-三氯乙烷	0.15	甲基环己烷	0.118	二甲基亚砜	0.5	第四类溶剂(尚无足够毒理学资料)	
第二类溶剂(应该限制使用)		N-甲基吡咯烷酮	0.053	乙醇	0.5	1,1-二乙氧基丙烷	
乙腈	0.041	硝基甲烷	0.005	乙酸乙酯	0.5	1,1-二甲氧基甲烷	
氯苯	0.036	吡啶	0.02	乙醚	0.5	2,2-二甲氧基丙烷	
三氯甲烷	0.006	四氢噻吩	0.016	甲酸乙酯	0.5	异辛烷	
环己烷	0.388	四氢化萘	0.01	甲酸	0.5	异丙醚	
1,2-二氯乙烯	0.187	四氢呋喃	0.072	正庚烷	0.5	甲基异丙基酮	
二氯甲烷	0.06	甲苯	0.089	乙酸异丁酯	0.5	甲基四氢呋喃	
1,2-二甲氧基乙烷	0.01	1,1,2-三氯乙烯	0.008	乙酸异丙酯	0.5	石油醚	
N,N-二甲基乙酰胺	0.109	二甲苯	0.217	乙酸甲酯	0.5	三氯乙酸	
N,N-二甲基甲酰胺	0.088	第三类溶剂(药品GMP或其他质量要求限制使用)		3-甲基-1-丁醇	0.5	三氟乙酸	
二氧六环	0.038	乙酸	0.5	丁酮	0.5		
2-乙氧基乙醇	0.016	丙酮	0.5	甲基异丁基酮	0.5		
乙二醇	0.062	甲氧基苯	0.5	异丁醇	0.5		

气相色谱法是国际上通用的药物中残留溶剂检查方法。测定时既可采用填充柱，也可采用毛细管柱。通常使用氢焰离子化检测器，但对含卤素元素的残留溶剂如三氯甲烷、二氯甲烷等为获得高的灵敏度，可采用电子捕获检测器。

延伸阅读 18-5：药品中残留溶剂的控制

《中国药典》中残留溶剂的控制与人用药品注册技术规范的国际协调会(International Conference on Harmonization, ICH)的要求一致，在溶剂残留量的限度要求中，按毒性程度有机溶剂分为四类：

第一类有机溶剂毒性大，且致癌并对环境有害，应避免使用；

第二类有机溶剂对人有一定毒性，应限量使用；

第三类有机溶剂对人的健康危险性较小，因此推荐使用；

第四类有机溶剂主要是一些目前尚无足够毒理学资料的溶剂。

除另有规定外，第一、二、三类溶剂的残留量应符合附表中的规定；对其他溶剂(第四类等)，应根据生为保证测定结果的准确可靠，残留溶剂测定前也需进行系统适用性实验，由于残留溶剂浓度低而且具有较强的挥发性，因此对方法重复性的要求相对较低。

1. 系统适用性实验

(1) 以待测物色谱峰计算，填充柱的理论塔板数要求不低于 1000；毛细管柱的理论塔板数要求不低于 5000。

(2) 待测物色谱峰与其相邻色谱峰的分离度应大于 1.5。

(3) 内标法测定时，对照品溶液连续进样 5 次，所得待测物与内标物峰面积之比的相对标准偏差应不大于 5%；外标法测定时，所得待测物峰面积的相对标准偏差应不大于 10%。

2. 测定方法

进行溶剂残留量测定时，若为限度检查，根据药典的限度规定确定对照品溶液的浓度；若为定量测定，应根据供试品中残留溶剂的实际残留量确定对照品溶液的浓度。《中国药典》中残留溶剂的测定有以下三种方法。

(1) 毛细管柱顶空进样等温法。该法主要用于待测有机溶剂数量不多，并且极性差异较小的情况。

(2) 毛细管柱顶空进样程序升温法。该法适用于检查的有机溶剂数量较多，且极性差异较大的情况。具体到某个品种药物中残留溶剂检查时，可根据该品种项下残留溶剂的组成调整升温程序。

(3) 溶液直接进样法。该法可采用填充柱，也可采用适宜极性的毛细管柱。

残留溶剂既可进行限度检查也可进行含量测定。当限度检查以内标法测定时，供试品溶液所得被测溶剂峰面积与内标峰面积之比不得大于对照品溶液的相应比值；以外标法测定时，供试品溶液所得被测溶剂峰面积不得大于对照品溶液的相应峰面积。含量测定时可直接按内标法或外标法计算各残留溶剂的含量。

18.6.4 气相色谱法在药物含量测定中的应用

《中国药典》中收载的天然型和合成型维生素 E 及其各种制剂均采用气相色谱法测定含量。具体测定是以硅胶(OV-17)为固定液，涂布浓度为 2%的填充柱，或用 100%二甲基聚硅氧烷为固定液的毛细管柱，柱温 265℃。要求理论塔板数按维生素 E 峰计算不低于 500(填充柱)或 5000(毛细管柱)，维生素 E 峰与内标物质峰的分离度应符合要求；选择正三十二烷作内标，以内标法计算维生素 E 的含量。

学习与思考

(1) 与 2010 年版《中国药典》相比，2015 年版在系统适用性实验中加入了灵敏度的测定项目，目的是什么？

(2) 溶剂残留测定可以采用溶液直接进样法也可以采用顶空进样，在具体样品测定时选择哪种方式可能更好？选择的主要依据是什么？

(3) 举例说明气相色谱在药物研发中的应用。

18.7 气相色谱-质谱联用

质谱法定性鉴别和结构分析能力强,但不具备分离能力,不能直接用于复杂混合物的鉴定,而色谱法是分析复杂混合物的强有力工具,但不具备对未知化合物的结构鉴定能力。鉴于此,人们自然就想到了"强强联合",通过色质联用实现色谱和质谱的优势互补,将色谱对复杂样品的高分离能力,与质谱的高选择性及能够提供相对分子质量与结构信息的优点结合起来。

色谱作为进样系统,从复杂样品中分离出纯物质,导入质谱进行检测,满足了质谱分析对样品单一性的要求;质谱法作为检测器,检测离子质量,提供每个组分的结构信息,解决气相色谱法定性困难的问题。两者联用极大地提高了对混合组分的分离、定性、定量分析效率,具有适用性大、选择性好、灵敏度高的特点。两者结合实现了真正意义上"1+1>2"的效果。

迄今为止,色质联用为最成熟且是最成功的一类联用技术,主要有气相色谱-质谱联用(gas chromatography-mass spectrometry, GC-MS)、液相色谱质谱联用(liquid chromatography-mass spectrometry, LC-MS)、毛细管电泳质谱联用(capillary electrophoresis-mass spectrometry, CE-MS)、超临界流体色谱-质谱联用(supercritical fluid chromatography-mass spectrometry, SFC-MS)等。

色质联用由色谱单元、质谱单元及接口三部分组成,色谱单元对待测试样中的各组分进行有效分离;接口装置将色谱单元流出的各组分送入质谱单元并保证色谱和质谱两者压力匹配,是实现色质联用的关键组件;质谱单元对从接口传入的各组分依次进行分析检测。计算机系统交互式地控制气相色谱单元、接口装置和质谱仪,进行数据采集和处理,以获得色谱和质谱数据。

气相色谱-质谱联用是以气相色谱为分离手段,以质谱为检测手段的分离分析方法。1957年,霍尔姆斯(J. C. Holmes)和莫雷尔(F. A. Morrell)首开气相色谱与质谱联用[①],历经半个多世纪的发展,气质联用已经成为分离分析复杂混合物最为有效的技术手段之一。

18.7.1 GC-MS 联用仪简介

GC-MS 联用法是样品分子在气相色谱中气化分离,待测组分与载气同时流出色谱柱,经过分离器接口后被引入质谱系统,在离子源中转化为带电的碎片离子,然后加速进入质量分析器按质荷比(m/z)进行分离,最后通过测定各种离子峰的强度而实现分析目的。常用 GC-MS 仪器装置如图 18-14 所示。

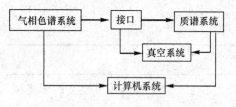

图 18-14 气相色谱-质谱联用仪示意图

1. 接口系统

接口是实现气相色谱仪与质谱仪联用的关键部件。它起到传输试样、匹配两者工作流量

---

① Holmes J C, Morrell F A. Oscillographic mass-spectrometric monitoring of gas chromatography. Appl. Spectrosc., 1957, 11: 86-87.

的作用,需要解决气相色谱仪的常压工作条件和质谱仪高真空($10^{-6} \sim 10^{-4}$Pa)工作条件的连接和匹配。

理想的接口应能将气相色谱柱流出物中的载气尽可能多的除去并降低其压力,同时对试样组分进行富集后将其送入质谱仪。GC-MS 对接口的一般要求是:①须有较高的样品传输效率及去除载气的能力,对样品的传递具有良好的重现性;②保证气相色谱系统与质谱系统的气压匹配,既能维持质谱单元的真空度,又不影响气相色谱单元色谱柱的柱效和色谱分离的结果;③试样组分通过接口时应不发生化学变化;④接口应尽可能短,使各组分能快速通过并进入质谱单元;⑤接口的控制操作应简单、方便、可靠等。

GC-MS 联用仪常用的接口分为三类:直接导入型接口、开口分流型接口和浓缩型接口。

1) 直接导入型接口

色谱柱出口端直接通过一根金属毛细管插入质谱仪的离子源内,载气携带试样分子通过此接口进入离子源,待测试样在离子源的作用下生成带电荷的离子,并在电场作用下加速向质量分析器移动;而载气是惰性气体不发生电离,绝大部分被高真空泵抽走,以满足离子源的低真空要求。这种接口结构简单,其主要作用就是传质和控温,适用于小内径毛细管色谱柱,应用较为广泛。

2) 开口分流型接口

气相色谱柱的一段插入接口,其出口正对一限流毛细管,示意图如图 18-15 所示。

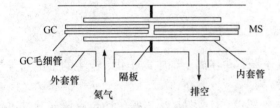

图 18-15 开口分流型接口示意图

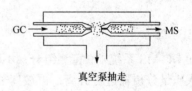

图 18-16 喷射式分离器接口示意图

色谱流出物可全部或部分通过限流管定量地进入质谱仪的离子源。毛细管色谱柱和限流毛细管之间由内套管固定并结合,内套管、毛细管色谱柱和限流毛细管外围还有一外套管,外套管充满氦气。当色谱柱的流量大于质谱仪的工作流量时,过多的色谱柱流出物和载气随氦气流出接口;当色谱柱的流量小于质谱仪的工作流量时,外套管中的氦气提供补充。

这种接口结构简单,但色谱仪流量较大时,分流比较大,因此样品传输效率较低,适用于小内径或中内径的毛细管色谱柱。

3) 喷射式分离器接口

接口示意图如图 18-16,工作原理是由于色谱柱的出口处存在压力差,当载气携带组分通过喷射管狭窄的喷嘴时形成喷射状气流,流出物在真空系统中以一定的速率作扩散运动,扩散速率与分子本身的相对分子质量有关。大分子的待测组分分子动量大,易保持原喷射方向向前移动,进入接收口被浓缩;而小分子载气分子动量小,因扩散易偏离原喷射方向,被真空泵抽走而去除。

这种接口起到了分离载气、降低气压和浓缩样品的作用。喷射式分子分离器接口具有体积小、热解和记忆效应较小、待测物在分离器中停留时间短等优点,既可用于填充色谱柱,也可用于毛细管色谱柱。

2. 色谱单元

GC-MS 对气相色谱仪没有特殊要求,但所使用的色谱柱和载气需满足质谱仪的相关要求。

1) 色谱柱

色谱柱采用填充柱和毛细管柱均可,目前大多采用毛细管柱。毛细管柱的柱效比填充柱高很多,而且填充柱使用的载气流速约 $20cm^3 \cdot min^{-1}$,要满足质谱仪需要的高真空,必须在气相色谱仪与质谱仪之间设置分子分离器,以除去载气;毛细管柱的载气流速仅需要约 $1cm^3 \cdot min^{-1}$,在质谱仪允许范围内,可通过接口直接插入离子源。

色谱柱有不同类型的固定相和规格,如柱长、柱内径、液膜厚度等,应根据用途进行选择。通常三种不同极性(非极性、中等极性、极性)的柱子,基本就可以满足绝大部分测定要求。GC-MS 对色谱柱的选择原则与 GC 基本一致,不同之处在于,GC-MS 对色谱柱低流失的要求更高,以防止固定液流失而造成的检测本底增高或者污染离子源,通常需要选择 GC-MS 专用色谱柱。

2) 载气

GC-MS 对载气的要求是化学惰性,不干扰质谱检测及在接口或离子源中易被去除。氦气分子离子 m/z 为 4,远低于通常质谱扫描起始质量,本底低;相对分子质量小容易被真空泵抽走;而且其电离能远高于一般有机化合物的电离能,对总离子流干扰小;因此氦气是 GC-MS 最理想的载气。

3. 质谱单元

在 GC-MS 系统中,待测组分被不断送入离子源,并在离子源中离子化,产生的带电离子被送入质量分析器进行分离,再被离子检测器检测。

用于 GC-MS 系统的质谱单元应符合一些特殊要求:①真空系统不受气相色谱单元载气流量的影响;②灵敏度和分辨率与气相色谱匹配;③扫描速度与色谱柱组分流出速度相适应等。

1) 离子源

在 GC-MS 分析中,最为常见的离子源为电子轰击离子源和化学电离源。

EI 源电离效率高,质谱图可提供化合物的"指纹"特征,但是分析物的分子离子会被打碎,因此常缺失分子离子峰,这对化合物相对分子质量的判断带来困难。EI 源适用于气体和易挥发有机化合物的分析,不适合沸点较高的固体样品及大分子样品的电离。

使用 CI 源进行分析时,可以使用多种 CI 反应剂,例如,使用"硬"的反应剂甲烷,可以得到更多的碎片;使用"软"的反应剂异丁烷,可以得到增强的 M+1 离子或更少的碎片信息。与 EI 源相比,CI 源可通过 M+1 离子或其他 CI 加成离子确定相对分子质量,质谱图简单,而且灵敏度更高。

2) 质量分析器

样品经过离子化后,其分子离子及碎片离子经过聚焦后被送入质量分析器,根据质荷比不同,带电粒子依次在检测器上被分别记录。GC-MS 中最常用的质量分析器有四极杆、离子阱或者飞行时间质量分析器。

离子阱质量分析器在 GC-MS 联用中的应用越来越多,其灵敏度高于四极杆质量分析器,可以很容易地实现 EI 源和 CI 源间的切换,维护成本低,同时可以进行两级或多级质谱分析。

18.7.2 气相色谱-质谱联用的定性与定量分析

GC-MS 联用将气相色谱和质谱完美结合,具有特点:①定性参数多,除能提供保留时间外,还能通过质谱图获取分子离子峰的准确质量、碎片离子峰强度比、同位素离子峰强度比等信息,定性更加可靠;②检测灵敏度高,尤其是选择离子监测时的检测灵敏度优于所有的GC检测器;③能检测色谱未分离或无法分离的组分,如用提取离子色谱图、选择离子监测色谱图可检出色谱未分离或被噪声掩盖的组分。

GC-MS 法适用于低相对分子质量化合物(通常相对分子质量低于1000)的分离和检测,尤其适用于挥发性组分和半挥发性组分的分析测定。在药品生产、质量控制中应用广泛,还特别适用于中药挥发性成分的鉴定、食品和药品中农药残留的测定及毒品和兴奋剂等违禁药品的检测等等。

1. 定性分析

GC-MS 定性分析最主要的依据是基于相似度匹配到质谱谱库搜索或保留指数数据库查询的方法,并利用标准品进行验证。采用 GC-MS 联用仪分析复杂样品时,会出现相当多的色谱峰,用人工方法对每个色谱峰的质谱图解析将十分困难。利用质谱谱库检索,可以快速地完成 GC-MS 的谱图解析任务。

几乎所有的 GC-MS 联用仪上配有 NIST/EPA/NIH 谱库,该谱库由美国国家标准与技术研究院(National Institute of Standards and Technology, NIST)、美国国家环境保护局(Environmental Protection Agency, EPA)和美国国立卫生研究院(National Institutes of Health, NIH)共同出版,收载的标准质谱图超过 10 万张。

从 GC-MS 分析获得的总离子流色谱图或提取离子色谱图上选取某色谱峰对应的质谱图,经过适当处理(如扣除本底、平均、归一化等)后得到该色谱峰的归一化棒状色谱图,按选定的谱库和预选设定的库检索参数、库检索过滤器与谱库中存在的标准质谱图进行比对,将得到的匹配度(相似度)最高的 20 个质谱图的有关数据(化合物的名称、相对分子质量、分子式、可能的结构、匹配度等)列出来,这将对鉴定未知化合物有很大帮助。

另外还可依据相对分子质量或分子离子峰的识别、同位素离子与分子式、碎片离子等信息进行定性判别。

2. 定量分析

相比于 GC 要求色谱峰完全分离才能准确定量,GC-MS 比 GC 更有优势。主要是因为GC-MS 可以在色谱峰未完全分离的情况下进行定量,此外 GC-MS 具有更强的定性能力,使定量分析结果更加可靠。

药物分析领域主要针对目标药物进行定量分析,目的是要确定待测样品中某一个或多个组分的准确含量。GC-MS 定量是采用特征离子的离子流图,在一定条件下,根据化合物定量离子的峰面积与相应待测组分的含量成正比来进行定量。

GC-MS 定量分析的数据单级质谱推荐采用 SIM 模式、串联质谱采用 SRM/MRM 模式,但无论采用哪种模式,定量离子都应该选择分析物的特征离子,尤其是在测定复杂样品时,尽可能选择 m/z 值高的峰,以提高方法的灵敏度,降低基质的干扰。

GC-MS 常用的定量方法与 GC 一样,有外标法、内标法等。药物分析领域最常采用内标法。

采用内标法定量时要求内标在样品预处理前加入，不仅可以补偿待测组分在样品前处理中的损失，还可以消除由进样量偏差、电离差异、仪器响应值波动等带来的系统误差。

最理想的内标是目标分析物的同位素标记物。同位素与分析物间具有近似相同的物理化学性质，因此提取回收率、色谱保留行为和质谱电离响应等基本相同，而它们具有不同的质荷比 m/z，即可在质谱中被区分出来。因此同位素标记物是最理想的内标物。

内容提要与学习要求

气相色谱法是一种十分高效、应用十分广泛的分离分析方法，是以气体为流动相，以固体吸附剂或涂渍有固定液的固体载体为固定相的分离技术，主要用于分离易挥发物质。

本章主要介绍了气相色谱法的含义及特点，气相色谱的分离过程，气相色谱法中的塔板理论及速率理论，气相色谱仪的构成，检测器的性能指标，气相色谱固定相、担体及固定液，毛细管气相色谱法的仪器、分类、应用，气相色谱的定性与定量分析及应用。气相色谱-质谱联用技术的仪器及分析应用。

要求掌握气相色谱分离所涉及的塔板理论和速率理论，掌握色谱分析仪器的相关器件、特别是各种检测器的原理和应用，以及色谱-质谱联用等。

练 习 题

1. 简述塔板理论和速率理论各自的要点，并说明各自解决了什么问题，还有什么不足。
2. 毛细管色谱柱与填充色谱柱有哪些主要区别？
3. 什么是气相色谱中的程序升温？程序升温的目的是什么？一般在哪些情况下需要进行程序升温？
4. 速率理论方程式如何指导 GC 实验条件的选择？
5. 气相色谱法的检测器有哪几种？比较各个检测器的特点和应用范围。
6. 为什么气相色谱可以和质谱联用？
7. 浓度型和质量型检测器有哪些不同？在定量分析时，应注意什么？
8. 气相色谱法的固定相有哪几类？在实际分析过程中如何选择固定相？
9. 什么是分离度？实验中如何改变实验条件改善分离度？
10. 什么是内标法？如何选择内标物？内标法与外标法的主要区别是什么？
11. 什么是色谱系统适用性实验？包括哪些项目？每种项目需达到什么要求？
12. 色质联用的离子化方法 ESI 和 APCI 的工作原理是什么？各有什么特点？
13. 气质联用时色谱柱和载气的选择与普通气相色谱有什么异同？
14. 液质联用时，流动相中的缓冲盐与普通 HPLC 的流动相中的缓冲盐有什么不同？
15. 什么是基质效应？如何降低基质效应？
16. 为什么说同位素标记物是色质联用最理想的内标物？

第 19 章 高效液相色谱分析

19.1 概　述

高效液相色谱法(high performance liquid chromatography, HPLC)是 20 世纪 70 年代在经典液相色谱法的基础上，引入气相色谱法的理论和实验技术发展起来的一种新型液相色谱分析方法，以液体为流动相，采用高压输液系统、高效固定相及高灵敏度的检测器进行复杂样品分离分析。目前已成为药物分析中应用最为广泛的分离分析方法。

高效液相色谱法具有下列优点。

(1) 分离效率高。由于应用了颗粒极细(一般为 5μm 及以下)、规则均匀的固定相，因此传质阻抗小、柱效高，分离效率高。

(2) 分析速度快。采用高压输液泵输送流动相，流速快，即使非常复杂的试样在几十分钟内也可以完成分析。

(3) 灵敏度高。高灵敏度检测器的应用，大大提高了高效液相色谱法的检测灵敏度。例如，荧光检测器最小检测限可达 10^{-13}g。

(4) 选择性好。高效液相色谱法可选用不同性质的各种溶剂作为流动相，因而具有很高的分离选择性，而且一般在室温条件下进行分离，不需要高柱温。

(5) 应用范围广。与气相色谱法相比，高效液相色谱不受试样的挥发性和热稳定性限制，完全适用于挥发性低、热稳定性差、相对分子质量大的高分子化合物及离子型化合物的分离分析，如氨基酸、蛋白质、生物碱、维生素、抗生素等。高效液相色谱法的应用范围已经远远超过气相色谱法，居各色谱法之首。

19.2 高效液相色谱法的基本原理

19.2.1 吉丁斯方程

液相色谱与气相色谱的主要区别在于流动相不同。液体与气体在黏度、扩散性与密度方面有很大差异：①溶质在液体中的扩散系数比在气体中小 10^5 倍左右；②液体黏度比气体黏度约大 10^2 倍；③液体表面张力比气体表面张力约大 10^4 倍；④液体密度比气体密度约大 10^3 倍；⑤液体难以压缩，相比气体，液体压缩性可以忽略。液体与气体的这些性质差别对液相色谱的扩散和传质过程影响很大，体现在纵向扩散项和流动相传质阻力项上有很大不同。

吉丁斯和斯奈德(Llord R. Snyder)等在范氏方程基础上，根据液相和气相两种流动相的性质差异，提出了液相色谱的速率方程，即吉丁斯方程：

$$H = H_e + H_d + H_m + H_{sm} + H_s \tag{19-1}$$

即与范氏方程一样，吉丁斯方程也含有涡流扩散项(H_e)、纵向扩散项(H_d)和由动态流动相传质阻力项(H_m)、静态流动相传质阻力项(H_{sm})与固定相传质阻力项(H_s)共同构成的传质阻力项

(图 19-1)。可进一步表示为

$$H = 2\lambda d_p + \frac{2\gamma D_m}{u} + \left[\frac{\omega_m d_p^2}{D_m} + \frac{(1-\varepsilon+k)^2 d_p^2}{30(1-\varepsilon)(1+k)^2 \gamma D_m} + \frac{qk d_f^2}{(1+k)^2 \gamma D_s}\right]u \qquad (19\text{-}2)$$

式中，D_m、D_s 分别为组分在流动相、固定液中的扩散系数，$cm^2 \cdot s^{-1}$；d_p 为固定相粒径，cm；d_f 为固定液的平均膜厚度，cm；λ 为常数项，与填充柱填充均匀性有关的常数，通常称为填充因子；γ 为与固定相颗粒、孔道弯曲程度有关的系数；ε 为固定相的孔隙度；k 为容量因子；q 为固定相颗粒形状和孔结构决定的结构因子，与气相色谱中相同；ω_m 为无因次常数，与柱内径、形状、填料性质有关，其值为 0.01~10。

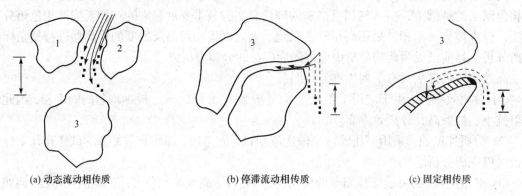

(a) 动态流动相传质　　　　(b) 停滞流动相传质　　　　(c) 固定相传质

图 19-1　不同相在不同状态下的传质过程

进一步简化为

$$H = 2\lambda d_p + \frac{2\gamma D_m}{u} + \frac{\omega_m d_p^2}{D_m}u + \frac{\omega_{sm} d_p^2}{D_m}u + \frac{\omega_s d_f^2}{D_s}u \qquad (19\text{-}3)$$

式中，ω_{sm} 为常数，与滞留的流动相空间结构及所占的体积分数和容量因子有关；ω_s 为与容量因子有关的常数。

从液相色谱的速率理论方程也可看出，降低固定相填料粒径 d_p、固定相液膜或键合相厚度 d_f，采用低相对分子质量、低黏度流动相及适当提高柱温等方法可改善传质提高柱效。

19.2.2　吉丁斯方程讨论

为了明确高效液相色谱的柱效，根据式(19-2)来讨论塔板高度的影响因素。

1. 涡流扩散项

范氏方程中，涡流扩散项与式(18-16)所示完全一致。并且在液相色谱中的含义与气相色谱相同。为了减少涡流扩散的影响，高效液相色谱法中一般采用小颗粒(3~10μm)固定相，目前已有粒径 1.7μm 的固定相。为了填充均匀，减少填充不规则因子，常采用粒度均匀的球形固定相，并以高压、匀浆法装柱。

2. 纵向扩散项

在范氏方程中，有纵向扩散项 B/u，相对于气体，液体流动相黏度大很多，扩散系数很小，仅为气相色谱的十万分之一，且实验常在室温下操作，流速大都在最佳流速以上，使得纵向扩散项很小，特别是在现代高效液相色谱中流动相线速度很高，纵向扩散项对区带展宽贡献很小。当 $u>1\text{cm}\cdot\text{s}^{-1}$ 时，纵向扩散项 B/u 可忽略不计。

3. 传质阻抗项

由于液体黏度大，扩散系数小，在液相色谱中，流动相传质阻力和固定相传质阻力对峰展宽的影响同样重要。不仅如此，流动相传质阻力还分为动态流动相传质阻力和静态流动相传质阻力，因此传质阻力项由动态流动相传质阻力项、静态流动相传质阻力项、固定相传质阻力项三部分组成。

1) 动态流动相传质阻力项

动态流动相传质阻力项 ($c_\text{m}u$)，其中动态传质阻力系数 c_m 的大小为

$$c_\text{m}=\frac{\omega_\text{m}d_\text{p}^2}{D_\text{m}} \tag{19-4}$$

其与固定相粒径 d_p 的平方成正比，与组分在流动相中的扩散系数 D_m 成反比，ω_m 是由色谱柱和填充情况所决定的因子。

在液相色谱过程中，处在流路中心的流动相中的组分还未来得及扩散进入流动相和固定相界面，就被流动相带走，因此会比靠近填料颗粒的分子移动的快，引起峰形展宽。动态流动相传质阻力所引起的展宽，是由在一个流路中，处于流路中心与处于流路边缘的溶质分子迁移速率不同所致，从而产生区带扩张，如图 19-1(a) 所示。

2) 静态流动相传质阻力项

静态流动相传质阻力项 ($c_\text{sm}u$)，其中静态流动相传质阻力系数 c_sm 的大小为

$$c_\text{sm}=\frac{\omega_\text{sm}d_\text{p}^2}{D_\text{m}} \tag{19-5}$$

c_sm 与固定相粒径 d_p 的平方成正比，与分子在流动相中的扩散系数 D_m 成反比。

静态流动相传质阻力是指在溶质分子进入固定相较深孔穴内滞留(stagnant)的流动相中，导致延迟回到流动相而引起的峰展宽的传质过程，如图 19-1(b) 所示。由于部分组分会进入滞留在固定相微孔内的静态流动相，再与固定相进行分配，因而相对较晚回到流路，引起峰展宽。溶质在流动相和固定相之间进行传递时，必须经过微孔中静止流动相区，如果固定相的微孔多，且又深又小，传质阻力就大，传质速率慢，峰展宽就严重。因此，固定相材料的结构、孔径大小与分布对传质阻力项有重要影响。

3) 固定相传质阻力项。

液相色谱中的固定相传质阻力引起的峰展宽与气相色谱相似，如图 19-1(c) 所示，都是溶质分子进入固定液涂层导致延迟回到流动相引起的峰展宽。

固定相传质阻力与固定相液膜厚度的平方成正比，与固定相内溶质分子扩散系数成反比。现代液相色谱固定相普遍应用硅胶化学键合固定相，其固定相层可达单分子层厚度，即 d_f 可忽略，固定相传质阻力很小，甚至可以忽略。

可见，为了降低流动相的传质阻力，也需要使用颗粒较细的固定相。又由于组分在流动相中的扩散系数与流动相的黏度成反比，与温度成正比，因此为了提高柱效，需要选用低黏度的流动相。需要注意的是两种黏度不同的溶剂混合，其黏度变化不呈线性。例如，水与甲醇混合时，40%甲醇黏度最大。所以梯度洗脱时，这种变化不仅影响柱压，还会影响柱效。

19.2.3 高效液相色谱的范氏方程

综合上述讨论，高效液相色谱法的速率理论方程式因纵向扩散项可忽略，因而可简写为

$$H = A + C_m u + C_{sm} u \tag{19-6}$$

从式(19-6)可看出，流动相流速提高，色谱柱的柱效降低。因此，高效液相色谱法中流动相的流速也不易过快，一般分析型 HPLC 法流动相的流速为 $1mL \cdot min^{-1}$ 左右，视具体柱内径而定，一般内径越细，流速越小。

由于 A、C_m 和 C_{sm} 均随固定相粒径 d_p 的变小而变小，实验表明固定相粒径越小，色谱柱的柱效受流动相线速度的影响也越小。粒径小是保证 HPLC 高柱效的主要措施，近年来许多商品固定相的粒径已小于 $2\mu m$。

19.2.4 气相色谱与液相色谱的对比

图 19-2 绘出了典型液相色谱与气相色谱的 H-u 曲线。LC 的 H_{min} 和 u_{opt} 均比 GC 的小一个数量级，即在 LC 中，较低流速可获得较高的柱效。从图中可以看出有以下两个显著的不同点。

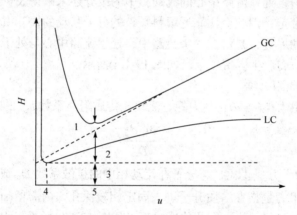

图 19-2 液相色谱与气相色谱的典型 H-u 曲线对比
1. B/u；2. Cu；3. A；4. LC 的 u_{opt}；5. GC 的 u_{opt}

(1) 由于液体扩散系数小，只有在很低流速时才能观察到分子扩散对塔板高度的影响。在常用 LC 条件下，分子扩散项的影响因素可以忽略，引起色谱区带展宽的主要因素是传质阻力。

(2) LC 的 H-u 曲线未出现流速降低塔板高度增加的现象，最佳流速趋近于零。正常情况下，流速降低，H 总是降低的，与 GC 有明显不同。不过，LC 实际分离速度不可太低，否则分析时间太长。

学习与思考

(1) 气相色谱与液相色谱引起峰展宽的影响因素有哪些相同或不同？
(2) 认真领会吉丁斯方程和范氏方程各自表达的意义和适用范围的差别。
(3) 峰展宽是色谱分离十分不利的因素，如何降低气相色谱和液相色谱的峰展宽问题？

19.3 高效液相色谱法的主要类型

高效液相色谱法发展迅速，近年来出现了很多新的技术和方法：①按固定相的聚集状态分为液液色谱法和液固色谱法；②按分离机制分为分配色谱法、吸附色谱法、离子交换色谱法和分子排阻色谱法；③另外还有与分离机制有关的色谱类型，如亲和色谱法、手性色谱法、胶束色谱法、电色谱法和生物色谱法等。

19.3.1 液固色谱法

液固色谱法(liquid-solid chromatography)的流动相为液体，固定相为固体吸附剂，根据物质在固定相上的吸附作用不同而进行分离的色谱方法。

固体吸附剂一般为表面存在分散活性吸附中心的多孔固体颗粒物质，其作用机制是溶质分子和溶剂分子对吸附剂活性表面的竞争性吸附。常用的液固色谱固定相主要有薄膜型硅胶、全多孔型硅胶、薄膜型氧化铝、全多孔型氧化铝及过分子筛等。

19.3.2 液液分配色谱法

液液分配色谱法(liquid-liquid partition chromatography)的固定相和流动相都是液体。分离机制是基于被分离组分在流动相和固定相间溶解平衡后分配系数的差异。液液分配色谱法按照固定相与流动相的极性差别，可分为正相(NP)液液分配色谱法与反相(RP)液液分配色谱法。

1. 正相液液分配色谱法

流动相极性小于固定相极性的液液分配色谱法称为正相液液分配色谱法。正相洗脱时，样品中极性小的组分先出峰，极性大的组分后出峰。极性的含水硅胶为固定相，非极性的烷烃为流动相，是正相液液分配色谱法的代表。

2. 反相液液分配色谱法

流动相极性大于固定相极性的液液分配色谱法称为反相液液分配色谱法。反相洗脱时，与正相洗脱相反，样品中极性大的组分先出峰，极性小的组分后出峰。

19.3.3 离子交换色谱法

离子交换色谱法(ion exchange chromatography)是利用被分离组分与固定相离子交换的能力差异来实现分离的一种色谱技术。离子交换色谱法的固定相一般为分子结构中存在活性电离中心的离子交换树脂，待分离的离子与活性中心发生离子交换，形成离子交换平衡，从而在流动相与固定相之间形成分配，固定相的固有离子与待分离组分中的离子之间相互争夺固定相中的离子交换中心，并随着流动相的运动而运动，最终实现分离。

凡在溶液中能够电离的物质通常都可以用离子交换色谱法进行分离。这种方法不仅适用于无机离子混合物的分离，还可用于有机化合物的分离，如氨基酸、核酸、蛋白质等生物大分子，因此应用范围较广。

19.3.4 分子排阻色谱法

分子排阻色谱法(molecular exclusion chromatography)又称空间排阻色谱法或凝胶色谱法，是利用多孔凝胶固定相的独特性而产生的一种按分子大小顺序进行分离的色谱方法。分离机制是根据凝胶孔隙的孔径大小与高分子样品分子的线团尺寸间的相对关系而对溶质进行分离。分子排阻色谱法以凝胶为固定相，类似于分子筛的作用，溶质在两相间按分子大小进行分离。

由于固定相是多孔性凝胶，样品中的大分子不能进入凝胶孔洞而完全被排阻，只能沿多孔凝胶粒子之间的空隙通过色谱柱，首先出峰；中等大小的分子能进入凝胶中一些适当的孔洞，在柱中受到滞留，较慢流出色谱柱；小分子可进入凝胶中绝大部分孔洞，在柱中受到更强的滞留，更慢流出；溶剂分子可以自由扩散进出所有孔洞，最后流出，从而实现具有不同分子大小样品的完全分离。这种方法被广泛用来分析大分子物质相对分子质量的分布。

19.4 高效液相色谱仪

高效液相色谱仪由输液系统、进样系统、色谱柱系统、检测系统及数据处理系统组成(图19-3)。其中输液系统主要为高压输液泵、在线脱气装置和梯度洗脱装置；进样系统主要为进样阀或自动进样装置；色谱柱系统包括色谱柱及柱温控制系统；检测器系统包括各种不同类型的检测器；数据处理系统目前各个厂家均采用色谱工作站。

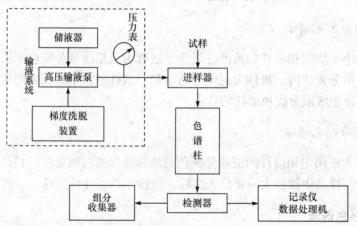

图 19-3　高效液相色谱仪示意图

19.4.1 输液系统

1. 高压输液泵

高压输液泵的功能是将各种流动相连续地输入色谱系统。在输送流动相的过程中，由于色谱柱内径较小，固定相颗粒细且填充紧密，柱内阻力非常大。要想实现快速、高效分离，需借助高压强制性地使流动相快速通过色谱柱。高压输液泵性能的好坏直接影响整个高效液相色谱仪的质量和分析结果的可靠性。

高压输液泵应具备的性能：①流量精度高且稳定，其 RSD 应小于 0.5%；②流量范围宽，流量对于分析型仪器应在 $0.1\sim10\text{mL}\cdot\text{min}^{-1}$ 连续可调，对于制备型仪器流量应能达到 $100\text{mL}\cdot\text{min}^{-1}$；③能在高压下连续工作；④缸体小、耐腐蚀、密封性好，且泵体易于清洗等。

高效液相色谱仪中所采用的高压输液泵，按输液性质可分为恒压泵和恒流泵；按工作方式可分为液压隔膜泵、气动放大泵、螺旋注射泵和柱塞往复泵四种，其中前两种为恒压泵，后两种为恒流泵。目前使用最广泛的是柱塞往复泵。这种泵由电动机带动凸轮转动，驱动柱塞在液缸内往复运动，当柱塞被推入液缸时，入口单向阀关闭，出口单向阀打开，流动相从液缸输出，流向色谱柱；当柱塞自液缸内抽出时，入口单向阀打开，出口单向阀关闭，流动相自入口单向阀吸入液缸。如此往复，流动相被源源不断地输送到色谱柱。

柱塞往复泵具有的优点：①液缸容积小、易于清洗和更换流动相，特别适合梯度洗脱；②改变电机转速可方便地调节流量，且流量不受柱阻的影响；③泵耐压能力强，泵压有的可达 100MPa 以上。但其输液的波动性较大，因此目前多采用双泵系统来克服这一缺点。

为了维持其输液的稳定性和延长泵的使用寿命，操作中需注意的事项：①防止固体微粒进入泵体；②不能超过泵的最高限压，否则会引起密封环变形，产生漏液；③流动相不应含有任何腐蚀性物质；④防止工作时溶剂瓶中流动相被用完；⑤流动相最好先进行脱气处理。

2. 梯度洗脱装置

高效液相色谱洗脱可分为等度洗脱和梯度洗脱。等度洗脱是在同一分析周期内流动相组成保持恒定；梯度洗脱是在同一个分析周期内流动相的组成随洗脱时间按一定程序发生变化。如果测定的分析物成分多、各组分性质相差较大、样品较为复杂时需采用梯度洗脱技术。

梯度洗脱可分为高压梯度洗脱与低压梯度洗脱两种类型。高压梯度洗脱是用两个高压输液泵将不同极性的两种溶剂增压后送入溶剂混合室，经混合均匀后送入色谱柱。低压梯度洗脱是用比例阀将多种溶剂按比例混合，混合液经加压后由高压泵输送至色谱柱。低压梯度洗脱便宜，重复性不如高压梯度洗脱，而且由于溶剂在常压下混合，易产生气泡，需要良好的在线脱气装置。由于高效液相色谱中洗脱液的极性变化直接影响样品组分在色谱柱上的保留，因此梯度洗脱可改善复杂样品的分离度，缩短分析周期，改善峰形和提高样品的检测限。但梯度洗脱有时会引起基线漂移，重复性不如等度洗脱。

19.4.2 进样系统

进样系统连接在高压输液泵和检测器之间，是将分析试样送入色谱柱的装置。一般要求进样装置的密封性好、死体积小、重复性好，同时要求进样时对色谱系统的压力和流量影响小，易于自动化操作等。常用的进样方式有如下两种。

1. 六通阀手动进样装置

六通阀由圆形密封垫和固定底座组成，可以直接在高压下将样品送入色谱柱。六通阀示意图如图 19-4 所示。当阀处于装样(load)位置时，用微量注射器将样品注入定量环(sampling loop)，进样后，转动六通阀手柄至进样(injection)位置，定量环内的样品被流动相带入色谱柱。进样体积由储样管的容积即定量环严格控制，因此进样量准确、重复性好。六通进样阀的定量环可按需更换。为了确保进样的准确度,装样时微量注射器所取试样量必须大于储液管定量环的容积。

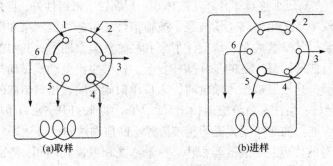

图 19-4 六通阀示意图
1,4. 定量环;2. 泵;3. 去色谱柱;5,6. 排液口

2. 自动进样器

自动进样器可通过计算机自动控制。操作者只需将样品按一定顺序装入储样装置,通过计算机设定预订程序,取样、进样、复位、清洗和样品盘转动等一系列操作可全部自动进行,因此该法特别适合大量样品的分析。

19.4.3 分离系统

分离系统的核心部件是色谱柱,色谱柱的优劣直接影响样品的分离程度。衡量色谱柱性能的指标包括分离效率、选择性、分析速度、柱压降等。这些性能与柱的结构、柱填料的性质和填料填充的手段及质量密切相关。

1. 色谱柱材料及规格

色谱柱由柱管和固定相组成。柱管多由不锈钢制成,管内壁经过精细抛光处理。为减少柱外效应,柱接头的死体积应尽可能小。高效液相色谱柱按主要用途分为分析型和制备型两种类型。常规分析型柱内径 2~5mm,柱长 10~30cm;制备型柱内径 9~40mm,柱长 10~30cm。另外,为适应高灵敏度的分析要求又发展出窄径柱及毛细管柱,窄径柱内径 1~2mm,柱长 10~20cm;毛细管柱内径 0.2~0.5mm;柱长 5~10cm 等。

需要注意的是,色谱柱有方向性,即流动相的方向应与柱的填充方向一致。在安装和更换色谱柱时,一定要保证使流动相按色谱柱管外箭头所指方向流动。

2. 色谱柱的性能评价

分析型或者制备型色谱柱在使用前都要进行性能评价,使用期间或放置一段时间后也要重新检查。色谱柱性能指标包括确定实验条件下的柱压、理论塔板数、分离度、峰形对称因子等。

色谱柱性能考察主要分两种:①硅胶柱:甲苯、萘和联苯为试样;无水己烷或庚烷为流动相;②烃基键合相柱:尿嘧啶、硝基苯、萘和芴为试样;甲醇-水(85:15)或乙腈-水(60:40)为流动相。

3. 保护柱

一般在分析柱前经常会加装一个短柱，称为保护柱或预柱，可方便更换。柱内固定相填料一般与分析柱的相同。其主要作用是收集、阻止来自进样器的各种杂质，以保护和延长分析柱的使用寿命。

延伸阅读 19-1：柱切换技术

柱切换(column switching)技术是指由阀来改变流动相走向与流动相系统，使洗脱液在一特定时间内能从一根色谱柱进入另一根色谱柱的技术。

柱切换技术需要用两根或两根以上色谱柱连接构成色谱网络系统，不同色谱柱分析目标不同，色谱柱间由切换阀连接。通过阀的切换可以改变进样器与色谱柱、色谱柱与色谱柱、色谱柱与检测器之间的连接，从而实现样品的净化、待测物的富集和制备及组分的切割等。

柱切换技术自 20 世纪 70 年代问世，经过近 50 年的发展日臻完善和成熟。目前柱切换技术常用于体内药物分析的生物样品在线预处理及多维色谱的组分切割等。

19.4.4 检测系统

检测系统的核心就是检测器。检测器是高效液相色谱仪中除高压输液泵和色谱柱之外的三大核心部件之一，用于连续监测柱后流出物组成和含量的变化，并将其转化为易于测量的电信号，进而通过记录仪得出色谱图，进行样品的定性、定量分析。

高效液相色谱检测器按其适用范围可分为通用型和专属型两大类。通用型检测器检测的是一般物质均具有的性质，包括蒸发光散射检测器和示差折光检测器，这类检测器灵敏度较低，同时受温度和流量的影响较大，因此不适合梯度洗脱和痕量分析；专属型检测器只能检测某些组分的某一性质，如紫外检测器、荧光检测器及电化学检测器等，这类检测器一般灵敏度较高，对流动相流量和温度变化不敏感。

1. 检测器的主要性能

理想的检测器应具有噪声低、灵敏度高、线性范围宽、重复性好、响应快、池体积小、适用范围广等特点。实际工作中可根据被测物质的性质、检测的目的来选择合适的检测器。表 19-1 列出了常见检测器的一些性能指标。

表 19-1　几种常见检测器的主要性能

检测器	紫外检测器	荧光检测器	安培检测器	蒸发光散射检测器	示差折光检测器
测量信号	吸光度	荧光强度	电流	散射光强度	折射率
噪声	10^{-5}	10^{-3}	10^{-9}		10^{-7}
线性范围	10^5	10^3	10^5		10^4
选择性	有	有	有	无	无
流速影响	无	无	有	无	有
温度影响	小	小	大	小	大

续表

检测器	紫外检测器	荧光检测器	安培检测器	蒸发光散射检测器	示差折光检测器
检测限/(g·mL^{-1})	10^{-10}	10^{-13}	10^{-13}	10^{-9}	10^{-7}
池体积/μL	2~10	~7	<1		3~10
梯度洗脱	适合	适合	不适合	适合	不适合
破坏性	无	无	无	无	无

2. 紫外检测器

紫外检测器(ultraviolet detector, UVD)是高效液相色谱中应用最广泛的检测器，是一种选择性的浓度型检测器。

紫外检测器的工作原理是进入检测器的组分对某一特定波长的紫外光产生选择性吸收，吸光度与组分浓度符合朗伯-比尔定律。紫外检测器包括固定波长、可变波长和光电二极管阵列检测器三种类型。固定波长紫外检测器目前已很少使用。

1) 可变波长检测器

采用氘灯/钨灯为光源，在 200~700nm 选择组分的最大吸收波长作为检测波长，测定组分的光吸收变化。实际上是用紫外-可见分光光度计作检测器，因为能够根据需要选择组分的最大吸收波长进行测定，因而灵敏度较高。

2) 光电二极管阵列检测器

光电二极管阵列检测器(photodiode array detector，PDAD)是一种光学多通道紫外检测器。与普通紫外检测器不同的是，光源发出的复合光不经分光先通过流通池，被流动相组分吸收后，再通过狭缝到光栅进行色散分光，分光后照射到由一系列光电二极管(1024 个)组成的阵列上，同时获得各波长的电信号强度，即获得组分的吸收光谱。经过计算机处理，将每个组分的吸收光谱与试样的色谱图结合在一张三维坐标图上，而获得三维光谱-色谱图(图 19-5)。吸收光谱用于组分的定性分析，色谱峰面积用于组分的定量分析。

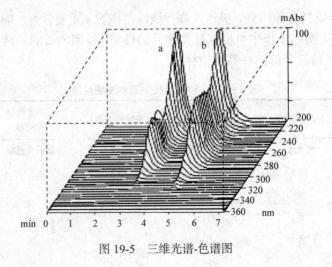

图 19-5 三维光谱-色谱图

光电二极管阵列检测器的优点是可获得样品组分的全部光谱信息,同时可很快地进行定性和定量分析,但其灵敏度和线性范围不如可变波长检测器。

无论哪种紫外检测器,均表现出灵敏度较高,线性范围宽,对温度和流速不敏感,可用于梯度洗脱,不破坏样品等特点,适用于制备型色谱。但紫外检测器的缺点是只对有共轭结构的化合物有响应,不适用于紫外无吸收的试样。此外,流动相的溶剂都有紫外截止波长,流动相的选择有一定限制。

3. 荧光检测器

荧光检测器(fluorescence detector, FD)的灵敏度高,选择性好,检测限可达 $10^{-12}\mu g \cdot mL^{-1}$,但只能检测可以产生荧光或其衍生物能产生荧光的物质。荧光检测器的检测原理是化合物受激发光激发后,发射出比激发光波长更长的荧光。在一定条件下,荧光强度与荧光物质的浓度呈线性关系。

许多药物和生物活性物质如生物胺、维生素等具有天然荧光,能直接检测;有些化合物如氨基酸等本身不具有荧光,但可与荧光试剂反应生成荧光衍生物进行测定。由于荧光检测器的高选择性和高灵敏度,使它成为体内药物分析常用的检测器之一。

荧光检测器的灵敏度高,如果流动相的溶剂不发射荧光,可以用于梯度洗脱,但缺点是适用范围有限,线性范围相对较窄。

4. 示差折光检测器

示差折光检测器(differential refractive index detector, DRID)通过连续测定色谱柱流出液折射率的变化而对样品浓度进行检测。检测器的灵敏度与溶剂和溶质的性质都有关,溶有样品的流动相和流动相本身之间折射率之差反映了样品在流动相中的浓度。

示差折光检测器通用性强,操作简单;但灵敏度低,对温度和环境因素变化敏感。此外,流动相组成的变化会引起折射率的变化,因此该检测器不适用于梯度洗脱。

5. 安培检测器

电化学检测器包括安培、库仑、极谱和电导检测器等。其中安培检测器(amperometric detector)应用最为广泛。凡具有氧化还原活性的物质都可采用安培检测器检测,如有机含氧化合物的测定等,尤其适合痕量组分的分析。本身没有氧化还原活性的化合物需经荧光衍生化后进行检测。

安培检测器的检测原理是在电极间施加一恒定电压,当电活性组分经过电极表面时,发生氧化还原反应,产生大小符合法拉第定律的电量。当流动相流速一定时,反应产生的电流与组分在流动相中的浓度有关。最常见的是薄层式三电极安培检测器,其中参比电极为 Ag-AgCl 电极;辅助电极可以是碳或不锈钢材料,其作用是消除电化学反应产生的电流,维持参比电极和工作电极间的恒定电压;工作电极常用的有碳糊电极和玻碳电极。

安培检测器结构简单、池体积小、响应快、噪声低、灵敏度高(可达 $10^{-12} g \cdot mL^{-1}$)、选择性好。

6. 蒸发光散射检测器

蒸发光散射检测器(evaporative light scattering detector, ELSD)是 20 世纪 90 年代出现的通

用型检测器，适用于挥发性低于流动相的组分，主要用于检测糖类、磷脂、维生素、氨基酸等，它对各种物质有几乎相同的响应。

其工作原理是将色谱柱流出液引入雾化器，与通入的气体(常为高纯氮)混合后喷雾形成均匀的微小雾滴，经过加热的漂移管，蒸发除去流动相，试样组分形成气溶胶，被载气带入检测室，用强光或激光照射气溶胶而产生散射光，测定散射光强度而获得组分的定量信号。散射光强的对数响应值与气溶胶中组分质量的对数呈线性关系。因此，蒸发光散射检测器进行计算时，一般须经对数转换。

蒸发光散射检测器的灵敏度比较低，比紫外检测器约低一个数量级；此外流动相中不能含有非挥发性缓冲盐。

19.4.5 数据处理系统和计算机控制系统

目前色谱数据处理均使用计算机用色谱工作站管理软件实现全过程的自动化控制。计算机控制系统既能做数据采集和分析工作，又能程序控制仪器的各个部件，还能在分析完一种试样后自动改变条件分析另一种试样。

19.5 高效液相色谱的固定相和流动相

高效液相色谱的固定相又称为柱填料(column packing)，其性能直接关系到柱效和分离度。为减小涡流扩散效应和缩短溶质在两相间的传质扩散，提高色谱柱的分离效能，通常采用 $3\sim10\mu m$ 的微粒固定相。小粒径是保证高柱效的关键，目前使用最广的为 $3\sim5\mu m$ 的高效填料。

不同类型的高效液相色谱法所用固定相各不相同，但所有固定相均需符合的要求：①颗粒细小且均匀；②传质快；③机械强度高，可耐高压；④化学稳定性好，不与流动相发生化学反应等。

19.5.1 高效液相色谱填料

目前高效液相色谱常用的填料包括全多孔型微球、薄壳型微球、灌流色谱填料和整体材料等。其中全多孔微球填料由于能够很好兼顾柱效、样品容量、使用寿命等特点而最为普遍。填料可以是无机物也可以是有机聚合物。无机物填料主要有硅胶、氧化铝、氧化钛、石墨化炭黑等。有机聚合物填料主要有交联苯乙烯-二乙烯苯、聚甲基丙烯酸酯等。

1. 硅胶微粒

硅胶是高效液相色谱填料中应用最普遍的，具有良好的机械强度、化学稳定性和热稳定性，且孔结构和比表面积容易控制。此外，硅胶表面含有丰富硅醇基，使得硅胶可通过成熟的硅烷化技术键合上各种配基，从而制成反相、离子交换、疏水作用、亲水作用或分子排阻色谱用填料。

硅胶填料可耐受广泛的极性或非极性溶剂，但在碱性水溶性流动相中稳定性较差，因而通常在 pH 为 $2\sim8$ 使用。早期经典的液相色谱硅胶填料通常是 $30\sim40\mu m$ 或更大粒径的不定形硅胶，随着技术发展，$5\sim10\mu m$ 球形硅胶填料逐渐取代无定形硅胶填料，目前的趋势是采用亚 $2\mu m$ 硅胶填料的快速分离。

2. 多孔石墨化炭黑

相对于硅胶基质固定相，多孔石墨化炭黑具有特殊的性质，特别是在极性化合物和非极性化合物的同时分离、二糖和糖肽的分离中表现出独特的优势。此外，不经特殊衍生处理的石墨化炭黑即可作为正相、反相、离子交换等不同分离模式的色谱固定相。

石墨化炭黑的表面与溶质存在偶极作用，对极性化合物的保留比一般烷基键合相硅胶或多孔聚合物强，因此可用于分离强亲水化合物。石墨化炭黑固定相在较强的酸碱条件下运行稳定性均非常好，同时可以实现高温快速分离。

3. 聚合物

聚合物是以高交联度的苯乙烯-二乙烯苯或聚甲基丙烯酸酯为基质的填料，比无机填料耐压能力低，一般用作普通压力下的 HPLC 基质。苯乙烯-二乙烯苯基质疏水性强，适用于任何流动相，在整个 pH 范围内稳定。

用 C_{18}、—NH_2 和—CN 等官能团对多孔聚合物微粒加以改性，能够得到不同选择性的正相或反相色谱固定相；采用—COOH、—SO_3H 和—NR_3^+ 等改性的多孔二乙烯基苯基交联的聚苯乙烯聚合物可以制成离子交换色谱固定相。目前，交联聚苯乙烯微球是应用最为广泛的一种有机基质色谱固定相，这种固定相具有不溶解于有机溶剂、在 pH 1~14 宽范围稳定及介质表面不存在自由离子等优良特性。微球可作为固定相直接应用于反相色谱和以有机溶剂为流动相的排阻色谱中。

聚合物包覆硅胶固定相兼具无机基质材料和聚合物型填料的优点，作为基质的无机材料可提供规整而均匀的球形，较好的机械强度，可控的孔结构及较大的比表面积，其表面丰富的硅羟基也为聚合物提供了足够多的位点；聚合物包覆层可以完全遮盖硅胶表面，以屏蔽硅胶表面残余硅羟基，且减少碱性条件下硅胶的溶解。

4. 有机-无机杂化基质

有机-无机杂化硅胶通常是指由单取代的有机功能化硅烷或含有机桥联基团的双功能化硅烷，通过溶胶-凝胶法自聚或与硅酸乙酯共聚而制成的一类硅胶材料。它是在超高纯全多孔硅胶微球基质表面涂覆一层厚度均匀的有机-无机杂化层，进而提高填料的 pH 耐受范围和应用能力的一种填料。

与传统硅胶材料相比，有机基团进入到材料的介孔骨架当中，使得材料呈现出更好的水热稳定性、机械稳定性及化学稳定性。杂化硅胶不仅同样具有高比表面积、规则排列的孔道、窄的孔径分布，而且表面硅醇基的分布更加有序，所以键合反应得到的固定相在表面均匀性和残留硅醇基两方面均有明显的改善。由于杂化硅胶表面的部分硅羟基被有机基团取代，一方面可以明显改善碱性物质的峰形拖尾，另一方面固定相在 pH 1~12 的条件下更加稳定。

19.5.2 化学键合相固定相

将有机官能团通过化学反应共价键合到硅胶表面的游离羟基上而形成的固定相称为化学键合相固定相。以化学键合相为固定相的色谱法称为化学键合相色谱法。键合相色谱法在

HPLC 中应用最广。

1. 极性键合固定相

常用的极性键合相表面基团为氰基(—CN)、氨基(—NH$_2$)或二醇基(DIOL)等，极性键合相常用作正相色谱，但有时也可用作反相色谱。

氰基键合相是质子接受体，分离选择性与硅胶相似，可与双键化合物发生选择性作用，对双键异构体或含双键数不同的环状化合物具有较好的分离能力。一些在硅胶上不能分离的极性较强的化合物可在氰基键合柱上分离。

氨基键合相与酸性硅胶具有不同的性能，兼有氢键接受和给予两种性能。氨基键合相上的氨基可与糖分子中的羟基选择性作用，因此氨基键合相色谱柱在糖的分离分析中广泛应用。例如，《中国药典》中乳糖的测定即采用氨基键合相色谱柱。因为氨基可与醛或酮反应，因此氨基键合相不宜分离带羰基的物质，流动相中也不得含有羰基化合物。

2. 非极性键合相固定相

常用的非极性键合相表面基团为各种烷基(C$_1$～C$_{18}$)、苯基等，以 C$_{18}$ 应用最广。非极性键合相固定相通常用于反相色谱。

非极性键合相的烷基链长对组分的保留、载样量和分离选择性都有影响。一般来说，烷基链长增加载样量增大，分离选择性增加；但短链烷基键合相覆盖度较高，对于极性化合物可得到对称性较好的色谱峰；苯基键合相与短链烷基键合相性质相似。

3. 键合相的性质与特点

1) 键合反应

目前使用的化学键合相主要是硅氧烷型键合相，采用多孔硅胶微粒为基体，以氯硅烷或烷氧基硅烷与硅胶进行硅烷化反应形成硅氧烷(Si—O—Si—C)型单分子膜而制得。以 C$_{18}$ 为例，是以十八烷基氯硅烷与硅胶表面的硅醇基反应键合而成，反应式如下：

$$\equiv\text{Si}-\text{OH} + \text{Cl}-\underset{\underset{R_2}{|}}{\overset{\overset{R_1}{|}}{\text{Si}}}-\text{C}_{18}\text{H}_{37} \xrightarrow{-\text{HCl}} \equiv\text{Si}-\text{O}-\underset{\underset{R_2}{|}}{\overset{\overset{R_1}{|}}{\text{Si}}}-\text{C}_{18}\text{H}_{37}$$

2) 含碳量和覆盖度

硅胶表面的硅醇基由于空间位阻和其他因素的影响，有 40%～50%的硅醇基不会发生反应。硅胶表面键合量的程度，可通过对键合硅胶进行元素分析，用含碳量的百分数来表示。基团的键含量也可用表面覆盖率来表示，即参加反应的硅醇基数目占硅胶表面硅醇基总数的比例。例如，十八烷基键合相的含碳量可以在 5%～40%。

由于键合基团存在空间位阻，硅醇基不能全部参与键合反应，因此硅醇基残留不可避免。残余硅醇基对键合相特别是非极性键合相的性能影响很大，可减小键合相表面的疏水性；对极性组分(特别是碱性化合物)产生次级化学吸附,使保留机制复杂化。为尽量减少残余硅醇基，一般在键合反应后,要用三甲基氯硅烷(TMCS)等进行钝化封尾处理,封尾后的键合相吸附性能降低,稳定性增加。

不同生产厂家所使用的硅胶、硅烷化试剂和反应条件不同,相同键合基团的键合相其表面有机官能团的键合量会存在较大差别,因此不同厂家产品性能也存在差异。

3) 键合相的特点

化学键合相有很多优点,如化学稳定性好、固定相不易流失、柱寿命长、均一性和重现性好、分离选择性好、柱效高、适于梯度洗脱、载样量大等。

需要注意的是,以硅胶为基质的化学键合相固定相,流动相的 pH 应维持在 2～8,否则会引起硅胶溶解;但以硅-碳杂化硅胶为基质的键合相可在 pH 2～12 的宽范围内使用。

延伸阅读 19-2:新型色谱填料

1) 核壳型(core-shell)色谱填料

由著名色谱学家科克兰(Jack Kirkland)在 2006 年研制成功的一种新型色谱填料,是将多孔硅壳熔融到实心的硅核表面制备而成的。这些多孔颗粒具有极窄的粒径分布和扩散路径,可以同时减小轴向和纵向扩散,允许使用更短的色谱柱和较高的流速以达到快速、高分辨率分离。但是,核壳型色谱柱对仪器的柱外死体积要求高且柱容量小于全多孔色谱填料,因而不适用于大规模的制备液相分离需求。

2) 极性嵌入反相色谱填料

通过在硅胶键合烷基链的中下部镶嵌一些极性基团,如烷基胺、酰胺、季铵或者氨基甲酸酯等来降低未反应硅醇基活性和改善对极性化合物的保留能力。这种填料可显著减少填料表面游离硅羟基与碱性化合物间的"次级保留"作用,使碱性化合物峰形的拖尾得到明显改善,而且由于极性基团的嵌入,增强了对极性化合物的保留,可提供和普通 C_{18} 很不一样的选择性。

3) 立体保护键合相

在硅胶的烷基侧链键合含异丙基和异丁基的 C_{18} 固定相。由于在 C_{18} 烷基链上引入了较大的基团及立体效应,阻碍了硅醇基与分析物的相互作用,因而对碱性化合物的分离呈现出对称的峰形并具有良好的柱效,可防止碱性化合物在色谱柱上的拖尾,并且在低 pH 时有较高的水解稳定性。

4) 混合模式色谱填料

这种色谱填料可同时实现两种或多种分离机理。例如,同时包含烷基链和电荷中心的固定相,色谱分离时可以提供疏水作用力和静电作用力,实现反相和离子交换混合模式的色谱分离。由于存在多种作用力,混合模式色谱可以显著提高分离选择性。

19.5.3 其他种类固定相

1. 键合型离子交换剂

以硅胶为载体的键合型离子交换剂是在全多孔硅胶的表面,用化学方法键合上各种离子交换基团。这类离子交换剂具有耐压、化学和热稳定性好、分离效率高等优点,但其离子交换容量比离子交换树脂小,而且不宜在 pH>9 的流动相中使用。

常用的阳离子型键合相是强酸性磺酸型;常用的阴离子型键合相是季铵盐型。此外,还有弱酸(碱)型离子交换剂,它们的离子交换基团的离解在 pH 4～8,受 pH 影响很大。而强酸

(碱)型离子交换剂的交换基团在很宽的 pH 范围内均能完全离解。

2. 手性色谱固定相

用于高效液相色谱法的手性固定相很多，根据键合的手性选择物的结构特征和手性分离机制，可以分为配体交换手性固定相、高分子型手性固定相、键合及涂敷型手性固定相、分子印迹手性固定相等。

配体交换手性固定相是指在形成离子配合物的空间内形成配合键的同时，固定相与被拆分的分子之间发生内部相互作用，这种相互作用是通过金属配合物的配合空间来完成的，是连于中心金属离子上的配位体的交换过程。

键合及涂敷型手性固定相是将具有手性识别作用的配基通过稳定的共价键连接或以物理方法涂敷于适当的固相载体上，制备出手性固定相。按照配基的不同，也可以分为普瑞克(Prikle)型固定相、多糖类手性固定相、环糊精类手性固定相、蛋白类手性固定相、抗生素手性固定相等。

普瑞克型固定相是键合手性异构体固定相，源于 20 世纪 60 年代普瑞克(Bill Prikle)及其同事们将手性 NMK 中成果引入到 HPLC 固定相研究。有二硝基苯甲酰氨基酸、乙内酰脲衍生、N-芳基氨基酸衍生等手性填料。其配基分子中的羟基是自由和离子化的，可通过π-π、氢键，以及静电相互作用进行拆分。

3. 体积排阻色谱固定相

体积排阻色谱法依据凝胶的空容及孔径分布，样品相对分子质量大小、分布及相互匹配情况实现分离。体积排阻色谱按其淋洗体系通常分为两大类，即适合分离水溶性样品的凝胶过滤色谱和适合分离油溶性样品的凝胶渗透色谱，两种方法的分离原理虽然相同，但柱填料及其分离对象和使用技术并不相同。

凝胶色谱固定相包括有确定孔径的有机和无机凝胶两大类。凝胶色谱分析用硅胶粒径通常为 5～10μm，孔径范围为 50nm～0.1μm，常用于生物大分子分离；交联苯乙烯或聚甲基丙烯酸酯凝胶，多用于合成高分子分离；联苯乙烯主要用于油溶性化合物的分离，而交联甲基丙烯酸酯柱则多用于水溶性合成高聚物的分离。

体积排阻色谱最广泛的用途是聚合物的相对分子质量分布测定。对于某些大分子样品如蛋白质、核酸等也是一种很有效的分离纯化手段；此外，能简便快速地分离样品中相对分子质量相差较大的简单混合物，因而非常适合未知样品的初步探索性分离，无须进行复杂实验就能较为全面地了解样品组成分布的概况。

4. 亲和色谱固定相

亲和色谱固定相由载体和键合在载体上的配基组成。为了避免载体的立体障碍，使待测组分能够很好地接近配基，在载体和配基之间还有一适当长度的间隔臂。高效亲和色谱固定相的载体是小粒径的刚性或半刚性的惰性物质，多孔硅胶应用最多，另外还有苯乙烯-二乙烯苯的聚合物全多孔微球等。配基分生物特效性配基和基团配基两类。有生物专一性作用的体系，如抗原-抗体、酶-底物等的任何一方都可以键合在载体上，作为分离另一方的配基。

> **延伸阅读 19-3：分子印迹整体柱**
>
> 分子印迹(molecular imprinting)是在模拟自然界中酶-底物及受体-抗体作用的基础上发展起来的一项合成具有预选择性固定相的技术。仿照抗体的形成机理，分子印迹技术是在模板分子周围形成一个高度交联的刚性高分子，当模板分子除去后在聚合物的网络结构中会留下具有结合能力的反应基团，这种反应基团会对模板客体分子表现出高度的选择性识别性，具有预定性、识别性和实用性的特点。
>
> 整体柱，也称棒状柱，是一种用有机或无机聚合方法在色谱柱内进行原位聚合的连续床固定相。整体柱内部结构均匀，具有渗透率高、易改性和传质速率快的特性，可解决填充柱空间占用率低、柱压高、传质速率慢、色谱峰形拖尾等问题，被誉为第 4 代色谱固定相。基于分子印迹聚合物的选择识别能力和整体柱的诸多优点，将二者相结合制备分子印迹整体柱成为必然的发展趋势。作为一种新型的固相萃取材料和色谱固定相，分子印迹整体柱已被广泛用于环境、生物、医药分析等领域。

19.5.4 高效液相色谱流动相

高效液相色谱法中的流动相参与固定相对组分的竞争，因此流动相的选择直接影响组分的分离度。

1. 基本要求

高效液相色谱法对流动相的基本要求包括：①化学稳定性好，不与固定相发生化学反应，不改变填料的任何性质；②纯度高，色谱柱的寿命与流动相的纯度有关，一般需选择 HPLC 级试剂；③必须与检测器相适应，使用 UV 检测器时，只能选用截止吸收波长小于检测波长的溶剂，使用示差折光检测器时，为提高灵敏度，应选择折光系数与样品差别较大的溶剂；④黏度低，高黏度溶剂会影响溶质扩散、传质，降低柱效，还会使柱压降增加，使分离时间延长，低黏度流动相如甲醇、乙腈等可以降低柱压，提高柱效；⑤对样品有适宜的溶解度，如果溶解度欠佳，样品会在柱头沉淀，使柱效降低；⑥适宜样品回收，尤其对制备型色谱最好选用挥发性溶剂。

2. 溶剂的极性和选择性

描述溶剂极性的方法有很多种，最实用的是斯奈德(Llord R. Snyder)提出的溶剂极性参数法，是根据溶剂的极性参数(P')、溶剂形成氢键或偶极间作用的选择性或相对能力而进行的分类方法。溶剂的极性参数 P' 代表在正相色谱与硅胶吸附色谱法中溶剂的极性，P' 值越大，溶剂的极性越强，在正相色谱中的洗脱能力越强。

斯奈德选择乙醇(ethanol)、二氧六环(1,4-dioxane)和硝基甲烷(nitromethane)三个参考物质，用于检验溶剂的质子接受能力、质子给予能力和强偶极作用这三种分子间作用力，分别用 x_e、x_d、x_n 表述。x_e、x_d 与 x_n 为三种作用力的相对值，三者之和为 1。其数值大小表示作用力强弱。表 19-2 列出了一些溶剂的极性参数。具体计算如下：

$$P' = \lg K_{ethanol} + \lg K_{dioxane} + \lg K_{nitromethane} \tag{19-7}$$

$$x_e = \frac{\lg K_{ethanol}}{P'} \qquad x_d = \frac{\lg K_{dioxane}}{P'} \qquad x_n = \frac{\lg K_{nitromethane}}{P'}$$

表 19-2　常用溶剂的极性参数 P' 与分子间作用力

溶剂	P'	x_e	x_d	x_n	溶剂	P'	x_e	x_d	x_n
正戊烷	0.0	—	—	—	乙醇	4.3	0.52	0.19	0.29
正己烷	0.1	—	—	—	乙酸乙酯	4.4	0.34	0.23	0.43
苯	2.7	0.23	0.32	0.45	丙酮	5.1	0.35	0.23	0.42
乙醚	2.8	0.53	0.13	0.34	甲醇	5.1	0.48	0.22	0.31
二氯甲烷	3.1	0.29	0.18	0.53	乙腈	5.8	0.31	0.27	0.42
正丙醇	4.0	0.53	0.21	0.26	乙酸	6.0	0.39	0.31	0.30
四氢呋喃	4.0	0.38	0.20	0.42	水	10.2	0.37	0.37	0.25
三氯甲烷	4.1	0.25	0.41	0.33					

斯奈德将 81 种溶剂的 x_e、x_d 和 x_n 值按三角坐标的标度点在相应位置上，把在三角坐标中处于相邻区域中的溶剂圈成一组，共分为八组，称为溶剂选择三角形，如图 19-6 及表 19-3 所示。

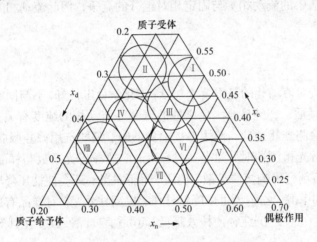

图 19-6　溶剂的选择性三角形

表 19-3　斯奈德的溶剂选择性部分分组

组别	溶剂
I	脂肪醚类、甲基叔丁基醚、四丁基脲、三乙胺、六甲基磷酰胺(三烃基胺)
II	脂肪醇类、甲醇
III	吡啶衍生物、四氢呋喃、酰胺类(甲酰胺除外)、乙二醇醚类、亚砜类
IV	乙二醇类、苄醇、乙酸、甲酰胺
V	二氯甲烷、二氯乙烷
VI	磷酸三甲基苯酯、脂肪酮类、脂肪酯类、聚醚类、二氧六环、苯乙酮、苯胺、砜类、腈类、乙腈、碳酸丙烯酯
VII	芳香碳氢化合物、甲苯、卤代芳香碳氢化合物、硝基化合物、芳香醚
VIII	氯醇类、间二甲酚、水、氯仿

由图 19-6 可见，Ⅰ组溶剂 x_e 值较大，属于质子接受体溶剂；Ⅴ组溶剂 x_n 最大，属偶极作用力化合物；Ⅷ组溶剂的 x_d 较大，属质子给予体溶剂。处于同一组中的各溶剂具有相似的选择性，而处于不同组的溶剂，其分离选择性差别较大。采用不同组别的溶剂为流动相，能够改变色谱分离的选择性。

反相键合相色谱法的溶剂强度常用强度因子 S 表示，一些常用溶剂的 S 值列于表 19-4。

表 19-4　反相色谱常用溶剂的强度因子

水	甲醇	乙腈	丙酮	乙醇	异丙醇	四氢呋喃
0	3.0	3.2	3.4	3.6	4.2	4.5

比较表 19-3 与表 19-4 的数据可以看出，在正、反相色谱法中，溶剂的洗脱能力大体相反。例如，水正相洗脱能力最强(P'最大，为 10.2)，而在反相洗脱时洗脱能力最弱(S 最小，为 0)。混合溶剂的洗脱能力可通过计算组成溶剂的加权和表示。如正相色谱 $P'_{混} = \sum_{i=1}^{n} P'_i \varphi_i$，反相色谱 $S'_{混} = \sum_{i=1}^{n} S_i \varphi_i$，其中 φ 为某种溶剂在混合溶剂中的体积分数。

3. 流动相的选择

在化学键合相色谱法中，溶剂的洗脱能力即溶剂强度直接与它的极性相关。在正相色谱中，固定相极性大，所以溶剂极性越强，洗脱能力也越强，即溶剂的强度随极性的增强而增加；在反相色谱中，由于固定相是非极性的，溶剂的强度随极性的降低而增强，即极性弱的溶剂洗脱能力强。例如，已知水的极性比甲醇的极性强，所以在以十八烷基硅烷键合硅胶为固定相的反相色谱中，甲醇的洗脱能力比水强。

甲醇-水的流动相系统能满足多数样品的分离要求，且流动相黏度小、价格低，是反相色谱最常用的流动相。斯奈德推荐采用乙腈-水系统做初始实验，乙腈比甲醇溶剂强度高且黏度小，并可满足在紫外 190～210nm 处检测的要求(表 19-5)。综合来看，乙腈-水系统优于甲醇-水系统。在分离含极性差别较大的多组分样品时，可采用梯度洗脱技术。

表 19-5　一些常用溶剂的紫外截止波长　　　　　　　　　　(单位：nm)

正己烷	四氯化碳	氯仿	二氯甲烷	四氢呋喃	乙腈	甲醇	水
190	265	245	233	212	190	205	187

19.5.5　化学键合相色谱法

根据化学键合相与流动相极性的相对强弱，键合相色谱法可分为正相键合相色谱法和反相键合相色谱法。

1. 正相键合相色谱法

正相键合相色谱法(normal phase bonded phase chromatography)采用极性键合相作固定相，如将氰基(—CN)、氨基(—NH$_2$)或二羟基等键合在硅胶表面形成固定相。以非极性或弱极性溶剂,如烷烃加适量极性调整剂(如醇类)作流动相。氰基键合相的极性比硅胶弱,但其分离选择性与硅胶相似,即流动相及其他条件相同时,同一组分在氰基柱上的保留比在硅胶柱上的保留弱。

正相键合相色谱主要用于分离溶于有机溶剂的极性至中等极性的分子型化合物。分离机制通常认为属于分配过程,也有认为是吸附过程。例如,用氨基键合相分离极性化合物如分离糖类物质时,主要靠被分离组分分子与键合相的氢键作用力的强弱差别而分离。若分离含有芳环等可诱导极化的非极性样品时,则键合相与组分分子间的作用,主要是诱导作用。

正相键合相色谱法的分离选择性取决于键合相的种类、流动相的强度和试样的性质。一般规律是极性强的组分容量因子大,后洗脱出柱;流动相的极性增大,洗脱能力增加。

2. 反相键合相色谱法

反相键合相色谱法(RP-bonded phase chromatography)是以非极性键合相为固定相,有时也采用弱极性或中等极性的键合相为固定相,以水作为基础溶剂再加入一定量可与水混溶的极性调整剂作为流动相而组成的色谱体系。固定相常用十八烷基(C_{18})键合相及辛烷基(C_8)键合相;流动相主要为甲醇-水或乙腈-水等。

反相键合相固定相表面具有非极性烷基官能团,及未被取代的极性硅醇基,分离机制存在吸附与分配的争论,又有疏溶剂理论、双保留机制、顶替吸附-液相相互作用模型等。

键合烷基的极性随碳链的链长增加而减弱,因此与非极性溶质的相互作用增强,溶质的k也增大。当链长一定时,硅胶表面键合烷基的浓度越大,溶质的k越大。此外,键合基团的链长和浓度还影响分离的选择性。

组分的极性越弱,其与非极性固定相的相互作用越强,k越大,保留时间越长。流动相的极性对溶质的保留也有很大影响。水极性最强,因此当溶质和固定相不变时,若增加流动相中水的含量,则溶剂强度降低,溶质的k值变大。实验表明,k的对数值与流动相中有机溶剂的含量常有线性关系,有机溶剂含量增加,k值变小。

流动相的pH变化会改变溶质的离解程度。其他条件不变,组分离解程度越高,k值越小,保留越弱。因此,流动相中常需加入少量弱酸、弱碱或缓冲溶液调节流动相的pH,抑制有机弱酸、弱碱的离解,增加组分与固定相的作用,以达到分离目的,因而这种方法又称离子抑制色谱法(ion suppression chromatography,ISC)。

离子抑制色谱法适用于分析$3 \leqslant pK_a \leqslant 7$的弱酸及$7 \leqslant pK_a \leqslant 8$的弱碱。一般来说,对于弱酸,降低流动相的pH,$k$增大,保留时间延长;对于弱碱,只有提高流动相的pH,才能使k变大,保留时间延长。若pH控制不合适,溶质以离子态和分子态共存,则可能使色谱峰变宽和拖尾。此外,还要注意流动相的pH不能超过键合相的允许范围。

19.5.6 反相离子对色谱法

反相离子对色谱法(reversed phase ion pair chromatography)是在流动相中加入与呈离解状态的待测组分离子电荷相反的离子对试剂,形成离子对化合物后使待测组分在非极性固定相中的分配与溶解度增大,从而改善其色谱保留与分离行为的方法。反相离子对色谱法主要用于分离可离子化或离子型的化合物。

分析碱类或带正电荷的物质时,一般选择烷基磺酸盐或烷基硫酸盐作离子对试剂,如戊烷磺酸钠、己烷磺酸钠、庚烷磺酸钠等。分析酸类或带负电荷的物质时，一般用季铵盐作离子对试剂，如氢氧化四丁基铵、四丁基铵磷酸盐和溴化十六烷基三甲基铵等。

在反相离子对色谱中，组分的分配系数取决于固定相、离子对试剂及其浓度、流动相的pH、有机溶剂及其浓度、组分的性质等。离子对试剂非极性部分越大，形成的离子对分配系数越大，色谱保留越强。影响离子对形成的条件，均影响被测组分的保留。常用的离子对试剂见表 19-6。

表 19-6 离子对试剂和 pH 的选择

组分类型	离子对试剂	pH 范围
强酸(pK_a<2)，如磺酸染料	季铵盐、叔胺盐(如四丁基铵、十六烷基三甲基铵)	2~7.5
弱酸(pK_a>2)，如氨基酸、羧酸、磺胺类	季铵盐、叔胺盐(如四丁基铵、十六烷基三甲基铵)	5~7.5
强碱(pK_a>8)，如季铵类化合物、生物碱类物质	烷基磺酸盐或硫酸盐(如戊烷、己烷、庚烷磺酸盐)	2~8
弱碱(pK_a<8)，如有机胺、儿茶酚胺等	烷基磺酸盐或硫酸盐	2~5

离子对的形成依赖于试样组分的离解程度，调节溶液的 pH 使组分与离子对试剂全部离子化，有利于离子对的形成，可改善弱酸、弱碱的保留和分离选择性。流动相的 pH 对强酸、强碱的影响较小。各种离子对色谱法的适宜 pH 范围见表 19-6。

离子对色谱法适用于有机酸、碱、盐的分离，以及用离子交换色谱法无法分离的组分的测定。在药物分析中，离子对色谱的应用非常广泛，如生物碱类、有机酸类等均可用此法进行分析。

学习与思考

(1) 试比较离子对色谱法与离子交换色谱法在固定相和流动相选择上的差异。
(2) 举例说明离子对色谱法与离子交换色谱法在药物分析中的应用。
(3) 试说明反相离子对色谱和反相化学键合相色谱法有哪些异同。

19.6 高效液相色谱法在药物分析中的应用

19.6.1 在药物鉴别中的应用

高效液相色谱法的定性、定量分析均与气相色谱法的相似。随着高效液相色谱法在药物研发，尤其是在含量测定中的大量应用，近年来在药物定性方面的应用也越来越多。由于高效液相色谱法定性没有类似于气相色谱法的保留指数可利用，一般均采用供试品与对照品比较的方法进行。要求供试品的保留时间与含量测定项下对照品主峰的保留时间一致。例如，《中国药典》2015 年版中阿司匹林片、泡腾片、肠溶片等制剂均采用本法鉴别。

19.6.2 在药物杂质检查中的应用

药物中的有关物质如起始原料、中间体、副产物、异构体、聚合物和降解产物等，化学结构与药物类似,难以采用化学法和光谱法进行杂质检查。高效液相色谱法专属性强、检测灵敏度高,可以有效地将杂质与药物进行分离和检测,因而被广泛用于药物中杂质的检查,更成为有关物质测定的首选方法。

采用高效液相色谱法检查杂质,《中国药典》2015年版通则0512规定应按各品种项下要求,进行色谱系统适用性实验,以保证仪器系统达到杂质检查要求。系统适用性实验的具体内容与气相色谱法相同。

检测杂质有四种方法:外标法(杂质对照品法)、加校正因子的主成分自身对照法、不加校正因子的主成分自身对照法和峰面积归一化法。

1. 外标法

外标法适用于有杂质对照品,而且进样量能够精确控制的情况。配制杂质对照品溶液和供试品溶液,分别取一定量注入色谱仪,测定杂质对照品溶液和供试品溶液中杂质峰的峰面积或峰高,按外标法计算杂质的浓度。

外标法定量比较准确,但必须获得杂质对照品。

【示例19-1】 阿司匹林中水杨酸的检查(ChP2015)

取本品约0.1mg,精密称定,置10mL量瓶中,加1%冰醋酸甲醇溶液适量,振摇使溶解,并稀释至刻度,摇匀,作为供试品溶液(临用新配)。取水杨酸对照品约10mg,精密称定,置于100mL量瓶中,用1%冰醋酸甲醇溶液适量使溶解并稀释至刻度,摇匀,精密量取5mL,置于50mL量瓶中,用1%冰醋酸甲醇溶液适量使溶解并稀释至刻度,摇匀,作为对照溶液。按照高效液相色谱法(通则0512)实验。用十八烷基硅烷键合硅胶为填充剂;以乙腈-四氢呋喃-冰醋酸-水(20:5:5:70)为流动相;检测波长为303nm。理论塔板数按水杨酸计算不低于5000,阿司匹林峰与水杨酸峰的分离度应符合要求。立即精密量取供试品溶液、对照溶液各10μL,分别注入高效液相色谱仪,记录色谱图。供试品溶液色谱图中如有与水杨酸峰保留时间一致的色谱峰,按外标法以峰面积计算,误差不得超过0.1%。

2. 加校正因子的主成分自身对照法

该法仅适用于已知杂质的控制,以主成分为对照,用杂质对照品测定杂质的校正因子。杂质的校正因子和相对保留时间直接载入各品种质量标准中。在常规检验时,以主成分为参照,用相对保留时间定位,杂质的校正因子用于校正该杂质的实测峰面积。

将杂质对照品和药物对照品配制成一定浓度的测定杂质校正因子的溶液,进行色谱分析,根据测定的杂质对照品和药物对照品的峰面积,以内标法计算杂质相对于主成分的校正因子:

$$f = \frac{A_S / c_S}{A_R / c_R} \tag{19-8}$$

式中,A_S为药物对照品的峰面积;A_R为杂质对照品的峰面积;c_S为药物对照品的浓度;c_R为杂质对照品的浓度。

测定杂质含量时,将供试品溶液稀释成与杂质限量相当的溶液作为对照溶液,进样,调节检测灵敏度,使对照溶液的主成分色谱峰的峰高为满量程的10%~25%或其峰面积满足杂质限量测定要求。然后,取供试品溶液和对照溶液,分别进样,除另有规定外,供试品溶液的记录时间应为主成分色谱峰保留时间的2倍。将供试品溶液色谱图中各杂质的峰面积分别乘以相应的校正因子后,与对照溶液主成分的峰面积比较,计算杂质含量。

$$c_X = \frac{A_X c_S'}{A_S'} \cdot f \tag{19-9}$$

式中,A_X 为供试品溶液杂质的峰面积;A_S' 为对照溶液药物主成分的峰面积;c_X 为杂质的浓度;c_S' 为对照品溶液中药物的浓度。

本法既省去了杂质对照品,又兼顾到杂质与主成分响应因子不同所引起的测定误差,准确度较好。考虑到日常检验时,可能没有杂质对照品,杂质的定位须用相对保留时间,所以杂质相对于药物的相对保留时间也需一并载入各品种项下。

【示例 19-2】 丝裂霉素中有关物质检查(ChP2015)

取本品适量,加甲醇溶解并稀释制成每 1mL 中含 2mg 的溶液,作为供试品溶液;精密量取适量,用甲醇定量稀释制成每 1mL 中含 10μg 的溶液,作为对照溶液。按照高效液相色谱法(通则 0512)测定,用十八烷基硅烷键合硅胶为填充剂;以 0.077%乙酸铵溶液-甲醇(80:20)为流动相 A;以 0.077%乙酸铵溶液-甲醇(50:50)为流动相 B,按表 19-7 进行线性梯度洗脱,检测波长为 254nm,柱温为 30℃。另取肉桂酰胺与丝裂霉素对照品各适量,加甲醇溶解并稀释制成每 1mL 中分别约含 0.08mg 与 0.2mg 的混合溶液作为系统适用性溶液,取 5μL 注入高效液相色谱仪,记录色谱图,丝裂霉素峰的保留时间约为 21min,肉桂酰胺峰的相对保留时间约为 1.3min,丝裂霉素峰与肉桂酰胺峰间的分离度应大于 15.0。精密量取供试品溶液与对照溶液各 5μL 分别注入高效液相色谱仪,记录色谱图。

表 19-7 丝裂霉素中有关物质的线性梯度洗脱

时间/min	流动相 A/%	流动相 B/%
0	100	0
10	100	0
30	0	100
45	0	100
50	100	0

供试品溶液色谱图中如有杂质峰,肉桂酰胺峰按校正后的峰面积(乘以校正因子 0.35)计算,不得大于对照溶液主峰面积(0.5%),其他单个杂质峰面积不得大于对照溶液主峰面积(0.5%),各杂质峰面积的和按校正后的峰面积计算不得大于对照溶液主峰面积的 4 倍(2.0%),供试品溶液色谱图中小于对照溶液主峰面积 0.1 倍的峰忽略不计。

3. 不加校正因子的主成分自身对照法

该法适用于没有杂质对照品的情况。将供试品溶液稀释成与杂质限度相当的溶液作为对照溶液,调节仪器灵敏度,使对照溶液的主成分峰高达满量程的 10%~25%。取供试品溶液和对照溶液适量,分别进样,除另有规定外,供试品溶液的记录时间应为主成分保留时间的 2 倍以上,测量供试品溶液色谱图上各杂质的峰面积,并与对照溶液主成分的峰面积比较,计算杂质含量。

该方法多在单一杂质含量较少,无法得到杂质对照品,杂质吸收情况与主成分相似,即杂质与主成分的响应因子基本相同的情况下适用。当已知杂质，特别是毒性杂质对主成分的相对响应因子在 0.9~1.1 时，可以用本法计算含量；超过 0.9~1.1 时，宜用加校正因子的主成分自身对照法或对照品对照法计算含量。

【示例 19-3】 地西泮中有关物质的检查(ChP2015)

取供试品适量，加甲醇溶解并制成每 1mL 中含 1mg 的溶液作为供试品溶液；精密量取 1mL，置于 200mL 量瓶中，用甲醇稀释至刻度，摇匀，作为对照溶液。照高效液相色谱法(通则 0512)实验，用十八烷基硅烷键合硅胶为填充剂；以甲醇-水(70:30)为流动相；检测波长为 254nm。理论塔板数按地西泮峰计算不低于 1500。精密量取供试品溶液与对照溶液各 10μL，分别注入高效液相色谱仪，记录色谱图至主成分峰保留时间的 4 倍。供试品溶液色谱图中如有杂质峰，各杂质峰面积的和不得大于对照溶液主峰面积的 0.6 倍(0.3%)。

4. 峰面积归一化法

该法通常只适用于供试品中结构相似、相对含量较高且限度范围较宽的杂质含量的粗略考察，如异构体相对含量的检查等。取供试品溶液适量进样分析，分离后，测定各杂质及药物的峰面积，计算除溶剂峰外各杂质峰面积占总峰面积的百分数，应不得超过限量。

使用本法时不需要杂质的对照品，简便易行。但应注意，溶剂峰不应计算在总峰面积内，色谱图记录的时间应根据各杂质的保留时间来定，一般应为主成分峰保留时间的数倍。使用本法时还应注意，杂质结构与主成分结构不能相差太大，否则会产生很大的误差。因此，药典对本法的使用作了明确的限度，除另有规定外，一般不宜用于微量杂质的检查。

例如，β-内酰胺类抗生素头孢呋辛酯中"异构体"比例的检查：在含量测定项下记录的供试品溶液色谱图中，头孢呋辛酯 A 异构体峰面积与头孢呋辛酯 A、B 异构体峰面积和之比应为 0.48~0.55。

19.6.3 在药物含量测定中的应用

高效液相色谱法的定量分析与气相色谱法相似，有外标法和内标法两种。《中国药典》中收载的高效液相色谱含量测定方法大多采用外标法定量；如果药物基质相对复杂，则以内标法为主，如某些软膏剂、乳膏剂等；体内药物分析由于药物含量低干扰物质多，大多以内标法定量。在药品的含量测定项下，列有色谱条件和系统适用性实验的相关内容。

高效液相色谱法进行药物的含量测定，《中国药典》2015 年版要求，品种正文项下规定的条件除填充剂种类、流动相组分、检测器类型不得改变外，其余如色谱柱内径与长度、填充剂粒径、流动相流速、流动相组分比例、柱温、进样量、检测器灵敏度等，均可适当改变，以达到系统适用性实验的要求。调整流动相组分比例时，当小比例组分的百分比例 $X \leqslant 33\%$ 时，允许改变范围为 $0.7X \sim 1.3X$；当 $X > 33\%$ 时，允许改变范围为 $(X-10)\% \sim (X+10)\%$。对于必须使用特定牌号的填充剂方能满足分离要求的品种，可在该品种项下注明。

【示例 19-4】 醋酸曲安奈德乳膏的内标法定量(ChP2015)

色谱条件与系统适用性实验：用十八烷基硅烷键合硅胶为填充剂；以甲醇-水(60:40)为流动相；检测波长为 240nm。理论塔板数按醋酸曲安奈德峰计算不低于 2500，醋酸曲安奈德峰与内标物质峰的分离度应符合要求。

内标溶液的制备。取炔诺酮,加甲醇溶解并稀释制成每 1mL 中约含 0.15mg 的溶液。

测定法。取本品适量(约相当于醋酸曲安奈德 1.25mg),精密称定,置 50mL 量瓶中,加甲醇约 30mL,置 80℃水浴中加热 2min,振摇使醋酸曲安奈德溶解,放冷,精密加内标溶液 5mL,用甲醇稀释至刻度,摇匀,至冰浴中冷却 2h 以上,取出,迅速滤过,放冷,精密量取续滤液 20μL 注入高效液相色谱仪,记录色谱图;另取醋酸曲安奈德对照品,精密称定,加甲醇溶解并定量稀释制成每 1mL 中约含 0.125mg 的溶液,精密量取 10mL 与内标溶液 5mL,置 50mL 量瓶中,用甲醇稀释至刻度,摇匀,同法测定。按内标法以峰面积计算药物的含量。

【示例 19-5】 复方 APC 片中阿司匹林、水杨酸、非那西丁和咖啡因的含量[①]

复方乙酰水杨酸片是常见的复方解热镇痛药,由乙酰水杨酸、咖啡因、非那西丁三种成分组成。组分的含量测定常见容量分析法,如乙酰水杨酸采用酸碱滴定法测定;咖啡因采用剩余碘量法测定;非那西丁采用水解后的亚硝酸钠滴定法测定;方法烦琐、费时。高效液相色谱法则可以实现三种药物及水解产物水杨酸的同时测定,方法简单、快速、专属、灵敏。

溶液配制。取复方乙酰水杨酸片 10 片,精密称定,研细,精密称取细粉适量,乙腈溶解,过滤后用流动相稀释成一定浓度的供试品溶液。精密称取阿司匹林、咖啡因、非那西丁、水杨酸对照品一定量,乙腈溶解,流动相稀释后制成相应浓度的对照溶液,四种对照溶液按一定比例混合稀释后制成相应浓度的混合对照液。

色谱条件。十八烷基硅烷键合硅胶色谱柱 YMC-Pack ODS-A Column (250×4.6mm I.D., 5μm);柱温:25℃;流动相:乙腈-0.1mol·L^{-1} 乙酸钠溶液(20:80),以冰醋酸调节 pH 至 3.5;流速:1.0mL·min^{-1};检测波长:270nm;进样量:20μL。

样品测定:分别取混合对照液与供试品溶液按上述色谱条件测定(图 19-7),以外标法根据峰面积计算,可得到样品中三种主成分及杂质水杨酸的含量。

高效液相色谱法可以同时完成药物与杂质的含量测定,专属性强、灵敏度高。随着高效液相色谱仪的普及,越来越多的药物采用高效液相色谱法进行测定。

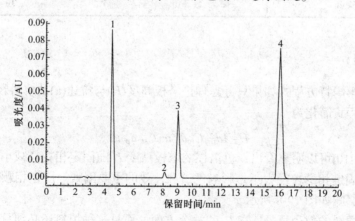

图 19-7 APC 中四种组分分离色谱图
1. 咖啡因;2. 水杨酸;3. 阿司匹林;4. 非那西丁

[①] 本示例为编者实验室完成。

> **学习与思考**
>
> (1) 比较高效液相色谱四种杂质检查方法在原理上有哪些不同,各适用于什么情况?
> (2) 比较高效液相色谱四种杂质检查方法的优劣,如果你制订质量标准会优选哪种方法?
> (3) 为什么越来越多的药物制剂或复杂样品选择高效液相色谱法测定?

19.7 超高效液相色谱

19.7.1 简介

超高效液相色谱(ultra performance liquid chromatography,UPLC)是指采用小粒径填料色谱柱(<2μm)和超高压系统(>10^5kPa)的新型液相色谱技术。由于采用了小颗粒固定相、非常小的系统体积及快速检测手段等技术,色谱分离度、检测灵敏度、分析速度大大提高,特别适用于微量复杂混合物的分离和高通量研究。

UPLC 与 HPLC 的不同之处如表 19-8 所示。

表 19-8 UPLC 与 HPLC 异同比较

项目	UPLC	HPLC
柱长/cm	3~10	5~25
柱内径/mm	2.1	3~5
填料粒度/μm	1.5~2.0	3~10
柱压/MPa	40~100	5~20
流速/(mL·min^{-1})	0.2~0.7	0.5~2
进样器	静态切割或压力平衡进样	六通进样阀
进样体积/μL	<10	10~100

19.7.2 理论基础

UPLC 的范第姆特方程式如果只考虑理论塔板高度(H)与流速(u)及填料颗粒度 d_p 之间的关系,可以把方程式简化为

$$H = Ad_p + C_m d_p^2 u + C_{sm} d_p^2 u \tag{19-10}$$

由方程式(19-10)可以明显看出,色谱柱的塔板高度 H 随固定相粒径减小显著减小,柱效明显增大,因此固定相的粒径大小是影响色谱柱柱效的重要因素。固定相颗粒粒径和流动相线速度对柱效的影响如图 19-8 所示。

减小色谱柱填料的粒径只是 UPLC 的一个方面,而且这种填料还必须具备高度的稳定性和耐压性。另外小颗粒填料的高柱效需要更小的系统死体积、更快的检测速度等一系列条件的支持。

要实现 UPLC 分析必须具备的前提条件:①提高小颗粒填料的耐压性,并解决装填问题,其中包括颗粒的均匀性、柱筛板结构等;②匹配超过 15 000psi(1psi=6.89476×10^3Pa)的高压溶

剂输送系统；③减小系统死体积，提高仪器耐压性；④设计快速自动进样器，快速检测器，解决数据快速采集问题等。

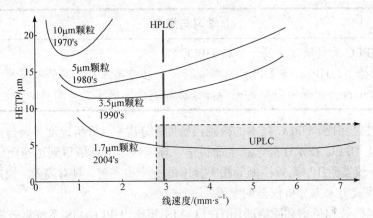

图 19-8　UPLC 与 HPLC 的范氏曲线对比

19.7.3　超高效液相色谱仪系统

与高效液相色谱相同，超高效液相色谱仪同样由进样系统、输液系统、分离系统、检测和数据处理系统构成。

1. 进样系统

在 UPLC 中，进样系统的设计也非常关键。要求进样阀在高压下不仅密封良好，还要有足够小的死体积，同时要保证塞型进样，以减小峰展宽。目前，在 UPLC 中使用的进样技术主要包括静态切割、压力平衡、自动进样等几种形式。

2. 输液系统

在 UPLC 法中，压力超过 100MPa，通常需要考虑压力对流动相的密度、黏度、扩散系数等参数对色谱分离的影响。制造超高压输液泵除了实现密封和提供高压驱动力外，还需解决在超高压下溶剂的可压缩性及摩擦热效应问题。

3. 分离系统

色谱柱是分离系统的核心。而色谱柱首先是高质量的填料颗粒的制备，包括耐高压、耐酸碱等；其次颗粒的粒度分布尽可能窄；最后是装填技术要保证既堵住颗粒又不至于引起大的背压。

例如，应用杂化颗粒技术可合成全多孔球形 1.7μm 反相固定相。由于基体颗粒内乙基基团构成桥式交联，颗粒具有更高的化学稳定性和机械强度，耐压超过 20 000psi。

4. 检测和数据处理系统

UPLC 检测器的数据采集频率必须更快，以满足短时间内流出的众多色谱峰的采集要求。检测器流通池池体积必须更加微量(<1μL)，以降低样品在检测池内的停留时间。另外还需采用无光损耗的检测池，提供能满足 UPLC 高灵敏度检测要求的光学通道，以保持高的柱效和

更高的灵敏度。Waters 公司使用新型光导纤维引导，不损失光能量的 Teflon AF 池壁的流通池，池体积只有 500nL(为普通 HPLC 的 1/20)，使检测灵敏度大大提高。

学习与思考

(1) 为什么 UPLC 的灵敏度会高于普通 HPLC？
(2) 在仪器结构上，HPLC 与 UPLC 有哪些异同？在分离原理上是否有差别？
(3) 为什么 Waters 公司采用新型的光导纤维传导流通池能提高检测灵敏度？

与传统 HPLC 相比，UPLC 技术的检测灵敏度、分辨率、分析速度显著提高，同时减少了溶剂消耗，因此 UPLC 技术在药学、生命科学、环境科学等领域得到迅速而广泛的使用。随着小颗粒填料、仪器耐压、高频检测等相关技术的进一步完善，具有高效、快速、高分辨率特点的 UPLC 必将成为未来分析仪器的主流。

与传统的高效液相色谱和质谱联用(HPLC-MS)相比，UPLC-MS 系统显著提高了定量分析的重复性、可靠性及定性分析的准确性。UPLC 与 MS 联用可使待分析组分基于物质在流动相中分配差异和带电粒子质荷比的两相之间差异而达到二维分离，可以最大限度地充分发挥两者的优势，具有了卓越的分离性能和高通量的检测水平，已成为复杂体系分离分析及化合物结构鉴定的良好平台。

19.8 制备液相色谱

制备液相色谱是以分离获得较大量的单组分样品为目的的一种分离技术，即采用色谱技术分离、收集一种或多种色谱纯物质的技术。与一般对组分进行定性或者定量分析不同，利用制备液相色谱进行样品的纯化与制备，以适应化学制药工业和生物技术的发展快速发展，从直径约 10mm 的实验室半制备柱到直径为 500mm 的工业制备柱及相应设备，都相继商品化，许多实际的分离纯化问题因此以解决。

以分析为目的的高效液相色谱，追求的是高效分离和高灵敏度检测，而制备型高效液相色谱是以生产纯物质为目的，在经济合理的前提下，规模越大越好。目的不同，制备色谱的操作也不同。

液相色谱制备纯物质一般有三个目的：结构鉴定、生物和毒理实验以及某些珍贵和难分离单组分物质的生产。

制备液相色谱一般按照每次操作的样品上样量，可分为半制备或小规模制备(≤100mg)、克级制备(0.1～100g)及工业制备(≥100g)三种类型。

(1) 半制备色谱。色谱柱内径 5～20mm，长度 15～50cm，填料粒度 10～30μm，普通分析型高效液相色谱仪即可获得毫克级的单组分。

(2) 克级制备色谱。色谱柱内径 50mm 左右，长度 20～70cm，填料粒度 10～50μm。装填固定相的量 200～500g，在超负荷运行下，可获得克级以下的纯化合物组分。

(3) 工业制备色谱。色谱柱内径 10～50cm，长度 50～100cm，可获得 20g 左右的纯化合物组分。

制备型 HPLC 是在分析型 HPLC 的基础上发展起来的一种高效分离纯化技术，但不是分析色谱的简单放大，操作参数的优化存在很大差异。两者的比较见表 19-9。

表 19-9　制备型 HPLC 与分析型 HPLC 的对比

项目	制备型 HPLC	分析型 HPLC
实验目的	纯化或富集某些特定成分	特定组分的定量、定性
进样量	尽可能大，以获得足够多的纯品	满足灵敏度要求即可
柱内径	1~10cm 或更大	1~5mm
柱填料	7μm 或更大	5μm 或更小
体积流量/(mL·min^{-1})	>10	~1

19.8.1　制备型色谱柱的选择

1. 填料的选择

小粒径的色谱填料可以提高柱效和分离度，但填料粒径越小，柱压越大。因此，在制备分离过程中，为提高难分离物质的分离效率，可以采用较小粒径的填料。但在满足分离要求的前提下，可使用较大粒径的填料，以提高制备量。在制备色谱中常用的填料颗粒尺寸为 7μm、10μm、12μm。

2. 柱尺寸

高效制备柱的柱长一般为 20~50cm，内径为 10~1000mm，在制备分离过程中，为了提高分离效率，可适当增加柱长。但在满足分离度前提下，应尽量使用较短的制备柱，同时可以采用增加柱内径的方法提高制备量。

制备色谱柱因上样量较大，因而柱头结构与分析柱完全不同。分析柱为柱头中心进样结构。但是制备柱希望样品靠在柱头截面上均匀地渗入填充床，这样一方面可以保证大量样品能在尽可能短的时间内进入柱床，另一方面可以克服柱中心样品局部过浓现象，以提高色谱柱的分离效能。

19.8.2　流动相的选择

选择制备液相色谱流动相时特别要注意：①流动相要有利于分析物达到最佳的选择性；②要考虑色谱分离后面加有旋转蒸发等二次分离操作，不宜采用高毒性溶剂；③溶剂要容易从最后馏分中除去；④如果产品中含有大量溶剂，还需考虑溶剂的纯度及溶剂的成本等。

19.8.3　检测器

制备液相色谱的检测器必须是非破坏性的。在现有的检测器中，示差折光检测器通常适用于制备分离，考虑到检测器要在较高的流速下操作，所以制备液相色谱所用的示差折光检测器通常采用较大的光管，同时从检测池出来的输出管要尽量短粗一些，以避免在高流速下池窗经受的压力过大。最好采用旁路分离管，将少量流体导入分析池进行检测，但其浓度的误差会相对较大。

在某些系统中为了准确地检测样品中所有峰，往往需要将示差折光检测器与紫外检测器配合使用。如果样品量限制在毫克级范围内，只要把波长调到较长的区域或者缩短通过池的路程，就有可能用紫外检测器得到正常的色谱图。

19.8.4 上样量

在满足分离要求的前提下，可以采用柱超载方式操作，以提高制备量。柱超载方式操作可以采用质量超载方式(维持较小的进样体积，增加进样浓度)或体积超载方式(保持较小的进样浓度，增加进样体积)，一般认为质量超载方式较好。

19.8.5 馏分收集及纯化后处理

制备液相色谱中需使用大量的洗脱溶剂，因此要采用适当的收集器。若收集一个或少数几个组分，可以手动收集馏分。当需要一次分离大量组分或为了提高一个或多个组分的收集量而要进行多次重复性分离时，则使用自动馏分收集器更加方便。自动馏分收集器主要有按时间进行馏分收集、按色谱峰进行馏分收集和按质量进行馏分收集三种模式。收集到的相同馏分，需要在分析型的色谱仪上检测纯度，以确定是否需要进一步纯化或调整分离条件。收集的馏分一般采用减压旋蒸除去其中的有机溶剂，或者萃取后旋蒸等，以得到产品。

19.9 液相色谱-质谱联用

液相色谱-质谱(LC-MS)联用技术将高分离能力的色谱与高灵敏度的质谱相结合，具有高分离能力、高灵敏度、应用范围广和极强的专属性等特点，得到了越来越广泛的使用，在医药研究、生物工程、生物化学、食品分析、环境污染分析、精细化工分析等分析领域得到广泛的应用。在药学研究领域，特别是药物代谢组学研究、体内药代动力学研究、中药材化学成分分析、中药指纹图谱研究、西药及中成药成分分析、药物筛选研究等方面发挥了重要作用。

据统计 80%的有机化合物是不能气化的，而这些样品是不能利用 GC-MS 进行分离鉴定的；而 LC-MS 能够胜任 GC-MS 难以分析的极性较大、热不稳定、高沸点、难挥发的有机化合物或生物样品，可进一步扩展了色谱-质谱联用的应用范围。LC-MS 从 20 世纪 70 年代开始研究，直到 90 年代才开始出现被广泛接受和应用的商品化液质联用仪。

据统计，约 80%的有机化合物可以靠 HPLC 实现有效分离，加上 MS 强大的定性能力(通过得到化合物碎片离子进行结构解析)使 LC-MS 在有机化合物分析领域应用越来越广。

19.9.1 液相色谱-质谱联用分析过程

与 GC-MS 联用仪一样，LC-MS 联用仪同样由色谱单元、接口、质谱单元和计算机系统组成。每个部分分别有不同的类型，LC部分可以由 HPLC、毛细管液相色谱或者 UPLC(UHPLC)构成；接口基本已融入 MS 的离子源系统中，包括电喷雾电离(ESI)、大气压化学电离源(APCI)和大气压光电离(APPI)三种；质谱的质量分析器通常为四极杆、离子阱、分析时间、傅里叶变换离子回旋共振等几种类型或多种类型杂交。

实现 LC-MS 联用要解决两个方面的问题。第一是真空的问题。不同于 GC 的流动相是气体，LC 流动相是液体，而 MS 工作环境要求高真空系统，且常规的情况是在气相中实现样品的离子化。要想对流动相中的试样进行分析，首先要解决大量溶剂的问题。要维持与 MS 相匹配的真空，现在解决的办法是增加真空泵的抽速，并采用多级、分级抽真空，形成梯度真空来满足接口与 MS 的工作需要。第二是接口的问题。LC-MS 的发展可以说是接口技术的发展。LC 的分析对象主要是热不稳定及不易挥发的物质，这与 MS 常用的离子源要求试样气化是不相适应的。只有解决上述问题后才能实现液质联用。

在 LC-MS 中接口-离子源的作用主要是将流动相及其携带的组分气化、分离除去大量的流动相分子及使试样组分离子化。早期曾出现粒子束、热喷雾、快原子轰击等多种接口和离子化技术，但这些技术均存在不同方面的不足和缺陷，直到大气压离子化即 API 接口(ESI、APCI、APPI)技术发展并成熟，LC-MS 系统才真正发展起来。目前电喷雾离子化(ESI)是 LC-MS 应用最广泛的接口方式。

19.9.2 液相色谱-质谱联用接口

现代技术的发展，已研制出多种 LC-MS 联用仪的接口，包括直接导入式接口、传送带式、渗透膜式等，但这些接口技术都各有优缺点，应用也受到不同程度的限制，直到大气压电离技术(API)的成功研制，有效地解决了 LC 和 MS 联用的接口问题，LC-MS 联用技术也得到了迅速的发展。

API 接口/离子源实现了在大气压条件下使待测物电离，并将离子束引入质量分析器进行进一步的质谱分析。离子可在室温条件下被离子化，这也成功避免了试样的受热分解现象。API 接口/离子源由五部分组成：①液体试样导入装置或喷雾探针；②离子源区，如 ESI、APCI 或其他方式就在此产生离子；③样品离子化孔；④由大气压转换至真空的接口装置；⑤离子光学系统，离子将在此运送到质量分析器。

目前已发展的 API 模式中，常用的是电喷雾离子化模式(ESI)和大气压化学离子化(APCI)模式两种，它们的共同点是样品在处于大气压下的离子化室完成离子化，且具有较高的离子化效率，这也大大提高了分析灵敏度和稳定性。

1. 电喷雾电离接口

LC-ESI/MS 是近年来发展最快、应用最广的液质联用技术。如图 19-9 所示，LC 流出液流经毛细管，在毛细管和对电极板之间施加 3~8kV 电压，是流出液形成高度分散的带电扇状喷雾，并在大气压条件下形成离子，在电位差驱使下，离子通过 N_2 气帘(curtain gas)进入质谱仪的真空区。

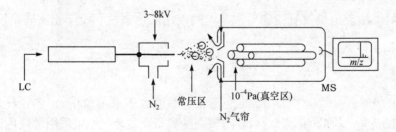

图 19-9 电喷雾电离接口示意图

气帘能使雾滴进一步分散，以利于溶剂蒸发，并将中性溶剂分子阻挡，使离子穿过电压梯度进入 MS。ESI 电离源是目前最温和的电离方法，对于相对分子质量较大的化合物和热稳定性差的化合物，也不会在电离过程中发生分解，MS 出现 $(M+H)^+$、$(M+Na)^+$ 等准分子离子峰，但由于其具有"软电离"特性，几乎不能给出碎片离子信息，不利于化合物的结构解析。

为了解决这一难题，一般在 ESI 的电离源后面与 MS/MS 串联使用，通过 ESI 电离源得到准分子离子信息，通过 MS/MS 得到更多的结构信息。此外，ESI 电离源最大的特点是容易产生多电荷离子。当一个分子质量在 10 000Da 的分子，若带有 10 个电荷，则其质荷比只有 1000Da，在一般质谱仪可以分析的范围内。根据这一特点，若采用 ESI 电离源，可以测定相对分子质量在 300 000 以上的大分子物质，这也使得 LC-MS 联用仪得到广泛的应用。

2. 大气压化学电离源接口

LC-APCI/MS 的原理是 LC 流出液经过中心毛细管被雾化气和辅助气喷射进入加热的常压环境中(100～200℃)，通过加热喷射形成雾滴。在 APCI 中试样的电离主要通过化学电离的途径，APCI 主要是通过放电针产生的自由电子首先轰击空气中 O_2、N_2、H_2O 等产生如 O_2^+、N_2^+、H_2O^+、NO^+ 等初级离子，这些初级离子会与样品分子进行质子或电子交换，使得样品分子被离子化而进入载气系统，如图 19-10 所示。

由于 APCI 主要产生的是单电荷离子，这也使得 APCI 源分析的质量范围受到局限(通常小于 1000)，与 ESI/MS 相比，更适合于非极性或中等极性化合物的分析。APCI 与 ESI 的相互补充，使得 LC-MS 的应用更加广泛。值得一提的是，粒子束(particle beam，PB)电离接口也被应用到 LC-MS 联用技术中，但是 PB 接口要求待测样品具有较低的沸点，能挥发，因此 PB 接口主要用于分析非极性和中等极性的化合物。

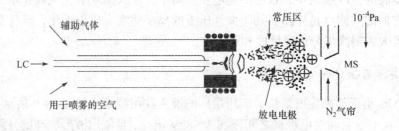

图 19-10 大气压化学电离源接口示意图

19.9.3 色谱单元

LC-MS 对液相色谱仪没有特殊要求，但所使用的色谱柱和流动相需满足质谱仪的相关要求。

1. 色谱柱

使用 ESI 源时，一般选择细内径的色谱柱，目前大多采用 2.0mm 内径柱，适合 0.2～0.5mL·min^{-1} 的流量。较低的流速可以获得较高的离子化效率，如果采用常规色谱柱，则需要柱后分流；而 APCI 可以耐受较高的流速(～2 mL·min^{-1})无需分流。UPLC 常使用内径 1.7～2.1μm 的 2μm 亚粒径的填料，流量范围 0.001～0.5 mL·min^{-1}。LC-MS 最常用的固定相为十八烷基硅烷键合硅胶，也可采用其他反相固定相。

2. 流动相

LC-MS 系统对所用流动相溶剂的纯度要求要高于普通 HPLC，因为溶剂中的杂质若直接导入离子源会产生较大噪声，使本底升高影响测定灵敏度。

一般来说，LC-MS 使用的有机溶剂都应为色谱纯；使用超纯水，而且水最好保存在塑料容器中以减少钠离子的混入，如果是实施 ppb 量级的痕量有机化合物检测推荐使用 UV 光氧化的超纯水。此外，流动相要求不含非挥发性盐类，HPLC 分析中常用的磷酸盐及离子对试剂等应避免使用，因为接口装置中高速喷射的液流有制冷作用，使得液流中的非挥发性组分易冷凝析出而堵塞离子传输毛细管。LC-MS 能够接受的缓冲剂有三氟乙酸、甲酸、乙酸、柠檬酸、柠檬酸铵、甲酸铵、乙酸铵、三乙胺等，过高的浓度会降低被分析物的检测灵敏度，浓度要求不超过 $20 \text{mmol} \cdot \text{L}^{-1}$。

流动相的流速对质谱检测器灵敏度有很大影响，通常需根据色谱柱内径和离子源类型来选择合适的流速，尤其对于 ESI 的离子化方式。因此，要求高效液相色谱单元的泵能在较低流速下保持流量稳定和准确。

19.9.4 质量分析器

LC-MS 联用仪常用的质量分析器有四极杆质量分析器、离子阱质量分析器、飞行时间质量分析器等。此外，现代 LC-MS 仪一般都带有紫外或二极管阵列检测器，加上 MS 作为 LC-MS 联用仪的"检测器"之一，使得 LC-MS 的应用范围得到空前的拓宽。因此，凡是能用 LC 分析的试样都可以利用 LC-MS 进行分析。

LC-MS 法是以 LC 为分离手段、以 MS 为检测手段的分离分析方法。LC-MS 的研究起步于 20 世纪 70 年代，稍晚于 GC-MS，但受接口和离子化技术的制约发展较为缓慢，一直到 80 年代后期，随着大气压离子化(API)和基质辅助激光解吸离子化(MALDI)技术的出现，LC-MS 得以快速发展，并于 90 年代出现了商品化的 LC-MS 联用仪。目前已成为三类样品(挥发性低、水溶性和热不稳定性)分离并进行结构确认的最有力工具。

> **延伸阅读 19-4：超高效液相色谱-质谱联用**
>
> 超高效液相色谱-质谱(UPLC-MS)结合了 UPLC 的高物理分离能力和 MS 特有的质量分析能力，是一种具有高灵敏度和强选择性的联用分析技术。
>
> 一方面，UPLC 系统(2.1mm I.D.色谱柱)达到最佳线速度时，流动相流速一般在 $0.25\sim0.5 \text{mL} \cdot \text{min}^{-1}$，这与 MS 能承受的流速更加匹配(API 接口一般能承受 $0.2 \text{mL} \cdot \text{min}^{-1}$)，离子化效率更高；另一方面，UPLC 的分离比 HPLC 好，色谱峰扩展小，峰浓度高，这不仅有利于化合物的离子化，还有助于与基质杂质分离，一定程度上降低了基质效应，使灵敏度和重现性显著提高。
>
> UPLC-MS 可以最大限度发挥两者的优势，具有更卓越的分离性能和高通量的检测能力。

19.9.5 液相色谱-质谱联用的定性与定量分析

1. 定性分析

GC-MS 定性分析依赖于谱库检索，但 LC-MS 目前尚无标准谱图库，推荐的方法为在相同的实验条件下在同一台仪器上进行未知物与标准品的比对。如果能获得的样品量太少或含量太低而只能获得SIM或MRM的质谱数据,就要借助峰的相对强度比作为判定的依据之一。

欧盟法规96/23/EC和2002/657-EC就使用质谱法定性作了四分法的具体规定,即按分析模式和测定离子信息的数目给出得分数。凡属正性鉴出的结果总分超过四分(含四分)时,对目标物的认定是阳性,要作出正性鉴出取决于离子的质量数及其在谱图中的相对强度。

2. 定量分析

LC-MS定量方法与GC-MS一样,但在定量测定时尤其需要注意基质效应的影响。基质效应是指在色谱分离过程中与被测物共流出的样品基质成分对被测物离子化过程的影响,即产生离子抑制或离子增强作用,进而影响分析的精密度和准确性。因此,色质联用尤其是液质联用必须克服基质效应的影响,一般克服基质效应影响的方法主要包括以下几种。

(1) 选择合适的样品预处理方法。将样品尤其是复杂基质进行合适的预处理可以有效减小基质效应,如液液提取或固相萃取后的生物样品中所含内源性物质明显少于蛋白沉淀法。

(2) 优化色谱分离条件。色谱反相分离时最初流出色谱柱的主要是样品基质中的极性组分,因此当待测组分保留时间较短时,会与基质中的极性组分在离子源中产生离子化的相互竞争,导致待测组分的离子化效率降低或提高,即产生基质效应。因此,优化色谱条件,适当延长待测组分的出峰时间,可以明显降低组分的基质效应。

(3) 采用合适的离子源。ESI源比APCI源更易受基质的干扰,若采用ESI源基质干扰明显,可以更换成APCI源有可能降低或消除基质效应。

(4) 选择合适的内标。稳定同位素标记物可以最大限度地降低分析物的基质效应,是最理想的内标。

延伸阅读19-5:色质联用在组学研究中的应用

代谢组学(metabonomics)是通过考察生物体系受刺激或扰动前后代谢物谱及其动态变化来研究生物体系代谢网络的一种技术。目前质谱在代谢组学研究中的应用最为广泛。尤其是液相色谱-质谱联用技术更适用于分析难挥发或热稳定性差的代谢物。LC既可以选择与飞行时间(TOF)、四极杆-飞行时间(Q-TOF)、离子阱-飞行时间(IT-TOF)、轨道阱(orbitrap)或傅里叶变换-离子回旋共振(FT-ICR)等高分辨质谱串联,以进行非靶向代谢组学分析,又可以与四极杆(Q)、三重四极杆(QQQ)或四极杆-离子阱(Q-IT)等质谱串联,利用选择离子监测(SIM)或多反应监测(MRM)检测模式进行靶向代谢组学分析。LC-MS技术的这种灵活性与普适性,使得它成为了代谢组学研究中功能最为全面也是最为常用的技术平台。

脂质组学是对整体脂质进行系统分析的一门新兴学科,通过比较不同生理状态下脂代谢网络的变化,进而识别代谢调控中关键的脂生物标志物,最终揭示脂质在各种生命活动中的作用机制。

脂质组学是对生物体、组织或细胞中的脂质及与其相互作用的分子进行全面系统的分析、鉴定,了解脂质的结构和功能,进而揭示脂质代谢与细胞、器官乃至机体的生理、病理过程之间的关系的一门学科。脂质组学研究的技术主要包括脂质的提取、分离、分析鉴定及相应的生物信息学技术。生物质谱技术是目前脂质组学研究的核心工具。基于质谱技术的脂质分析策略主要包括液相色谱-质谱联用技术和"鸟枪法"脂质组学技术。液相色谱-质谱联用技术策略是利用不同的脂质提取方法分别提取不同种类脂质,如脂肪酸类、甘油磷脂类、固醇类等,或根据不同脂质种类的极性差异,利用正相色谱在种类的水平上将生物样本的脂质分为不同的组分,如磷脂酰胆碱类、磷脂酰乙醇胺类、鞘磷脂类及心磷脂等。然后利用反相色谱将组分中的脂质分子进一步分离,进而利用质谱进行定性、定量分析。

第 19 章 高效液相色谱分析

> **内容提要与学习要求**
>
> 高效液相色谱法是在气相色谱法的基础上发展起来的,是以高压输送流动相、采用高效固定相及高灵敏度检测器,已成为应用最为广泛的分离分析方法。与气相色谱法一样,其液相色谱的分离同样受到涡流扩散项、纵向扩散项和传质阻抗项的影响。
>
> 本章主要介绍了高效液相色谱法的基本原理、基本种类及优点,高效液相色谱仪的结构,高效液相色谱的固定相和流动相的种类,高效液相色谱法在药物分析中的应用,气相色谱与液相色谱的对比。
>
> 要求掌握分离的机制、色谱仪的各部分器件及工作原理,掌握液质联用流动相的选取原则及色质联用的定量方法,熟悉几种常见的质量分析器。了解串联质谱的组合模式及其在药物分析中的应用。

练 习 题

1. 高效液相色谱法主要有几种类型?它们的保留机制是什么?分别适用于分离哪些物质?
2. 试比较 HPLC 与 GC 的分离原理及应用方法的异同。
3. 什么是梯度洗脱?它与气相色谱中的程序升温有哪些异同?
4. 在正、反相 HPLC 中流动相的强度是否相同?
5. 什么是正相色谱?什么是反相色谱?各适用于分离哪些化合物?
6. 常用的 HPLC 定量分析方法是什么?哪些方法需要用校正因子校正峰面积?哪些方法可以不用校正因子?
7. 指出苯、萘、蒽在反相色谱中的洗脱顺序,并说明原因。
8. 速率理论方程式在 HPLC 中与在 GC 中有哪些异同?如何指导 HPLC 实验条件的选择?
9. 高效液相色谱法的检测器有哪几种?比较各个检测器的特点和应用范围。
10. 不同的高效液相色谱法中对流动相分别有哪些要求?
11. 高效液相色谱法进行药物中的杂质检查有哪几种方法?比较各种方法的特点。
12. 为什么反相键合相高效液相色谱法在药物分析中应用最为广泛?
13. 色质联用组分定量时对于单级质谱可选择哪种扫描模式?多级质谱选择哪种扫描模式?
14. 色质联用进行定性分析的依据是什么?
15. 四极杆质量分析器其质量范围一般为 3000Da 以下,为什么配合 ESI 源使用可以测定相对分子质量几万甚至几十万的大分子物质?
16. 测定黄芩颗粒中的黄芩素的含量。测得对照溶液($5.98\mu g \cdot mL^{-1}$)和供试品溶液的峰面积分别为 706436 和 458932,求黄芩颗粒中黄芩素的含量。

第 20 章 超临界流体色谱分析

20.1 概 述

超临界流体色谱分析法(supercritical fluid chromatography, SFC)是以超临界流体作为流动相的一种正相色谱分析方法，基本原理与高效液相色谱类似。SFC 最早出现在 1962 年，是 20 世纪 80 年代发展起来的一种色谱分离和纯化技术，用于分析和纯化低相对分子质量到中等相对分子质量的热不稳定分子(thermally labile molecules)，可用于手性物质分离。

由于 SFC 使用诸如二氧化碳等超流体作为流动相，显然整个流路系统都要承受压力。超临界流体是指物理性质介于气体和液体之间的一类物质，既不是气体也不是液体。

由于 SFC 具有气相色谱和液相色谱所没有的优点，并且能很好地用于解决气相和液相色谱不能解决的一些对象，很多难以分离和纯化的物质，借助于超临界流体色谱能取得很好的分离和纯化结果，因而应用广泛，发展十分迅速。所以，超流体色谱在现当代制药工业领域(pharmaceutical industry)广泛使用，特别是用于有关不对称分离和纯化。

延伸阅读 20-1：超临界流体色谱技术的发展

法国工程师德拉图尔(Charles Cagniard de la Tour, 1777—1859)男爵于 1822 年最早报道物质的临界现象(critical phenomenon)。1879 年，苏格兰人汉内(J. B. Hannay)和贺加斯(James Hogarth)在 *Proc. Roy. Soc. London* 杂志发表了题为 *On the Solubility of Solids in Gases* 的论文，报道了超临界流体有溶解固体的能力。1943 年，菲利普石油公司(Philips Petroleum Co.)的梅斯莫尔(H. E. Messmore)利用压缩气体具有溶解能力作为分离基础，发明了超临界萃取方法，并获得美国专利。1970 年，扎苏尔(K. Zosel)采用超临界二氧化碳($SC-CO_2$)萃取技术从咖啡豆提取咖啡因，使得超临界流体发展到一个新阶段。1992 年，法国德西蒙(de Simone J. M)在 *Science* 上发表论文 *Synthesis of Fluoropolymers in Supercritical Carbon Dioxide*，报道使用 $SC-CO_2$ 为溶剂发生超临界聚合反应，得到相对分子质量达 27 万的聚合物，开创了超临界二氧化碳合成高分子先河。

用超临界流体作色谱流动相进行分离和纯化是由克里斯柏(E. Klesper)等于 1962 年首先提出的。他们发现，用二氯二氟甲烷和一氯二氟甲烷超临界流体作流动相，成功地分离卟啉衍生物。他们随后又发展了填充柱 SFC 技术，用以分离聚苯乙烯的低聚物。后来，相继有一批学者和工程师们又进一步研究了 SFC 方法，讨论了二氧化碳、异丙醇、正戊烷等作流动相的问题，并以此技术分析了多环芳烃、抗氧化剂、燃料和环氧树脂等样品。

在 SFC 的发展初期，人们的关注点主要是如何使用毛细管柱，研究者主要来自于 GC 领域而非 HPLC 领域。但是毛细管 SFC 有一些固有的缺点，仪器条件要求比较高，很难满足药物中极性化合物的分析，未能普及应用。随着相关问题在 20 世纪 60 年代末得到很好解决，人们普遍认为 SFC 在各方面的应用潜力巨大，但相对于在那个时代如日中天的 HPLC 技术，SFC 的发展还是比较缓慢的。直到 80 年代初，SFC 才又开始得到重视并日趋完善。一个标志性的事件就是惠普公司(Hewlett-Packard Development

Company, L.P., HP)80 年代初期在匹兹堡会议(PITTCON)上发布了 SFC 色谱仪。

此后, 填充柱色谱逐渐受到研究者的青睐, 因为使用与 HPLC 类似的装置, 且在超临界流体中加入改性剂, 增加了流体对化合物的溶解能力, 大大增加了 SFC 的应用对象。

20.2 超临界流体

20.2.1 超临界流体的概念与特性

1. 超临界流体的概念

1822 年, 法国工程师德拉图尔男爵在其一个著名的炮管实验(cannon barrel experiments)中倾听滚动燧石球在充满了不同温度液体的密封炮管中发出的不连续声音时发现了物质的临界点(critical point)。当高于临界温度(critical temperature, T_c)时, 液相和气相的密度相等, 以至于气体和液体之间不再有区别, 从而产生了一个单一的超临界流体相(supercritical fluid phase)。在其随后有关热和压力对液体的影响研究中, 德拉图尔发现不管施加了多大压力, 物质总存在一个不能保持液相而转化成气相的临界温度。例如, 他测定水的临界温度是 362℃。

在德拉图尔的研究基础上, 人们定义当流体(液体和气体)的温度和压力均超过其相应的临界温度和临界压力(P_c)时所处的状态为超临界流体(supercritical fluid)。临界温度为物质可以液化的最高温度。若高于临界温度, 无论施加多高压力, 物质都不能被液化。图 20-1 所示的是典型流体的压力-温度示意图, 可见温度和压力发生改变, 物质的状态也就随之发生变化, 饱和蒸气压曲线始于三相点, 止于临界点。

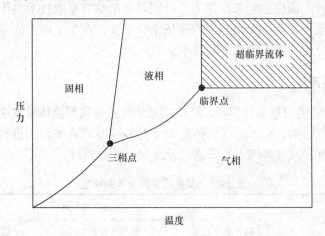

图 20-1 纯物质的压力-温度示意图

2. 超临界流体的特性

在流体的超临界状态, 随着流体压力和温度的变化, 流体并不会液化成气体, 因而表现出其密度与液体相近, 而其黏度、扩散系数却又接近于气体。正是由于这些物理特性, 以至于超临界流体与液体相比具有更好的溶解能力、扩散能力和传质能力(表 20-1)。

表 20-1　超临界流体与气体、液体性质比较

性质	超临界流体		气体	液体
	T_c、P_c	T_c、$4P_c$	1bar, 15~30℃	15~30℃
密度/(g·mL^{-1})	0.2~0.5	0.4~0.9	(0.6~2)×10^{-3}	0.6~1.6
黏度/(g·cm^{-1}·s^{-1})	(1~3)×10^{-4}	(3~9)×10^{-4}	(1~3)×10^{-4}	(0.2~3)×10^{-2}
扩散系数/(cm^2·s^{-1})	0.7×10^{-3}	0.2×10^{-3}	0.1~0.4	(0.2~3)×10^{-5}

从表 20-1 可知，超临界流体可以总结出以下特征。

(1) 通常溶剂的溶解能力受密度影响，密度越大，溶解能力越强。与之不同的是，超临界流体密度因接近液体而表现出稠密气体形态，以至于有较强的溶解能力。也正是因为该关键性质，超临界流体可以作为分离溶剂。

(2) 在临界点附近，无论是压力还是温度发生变化，流体密度都会发生很大改变而带来溶解度变化，从而实现分离操作。

(3) 超临界流体的扩散系数介乎于气体和液体之间，但其黏度接近气体。正是由于其低黏度和较好的扩散能力，超临界流体更容易穿透固体基质，并能快速运输萃取产物。

(4) 在超临界状态下超临界流体没有气-液界面，因而没有表面张力，从而反应速率可达到最大，热容量、热传导率等物理参数都会出现峰值。

(5) 超临界流体其他物理性质如介电常数、极化率都与气体、液体有着明显的区别，其分子行为完全独特。

正是由于有上述很多不同于气体和液体的特殊物理化学性质，超临界流体在各行各业都有很多应用，特别是在萃取分离、环境保护、材料科学、反应工程、生物技术、清洗工业等方面的应用越来越广泛，研究也越来越深入。特别是，超临界萃取技术与传统的萃取方法相比优势尤为独特，以至于在药物分离与提取领域十分重要，产生了巨大的经济与社会效益，已经成为药物研发领域中一项不可或缺的技术。

20.2.2　常用超临界流体

表 20-2 列举了常用的超临界溶剂，其中二氧化碳是超临界流体技术中最常用的溶剂，被视为环境友好的绿色溶剂，原因是其临界温度为 31.06℃，可在室温附近实现超临界流体技术操作，因而节省能耗，且临界压力不算高，设备加工并不困难。

表 20-2　常用超临界流体的特性

物质	沸点/℃	临界点数据		
		临界温度 T_c/℃	临界压力 P_c/MPa	临界密度 ρ/(g·cm^{-3})
二氧化碳	−78.5	31.06	7.39	0.448
水	100.0	374.2	22.00	0.344
乙烷	−88.0	32.4	4.89	0.203
乙烯	−103.7	9.5	5.07	0.200
丙烷	−44.5	97.0	4.26	0.220

续表

物质	沸点/℃	临界点数据		
		临界温度 T_c/℃	临界压力 P_c/MPa	临界密度 ρ/(g·cm^{-3})
丙烯	−47.7	92.0	4.67	0.23
n-丁烷	−0.5	152.0	3.80	0.228
n-戊烷	36.5	196.6	3.37	0.232
n-己烷	69.0	234.2	2.97	0.234
甲醇	64.7	240.5	7.99	0.272
乙醇	78.2	243.4	6.38	0.276
异丙醇	82.5	235.3	4.76	0.270
苯	80.1	288.9	4.89	0.302
甲苯	110.6	318.0	4.11	0.290
氨	−33.4	132.3	11.28	0.240
甲烷	−164.0	−83.0	4.60	0.160

在实际应用过程中，选择超临界溶剂需要注意以下事项。
(1) 超临界流体本身的化学性质稳定，且对设备没有或较小腐蚀性。
(2) 临界温度接近室温或者反应操作温度，临界压力不要太高，以减少设备加工难度。
(3) 价廉、易回收和循环利用。
(4) 绿色的无毒无害试剂，对人体和人居环境影响小，无污染。

学习与思考

(1) 什么是超临界流体？有哪些特性？
(2) 常用超临界流体有哪些？
(3) 如何选择超临界流体？
(4) 试讨论超临界流体如果对设备有腐蚀性会带来什么后果。

20.3 超临界流体色谱

20.3.1 超临界流体色谱的分离原理

超临界流体色谱是以超临界流体为流动相，以固体吸附剂或键合在载体上的高聚物为固定相的一种色谱分析技术，其依据的基本原理就是通过溶质在固定相和流动相之间进行连续多次分配、交换而最终达到分离的目的。需要强调的是，样品在色谱过程中的分离状况首先取决于样品中各组分在两相间的分配情况，这是热力学平衡问题，相关的热力学参数有容量因子、分离因子。

在 SFC 操作过程中，样品随流动相一起进入色谱柱，样品中的各个组分根据其在固定相和流动相间的分配系数大小进行分配。分配系数大的组分，在固定相上的吸附强，在色谱柱中停留时间长，流出色谱柱晚；分配系数较小的组分，在固定相上的吸附弱，在色谱柱中的停留时间短，流出色谱柱早。

不同组分在色谱柱运动时，谱带随着柱长展宽，展宽的程度与运动过程中的动力学如溶质在两相中的扩散系数、固定相填料颗粒的大小、填充情况、流动相流速等因素有关。分离最终给出的是热力学和动力学的综合结果，但通常使用分离度作为衡量色谱分离效能的总指标。

20.3.2 超临界流体色谱的特点

SFC 因其超临界流体自身的一些特性，使得 SFC 的某些应用中具有超过 LC、GC 两者的优点，效能有其独到之处，不过并不能取代，仅是有力补充。为此，下面将 SFC 与 GC 和 LC 分别作对比。

1. SFC 与 GC 的对比

(1) SFC 可在比 GC 更低温度下操作，从而实现热稳定性差化合物的有效分离。由于柱温降低，分离选择性改进，可以分离手性化合物。

(2) 由于超临界流体的扩散系数比气体小，SFC 的谱带展宽比 GC 窄。

(3) SFC 溶剂能力强，许多非挥发性组分在 SFC 中溶解度较大，可分析非挥发性的高分子、生物大分子等样品。

(4) 选择性较强，SFC 可选用压力程序、温度程序，并可选用不同的流动相或者改性剂，因此操作条件的选择范围较 GC 更广。

2. SFC 与 LC 的对比

(1) SFC 的分析时间短。由于超临界流体黏度低，可使其流动速度比 HPLC 快得多。在最小理论塔板高度下，SFC 的流动相流速是 HPLC 的 3~5 倍，使得分离时间大大缩短。

(2) SFC 的总柱效比 LC 高。毛细管 SFC 总柱效可高达百万，可分析极其复杂的混合物，而 LC 的柱效要低得多。当平均线速度为 $0.6 cm \cdot s^{-1}$ 时，SFC 的柱效可为 HPLC 的 4 倍左右。

(3) SFC 的检测器应用广。SFC 可连接各种类型的 GC、LC 检测器，如氢火焰离子化检测器(FID)、氮-磷检测器(NPD)、质谱(MS)、傅里叶变换红外光谱(FT-IR)及紫外(UV)、荧光检测器(FD)等检测器。

(4) SFC 的流动相消耗量比 LC 更低，操作更安全。

3. 改性剂的使用

通常情况下，由于极性和溶解度的局限，使用单一超临界流体的 SFC 并不能满足分离要求，往往需要在超临界流体中加入改性剂。在 SFC 中，选择性是流动相和固定相两者的函数，在 GC 中溶质的保留受流动相压力及其性质的影响较小，故选择性基本上是固定相的函数，在 LC 中可用梯度洗脱，改变流动相的性质，从而影响溶质的保留。

在 SFC 中流动相的极性也可采用梯度技术(加入改性剂)加以调整，达到与 LC 同样的梯度效果。同时，SFC 中的压力程序(通过程序升压实现流体的密度改变达到改善分离的目的)相当于 GC 中程序升温技术。

学习与思考

(1) 超临界流体色谱的分离原理是什么？
(2) 超临界流体色谱与常见的气相、液相色谱相比有什么区别？
(3) 由于极性和溶解度的局限，使用单一的超临界流体并不能满足分离要求，往往需要在超临界流体中加入改性剂。试讨论如何选择改性剂，为什么？

20.4 超临界流体色谱设备

20.4.1 流动相

1. SFC 流动相的特征

SFC 的流动相为压缩状态下的流体，有较多的气体或液体可供选择，其选择原则为：①临界常数越低越好；②对样品有合适的溶解度；③化学惰性，不与样品等作用；④能与检测器匹配，安全不易爆炸；⑤价格便宜，方便易得等。

尽管氨、二氧化硫、氧化氮及氯氟烃类等物质都曾被用作 SFC 的流动相进行过研究，但应用最广泛的流动相是超临界二氧化碳(SC-CO_2)。

2. SC-CO_2 流动相

SC-CO_2 流动相应用十分广泛，以此为流动相的超临界流体色谱具有以下优点。

(1) 超临界流体的密度跟液体相近，致使其具有较强的溶剂化能力；同时其黏度又接近于气体，且扩散系数比较大，使得溶质在超临界流体中的传质速度快，在同等条件下，超临界流体通过色谱柱的压降小，分离更加高效。

(2) SC-CO_2 的临界温度(31.06℃)接近室温、临界压力(7.39MPa)中等，可使色谱系统在接近室温和不太高的压力条件下进行操作，使得 SFC 在分离易挥发物质和热敏物质时具有较大的优势。在超临界状态下，简单地改变流体的温度或压力，即可对流体的密度产生很大的影响，进而大大改变流体的溶剂化能力，因此利用 SC-CO_2 的这种性质，通过改变流体的温度、压力等实现对不同物质的分离。

(3) CO_2 具有无毒、不燃、化学惰性、成本低、容易回收等特点，使得 SFC 具有产品与溶剂容易分离、无溶剂残余、操作简单的优势。

(4) SFC 的检测器可直接采用 GC 和 HPLC 的检测器，通用性较好，而且 SFC 还可以与质谱、核磁等仪器联用。

3. SC-CO_2 流动相应用于极性物质分离

以 SC-CO_2 为流动相最大的缺点是不能洗脱极性化合物，因为 CO_2 是非极性化合物，根据相似相溶原理，极性化合物在 SC-CO_2 中的溶解性很小，使得 SC-CO_2 仅适用于非极性或弱极性化合物的分离。

为增加其溶剂化能力，往往需要在其中加入少量的极性改性剂。这些改性剂包括甲醇、异丙醇、乙腈、二氯甲烷、四氢呋喃、二氧六环、二甲基酰胺、丙烯、碳酸盐、甲酸和水等。最常用的改性剂是甲醇，这是由于甲醇与 CO_2 形成二元混合物的临界温度和临界压力不太高，并且甲醇的极性在低碳醇中比较大。在戊烷中加入甲醇或者异丙醇作为阻滞剂以减少吸附效应，使其较纯戊烷在相同时间内可洗脱出更多的组分。

在非极性流体中加入适量的极性流体，可以得到降低保留值，改进分离的选择性因子，达到改善分离的效果，提高柱效。这种在流动相中加入改性剂的流动相可称为混合流动相。混合流动相目前研究仍较为活跃。

对于改性剂的作用机理，人们已经进行了大量的研究。除了溶质增加溶解度以外，改性剂还可以掩盖固定相上残留的硅醇基活性基团，改善流动相与固定相的表面张力。

对于中等极性的物质，在 SC-CO_2 中加入一定量的极性有机溶剂便可达到理想的分离目的；而对于强极性的化合物仅加入极性改性剂是不够的，还需加入微量的强极性有机化合物(通常称为添加剂)。所以，流动相中微量强极性添加剂的加入拓宽了 SFC 的适用范围。

学习与思考

(1) 如何选择超临界萃取剂？
(2) 为什么在生产上一般用 CO_2 作为萃取剂？
(3) 试讨论使用 SC-CO_2 的优点和缺点。

20.4.2 固定相

在 SFC 应用的最初阶段多装以大颗粒的长柱。随着微粒技术的发展，SFC 的固定相发生了很大变化。将装以小颗粒填料的 HPLC 柱子应用到 SFC 中后，大大缩短了分离时间和提高了分离效率。无论是毛细管柱还是填充柱，SFC 对固定相的要求，首先是抗溶剂冲刷，即在大量溶剂冲淡、加压和减压，体积膨胀和收缩后，稳定性好；其次是化学稳定性好，选择性高，即固定相不与组分发生化学反应，且带有一定基团，呈现出良好的选择性；再次是热稳定性好，使用温度范围较宽；最后是固定相的选择也要考虑流动相的性质。

1. 填充柱

虽然在 20 世纪 80 年代初主要发展了毛细管 SFC，但是填充柱 SFC 也得到一定的发展。而填充柱 SFC 色谱柱，几乎使用了所有的反相和正相 HPLC 键合相填料，固定相有非极性、中等极性和极性，使用最多的是硅胶和烷基键合硅胶，正相色谱填料中的二醇基、腈基、2-乙基吡啶等键合硅胶也有不少应用。

在 SFC 中，流动相的密度对保留值有很大的影响，溶质的保留性能要靠流动相的压力来调节。在填充柱 SFC 中，由于柱压降很大，比毛细管柱要大 30 倍，因而在填充柱 SFC 色谱柱的入口处和出口处，保留值有很大差别，即在柱头由于流动相的密度大、溶解能力大，而在柱尾则溶解能力变小。但是超临界流体密度受压力的影响在临界压力处最大，超过此点以后影响就不是太大，所以在超过临界压力的 20%情况下，柱压降对填充柱 SFC 结果的影响就不那么明显了。

在填充柱 SFC 中，由于色谱柱的相比(β)小，固定相与样品接触和作用的概率比较大，所以要针对所分析的样品很好地选择固定相。在用填充柱 SFC 分析极性和碱性样品时，常会出现不对称峰，这是由于填料的硅胶基质残余硅羟基所引起的离子作用。如果使用封尾填料制成的色谱柱就会在一定程度上解决这一问题。但是由于基团的立体效应，不可能把硅胶表面所有的硅醇基全部反应。将各种低聚物和单体处理硅胶，并把这些低聚物和单体聚合固定化到硅胶表面上，这样就大大改善了色谱峰的不对称现象。

在 SFC 的填充柱中也有用微级和亚微级填充柱的，填充 1.7～10μm 的填料，内径几个毫米。还有用内径为 0.25mm 的毛细管柱填充 3～10μm 填料的毛细管填充柱。

2. 毛细管色谱柱

在毛细管 SFC 中使用的毛细管柱，主要是细内径的毛细管柱，内径为 50μm 和 100μm。SFC 的操作温度比 GC 低，因此 SFC 可用的固定相较 GC 多。但由于 SFC 的流动相是具有溶解能力的液体，所以毛细管柱内的固定相必须进行交联，并且在老化处理中，加长老化时间，以使液膜牢固。所使用的固定相有聚二甲基硅氧烷、苯甲基聚硅氧烷、二苯甲基聚硅氧烷、含乙烯基的聚硅氧烷、正辛基聚硅氧烷、正壬基聚硅氧烷等，在手性分离中使用了连接手性基团的聚硅氧烷。

在毛细管 SFC 中，液膜厚度主要受样品的挥发性和检测器灵敏度限制。薄液膜毛细管柱可达快速高效，适合分析非挥发性的样品，但样品容量低、检测器灵敏度要求高。厚液膜毛细管柱，样品容量大，柱效损失小，可连接各种检测器，对于一般样品的分析，柱效和柱容量能得到兼顾，应用面广。

20.4.3 超临界流体色谱仪

以超临界流体作流动相的色谱仪器称为超临界流体色谱仪，它与气相色谱仪和高效液相色谱仪类似，同样包括流动相、净化系统、高压泵、进样系统、色谱柱、检测器和数据处理系统。典型的分析型 SFC 装置主要包括高压流动相输送系统、色谱分离系统、检测系统和数据采集系统，如图 20-2 所示。

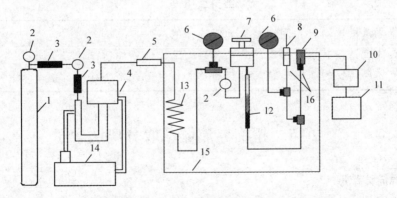

图 20-2 超临界流体色谱仪的结构与流程

1. 超临界流体源；2. 控制阀；3. 过滤器；4. 高压泵；5. 脉冲抑制器；6. 压力表；7. 进样器；8. 泄压口；9. 检测器(FID)；10. 放大器；11. 记录仪及数据处理装置；12. 色谱柱；13. 预平衡柱；14. 冷冻装置；15. 恒温箱；16. 限流器

1. 高压流动相输送系统

高压流动相输送系统或称高压泵系统，能够在维持恒定压力的条件下，保持较稳定的流体流速，主要由储槽、高压泵和压力控制器组成，其作用是将 CO_2(有时含有少量改性剂)加压和加热达到超临界状态，然后将 SC-CO_2 以一定的流速送到色谱系统中，通常采用可稳定输送高压流体的注射泵，压力控制通常采用背压阀。

2. 色谱分析系统

色谱分析系统包括进样器、色谱柱和温度箱三个部分。SFC 采用高压进样器。

3. 检测系统

在 SFC 中，由于流动相具有惰性和流动性，可连接 HPLC 的光度检测器如紫外-可见光检测器(UV-Vis)；流体流出色谱柱后减压成气体，故又可连接大部分 GC 检测器，如 FID。

SFC 还可以与 MS、FT-IR 等联用。使用 GC 检测器，以 FID 为多用，应用时将色谱柱的流出物分流，部分流出物通过限流器变为气态进入检测器，若用 FID 检测时，流动相中不能加入改进剂，否则改进剂本身将给出信号干扰测定，FID 对相对分子质量小的化合物可得到很好的结果，对相对分子质量大的化合物常得不到单峰，而是一簇峰。如把检测器加热可使相对分子质量大于 2000 的化合物获得满意的分离，使用液相色谱检测器。

在进入检测器之前应将超临界状态转为液态，可增加检测的灵敏度，使谱带变窄，而且可以在室温下操作，UVD 是用改性剂流动相的填充柱 SFC 的最常用的检测方法，要求检测器必须耐高压。例如，使用毛细管柱，UVD 的流通池可由一段熔融石英毛细管构成，内容积在 200nL 左右，这样不会影响柱效；FD 也可以如此应用。对于填充柱，ELSD 也是一种常用的通用检测器。

4. 数据采集系统

实验数据由色谱工作站记录，将检测器的检测信号(即吸光度)转化为电信号，进而记录下来。

学习与思考

(1) 超临界流体色谱流动相和固定相是如何选择的？
(2) 超临界流体色谱仪有哪些组成部分？各自的工作任务如何？
(3) 超临界流体色谱仪的高压输送系统与高效液相色谱有哪些异同？

20.5 超临界流体萃取分离法

20.5.1 超临界流体萃取

1. 超临界流体萃取过程

超临界流体萃取(supercritical fluid extraction, SFE)是利用超临界流体的溶剂化效应溶解待分离的流体或固体混合物,然后通过减压或调节温度来降低超临界流体的密度,从而降低其溶剂能力,使萃取物得到分离。

超临界流体萃取是超临界流体技术中发展最早、研究最多、最先实现工业化的一种化工分离技术,在化学工程、能源、燃料、医药、食品、海洋化工、生物化工、分析化学等众多领域有着广泛的应用前景,被视为环境友好、高效节能的绿色高新技术。

超临界流体萃取分离是利用超临界流体的溶解能力与其密度的关系,即利用压力和温度对超临界流体溶解能力的影响而进行的。当气体处于超临界状态时,成为性质介于液体和气体之间的单一相态,具有和液体相近的密度,黏度虽高于气体但明显低于液体,扩散系数为液体的10~100倍;因此对物料有较好的渗透性和较强的溶解能力,能够将物料中某些成分提取出来。

将超临界状态流体与待分离物质接触,能选择性地依次把极性大小、沸点高低和相对分子质量大小的成分萃取出来。由于超临界流体的密度和介电常数随着密闭体系压力的增加而增加,极性增大,利用程序升压还可将不同极性的成分进行分步提取。当然,对应各压力范围所得到的萃取物不可能是单一的,但可以通过控制条件得到最佳比例的混合成分,然后借助减压、升温的方法使超临界流体变成普通气体,被萃取物质则自动完全或基本析出,从而达到分离提纯的目的,并将萃取分离两过程合为一体,这就是超临界流体萃取分离的基本原理。

2. 超临界流体萃取装置

图 20-3 为最基本的超临界流体萃取工艺流程示意图。首先使溶剂(如 CO_2)通过升压装置 1 (高压泵或压缩机)达到超临界状态,然后超临界流体进入萃取器 3 与预先装入的原料接触并在超临界温度 T_1 和压力 P_1 条件萃取其中的目标溶质,溶解于超临界流体中的萃取物随着超临界流体从萃取器顶部离开后经减压阀 4 进行节流膨胀,使萃取物与溶剂能在分离器 5 中得到分离。最后使溶剂成为气态或超临界态离开分离器 5,再通过升压装置 1 加压到超临界状态(T_1、P_1),并重复上述的萃取-分离步骤,经过流体的多次循环,使超临界流体对溶质的萃取效果达到预期值。沉积在分离器 5 中的萃取物一般通过分离器底部放出阀进入收集器内,萃取物可直接作为产品或根据需要进行必要的后处理。

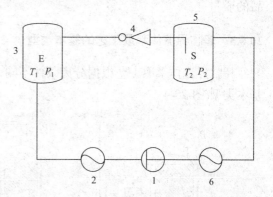

图 20-3 超临界流体萃取工艺流程示意图
1. 升压装置;2,6. 换热器;3. 萃取器;4. 减压阀;
5. 分离器;E. 萃取状态;S. 分离状态

目前超临界萃取工艺的大型设备多使用高压泵。对于固体物料的超临界萃取多采用间歇式操作,为实现半连续可采用几个萃取器并联操作,如三个萃取器并联,当一个萃取器操作运行时,另两个萃取器可分别装料和卸料。而对液体物料则可采用连续并流(或逆流)的萃取过程。

20.5.2 超临界流体的选择

超临界萃取剂的临界温度越接近操作温度，则溶解度越大。临界温度相同的萃取剂，与被萃取溶质化学性质越相似，溶解能力越大。因此，应该选取与被萃取溶质相近的超临界流体作为萃取剂。用作萃取剂的超临界流体应具备以下条件。

(1) 化学性质稳定，对设备没有腐蚀性，不与萃取物反应。
(2) 临界温度应接近常温或操作温度，不宜太高或太低。
(3) 操作温度应低于被萃取溶质的分解变质温度。
(4) 临界压力低，以节省动力费用。
(5) 对被萃取物的选择性高(容易得到纯产品)。
(6) 纯度高，溶解性能好，以减少溶剂循环用量。
(7) 货源充足，价格便宜。如果用于食品和医药工业，还应考虑选择无毒的气体。

可以作为超临界流体萃取剂的物质很多，常用的超临界流体有 CO_2、氨、甲烷、乙烷、丙烷、正丁烷、乙烯、甲醇、乙醇、苯、甲苯、水等。其中 CO_2 是最常用的超临界流体，具有的特点：①CO_2 的临界温度接近室温(31.06℃)，该操作温度范围适合分离热敏性物质，可防止热敏性物质氧化和逸散，使高沸点、低挥发度、易热解的物质在其沸点之下萃取出来。②CO_2 的临界压力(7.39MPa)处于中等压力，目前工业水平其超临界状态一般易于达到。③CO_2 具有无毒、无味、不燃、不腐蚀、价格便宜、易于精制、易于回收等优点。因而，超临界萃取无溶剂残留问题，属于环境无害工艺，被广泛应用于对药物、食品等天然产品的提取和纯化研究方面。④SC-CO_2 还具有抗氧化灭菌作用，有利于保证和提高天然物产品的质量。

20.5.3 超临界流体萃取工艺的基本类型

超临界流体萃取工艺根据分离条件不同，一般分为等温工艺、等压工艺和吸附工艺三种基本类型(图 20-4)。

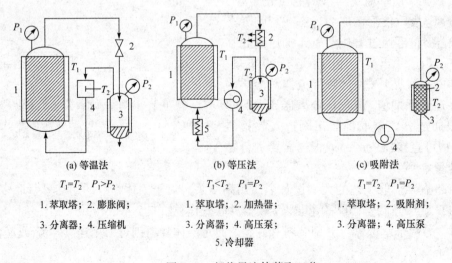

(a) 等温法　　　　　　　(b) 等压法　　　　　　　(c) 吸附法

$T_1=T_2$　$P_1>P_2$　　　　$T_1<T_2$　$P_1=P_2$　　　　$T_1=T_2$　$P_1=P_2$

1. 萃取塔；2. 膨胀阀；　　1. 萃取塔；2. 加热器；　　1. 萃取塔；2. 吸附剂；
3. 分离器；4. 压缩机　　　3. 分离器；4. 高压泵；　　3. 分离器；4. 高压泵
　　　　　　　　　　　　　5. 冷却器

图 20-4　超临界流体萃取工艺

1. 等温工艺

所谓等温是指在萃取塔和分离器中流体的温度基本相同。该工艺由萃取塔、加热器、分离器、压缩机、换热器及节热阀组成[图 20-4(a)]。

将超临界流体与原料一起进入萃取塔，由于高压，超临界流体对被萃取物具有较大的溶解度，在萃取塔中进行选择性的萃取后分成两相：萃余物相和超临界流体相(溶剂+溶质)。萃余物相从萃取塔底排出，超临界流体相从塔顶排出，经节流阀进入分离器，在节流阀处膨胀做功，压力和温度均降低，再在加热器中加热至萃取温度。压力降低，溶解度减小，析出的被萃取物从分离器的底部排出。降压法压力高，投资大，能耗高，但操作简单，常温萃取。

2. 等压工艺

所谓等压是指在萃取塔和分离器中流体的压力基本一致。该工艺由萃取塔、加热器、分离器、高压泵和换热器组成[图 20-4(b)]。它是利用不同温度下物质溶解度的差别进行物质的萃取或反萃超临界流体在萃取柱中萃取了产物后，在加热器升温使流体密度减小，溶解度降低，析出的萃取产物从分离器底部排出，而超临界流体进入压缩机加压，经换热器冷却至适宜的萃取温度，再去萃取柱循环使用。变温法能耗相对较少，但对热敏性物质有影响。

3. 吸附工艺

该工艺由萃取塔、吸附剂、分离器和高压泵组成[图 20-4(c)]。这种流程是在分离器中加入能吸附被萃取物的吸附剂，负载着被萃取物的超临界流体在不改变萃取参数(温度、压力)的条件下进入分离器后，萃取物被吸附剂吸附分离的超临界流体经适当加压，再送到萃取塔进行循环操作。该工艺始终处于恒定的超临界状态，所以十分节能，但需要特殊的吸附剂。

延伸与阅读 20-2：超临界二氧化碳

20 世纪 30 年代，普拉提(Pilat)和高德韦兹(Gadlewicz)两位科学家有了用液化气体提取"大分子化合物"的构想。1950 年，美国、苏联等国进行以超临界丙烷去除重油中的柏油精及金属，如镍、钒等，降低后段炼解过程中触媒中毒的失活程度，但因涉及成本考量，并未全面实用化。1954 年索萨(Zosol)用实验的方法证实了二氧化碳超临界萃取可以萃取油料中的油脂。此后，利用超临界流体进行分离的方法沉寂了一段时间，70 年代的后期，德国斯特尔(Stahl)等首先在高压实验装置的研究取得了突破性进展之后，"超临界二氧化碳萃取"这一新的提取、分离技术的研究及应用，才有实质性进展。

1973 年及 1978 年第一次和第二次能源危机后，超临界二氧化碳的特殊溶解能力，才又重新受到工业界的重视。1978 年后，欧洲陆续建立以超临界二氧化碳作为萃取剂的萃取提纯技术，以处理食品工厂中数以千万吨计的产品，例如，以超临界二氧化碳去除咖啡豆中的咖啡因，以及自苦味花中萃取出可放在啤酒内的啤酒香气成分。超临界流体萃取技术近 30 多年来引起人们的极大兴趣，这项化工新技术在化学反应和分离提纯领域开展了广泛深入的研究，取得了很大进展，在医药、化工、食品及环保领域硕果累累。

20.5.4 影响超临界流体萃取效率的主要因素

萃取效率直接影响到萃取的生产成本,也就直接关系到该技术在实际生产上的应用。所涉及的内容主要有:操作条件、投料量、原料的颗粒大小及夹带剂。

1. 操作条件

萃取压力、萃取温度、溶剂流量和萃取时间等都对萃取效率有较大的影响。实验表明,萃取效率随压力的上升而增加,但压力增加到一定程度后,溶解力增加变得缓慢,而且操作压力的增加会导致设备投资和操作费用增加及萃取物中杂质的增加。因此压力不是越高越好,20~35MPa较为适宜。在不同压力范围,温度对溶解度的影响不同。高压下,升温可使超临界流体溶解能力提高,相反在压力较低时,升温使超临界流体溶解能力急剧下降。

2. 原料颗粒度和水分

一般认为,粉碎度越高,原料颗粒越细,则萃取效率越高。因为随着粉碎度的提高,不仅增大了物料与超临界流体的接触面积,而且也破坏了物料的外壳,使萃取物易于流出。但物料的粉碎也不能过细,以免提取时被溶剂带出萃取釜,或者堵塞管道影响萃取效率。一般认为20~60目的颗粒范围比较合适。

3. 夹带剂

在溶质和 SC-CO_2 流体的二元体系中加入少量的辅助溶剂(夹带剂、助溶剂),对溶质的溶解度、溶质选择性等有奇特的效果。决定物质溶解度的主要因素是溶质与溶剂分子间的作用力。故应根据萃取物的特性选择适当的辅助溶剂,以提高萃取效率。

20.5.5 超临界流体萃取的特点

与传统的溶剂萃取相比,超临界流体萃取分离过程具有以下特点。

(1) 压力和温度都可以作为调节萃取过程的参数,通过控制温度或压力来调节溶剂的溶解能力,达到选择性萃取的目的,过程容易操作,且在常温常压下即可实现分离,分离过程简单、节能。

(2) 对于萃取原料中的极性物质,可通过添加夹带剂的方法来改变萃取溶剂的极性,提高流体的溶解能力和选择性,得到所需萃取的产物,适用的范围广,可作为一种通用、高效的分离技术。

(3) 由于超临界流体较高的密度,使其具有类似一般有机溶剂的溶解能力,并且其具有较低的黏度和较高的扩散系数,萃取效率较高。

(4) 萃取非极性的物质过程中不需要添加有机溶剂,萃取物无残留溶剂,避免了传统有机溶剂萃取存在的溶剂残留对产品污染的问题,安全环保,适用于食品及医药行业。

(5) 根据分离体系的不同,超临界流体萃取分为两种情况:一是有效物质的提取;另一个是有害物质的分离。与传统提取分离方法相比,超临界流体萃取适用于高附加值及难分离的产品。

传统的溶剂萃取和超临界流体萃取的对比详见表20-3。

表 20-3　溶剂萃取和超临界流体萃取的对比

溶剂萃取	超临界流体萃取
溶剂残留不可避免	完全无溶剂残留，纯净
存在重金属	无重金属
溶剂的溶解能力为定值	溶解能力随温度和压力变化
可使用高温，热敏物质分解	通常在较低温度下，不分解
存在无机盐被萃取的问题	无无机盐残留
溶剂选择性差	选择性好
需额外的操作单元来脱除溶解	在线分离，有效物质收率高

20.5.6 超临界流体的应用及发展前景

1. 超临界流体的应用

自 20 世纪 70 年代末起，超临界流体已经被用于天然产物的分离，但很长一段时间内仅限于少量产品的应用。随着工艺及装备技术的发展，工业化的超临界生产技术越来越多被人们重视，伴随着大量科学文献及专利的发表，超临界流体萃取的工业化应用取得了长足的进步。

超临界流体萃取技术因其工艺简单、产品纯度高、选择性好、无溶剂或少溶剂残留优点，被公认为一种绿色、可持续发展技术。超临界流体萃取技术在化学工程、能源、燃料、医药、食品、香料、环保、海洋化工、生物化工、分析化学等众多领域有着广泛的应用前景。表 20-4 列举了该技术在医药工业、食品工业、化妆品及香料工业、生物工业等方面的应用情况。

表 20-4　超临界流体萃取的应用实例

工业类别	应用实例
医药工业	(1) 原料药的浓缩、精制和脱溶剂(抗生素等) (2) 酵母、菌体生物的萃取(乙醇、甾族化合物、γ-亚麻酸等) (3) 酶、维生素等的精制、回收 (4) 从动植物中萃取有效药物成分(化学治疗剂、生物碱、芳香油等) (5) 脂质混合物的分离精制(甘油酯、脂肪酸、卵磷脂等)
食品工业	(1) 脂质体制备技术 (2) 植物油的萃取(大豆、棕榈、花生、咖啡等) (3) 动物油的萃取(鱼油、肝油等) (4) 食品的脱脂(马铃薯片、无脂淀粉等) (5) 从茶、咖啡中脱出咖啡因、啤酒花的萃取等
化妆品及香料工业	(1) 天然香料的萃取(香草豆中提取香精)、合成香料的分离、精制 (2) 烟草脱烟碱 (3) 化妆品原料的萃取、精制(表面活性剂、单甘酯等)

续表

工业类别	应用实例
生物工业	(1) 从发酵液中去除生物稳定剂 (2) 从水溶液中萃取有机溶剂 (3) 微生物的临界流体破碎过程 (4) 工业废物的分离 (5) 木质纤维材料的处理
化学工业	(1) 烃的分离(烷烃与芳烃、萘的分离，正构烷烃和异构烷烃的分离等) (2) 有机溶剂的水溶液脱水(甲醇、乙醇等) (3) 有机合成原料的精制(羧酸、酯、酐，如己二酸、对苯二酸、己内酰胺等) (4) 共沸化合物的分离(水-乙醇等) (5) 作为反应的稀释溶剂应用(聚合反应、烷烃的异构化反应等) (6) 反应原料回收(从低级脂肪酸盐的水溶液中回收脂肪酸等)
其他	(1) 超临界流体色谱 (2) 活性炭的再生

2. 超临界流体的发展前景

任何新技术的发展与成熟都需要科学的研究与实践。目前，我国超临界流体萃取设备生产企业不断与高校和科研院所合作，在产品工艺上有了大量改进，力争缩小与国外先进产品的差距，在萃取塔快开密封机构、CO_2高压泵、微机自动控制、工艺流程布局、安全设施和过程总能耗设计上已达到或接近国际先进水平。

超临界流体萃取技术在基础数据、数学模型、工艺流程等方面的相关基础研究也取得了较快发展。同时，随着超临界流体萃取技术研究的不断深入和应用范围的不断扩大，超临界流体萃取技术已不再局限于单一的成分萃取及生产工艺研究，而是与其他先进的分离分析技术联用或应用于其他行业形成了新的技术。

随着人们环保意识的不断增强和可持续发展战略的深入人心，高质、高效、清洁和绿色环保的工业发展路线必将成为趋势。超临界萃取技术作为一项绿色分离技术，在国民生产的诸多领域，特别是食品、香料、制药等领域必将得到很好的应用，成为令世人瞩目的可持续发展的绿色化工技术。

学习与思考

(1) 超临界流体的萃取过程是什么？
(2) 影响超临界流体萃取的因素是什么？
(3) 超临界流体萃取有哪些特点？
(4) 超临界流体萃取可应用在哪些方面？

20.6 超临界萃取技术在中药提取分离中的应用

实现中药现代化,与国际接轨,增强中药在国际市场上的竞争地位的主要途径是,采用先进的技术,使中药能"有效、量小、安全、可控"。实际上,要实现中药理论化涉及范围十分广泛,要解决的问题比较复杂,但最关键的问题就是要提取分离工艺、制剂工艺现代化,质量控制标准化、规范化。为此,许多医药专家提出要采用超临界流体技术、分子蒸馏技术、膜分离技术、冷冻干燥技术、微波辐射诱导萃取技术、缓控释制剂技术、各种先进的色谱、光谱分析等先进技术,进行中药研究开发及产业化。其中,超临界 CO_2 萃取技术、分子蒸馏技术、超重力场技术是目前国际上较新的三大提取分离技术,采用这些技术对中药进行提取分离纯化,对实现中药现代化具有重要意义。

延伸与阅读 20-3:超临界萃取新技术在中药提取中的独特优点

和中药传统方法相比,超临界萃取新技术具有许多独特的优点。

(1) 萃取能力强,萃取效率高。用超临界 CO_2 提取中药有效成分,几乎所有希望成分都能被提取,从而大大提高产品收率和资源的利用率。同时,随着超临界 CO_2 萃取技术的不断进步,把超临界 CO_2 萃取扩展到水溶液体系,使得难以提取的强极性化合物如蛋白质等的超临界 CO_2 提取已成为可能。

(2) 可以有选择地进行中药中多种物质的分离,从而可减小杂质使中药有效成分高度富集,便于减小剂量和质量控制,产品外观大为改善。

(3) 操作温度低,能较完好地保存中药有效成分不被破坏,不发生次生化。特别适合对热敏感性强、容易氧化分解破坏的成分的提取。

(4) 提取时间短、生产周期短。操作参数容易控制,有效成分及产品质量稳定。

(5) 直接从单方或复方中药中提取不同部位或直接提取浸膏进行药理筛选,开发新药,大大提高新药筛选速度。同时,可以提取许多传统法提不出来的物质,且较易从中药中发现新成分,从而发现新的药理药性,开发新药。

(6) 具有抗氧化、灭菌作用,有利于保证和提高产品质量,且标准容易控制。

(7) 可与 GC、IR、MS、LC 等联用成为一种高效的分析手段。将其用于中药质量分析,能客观地反映中药中有效成分的真实含量。

(8) 流程简单,操作方便,节省劳动力和大量有机溶剂,减小三废污染,这无疑为中药现代化提供了一种高新的提取、分离、制备及浓缩新方法。

内容提要与学习要求

超临界流体是物质的第四态。在超临界状态下,流体表现出其密度与液体相近,而其黏度、扩散系数却又接近于气体的物理特性,从而有比液体具有更好的溶解能力、扩散能力和传质能力。正是以超临界流体为流动相,以固体吸附剂或键合在载体上的高聚物为固定相建立了超临界流体色谱分析技术。此技术通过溶质在固定相和流动相之间进行连续多次交换而达到分离的过程,借助于溶质在两相间的分配系数之差分离不同溶质。可利用超临界流体的特性来分离、分析和制备混合物,但它不能完全代替气相色谱和高效液相色谱，是这两种技术的补充。超临界流体技术是一种高效新型的色谱分离和分析技术，而且越发成熟，越来越受到人们的关注。

　　本章主要介绍了超临界流体的概念与特性，常用的超临界流体，超临界流体色谱分析法的基本原理及优点，超临界流体色谱的常用流动相和固定相，超临界流体色谱仪的结构，超临界流体萃取过程，超临界流体萃取工艺的基本类型，影响超临界流体萃取效率的主要因素，超临界流体萃取的特点及应用。

　　要求掌握超临界流体色谱分析技术的原理、相关仪器设备及其在药物分离和提取中的应用，特别是以二氧化碳为代表的超临界流体的应用。

练 习 题

1. 什么是超临界流体？有哪些特性？
2. 超临界流体萃取遵从什么原理？
3. 影响超临界流体萃取效率的主要因素有哪些？
4. 试说明压力对超临界流体萃取效率的影响。
5. 试说明温度对超临界流体萃取效率的影响。
6. 试说明原料的颗粒度和水分对超临界流体萃取效率的影响。
7. 如何选择夹带剂？夹带剂对超临界流体萃取效率有什么影响？
8. 超临界流体色谱技术的分离原理是什么？
9. 超临界流体萃取有哪些特点？
10. 超临界流体萃取工艺的基本类型？
11. SFC 与 LC 的对比有哪些特点？
12. 常用的超临界流体有哪些？
13. 超临界流体应具备哪些条件？CO_2 被用作超临界流体的原因有哪些？
14. 试举例说明超临界流体萃取法在药学中应用。
15. 超临界流体色谱的常用流动相和固定相有哪些种类？
16. 溶剂萃取和超临界萃取有哪些差异？

第 21 章 毛细管电泳分析

21.1 概　　述

在电解质溶液中，带电粒子在电场作用下以不同的速度向其所带电荷相反电场方向迁移的现象称为电泳(electrophoresis, EP)。电泳是带电粒子在电场中的一种行为表现。因此，人们利用带电粒子在电场中移动速度不同而达到分离的目的，并开发了一系列电泳分离和分析技术。毛细管电泳(capillary electrophoresis, CE)是 20 世纪 60 年代出现，80 年代得到大力发展，90 年代成熟的一种现代高效分离分析技术，是基于不同大小和电荷数的离子在充满电解质的毛细管内有不同电泳速度而实现的带电物质分离。

由于毛细管电泳分析法具有分离柱效高、所需样本少等特点，被广泛应用于化学、生物医学及药学等领域的科学研究和研发中。

延伸阅读 21-1：毛细管电泳技术的发展

毛细管电泳顾名思义是待分离物质在毛细管内电场作用下发生的泳动过程，而电场下发生泳动的成分通常带有电荷，所以毛细管电泳涉及带电离子在毛细管内电场下的运动。历史上，毛细管电泳可追溯到 1886 年，洛奇(Lodge)首次在酚酞凝胶中观察了氢离子的迁移，奠定了电泳技术快速发展的基础。1967 年，瑞典科学家耶滕(S. Hjerten)最早成功使用内径 3mm 的毛细管在自由溶液中进行电泳分离。沃特尼(Virtenen)于 1974 年提出并阐明了使用小内径毛细管进行电泳的优势。然而这些早期研究由于当时条件所限(低检测灵敏度和样品过载)不能科学、严谨地证实其具有分离柱效高等特点。

直至 1981 年，乔根森(J. W. Jorgenson)和卢卡斯(K. D. Lukacs)利用内径小于 100μm 的毛细管在高电场下进行电泳分离，并从理论上阐释了区带毛细管电泳中的谱带分散过程。1984 年，日本分析化学家寺部茂(Shigeru Terabe)将表面活性剂加入到电泳缓冲液中形成胶束，从而实现了对电中性物质的分离，建立了胶束电动毛细管色谱(micellar electrokinetic capillary chromatography, MECK 或 MECC)，标志着毛细管电泳技术新的跨越。1987 年，凝胶填充毛细管和涂管柱的发展更进一步扩大了 CE 技术的应用范围，美国分析化学家科恩(A. Cohen)和卡尔格(B. Karger)证实了毛细管凝胶电泳(capillary gel electrophoresis, CGE)的诞生使得理论塔板数能够轻易达到百万数量级，大大提高了分离效率。

20 世纪 80 年代末，毛细管电泳仪实现了商业化，成为除 HPLC 外的另一种高效分离技术。

21.2 毛细管电泳基础理论

21.2.1 毛细管

毛细管是毛细管电泳的基础工具。满足毛细管电泳的毛细管通常具有下列三个特征。

(1) 内径通常小于100μm。
(2) 制备毛细管通常采用石英或熔融硅胶材质。
(3) 使用前毛细管通常需要做活化处理,以便能产生稳定的内表面和电渗流。

21.2.2 电渗流

1. 电渗流的形成

当浸入缓冲液中的石英毛细管两端施加电压时,毛细管内会产生电渗流(electroosmotic flow, EOF),驱动溶液向正极或负极移动。

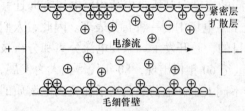

图 21-1 毛细管内表面双电层及电渗流形成示意图

如图 21-1 所示,毛细管内含硅羟基,离解后带负电,可导致附近形成双电层(electric double layer)。缓冲液中的部分阳离子紧密附着于毛细管表面,形成紧密层(close layer)。两者多余的负电荷形成电势,吸引缓冲液中的阳离子向紧密层聚集,形成扩散层(diffusion layer)。扩散层中的阳离子数量远大于阴离子,在电场作用下,这些阳离子可由正极向负极移动。由于这些阳离子是溶剂化的,可带动毛细管内的溶液向负极移动,形成电渗流。

2. 电渗流的大小

电渗流淌度(μ_{eo})及电渗流速率(v_{eo})可通过式(21-1)和式(21-2)计算:

$$\mu_{eo} = \frac{\varepsilon\zeta}{4\pi\eta} \tag{21-1}$$

$$v_{eo} = \mu_{eo}E = \frac{\varepsilon\zeta}{4\pi\eta}E \tag{21-2}$$

式中,ε 为介电常数;η 为缓冲液黏度;ζ 为 Zeta 电势,E 为电场强度。

3. 电渗流的测量

电渗流的大小可以通过实验进行测量,测量方法为选择一个中性标志物(neutral marker),测量其在一定电场强度下的迁移速率,其大小可以用式(21-3)和式(21-4)来计算:

$$v_{eof} = l/t \tag{21-3}$$

$$\mu_{eof} = v_{eof}/E = l/(t \cdot E) = l/(t \cdot V/L) = l \cdot L/(t \cdot V) \tag{21-4}$$

式中,μ_{eo} 为电渗流淌度;v_{eof} 为电渗流速率;l 为毛细管的有效长度(即进样端到检测窗口的长度);L 为毛细管总长度;t 为中性标志物的迁移时间;E 为施加电场强度;V 为施加电压。

4. 电渗流的流体形貌

在电场驱动下形成的电渗流,其流型与液相色谱中由高压泵产生的液体流型是不同的。如图 21-2 所示,液相色谱流动相的流型则是抛物线状的层流,管中心的速度为平均速度的2倍,引起的峰展宽较大;而电渗流的流型为塞流型,峰展宽很小,因此可以获得更高的柱效。

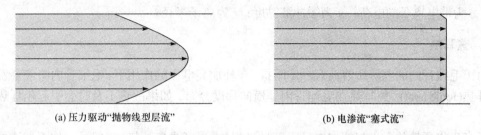

(a) 压力驱动"抛物线型层流"　　　　(b) 电渗流"塞式流"

图 21-2　液相色谱与毛细管电泳流体流型比较

5. 电渗流的调控

电渗流大小可通过调节缓冲溶液的性质、电场强度和温度来进行调节。

1) 调节缓冲溶液

调节缓冲溶液的性质包括其pH、电解质浓度和添加剂等。对石英毛细管而言,在缓冲液 pH<2.5 时,硅羟基离解很少,电渗流接近于零;当 pH>3 时,随缓冲液 pH 的增大,离解的硅羟基也越多,Zeta 电势增大,因此电渗流也随之增大。

电解质溶液的浓度主要与双电层厚度相关,一般而言,当电解质浓度增大时,双电层厚度减小,造成 Zeta 电势减小,电渗流也随之减小。

在缓冲液中添加有机溶剂等添加剂,可改变其黏度,黏度减小时可导致电渗流增大,黏度增大时可导致电渗流减小。

2) 调节电场强度

电渗流大小与电场强度成正比,可通过调节电压来控制电渗流的快慢。

3) 调节温度

随着温度升高,缓冲液黏度降低,由式(21-2)可见,电渗流增大,因此可以通过温度来调控电渗流大小。但温度过高时,毛细管内径向温差增大,焦耳热效应增强,导致分离效率的降低。

学习与思考

(1) 用于毛细管电泳分析的毛细管有什么特点?
(2) 什么是电渗流?它是如何形成的?如何测定?
(3) 如何调控毛细管内的电渗流的大小及方向?

21.2.3　电泳淌度

电场作用下电解质中的阳离子向负极方向迁移,阴离子向正极方向迁移,中性化合物不带电,不发生电泳运动。在电泳过程中,不同粒子按带电种类和表面电荷密度的差别以不同的速率在电解质中迁移而实现分离,这就是毛细管电泳分离分析技术的基本原理。

在毛细管电泳中,常用电泳淌度(electrophoretic mobility)来描述带电粒子的电泳行为。电泳淌度(μ_{ep})定义为单位电场强度下离子的平均电泳速率,可用式(21-5)表示:

$$\mu_{ep} = \frac{q}{6\pi\eta r} \tag{21-5}$$

式中，q 为带电离子的电荷；η 为缓冲液黏度；r 为离子半径。

21.2.4 焦耳热

由于毛细管内的电解质溶液有一定阻抗，在外加高电压的作用下，毛细管内溶液会发热，即焦耳热(Joule heat)。焦耳热在毛细管内呈横向梯度分布，如果散热不及时会引起焦耳热随时间变化。

所产生焦耳热的大小与施加电场强度呈正相关。要减少焦耳热，一般通过如下方式处理。

(1) 使用较小分离电压或增加毛细管长度可降低热量积聚。

(2) 采用细内径的毛细管可降低焦耳热，其原因是通过细毛细管的电流较粗毛细管小，内径越窄，散热越容易。

(3) 毛细管电泳仪器设计配备温度控制系统，可进一步减小或消除焦耳热对分离的影响。

21.2.5 柱效与分离度

毛细管电泳的柱效及分离度计算可以采用液相色谱中的柱效和分离度计算公式。柱效计算式为

$$N = 16\left(\frac{t_r}{W}\right)^2 = 5.54\left(\frac{t_r}{W_{1/2}}\right)^2 \tag{21-6}$$

式中，W 为峰宽；$W_{1/2}$ 为半峰宽；t_r 为迁移时间。

塔板高度为

$$H = L/N \tag{21-7}$$

从理论上分析，CE 分离的柱效可以表示为

$$N = L_d/H = (\mu_{ep} + \mu_{eo})VL_d/(2DL_t) \tag{21-8}$$

式中，V 为施加电压；L_t 及 L_d 分别为毛细管的总长度和有效长度；μ_{ep} 及 μ_{eo} 分别为组分的电泳淌度和电渗流淌度；D 为扩散系数。试样相对分子质量越大，扩散系数越小，柱效越高，因此毛细管电泳更适合生物大分子分离分析。

毛细管电泳色谱(CEC)的柱效同样也可以用范氏方程式来表示

$$H = A + B/u + Cu \tag{21-9}$$

式中，A 为涡流扩散项，代表填充床中流体路径不同导致流速差异而引起的谱带展宽。在 CEC 中，只要双电层不重叠，电渗流速率就与填料大小无关。流速在管中呈塞子流型，在毛细管中几乎没有流速梯度，所以谱带展宽效应很小。因此，在 CEC 中 A 项可以忽略。在一般操作条件下，传质阻力项 C 也可以忽略。因此，在 CEC 中决定塔板高度的主要贡献来自 B 项，即纵向扩散项。

分离度是指将电泳淌度相近的组分分开的能力，毛细管电泳的分离度计算通常沿用色谱分离度 R 的计算公式：

$$R = \frac{2(t_2 - t_1)}{W_1 + W_2} \tag{21-10}$$

式中，t_2 及 t_1 分别为邻近两组分的迁移时间；W_1 及 W_2 分别为该两组分的峰宽。

21.2.6 毛细管电泳仪器结构

毛细管电泳仪器结构相对比较简单，如图 21-3 所示，其结构一般包括高压电源、毛细管、检测器、用于数据采集与处理的计算机及两个供毛细管两端插入而又可和电源相连的缓冲液储瓶。

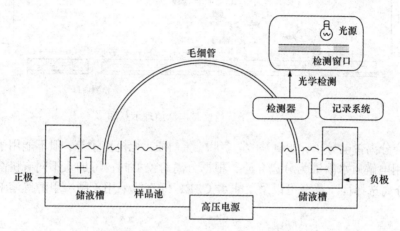

图 21-3 毛细管电泳仪结构示意图

21.2.7 毛细管电泳分析的特征

毛细管电泳作为一种新型的液相分离技术，其分离原理是基于电泳淌度差异的液相、微柱分离，因而具有以下几个特点。

(1) 可采用在柱(on column)及柱端(end column)多样化的液相检测技术，都可得到与色谱图相似的电泳分离图。

(2) 分离效率高，达到甚至超过毛细管气相色谱的柱效。

(3) 所需样品量少，可少到纳升级水平。

(4) 使用方便，容易实现自动化定量分析。

(5) 有机溶剂消耗量少、绿色、环保。

(6) 应用范围广，分离模式灵活，可适用于不同种类和大小样品的分离，包括各种小分子到大分子的分离。

21.3 毛细管电泳的分离模式与原理

目前，毛细管电泳已经开发出了多种分离形式。按分离原理不同，可分为毛细管区带电泳、胶束电动毛细管色谱、毛细管电色谱、毛细管凝胶电泳、毛细管等电聚焦和毛细管等速电泳等几种模式。

21.3.1 毛细管区带电泳

毛细管区带电泳(capillary zone electrophoresis，CZE)是最基本、应用范围最广的毛细管电泳分离模式，其分离机理是基于各被分离物质电泳淌度的差异性，迁移时间与其荷质比有关。在采用石英毛细管，外加正电压且产生电渗流强度足够大的情况下，样品流出毛细管的顺序依次为正离子、中性分子和负离子，如图 21-4 所示。

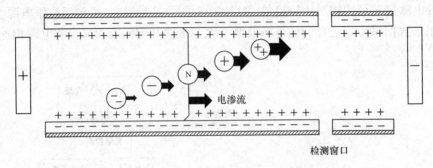

图 21-4　毛细管区带电泳原理示意图

CZE 适合分离带电分子，如氨基酸、多肽、蛋白质、无机离子等，但不能用于中性分子。CZE 通常采用电解质水溶液为分离介质，根据分离对象不同，可加入不同有机溶剂或其他添加剂来调节分离选择性。甚至可以采用非水 CZE，即直接采用乙腈、甲醇等溶剂作为分离介质进行分离。

21.3.2　胶束电动毛细管色谱

毛细管胶束电动色谱(micellar electrokinetic capillary chromatography, MEKC)是将离子型表面活性剂如十二烷基硫酸钠(SDS)加入电泳分离背景缓冲液中，当表面活性剂浓度超过其临界浓度(CMC)后，就会在缓冲液中形成具有疏水性内核、外部带电的胶束，胶束起类似色谱中固定相作用，称为准固定相。

尽管胶束带负电，会向阳极移动，但电渗流的流向是向着阴极，而且通常电渗流速率大于胶束迁移速率，因此最终结果为胶束以较低速率向阴极移动。分离原理基于中性样品分子在水相和胶束准固定相之间所具有的不同分配比。中性化合物因其本身疏水性不同，故在胶束和本体电解质两相中分配比不同，从而得以分离，如图 21-5 所示。

MEKC 常用的表面活性剂有 SDS、胆酸、十二烷基三甲基溴化铵、十六烷基三甲基溴化铵等。与 CZE 相比，MEKC 最大的特点是使毛细管电泳技术的应用拓展到中性物质的分离。

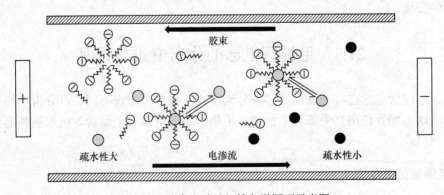

图 21-5　胶束电动毛细管色谱原理示意图

21.3.3 毛细管电色谱

毛细管电色谱(capillary electrochromatography, CEC)是毛细管液相色谱与毛细管电泳技术相结合的一种杂交分离模式。如图 21-6 所示，CEC 采用色谱柱为毛细管内填充固定相的填充柱或在毛细管壁上键合固定相的开管色谱柱，以电渗流为驱动力输送流动相实现分离。CEC 分离原理是基于目标组分淌度及固定相对目标组分的保留能力差异性。

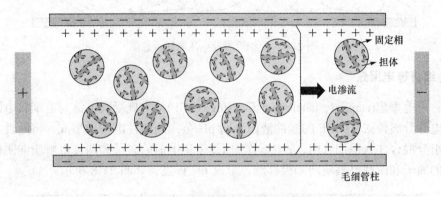

图 21-6 毛细管电色谱原理示意图

CEC 具有毛细管电泳高效、快速的特点，同时由于引入了色谱固定相，提高了分离选择性和应用范围，可分离阴离子、阳离子及中性物质，克服了常规 CZE 不适用于中性物质的缺点，也提高了毛细管液相色谱的分离效率。

CEC 采用的色谱柱通常有三类：开管柱、填充柱及整体柱。早期常采用填充法，但柱子填充困难并且均匀度存在问题，也容易产生气泡，影响分离效果。也可以在毛细管内壁键合或涂覆固定相，制备开管毛细管柱。开管柱具有制备简单，可避免柱堵塞、产生气泡等优点，同时也有固定相仅存在于毛细管内壁，柱容量小、分离能力受限等缺点。

整体柱是一种新型的毛细管柱，一般采用柱内直接聚合的方式，形成整块、多孔的交联硅胶或聚合物，无需制备柱塞。制备得到的固定相整体具有通孔和微孔结构，通透性好，同时样品组分可与固定相充分作用，实现其快速、高效分离。

21.3.4 毛细管凝胶电泳

毛细管凝胶电泳(capillary gel electrophoresis, CGE)是将常规平板电泳的凝胶转移到毛细管中作为分离介质进行电泳，凝胶具有多孔的结构，发挥类似分子筛的作用，可按尺寸大小的不同将样品组分分离，如图 21-7 所示。CGE 常用于蛋白质、寡聚核苷酸、核酸片段分离和测序等。凝胶黏度大，能减少溶质的扩散，所得峰形尖锐，能获得比 CZE 更高的柱效。

CGE 通常采用聚丙烯酰胺凝胶色谱柱，该柱适合分离、测定蛋白质和 DNA 的相对分子质量或碱基数，但其制备过程较复杂，使用寿命较短。采用低黏度的聚合物如甲基纤维素代替聚丙烯酰胺可以克服该缺点，甲基纤维素在毛细管内可形成具备筛分作用的非凝胶筛分介质。该方法可避免空泡形成，柱制备过程简单，使用寿命长。CGE 已应用于第二代 DNA 序列测定仪，将在基因组学研究中起到重要作用。

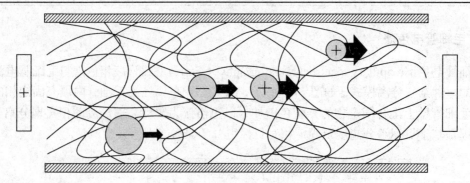

图 21-7　毛细管凝胶电泳原理示意图

21.3.5　毛细管等电聚焦

毛细管等电聚焦(capillary isoelectric focusing, CIEF)是常规凝胶电泳与毛细管电泳相结合的毛细管电泳分离模式。CIEF 的缓冲液由不同 pH 范围的两性电解质组成，将两性电解质溶液和目标组分混合注入毛细管内，在电场作用下，带正电荷的离子和两性电解质向阴极移动，带负电荷的离子和两性电解质向阳极移动，形成 pH 梯度，如图 21-8 所示。

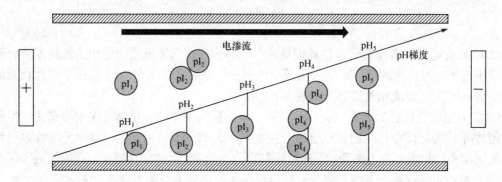

图 21-8　毛细管等电聚焦原理示意图

CIEF 可以使各种具有不同等电点的样品分子在电场作用下迁移并聚焦到等电点的位置，形成窄的聚焦区带以实现分离。

CIEF 可用于分离不同等电点的两性大分子，尤其在分离蛋白质方面显示出了很大的优越性，可用于分离等电点(pI)相差 0.01 单位的蛋白质。除测定 pI 外，CIEF 还可用于其他方法不能分离的蛋白质，如免疫球蛋白、血红蛋白、血清转铁蛋白等的分离已成功地用于测定蛋白质等电点，分离异构体等。

21.3.6　毛细管等速电泳

在毛细管等速电泳(capillary isotachophoresis, CITP)中，所有样品区带最终具有相同的迁移速率。CITP 采用离子迁移速率大于样品分子的先导电解质和迁移速率小于样品分子的尾随电解质。目标组分按淌度的不同分布于毛细管内不同位置，并以相同的速率移动，最终实现分离。

CITP 具有两个特点：一是区带锐化，当一个区带中的离子扩散进入相邻的区带时，其速率与这相邻区带上组分离子的速率不同，从而使该离子返回其区带，区带间可形成清晰的界面;二是浓缩效应,各个组分区带的离子浓度是由先导电解质决定,先导电解质浓度确定后,各个组分区带的离子浓度也随之确定。因此,CITP对于浓度较小的组分有浓缩效应,该浓缩效应可用于其他毛细管电泳模式的样品在线浓缩。

21.4 毛细管电泳的进样技术

21.4.1 毛细管电泳进样类别

由于毛细管通道、进样量低,常规色谱进样方式存在死体积大的问题,不适用于毛细管电泳。

毛细管电泳进样方法有两大类:压力进样和电动进样。压力进样对样品的带电性质无影响。电动进样有时受到样品组分荷电导致的电泳行为的影响,带不同电荷的组分进样产生误差。

21.4.2 压力进样

1. 加压法

如图21-9(a)所示,加压法是通过在毛细管的进样端施加一定的压力将样品引进毛细管的方法,该方法要求样品容器有很好的密闭性。进样的体积用式(21-11)计算:

$$V = \Delta P r^4 \pi t / (8\eta L) \tag{21-11}$$

式中,ΔP为施加在毛细管中压力;t为施加压力时间;r为毛细管半径;L为毛细管长度;η为样品溶液黏度。

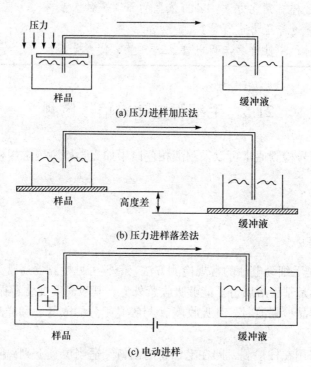

图21-9 毛细管电泳进样方法示意图

2. 落差法

落差法也称为虹吸法，是通过调节进样端与检测端毛细管的落差，产生虹吸将样品引进毛细管，如图21-9(b)所示。落差法通常在自组装的仪器系统中使用。落差法中应加在毛细管中压力由式(21-12)计算：

$$\Delta P = \rho g \Delta H \tag{21-12}$$

式中，ρ 为缓冲溶液的密度；g 为重力常数。

21.4.3 电动进样

电动进样是把毛细管插入样品溶液中，加上电压，通过电迁移和电渗流实现进样，如图21-9(c)所示。电动进样对样品具有一定的选择性，但不同淌度的组分的进样量可能不同。电动进样量(Q)可以通过式(21-13)计算：

$$Q = V c \pi r^2 (\mu_{ep} + \mu_{eo}) t / L \tag{21-13}$$

式中，V 为施加电压；c 为样品浓度；t 为施加电压时间；r 为毛细管半径；μ_{ep} 为溶质的电泳淌度；μ_{eo} 为电渗流淌度；L 为毛细管长度。

中性组分的进样取决于电渗流，带电组分的进样不仅受电渗流强度影响，还受到其电泳淌度的影响，因为进样过程同时也是电泳过程，因此，电动进样时需要考虑不同荷电组分自身电泳导致的差异性。

学习与思考

(1) 毛细管电泳法进样有哪些方法？各自依据的原理是什么？
(2) 如何控制毛细管电泳压力进样量？
(3) 采用电动进样时，中性样品与荷电样品进样量有什么差别？

21.5 毛细管电泳的信号检测

毛细管电泳的信号检测通常可以采用液相色谱中如光学检测等常规检测技术、电化学及质谱检测等技术。

21.5.1 光学检测

1. 紫外-可见检测

紫外-可见检测是毛细管电泳的常规检测方法。紫外-可见检测器通常是毛细管电泳仪标配的检测器。定量基础是基于溶质分子能够吸收紫外光，其吸光度变化遵循朗伯-比尔定律，即当一束单色光透过样品检测池时，其吸收度 A 与吸光组分的浓度 c 和样品检测池的光径长度 L 成正比。

检测方法通常采用在柱检测，即在毛细管的出口端适当位置上剥离除去不透明的保护涂层，让窗口透明部位对准光路即可进行检测。涂层剥离方法有硫酸腐蚀法、烧灼法、刀片刮除法等。聚酰亚胺涂层通常需要剥离2~3mm。

由于大部分有机物质和部分无机物质含有紫外或可见光吸收基团,有较强的紫外或可见光吸收能力,因此这些具有紫外或可见吸收的样品均可用紫外-可见检测器进行检测。

商品化紫外-可见检测器有可变波长检测器和光电二极管阵列检测器两大类。

2. 激光诱导荧光检测

激光诱导荧光检测器(laser induced fluorescence detector, LIF)是以激光为激发光源并利用测定荧光强度进行定量分析的检测器。激光光强度高,单色性好,以激光作为光源可以提高荧光检测的灵敏度和准确度。

在 CE 中使用以激光为激发光源的荧光检测器具有显著的优点:一是激光发射的光单色性好,可以减少杂散光的干扰;二是激光比弧光灯更容易聚焦到毛细管某一部位上,激发效率更高。

激光诱导荧光检测器主要由激光器、光学组件、光电转换器件三个基本部分组成。图21-10 为激光诱导荧光检测器的结构示意图。

(1) 激光器:激光器是激光诱导检测器的重要组成部分。它的主要作用是提供稳定、高强度的激光,目前可使用的激光器类型主要有脉冲激光器和连续激光器。

(2) 光学组件:一般为光学透镜和单色器,主要用于改变激发光的波长和调整需要采集的荧光发射波长。

(3) 荧光检测器:常采用光电倍增管、二极管阵列检测器和电荷耦合器件等,用于检测荧光的强度及分布,转换成电信号,检测位置需与激发光的方向成直角。

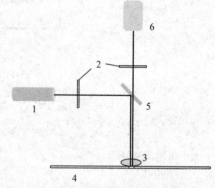

图 21-10 激光诱导荧光检测器结构示意图
1. 激光器;2. 滤光片;3. 聚焦透镜;
4. 毛细管;5. 采光透镜;6. 光电倍增管

相对紫外-可见检测器而言,激光诱导荧光检测器的灵敏度更高,选择性更好。但荧光不是所有组分都能发生的,要求分子具有共轭双键体系或刚性平面结构等特殊结构,此外这种模式还受激光波长的限制,因此这种检测模式的应用受到了一定的限制。为了利用荧光检测的选择性和灵敏性,许多荧光衍生化试剂被研发出来,对于本身不能发射荧光的分子,可以通过化学衍生化,使其共价结合上荧光发色团,从而能够发射荧光。

21.5.2 电化学检测

安培法是常用的一种电化学检测法。安培法通常采用由工作电极、辅助电极及参比电极构成的三电极系统来测量具有电化学活性的物质在工作电极表面发生氧化或还原反应时产生的电流。电流的大小与电子转移数,即溶质的浓度成正比例关系,检测电流可达 nA 或 pA 级别。

与微柱液相色谱电化学检测不同,在毛细管电泳中进行电化学检测需要将检测器和毛细管分开,因为用于分离的高电场对电化学检测系统产生严重的干扰。可以采用隔离高分离电压与柱端检测相结合的设计,以隔离高电压的干扰。

如图 21-11 所示,离柱检测(off column)是通过一个连接器(多孔玻璃或石墨管)把分离毛细管与检测毛细管连接起来,并将连接处浸没在含有电泳阴极的缓冲液中。在电泳分离时,电渗流携带缓冲液和溶质从检测毛细管到达检测池,电流则经过多孔连接器从毛细管到达阴极,分离高压电场被施加在分离毛细管。安培检测发生在检测毛细管部分,这种设计使得安培检测不受分离电场的干扰。

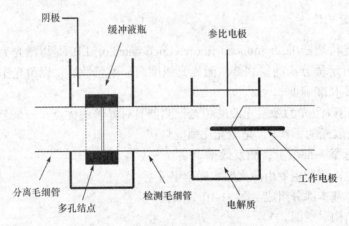

图 21-11　电化学检测器结构示意图

安培法经常用于检测不能用紫外或荧光检测的物质,如儿茶酚胺和糖类。许多化合物不能发生氧化或还原反应,则需要加入衍生化试剂使其带有电活性,再进行检测。

21.5.3　质谱检测

由于质谱能够定量测定离子或分子离子的丰度,同时能够给出其相对分子质量信息,多级质谱技术还能进一步给出子离子及碎片离子的相对分子质量信息,在定量分析及结构解析中备受分析科学家关注。质谱作为毛细管电泳检测器,其关键技术之一是毛细管电泳与质谱仪器的接口,商品化仪器通常采用同轴鞘流接口设计。

同轴鞘流接口是目前 CE-MS 分析中最常用的接口装置。如图 21-12 所示,该装置将金属护套环绕在毛细管的末端,并用于取代传统的毛细管电泳装置中的末端电极。这种同轴鞘流接口装置,采用鞘流液来补充额外的液体以形成稳定的电喷雾。这种补充的液体成为鞘流液或者补充液,在毛细管柱的末端,鞘流液与毛细管中的电渗流液体发生混合后形成电喷雾。

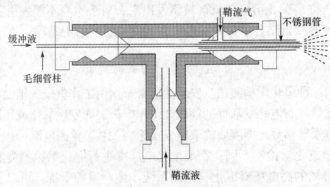

图 21-12　单层同轴鞘流接口示意图

鞘流液主要的作用:在电极与毛细管电泳的缓冲液之间形成良好的电接触,从而驱动毛细管电泳；对毛细管电泳流出的缓冲液进行修饰，使其更有利于电喷雾离子化和质谱检测；增加喷雾端液体流量，使其能够形成稳定的电喷雾。

如图 21-13 所示，三层同轴套管界面设计，最里面是分离用的毛细管，第二层为输送鞘流液的套管，结构上要求里层的分离毛细管比第二层的鞘流液套管在末端突出 1～2mm，最外层的套管用于输送鞘流气，用于维持电喷雾离子化和液滴的有效挥发。这种装置的优点在于没有死体积，分析物在毛细管中分离后不会再受到影响，且能够产生稳定的电流和电喷雾。但是，引入鞘流液的流量一般在 $\mu m \cdot mL^{-1}$ 级别，远大于 CE 溶液的流量，会对末端分析物产生较大的稀释，因此选择合适的鞘流液及流速对于质谱分析的稳定性和灵敏度具有较大影响。

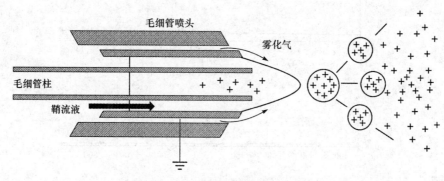

图 21-13　三层同轴鞘流接口示意图

学习与思考

(1) 如何提高紫外-可见检测器的检测灵敏度？
(2) 如何设计毛细管电泳与质谱联用的无鞘流界面装置？
(3) 毛细管电泳的光学检测、电化学检测和质谱检测是如何实现的？各自采用什么接口或途径？

21.6　毛细管电泳分析法在药物研发中的应用

21.6.1　定性定量分析

毛细管电泳技术因为其独特的性质，即快速、高效、样品溶剂消耗少、可实现微量分析等特点，被广泛应用于手性药物拆分、蛋白类、肽类、氨基酸类、糖类、核酸类及各种离子和细胞的分析。

近年来，国内外研究者对补骨脂活性成分的提取、分离、鉴定及相关的药理作用进行了科学基础研究。到目前为止，检测了黄酮类、单萜酚类、香豆素类、十三烷、棉籽糖等四十多种化合物，其中补骨脂甲素(BC)和补骨脂乙素(IBC)是两种最主要的活性成分。采用 CE-MS 联用分析补骨脂中有效成分补骨脂甲素和补骨脂乙素，具有简单、快速、效率高、检测灵敏度高、选择性好等优势。补骨脂甲素和补骨脂乙素是典型的黄酮类化合物，它们也是同分异构体，在质谱中都显示相同的分子离子峰，采用离子阱质谱，在负离子模式下，对补骨脂甲素和补骨脂乙素能够实现高效分离。

例如，武汉大学陈子林课题组将毛细管电泳分离技术与质谱检测技术相结合建立了CE-MS联用技术分析中药补骨脂中补骨脂甲素和补骨脂乙素新方法(图21-14)。补骨脂为豆科植物补骨脂的成熟果实在秋季采摘并干燥而得，在东南亚国家有着较为广泛的分布。它具有治疗白癜风、阳痿遗精、斑秃及银屑病等多种作用。

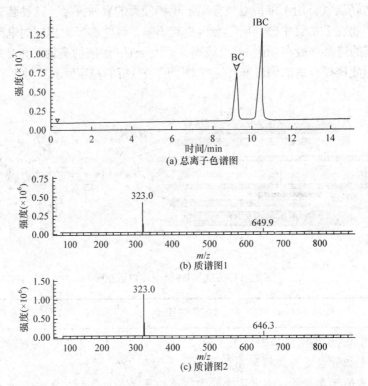

图 21-14 补骨脂甲素与补骨脂乙素的总离子色谱图及质谱图

分析条件：样品标准品 200μg·mL^{-1}，毛细管柱长 70cm，内径 50μm，电压 25kV，50mbar 进样 5s，阴离子模式，鞘流气 6psi，干燥器 4L·min^{-1}，干燥温度 130℃，喷雾电压 3.5kV，鞘流液为异丙醇-20mmol·L^{-1}乙酸铵(1∶1，体积比)，流速 30μL·min^{-1}

延伸阅读 21-2：毛细管电泳与手性药物分离

毛细管区带电泳可以应用于分离带电样品，胶束电动毛细管色谱及毛细管电色谱可以实现中性化合物的分离分析。

采用毛细管区带电泳及胶束电动毛细管色谱进行手性药物分离分析时，通常需要在缓冲溶液中添加手性识别剂，常用的手性识别剂有：配体交换型的金属铜离子和手性氨基酸如脯氨酸形成的配合物，主客体相互作用型的手性冠醚如 4 羧酸 18 冠醚 6，以及手性蛋白质及抗生素等生物大分子。

采用毛细管电色谱模式进行手性药物分离分析时，必须制备手性毛细管色谱柱，即将手性识别剂固定在毛细管色谱柱中形成手性固定相，以获得手性分离选择性。

21.6.2 药物筛选

毛细管电泳技术不仅能够应用于分离分析，同时也可以应用于药物筛选。毛细管电泳技术已发展为一种新型药物筛选及酶动力学研究的有力手段。在 20 世纪 90 年代初期，美国普渡大学雷涅(Fred E. Regnier)课题组首先提出了电泳介导微分析法

(electrophoretically mediated microanalysis, EMMA)用于酶抑制剂的在线筛选，该法根据电泳淌度的差异使底物与酶在毛细管内发生酶反应，所得产物与底物在该柱内被分离检测。该法具有样品用量少、反应时间短、自动化程度高等特点，为在线酶抑制剂筛选提供了一种有效的手段。

芳香化酶(aromatase, AR)是催化雄激素转变为雌激素的关键酶和限速酶，其数量和活性直接决定正常和异常组织中雌激素水平。芳香化酶在妇科的多种生理病理过程中发挥着重要的作用，从而成为预防与治疗雌激素依赖性疾病的重要靶点。陈子林课题组建立了基于 EMMA 技术的中药芳香化酶抑制剂筛选新方法。图 21-15 所示为 EMMA 示意图，图 21-16 所示为芳香化酶抑制剂筛选的电泳图。

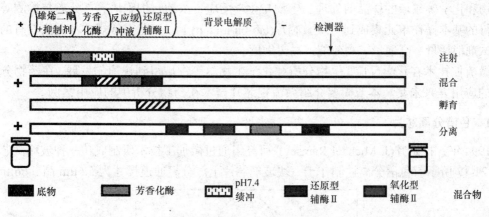

图 21-15　EMMA 示意图

基于建立的方法，测得芳香化酶动力学参数 $K_m=(50\pm4.5)$nm。该结果与文献报道值一致。此外，对 15 种中药化合物抑制芳香化酶活性进行了测定，这些化合物包括黄酮类(芹菜素)，二氢黄酮(补骨脂、补骨脂二氢黄酮甲醚)，二氢查耳酮(龙血素 A、龙血素 B)，异喹啉生物碱(小檗碱、巴马汀、药根碱)及其他类生物碱(乌头碱、石蒜碱、苦参碱、氧化苦参碱、吴茱萸碱、吴茱萸次碱)等，发现其中 7 个化合物具有不同程度抑制芳香化酶活性。

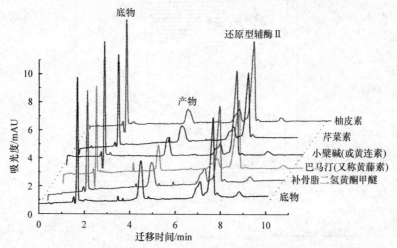

图 21-16　芳香化酶抑制剂筛选的电泳图

> **学习与思考**
>
> (1) 如何采用毛细管电泳分析手性药物？
> (2) 如何采用毛细管电泳技术研究药物与靶标之间相互作用？
> (3) 查文献，看看毛细管电泳在中药分析中都有什么用途。

21.7 微流控技术简介

微流控技术(microfluidics)是20世纪末期兴起的一门多学科交叉前沿技术，其基本思想是将生物和化学等领域的样品前处理、生物与化学反应、浓缩、细胞培养、分离与检测等实验室进行的基本操作单元集成到一块微芯片(lab-on-a-chip)上，以获得常规技术无法具有的少样品和试剂消耗量、高通量、高效能、高灵敏度。

微流控技术在化学反应、生物分析和化学生物学等领域得到快速的发展，在药物分析领域中的应用方兴未艾。本节简要介绍微流控芯片技术在药物分析中的应用案例。

21.7.1 色谱分离芯片

1994年，拉姆齐(J. Michael Ramsey)[①]研究组通过微加工技术研制成功一种玻璃微芯片，如图21-17所示。色谱分离柱制作于一块玻璃芯片上。分离通道尺寸为5.6μm高、66μm宽、

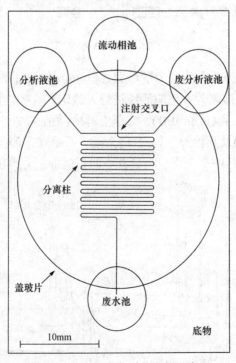

图21-17 微芯片色谱分离柱示意图

---

① Jacobson S C, Hergenroeder R, Koutny L B, et al. Open channel electrochromatography on a microchip. Anal. Chem., 1994, 66: 2369-2373.

165μm 长，C_{18} 固定相通过化学键合方法修饰于通道的内表面，电渗流用于进样和流动相的输送，施加 27～163V·cm^{-1} 的场强实现电色谱分离，用于分离非保留及保留组分时获得的柱效为 4.0μm 及 5.0μm 的塔板高度，检测方法采用激光诱导荧光方法。

雷涅(Fred E. Regnier)课题组[①]通过微加工技术在一个直径为 3in(1in=2.54cm)，厚度为 400μm 的石英基板上制备了如图 21-18 所示的纳米柱，整个柱长为 4.5cm，聚苯乙烯硫酸盐被固定于排列整齐尺寸为 5μm×5μm×10μm 的微加工制成的石柱上，柱效采用罗丹明 123 进行评价，保留与非保留模式下的塔板高度分别为 1.3μm 和 0.6μm。

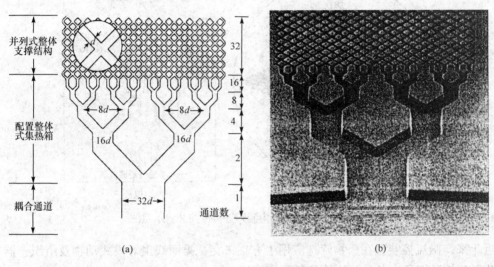

图 21-18 纳米柱示意图

21.7.2 药物筛选微流控芯片

药物筛选是新药创制及药物发现的重要内容之一，通常可以分为下列三个不同水平。

1) 分子水平的筛选

采用先进的计算机模拟技术或尖端的分析测试技术，如色谱与毛细管电泳分离技术为手段，对大量的药物化合物进行筛选，以获取能够与细胞表面受体或药物代谢酶等各种药物靶体相作用的具有生物活性的化合物，如激动剂、抑制剂或拮抗剂、抗肿瘤或抗病毒药物等。

2) 细胞水平的筛选

细胞水平的筛选主要通过建立细胞模型，在微流控芯片内培养细胞，采用生化测试手段和细胞成像技术监测药物对细胞的作用全过程，通常在保持细胞结构和功能完整性的前提下，监测药物对细胞形态、生长、分化、迁移、凋亡、代谢途径及信号转导各个环节的影响，通过药物对细胞作用全过程影像的变化，获取该药物的生物活性和潜在毒性，从而筛选出目标药物。

3) 整体动物水平筛选

整体动物水平筛选主要是利用小鼠、蚕、线虫、狗、猴等各种动物对药物的药效及安全性等进行评价，从而筛选出具有生物活性的目标药物。

---

① He B, Tait N, Regnier F. Fabrication of nanocolumns for liquid chromatography. Anal. Chem., 1998, 70: 3790-3797.

微流控技术在药物分析与筛选中具有独特的优势。例如，中国科学院大连化学物理研究所林炳承课题组研制了一种如图21-19所示的微流控装置，并应用于细胞水平的高内涵筛选。该装置由8个单元组成，每个单元由浓度梯度发生器和细胞培养室集成而成。通过对通道结构巧妙设计，能够勾配产生不同的浓度梯度，以实现不同药物浓度下对细胞生长变化的观测。通过以人肝癌细胞HepG2为例，实现了多种抗癌药物干预下细胞凋亡过程的多参数测量。

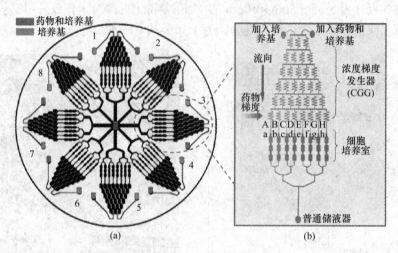

图21-19　集成化高内涵筛选微流控装置示意图

近年来，微流控装置在药物筛选应用中方兴未艾，秀丽线虫等模式动物及组织、器官等集成化微流控装置研究备受药物筛选科学家关注。

延伸阅读21-3：毛细管电泳与电动浓缩技术

毛细管电泳可以作为分离技术应用于定性、定量分析，药物筛选及酶动力学研究。而且，采用毛细管电泳还可以建立电动浓缩技术，如电堆积(electrokinetic stacking)与电扫拂(electrokinetic sweeping)技术。

电堆积技术是在毛细管中通过勾配不同电导率的区带，以形成不同电场强度的区带，通常将低电导率的样品区带处于两个高电导率电解质缓冲液之间，处于低电导率区带的带电样品在电场力的作用下移动并堆积于两个区带界面处，导致样品富集。

电扫拂技术是将中性样品溶液区带放置于两个含有表面活性剂缓冲溶液区带之间，在施加电场后，带点的表面活性剂或胶束在电场力作用下移动，在通过中性样品区时，表面活性剂或胶束将稀散的中性样品分子捕获即扫聚在一起，形成高浓度区带，导致样品富集。

内容提要与学习要求

毛细管电泳是20世纪60年代出现，80年代得到大力发展，90年代成熟的一种现代高效分离分析技术，是基于不同大小和电荷数的离子在充满电解质的毛细管内有不同电泳速度而实现的带电物质分离。由于毛细管电泳分析方法具有分离柱效高、所需样本少等特点，被广泛应用于化学、生物医学及药学等领域的科学研究和研发中。

本章主要讲述电渗流的形成机理、测量方法及影响因素，毛细管电泳仪的原理及结构，毛细管电泳进样及检测技术，毛细管电泳的分离模式及在药物分析中的应用。

要求了解电渗流的形成机理、测量方法及影响因素，有关电泳淌度基本概念及与电渗流关系，以及毛细管电泳仪的基本结构与原理。了解毛细管区带电泳、胶束毛细管电动色谱、毛细管电色谱的基本原理及异同点，了解微流控技术在药物分析中的应用及前景。

练 习 题

1. 简述电渗流的形成机理及其影响因素，如何控制电渗流的大小和方向？
2. 如何测量电渗流的大小及荷电组分的电泳淌度？
3. 简述毛细管区带电泳的原理及应用特点。
4. 试比较胶束电动毛细管色谱、毛细管电色谱的基本原理及异同点。
5. 简述毛细管电动进样技术与压力进样技术及其特点。
6. 如何减少毛细管电泳分析中焦耳热的影响？
7. 毛细管电泳分析中如何通过调控缓冲液 pH 来调控分离时间？
8. 简述毛细管电泳等电聚焦电泳的原理。
9. 简述毛细管电泳荧光检测器的原理与特点。
10. 简述毛细管电泳在酶抑制剂筛选中的应用。
11. 试画出毛细管电泳仪装置图，并简要说明其测定原理。
12. 为什么 pH 会影响毛细管电泳分离氨基酸？
13. 毛细管电泳的检测方法有哪些？它们分别有哪些优缺点？
14. 毛细管电泳与液相色谱在分离方面有哪些差异？
15. 提高毛细管电泳分离效率的途径都有哪些？
16. 在哪些种情况下某离子无法从毛细管电泳柱上流出？
17. 在毛细管区带电泳中，指出下列物质的出峰顺序，并说明原因。
    ①溴离子　②硫脲　③铜离子　④钠离子　⑤硫酸根离子
18. 简要说明毛细管等电聚焦的原理。
19. 毛细管电泳分离有电泳分离和色谱分离两类模式。指出哪种电泳分离属于电泳分离模式，哪种电泳分离属于色谱分离模式。
20. 毛细管电泳最重要的应用领域是什么？

第4篇 成像分析

第22章 光学显微成像分析

22.1 概述

22.1.1 显微术与显微成像系统

显微术(microscopy)是人们利用光学系统或电子光学系统设备来观察肉眼所不能分辨的微小物体结构及其特性的技术。借助显微技术，人们能更好地观察和认知物体的微观世界，因而显微术已在材料学、生物学、药物学、地质学、医学等研究领域广泛应用。显微术是人们制造工具来扩展人体功能的典型，并以此来揭示物质微观世界的本质行为。

显微成像系统一般包括显微观察系统、显微图像捕获系统、图像处理系统、图像数据处理系统等。显微镜(microscope)作为主要的显微成像工具，可分为光学显微镜(optical microscope, OM)和电子显微镜(electron microscope, EM)两大类，前者的光源为可见光或紫外光，后者将电子束作为光源。根据不同的显微成像机理，主要涉及显微镜成像、荧光成像、扫描电子显微成像、透射电子显微成像分析等方面。

延伸阅读 22-1：显微镜的发明及应用

我国春秋时代《墨经》里面就有凹面镜可放大事物的记载，但有关凸透镜的发明情况并不清楚。1590 年荷兰人詹森(Zacharias Janssen, 1585—1632 或 1638)制造了第一台由两块凸透镜组成的复式显微镜，1600~1650 年伽利略(Galileo Galilei, 1564—1642)进一步发展了显微技术，并提出"显微镜"这一术语。1611 年德国天文学家开普勒(Johannes Kepler, 1571—1630)提出复式显微镜的制备方法。后来，人们在 1650~1700 年建立了第一架显微镜镜架，并有螺旋调焦机构，用油灯作为人工光源，油灯光被集光镜汇聚，作被观察物体的反射照明。

从 1665 年英国物理学家虎克(Robert Hooke, 1635—1703)发现细胞开始，便产生了显微术，因此他也是第一位显微技术专家。1674 年荷兰人范列文虎克(Antonie Philips van Leeuwenhoek, 1632—1723)用显微镜观察了单细胞生物，标志着显微镜开始真正用于科学实验研究。1695 年，荷兰物理学家惠更斯(Christiaan Huygens, 1629—1695)成功设计了二片式目镜，至今显微镜仍采用惠更斯目镜。后来人们不断更新，于 1700~1750 年研制出透射光显微镜，采用平面和凹面反光镜使光线自下往上照射；1750~1800 年发明消色差透镜，出现了粗调、微调调焦机构及聚光镜，载物台上样品也可借助螺杆进行移动；1800~1850 年研制了成套消色差物镜，消色差物镜倍数高达 100 倍，利用皮腔照相机进行显微摄影，发现观察小物体需要大的数值孔径。

1847 年德国蔡司耶拿厂(Ieiss Jena)成批生产了 2000 台直筒显微镜。1850~1900 年已经可批量生产带 C 形镜壁和马蹄形镜座的直筒显微镜，有了暗视野聚光镜及反射照明器。1886 年出现了斜筒目镜。1886 年德国显微镜制作家蔡司(Carl Ieiss, 1816—1888)打破一般可见光理论上的极限，发明了阿比式等一系列镜头。德国化学家肖特(Friedrich Otto Schott, 1851—1935)成功研制供制作透镜的优质光学玻璃，并与蔡司合作，建立了蔡司光学仪器厂，生产了复消色差油镜的现代光学显微镜，达到了光学显微镜的分辨极限。1900~1950年出现了紫外光显微镜、干涉显微镜和相衬显微镜。

在显微镜的设计上，人们从15世纪开始，在简单的放大镜基础上设计出了单透视型显微镜，研制出第二次放大图形的复式显微镜。虽然各种显微镜的基本结构形式相似，但随着科学技术发展对显微镜性能要求越来越广泛，自动化程度越来越高，各种显微镜的配套零部件也日趋完善。在某种意义上讲，随着显微镜新功能的不断推出，极大地推动了生命科学研究向着探索微观生物奥秘的深度发展。所以，显微仪器与生命科学的发展相辅相成、互为支撑、共同发展。

古典光学显微镜只是光学元件和精密机械元件的组合，以人眼作为接收器来观察放大的像。其后在显微镜中加入了摄影装置、电视摄像管和电荷耦合器(CCD)等作为接收器，配以微型电子计算机后构成完整的图像信息采集和处理系统，这些显微镜又称为视频显微镜，可用于动态过程的观察。

22.1.2 光学显微镜与电子显微镜

光学显微技术是人们探索微观世界最初的科学工具，由几个透镜组合构成，利用光线照明使微小物体形成放大影像的光学仪器，又称为复式显微镜，可用于观察动植物组织特征、细胞结构和器官构造等方面。第一台显微镜的发明一直存有争议，自发明至今，显微镜不断更新、进步，极大地推动了生命科学向微观纵深发展，以至于到现在，光学显微镜分辨最小极限达0.1μm，可把物体放大1600倍，属微米级成像分析。

现有光学显微镜包括了多种类型，如普通光学显微镜、倒置显微镜、荧光显微镜、激光共聚焦显微镜、偏光显微镜、相差显微镜、暗视野显微镜、微分干涉差显微镜等。电子显微镜主要包括扫描电子显微镜、扫描隧道显微镜、扫描透射电子显微镜等。光学显微镜与电子显微镜在微观领域里发挥着各自的优势，为人类探索微观世界提供了重要的科学工具。

由于光波的衍射效应，光学显微镜的分辨率极限大约是光波的半波长，如使用400nm波长的可见光，光学显微镜的极限分辨率是200nm。为了观察更微小的物体，必须利用波长更短的波作为光源。因此在光学显微镜的时代，人们对微观世界的认识只能停留在微米级水平。

随着电子技术的发展，电子显微镜的出现为人类进入纳米级的世界提供了可能性。1924年法国物理学家德布罗意(Louis de Broglie, 1892—1987)提出电子与光一样具有波动性的假说。1926年德国物理学家布什(Hans Busch, 1884—1973)发现了旋转对称、不均匀的磁场可作为一个用于聚焦电子束(磁聚焦)的透镜后，为电子显微镜的问世奠定了理论基础。德国电气工程师克诺尔(Max Knoll, 1897—1969)及其后来成为德国物理学家的博士生卢斯卡(Ernst August Friedrich Ruska, 1906—1988)一起经过多年努力，于1933年制造出世界上第一台电子显微镜，分辨率为50nm。1939年德国西门子(Siemens-Schuckert)公司获得了卢斯卡的专利并生产了第一批透射电子显微镜商品，分辨率优于10nm。卢斯卡也因为在电光学领域出色的基础研究和设计了第一台电子显微镜而获得1986年的诺贝尔物理学奖。德国化学家弗兰克(Joachim Frank, 1940—)在20世纪70~80年代开发了图像合成算法，能将电子显微镜模糊的二维图像合成清晰的三维图像；瑞典的杜波谢(Jacque s Dubochet, 1941—)于1978年发明了液体水冷冻玻璃态技术使生物分子保持自然形态；20世纪90年代，英国化学家亨德森(Richard Henderson, 1945—)改进了传统电子显微镜，取得了原子级分辨率的图像。2013年以来，低温冷冻电子显微镜技术(cryo-SEM)日渐成熟并获得广泛应用,使人们能在生物分子的生命周期内获得其清晰的图像,呈现出生物分子的"鲜活状态",对于人类理解生命机理和开发新药具有重要意义。为此,弗兰克、杜波谢和亨德森共享了2017年的诺贝尔化学奖。

20世纪50年代以来,电子显微镜开始被批量生产,并不断更新。至今,其放大倍数可达2万倍,分辨率已达到0.1nm,属纳米级分析。通过电子显微分析可提供样品的几何形貌、分散状态、颗粒大小及其分布,以及特定形貌区域的元素组成和物相结构。

学习与思考

(1) 人眼睛不能直接观察到比0.1mm更小的物体或物质结构细节,但借助于显微技术能帮助人们观察像细菌、细胞那样小的生物体,为什么?人们是否还能看到比细菌、分子或原子等更小的东西?
(2) 显微技术在人们的工作、生活和学习中的哪些方面还有应用?
(3) 说明光学显微镜与电子显微镜的差异及其各自适用的领域范围。

22.2 光学显微镜的工作原理

22.2.1 光学显微镜成像原理

光线在均匀的各向同性介质中以直线传播,但会在不同密度介质的透明物体界面发生折射而改变方向,并和法线构成折射角。基于光线的这种折射现象,利用特殊加工的光学元件可以实现光线传播方向的改变,光束的汇聚或发散等。这些光学元件有透镜、棱镜等。透镜是组成光学显微系统的基本光学元件,有凸透镜(正透镜)和凹凸镜(负透镜)两大类。光线通过凸透镜后成倒立实像,通过凹凸镜后则成正立虚像(图22-1)。

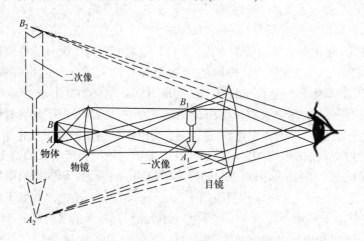

图22-1 光学显微镜的光路图

如图22-1所示,显微镜是由两组汇聚透镜而组成的光学折射成像系统。为了提高系统成像的放大倍数,选用一组尺寸小、焦距短的透镜组先对样品(BA)一次成像,获取一个具有最大放大效果的倒立实像(B_1A_1)。所得实像需再经过一组尺寸较大、焦距较长的透镜组二次成像,使实像处于透镜组前焦点稍靠镜头,而获得一个放大的虚像(B_2A_2)。经过两次放大得到的虚像调节到观察者的明视距离,从而可以观察肉眼看不到的微小物体。把焦距较短、靠近观察物、成实像的透镜组称为物镜,把焦距较长、靠近眼睛、成虚像的透镜组称为目镜。两组透镜的位置通过显微镜筒长度来保证,而物体相对于物镜的成像条件,以及最后二次成像于观察者的明视距离等条件可通过机械调焦系统来实现。

光学显微镜就是利用表面为曲面的玻璃或其他透明材料制成的光学透镜,可借助于物体放大成像原理把微小物体放大到人眼足以观察的尺寸。光学显微镜的两级放大分别由物镜和目镜完成。被观察物体置于物镜的前方,被物镜作第一级放大后成一倒立的实像,此实像再被目镜作第二级放大成一虚像,人眼看到的就是虚像。物镜放大倍率和目镜放大倍率的乘积就是显微镜的总放大倍率。

光学显微镜以可见光照明,使用玻璃透镜,可直接通过目镜观察镜像,被观察物体放置在光通路中,光束因此而改变的物理特征,可用肉眼观察或被显像板记录下来。

22.2.2 光学显微镜成像分辨率极限

光学显微镜的成像过程是光源发出的光线透过所观察物体或在所观察物体表面发生反射或散射,再经过光学透镜成像系统形成放大的图像。按前面的讨论,如果能加工出足够放大倍数的透镜,并选取有利的工作状态,则可以获得任何所需要的放大倍数。但在实际应用中,并不能无限制地获取高的放大倍数,否则所获得的图像将是模糊的,也就是说再放大是没有意义的。

通过光学显微镜研究能够获得多大的放大倍数,关键性的因素并不在透镜的放大倍数有多大,而在于光学成像过程的分辨率究竟有多高。为此,必须了解光学成像所涉及的技术参数及对分辨率的各种影响因素。

1. 分辨率

1873 年,德国物理学家阿贝(Ernst Karl Abbe,1840—1905)发现,光学显微镜的放大能力是有限的,要获得清晰的图像仅在一定放大倍数范围内才可以。光学显微镜的分辨率(resolution)是指成像物体上能分辨出来的两个物点间的最小距离,只有当分辨率足够条件下,才能进行放大。所以分辨率是显微镜放大倍数的决定因素,其大小按式(22-1)计算:

$$d = \frac{0.61\lambda}{n\sin\theta} \tag{22-1}$$

式中,d 为显微镜所能清楚观察到的两个点的最小距离,即阿贝极限(Abe limit),其大小约等于光波波长的一半,d 越小分辨率越高;λ 为入射光波长;n 为折射率;θ 为孔径角(aperture angle)。通常情况下,可见光中最短的波长大约是 400nm,因而阿贝极限大约为 200nm。也就是说,普通显微镜不能分辨距离小于 200nm 的两个点,相当于放大 1500 倍。

产生阿贝极限的原因是显微镜上安装凸透镜进行聚光的。当光线透过凸透镜时因为光波衍射而仅有约 84%的光能量集中在中央区形成艾里斑(Airy disk,图 22-2),其余 16%的光能量分布于围绕在艾里斑之外的环上。所以,观察显微镜中的一个光点时,真正观察到的其实是一个弥散斑,两个弥散斑靠近后无法区分,限制分辨率。斑越大,分辨率越低。也就是说,由于艾里斑的存在,不能分辨距离很近的两个点所产生的光斑,所以显微镜的分辨极限是由艾里斑决定的,源于光的衍射,是物理光学限制。

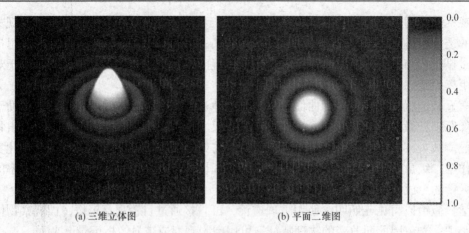

(a) 三维立体图　　　　(b) 平面二维图

图 22-2　艾里斑

艾里斑的角度与波长及小孔的直径(D)满足关系可用式(22-2)表示：

$$\sin\theta = \frac{1.22\lambda}{D} \tag{22-2}$$

式中，θ 为第一暗环的衍射方向角，即艾里斑中心到第一暗环对透镜光心的张角；D 为衍射光圈。由于 θ 一般都很小，以至于 $\sin\theta \approx \tan\theta \approx d/f$，故有

$$\frac{d}{f} = \frac{1.22\lambda}{D} \tag{22-3}$$

如果定义光圈(aperture) A 的大小为 $d/(1.22\lambda)$，则 $A=f/D$。当 d 等于成像元件像素点大小 p 时，A 就是衍射极限光圈(diffraction limited aperture，DLA)，大小为 $p/1.22$。对圆形或类圆形的聚光系统，其衍射极限分辨率就是艾里斑直径。所以，衍射极限光圈与单个像素的间距是密切相关的。像素密度越高，衍射极限光圈越大；而成像面积越大，衍射极限光圈越小。也就是说，像素密度越大，越不适合用小光圈。

对于光学成像系统而言，通常使用艾里斑半径(r)衡量成像的面分辨率，其大小为

$$r = \frac{1.22\lambda f}{d} \tag{22-4}$$

式中，λ 为光线的波长。

2. 数值孔径

光学系统的数值孔径(numerical aperture，NA)是物镜的主要技术参数，由阿贝提出并定义的，无量纲，用于判断物镜性能高低的重要指标，大小为

$$NA = n\sin\theta \tag{22-5}$$

式中，n 为物镜前透镜与被检物之间介质(称为物方介质)的折射率；θ 为孔径角。结合式(22-1)和式(22-5)，分辨率大小可写为

$$d = \frac{0.61\lambda}{NA} \tag{22-6}$$

式(22-6)所展示的就是显微镜可分辨的最小线度。可见，分辨率是由物镜的数值孔径大小与照明波长两个因素决定的。NA 值越大，λ 越短，则式(22-6)中的 d 值越小，分辨率就越高。

孔径角是一个天文学名称,是指物镜光轴上物体点与物镜前透镜的有效直径所形成的角度(图22-3),孔径角越大,进入物镜的光通亮就越大,它与物镜的有效直径成正比,与焦点的距离成反比。

通常情况,光学透镜的孔径角最大可为 $140°\sim150°$。如果使用的物方介质为油类,n 值可达到 1.5 或更高,可见光的波长为 $390\sim770$nm,那么光学显微镜的放大倍数一般为 $500\sim1000$ 倍,分辨极限约 200nm。

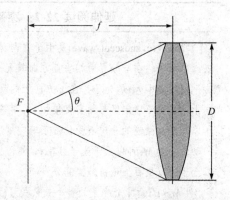

图22-3 薄透镜的数值孔径

进行显微观察时,若想增大 NA 值,孔径角是无法增大的,唯一的办法是增大介质的折射率 n,这就产生了水浸物镜(水的折射率=1.33)和油浸物镜(简称油镜,甘油折射率=1.47,浸泡油折射率=1.51)。在理论上和技术上证明,数值孔径最大值为 1.4,即已达到了极限。但有些新型介质如溴萘介质的折射率为 1.66,NA 值可大于 1.4。

由于激光光束是辐照度随离光束中心距离而逐渐降低的高斯激光束,孔径角与经过光阑限制产生的锐利圆锥不同,而是由光传播方向、辐照度降低到波前总辐照度 1/e 时距光束中轴的距离所决定,因而数值孔径大小为

$$\mathrm{NA} = \frac{\lambda_0}{\pi\omega_0} \tag{22-7}$$

式中,λ_0 为激光在真空介质中的波长;$2\omega_0$ 为光束最窄处的束斑直径,其大小相当于辐照度衰减到 1/e 时的全宽。可见,由于激光是高斯激光束,其数值孔径大小说明了激光发散程度与激光最小光束斑尺寸(直径)有关。换句话说,直径较大的激光在很长传播距离中的直径基本保持不变,但聚焦在小束斑上的激光很快发散。

3. 放大率与有效放大率

经过物镜和目镜的两次放大,显微镜总放大率(Γ)应为物镜放大率(β)和目镜放大率(Γ_1)的乘积:

$$\Gamma = \beta\Gamma_1 \tag{22-8}$$

例如,目镜放大率为 10 倍,物镜放大率为 100 倍,则显微镜的放大率为 1000 倍。

普通光学显微镜的目镜越短,放大倍数越大;物镜越长,放大倍数越大。显然,与放大镜相比,显微镜可以具有更高的放大率,并且通过调换不同放大率的物镜和目镜,能方便地改变显微镜的放大率。显微镜放大率的极限即为有效放大率,光学显微镜的极限放大率为 2000 倍。

放大率是显微镜的重要特征参数,但也不能盲目相信放大率越高越好。一般可参照 $500\mathrm{NA}<\Gamma<1000\mathrm{NA}$ 来确定合适的放大率。当所选用物镜的数值孔径不够大,即分辨率不够高时,显微镜不能分清物体的微细结构,此时即使过度地增大放大率,也只能得到一个轮廓虽大但细节不清晰的图像,称为无效放大倍率。反之,若分辨率能够满足要求而放大率不足,显微镜虽已具备分辨的能力,但仍因图像太小而无法被人眼清晰视见。所以,为了充分发挥显微镜的分辨能力,应使显微镜的数值孔径与总放大率合理匹配。

延伸阅读 22-2：突破衍射极限的荧光显微成像分析技术

隐失波(evanescent wave)是由于在两种不同介质的分界面上发生全反射时在光疏介质侧产生的一种表面电磁波，在与分界面相垂直方向其大小随深度增大而呈指数形式衰减，在切向方向改变相位。

对于频率为 ν 的光子，在 x 方向上的动量分量 M_x 通常不会大于 ν 的。根据测不准原理，光子在 x 方向上的位置不确定度与频率直接相关，频率越高，位置不确定度越小，不会小于 $1/\nu$(普朗克常量置为1)，所以光学显微镜的分辨率受位置不确定度所限制(即阿贝极限)。然而，在倏逝近场中的光子在 x 方向上的动量分量 M_x 可以大于光子频率 ν，使得光子在 x 方向上的位置不确定度可以小于 $1/\nu$，即有 $1/M_x<1/\nu$，以至于可以成百上千倍地提高分辨率。

$1/M_x<1/\nu$ 意味着光子的整个波数矢量(或动量矢量)的长度(等于 ν)小于波数矢量某个分量 M_x 的长度。原因是还有其他动量分量的虚数存在，以至于波动因子变为衰减因子。

借助于能够让隐失波到达成像面参与成像，人们发展了包括近场超透镜、远场超透镜等不同类型的超级透镜，其原因就是由金和银等贵重金属制成的超透镜的表面等离子体极化起到了关键作用。

---

4. 焦深

焦点的深度简称为焦深(focus depth)。即在使用显微镜时，当焦点对准某一物体时，此时不仅位于该点平面上的各点都能看清楚，而且在该平面上下一定厚度内，也能看得清楚，这个清楚部分的厚度即为焦深。焦深大，可以看到被检物体的全层，焦深小，只能看到被检物体的一薄层。焦深与其他技术参数的关系为：焦深与物镜的数值孔径及总放大倍数成反比；焦深大，则分辨率降低。

5. 视场直径

在显微观察时所看到的明亮圆形范围即为视场(view field)，是指在显微镜下看到的圆形视场内能容纳被检物体的实际范围，其大小称为视场直径或视场宽度，由目镜里的视场光阑(field diaphragm)所决定。视场直径越大，越便于观察。有公式：

$$F=\frac{FN}{\beta} \tag{22-9}$$

式中，F 为视场直径；FN 为视场数(field number)，标刻在目镜镜筒的外侧；β 为物镜放大率。

由式(22-9)可看出，视场直径 F 与视场数 FN 成正比；增大物镜的放大倍数 β，视场直径 F 则减小。因此，如果在低倍物镜下能看到被检物体的全貌，当换成高倍物镜，就只能看到被检物体的很小一部分。

6. 覆盖差

在显微操作时要使用的盖玻片也应包括在显微镜的光学系统内。如果盖玻片的厚度不标准，光线从盖玻片进入空气产生折射后的光路也就发生了改变，产生相差，这就是所谓的覆盖差(cover difference)。显然，覆盖差的产生会对显微镜成像质量带来影响。

国际上规定，盖玻片的标准厚度为 0.17mm，许可范围在 0.16~0.18mm，物镜的制造过程中已将此厚度范围的相差计算在内。物镜外壳上标的 0.17，表明该物镜要求盖玻片的厚度为 0.17mm。

7. 工作距离

工作距离也称为物距(object distance)，即为物镜前透镜的表面到被检物体之间的距离。镜检时，被检物体应在物镜的一倍至二倍焦距之间。因此，物距与焦距是两个完全不同的概念。人们平时习惯所说的调焦(focusing)，实际上是调节工作距离。当物镜数值孔径一定的情况下，工作距离短，孔径角则大。因此，数值孔径大的高倍物镜，其工作距离小。

学习与思考
---

(1) 为什么光学显微镜的放大能力是有限的？
(2) 水浸物镜和油浸物镜的产生是为了改善哪个参数？
(3) 为什么需要使用放大率与有效放大率来表示显微镜的放大特性。

22.3 光学显微镜结构

光学显微镜主要包含机械系统和光学系统两部分，具体由机架、镜筒、物镜转换器、载物台、调焦机构和聚光器调节机构等构成(图 22-4)。如果数码显微镜则还包括数码摄像系统。数码摄像系统包括摄像头、图像采集卡和软件等。

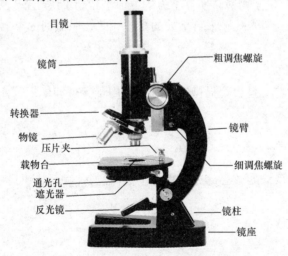

图 22-4 显微镜的结构示意图

22.3.1 机械构造

1. 镜筒

镜筒是指安装在显微镜的最上方、镜臂前方的圆筒状结构。镜筒的上端装有目镜，下端与物镜转换器相连。

2. 物镜转换器

物镜转换器是安装在镜筒下方的圆盘状构造，可按顺时针或反时针方向自由旋转，故又称为物镜转换盘。其上均匀分布有 3～4 个圆孔，用以装载不同放大倍数的物镜。转动物镜转换器可使不同的物镜到达工作位置。

3. 镜臂

镜臂是一个支撑镜筒和载物台的弯曲状构造，也是拿取显微镜时手握拿的部位。镜筒直立式显微镜在镜臂与其下方的镜柱之间有一倾斜关节，可使镜筒向后倾斜一定角度以方便观察，但使用时倾斜角度不应超过 45°，否则显微镜则由于重心偏移容易翻倒。

4. 调焦器

调焦器又称为调焦螺旋，是调节焦距的装置，包括了粗调螺旋(大螺旋)和细调螺旋(小螺旋)两种。

粗调螺旋可使镜筒或载物台以较快或较大幅度升降，迅速调节好焦距而使物像呈现在视野中，适用于低倍镜观察时的调焦。细调螺旋只能使镜筒或载物台以缓慢或较小幅度的升降(此时升或降的距离不易被肉眼观察到)，适用于高倍镜和油镜的聚焦，或用于观察标本的不同层次，一般是在粗调螺旋调焦的基础上，再进行细调焦螺旋的精细调焦。

5. 载物台

载物台又称为镜台，位于物镜转换器下方的方形平台，用于放置被观察玻片标本的地方。平台的中央有一圆孔，为通光孔，来自下方的光线经此孔照射到标本上。

6. 镜座

显微镜最底部的构造，是整个显微镜的基座，用于支持和稳定镜体。有的显微镜在镜座内装有照明光源等构造。

22.3.2 光学系统

光学系统是光学显微镜的核心部分，主要包括物镜、目镜和照明装置(聚光器、反光镜和光圈等)。

1. 物镜

物镜是光学显微镜最重要的部件，对被观察物体第一次成像，因需要校正相差，由一个透镜组构成。

对物镜的具体要求包括合轴和齐焦，合轴是衡量不同物镜所成图像的中心偏离程度的指标，齐焦是指当用不同倍率的物镜观察图像时，保持清晰度的能力。

物镜被安装在物镜转换器均匀分布的圆孔上。每台显微镜上有 3～4 个不同放大倍率的物镜，每个物镜由数片凸透镜和凹透镜组合而成，决定着显微镜分辨率的高低。

常用物镜的放大倍数有 10×、40× 和 100×(× 表示放大倍数)等几种。一般将 8× 或 10× 的物镜称为低倍镜(而将 5× 以下的称为放大镜)；将 40× 或 45× 的称为高倍镜；将 90× 或 100× 的称为油镜(这种镜头在使用时需浸在镜油中)。

2. 目镜

目镜是一个放大镜,作用是把物镜放大的实像再放大,并把物像映入观察者的眼中或其他成像设备上。显微镜的分辨率决定于物镜,目镜只起放大作用,而不能提高分辨率。

目镜由一组透镜组成,按照所能看到视场的大小,可分为视场较小的普通目镜和视场较大的大视场目镜(或称广角目镜)两类,有些较高档显微镜的目镜上还装有视度调节装置。每台显微镜通常配置 2~3 个不同放大倍率的目镜,常见目镜的放大倍数有 5×、10× 和 15×,实际操作中可根据不同需要选择使用,最常使用的是 10× 目镜。

3. 聚光镜

载物台下方的聚光镜可提供足够的光量,并可适当改变光源性质,将光线聚焦于被检物体上,以得到最好的照明效果。聚光镜由 2~3 个透镜组合而成,它相当于一个凸透镜,将光线汇集成束。

位于聚光器下端的光圈也称为彩虹阑或孔径光阑,是一种能控制进入聚光器光束大小的可变光阑。由十几张金属薄片组合排列而成,其外侧有一小柄,可控制光圈孔径的大小,以调节光线的强弱。

4. 反光镜

反光镜位于聚光镜的下方,可向各方向转动,能将来自不同方向的光线反射到聚光器中。反光镜有两个面,一面是平面镜,适于光线较强时使用;另一面是凹面镜,凹面镜有聚光作用,适于较弱光和散射光下使用。现在有些新型的光学显微镜有自带光源,而没有反光镜;有的二者都配置。

5. 照明方式

照明方式分有透射式照明(transmissive illumination)和落射式照明(drop illumination)两大类。前者适用于透明或半透明的被检物体;后者适用于非透明被检物体,由于光源来自上方,有时又称为反射式照明(reflective illumination)。

为了获取信号或图像处理的需要,近年来在一些高级显微系统中出现了斜照明(oblique illumination)模式。其基本原理是光束被聚光镜聚到一个单一的方位角从而只允许光线从一侧照射试样,方位角非常具体而被定向到显微镜中间图像平面,进而通过目镜进行观察。

22.4 现代光学显微技术

22.4.1 光学显微镜的分类

在光学显微成像发展中形成了许多新颖的显微技术,有很多分类方法。例如,按图像是否有立体感,可分为立体视觉和非立体视觉显微镜;按目镜的数目,可分为单目、双目和三目显微镜,其中双目显微镜较为常用,与单目相比价格较贵,而三目显微镜除可用眼镜观察外,还可连接数码相机或计算机,方便图像的记录和分析;按光源类型,可分为普通光、荧光、紫外光、红外光和激光显微镜等；按接收器类型，可分为目视、数码(视频)显微镜等。下面介绍几种重要分类方法。

1. 按用途来分

按用途来分可分为生物显微镜、体视显微镜、金相显微镜等。

1) 生物显微镜

生物显微镜是实验室中最常见的一种显微镜，其成像原理为凸透镜原理，包含了光学系统、机械系统和照明系统。

2) 体视显微镜

体视显微镜(stereoscopic microscope)又称为"解剖镜"，是一种具有正像立体感的目视显微镜，广泛用于生物、医学领域的切片操作和显微外科手术。在工业中，它多用于微小零件和集成电路的观测、装配、检查等工作。

因体视显微镜具有两个完整的光路，是一种具有正像立体感的目视仪器。体视显微镜与生物显微镜相比，不需对样品进行切片处理，并且也可以在观察的同时对标本进行一些操作。

3) 金相显微镜

金相显微镜(metallurgical microscope)主要用于金属内部结构的组织鉴定和分析，即用于专门观察金属和矿物等不透明物体的金相组织，是金属学领域中的重要科研仪器。

金相显微镜观察的物体为不透明性质，普通显微镜以透射光照明，而金相显微镜以反射光照明。金相显微镜中照明光束从物镜方向射到被观察物体表面，被物面反射后再返回物镜成像。金相显微镜的放大倍数一般在 $40\times \sim 400\times$，有些可以达到 $800\times$。

2. 按光学原理来分

按光学原理来分可分为偏光显微镜、相差显微镜和微分干涉相差显微镜等。

1) 偏光显微镜

偏光显微镜(polarizing microscope)是使用偏振光为入射光进行观察的显微镜，主要用于透明与不透明各向异性材料的鉴定和分析。

凡具有双折射的物质，在偏光显微镜下就可以清楚的分辨。双折射是晶体的基本特性，因此偏光显微镜被广泛应用于地质、化学等领域。

2) 相差显微镜

相差显微镜(phase contrast microscope)，又称相衬显微镜。相差显微技术的出现是近代光学显微技术中的重要成就，是荷兰物理学家泽尔尼克(Frits Zernike，1888—1966)1935 年发明的。

人眼只有在光波的波长(颜色)和振幅(亮度)有变化的情况下，才能在显微镜下看到被检物体的存在，但许多生物体是无色透明的，当光线通过时，波长和振幅变化不明显，这样在明场镜检下就无法观察清晰。相差显微镜就是利用被检物体的光程(折射率与厚度的乘积)之差进行镜检的方法。即利用光的干涉现象，将人眼不可分辨的相位差变为可分辨的振幅差，使无色透明的物质也变成清晰可见，这是普通显微镜难以达到的。这为活体材料的观察带来了便利，因此相差显微镜广泛用于倒置显微镜中。泽尔尼克也因此发明获得 1953 年的诺贝尔物理学奖。

3) 微分干涉相差显微镜。

人们在相差显微镜原理的基础上又发明了微分干涉相差显微镜(differential interference contrast microscope)，其优点是能呈现出浮雕般的立体感，观察效果更为逼真。

微分干涉相差显微镜是利用特制的沃拉斯顿棱镜(Wollaston prism)来分解光束，产生出振动方向相互垂直且强度相等的两束光，光束分别在距离很近的两点上通过被观察物体，在相位上略有差别。由于两光束裂距极小，而不出现重影现象，使图像呈现出立体三维的感觉。与相差显微镜相比，其标本可略厚一点，折射率差别更大，故影像的立体感更强。

3. 其他分类

除上述分类外，还有一些其他的分类，例如，按显微镜物镜的位置分为正置显微镜(positive microscope)和倒置显微镜(inverted microscope)。与正置显微镜相比，倒置显微镜的照明系统在载物台的下方，因而实用于生物学、医学等领域中的组织培养、细胞离体培养、浮游生物、环境保护、食品检验等显微观察。因此，倒置显微镜的物镜和聚光镜的工作距离很长，载物台面积较大，培养皿可直接放到载物台上进行观察。倒置显微镜的光学镜头可根据实际要求装配偏振光、微分干涉差、荧光等附件。

数码(视频)显微镜是采用摄像头为接收元件的显微镜。在显微镜的实像面处装入摄像头而取代人眼作为接收器。利用这种光电器件把光学图像转换成电信号的图像或视频，并可与计算机联用，易于实现检测和信息处理的自动化。

22.4.2 光学显微镜的应用

光学显微镜主要用于放大被观察物体的图像，不同类型的光学显微镜具有不同的用途，目前已经广泛应用于化学、细胞学、工业微生物学、寄生虫学、肿瘤学、免疫学、植物学等领域中。显微镜的具体用途如下。

(1) 用于生物切片、细胞、细菌及活体组织培养等的观察和研究；其他透明或半透明物体、粉末、颗粒的观察；活细胞、霉菌、细菌的活体研究，观察标本形态、数量及分裂、繁殖等生物学行为；动植物、细菌等解剖工作等。

(2) 用于微电子、精密仪器仪表装配与维修、微雕等领域；集成电路硅片的检测工作等。

(3) 用于纺织工业中原料及棉毛织物的检验；各种材料气孔形状、腐蚀情况等表面现象的检查等。

(4) 用于观测化学物的形态、计算晶体参数等(图 22-5)。

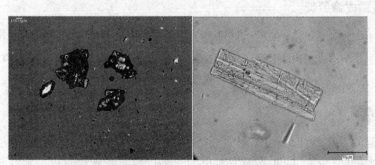

(a) 卡马西平(Ⅲ晶体)   (b) 咖啡因(从Ⅱ晶体生长为Ⅰ晶体)

图 22-5　光学显微照片示例

22.5 荧光显微成像分析

22.5.1 概述

传统显微镜无法获取生物样品内特定组分的吸收、运输、分布及定位情况。因此，人们利用荧光物质标记细胞中特定成分或结构，结合光学显微技术，不仅图像对比度增强，而且由于许多荧光显微镜的光源使用短波长的紫外光，大大提高了分辨率。

1. 荧光成像技术

荧光成像(fluorescence imaging)技术是一种将荧光现象与显微放大相结合的技术，是基于光化学原理，通过设计构造荧光功能化的分子来构建的用于细胞或动物体内的成像技术。由于荧光成像技术灵敏度高、重复性好、所得信息丰富等特点，是近年来发展较快的成像技术之一，已经在蛋白质结构和功能分析及核酸的识别检测、胞内金属离子、自由基测定、肿瘤疾病的检测和诊断、药物新剂型、纳米生物探针等方面得到了很好的应用。

当前常用的荧光成像系统包括荧光显微镜成像、共聚焦显微成像、双光子荧光成像、荧光反射成像、生物发光成像、荧光介导分子层析成像等。随着现代多种学科的交叉，荧光成像技术还将层出不穷，其应用范围还将不断扩展。

2. 荧光显微镜

荧光显微镜(fluorescence microscope)用来观察研究样品荧光现象的光学显微镜，以紫外线为光源，用以照射被检物体，使其发出荧光，然后在显微镜下观察物体的形状及其所在位置。荧光显微镜用于研究细胞内荧光物质的吸收、运输、化学物质的分布及定位，得到细胞的荧光图像，研究细胞的结构等。使用不同荧光试剂，可以用于众多具有重要生理作用的研究。所以，荧光显微镜的出现有助于观察活细胞的结构及衡量活细胞中的生理和生物化学活动。

荧光显微镜和激光共聚焦显微镜(laser confocal microscope，LCM)是常用的荧光显微观察仪器。普通光学显微镜的分辨率为 $2.5\mu m$，而共聚焦显微镜的分辨率可达 $0.18\mu m$，因此激光共聚焦显微成像更加清晰。本节主要对荧光显微镜和激光共聚焦显微镜的工作原理和应用范围进行介绍。

22.5.2 荧光显微成像原理

荧光是物质中的电子吸收光后由低能状态转变为高能状态，再回到低能状态时释放出的光。荧光的产生是光子与分子相互作用的结果。荧光成像的理论基础是荧光物质被激发后所发射荧光信号的强度在一定范围内是与荧光物质的量呈线性关系的。

1. 荧光显微成像

荧光显微镜的工作原理是利用较短波长的光照射样品，使样品受到高能量的激发，产生较长波长的荧光(图 22-6)。荧光光源发射出的光经过激发滤光片后仅一定波长的激发光通过并照射到样品上，其他波长的光会被滤光片吸收或阻挡。样品被激发光照射后会发射出较激发光波长更长的可见荧光，荧光再通过物镜和激发阻断滤光片后可进行眼睛观察。

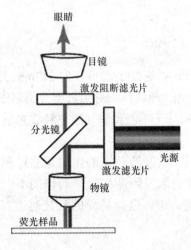
图 22-6　荧光显微镜的工作原理

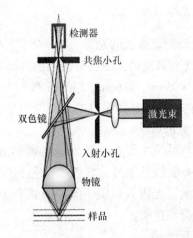
图 22-7　激光共聚焦显微镜的工作原理

2. 激光共聚焦显微成像

激光共聚焦显微镜是最先进的分子成像仪器之一，是在传统荧光显微镜成像的基础上改进了激发装置，并附加了激光扫描装置和共轭聚焦装置，通过计算机控制实现数字化图像采集和处理的系统(图 22-7)。激光束透过入射小孔被双色镜反射，通过物镜汇聚后入射于标本内部焦点处。样品产生的荧光和少量反射激光一起依次透过物镜、双色镜及共焦小孔，到达光电检测器，变成电信号后送入计算机。

22.5.3　荧光显微镜的仪器结构、数据采集及分析

荧光成像系统包括荧光信号激发系统(激发光源、光路传输组件)、荧光信号收集组件、信号检测及放大系统(CCD、PMT)。对比图 22-4 和图 22-8 可知，荧光显微镜是在普通光学显微镜的基础上增加了荧光光源、激发滤光片、分光镜、激发阻断滤光片等附件构成。图 22-8(a) 和(b)分为正置和倒置荧光显微镜的基本结构和光路图。

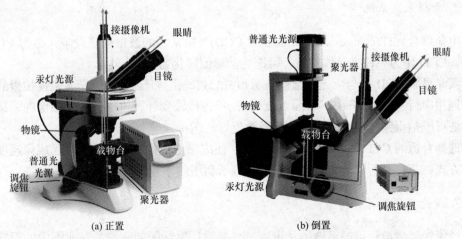
图 22-8　正置和倒置荧光显微镜基本结构和光路图

──→ 普通光路径；　──→ 激发光路径

1. 光学系统

1) 荧光显微镜的光源

荧光显微镜的光源通常使用超高压汞灯，功率为 100W 或 200W，可发射 313nm、337nm、365nm、405nm、436nm、546nm 和 577nm 多种波长的光。超高压汞灯由石英玻璃制作，内充一定量的汞。超高压汞灯的发光原理是电极间放电使汞分子不断离解和还原释放光量子。

2) 滤色系统

滤色系统主要包括激发滤色镜和激发阻断滤光片。激发滤色镜的作用是滤过多余波长的光，一般包括紫外、紫色、蓝色和绿色激发滤光片；激发阻断滤光片的作用不但可吸收和阻断激发光进入目镜，保护眼睛和免于荧光的干扰，还可选择特异的荧光通过，呈现出专一的荧光色彩。

3) 反光镜

反光镜一般是镀铝的反光层，因铝对紫外光和可见蓝光的吸收较少，可使反射率达 90% 以上。

4) 聚光镜

聚光镜由石英玻璃或其他透紫外光的玻璃制成，分为明视野聚光器、暗视野聚光器和相差荧光聚光器。一般荧光显微镜多使用明视野聚光镜；暗视野聚光镜可增强荧光强度的亮度和反衬度，可用于观察亮视野难以分辨的细微荧光颗粒；相差聚光镜与相差物镜配合使用，可同时实现相差和荧光的联合观察。

5) 物镜

荧光显微镜可使用各种物镜，但消色差的物镜为最佳，因其自体荧光极微且透光性能(波长范围)适合荧光。另外，显微镜视野中的荧光强度与物镜镜口率的平方成正比，当观察荧光强度不够强的标本时，应使用镜口率大的物镜。

6) 目镜

在荧光显微镜中多使用低倍的双筒目镜。

2. 数据采集系统

电荷耦合元件(charge-coupled device, CCD)是最常用的数据采集设备，称为 CCD 图像传感器。CCD 作为一种半导体器件，可把光学影像转化为数字信号。

荧光显微 CCD 是与荧光显微镜密切相关的数码摄像产品，将荧光显微镜拍摄的显微图片通过通用串行总线(universal serial bus, USB)接口传输到计算机中，便于图像的采集和分析；同时还可以拍摄到比单纯使用荧光显微镜更好的图片。

选择合适的 CCD，除分辨率要求以外，还应考虑成像方式、灵敏度、成像速度、灵敏度成像方式、芯片对所用荧光素发射波长的量子利用效率等技术参数。

3. 荧光显微图片分析系统

经荧光显微镜获得的显微图片可通过显微镜厂家标配的软件和专业图像处理软件对图像进行分析。例如，Olympus、Zeiss、Leica、Nikon 显微镜公司都标配了分析软件，这些软件基本可以解决用户的所有需求。而一些专业的图像分析软件，如 Metamorph 软件、IPP 软件、ImageJ 软件等也能提供强大的显微控制和显微影像的处理。

22.5.4 激光共聚焦显微镜的仪器结构

激光共聚焦显微镜与荧光显微镜相比在结构上有所不同(图 22-9)，主要体现在以下两个方面。

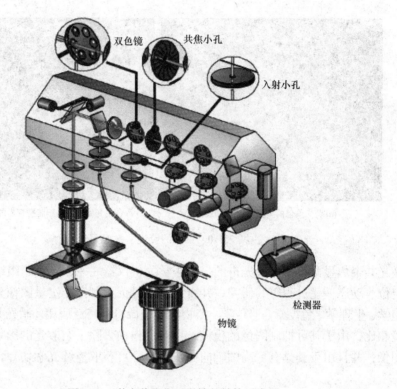

图 22-9 激光共聚焦显微镜的结构示意图

1) 光源

激光共聚焦显微镜的光源为激光，激光束里处于相同状态的光子是相干、偏振的，并沿同一方向传播。因此激光具有单色性好、方向性好、亮度高及相干和偏振性好的特点。

2) 扫描器系统

针孔是激光共聚焦显微镜的重要组成部分，其位置在检测器及激光光源前面，作用是控制光切片的厚度，实现断层扫描成像，排除焦面杂散光等。此外，扫描器系统还包括可改变光传播方向的分光镜，选择出一定波长范围检测光的发射荧光分色镜及具有高灵敏度的光电倍增管检测器。

22.5.5 荧光显微成像分析的应用

荧光显微成像技术已广泛应用于生物学和医学等领域，是观察细胞形态、结构和生物过程的有力科研工具。荧光显微镜主要用于定性观察细胞内部荧光物质的空间分布和强度分布，从而得到细胞的荧光图像，从而研究细胞的结构。其中，常用的免疫荧光技术是利用荧光标记的抗体或抗原与样品(细胞、组织或分离的物质等)中相应的抗原或抗体结合,再利用荧光检测技术对其进行分析。

图 22-10(a)是负鼠肾上皮细胞经不同染料染色后的荧光显微镜图片,其中青色蛋白染色的是细胞核,绿色蛋白染色的是微管,红色蛋白染色的是胞内线粒体网络;而图 22-10(b)是纳米粒经绿色荧光蛋白染色后与细胞共培养,一定时间后经荧光显微镜观察可发现纳米粒被细胞吞噬。经过荧光检测可对细胞内的蛋白进行定位,并进行半定量分析。

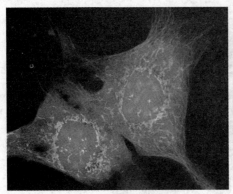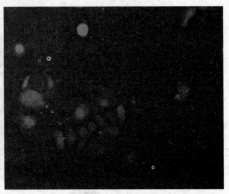

(a) 荧光染色的负鼠肾上皮细胞　　　(b) 绿色荧光纳米粒与细胞孵育后的荧光显微成像

图 22-10　细胞的荧光显微成像分析

激光共聚焦显微镜作为最先进的生物医学分析仪器之一,已用于组织和细胞中分子或结构的定位、动态变化过程等的研究,并可进行定量荧光测定、定量图像分析等研究手段,已在细胞学、生理学、免疫学、遗传学、植物学等领域得到广泛应用。激光共聚焦显微镜与荧光显微镜相比,由于其可抑制图像的模糊,点对点扫描去除了杂散光的影响,因此可获得更清晰的图像;并且由于其具有更高的轴向分辨率,并可获取连续光学切片,可进行三维结构的重建。

学习与思考

(1) 荧光显微镜是如何构成的?主要部件和光路如何设计?
(2) 思考荧光显微成像分析与激光共聚焦显微成像分析在药学研究领域的应用。
(3) 比较荧光显微镜与激光共聚焦显微镜的特征及在应用领域的差异。
(4) 查阅文献,在哪些显微系统上使用了斜照明模式?
(5) 查阅文献,看看什么是明场显微镜,什么是暗场显微镜,各自在仪器结构设计上有什么不同?进而带来有哪些不同的特点?

激光共聚焦显微镜可对活细胞结构及特定分子、离子的生物学变化进行动态分析。图 22-11(a)是神经元细胞染色后经激光共聚焦显微镜观察得到的图片,可清晰观察其轴突和树突结构;图 22-11(b)是人恶性黑色素瘤细胞被不同染料染色后的激光共聚焦显微镜图片,其中绿色荧光点是肌动蛋白,红色荧光点是黏着斑蛋白。

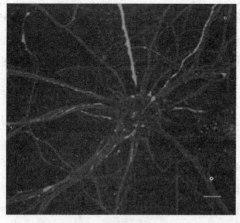
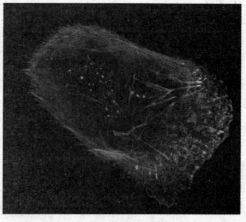

(a) 神经元细胞　　　　　　　　　　　(b) 人恶性黑色素瘤细胞

图 22-11　荧光染色细胞的激光共聚焦显微镜图片

延伸阅读 22-3：现代超分辨荧光显微成像分析技术

在 17 世纪，显微镜的发明帮助科学家观察到红细胞、细菌、酵母菌等生物，随后光学显微镜成为生物学研究领域最重要的工具之一。但光学显微成像技术由于受制于阿贝极限值，即分辨率将永远不能超过 $0.2\mu m$。然而这一物理极限被 2014 年的诺贝尔化学奖获奖者赫尔、本茨格和默尔纳的工作突破了，显微镜可进行纳米级别成像。

1990 年，德国人赫尔(Stefan Walter Hell, 1962—)一直在设想如何超越一个多世纪前提出的阿贝极限，专攻所谓荧光显微成像学。1994 年，赫尔发表了一篇文章提出了受激发射减损技术(stimulated emission depletion microscopy, STED)，采用闪光来激发所有的荧光分子，随后利用另外一次闪光让所有分子荧光熄灭，但那些位于中部位置上纳米尺度内的分子不受影响。如果使用这一光束扫过整个样品表面，并连续记录光强信息，就有可能得到一张整体图像。每次允许发出荧光的空间区域越小，最后得到的图像分辨率便越高。然而，赫尔的理论文章并没有立即引起学术界的关注，但却使他在德国马克斯·普朗克科学促进学会(Max-Planck-Gesellschaft zur Förderung der Wissenschaften e.V.，MPG)的生物物理化学研究所获得一个职位。在接下来的数年里，赫尔开发出了 STED 显微镜，并于 2000 年证明了技术方法在实际工作中是可行的。他对大肠杆菌进行了摄像，所获得的分辨率是此前任何光学显微镜都从来未能达到过的。

STED 显微镜通过多次小区域上采集光线并最终形成整体成像图。与之相反，2014 年的诺贝尔化学奖的"单分子显微成像技术"，则涉及多幅整体图像的叠加。美国科学家本茨格(Robert Eric Betzig, 1960—)和默尔纳(William Esco Moerner, 1953—)各自在技术上取得了突破。1989 年，当默尔纳成为世界上首位成功测量单个荧光分子光吸收的科学家时，启发大量化学家将注意力转向单分子研究，其中一位便是本茨格。1997 年，默尔纳在其新加盟的加州大学圣迭戈分校，注意到 GFP 的荧光可以被随意开启或关闭。他随后将这些可以被激发的蛋白质融入一种溶胶，使其均匀散布其中，使单个分子之间的距离大于当年阿贝衍射极限所限定的 $0.2\mu m$。默尔纳的相关实验结果以 On/off blinking and switching behaviour of single molecules of green fluorescent protein 为题发表在 1997 年第 388 期的 Nature 杂志上。

本茨格对突破阿贝衍射极限非常着迷。在 20 世纪 90 年代初，本茨格在位于美国新泽西州的贝尔实验室(Nokia Bell labs)开展一种名叫"近场光学显微镜"的研究工作，设想让显微镜每次只记录一种颜色。如果所有发出同一种颜色的分子都散布开来，彼此之间的间距都超过阿贝极限值，那么这些单个分子的所谓位置便能够被非常精确的确定下来。当在不同颜色下记录的图像被叠加在一起后，所得图像分辨率将会大大超越阿贝衍射极限所限定的水平。2005年，本茨格无意间发现了一种可以随意开启或关闭的荧光蛋白，与 1997 年默尔纳在单分子层面上所观察到的情况类似。本茨格意识到这是实施十多年前他头脑中那个想法所缺少的工具。荧光分子并不一定需要具有不同的颜色，只要能在不同的时间发出荧光就可以了。

其基本思路可以理解为排成一条直线且间距均为 200nm 的 4 个点，因为阿贝衍射极限的原因不可能用光学显微镜同时看清楚 4 个点，但是如果 4 个点中每个点依次发光并将每次发光都记录下来，当把 4 次发光全部记录下来并叠加在一起，就可以获得这 4 个点的显微图像。当然也可以先让距离大于阿贝极限值的点先发光并拍摄照片，然后让另外一批距离也在阿贝极限值之上的点发光并拍摄，最后将这些能分辨的点的照片叠加起来，就获得各点的图像，从而实现彼此之间距离小于阿贝极限值的点得到分辨。显然，这种分辨是利用时间换取空间的策略，通过多次观察才获得的高分辨，从而有效地绕开了阿贝极限，让分辨率达到纳米级别。

这两种分别由本茨格、赫尔和默尔纳发展出来的超分辨成像技术从此诞生了，已经有多项纳米尺度成像科技技术，目前得到广泛应用。

内容提要与学习要求

显微镜是一种借助物理方法产生物体放大影像的仪器，以解决人眼睛不能直接观察到比 0.1mm 更小的物体或物质结构细节问题。人们通过组装不同结构的光学和电子显微镜，实现了动植物组织特征、细胞结构和器官构造等方面的观察。

本章主要讲述显微成像系统的结构，光学显微镜成像原理，光学显微镜成像分辨率极限表达方式，光学显微镜结构及应用，荧光显微成像分析原理、仪器结构及应用，激光共聚焦显微镜的仪器结构及应用。

要求掌握显微镜的成像原理、显微镜的结构，特别是荧光成像显微镜的结构，了解荧光成像在生物医学中的应用。

练 习 题

1. 光学显微镜的成像原理是什么？
2. 物镜和目镜在工作条件和技术要求上有哪些不同？
3. 光学显微镜的性能参数有哪些？这些参数间的影响和制约关系如何？
4. 试述医学检验中常用的荧光显微镜的原理、结构、用途及使用注意事项。
5. 试述激光扫描共聚焦显微镜的工作原理、结构特点及其在医学领域的主要用途。
6. 光学显微镜的分辨率受哪些因素的影响？怎样提高显微镜的分辨率？
7. 光学显微镜观察样本时对盖玻片的尺寸有要求吗？标准盖玻片的尺寸是多少？
8. 光学显微镜的主要构成部分？
9. 光学显微镜的物镜标有 10×、40×和 100×表示什么意思？
10. 现代光学显微镜的分类有哪些？它与普通光学显微镜有哪些差异？
11. 使用光学显微镜观察标本，为什么一定要从低倍镜到高倍镜再到油镜的顺序进行？
12. 荧光显微镜和激光共聚焦显微镜的成像原理有哪些不同？
13. 光学显微镜、荧光显微镜及激光共聚焦显微镜三者结构上有什么区别？
14. 举例说明激光共聚焦显微镜的应用。

15. 本茨格、赫尔和默尔纳三位科学家因为其突破阿衍射极限的超分辨显微成像技术获得了 2014 年的诺贝尔化学奖。试查阅文献，看看除了上述三位大师突破阿贝衍射极限的方法外，是否还有其他办法？

16. 在光学显微镜下所观察到的细胞结构称为(　　)。
    A. 显微结构 B. 超微结构
    C. 亚显微结构 D. 微细结构

17. 荧光显微镜以紫外线为光源，通常采用落射式照明，是因为(　　)。
    A. 如采用柯拉式照明，紫外线会伤害人的眼睛 B. 紫外线穿透能力较弱
    C. 紫外线可通过镜筒中安装的双向反光镜 D. 视野背景很暗
    E. 整个视场均匀照明

18. 适于观察无色透明活细胞微细结构的光学显微镜是(　　)。
    A. 相差显微镜 B. 暗视野显微镜
    C. 荧光显微镜 D. 偏振光显微镜
    E. 普通显微镜

第 23 章 电子显微成像分析

23.1 概 述

以可见光为光源的光学显微镜，由于其分辨率的极限约为 200nm，因此能够达到的放大倍数大致在 1000 倍的水平，对于观察更为细节的物体形貌，光学显微镜显然无能为力。随着人类对微观世界研究不断深入，尤其是纳米材料研究的蓬勃兴起，光学显微镜已不能满足需求。电子显微镜正好是满足这种需求的重要科学仪器，能提供较光学显微镜高 100~1000 倍的显微放大，以至于目前已达到纳米级水平。

根据电子与材料相互作用产生的信号，经典的电子显微技术可分为透射电子显微镜 (transmission electron microscope, TEM) 和扫描电子显微镜 (scanning electron microscope, SEM)。随着新技术的发展，高分辨透射电子显微镜 (high resolution transmission electron microscopy, HRTEM) 和高分辨扫描电子显微镜 (high resolution scanning electron microscope, HRSEM) 已经广泛使用，并结合 X 射线能谱 (X-ray energy spectrometer, EDS) 和电子能量损失谱 (electron energy loss spectroscopy, EELS) 等在亚埃尺度上实现了原子和电子结构表征。

透射电子显微镜和扫描电子显微镜是两种完全不同的技术，但是由于都利用了电子束，都具有观察微小细节的能力，共同成为电子显微镜技术的主要基础 (表 23-1)。

表 23-1 电子与材料相互作用产生的信号及据此发展起来的分析方法

信号			方法或仪器
电子	二次电子	SEM	扫描电子显微镜
	弹性背散射电子	LEED	低能电子衍射
		RHEED	反射式高能电子衍射
		TEM	透射电子衍射(透射电子显微镜)
	非弹性背散射电子	EELS	电子能量损失能谱
	俄歇电子	AES	俄歇电子能谱
光子	特征 X 射线	WDS	波谱
		EDS	能谱
	X 射线的吸收(或由吸收引起)	XRF	X 射线荧光
		CL	阴极荧光
元素	离子、原子	ESD	电子受激解吸

23.2 透射电子显微成像分析

23.2.1 透射电子显微镜的结构

TEM 是以电子枪 (electron gun) 发射的电子束 (electronic beam) 来代替光学显微镜中的信号

源,穿越电磁场汇聚成一束尖细、均匀而明亮的电子流轰击样品,透过样品后电子通过中间镜和投影镜进行信号综合放大,最终投射到荧光屏板上成像。显然,透过样品后电子数量反映了样品内部结构信息。TEM 成像原理与光学显微成像原理一样,不同的是 TEM 使用电子束作为信号源,用电磁场作为透镜,放大倍数最高可达近百万倍。目前商品化 TEM 主要有三个指标:①加速电压,通常在 80~3000 V;②分辨率,点分辨率要求在 2~3.5A;③放大倍数,通常在 30 万~80 万倍。

图 23-1 是典型的 TEM 结构示意图。TEM 通常由电子光学系统(electron optics)、真空系统、电源和控制系统三大部分组成。电子光学系统统称为镜筒,是 TEM 的核心,由照明系统、成像系统和观察记录系统组成。

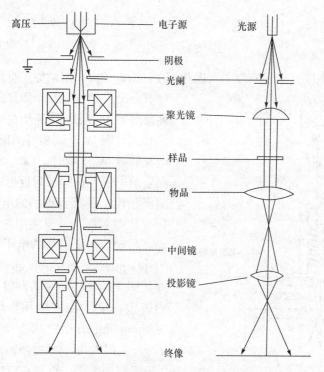

图 23-1 透射电子显微镜与透射光学显微镜光路图对照

1. 照明系统

照明系统包括电子枪、聚光镜及相应的平移、倾转和对中等调节装置。照明系统的主要作用是提供最大亮度的电子束,照射在样品上可与孔径角在一定范围内调节,并且要求平行度好和束流稳定。照明束可以在 5°范围内倾转以满足明场和暗场成像的要求。

1) 电子枪

电子枪是透射电子显微镜的电子源,发射的电子束要求具有亮度高、电子束斑的尺寸小、发射稳定度高的特点。

目前常用的是发射式热阴极三极电子枪,由阴极、阳极和栅极组成。如图 23-2 所示,其中 23-2(a)为电子枪自偏压回路,可以起到限制和稳定束流的作用,图 23-2(b)是电子枪结构原理图。在阴极和阳极之间的某一点,电子束汇集成一个交叉点,交叉点处电子束直径约几十微米即通常所说的电子源(electron source)或称为点光源(point light source)。

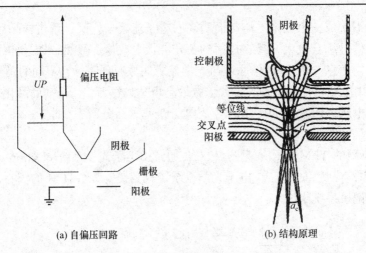

(a) 自偏压回路　　(b) 结构原理

图 23-2　发射式热阴极三极电子枪

为了提高照明亮度，人们研发了六硼化镧(LaB$_6$)电子枪，结构原理见图 23-3。LaB$_6$ 阴极

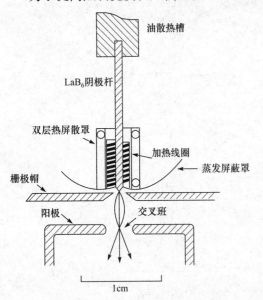

图 23-3　LaB$_6$ 电子枪的结构原理图

杆有一个半径仅为几个微米的尖端，另一端浸入油散热器中。LaB$_6$ 被环绕在周围的钨(W)丝圈加热升温，而 W 丝圈相对阴极保持负电位。当大电流通过 W 丝圈时，LaB$_6$ 通过 W 丝线圈加热而发射电子，在阳极附近形成电子源。与 W 丝阴极相比，其具有更小的电子逸出功，亮度高 1～2 个数量级，并且使用寿命增长。

目前，亮度最高的电子枪是场发射电子枪(field emission electron gun, FEG)，其结构原理如图 23-4 所示。冷场发射不需要任何热能，阴极中的电子在大电场作用下表现出隧穿效应(tunneling effect)，可直接克服势垒离开阴极。因此，发射的电子能量发散度很小，仅为 0.3～0.5eV。阴极为一个 W〈111〉位向的单晶杆尖端，其曲率半径小于 10nm，以便获得低功函数和高发射率。需要注意的是，低功函数只能在清洁的表面上获得，即表面上无其他种类的外来原子。所以，场发射需要极高真空度，应为 10μPa 或更高。

由于发射在室温进行，在发射极上会产生残留气体分子的离子吸附而产生发射噪声，伴随着吸附分子层的形成而使发射电流逐渐下降。因此，每天必须进行一次瞬间大电流取出吸附分子层的闪光处理，因而不得不中断研究，这是它的一个缺点。阴极对阳极为负电压，其尖端电场非常强(>10^{7}V·cm^{-1})，以至于电子能够借助"隧道"穿过势垒离开阴极。场发射电子枪不需要偏压(栅极)，在阴极灯丝下面加一个第一阳极，此电压不能加得太高(只加 5kV)，以免引起放电把灯丝打钝。在其下再加几十千伏的第二阳极作静电系统，聚焦电子束并加速。

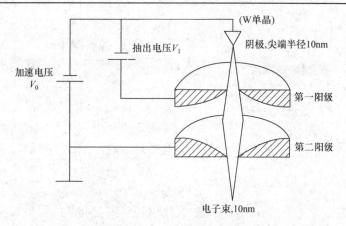

图 23-4 场发射电子枪结构原理图

热阴极 FEG 可克服冷阴极 FEG 的上述缺点。在施加强电场的状态下,如果将发射极加热到比热电子发射低的温度(1600～1800K),由于电场的作用,电子越过变低的肖特基势垒(Schottky barrier)发射出来。由于加热,电子的能量发散为 0.6～0.8eV,较冷阴极稍大,但发射不产生粒子吸附,发射噪声大大降低,而且不需要闪光处理,可以得到稳定的发射电流。

高亮度的 LaB_6 电子枪和场发射电子枪都特别适用于高分辨成像和微区成分分析,但其缺点也很明显,表现在价格昂贵,尤其是场发射电子枪;其次,为了保持电子枪的寿命和发射率,需要很高的真空度。

各种电子枪特性的比较列于表 23-2 中。

表 23-2 电子枪特性比较

电子枪种类 指标	热电子发射		场发射	
	钨灯丝 W	六硼化镧 LaB_6	热场发射 $ZrO/W \langle 100 \rangle$	冷场发射 $W \langle 310 \rangle$
光源尺寸/μm	50	10	0.1～1	0.01～0.1
发射温度/K	2800	1800	1800	300
能量发散度/eV	2.3	1.5	0.6～0.8	0.3～0.5
束流/μA	100	20	100	20～100
束流稳定度	稳定	较稳定	稳定	不稳定
闪光处理(flash)	不需要	不需要	不需要	需要
亮度/(A·cm^{-2}·str^{-1})	5×10^5	5×10^6	5×10^8	5×10^8
真空度	10^{-3}	10^{-5}	10^{-7}	10^{-8}
使用寿命	几个月	约 1 年	3～4 年	约 5 年
电子枪费用/美元	20	1000	较贵	较贵

2) 聚光镜

聚光镜的作用是汇聚从电子枪发射出来的电子束,控制束斑尺寸和照明孔径角。高性能透射电子显微镜通常采用双聚光镜系统。第一聚光镜为一个短焦距强磁透镜,其作用是缩小束斑,通过分级固定电流,使束斑缩小为 0.2～0.75μm;第二聚光镜是一个长聚焦距弱磁透镜,以保证它和物镜之间有足够的工作距离,用以放置样品室和各种探测器附件。第二斑尺寸为 0.4～1.5μm。在第二聚光镜下方,常有不同孔径的活动光阑,用来选择不同照明孔径角,见图 23-5。为了消除聚光镜的像散,在第二聚光镜下方装有消像散器。

双聚光镜有很多优点,包括可扩大光斑尺寸的变化范围;可在不同模式下通过改变第一聚光镜的电流选择所合适的光斑尺寸;可减小样品的照射面积和温升(temperature rise);观察时可通过调节第二聚光镜电流,改变样品的照射面积。此外,由于第二聚光镜为弱透镜,增大了聚光镜和样品之间的距离,便于安装聚光镜光阑和束偏转线圈等附件。

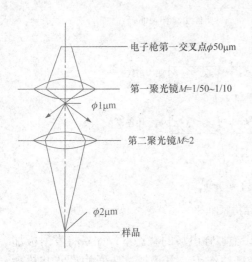

图 23-5 电子照明系统中的聚光系统

2. 成像系统

成像系统包括了物镜、中间镜、投影镜、物镜光阑和选区光阑,其主要作用是将穿过样品的电子束在透镜后成像或成衍射花样,并依次经过物镜、中间镜和投影镜接力放大,如图 23-6 所示。

1) 物镜

物镜是成像系统的第一级透镜,其分辨本领决定了透射电子显微镜的分辨率。因此,为了获得最高分辨、高质量的图像,物镜采用强激磁、短焦距透镜以减少像差,借助物镜光阑降低球差,提高衬度,配有消像散器消除像散。中间镜和投影镜是将来自物镜给出的样品形貌像或衍射花样进行分级放大。

2) 中间镜

中间镜是弱激磁长焦距变倍透镜。通过中间镜可控制电子显微镜的总放大倍率,当放大倍数大于 1 时,可用于进一步放大物镜像,而当放大倍数小于 1 时,用于缩小物镜像。若把中间镜的物平面和物镜的像平面重合,可在荧光屏上显示一幅放大的电子图像,上述过程为成像操作(imaging operation)。而若把中间镜的物平面和物镜的背焦面重合,则在荧光屏上显示一幅电子衍射花样,其过程为透射电子显微镜的电子衍射操作 (electron diffraction operation)。在物镜的像平面上有一个选区光阑,通过其可进行选区电子衍射操作。

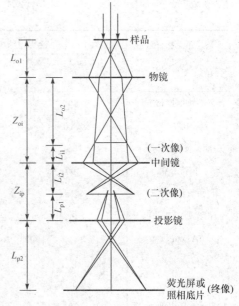

图 23-6 三透镜成像原理图

3) 投影镜

投影镜也是一个短焦距的强磁透镜,其主要功能是把经中间镜放的像(或电子衍射花样)进一步放大,并投影到荧光屏上。投影镜的激磁电流是固定的,因成像电子束进入投影镜时孔径角很小，所以它的景深和焦长非常大。即使电子显微镜的总放大倍数有很大的变化，也不会影响图像的清晰度。

目前，高性能透射电子显微镜通常采用 5 级透镜放大，其中中间镜和投影镜各有两级。成像模式具有三种放大倍数可供调整：高放大倍数(~500 000×)、中放大倍数(10 000~50 000×)、低放大倍数(100~10 000×)。

3. 观察记录系统

观察记录系统由荧光屏、照相机(底片记录)、TV 相机和慢扫描 CCD 组成。不同电子显微镜的荧光屏具有不同的发光强度，照相底片是由一种对电子束很敏感的感光材料制成，其对绿光比较敏感，对红光基本不反应，因此可在红光下换片和洗底片；TV 相机是将光信号转变为电信号，具有反应速率快的特点，但不利于记录；当前使用较多的慢扫描 CCD 是最新发展出来的一种记录方式，其反应速率较 TV 相机慢，但记录十分方便。

4. 真空系统

电子显微镜真空系统包括机械泵、油扩散泵、离子泵、阀门、真空测量仪和管道等部分。真空系统是为了保证电子在镜筒内整个狭长的通道中不与空气分子碰撞而改变电子原有的轨迹，同时为了保证高压稳定度和防止样品污染。

不同的电子枪要求不同的真空度。一般常用机械泵加上油扩散泵抽真空，为了降低真空室内残余油蒸气含量或提高真空度，可采用双扩散泵或改用无油的涡轮分子泵。

5. 供电系统

透射电子显微镜的供电系统需要两部分：一是供电给电子枪的高压部分，二是供电给电磁透镜的低压稳流部分。电压的稳定性是评价电子显微镜性能的一个极为重要的标准。若加速电压和透镜的电流不稳定将会使电子光学系统产生严重像差，所以供电系统的主要要求是产生高稳定的加速电压和各透镜的激磁电流(exciting current)，其中物镜激磁电流的稳定度要求最高。除了上述电源部分外，近代仪器还有自动操作程序控制系统和数据处理的计算机系统。

23.2.2 主要部件结构及工作原理

1. 样品台与样品室

电子显微镜样品小而薄，通常用外径 3mm 的样品铜网支持，网孔或方或圆，约 0.075mm。样品台的主要作用是承载样品，并在物镜的极靴孔内进行平移、倾斜、旋转，以选择感兴趣的区域或位向进行显微观察分析。

样品倾斜装置用的最普遍的是侧插式倾斜装置，有的样品杆还兼具样品倾斜或原位旋转的装置。这些样品杆和倾斜样品台的组合可形成侧插式双倾样品台和单倾旋转样品台。单倾台只能随测角台转动(X 轴方向)，双倾台除了可以随测角台转动外，还可以绕垂直于测角台轴线转动(Y 轴方向)。此外，样品台按在电子显微镜中的装入方式还可分为侧插式和顶插式，不过侧插式使用较为普遍。

通过样品室承载样品台，并能使样品移动，以便选择感兴趣的样品视域，再借助双倾样品座,以使样品位于所需的晶体位向进行观察。样品室内还可分别装上具有加热、冷却或拉伸等各种功能的侧插式样品座,以满足相变、形变等过程的动态观察,但动态拉伸观察样品座原先只具有单倾功能,即只能使样品绕样品杆长轴方向旋转。

2. 电子束倾转与平移装置

如图23-7所示,电子束的倾转与平移是通过安装在聚光镜下方的两个偏转线圈来实现的,因而又称为电磁偏转器(electromagnetic deflector)。其中图23-7(a)是电子束的平移示意图,通过上下偏转线圈联动来实现。当上偏转线圈顺时针偏转 θ 角时,下偏转线圈同时逆时针偏转 θ 角,会使光路在整体效果上产生平移,但不会产生偏转。而图23-7(b)是电子束倾转的示意图,当上偏转线圈顺时针转动 θ 角时,下偏转线圈会同时逆时针转动$(\theta+\beta)$角,光路整体效果会产生 β 角倾转,但样品的入射点位置不会改变。

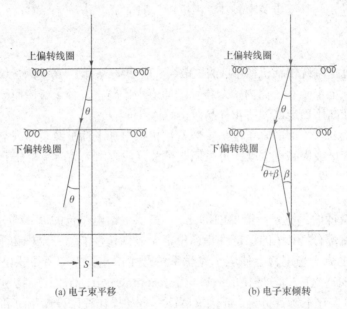

(a) 电子束平移　　　　　　　(b) 电子束倾转

图 23-7　聚光镜电子束对中系统工作原理图

3. 消像散器

消像散器(anastigmator)用来消除或减小透镜磁场的非轴对称性,将固有的椭圆形磁场校正成旋转对称磁场的装置。消像散器包括机械式和电磁式两类。

机械式消像散器是在电磁透镜的磁场周围放置几块导磁体,其位置可以调节。通过吸引一部分磁场,可以把固有的椭圆形磁场校正成接近旋转对称的磁场。电磁式消像散器是通过电磁极间的吸引和排斥来校正椭圆形磁场。图 23-8 是电磁式消像散器示意图,由两组四对电磁体排列在透镜磁场的外围,每对电磁体均由同极相对的方式放置。通过调节两组电磁体的激磁强度与磁场的方向,可将

图 23-8　电磁式消像散器示意图

固有椭圆形磁场校正成旋转对称的磁场,达到消除像散的目的。

在透射电子显微镜中,聚光镜、物镜、中间镜下均安装有消像散器,其中聚光镜的像散较易消除,而物镜的像散消除最为重要,也相对较复杂,尤其进行高分辨显微观察时。不过随着慢扫描 CCD 的广泛应用,物镜的消除散像已经变得较为容易。中间镜像常规情况下不需调节,一般只在衍射模式下需要调节衍射斑的像散。

4. 光阑

透射电子显微镜的主要光阑包括聚光镜光阑、物镜光阑和选区光阑,其通常由无磁性的金属材料制作。图 23-9 是光阑的示意图。聚光镜光阑的主要作用是限制照明孔径角,在双聚光镜系统中通常装在第二聚光镜的下方。物镜光阑又称衬度光阑,其作用是挡住散射角较大的电子,提高图像的衬度,另一作用是在后焦面上套取衍射束的斑点成像,其一般安置在物镜的后焦面上。选区光阑又称场限光阑或视场光阑,通常放置在物镜的像平面上。

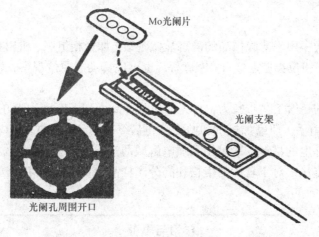

图 23-9 光阑的示意图

23.2.3 透射电子显微镜分辨率和放大倍数的测定

分辨率是透射电子显微镜的最主要性能指标,其可体现电子显微镜显示亚显微组织、结构细节的能力。

分辨率有点分辨率和线分辨率两种指标。点分辨率(point resolution)表示电子显微镜能分辨两点之间的最小距离;线分辨率(linear resolution)表示电镜所能分辨的两条线之间的最小距离,其通常由拍摄已知晶体的晶格像进行测定,又称晶格分辨率(lattice resolution)。透射电子显微镜的低放大倍数和高放大倍数分别通过测定已知光栅和已知晶体的晶格像来确定。

23.2.4 样品制备

鉴于电子束的穿透能力较低(散射能力强),用于透射电子显微镜分析的样品厚度要求非常薄,根据样品的原子序数大小不同,厚度通常在 5~500nm。一般需要特殊的方法制备样品。

进行透射电子显微镜观察时,将样品制备成合适观察的形态是决定能否成功获得所需信息的关键步骤。透射电子显微镜的样品制备是一项较为复杂的技术,制样的成功与否会直接影响透射电子显微镜像或衍射谱。透射电子显微镜成像是基于样品对入射电子散射能力的差异而形成衬度，其要求制备的样品对电子束具有"透明"特性，保持高分辨率的同时不会失真。

影响电子束穿透固体样品能力的主要因素包括加速电压、样品的厚度和原子序数。对100～200kV 的透射电子显微镜，样品厚度控制在 50～100nm，对高分辨率透射电子显微镜则要求样品厚度约 15nm，并且不同的样品其制样方法有所不同。

1. 粉末样品

透射电子显微镜要求粉末样品厚度在 100nm 以下，若样品粒度超过 100nm，则需先将样品尺寸研磨到 100nm 以下，而后通过超声方法在无水乙醇中分散，再用支持网(载网)捞起或滴加在支持网上即可。

常用的市售支持网有铜网、镍网、钼网、金网、尼龙网等。在生物制样中通常单独使用载网，加样后进行喷碳或喷金处理，再进入电镜观察。

2. 薄膜样品

透射电子显微镜多用于薄膜样品的静态显微观察，如金相组织、析出相形态、分布、结构及与基体取向关系；错位类型、分布、密度等，也可进行动态原位观察，如相变、形变、位错运动及其相互作用。

薄膜样品制备的一般工艺步骤为，首先从块状样品中切下厚度约为 0.5mm 的薄片，其次经过薄片的预减薄后(手工研磨加挖坑和抛光)，再最终减薄。减薄的方法应根据待表征材料而定，塑性较好而又导电的材料一般采用双喷电解减薄法，而陶瓷等脆性较大又不导电的材料一般用离子减薄的方法。对于软质的生物和高分子样品，可用超薄切片法将样品切成厚度小于 100nm 的薄膜。

学习与思考

(1) 查文献，看看什么是电子隧穿效应，什么是肖特基势垒？
(2) 通过查阅文献，讨论有机样品、无机样品和生物样品的透射电子显微成像在制样时分别要注意的事项。
(3) 试说明成像操作与衍射操作时各级透镜(像平面与物平面)之间相对位置关系。
(4) 电子束入射固体样品表面会激发哪些信号？试说明其特点与用途。

23.2.5 表面复型

表面复型(surface replica)是对样品表面形貌的复制，其过程与侦破案件中用的石膏复制罪犯鞋底花纹的方法相似。通过表面复型制备的样品是真实样品表面形貌组织结构细节的薄膜复制品，再通过透射电子显微镜进行显微分析。

制备复型材料本身必须是"无结构"的，要求复型材料在高倍成像时也不显示其本身的任何结构细节，因此不会干扰被复制表面的形貌显微观察和分析。

常用的复型方式包括以下四种。

(1) 塑料一级复型，分辨率为 10～20nm。
(2) 碳一级复型，分辨率为 2nm。

(3) 塑料-碳二级复型，分辨率为 10～20nm。

(4) 萃取复型，通过把待分析粒子从基体中提取出来，分析时可不受基体干扰。

除萃取复型外，其余复型只是样品表面的一个复制品，仅能提供其表面形貌的结构信息，但不能提供其内部组成相、晶体结构、微区化学成分等本质信息。因此除萃取复型外，其他复型目前已较少使用。

23.2.6 透射电子显微镜的应用

透射电子显微镜的分辨率已经达到了 0.1～0.2nm，其应用包含了化学、材料学、生物学、地质矿物等多门学科，其主要应用归纳为以下三方面。

1. 表面形貌观察

透射电子显微镜主要用于分析固体颗粒样品的形状、大小、粒度分布等。不同晶体微观组成会具有不同的成像与衍射花纹，进而可同时观察组织显微形貌和进行晶体的结构和取向分析。图 23-10 展示了腺泡细胞和 Fe_3O_4 纳米粒的透射电子显微镜图。

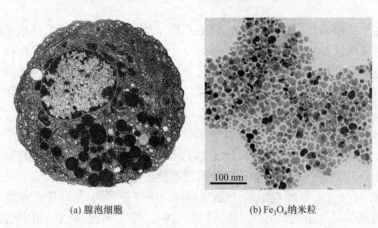

(a) 腺泡细胞　　　　(b) Fe_3O_4 纳米粒

图 23-10　透射电子显微镜图

2. 原位观察

在透射电子显微镜观察时可利用相应的样品台进行原位实验(in-situ test)。例如，采用加热台加热样品可观察其相变过程，采用应变台拉伸样品观察其形变和断裂过程等。

3. 晶体缺陷分析

晶体缺陷(crystal defeat)是指一切破坏正常点阵周期的结构，如空位、位错、晶界等。以上结构都会导致区域内的衍射条件发生变化，使得缺陷所在区域的衍射条件与正常的衍射条件有所差别，从而在荧光屏上显示的明暗程度有所差别。

延伸阅读 23-1：透射电子显微镜升级换代

早期的 TEM 功能主要是观察样品形貌，其后发展到可以通过电子衍射原位分析样品的晶体结构。具有形貌和晶体结构原位观察两个功能，是其他结构分析仪所不具备的。

TEM 增加附件后，其功能发展到进行原位成分分析(EDS、EELS)、表面形貌观察(二次电子像 SED、背散射电子像 BED)和透射扫描像(STEM)。

EDS 是基于各种元素的 X 射线特征波长大小取决于能级跃迁过程中释放出的特征能量 ΔE，利用不同元素 X 射线光子特征能量可用来对材料微区成分元素种类与含量分析，配合 SEM 与 TEM 的使用。

STEM 是既有 TEM 又有 SEM 的显微镜。STEM 可与 SEM 一样，用电子束在样品的表面扫描，又可像 TEM 一样，通过电子穿透样品成像。STEM 能够获得 TEM 所不能获得的一些样品的特殊信息。STEM 技术要求较高，要非常高的真空度，并且电子学系统比 TEM 和 SEM 都要复杂。其优点包括可以观察较厚的试样和低衬度的试样，可以实现微区衍射，以及可以分别收集和处理弹性散射和非弹性散射电子。

23.3　扫描电子显微成像分析

23.3.1　概述

虽然透射电子显微镜利用电子束作为照明获得了较光学显微镜高千倍水平的放大率，为了解纳米尺寸的微观世界创造了条件，但透射电子显微镜在使用上仍然存在极大的限制。由于电子束的透过能力有限，因此透射电子显微镜在其发展的初期主要是用于观察生物材料，而且需要配合切片技术以获得较薄的观察样品。其应用于透过性能更差的金属等固体样品的观察时，则需要配合更为复杂的样品制备技术以获得极薄的样品。

当前，透射电子显微镜较多用于观察纳米材料等的形貌和尺度，因此需要一些特殊制备的支撑材料来负载被观察样品，而且所能观察的也主要是纳米材料的外形轮廓，对其表面形貌的表达不够充分，这些都是透射电子显微镜还不能很好解决的问题。

1935 年，德国电气工程师克诺尔(Max Knoll，1897—1969)在设计透射电子显微镜的同时，提出了扫描电子显微镜的原理及设计构想。1942 年在实验室制成第一台扫描电子显微镜。1965 年，英国诞生了第一台实用化的商品扫描电子显微镜，我国则在 20 世纪 70 年代设计生产出自己的扫描电子显微镜。

在透射电子显微镜技术之后，扫描电子显微技术为人们开辟了另一条通往微观世界的道路。从字面上看，两者都称为电子显微镜，但实际上两者除了均利用到电子束和电磁透镜外，在工作原理上是截然不同的。透射电子显微镜承袭光学显微镜的放大原理，而扫描电子显微镜则是基于电子与表面相互作用产生信号的技术，更大程度上类似于表面分析技术，因而其图像不仅能够反映样品表面的显微形貌特征，还可以提供密度、元素分布等更有意义的信息。

扫描电子显微镜的优点是：①具有较高的放大倍数和范围，20~200 000 倍连续可调；②具有很大的景深，视野大，成像富有立体感，可直接观察各种样品表面凹凸不平的细微结构；③制样过程简单。目前很多扫描电子显微镜都配有 X 射线能谱仪，可同时进行显微形貌观察和微区成分分析。

与透射电子显微镜相比，扫描电子显微镜的电子光学系统有所不同，其作用仅是提供扫描电子束，作为使样品产生各种物理信号的激发源。扫描电子显微镜最常使用的是二次电子信号和背散射电子信号，前者用于显示表面形貌衬度，后者用于显示原子序数衬度。

23.3.2 成像原理

扫描电子显微镜是以入射电子为激发源，在材料表面进行扫描，同时同步探测入射电子和研究对象相互作用后从样品表面散射出来的电子和光子，其信号强度与样品表面形貌结构或物质构质等有某种相关性，这些信号被检测器放大转变为电信号，再还原为亮度信号，显示出与电子束同步的扫描图像。

1. 入射电子与样品表面的相互作用

当一束高能电子束轰击样品表面时，其发生的主要相互作用方式如图 23-11 所示，基于这些作用产生的信号可形成多种成像方式(表 23-1)，包括二次电子(secondary electron)、特征 X 射线、连续 X 射线、背散射电子、俄歇电子、透射电子、吸收电子等。此外，在可见、紫外、红外光区域也会产生电磁辐射，产生电子-空穴对、晶格振动(声子)、电子振荡(等离子体)等。

2. 扫描电子显微镜利用的主要电子信号

1) 二次电子

二次电子是经过入射电子轰击而离开样品表面的核外电子，来自于样品在距表面 5~10nm 的深度范围(图 23-12)，能量为 0~50eV(通常几个电子伏)。二次电子由于对样品表面形貌十分敏感，适合进行表面形貌分析。而且二次电子由于发自样品表层，入射电子还未被多次反射，所

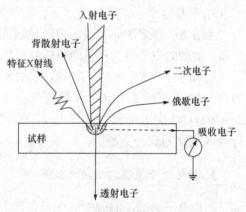

图 23-11 电子与样品表面的相互作用方式

以产生二次电子的面积与入射电子的面积没有太大区别，均具有分辨率高的特点。扫描电子显微镜的分辨率通常指的是二次电子分辨率。但二次电子产额(secondary electron yield)与原子序数之间并不存在明显的依赖关系，所以不能用其进行成分分析。

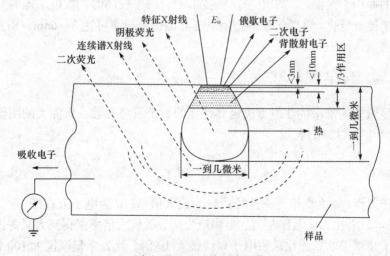

图 23-12 电子束与样品相互作用产生信号的深度分布

2) 背散射电子

入射电子与固体样品原子相互作用后,一部分初次电子会反射出来,称为背散射电子(back scattered electron),包括有弹性背散射电子(elastic backscattering electrons)和非弹性背散射电子(inelastic backscattering electrons)两种。

弹性背散射电子是被样品中原子核反射回来的,本身的能量损失很小,可达数千到数万电子伏;而非弹性背散射电子是入射电子和核外电子撞击后产生非弹性散射,其能量与方向都会发生变化,非弹性背散射电子能量范围很宽,从数十电子伏到数千电子伏。

弹性背散射电子数量比非弹性背散射电子所占的比例大。背散射电子成像分辨率较二次电子差一些,一般为50~200nm。背散射电子产额与原子序数有关,背散射电子信号强度与样品的化学组成有关。因此,背散射电子不仅可用于形貌分析,也可用于显示原子序数衬度,进行成分定性分析。

3) 吸收电子

入射电子经多次非弹性散射能量损失后会最终残存于样品中,如果样品和地之间接入一个高灵敏度的电流表,就可测得样品对地的信号,而该信号是由吸收电子提供的。

吸收电子对样品中原子序数很敏感,从而产生与原子序数相关的物理信号。逸出表面的背散射电子和二次电子数量与吸收电子信号成反比,因此吸收电子的图像衬度(image contrast)与二次电子和背散射电子的图像衬度相反,吸收电子能产生原子序数衬度,可进行微区定性的成分分析。

3. 扫描电子显微镜的放大倍率

扫描电子显微镜的放大倍率可在几十到几十万间连续可调,但放大倍率不是越大越好,而是受分辨率制约,要根据有效放大倍数和分析样品的需要进行选择。

扫描电子显微镜的分辨率与光学显微镜和透射电子显微镜中讨论一致,即高速电子束可获得短的波长从而可获得高的分辨率;电子束形成的艾里斑的半径是其分辨率的理论极限。但实际上扫描电子显微镜的分辨率远未达到其理论分辨率极限,原因是电子束的束斑还难于控制到如此小的面积。然而,扫描电子显微技术中分辨率较高的二次电子像的分辨率基本等于电子束束斑半径。当前,钨灯丝枪的扫描电子显微镜分辨率可达3~6nm,场发射源扫描电子显微镜分辨率可达到1nm。

4. 扫描电子显微镜的景深

扫描电子显微镜的景深特性也是决定其性能的一个重要参数,景深大的图像立体感强。SEM的景深(Δf)可用式(23-1)表示:

$$\Delta f = \left(\frac{0.2}{M} - d\right)\frac{D}{a} \tag{23-1}$$

式中,D为工作距离;a为物镜光阑孔径;M为放大倍率;d为电子束直径。

从式(23-1)可以看出,长工作距离、小物镜光阑、低放大倍率能得到大景深图像。一般情况下,扫描电子显微镜的景深比透射电子显微镜大10倍,比光学显微镜大100倍。

23.3.3 扫描电子显微镜结构

1. 扫描电子显微镜结构及工作原理

扫描电子显微镜是利用电子枪发射的电子束在加速高压下，经过电磁透镜进行样品表面逐点扫描，经过高能电子束与样品物质的相互作用，可产生诸如二次电子、背散射电子、吸收电子等，相关信号最终在荧光屏上显示以呈现样品表面多种特征。扫描电子显微镜的基本结构由电子光学系统、扫描系统、信号检测放大系统、图像显示和记录系统、真空系统和电源及控制系统六大部分组成。图 23-13 为扫描电子显微镜结构图。

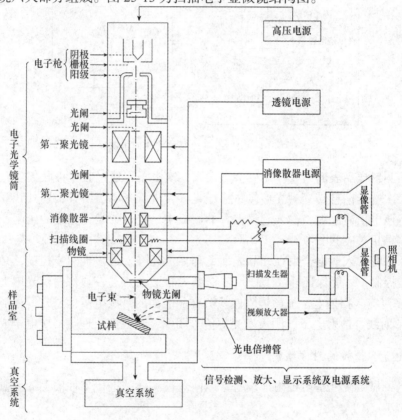

图 23-13 扫描电子显微镜结构图

在扫描电子显微镜中，电子束由电子枪发射，经三个电磁透镜聚焦成直径为纳米级的电子束，而末级透镜上部的扫描线圈可使电子束在样品表面做光栅状扫描。样品与电子相互作用后可激发出各种信号，其强度取决于样品表面的形貌、受激区域的成分及晶体取向。激发信号由探测器接收记录，再经信号检测放大系统后，输送到显像管栅极以调制显像管的亮度。因为显像管中的电子束和镜筒中的电子束是进行同步扫描的，显像管上各点的亮度是由样品相应点激发的电子信号强度来调节的，由此得到的图像一定是样品状态的反映。

图 23-14 是扫描电子显微镜成像原理图。整个过程中热电子由灯丝发射后，经 2~30kV 电压加速，通过两个聚光镜和一个物镜聚焦后，最终形成具有一定能量、强度和斑点直径的入射电子束，再在扫描线圈的磁场作用下，入射电子束按一定时间与空间顺序进行光栅式扫描。

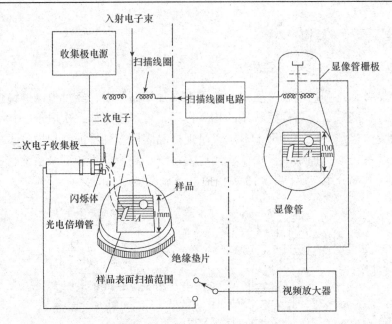

图 23-14　扫描电子显微镜成像原理图

入射电子照射样品表面与其作用后会激发出二次电子,通过收集极收集后经加速并射到闪烁体上,二次电子信息转变为光信号,再经光导管进入光电倍增管,使其转变成电信号。视频放大器将该电信号放大,输入到显像管的栅极中,进行荧光屏亮度的调制,荧光屏上会呈现与样品信息相对应的图像。

上述成像过程中入射电子束在样品表面上和在荧光屏上必须是同步扫描,必须用同一个扫描发生器来控制,才能保证样品上任一"物点"样品 A 点与在显像管荧光屏上的电子束恰好在 A' 点一一对应。扫描电子显微镜除能检测样品表面的二次电子信息外,还能检测背散射电子、特征 X 射线、透射电子、阴极发光等信号图像,其成像原理与二次电子成像相同。

2. 扫描电子显微镜的附件结构

将扫描电子显微镜配备多种附加设备,以便对被测样品进行多种信息的分析,一般有以下几种。

1) X 射线波谱仪

具有一定能量、聚焦很细的电子束轰击样品时,样品受轰击微区内的物质会发射出多种电子信息和 X 射线。不同元素发射出的特征 X 射线在波长、能量方面是不同的。X 射线波谱仪是利用分光晶体对特征 X 射线产生的衍射效应,检测出样品的特征 X 射线波长,进而确定原子序数,即确定电子束照射微区内所含化学元素的种类。

利用 X 射线波谱仪可进行定性与定量分析,通过对比样品所含元素在一定时间内所发射出来的特征 X 射线累积强度与标准品的特征 X 射线累积强度,即可得到每种元素的质量分数。

2) X 射线能谱仪

样品在被电子束轰击时,其表面不同元素发射出来的特征 X 射线能量也不同,采用锂漂移硅检测器对特征 X 射线的能量色散效应,X 射线能谱仪可测出特征 X 射线的能量,进而确定样品表面的化学元素种类。同样 X 射线能谱仪也可进行定性和定量分析。

3) 结晶学分析仪

在扫描电子显微镜中，当入射电子束打在样品上时，在样品内部发生非弹性散射，使得电子从样品表面的一个原点向四周发散并从各个方向与晶体学平面碰撞，如果满足布拉格衍射条件，则电子发生弹性散射，形成菊池衍射圆锥。对应每一个布拉格条件的晶面，会产生两个衍射圆锥，一个产生于晶面上侧，一个产生于晶面下侧。衍射圆锥强度由结构因子和多种电子束条件下的动态衍射决定。

由于每种结晶物质的内部晶体结构不同，故背散射衍射花样图谱也各异。通过收集背散射花样图谱，并对其进行识别、分析，结合波谱和能谱成分数据，可精确从数据库中检索出物相信息，进行物相鉴定。

根据背散射衍射花样图谱，结晶学分析软件可对七大晶系和十一个劳厄群进行标定，给出晶胞参数，进行晶界参数测定。根据背散射衍射花样图谱，可对每个晶粒的结晶取向做出标定，通过对分析区域晶粒结晶取向的统计，可从获得分析区域内晶体的结晶取向，进行微区晶体结晶取向测定。通过对微区内晶粒结晶取向的统计，可获得微区内织构的信息，进行微织构分析。

近代扫描电子显微镜已经在二次电子像分辨率上取得了较大的进展。但对不导电或导电性能欠佳的样品，需喷金操作以提高图像的分辨率。但随着材料科学的发展及科研与产业的需求，保持样品原始表面、不经处理进行扫描分析是当前需求。目前扫描电子显微镜的主要发展方向为高分辨率，与计算机技术相结合，发展大型及向小型或超大型发展。

23.3.4 扫描电子显微镜与透射电子显微镜的主要区别

扫描电子显微镜与透射电子显微镜存在以下区别。

(1) 透射电子显微镜的电子束是静态的，而扫描电子显微镜中电子束是在高压加速和扫描线圈的电磁场作用下产生细聚焦电子束在样品表面进行扫描的。

(2) 扫描电子显微镜主要在样品表面进行扫描，故其电压比透射电子显微镜低。

(3) 扫描电子显微镜的制样过程较透射电子显微镜简单。

适合用扫描电子显微镜观察的样品范围很宽，可以是自然面、断口、块状、粉体等。对于断口样品可选择新鲜断口直接进行扫描电子显微镜的显微观察，粉末样品可直接将粉末粘附在导电胶上进行观察。而块状样品的前处理过程较为复杂，一般包括切割、研磨、抛光、腐蚀等步骤。

导电材料进行扫描电子显微镜观察时，首先要求尺寸需符合要求，不得超过仪器规定范围；还需用导电胶将其粘贴在样品座上再进行观察。对于导电性欠佳或者绝缘的样品来说，通常需要进行喷镀导电层处理。一般使用二次电子发射系数较高的金或碳真空蒸发膜等做导电层。

样品不能有挥发或爆碎的现象，以免污染真空腔体。含水分及挥发性液体需先干燥。以高电压观察时，需确定待测物能够承受高速电子的撞击而不会有融化变形、蒸发或爆裂发生。在扫描电子显微镜发展过程中形成了一系列新型方法，不仅突破了传统扫描电子显微镜存在的一些局限，还大大拓宽了扫描电子显微镜的功能和应用。

学习与思考

---

(1) 讨论扫描电子显微镜测试对样品的基本要求。

(2) 通过查阅文献，说明磁性样品和高分子聚合物样品在扫描电子显微镜制样及测试中的注意事项。

(3) 分析影响扫描电子显微镜分辨率的主要因素。

(4) 你所研究的课题是否涉及扫描电子显微镜？扫描测试的目的是什么？说明其相关性和可行性。

23.3.5 扫描电子显微镜的应用

扫描电子显微镜的应用主要在以下方面。

1. 显微结构分析

扫描电子显微镜可观察原始材料及其制品的显微特征，样品观察简易、无损害，只需将样品放入样品室中。

扫描电子显微镜也可用于观察材料在力学加载后的裂纹扩展研究；加热条件下晶体合成、气化等过程；晶体生物机理、缺陷等研究；晶粒相成分在化学环境下差异性研究等，如图23-15(a)所示的卡马西平药物晶体。

(a) 卡马西平药物晶体　　(b) 高分子聚合物纳米粒

图 23-15　扫描电子显微镜图片

2. 纳米尺寸

随着纳米科技的发展，扫描电子显微镜在纳米药物、化学材料合成、生物及物理学领域有了广泛的应用。例如，纳米粒、纳米纤维、纳米管、纳米丝等纳米制品的纳米表征、纳米分析、纳米加工、纳米原型设计研究等。图 23-15(b)是使用高分子聚合物纳米粒的扫描电子显微镜图，其粒径分布在 200～300nm。此外，若将扫描电子显微镜与扫描隧道显微镜相结合，可使常规扫描电子显微镜的分辨率提高。

3. 成分分析

在分析过程中，获得形貌的显微结构后，可同时进行原位化学成分或晶体结构分析，从而可提供包括形貌、成分、晶体结构等丰富信息。扫描电子显微镜加能量分散谱的组合型仪器可实现上述功能。

延伸阅读 23-2：扫描电子显微镜升级换代

1986 年诺贝尔物理学奖授予了 3 位科学家，分别是德国柏林弗利兹-哈伯学院的鲁斯卡，以表彰他在电光学领域卓越的基础研究工作，以及设计了第一台电子显微镜；还有 2 位是设计出了扫描隧道显微镜的瑞士物理学罗雷尔(Heinrich Rohrer, 1933—2013)和德国物理学家宾宁(Gerd Binnig, 1947—)。

电子显微镜的研制历史最早可追溯到 19 世纪末。在研究阴极射线的过程中，人们发现阴极射线管的管壁往往会出现阳极的阴影。1897 年布劳恩(Karl Ferdinand Braun, 1850—1918)设计并成功制成了最初的示波管，为电子显微镜的诞生奠定了技术基础，布劳恩也因此获得 1909 年的诺贝尔物理学奖。1926 年布什发表了有关磁焦距(magnetic focal length)的研究论文，指出电子束通过轴对称电磁场时可以聚焦，如同光线通过透镜时可以聚焦一样，利用其可进行电子成像，为电子显微镜作了理论铺垫。1925 年起鲁斯卡在慕尼黑工业大学学习电子学，1927 年转到柏林工业大学，1933 年完成论文《关于电子显微镜的磁性镜头》并获得博士学位。鲁斯卡于 1933～1937 年在柏林电视机股份公司的研发部门工作，负责电视机接收发送管和带二级放大器的光电池的开发。在此期间，他同其妹夫博里斯(Bodo von Borries, 1905—1956)开始试探性地开发高分辨率的电子显微镜。1936 年底 1937 年初，他们在西门子公司的电子显微镜工业研发工作实现了这一目标，从而在柏林设立了电子显微镜实验室，并于 1939 年研发出了第一台能够批量生产的"西门子-超显微镜"。

当年诺贝尔物理奖的另一位得主罗雷尔于 1963 年完成博士后研究之后，加入了新成立的 IBM 苏黎世实验室。罗雷尔早期主要从事本多(Kondo)系统在脉冲磁场中的磁阻问题、反铁磁物质的相变和临界现象、核磁共振等研究工作；从 20 世纪 70 年代末起，罗雷尔开始转向于扫描隧道显微镜的研制工作。1982 年，罗雷尔博士与同事宾宁博士成功地研制出了扫描隧道显微镜(scanning tunneling microscope, STM)。STM 的发明引起了科技界的巨大轰动，被迅速地应用于生物学、医学、表面物理、表面化学和材料科学等研究领域，并取得巨大成功。

内容提要及学习要求

样品组织形貌观察主要是依靠显微镜技术。由于受阿贝衍射极限限制，光学显微镜用于纳米及其更小细节的观察无能为力，只能在微米尺度上观察材料的组织及方法；而利用电子作为与样品作用的探针，电子显微分析技术则可以实现纳米级的观察。电子显微技术如透射电子显微镜和扫描电子显微镜具有观察微小细节的能力，构成了电子显微技术的主要基础。当前，透射电子显微镜、扫描电子显微镜和电子探针仪等已成为材料科学、生命科学、医学等领域进行表面分析的不可缺少的工具。

本章主要介绍了透射电子显微和扫描电子显微成像的原理、仪器的基本结构、制备样品的注意事项。要求掌握电子显微成像的原理、透射电子显微镜和扫描电子显微镜的结构及其结构相同与不同之处，熟悉透射电子显微镜和扫描电子显微镜的样品制备流程与注意事项，由此可根据实验的不同要求，选择合适的电子显微观察方式及制样方法。

练 习 题

一、简答题

1. 扫描电子显微镜的工作原理是什么？

2. 扫描电子显微镜与光学显微镜相比有哪些特点？
3. 按电子枪源划分，扫描电子显微镜分为哪几类？各有什么优缺点？
4. 扫描电子显微镜的工作电压、工作距离、束斑尺寸的含义是什么？各自对扫描电子显微镜的成像质量和分辨率有什么影响？
5. 扫描电子显微镜与其他分析仪器联用的成功案例有哪些？
6. 透射电子显微成像分析与扫描电子显微成像分析的成像原理各是什么？
7. 透射电子显微镜中有哪些主要光阑？分别安装在什么位置？其作用如何？
8. 透射电子显微成像分析与扫描电子显微成像分析对样品有什么样的要求？
9. 电子显微镜的工作环境为什么必须在真空环境中？
10. 电子显微镜的基本类型有哪些？各有什么特点？
11. 电子显微镜由哪几个主要部分组成？对成像质量影响较大的部件有哪些？
12. 电子显微镜电子枪有几种主要类型？各有什么特点？

二、选择题
1. 下面对透射电子显微镜描述不正确的是( )。
   A. 利用泛光式电子束和透射电子成像　　B. 观察细胞内部超微结构
   C. 发展最早，性能最完善　　D. 景深长、图像立体感强
2. 电子散射少、对样品损伤小，可用于观察活细胞的电子显微镜是( )。
   A. 普通透射电子显微镜　　B. 普通扫描电子显微镜
   C. 超高压电子显微镜　　D. 扫描隧道显微镜
3. 透射电子显微镜的反差取决于样品对( )的散射能力。
   A. 二次电子　　B. 入射电子
   C. 样品质量厚度　　D. 样品性质
4. 透射电子显微镜所具有的特征有( )。
   A. 分辨率高　　B. 放大倍数高
   C. 成像立体感强　　D. 标本须超薄
5. 扫描电子显微镜的反差是由( )决定的。
   A. 吸收电子产率　　B. 反射电子产率
   C. 二次电子产率　　D. 特征 X 射线产率

三、判断题
1. 1938 年，俄国工程师克诺尔和鲁斯卡制造出了世界上第一台透射电子显微镜。( )
2. 1952 年，英国工程师奥特利(Charles Oatley)制造出了第一台扫描电子显微镜。( )
3. 扫描电子显微镜中二次电子像的分辨率一般在 3~6nm。( )
4. 扫描电子显微镜常规制样技术使样品表面特征充分暴露而变形，不适合研究生物样品的表面特征。( )
5. 供透射电子显微镜分析的样品必须能够让电子束透过，通常样品观察区域的厚度宜控制在 10~20nm。( )
6. 扫描电子显微镜不能利用透射电子成像，而只能利用背景散射电子成像。( )

第 24 章 原子力显微成像分析

24.1 概 述

正如第 23 章所述，人类直接通过眼睛和双手对世界的认识和改造能力毕竟是有限的，人眼能直接分辨的最小间隔大约只有 0.07mm。光学显微镜开阔了人们的观察视野，但由于受到阿贝衍射极限的限制，光学显微镜的分辨率限定在微米级水平上；电子透镜利用电子束聚焦的原理，放大倍数提高至了万倍级别，分辨率达到了纳米级别。

随着光学显微镜和电子显微镜的诞生和不断升级，人们的视觉领域得到了进一步的延伸。然而，人们对客观世界探求是无止境的，一方面人们不断搭建新的仪器设备，向着更精细的世界不断进军；另一方面科学发展为新技术、新发明提供了坚实的理论依据，孕育着更加精确、分辨率更高的仪器的发明和面世。

24.1.1 原子力显微镜的诞生

1982 年，IBM 公司(The International Business Machines Corporation)苏黎世实验室成功地研制了一种新型的表面分析仪器——扫描隧道显微镜(scanning tunneling microscopy, STM)[1]，使显微科学达到了一个新高度。STM 的诞生是继光学显微镜和电子显微镜之后第三代显微镜诞生的标志。相关发明家罗雷尔(Heinrich Rohrer, 1933—2013)和德国物理学家宾宁(Gerd Binnig, 1947—)因此获得了 1986 年诺贝尔物理学奖。尽管如此，扫描隧道显微镜在应用中要求样品必须有导电性而受到限制。所以，宾宁等在扫描隧道显微镜的基础上，于 1986 年发明了原子力显微镜(atomic force microscope, AFM)，并发表了题为原子力显微镜的科学论文[2]。

原子力显微镜的出现，使得在原子水平上探测绝缘物质表面高度形貌图(surface height profile)成为可能，而且还可用于表面弹性、塑性、硬度、摩擦力等性质研究，大大丰富了人们探测微观世界的能力。在 STM 和 AFM 基础之上，陆续出现了侧向力显微镜(lateral force microscope, LFM)、磁力显微镜(magnetic force microscopy)、静电力显微镜(electrostatic force microscopy, EFM)、力调制显微镜(force modulation microscope)、化学力显微镜(chemical force microscope, CFM)、扫描电化学显微镜(scanning electrochemical microscope, SECM)、扫描电容显微镜(scanning capacitance microscopy, SCM)、扫描热显微镜(scanning thermal microscope, STHM)、扫描近场光学显微镜(scanning near-field optical microscope, SNOM)、开尔文探针显微镜(Kelvin probe force microscope, KFM)等。

可见，显微镜种类十分丰富，品牌众多。以上这些显微仪器都是以微小的扫描探针"摸索"世界而成像的，故统称为扫描探针显微镜(scanning probe microscopes, SPM)，并逐渐发展成

---

[1] Binnig G, Rohrer H, Gerber C, et al. Surface studies by scanning tunneling microscopy. Phys Rev Lett, 1982, 49: 57-61.

[2] Binnig G, Quate C F, Gerber Ch, et al. Atomic force microscope. Phys Rev Lett, 1986, 56: 930-933.

为了一门崭新扫描探针显微学学科。在众多扫描探针显微镜中,以扫描隧道显微镜和原子力显微镜的应用最为普及。本章将以原子力显微镜为主,着重探讨原子力显微镜在研究领域的各种应用及进展。

24.1.2 原子力显微镜的特点

和其他传统光学显微镜、扫描电子显微镜和透射电子显微镜相比,原子力显微镜在横向扫描尺度上有独到的优势,如图 24-1 所示。

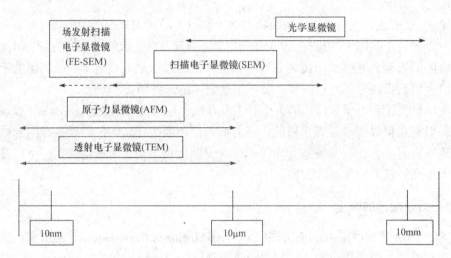

图 24-1 原子力显微镜和其他显微镜的横向扫描尺度

原子力显微镜最大的优点在于它能够获得三维图像,但局限在不能测量超过 100μm 的区域,这是因为原子力显微镜是通过探针机械地扫描样品表面,扫描大的区域会需要相当长的时间。为了克服这一缺陷,人们正在探索多探头平行扫描和快速扫描方法。

光学显微镜的观察尺度范围和原子力显微镜的观察尺度范围有着一个很好的重叠区域。因而,原子力显微镜经常和光学显微镜结合使用,通过两者的结合能够研究从毫米到纳米尺度的对象。

在实际使用中,通常借助普通光学显微镜观察去选择原子力显微镜的扫描区域。高分辨率的光学显微镜(通常与荧光显微镜整合)与原子力显微镜的结合具有许多的优点,特别是在生物学的研究中能够得到体现。由于原子力显微镜的体积较小,故其和其他显微镜的结合相对比较容易实现。

如表 24-1 所示,这几种显微技术的应用尺度范围较为接近,扫描电子显微镜的最高分辨率通常要比原子力显微镜低一些,而透射电子显微镜的最高分辨率与原子力显微镜较为接近。通常,原子力显微镜仪器比电子显微镜更加简单小巧,并且扫描样品的制备比较容易,基本上任何样品都可用原子力显微镜进行观察。在原子力显微镜的使用中,如果探针的状况较好,一般能够得到很好的图像。

表 24-1 原子力显微镜、扫描电子显微镜及透射电子显微镜各自的特征

指标	原子力显微镜	扫描电子显微镜	透射电子显微镜
适用样品类型	导电或绝缘	导电	导电
适用成像环境	空气、液相、真空	真空或气体(FE-SEM)	真空
分辨率/nm	0.1	5	0.1

续表

指标	原子力显微镜	扫描电子显微镜	透射电子显微镜
适用最大样品尺寸	无限制(一般为厘米级)	30mm	2mm
测量维度	三维	二维	二维
成像时间/min	2~5	0.1~1	0.1~1
相对价格	相对便宜	中等	较高

在透射电子显微镜和扫描电子显微镜的使用中，一般需要真空环境并且要求样品能够导电(不导电样品在成像前需要镀一层金属膜)，而原子力显微镜的优点是在空气环境中成像前样品不需要经过前处理，这就意味着在原子力显微镜中样品能够及时用于成像，并且能够避免在真空和镀膜过程中引入各种假象。原子力显微镜在扫描成像的过程中，一般要比扫描电子显微镜花费更长的时间，特别是当同一样品上有许多观察对象时更为明显。

原子力显微镜除了能够用于成像外还有许多其他用途，其中一大优点是其探针能够精确定位或接近样品表面，为对样品进行在纳米尺度上的测定和操作提供了可能。原子力显微镜的另外一个优点是灵敏度高、体积小，并且体积越小灵敏度越高，这一点与许多别的工具不同，并使得它能与其他技术较为容易结合。

24.2 原子力显微成像的基本原理

发明原子力显微镜是为了探测非导体表面的高度形貌图。原子力显微镜与扫描隧道显微镜最大的差别在于其并非利用电子隧道效应，而是利用原子之间的范德华力(van der Waals force)作用来呈现样品的表面特征。

24.2.1 原子之间的作用力

假设两个原子中，一个是在悬臂(cantilever)的探针尖端，另一个是在样品的表面，它们之间的作用力会随距离的改变而变化，其作用力与距离的关系如图 24-2 所示。当原子与原子很接近时，彼此电子云的斥力作用大于原子核与电子云之间的吸引力，所以整个合力表现为排斥力的作用，反之若两原子分开一定距离时，其电子云的斥力作用小于彼此原子核与电子云之间的吸引力，整个合力表现为吸引力作用。从能量的角度来看，这种原子与原子之间的距离与彼此之间能量的大小也可从伦纳德-琼斯势能函数(Lennard-Jones potential function)得到印证。

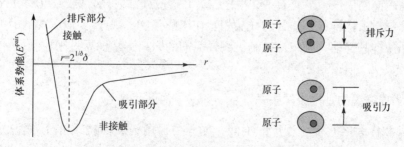

图 24-2 作用力与原子距离之间的关系

r. 原子之间的距离；δ. 势能为零时原子间的距离

图 24-2 中原子与原子之间的相互作用力和势能与原子之间距离的关系为

$$E^{pair}(r) = 4\varepsilon\left[\left(\frac{\sigma}{r}\right)^{12} - \left(\frac{\sigma}{r}\right)^{6}\right] \qquad (24\text{-}1)$$

式中，E^{pair}为体系的势能；r为原子之间的距离；ε为势能阱深度；σ为势能为零时原子间的距离。

从式(24-1)可知，当r降低到某一程度时其能量为+E，代表了在空间中两个原子是相当接近且能量为正值；当r增加到某一程度时其能量就会为–E，同时也说明空间中两个原子之间的距离相当远且能量为负值。不管从空间上看两个原子之间的距离与其所导致的吸引力和排斥力，还是从当中能量的关系来看，原子之间存在着奇妙的相互作用。原子力显微镜就是利用原子之间这种奇妙的关系来把原子的样子给呈现出来，让微观世界不再神秘。原子力显微镜是利用微小探针与待测物之间交互作用力，来呈现待测物表面的物理特性。

24.2.2 原子力显微镜扫描成像原理

将一个对微弱力极敏感的微悬臂一端固定，另一端为一微小的针尖，使针尖与样品表面轻轻接触，利用针尖尖端原子与样品表面原子间的极微弱的排斥力，并在扫描时通过控制这种力的恒定，带有针尖的微悬臂将对应于针尖与样品表面原子间作用力的等位面而在垂直于样品表面的方向作起伏运动，然后利用光学检测法或隧道电流检测法，可测得微悬臂对应于扫描各点的位置变化，从而获得样品表面高度形貌图的信息。

为了更好地理解原子力显微镜的工作原理，下面以扫描探针显微镜家族中最常用的激光原子力显微镜(atomic force microscope employing laser beam deflection for force detection, Laser-AFM)为例说明。

激光器(laser diode)发出的激光束经过光学系统聚焦在微悬臂(cantilever)背面，并从微悬臂背面反射到由光电二极管构成的激光检测器(detector)。在扫描样品时，由于样品表面的原子与微悬臂探针尖端的原子间的相互作用，微悬臂将随样品表面高度形貌图而弯曲起伏，因而其表面的反射光束也将随之变化，通过光电二极管可检测到反射光束光斑位置的变化，将这个代表微悬臂弯曲的形变信号反馈至电子控制器驱动的压电扫描器，通过调节其垂直方向的电压，使扫描器在垂直方向上伸长或缩短，从而调整针尖与样品之间的距离，使微悬臂弯曲的形变量在扫描过程中维持不变，也就是使探针与样品间的作用力保持不变。在上述的反馈控制机制下，记录扫描器在垂直方向上的位移，就能获得被测样品表面高度形貌图的信息。

在系统检测成像的全过程中，探针和被测样品间的距离始终保持在纳米量级，距离太大不能获得样品表面的信息，距离太小会损伤探针和被测样品。而反馈(feedback)回路的作用就是在工作过程中，由探针得到探针与样品相互作用的强度，来改变加在样品扫描器垂直方向的电压，从而使样品伸缩，调节探针和被测样品间的距离，从而反过来控制探针与样品相互作用的强度，实现反馈控制。

24.2.3 原子力显微镜的基本成像模式

依据针尖和样品之间接触程度的不同，原子力显微镜成像模式可分为轻敲式成像模式(tapping imaging mode)、接触式成像模式(contact imaging mode)、非接触式成像模式(non-contact imaging mode)。

1. 轻敲式成像模式

整个 AFM 系统如图 24-3 所示。用一个小压电陶瓷元件驱动微悬臂振动,其振动频率恰好高于探针的最低机械共振频率(~50kHz)。由于探针的振动频率接近其共振频率,因此它能对驱动信号起放大作用。当把这种受迫振动的探针调节到样品表面时(通常 2~20nm),探针与样品表面之间会产生微弱的吸引力。在半导体和绝缘体材料上的这一吸引力,主要是凝聚在探针尖端与样品间水的表面张力和范德华吸引力。虽然这种吸引力比在接触模式下记录到的原子之间的斥力要小一千倍,但是这种吸引力也会使探针的共振频率降低,驱动频率和共振频率的差距增大,探针尖端的振幅减少。这种振幅的变化可以用激光检测法探测出来,从而可推出样品表面的起伏变化。

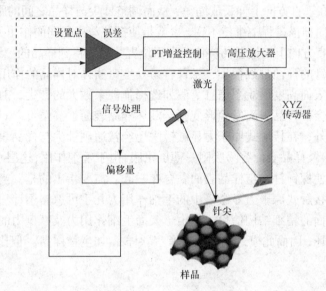

图 24-3 AFM 工作原理示意图

当探针经过表面隆起的部位时,吸引力最强,其振幅变小;而经过表面凹陷处时,其振幅增大,反馈装置根据探针尖端振动情况的变化而及时改变加在 Z 轴压电扫描器上的电压,从而使振幅(也就是使探针与样品表面的间距)保持恒定。同扫描隧道显微镜和接触式原子力显微镜一样,轻敲式成像模式原子力显微镜是用 Z 轴驱动电压的变化来表征样品表面的起伏图像。

在该模式下,扫描成像时针尖对样品进行"敲击",两者间只有瞬间接触,克服了传统接触模式下因针尖拖过样品而受到摩擦力、黏附力、静电力等的影响,并有效克服了扫描过程中针尖划伤样品的缺点,适合柔软或吸附样品的检测,特别适合检测生物样品,如核酸、蛋白质、细胞和病毒等。其优点是消除了会对样品造成损伤并降低图像分辨率的横向力影响,并且可以不受在常见成像环境下样品表面附着水膜的影响。其缺点是扫描速率比接触模式稍微慢一些。

2. 接触式成像模式

接触式成像模式是原子力显微镜最先采用也是分辨率最高的一种模式。在这种成像模式中,原子力显微镜的探针与样品表面进行"轻接触"。将一个对微弱力极敏感的微悬臂的一端固定，另一端为一微小的针尖，针尖与样品表面轻轻接触。在探针逐渐接近样品表面时，探针尖端的表面原子与样品表面原子由相互吸引，直至原子之间电子云产生静电排斥力为止。这种静电排斥力随着探针针尖和样品表面原子的进一步靠近而逐渐增大，最后抵消原子间的范德华引力。当原子间的距离接近或小于 1nm，约为化学键长时，合力为零。当合力为正值时(此时主要为静电排斥力)，原子相互接触。

由于针尖尖端原子与样品表面原子间存在极微弱的排斥力($10^{-8}\sim10^{-6}$N)，并且样品表面起伏不平而使探针带动微悬臂弯曲变化，而微悬臂的弯曲又使光路发生变化，进而使反射到激光位置检测器上的激光光点上下移动，由表面高度形貌图引起的微悬臂形变量大小可通过计算激光束在检测器四个象限中的强度差值得到，检测器将光点位移信号转换成电信号并经过放大处理。将这个代表微悬臂弯曲的形变信号反馈至电子控制器驱动的压电扫描器，调节垂直方向的电压，使扫描器在垂直方向上伸长或缩短，从而调整针尖与样品之间的距离，使微悬臂弯曲的形变量在水平方向扫描过程中维持不变，也就是使探针与样品间的作用力保持不变。在此反馈机制下，记录垂直方向上扫描器的位移及水平位置数据后得到样品的三维高度形貌图。

如果所选探针的弹性常数很小，悬臂容易发生弯曲并对样品的作用力小，可以不损坏样品而获取样品的表面高度形貌图信息。假如选择弹性系数大的针尖，对样品表面施加较大的作用力，针尖就会使样品表面发生形变甚至破坏样品表面，甚至可以对样品表面进行加工。除范德华作用力外，在接触式原子力显微镜中还经常遇到针尖与样品表面的毛细作用力。在大气条件下，针尖及样品表面容易吸附一薄层水膜，由于毛细作用，这层水膜可产生约为 10^{-8}N 的较强吸引力，使探针针尖与样品表面黏合在一起。需要指出的是，当样品在液相或高真空条件下成像时，接触式原子力显微镜中的毛细作用力几乎可忽略不计。接触式原子力显微镜能够获取样品表面的精细结构信息，但由于表面毛细作用力及摩擦力的存在，对软样品可能会产生拖动和破坏，因而此模式不太适合考察软样品(如生物样品)，但比较适合硬样品表面的表征。

3. 非接触式成像模式

非接触式原子力显微镜中，探针针尖和样品表面有一定的间隔，一般为几纳米到几十纳米，这在范德华曲线上位于非接触区域。探针在接近其共振频率处的样品表面附近振动。

在非接触式原子力显微镜中，探针针尖和样品作用力通常在 10^{-12}N 左右。当针尖接近样品表面时，探针共振频率或振幅会发生改变。检测系统探知此变化后，把信号传递给反馈系统，反馈系统通过控制压电陶瓷管的伸缩来保持探针针尖共振频率或振幅不变，从而控制探针针尖与样品表面的平均距离不变。

记录系统通过记录压电陶瓷管的伸缩情况获取样品表面的高度形貌图特征。非接触式成像模式原子力显微镜由于探针针尖不与样品表面接触，不会破坏样品表面，适于对软样品的考察。由于针尖和样品的作用力比较弱，这种成像模式分辨率较低，不能获取样品精细高度形貌图。

延伸阅读 24-1：原子力显微镜的组合成像模式

扫描力显微镜已经成为一种研究不同物质表面和界面变化的有力工具。除了传统的接触与非接触两种模式外，各种各样的扫描力显微镜(scanning force microscope, SFM)模式已开发出来并得到广泛应用。

不具破坏性的 SFM 是在原位置定性测量表面力学特性的方法，但与有些定量手段有时是相互排斥的。尤其是对于软样品，当测量过程损坏或改变样品表面会得到不准确的数据，迫切需要在尽可能最大获取样品和针尖表面作用信息的同时又对样品的损害降到最小。因此，将不破坏的 SFM 成像结合高的物质对比度和高的分辨率是至关重要的。

1997 年，德国乌尔姆大学(University of Ulm)马蒂(O. Marti)课题组提出了一种敏感的无破坏性 SFM 模式，即脉冲力模式(pulsed-force-mode, PFM)。通过向 SFM 引入 Z 向压电的正弦调制系统，获得一个完整测量周期的力-距离曲线。一次扫描可以获得形貌、弹性、静电和黏着特性。此外，由于横向力实际上被消除，因而可以轻易获得高分辨率的软样品图像，以至于在空气、液体等介质中能轻松获得同接触模式一样的扫描速率。

作为脉冲力模式的进一步进展，后来又推出了组合动态 X 模式(combined dynamic X mode, CODY)。在 CODY 模式中，借助于脉冲力原理扫描样品，用类似于力调制技术进行振荡，可以测得样品的动态响应和关于表面黏滞度的附加信息。新模式的本质是两种或更多不同频率和振幅调制的叠合，使新模式有高的动态组成。

24.2.4 原子力显微镜成像信息

在原子力显微镜的应用中，最常使用的成像是高度成像，即高度形貌图成像，除此以外还能获得其他的一些成像信息。

1. 摩擦力显微镜

摩擦力显微镜(friction force microscope，FFM)是在原子力显微镜表面高度形貌图成像基础上发展出来的一种成像技术。材料表面上不同组分很难在高度形貌图中区分开来，而且污染物也有可能覆盖样品的真实表面。摩擦力显微镜恰好可以研究那些高度形貌图上相对较难区分，而又具有相对不同摩擦特性的多组分材料表面。

在一般的接触模式原子力显微镜中，探针在样品表面以 X、Y 光栅模式扫描。聚焦在微悬臂上的激光反射到光电检测器，由表面高度形貌图引起的微悬臂形变量大小是通过计算激光束在检测器四个象限中的强度差值得到的。反馈回路通过调整微悬臂高度来保持样品上作用力恒定，也就是微悬臂形变量恒定，从而得到样品表面上的三维高度形貌图像。而在横向摩擦力技术中，探针在垂直于其悬臂方向上扫描。检测器根据激光束在四个象限中的强度差值来检测微悬臂的扭转弯曲程度。微悬臂的扭转弯曲程度随表面摩擦特性变化而增减(增加摩擦力导致更大的扭转)。而激光检测器的四个象限可以实时分别测量并记录高度形貌图和横向力数据。

摩擦力显微镜是检测表面不同组成变化的一种原子力显微镜技术，可在聚合混合物、复合物和其他混合物的不同组分间转变，鉴别表面有机或其他污染物及研究表面修饰层和其他表面层覆盖程度。在半导体、高聚物沉积膜、数据储存器及对表面污染、化学组成的应用观察研究的作用是非常重要的。

摩擦力显微镜之所以能对材料表面的不同组分进行区分和确定，是因为表面性质不同的材料或组分在摩擦力显微镜图像中会给不同的反差。例如，对碳氢羧酸和部分氟代羧酸的混合 LB 膜体系，摩擦力显微镜能够有效区分开 C—H 相和 C—F 相。这些相分离膜上，H—C

相、F—C 相及硅的表面间的相对摩擦性能比是 1∶4∶10。说明碳氢羧酸可以有效提供低摩擦性，而部分氟代羧酸则是很好的抗阻剂。不仅如此，摩擦力显微镜也已经成为纳米尺度摩擦学中研究润滑剂和光滑表面摩擦及研磨性质的重要工具。

2. 相位成像技术

相位成像(phase imaging)技术的发展极大地促进了原子力显微镜轻敲模式的应用，可提供其他原子力显微镜技术所不能揭示的、关于表面纳米尺度的结构信息。相位成像是通过轻敲模式扫描过程中振动微悬臂的相位变化来检测表面组分、黏附性、摩擦、黏弹性和其他性质变化的，对识别表面污染物、复合材料中的不同组分及表面黏性或硬度不同的区域是非常有效的。同原子力显微镜轻敲模式成像技术一样快速、简便，并具有可对柔软、黏附、易损伤或松散结合样品进行成像的优点。

在轻敲模式原子力显微镜中，微悬臂被压电驱动器激发到共振振动。振动振幅作为反馈信号用来测量样品的高度形貌图变化。在相位成像中，微悬臂振动的相角和微悬臂压电驱动器信号，同时将扩展电子器件模块(extender electronics module，EEM)记录，它们之间的差值用来测量样品表面性质的不同。可同时观察轻敲模式高度形貌图像和相图像，并且分辨率与轻敲模式原子力显微镜的相当。相图也能用来作为实时反差增强技术，可以更清晰地观察样品表面完好的结构而不受高度起伏的影响。

大量研究结果表明，相位成像同摩擦力显微镜相似，都对摩擦和黏附性质变化相对较大的表面很灵敏，在较宽应用范围内可给出很有价值的信息。例如，利用力调制和相位技术成像 LB 膜等柔软样品，可以揭示出针尖和样品间的弹性相互作用。另外，相位成像技术弥补了力调制和摩擦力显微镜方法中有可能引起样品损伤和产生较低分辨率的不足，可提供更高分辨率的图像细节、表面摩擦和黏附性检测及表面污染过程观察等。该技术已得到广泛应用，并将在纳米尺度上研究材料性质方面发挥更大的作用。

24.3　原子力显微成像的试样准备

应用原子力显微镜表征高聚物和其他材料的最为吸引人之处在于试样能在通常的大气条件下或液体环境中完成测量，而且试样准备简便易行。许多形状不同的材料，如薄片、薄膜和纤维甚至块状物等都可以不必进行任何预处理，只要表面足够平坦，即可直接安置于试样台上测量。

对聚合物的纳米结构和形态学研究，需要准备具有平整表面的试样。一种方法是将一小块或一片待测溶液滴在具有平整表面的云母、石墨或硅片等基片上，并使其冷却和固化。将固化的材料薄膜与基片分离，与基片接触的表面十分适合原子力显微镜观测。

对于块状材料，一种获得平滑表面的常用方法就是直接将表面磨平抛光，也可以使用超薄切片机切片获得平整表面。大尺寸的材料需要切割成小块以便夹持，而很小尺寸的材料可用树脂包埋成适合切片机夹持的大小和形状。合适刀具(玻璃刀或金刚石刀)的选择，刀具和试样温度的最佳设定对能否获得极佳光滑表面有着决定性影响。不完善的切片工作会在原子力显微镜图像中得到反映，图像中将出现刀痕和污染物痕迹。

对于复合材料界面的表征，需将界面区域暴露于试样表面。若只是检测界面的表面形貌

(高度变化),试样表面不必作任何处理,直接置于仪器中观察。若为了检测界面区域的微观结构,如结晶结构、组成分布或其他微观聚集结构态单元,则必须将表面磨平抛光或用超薄切片机切片。对非脆性复合材料,冷冻断裂是暴露界面区域的一种值得推荐的方法,常常能获得十分光滑平整的表面区域。

为了观察和测量纤维类试样内部的结构和性能,由于其微细直径这种特殊形状,常常需要作某些额外处理。常用的方法是将其伸直排列后包埋于某些树脂(如环氧树脂)中。对包埋块取适当方向切割,用超薄切片机切片,可暴露出合适原子力显微镜检测的纤维横向或纵向截面。对于高分辨成像,如观察大分子,需使用特殊的试样制备程序,但并不复杂。

综上所述,与电子显微技术相比,原子力显微镜的试样准备工作简便得多,不必进行复杂的超薄切片程序或其他减薄工作,也不需进行真空下喷镀导电薄膜增强表面导电性能。通常用于增强生物材料和高聚物试样图像衬度的重金属染色处理和其他处理,对原子力显微镜观察也是不需要的。

24.4 原子力显微成像的应用

24.4.1 形貌成像分析

应用原子力显微镜可获得样品的表面高度形貌图(即高低形貌图),这是原子力显微镜最常见的用途。原子力显微镜可以应用到在纳米级到微米级范围内的无机固体表面、有机薄膜、纳米结构、生物分子等的观察和研究;可以观察小到原子级别大到横向尺寸为100μm左右的各种结构;可在真空和大气等不同环境下工作,更可以在液相条件下成像,而且样品不需要经过特别复杂的制备过程,并且探测过程对样品损伤程度很小,特别适合生物样品的研究。

1. 高度分析

AFM可以用来对通过纳米加工手段制备得到的所有纳米生物材料进行表面形貌成像和高度分析,进而鉴别纳米加工工艺的可靠性,为后续纳米生物材料的生物效应等研究提供表面形貌方面的数据。例如,为了阐述星形胶质细胞(astrocyte)介导神经元(neuron)生长的机理,可以首先应用微接触印刷方法(micro contact printing method)在玻璃盖玻片表面制备了图案化的层粘连蛋白带,随后应用AFM轻敲模式对其进行了成像。结果表明,图案化的层粘连蛋白带宽约15μm,间距约15μm,高度约5nm。在此基础上,明确星形胶质细胞在图案化层粘连蛋白带上的生长及神经元在该星形胶质细胞上的生长机制,即纳米级高度的表面蛋白配体能够诱导星形胶质细胞进行定向生长,而且定向生长的星形胶质细胞能够诱导神经元定向生长。

AFM也可以通过观察纳米生物材料作为反应物时反应前后的表面形貌来明确纳米生物材料的特性。例如,利用AFM轻敲模式在大气环境下检测了在DNA折叠支架表面的单分子化学反应,证明单分子化学反应的高产率和化学选择性,从而表明了DNA纳米结构组装后化学修饰的可行性。

2. 粗糙度分析

表面粗糙度(surface roughness)即表面的起伏程度。粗糙度的测量是检测纳米生物材料表面性质和功能中必不可少的一个环节。目前的表面粗糙度测量仪,如自动变焦三维测量仪,

尽管 Z 方向分辨率可以达到小于 5nm，X-Y 方向分辨率可以达到亚微米级，但仍不能满足表面特征在纳米尺度的材料分析需要。但 AFM 在 Z 方向上分辨率为 0.01～0.1nm，X-Y 方向上分辨率为 0.1～1nm，可达到纳米量级材料的表面粗糙度测量需求。所以，利用 AFM 可以测定样品的表面形貌并分析得到样品的表面粗糙度，从而为研究材料粗糙度与材料相关性质之间的关系提供了更为精确的结果。利用 AFM 测量纳米生物材料的表面形貌和粗糙度，可以为研究理化因素等对纳米生物材料粗糙度的影响提供实验依据。

例如，应用 AFM 轻敲模式对仿生智能涂层进行的形貌学观察和粗糙度分析，可采取下列步骤将壳聚糖和重组类弹性蛋白-RGD 复合物通过层层组装方式沉积到基底上，在 pH 7.4 和 11 的缓冲溶液里孵育之后，对仿生智能涂层的形貌和表面粗糙度进行了分析。结果表明，无论最后一层是壳聚糖还是重组类弹性蛋白-RGD 复合物，仿生智能涂层的粗糙度都随着 pH 的增加而增加。利用 AFM 测量纳米生物材料的表面形貌和粗糙度可以研究纳米生物材料粗糙度对其表面与生物分子吸附能力的影响。

图 24-4 是电纺丝和碳量子点的原子力显微镜相图、高度形貌图。显而易见的是，这些数据对于较为全面解析电纺丝、碳量子点的微观结构和形貌是很有帮助的。

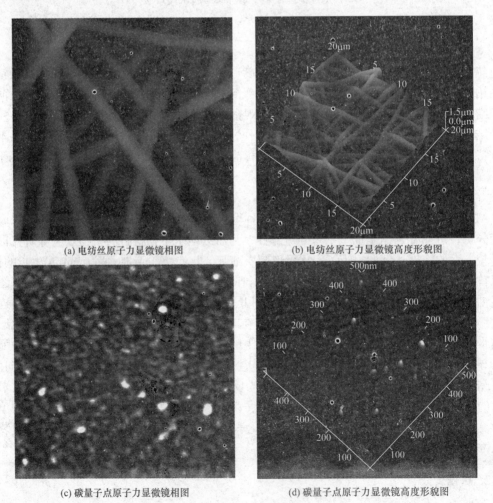

(a) 电纺丝原子力显微镜相图　　(b) 电纺丝原子力显微镜高度形貌图

(c) 碳量子点原子力显微镜相图　　(d) 碳量子点原子力显微镜高度形貌图

图 24-4　典型纳米结构的原子力显微成像

24.4.2 研究不同对象间的作用力

原子力显微镜本质上就是一个力的传感器,应用原子力显微镜可研究不同对象间微小的作用力。将要研究的对象分别固定在针尖和观察的基底上,通过变化针尖和样品的距离,来测定它们之间的作用力;或直接将研究物固定在基底的表面,变化针尖的距离将研究物的一端吸附到针尖的尖端后再来测定它的机械强度和黏弹性质。应用这种策略,人们已经对诸多的相互作用体系进行了力和黏弹性质的研究,特别是对生物分子(如蛋白质、细胞和其他的生物材料)的研究。例如,互补的单链 DNA 分子间的作用力及环境对其作用的影响,单链的 DNA 分子和 RNA 分子的力学性质,药物分子和 DNA 分子结合后 DNA 分子的机械性质,单个蛋白质分子的解链过程及蛋白质分子间的相互作用,聚合物的表面及单根的聚合物分子拉伸,运动纤维原细胞及细菌表面的机械性质等。总之,原子力显微镜已成为探测和研究生物体系的机械强度和机械性质及不同对象相互间作用力的有力工具。

微小的化学键及化学分子之间的作用力,也能用原子力显微镜系统进行探测。例如,18-冠-6和氨离子间的相互作用力、DNA 分子碱基之间的氢键作用力和自组装膜之间的相互作用力等。

除了利用原子力显微镜的针尖进行力的探测和传感外,原子力显微镜中的悬臂可开发为力的传感器。应用悬臂的传感,人们成功实现了生物分子之间的相互作用和识别的研究。镀金、柔软的原子力显微镜中的悬臂上吸附了自组装膜或生物分子后,由于分子之间的相互作用产生张力,使悬臂发生一定程度的弯曲,并可被激光反射进行精确的探测,从而被用作分子之间相互作用和识别的探测器。例如,通过研究了短的单链 DNA 分子的吸附和杂化过程中悬臂的偏转现象及其机理表明,单链 DNA 分子的吸附会使悬臂发生很大的弯曲,原因是单链 DNA 分子的持久长度(persistence length)小,分子比较柔软灵活,熵增加的驱动力导致悬臂表面弯曲,杂化后,分子有序性增加,结构上的熵驱动力减小致使悬臂的弯曲度变小。利用这种原理,可检测和区别出单链 DNA 分子上单个碱基的错配情况,也可以加工出阵列悬臂检测器,其背部为不同的有机膜,并用来检测不同的分析物,称为人造鼻子(artificial nose)。

24.4.3 纳米加工及操纵

应用原子力显微镜采用不同的加工机制可在各种不同的表面进行各种精度的加工和操纵。其加工精度能够达到小于 10nm 级别,精度高、尺寸小、费用低,并可加工出灵活多样的图案。纳米器件包括纳米电子线路、单电子晶体管,都可用原子力显微镜进行了构建和应用。

应用原子力显微镜进行的加工和操纵,已经成为纳米领域中灵活构建各种纳米结构非常有用的技术。按加工机制可分为机械加工刻蚀、电加工刻蚀、光加工刻蚀等,以及靠毛细力进行传输的纳米笔加工技术等。

扫描探针纳米加工技术的基本原理是利用探针-样品纳米可控定位和运动及其相互作用对样品进行纳米加工操纵,从而可以对纳米生物材料进行纳米级操纵加工,制备得到科学家所预设的样品。常用的基于 AFM 的纳米加工技术包括机械操纵和蘸笔纳米刻蚀技术等。可以对 AFM 进行升级从而实现对纳米生物材料的操纵加工功能。

例如,利用 AFM 抬升模式在液体环境下对 GAV-9 一维多肽纳米线进行机械操纵加工。通过 AFM 纳米操纵消除纳米线上的缺陷,产生了活性末端,随后多肽纳米线可以通过在活性末端组装多肽单体分子而得以修复。另外,也可以利用 AFM 纳米操纵在纳米线上产生活性末端,从而多肽单位分子可以在该活性末端组装而得到枝杈型纳米线。实现了纳米线在指定位置和方向上的延展,并可得到了精确的"NANO"图案,能非常精准地控制在多肽纳米线上新形成纳米线的位置、取向和形状。

延伸阅读 24-2：绿色荧光蛋白及其组装结构研究

为了说明原子力显微镜在生物医学分子中的应用,以绿色荧光蛋白(green fluorescence protein,GFP)的研究来说明。

GFP 是从水母(aequorea)中首次提取出的发强荧光的蛋白质,近来已被广泛和深入的研究。由于其独一无二的自发荧光和稳定性,它已成为一个强大的生物学工具而应用在基因表达研究、细胞测位、细菌发酵的应激反应、蛋白质表达的动力学研究等方面。

通过 X 射线的衍射分析,已经确定 GFP 由 11 个 β 螺旋结构围成的一个桶状结构,两端轴线位置上由 α 螺旋结构连接,发色团和 α 螺旋结构相连而被极对称的包埋在 11 个 β 螺旋结构(这 11 个 α 螺旋形成一个罐状结构,也称为 β-can)的中心。GFP 的各种性质(如稳定性和荧光)都可用这个推测的结构进行解释。但是 GFP 的结构和性质除了利用 X 射线分析以外,鲜有其他的结构分析手段来验证,并且结构在生理状态下或在液固界面上可能与它的晶体结构存在着一些差别。这些挑战可以通过原子力显微成像技术得以解决。

24.4.4 原子力显微成像的优点

原子力显微镜为科学研究提供了更为精确有效的手段,将科学研究向纳米尺度推进,使得以前难以实现的研究技术得以解决。利用原子力显微镜,不仅能得到分辨率极高的图像,还可以观察样品间的相互作用,并且对材料表面的力学性能进行分析,甚至在分子尺度上对纳米生物材料等进行加工,在纳米材料特别是纳米生物材料领域得到了广泛应用。

AFM 在纳米生物材料研究中的优势主要体现在以下六个方面。

(1) 具有极高的分辨率,横向分辨率可达 $0.1\sim1nm$,纵向分辨率可达 $0.01\sim0.2nm$。

(2) 使用环境宽松,既可以在真空中工作,也可以在大气、常温甚至溶液中使用,并且 AFM 对样品无导电性要求,制样简单。

(3) 利用 AFM 可以在纳米尺度上准确获得样品的黏弹性等力学性能,且探测过程对样品基本无损伤。

(4) 利用 AFM 可在材料表面进行纳米操纵与加工,并实现了对样品的可控操纵。

(5) 可以实现实时、原位成像观察。

(6) 可以较容易地与其他表面光学和光谱仪器联合使用,如光学显微镜傅里叶变换红外光谱、探针加强拉曼光谱、荧光关联谱,在研究中互补以更好地发挥彼此优势。

24.4.5 原子力显微成像的发展

经过 20 余年的不断发展,AFM 已经逐步成为一种多功能工具,为科学研究带来了极大的便利。但就 AFM 而言,仍有一些局限和不足,这也是今后研究的方向。

(1) 在液体环境下,利用 AFM 测量生物材料样品高度取决于原始结构高度、静电作用和作用力。测量软质生物材料样品的原始结构高度就需要消除可能存在的静电作用力并减少对样品的压力。

(2) 成像时较低的时间分辨率(扫描一副图像需要数分钟)限制了 AFM 的应用。近几年开发的高速 AFM，尤其是大扫描范围高速 AFM 将成像时间分辨率提高到了毫秒级，有力地推动了 AFM 未来的发展。

(3) 力谱曲线较长的获取时间限制了 AFM 在力谱实验中的应用。因此开发具有较短获取时间的力谱技术仍是一项富有挑战的工作。

(4) 受压电陶瓷伸缩范围限制，AFM 的最大扫描范围受限，有时候无法满足分析测试需要。

(5) AFM 与其他纳米材料测试仪器联用系统的研制还有较大空间，例如，万能力学实验机-AFM 联用系统的研制，既能分析材料的宏观力学性能，又能研究纳米材料在载荷作用下微纳米变形损伤行为研究等，从而为纳米材料的性能测试提供更为全面的研究。

相信随着研究的不断深入，这些不足将得到改善甚至消除，使 AFM 更好地为科学研究服务。

内容提要与学习要求

原子力显微镜超分辨成像技术的出现，使得在原子水平上探测绝缘物质表面高度形貌图成为可能。超分辨显微成像技术也成为探索微观世界的"神器"。

本章主要介绍了原子力显微镜的产生、特点及其原理。原子力显微镜的各种成像模式：主要包括轻敲式成像模式、接触式成像模式和非接触式成像模式的基本原理、过程及这些方法在材料形貌研究中的应用情况，原子力显微镜的试样准备的要求。原子力显微镜、扫描电子显微镜及透射电子显微镜各自的特征。

要求掌握这些分析成像模式的基本原理、仪器构造，了解原子力显微镜的应用情况。

练 习 题

1. 原子力显微镜扫描成像的基本原理是什么？
2. 说明原子力显微镜与其他扫描电子显微镜、透射电子显微镜在各方面的异同。
3. 原子力显微镜探测到的原子力由哪两种主要成分组成？
4. 原子力显微镜有哪几种成像模式？各有什么优缺点？
5. 怎样使用原子力显微镜才能较好地保护探针？
6. 原子力显微镜主要有哪些应用？
7. 原子力显微镜的特点有哪些？
8. 简述原子力显微镜的基本组成部分及其相关作用。
9. 原子力显微镜的工作方式有哪几种？
10. 原子力显微镜成像能获得哪些信息？
11. 如何准备原子力显微镜的试样？
12. 如何利用原子力显微成像技术进行形貌成像分析？
13. 举例说明如何利用原子力显微成像技术研究不同对象间的作用力。
14. 展望原子力显微成像的发展趋势。
15. 原子力显微成像技术在药物分子中可能有哪些应用？

第25章 临床医学成像分析

25.1 概 述

自从伦琴发现X射线以来的一百年来，医学成像分析已经得到了极大发展，相关成像技术从小型分析测试仪器发展成为大型临床诊断设备，无论对基础研究还是临床应用都是极大推动，仪器设备的性能、功能越来越强大。

从最初X射线用于人体检查，进行疾病诊断，形成放射诊断学(diagnostic radiology)学科。随着新兴临床医学影像学(medical imageology)的大力发展，出现了X射线计算机体层成像(X-ray computed tomography, X-ray CT 或 CT)、超声成像(ultrasonography, USG)和γ闪烁成像(γ-scintigraphy)技术、磁共振成像(magnetic resonance image, MRI)和发射体层成像(emission computed tomography, ECT)技术，特别是新的单光子发射体层成像(single photon emission computed tomography, SPECT)与正电子发射体层成像(positron emission tomography, PET)等新的成像技术，形成一个相对完整的影像诊断学(image diagnostics)体系。临床医学成像分析(clinical medical imaging analysis)就是建立在影像诊断学基础之上的一个分支体系，包含X射线、超声和磁共振内容。所以，本章学到的主体内容不是仪器分析，而更多的是关于基础仪器衍生的大型分析设备、研究设备或临床诊断设备。在某些情况下，并没有使用"成像分析"这个术语，而是遵照临床医学中使用"影像学"的习惯。

虽然各种成像技术的成像原理与方法不同，但都是以人体活器官为研究对象，从不同的侧面展示人体内部结构和器官形貌，达到无损获取人体解剖结构、生理功能和病理变化，以达到诊断和治疗的目的。特别是随着在影像监视下的采集标本或影像诊断为基础的介入放射学(interventional radiology)引入，影像诊断学不仅扩大了人体的检查范围，提高了诊断水平，而且可以对某些疾病进行治疗，实现诊断治疗一体化。作为影像诊断学的一个分支，临床医学成像分析无疑将受到临床诊疗技术的大力推动。

延伸阅读 25-1：介入放射技术

介入性放射学(interventional radiology, IR 或 vascular and interventional radiology, VIR)也称手术性放射学(surgical radiology)，是在医学影像学的基础上发展起来的一个新领域，由美国康奈尔大学的放射科临床医生马吉利斯(Alexander Margulis, 1921—)教授于1967年提出来的，为美国俄勒冈健康与科学大学的多特(Charles Theodore Dotter, 1920—1985)教授极力推动，以至于多特因此被誉为"Father of Interventional Radiology"，且获得1978年的诺贝尔生理或医学奖。

介入放射技术是在X射线、CT或超声观察下，由放射医生应用各种特制的穿刺针、导管和栓塞材料或药物，将全身各部组织器官的病变明确地予以诊断并进行治疗。这种方法操作简便、创伤性小，既能有的放矢地进行诊断，又可根据具体情况予以治疗，有时远比某些外科检查及手术疗法更为优越，目前已成为国内外医学界的重要诊疗手段。

介入性放射技术包括非血管性技术与血管性技术两大类。前者包括经皮穿刺活检、经皮穿刺肝胆系引流法、经皮摘除胆道残余结石术、经皮、肾及输尿管结石摘除术和栓塞性输精管绝育术；后者包括经皮血管腔形成术(percutaneous transluminal angioplasty, PTA)、血管内灌注药物治疗术和经导管栓塞术等。

25.2 X射线透视影像

在第9章已经学习了X射线光谱分析法，清楚了有关X射线产生的原理及其吸收、发射、散射和衍射原理和其在光谱分析中的应用。X射线临床诊断设备的发展与放射医学的高速发展紧密相关，医学临床工作的需要也极大促进了X射线设备与技术的创新和发展，仪器类别和使用规模也与日俱增。许多临床疾病诊断往往只用X射线检查就可明确，X射线检查已经列为常规检查项目，故可称为X射线诊断(radiodiagnosis)。

X射线诊断是医学诊断领域中最重要的组成部分。随着电子计算机断层扫描(computed tomography, CT)及介入放射学的开展，X射线检查已经成为诊断疾病和各项造影检查的基础，在临床诊断上占有重要地位并起着极其重要的作用。

除供各临床科室使用的通用型X射线机外，还有很多满足不同临床诊断需求的专用X射线机，如心血管造影X射线机、全身血管造影X射线机、消化道造影X射线机、胸科X射线机、神经外科X射线机、骨科X射线机、妇科X射线机、乳腺X射线机、泌尿外科X射线机、床旁X射线机、牙科X射线机、五官科X射线机、双能骨密度测定X射线机、介入放射学X射线机等。

25.2.1 诊断用X射线机

1. 工作原理

诊断用X射线机，是基于X射线透视学原理的影像诊断设备，属于常规检查设备。在计算机控制下直接通过数字化X射线摄影的一种数字平板成像系统(digital radiography, DR)，基本原理是将透过人体的X射线信息转换成数字信号，经转换器转换后显示出人眼可见的灰阶图像。

所获得灰阶图像可在恰当观察角度将满意的图像打印出来，同时也可将图像信息由磁盘或者光盘储存并进行传输。DR从X射线曝光到图像的显示由设备自动完成，直接快速地在显示器上观察到图像。

2. 仪器结构

虽然诊断用X射线机因诊断目的不同而有很大的差别，其基本结构都是由产生X射线的X射线管装置、供给X射线管灯丝电压及管电压的高压发生装置、控制X射线的"量"和"质"及曝光时间的控制装置，以及为满足诊断需要而装配的各种机械装置和辅助装置即外围设备所构成，其结构如图25-1所示

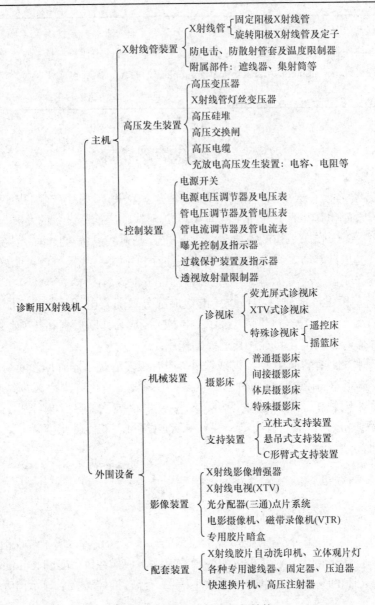

图 25-1 诊断用 X 射线机的结构

3. 临床应用

1) 普通检查

普通检查包括透视(scenography)、摄片(photographs)两种。

透视是 X 射线诊断中最常用的方法，简单易行，可同时观察器官的形态和动态，如心脏大血管的搏动和胃肠蠕动等，还可转动患者位置进行多轴位观察，以了解受检部位的立体解剖结构，也能进行对肺部病灶的定位，确定胃肠龛影在前壁或后壁等。但是透视影像不如摄片清晰，细微结构容易漏掉，不能记录病变的影像，不利于复查对比。此外，透视诊断常依靠检查者个人的经验和工作方法，不够客观。近年来虽然采用了影像增强设备，提高了某些部位细微病变的显示，但对密度较大、组织较厚部位的影像仍不如照片显示满意。透视时 X 射线对人体有一定损害，时间不宜过长。

透视最适于一般肺部疾病的检查，还可观察胸膜、横膈及心脏大血管的外形、位置和搏动等改变。透视对四肢长骨骨折及软组织异物的定位、膈下游离气体、肠梗阻和避孕环都能在短时间内得到确切的诊断。透视不适用于结构复杂、密度和厚度较大的头颈项、五官、脊椎、骨盆和腹腔脏器等检查。对显影细微的粟粒性肺结核和骨纹理改变的检查成像较差，必须进行摄片检查。

摄片指只利用自然对比，不加造影剂所摄取的 X 射线片。其优点是影像可长久保留，便于复查对照或做教学科研资料保存。X 射线片能显示细微结构和 2mm 以上的早期病灶，尤其能检查较厚的部位，如脊椎、头颅及骨盆等。摄片的缺点为只能摄取人体内一瞬间的形态改变，不能观察脏器的生理和病理活动情况，也不如透视有立体感。

【示例 25-1】 利用胸片进行胸水定量

检查方法为胸部 X 射线透视，方法简单，患者背靠检查床，可采用多个体位转动观察积液，并可观察呼吸时膈肌的动度及肋膈角的变化。

少量积液：液体上缘在第四肋前端以下。液量达 250mL 左右时，正位片仅见肋膈角变钝。随液量的增加可闭塞外侧肋膈角，进而掩盖膈顶。其上缘在第四肋前端以下，呈外高内低的弧形凹面。

中等量积液：积液上缘在第四肋前端平面以上，第二肋前端平面以下。正位胸片上，液体上缘呈外高内低的边缘模糊的弧线状，称为渗液曲线。

大量积液：积液上缘达第二肋前端以上，患侧肺野呈均匀致密阴影，有时仅见肺尖透明，肋间隙增宽，纵隔移向对侧，横膈下降。

2) 特殊检查

特殊摄影指需利用附加装置或特殊技术进行摄影，以达到特定检查目的。它包括体层摄影、高千伏摄影、放大摄影、软线 X 射线摄影、荧光缩影、记波摄影和干板照相等几种常用的特殊检查方法。

例如，体层摄影(layer radiography)又称为断层或分层摄影，是利用一种特殊装置，一端连接 X 射线球管，另一端连接片匣，被摄影部位置于其间，在曝光时球管与片匣做反方向的运动。投照的结果就使支点上的层面组织结构始终投影在胶片的固定位置上，因而可获得清晰影像，既避免了平片上前后互相重叠的干扰，又使其前后各层结构在胶片上投影的位置因曝光时的连续移动而消减为模糊影像。常用于显示肺内肿块、空洞或支气管有无狭窄、堵塞及扩张等，也可配合造影检查如肾盂造影、脑室造影等以了解某一层面的病变情况。

又如，放大摄影(ampliphotography)为影像直接放大，如放大体层、立体放大照相及放大血管造影等。它是根据几何学原理调节 X 射线焦点、受检部位和胶片三者间的投影关系而获得放大影像。在临床应用中，放大倍数越大，放大影像的清晰度越差。因此，必须应用小于 0.3mm 的小焦点，可以减少 X 射线束的扩散作用，从而获得清晰的放大影像。在没有微焦点设备的机器，可将普通 X 射线管(焦点 1.2mm)的阴极侧抬高，用阳极靶面斜射线进行放大摄影。

再如，软线 X 射线摄影(soft X-ray photography)很有特点，其原因就是软线 X 射线所产生的波长长，线质软的特性线谱，所以可利它对软组织进行软线 X 射线摄影。可以产生软线的 X 射线管靶面有钼靶、铜靶和铬靶，其原子序数依次为 42、29 和 24，所产生的特性线谱的阳极电压依次为 20kV、8.86kV 和 5.98kV，射线波长依次为 $(0.6\sim0.75)\times10^{-10}$m、$1.2\times10^{-10}$m 和 2.0×10^{-10}m。因此，用钼靶、铜靶或铬靶 X 射线机进行软组织摄影，其显影效果好、分辨率高，均优于普通钨靶 X 射线机。软线 X 射线摄影，在乳腺疾病诊断上应用最广、效果也显著。

在颈部或四肢等部位的应用,厚度较薄者效果也较好,而较厚部位的摄影如能应用高速增感屏,也能获得较好的效果。

3) 造影检查

人体的某些器官与周围组织因缺乏自然对比,所以必须通过造影检查(contrast examination)才能了解器官的内腔情况,即将造影剂(contrast agent)引入所要检查的部位,使其产生人工对比,这种方法称为造影(radiography)。常见的造影术分为消化道造影检查、T 管造影、静脉造影、输卵管造影等几种。

例如,消化道造影检查分为上消化道造影和下消化道造影。其中上消化道造影即通常所说的钡餐,是指用硫酸钡作为造影剂,在 X 射线照射下显影;而下消化道造影为结肠造影,即钡灌肠检查。

又如,T 管造影是胆道术后观察胆管情况的主要手段。造影前患者需进行碘过敏实验。含碘造影剂、消毒用具、备用引流袋等由临床医生准备,患者只需听从医生指导配合即可。

再如,输卵管造影是通过导管向宫腔及输卵管注入造影剂,利用 X 射线诊断仪进行 X 射线透视及摄片,根据造影剂在输卵管及盆腔内的显影情况来了解输卵管是否通畅、阻塞部位及宫腔形态的一种检查方法。

25.2.2 电子计算机断层扫描摄影

电子计算机断层扫描是 1972 年由英国电子工程师亨斯菲尔德(Godfrey Newbold Hounsfield, 1919—2004)设计发明的,快速安全、准确直视的检查方法,可谓是伦琴发现 X 射线以来在医学上的又一次革命,首先应用于检查颅脑疾病。由于 CT 机器不断改进,诊断范围逐渐扩大,其特点是可以清晰地显示某一横断层面的图像,可以区分身体内部各组织之间的微小密度差别而使软组织投影非常清楚。

1. 工作原理

CT 形成图像的基本原理是以 4~13mm 狭窄的 X 射线束,透过人体扫描,射至 X 射线管对侧的检测器上,将衰减的 X 射线再转变成数字输入电子计算机中,经信息处理和计算后再重建为密度不同的图像(图 25-2)。由于人体不同组织、不同器官对 X 射线的吸收不同,因而在显示器上形成一个横断面的投影图像,以供诊断。

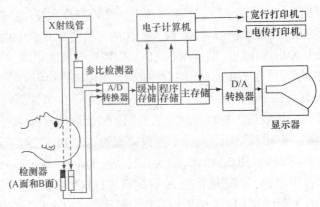

图 25-2 CT 结构示意图

2. CT 的临床应用

CT 的临床应用十分广泛，包括颅脑检查、眼眶检查、胸部检查、乳腺检查、腹部的肝脏、胰腺、肾上腺、肾脏、盆腔和脊柱等病变检查。

例如，肾脏检查时，由于肾实质为均匀密度，肾盂、肾盏为水样密度，肾周围因有脂肪衬托为一外形光整的类环状阴影。肾门断面呈马蹄形。常规尿路造影不显影或碘过敏的病例可应用 CT 检查。CT 显示腹膜后间隙的腹主动脉、下腔静脉的部位和轮廓，还可准确发现腹膜后肿瘤、动脉瘤及肿大淋巴结。

再如，在脊柱检查中，主要涉及椎管狭窄、椎管内肿瘤、椎间盘脱出及脊膜膨出伴脊柱裂等几种病变。其中椎管狭窄，因发育异常或退行性变所致的骨性或软组织与脊椎滑脱导致的脊髓压迫，从 CT 图像可测出狭窄的范围与程度；椎管内肿瘤因占位可使椎管增宽与扩张，并侵及神经根，CT 图像常为高密度阴影；椎间盘脱出的 CT 图像可显示椎间盘突出的部位、程度、脊髓受压移位、骨刺和碎片的形态改变；脊膜膨出伴脊柱裂的 CT 图像可显示有无软组织进入膨突囊中。转移性肿瘤、畸形性骨炎的脊椎出现骨低密度破坏区。脊髓空洞症在脊髓中密度减低，CT 可代替椎管造影。

学习与思考

(1) 诊断用 X 射线机与 CT 机的本质区别是什么？
(2) 查阅文献，讨论不同用途的 X 射线机的区别和联系。
(3) 查阅文献，CT 机在临床医学中都有哪些应用？

25.3 超声波及超声成像

25.3.1 超声波

1. 超声波的分类

机械波按其频率分类可分成各种不同的波，在 16～20kHz 能引起人的听觉，这一频率范围内的振动称为声振动(sound vibration)，由其所激起的纵波称为声波(sound wave)。频率低于 16Hz 的机械波称为次声波(infrasonic wave)。频率高于 20kHz 的机械波称为超声波(ultrasonic)。如表 25-1 所示，超声波的频率范围很宽，而医学超声频率范围在 200～40MHz，超声诊断用超声频率多在 1MHz 到 10MHz 范围内，相应的波长在 1.5～0.15mm。从理论上讲，频率越高，波长越短，超声诊断的分辨率越好，但目前由于各种因素限制，难以做出超过 10MHz 的探头。

表 25-1 机械波的分类　　　　　　　　　　　　　　　　(单位：Hz)

次声波	声波(可闻声波)	超声波	高频超声	特高频声
<16	16~2.0×10^4	2.0×10^4~10^8	10^8~10^{10}	>10^{10}

2. 超声波的基本特性

1) 机械特性

超声波不仅能使物质做激烈的强迫机械振动，而且还发现能够产生单向力的作用，这些机械作用在许多超声波技术中，如超声焊接、钻孔、清洗、除尘等都起着主要作用。

2) 空化特性

液体中特别是在液固边界处，往往存在一些小空泡。小空泡有大有小，可能是真空的，也可能含有少量气体或蒸气。当一定频率的超声波通过液体时，只有尺寸适宜的小泡能发生共振现象，这个尺寸称为共振尺寸。原来就大于共振尺寸的小泡在超声作用下就被驱出液体外。原来小于共振尺寸的小泡，能在超声作用下逐渐变大，接近共振尺寸时，声波的稀疏阶段使小泡迅速涨大，然后在声波压缩阶段中，小泡又突然被绝热压缩直至湮灭。

在这个过程中，小泡内部可达几千摄氏度的高温和几千个大气压的高压，在小泡涨大时，由于摩擦产生电荷会发生电荷中和而产生放电发光现象，在小泡突然被压缩时，液体以极大的速度来填充空穴，因而使小泡附近的液体或团体都会受到上千个大气压的高压，即空化现象(cavitation phenomena)(参见 15.5 节)。

超声空化因为产生局部高温、高压及放电等现象，因而超声波在工程技术有广泛应用。例如，常温常压下不能发生的化学反应在超声条件下因其空化作用往往能够发生；在医学应用上，空化作用可进行超声碎石等。

3) 热特性

介质因为吸收超声波而引起温度升高，频率越高，热效应越显著。此外，超声能量也大量地转换成热能，造成局部高温，甚至产生电离。

4) 传播特性

超声波在媒质中的传播和其他波动过程一样，会发生波叠加、干涉、反射、折射、透射、衍射、散射及吸收、衰减等特性，遵循几何光学的原则。

25.3.2 超声波的传播

1. 超声波与声学界面

平面波在均匀媒质内传播时，是沿其本身传播方向作直线自由的进行。但当超声波传播的媒质不均匀或从一种媒质传播到另一种媒质时，因为两种媒质有不同的声阻抗(acoustic impedance, Z_s)而形成一个声学界面(acoustic interface)，因而超声波不可能在均匀无限大的媒质内传播。

由于声学界面的形成，部分超声波能量将被界面反射。如果是固液界面，由于固体表面受到压缩与切变两种力而产生形变，发生横波的反射和折射，即发生波型转换或声波模式转换；如果是液液界面，因介质无切变弹性而不能传播横波，所以没有横波的反射和折射，只有纵波的反射和折射。此外，有时还能产生表面波。但无论如何，各种波型的转换都符合几何光学中的反射定律和折射定律。

超声波在传播过程中如果遇到排列不规则的粒子，将向四周发生散射，而这些排列不规则的颗粒成为二次波源，并向四周发射超声波。不过，散射时探头接收到的散射回声强度与入射角无明显关系。人体中发生超声散射的小物体主要有红细胞和脏器内的微小组织结构，前者是研制超声多普勒血流仪的依据,后者是超声成像法研究脏器内部结构的重要依据。一般说来,大界面上超声的反射回声幅度较散射回声幅度大数百倍。利用超声的反射只能观察到脏器的轮廓,利用超声的散射才能弄清脏器内部的病变。

总之,超声波频率高,波长很短,沿直线传播。由于超声波所引起的媒质微粒的振动,即使振幅很小,加速度也很大,因此可以产生很大的力量。超声波的这些特性,使它在近代科学研究、工业生产和医学领域等方面得到日益广泛的应用。在医学领域,它可以进行超声灭菌、超声清洗、超声雾化等,更重要的是做成各种超声诊断仪器和治疗仪器。

2. 超声波在人体的传播

由于人体各种组织有声学的特性差异,超声波在两种不同组织界面处产生反射、折射、散射、绕射、衰减,以及声源与接收器相对运动产生多普勒频移等物理特性。因此,超声波在临床医学中有两个应用途径,一方面用作诊断器械;一方面用作治疗器械。

1) 诊断应用

根据超声波与人体作用产生反射、折射、散射、绕射、衰减及多普勒频移等性质,人们设计出了各种扫查方法,通过接受超声波与人体作用以后产生的信号,明确各种组织及其病变形态,结合病理学、临床医学,对病变部位、性质和功能障碍程度作出诊断。

2) 治疗应用

超声波携带有能量,特别是因为空化作用,对人体组织产生结构或功能及其他生物效应,以达到某种治疗目的。

25.3.3 医用超声诊断仪

1. 主机部分

如图 25-3 所示,超声仪器及设备主要由超声探头(ultrasonic probe)和相关的电子线路组成。

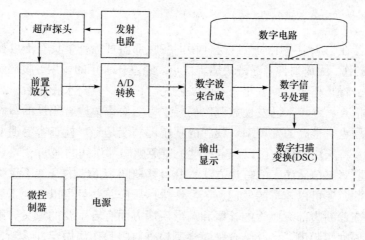

图 25-3 电路模块图

超声探头将接收到的信号传输到前置放大电路放大后,将模拟信号通过 A/D 转换电路转换成数字信号,然后经过数字电路的合成处理,再经过数字扫描变换(digital scan converter, DSC)处理,获得相关图像或视频。

随着电子技术的发展，超声诊断仪的内部电路逐步由数字合成电路取代了原来的模拟电路，包括前置放大电路、A/D转换电路、数字电路及电源部分，从而形成了全数字超声诊断仪。

2. 超声探头

超声探头是超声诊断仪器设备的关键器件，其用途是发射和接收超声波，既将主机发出的电信号转变为高频振荡的超声信号，又将从组织脏器反射回来的超声信号转变为电信号。原理上，超声探头是通过探头内部晶片产生压电效应。也就是，晶片既在通电状态下发生弹性形变产生超声声波，也能当超声声波通过晶片时发生弹性形变引起电压变化。

在结构上，探头的组成包括晶片、匹配层、吸声块三个重要部件。晶片用于接收电脉冲产生机械超声振动，其功能是实现声与电的相互转化。匹配层处于声透镜和晶片阵列之间，其功能是实现探头与负载之间的匹配。使用匹配层的原因是在超声诊断仪的工作过程中，声透镜(acoustic lens)需要同时与晶体振动单元和人体接触，但两者的声阻抗(acoustic impedance)差别很大，以至于很难使声透镜的特征阻抗(characteristic impedance)同时与两者匹配。超声经不同阻抗界面传播时会发生反射，因而增加能量损耗、影响分辨力，因此人们采用引入匹配层的策略。

匹配层的选择需要考虑厚度、声阻抗、声阻尼(acoustic damping)三个因素。考虑声阻尼主要是要使晶片起振后能尽快停下来，减少脉冲宽度，提高分辨力，同时减少吸收晶片向背面发射超声波等脉冲杂波。

使用吸声块的目的在于减少压电振子背向辐射的超声能量，使其不在探头中来回反射而使振子的振铃时间加长。因此，选择吸声块需要考虑其较大的衰减能力，且与压电材料有较为接近的声阻抗以至于使来自压电振子背向辐射的声波全部进入垫衬中而不再反射回到晶片振子中去。

25.3.4 医用超声的临床应用

1. 腹部超声

医用超声仪器在临床中应用十分广泛，特别在腹部器官检查中具有不可替代的优势，具有简便易行、非创伤、无放射性、经济快捷等优点。经过几十年的发展，腹部超声检查向更深更准的方向发展，胃肠超声检查近年来不断发展完善，使胃腔充水膨胀后，超声检查可较满意的对胃壁进行检查，近年来已发现数例癌局限于胃壁而胃镜检查阴性的胃癌患者。超声对于中晚期肠道肿瘤也有很高的发现率。胰腺的胰尾部病变是超声检查容易遗漏的部位，使用胃内充水后检查及特殊切面扫查可以一定程度上避免胰尾部疾病的遗漏。

超声检查是肝肾移植后病人的首选方法。肝肾移植超声逐步的开展不仅可以用于实时术后移植器官的监测，还可以较早的发现急、慢性排斥反应，并且可以作为术后患者长期监测的手段。超声还在诊断腹部大血管的栓塞和畸形疾病方面有着重要的意义。腹膜超声检查，主要针对结核或癌症腹膜患者，并结合腹膜穿刺检查对腹膜疾病做定性诊断，成为超声发展的又一新技术。

2. 超声心动图

超声心动图是应用超声波回声探查心脏和大血管以获取有关信息的一种无创性检查方法，

包括 M 型超声、二维超声、脉冲多普勒超声、连续多普勒超声、彩色多普勒血流显像。

例如，M 型超声诊断仪能将人体内某些器官的运动情况显示出来，主要用于心脏血管疾病的诊断。探头固定对着心脏的某部位，由于心脏规律性的收缩和舒张，心脏的各层组织和探头之间的距离也随之改变，在屏上将呈现出随心脏的搏动而上下摆动的一系列亮点，当扫描线从左到右匀速移动时，上下摆动的亮点便横向展开，呈现出心动周期中心脏各层组织结构的活动曲线，即 M 型超声心动图。

又如，在多普勒超声心动图检测中，血液内有很多红细胞，它能反射和散射超声波，可以认为是微小的声源。探头置于肋间隙不动而发射超声波，红细胞在心脏或大血管流动时，红细胞散射的声频发生改变。红细胞朝向探头运动时，反射的声频增加，反之则降低。这种红细胞与探头做相对运动时所产生声频的差值称为多普勒频移。它可以显示血流的速度、方向和血流的性质。多普勒超声心动图又分为脉冲多普勒超声心动图、连续波多普勒超声心动图、彩色多普勒超声心动图。应用最多的是脉冲多普勒超声心动图，它可以在二维图像监视定位情况下，描记出心内任何一点血流的实时多普勒频谱图。

3. 妇产科超声

近年来，随着彩色多普勒超声(transvaginal color Doppler, TVCD)和阴道超声(transvaginal ultrasonography, TVS)在妇科检查中的广泛应用，超声检查不仅在妇科形态学观察水平上有很大提高，而且增加了血流信息，实现了形态学与血流动力学相结合的联合诊断技术。

超声声学造影、介入超声和三维超声成像等新技术进一步拓宽了超声在妇科的应用范围和提高了诊断水平，日益在临床上发挥重要作用。目前，妇产科超声主要分为彩色多普勒超声、腔内超声、三维超声成像、妇科超声造影、介入性超声等。

4. 血管超声

虽然血管造影已被公认为诊断四肢血管疾病的"金标准"，但因为是有创、昂贵，不宜于重复检查和长期跟踪观察。另外，血管造影提供的仅是解剖方面的信息，不能提供血流动力学方面的信息。

20 世纪 80 年代兴起的彩色多普勒血流显像(color Doppler flow imaging, CDFI)可直接显示血管病变的解剖结构，如解剖变异、管壁厚度、斑块大小、残留管腔内径及管腔内血流信号的充盈等情况，并还能提供丰富的血流动力学信息，加上方便、廉价和可重复检查，已成为四肢血管疾病不可缺少的无创检查技术和介入性治疗前及血管造影前的良好筛选工具，以至于在某些周围血管疾病如动脉瘤、动静脉瘘等的诊断上已经可取代有创血管造影检查。

5. 超声的其他临床应用

超声还广泛应用于乳腺、甲状腺、眼及淋巴结的检查。特别是在乳腺疾病的检查中，超声常作为首选检查手段。

超声介入治疗(ultrasound interventional therapy)是超声在临床的又一重要应用，随着医学技术的发展，是新兴的一种最新的疾病治疗方法。它是指在超声显像基础上为进一步满足临床诊断和治疗的需要而发展起来的一门新技术。其主要特点是在实时超声的监视或引导下，完成各种穿刺活检、X 射线造影以及抽吸、插管、注药治疗等操作，可以避免某些外科手术，达到与外科手术相媲美的效果。

25.3.5 超声造影剂

超声造影剂(ultrasonic contrast agents, UCA)是一类能显著增强超声后向散射强度的化学制剂，其主要成分是直径为 2~10μm 的微气泡，可通过肺循环。

1. 超声造影剂的作用原理

造影剂微气泡在超声的作用下会发生振动，散射强超声信号。这也是超声造影剂的最重要的特性——增强后向散射信号。例如，在 B 超中，通过往血管中注入超声造影剂，可以得到很强的 B 超回波，从而在图像上更清晰地显示血管位置和大小。

近年来，超声造影剂在治疗超声领域的应用已经受到广泛关注。由于超声造影剂中微气泡可加强空化效应，从而促进超声生物效应，因此超声造影剂在超声溶栓、介导基因转移、药物输送(drug delivery)和高强聚焦超声(high intensity focused ultrasound, HIFU)等治疗方向上也开始发展。超声造影剂的应用范围不断扩大，应用价值不断提升。

2. 超声造影剂的临床应用

1) 超声微泡提高超声影像诊断的技术水平

超声微泡造影可以清楚显示病变组织的血流灌注特点，增大病变组织与正常组织的对比差别，从而提高超声发现病灶和定性诊断的能力。

例如，作为非特异性靶向超声影像诊断的实例，肝脏超声影像诊断所有的微泡造影剂会在一定程度上为肝脏所摄取。微泡造影剂在血流缓慢时，机械滞留于血窦并为库普弗(Kupffer)细胞吞噬进入胞内，而某些肝实质局灶性病变(恶性肿瘤组织)缺乏正常的吞噬功能或缺乏肝血窦，不能保留微泡造影剂，当循环中微泡经由补体调理作用清除以后，病灶的延迟显影就呈现出来。

肝脏细胞吞噬现象可导致肝脏造影效果减低，在肝脏微泡靶向造影中，部分造影剂在未到达靶位时即被 Kupper 细胞或巨噬细胞吞噬，但如在微泡的外壳中加入乙二醇磷脂，可避免该类现象发生。

2) 超声微泡可有效用于体内靶向治疗

超声微泡体内靶向治疗首先要制备承载药物分子或治疗基因的靶向微泡，其次是进入人体集聚在病变组织细胞上，最后是通过加大超声强度，破坏微泡释放药物直接杀伤病变细胞或导入治疗基因。例如，制备超声靶向治疗微泡，主要是让微泡能结合上药物同时不影响微泡的声学效果。

超声微泡之所以能用作靶向治疗，其原因就是利用了微泡在超声介导下的空化效应，对特定病变组织和细胞靶向传输基因或药物，实现治疗疾病的目的。由于空化效应，空化核在由急剧收缩到崩溃爆裂过程中，吸收大量声能，并能集中释放在极小区域。微泡核内产生局部高温高压对肿瘤细胞具有杀伤作用，同时通过微泡选择性识别、结合靶细胞、靶组织或病变组织，释放药物杀伤肿瘤或病变细胞。

超声靶向微泡在临床医学中已经有很好的应用，包括通过肿瘤新生血管评价检测肿瘤、靶向微泡结合超声靶向击破技术对肿瘤的治疗、靶向微泡在血栓诊治中的研究应用、靶向微泡在缺血性心血管疾病诊治中的研究应用、超声靶向微泡在炎症诊断与治疗方面的应用研究等方面。

例如，肿瘤组织欲维持其快速生长，必须从丰富的血供中获得足够的营养。故新生血管大量生成是肿瘤的最大特征。而新生血管内皮会表达大量以生长因子受体和黏附分子受体家族为主的标志性物质，它们一方面是化疗药物与血管栓基等治疗的靶向位点，另一方面也是靶向微泡的作用位点。据此，超声靶向微泡既可实现对肿瘤新生血管的评价，为肿瘤检测提供一定信息，也可以作为抗肿瘤血管生成治疗的监测工具。其中研究较多的靶点为生长因子受体-2(VEGFR-2)和 dv 整合素。将单链血管内皮生长因子(scVEGF)与微泡结合制成 scVEGF MB，对其进行体内外实验研究发现 scVEGF MB 可选择性地与表达 VEGFR-2 的内皮细胞相结合，为基础科学研究和药物发现提供一定帮助。

延伸阅读 25-2：超声聚焦刀技术

超声聚焦刀是高强度聚焦超声肿瘤治疗系统(high-intensity focused ultrasound, HIFU)，又称为"海扶刀"，这是一种不需要切开皮肤，不需要穿刺就可以杀灭体内肿瘤的新技术，因而也是"无创手术"。治疗时只静脉给予镇痛剂和镇静剂，治疗过程中，控制镇痛、镇静药物的剂量，使患者始终保持能与医生进行沟通的状态，减少与麻醉相关并发症及邻近脏器损伤的风险。

超声波可以聚焦，也可以安全地穿透身体，海扶刀的消融原理就是利用超声波的这些特性，将低能量超声波聚焦到体内，在"焦点"区聚集到足够的强度，形成 65~100℃瞬间高温。同时发挥超声波的固有特性——空化效应、机械效应等，导致组织凝固性坏死，破坏治疗区组织。坏死组织可逐渐被吸收或变成瘢痕。

海扶刀的适应证包括肝脏肿瘤、胰腺癌、软组织肿瘤、子宫肌瘤和其他具有良好超声通道的腹膜后或腹、盆腔实体肿瘤，但其禁忌证有含气空腔脏器的肿瘤，如肠道、胃、中枢神经系统肿瘤等。

由于海扶刀消融治疗后，肿瘤缩小需要一段时间，所以体积的变化不能说明消融效果，目前国际上对于消融治疗效果的评价，主要是通过检查肿瘤内有没有血液供应，来判断肿瘤是否还有活性。理想的消融治疗效果应当表现为肿瘤内已经没有血液供应，即肿瘤已经完全坏死。目前临床常用的检查方法包括：磁共振成像、增强 CT，超声造影等。

25.4 医用核磁共振成像

在第 10 章已经介绍了核磁共振波谱分析方法、核磁共振产生的相关原理及其在有机小分子和生物大分子结构分析的广泛用途，对核磁共振成像也有所了解。实际上，核磁共振成像(magnetic resonance image, MRI)在现代临床医学中十分广泛，并且已经成为一种常规的临床诊断技术。

25.4.1 医用核磁共振成像的原理

由恒温控制器将主磁体的温度准确地控制在某一温度(32.5℃)，使主磁体产生一个均匀的静磁场。梯度电源通过梯度线圈进行空间定位(编码)。通过射频(radio frequency，RF)单元和射频发射线圈，发射射频信号作用于患者(置于可进行三维运动的扫描床上)产生的

MRI 信号被接收线圈接收，经前置放大器放大、检波、模拟/数字(analog-digital，A/D)转换后送给计算机和图像处理器，重建图像在监视器上显示或用激光照相机将图像在激光胶片上打印出来。

MRI 过程实际上就是人体受检部位内的原子核(氢质子)在进入强大的外磁场内所经历的一系列复杂变化，包括以下 5 个过程。

1. 氢质子有序过程

氢质子群体在平时状态(无外加磁场作用)下，氢质子处于杂乱无序运动，漫无边际排列。其磁矩方向不一，相互抵消，即宏观磁矩 $m=0$。但当人体进入强大均匀磁场中，即在外加静磁场(B_0)中，体内所有自旋混乱的氢质子，其磁矩将重新定向，变成顺外磁场磁力线方向排列，结果是较多的氢质子磁矩指向与外磁场方向相同(低能级)，较少与外磁场方向相反(高能级)，最后达到动态平衡，人体组织形成一个较弱的小磁场，即 m 不等于零且很小，使人体组织处于轻度磁化状态。

2. 磁共振激励过程

通过射频(RF)线圈在与外磁场(B_0)的垂直方向施加射频脉冲，受检部位的氢质子从中吸收能量并向某一方向偏转，诱发氢质子产生磁共振，这就是磁共振激励过程。所施加射频脉冲应要使氢质子发生磁共振必须满足条件：

$$f = \frac{rB_0}{2\pi} \tag{25-1}$$

式中，f 为拉莫尔(Larmor)进动频率；r 为磁旋比；B_0 为主磁场强度。即进动频率恰好等于氢质子从低能级状态跃到高能级状态所需的能级差。氢质子借助于这个射频能量跃迁到高能级状态，从而进入磁共振准备状态。

3. 核磁弛豫过程

射频脉冲中断后，氢质子激励过程即告完成，受激励的氢质子核释放出所吸收的能量，重新回到静磁场(B_0)原先排列的平衡位置上，即发生了核磁弛豫(nuclear magnetic relaxation)。核磁弛豫又分为纵向弛豫和横向弛豫。

1) 纵向弛豫

纵向弛豫又称为 T1 弛豫，是指射频(RF)脉冲停止后，跃迁到高能级的氢质子向环境(晶格)释放能量，恢复到最初的平衡状态，故又称为自旋-晶格弛豫。用 T1 弛豫时间来反映纵向弛豫时间，其反映了氢质子向晶格释放能量速度大小。弛豫时间被定义为恢复到原来纵向磁化矢量 63% 所需的时间。

2) 横向弛豫

横向弛豫又称为 T2 弛豫，是射频(RF)脉冲停止后，由原来 RF 激励的磁共振同步运动的质子立刻失去相位的一致性，旋转方向由同步变为异步，核磁矩相应抵消，横向磁化矢量由大变小，最终消失(失相位)，故又称为自旋-自旋弛豫，该过程无能量交换。T2 弛豫时间表示在均匀磁场中横向磁化所维持的时间。其定义为衰减到原来横向磁化矢量 37% 的时间。由于氢质子在人体组织中所处的环境不同，以至于各组织器官 T1 值、T2 值不同。这就是 MR 用来诊断疾病的基础。因为 MR 可利用 T1、T2 值不同来鉴别不同组织器官疾病。

当然，T2 弛豫除受本身所处内环境影响外，也受外加磁场的强度和顺磁性物质(对比剂)的影响。

4. MR 信号产生

释放出的电磁波转化为 MR 信号射频(RF)脉冲停止后，受激励的氢质子将释放它们吸收的能量，重新回到静磁场(B_0)原来排列的平衡位置上，在返回过程中转动的净磁化矢量(m)将感应出一个电磁波，且可通过接收线圈检测出来，这就是呈指数衰减的 MR 信号。

5. MR 图像

在梯度磁场(梯度线圈发出)辅助下 MR 信号形成 MR 图像。由梯度线圈发出的梯度磁场决定 MH 空间定位，也就是提供 MR 成像的位置信息。MR 成像必须具备以下三个条件。

(1) 靶元素质子或(和)中子数须是奇数，即靶元素产生一个小磁场(即有磁矩)。
(2) 一个强大的静磁场(200~20000Ga)(0.02~2.0T)。
(3) 外加脉冲及梯度场。

MR 具有上述三个条件，并经过下述过程形成 MR 图像：

人体进入磁场→静磁场→发射脉冲，质子吸收能量→停止发射 RF 脉冲，质子释放能量→产生 MR 信号→计算机处理→显示图像。

25.4.2 医用核磁共振仪构成

1. 永磁型 MRI 设备

医用 MRI 设备主要包括永磁型 MRI 设备和超导型 MRI 设备两大类。其中永磁型 MRI 设备的硬件部分因为安装的位置不同分为扫描室内部分、扫描室外部分和滤波盒三大部分。其结构如图 25-4 和图 25-5 所示。

1) 扫描室内部分

扫描室内部分包括主磁体(magnet)、支架(yoke)、温度加热器(thermostat)、梯度磁场线圈(gradient magnet field coil)、RF 发射线圈(transmitter coil)、接收线圈(receiver coil)、前置放大器(preamplifier)、控制面板(control panel)和扫描床(patient table)。由于磁场的存在，需对整个扫描室进行磁屏蔽。

2) 扫描室外部分

扫描室外部分包括中央控制柜(central control console, CCC)、电源分配器(power distribution)、恒温控制器(thermostatic control)、梯度磁场电源(power supply for gradient magnetic field)、RF 发射/接收装置(RF transmitter/receiver)、操作台、计算机和图像处理器。

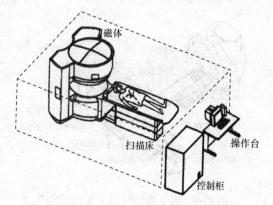

图 25-4 永磁型开放式 MRI 组成示意图

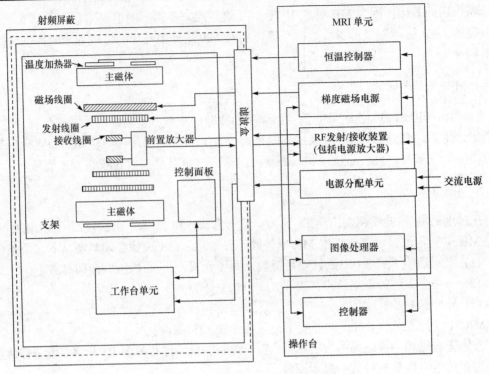

图 25-5 永磁型 MRI 结构示意图

3) 滤波盒

滤波盒(filter box)为防止干扰，扫描室内、外部分的所有连接线均需要通过滤波盒转接。

25.4.3 超导型 MRI 设备

如图 25-6～图 25-8 所示，超导型 MRI 设备由主磁体(含冷却装置)、扫描床、梯度线圈、射频线圈、谱仪系统、控制柜、人机对话的操作台、计算机和图像处理器等构成。超导型 MRI 设备的主磁场方向为水平方向。永磁型开放式 MRI 设备由主磁体、扫描床、谱仪系统、控制柜、操作台、计算机和图像处理器等构成。

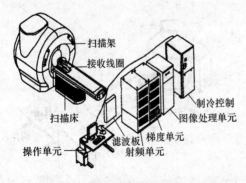

图 25-6 超导型 MRI 设备组成示意图

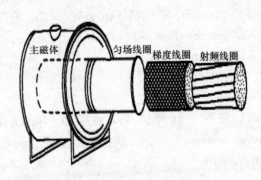

图 25-7 超导磁体系统组成示意图

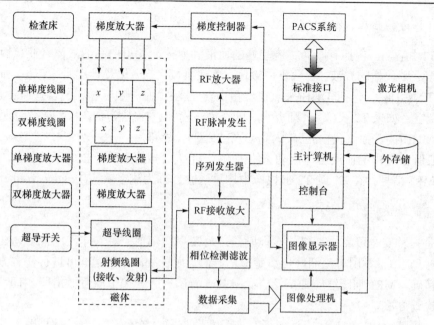

图 25-8　超导型 MRI 组成模块示意图

超导型 MRI 设备和永磁型 MRI 设备的基本构成是：主磁体、扫描床、谱仪系统、控制柜、操作台、计算机和图像处理器等。

25.4.4　医用核磁共振仪的临床应用

1. 医用核磁共振仪临床应用的物理基础

氢核是人体成像的首选核种。首先，人体各种组织含有大量的水和碳氢化合物，所以氢核的核磁共振灵活度高、信号强，这是首选氢核作为人体成像元素的原因。其次，NMR 信号强度与样品中氢核密度有关，人体中各种组织间含水比例不同，即含氢核数的多少不同，则 NMR 信号强度有差异，利用这种差异作为特征量，把各种组织分开，这就是氢核密度的核磁共振图像。最后，人体不同组织之间、正常组织与该组织中的病变组织之间氢核密度、T1 弛豫时间、T2 弛豫时间三个参数的差异，从而构成了 MRI 用于临床诊断最主要的物理基础。

当施加一射频脉冲信号时，氢核能态发生变化，射频过后，氢核返回初始能态，共振产生的电磁波便发射出来。原子核振动的微小差别可以被精确检测到，经过进一步的计算机处理，即可能获得反映组织化学结构组成的三维图像，从中可以获得包括组织中水分差异及水分子运动的信息。这样，病理变化就能被记录下来。

人体 2/3 的质量为水分，如此高的比例正是磁共振成像技术能被广泛应用于医学诊断的基础。人体内器官和组织中的水分并不相同，很多疾病的病理过程会导致水分形态的变化，即可由磁共振图像反映出来。

MRI 所获得的图像非常清晰精细，大大提高了医生的诊断效率，避免了剖胸或剖腹探查诊断的手术。由于 MRI 不使用对人体有害的 X 射线和易引起过敏反应的造影剂，因此对人体没有损害。MRI 可对人体各部位多角度、多平面成像，其分辨力高，能更客观、更具体地显示人体内的解剖组织及相邻关系，对病灶能更好地进行定位定性。对全身各系统疾病的诊断，尤其是早期肿瘤的诊断有很大的价值。

2. MRI 信号的临床特征

如果 T1 短(高)，包括有脂肪、流动慢的血液和血栓、含蛋白高的液体、亚急性出血；如果 T1 长(低)，则包括脑脊液、不含蛋白液体、含铁血黄素、钙化及骨皮质、空气、血管流空。

如果 T2 短(低)，包括 DHB(去氧血红蛋白)急性脑出血、顺磁物质、含铁血黄素、钙化、空气、血流空；如果 T2 长(高)，则有水、脑脊液、囊肿、神经胶质增生、梗死、慢性血肿(出血第 8 天)MHB(高铁血红蛋白)已破入到 C 外、脂肪、感染。

但是心脏血管内的血液迅速流动，使接收了 MRI 信号的氢原子核居于接收范围之外，所以测不到 MRI 信号，在 T1 或 T2 加权像中均呈黑影，称为流空效应(flowing void effect)。

3. MRI 的临床实例

MRI 是一种安全可靠的高科技检查设备，无 X 射线辐射，对人体无危害。MRI 图像非常精细、清晰、逼真。不用对比剂即可清楚显示心脏、血管和体内腔道，可进行任意方位断层扫描，定位精确。MRI 临床适应证广泛，是颅脑、脊髓、骨与关节软骨、滑膜、韧带等部位病变的首选检查方法。

例如，颅脑 MRI 检查适应证包括有先天性颅脑发育异常(包括器官源性畸形和组织源性畸形，MRI 可确诊)、脑积水、脑萎缩、脑卒中及脑缺氧(脑梗死和脑出血等)、脑血管疾病(通过高磁场的 MRI 通过血管成像显示)、颅内肿瘤和囊肿、颅脑外伤、颅内感染和其他炎性病变、脑白质病。

尽管目前螺旋 CT 和 MRI 对脑部疾病的诊断作用仍互为补充，但有时候 MRI 对颅脑疾病诊断临床上的重要性在一定程度上已超过螺旋 CT。MRI 优于 CT，原因是 MRI 软组织对比度高，能准确地分辨脑皮质(灰质)、髓质(白质)和神经核团，尤其是脑髓质疾病、肿瘤、水肿等诊断的敏感度更高；能进行任意方位断层扫描，定位准确；无骨性伪影干扰，是诊断垂体、颅神经、脑干、小脑等部位病变的首选影像检查方法；应用对比剂可以鉴别肿瘤和水肿。

【示例 25-2】 利用 MRI 进行脑功能成像

这主要包括脑灌注(perfusion)MRI、脑弥散(diffusion)MRI 和功能活动(task activation)MRI。功能活动 MRI 是目前人们用 MR 方法研究大脑皮层功能活动的最主要方法。

1) 人脑生理活动的脑功能成像评价

它的主要应用范围是感觉功能的评价、运动功能的评价、语言功能的评价、视觉功能的评价和嗅觉功能的评价等方面。例如，有关感觉功能的评价，主要是源于触觉刺激可发现多个功能皮层区出现信号改变，与刺激前有明显的差异。大脑皮层两侧均可发生信号改变，以受刺激的对侧变化较为明显。触觉的功能活动区分布于对侧的第一躯体感觉皮层的手部感觉代表区、顶后皮层和顶盖皮层，在额叶皮层也可见到活动区；于刺激的同侧，功能活动区位于顶后和顶盖皮层，与对侧相应的皮层活动区基本对称。对比被动感觉刺激和主动感觉—运动行为，两者均大部分位于中央后回，前者的功能区范围小于后者，并且更靠近于中央沟后面和侧面。

2) 脑肿瘤病变中的应用

外科切除脑肿瘤原则是最大限度地切除肿瘤灶，而减少功能区的切除与破坏。术前 tMRI 可显示病灶与相邻功能区的关系，包括被瘤体包绕的有功能皮层、手术与放疗可尽量避开这些功能区域，因而可帮助计划手术范围。术后 fMRI 可显示病侧功能区残留和对侧功能区代偿情况，对以后功能恢复提供参考。fMRI 不仅对脑肿瘤患者术前进行功能评估，还对立体定向放射外科计划的制定有指导价值。

学习与思考

(1) 核磁共振成像原理是什么？核磁共振氢谱原理是什么？
(2) 不同器官、组织的正常 MRI 图像特点是什么？不同疾病的 MRI 图像特点是什么？
(3) 式(25-1)在不同的介质温度、溶液黏度下是否能持续成立？
(4) MRI 的适应证和禁忌证是什么？

内容提要与学习要求

影像医学对器官改变的直接呈现使疾病诊断和鉴别诊断变得更为直观和更有说服力。特别是功能与分子影像学的飞速发展，让人们的视野超越了形态学领域，并从功能与分子水平去认识疾病的发生、发展规律，这对临床医学的影响是非常深远的。临床医师可以早期、准确、一目了然地看到疾病的证据，一些通过物理诊断和实验室检查难以发现的病变可及时被发现和治疗，传统的医疗流程和模式开始转变，人们对生命和疾病的认识开始发生变革。

本章主要介绍了 X 射线、超声、MRI 的工作原理、简单组成、基本参数、显像特点及临床应用，要求掌握三种影像手段的各组成部件的特点及其工作原理。

了解不同影像成像方式、各自的适应证和禁忌证，包括各类诊断性 X 射线机、CT、超声诊断仪、核磁共振仪的适应证和禁忌证。对比讨论其各自的优缺点。

练 习 题

1. 解释名词：DR 体层摄影、高千伏摄影、放大摄影、软线 X 射线摄影、荧光缩影、记波摄影、干板照像、T 管造影、CT、空化特性、M 型超声心动图、二维超声心动图、多普勒超声心动图、超声介入治疗、超声造影剂、有序过程、激励过程、弛豫过程、超导型 MRI 设备、永磁型 MRI 设备
2. 试比较 X 射线和 CT 的异同。
3. 试比较 CT 和 MRI 的异同。
4. 试比较 X 射线、超声和 MRI 各自的临床适用范围。
5. X 射线摄影、CT 和 MRI 分别受哪些因素的影响？
6. 发射介入技术和超声介入技术的区别及其分别的应用范围是什么？
7. 超声靶向造影剂及其作用原理分别是什么？
8. 简述超声造影剂的临床应用。
9. MRI 中的 T1 和 T2 分别代表什么？在疾病的诊断中有什么意义？
10. 简述核磁共振仪的分类及组成异同。
11. 简述使用 MRI 诊断时的注意事项。
12. 简述诊断用 X 射线机的仪器结构、原理。
13. 常见的 X 射线机特殊检查包括哪些？
14. 简述计算机体层扫描摄影仪的仪器结构及工作原理。
15. 简述医用超声的成像原理及仪器结构。
16. 比较多普勒超声心动图、造影超声心动图、二维超声心动图三者的异同。
17. 简述医用核磁共振成像分析的原理及仪器结构。